유 형 + 내 신

고쟁이

수학 개념과 원리를 꿰뚫는
내신 대비 집중 훈련서

STAFF

발행인 정선욱

퍼블리싱 총괄 남형주

기획·개발 김태원 김승필 조지훈 장인호

디자인 김정인

유통·마케팅 서준성 김지희

제작·물류 김한길 김경수 신영민

Special Thanks to

이충안 채움수학   **류용수** 강남대성   **김해인** 목동 시대인재

류재권 서초 TOT학원   **강재욱** 목동 미래탐구   **구교훈** 서초 TOT학원

정혜주 채움수학   **오가영** 전문과외

유형+내신 고쟁이 대수 ㅣ 202505 제3판 1쇄   202602 제3판 3쇄

펴낸곳 ㅣ 이투스에듀(주) 서울시 서초구 남부순환로 2547

고객센터 ㅣ 1599-3225   **등록번호** ㅣ 제 2007-000035호   **ISBN** ㅣ 979-11-389-3058-1[53410]

· 이 책은 저작권법에 따라 보호받는 저작물이므로 무단전재와 무단복제를 금합니다.
· 잘못 만들어진 책은 구입처에서 교환해 드립니다.

송명석	청춘날다학원 하이매쓰학원
송숙희	써밋학원
송채연	팰리스수학과학
송치호	대치명인학원 2동탄캠퍼스
송태원	송태원1프로수학학원
송혜빈	인재와 고수
신동휘	후곡 신수학학원
신유진	좋은날수학
신재규	인재와고수학원
신진아	에듀셀파기숙학원
신채영	더퍼스트학원
신혜선	BOM수학학원
안명근	옥정더채움학원
안연수	포스텍 수학학원
안영주	포스텍 수학학원
양수정	전문과외
양은진	수플러스 수학교습소
양지현	수학전문 일비충천
양창진	수학의숲 학원
양형모	유투엠 삼송 고등
어성웅	어쌤수학학원
엄지영	대치메이드/대치세이노 위례점
엄지원	더매쓰수학교습소, 더매쓰덕이 학원
염승호	전문과외
오경환	쉬운수학 후곡
오영림	더쎈수학교습소
오영택	위상학원
오우진	유신학원
오지혜	수톡수학학원
용다혜	동백 에듀플렉스학원
우선혜	HSP수학학원
원미란	하이엔드공부방
원준식	브레노스상상날개학원
유기정	신중동 스터디타운 수학
유동숙	공부를부탁해보습학원
유소현	웨이메이커 수학학원
유현종	SMT수학과학학원
유현진	HR수학
유 환	도당비전스터디
윤명희	사랑셈교실
윤미영	중흥고등학교
윤선미	전문과외
윤성길	메가스터디 러셀코어 청주
윤여태	103수학
윤재은	수학마루
윤재현	윤수학학원
윤정원	더올림수학
윤채민	한빛크리스천스쿨(기독교 대안학교) 및 전문과외
윤 희	티티에스수학교습소
이강민	김필학원
이강우	광명대성N스쿨
이경찬	은행고등학교
이광락	전문과외
이나현	엠브릿지수학
이동승	정일품 수학 학원
이동하	컬럼버스 하마수학 (학원)
이명신	지니얼수학학원
이명진	한솔수학학원
이명환	다산 더원 수학학원
이민아	민수학학원
이민하	보듬교육학원
이보형	엠토피아 수학학원
이봉우	G1230
이상혁	최상위수학
이상형	수학의이상형
이새롬	방선생 수학학원
이서윤	화성동탄곰수학학원
이선영	유레카수학
이세복	퍼스널수학
이소연	오성학원
이소정	위즈덤수학교습소
이수동	E&T수학전문학원
이수정	매쓰투미수학학원
이수환	류수학보습학원
이승진	호연 수학
이승훈	알찬교육학원
이아현	전문과외
이연주	수학연주수학교습소
이영아	포천 맨투맨학원 송우센터
이영은	신양중학교
이영훈	펜타수학학원
이예빈	아이콘수학
이은미	봄수학교습소
이은아	이은아 수학학원
이은지	반노익학원
이재욱	고려대학교 KAMI
이정미	더채움수학교습소
이정희	JH영수학원
이종헌	뉴파인동탄능동특별관
이주하	운정열린학원
이 준	준수학고등관학원
이지선	이지수학 교습소
이지영	GS112 수학 공부방
이지은	그로우매쓰
이진희	시너지수학학원
이창수	일산화정와이즈만
이창훈	나인에듀학원
이태희	펜타수학학원 청계관
이한빛	한빛수학학원
이헌기	어수강수학학원
이현주	필즈더클래식수지
이호성	H&B수학교실 (애이치앤비 수학교실)
이호형	광명 고수학원
이화원	탑수학학원
임동진	S4국영수학원
임석준	MY1연세수학학원
임소영	일산후곡 애플수학
임소이	미리내공부방
임영미	탑플러스학원
임은정	마테마티카 수학학원
임정혁	하이엔드 수학학원
임지민	피타고라스 수학학원
임현지	위너스하이학원
장동민	엠클래스수학과학전문학원
장미선	하우투스터디학원
장혜련	푸른나비수학 공부방
전상현	운양중학교
전유정	루트(Ruth)수학학원
전 일	생각하는수학공간학원
전진우	플랜지에듀
전태성	대치메이드 위례직영점
전희나	대치명인학원
정금재	혜윰수학전문학원
정다은	포스엠수학학원
정다해	에픽에듀
정명기	베스트교육
정미윤	함께하는수학
정민정	S4국영수학원
정순섭	수학이야기학원
정양진	올림피아드학원
정영진	수원 공부의자신감 학원
정예철	수이학원
정용석	수학마녀학원
정유림	서부세종학원
정유정	수학VS영어학원
정은선	아이원수학학원
정인영	동탄이강에듀학원
정중연	정중수학학원
정지승	산남중학교
정진욱	수원메가스터디
정혜영	Q.E.D수학전문학원
정황우	운정정석수학학원
조기민	일산동고등학교
조나영	동탄최상위수학
조민구	플랜지에듀
조병윤	PK미금센터
조봉화	마루수학
조성화	수학의기적
조유림	레이첼영어수학 학원
조윤원	[자람]공부방
조 은	전문과외
조현정	깨단수학
주소연	알고리즘 수학연구소
주시연	청운학원
주지현	주지현수학
주태빈	수학을 권하다
지슬기	지수학학원
진민하	인스카이학원
차무근	차원이다른수학학원
차일훈	대치엠에스학원
천기분	이지(EZ)수학 교습소
천보은	좋은날수학
최경희	최강수학학원
최 고	다산수학원리탐구학원
최근정	SKY영수학원
최나현	마이엠수학학원 소하초중등관
최서현	이룸수학
최은혜	전문과외
최인정	인정수학교습소
최재원	이지수학
최재원	티엔디플러스학원
최지연	준수학학원
최지윤	와이즈만 분당영재입시센터
최진규	TSM수학학원
최호순	관찰과추론수학교습소
하창형	오늘부터수학학원
한동민	math153수학전문학원
한동훈	고밀도학원
한미정	한쌤수학
한상원	위례 일비충천 수학학원 (의치약센터)
한상훈	동탄수학과학학원
한세은	이지수학
한유호	에듀셀파기숙학원
한지희	이음수학
한혜숙	창의수학 플레이팩토
해은진	전문과외
허민영	더멘토학원
현 명	카이스트학원
홍성민	일월메디학원
홍세정	전문과외
홍재욱	켈리윙즈학원
홍재화	서울 목동 수학도서관
홍정욱	코스매쓰수학학원
홍지현	목동매쓰원수학 네오관
홍훈희	MAX 수학학원
황금별	하이엔드 고밀도학원
황선아	서나수학
황영미	일신학원
황희찬	아이엘에스 학원

경남

강신성	에임원수학학원
강이슬	ASK배움학원
강지혜	강선생수학학원
고은정	수학은고쌤학원
권영애	전문과외
김가령	킴스아카데미학원

김경무	ASK 배움학원 진영
김문명	생각쑥쑥공부방
김미소	메이트국영수학원
김미정	선재학원
김민범	전문과외
김민정	하나학원
김수진	수학의봄
김연지	하이퍼영수학원
김제인	더바른수학
김종범	에듀스텔라 과학전문학원
김지연	김해율하지수학학원
김지윤	전문과외
김진형	수풀림수학학원
김혜영	프라임수학
김혜정	올림수학 교습소
문주란	장유 올바른수학
민동록	민쌤수학전문과외
박규태	에듀탑영수학원
박서영	오늘수학교습소
박영진	대치스터디 수학학원
박임수	고탑(GO TOP)수학학원
박혜인	참좋은학원
방시연	공터영어 창원팔용센터
배종우	매쓰팩토리수학학원
성민지	베스트수학교습소
성선유	이루다수학학원
신동훈	수과람학원
신욱희	창익학원
신혜란	해냄 수학
양민정	양쌤's수올림
양세민	양쌤수학학원
어다혜	전문과외
유준성	시퀀스영수학원
이경민	더넥스트학원 딱풀리는 수학
이근영	매스마스터 수학전문학원
이나영	티오피에듀학원
이선미	삼성영수학원
이유진	멘토수학교습소
장지영	로그인 수학
장초향	이룸플러스수학학원
전창근	수과원학원
정민정	생각수학
정용준	수과람학원
정주영	다시봄이룸수학학원
조윤정	열정수학영어학원
조윤호	조윤호수학학원
차민성	율하차쌤수학
차연주	양산더불수학교습소
최창진	지니수학학원
하윤석	거제 정금학원
허경원	전문과외
허지영	율하2지구 시티프라디움 하이수학

허 진	수학전문 수
홍명자	홍수학학원
황진호	타임수학학원
황혜정	노블수학전문학원

경북

권호준	권쌤수학공부방
김대훈	이상렬입시단과학원
김도연	그릿수학학원
김영희	라온수학교습소
김윤정	더채움영수학원
김재경	필즈수학영어학원
김진원	경북 진언쌤 수학
김태웅	에듀플렉스
김형진	닥터박수학전문학원
마현진	피드수학교습소
문소연	조쌤학원
문정욱	닥터박 수학전문학원
민지원	위너수학학원
박다현	최상위수학학원
박명훈	수학행수학학원
박선희	최선수학교습소
박준현	의성 Hsecret 수학
박지민	구미아크로수학학원
배재현	수학만영어도학원
백기남	수학만영어도학원
변병숙	ABLEMATH공부방
손유용	손석학원
송미경	이루지오 학원
송희경	수학의문학원
시현정	시쌤수학
신광섭	광 수학학원
신승규	영남삼육고등학교
신승용	유신수학전문학원
신홍래	청산학원
양병민	와와학습센터 두호점
염성군	근화여자고등학교
오선민	수학만영어도학원
오슬기	슬쌤수학
오정훈	포스카이학원
오지나	구미 온율학원
우지원	스카이공부방
윤장영	윤쌤아카데미
이상원	전문가집단 영수학원
이상화	플랫폼수학과학학원
이영주	꿈담수학 홈런 스마트 학습센터
이재광	생존학원
이준호	이준호수학교습소
이진형	성희여자고등학교
이혜은	현일고등학교
장문익	대가야고등학교
장우주	EMC국영수학원

전민지	채움학원
전정현	YB일등급수학학원
정은미	수학의봄학원
주병근	맥수학교습소
천경훈	천강수학학원
최수영	수학만영어도학원
추민지	닥터박 수학학원
표현석	풍산고등학교

광주

강동호	별수학학원
	starmathematics academy
강민결	광주동신여자중학교
강종화	평강학원
곽웅수	카르페영수학원
기유식	기유식 수학학원
김대균	김대균 수학학원
김동범	수완 한수위 수학학원
김미경	Hills수학
김미라	막강수학영어전문학원
김민설	카이스트MS수학과학
김병희	김동희수학학원
김성기	서광학원
김수진	광주 영재사관학원
김안나	풍암필즈수학학원
김태성	김태성 수학
김효신	전문과외
남은지	김동희수학학원
마채연	마채연수학전문학원
명재학	전문과외
문대승	열성수학학원
민지현	명문학원
박경후	정점학원
박남현	김동희수학학원
박용우	더샘수학학원
박충현	본과학수학학원
박현영	KS수학
박현파	김동희 수학학원
백도현	낭만수학학원
서세은	피타과학수학학원
선승연	매쓰툴수학교습소
손광일	송원고등학교
송기수	김동희수학학원
송승용	송승용수학전문학원
신성호	신성호 수학공화국
심여주	현대공부방
안유나	수학함학원
양동식	A+수리수학원
어흥범	수바시수학&매쓰피아
위광복	우산해라클래스학원
이승현	전문과외
이창현	알파수학학원

이현경	막강수학영어전문학원
임태관	매쓰멘토수학전문학원
임해정	문정여자고등학교
장광현	장쌤수학
정가영	김동희 수학학원
정다원	광주인성고등학교
정다희	다희쌤수학
정동영	아트영어수학학원
정민수	막강수학영어전문학원
정수인	더최선학원
정인용	일품수학학원
정재희	루시드프라임 학원
정태규	가우스수학전문학원
조미옥	영재수학
조일양	서안수학
진윤지	더매쓰학원
최광민	프리마수학학원
최 연	위드수학
최유정	에이블수학학원
최혜정	이루다전문학원

대구

고민정	제이앤에스교육
구령희	다빈치수학교습소
구정모	제니스
구현태	대치깊은생각 대구시지본원
권기현	이렇게좋은수학교습소
권미진	예일영어수학학원
권효상	아너스EMS
김기연	스텝업수학
김기현	김기현수학교습소
김대운	그릿수학831
김동영	통쾌한수학
김린아	린수학학원
김명서	마스터 수학
김미정	일등수학학원
김선영	수학학원 바른
김소연	김소연수학
김수영	봉덕김쌤수학학원
김종희	학문당 입시학원
김지영	김지영수학교습소
김진화	지나수학학원
김채영	전문과외
김태진	스카이루트수학과학학원
김혜령	이룸학원
김혜민	혜석수학교습소
노현진	인재원 고등수학전문관
류인영	흥미로운수학
민병문	아너스 EMS 학원
박경란	박경란수학교습소
박산성	Venn수학
박성욱	한상철수학학원월성원

박성은 신명고등학교
박수미 큰길 수학
박순찬 찬스수학
박장호 대구혜화여자고등학교
박태호 프라임수학교습소
배주희 양쌤수학과학학원
백승환 수학의봄 수학교습소
변용기 라온수학학원
서경도 서경도수학교습소
서정우 수성봄수학교습소
소현주 정S과학수학학원
손태수 트루매쓰 학원
송영배 수학의정원
송제현 루트원수학과학학원
신지윤 명석수학학원
안윤서 칸수학
오승제 스키마수학학원
원종욱 더오르빗학원
윤기호 샤인수학학원
이남희 이남희수학
이만희 오로라수학전문학원
이명희 잇츠생각수학학원
이상훈 명석수학학원
이종환 이꼼수학
이주윤 대구 더제이수학 교습소
이진영 소나무학원
이창우 강철에프엠수학학원
이태형 가토수학과학학원
임서진 KNU수학학원
임유진 박진수학
임지연 임지연수학
장지은 인라이트 수학
장창수 더 오르빗 수학과학학원
정민호 대구 스테듀입시학원
정준한 Azit수학
조서현 전문과외
조연호 Cho is Math
조인혁 루트원수학과학학원
조창형 중고등매쓰수학
주기헌 송현여자고등학교
최윤녕 필백수학학원
최지헌 531수학
최현정 MQ멘토수학
최현희 다온수학학원
한원기 한쌤수학
한희태 알파인입시학원
홍은아 탄탄수학
홍태균 교연학원 광장캠퍼스
황지현 위드제스트수학학원

대전

강유식 수학의자유XO

강희태 더브레인코어
곽동훈 노은청람수학학원
김근아 닥터매쓰205
김근하 엠씨스터디수학학원
김남홍 대전종로학원
김다현 전진학원
김동근 더브코M2O 학원
김민아 두원학원
김성근 청람수학전문학원
김소성 소앤수학학원
김소원 케이플러스수학학원
김수빈 전문과외
김승환 청운학원
김아름 에이블학원
김영운 도안명륜당수학학원
김영홍 도안프라임수학학원
김윤정 가오수학리더공부방
김윤혜 슬기로운수학학원
김은지 더브레인코어 초등관
김지현 파스칼 대덕학원
김하은 전문과외
김한솔 시대인재 대전
김해찬 전문과외
김형진 코딩수학
김휘식 양영학원
나효명 열린아카데미
류재원 양영학원
모규민 전문과외
박가와 마스터플랜 수학전문학원
박광순 Aim에임 영수학원
박세훈 카이엠수학학원
박소현 알파수학학원
박솔비 매쓰톡수학 교습소
박진아 호동쌤수학학원
박철순 통달할달수학학원
백승정 오르고 수학학원
변재은 더브레인코어 초등관
서동원 수학의 중심학원
손수임 지성의샘 수학학원 노은점
송선호 CM공부방
송인석 송인석수학학원
송정은 바른수학전문교실
신성호 수학과학하다
신원진 공감수학학원
양지연 자람수학
오근창 구고현법수학학원
오재홍 데이원 수학전문학원
우현석 EBS 수학우수학원
유수림 수림수학학원
유재림 뉴턴수학 반석학원
유준호 더브레인코어학원
윤영진 디플로마학원
윤찬근 오르고 수학학원

이국빈 케이플러스수학학원
이규영 쉐마수학학원
이동현 전문과외
이민호 매쓰플랜수학학원(반석지점)
이수정 청람수학학원
이용범 청담수학
이용희 수림수학학원
이조은 구고현법 수학학원(대전점)
이준희 전문과외
이충현 공주한일고등학교
이희도 전문과외
인승열 신성수학나무
임병수 모티브에듀학원
임현호 전문과외
전하윤 전문과외
전호동 호동쌤수학학원
정병보 카이탑수학
정승준 다온영어국어학원
정예원 더브레인코어 초등관
조용호 오르고 수학학원
조일구 대전종로학원
조창희 시그마수학교습소
조충현 로하스학원
천소은 천소은 수학
최정원 배쌤수학학원
최화용 개념원리홍석수학학원
한준수 둔산딕스입시학원
홍윤우 전문과외
홍진국 저스트학원
황은실 나린학원

부산

강민영 전문과외
강정아 이토록 아름다운 수학
고민자 새로이수학학원
권병국 수력발전소학원
권순석 남천다수인
권영린 과사람학원
권오희 해봄수학교습소
권지원 선재학원
김건우 4퍼센트의논리 수학학원
김나영 전문과외
김도현 해신수학학원
김 민 금정미래탐구
김민경 눈높이신호공부방
김민아 신의학원
김성민 직관수학학원
김유상 끝장교육
김지민 4퍼센트의논리 수학학원
김지연 김지연수학
김초록 수날다수학교습소
김태영 리더수학학원

김희령 노쌤수학학원
노향희 노쌤수학학원
류여진 과사람학원
문초영 단수학전문학원
민상희 민상희수학
박경훈 에듀스미스학원
박기태 프리미엄수학학원
박성찬 프라임 학원
반세훈 매쓰패쓰수학독서학원
배철우 명지 명성학원
부종민 부종민수학
서자현 으뜸학원
서평승 신의학원
선수진 선수학교습소
성은아 하이매쓰
심혜정 오샘학원
여지윤 송수학학원
오인혜 하단초등학교
오희영 김재일수학학원
유소영 파플수학
윤서현 라임라잇 수학학원
이가연 엠오엠 수학학원
이경덕 수딴's 수학
이경수 경:수학
이동건 PME수학학원
이명희 조이수학학원
이승윤 청어람학원
이승혁 직관수학학원
이은혜 이은혜원리수학
이정재 플로우 수학영어학원
이주환 공마학원
이지영 오늘도,영어그리고수학
이 철 과사람학원
이충만 노쌤수학
이혜명 으뜸나무수학학원
이효정 전문과외
장미주 노쌤수학
장윤주 리더수학학원
장지원 해신수학학원
전완재 강앤전 수학학원
전찬용 개금 페르마 학원
정유진 라온수학과학연구소학원
정호영 과사람학원
정휘수 제이매쓰수학방
정희정 정쌤수학
조아영 플레이팩토 오션시티교육원
(두산위브)
조유진 전문과외
채송화 채송화수학
천현민 키움스터디
최광은 럭스 수학
최수정 이루다수학학원
최준승 주감학원

이효진	올토수학학원
임고은	코어수학교습소
임규철	원수학 대치
임민정	전문과외
임성국	전문과외
임성환	로엔스쿨학원
임소영	123수학
임정빈	임정빈수학
임지혜	위드수학교습소
장석진	이덕재수학이미선국어학원
장윤선	분석수학선두학원
장은영	깡수학과학국어학원
장준하	정명학원교습소
장혜미	탑수학 학원
전유희	메타수학
전은나	상상수학학원
전종원	목동 PGA NEO
전진하	탑수학학원
정다운	올림수학학원
정민교	진학학원
정민이	신도림 케이투학원
정소영	깡수학과학국어학원
정수정	대치수학클리닉 대치본점
정승희	수학학원
정유미	휴브레인 압구정학원
정유찬	구주이배 송파본원
정지용	과수원과학수학전문학원
정지흠	PGA전문가집단학원 NEO관
정채봉	매쓰홀릭 학원
정현경	매쓰플랜수학학원
정화진	진화수학학원
정환동	씨앤씨의대수학관
정효석	최상위하다학원
정훈석	시너스학원
조경미	레벌업수학(feat.과학)
조아라	대치동 유일수학
조아라	수학의시점
조원해	연세YT학원
조인상	임기세수학학원
조한진	새미기픈수학
진혜원	더올라수학
차순엽	(주)스마트에듀학원
차슬기	사과나무학원
채영화	윤오상 수학학원
채우리	라엘수학몬스터매스학원
채행원	전문과외
최경홍	홍수학 교습소
최계록	배재고등학교
최규식	최강수학학원 블랙관
최미경	JJ영어수학
최민승	압구정지니어스수학학원
최서윤	늘품수학
최성문	파이온 수학학원

최엄견	수학나라 교습소
최용재	엠피리언학원
최지나	목동 PGA
최지원	동국대학교사범대학부속 고등학교
최향애	피크에듀학원
최형준	더하이스트수학학원
최희경	깡수학과학국어학원
편순창	알면쉽다 연세수학학원
하태성	은평g1230
한명석	아드폰테스
한승우	대치 개념상상SM
한승환	짱솔학원 반포점
한희원	신길수수배 수학학원
함정용	샤프에듀
홍상민	디스토리 수학
홍성진	문해와 수리 학원
홍승혁	전문과외
홍정아	홍정아수학
홍찬민	백인대장 더보스본관학원
황영우	명성학원
황은미	황선생수학교습소

세종

강수민	세종 늘품수학
김나경	김나경수학학원
김선호	강남한국학원
김영하	데카르트수학학원
김우진	정진수학학원
김태환	이음국과사학원
김혜림	단하나수학학원
박민겸	강남한국학원
박주연	GTM수학전문학원
배명선	지티엠 국어 수학 영어 학원
배명욱	GTM 수학학원
배지후	해밀학원
설지연	수학적상상력
신석현	알파학원
오세은	플러스 학습교실
이가람	수학발전소
이대연	하늘수학학원
이지혜	전문과외
이진원	권현수수학전문학원
이혜란	마스터수학교습소
임채호	스파르타영어수학 해밀학원
정하윤	정하윤수학
조홍영	바른수학학원
최성실	샤워너스학원
황선우	수만휘 스파르타 학원

울산

고규라	고수학
권상수	호크마에듀학원
김다영	다함수학전문학원
김민정	김민정 수학
김봉조	퍼스트클래스 수학영어전문학원
김성현	김성현개인과외
김영배	김쌤수학과학학원
김진희	김진수학학원
김현조	별하수학학원
도휘정	해늘수학
문명화	문쌤수학나무
박국진	강한수학전문학원
박민식	위더스 수학전문학원
박성애	알수록수학교습소
송지연	루멘수학과학학원
안지환	안누 수학
오정원	유니크영수전문학원
오종민	수학공작소학원
이동원	동원수학전문학원
이명섭	퍼센트수학학원
이윤호	호크마 에듀학원
최미정	레벨업수학
허샛별	더올림공부방

인천

고명조	노프라블럼수학학원
곽나래	일등수학
기미나	기쌤수학
기진영	밀턴학원
기혜선	체리온탑수학영어학원
김가혜	송도최고수학학원
김강현	강수학전문학원
김미진	인천 공신학원(영종캠퍼스)
김미희	희수학
김보건	대치S클래스
김보경	오아수학
김보영	하이브수학학원
김성균	명품영수학원
김수빈	신의한수수학학원
김은영	전문과외
김응수	메타수학학원
김정태	송도정탑학원
김 준	쭌에듀학원
김진완	성일올림학원
김현호	온풀이 수학 학원
김형진	형진수학학원
김혜영	김혜영 수학
김홍식	석정여자고등학교
남덕우	Fun수학
문초롱	클리어 수학

박동석	매쓰플랜수학학원 청라지점
박명주	증명플러스수학(전문과외)
박상훈	메이드학원 송도점
박설희	엠베스트삼공삼공학원
박용석	절대학원
박원욱	송도수학의문학원
박정우	청라디에이블영어수학학원
박해석	비상영수학원
박혜용	전문과외
박효성	지코스수학학원
배가은	전문과외
배성혁	노프라블럼관리형수학학원
배주은	하늘, 봄 학원
백락범	대치명인학원
서미란	파이데이아학원
서은성	인스카이학원
석동방	송도GLA학원
설동진	유투엠원당아라
송애란	다이나믹학원
송호성	노프라블럼 관리형 수학학원
신영미	JS독학재수&대지학원
신현우	본엘리트 고등관
안은옥	뿌리수학교실
왕건일	토모수학학원
왕아름	씨앤씨11
원혜연	논현수학클라스
유성규	현수학전문학원
유혜정	유쌤수학
윤고은	봉수학학원
이애희	에이탑수학
이예나	등대 수학학원
이정민	검단파이수학학원
이종남	새로이수학학원
이지훈	연세대학교
장동욱	대치명인학원(검단캠퍼스)
장재우	씨앤씨11 학원
장효근	유레카수학학원 인천 만수점
전우진	인사이트영재학원
전지호	수학보호구역
정대웅	와이드수학
정운휘	연수김쌤수학학원
정일우	미래인재수학과학학원
정진영	정선생 수학연구소
정청용	고대수학원
조민관	이앤스 수학학원
차영환	지피수학학원
최덕호	엠스퀘어 수학교습소
최웅철	큰샘수학학원
최 진	절대학원
한승학	단디학원
현미선	써니수학교습소

전남

김광현	한수위수학학원
김윤선	전문과외
김은지	나주혁신위즈수학영어학원
김정은	바른사고력수학
박미옥	목포 폴리아학원
박진성	한가람학원
배미경	창의논리upup
백은진	백강수학학원
성준우	광양제철고등학교
유혜정	전문과외
윤현선	목포 채움수학학원
이강화	강승학원
이미아	한다수학
임진아	브레인 수학
장은주	플레이팩토 수학나무 담양점
정은경	목포베스트수학
조예은	스페셜 매쓰
최수정	초이스 영수학원
최혜지	초이수학
한화형	한수학학원

전북

강대웅	독수리 국어 수학 전문 학원
강원택	탑시드수학전문학원
공아란	세움입시학원
권정욱	권정욱수학과외
김미애	에코일타수학
김상호	휴민고등수학전문학원
김선호	혜명학원
김성혁	S수학전문학원
김수연	전선생 수학학원
김원웅	너를위한수학과학학원
김윤빈	쿼크수학영어전문학원
김지혜	스터디13수학학원
김하나	더하다수학
김현선	에임드 영수학원
박광수	박선생 수학학원
박미숙	매쓰트리수학
박소영	황규종수학전문학원
박재성	올림수학학원
박해정	태인중학교
배태익	스키마아카데미 수학교실
서경원	폴리아수학전문학원
성영재	성영재수학전문학원
송지연	아이비리그데칼트수학
양은지	군산중앙고등학교
양재호	양재호카이스트학원
양형준	전문과외
이강오	전주신흥고등학교
이보근	미라클입시학원

제주

이송심	YMS부송수학관
이승욱	나다수학전문학원
이예선	오늘도신이나수학과학학원
이용국	YMS모현관
이은경	시그마수학전문학원
이지원	긱매쓰
이태임	해냄공부방
이하은	성영재수학전문학원
이한나	H-math
이형수	퍼펙트수학학원
이혜상	S수학전문학원
이호엽	스터디아이학원
임승진	이터널수학영어학원
정세경	전문과외
조영신	성영재 수학학원
조혜나	엠퍼스트수학전문학원
채승희	채승희수학전문학원
최명희	MH수학클리닉학원
최수빈	최쌤수학교습소
최승호	전주 SMT아카데미

제주

강소영	전문과외
김나연	샤인학원
김보라	라딕스수학
김은아	이도학원
김장훈	프로젝트M수학학원
김정미	제이매쓰
김학천	전문과외
김호연	호연지기학원
박대희	실전수학
박승우	남주고등학교
박재현	위더스입시학원
박진석	진리수
양은석	신성여자중학교
여원구	피드백수학전문학원
오가영	전문과외
이선혜	스테디매쓰
이영주	피드백수학학원
이현우	전문과외
장영환	제로링수학교실
장지희	지샘수학
편미경	편쌤수학
한찬혁	써밋수학

충남

강민주	청당동 수학하다 수학교습소
강범수	범수학학원
고영지	전문과외
권오운	광풍중학교
김명은	더하다수학학원

김미경	시티자이수학
김태화	김태화수학학원
김한빛	한빛수학학원
김혜연	JNS 오름학원
박재윤	박재윤수학학원
배성섭	전문과외
서유리	더배움영수학원
서정기	탑씨크리트학원
송명준	JNS오름학원
송은선	전문과외
송재호	불당한일학원
양철환	LAB수학학원
윤재웅	베테랑 수학 전문학원
이경노	충남외국어고등학교
이미소	마스터 수학과학 학원
이봉란	탑매쓰학원
장다희	개인과외교습소
정석균	힐베르트 수학과학 학원
정은수	하이런수학과학학원
조윤경	마스터수학과학학원
최소영	빛나는수학
추교현	더웨이학원
한소연	연수학
한영애	스타트업학원
황인평	탑씨크리트 아산원

충북

강윤기	종로학원하늘교육사직학원
고정균	DM영수학원
김가흔	루트수학학원
김경희	점프업수학학원
김병용	동남 수학하는 사람들 학원
김진영	청주대명학원 수학전문관
김하나	하나수학
노진효	해법수학수풀림학원
백하영	더채움수학영어학원
신지현	이담수학
안영미	라온수학
염종현	탑스영어수학
오가을	이카루스수학학원
오유미	지웰에이펙스수학과학학원
윤장수	전문과외
이경미	행복한수학공부방
이병은	이지피지학원
이병하	한교영어수학학원
이연수	오창 로뎀학원
이예나	수학여우옥산캠퍼스
이태우	청주 파스칼수학학원
장효식	혜미안수학학원
전현재	파스칼수학학원
정예나	top수학 학원
정은실	전문과외

조병교	에르매쓰수학학원
조선경	혜윰수학
조형우	와이파이수학학원
최윤아	피티엠수학학원
최정수	더채움수학영어전문학원
최정현	고대나온남자 영수학원
최현아	이룸수학영어학원
한정수	이명구수학과학전문학원
황성관	오송카이젠학원

대수

이 책은 연구진들이 최근 10년 간 실제 고등학교 중간·기말고사에서 출제된 2,000여 개의 시험지를 일일이 풀어가면서 유형별, 난이도별 출제 경향을 정리하고, 많은 학교에서 공통적으로 출제되는 문제가 무엇인지, 서술형으로 준비해야 할 문제가 무엇인지를 철저하게 분석하여 적중 가능성이 높은 문항만을 엄선하여 수록했습니다. 또한 내신에서 점차 수능형 문제의 비중이 높아지고 있는 만큼 이를 반영하여 최신 내신 트렌드에 최적화된 문제들을 엄선, 다양한 형태의 시험에 대비할 수 있도록 다채로운 아이디어를 담은 문항을 제작했습니다.
더불어 최근 수능/모평, 학평 기출문제를 분석하고, 핵심 문항들을 수록하여 수능형 문제에 대한 감각을 익히고, 문제해결력을 키울 수 있도록 하였습니다.

고난도 문제에서 해결 방향을 전혀 잡지 못하여 풀이를 시작조차 하지 못하는 일이 없으려면 단계별로 생각하는 훈련을 할 수 있는 문항이 필요합니다. 몇 가지 공식이나 유형을 암기하여 기계적으로 푸는 것은 한계가 있을 수밖에 없습니다. 물론 계산력을 키우는 것 자체도 중요하지만, 각각의 개념이 유기적으로 이해되고 활용 가능할 수 있도록 끊임없이 스스로 '왜?'라는 질문을 통해 확실하게 개념을 체화하는 것이 정말 중요합니다. 개념을 꿰뚫는 필수유형을 통해 유사한 문항을 비교·분석하고, 어떤 과정에서 실수가 자주 나오는지 유의하며 공부해야 합니다.

학생부(내신) 성적은 고등학교 생활 3년간의 노력을 꾸준히 쌓아 올리는 것입니다.
기초를 탄탄하게, 매일 성실하게 학습하는 것이 수학 고득점의 정답입니다.

1

교과서 수준의 기본 문항부터 다양한 형태의 최고난도 문항까지 단계별로 담아내었습니다.

앞부분에서는 쉬운 문제를 빠르고 정확하게 풀이하는 훈련을 하고,
뒷부분에서는 독특하고 생소한 최고난도 문제를 해결하기 위한 다양한 연습을 할 수 있도록 구성하였습니다.

2

개념의 흐름을 보여주는 '개념 정리'와 유형별 문제해결방법을 알려주는 '유형 해결 TIP'을 수록하였습니다.

개념 정리에서는 선수학습과의 연결성을 통하여 개념이 발전되고 심화되는 흐름을 설명하였습니다.
유형해결 TIP 에서는 개념학습 후 유형별로 실제 문제를 푸는 데에 도움이 되는 내용을 안내하였습니다.
또한 STEP2 마지막장의 '스키마(schema)' 코너에서는 대표문항에 대해 문제의 조건과 답을 연결할 수 있도록
풀이의 흐름을 도식화하여 문제풀이에 적용할 수 있도록 하였습니다.

3

내신 기출은 물론, 수능/모평, 학평 기출문제까지 철저하게 분석하여 요즘 내신에 최적화하였습니다.

2022 개정 교육과정을 적용하고, 최근 내신 시험 및 수능/모평, 학평의 출제 경향을 정확하게 파악하여
반영하였습니다.

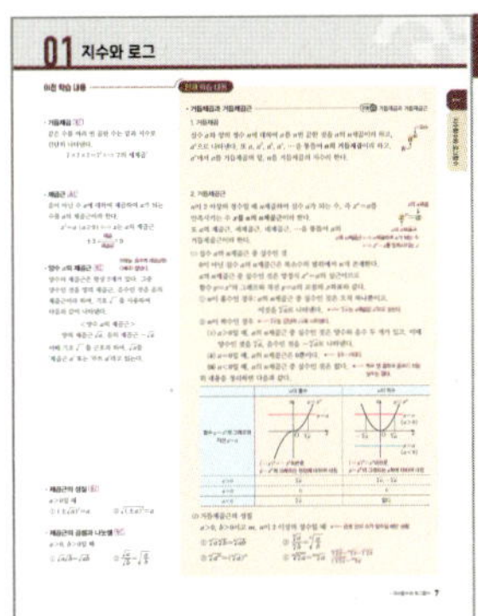

개념 정리

- 새로 학습하는 내용과 연결되는 이전 학습 내용을 함께 정리하였습니다.

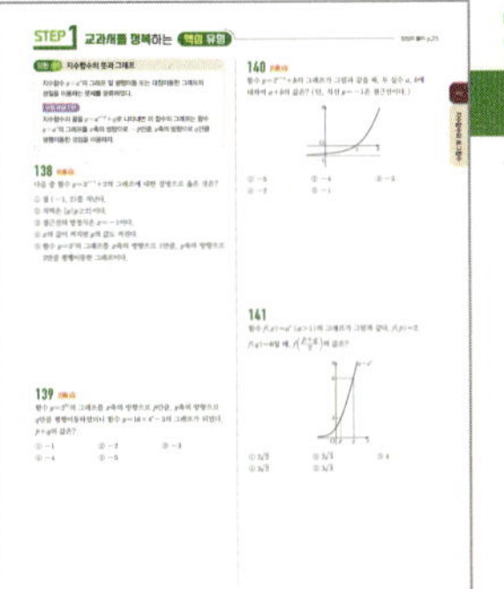

STEP 1

교과서를 정복하는 핵심 유형

- 개념을 적용하는 기본 훈련을 할 수 있는 중하 난이도의 문항들을 단원별 핵심 유형별로 분류하여 제공하였습니다.
- 유형별 문제 해결 방법을 알려주는 유형해결 TIP 을 제공합니다.

STEP 2

내신 실전문제 체화를 위한 심화 유형

- 학교 내신 시험에서 변별력 있는 문제로 자주 출제되는 중상 난이도의 문항들을 유형별로 분류하여 제공하였습니다.
- 배점이 높게 출제되는 **단답형 및 서술형 문항**에 대한 대비를 할 수 있도록 하였습니다.
- 대표문항 스키마(schema)를 제공합니다.

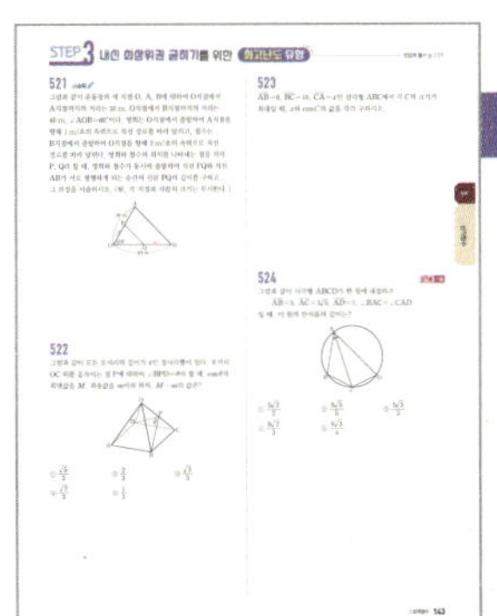

STEP 3

내신 최상위권 굳히기를 위한 최고난도 유형

- 종합적 사고력이 요구되는 최고난도 문항들을 제공하였습니다.
- 배점이 높게 출제되는 **단답형 및 서술형 문항**에 대한 대비를 할 수 있도록 하였습니다.

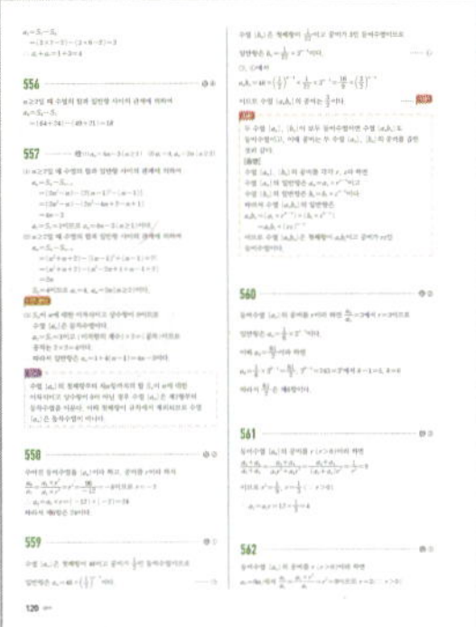

정답과 풀이

- 본풀이와 함께 다양한 아이디어 학습을 위한 다른 풀이 를 수록하였습니다.
- 좀 더 나이스한 풀이를 위한 추가 설명은 TIP 으로, 부가적이거나 심층적인 설명이 필요한 경우 참고 로 제공하여 풍부한 해설을 담았습니다.

■ 아이콘 활용하기

106 빈출 서술형 ┃선행 039

다음 상용로그표를 이용하여 물음에 답하고, 그 과정을 서술하시오.

수	0	1	2	3
3.0	.4771	.4786	.4800	.4814
3.1	.4914	.4928	.4942	.4955
3.2	.5051	.5065	.5079	.5092

(1) $\log x^2 = 3.0102$, $\log \sqrt{y} = -0.2529$를 만족시키는 두 양수 x, y에 대하여 $x+y$의 값을 구하시오.

123 선생님 Pick! 평가원 기출

다음 조건을 만족시키는 최고차항의 계수가 1인 이차함수 $f(x)$가 존재하도록 하는 모든 자연수 n의 값의 합을 구하시오.

(가) x에 대한 방정식 $(x^n - 64)f(x) = 0$은 서로 다른 두 실근을 갖고, 각각의 실근은 중근이다.
(나) 함수 $f(x)$의 최솟값은 음의 정수이다.

빈출 👑

반드시 눈여겨보아야 하는 출제율이 높은 문항을 나타냅니다.

서술형 ✎

서술형 문제로 자주 출제되는 문항을 나타냅니다.
문제를 풀면서 스스로 서술형 답안지를 작성하는 훈련을 할 수 있습니다.

┃선행 215 ┃

비슷한 아이디어를 사용하는 좀 더 쉬운 문항을 안내합니다. 풀이의 접근법을 생각하기 어려울 때 안내된 선행문제를 먼저 풀어보면 심화 문제에 대한 접근에 도움이 됩니다.

평가원 변형 ┃ 평가원 기출 ┃ 교육청 변형 ┃ 교육청 기출

평가원, 교육청 기출문제 또는 그 기출문제가 변형된 문항을 나타냅니다.

선생님 Pick!

현장에 계신 선생님들이 Pick한, 내신에 출제되는 평가원·교육청 모의고사 기출(변형) 문제를 나타냅니다.

Contents

I 지수함수와 로그함수

II 삼각함수

수열

I

지수함수와 로그함수

01 지수와 로그

이전 학습 내용

현재 학습 내용

· 거듭제곱 중1

같은 수를 여러 번 곱한 수는 밑과 지수로
간단히 나타낸다.

$$7 \times 7 \times 7 = 7^3 \iff \text{'7의 세제곱'}$$

· 제곱근 중3

음이 아닌 수 a에 대하여 제곱하여 a가 되는
수를 a의 제곱근이라 한다.

$$x^2 = a \ (a \geq 0) \iff x \text{는 } a \text{의 제곱근}$$

$$\pm 3 \underset{\text{제곱근}}{\overset{\text{제곱}}{\rightleftharpoons}} 9$$

· 양수 a의 제곱근 중3

이때는 음수의 제곱근은 다루지 않았다.

양수의 제곱근은 항상 2개가 있다. 그중
양수인 것을 양의 제곱근, 음수인 것을 음의
제곱근이라 하며, 기호 $\sqrt{\ }$ 를 사용하여
다음과 같이 나타낸다.

<양수 a의 제곱근>

양의 제곱근 $\sqrt{a}$, 음의 제곱근 $-\sqrt{a}$

이때 기호 $\sqrt{\ }$ 를 근호라 하며, $\sqrt{a}$를
'제곱근 a' 또는 '루트 a'라고 읽는다.

· 제곱근의 성질 중3

$a > 0$일 때

① $(\pm\sqrt{a})^2 = a$ ② $\sqrt{(\pm a)^2} = a$

· 제곱근의 곱셈과 나눗셈 중3

$a > 0,\ b > 0$일 때

① $\sqrt{a}\sqrt{b} = \sqrt{ab}$ ② $\dfrac{\sqrt{a}}{\sqrt{b}} = \sqrt{\dfrac{a}{b}}$

· 거듭제곱과 거듭제곱근 ···················· 유형 01 거듭제곱과 거듭제곱근

1. 거듭제곱

실수 a와 양의 정수 n에 대하여 a를 n번 곱한 것을 a의 n제곱이라 하고,
a^n으로 나타낸다. 또 $a,\ a^2,\ a^3,\ a^4,\ \cdots$을 통틀어 **$a$의 거듭제곱**이라 하고,
a^n에서 a를 거듭제곱의 밑, n을 거듭제곱의 지수라 한다.

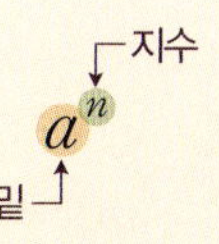

2. 거듭제곱근

n이 2 이상의 정수일 때 n제곱하여 실수 a가 되는 수, 즉 $x^n = a$를
만족시키는 수 x를 **a의 n제곱근**이라 한다.
또 a의 제곱근, 세제곱근, 네제곱근, $\cdots$을 통틀어 a의
거듭제곱근이라 한다.

a의 n제곱근 $\iff n$제곱하여 a가 되는 수
$\iff x^n = a$를 만족시키는 x

(1) 실수 a의 n제곱근 중 실수인 것

0이 아닌 실수 a의 n제곱근은 복소수의 범위에서 n개 존재한다.

a의 n제곱근 중 실수인 것은 방정식 $x^n = a$의 실근이므로
함수 $y = x^n$의 그래프와 직선 $y = a$의 교점의 x좌표와 같다.

① n이 홀수인 경우: a의 n제곱근 중 실수인 것은 오직 하나뿐이고,
이것을 $\sqrt[n]{a}$로 나타낸다. ← $\sqrt[n]{a}$는 n제곱근 a'라고 읽는다.

② n이 짝수인 경우 ← $\sqrt[2]{a}$는 간단히 $\sqrt{a}$로 나타낸다.

(ⅰ) $a > 0$일 때, a의 n제곱근 중 실수인 것은 양수와 음수 두 개가 있고, 이때
양수인 것을 $\sqrt[n]{a}$, 음수인 것을 $-\sqrt[n]{a}$로 나타낸다.

(ⅱ) $a = 0$일 때, a의 n제곱근은 0뿐이다. ← $\sqrt[n]{0} = 0$이다.

(ⅲ) $a < 0$일 때, a의 n제곱근 중 실수인 것은 없다. ← 짝수 번 곱하여 음수가 되는 실수는 없다.

위 내용을 정리하면 다음과 같다.

함수 $y = x^n$의 그래프와 직선 $y = a$	n이 홀수	n이 짝수
	$(-x)^n = -x^n$이므로 $y = x^n$의 그래프는 원점에 대하여 대칭	$(-x)^n = x^n$이므로 $y = x^n$의 그래프는 y축에 대하여 대칭
$a > 0$	$\sqrt[n]{a}$	$\sqrt[n]{a},\ -\sqrt[n]{a}$
$a = 0$	0	0
$a < 0$	$\sqrt[n]{a}$	없다.

(2) 거듭제곱근의 성질

$a > 0,\ b > 0$이고 $m,\ n$이 2 이상의 정수일 때 ← 근호 안의 수가 양수일 때만 성립

① $\sqrt[n]{a}\sqrt[n]{b} = \sqrt[n]{ab}$ ② $\dfrac{\sqrt[n]{a}}{\sqrt[n]{b}} = \sqrt[n]{\dfrac{a}{b}}$

③ $\sqrt[n]{a^m} = (\sqrt[n]{a})^m$ ④ $\sqrt[m]{\sqrt[n]{a}} = \sqrt[mn]{a}$ $\sqrt[m]{\sqrt[n]{a}} = \sqrt[mn]{a} = \sqrt[n]{\sqrt[m]{a}}$
$\sqrt[lm]{\sqrt[n]{a}} = \sqrt[lmn]{a}$

이전 학습 내용

• **지수법칙** 중2

m, n이 자연수일 때

① $a^m a^n = a^{m+n}$

② $(a^m)^n = a^{mn}$

③ $(ab)^n = a^n b^n$

④ $\left(\dfrac{a}{b}\right)^n = \dfrac{a^n}{b^n}$ (단, $b \neq 0$)

⑤ $a^m \div a^n = \begin{cases} a^{m-n} & (m>n) \\ 1 & (m=n) \\ \dfrac{1}{a^{n-m}} & (m<n) \end{cases}$ (단, $a \neq 0$)

현재 학습 내용

• **지수의 확장** ┈┈┈┈┈┈┈┈┈┈┈┈┈┈ 유형 02 지수의 확장과 지수법칙

1. 지수가 양의 정수일 때의 지수법칙

(1) a가 실수이고 n이 양의 정수일 때 $a^n = \underbrace{a \times a \times \cdots \times a}_{n\text{개}}$

(2) a, b가 실수이고 m, n이 양의 정수일 때

① $a^m a^n = a^{m+n}$ ② $(a^m)^n = a^{mn}$ ③ $(ab)^n = a^n b^n$

④ $\left(\dfrac{a}{b}\right)^n = \dfrac{a^n}{b^n}$ (단, $b \neq 0$)   ⑤ $a^m \div a^n = \begin{cases} a^{m-n} & (m>n) \\ 1 & (m=n) \\ \dfrac{1}{a^{n-m}} & (m<n) \end{cases}$ (단, $a \neq 0$)

2. 지수가 정수일 때의 지수법칙

(1) $a \neq 0$이고 n이 양의 정수일 때 자연수 n에 대하여 $0^n = 0$이지만 0^0과 0^{-n}은 정의하지 않는다.

$$a^0 = 1, \quad a^{-n} = \dfrac{1}{a^n}$$

(2) $a \neq 0$, $b \neq 0$이고 m, n이 정수일 때

① $a^m a^n = a^{m+n}$ ② $a^m \div a^n = a^{m-n}$ ← $m=n$, $m<n$인 경우에도 성립

③ $(a^m)^n = a^{mn}$ ④ $(ab)^n = a^n b^n$

3. 지수가 유리수일 때의 지수법칙

(1) $a>0$이고 m은 정수, n은 2 이상의 정수일 때

$$a^{\frac{m}{n}} = \sqrt[n]{a^m}, \text{ 특히 } a^{\frac{1}{n}} = \sqrt[n]{a}$$

(2) $a>0$, $b>0$이고 r, s가 유리수일 때

① $a^r a^s = a^{r+s}$ ② $a^r \div a^s = a^{r-s}$

③ $(a^r)^s = a^{rs}$ ④ $(ab)^r = a^r b^r$

4. 지수가 실수일 때의 지수법칙 ┈┈┈┈┈┈┈┈ 유형 03 지수법칙과 식의 계산

(1) $a>0$일 때, 모든 무리수 x에 대하여 a^x의 값이 하나로 결정되므로 모든 실수 x에 대하여 a^x을 정의할 수 있다.

(2) $a>0$, $b>0$이고 x, y가 실수일 때

① $a^x a^y = a^{x+y}$ ② $a^x \div a^y = a^{x-y}$

③ $(a^x)^y = a^{xy}$ ④ $(ab)^x = a^x b^x$

위 내용을 정리하면 다음과 같다.

지수	양의 정수		정수	유리수	실수
밑	모든 실수		$a \neq 0$	$a>0$	$a>0$
추가 정의	$a^n = \underbrace{a \times a \times \cdots \times a}_{n\text{개}}$ (단, n은 양의 정수)		$a^0 = 1$, $a^{-n} = \dfrac{1}{a^n}$ (단, n은 양의 정수)	$a^{\frac{m}{n}} = \sqrt[n]{a^m}$ (단, m은 정수, n은 2 이상의 정수)	무리수 x에 대하여 a^x의 값
지수 법칙	① $a^m a^n = a^{m+n}$ ② $(a^m)^n = a^{mn}$ ③ $(ab)^n = a^n b^n$ ④ $\left(\dfrac{a}{b}\right)^n = \dfrac{a^n}{b^n}$ (단, $b \neq 0$) ⑤ $a^m \div a^n = \begin{cases} a^{m-n} & (m>n) \\ 1 & (m=n) \\ \dfrac{1}{a^{n-m}} & (m<n) \end{cases}$ (단, $a \neq 0$)			① $a^x a^y = a^{x+y}$ ② $a^x \div a^y = a^{x-y}$ ③ $(a^x)^y = a^{xy}$ ④ $(ab)^x = a^x b^x$	

유형 04 지수법칙의 실생활 활용

• 로그의 정의와 성질 ·· 유형 05 로그의 뜻과 성질

1. 로그의 정의

$a>0$, $a\neq1$일 때, 임의의 양수 N에 대하여 $a^x=N$을 만족시키는 실수 x는 오직 하나 존재한다. 이 수 x를 $\log_a N$과 같이 나타내고 이것을 **a를 밑으로 하는 N의 로그**라 한다. 이때 N을 $\log_a N$의 **진수**라 한다. 이를 정리하면 다음과 같다.

$$a>0,\ a\neq1,\ N>0\text{일 때, } a^x=N \Longleftrightarrow x=\log_a N$$

$$\log_a N \quad (\text{진수, 밑})$$

2. 로그의 성질

(1) 로그의 성질

$a>0$, $a\neq1$, $M>0$, $N>0$이고 k가 임의의 실수일 때

① $\log_a 1=0$, $\log_a a=1$

② $\log_a MN=\log_a M+\log_a N \qquad a^m \times a^n=a^{m+n}$

③ $\log_a \dfrac{M}{N}=\log_a M-\log_a N \qquad a^m \div a^n=a^{m-n}$

④ $\log_a M^k=k\log_a M$

(2) 로그의 밑의 변환 ·· 유형 06 로그의 밑의 변환

$a>0$, $a\neq1$, $b>0$, $c>0$, $c\neq1$일 때

① $\log_a b=\dfrac{\log_c b}{\log_c a}$ ② $\log_a b=\dfrac{1}{\log_b a}$ (단, $b\neq1$)

(3) 로그의 여러 가지 성질

$a>0$, $a\neq1$, $b>0$, $c>0$, $c\neq1$일 때

① $\log_{a^m} b^n=\dfrac{n}{m}\log_a b$ (단, $m\neq0$이고 m, n은 실수)

② $a^{\log_a b}=b$ ③ $a^{\log_c b}=b^{\log_c a}$

3. 상용로그 ·· 유형 07 상용로그

(1) 상용로그의 정의

10을 밑으로 하는 로그를 **상용로그**라 하며, 상용로그 $\log_{10} N$은 보통 밑 10을 생략하여 $\log N$과 같이 나타낸다.

(2) 상용로그표

상용로그표는 0.01의 간격으로 1.00부터 9.99까지의 수에 대한 상용로그의 값을 반올림하여 소수점 아래 넷째 자리까지 나타낸 것이다.

(3) 상용로그의 성질

상용로그표와 로그의 성질을 이용하면 1.00부터 9.99까지의 범위를 벗어난 수의 상용로그의 값을 구할 수 있다.

수	0	1	2	3	⋯	9
1.0	.0000	.0043	.0086	.0128	⋯	.0374
1.1	.0414	.0453	.0492	.0531	⋯	.0755
1.2	.0792	.0828	.0864	.0899	⋯	.1106
1.3	.1139	.1173	.1206	.1239	⋯	.1430
⋮	⋮	⋮	⋮	⋮	⋮	⋮

⑩ 오른쪽 상용로그표에서 $\log 1.13=0.0531$이므로

$$\log 113=\log(1.13\times10^2)=\log 1.13+\log 10^2=0.0531+2=2.0531$$

$$\log 0.113=\log(1.13\times10^{-1})=\log 1.13+\log 10^{-1}$$
$$=0.0531-1=-0.9469$$

유형 08 로그의 실생활 활용

유형 01 거듭제곱과 거듭제곱근

거듭제곱과 거듭제곱근에서는
(1) 거듭제곱근을 구하는 문제
(2) 거듭제곱근 중 실수의 개수를 구하는 문제
(3) 거듭제곱근의 성질을 이용하여 식을 계산하는 문제
(4) 거듭제곱근으로 표현된 수의 대소를 비교하는 문제
를 분류하였다.

001

8의 세제곱근을 모두 구하시오.

002

다음 거듭제곱근 중 실수인 것을 구하시오.

(1) 32의 다섯제곱근

(2) 81의 네제곱근

(3) $-\dfrac{1}{8}$의 세제곱근

003 빈출 👑

3의 제곱근 중 실수인 것의 개수를 a, -4의 세제곱근 중 실수인 것의 개수를 b, -5의 네제곱근 중 실수인 것의 개수를 c라 할 때, $a+b+c$의 값은?

① 1　　　　　　② 2　　　　　　③ 3
④ 4　　　　　　⑤ 5

004 빈출 👑

다음 중 옳은 것은?

① 0의 세제곱근은 없다.

② -64의 세제곱근 중 실수인 것은 2개이다.

③ 3의 네제곱근 중 실수인 것은 $\sqrt[4]{3}$뿐이다.

④ n이 2 이상의 짝수일 때 5의 n제곱근 중 실수인 것은 2개이다.

⑤ n이 2 이상의 홀수일 때 -4의 n제곱근 중 실수인 것은 없다.

005

〈보기〉에서 옳은 것의 개수는?

> ─〈보 기〉─
> ㄱ. $\sqrt[3]{2^3}=2$　　　　　ㄴ. $\sqrt[5]{(-3)^5}=-3$
> ㄷ. $-\sqrt[4]{(-5)^4}=5$　　　ㄹ. $(\sqrt[3]{-2})^3=-2$
> ㅁ. $(\sqrt{-2})^2=\sqrt{(-2)^2}$

① 1　　　　　　② 2　　　　　　③ 3
④ 4　　　　　　⑤ 5

006

다음은 어떤 학생이 $\sqrt{(-2)^{14}}$을 계산한 과정이다. 계산 과정에서 등호가 성립하지 <u>않는</u> 곳은?

$$\sqrt{(-2)^{14}} \underset{①}{=} \sqrt{(-2)^{2\times7}} \underset{②}{=} \sqrt{(-2)^{7\times2}}$$
$$\underset{③}{=} \{\sqrt{(-2)^7}\}^2 \underset{④}{=} (-2)^7 \underset{⑤}{=} -128$$

007

다음 중 옳지 <u>않은</u> 것은?

① -2는 -8의 세제곱근 중의 하나이다.
② 16의 네제곱근은 ± 2이다.
③ 세제곱근 27은 3이다.
④ 5의 세제곱근은 방정식 $x^3 = 5$의 근이다.
⑤ n이 2 이상의 홀수일 때 $\sqrt[n]{a}$의 부호는 a의 부호와 일치한다.

008

다음 중 옳은 것은?

① $\sqrt[3]{7} \times \sqrt[4]{7} = \sqrt[7]{7}$

② $\sqrt{-\sqrt[3]{64}} = -2$

③ $\sqrt[4]{\sqrt[3]{16}} = \sqrt[12]{8}$

④ $\dfrac{\sqrt[3]{-81}}{\sqrt[3]{-3}} = 3$

⑤ $\left(\sqrt[3]{5} \times \dfrac{1}{\sqrt{5}} \right)^6 = 5$

009 빈출

세 수 $\sqrt[3]{3}$, $\sqrt[4]{5}$, $\sqrt[6]{10}$의 대소 관계로 옳은 것은?

① $\sqrt[3]{3} < \sqrt[4]{5} < \sqrt[6]{10}$

② $\sqrt[3]{3} < \sqrt[6]{10} < \sqrt[4]{5}$

③ $\sqrt[4]{5} < \sqrt[3]{3} < \sqrt[6]{10}$

④ $\sqrt[6]{10} < \sqrt[3]{3} < \sqrt[4]{5}$

⑤ $\sqrt[6]{10} < \sqrt[4]{5} < \sqrt[3]{3}$

유형 02 **지수의 확장과 지수법칙**

지수가 정수, 유리수, 실수로 확장될 때의 수를 나타내고, 지수법칙을 이용하여 식을 계산하는 문제를 분류하였다.

010

다음은 a^x에서 지수 x의 범위를 확장한 순서를 나타낸 것이다. 지수 x의 범위에 따른 밑 a의 조건을 바르게 연결한 것은?

x	자연수	정수	유리수	실수
a	(가)	(나)	(다)	(라)

	(가)	(나)	(다)	(라)
①	모든 실수	$a \neq 0$	$a \neq 0$	$a > 0$
②	모든 실수	$a \neq 0$	$a > 0$	$a > 0$
③	모든 실수	$a > 0$	$a \neq 0$	$a \neq 0$
④	모든 실수	$a > 0$	$a > 0$	$a > 0$
⑤	모든 실수	$a \geq 0$	$a > 0$	$a > 0$

011

$a = (2^{2-\sqrt{2}})^{\sqrt{2}}$, $b = (2^{\sqrt{2}})^{2+\sqrt{2}}$일 때, $\dfrac{a}{b}$의 값은?

① $\dfrac{1}{16}$

② $\dfrac{1}{4}$

③ 2

④ 4

⑤ 16

012

다음을 계산하시오.

(1) $\sqrt[3]{4} \times 2^{\frac{4}{3}}$

(2) $\left\{ \left(\dfrac{8}{27} \right)^{-\frac{3}{4}} \right\}^{\frac{8}{9}}$

(3) $3^{2-\sqrt{3}} \times (3^{\sqrt{6}})^{\frac{1}{\sqrt{2}}}$

(4) $81^{0.75} \div (\sqrt[3]{3^4})^{\frac{9}{4}} \times \left(\dfrac{1}{3} \right)^{-1}$

(5) $2^{-\frac{2}{5}} \times 5^{\frac{8}{5}} \times 10^{-\frac{3}{5}}$

013 빈출 👑

1이 아닌 양수 a에 대하여 $\sqrt[3]{a} \times \sqrt[4]{a} = a^k$일 때, 상수 k의 값은?

① $\dfrac{1}{12}$　　　② $\dfrac{1}{4}$　　　③ $\dfrac{5}{12}$

④ $\dfrac{7}{12}$　　　⑤ $\dfrac{3}{4}$

014

$\sqrt[4]{\dfrac{\sqrt[6]{a}}{\sqrt{a}}} \div \sqrt[3]{\dfrac{\sqrt[8]{a}}{a\sqrt{a}}}$ 를 간단히 한 것은? (단, a는 1이 아닌 양수이다.)

① $a^{\frac{3}{16}}$　　　② $a^{\frac{1}{4}}$　　　③ $a^{\frac{5}{16}}$

④ $a^{\frac{3}{8}}$　　　⑤ $a^{\frac{7}{16}}$

015

1이 아닌 서로 다른 두 양수 a, b에 대하여

$$\sqrt{a^3 b^2} \times \sqrt[3]{a^2 b^5} \div \sqrt[12]{a^{18} b^4}$$

을 간단히 한 것은?

① $a^{\frac{1}{3}} b^{\frac{7}{3}}$　　　② $a^{\frac{1}{3}} b^{\frac{8}{3}}$　　　③ $a^{\frac{2}{3}} b^{\frac{7}{3}}$

④ $a^{\frac{2}{3}} b^{\frac{8}{3}}$　　　⑤ $ab^{\frac{7}{3}}$

016 빈출 👑

$\sqrt{2} \times \sqrt[3]{9} \div \sqrt[4]{12} = 2^a \times 3^b$일 때, $a+b$의 값은?

(단, a, b는 유리수이다.)

① $\dfrac{7}{12}$　　　② $\dfrac{9}{12}$　　　③ $\dfrac{11}{12}$

④ $\dfrac{13}{12}$　　　⑤ $\dfrac{15}{12}$

유형 03 지수법칙과 식의 계산

지수법칙과 식의 계산에서는

(1) 지수법칙과 곱셈 공식을 이용하여 식의 값을 구하는 문제

(2) $\dfrac{a^x + a^{-x}}{a^x - a^{-x}}$과 같이 분모, 분자에 거듭제곱 꼴이 있는 식을 간단히 하여 식의 값을 구하는 문제

(3) $a^x = b^y = k$와 같은 꼴에서 지수 사이의 관계식을 통해 식의 값을 구하는 문제

를 분류하였다.

017 빈출 👑

$x + x^{-1} = 3$일 때, 다음 식의 값을 구하시오.

(1) $x^2 + x^{-2}$　　　　　(2) $x^3 + x^{-3}$

018 교육청 기출

$3^x + 3^{1-x} = 10$일 때, $9^x + 9^{1-x}$의 값은?

① 91　　　② 92　　　③ 93

④ 94　　　⑤ 95

019

세 실수 a, b, c가 $a^2+b^2+c^2=13$, $a+b+c=4$를 만족시킬 때, $(2^a)^{b+c} \times (2^b)^{c+a} \times (2^c)^{a+b}$의 값은?

① 2   ② 4   ③ 8

④ 16   ⑤ 32

020 빈출

$a^{2x}=3$일 때, $\dfrac{a^{3x}+a^{-3x}}{a^x-a^{-x}}$의 값은? (단, $a>0$)

① $\dfrac{5}{3}$ ② $\dfrac{8}{3}$ ③ $\dfrac{11}{3}$

④ $\dfrac{14}{3}$ ⑤ $\dfrac{17}{3}$

021

$\dfrac{a^x-a^{-x}}{a^x+a^{-x}}=\dfrac{1}{3}$일 때, a^{4x}의 값은? (단, $a>0$)

① 1   ② 4   ③ 9

④ 16   ⑤ 25

022 빈출

$63^x=81$, $7^y=3$을 만족시키는 두 실수 x, y에 대하여 $\dfrac{4}{x}-\dfrac{1}{y}$의 값은?

① -2 ② -1 ③ 1

④ 2   ⑤ 3

023

다음 물음에 답하시오.

(1) 세 실수 x, y, z에 대하여 $6^x=8^y=9^z=12$일 때, $\dfrac{2}{x}+\dfrac{2}{y}+\dfrac{1}{z}$의 값을 구하시오.

(2) 세 실수 x, y, z에 대하여 $2^x=7^y=\left(\dfrac{1}{14}\right)^z$일 때, $\dfrac{1}{x}+\dfrac{1}{y}+\dfrac{1}{z}$의 값을 구하시오. (단, $xyz \neq 0$)

유형 04 지수법칙의 실생활 활용

> 지수법칙을 수학 외적 상황과 결합하여 묻는 문제를 분류하였다.

024

교육청 기출

식품의 부패 정도를 수치화한 식품손상지수 G와 상대습도 $H\,(\%)$, 기온 $T\,(℃)$ 사이에는 다음과 같은 관계가 있다고 한다.

$$G = \frac{H-65}{14} \times (1.05)^T$$

상대습도가 80 %, 기온이 35 ℃일 때의 식품손상지수를 G_1, 상대습도가 70 %, 기온이 20 ℃일 때의 식품손상지수를 G_2라 할 때, $\dfrac{G_1}{G_2}$의 값은? (단, $(1.05)^{15}=2$로 계산한다.)

① 6 ② 7 ③ 8
④ 9 ⑤ 10

유형 05 로그의 뜻과 성질

> 로그의 뜻과 성질에서는
>   (1) 로그의 정의를 이용하는 문제
>   (2) 로그가 정의되기 위한 조건을 구하는 문제
>   (3) 로그의 성질을 이용하여 식을 계산하는 문제
> 를 분류하였다.

025

1이 아닌 두 양수 a, b가 다음 조건을 만족시킬 때, $\dfrac{b}{a}$의 값은?

> (가) $\log_2 a = 3$
> (나) $\log_b 4 = \dfrac{2}{5}$

① 2 ② 4 ③ 8
④ 16 ⑤ 32

026

$\log_{\frac{1}{16}}\{\log_9(\log_2 x)\} = \dfrac{1}{4}$을 만족시키는 실수 x의 값은?

① 8 ② 12 ③ 16
④ 24 ⑤ 32

027 빈출

다음 물음에 답하시오.

(1) $\log_x(3-x)$가 정의되기 위한 실수 x의 값의 범위를 구하시오.

(2) $\log_{x-2}(-x^2+6x+16)$이 정의되기 위한 정수 x의 개수를 구하시오.

028

다음 중 옳은 것은?

(단, $a>0$, $a\neq 1$, $x>0$, $y>0$이고, n은 자연수이다.)

① $\log_a(x+y) = \log_a x + \log_a y$
② $\log_a x^n = (\log_a x)^n$
③ $\log_a \dfrac{x}{y} = \dfrac{\log_a x}{\log_a y}$
④ $\log_a xy = \log_a x \times \log_a y$
⑤ $\log_a a = 1$

029 빈출 👑

다음을 계산하시오.

(1) $\log_2 40 - \log_2 5$

(2) $\log_2 \dfrac{4}{3} + 2 \log_2 \sqrt{12}$

(3) $\log_3 \sqrt{6} + \dfrac{1}{2} \log_3 5 - \dfrac{3}{2} \log_3 \sqrt[3]{10}$

유형 06 로그의 밑의 변환

로그의 밑의 변환 공식을 이용하는 문제를 분류하였다.

유형해결 TIP

밑의 변환 공식에 의하여 임의의 로그에 대한 밑을 1이 아닌 임의의 양수로 바꿀 수 있다.
또한 밑이 서로 다른 로그도 밑을 변환하여 같게 만들어 주면 로그의 성질을 이용하여 쉽게 계산할 수 있다.
다음과 같은 식을 빠르게 계산할 수 있도록 하자.
$$\log_a b \times \log_b a = 1$$
$$\log_a b \times \log_b c \times \log_c d = \log_a d$$

030

$x = \log_4 6$, $y = \log_9 6$일 때, $\dfrac{1}{x} + \dfrac{1}{y}$의 값은?

① $\dfrac{3}{2}$ ② 2 ③ $\dfrac{5}{2}$

④ 3 ⑤ $\dfrac{7}{2}$

031

다음을 간단히 하시오.

(1) $\log_3 2 \times \log_2 3$ (2) $\log_2 5 \times \log_5 3 \times \log_3 8$

032

$4^{\log_2 12 + 2 \log_{\frac{1}{2}} 3}$의 값은?

① $\dfrac{9}{16}$ ② $\dfrac{2}{3}$ ③ $\dfrac{3}{4}$

④ $\dfrac{4}{3}$ ⑤ $\dfrac{16}{9}$

033

$\log_2 3 = a$, $\log_2 5 = b$일 때, 다음을 a, b로 나타내시오.

(1) $\log_2 45$ (2) $\log_{50} 24$

(3) $\log_5 \dfrac{4}{27}$

034 빈출 👑

$\log_2 3 = a$, $\log_5 2 = b$일 때, $\log_{45} 120$을 a, b로 나타낸 것은?

① $\dfrac{ab+a+1}{ab+1}$ ② $\dfrac{ab+b+1}{ab+1}$

③ $\dfrac{ab+2a+1}{2ab+1}$ ④ $\dfrac{ab+3b+1}{2ab+1}$

⑤ $\dfrac{ab+3b+1}{3ab+1}$

035

1이 아닌 양수 x에 대하여

$$\frac{1}{\log_3 x}+\frac{1}{\log_6 x}+\frac{1}{\log_8 x}=\frac{2}{\log_a x}$$

일 때, 양수 a의 값은?

① 6　　　　　② 9　　　　　③ 12

④ 15　　　　　⑤ 18

036

두 실수 a, b에 대하여 $18^a=2$, $18^b=7$일 때, $9^{\frac{a+b}{1-a}}$의 값은?

① 14　　　　　② 21　　　　　③ 28

④ 35　　　　　⑤ 42

037

두 실수 x, y가 $2^x=5^y=20$을 만족시킬 때, $(x-2)(y-1)$의 값은?

① 1　　　　　② 2　　　　　③ 3

④ 4　　　　　⑤ 5

유형 07 상용로그

상용로그에서는

(1) 상용로그의 값을 계산하거나 상용로그로 표현하는 문제

(2) 상용로그의 정수 부분과 소수 부분에 관한 문제

를 분류하였다.

유형해결 TIP

$\log A=n+\alpha$ (n은 정수, $0\le\alpha<1$)일 때,

n은 $\log A$의 정수 부분이고, α는 $\log A$의 소수 부분이다.

상용로그의 값이 음수일 때, $0\le$(소수 부분)<1임을 주의하여

정수 부분, 소수 부분을 구하자.

예) $\log 0.002=\log(2\times10^{-3})=\log 2-3=0.3010-3=-2.6990$

이때 소수 부분은 -0.6990이 아님에 주의하자.

$$-2.6990=-2-0.6990=(-2-1)+(1-0.6990)$$
$$=-3+0.3010$$

이므로 정수 부분은 -3, 소수 부분은 0.3010이다.

038

$\log 2.64=0.4216$일 때, 다음 값을 구하시오.

(1) $\log 264$　　　　　(2) $\log 26400$

(3) $\log 0.264$　　　　　(4) $\log 0.00264$

039 빈출

$\log 3.45=0.5378$일 때, $\log a=2.5378$, $\log b=-2.4622$를 만족시키는 a, b의 값을 각각 구하시오.

040

| 선행 033 |

$\log 2=a$, $\log 3=b$일 때, 다음을 a, b로 나타내시오.

(1) $\log_3 5$　　　　　　(2) $\log_{0.6} 0.24$

유형 08 로그의 실생활 활용

로그를 수학 외적 상황과 결합하여 묻는 문제를 분류하였다.
특히 상용로그 관련 실생활 활용 문제가 자주 출제된다.

041

소리의 세기가 $I\,(\mathrm{W/m^2})$일 때, 소리의 크기는

$10\log\dfrac{I}{10^{-12}}\,(\mathrm{dB})$이다. 크기가 80 dB인 소리의 세기는 크기가

30 dB인 소리의 세기의 몇 배인가?

① 10^3　　　　　② 10^5　　　　　③ 10^7

④ 10^9　　　　　⑤ 10^{11}

042

지진에 의해서 발생된 에너지의 양은 보통 리히터 규모로
나타내는데, 발생되는 에너지가 $x\,\mathrm{erg}$(에르그)인 지진의 리히터
규모를 M이라 하면

$$\log x=11.8+1.5M$$

이 성립한다고 한다. 리히터 규모가 7인 지진의 에너지는 리히터
규모가 5인 지진의 에너지의 몇 배인가?

① 10　　　　　② 10^2　　　　　③ 10^3

④ 10^4　　　　　⑤ 10^5

043 빈출 👑

별의 밝기는 지구에서 그 별을 볼 때의 밝기인 겉보기 등급과
그 별이 지구에서 10파섹의 거리에 있다고 가정했을 때의 밝기인
절대등급으로 나타낸다. 지구까지 거리가 x파섹인 별의 겉보기
등급을 m, 절대등급을 M이라 하면

$$m-M=5\log x-5$$

인 관계가 성립한다고 한다. 겉보기 등급이 5, 절대등급이 -4인
별의 지구까지의 거리는 몇 파섹인지 구하시오.

(단, $\log 6.31=0.8$로 계산한다.)

044

빛이 어떤 유리판을 한 장 통과할 때마다 그 밝기가 2 %씩
감소한다고 한다. 밝기가 1000인 빛이 이 유리판을 10장 통과했을
때의 밝기를 구하시오.

(단, $\log 9.8=0.9912$, $\log 8.17=0.912$로 계산한다.)

유형 01 거듭제곱과 거듭제곱근

045 빈출 👑

| 선행 008 |

다음을 계산하시오.

(1) $\sqrt[5]{32^2} \div (\sqrt[3]{2})^6 \times \sqrt{\sqrt[3]{64}}$

(2) $\sqrt[5]{(-6)^5} + \sqrt[4]{(-5)^4} + \sqrt[4]{(-3)^8} + \sqrt[3]{-2^6}$

(3) $\sqrt[3]{-27} + \sqrt[3]{5} \times \sqrt[3]{25} - \sqrt[3]{\sqrt{8^2}}$

(4) $\sqrt[3]{\sqrt{9^2}} \times \sqrt[3]{81} + \dfrac{\sqrt[4]{162}}{\sqrt[4]{2}}$

046

$\sqrt[3]{40} + \sqrt[3]{75} \times \sqrt[3]{225} - \sqrt[9]{-125}$ 를 간단히 한 것은?

① $12\sqrt[3]{5}$ ② $14\sqrt[3]{5}$ ③ $16\sqrt[3]{5}$
④ $18\sqrt[3]{5}$ ⑤ $20\sqrt[3]{5}$

047

다음 물음에 답하시오.

(1) $\sqrt[3]{4}$의 제곱근 중 양수인 것을 p, 54의 세제곱근 중 실수인 것을 q라 할 때, $q-p$의 값을 구하시오.

(2) $\{(\sqrt{-8})^2\}^3$의 세제곱근 중 실수인 것을 a, $\sqrt[3]{(-2)^6}$의 네제곱근 중 양수인 것을 b라 할 때, $a+b^2$은 c의 세제곱근이다. 실수 c의 값을 구하시오.

048

모든 실수 x에 대하여 $\sqrt[5]{-x^2+2ax-8a}$가 음수가 되도록 하는 모든 정수 a의 개수는?

① 6 ② 7 ③ 8
④ 9 ⑤ 10

049

| 선행 003 |

실수 x와 2 이상의 자연수 n에 대하여 x의 n제곱근 중 실수인 것의 개수를 $f(x, n)$이라 할 때,
$$f(\sqrt{3}, 5) + f(-\sqrt[4]{5}, 3) + f(0, 4) + f(\sqrt[7]{-4}, 6)$$
의 값은?

① 2 ② 3 ③ 4
④ 5 ⑤ 6

050

2 이상의 자연수 n에 대하여 $\dfrac{9}{2}-n$의 n제곱근 중 실수인 것의 개수를 $f(n)$이라 할 때,
$$f(3) + f(4) + f(5) + f(6) + f(7) + f(8)$$
의 값은?

① 4 ② 5 ③ 6
④ 7 ⑤ 8

051

실수 x에 대하여 x의 네제곱근 중 실수인 것의 개수를 $f(x)$라 하고, x의 다섯제곱근 중 실수인 것의 개수를 $g(x)$라 하자. $|a| \leq 5$, $|b| \leq 5$인 두 정수 a, b에 대하여 $f(a)g(b)=2$를 만족시키는 a, b의 모든 순서쌍 (a, b)의 개수는?

① 50 ② 55 ③ 60
④ 65 ⑤ 70

052

교육청 기출

자연수 n에 대하여 $n(n-4)$의 세제곱근 중 실수인 것의 개수를 $f(n)$이라 하고, $n(n-4)$의 네제곱근 중 실수인 것의 개수를 $g(n)$이라 하자. $f(n)>g(n)$을 만족시키는 모든 n의 값의 합은?

① 4 ② 5 ③ 6
④ 7 ⑤ 8

053

선생님 Pick! **교육청 기출**

$4 \leq n \leq 12$인 자연수 n에 대하여 $n^2-15n+50$의 n제곱근 중 실수인 것의 개수를 $f(n)$이라 하자. $f(n)=f(n+1)$을 만족시키는 모든 n의 값의 합은?

① 15 ② 17 ③ 19
④ 21 ⑤ 23

054

2 이상의 자연수 n에 대하여 $\sqrt[n]{60}$보다 크지 않은 최대의 정수를 $f(n)$이라 할 때,
$$f(2)+f(3)+f(4)+\cdots+f(10)$$
의 값은?

① 17 ② 18 ③ 19
④ 20 ⑤ 21

055

| 선행 009 |

집합 $X=\{\sqrt[3]{2\sqrt{6}},\ \sqrt[3]{\sqrt{10}},\ \sqrt[4]{3\sqrt[3]{5}}\}$에 대하여 $x_1 \in X$, $x_2 \in X$일 때, $\dfrac{x_2}{x_1}$의 최댓값은?

① $\sqrt[12]{\dfrac{27}{20}}$ ② $\sqrt[6]{\dfrac{12}{5}}$ ③ $\sqrt[12]{\dfrac{64}{15}}$
④ $\sqrt[6]{\dfrac{27}{5}}$ ⑤ $\sqrt[6]{\dfrac{64}{27}}$

유형 02 지수의 확장과 지수법칙

056

다음을 계산하시오.

(1) $\dfrac{(3^{\frac{6}{5}}-3^{\frac{1}{5}})^5}{4}$

(2) $\dfrac{(1-2^{-\frac{1}{4}})(1+2^{-\frac{1}{4}})(1+2^{-\frac{1}{2}})(1+2^{-1})}{(\sqrt[3]{3}-\sqrt[3]{2})(\sqrt[3]{9}+\sqrt[3]{6}+\sqrt[3]{4})}$

057 빈출

그림과 같은 정육면체의 부피가 4일 때, 색칠한 정삼각형의 넓이는 $2^p \times 3^q$이다. 유리수 p, q에 대하여 $p+q$의 값은?

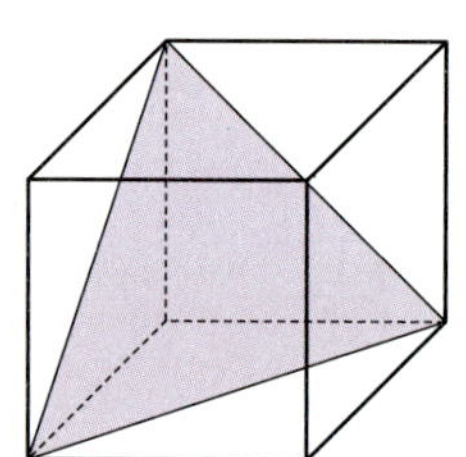

① $\dfrac{2}{3}$　　② $\dfrac{5}{6}$　　③ 1

④ $\dfrac{7}{6}$　　⑤ $\dfrac{4}{3}$

058 빈출

| 선행 013 |

1이 아닌 양수 a에 대하여

$$\sqrt[3]{a\sqrt{a \times \sqrt[4]{a^3}}} \div \sqrt[6]{a \times \sqrt[4]{a^k}} = 1$$

을 만족시키는 실수 k의 값은?

① 5　　② 7　　③ 9

④ 11　　⑤ 13

059 서술형

$a \neq 0$이고 m, n이 정수일 때, $a^m \div a^n = a^{m-n}$이 성립한다. 이와 거듭제곱근의 성질을 이용하여 $a > 0$이고 r, s가 유리수일 때, $a^r \div a^s = a^{r-s}$이 성립함을 증명하시오.

060

$$\frac{1}{6^{-30}+1}+\frac{1}{6^{-29}+1}+\cdots+\frac{1}{6^{-1}+1}+\frac{1}{6^0+1}$$
$$+\frac{1}{6^1+1}+\cdots+\frac{1}{6^{29}+1}+\frac{1}{6^{30}+1}=\frac{q}{p}$$

일 때, $p+q$의 값은? (단, p와 q는 서로소인 자연수이다.)

① 61　　② 62　　③ 63

④ 64　　⑤ 65

061 교육청 변형

좌표평면 위의 두 점 $(0,\,0)$, $\left(\dfrac{1}{2},\,2^k\right)$을 지나는 직선이 직선 $4^{\sqrt{3}+1}x+2^{\sqrt{3}+2}y+1=0$에 수직일 때, k의 값은?

① $-2-2\sqrt{3}$ ② $-1-2\sqrt{3}$ ③ $-2-\sqrt{3}$
④ $-1-\sqrt{3}$ ⑤ $-\sqrt{3}$

062 빈출

$2\le n\le 200$인 자연수 n에 대하여 $\left(5\sqrt{5^3}\right)^{\frac{1}{6}}$이 어떤 자연수의 n제곱근이 되도록 하는 n의 개수를 구하시오.

063 빈출

n이 정수일 때, $\left(\dfrac{1}{8}\right)^{\frac{5}{n}}$이 나타낼 수 있는 모든 자연수의 곱은 2^k이다. k의 값은?

① 16 ② 20 ③ 24
④ 28 ⑤ 32

064 교육청 기출

2 이상의 자연수 n에 대하여 $\left(\sqrt{3^n}\right)^{\frac{1}{2}}$과 $\sqrt[n]{3^{100}}$이 모두 자연수가 되도록 하는 모든 n의 값의 합을 구하시오.

065 교육청 기출

$m\le 135$, $n\le 9$인 두 자연수 m, n에 대하여 $\sqrt[3]{2m}\times\sqrt{n^3}$의 값이 자연수일 때, $m+n$의 최댓값은?

① 97 ② 102 ③ 107
④ 112 ⑤ 117

066 빈출

세 양수 a, b, c에 대하여 $a^5=2$, $b^6=7$, $c^9=13$일 때, $(abc)^n$이 자연수가 되도록 하는 자연수 n의 최솟값은?

① 30 ② 60 ③ 90
④ 120 ⑤ 150

유형 03 지수법칙과 식의 계산

067

양수 a에 대하여 $6^{x+1}=12a$, $18^{x-1}=\dfrac{2}{3}a$일 때, $\left(\dfrac{1}{3}\right)^{2x-3}$의 값은?

① $\dfrac{1}{2}$ 　　　② $\dfrac{2}{3}$ 　　　③ $\dfrac{3}{4}$

④ $\dfrac{4}{5}$ 　　　⑤ $\dfrac{5}{6}$

068

두 실수 a, b에 대하여 $2^a=5$, $10^b=30$일 때 2^{ab-a+b}의 값을 구하시오.

069

두 실수 a, b에 대하여 $7^{2a+b}=32$, $7^{a-b}=2$일 때, $4^{\frac{a+2b}{ab}}$의 값은?

① 7^2 　　　② 7^3 　　　③ 7^4

④ 7^5 　　　⑤ 7^6

070

$x=2^{\frac{1}{3}}-2^{-\frac{1}{3}}$일 때, $2x^3+6x+3$의 값은?

① 3 　　　② 6 　　　③ 9

④ 12 　　　⑤ 15

071

$x=6+2\sqrt{7}$, $y=6-2\sqrt{7}$이고 $a=x^{\frac{1}{3}}+y^{\frac{1}{3}}$일 때, a^3-6a+6의 값을 구하시오.

072 빈출 👑

| 선행 **017** |

다음 물음에 답하시오.

(1) $0<x<1$이고 $x^{\frac{1}{2}}+x^{-\frac{1}{2}}=4$일 때, $x^{\frac{1}{2}}-x^{-\frac{1}{2}}$의 값을 구하시오.

(2) $x>0$이고 $x+x^{-1}=5$일 때, $x^{\frac{3}{2}}+x^{-\frac{3}{2}}$의 값을 구하시오.

073

$\sqrt{x}+\dfrac{1}{\sqrt{x}}=\sqrt{5}$일 때, $\dfrac{(x^{\frac{3}{2}}-1)(x^{-\frac{3}{2}}-1)}{x^2+x^{-2}}$의 값을 구하시오.

074 빈출 ♛

$9^x+9^{-x}=6$일 때, $\dfrac{3^{6x}-1}{3^{4x}-3^{2x}}$의 값은?

① 5   ② 7   ③ 9

④ 11   ⑤ 13

075

$x=2^{\frac{1}{6}}+2^{-\frac{1}{6}}$일 때, $\sqrt{x^2-4}+x=2^k$이다. 상수 k의 값을 구하시오.

076

| 선행 023 |

다음 물음에 답하시오.

(1) 세 실수 x, y, z에 대하여 $2^x=(\sqrt{3})^y=5^z$, $\dfrac{1}{x}+\dfrac{2}{y}+\dfrac{1}{z}=3$일 때, $2^{\frac{3}{2}x}$의 값을 구하시오. (단, $xyz\neq0$)

(2) $40^x=2$, $\left(\dfrac{1}{5}\right)^y=8$, $a^z=4$를 만족시키는 세 실수 x, y, z에 대하여 $\dfrac{1}{x}+\dfrac{3}{y}-\dfrac{1}{z}=2$가 성립할 때, 양수 a의 값을 구하시오.

077 빈출 ♛

0이 아닌 세 실수 a, b, c에 대하여 $6^a=3^b=k^c$, $ac=2ab+bc$ 일 때, 양수 k의 값은?

① $\dfrac{\sqrt{2}}{4}$ ② $\dfrac{1}{2}$ ③ $\dfrac{\sqrt{2}}{2}$

④ $\sqrt{2}$ ⑤ 2

078 서술형 ✎

0이 아닌 두 실수 a, b에 대하여 $4^a=9^b$, $2ab-a-b=0$일 때, $4^a\times\left(\dfrac{1}{81}\right)^b$의 값을 구하고, 그 과정을 서술하시오.

079

$x^a = y^b = (xy)^{\frac{c}{3}}$이 성립할 때, $\dfrac{6ab}{bc+ca}$의 값은?

(단, x, y는 1이 아닌 양수이고, $abc \neq 0$이다.)

① 2   ② 3   ③ 4
④ 6   ⑤ 12

080

$a = \dfrac{\sqrt{3}}{3}$일 때, $\dfrac{2}{1-a^{\frac{1}{8}}} + \dfrac{2}{1+a^{\frac{1}{8}}} + \dfrac{4}{1+a^{\frac{1}{4}}} + \dfrac{8}{1+a^{\frac{1}{2}}} + \dfrac{16}{1+a}$의 값은?

① 32   ② 36   ③ 40
④ 44   ⑤ 48

유형 04 지수법칙의 실생활 활용

081

넓이가 8인 직사각형을 축소 복사하려고 한다. 출력된 직사각형을 같은 배율로 다시 축소 복사하는 과정을 반복할 때, 5번째로 축소 복사된 직사각형의 넓이가 2가 되었다. 3번째로 축소 복사된 직사각형의 넓이는?

① $2^{\frac{6}{5}}$ ② $2^{\frac{7}{5}}$ ③ $2^{\frac{8}{5}}$
④ $2^{\frac{9}{5}}$ ⑤ $2^{\frac{11}{5}}$

082

처음 온도가 $A\,°C$인 물체를 온도가 $B\,°C$인 곳에 놓아두면 이 물체의 t분 후의 온도 $f(t)(°C)$는

$$f(t) = B + (A-B)p^{-kt} \quad (p,\ k\text{는 상수})$$

이 된다고 한다. 처음 온도가 $a\,°C$인 어떤 음료수를 온도가 $30\,°C$로 일정한 야외에 두었더니 3분 후에는 $18\,°C$, 6분 후에는 $24\,°C$가 되었을 때, a의 값은?

① 2   ② 4   ③ 6
④ 8   ⑤ 10

083

과거 n년 동안 매출액이 a원에서 b원으로 변했을 때, 연평균

성장률 P는 $P=\left(\dfrac{b}{a}\right)^{\frac{1}{n}}-1$로 나타내어진다고 한다. 두 회사 A,

B의 2013년 말 매출액은 각각 200억 원, 150억 원이었고, 2023년
말 매출액은 각각 400억 원, 600억 원이었다. 2013년 말부터
2023년 말까지 10년 동안 B회사의 연평균 성장률은 A회사의

연평균 성장률의 몇 배인가? (단, $2^{\frac{11}{10}}=2.14$로 계산한다.)

① 2.03 　　　　② 2.07 　　　　③ 2.11
④ 2.15 　　　　⑤ 2.19

084

평가원 기출

어느 금융상품에 초기자산 W_0을 투자하고 t년이 지난 시점에서의
기대자산 W가 다음과 같이 주어진다고 한다.

$$W=\dfrac{W_0}{2}10^{at}(1+10^{at})$$

$$(\text{단, } W_0>0, \ t\geq0\text{이고, } a\text{는 상수이다.})$$

이 금융상품에 초기자산 w_0을 투자하고 15년이 지난 시점에서의
기대자산은 초기자산의 3배이다. 이 금융상품에 초기자산 w_0을
투자하고 30년이 지난 시점에서의 기대자산이 초기자산의 k배일
때, 실수 k의 값은? (단, $w_0>0$)

① 9 　　　　② 10 　　　　③ 11
④ 12 　　　　⑤ 13

085

금속에 열을 가했을 때, 금속의 온도는 시간이 흐름의 따라
변한다. 어느 금속의 처음 온도를 $T_0\,^\circ\mathrm{C}$, 열을 가한지 t분 후
온도를 $T\,^\circ\mathrm{C}$라 하면

$$3^{T-T_0}=(7t+6)^k \ (k\text{는 상수})$$

이라고 한다. 이 금속의 처음 온도가 $20\,^\circ\mathrm{C}$이고 열을 가한지 3분
후 온도가 $260\,^\circ\mathrm{C}$일 때, 이 금속의 온도가 $340\,^\circ\mathrm{C}$가 되는 것은
열을 가한지 몇 분 후인가?

① $\dfrac{75}{7}$ 　　　　② $\dfrac{76}{7}$ 　　　　③ 11
④ $\dfrac{78}{7}$ 　　　　⑤ $\dfrac{79}{7}$

유형 05　로그의 뜻과 성질

086

1이 아닌 세 양수 a, b, c에 대하여 $a^2=b^3=c^5$이 성립할 때,
$\log_a bc+\log_b ca+\log_c ab$의 값은?

① $\dfrac{11}{6}$ 　　　　② $\dfrac{11}{3}$ 　　　　③ $\dfrac{11}{2}$
④ $\dfrac{22}{3}$ 　　　　⑤ $\dfrac{55}{6}$

087

$x=\log_2(\sqrt{5}-2)$일 때, $\dfrac{2^x-2^{-x}}{4^x+4^{-x}+2}$의 값은?

① $-\dfrac{1}{25}$ ② $-\dfrac{1}{20}$ ③ $-\dfrac{1}{15}$

④ $-\dfrac{1}{10}$ ⑤ $-\dfrac{1}{5}$

088

| 선행 027 |

다음 물음에 답하시오.

(1) 모든 실수 x에 대하여 $\log_{a+3}(x^2+2ax-a+12)$가 정의되기 위한 모든 정수 a의 값의 합을 구하시오.

(2) 모든 실수 x에 대하여 $\log_{|a-1|}(x^2+ax+4a)$가 정의되기 위한 정수 a의 개수를 구하시오.

089 빈출

| 선행 086 |

세 양수 a, b, c가 다음 조건을 만족시킨다.

> (가) $\log_2 a+\log_2 4b+\log_2 2c=5$
> (나) $a=b^2=\sqrt{c}$

$\log_2 ab$의 값은?

① $\dfrac{2}{7}$ ② $\dfrac{3}{7}$ ③ $\dfrac{4}{7}$

④ $\dfrac{5}{7}$ ⑤ $\dfrac{6}{7}$

090

교육청 변형

2 이상의 서로 다른 세 실수 a, b, c가 다음 조건을 만족시킨다.

> (가) $a\sqrt[3]{b}$는 a^5의 네제곱근이다.
> (나) $2\log_a b+\log_b c=6$

$\log_a bc$의 값을 구하시오.

091 빈출 👑

함수 $f(x)=\log_3\left(1+\dfrac{1}{x+4}\right)$에서

$$f(1)+f(2)+f(3)+\cdots+f(n)=2$$

를 만족시키는 자연수 n의 값은?

① 24   ② 28   ③ 32

④ 36   ⑤ 40

092 [평가원 변형]

$\log_2 2n^2-\log_2\sqrt{n}$의 값이 40 이하의 자연수가 되도록 하는 자연수 n의 개수를 구하시오.

유형 06 로그의 밑의 변환

093 | 선행 029 |

다음을 계산하시오.

(1) $\left(5\sqrt{5}\right)^{\log_5 9 \times \log_3 4}$

(2) $\left(\log_3 25+\log_{\sqrt{3}} 5\right)\left(\log_5 81+\log_{25}\sqrt{3}\right)$

(3) $\log_2\left(\log_3 4\right)+\log_2\left(\log_4 25\right)+\log_2\left(\log_5 81\right)$

(4) $\dfrac{1}{\log_8 2}+\dfrac{\log_5 4}{\log_9 2}\times\log_3 25+\dfrac{\log_7 27}{\log_7 3}$

094 빈출 👑

방정식 $x^2-5x+3=0$의 두 근이 $\log_2 a$, $\log_2 b$일 때, $\log_a b+\log_b a$의 값은? (단, a, b는 1이 아닌 양수이다.)

① 5   ② $\dfrac{16}{3}$ ③ $\dfrac{17}{3}$

④ 6   ⑤ $\dfrac{19}{3}$

095 빈출 👑 [교육청 변형]

1이 아닌 세 양수 a, b, c에 대하여 $\log_a c:\log_b c=2:3$일 때, $\log_a b-\log_b a$의 값을 구하시오.

096 [평가원 기출]

1보다 큰 세 실수 a, b, c가

$$\log_a b=\dfrac{\log_b c}{2}=\dfrac{\log_c a}{4}$$

를 만족시킬 때, $\log_a b+\log_b c+\log_c a$의 값은?

① $\dfrac{7}{2}$ ② 4   ③ $\dfrac{9}{2}$

④ 5   ⑤ $\dfrac{11}{2}$

097

교육청 변형

좌표평면 위에 두 점 $A(4, \log_2 a)$, $B\left(\log_{\frac{1}{3}} \sqrt{3}, \log_2 \frac{2}{3}\right)$가 있다. 선분 AB를 $2 : 1$로 내분하는 점이 직선 $y = 2x$ 위에 있을 때, 양수 a의 값은?

① 64   ② 81   ③ 100

④ 121   ⑤ 144

098

교육청 기출

좌표평면 위에 서로 다른 세 점 $A(0, -\log_2 9)$, $B(2a, \log_2 7)$, $C(-\log_2 9, a)$를 꼭짓점으로 하는 삼각형 ABC가 있다. 삼각형 ABC의 무게중심의 좌표가 $(b, \log_8 7)$일 때, 2^{a+3b}의 값은?

① 63   ② 72   ③ 81

④ 90   ⑤ 99

099

1이 아닌 서로 다른 두 양수 a, b에 대하여 $\log_a b = \log_b a$일 때, $(a+3)(b+12)$의 최솟값을 구하시오.

100

1이 아닌 두 양수 a, b가 다음 조건을 만족시킬 때, $\log_a 2b \times \log_b 2a$의 최솟값은?

> (가) $\log_2 a > 0$, $\log_2 b > 0$
> (나) $\log_2 a \times \log_2 b = 9$

① $\dfrac{5}{3}$ ② $\dfrac{16}{9}$ ③ $\dfrac{17}{9}$

④ 2   ⑤ $\dfrac{19}{9}$

101

교육청 기출

1보다 크고 10보다 작은 세 자연수 a, b, c에 대하여
$$\frac{\log_c b}{\log_a b} = \frac{1}{2}, \ \frac{\log_b c}{\log_a c} = \frac{1}{3}$$
일 때, $a + 2b + 3c$의 값은?

① 21   ② 24   ③ 27

④ 30   ⑤ 33

102

세 실수 a, b, c에 대하여
$$abc \neq 0, \ ab-2bc+ca=abc$$
일 때, $\log_2 x=a$, $\log_3 x=b$, $\log_5 x=c$를 만족시키는 양수 x의 값을 구하시오. (단, $x \neq 1$)

유형 **07** **상용로그**

103

음이 아닌 두 정수 a, b에 대하여 $\log N=a \log 2+b \log 3$을 만족시키는 $1 \leq N \leq 30$인 모든 자연수 N의 값의 합은?

① 128   ② 130   ③ 132
④ 134   ⑤ 136

104

세 실수 a, b, c에 대하여
$$\frac{\log 9}{a}=\frac{\log 16}{b}=\frac{\log 144}{c}=4$$
일 때, 10^{a+b+c}의 값은?

① 4   ② 9   ③ 12
④ 16   ⑤ 144

105 빈출   평가원 변형

네 양수 a, b, c, k가 다음 조건을 만족시킬 때, k의 값은?

> (개) $3^a=5^b=k^c$
> (내) $\log c=\log 2ab-\log (2a+b)$

① $3\sqrt{3}$ ② $5\sqrt{3}$ ③ $6\sqrt{3}$
④ $9\sqrt{3}$ ⑤ $15\sqrt{3}$

106 빈출   서술형 | 선행 **039** |

다음 상용로그표를 이용하여 물음에 답하고, 그 과정을 서술하시오.

수	0	1	2	3
3.0	.4771	.4786	.4800	.4814
3.1	.4914	.4928	.4942	.4955
3.2	.5051	.5065	.5079	.5092

(1) $\log x^2=3.0102$, $\log \sqrt{y}=-0.2529$를 만족시키는 두 양수 x, y에 대하여 $x+y$의 값을 구하시오.

(2) $\log \dfrac{k}{30.1}=1.0306$을 만족시키는 양수 k의 값을 구하시오.

107

$4.37x$를 계산해야 할 것을 잘못하여 4.37^x을 계산하였더니 그 결과가 1590이 되었다. 바르게 계산한 $4.37x$의 값은?

(단, $\log 1.59 = 0.2$, $\log 4.37 = 0.64$로 계산한다.)

① 13.15   ② 17.48   ③ 21.85
④ 26.22   ⑤ 30.55

108

평가원 기출

$\dfrac{1}{2} < \log a < \dfrac{11}{2}$인 양수 a에 대하여 $\dfrac{1}{3} + \log \sqrt{a}$의 값이 자연수가 되도록 하는 모든 a의 값의 곱은?

① 10^{10} ② 10^{11} ③ 10^{12}
④ 10^{13} ⑤ 10^{14}

109

다음 조건을 만족시키는 모든 실수 x의 값의 곱을 k라 할 때, $\log k$의 값은? (단, $[x]$는 x보다 크지 않은 최대의 정수이다.)

> (가) $[\log x] = 2$
> (나) $\log x^3 - [\log x^3] = \log \dfrac{1}{x} - \left[\log \dfrac{1}{x} \right]$

① 9   ② $\dfrac{37}{4}$ ③ $\dfrac{19}{2}$
④ $\dfrac{39}{4}$ ⑤ 10

유형 **08** **로그의 실생활 활용**

110

지진의 규모 R과 지진이 일어났을 때 방출되는 에너지 E 사이에는 다음과 같은 관계가 있다고 한다.

$$R = 0.7 \log (0.37E) + 1.46$$

지진의 규모가 4일 때 방출되는 에너지를 E_1이라 하자. 에너지의 양이 E_1의 4배가 되었을 때, 지진의 규모는?

(단, $\log 2 = 0.3$으로 계산한다.)

① 4.12   ② 4.22   ③ 4.32
④ 4.42   ⑤ 4.52

111

세라믹 재료 A에 대한 실험을 시작한 지 t_1초 후, t_2초 후의 측정 온도를 각각 $T_1\,°C$, $T_2\,°C$라 할 때, A의 열전도 계수 K는 다음과 같다고 한다.

$$K=\frac{C(\log t_2-\log t_1)}{T_2-T_1}\ (C는\ 양수)$$

이 실험을 시작한 지 10초 후, 20초 후의 측정 온도가 각각 400 °C, 402 °C일 때, 측정 온도가 408 °C가 되는 때는 실험을 시작한 지 몇 초 후인가?

① 40 ② 80 ③ 120
④ 160 ⑤ 200

112

교육청 기출

어떤 지역의 먼지농도에 따른 대기오염 정도는 여과지에 공기를 여과시켜 헤이즈계수를 계산하여 판별한다. 광화학적 밀도가 일정하도록 여과지 상의 빛을 분산시키는 고형물의 양을 헤이즈계수 H, 여과지 이동거리를 $L(\mathrm{m})$ $(L>0)$, 여과지를 통과하는 빛전달률을 $S\,(0<S<1)$라 할 때, 다음과 같은 관계식이 성립한다고 한다.

$$H=\frac{k}{L}\log\frac{1}{S}\ (단,\ k는\ 양의\ 상수이다.)$$

두 지역 A, B의 대기오염 정도를 판별할 때, 각각의 헤이즈계수를 H_A, H_B, 여과지 이동거리를 L_A, L_B, 빛전달률을 S_A, S_B라 하자. $\sqrt{3}H_A=2H_B$, $L_A=2L_B$일 때, $S_A=(S_B)^p$을 만족시키는 실수 p의 값은?

① $\sqrt{3}$ ② $\dfrac{4\sqrt{3}}{3}$ ③ $\dfrac{5\sqrt{3}}{3}$
④ $2\sqrt{3}$ ⑤ $\dfrac{7\sqrt{3}}{3}$

113

어느 공장에서 매년 일정한 비율로 생산량을 증가시켜 10년 만에 생산량이 4배가 되었다. 생산량을 매년 몇 %씩 증가시켰는지 구하시오. (단, log 1.15＝0.06, log 2＝0.3으로 계산한다.)

114

어느 회사의 매출액이 매년 일정한 비율로 증가하고 있다. 2019년도의 매출액을 A라 할 때, 2022년도의 매출액은 $1.23A$이다. 2026년도의 매출액은 A의 몇 배인가? (단, log 1.23＝0.09, log 1.32＝0.12로 계산하고, 소수점 아래 셋째 자리에서 반올림한다.)

① 1.34 ② 1.41 ③ 1.48
④ 1.55 ⑤ 1.62

스키마 schema로 풀이 흐름 알아보기

$2 \leq n \leq 200$인 자연수 n에 대하여 $(5\sqrt{5^3})^{\frac{1}{6}}$이 어떤 자연수의 n제곱근이 되도록 하는 n의 개수를 구하시오.

조건   답

▶ 주어진 조건은 무엇인지? 구하는 답은 무엇인지? 이 둘을 어떻게 연결할지?

1 단계

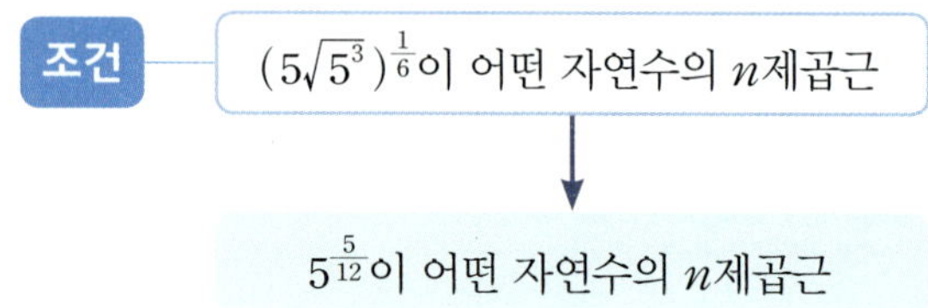

$$(5\sqrt{5^3})^{\frac{1}{6}} = (5 \times 5^{\frac{3}{2}})^{\frac{1}{6}}$$
$$= (5^{\frac{5}{2}})^{\frac{1}{6}} = 5^{\frac{5}{12}}$$

2 단계

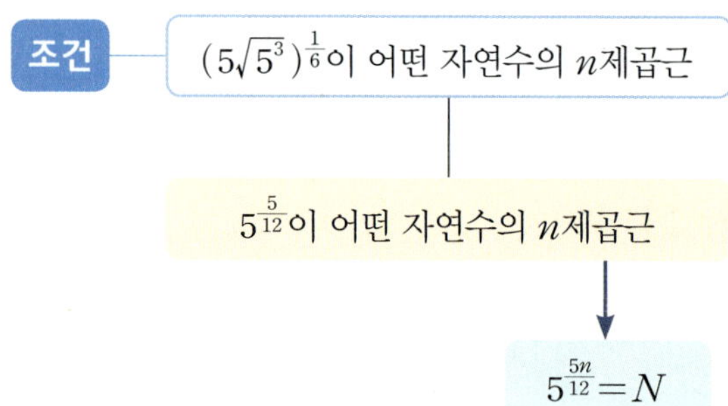

이 값이 어떤 자연수 N의 n제곱근이면 $5^{\frac{5n}{12}} = N$이므로 n은 12의 배수이어야 한다.

3 단계

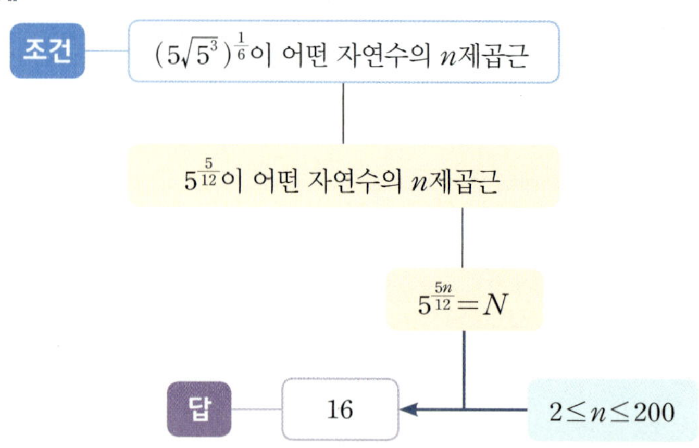

$2 \leq n \leq 200$인 자연수 n 중 12의 배수의 개수는 16이므로 구하는 n의 개수는 16이다.

STEP 3 내신 최상위권 굳히기를 위한 최고난도 유형

115

$0<a<b$인 두 실수 a, b에 대하여 $\sqrt[3]{a}\sqrt{b}=1$일 때, 〈보기〉에서 옳은 것만을 있는 대로 고른 것은?

─〈보 기〉─
ㄱ. $a^2b^3=1$
ㄴ. $a^{-3}b^{-2}>1$
ㄷ. $\sqrt[4]{a}\times\sqrt[3]{b}>\sqrt[3]{a}\times\sqrt[4]{b}$

① ㄱ   ② ㄴ   ③ ㄱ, ㄴ
④ ㄴ, ㄷ   ⑤ ㄱ, ㄴ, ㄷ

116

| 선행 050 |

2 이상의 자연수 n에 대하여 실수 a의 n제곱근 중에서 실수인 것의 개수를 $f_n(a)$라 할 때,
$$f_2(8)+f_3(7)+f_4(6)+\cdots+f_k(10-k)=15$$
가 되도록 하는 자연수 k의 최댓값을 구하시오.

117

교육청 변형

두 집합 $N=\{5,6,7\}$, $A=\{-2,-1,0,1,2\}$에 대하여 집합 $S=\{x\,|\,x^n=a,\ x$는 실수, $n\in N,\ a\in A\}$의 원소의 개수는?

① 6   ② 7   ③ 8
④ 9   ⑤ 10

118

$1\le a\le30$, $-4\le b\le2$인 두 정수 a, b에 대하여 $\sqrt[4]{a^b}$이 유리수가 되도록 하는 순서쌍 (a,b)의 개수는?

① 70   ② 72   ③ 74
④ 76   ⑤ 78

119

| 선행 064 |

두 수 $\sqrt[3]{\dfrac{n}{5}}$, $\sqrt[5]{\dfrac{n}{4}}$이 모두 자연수가 되도록 하는 자연수 n의 최솟값이 $2^a \times 5^b$일 때, $a+b$의 값을 구하시오.

(단, a, b는 자연수이다.)

120 빈출 ♛

교육청 기출

두 자연수 a, b에 대하여

$$\sqrt{\dfrac{2^a \times 5^b}{2}}$$ 이 자연수, $\sqrt[3]{\dfrac{3^b}{2^{a+1}}}$ 이 유리수

일 때, $a+b$의 최솟값은?

① 11   ② 13   ③ 15
④ 17   ⑤ 19

121

교육청 기출

1이 아닌 세 양수 a, b, c와 1이 아닌 두 자연수 m, n이 다음 조건을 만족시킨다. 모든 순서쌍 (m, n)의 개수는?

> (가) $\sqrt[3]{a}$는 b의 m제곱근이다.
> (나) $\sqrt{b}$는 c의 n제곱근이다.
> (다) c는 a^{12}의 네제곱근이다.

① 4   ② 7   ③ 10
④ 13   ⑤ 16

122 빈출 ♛

교육청 변형

자연수 n에 대하여 함수 $f(n)$이 다음과 같다.

$$f(n) = \begin{cases} \sqrt[4]{9 \times 2^{n+1}} & (n\text{이 홀수}) \\ \sqrt[4]{4 \times 3^n} & (n\text{이 짝수}) \end{cases}$$

7 이하의 두 자연수 p, q에 대하여 $f(p) \times f(q)$가 자연수가 되도록 하는 모든 순서쌍 (p, q)의 개수는?

① 17   ② 19   ③ 21
④ 23   ⑤ 25

123

다음 조건을 만족시키는 최고차항의 계수가 1인 이차함수 $f(x)$가 존재하도록 하는 모든 자연수 n의 값의 합을 구하시오.

> (가) x에 대한 방정식 $(x^n - 64)f(x) = 0$은 서로 다른 두 실근을 갖고, 각각의 실근은 중근이다.
> (나) 함수 $f(x)$의 최솟값은 음의 정수이다.

124

세 실수 x, y, z와 세 양수 a, b, c가 다음 조건을 만족시킨다.

> (가) $a^x = b^y = c^z = 64$
> (나) $x + y + z = 6$
> (다) $(x-3)(y-3)(z-3) = 27$

abc의 값을 구하시오.

125

자연수 k에 대하여 $f(k)$가 다음과 같다.

$$f(k) = \begin{cases} \log_3 k & (k\text{가 홀수}) \\ \log_2 k & (k\text{가 짝수}) \end{cases}$$

12 이하의 두 자연수 m, n에 대하여 $f(mn) = f(m) + f(n)$을 만족시키는 모든 순서쌍 (m, n)의 개수는?

① 84   ② 90   ③ 96

④ 102   ⑤ 108

126

$\log_2(-x^2 + ax + 4)$의 값이 자연수가 되도록 하는 실수 x의 개수가 6일 때, 모든 자연수 a의 값의 곱을 구하시오.

127

2 이상의 자연수 x에 대하여 $\log_x 2n$이 자연수가 되도록 하는 100 이하의 자연수 n의 개수를 $A(x)$라 하자.
$A(2)+A(4)+A(8)$의 값은?

① 10   ② 12   ③ 14

④ 16   ⑤ 18

128

$\log_2 n$이 자연수가 되도록 하는 자연수 n에 대하여 다음 조건을 만족시키는 양수 a의 개수를 $f(n)$이라 하자.

> (가) $\log_2 a$는 정수이다.
> (나) $\log_a n \times \log_n (n \times a^2)$은 자연수이다.

$f(n)=7$을 만족시키는 자연수 n의 최솟값을 k라 할 때, $\log_4 k$의 값은? (단, $a \neq 1$)

① 2   ② 3   ③ 4

④ 5   ⑤ 6

129

1보다 큰 서로 다른 두 자연수 m, n이 다음 조건을 만족시킬 때, m, n의 순서쌍 (m, n)의 개수는?

> (가) $mn < 256$
> (나) mn은 짝수이다.
> (다) $\log_m n$은 양의 유리수이다.

① 14   ② 16   ③ 18

④ 20   ⑤ 22

130

교육청 기출

자연수 k에 대하여 집합 A_k를
$$A_k = \left\{ \frac{b}{a} \,\middle|\, \log_a b = \frac{k}{2},\ a\text{와 } b\text{는 } 2 \text{ 이상 } 100 \text{ 이하의 자연수} \right\}$$
라 할 때, $n(A_3)+n(A_4)$의 값을 구하시오.

131

100 이하의 자연수 전체의 집합을 S라 할 때, $n \in S$에 대하여 집합

$$\{k \,|\, k \in S \text{이고 } \log_2 n - \log_2 k \text{는 정수}\}$$

의 원소의 개수를 $f(n)$이라 하자. 예를 들어, $f(10)=5$이고 $f(99)=1$이다. $f(n)=1$인 n의 개수를 구하시오.

132

자연수 k에 대하여 두 집합

$$A = \{\sqrt{a} \,|\, a \text{는 자연수}, \ 1 \le a \le k\},$$
$$B = \{\log_{\sqrt{3}} b \,|\, b \text{는 자연수}, \ 1 \le b \le k\}$$

가 있다. 집합 C를

$$C = \{x \,|\, x \in A \cap B, \ x \text{는 자연수}\}$$

라 할 때, $n(C)=3$이 되도록 하는 모든 자연수 k의 개수를 구하시오.

133

다음 조건을 만족시키는 10 이하의 모든 자연수 n의 개수는?

> $\log_2 (na - a^2)$과 $\log_2 (nb - b^2)$은 같은 자연수이고
> $0 < b - a \le \dfrac{2}{3} n$인 두 실수 a, b가 존재한다.

① 4 ② 5 ③ 6
④ 7 ⑤ 8

134

양의 실수 x에 대하여 $\log x$의 소수 부분을 $f(x)$라 하자. 128의 모든 양의 약수를 작은 수부터 차례대로 a_1, a_2, a_3, $\cdots$, a_n이라 할 때, $f(a_1)+f(a_2)+f(a_3)+\cdots+f(a_n)=p\log 2-q$이다. 자연수 p, q에 대하여 $p+q$의 값을 구하시오.

(단, $\log 2$는 무리수이다.)

135

자연수 n에 대하여 $\log n$의 정수 부분을 $f(n)$이라 하자. $f(4n+1)=f(n)+1$을 만족시키는 100 이하의 자연수 n의 개수는?

① 80　　　　② 81　　　　③ 82
④ 83　　　　⑤ 84

136

양수 x에 대하여 $\log x$의 정수 부분을 $f(x)$, 소수 부분을 $g(x)$라 할 때, 〈보기〉에서 옳은 것만을 있는 대로 고른 것은?

<보 기>

ㄱ. $g(10x)=g(x)$

ㄴ. $f(x)+f\left(\dfrac{1}{x}\right)=0$

ㄷ. $g(2x)f(100x)=2+f(x)$일 때, $f(1000x)=1$이다.

① ㄴ　　　　② ㄱ, ㄴ　　　　③ ㄱ, ㄷ
④ ㄴ, ㄷ　　　　⑤ ㄱ, ㄴ, ㄷ

137

양수 x에 대하여 $\log x$의 정수 부분과 소수 부분을 각각 $f(x)$, $g(x)$라 하고, $h(x)=3x+2f(x)$라 하자.
$$f(10m)\le f(x),$$
$$g(h(m))\le g(x)$$
를 만족시키는 자연수 m의 개수를 $p(x)$라 할 때, $p(30)+p(120)$의 값을 구하시오.

02 지수함수와 로그함수

이전 학습 내용

· 지수의 확장 `01 지수와 로그`

임의의 실수 x에 대하여 a^x의 값은 하나로 결정된다.

· 정의역 · 치역 `공통수학2 III 함수와 그래프`

정의역 : 함수가 정의되는 모든 수의 집합
치역 : 함숫값 전체의 집합

· 일대일대응

정의역의 임의의 두 원소 x_1, x_2에 대하여 $x_1 \neq x_2$이면 $f(x_1) \neq f(x_2)$인 일대일함수 중 치역과 공역이 같은 함수

· 점근선

그래프가 어떤 직선에 한없이 가까워질 때, 이 직선을 그 그래프의 점근선이라 한다.

· 도형의 평행이동 `공통수학2 I 도형의 방정식`

도형 $f(x, y)=0$을 x축의 방향으로 a만큼, y축의 방향으로 b만큼 평행이동한 도형의 방정식은 $f(x-a, y-b)=0$이다.

· 도형의 대칭이동

도형 $f(x, y)=0$을 (1)~(3)에 대하여 대칭이동한 도형의 방정식은 다음과 같다.
(1) x축 : $f(x, -y)=0$
(2) y축 : $f(-x, y)=0$
(3) 원점 : $f(-x, -y)=0$

· 지수함수   유형 01 지수함수의 뜻과 그래프

1. 지수함수

임의의 실수 x에 대하여 a^x을 대응시키는 함수
$$y=a^x \, (a>0, \, a \neq 1)$$
을 a를 밑으로 하는 **지수함수**라 한다.

> 지수함수 $y=a^x$에서 지수가 실수일 때의 밑의 조건에 따라 $a>0$일 때만 생각한다. 이때 $y=1^x$은 상수함수 $y=1$이 되므로 $a=1$일 때는 제외한다.

2. 지수함수의 성질

지수함수 $y=a^x \, (a>0, \, a \neq 1)$에 대하여
① 정의역은 실수 전체의 집합, 치역은 양의 실수 전체의 집합이다.
② 그래프는 두 점 $(0, 1)$, $(1, a)$를 지난다.
③ 그래프의 점근선은 x축이다.
④ $a>1$일 때, x의 값이 커지면 y의 값도 커진다.
   $0<a<1$일 때, x의 값이 커지면 y의 값은 작아진다.

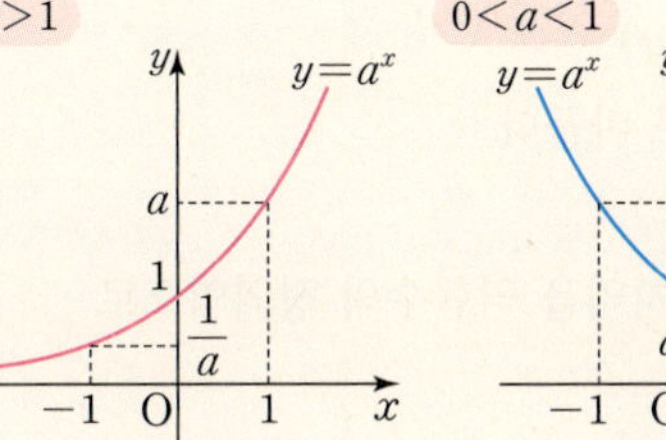

3. 지수함수의 최대 · 최소   유형 02 지수함수의 최대·최소

지수함수 $y=a^x \, (a>0, \, a \neq 1)$에 대하여
① $a>1$일 때, x가 최대일 때 y도 최대, x가 최소일 때 y도 최소이다.
② $0<a<1$일 때, x가 최대일 때 y는 최소, x가 최소일 때 y는 최대이다.

4. 지수함수의 그래프의 평행이동과 대칭이동

지수함수 $y=a^x \, (a>0, \, a \neq 1)$의 그래프를
① x축의 방향으로 m만큼, y축의 방향으로 n만큼 평행이동: $y=a^{x-m}+n$
② x축에 대하여 대칭이동: $y=-a^x$
③ y축에 대하여 대칭이동: $y=\left(\dfrac{1}{a}\right)^x$ ← $y=\left(\dfrac{1}{a}\right)^x=(a^{-1})^x=a^{-x}$이므로
④ 원점에 대하여 대칭이동: $y=-\left(\dfrac{1}{a}\right)^x$

> 두 함수 $y=a^x$과 $y=\left(\dfrac{1}{a}\right)^x$의 그래프는 y축에 대하여 대칭이다.

· 지수에 미지수가 있는 방정식과 부등식

1. 지수에 미지수가 있는 방정식   유형 06 지수방정식

지수함수 $y=a^x \, (a>0, \, a \neq 1)$은 실수 전체의 집합에서 양의 실수 전체의 집합으로의 일대일대응이므로 다음이 성립한다.
$$a>0, \, a \neq 1 일 때, \, a^{x_1}=a^{x_2} \Longleftrightarrow x_1=x_2$$

2. 지수에 미지수가 있는 부등식   유형 07 지수부등식

지수함수 $y=a^x \, (a>0, \, a \neq 1)$에 대하여
① $a>1$일 때, x의 값이 커지면 y의 값도 커지므로 다음이 성립한다.
$$x_1<x_2 \Longleftrightarrow a^{x_1}<a^{x_2}$$
② $0<a<1$일 때, x의 값이 커지면 y의 값은 작아지므로 다음이 성립한다.
$$x_1<x_2 \Longleftrightarrow a^{x_1}>a^{x_2}$$

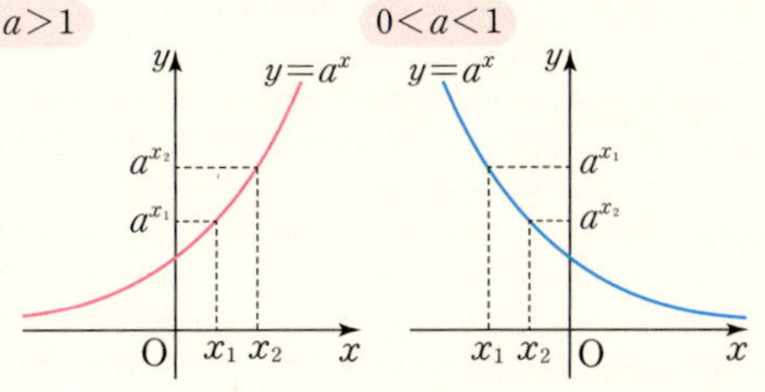

• 역함수 `공통수학2 Ⅲ 함수와 그래프`

함수 $f : X \longrightarrow Y$가 일대일대응일 때,
Y의 각 원소 y에 $f(x)=y$인 X의 원소
x를 대응시키는 함수를 f의 역함수라 한다.

< 역함수 구하는 순서 >

① 주어진 함수가 일대일대응인지 확인한다.
② $y=f(x)$를 x에 대하여 식을 정리한다.
   ⇨ $x=f^{-1}(y)$
③ x와 y를 서로 바꾼다.
   ⇨ $y=f^{-1}(x)$
④ $y=f(x)$의 치역을 역함수의 정의역으로
   한다.

함수 $y=f(x)$의 그래프와 그 역함수
$y=f^{-1}(x)$의 그래프는 직선 $y=x$에 대하여
서로 대칭이다.

• 도형의 대칭이동 `공통수학2 Ⅰ 도형의 방정식`

도형 $f(x, y)=0$을 직선 $y=x$에 대하여
대칭이동한 도형의 방정식은
$f(y, x)=0$이다.

• 로그함수   `유형 03` 로그함수의 뜻과 그래프

1. 로그함수

지수함수 $y=a^x(a>0,\ a\neq1)$의 역함수
$$y=\log_a x$$
를 a를 밑으로 하는 **로그함수**라 한다.

> 지수함수 $y=a^x(a>0,\ a\neq1)$은 실수 전체의 집합에서
> 양의 실수 전체의 집합으로의 일대일대응이므로
> 역함수가 존재한다.

2. 로그함수의 성질

로그함수 $y=\log_a x(a>0,\ a\neq1)$에 대하여

① 정의역은 양의 실수 전체의 집합,
   치역은 실수 전체의 집합이다.
② 그래프는 두 점 $(1, 0)$, $(a, 1)$을 지난다.
③ 그래프의 점근선은 y축이다.
④ $a>1$일 때, x의 값이 커지면 y의 값도 커진다.
   $0<a<1$일 때, x의 값이 커지면 y의 값은 작아진다.

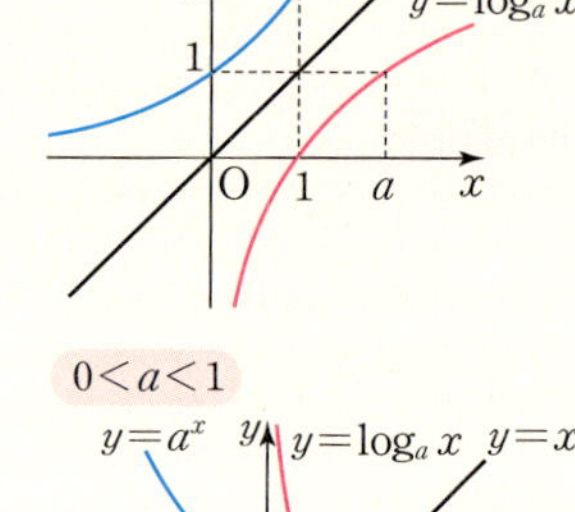

3. 로그함수의 최대 · 최소   `유형 04` 로그함수의 최대·최소

로그함수 $y=\log_a x(a>0,\ a\neq1)$에 대하여

① $a>1$일 때, x가 최대일 때 y도 최대,
   x가 최소일 때 y도 최소이다.
② $0<a<1$일 때, x가 최대일 때 y는 최소,
   x가 최소일 때 y는 최대이다.

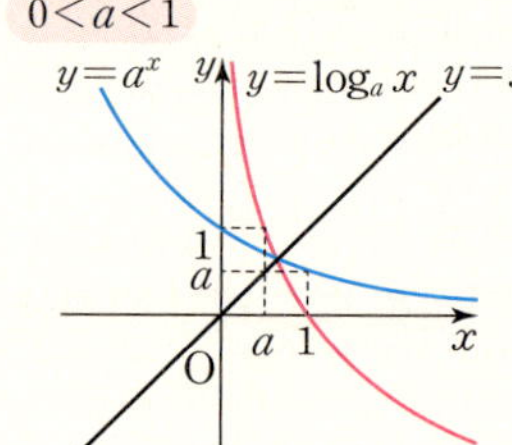

4. 로그함수의 그래프의 평행이동과 대칭이동

로그함수 $y=\log_a x(a>0,\ a\neq1)$의 그래프를

① x축의 방향으로 m만큼, y축의 방향으로 n만큼 평행이동: $y=\log_a (x-m)+n$
② x축에 대하여 대칭이동: $y=\log_{\frac{1}{a}} x$ ⟵ $y=\log_{\frac{1}{a}} x=-\log_a x$이므로
③ y축에 대하여 대칭이동: $y=\log_a (-x)$ 두 함수 $y=\log_a x$와 $y=\log_{\frac{1}{a}} x$의 그래프는
④ 원점에 대하여 대칭이동: $y=-\log_a (-x)$ x축에 대하여 대칭이다.
⑤ 직선 $y=x$에 대하여 대칭이동: $y=a^x$ `유형 05` 지수·로그함수의 역함수

• 로그의 진수에 미지수가 있는 방정식과 부등식

1. 로그의 진수에 미지수가 있는 방정식   `유형 08` 로그방정식

로그함수 $y=\log_a x(a>0,\ a\neq1)$는 양의 실수 전체의 집합에서 실수 전체의
집합으로의 일대일대응이므로 다음이 성립한다.
$$a>0,\ a\neq1 \text{이고 } x_1>0,\ x_2>0 \text{일 때, } \log_a x_1=\log_a x_2 \Longleftrightarrow x_1=x_2$$

2. 로그의 진수에 미지수가 있는 부등식   `유형 09` 로그부등식

로그함수 $y=\log_a x(a>0,\ a\neq1)$에 대하여

① $a>1$일 때, x의 값이 커지면 y의
   값도 커지므로 다음이 성립한다.
$$0<x_1<x_2 \Longleftrightarrow \log_a x_1<\log_a x_2$$
② $0<a<1$일 때, x의 값이 커지면 y의
   값은 작아지므로 다음이 성립한다.
$$0<x_1<x_2 \Longleftrightarrow \log_a x_1>\log_a x_2$$

STEP 1 교과서를 정복하는 핵심 유형

유형 01 지수함수의 뜻과 그래프

지수함수 $y=a^x$의 그래프 및 평행이동 또는 대칭이동한 그래프의 성질을 이용하는 문제를 분류하였다.

유형 해결 TIP

지수함수의 꼴을 $y=a^{x+p}+q$로 나타내면 이 함수의 그래프는 함수 $y=a^x$의 그래프를 x축의 방향으로 $-p$만큼, y축의 방향으로 q만큼 평행이동한 것임을 이용하자.

138 빈출 👑

다음 중 함수 $y=3^{x+1}+2$의 그래프에 대한 설명으로 옳은 것은?

① 점 $(-1, 2)$를 지난다.
② 치역은 $\{y \,|\, y \geq 2\}$이다.
③ 점근선의 방정식은 $x=-1$이다.
④ x의 값이 커지면 y의 값도 커진다.
⑤ 함수 $y=3^x$의 그래프를 x축의 방향으로 1만큼, y축의 방향으로 2만큼 평행이동한 그래프이다.

139 빈출 👑

함수 $y=2^{2x}$의 그래프를 x축의 방향으로 p만큼, y축의 방향으로 q만큼 평행이동하였더니 함수 $y=16 \times 4^x - 3$의 그래프가 되었다. $p+q$의 값은?

① -1 ② -2 ③ -3
④ -4 ⑤ -5

140 빈출 👑

함수 $y=2^{x+a}+b$의 그래프가 그림과 같을 때, 두 실수 a, b에 대하여 $a+b$의 값은? (단, 직선 $y=-1$은 점근선이다.)

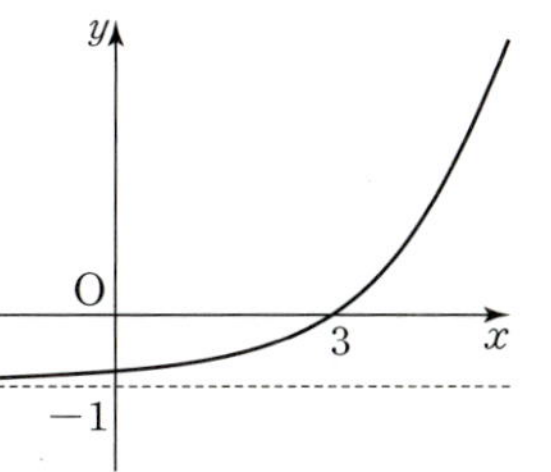

① -5 ② -4 ③ -3
④ -2 ⑤ -1

141

함수 $f(x)=a^x \ (a>1)$의 그래프가 그림과 같다. $f(p)=2$, $f(q)=6$일 때, $f\left(\dfrac{p+q}{2}\right)$의 값은?

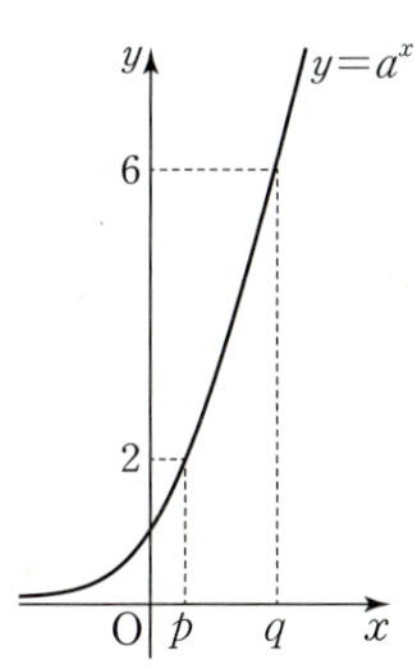

① $2\sqrt{2}$ ② $2\sqrt{3}$ ③ 4
④ $3\sqrt{2}$ ⑤ $3\sqrt{3}$

142 빈출

세 수 $A=2^{\frac{4}{3}}$, $B=(4\sqrt{2})^{\frac{1}{2}}$, $C=0.5^{-\frac{2}{3}}$의 대소 관계로 옳은 것은?

① $A<B<C$ ② $B<A<C$

③ $B<C<A$ ④ $C<A<B$

⑤ $C<B<A$

유형 02   **지수함수의 최대·최소**

지수함수의 최댓값 또는 최솟값을 묻는 문제를 분류하였다.

유형 해결 TIP

지수함수 $y=a^{(x에\ 관한\ 식)}$에서 밑인 a의 값의 범위에 따라

$a>1$인 경우, 지수의 값이 최대일 때 함숫값도 최대이고, 지수의 값이 최소일 때 함숫값도 최소이다.

$0<a<1$인 경우, 지수의 값이 최소일 때 함숫값이 최대이고, 지수의 값이 최대일 때 함숫값이 최소이다.

이를 이용하여 문제를 해결하자.

143 빈출

$-3\leq x\leq-1$에서 정의된 함수 $y=4^{x+2}$의 최댓값을 M, 최솟값을 m이라 할 때, Mm의 값은?

① $\dfrac{1}{4}$ ② $\dfrac{1}{2}$ ③ 1

④ 2 ⑤ 4

144

정의역이 $\{x\,|-1\leq x\leq1\}$인 함수 $y=\left(\dfrac{1}{2}\right)^{x-k}$의 최댓값이 4일 때, 실수 k의 값은?

① -3 ② -1 ③ 0

④ 1 ⑤ 3

145 빈출

정의역이 $\{x\,|-1\leq x\leq2\}$인 함수 $y=\left(\dfrac{1}{2}\right)^{x^2-2x-1}$의 최댓값을 M, 최솟값을 m이라 할 때, $\dfrac{M}{m}$의 값은?

① 4 ② 8 ③ 16

④ 32 ⑤ 64

유형 03 로그함수의 뜻과 그래프

로그함수 $y=\log_a x$의 그래프 및 평행이동 또는 대칭이동한 그래프의 성질을 이용하는 문제를 분류하였다.

유형해결 TIP

로그함수의 꼴을 $y=\log_a (x+p)+q$로 나타내면 이 함수의 그래프는 함수 $y=\log_a x$의 그래프를 x축의 방향으로 $-p$만큼, y축의 방향으로 q만큼 평행이동한 것임을 이용하자.

146 빈출

다음 중 함수 $f(x)=\log_{\frac{1}{2}} x$에 대한 설명으로 옳은 것은?

① 치역은 양의 실수 전체의 집합이다.

② 함수 $y=f(x)$의 그래프는 점 $(2,\,0)$을 지난다.

③ 두 양수 $x_1,\ x_2$에 대하여 $x_1<x_2$이면 $f(x_1)<f(x_2)$이다.

④ 방정식 $f(x)=0$을 만족시키는 실수 x가 존재하지 않는다.

⑤ 함수 $y=f(x)$의 그래프는 함수 $y=\log_2 x$의 그래프와 x축에 대하여 대칭이다.

147

다음 중 함수 $y=\log_{\frac{1}{2}} (-2x+3)-1$의 그래프에 대한 설명으로 옳지 __않은__ 것은?

① 점근선은 직선 $x=\dfrac{3}{2}$이다.

② 정의역은 $\left\{x \,\middle|\, x<\dfrac{3}{2}\right\}$이다.

③ x의 값이 커지면 y의 값도 커진다.

④ 대칭이동 또는 평행이동하여 함수 $y=\log_2 3x$의 그래프와 겹쳐지지 않는다.

⑤ 함수 $y=-\left(\dfrac{1}{2}\right)^{x+2}+\dfrac{3}{2}$의 그래프와 직선 $y=x$에 대하여 대칭이다.

148 빈출

함수 $y=\log_3 (x+a)+b$의 그래프가 그림과 같을 때, $a+b$의 값은? (단, a, b는 실수이다.)

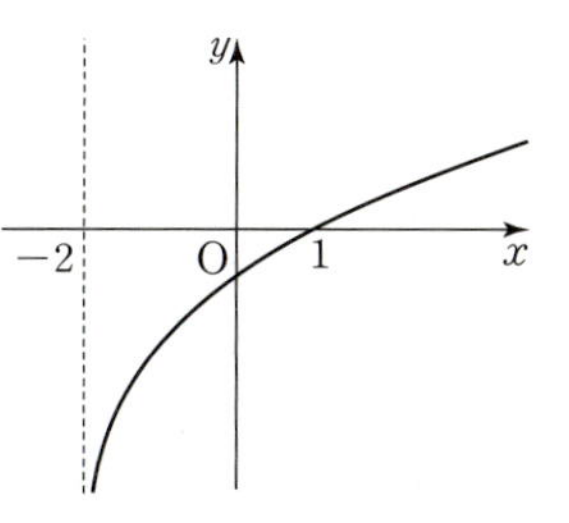

① 1   ② 2   ③ 3   ④ 4   ⑤ 5

149 빈출

다음 중 두 수의 크기를 비교한 것으로 옳은 것은?

① $\sqrt[3]{64}<\sqrt[3]{32}$

② $\left(\dfrac{1}{4}\right)^4<\left(\dfrac{1}{8}\right)^3$

③ $4\log_5 2>3\log_5 3$

④ $\sqrt[5]{0.49}<\sqrt[3]{0.7}$

⑤ $3\log_{0.3} 5<7\log_{0.3} 2$

150 빈출

함수 $y=\log_2 x$의 그래프와 직선 $y=x$가 그림과 같을 때, $x_1+x_2+x_3$의 값은? (단, 점선은 x축 또는 y축에 평행하다.)

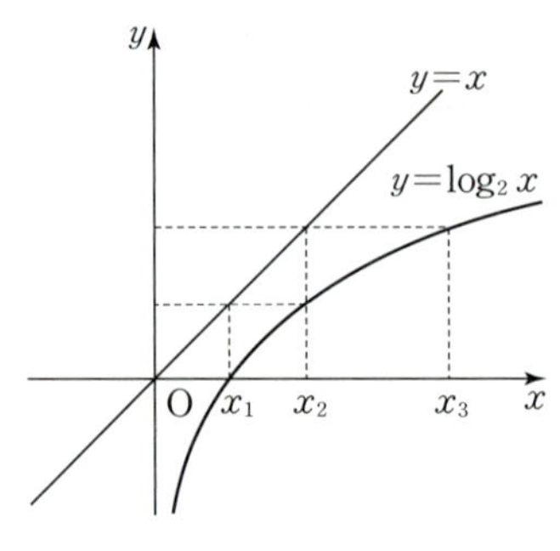

① 6   ② 7   ③ 8
④ 9   ⑤ 10

151

함수 $y=\log_3 x$의 그래프와 직선 $y=x$가 그림과 같고 $d=3b$일 때, $\left(\dfrac{1}{9}\right)^{a-c}$의 값은? (단, 점선은 x축 또는 y축에 평행하다.)

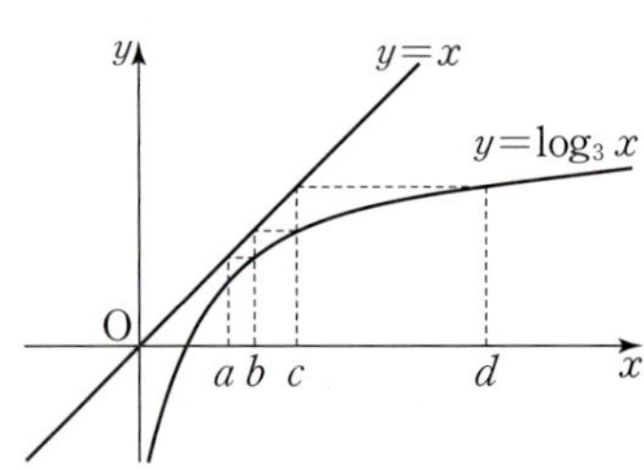

① $\dfrac{1}{9}$ ② $\dfrac{1}{3}$ ③ 1
④ 3   ⑤ 9

유형 04 **로그함수의 최대·최소**

로그함수의 최댓값 또는 최솟값을 묻는 문제를 분류하였다.

유형 해결 TIP

로그함수 $y=\log_a (x$에 관한 식)에서 밑인 a의 값의 범위에 따라
$a>1$인 경우, 진수의 값이 최대일 때 함숫값도 최대이고,
진수의 값이 최소일 때 함숫값도 최소이다.
$0<a<1$인 경우, 진수의 값이 최소일 때 함숫값이 최대이고,
진수의 값이 최대일 때 함숫값이 최소이다.
이를 이용하여 문제를 해결하자.

152

$3\le x\le 11$에서 함수 $y=\log_3 (x-2)+2$의 최댓값과 최솟값의 합은?

① 3   ② 4   ③ 5
④ 6   ⑤ 7

153 빈출

함수 $y=\log_2 (x-1)+\log_2 (9-x)$는 $x=a$일 때 최댓값 b를 갖는다. $a+b$의 값은? (단, a, b는 실수이다.)

① 7   ② 8   ③ 9
④ 10   ⑤ 11

유형 05 지수·로그함수의 역함수

지수함수 $y=a^x$과 로그함수 $y=\log_a x$가 서로 역함수 관계임을 이용하거나 두 함수의 그래프가 직선 $y=x$에 대하여 대칭임을 이용하는 문제를 분류하였다.

유형 해결 TIP

서로 역함수 관계인 두 함수의 형태는 다음과 같다.
$$y=a^{x-m}+n,\ y=\log_a (x-n)+m$$
이때 점 (p, q)가 함수 $y=f(x)$의 그래프 위의 점일 때,
점 (q, p)가 함수 $y=f^{-1}(x)$의 그래프 위의 점임을 이용하자.

154 빈출

함수 $y=\log_2 (4x-1)+2$의 역함수의 그래프를 x축의 방향으로 a만큼 평행이동하면 함수 $y=2^{x-3}+b$의 그래프와 일치한다. 두 상수 a, b에 대하여 $a+b$의 값은?

① $-\dfrac{5}{4}$ ② $-\dfrac{3}{4}$ ③ $-\dfrac{1}{4}$

④ $\dfrac{1}{4}$ ⑤ $\dfrac{3}{4}$

155 빈출

로그함수 $y=\log_a x+m\,(a>1)$의 그래프와 그 역함수의 그래프가 두 점에서 만난다. 두 교점의 x좌표가 각각 1, 3일 때, a^2+m의 값을 구하시오. (단, m은 실수이다.)

유형 06 지수방정식

지수에 미지수가 포함된 방정식을 풀이하는 문제와 지수방정식을 실생활에 활용하는 문제를 분류하였다.

유형 해결 TIP

지수방정식을 풀 때는 다음을 이용하자.
(1) 밑을 같게 할 수 있는 경우
$$a^{f(x)}=a^{g(x)} \Longleftrightarrow f(x)=g(x)\ (단,\ a>0,\ a\neq 1)$$
(2) a^x 꼴이 반복되는 경우
$a^x=t$로 치환하여 t에 대한 방정식을 푼 후 다시 $t=a^x$을 대입하여 (1)을 이용한다.
이때 $a^x>0$이므로 $t>0$임에 주의하자.
(3) 지수가 같은 경우
$$\{f(x)\}^{h(x)}=\{g(x)\}^{h(x)} \text{ 꼴 (단, } f(x)>0,\ g(x)>0)$$
$$\Rightarrow f(x)=g(x) \text{ 또는 } h(x)=0$$

156 빈출

다음 방정식의 해를 구하시오.

(1) $3^{\frac{1}{2}x+1}=81\sqrt{3}$

(2) $\left(\dfrac{1}{16}\right)^{x+3}=8^{2x+1}$

(3) $\dfrac{125}{25^x}=5^{x-6}$

157

방정식 $3^{2x}+2\times 3^{x+1}-27=0$의 해를 구하시오.

158

방정식 $10-2^x=2^{4-x}$의 모든 실근의 합은?

① 2   ② 4   ③ 6

④ 8   ⑤ 10

159 서술형

방정식 $4^x-7\times2^x+8=0$의 서로 다른 두 실근을 α, β라 할 때, 다음 값을 구하고, 그 과정을 서술하시오.

(1) $\alpha+\beta$ (2) $2^{2\alpha}+2^{2\beta}$

160

어느 바다의 수면에서의 빛의 세기가 I_0일 때, 수심이 d m인 곳에서의 빛의 세기를 I_d라 하면 $I_d=I_0\left(\dfrac{1}{2}\right)^{\frac{d}{4}}$이 성립한다고 한다.

빛의 세기가 수면에서의 빛의 세기의 $\dfrac{1}{16}$이 되는 곳의 수심은 몇 m인가? (단, I_0는 상수이다.)

① 4 m   ② 8 m   ③ 12 m

④ 16 m   ⑤ 20 m

유형 07 지수부등식

지수에 미지수가 포함된 부등식을 풀이하는 문제와 지수부등식을 실생활에 활용하는 문제를 분류하였다.

유형 해결 TIP

지수부등식을 풀 때는 다음을 이용하자.

(1) 밑을 같게 할 수 있는 경우

$a>1$일 때, $a^{f(x)}<a^{g(x)} \Longleftrightarrow f(x)<g(x)$

$0<a<1$일 때, $a^{f(x)}<a^{g(x)} \Longleftrightarrow f(x)>g(x)$

(2) a^x 꼴이 반복되는 경우

$a^x=t$로 치환하여 t에 대한 부등식을 푼 후 다시 $t=a^x$을 대입하여 (1)을 이용한다.

이때 $a^x>0$이므로 $t>0$임에 주의하자.

161 빈출

다음 부등식의 해를 구하시오.

(1) $3^{x-2}<81\times3^{2x}$

(2) $\left(\dfrac{1}{3}\right)^{x-3}\geq\left(\dfrac{1}{27}\right)^{x+5}$

(3) $\left(\dfrac{3}{4}\right)^{x^2}\geq\left(\dfrac{4}{3}\right)^{2x-3}$

162

부등식 $3^{-2x}-10\times3^{-x}+9\leq0$의 해가 $\alpha\leq x\leq\beta$일 때, $\beta-\alpha$의 값은? (단, α, β는 상수이다.)

① 1   ② 2   ③ 3

④ 4   ⑤ 5

163

부등식 $\left(\dfrac{1}{125}\right)^{1-x^2} \le 5^{ax-3}$ 을 만족시키는 정수 x가 4개가 되도록 하는 모든 자연수 a의 값의 합은?

① 30 ② 33 ③ 36
④ 39 ⑤ 42

164

어떤 치료제를 인체에 투여한 직후의 혈중 농도는 $1.25\ \mu\mathrm{g/mL}$ 이고, 혈중 농도는 매시간 20 %씩 줄어든다고 한다. 이 치료제의 혈중 농도가 처음으로 $0.64\ \mu\mathrm{g/mL}$ 이하가 되는 것은 인체에 투여한 지 최소 몇 시간 후인가?

① 1 ② 2 ③ 3
④ 4 ⑤ 5

로그의 밑 또는 진수에 미지수가 포함된 방정식을 풀이하는 문제와 로그방정식을 실생활에 활용하는 문제를 분류하였다.

유형 해결 TIP

로그방정식을 풀 때는 다음을 이용하자.
밑과 진수의 조건을 먼저 확인한다.
(1) 밑을 같게 할 수 있는 경우
　　$\log_a f(x) = \log_a g(x) \iff f(x) = g(x)$
(2) $\log_a x$ 꼴이 반복되는 경우
　　$\log_a x = t$로 치환하여 t에 대한 방정식을 푼 후 다시 $t = \log_a x$를 대입하여 (1)을 이용한다.
이때 (진수) > 0인 범위를 반드시 확인하자.

165

다음 방정식의 해를 구하시오.

(1) $\log_{\frac{1}{2}} (x-3) = -2$
(2) $\log (x-1) + \log (x+2) = 1$
(3) $\log_2 (x^2-4) + 1 = \log_2 (7x-11)$

166

방정식 $\log_3 (x-4) = \log_9 (4x-11)$의 해를 구하시오.

유형 09 로그부등식

로그의 밑 또는 진수에 미지수가 포함된 부등식을 풀이하는 문제와
로그부등식을 실생활에 활용하는 문제를 분류하였다.

유형 해결 TIP

로그부등식을 풀 때는 다음을 이용하자.
밑과 진수의 조건을 먼저 확인한다.
(1) 밑을 같게 할 수 있는 경우
  $a>1$일 때, $\log_a f(x)<\log_a g(x) \iff f(x)<g(x)$
  $0<a<1$일 때, $\log_a f(x)<\log_a g(x) \iff f(x)>g(x)$
(2) $\log_a x$ 꼴이 반복되는 경우
  $\log_a x=t$로 치환하여 t에 대한 부등식을 푼 후 다시 $t=\log_a x$를
  대입하여 (1)을 이용한다.
이때 (진수) >0인 범위를 반드시 확인하자.

167 빈출

다음 부등식의 해를 구하시오.

(1) $\log_{\frac{1}{4}} (6-x) > -2$

(2) $2\log_5 x \geq \log_5 (2x+3)$

(3) $\log_{\frac{1}{3}} (x+3) + \log_{\frac{1}{3}} (x+5) \geq -1$

168

부등식 $\log \sqrt{5(x+1)} \leq 1 - \dfrac{1}{2}\log (2x+5)$를 만족시키는 모든
정수 x의 값의 합은?

① -2 ② -1 ③ 0

④ 1 ⑤ 2

169

연립부등식 $\begin{cases} 4^x - 5 \times 2^{x+1} + 16 \geq 0 \\ (\log_3 x)^2 - \log_3 x^3 - 4 \leq 0 \end{cases}$ 을 만족시키는 정수 x의

개수는?

① 78 ② 79 ③ 80

④ 81 ⑤ 82

170 빈출

세계 석유 소비량이 매년 $4\,\%$씩 감소한다고 할 때, 세계 석유

소비량이 처음으로 현재 소비량의 $\dfrac{1}{4}$ 이하가 되는 것은 최소 몇 년

후인지 구하시오. (단, $\log 2=0.3$, $\log 9.6=0.98$로 계산한다.)

171

그림은 지수함수 $y=a^x$, $y=b^x$, $y=c^x$, $y=d^x$의 그래프를 나타낸 것이다. $a>b>1$, $ac=1$, $bd=1$일 때, 함수의 그래프를 바르게 짝 지은 것은? (단, a, b, c, d는 실수이다.)

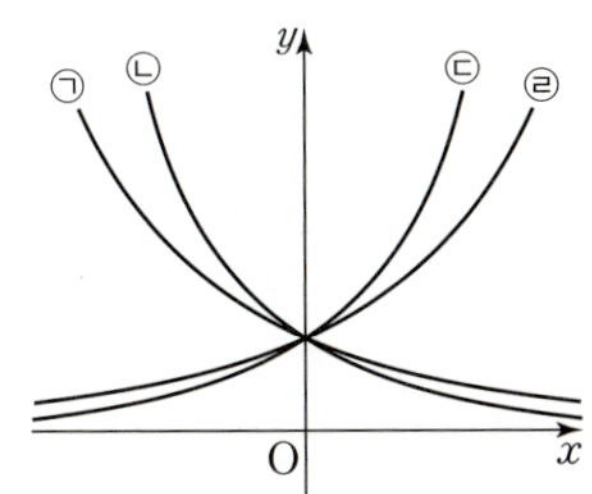

	$y=a^x$	$y=b^x$	$y=c^x$	$y=d^x$
①	㉠	㉡	㉢	㉣
②	㉠	㉡	㉣	㉢
③	㉢	㉣	㉠	㉡
④	㉢	㉣	㉡	㉠
⑤	㉣	㉢	㉠	㉡

172   빈출 👑

| 선행 **140** |

함수 $y=\left(\dfrac{1}{2}\right)^{x-1}+k$의 그래프가 제1사분면을 지나지 않도록 하는 상수 k의 최댓값은?

① -4 ② -2 ③ 1

④ 2 ⑤ 4

173   빈출 👑

두 함수 $y=9\times3^x$, $y=\dfrac{1}{3}\times3^x$의 그래프와 두 직선 $y=1$, $y=5$로 둘러싸인 도형의 넓이는?

① 8 ② 10 ③ 12

④ 14 ⑤ 16

174

그림과 같이 두 함수 $y=2^x$, $y=k\times2^x$의 그래프 위에 각각 제1사분면의 두 점 A, B가 있다. x축 위의 두 점 C, D에 대하여 사각형 ACDB가 정사각형이고, 선분 BC의 길이가 $4\sqrt{2}$일 때, $\dfrac{1}{k}$의 값은? (단, k는 실수이다.)

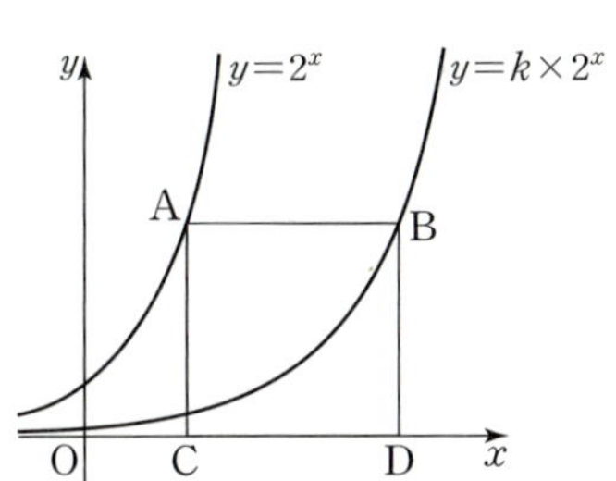

① 8 ② 10 ③ 12

④ 14 ⑤ 16

175

교육청 기출

그림과 같이 함수 $y=3^{x+1}$의 그래프 위의 한 점 A와 함수 $y=3^{x-2}$의 그래프 위의 두 점 B, C에 대하여 선분 AB는 x축에 평행하고 선분 AC는 y축에 평행하다. $\overline{AB}=\overline{AC}$가 될 때, 점 A의 y좌표는? (단, 점 A는 제1사분면 위에 있다.)

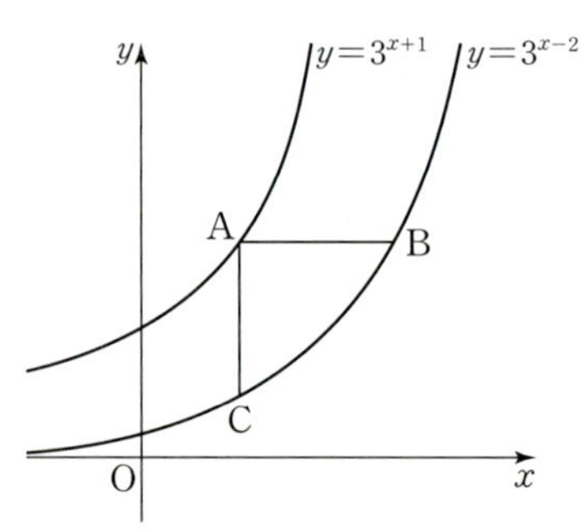

① $\dfrac{81}{26}$ ② $\dfrac{44}{13}$ ③ $\dfrac{95}{26}$

④ $\dfrac{101}{26}$ ⑤ $\dfrac{54}{13}$

176

그림과 같이 직선 $x=0$ 및 세 함수 $y=a^x$, $y=3^x$, $y=b^x$의 그래프가 직선 $y=k$와 만나는 점을 차례대로 A, B, C, D라 하자. $\overline{BC}=3\overline{AB}$, $\overline{CD}=2\overline{BC}$일 때, $\dfrac{a}{b^5}$의 값은?

(단, $1<b<3<a$, $k>1$)

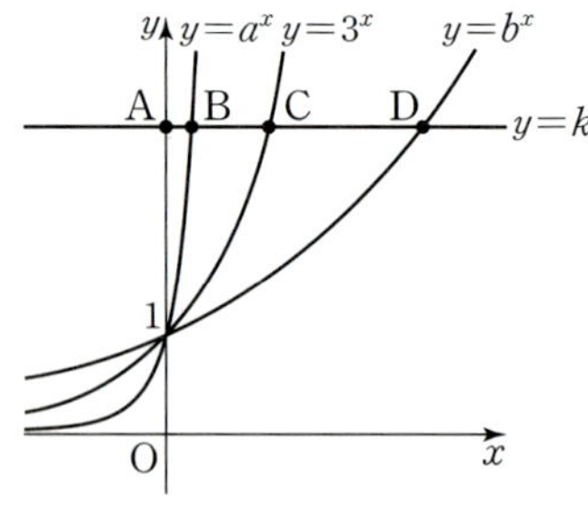

① 3   ② $3\sqrt{3}$ ③ 9

④ $9\sqrt{3}$ ⑤ 27

177

그림과 같이 곡선 $y=8^x$과 직선 $x=a$가 만나는 점을 A, 곡선 $y=2^x$과 직선 $x=a$가 만나는 점을 B라 하자. 점 A를 지나고 x축에 평행한 직선이 곡선 $y=2^x$과 만나는 점을 C라 하고, 점 B를 지나고 x축에 평행한 직선이 곡선 $y=8^x$과 만나는 점을 D라 할 때, $\dfrac{\overline{AC}}{\overline{BD}}$의 값은? (단, $a>0$)

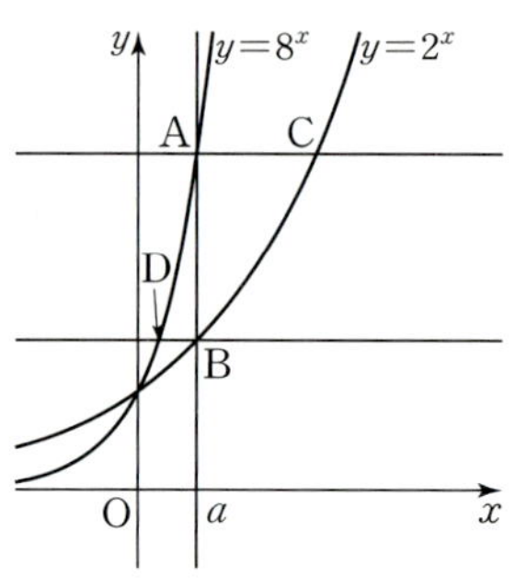

① 1   ② 2   ③ 3

④ 4   ⑤ 5

178

그림과 같이 두 함수 $y=2^x$, $y=4^x$의 그래프가 직선 $y=a$와 만나는 점을 각각 A, B라 하고, 직선 $y=b$와 만나는 점을 각각 C, D라 하자. 두 직선 $y=a$, $y=b$ 사이의 거리가 4이고, 삼각형 ABC의 넓이가 4일 때, 점 D의 x좌표는 $\log_2 k$이다. k의 값은?

(단, $1<a<b$)

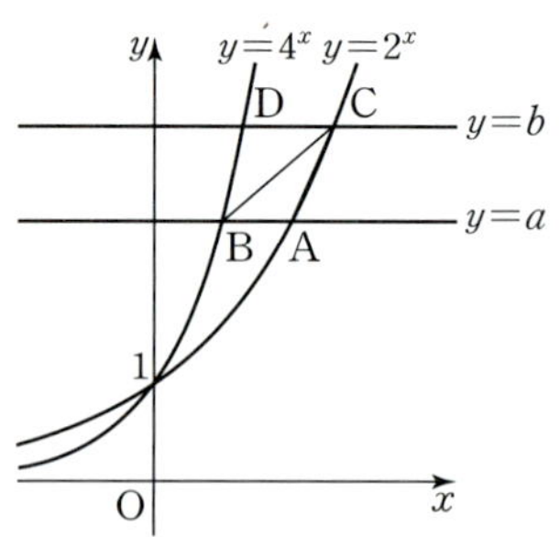

① $2\sqrt{2}$ ② $2\sqrt{3}$ ③ $2\sqrt{5}$

④ $2\sqrt{6}$ ⑤ $2\sqrt{7}$

179

그림과 같이 곡선 $y=2^x$과 직선 $y=\dfrac{1}{2}x+k$가 두 점 A, B에서 만나고, $\overline{\mathrm{AB}}=3\sqrt{5}$일 때, 점 A의 x좌표는?

(단, k는 상수이고, 점 A의 x좌표는 점 B의 x좌표보다 작다.)

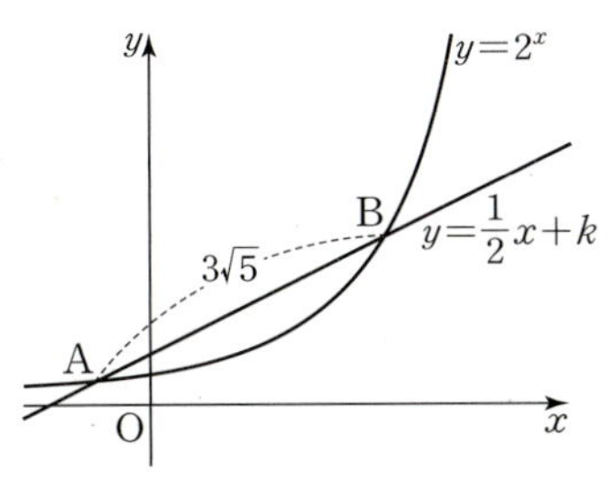

① $-\log_2 7$ ② $-\log_2 14$ ③ $-\log_2 21$
④ $-\log_2 28$ ⑤ $-\log_2 35$

180

그림과 같이 두 곡선 $y=2^{x-3}+1$과 $y=2^{x-1}-2$가 만나는 점을 A라 하자. 상수 k에 대하여 직선 $y=-x+k$가 두 곡선 $y=2^{x-3}+1$, $y=2^{x-1}-2$와 만나는 점을 각각 B, C라 할 때, 선분 BC의 길이는 $\sqrt{2}$이다. 삼각형 ABC의 넓이는?

(단, 점 B의 x좌표는 점 A의 x좌표보다 크다.)

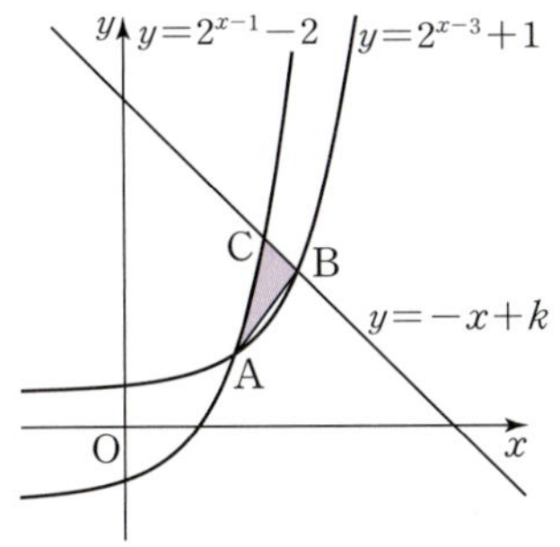

① 2 ② $\dfrac{9}{4}$ ③ $\dfrac{5}{2}$
④ $\dfrac{11}{4}$ ⑤ 3

181

함수 $y=k\times 3^x\ (0<k<1)$의 그래프가 두 함수 $y=3^{-x}$, $y=-4\times 3^x+8$의 그래프와 만나는 점을 각각 P, Q라 하자. 점 P와 점 Q의 x좌표의 비가 $1:2$일 때, $35k$의 값을 구하시오.

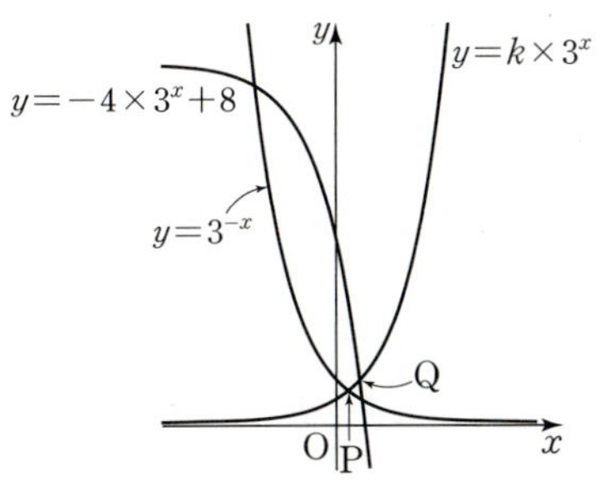

182

함수 $f(x)=a^x$에 대하여 함수 $y=f(x)$의 그래프를 y축에 대하여 대칭이동한 후 x축의 방향으로 m만큼 평행이동하였더니 함수 $y=g(x)$의 그래프가 되었다. 두 함수 $f(x)$, $g(x)$가 다음 조건을 만족시킬 때, $a+m$의 값은? (단, $a>0$, $a\neq 1$)

> ㈎ 함수 $y=f(x)$의 그래프와 함수 $y=g(x)$의 그래프는 직선 $x=2$에 대하여 대칭이다.
> ㈏ $f(3)=16g(3)$

① 6 ② 7 ③ 8
④ 9 ⑤ 10

183

실수 a에 대하여 함수 $f(x)=(4a^2+4a+1)^x$일 때, 〈보기〉에서 옳은 것만을 있는 대로 고른 것은? $\left(\text{단, } a\neq 0,\ a\neq -1,\ a\neq -\dfrac{1}{2}\right)$

─〈보 기〉─
ㄱ. 곡선 $y=f(x)$의 점근선은 $y=0$이다.
ㄴ. $-1<a<0$이면 $f(1)<1$이다.
ㄷ. $a>1$이면 $f(1)>f(-1)$이다.

① ㄴ   ② ㄱ, ㄴ   ③ ㄱ, ㄷ
④ ㄴ, ㄷ   ⑤ ㄱ, ㄴ, ㄷ

184

$a>0$, $b>0$일 때, 〈보기〉에서 옳은 것만을 있는 대로 고른 것은?
(단, x, y는 실수이다.)

─〈보 기〉─
ㄱ. $a<b<1$, $x<0$이면 $a^x>b^x>1$이다.
ㄴ. $x>0$일 때, $a^x>b^x$이면 $a^{\frac{1}{x}}<b^{\frac{1}{x}}$이다.
ㄷ. $a<b$, $x<y$이면 $a^xb^y>a^yb^x$이다.

① ㄱ   ② ㄴ   ③ ㄱ, ㄷ
④ ㄴ, ㄷ   ⑤ ㄱ, ㄴ, ㄷ

185

| 선행 145 |

두 함수 $f(x)$, $g(x)$를 $f(x)=x^2-6x+11$, $g(x)=a^x$이라 하자. $1\leq x\leq 4$에서 함수 $(g\circ f)(x)$의 최댓값이 27일 때, 최솟값은?
(단, $a>0$, $a\neq 1$)

① $\dfrac{1}{9}$ ② $\dfrac{1}{3}$ ③ 1
④ 3   ⑤ 9

186 빈출

함수 $y=4^x-2^{x+3}+a$가 $x=b$일 때 최솟값 10을 갖는다. 두 상수 a, b에 대하여 $a+b$의 값은?

① 20   ② 24   ③ 28
④ 32   ⑤ 36

187 서술형

정의역이 $\{x\,|\,-4\leq x\leq 4\}$인 함수 $y=2^x-\sqrt{2^{x+2}}+3$은 $x=a$에서 최솟값 α를 갖고, $x=b$에서 최댓값 β를 갖는다. $(\alpha-a)(\beta-b)$의 값을 구하고, 그 과정을 서술하시오.
(단, a, b, α, β는 상수이다.)

188

다음 함수의 최솟값과 그때의 x의 값을 구하시오.

(1) $y=2^{2x}+2^{-2x}+4(2^x+2^{-x})+5$

(2) $y=4^x+4^{-x}+3(2^x-2^{-x})+3$

190

함수 $f(x)=\log_a(x-1)+2$에 대하여 〈보기〉에서 옳은 것만을 있는 대로 고른 것은? (단, $a>0$, $a\neq1$)

〈보 기〉
ㄱ. 곡선 $y=f(x)$는 점 $(2,\ 2)$를 지난다.
ㄴ. $a>2$이면 $af(a)>4$이다.
ㄷ. $1<a+1<2<b$이면 $f^{-1}(a+1)<f^{-1}(b)$이다.

① ㄴ 　　　② ㄱ, ㄴ 　　　③ ㄱ, ㄷ

④ ㄴ, ㄷ 　　　⑤ ㄱ, ㄴ, ㄷ

유형 03 **로그함수의 뜻과 그래프**

189 빈출

다음 〈보기〉에서 함수 $y=\log_3 x$의 그래프를 평행이동 또는 대칭이동하여 겹쳐질 수 있는 곡선을 그래프로 갖는 함수의 개수는?

〈보 기〉
ㄱ. $y=2\times3^x+1$ 　　　ㄴ. $y=\log_{\frac{1}{3}} 4x$
ㄷ. $y=\log_9(9x+1)$ 　　　ㄹ. $y=\log_9 x^2+3$
ㅁ. $y=2\log_3\sqrt{x-2}$ 　　　ㅂ. $y=-2\log_3 x+5$

① 2 　　　② 3 　　　③ 4

④ 5 　　　⑤ 6

191 빈출

두 곡선 $y=2^{x+3}-2$와 $y=\log_{\frac{1}{2}}(x+k)$가 제2사분면에서 만나도록 하는 실수 k의 값의 범위는?

① $\dfrac{1}{64}<k<1$ 　　　② $\dfrac{1}{16}<k<1$ 　　　③ $\dfrac{1}{64}<k<3$

④ $\dfrac{1}{16}<k<3$ 　　　⑤ $\dfrac{1}{64}<k<5$

192

함수 $y=\log_{\frac{1}{2}}(5x-p)+1$의 그래프와 직선 $x=3$이 한 점에서 만나고, 함수 $y=|2^{-x+3}-p|$의 그래프와 직선 $y=4$가 두 점에서 만나도록 하는 모든 정수 p의 개수를 구하시오.

193

다음 물음에 답하시오.

(1) 함수 $y=3^{|x+1|}+4$의 그래프와 직선 $y=k$가 만나지 않도록 하는 실수 k의 값의 범위를 구하시오.

(2) 방정식 $|y-1|=\log_2(x-3)$의 그래프와 직선 $x=k$가 두 점에서 만나도록 하는 실수 k의 값의 범위를 구하시오.

194

함수 $y=\log_a(x+2)-3$의 그래프가 네 점 A$(2, -2)$, B$(7, -2)$, C$(7, 1)$, D$(2, 1)$을 꼭짓점으로 하는 사각형 ABCD와 만나도록 하는 실수 a의 최댓값을 M, 최솟값을 m이라 할 때, $(Mm)^2$의 값은? (단, $a>0$, $a\neq1$)

① 160 ② 162 ③ 164
④ 166 ⑤ 168

195

그림과 같이 사각형 ABCD는 한 변의 길이가 2인 정사각형이고, 두 점 B, D는 함수 $y=\log_2 x$의 그래프 위에 있다. 선분 BD의 중점의 x좌표는? (단, 사각형의 변은 x축 또는 y축에 평행하다.)

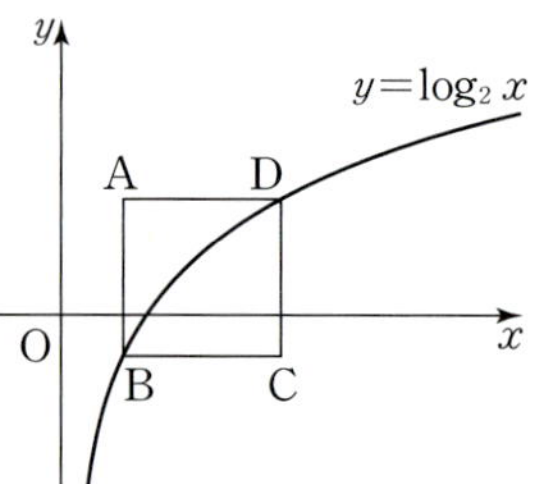

① $\dfrac{7}{6}$ ② $\dfrac{4}{3}$ ③ $\dfrac{3}{2}$
④ $\dfrac{5}{3}$ ⑤ $\dfrac{11}{6}$

196 빈출   교육청 변형

그림과 같이 함수 $y=\log_4 x$의 그래프 위의 한 점 P에 대하여 선분 OP가 함수 $y=\log_2 x$의 그래프와 만나는 점을 Q라 하자. 점 Q가 선분 OP를 $1:3$으로 내분할 때, 점 P의 y좌표는?

(단, O는 원점이다.)

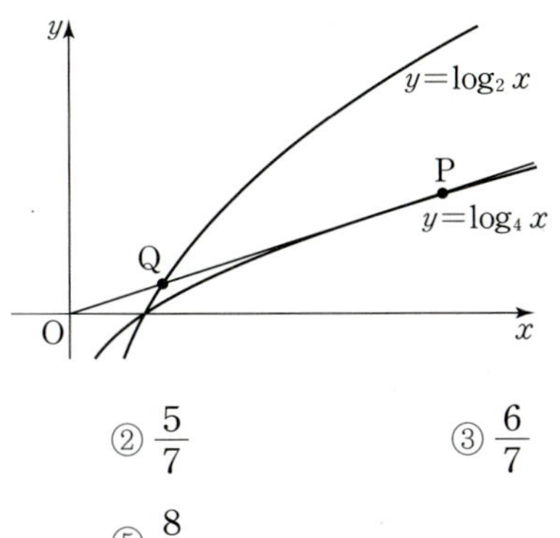

① $\dfrac{4}{7}$ ② $\dfrac{5}{7}$ ③ $\dfrac{6}{7}$

④ 1 ⑤ $\dfrac{8}{7}$

197 빈출   교육청 변형

$1<a<b$인 두 실수 a, b에 대하여 세 함수 $f(x)=\log_a x$, $g(x)=\log_b x$, $h(x)=-\log_a x$의 그래프가 직선 $x=2$와 만나는 점을 각각 P, Q, R이라 하자. $\overline{PQ}:\overline{QR}=3:5$일 때, $g(a)$의 값은?

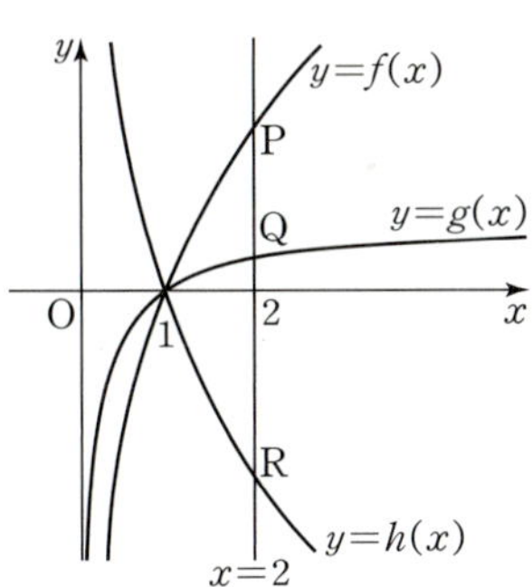

① $\dfrac{1}{6}$ ② $\dfrac{1}{5}$ ③ $\dfrac{1}{4}$

④ $\dfrac{1}{3}$ ⑤ $\dfrac{1}{2}$

198   교육청 기출

기울기가 $\dfrac{1}{2}$인 직선 l이 곡선 $y=\log_2 2x$와 서로 다른 두 점에서 만날 때, 만나는 두 점 중 x좌표가 큰 점을 A라 하고, 직선 l이 곡선 $y=\log_2 4x$와 만나는 두 점 중 x좌표가 큰 점을 B라 하자. $\overline{AB}=2\sqrt{5}$일 때, 점 A에서 x축에 내린 수선의 발 C에 대하여 삼각형 ACB의 넓이는?

① 5 ② $\dfrac{21}{4}$ ③ $\dfrac{11}{2}$

④ $\dfrac{23}{4}$ ⑤ 6

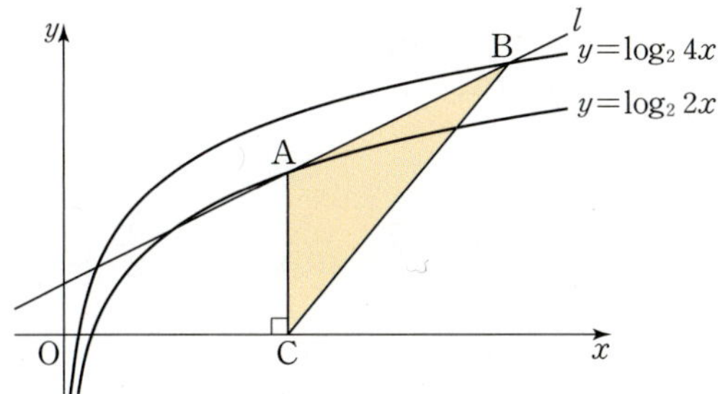

199

그림과 같이 곡선 $y=\log_2 x$ 위의 한 점 A를 지나고 x축에 평행한 직선이 곡선 $y=\log_2 (x-2)$와 만나는 점을 B, 점 B를 지나고 y축에 평행한 직선이 곡선 $y=\log_2 x$와 만나는 점을 C, 점 C를 지나고 x축에 평행한 직선이 곡선 $y=\log_2 (x-2)$와 만나는 점을 D, 점 D를 지나고 y축에 평행한 직선이 곡선 $y=\log_2 x$와 만나는 점을 E라 하자. 삼각형 ABC의 넓이가 1일 때, 삼각형 CDE의 넓이는?

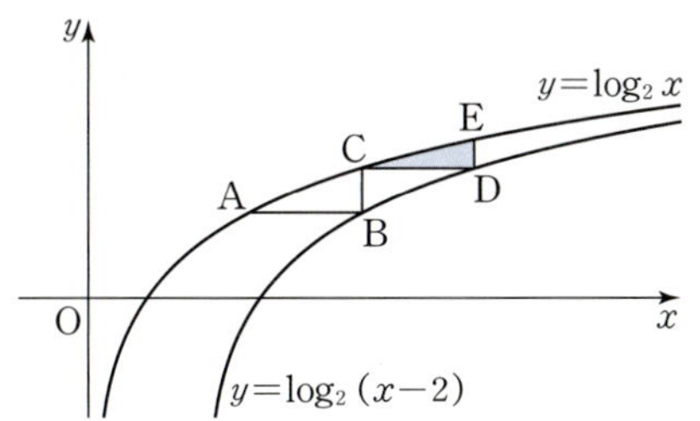

① $\log_2 \dfrac{3}{4}$ ② $\log_2 \dfrac{3}{2}$ ③ $2\log_2 \dfrac{3}{4}$

④ $2\log_2 \dfrac{3}{2}$ ⑤ $3\log_2 \dfrac{3}{2}$

200

형가원 기출

그림과 같이 곡선 $y=2\log_2 x$ 위의 한 점 A를 지나고 x축에 평행한 직선이 곡선 $y=2^{x-3}$과 만나는 점을 B라 하자. 점 B를 지나고 y축에 평행한 직선이 곡선 $y=2\log_2 x$와 만나는 점을 D라 하자. 점 D를 지나고 x축에 평행한 직선이 곡선 $y=2^{x-3}$과 만나는 점을 C라 하자. $\overline{AB}=2$, $\overline{BD}=2$일 때, 사각형 ABCD의 넓이는?

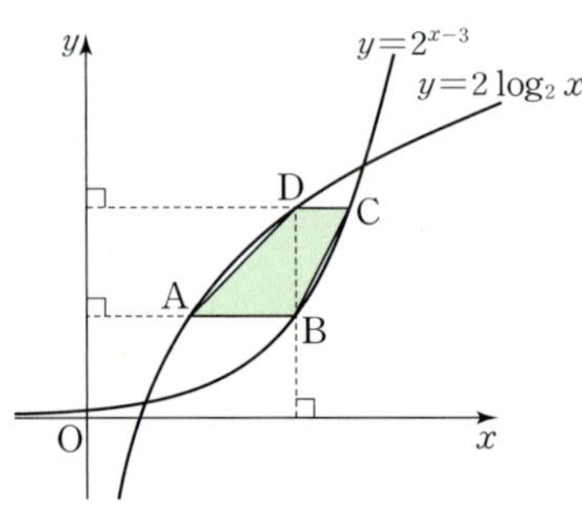

① 2

② $1+\sqrt{2}$

③ $\dfrac{5}{2}$

④ 3

⑤ $2+\sqrt{2}$

201

형가원 기출

함수 $y=\log_2 4x$의 그래프 위의 두 점 A, B와 함수 $y=\log_2 x$의 그래프 위의 점 C에 대하여 선분 AC가 y축에 평행하고 삼각형 ABC가 정삼각형일 때, 점 B의 좌표는 (p, q)이다. $p^2 \times 2^q$의 값은?

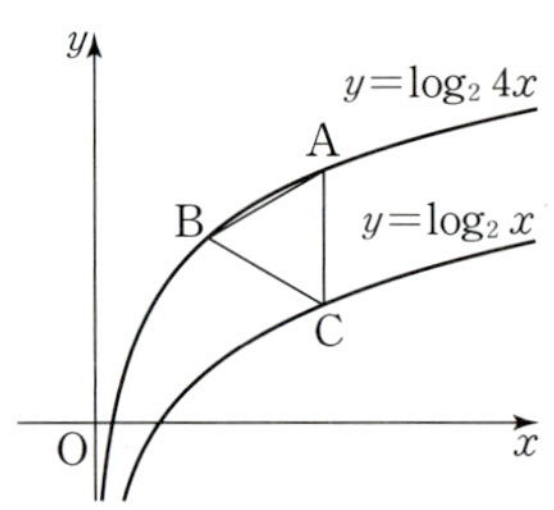

① $6\sqrt{3}$

② $9\sqrt{3}$

③ $12\sqrt{3}$

④ $15\sqrt{3}$

⑤ $18\sqrt{3}$

202

빈출 ♕

교육청 기출 | 선행 **173** |

그림과 같이 두 곡선 $y=\log_6 (x+1)$, $y=\log_6 (x-1)-4$와 두 직선 $y=-2x$, $y=-2x+8$로 둘러싸인 부분의 넓이를 구하시오.

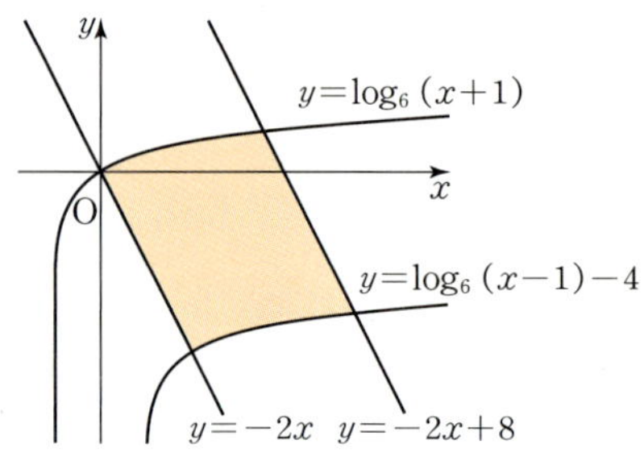

203

그림과 같이 곡선 $y=|\log_2 x|$와 직선 l이 서로 다른 세 점 A, B, C에서 만나고, 세 점 A, B, C에서 x축에 내린 수선의 발을 각각 A′, B′, C′이라 하면 원점 O에 대하여 $\overline{OA'}=\overline{A'B'}=\overline{B'C'}$이다. 직선 l의 기울기를 k라 할 때, $\sqrt{3}k$의 값은?

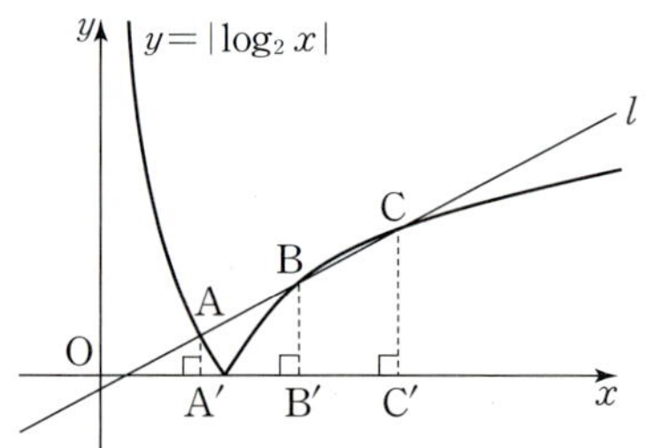

① $\log_2 3-1$

② $2-\log_2 3$

③ $2\log_2 3-1$

④ $2(\log_2 3-1)$

⑤ $2(2-\log_2 3)$

204

두 실수 a, b가 $0<\dfrac{1}{a}<b<1$을 만족시킬 때, 세 수 $A=-1$, $B=\log_a b$, $C=\log_b a$의 대소 관계로 옳은 것은?

① $A<B<C$ ② $A<C<B$ ③ $B<A<C$
④ $B<C<A$ ⑤ $C<A<B$

205

$1<b<a<b^2$일 때, 네 실수 $A=\log_a b$, $B=\log_b a$, $C=\log_a \dfrac{a}{b}$, $D=\log_b \dfrac{b}{a}$의 대소 관계를 나타내시오. (단, a, b는 실수이다.)

206

2보다 큰 실수 a에 대하여 $a<x<a^2$일 때, 다음 값의 대소를 바르게 비교한 것은?

$$(\log_a x)^2,\ \log_a x^2,\ \log_a (\log_a x)$$

① $(\log_a x)^2<\log_a x^2<\log_a (\log_a x)$
② $\log_a x^2<(\log_a x)^2<\log_a (\log_a x)$
③ $\log_a x^2<\log_a (\log_a x)<(\log_a x)^2$
④ $\log_a (\log_a x)<(\log_a x)^2<\log_a x^2$
⑤ $\log_a (\log_a x)<\log_a x^2<(\log_a x)^2$

207

$a>1$, $b>1$일 때, $\log_a b^3+\log_b \sqrt[3]{a}$의 최솟값은?

① 1 ② 2 ③ 3
④ 4 ⑤ 5

208 빈출

두 실수 a, b에 대하여 $a^2<a<b$일 때, 〈보기〉에서 옳은 것만을 있는 대로 고른 것은?

〈보 기〉
ㄱ. $a^b>a^a$
ㄴ. $\log_a b<1$
ㄷ. $\log_{b+1} a \times \log_{b+1} (a+1)<0$
ㄹ. $b<1$이면 $\log_a b+\log_b a>2$이다.

① ㄱ, ㄷ ② ㄴ, ㄷ ③ ㄴ, ㄹ
④ ㄷ, ㄹ ⑤ ㄴ, ㄷ, ㄹ

유형 04 로그함수의 최대·최소

209 빈출

정의역이 $\{x \mid 1 \leq x \leq 4\}$인 함수 $y = \left(\log_{\frac{1}{2}} 4x\right)\left(\log_{\frac{1}{2}} \dfrac{8}{x}\right)$의 최댓값을 M, 최솟값을 m이라 할 때, Mm의 값은?

① 10　　　　② 15　　　　③ 20
④ 25　　　　⑤ 30

210 빈출

정의역이 $\{x \mid 1 \leq x \leq 100\}$인 함수 $y = 2^{\log x} \times x^{\log 2} - 24 \times 2^{\log \frac{x}{100}}$의 최댓값과 최솟값의 합은?

① -16　　　　② -14　　　　③ -12
④ -10　　　　⑤ -8

211

함수 $f(x) = \left| \log_3 \left(\dfrac{1}{9}x + 3 \right) \right| + 1$의 정의역이 $\{x \mid -20 \leq x \leq a\}$일 때, 치역은 $\{y \mid b \leq y \leq 3\}$이다. 두 상수 a, b에 대하여 $a + b$의 값을 구하시오. (단, $a > -20$, $b < 3$)

유형 05 지수·로그함수의 역함수

212 빈출 서술형 ✏️

| 선행 155 |

함수 $y = 3^{x-a} + \dfrac{3}{2}$의 그래프와 그 역함수의 그래프가 만나는 서로 다른 두 점을 각각 A, B라 할 때, 선분 AB를 대각선으로 하는 정사각형의 한 변의 길이는 2이다. 두 점 A, B의 좌표를 각각 구하고, 그 과정을 서술하시오.

(단, a는 실수이고, 점 A의 x좌표는 점 B의 x좌표보다 작다.)

213

1보다 큰 실수 a에 대하여 함수 $y = a^x - b$의 그래프와 함수 $y = \log_a (x + b)$의 그래프가 서로 다른 두 점 A, B에서 만나고, 다음 조건을 만족시킨다.

> ㈎ $\overline{AB} = 2\sqrt{2}$
> ㈏ 선분 AB를 수직이등분하는 직선의 방정식이
> 　　$x + y - 2 = 0$이다.

$a + b$의 값은? (단, b는 상수이다.)

① $1 - 2\sqrt{3}$　　　　② $\sqrt{3} - 1$　　　　③ 0
④ $\sqrt{3} + 1$　　　　⑤ $2\sqrt{3}$

214 빈출 👑

그림과 같이 직선 $y=-x+k$가 두 함수 $y=2^x$, $y=\log_2 x$의 그래프와 만나는 점을 각각 A, B라 하고, x축, y축과 만나는 점을 각각 C, D라 하자. $\overline{AB}=\overline{BC}$이고, 삼각형 OAB의 넓이가 6일 때, 〈보기〉에서 옳은 것만을 있는 대로 고른 것은?

(단, O는 원점이고, $k>1$이다.)

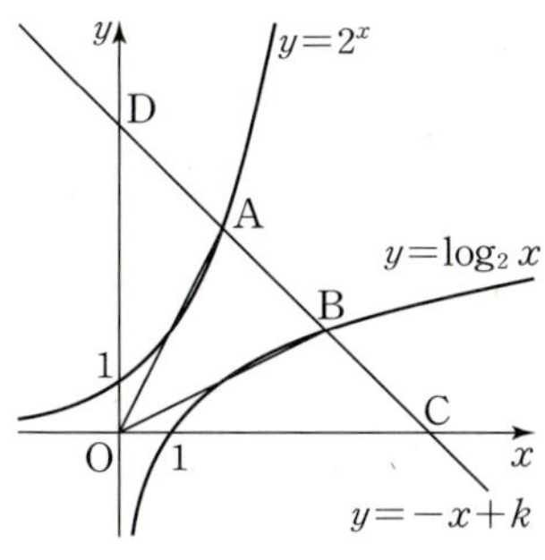

<보 기>

ㄱ. $\overline{AD}:\overline{AC}=1:3$

ㄴ. $k=6$

ㄷ. 점 A의 x좌표와 점 B의 y좌표의 합은 4이다.

① ㄴ
② ㄷ
③ ㄱ, ㄴ
④ ㄴ, ㄷ
⑤ ㄱ, ㄴ, ㄷ

215

그림과 같이 직선 $x=t$가 두 곡선 $y=2^x+1$, $y=\log_2 (x-1)$과 만나는 두 점을 각각 A, B라 하고, 점 B를 지나고 기울기가 -1인 직선이 곡선 $y=2^x+1$과 만나는 점을 C라 하자. $\overline{AB}=31$, $\overline{BC}=3\sqrt{2}$일 때, 삼각형 OBC의 넓이는?

(단, O는 원점이고, $t>0$이다.)

① $\dfrac{15}{2}$
② 9
③ $\dfrac{21}{2}$
④ 12
⑤ $\dfrac{27}{2}$

216 빈출 👑

교육청 변형

곡선 $y=2^x+k$와 직선 $y=5x$가 만나는 점 중 한 점을 A라 하고, 점 A를 지나고 기울기가 -1인 직선이 곡선 $y=\log_2 (x-k)$와 만나는 점을 B라 하자. 삼각형 OAB의 넓이가 48일 때, 양수 k의 값을 구하시오. (단, O는 원점이다.)

217

교육청 변형

그림과 같이 함수 $y=\log_2 (x+a)+b$의 그래프 위의 점 P(15, 1)을 지나고 기울기가 -1인 직선이 함수 $y=2^{x-b}-a$의 그래프와 만나는 점을 Q라 하고, 점 P를 지나고 x축에 평행한 직선이 함수 $y=2^{x-b}-a$의 그래프와 만나는 점을 R이라 하자. 삼각형 PQR의 넓이가 119일 때, a^2+b^2의 값을 구하시오.

(단, a, b는 상수이다.)

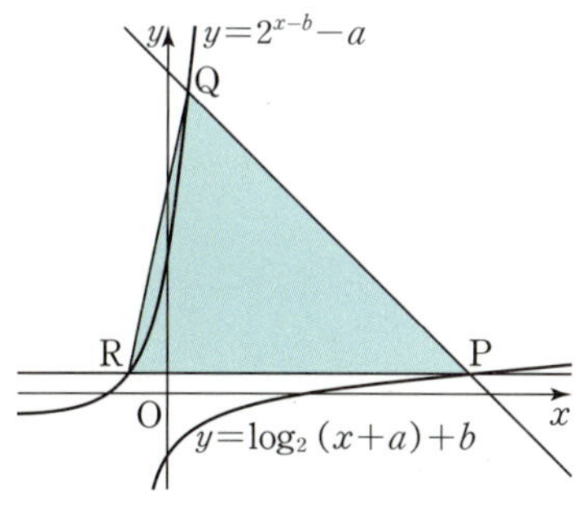

218 빈출

평가원 기출

좌표평면에서 두 곡선 $y=|\log_2 x|$와 $y=\left(\dfrac{1}{2}\right)^x$이 만나는 두 점을 $P(x_1, y_1)$, $Q(x_2, y_2)(x_1<x_2)$라 하고, 두 곡선 $y=|\log_2 x|$와 $y=2^x$이 만나는 점을 $R(x_3, y_3)$이라 하자. 〈보기〉에서 옳은 것만을 있는 대로 고른 것은?

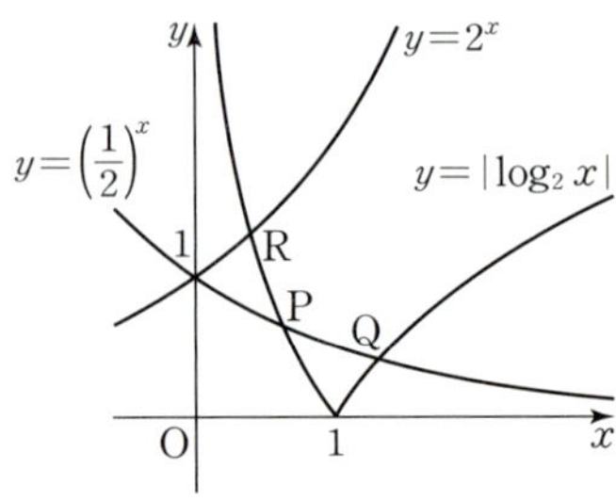

〈보 기〉

ㄱ. $\dfrac{1}{2}<x_1<1$

ㄴ. $x_2 y_2-x_3 y_3=0$

ㄷ. $x_2(x_1-1)>y_1(y_2-1)$

① ㄱ ② ㄷ ③ ㄱ, ㄴ

④ ㄴ, ㄷ ⑤ ㄱ, ㄴ, ㄷ

유형 06 지수방정식

219

함수 $y=\log_2(x+3)-1$의 역함수를 $f(x)$라 할 때, 방정식 $f(2x)+f(x+1)-10=0$의 실근은?

① 0 ② 1 ③ 2

④ 3 ⑤ 4

220

| 선행 159 |

방정식 $2^{2x+1}+a\times 2^x+a+13=0$의 두 근의 합이 1일 때, 두 근의 곱을 구하시오. (단, a는 상수이다.)

221

방정식 $4^x+4^{-x}+3(2^x+2^{-x})-16=0$의 두 근을 α, β라 할 때, $4^{-\alpha}+4^{-\beta}$의 값은?

① 3 ② 5 ③ 7

④ 9 ⑤ 11

222

다음 물음에 답하시오.

(1) 방정식 $(x+1)^{x^2-6x}=5^{x^2-6x}$의 모든 실근의 합을 구하시오. (단, $x>-1$)

(2) 방정식 $x^{x^2}=x^{5x-6}$의 모든 실근의 합을 구하시오. (단, $x>0$)

223

|선행 158|

그림과 같이 두 함수 $y=\log_2 x$, $y=-\log_2 \dfrac{x}{4}$의 그래프가 직선 $y=k \ (k>0)$와 만나는 점을 각각 A, B라 하고, x축과 만나는 점을 각각 C, D라 하자. $\overline{AB}:\overline{CD}=5:2$일 때, k의 값을 구하시오.

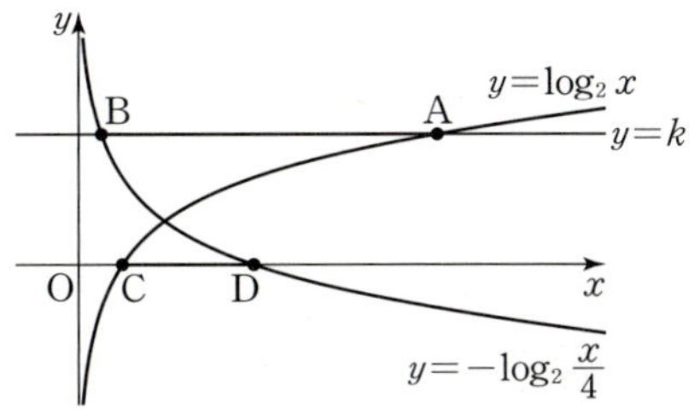

224 빈출

|선행 192|

x에 대한 방정식 $|3^x-2a|+a=10$이 서로 다른 두 실근을 가질 때, 정수 a의 최댓값을 M, 최솟값을 m이라 하자. $M+m$의 값은?

① 11   ② 12   ③ 13
④ 14   ⑤ 15

225 빈출

방정식 $4^x-2^{x+2}-k^2+4=0$이 서로 다른 두 실근을 갖도록 하는 정수 k의 개수는?

① 1   ② 2   ③ 3
④ 4   ⑤ 5

226

두 함수 $f(x)=4^x$, $g(x)=3\times 2^{x+2}-k+3$의 그래프가 서로 다른 두 점 A, B에서 만난다. 두 점 A, B의 x좌표를 각각 a, b라 할 때, $ab<0$을 만족시키는 모든 자연수 k의 개수는?

① 10   ② 11   ③ 12
④ 13   ⑤ 14

227

약물의 혈중 농도는 약물을 복용한 후 줄어들기 시작하는데 그 변화는 지수함수를 따른다고 한다. 어느 약물의 혈중 농도가 5시간마다 $\dfrac{1}{2}$의 비율로 줄어든다고 할 때, 이 약물의 혈중 농도가 현재의 20 %가 되는 것은 약물을 복용하고 몇 시간 몇 분 후인가?

(단, $\log 2=0.3$으로 계산한다.)

① 11시간 20분   ② 11시간 40분   ③ 12시간
④ 12시간 20분   ⑤ 12시간 40분

유형 07 지수부등식

228

부등식 $x^{5x-6} > x^{3x}$의 해를 바르게 나타낸 것은? (단, $x>0$)

① $0<x<1$ ② $x>1$
③ $0<x<3$ ④ $x>3$
⑤ $0<x<1$ 또는 $x>3$

229

부등식 $4^{x+1}-(k+16)2^{x+1}+16k<0$을 만족시키는 정수 x의 개수가 2가 되도록 하는 정수 k의 개수는?

① 60 ② 62 ③ 64
④ 66 ⑤ 68

230 빈출 서술형

모든 실수 x에 대하여 부등식 $3^{2x}+3^{x+1}+k-3\geq 0$이 성립하도록 하는 실수 k의 최솟값을 구하고, 그 과정을 서술하시오.

231 선생님 Pick! 평가원 기출

이차함수 $y=f(x)$의 그래프와 일차함수 $y=g(x)$의 그래프가 그림과 같을 때, 부등식

$$\left(\frac{1}{2}\right)^{f(x)g(x)}\geq\left(\frac{1}{8}\right)^{g(x)}$$

을 만족시키는 모든 자연수 x의 값의 합은?

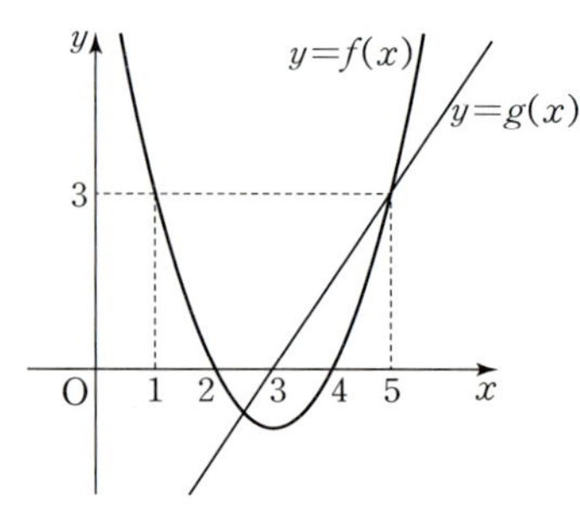

① 7 ② 9 ③ 11
④ 13 ⑤ 15

232 평가원 기출

좌표평면 위의 두 곡선 $y=|9^x-3|$과 $y=2^{x+k}$이 만나는 서로 다른 두 점의 x좌표를 x_1, x_2 $(x_1<x_2)$라 할 때, $x_1<0$, $0<x_2<2$를 만족시키는 모든 자연수 k의 값의 합은?

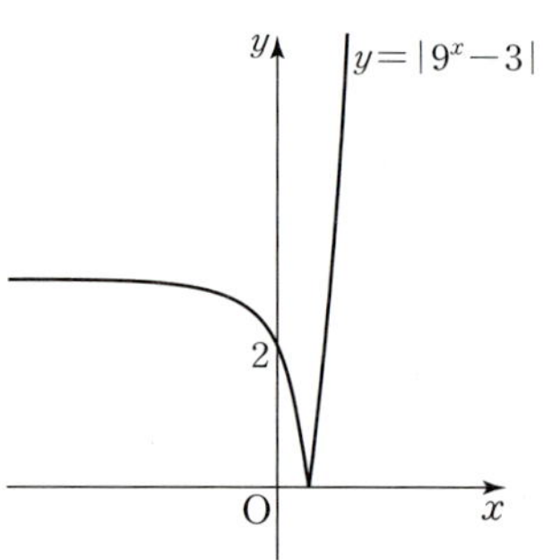

① 8 ② 9 ③ 10
④ 11 ⑤ 12

233 빈출

어떤 식물성 플랑크톤은 바다 수면에 비치는 햇빛의 양의 5 % 이상이 도달하는 깊이까지 살 수 있다고 한다. 어떤 지역에서 햇빛이 수면으로부터 6 m씩 내려갈 때마다 햇빛의 양이 8 %씩 감소된다고 할 때, 이 식물성 플랑크톤이 살 수 있는 깊이는 최대 몇 m인가? (단, $\log 2=0.3$, $\log 9.2=0.96$으로 계산한다.)

① 180 ② 185 ③ 190
④ 195 ⑤ 200

234 빈출

어느 기업에서 올해 기업의 부채가 자기 자본의 5배에 이르자, 내년부터 매년 부채를 전년도에 비해 10 %씩 줄이고, 자기 자본은 20 %씩 늘리는 계획을 세웠다. 이 계획대로 진행될 때, 이 기업의 자기 자본이 처음으로 부채보다 많아지는 해는 올해로부터 몇 년 후인지 구하시오.

(단, $\log 2=0.3010$, $\log 3=0.4771$로 계산한다.)

235

한 사회에서 어떤 정보나 소문이 퍼져 나갈 때, 정보를 모르는 사람이 많을수록 정보를 알고 있는 사람의 수가 더 빨리 증가한다. 한 사회의 인구수를 M명, 정보나 소문이 퍼져 나간 지 t일 후에 정보를 알고 있는 사람의 수를 P명이라 하면
$$P=M(1-a^{-kt})\ (a,\ k\text{는 상수})$$
인 관계가 성립한다고 한다. 전체 인구의 20 %가 정보를 알게 될 때까지 하루가 걸린다면 전체 인구의 80 % 이상이 정보를 알게 되는 데 최소 며칠이 걸리는가? (단, $\log 2=0.301$로 계산한다.)

① 7일 ② 8일 ③ 9일
④ 10일 ⑤ 11일

236 빈출

방정식 $x^{\log_3 x}-27x^4=0$의 모든 실근의 곱은?

① $\dfrac{1}{81}$ ② $\dfrac{1}{9}$ ③ 1
④ 9 ⑤ 81

237

방정식 $x^{\log_2 \frac{x}{4}} = \left(\dfrac{x}{4}\right)^{\log_2 2}$의 모든 실근의 합은?

① $\dfrac{5}{2}$　　　② $\dfrac{9}{2}$　　　③ $\dfrac{13}{2}$

④ $\dfrac{19}{2}$　　　⑤ $\dfrac{21}{2}$

238

방정식 $5^{\log x} \times x^{\log 5} - 13(5^{\log x} + x^{\log 5}) + 25 = 0$의 모든 실근의 합은?

① 11　　　② 101　　　③ 110

④ 111　　　⑤ 1010

239

방정식 $(\log_2 2x)^2 - (\log_2 x)\left(\log_2 \dfrac{1}{x}\right) = k \log_2 x^3$의 서로 다른 두 실근 α, β에 대하여 $\alpha\beta = 2\sqrt{2}$일 때, 상수 k의 값은?

① $\dfrac{5}{3}$　　　② 2　　　③ $\dfrac{7}{3}$

④ $\dfrac{8}{3}$　　　⑤ 3

240　서술형✏️

방정식 $(\log_2 x)^2 + 8 = k \log_2 x$의 서로 다른 두 실근을 α, β라 하자. $\alpha : \beta = 1 : 4$일 때, αk의 값을 구하고, 그 과정을 서술하시오. (단, $k < 0$)

241　평가원 기출

질량 $a(\text{g})$의 활성탄 A를 염료 B의 농도가 $c(\%)$인 용액에 충분히 오래 담가 놓을 때 활성탄 A에 흡착되는 염료 B의 질량 $b(\text{g})$는 다음 식을 만족시킨다고 한다.

$$\log \frac{b}{a} = -1 + k \log c \ \text{(단, k는 상수이다.)}$$

10 g의 활성탄 A를 염료 B의 농도가 8 %인 용액에 충분히 오래 담가 놓을 때 활성탄 A에 흡착되는 염료 B의 질량은 4 g이다.

20 g의 활성탄 A를 염료 B의 농도가 27 %인 용액에 충분히 오래 담가 놓을 때 활성탄 A에 흡착되는 염료 B의 질량(g)은?

(단, 각 용액의 양은 충분하다.)

① 10　　　② 12　　　③ 14

④ 16　　　⑤ 18

242

$2^x < 3^{20} < 2^{x+1}$을 만족시키는 정수 x의 값은?

　　　　　(단, $\log 2 = 0.3010$, $\log 3 = 0.4771$로 계산한다.)

① 30　　　　　　② 31　　　　　　③ 32

④ 33　　　　　　⑤ 34

243

부등식 $4\log_2 |x-2| \leq 5 - \log_2 \dfrac{1}{8}$ 을 만족시키는 정수 x의

개수는?

① 6　　　　　　② 7　　　　　　③ 8

④ 9　　　　　　⑤ 10

244 빈출

$10 < x < 100$일 때, $\log x^2$과 $\log \sqrt[3]{x}$의 차가 정수가 되도록 하는
모든 실수 x의 값의 곱을 구하시오.

245

| 선행 169 |

연립부등식

$$\begin{cases} \log_{\frac{1}{2}} (\log_5 x) \geq 0 \\ 2\log_2 (x-2) \leq 1 + \log_2 \left(x + \dfrac{31}{2} \right) \end{cases}$$

을 만족시키는 정수 x의 개수를 구하시오.

246 빈출

두 집합

$$A = \{ x \mid |\log_2 (x+1) - 1| \leq a \},$$

$$B = \left\{ x \mid \left(\dfrac{1}{\sqrt{2}} \right)^{2x^2 - 18} \geq \left(\dfrac{1}{16} \right)^{x+3} \right\}$$

에 대하여 $A \cap B = A$가 성립하도록 하는 실수 a의 최댓값을
구하시오.

247

| 선행 231 |

이차함수 포물선 $y=f(x)$와 직선 $y=g(x)$가 그림과 같이 두 점 P, Q에서 만난다. 두 점 P, Q의 x좌표는 각각 -2, 3이고, $f(-2)=f(2)=0$이다.

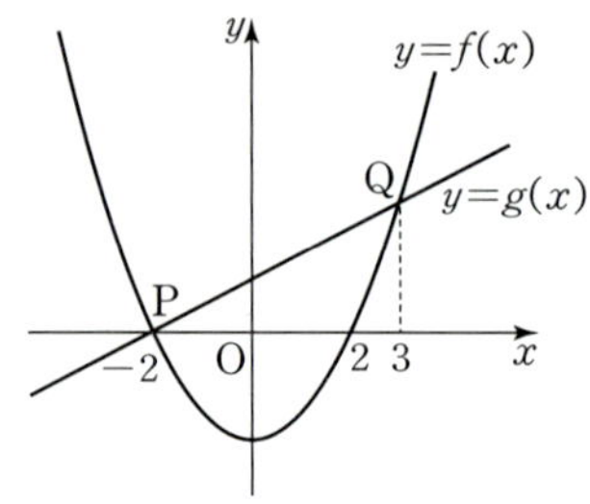

부등식 $\log_{0.2} f(x) \geq \log_{0.2} g(-x)$를 만족시키는 x의 값의 범위를 구하시오.

248

모든 실수 x에 대하여 부등식
$$(1-\log k)x^2+4(1-\log k)x+8\geq 0$$
이 성립하도록 하는 정수 k의 개수는?

① 7   ② 8   ③ 9
④ 10   ⑤ 11

249 빈출 ♔

다음 물음에 답하시오.

(1) 부등식 $(\log_3 x)^2+\log_9 x+a>0$이 항상 성립하도록 하는 실수 a의 값의 범위를 구하시오.

(2) 모든 양의 실수 x에 대하여 부등식 $k^2 x^{\log_2 x+4}>4$가 항상 성립하도록 하는 실수 k의 값의 범위를 구하시오.

250

어느 정수 필터는 정수 작업을 한 번 할 때마다 불순물의 양을 $x\,\%$ 제거할 수 있다고 한다. 4개의 정수 필터를 통과하면 불순물의 양이 처음의 10 % 이하로 줄어든다고 할 때, 자연수 x의 최솟값은? (단, $\log 5.62=0.75$로 계산한다.)

① 43   ② 44   ③ 45
④ 46   ⑤ 47

스키마 schema로 풀이 흐름 알아보기

방정식 $4^x-2^{x+2}-k^2+4=0$이 서로 다른 두 실근을 갖도록 하는 정수 k의 개수는?
　　　　조건 ①　　　　　　　　조건 ②　　　　　　　　　답
① 1　　　　　　　② 2　　　　　　　③ 3　　　　　　　④ 4　　　　　　　⑤ 5

▶ 주어진 조건 은 무엇인지? 구하는 답 은 무엇인지? 이 둘을 어떻게 연결할지?

1 단계

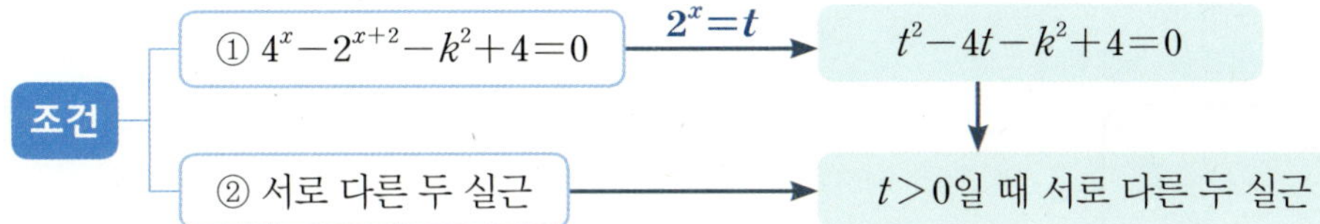

$4^x-2^{x+2}-k^2+4=0$에서
$2^{2x}-4\times2^x-k^2+4=0$　……　㉠
$2^x=t$라 하면 $t>0$이고,
$t^2-4t-k^2+4=0$　……　㉡
㉠이 서로 다른 두 실근을 가지려면
㉡이 $t>0$일 때 서로 다른 두 실근을
가져야 한다.

2 단계

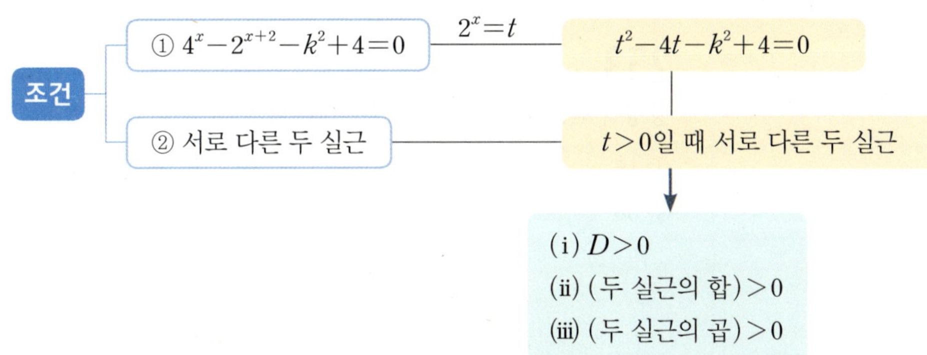

즉, 이차방정식 $t^2-4t-k^2+4=0$이
서로 다른 두 양의 실근을 가져야 한다.
(i) 판별식을 D라 하면
$$\frac{D}{4}=(-2)^2-(-k^2+4)=k^2>0$$
에서 $k\neq0$이다.
(ii) 두 실근의 합이 양수
　　두 실근의 합은 4이므로 항상
　　조건을 만족시킨다.
(iii) 두 실근의 곱이 양수
　　$-k^2+4>0$이므로 $k^2<4$
　　$\therefore -2<k<2$

3 단계

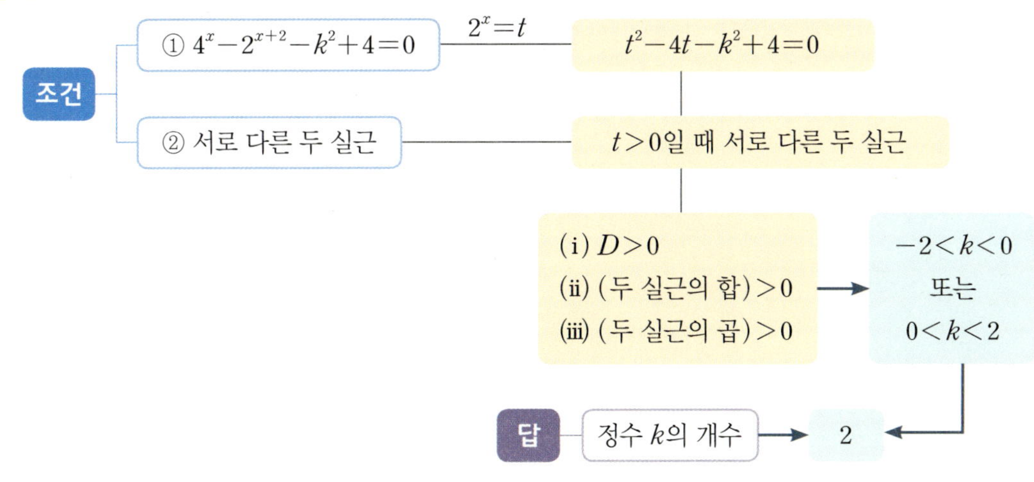

(i)~(iii)에 의하여 k의 값의 범위는
$-2<k<0$ 또는 $0<k<2$이다.
따라서 정수 k는 -1, 1로 2개이다.

251

교육청 변형 | 선행 151 |

그림은 두 함수 $y=\left(\dfrac{1}{2}\right)^x$, $y=\log_2 x$의 그래프와 직선 $y=x$를 나타낸 것이다. 〈보기〉에서 옳은 것만을 있는 대로 고른 것은? (단, 점선은 모두 x축 또는 y축에 평행하고, $a<b<0<c<1<d<e$이다.)

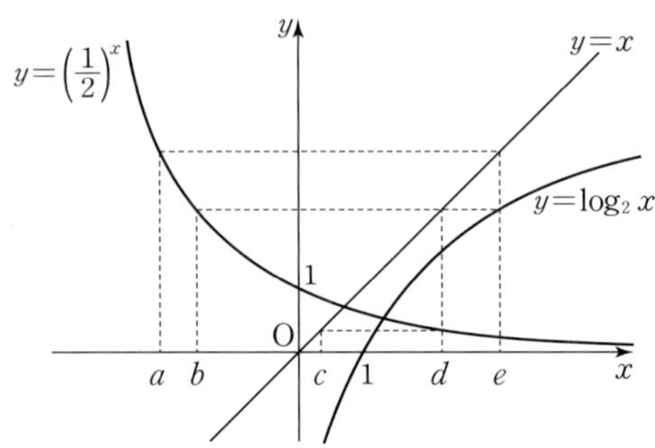

─〈보 기〉─

ㄱ. $\left(\dfrac{1}{2}\right)^{b+d}=ce$

ㄴ. $a+d=0$

ㄷ. $ce=1$

① ㄴ   ② ㄷ   ③ ㄱ, ㄷ
④ ㄴ, ㄷ   ⑤ ㄱ, ㄴ, ㄷ

252

| 선행 209 |

$\log_2 \dfrac{1}{y}=(\log_4 x)^2$을 만족시키는 두 양수 x, y에 대하여 $\dfrac{y}{4x}$의 최댓값을 구하시오.

253

| 선행 222 |

방정식 $4(x^2-11x+29)^{x-8}-3=1$의 모든 실근의 합은?

① 15   ② 20   ③ 25
④ 30   ⑤ 35

254 빈출

평가원 기출

그림과 같이 함수 $y=2^x$의 그래프 위의 한 점 A를 지나고 x축에 평행한 직선이 함수 $y=15\times2^{-x}$의 그래프와 만나는 점을 B라 하자. 점 A의 x좌표를 a라 할 때, $1<\overline{\mathrm{AB}}<100$을 만족시키는 2 이상의 자연수 a의 개수는?

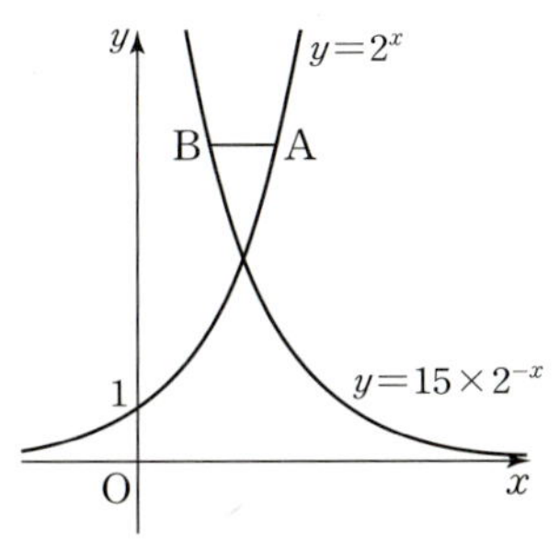

① 40　　② 43　　③ 46
④ 49　　⑤ 52

255

선행 188

방정식 $4^x+4^{-x}+18=a(2^{1+x}+2^{1-x})$이 적어도 하나의 실근을 갖도록 하는 실수 a의 값의 범위를 구하시오.

256

선생님 Pick! 평가원 기출

$a>1$인 실수 a에 대하여 곡선 $y=\log_a x$와

원 $C:\left(x-\dfrac{5}{4}\right)^2+y^2=\dfrac{13}{16}$의 두 교점을 P, Q라 하자. 선분 PQ가 원 C의 지름일 때, a의 값은?

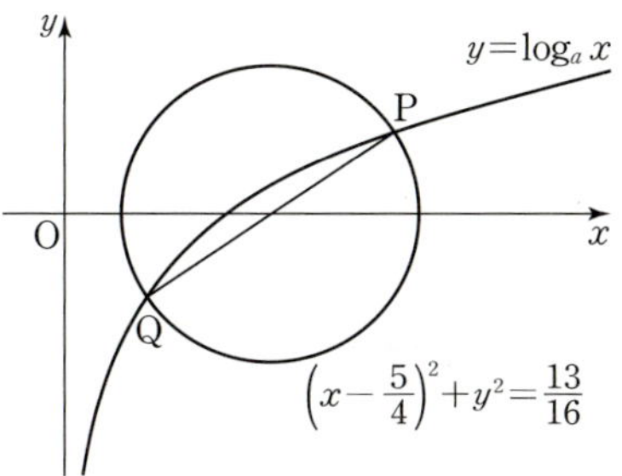

① 3　　② $\dfrac{7}{2}$　　③ 4
④ $\dfrac{9}{2}$　　⑤ 5

257

[평가원 기출]

곡선 $y=\left(\dfrac{1}{5}\right)^{x-3}$ 과 직선 $y=x$가 만나는 점의 x좌표를 k라 하자. 실수 전체의 집합에서 정의된 함수 $f(x)$가 다음 조건을 만족시킨다.

> $x>k$인 모든 실수 x에 대하여
> $f(x)=\left(\dfrac{1}{5}\right)^{x-3}$이고 $f(f(x))=3x$이다.

$f\left(\dfrac{1}{k^3\times 5^{3k}}\right)$의 값을 구하시오.

258

두 양수 a, b에 대하여 〈보기〉에서 옳은 것만을 있는 대로 고른 것은?

> ─〈보 기〉─
> ㄱ. $a<b$이면 $(\log_a 3)\times(\log_b 3)>0$이다. (단, $a\neq 1$, $b\neq 1$)
> ㄴ. $\log_2(a+2)>\log_3(a+3)$
> ㄷ. $\log_2(a+1)=\log_3(b+3)$이면 $b<a$이다.

① ㄴ   ② ㄷ   ③ ㄱ, ㄴ
④ ㄱ, ㄷ   ⑤ ㄴ, ㄷ

259

$1<m<n<20$인 두 자연수 m, n에 대하여 두 함수 $y=\log_m x-2$, $y=\log_n x$의 그래프가 만나는 점의 y좌표를 k라 할 때, $1\leq k\leq 2$를 만족시키는 m, n의 순서쌍 (m, n)의 개수를 구하시오.

260

교육청 기출 | 선행 218 |

두 곡선 $y=2^x$, $y=\log_3 x$와 직선 $y=-x+5$가 만나는 점을 각각 $A(a_1,\ a_2)$, $B(b_1,\ b_2)$라 할 때, 〈보기〉에서 옳은 것만을 있는 대로 고른 것은?

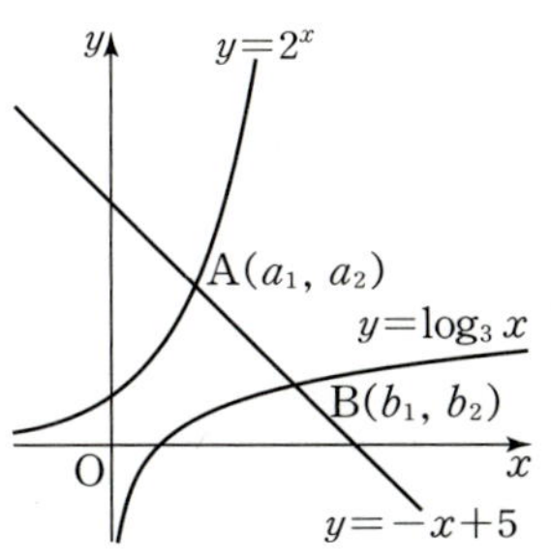

〈보 기〉

ㄱ. $a_1 > b_2$

ㄴ. $\dfrac{b_1+b_2}{a_1+a_2}=\dfrac{b_1-a_1}{a_2-b_2}$

ㄷ. $a_1 b_1 < a_2 b_2$

① ㄱ   ② ㄴ   ③ ㄱ, ㄴ
④ ㄴ, ㄷ   ⑤ ㄱ, ㄴ, ㄷ

261

평가원 기출

자연수 $n\ (n\geq 2)$에 대하여 직선 $y=-x+n$과 곡선 $y=|\log_2 x|$가 만나는 서로 다른 두 점의 x좌표를 각각 a_n, $b_n\ (a_n < b_n)$이라 할 때, 〈보기〉에서 옳은 것만을 있는 대로 고른 것은?

〈보 기〉

ㄱ. $a_2 < \dfrac{1}{4}$

ㄴ. $0 < \dfrac{a_{n+1}}{a_n} < 1$

ㄷ. $1-\dfrac{\log_2 n}{n} < \dfrac{b_n}{n} < 1$

① ㄱ   ② ㄴ   ③ ㄷ
④ ㄴ, ㄷ   ⑤ ㄱ, ㄴ, ㄷ

262

두 함수 $f(x)=3^x$, $g(x)=\left(\dfrac{1}{2}\right)^x$의 그래프가 제1사분면에서 직선 $y=-x+2$와 만나는 점의 x좌표를 각각 a, b라 할 때, 〈보기〉에서 옳은 것만을 있는 대로 고른 것은?

〈보 기〉

ㄱ. $2 \times 3^{\frac{a+b}{2}} < 3^a + 3^b$

ㄴ. $3^a - 2^{-b} = a - b$

ㄷ. $b \times 3^b > 3$

① ㄱ   ② ㄴ   ③ ㄱ, ㄴ
④ ㄱ, ㄷ   ⑤ ㄴ, ㄷ

263 빈출 👑

부등식 $|\log_2 10 - \log_2 x| + \log_2 y \leq 2$를 만족시키는 두 자연수 x, y의 순서쌍 (x, y)의 개수는?

① 61   ② 62   ③ 63
④ 64   ⑤ 65

264

선생님 Pick!   교육청 기출

함수

$$f(x) = \begin{cases} 2^x & (x < 3) \\ \left(\dfrac{1}{4}\right)^{x+a} - \left(\dfrac{1}{4}\right)^{3+a} + 8 & (x \geq 3) \end{cases}$$

에 대하여 곡선 $y = f(x)$ 위의 점 중에서 y좌표가 정수인 점의 개수가 23일 때, 정수 a의 값은?

① -7 ② -6 ③ -5
④ -4 ⑤ -3

265

교육청 기출

좌표평면에서 2 이상의 자연수 n에 대하여 두 곡선 $y = 3^x - n$, $y = \log_3(x + n)$으로 둘러싸인 영역의 내부 또는 그 경계에 포함되고 x좌표와 y좌표가 모두 자연수인 점의 개수가 4가 되도록 하는 자연수 n의 개수를 구하시오.

266

교육청 기출 | 선행 252 |

두 양수 x, y에 대하여 등식

$$(\log_3 x)^2 + (\log_3 y)^2 = \log_9 x^2 + \log_9 y^2$$

이 성립할 때, xy의 최댓값은 M, 최솟값은 m이다. $M + m$의 값을 구하시오.

267

선생님 Pick! 교육청 기출

그림과 같이 좌표평면에서 곡선 $y=a^x$ $(0<a<1)$ 위의 점 P가 제2사분면에 있다. 점 P를 직선 $y=x$에 대하여 대칭이동시킨 점 Q와 곡선 $y=-\log_a x$ 위의 점 R에 대하여 $\angle PQR=45°$이다. $\overline{PR}=\dfrac{5\sqrt{2}}{2}$이고 직선 PR의 기울기가 $\dfrac{1}{7}$일 때, 상수 a의 값은?

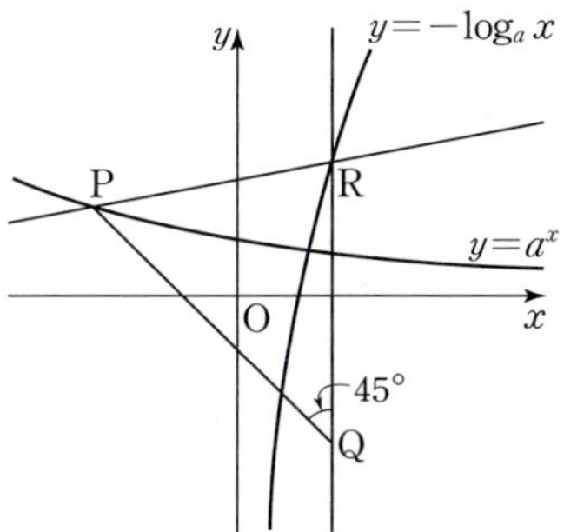

① $\dfrac{\sqrt{2}}{3}$ ② $\dfrac{\sqrt{3}}{3}$ ③ $\dfrac{2}{3}$

④ $\dfrac{\sqrt{5}}{3}$ ⑤ $\dfrac{\sqrt{6}}{3}$

268

그림과 같이 곡선 $y=\log_a x$ $(a>1)$ 위의 서로 다른 세 점 $A(1, 0)$, $B(x_1, y_1)$, $C(x_2, y_2)$가 다음 조건을 만족시킬 때, 삼각형 ABC의 넓이는? (단, $x_1<x_2$이고, O는 원점이다.)

> (가) $x_1 x_2=1$
> (나) $\angle COB=90°$
> (다) (직선 AB의 기울기) : (직선 AC의 기울기)$=5:1$

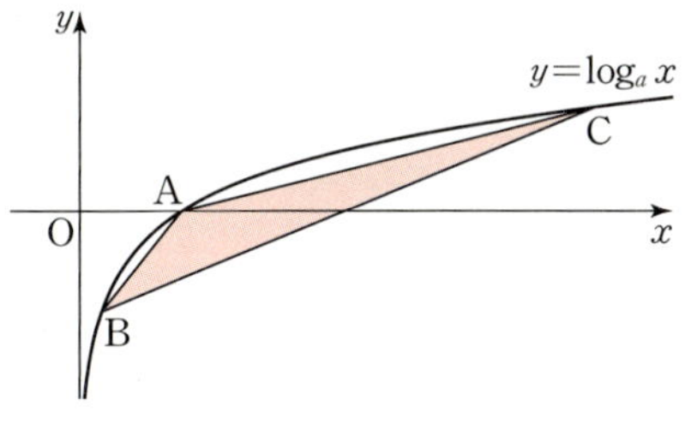

① $\dfrac{6}{5}$ ② $\dfrac{7}{5}$ ③ $\dfrac{8}{5}$

④ $\dfrac{9}{5}$ ⑤ 2

269

교육청 기출

$k>1$인 실수 k에 대하여 두 곡선 $y=\log_{3k} x$, $y=\log_k x$가 만나는 점을 A라 하자. 양수 m에 대하여 직선 $y=m(x-1)$이 두 곡선 $y=\log_{3k} x$, $y=\log_k x$와 제1사분면에서 만나는 점을 각각 B, C라 하자. 점 C를 지나고 y축에 평행한 직선이 곡선 $y=\log_{3k} x$, x축과 만나는 점을 각각 D, E라 할 때, 세 삼각형 ADB, AED, BDC가 다음 조건을 만족시킨다.

> (가) 삼각형 BDC의 넓이는 삼각형 ADB의 넓이의 3배이다.
> (나) 삼각형 BDC의 넓이는 삼각형 AED의 넓이의 $\dfrac{3}{4}$배이다.

$\dfrac{k}{m}$의 값을 구하시오.

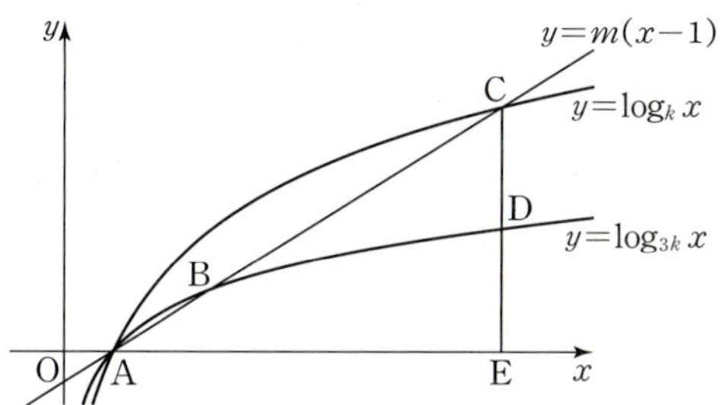

270 빈출

자연수 n에 대하여 직선 $y=t$ (t는 실수)가 두 곡선 $y=\log_3 x$, $y=\log_3 (x-n)$과 만나는 점을 각각 P, Q라 하자. 점 Q를 지나고 x축에 수직인 직선이 곡선 $y=\log_3 x$와 만나는 점을 R이라 할 때, 다음 조건을 만족시키는 모든 자연수 n의 개수를 구하시오.

(가) $1 \le n \le 50$
(나) 어떤 음이 아닌 실수 t에 대하여 $\overline{PQ}+\overline{QR} \ge 25$이다.

271 교육청 기출

그림과 같이 1보다 큰 실수 a에 대하여 곡선 $y=|\log_a x|$가 직선 $y=k$ ($k>0$)와 만나는 두 점을 각각 A, B라 하고, 직선 $y=k$가 y축과 만나는 점을 C라 하자. $\overline{OC}=\overline{CA}=\overline{AB}$일 때, 곡선 $y=|\log_a x|$와 직선 $y=2\sqrt{2}$가 만나는 두 점 사이의 거리는 d이다. $20d$의 값을 구하시오.

(단, O는 원점이고, 점 A의 x좌표는 점 B의 x좌표보다 작다.)

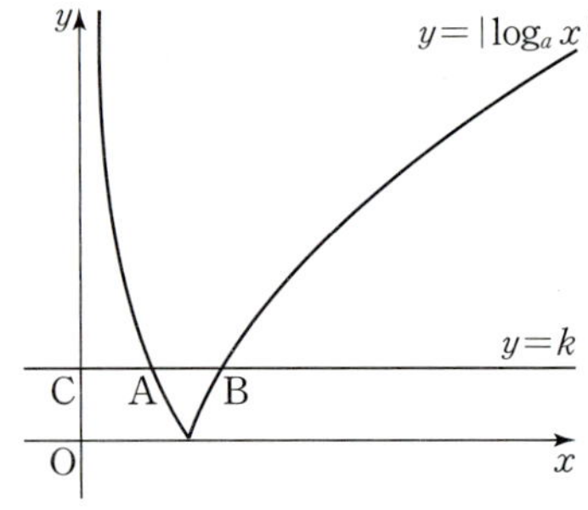

272

$a>1$인 실수 a에 대하여 직선 $y=-x+4$가 두 곡선
$$y=a^{x-1}, \quad y=\log_a (x-1)$$
과 만나는 점을 각각 A, B라 하고, 곡선 $y=a^{x-1}$이 y축과 만나는 점을 C라 하자. $\overline{AB}=2\sqrt{2}$일 때, 삼각형 ABC의 넓이는 S이다. $50S$의 값을 구하시오.

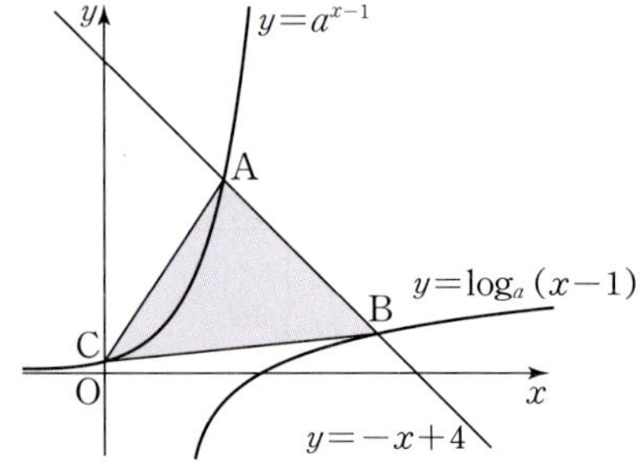

273 빈출 👑

교육청 기출

그림과 같이 함수 $f(x)=2^{1-x}+a-1$의 그래프가 두 함수
$g(x)=\log_2 x$, $h(x)=a+\log_2 x$의 그래프와 만나는 점을 각각
A, B라 하자. 점 A를 지나고 x축에 수직인 직선이 함수 $h(x)$의
그래프와 만나는 점을 C, x축과 만나는 점을 H라 하고, 함수
$g(x)$의 그래프가 x축과 만나는 점을 D라 하자. 〈보기〉에서 옳은
것만을 있는 대로 고른 것은? (단, $a>0$)

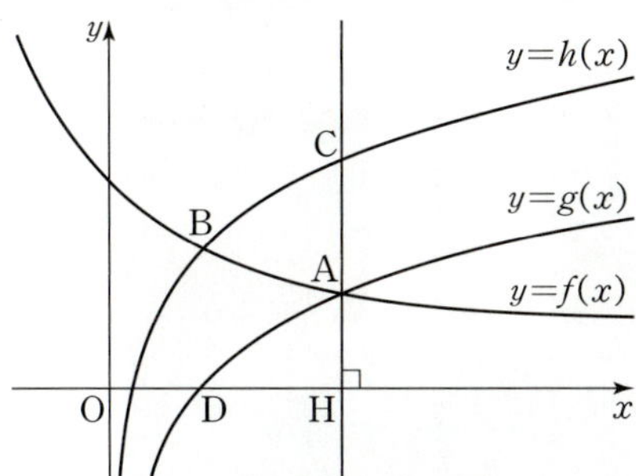

<보 기>

ㄱ. 점 B의 좌표는 $(1, a)$이다.

ㄴ. 점 A의 x좌표가 4일 때, 사각형 ACBD의 넓이는 $\dfrac{69}{8}$이다.

ㄷ. $\overline{CA} : \overline{AH}=3 : 2$이면 $0<a<3$이다.

① ㄱ   ② ㄷ   ③ ㄱ, ㄴ
④ ㄴ, ㄷ   ⑤ ㄱ, ㄴ, ㄷ

274

평가원 변형

실수 t에 대하여 두 곡선 $y=t-\log_2 x$와 $y=2^{x-t}$이 만나는 점의
x좌표를 $f(t)$라 할 때, 〈보기〉에서 옳은 것만을 있는 대로 고른
것은?

<보 기>

ㄱ. $f(1)=1$이고 $f(2)=2$이다.

ㄴ. 실수 t의 값이 증가하면 $f(t)$의 값도 증가한다.

ㄷ. 모든 양의 실수 t에 대하여 $f(t)\geq t$이다.

① ㄱ   ② ㄴ   ③ ㄱ, ㄴ
④ ㄴ, ㄷ   ⑤ ㄱ, ㄴ, ㄷ

Ⅱ 삼각함수

이전 학습 내용

• 각 [중1]

두 반직선 OA, OB로
이루어진 도형을
각 AOB라 하고
기호로 ∠AOB,
∠O, ∠a와 같이
나타낸다.

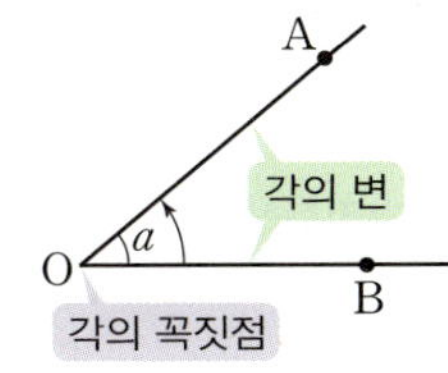

이때 점 O를 **각의 꼭짓점**이라 하고, 두
반직선 OA, OB를 **각의 변**이라 한다.
∠AOB에서 꼭짓점 O를 중심으로 변 OB가
변 OA까지 회전한 양을 ∠AOB의 크기라
한다.

> ∠AOB의 의미
> ① 도형으로서 각
> ② 그 각의 크기

• 각도 [초4]

각의 크기를 각도라 한다.
각도를 나타내는 단위에는 °(도)가 있다.
직각을 똑같이 90으로 나눈 하나를 1도라
하고, 1°라 쓴다.

> 이는 각의 1회전을
> 360등분한 것이다.

• 부채꼴의 중심각과 호의 관계 [중1]

한 원에서
(1) 중심각의 크기가 같은 두 부채꼴의 호의
길이와 넓이는 각각 같다.
(2) 부채꼴의 호의 길이와 넓이는 각각
중심각의 크기에 정비례한다.

• 부채꼴의 호의 길이와 넓이 [중1]

반지름의 길이가 r이고
중심각의 크기가 x°인
부채꼴의 호의 길이를
l, 넓이를 S라 하면

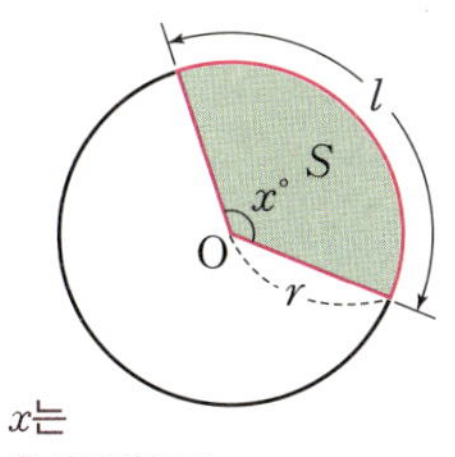

$$l = 2\pi r \times \frac{x}{360}$$

$$S = \pi r^2 \times \frac{x}{360} = \frac{1}{2}rl$$

> x는
> 육십분법으로
> 나타낸 각의 크기이다.

• 일반각과 호도법 ·········· 유형 **01** 일반각과 호도법

1. 시초선과 동경

∠XOP는 평면 위의 반직선 OP가
고정된 반직선 OX의 위치에서
시작하여 점 O를 중심으로
회전하여 만들어진 도형으로,
그 회전한 양을 ∠XOP의 크기라
한다. 이때 반직선 OX를 **시초선**, 반직선 OP를 **동경**이라 한다.
동경 OP가 점 O를 중심으로 회전할 때, 반시계방향을 양의 방향,
시계방향을 음의 방향으로 정한다.

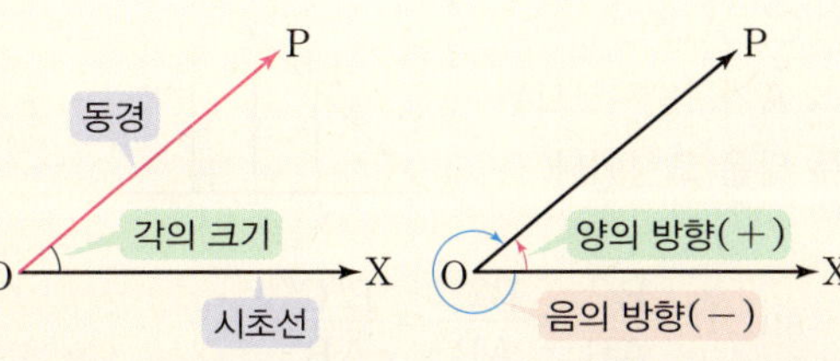

> 양의 방향으로 회전한 각의
> 크기에서 양의 부호 +는
> 보통 생략한다.

2. 일반각

(1) 시초선 OX에 대하여 동경 OP가 나타내는 한 각의
크기를 a°라 할 때, 동경 OP가 나타내는 각의 크기는
$$360° \times n + a° \ (n은 \ 정수)$$
와 같이 나타낼 수 있다. 이와 같은 각을 동경 OP가
나타내는 **일반각**이라 한다. a°는 보통 $0° \le a° < 360°$인 것을 택한다.

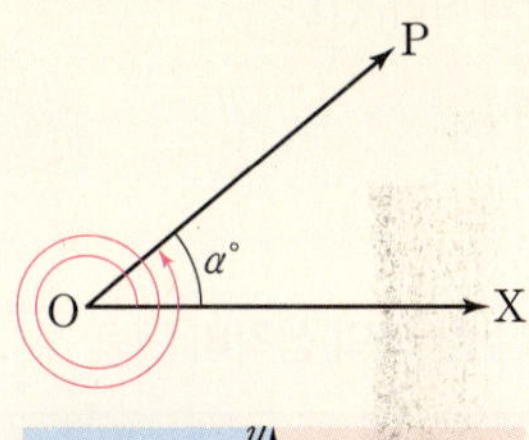

(2) 일반각의 꼭짓점을 좌표평면의 원점 O에 놓고 시초선을
x축의 양의 부분으로 정할 때, 동경 OP가 제n사분면에
위치하면 **제n사분면의 각**이라 한다. ($n = 1, 2, 3, 4$)
동경 OP가 좌표축 위에 놓여 있을 때, 동경 OP가
나타내는 각은 어느 사분면에도 속하지 않는다.

> 좌표평면에서 시초선은 보통
> x축의 양의 부분으로 생각한다.

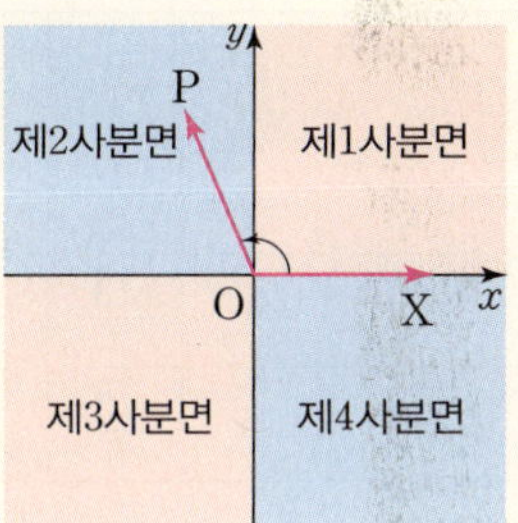

3. 호도법

(1) 반지름의 길이가 호의 길이와 같은 부채꼴의 중심각의 크기
a°는 반지름의 길이와 관계없이 항상 일정하다. 이 일정한
각의 크기 $\dfrac{180°}{\pi}$를 **1라디안**(radian)이라 하고, 이것을
단위로 하여 각의 크기를 나타내는 방법을 **호도법**이라 한다.

(2) 호도법(라디안)과 육십분법(°) 사이의 관계
$$1\text{라디안} = \frac{180°}{\pi}, \quad 1° = \frac{\pi}{180}\text{라디안}$$

> 각의 크기를 호도법으로 나타낼 때,
> 흔히 단위인 '라디안'을 생략하여 나타낸다.

4. 부채꼴의 호의 길이와 넓이 ·········· 유형 **02** 부채꼴의 호의 길이와 넓이

반지름의 길이가 r, 중심각의 크기가 θ인 부채꼴의 호의
길이를 l, 넓이를 S라 하면
$$l = r\theta, \quad S = \frac{1}{2}r^2\theta = \frac{1}{2}rl$$

> θ는 호도법으로
> 나타낸 각의 크기이다.

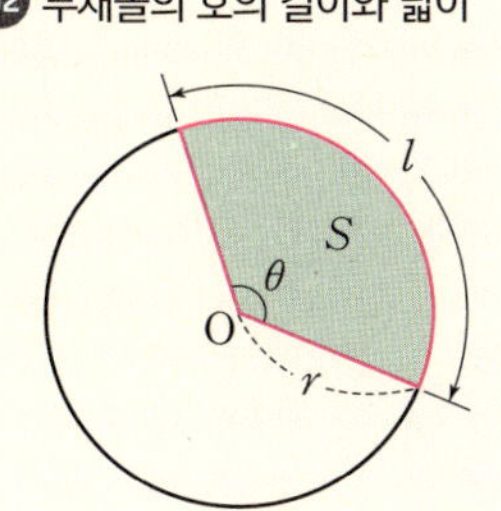

· 삼각비 중3

직각삼각형 ABC,
AB′C′, AB″C″, ⋯
은 ∠A가 공통이므로
모두 닮은 도형이다.

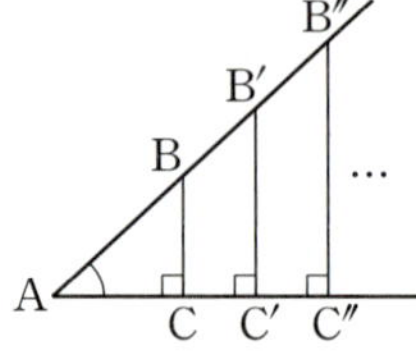

$$\sin A = \frac{\overline{BC}}{\overline{AB}} = \frac{\overline{B'C'}}{\overline{AB'}} = \frac{\overline{B''C''}}{\overline{AB''}} = \cdots$$

$$\cos A = \frac{\overline{AC}}{\overline{AB}} = \frac{\overline{AC'}}{\overline{AB'}} = \frac{\overline{AC''}}{\overline{AB''}} = \cdots$$

$$\tan A = \frac{\overline{BC}}{\overline{AC}} = \frac{\overline{B'C'}}{\overline{AC'}} = \frac{\overline{B''C''}}{\overline{AC''}} = \cdots$$

위의 $\sin A$, $\cos A$, $\tan A$를 통틀어 ∠A의
삼각비라 한다.

· 특수한 각의 삼각비 중3

삼각비 \ A	$0°$	$30°$	$45°$	$60°$	$90°$
$\sin A$	0	$\frac{1}{2}$	$\frac{\sqrt{2}}{2}$	$\frac{\sqrt{3}}{2}$	1
$\cos A$	1	$\frac{\sqrt{3}}{2}$	$\frac{\sqrt{2}}{2}$	$\frac{1}{2}$	0
$\tan A$	0	$\frac{\sqrt{3}}{3}$	1	$\sqrt{3}$	없음

$0°$에서 $90°$ 사이의 각에 대한 삼각비의 값은
삼각비의 표나 계산기를 이용하여 구할 수
있다.

· 삼각함수 ····· 유형 03 삼각함수의 정의

1. 삼각함수의 정의

좌표평면 위에서 x축의 양의 방향을 시초선으로 잡았을
때, 각 θ를 나타내는 동경과 중심이 원점 O이고 반지름의
길이가 r인 원의 교점을 $P(x, y)$라 하면

$$\frac{y}{r}, \ \frac{x}{r}, \ \frac{y}{x} \ (x \neq 0)$$

의 값은 r의 값에 관계없이 θ의 값에 따라 각각 하나로
정해진다. 따라서

$$\theta \longrightarrow \frac{y}{r}, \ \theta \longrightarrow \frac{x}{r}, \ \theta \longrightarrow \frac{y}{x} \ (x \neq 0)$$

와 같은 대응은 각각 θ에 대한 함수이고 다음과 같이 나타낸다.

$$\sin\theta = \frac{y}{r}, \ \cos\theta = \frac{x}{r}, \ \tan\theta = \frac{y}{x} \ (x \neq 0)$$

이 함수들을 차례로 θ의 **사인함수**, **코사인함수**, **탄젠트함수**라 하고, 이와 같이 정의한
함수들을 통틀어 θ의 **삼각함수**라 한다. 이때 θ는 보통 호도법으로 나타낸다.

2. 삼각함수의 값의 부호

삼각함수의 값의 부호는 각 θ를 나타내는 동경이 위치한 사분면의 x좌표, y좌표의 부호에
따라 정해진다. 각 사분면에서 θ의 삼각함수의 값의 부호를 나타내면 다음과 같다.

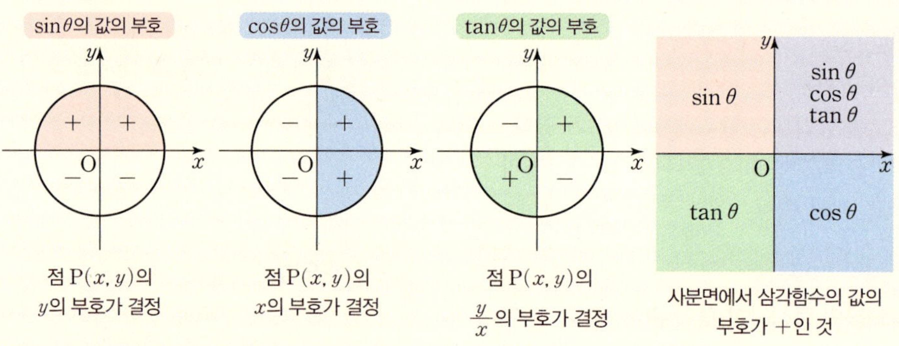

3. 삼각함수 사이의 관계 ····· 유형 04 삼각함수 사이의 관계

각 θ를 나타내는 동경과 원점을 중심으로 하고 반지름의
길이가 1인 원의 교점을 $P(x, y)$라 하면

$$\sin\theta = \frac{y}{1} = y, \ \cos\theta = \frac{x}{1} = x$$

이므로 $\tan\theta = \dfrac{y}{x} = \dfrac{\sin\theta}{\cos\theta}$가 성립한다.

한편, 점 $P(x, y)$는 원 $x^2 + y^2 = 1$ 위의 점이므로
$\cos^2\theta + \sin^2\theta = 1$이 성립한다.

위의 내용을 정리하면 다음과 같다.

① $\tan\theta = \dfrac{\sin\theta}{\cos\theta}$ ② $\sin^2\theta + \cos^2\theta = 1$

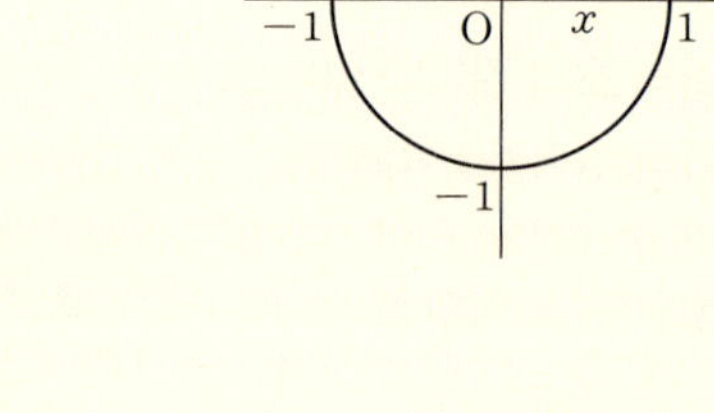

• 삼각함수의 그래프

1. 주기함수

함수 $y=f(x)$의 정의역에 속하는 모든 x에 대하여
$$f(x+p)=f(x)$$
를 만족시키는 0이 아닌 상수 p가 존재할 때, 함수 $y=f(x)$를 **주기함수**라 하고, 이러한 상수 p의 값 중에서 최소인 양수를 그 함수의 **주기**라 한다.

2. 삼각함수의 그래프 ·········· 유형 **05** 삼각함수의 그래프   유형 **07** 삼각함수를 포함한 식의 최대·최소

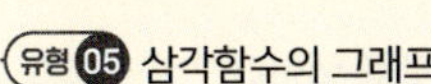

함수	$y=\sin x$	$y=\cos x$	$y=\tan x$
그래프			
정의역	실수 전체의 집합		$x\neq n\pi+\dfrac{\pi}{2}$ (n은 정수)인 실수 전체의 집합
치역	$\{y\,|-1\leq y\leq 1\}$		실수 전체의 집합
최대·최소	최댓값 : 1, 최솟값 : -1		없음
주기	2π		π
대칭성	원점에 대하여 대칭	y축에 대하여 대칭	원점에 대하여 대칭
특징	두 함수 $y=\sin x$, $y=\cos x$의 그래프는 평행이동 또는 대칭이동에 의하여 서로 겹쳐진다.		점근선 : $x=n\pi+\dfrac{\pi}{2}$ (n은 정수)

3. 여러 가지 각에 대한 삼각함수의 성질 ·········· 유형 **06** 삼각함수의 각의 변환

(1) $2n\pi+\theta$ (n은 정수)의 삼각함수

① $\sin(2n\pi+\theta)=\sin\theta$ ② $\cos(2n\pi+\theta)=\cos\theta$ ③ $\tan(2n\pi+\theta)=\tan\theta$

(2) $-\theta$의 삼각함수

① $\sin(-\theta)=-\sin\theta$ ② $\cos(-\theta)=\cos\theta$ ③ $\tan(-\theta)=-\tan\theta$

(3) $\dfrac{\pi}{2}\pm\theta$의 삼각함수(복부호동순)

① $\sin\left(\dfrac{\pi}{2}\pm\theta\right)=\cos\theta$ ② $\cos\left(\dfrac{\pi}{2}\pm\theta\right)=\mp\sin\theta$ ③ $\tan\left(\dfrac{\pi}{2}\pm\theta\right)=\mp\dfrac{1}{\tan\theta}$

(4) $\pi\pm\theta$의 삼각함수(복부호동순)

① $\sin(\pi\pm\theta)=\mp\sin\theta$ ② $\cos(\pi\pm\theta)=-\cos\theta$ ③ $\tan(\pi\pm\theta)=\pm\tan\theta$

4. 삼각방정식과 삼각부등식 ·········· 유형 **08** 삼각함수를 포함한 방정식   유형 **09** 삼각함수를 포함한 부등식

	삼각방정식	삼각부등식	
꼴	$\sin x=a$ (또는 $\cos x=a$ 또는 $\tan x=a$)	$\sin x>a$ (또는 $\cos x>a$ 또는 $\tan x>a$)	$\sin x<a$ (또는 $\cos x<a$ 또는 $\tan x<a$)
풀이	함수 $y=\sin x$ (또는 $y=\cos x$ 또는 $y=\tan x$)의 그래프와 직선 $y=a$의 교점의 x좌표를 구한다.	함수 $y=\sin x$ (또는 $y=\cos x$ 또는 $y=\tan x$)의 그래프에서 직선 $y=a$보다	
		위쪽	아래쪽
		에 있는 부분의 x좌표의 범위를 구한다.	

이전 학습 내용 (왼쪽 칼럼)

• 정의역·치역 [공통수학2 Ⅲ 함수와 그래프]

정의역: 함수가 정의되는 모든 수의 집합
치역: 함숫값 전체의 집합

• 그래프의 대칭성 [공통수학2 Ⅰ 도형의 방정식]

함수 f가 정의역의 모든 x에 대하여
(1) $f(-x)=f(x)$이면 함수의 그래프는 y축에 대하여 대칭이다.
(2) $f(-x)=-f(x)$이면 함수의 그래프는 원점에 대하여 대칭이다.

• 점근선 [공통수학2 Ⅲ 함수와 그래프]

그래프가 어떤 직선에 한없이 가까워질 때, 이 직선을 그 그래프의 점근선이라 한다.

방정식 $f(x)=g(x)$의 실근은 두 함수 $y=f(x)$와 $y=g(x)$의 그래프의 교점의 x좌표이다.

각의 크기가 미지수인 삼각함수 포함

유형 01 일반각과 호도법

일반각의 의미를 이해하여

(1) 각의 크기를 육십분법과 호도법으로 나타내는 문제
(2) 동경이 제몇 사분면의 각인지 찾는 문제
(3) 동경의 위치 관계를 이해하는 문제

를 분류하였다.

유형해결 TIP

시초선 OX에 대하여 동경 OP가 나타내는 한 각의 크기를 θ라 할 때, 동경 OP가 나타내는 일반각은

$$2n\pi + \theta \ (n\text{은 정수}, \ 0 \le \theta < 2\pi)$$

와 같이 나타낸다. 보통 θ는 $0 \le \theta < 2\pi$인 것을 택한다.

제1사분면의 각	$2n\pi < \theta < 2n\pi + \dfrac{\pi}{2}$
제2사분면의 각	$2n\pi + \dfrac{\pi}{2} < \theta < 2n\pi + \pi$
제3사분면의 각	$2n\pi + \pi < \theta < 2n\pi + \dfrac{3}{2}\pi$
제4사분면의 각	$2n\pi + \dfrac{3}{2}\pi < \theta < 2n\pi + 2\pi$

275

그림과 같이 시초선 OX에 대하여 동경 OP가 나타내는 한 각의 크기가 $-125°$일 때, 동경 OP가 나타내는 일반각은?

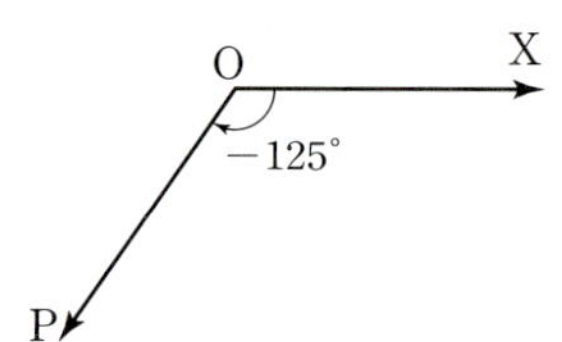

① $90° \times n - 125°$ (n은 정수)
② $180° \times n + 125°$ (n은 정수)
③ $180° \times n + 235°$ (n은 정수)
④ $360° \times n + 125°$ (n은 정수)
⑤ $360° \times n + 235°$ (n은 정수)

276 빈출

다음 〈보기〉에서 옳은 것만을 있는 대로 고르시오.

<보 기>

ㄱ. $\dfrac{\pi}{3} = 30°$ ㄴ. $-45° = -\dfrac{\pi}{4}$

ㄷ. $120° = \dfrac{4}{3}\pi$ ㄹ. $-270° = -\dfrac{3}{2}\pi$

ㅁ. $\dfrac{7}{4}\pi = 315°$ ㅂ. $\dfrac{5}{6}\pi = 150°$

277 빈출

다음 중 같은 위치의 동경을 나타내는 각이 아닌 것은?

① $60°$ ② $\dfrac{7}{3}\pi$ ③ $1140°$

④ $-\dfrac{5}{3}\pi$ ⑤ $-330°$

278 빈출

다음 중 각을 나타내는 동경이 위치하는 사분면이 다른 하나는?

① $\dfrac{4}{5}\pi$ ② $-210°$ ③ $\dfrac{11}{4}\pi$

④ $-\dfrac{20}{3}\pi$ ⑤ $830°$

279

다음 〈보기〉에서 옳은 것만을 있는 대로 고른 것은?

<보 기>

ㄱ. $270°$는 제3사분면의 각이다.

ㄴ. $\dfrac{\pi}{6}$를 나타내는 동경과 $\dfrac{11}{6}\pi$를 나타내는 동경은 x축에 대하여 대칭이다.

ㄷ. $\dfrac{\pi}{3}$를 나타내는 동경과 $\dfrac{2}{3}\pi$를 나타내는 동경은 y축에 대하여 대칭이다.

① ㄱ   ② ㄴ   ③ ㄷ

④ ㄱ, ㄷ   ⑤ ㄴ, ㄷ

280 서술형 ✎

1라디안의 정의를 쓰고, 이를 이용하여 1라디안$=\dfrac{180°}{\pi}$임을 증명하시오.

부채꼴의 중심각의 크기 θ를 호도법(라디안)으로 나타냈을 때, 부채꼴의 반지름의 길이 r, 호의 길이 l, 부채꼴의 넓이 S에 관련된 문제를 분류하였다.

281

반지름의 길이가 $10\ \mathrm{cm}$이고, 중심각의 크기가 $\dfrac{3}{5}\pi$인 부채꼴의 호의 길이와 넓이를 순서대로 바르게 짝 지은 것은?

① $3\pi\ \mathrm{cm},\ 15\pi\ \mathrm{cm}^2$ ② $3\pi\ \mathrm{cm},\ 30\pi\ \mathrm{cm}^2$

③ $6\pi\ \mathrm{cm},\ 15\pi\ \mathrm{cm}^2$ ④ $6\pi\ \mathrm{cm},\ 30\pi\ \mathrm{cm}^2$

⑤ $9\pi\ \mathrm{cm},\ 45\pi\ \mathrm{cm}^2$

282

반지름의 길이가 4이고, 호의 길이가 10인 부채꼴의 넓이를 구하시오.

283 빈출 👑

호의 길이가 6π이고, 넓이가 15π인 부채꼴의 중심각의 크기는?

① $\dfrac{2}{5}\pi$ ② $\dfrac{3}{5}\pi$ ③ $\dfrac{4}{5}\pi$

④ π ⑤ $\dfrac{6}{5}\pi$

284

그림과 같이 중심이 O인 원 위의 세 점 A, B, C에 대하여 $\angle \mathrm{ABC} = \dfrac{2}{3}\pi$이고, 색칠한 부채꼴의 넓이가 24π일 때, 이 부채꼴의 호의 길이는?

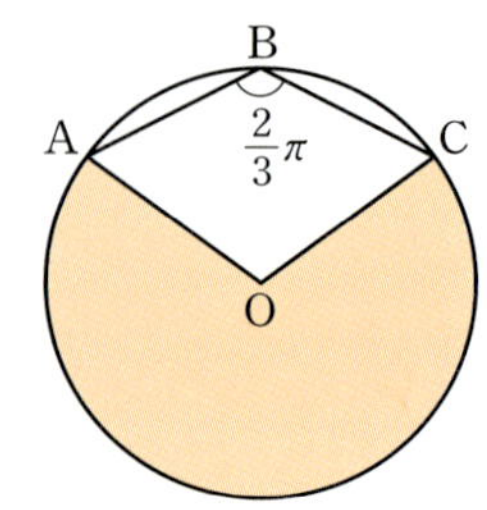

① 6π
② $\dfrac{13}{2}\pi$
③ 7π
④ $\dfrac{15}{2}\pi$
⑤ 8π

285 서술형

반지름의 길이가 r, 중심각의 크기가 θ(라디안)인 부채꼴에 대하여 다음 물음에 답하고, 그 과정을 서술하시오.

(1) 부채꼴의 호의 길이는 중심각의 크기에 정비례함을 이용하여, 부채꼴의 호의 길이 $l = r\theta$임을 보이시오.

(2) (1)과 부채꼴의 넓이는 중심각의 크기에 정비례함을 이용하여, 부채꼴의 넓이 $S = \dfrac{1}{2}rl$임을 보이시오.

유형 03 삼각함수의 정의

삼각함수의 정의를 이용하여
  (1) $\sin\theta$, $\cos\theta$, $\tan\theta$의 값을 구하는 문제
  (2) $\sin\theta$, $\cos\theta$, $\tan\theta$의 부호와 관련된 문제
를 분류하였다.

유형 해결 TIP

점 $\mathrm{P}(a, b)$일 때, $\overline{\mathrm{OP}} = \sqrt{a^2 + b^2}$임을 이용하여 동경 OP가 나타내는 각 θ에 대하여

$$\sin\theta = \frac{b}{\overline{\mathrm{OP}}},\ \cos\theta = \frac{a}{\overline{\mathrm{OP}}},\ \tan\theta = \frac{b}{a}$$

로 구할 수 있다.
또한 θ가 제몇 사분면의 각인지 확인하면 $\sin\theta$, $\cos\theta$, $\tan\theta$의 부호를 구할 수 있다.

286 빈출

좌표평면에서 원점 O와 점 $\mathrm{P}(3,\ -4)$를 지나는 동경 OP가 나타내는 각의 크기를 θ라 할 때, 다음 값을 구하시오.

(1) $\sin\theta$

(2) $\cos\theta$

(3) $\tan\theta$

287

좌표평면에서 원점 O와 점 $\mathrm{P}(a,\ -1)$을 이은 반직선을 동경으로 하는 각의 크기를 θ라 하자. $\tan\theta = \dfrac{1}{2}$일 때, 다음을 구하시오.

(1) 실수 a의 값과 $\overline{\mathrm{OP}}$의 길이

(2) $\sin\theta$와 $\cos\theta$의 값

288

좌표평면에서 점 $P(1, 0)$을 x축의 방향으로 -6만큼, y축의 방향으로 12만큼 평행이동한 점을 Q라 하자. 점 Q를 원점에 대하여 대칭이동한 점을 R, 직선 $y=x$에 대하여 대칭이동한 점을 S라 할 때, 두 동경 OR, OS가 각각 나타내는 각의 크기 α, β에 대하여 $\sin\alpha+\sin\beta$의 값은? (단, O는 원점이다.)

① $-\dfrac{17}{13}$ ② $-\dfrac{5}{13}$ ③ $\dfrac{5}{13}$

④ $\dfrac{10}{13}$ ⑤ $\dfrac{17}{13}$

289

$\sin\theta\cos\theta<0$, $\dfrac{\sin\theta}{\tan\theta}>0$을 모두 만족시키는 각 θ는 제몇 사분면의 각인가?

① 제1사분면   ② 제2사분면
③ 제4사분면   ④ 제1사분면, 제3사분면
⑤ 제2사분면, 제4사분면

290

다음 삼각함수의 값 중 부호가 <u>다른</u> 것은?

① $\sin 100°$ ② $\cos\left(-\dfrac{\pi}{5}\right)$ ③ $\tan\dfrac{\pi}{7}$

④ $\sin\dfrac{7}{5}\pi$ ⑤ $\tan(-130°)$

유형 04 삼각함수 사이의 관계

$\tan\theta=\dfrac{\sin\theta}{\cos\theta}$, $\sin^2\theta+\cos^2\theta=1$을 이용하여

(1) 주어진 식을 간단히 나타내는 문제
(2) $\sin\theta$, $\cos\theta$, $\tan\theta$의 값을 구하는 문제
(3) 곱셈 공식의 변형을 이용하여 식의 값을 구하는 문제

를 분류하였다.

291

다음 식을 간단히 나타내시오.

(1) $\dfrac{\cos\theta}{1+\sin\theta}+\dfrac{1+\sin\theta}{\cos\theta}$ (2) $\dfrac{\cos\theta}{1+\sin\theta}-\dfrac{\cos\theta}{1-\sin\theta}$

292

$(1-\cos^2\theta)(1+\tan^2\theta)$를 간단히 한 것은?

① 1 ② -1 ③ $\sin^2\theta$
④ $\cos^2\theta$ ⑤ $\tan^2\theta$

293 빈출

$\dfrac{\pi}{2}<\theta<\pi$이고 $\sin\theta=\dfrac{3}{5}$일 때, $\dfrac{10\cos\theta-1}{12\tan\theta}$의 값은?

① -2 ② -1 ③ 0
④ 1 ⑤ 2

294 빈출 ♔

$\sin\theta\cos\theta<0$이고 $\cos\theta=-\dfrac{1}{3}$일 때, $\sin\theta+\tan\theta$의 값은?

① $-\dfrac{8\sqrt{2}}{3}$ ② $-\dfrac{4\sqrt{2}}{3}$ ③ $-\dfrac{2\sqrt{2}}{3}$

④ $\dfrac{2\sqrt{2}}{3}$ ⑤ $\dfrac{4\sqrt{2}}{3}$

295 빈출 ♔

$\sin\theta+\cos\theta=\dfrac{1}{3}$일 때, 다음 값을 구하시오.

(1) $\sin\theta\cos\theta$ (2) $\sin^3\theta+\cos^3\theta$

296

x에 대한 이차방정식 $2x^2-x+k=0$의 두 근이 $\sin\theta$, $\cos\theta$일 때, 상수 k의 값은?

① $-\dfrac{3}{4}$ ② $-\dfrac{5}{8}$ ③ $-\dfrac{1}{2}$

④ $-\dfrac{3}{8}$ ⑤ $-\dfrac{1}{4}$

297 빈출 ♔

$\dfrac{\pi}{2}<\theta<\pi$이고 $\sin\theta\cos\theta=-\dfrac{2}{5}$일 때, $\sin\theta-\cos\theta$의 값은?

① $-\dfrac{3\sqrt{5}}{5}$ ② $-\dfrac{\sqrt{5}}{5}$ ③ $\dfrac{\sqrt{5}}{5}$

④ $\dfrac{3\sqrt{5}}{5}$ ⑤ $\dfrac{5\sqrt{5}}{5}$

유형 05 삼각함수의 그래프

삼각함수 $y=\sin x$, $y=\cos x$, $y=\tan x$의 그래프를 이해하여

(1) 정의역, 치역(최댓값과 최솟값)
(2) 주기
(3) 평행이동, 대칭이동

과 관련된 문제를 분류하였다.

유형해결 TIP

함수	$y=a\sin(bx+c)+d$ $y=a\cos(bx+c)+d$	$y=a\tan(bx+c)+d$
정의역	실수 전체의 집합	$x\neq\dfrac{n}{b}\pi+\dfrac{\pi}{2b}-\dfrac{c}{b}$ (n은 정수)인 실수 전체의 집합
치역	$\{y\mid -|a|+d\leq y\leq |a|+d\}$	실수 전체의 집합
최댓값	$|a|+d$	없음
최솟값	$-|a|+d$	없음
주기	$\dfrac{2\pi}{|b|}$	$\dfrac{\pi}{|b|}$

298

다음 중 함수 $y=\sin x$에 대한 설명으로 옳지 <u>않은</u> 것은?

① 정의역은 실수 전체의 집합이다.
② 치역은 $\{y\mid -1\leq y\leq 1\}$이다.
③ 주기가 2π인 주기함수이다.
④ 그래프는 원점에 대하여 대칭이다.
⑤ 그래프를 x축의 방향으로 $\dfrac{\pi}{2}$만큼 평행이동하면 함수 $y=\cos x$의 그래프와 일치한다.

299

다음 중 삼각함수에 대한 설명으로 옳지 <u>않은</u> 것은?

① 함수 $y=\sin x$와 함수 $y=\cos x$의 주기는 서로 같다.
② 함수 $y=\cos x$의 그래프는 y축에 대하여 대칭이다.
③ 함수 $y=\tan x$의 치역은 실수 전체의 집합이다.
④ 함수 $y=\tan x$의 그래프는 y축에 대하여 대칭이다.
⑤ 함수 $y=\tan x$의 그래프의 점근선의 방정식은 $x=n\pi+\dfrac{\pi}{2}$ (n은 정수)이다.

300

다음 중 함수 $y=\tan\left(x-\dfrac{\pi}{3}\right)$에 대한 설명으로 옳은 것은?

① 주기는 2π이다.

② 그래프는 점 $(0,\ \sqrt{3})$을 지난다.

③ 정의역과 치역은 실수 전체의 집합이다.

④ 그래프는 함수 $y=\tan x$의 그래프를 x축의 방향으로 $-\dfrac{\pi}{3}$만큼 평행이동한 것이다.

⑤ 그래프의 점근선의 방정식은 $x=n\pi+\dfrac{5}{6}\pi$ (n은 정수)이다.

301

함수 $f(x)=1-4\cos 2x$에 대하여 다음을 구하시오.

(1) 함수 $f(x)$의 최댓값

(2) 함수 $f(x)$의 최솟값

(3) 정의역의 모든 x에 대하여 $f(x)=f(x+p)$를 만족시키는 가장 작은 양수 p의 값

302

다음 그림은 함수 $y=a\cos bx+c$의 그래프의 일부이다. 세 상수 a, b, c에 대하여 $a+2b+3c$의 값은? (단, $a>0$, $b>0$)

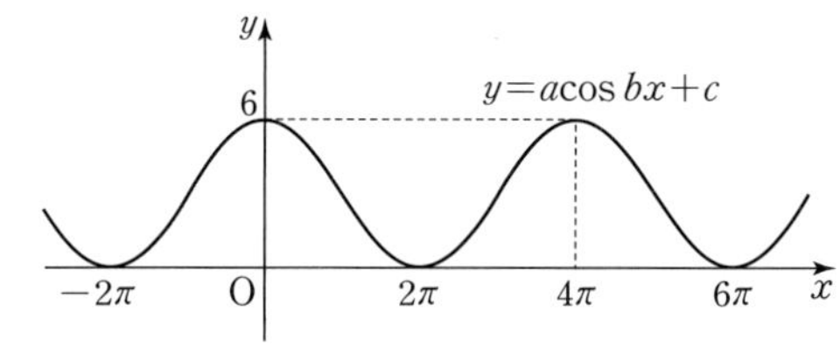

① 12   ② 13   ③ 14

④ 15   ⑤ 16

303

함수 $f(x)=a\cos\dfrac{x}{2}+b$의 최댓값은 8이고 $f\left(\dfrac{8}{3}\pi\right)=5$일 때, ab의 값은? (단, $a<0$이고 b는 실수이다.)

① -16 ② -14 ③ -12

④ -10 ⑤ -8

304

정의역의 모든 원소 x에 대하여 $f(x+\pi)=f(x)$를 만족시키는 것만을 〈보기〉에서 있는 대로 고른 것은?

─〈보 기〉─

ㄱ. $f(x)=\sin\dfrac{x}{2}$ ㄴ. $f(x)=1-\tan x$

ㄷ. $f(x)=2\cos\pi x$ ㄹ. $f(x)=\dfrac{1}{2}\tan 2x$

ㅁ. $f(x)=\cos 2(\pi-x)$

① ㄱ, ㄴ, ㄷ ② ㄱ, ㄴ, ㅁ
③ ㄴ, ㄷ, ㄹ ④ ㄴ, ㄹ, ㅁ
⑤ ㄷ, ㄹ, ㅁ

305

〈보기〉에서 주기함수만을 있는 대로 고르고, 그 주기를 각각 쓰시오.

─〈보 기〉─

ㄱ. $y=|\sin x|$ ㄴ. $y=|\cos x|$ ㄷ. $y=|\tan x|$
ㄹ. $y=\sin|x|$ ㅁ. $y=\cos|x|$ ㅂ. $y=\tan|x|$

유형 06 삼각함수의 각의 변환

삼각함수의 각의 변환을 이용하는 문제를 분류하였다.

유형 해결 TIP

암기의 편의를 위하여 다음 내용을 익혀두도록 하자.

❶ 각을 $\dfrac{\pi}{2}\times n\pm\theta$ (n은 정수) 꼴로 고친다.

❷ n이 짝수이면 삼각함수는 변하지 않는다.

$\sin\theta\to\sin\theta,\ \cos\theta\to\cos\theta,\ \tan\theta\to\tan\theta$

n이 홀수이면 삼각함수를 다음과 같이 바꾼다.

$\sin\theta\to\cos\theta,\ \cos\theta\to\sin\theta,\ \tan\theta\to\dfrac{1}{\tan\theta}$

❸ θ를 예각으로 생각하여 $\dfrac{\pi}{2}\times n\pm\theta$가 나타내는 동경이 존재하는 사분면에서의 원래의 삼각함수의 부호를 따른다.

306

다음 중 옳은 것은?

① $\sin\left(\dfrac{\pi}{2}+\theta\right)=\cos(\pi+\theta)$

② $\sin(\pi-\theta)=\sin(-\theta)$

③ $\cos(-\theta)=\sin\left(\dfrac{3}{2}\pi+\theta\right)$

④ $\cos\left(\dfrac{\pi}{2}+\theta\right)=\sin(\pi+\theta)$

⑤ $\tan\left(\dfrac{\pi}{2}-\theta\right)=\dfrac{1}{\tan(-\theta)}$

307 빈출 👑

θ가 제3사분면의 각이고 $\sin\theta=-\dfrac{2}{3}$일 때,

$\tan(3\pi-\theta)+\sin\left(\dfrac{3}{2}\pi+\theta\right)$의 값은?

① $-\dfrac{11\sqrt{5}}{15}$ ② $-\dfrac{\sqrt{5}}{15}$ ③ 0

④ $\dfrac{\sqrt{5}}{15}$ ⑤ $\dfrac{11\sqrt{5}}{15}$

308 빈출 👑

다음 식을 간단히 한 것은?

$$\cos(5\pi-\theta)-\cos\left(\frac{5}{2}\pi+\theta\right)+\sin(2\pi-\theta)-\sin\left(\frac{\pi}{2}-\theta\right)$$

① $-2\cos\theta$ ② $-2\sin\theta$ ③ 0
④ $2\sin\theta$ ⑤ $2\cos\theta$

309 빈출 👑

다음 식을 간단히 한 것은?

$$\frac{\sin\left(\frac{3}{2}\pi-\theta\right)}{\sin\left(\frac{\pi}{2}-\theta\right)\cos^2(\pi-\theta)}+\frac{\sin(\pi-\theta)\tan^2(\pi+\theta)}{\cos\left(\frac{3}{2}\pi+\theta\right)}$$

① $-\sin\theta$ ② -1 ③ 0
④ 1 ⑤ $\cos\theta$

310 빈출 👑

다음 식의 값은?

$$\sin\frac{7}{6}\pi+\cos\left(-\frac{2}{3}\pi\right)+\cos\frac{23}{6}\pi-\tan\frac{7}{4}\pi$$

① $\dfrac{2+\sqrt{3}}{2}$ ② 1 ③ $\dfrac{\sqrt{3}}{2}$
④ $\dfrac{1}{2}$ ⑤ $-\dfrac{\sqrt{3}}{2}$

311

다음 중 세 수 $a=\cos120°$, $b=\sin130°$, $c=\sin200°$의 대소 관계로 옳은 것은?

① $a<b<c$ ② $a<c<b$
③ $b<a<c$ ④ $b<c<a$
⑤ $c<a<b$

312

다음 삼각함수표를 이용하여 $\cos824°$의 값을 구하시오.

각	라디안	$\sin\theta$	$\cos\theta$	$\tan\theta$
$13°$	0.2269	0.2250	0.9744	0.2309
$14°$	0.2443	0.2419	0.9703	0.2493
$15°$	0.2618	0.2588	0.9659	0.2679
$16°$	0.2793	0.2756	0.9613	0.2867
$17°$	0.2967	0.2924	0.9563	0.3057

유형 07 삼각함수를 포함한 식의 최대·최소

삼각함수를 포함한 식에서 치환을 이용하여 최댓값과 최솟값을 구하는 문제를 분류하였다.

유형 해결 TIP

두 종류 이상의 삼각함수를 포함하고 있는 식은 한 종류의 삼각함수에 대한 식으로 변형한 후 다음과 같은 순서로 문제를 해결하자.
❶ 주어진 식에 포함된 삼각함수를 t로 치환한다.
❷ t의 값의 범위를 구한다.
❸ 그래프를 이용하여 주어진 범위에서 최댓값, 최솟값을 구한다.

313

함수 $y=|2\sin x+1|-1$의 최댓값을 M, 최솟값을 m이라 할 때, $M+m$의 값은?

① -3 ② -2 ③ -1
④ 0 ⑤ 1

유형 08 삼각함수를 포함한 방정식

삼각함수를 포함한 방정식에서
  ⑴ $\sin x=a$, $\cos x=a$, $\tan x=a$ (a는 상수)꼴로 변형
  ⑵ 삼각함수를 t로 치환
  ⑶ 방정식의 근의 개수
와 관련된 문제를 분류하였다.

유형 해결 TIP

두 종류 이상의 삼각함수를 포함하고 있는 삼각방정식의 경우 한 종류의 삼각함수에 대한 삼각방정식으로 변형한 후 해결한다. ⑴, ⑶의 경우 두 그래프의 교점을 이용하여 풀고, ⑵의 경우 보통 t에 대한 방정식을 푼다. 이때 주어진 x의 값의 범위를 반드시 확인하자.

314 빈출 ♔

$0 \le x < 2\pi$일 때, 다음 방정식의 해를 모두 구하시오.

⑴ $\sin x = -\dfrac{1}{2}$

⑵ $2\cos x - \sqrt{3} = 0$

⑶ $\tan x = 1$

315

$0 \le x < 2\pi$일 때, 방정식 $\sin x + \cos x = 0$의 모든 근의 합은?

① 3π ② $\dfrac{5}{2}\pi$ ③ 2π
④ $\dfrac{3}{2}\pi$ ⑤ π

유형 09 삼각함수를 포함한 부등식

$\sin x > a$, $\cos x > a$, $\tan x > a$ (a는 상수) 꼴로 변형 가능한 부등식 문제를 분류하였다.

유형 해결 TIP

두 종류 이상의 삼각함수를 포함하고 있는 삼각부등식의 경우 한 종류의 삼각함수에 대한 삼각부등식으로 변형한 후 그래프를 이용하여 풀이한다. 이때 주어진 x의 값의 범위를 반드시 확인하자.

316

$0 \le x \le 2\pi$일 때, 다음 부등식의 해를 구하시오.

⑴ $\sin x \ge \dfrac{\sqrt{3}}{2}$ ⑵ $2\cos x + 1 < 0$

317

$-\pi \leq x \leq \pi$에서 부등식 $-1 < \tan x \leq \dfrac{\sqrt{3}}{3}$의 해를 구하시오.

318

$0 \leq x \leq 2\pi$일 때, 부등식 $\sin x \geq \cos x$의 해는 $\alpha \leq x \leq \beta$이다.

두 상수 α, β에 대하여 $\dfrac{\beta}{\alpha}$의 값은?

① 1 ② 2 ③ 3
④ 4 ⑤ 5

319

다음 중 $0 \leq x \leq 2\pi$에서 부등식 $2\cos\left(x - \dfrac{\pi}{3}\right) + 1 \geq 0$의 해에 속하는 값이 <u>아닌</u> 것은?

① $\dfrac{\pi}{3}$ ② $\dfrac{2}{3}\pi$ ③ π
④ $\dfrac{4}{3}\pi$ ⑤ $\dfrac{11}{6}\pi$

320

$0 < x < 2\pi$에서 부등식 $|2\cos x| > 1$의 해를 구하시오.

유형 01 일반각과 호도법

321

어떤 공터의 중앙에는 깃발이 꽂혀 있고 깃발을 중심으로 적당한 길이의 반지름을 가진 원형의 걷기 트랙이 선으로 그어져 있다. 철수가 이 트랙의 한 지점을 출발하여 반지름의 길이의 4배만큼 걸었을 때, 철수가 깃발을 중심으로 출발점으로부터 몇 도만큼 회전했는지 육십분법으로 계산하면?

① $\dfrac{180^\circ}{\pi}$ ② $\dfrac{360^\circ}{\pi}$ ③ $\dfrac{540^\circ}{\pi}$

④ $\dfrac{720^\circ}{\pi}$ ⑤ $\dfrac{900^\circ}{\pi}$

322

그림과 같이 중심이 O이고 넓이가 16π인 원 위의 두 점 A, B에 대하여 호 AB의 길이는 반지름의 길이의 2배이다. 선분 AB의 길이는? (단, 호 AB에 대한 중심각의 크기 θ는 $0<\theta<\pi$이다.)

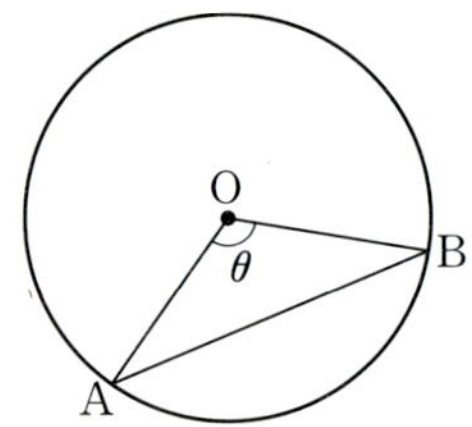

① $4\sin 1$ ② $8\sin 1$ ③ $4\sin 2$
④ $8\sin 2$ ⑤ $16\sin 1$

323

| 선행 278 |

θ가 제3사분면의 각일 때, 각 $\dfrac{\theta}{2}$를 나타내는 동경이 존재하는 사분면을 바르게 고른 것은?

① 제1사분면, 제2사분면 ② 제1사분면, 제3사분면
③ 제2사분면, 제3사분면 ④ 제2사분면, 제4사분면
⑤ 제3사분면, 제4사분면

324 빈출

θ가 제4사분면의 각일 때, 각 $\dfrac{\theta}{3}$를 나타내는 동경이 존재하지 <u>않는</u> 사분면을 구하시오.

325

| 선행 277 |

$\dfrac{\pi}{2}<\theta<\pi$인 각 θ를 나타내는 동경과 각 4θ를 나타내는 동경이 서로 일치할 때, 각 θ의 크기는?

① $\dfrac{7}{12}\pi$ ② $\dfrac{2}{3}\pi$ ③ $\dfrac{3}{4}\pi$

④ $\dfrac{5}{6}\pi$ ⑤ $\dfrac{11}{12}\pi$

326

| 선행 279 |

$\pi<\theta<2\pi$일 때, 두 각 2θ와 4θ를 나타내는 동경이 y축에 대하여 대칭이 되도록 하는 모든 각 θ의 크기의 합은?

① $\dfrac{23}{6}\pi$ ② 4π ③ $\dfrac{25}{6}\pi$

④ $\dfrac{13}{3}\pi$ ⑤ $\dfrac{9}{2}\pi$

유형 02 **유형 02 부채꼴의 호의 길이와 넓이**

327

그림과 같은 밑면의 반지름의 길이가 6이고 높이가 8인 원뿔의 겉넓이는?

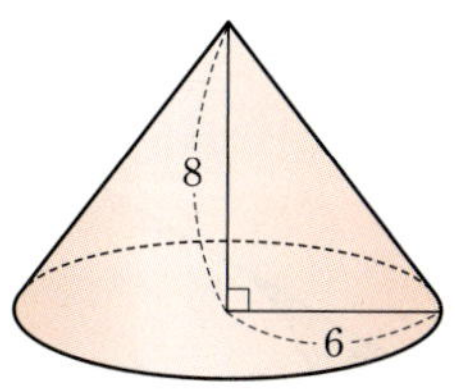

① 84π ② 88π ③ 92π

④ 96π ⑤ 100π

328

중심이 O이고 반지름의 길이가 6인 원 위에 점 A가 있다. 반직선 OA를 시초선으로 했을 때, 두 각 $\dfrac{5}{6}\pi$, $-\dfrac{8}{3}\pi$를 나타내는 동경이 이 원과 만나는 점을 각각 P, Q라 하자. 선분 PQ를 포함하는 부채꼴 OPQ의 넓이는?

① 3π ② 4π ③ 6π

④ 9π ⑤ 12π

329

교육청 기출

그림과 같이 반지름의 길이가 4이고 중심각의 크기가 $\dfrac{\pi}{6}$인 부채꼴 OAB가 있다. 선분 OA 위의 점 P에 대하여 선분 PA를 지름으로 하고 선분 OB에 접하는 반원을 C라 할 때, 부채꼴 OAB의 넓이를 S_1, 반원 C의 넓이를 S_2라 하자. $S_1 - S_2$의 값은?

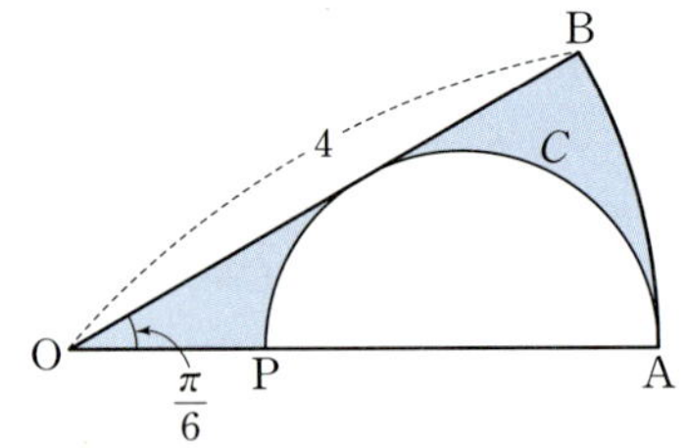

① $\dfrac{\pi}{9}$ ② $\dfrac{2}{9}\pi$ ③ $\dfrac{\pi}{3}$

④ $\dfrac{4}{9}\pi$ ⑤ $\dfrac{5}{9}\pi$

330 빈출

둘레의 길이가 36인 부채꼴의 넓이의 최댓값을 구하고, 이때의 부채꼴의 중심각의 크기를 구하시오.

331 빈출

그림과 같은 두 부채꼴 AOB, COD에 대하여 두 호 AB, CD의 길이가 각각 12, 8이다. 색칠한 부분의 넓이가 30일 때, 색칠한 부분의 둘레의 길이를 구하시오.

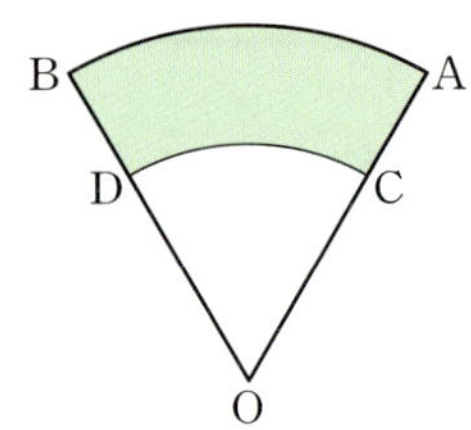

332

다음 그림은 어느 자동차의 와이퍼가 $\dfrac{2}{3}\pi$만큼 회전한 모양을 나타낸 것이다. 이 와이퍼에서 유리창을 닦는 고무판의 길이가 $60\,\mathrm{cm}$이고, 고무판이 회전하면서 닦는 부분의 넓이가 $1800\pi\,\mathrm{cm}^2$일 때, 와이퍼 전체의 길이는 $a\,\mathrm{cm}$, 고무판이 회전하면서 닦는 부분의 둘레의 길이는 $b\,\mathrm{cm}$이다. $a+b$의 값은? (단, 고무판이 회전하면서 닦는 부분의 모양은 부채꼴의 일부이다.)

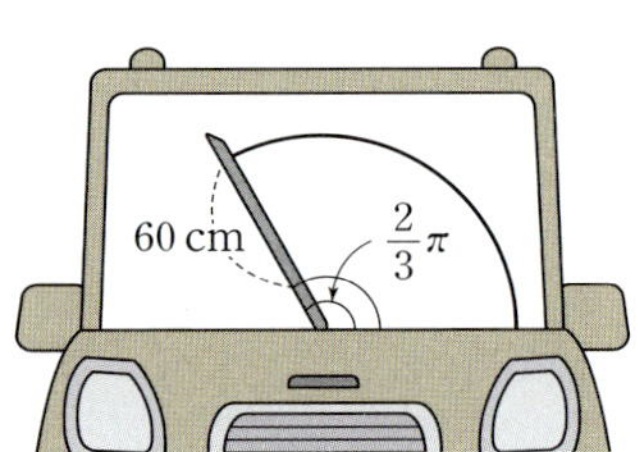

① $30\pi + 195$ ② $60\pi + 195$ ③ $60\pi + 200$

④ $90\pi + 195$ ⑤ $90\pi + 200$

333 빈출 교육청 기출

그림과 같이 두 점 O, O′을 각각 중심으로 하고 반지름의 길이가 3인 두 원 O, O′이 한 평면 위에 있다. 두 원 O, O′이 만나는 점을 각각 A, B라 할 때, $\angle AOB=\dfrac{5}{6}\pi$이다.

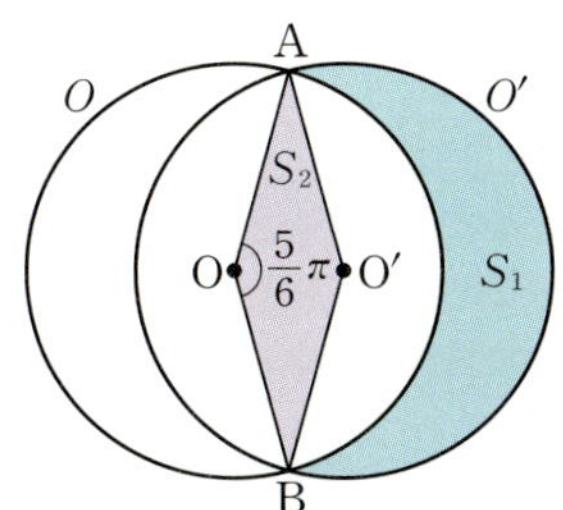

원 O의 외부와 원 O′의 내부의 공통부분의 넓이를 S_1, 마름모 AOBO′의 넓이를 S_2라 할 때, S_1-S_2의 값은?

① $\dfrac{5}{4}\pi$ ② $\dfrac{4}{3}\pi$ ③ $\dfrac{17}{12}\pi$

④ $\dfrac{3}{2}\pi$ ⑤ $\dfrac{19}{12}\pi$

유형 03 삼각함수의 정의

334 교육청 기출 | 선행 286 |

그림과 같이 좌표평면에서 직선 $y=2$가 두 원 $x^2+y^2=5$, $x^2+y^2=9$와 제2사분면에서 만나는 점을 각각 A, B라 하자. 점 C(3, 0)에 대하여 $\angle COA=\alpha$, $\angle COB=\beta$라 할 때, $\sin\alpha\cos\beta$의 값은? $\left(\text{단, O는 원점이고, }\dfrac{\pi}{2}<\alpha<\beta<\pi\text{이다.}\right)$

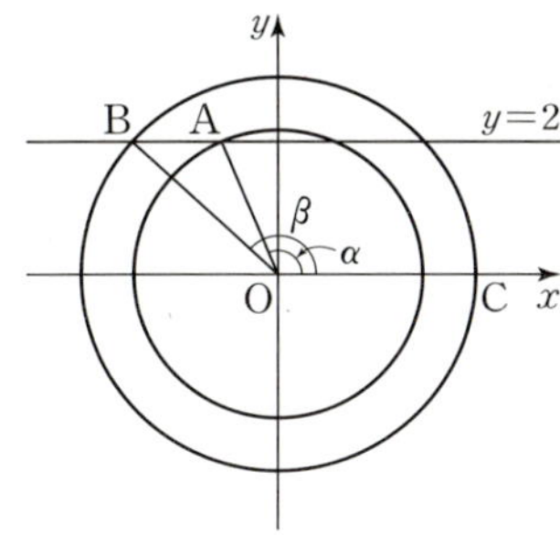

① $\dfrac{1}{3}$ ② $\dfrac{1}{12}$ ③ $-\dfrac{1}{6}$

④ $-\dfrac{5}{12}$ ⑤ $-\dfrac{2}{3}$

335

좌표평면에서 원 $x^2+y^2=1$이 직선 $y=x$와 제3사분면에서 만나는 점을 P, 직선 $y=-2x$와 제2사분면에서 만나는 점을 Q라 하자. 두 동경 OP, OQ가 나타내는 각의 크기를 각각 α, β라 할 때, $\cos\alpha\sin\beta$의 값은? (단, O는 원점이다.)

① $-\dfrac{\sqrt{10}}{5}$ ② $-\dfrac{\sqrt{10}}{10}$ ③ $\dfrac{\sqrt{10}}{15}$

④ $\dfrac{\sqrt{10}}{10}$ ⑤ $\dfrac{\sqrt{10}}{5}$

336 교육청 변형 | 선행 288 |

좌표평면에서 제1사분면에 점 P가 있다. 점 P를 직선 $y=-x$에 대하여 대칭이동한 점을 Q라 하고 점 Q를 x축에 대하여 대칭이동한 점을 R이라 할 때, 세 동경 OP, OQ, OR이 나타내는 각의 크기를 각각 α, β, γ라 하자. $\sin\alpha=\dfrac{1}{3}$일 때, $\cos\beta+\cos\gamma$의 값은? (단, O는 원점이다.)

① $-\dfrac{4}{3}$ ② $-\dfrac{2}{3}$ ③ 0

④ $\dfrac{2}{3}$ ⑤ $\dfrac{4}{3}$

337

좌표평면에서 원 $x^2+y^2=36$ 위의 두 점 A(6, 0), P(a, b)에 대하여 호 AP의 길이는 π이고, 동경 OP가 나타내는 각의 크기를 θ라 할 때, $\sin\theta<0$이다. $\sin\theta-\sqrt{3}\cos\theta$의 값은?

(단, O는 원점이다.)

① $-2\sqrt{3}$ ② -2 ③ 0

④ 2 ⑤ $2\sqrt{3}$

338 빈출

θ가 제2사분면의 각일 때,

$$|\sin\theta|+|\tan\theta|+\sqrt{(\sin\theta-\cos\theta)^2}-\sqrt{(\cos\theta+\tan\theta)^2}$$

을 간단히 한 것은?

① $2\sin\theta$ ② $2\cos\theta$ ③ 0
④ $2(\sin\theta-\cos\theta)$ ⑤ $2(\tan\theta-\sin\theta)$

유형 04 삼각함수 사이의 관계

339

다음 〈보기〉에서 옳은 것만을 있는 대로 고른 것은?

> ──〈보 기〉──
> ㄱ. $(\sin\theta+\cos\theta)^2+(\sin\theta-\cos\theta)^2=1$
> ㄴ. $\cos^4\theta-\sin^4\theta=\cos^2\theta-\sin^2\theta$
> ㄷ. $\dfrac{\sin\theta}{1-\dfrac{1}{\tan\theta}}+\dfrac{\cos\theta}{1-\tan\theta}=\sin\theta-\cos\theta$
> ㄹ. $\tan^2\theta-\sin^2\theta=\tan^2\theta\sin^2\theta$
> ㅁ. $3(\sin^4\theta+\cos^4\theta)-2(\sin^6\theta+\cos^6\theta)=1$

① ㄱ, ㄴ ② ㄷ, ㅁ ③ ㄴ, ㄹ
④ ㄴ, ㄷ, ㄹ ⑤ ㄴ, ㄹ, ㅁ

340

| 선행 **295** |

$\dfrac{3}{2}\pi<\theta<2\pi$이고 $\sin\theta+\cos\theta=\dfrac{2}{3}$일 때, 다음 값을 구하시오.

(1) $\sin\theta-\cos\theta$ (2) $\dfrac{\tan\theta-1}{\tan\theta+1}$

341

θ가 제2사분면의 각이고 $\tan\theta+\dfrac{1}{\tan\theta}=-4$일 때, $\sin^3\theta-\cos^3\theta$의 값은?

① $\dfrac{\sqrt{6}}{8}$ ② $\dfrac{\sqrt{6}}{4}$ ③ $\dfrac{3\sqrt{6}}{8}$
④ $\dfrac{\sqrt{6}}{2}$ ⑤ $\dfrac{5\sqrt{6}}{8}$

342

| 선행 **297** |

$\dfrac{3}{2}\pi<\theta<2\pi$이고 $\sin\theta+\cos\theta=\dfrac{2}{3}$일 때, $(\tan^2\theta-1)(\sin\theta-1)(\sin\theta+1)$의 값은?

① $-\dfrac{2\sqrt{14}}{9}$ ② $-\dfrac{\sqrt{14}}{9}$ ③ $\dfrac{\sqrt{14}}{9}$
④ $\dfrac{2\sqrt{14}}{9}$ ⑤ $\dfrac{\sqrt{14}}{3}$

343

θ가 제3사분면의 각이고 $\tan\theta - \dfrac{2}{\tan\theta} = 1$일 때, $\sin\theta - \cos\theta$의 값은?

① $-\dfrac{3\sqrt{5}}{5}$ 　　② $-\dfrac{\sqrt{5}}{5}$ 　　③ 0

④ $\dfrac{\sqrt{5}}{5}$ 　　⑤ $\dfrac{3\sqrt{5}}{5}$

344

교육청 기출

$\sin\theta + \cos\theta = \sin\theta\cos\theta$일 때, $\sin\theta\cos\theta$의 값은 $a + b\sqrt{2}$이다. $10a - b$의 값을 구하시오. (단, a와 b는 유리수이다.)

345

$\sin\theta + \sqrt{2}\cos\theta = 1$일 때, $\sin\theta\tan\theta$의 값은? $\left(\text{단, } \dfrac{3}{2}\pi < \theta < 2\pi\right)$

① $\dfrac{\sqrt{2}}{4}$ 　　② $\dfrac{\sqrt{2}}{8}$ 　　③ $\dfrac{\sqrt{2}}{12}$

④ $\dfrac{\sqrt{2}}{16}$ 　　⑤ $\dfrac{\sqrt{2}}{20}$

346

방정식 $x^2 - 3x + 1 = 0$의 한 근이 $x = \dfrac{\sin\theta}{1 + \cos\theta}$일 때, $\tan\theta\cos\theta$의 값은?

① $\dfrac{3}{5}$ 　　② $\dfrac{2}{3}$ 　　③ $\dfrac{3}{4}$

④ $\dfrac{4}{3}$ 　　⑤ $\dfrac{3}{2}$

347

빈출 　서술형

x에 대한 이차방정식 $x^2 + (1 - 4a)x + 8a^2 - 1 = 0$의 두 근이 $\sin\theta$, $\cos\theta$일 때, $a + \tan\theta$의 값을 구하고, 그 과정을 서술하시오. (단, a는 상수이다.)

348

$\dfrac{\pi}{4}<\theta<\dfrac{\pi}{2}$일 때,

$$\sqrt{1-2\sin\theta\cos\theta}+\sqrt{1+2\sin\theta\cos\theta}$$

를 간단히 나타낸 것은?

① $2\sin\theta$ ② $2\cos\theta$ ③ 0

④ $\sin\theta-\cos\theta$ ⑤ $\sin\theta+\cos\theta$

349

임의의 실수 θ에 대하여

$$x=2\cos\theta-1,\ y=2\sin\theta+3$$

을 만족시키는 점 $(x,\,y)$가 나타내는 도형의 둘레의 길이는?

① $\dfrac{7}{2}\pi$ ② 4π ③ $\dfrac{9}{2}\pi$

④ 5π ⑤ $\dfrac{11}{2}\pi$

350

교육청 기출 | 선행 343 |

그림과 같이 단위원 위의 점 $P(x,\,y)$에 대하여 동경 OP가 x축의 양의 방향과 이루는 각의 크기가 θ이고 $\dfrac{y}{x}+\dfrac{x}{y}=-\dfrac{5}{2}$일 때, $\sin\theta-\cos\theta$의 값은? (단, $x<0$, $y>0$이고, O는 원점이다.)

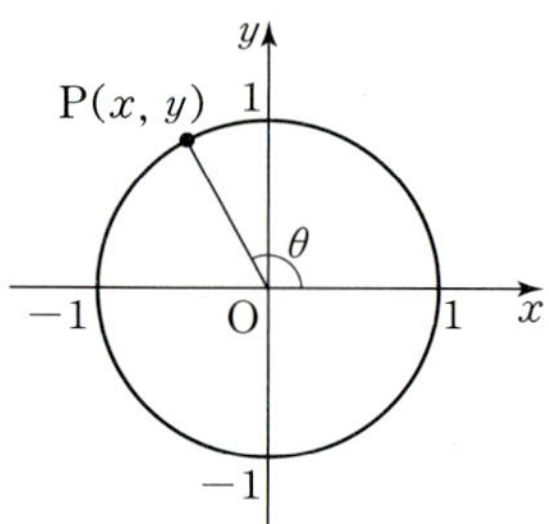

① $\dfrac{1}{5}$ ② $\dfrac{\sqrt{5}}{5}$ ③ $\dfrac{2\sqrt{5}}{5}$

④ $\dfrac{3\sqrt{5}}{5}$ ⑤ $\dfrac{4\sqrt{5}}{5}$

351

교육청 기출

그림과 같이 원 $x^2+y^2=1$ 위의 두 점 $A(1,\,0)$, B에 대하여 점 A에서의 접선이 선분 OB의 연장선과 만나는 점을 T, 점 B에서 x축에 내린 수선의 발을 H라 하자. $\angle AOB=\theta$일 때, $\dfrac{\overline{OH}}{\overline{BH}}=\dfrac{3}{2}\overline{AT}$가 성립한다. $\sin\theta\cos\theta\tan\theta$의 값은?

(단, O는 원점이다.)

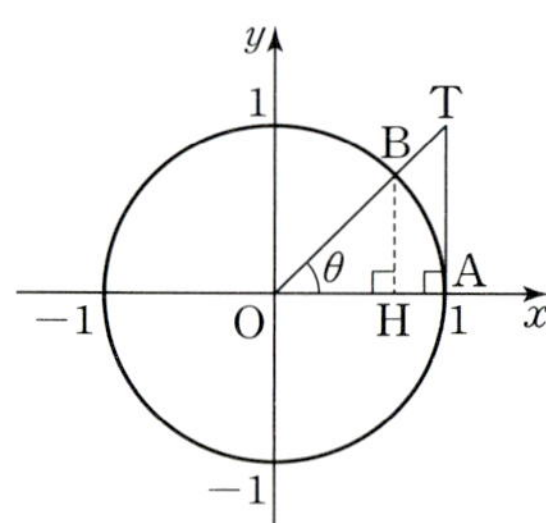

① $\dfrac{1}{5}$ ② $\dfrac{2}{5}$ ③ $\dfrac{3}{5}$

④ $\dfrac{4}{5}$ ⑤ 1

II 삼각함수

유형 05 삼각함수의 그래프

352

| 선행 300 |

함수 $f(x)=\tan\left(2x-\dfrac{\pi}{2}\right)+1$에 대한 설명으로 〈보기〉에서 옳은 것만을 있는 대로 고른 것은?

---〈보 기〉---

ㄱ. 정의역의 모든 x에 대하여 $f(x)=f\left(x+\dfrac{\pi}{2}\right)$이다.

ㄴ. 그래프는 함수 $y=\tan 2x$의 그래프를 x축의 방향으로 $\dfrac{\pi}{4}$만큼, y축의 방향으로 1만큼 평행이동한 것이다.

ㄷ. 그래프는 점 $\left(\dfrac{\pi}{4},\,1\right)$에 대하여 대칭이다.

ㄹ. 그래프의 점근선의 방정식은 $x=\dfrac{n}{4}\pi$ (n은 정수)이다.

---

① ㄱ, ㄴ, ㄷ ② ㄱ, ㄴ, ㄹ ③ ㄱ, ㄷ, ㄹ
④ ㄴ, ㄷ, ㄹ ⑤ ㄱ, ㄴ, ㄷ, ㄹ

353

다음 중 세 수 $\sin 1$, $\cos 1$, $\tan 1$의 대소 관계를 바르게 나타낸 것은?

① $\sin 1 < \cos 1 < \tan 1$ ② $\sin 1 < \tan 1 < \cos 1$
③ $\cos 1 < \sin 1 < \tan 1$ ④ $\cos 1 < \tan 1 < \sin 1$
⑤ $\tan 1 < \cos 1 < \sin 1$

354

| 선행 302 |

다음 그림은 함수 $f(x)=a\cos\left\{b\left(x-\dfrac{\pi}{6}\right)\right\}+c$의 그래프의 일부이다. $f(0)$의 값은? (단, $a>0$, $b>0$, c는 상수이다.)

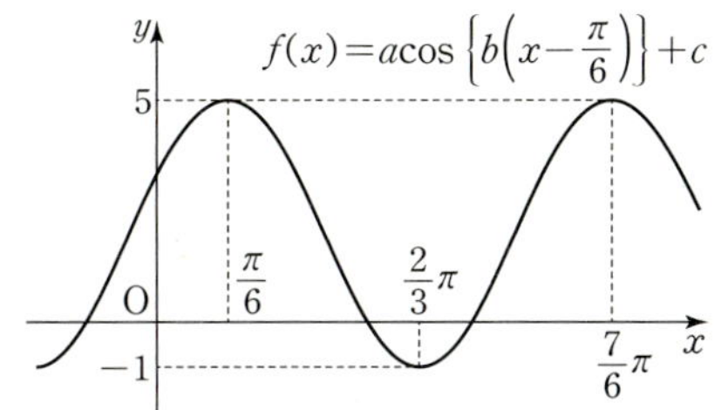

① $\dfrac{5}{2}$ ② 3 ③ $\dfrac{7}{2}$
④ 4 ⑤ $\dfrac{9}{2}$

355 빈출

다음 그림은 함수 $f(x)=a\sin(bx-c)+d$의 그래프의 일부이다. $f\left(\dfrac{\pi}{4}\right)$의 값을 구하시오. (단, $a>0$, $b>0$, $0<c<2\pi$)

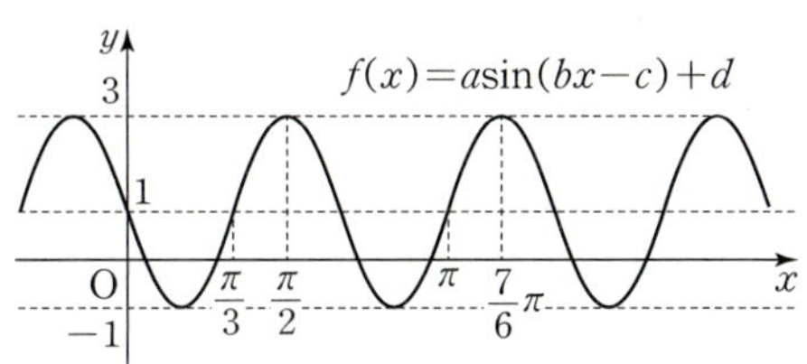

356

다음 중 정의역의 모든 x에 대하여 다음 조건을 만족시키는 함수 $f(x)$는?

> (가) $f(-x)=f(x)$
> (나) $f(x+2)=f(x-2)$

① $f(x)=\sin\left(\dfrac{\pi}{2}x\right)$　　　② $f(x)=\cos\left(\dfrac{\pi}{8}x\right)$

③ $f(x)=\cos\left(\dfrac{\pi}{4}x\right)$　　　④ $f(x)=\cos\left(\dfrac{\pi}{2}x\right)$

⑤ $f(x)=\tan\left(\dfrac{\pi}{4}x\right)$

357

함수 $f(x)=a|\cos bx|+c$의 최댓값이 3, 주기가 $\dfrac{\pi}{3}$이고 $f\left(\dfrac{2}{9}\pi\right)=-\dfrac{5}{2}$일 때, 세 상수 a, b, c에 대하여 $a+b-c$의 값을 구하시오. (단, $a>0$, $b>0$)

358

교육청 기출

$0\le x\le 2\pi$에서 정의된 함수 $y=a\sin 3x+b$의 그래프가 두 직선 $y=9$, $y=2$와 만나는 점의 개수가 각각 3, 7이 되도록 하는 두 양수 a, b에 대하여 ab의 값을 구하시오.

359

교육청 기출

$0\le x\le\pi$일 때, 2 이상의 자연수 n에 대하여 두 곡선 $y=\sin x$와 $y=\sin nx$의 교점의 개수를 a_n이라 하자. a_3+a_5의 값을 구하시오.

360

선생님 Pick!　평가원 기출

그림과 같이 두 양수 a, b에 대하여 곡선 $y=a\sin b\pi x\left(0\le x\le\dfrac{3}{b}\right)$가 직선 $y=a$와 만나는 서로 다른 두 점을 A, B라 하자. 삼각형 OAB의 넓이가 5이고 직선 OA의 기울기와 직선 OB의 기울기의 곱이 $\dfrac{5}{4}$일 때, $a+b$의 값은?

(단, O는 원점이다.)

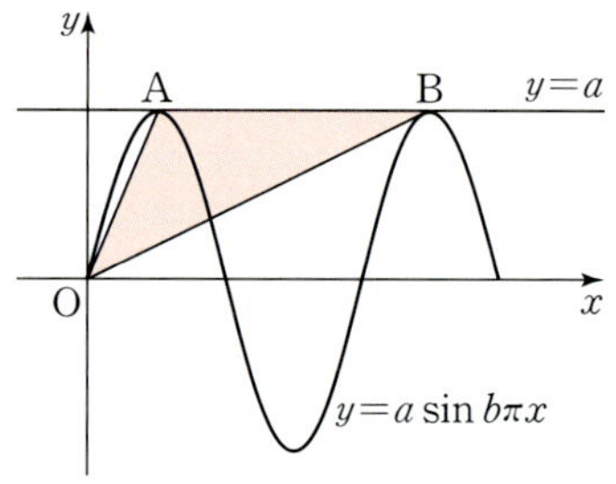

① 1　　　② 2　　　③ 3

④ 4　　　⑤ 5

361

그림과 같이 함수 $y = a\cos bx$의 그래프의 일부분과 x축에 평행한 직선 l이 만나는 두 점의 x좌표가 1, 5이다. 세 직선 l, $x=1$, $x=5$와 x축으로 둘러싸인 도형의 넓이가 12일 때, 두 상수 a, b에 대하여 ab의 값은? (단, $a>0$, $b>0$)

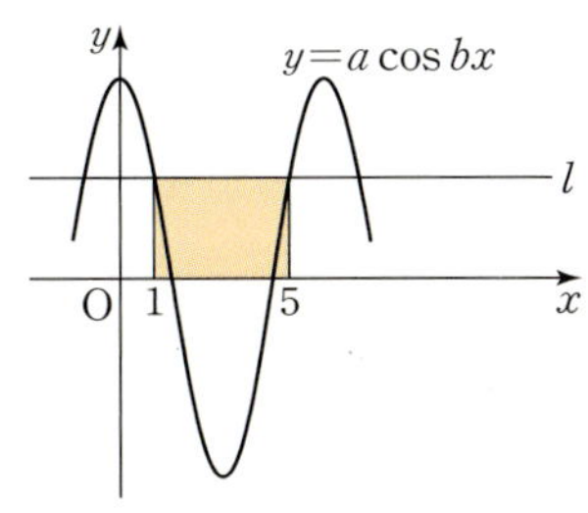

① π　　　② 2π　　　③ 3π
④ 4π　　　⑤ 5π

362 빈출 👑

그림과 같이 함수 $y = 4\sin\dfrac{\pi}{12}x$ $(0 \le x \le 12)$의 그래프 위의 두 점 A, B와 x축 위의 두 점 C, D를 꼭짓점으로 하는 직사각형 ACDB가 있다. $\overline{AB}=6$일 때, 직사각형 ACDB의 넓이는?

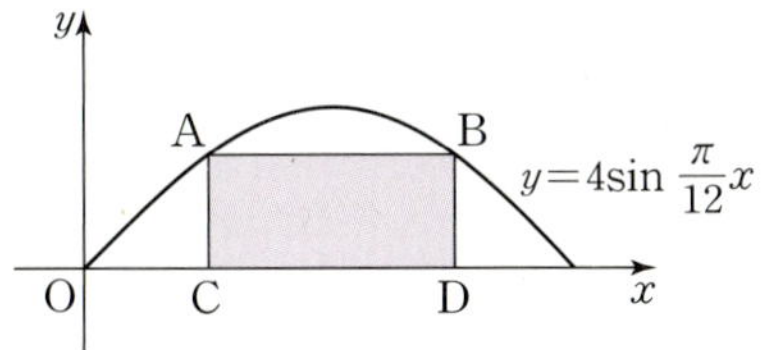

① $8\sqrt{2}$　　　② $10\sqrt{2}$　　　③ $12\sqrt{2}$
④ $10\sqrt{3}$　　　⑤ $12\sqrt{3}$

363

다음 그림은 함수 $y = 3\cos\dfrac{\pi}{2}x$의 그래프의 일부분이다. 색칠한 부분의 넓이를 구하시오.

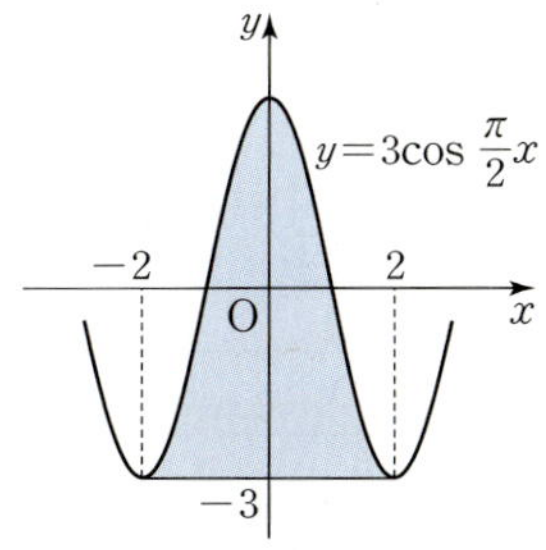

364

$-\dfrac{\pi}{4} < x < \dfrac{3}{4}\pi$에서 함수 $y = \tan 2x$의 그래프와 직선 $y = m\left(x - \dfrac{\pi}{4}\right)$ $(m>0)$가 만나는 두 점의 x좌표를 각각 α, β $(\alpha < \beta)$라 할 때, $\beta - \alpha = \dfrac{2}{3}\pi$이다. m의 값은?

① $\dfrac{\sqrt{3}}{3\pi}$　　　② $\dfrac{1}{\pi}$　　　③ $\dfrac{\sqrt{3}}{\pi}$
④ $\dfrac{3}{\pi}$　　　⑤ $\dfrac{3\sqrt{3}}{\pi}$

365

교육청 기출

그림과 같이 함수 $y=\sin 2x\,(0\le x\le\pi)$의 그래프가 직선 $y=\dfrac{3}{5}$과 두 점 A, B에서 만나고, 직선 $y=-\dfrac{3}{5}$과 두 점 C, D에서 만난다. 네 점 A, B, C, D의 x좌표를 각각 α, β, γ, δ라 할 때, $\alpha+2\beta+2\gamma+\delta$의 값은?

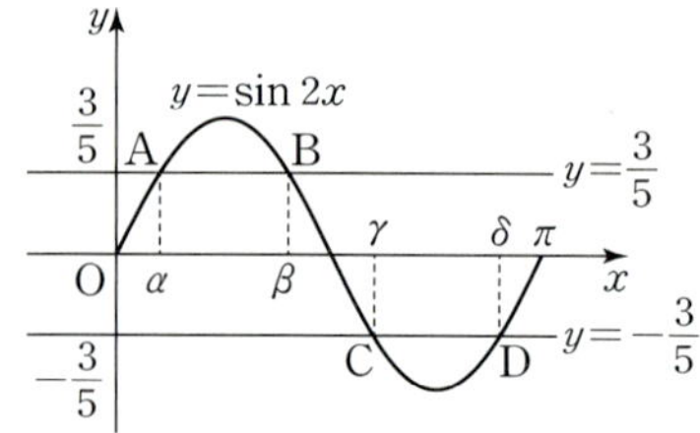

① $\dfrac{9}{4}\pi$ ② $\dfrac{5}{2}\pi$ ③ 3π

④ $\dfrac{7}{2}\pi$ ⑤ 4π

366

교육청 기출

그림과 같이 삼각함수 $f(x)=\sin kx\left(0\le x\le\dfrac{5\pi}{2k}\right)$의 그래프와 직선 $y=\dfrac{3}{4}$이 만나는 점의 x좌표를 각각 α, β, γ $(\alpha<\beta<\gamma)$라 할 때, $f(\alpha+\beta+\gamma)$의 값은? (단, k는 양의 실수이다.)

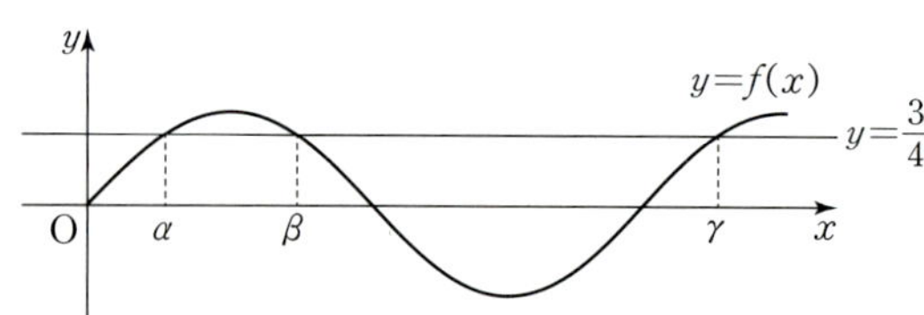

① -1 ② $-\dfrac{7}{8}$ ③ $-\dfrac{3}{4}$

④ 0 ⑤ $\dfrac{3}{4}$

367

$x\ge0$에서 함수 $y=\left|\cos\dfrac{\pi}{2}x\right|$의 그래프와 직선 $y=\dfrac{2}{5}$가 만나는 교점의 x좌표를 작은 것부터 순서대로 x_1, x_2, $\cdots$, x_n이라 할 때, x_4+x_{11}의 값은?

① 13 ② 14 ③ 15

④ 16 ⑤ 17

368

교육청 기출

$0\le x\le2\pi$에서 두 함수 $y=\sin x$와 $y=-\sin x+a$의 그래프가 만나는 점의 개수를 $N(a)$라 할 때, 〈보기〉에서 옳은 것만을 있는 대로 고른 것은? (단, a는 실수이다.)

> ───〈보 기〉───
> ㄱ. $N(0)=3$
> ㄴ. $|a|>2$이면 $N(a)=0$이다.
> ㄷ. $N(a)=2$이면 $N(-a)=2$이다.

① ㄱ   ② ㄴ   ③ ㄱ, ㄴ

④ ㄴ, ㄷ   ⑤ ㄱ, ㄴ, ㄷ

369

교육청 기출

함수 $f(x)$가 다음 조건을 만족시킨다.

> (가) 모든 실수 x에 대하여 $f(x+\pi)=f(x)$이다.
>
> (나) $0 \le x \le \dfrac{\pi}{2}$일 때, $f(x)=\sin 4x$이다.
>
> (다) $\dfrac{\pi}{2}<x \le \pi$일 때, $f(x)=-\sin 4x$이다.

함수 $y=f(x)$의 그래프와 직선 $y=\dfrac{x}{\pi}$가 만나는 점의 개수는?

① 4 　　　　② 5 　　　　③ 6
④ 7 　　　　⑤ 8

유형 06 삼각함수의 각의 변환

370

직선 $12x+5y-3=0$이 x축의 양의 방향과 이루는 각의 크기를 θ라 할 때, $\cos\left(\dfrac{\pi}{2}+\theta\right)-\sin\left(\dfrac{\pi}{2}+\theta\right)$의 값은?

① $-\dfrac{17}{13}$ 　　　② $-\dfrac{7}{13}$ 　　　③ 0
④ $\dfrac{7}{13}$ 　　　⑤ $\dfrac{17}{13}$

371

| 선행 340 |

$\dfrac{3}{2}\pi<x<2\pi$이고 $\sin x+\cos x=\dfrac{3}{4}$일 때,

$\tan(\pi+x)+\tan\left(\dfrac{\pi}{2}+x\right)$의 값을 구하시오.

---

372 빈출

| 선행 326 |

각 θ를 나타내는 동경과 각 9θ를 나타내는 동경이 일직선 위에 있고 방향이 반대일 때, $\cos\left(\theta+\dfrac{\pi}{8}\right)$의 모든 값의 곱은?

$$\left(\text{단, } \dfrac{\pi}{2}<\theta<\pi\right)$$

① $-\dfrac{\sqrt{3}}{2}$ 　　　② $-\dfrac{1}{2}$ 　　　③ $\dfrac{1}{2}$
④ $\dfrac{\sqrt{2}}{2}$ 　　　⑤ $\dfrac{\sqrt{3}}{2}$

373

정가원 기출

그림과 같이 직사각형 ABCD가 원 $x^2+y^2=1$에 내접해 있다. x축과 선분 OA가 이루는 각의 크기를 θ라 할 때, $\cos(\pi-\theta)$와 같은 것은? (단, $0<\theta<\dfrac{\pi}{4}$이고, O는 원점이다.)

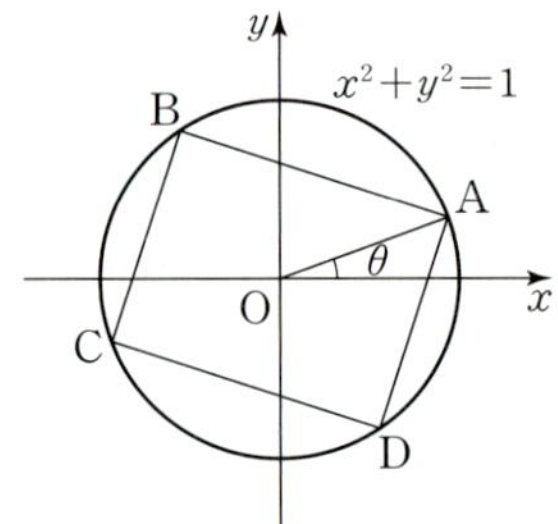

① 점 A의 x좌표   ② 점 B의 y좌표

③ 점 C의 x좌표   ④ 점 C의 y좌표

⑤ 점 D의 x좌표

374

그림과 같이 점 A(8, 6)에 대하여 정사각형 OABC가 있다. x축의 양의 방향과 선분 OC가 이루는 각의 크기를 θ라 할 때, $\sin\theta$의 값을 구하시오.

(단, 두 점 B, C의 y좌표는 양수이고, O는 원점이다.)

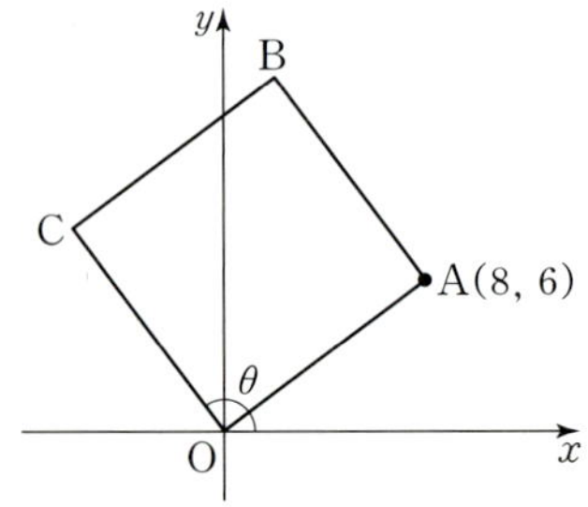

375

그림과 같이 원 $x^2+y^2=4$와 직선 $y=\dfrac{3}{4}x$가 제1사분면과 제3사분면에서 만나는 점을 각각 P, Q라 하자. 점 A(0, 2)에 대하여 $\angle AOP=\alpha$, $\angle AOQ=\beta$라 할 때, $\dfrac{\sin\beta}{\cos\alpha}$의 값은?

(단, O는 원점이다.)

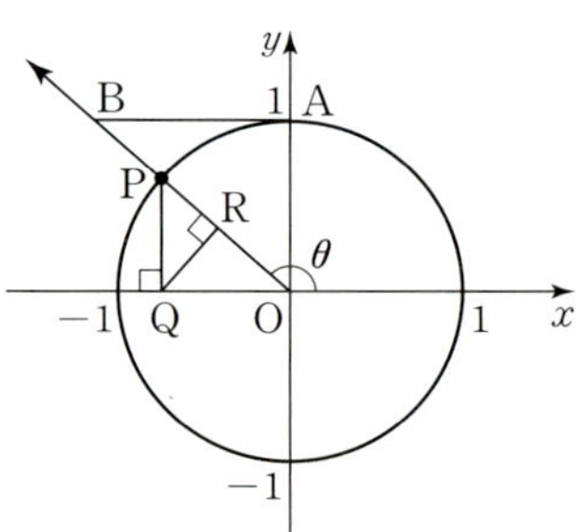

① $-\dfrac{5}{3}$ ② $-\dfrac{4}{3}$ ③ $\dfrac{3}{5}$

④ $\dfrac{3}{4}$ ⑤ $\dfrac{4}{3}$

376

그림과 같이 단위원 위의 제2사분면에 있는 점 P에서 x축에 내린 수선의 발을 Q라 하고, 점 Q에서 선분 OP에 내린 수선의 발을 R이라 하자. 동경 OP와 x축의 양의 방향이 이루는 각의 크기가 θ이고 점 A(0, 1)과 동경 OP 위의 점 B에 대하여 직선 AB가 이 원에 접할 때, 다음 중 옳지 <u>않은</u> 것은? (단, O는 원점이다.)

① $\overline{PQ}=\sin\theta$ ② $\overline{OQ}=-\cos\theta$

③ $\overline{QR}=-\sin\theta\cos\theta$ ④ $\overline{AB}=\dfrac{1}{\tan\theta}$

⑤ $\overline{OB}=\dfrac{1}{\sin\theta}$

377

그림과 같이 중심이 O이고, 선분 AB를 지름으로 하는 원 위의 한 점 C에 대하여 $\overline{AC}=3$, $\overline{BC}=2$이다. $\angle CAB=\alpha$, $\angle CBA=\beta$라 할 때, $\cos(\alpha+2\beta)$의 값은?

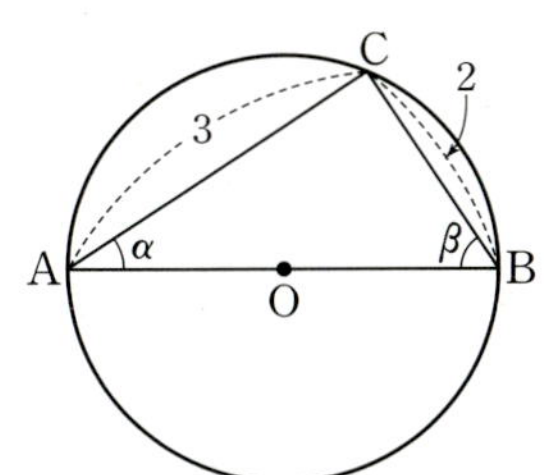

① $-\dfrac{3\sqrt{13}}{13}$ ② $-\dfrac{2\sqrt{13}}{13}$ ③ $\dfrac{\sqrt{13}}{13}$

④ $\dfrac{2\sqrt{13}}{13}$ ⑤ $\dfrac{3\sqrt{13}}{13}$

378

두 직선 $3x-y=0$, $x+3y=0$이 이루는 각을 이등분하는 직선 중에서 제4사분면을 지나는 직선을 l이라 하자. 제2사분면에서 직선 l 위의 점 P에 대하여 동경 OP가 나타내는 각의 크기를 θ라 할 때, $\cos(\pi+\theta)+\sin(\pi-\theta)$의 값은? (단, O는 원점이다.)

① $-\dfrac{2\sqrt{5}}{5}$ ② $-\dfrac{\sqrt{5}}{5}$ ③ $\dfrac{\sqrt{5}}{5}$

④ $\dfrac{2\sqrt{5}}{5}$ ⑤ $\dfrac{3\sqrt{5}}{5}$

379

자연수 전체의 집합에서 정의된 함수 $f(n)=\sin\dfrac{n\pi}{3}$에 대하여 $f(1)+f(2)+f(3)+\cdots+f(100)$의 값은?

① $\sqrt{3}$ ② $\dfrac{\sqrt{3}}{2}$ ③ 0

④ $-\dfrac{\sqrt{3}}{2}$ ⑤ $-\sqrt{3}$

380

다음 식의 값을 구하시오.

(1) $\cos^2 0°+\cos^2 10°+\cos^2 20°+\cdots+\cos^2 90°$

(2) $\tan 1°\times\tan 2°\times\tan 3°\times\cdots\times\tan 89°$

381

$\sin^2\dfrac{\pi}{20}+\sin^2\dfrac{3\pi}{20}+\sin^2\dfrac{5\pi}{20}+\sin^2\dfrac{7\pi}{20}+\sin^2\dfrac{9\pi}{20}$의 값은?

① $\dfrac{3}{2}$ ② 2 ③ $\dfrac{5}{2}$

④ 3 ⑤ $\dfrac{7}{2}$

382

$\theta = \dfrac{\pi}{8}$일 때, $\sin\theta\cos 3\theta + \sin 2\theta\cos 2\theta + \sin 3\theta\cos\theta$의 값은?

① $-\dfrac{3}{2}$

② $-\dfrac{1}{2}$

③ 0

④ $\dfrac{1}{2}$

⑤ $\dfrac{3}{2}$

383 빈출

그림과 같이 좌표평면 위의 반지름의 길이가 1인 원의 둘레를 10등분하여 각 등분점을 점 $P_1(1,\ 0)$부터 시계 반대 방향으로 각각 $P_2,\ P_3,\ \cdots,\ P_{10}$이라 하자. $\angle P_1OP_2=\theta$일 때, 다음 식의 값은? (단, O는 원점이다.)

$$(\sin\theta+\cos\theta)+(\sin 2\theta+\cos 2\theta)+\cdots+(\sin 9\theta+\cos 9\theta)$$

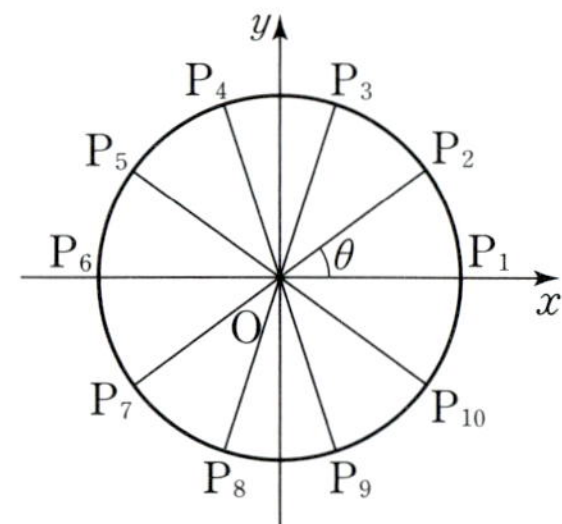

① -2

② -1

③ 0

④ 1

⑤ 2

384 빈출

그림과 같이 반지름의 길이가 1인 사분원의 호 AB를 100등분하는 각 점을 P_n $(n=1,\ 2,\ 3,\ \cdots,\ 99)$라 하자. 각 점 P_n에서 선분 OA에 내린 수선의 발을 차례로 Q_n $(n=1,\ 2,\ 3,\ \cdots,\ 99)$라 할 때,

$$\overline{P_1Q_1}^2+\overline{P_2Q_2}^2+\cdots+\overline{P_{99}Q_{99}}^2$$

의 값은? (단, O는 사분원의 중심이다.)

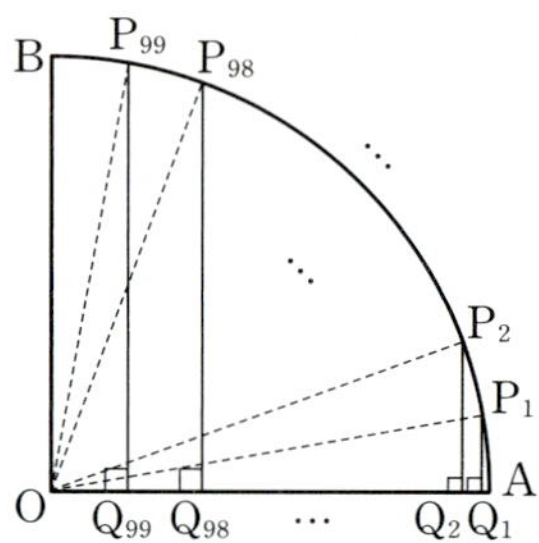

① $\dfrac{97}{2}$

② 49

③ $\dfrac{99}{2}$

④ 50

⑤ $\dfrac{101}{2}$

385

| 선행 313 |

함수 $y=|a\cos x-1|+2$의 최댓값과 최솟값의 합이 11일 때, 상수 a의 값을 구하시오. (단, $a>1$)

386

함수 $y=\sin^2 x-\cos x$의 최댓값을 M, 최솟값을 m이라 할 때, $M-m$의 값은?

① $\dfrac{1}{4}$　　　　② $\dfrac{3}{4}$　　　　③ $\dfrac{5}{4}$

④ $\dfrac{7}{4}$　　　　⑤ $\dfrac{9}{4}$

387 빈출

함수 $y=\cos^2\left(x+\dfrac{\pi}{2}\right)-2\cos^2 x+12\sin(x+\pi)\left(0\le x\le\dfrac{\pi}{2}\right)$의 최댓값을 M, 최솟값을 m이라 할 때, Mm의 값을 구하시오.

388 빈출

평가원 기출

실수 k에 대하여 함수

$$f(x)=\cos^2\left(x-\frac{3}{4}\pi\right)-\cos\left(x-\frac{\pi}{4}\right)+k$$

의 최댓값은 3, 최솟값은 m이다. $k+m$의 값은?

① 2　　　　② $\dfrac{9}{4}$　　　　③ $\dfrac{5}{2}$

④ $\dfrac{11}{4}$　　　　⑤ 3

389

함수 $y=\dfrac{3\sin x+1}{\sin x-2}$의 최댓값을 M, 최솟값을 m이라 할 때, $\dfrac{m}{M}$의 값을 구하시오.

유형 08 삼각함수를 포함한 방정식

390 빈출 👑

$0 \le x < 2\pi$일 때, 방정식 $2\cos^2 x + \sin x = 1$의 모든 근의 합은?

① 2π ② $\dfrac{5}{2}\pi$ ③ 3π

④ $\dfrac{7}{2}\pi$ ⑤ 4π

391 빈출 👑

$0 \le x < 4\pi$일 때, 방정식 $4\sin^2\left(\dfrac{3}{2}\pi + x\right) - 4\sin(\pi + x) = 5$의 모든 근의 합은?

① 4π ② 5π ③ 6π
④ 7π ⑤ 8π

392

방정식 $6\sin^2 x - \sin x \cos x - 2\cos^2 x = 0$의 해 $x = \alpha$에 대하여 $\sin\alpha\cos\alpha > 0$일 때, $\sin\alpha\cos\alpha$의 값을 구하시오.

393

$0 < \theta < 2\pi$일 때, $\log_2 \sin\theta - \log_2 \tan\theta = -1$을 만족시키는 θ의 값을 구하시오.

394

$0 \le x < 2\pi$일 때, 방정식 $\cos(\pi \sin x) = 0$을 만족시키는 모든 근의 합은?

① 2π ② $\dfrac{5}{2}\pi$ ③ 3π

④ $\dfrac{7}{3}\pi$ ⑤ 4π

395

삼각형 ABC의 세 내각 A, B, C에 대하여
$$\sin^2\left(\dfrac{B+C}{2}\right) - \cos\dfrac{A}{2} = -\dfrac{1}{4}$$
을 만족시키는 각 A의 크기를 구하시오.

396

x에 대한 이차방정식 $x^2-2\sqrt{2}x\sin\theta+3\cos\theta=0$이 중근을 갖도록 하는 모든 θ의 값의 합은? (단, $0\leq\theta\leq2\pi$)

① π 　　　　　 ② $\dfrac{4}{3}\pi$ 　　　　　 ③ $\dfrac{5}{3}\pi$

④ 2π 　　　　　 ⑤ $\dfrac{7}{3}\pi$

398

$0\leq x<2\pi$일 때, 방정식 $|2\cos^2 x-1|+\sin x=0$의 서로 다른 모든 실근의 합은?

① $\dfrac{3}{2}\pi$ 　　　　　 ② 3π 　　　　　 ③ 6π

④ $\dfrac{9}{2}\pi$ 　　　　　 ⑤ 9π

397

$0\leq x<2\pi$일 때, 방정식 $\cos x+|\cos x|=1$의 근 중에서 최댓값을 α, 최솟값을 β라 하자. $\sin(\alpha-3\beta)$의 값은?

① $-\dfrac{\sqrt{3}}{2}$ 　　　　　 ② $-\dfrac{1}{2}$ 　　　　　 ③ 0

④ $\dfrac{1}{2}$ 　　　　　 ⑤ $\dfrac{\sqrt{3}}{2}$

399

교육청 기출

$0\leq x\leq2\pi$에서 방정식

$$\frac{2}{\sqrt{3}}\sin\left(x+\frac{\pi}{3}\right)-\frac{7}{8}=0$$

의 모든 실근의 합이 $\dfrac{q}{p}\pi$일 때, $p+q$의 값을 구하시오.

(단, p와 q는 서로소인 자연수이다.)

400

x에 대한 방정식 $\left|\cos x + \dfrac{1}{4}\right| = k \ (0 \le x < 2\pi)$가 서로 다른 3개의 실근을 갖도록 하는 실수 k의 값을 α라 할 때, 40α의 값을 구하시오.

401

다음 조건을 만족시키는 실수 m, n에 대하여 $m+n$의 값은?

> (가) 방정식 $\sin x = \dfrac{1}{4\pi}x$의 서로 다른 실근의 개수는 m이다.
>
> (나) $0 \le x \le 4\pi$일 때, 방정식 $\cos 2x = \dfrac{1}{3}$의 모든 실근의 합은 $n\pi$이다.

① 21 ② 23 ③ 27
④ 31 ⑤ 39

402

$0 \le x < \dfrac{5}{2}\pi$일 때, 방정식 $4\sin x = 3$을 만족시키는 x의 값을 작은 것부터 차례대로 α, β, γ라 하자. $\cos\left(\alpha + \dfrac{\beta+\gamma}{2}\right)$의 값은?

① $-\dfrac{3}{2}$ ② $-\dfrac{3}{4}$ ③ $\dfrac{3}{4}$
④ $\dfrac{3}{2}$ ⑤ 3

403

두 자연수 a, b에 대하여 함수
$$f(x) = a\sin bx + 8 - a$$
가 다음 조건을 만족시킬 때, $a+b$의 값을 구하시오.

> (가) 모든 실수 x에 대하여 $f(x) \ge 0$이다.
> (나) $0 \le x < 2\pi$일 때, x에 대한 방정식 $f(x)=0$의 서로 다른 실근의 개수는 4이다.

404

$0 \leq x \leq 2\pi$에서 방정식 $\tan x = 3$의 서로 다른 두 근을 각각 α, β라 하고, 방정식 $\tan x = \dfrac{1}{3}$의 서로 다른 두 근을 각각 γ, δ라 할 때, $\cos(\alpha + \beta + \gamma + \delta)$의 값은?

① -1 ② $-\dfrac{\sqrt{2}}{2}$ ③ 0

④ $\dfrac{\sqrt{2}}{2}$ ⑤ 1

405

실수 전체의 집합을 정의역으로 하는 함수 $f(x)$가 다음 조건을 만족시킨다.

> (개) $0 \leq x \leq \dfrac{2}{3}\pi$일 때 $f(x) = \cos\left(3x - \dfrac{\pi}{2}\right)$이다.
>
> (내) 모든 실수 x에 대하여 $f(-x) = f(x)$,
> $\quad f\left(x + \dfrac{4}{3}\pi\right) = f(x)$이다.

$0 \leq x \leq 2\pi$에서 방정식 $f(x) = \dfrac{4}{5}$를 만족시키는 서로 다른 모든 실수 x의 값의 합은?

① $\dfrac{16}{3}\pi$ ② $\dfrac{17}{3}\pi$ ③ 6π

④ $\dfrac{19}{3}\pi$ ⑤ $\dfrac{20}{3}\pi$

유형 09 삼각함수를 포함한 부등식

406

$0 \leq x < \dfrac{\pi}{2}$일 때, 부등식 $2\sin\left(3x - \dfrac{\pi}{6}\right) \leq 1$의 해가 $0 \leq x \leq \alpha$ 또는 $\beta \leq x < \dfrac{\pi}{2}$이다. $\alpha + \beta$의 값은?

① $\dfrac{2}{9}\pi$ ② $\dfrac{\pi}{3}$ ③ $\dfrac{4}{9}\pi$

④ $\dfrac{5}{9}\pi$ ⑤ $\dfrac{2}{3}\pi$

407 빈출 서술형

$0 < x < 2\pi$일 때, 부등식 $2\sin^2 x + \cos x - 1 \leq 0$의 해를 구하고, 그 과정을 서술하시오. (단, 그래프를 이용하여 설명하시오.)

408

그림과 같이 원 $x^2+y^2=4$ 위의 점 P에 대하여 동경 OP가
나타내는 각을 θ라 하자. 부등식 $4\sin^2\theta-1\geq0$을 만족시키는
점 P가 나타내는 곡선의 길이는? (단, O는 원점이다.)

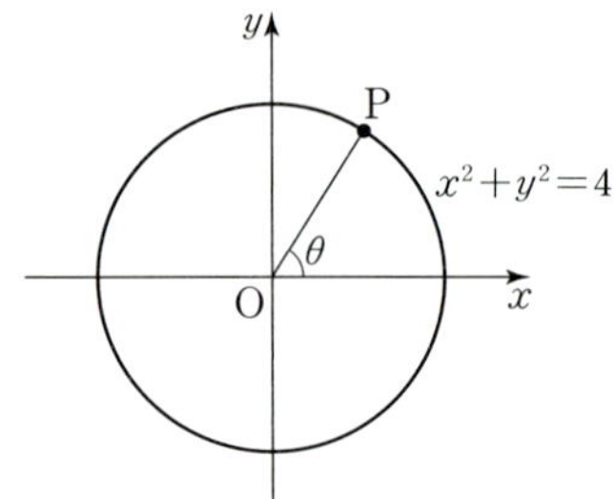

① $\dfrac{2}{3}\pi$ ② $\dfrac{4}{3}\pi$ ③ 2π

④ $\dfrac{8}{3}\pi$ ⑤ $\dfrac{10}{3}\pi$

409 빈출 👑

모든 실수 x에 대하여 이차부등식 $x^2-2x\tan\theta+3>0$이 항상
성립하도록 하는 θ의 값의 범위를 구하시오. (단, $0\leq\theta\leq\pi$)

410

$0\leq\theta<2\pi$일 때, x에 대한 이차방정식
$$x^2-(2\cos\theta)x+\sin^2\theta+5\cos\theta+2=0$$
이 실근을 갖도록 하는 θ의 최솟값과 최댓값을 각각 α, β라 하자.
$2\beta-\alpha$의 값을 구하시오.

411

모든 실수 x에 대하여 직선 $y=2x+2$와 곡선
$y=x^2+(2\cos\theta)x+3\sin^2\theta$가 만나지 않기 위한 θ의 값의
범위는? (단, $0\leq\theta\leq\pi$)

① $0<\theta<\dfrac{\pi}{6}$ ② $0<\theta<\dfrac{\pi}{3}$ ③ $\dfrac{\pi}{6}<\theta<\dfrac{\pi}{2}$

④ $\dfrac{\pi}{3}<\theta<\dfrac{\pi}{2}$ ⑤ $\dfrac{\pi}{2}<\theta<\dfrac{5}{6}\pi$

412 빈출 👑

모든 실수 x에 대하여 부등식 $\cos^2 x+3\sin x+a-6\leq 0$이 항상
성립하기 위한 실수 a의 값의 범위는?

① $a\geq 9$ ② $a\geq 3$ ③ $a\geq\dfrac{11}{4}$

④ $a\leq 9$ ⑤ $a\leq 3$

413

$0\leq\theta\leq 2\pi$에서 부등식

$$\sqrt{2}\sin^2\left(\theta-\dfrac{\pi}{3}\right)+(1+\sqrt{2})\cos\left(\theta+\dfrac{\pi}{6}\right)+1\leq 0$$

의 해가 $\alpha\leq\theta\leq\beta$일 때, $\alpha+\beta$의 값은? (단, α, β는 상수이다.)

① $\dfrac{7}{3}\pi$ ② 2π ③ $\dfrac{5}{3}\pi$

④ $\dfrac{4}{3}\pi$ ⑤ π

414

어느 날 한 바다의 A지점에서 시각 $t(시)$와 해수면의 높이
$y\,(cm)$ 사이에는

$$y=270\cos\left\{\dfrac{\pi}{3}(t-4)\right\}+325$$

가 성립한다고 한다. 해수면의 높이가 $460\,cm$ 이상일 때는 모두
몇 시간인지 구하시오. (단, $0<t<24$)

스키마 schema로 풀이 흐름 알아보기

오른쪽 그림은 함수 $f(x)=a\sin(bx-c)+d$ 의 그래프의 일부이다. 〔조건 ①〕

$f\left(\dfrac{\pi}{4}\right)$ 의 값을 구하시오. (단, $a>0$, $b>0$, $0<c<2\pi$) 〔조건 ②〕

〔답〕

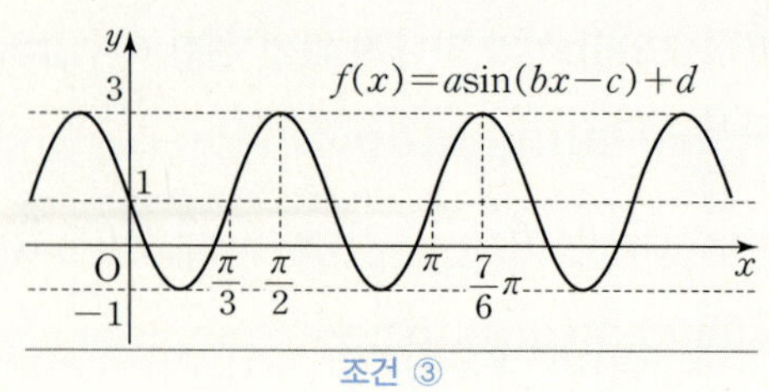

⟶ 주어진 〔조건〕은 무엇인지? 구하는 〔답〕은 무엇인지? 이 둘을 어떻게 연결할지?

① 단계

〔조건〕
① $f(x)=a\sin(bx-c)+d$
② $\boldsymbol{a>0}$, $b>0$, $0<c<2\pi$
③ 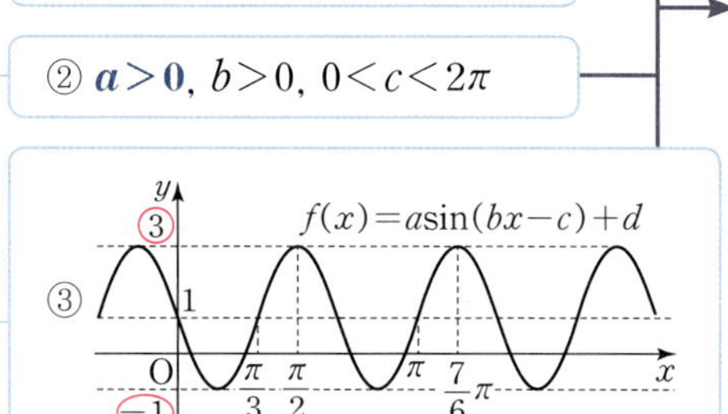

최대 $a+d=3$ → $a=2$
최소 $-a+d=-1$ → $d=1$

조건 ②에서 $a>0$이므로 조건 ①에서 함수 $f(x)$의 최댓값은 $a+d$이고, 최솟값은 $-a+d$이다. 이때 조건 ③에서 함수 $f(x)$의 최댓값은 3, 최솟값은 -1이므로 $a+d=3$, $-a+d=-1$이다. 따라서 이를 연립하여 풀면 $a=2$, $d=1$이다.

② 단계

〔조건〕
① $f(x)=a\sin(bx-c)+d$
② $a>0$, $\boldsymbol{b>0}$, $0<c<2\pi$
③ 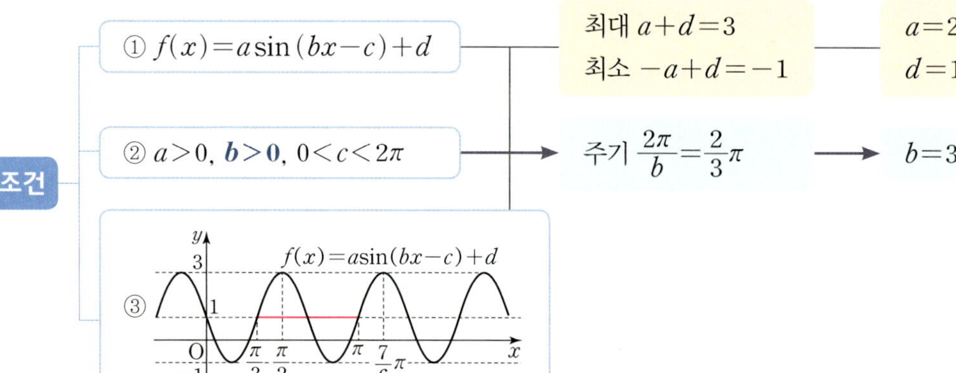

최대 $a+d=3$ → $a=2$
최소 $-a+d=-1$ → $d=1$

주기 $\dfrac{2\pi}{b}=\dfrac{2}{3}\pi$ → $b=3$

조건 ②에서 $b>0$이므로 조건 ①에서 함수 $f(x)$의 주기는 $\dfrac{2\pi}{|b|}=\dfrac{2\pi}{b}$이다. 이때 조건 ③에서 함수 $f(x)$의 주기는 $\pi-\dfrac{\pi}{3}=\dfrac{2}{3}\pi$이므로 $\dfrac{2\pi}{b}=\dfrac{2}{3}\pi$에서 $b=3$이다. 따라서 $f(x)=2\sin(3x-c)+1$이다.

③ 단계

〔조건〕
① $f(x)=a\sin(bx-c)+d$
② $a>0$, $b>0$, $\boldsymbol{0<c<2\pi}$
③ 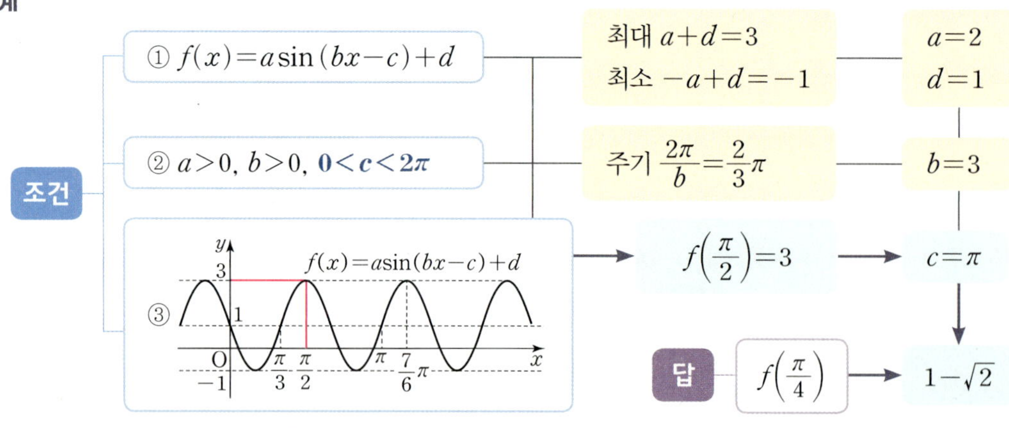

최대 $a+d=3$ → $a=2$
최소 $-a+d=-1$ → $d=1$

주기 $\dfrac{2\pi}{b}=\dfrac{2}{3}\pi$ → $b=3$

$f\left(\dfrac{\pi}{2}\right)=3$ → $c=\pi$

〔답〕 $f\left(\dfrac{\pi}{4}\right)$ → $1-\sqrt{2}$

조건 ③에서 $f\left(\dfrac{\pi}{2}\right)=3$이므로 $\sin\left(\dfrac{3}{2}\pi-c\right)=1$이고, 조건 ②에서 $0<c<2\pi$이므로 $\dfrac{3}{2}\pi-c=\dfrac{\pi}{2}$, 즉 $c=\pi$이다. 따라서 $f(x)=2\sin(3x-\pi)+1$이므로 $f\left(\dfrac{\pi}{4}\right)=2\sin\left(-\dfrac{\pi}{4}\right)+1=1-\sqrt{2}$

모든 실수 x에 대하여 부등식 $\cos^2 x + 3\sin x + a - 6 \le 0$이 항상 성립하기 위한 실수 a의 값의 범위는?
<u>조건</u>　　　　　　　　　　　　　　　　　　　　　　　　<u>답</u>

① $a \ge 9$　　　② $a \ge 3$　　　③ $a \ge \dfrac{11}{4}$　　　④ $a \le 9$　　　⑤ $a \le 3$

▶ 주어진 　조건　은 무엇인지? 구하는 　답　은 무엇인지? 이 둘을 어떻게 연결할지?

1 단계

조건 ─ 모든 실수 x에 대하여 $\cos^2 x + 3\sin x + a - 6 \le 0$ 항상 성립 → $\sin^2 x - 3\sin x - a + 5 \ge 0$

주어진 조건의 부등식에 $\cos x$와 $\sin x$가 둘 다 존재하므로 $\sin^2 x + \cos^2 x = 1$을 이용하여 하나만 존재하는 식으로 다음과 같이 바꾼다.
$\cos^2 x + 3\sin x + a - 6 \le 0$에서
$(1 - \sin^2 x) + 3\sin x + a - 6 \le 0$
$\sin^2 x - 3\sin x - a + 5 \ge 0$ $\cdots\cdots$ ㉠

2 단계

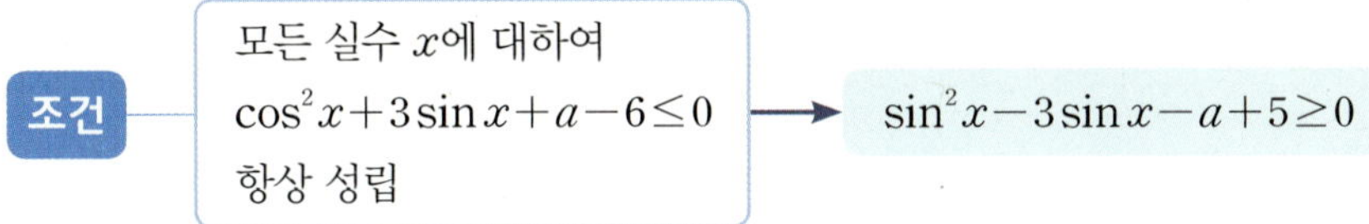

조건 ─ 모든 실수 x에 대하여 $\cos^2 x + 3\sin x + a - 6 \le 0$ 항상 성립 ─ $\sin^2 x - 3\sin x - a + 5 \ge 0$

$\downarrow$ $\sin x = t$

$-1 \le t \le 1$일 때 $t^2 - 3t - a + 5 \ge 0$ 항상 성립

$\sin x = t$라 하면 $-1 \le t \le 1$이고
㉠은 $t^2 - 3t - a + 5 \ge 0$이다.
주어진 조건을 만족시키기 위해선 $-1 \le t \le 1$인 모든 실수 t에 대하여
부등식
$t^2 - 3t - a + 5 \ge 0$ $\cdots\cdots$ ㉡
이 항상 성립해야 한다.

3 단계

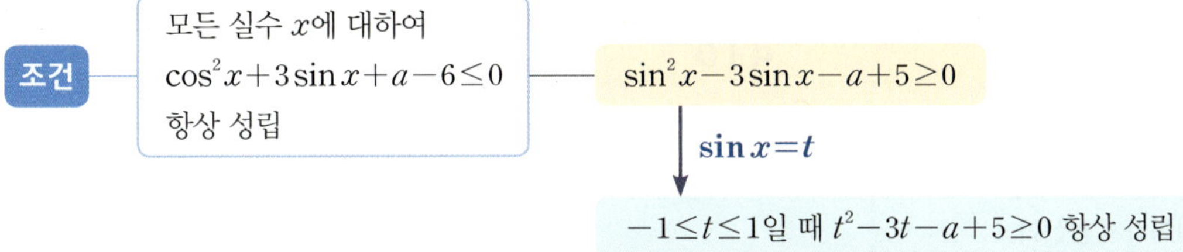

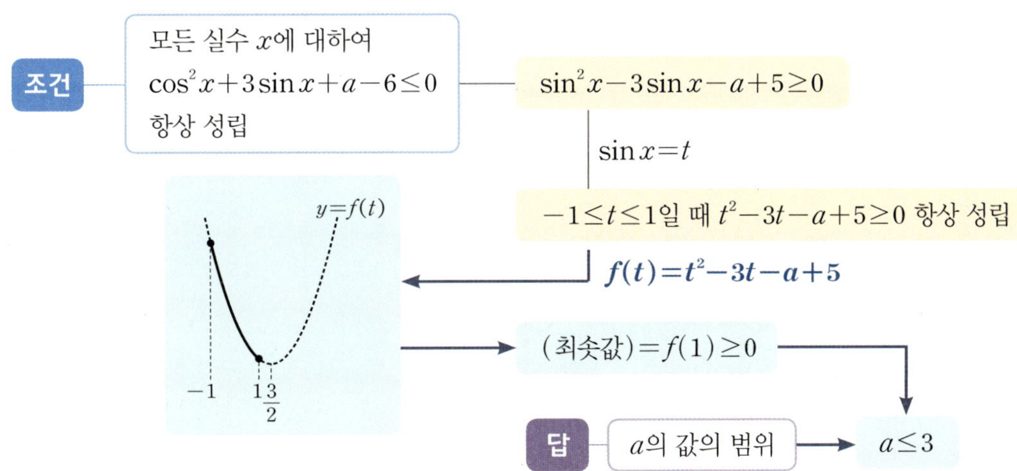

조건 ─ 모든 실수 x에 대하여 $\cos^2 x + 3\sin x + a - 6 \le 0$ 항상 성립 ─ $\sin^2 x - 3\sin x - a + 5 \ge 0$

$\sin x = t$

$-1 \le t \le 1$일 때 $t^2 - 3t - a + 5 \ge 0$ 항상 성립

$f(t) = t^2 - 3t - a + 5$

(최솟값) $= f(1) \ge 0$

답 ─ a의 값의 범위 → $a \le 3$

$f(t) = t^2 - 3t - a + 5$
$= \left(t - \dfrac{3}{2} \right)^2 - a + \dfrac{11}{4}$

이라 하면 $-1 \le t \le 1$에서 $t = 1$일 때 최솟값 $f(1)$을 가지므로 ㉡을 만족시키기 위해서는
$f(1) = 1 - 3 - a + 5 \ge 0$이어야 한다.
$\therefore a \le 3$

415

$0<\theta<\pi$일 때, $\dfrac{-\cos^2\theta+\sin\theta+3}{1+\sin\theta}$의 최솟값과 그때의 $\sin\theta$의

값은?

최솟값	$\sin\theta$		최솟값	$\sin\theta$
① $2\sqrt{2}-1$	$\sqrt{2}-1$		② $2\sqrt{2}-1$	$1-\sqrt{2}$
③ $2\sqrt{2}$	$\sqrt{2}-1$		④ $2\sqrt{2}+1$	$\sqrt{2}-1$
⑤ $2\sqrt{2}+1$	$1-\sqrt{2}$			

416

| 선행 323, 324, 325, 326 |

각 θ는 제1사분면의 각이고, 두 각 θ와 2θ가 나타내는 동경이 직선 $y=x$에 대하여 대칭일 때, 〈보기〉에서 옳은 것만을 있는 대로 고른 것은?

─〈보 기〉─

ㄱ. $-330°$는 θ가 될 수 있다.

ㄴ. θ의 일반각은 $2n\pi+\dfrac{\pi}{6}$ (n은 정수)이다.

ㄷ. $\dfrac{\theta}{3}$를 나타내는 동경은 제3사분면에 위치하지 않는다.

① ㄱ ② ㄱ, ㄴ ③ ㄱ, ㄷ
④ ㄴ, ㄷ ⑤ ㄱ, ㄴ, ㄷ

417

| 선행 379 |

자연수 n에 대하여 두 함수 $f(n)$, $g(n)$을 각각

$$f(n)=2\sin\left\{\frac{n\pi}{2}+(-1)^n\times\frac{\pi}{6}\right\},$$

$$g(n)=\tan\left\{\frac{n\pi}{2}+(-1)^n\times\frac{\pi}{6}\right\}$$

라 하자. 함수 $h(n)=f(n)-2g(n)$일 때, $h(1)+h(2)+h(3)+\cdots+h(12)$의 값을 구하시오.

418

$\sin x+\cos y=\cos x\sin y=\dfrac{\sqrt{2}}{3}$일 때, $(\sin x-\cos y)^2$의 값을 구하시오.

419

그림과 같이 중심이 원점 O이고 반지름의 길이가 각각 1, r인 두 원 C_1, C_2가 있다. 두 점 P, Q는 각각 점 $(1, 0)$, 점 $(r, 0)$에서 동시에 출발하여 같은 속력으로 각각 원 C_1, C_2의 둘레를 따라 시계 반대 방향으로 이동한다. 점 Q가 원 C_2의 둘레를 2바퀴 도는 동안 세 점 O, P, Q가 일직선 위에 있게 되는 횟수가 4가 되도록 하는 모든 r의 값의 범위를 구하시오.

(단, $r > 1$이고 출발하는 순간은 횟수에서 제외한다.)

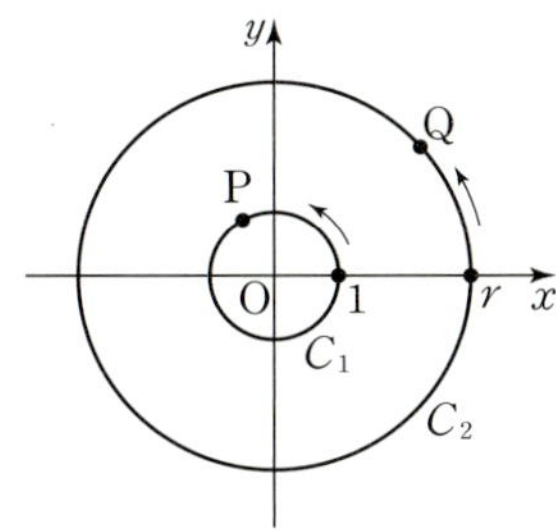

420

교육청 기출 | 선행 376 |

그림과 같이 원점 O를 중심으로 하고 반지름의 길이가 1인 원 위의 점 A가 제2사분면에 있을 때 동경 OA가 나타내는 각의 크기를 θ라 하자. 점 $B(-1, 0)$을 지나는 직선 $x = -1$과 동경 OA가 만나는 점을 C, 점 A에서의 접선이 x축과 만나는 점을 D라 하자. 다음 중 색칠한 부분의 넓이와 항상 같은 것은?

$\left(\text{단, } \dfrac{\pi}{2} < \theta < \pi\text{이고, O는 원점이다.}\right)$

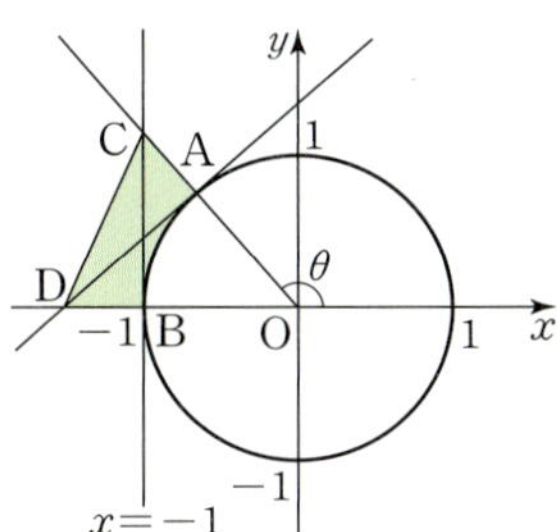

① $\dfrac{1}{2}\left(-\dfrac{\sin^2\theta}{\cos\theta} - \theta\right)$

② $\dfrac{1}{2}\left(-\dfrac{\cos^2\theta}{\sin\theta} - \theta\right)$

③ $\dfrac{1}{2}\left(-\dfrac{\sin\theta}{\cos^2\theta} - \pi + \theta\right)$

④ $\dfrac{1}{2}\left(\dfrac{\sin\theta}{\cos^2\theta} - \pi + \theta\right)$

⑤ $\dfrac{1}{2}\left(-\dfrac{\cos\theta}{\sin^2\theta} - \pi + \theta\right)$

421

교육청 변형

그림과 같이 $\overline{OA} = \overline{OB} = 1$, $\angle AOB = \theta$인 이등변삼각형 OAB가 있다. 선분 AB를 지름으로 하는 반원이 선분 OA와 만나는 점 중 A가 아닌 점을 P, 선분 OB와 만나는 점 중 B가 아닌 점을 Q라 하자. 선분 AB의 중점을 M이라 할 때, 다음 중 부채꼴 MPQ의 넓이와 항상 같은 것은? $\left(\text{단, } 0 < \theta < \dfrac{\pi}{2}\right)$

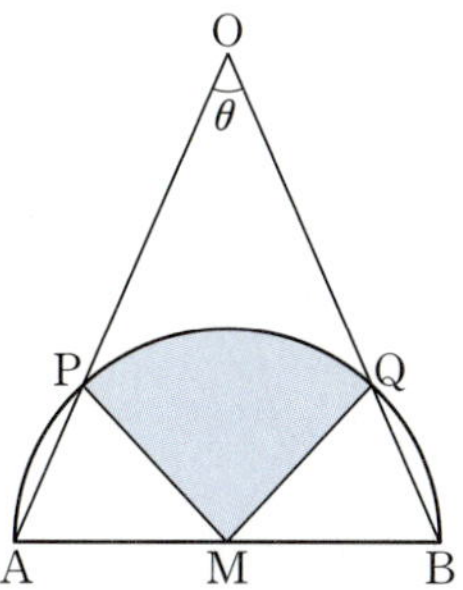

① $\left(\dfrac{\pi}{2} - \dfrac{\theta}{2}\right)\sin^2\dfrac{\theta}{2}$

② $\left(\dfrac{\pi}{2} - \theta\right)\sin^2\dfrac{\theta}{2}$

③ $(\pi - \theta)\sin^2\dfrac{\theta}{2}$

④ $\left(\dfrac{\pi}{2} - \dfrac{\theta}{2}\right)\sin^2\theta$

⑤ $\left(\dfrac{\pi}{2} - \theta\right)\sin^2\theta$

422

선생님 Pick! 평가원 기출

양수 a에 대하여 집합 $\left\{x \,\middle|\, -\dfrac{a}{2} < x \le a,\ x \ne \dfrac{a}{2}\right\}$에서 정의된 함수

$$f(x) = \tan\frac{\pi x}{a}$$

가 있다. 그림과 같이 함수 $y=f(x)$의 그래프 위의 세 점 O, A, B를 지나는 직선이 있다. 점 A를 지나고 x축에 평행한 직선이 함수 $y=f(x)$의 그래프와 만나는 점 중 A가 아닌 점을 C라 하자. 삼각형 ABC가 정삼각형일 때, 삼각형 ABC의 넓이는?

(단, O는 원점이다.)

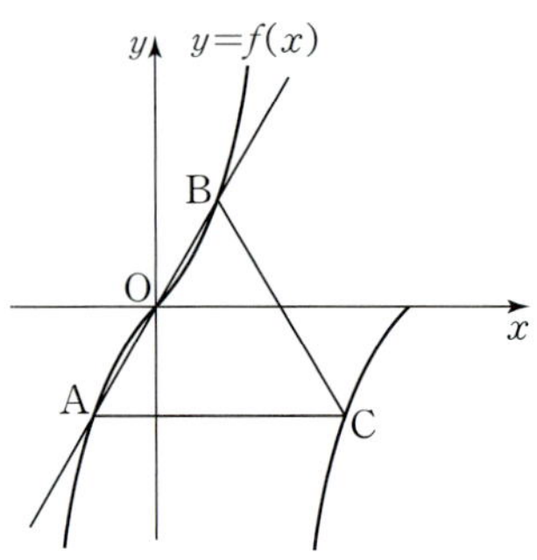

① $\dfrac{3\sqrt{3}}{2}$
② $\dfrac{17\sqrt{3}}{12}$
③ $\dfrac{4\sqrt{3}}{3}$
④ $\dfrac{5\sqrt{3}}{4}$
⑤ $\dfrac{7\sqrt{3}}{6}$

423

교육청 기출 | 선행 360 |

곡선 $y = 4\sin\dfrac{1}{4}(x-\pi)\ (0 \le x \le 10\pi)$와 직선 $y=2$가 만나는 점들 중 서로 다른 두 점 A, B와 이 곡선 위의 점 P에 대하여 삼각형 PAB의 넓이의 최댓값이 $k\pi$이다. k의 값을 구하시오.

(단, 점 P는 직선 $y=2$ 위의 점이 아니다.)

424

| 선행 393 |

다음 물음에 답하시오.

(1) $0 \le \theta < 2\pi$에서 $\log_{\sin\theta}(\cos\theta+1) > 2$를 만족시키는 θ의 값의 범위가 $\alpha < \theta < \beta$일 때, $\dfrac{\beta}{\alpha}$의 값을 구하시오.

(2) $\log_{\cos x}\sin x + \log_{\sin x}\dfrac{1}{\sqrt{\tan x}} = 1$일 때, $\cos x$의 값을 모두 구하시오. $\left(단,\ 0 < x < \dfrac{\pi}{2}\right)$

425

| 선행 401 |

방정식 $\sin\pi x = \dfrac{x}{3n}$의 실근의 개수가 20 이상 40 이하가 되도록 하는 자연수 n의 최댓값과 최솟값의 합은?

① 8
② 10
③ 12
④ 14
⑤ 16

426

좌표평면에서 원 $x^2+y^2=1$ 위의 두 점 P, Q가 점 $A(1,\ 0)$에서 동시에 출발하여 시계 바늘이 도는 방향과 반대 방향으로 매초 $\dfrac{2}{3}\pi$, $\dfrac{4}{3}\pi$의 속력으로 각각 움직인다. 출발 후 100초가 될 때까지 두 점 P, Q의 y좌표가 같아지는 횟수는?

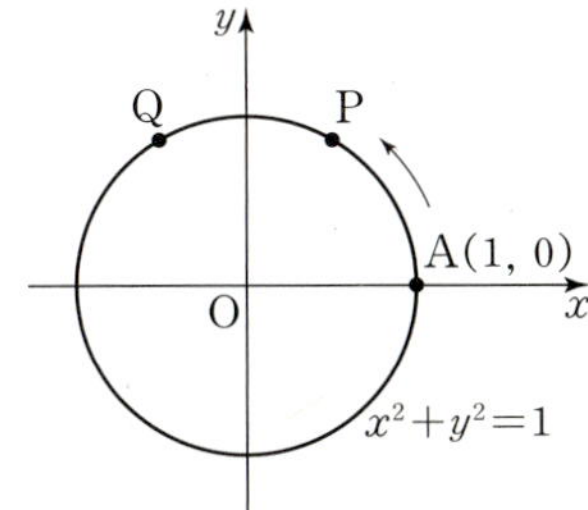

① 132   ② 133   ③ 134

④ 135   ⑤ 136

427

반지름의 길이가 $\dfrac{120}{\pi}$ cm인 원 모양의 굴렁쇠를 한 방향으로 굴리려고 한다. 출발 전 지면과 만나는 굴렁쇠 위의 점을 표시하고, 굴렁쇠를 굴리며 출발점에서 40 m만큼 이동했을 때, 지면으로부터 굴렁쇠에 표시한 점까지의 높이는 h cm이다. πh의 값을 구하시오. (단, 굴렁쇠의 두께는 무시한다.)

428

$-\dfrac{\pi}{2}\leq x\leq\dfrac{\pi}{2}$에서 x에 대한 방정식

$$3\sin^2 x+2\cos x+k-7=0$$

이 서로 다른 2개의 실근을 갖도록 하는 실수 k의 값의 범위를 구하시오.

429

그림과 같이 두 점 $A(-1,\ 0)$, $B(1,\ 0)$과 원 $x^2+y^2=1$이 있다. 원 위의 점 P에 대하여 $\angle PAB=\theta\left(0<\theta<\dfrac{\pi}{2}\right)$라 할 때, 반직선 PB 위에 $\overline{PQ}=3$인 점 Q를 정한다. 점 Q의 x좌표가 최대가 될 때, $\sin^2\theta$의 값은?

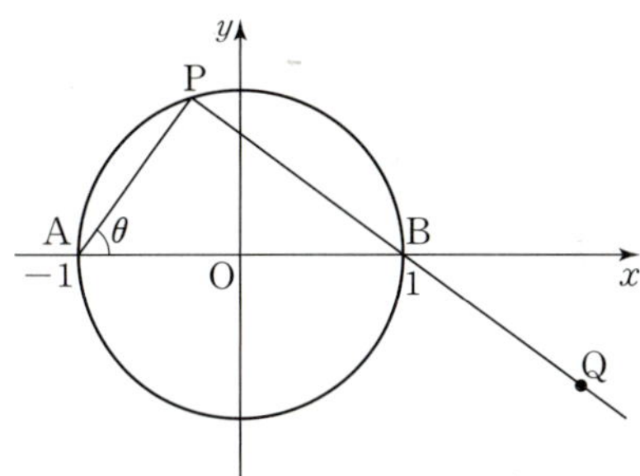

① $\dfrac{7}{16}$ ② $\dfrac{1}{2}$ ③ $\dfrac{9}{16}$

④ $\dfrac{5}{8}$ ⑤ $\dfrac{11}{16}$

430

$0 \le x \le \pi$일 때, 함수 $y = \dfrac{\sin x + 1}{\cos x - 3}$의 최댓값을 M, 최솟값을 m이라 하자. $\dfrac{m}{M}$의 값은?

① -3 ② $-\dfrac{1}{3}$ ③ 0

④ $\dfrac{1}{3}$ ⑤ 3

431

교육청 기출

$0 < \theta < \dfrac{\pi}{4}$인 θ에 대하여 〈보기〉에서 옳은 것만을 있는 대로 고른 것은?

〈보 기〉

ㄱ. $0 < \sin \theta < \cos \theta < 1$

ㄴ. $0 < \log_{\sin \theta} \cos \theta < 1$

ㄷ. $(\sin \theta)^{\cos \theta} < (\cos \theta)^{\cos \theta} < (\cos \theta)^{\sin \theta}$

① ㄱ ② ㄱ, ㄴ ③ ㄱ, ㄷ

④ ㄴ, ㄷ ⑤ ㄱ, ㄴ, ㄷ

432

교육청 기출

그림과 같이 반지름의 길이가 6인 원 O_1이 있다. 원 O_1 위에 서로 다른 두 점 A, B를 $\overline{AB} = 6\sqrt{2}$가 되도록 잡고, 원 O_1의 내부에 점 C를 삼각형 ACB가 정삼각형이 되도록 잡는다. 정삼각형 ACB의 외접원을 O_2라 할 때, 원 O_1과 원 O_2의 공통부분의 넓이는 $p + q\sqrt{3} + r\pi$이다. $p + q + r$의 값을 구하시오.

(단, p, q, r은 유리수이다.)

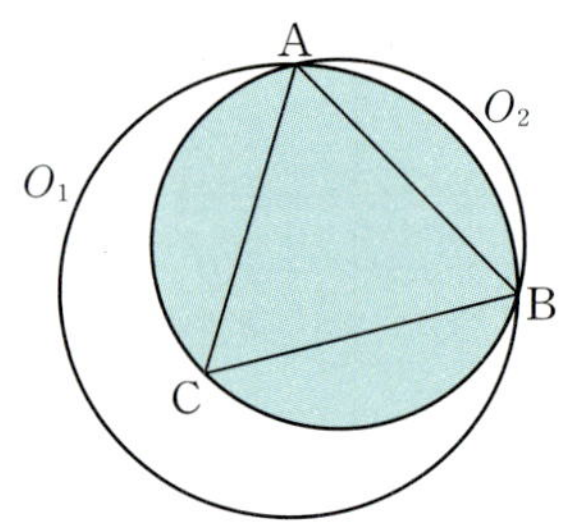

433

자연수 n에 대하여 $0<x<\dfrac{n}{12}\pi$일 때, 방정식

$$\sin^2 4x-1=0$$

의 실근의 개수를 $f(n)$이라 하자. $f(n)=33$이 되도록 하는 모든 n의 값의 합은?

① 295   ② 297   ③ 299

④ 301   ⑤ 303

434

자연수 k에 대하여 집합 A_k를

$$A_k=\left\{\sin\dfrac{2(m-1)}{k}\pi \,\middle|\, m\text{은 자연수}\right\}$$

라 할 때, 다음 물음에 답하시오.

(1) 집합 A_3을 원소나열법을 이용하여 나타내시오.

(2) -1이 집합 A_k의 원소가 되도록 하는 두 자리 자연수 k의 개수를 구하시오.

435

함수 $y=k\sin\left(2x+\dfrac{\pi}{3}\right)+k^2-6$의 그래프가 제1사분면을 지나지 않도록 하는 모든 정수 k의 개수를 구하시오.

436

$0\leq x\leq 2\pi$에서 정의된 함수

$$f(x)=\begin{cases} \sin x-1 & (0\leq x<\pi) \\ -\sqrt{2}\sin x-1 & (\pi\leq x\leq 2\pi) \end{cases}$$

가 있다. $0\leq t\leq 2\pi$인 실수 t에 대하여 x에 대한 방정식 $f(x)=f(t)$의 서로 다른 실근의 개수가 3이 되도록 하는 모든 t의 값의 합은 $\dfrac{q}{p}\pi$이다. $p+q$의 값을 구하시오.

(단, p와 q는 서로소인 자연수이다.)

437

평가원 기출

$-1 \le t \le 1$인 실수 t에 대하여 x에 대한 방정식

$$\left(\sin\frac{\pi x}{2} - t\right)\left(\cos\frac{\pi x}{2} - t\right) = 0$$

의 실근 중에서 집합 $\{x \mid 0 \le x < 4\}$에 속하는 가장 작은 값을 $\alpha(t)$, 가장 큰 값을 $\beta(t)$라 하자. 〈보기〉에서 옳은 것만을 있는 대로 고른 것은?

〈보 기〉

ㄱ. $-1 \le t < 0$인 모든 실수 t에 대하여 $\alpha(t) + \beta(t) = 5$이다.

ㄴ. $\{t \mid \beta(t) - \alpha(t) = \beta(0) - \alpha(0)\} = \left\{t \mid 0 \le t \le \dfrac{\sqrt{2}}{2}\right\}$

ㄷ. $\alpha(t_1) = \alpha(t_2)$인 두 실수 t_1, t_2에 대하여 $t_2 - t_1 = \dfrac{1}{2}$이면 $t_1 t_2 = \dfrac{1}{3}$이다.

① ㄱ   ② ㄱ, ㄴ   ③ ㄱ, ㄷ
④ ㄴ, ㄷ   ⑤ ㄱ, ㄴ, ㄷ

438

교육청 기출 | 선행 401

두 실수 a $(0 < a < 2\pi)$와 k에 대하여 $0 \le x \le 2\pi$에서 정의된 함수 $f(x)$는

$$f(x) = \begin{cases} \sin x - \dfrac{1}{2} & (0 \le x < a) \\[2mm] k\sin x - \dfrac{1}{2} & (a \le x \le 2\pi) \end{cases}$$

이고, 다음 조건을 만족시킨다.

㈎ 함수 $|f(x)|$의 최댓값은 $\dfrac{1}{2}$이다.

㈏ 방정식 $f(x) = 0$의 실근의 개수는 3이다.

방정식 $|f(x)| = \dfrac{1}{4}$의 모든 실근의 합을 S라 할 때, $20\left(\dfrac{a+S}{\pi} + k\right)$의 값을 구하시오.

439 빈출 👑

평가원 기출

$-2\pi \le x \le 2\pi$에서 정의된 두 함수

$$f(x) = \sin kx + 2, \quad g(x) = 3\cos 12x$$

에 대하여 다음 조건을 만족시키는 자연수 k의 개수는?

실수 a가 두 곡선 $y = f(x)$, $y = g(x)$의 교점의 y좌표이면
$$\{x \mid f(x) = a\} \subset \{x \mid g(x) = a\}$$
이다.

① 3   ② 4   ③ 5
④ 6   ⑤ 7

02 사인법칙과 코사인법칙

이전 학습 내용

• 삼각형의 외심과 내심 중2

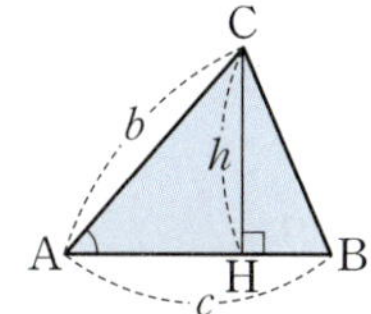

	외심	내심
	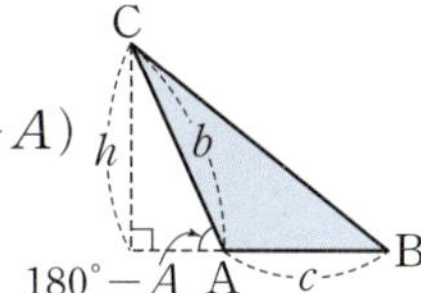	
정의	외접원의 중심	내접원의 중심
작도 방법	삼각형의 세 변의 수직이등분선의 교점	삼각형의 세 각의 이등분선의 교점
성질	외심에서 삼각형의 세 꼭짓점에 이르는 거리는 외접원의 반지름의 길이로 서로 같다.	내심에서 삼각형의 세 변에 이르는 거리는 내접원의 반지름의 길이로 서로 같다.

삼각형은 항상 외접원과 내접원이 존재한다.

• 삼각형의 넓이 중3

삼각형 ABC에서 두 변의 길이가 b, c와 그 끼인각 $\angle A$의 크기를 알 때, 이 삼각형의 넓이 S는

① $\angle A$가 예각이면

$$S = \frac{1}{2}bc\sin A$$
$h = b\sin A$

② $\angle A$가 둔각이면

$$S = \frac{1}{2}bc\sin(180°-A)$$
$h = b\sin(180°-A)$

이때는 $\sin A$를 $0° \leq A \leq 90°$일 때만 정의했으므로 $\angle A$가 예각인 경우와 둔각인 경우로 나누어 학습하였다. 이를 이용하여 사각형의 넓이를 두 삼각형의 넓이의 합으로 구하였다.

현재 학습 내용

• 사인법칙과 코사인법칙　　　유형 01 사인법칙

1. 사인법칙

(1) 삼각형 ABC의 외접원의 반지름의 길이를 R이라 하면

$$\frac{a}{\sin A} = \frac{b}{\sin B} = \frac{c}{\sin C} = 2R$$

(2) **사인법칙의 변형**

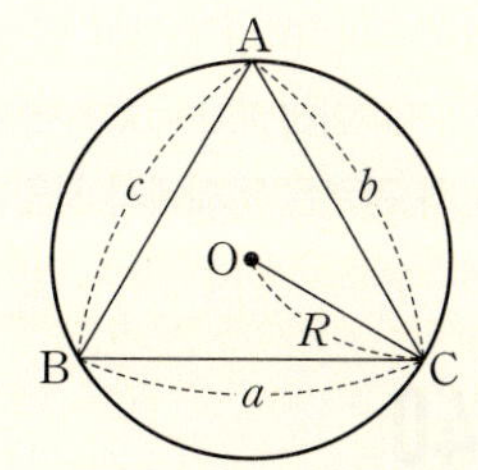

① $\sin A = \dfrac{a}{2R}$, $\sin B = \dfrac{b}{2R}$, $\sin C = \dfrac{c}{2R}$

② $a = 2R\sin A$, $b = 2R\sin B$, $c = 2R\sin C$

③ $a : b : c = \sin A : \sin B : \sin C$

2. 코사인법칙　　　유형 02 코사인법칙

(1) 삼각형 ABC에서

$$a^2 = b^2 + c^2 - 2bc\cos A,\quad b^2 = c^2 + a^2 - 2ca\cos B,\quad c^2 = a^2 + b^2 - 2ab\cos C$$

(2) **코사인법칙의 변형**

$$\cos A = \frac{b^2+c^2-a^2}{2bc},\quad \cos B = \frac{c^2+a^2-b^2}{2ca},\quad \cos C = \frac{a^2+b^2-c^2}{2ab}$$

3. 삼각형의 넓이　　　유형 03 삼각형의 넓이

(1) 삼각형 ABC의 넓이를 S라 하면

$$S = \frac{1}{2}bc\sin A = \frac{1}{2}ca\sin B = \frac{1}{2}ab\sin C$$

(2) 삼각형 ABC의 내접원의 반지름의 길이가 r일 때

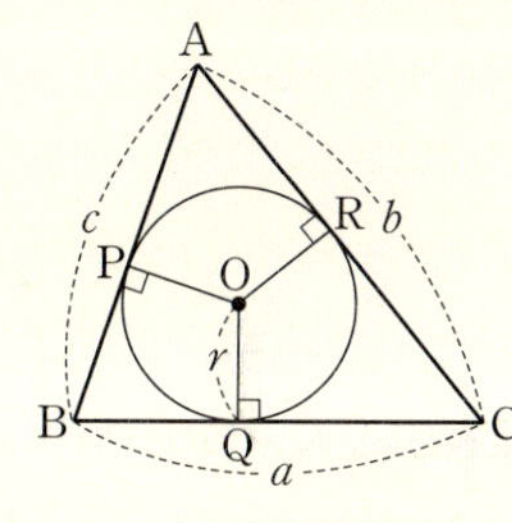

$$S = \frac{1}{2}r(a+b+c)$$

(3) 삼각형 ABC의 외접원의 반지름의 길이가 R일 때

$$S = \frac{abc}{4R} = 2R^2\sin A\sin B\sin C$$

4. 사각형의 넓이

(1) 사각형 ABCD의 넓이는 두 삼각형 ABC, ACD의 넓이의 합으로 구할 수 있다.

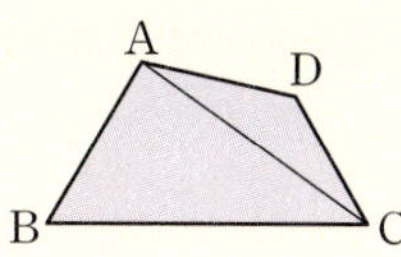

(2) **평행사변형의 넓이**

평행사변형 ABCD에서 이웃한 두 변의 길이가 a, b이고 그 끼인각의 크기가 θ일 때

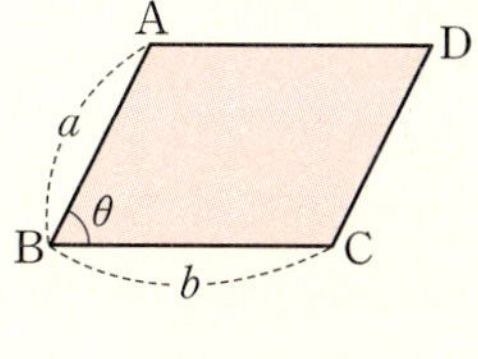

$$S = ab\sin\theta$$

(3) 사각형 ABCD의 두 대각선의 길이가 x, y이고 두 대각선이 이루는 각의 크기가 θ일 때

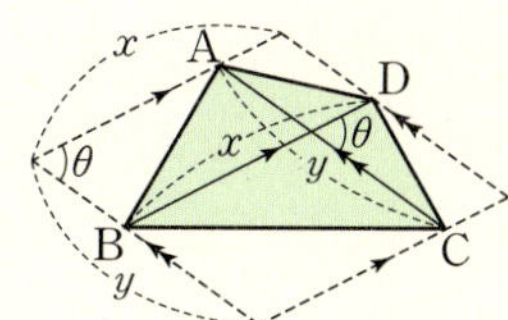

$$S = \frac{1}{2}xy\sin\theta$$

유형 01 사인법칙

사인법칙을 이용하여 삼각형의 변의 길이, 내각의 크기, 외접원의 반지름의 길이와 관련된 문제를 분류하였다.

유형해결 TIP

(1) 한 변의 길이와 두 각의 크기
(2) 두 변의 길이와 그 끼인각이 아닌 한 각의 크기
(3) 외접원의 반지름의 길이

와 관련된 문제에서 사인법칙을 이용하는 경우가 많다.

440

그림과 같이 삼각형 ABC에서 $A=60°$, $\overline{\mathrm{BC}}=12$이다. 삼각형 ABC의 외접원의 반지름의 길이는?

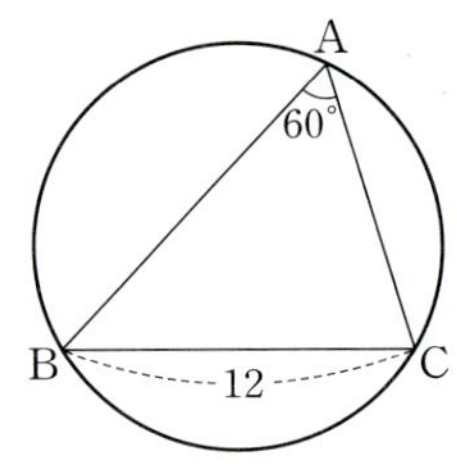

① 3   ② $3\sqrt{3}$ ③ 6
④ $4\sqrt{3}$ ⑤ 7

441 빈출

삼각형 ABC에서 $A=75°$, $B=45°$, $b=4$일 때, c의 값과 이 삼각형의 외접원의 반지름의 길이 R의 값을 각각 구하시오.

442

삼각형 ABC에서 $a=2$, $b=2\sqrt{3}$, $A=30°$일 때, B, C의 값을 각각 구하시오.

443

반지름의 길이가 2인 원 O에 내접하는 삼각형 ABC에서 $A=60°$, $B=45°$일 때, a^2+b^2의 값을 구하시오.

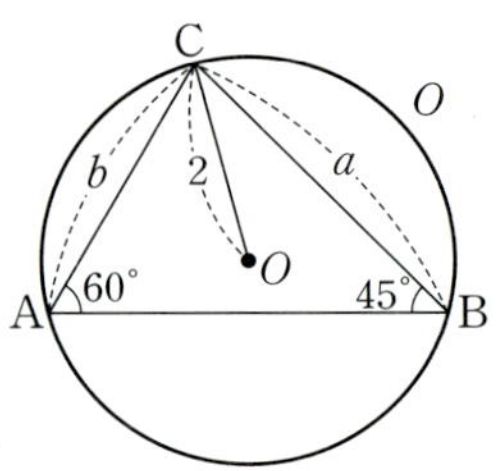

444 빈출

삼각형 ABC가 다음 조건을 만족시킬 때, 선분 BC의 길이는?

> (가) $9\sin A \times \sin(B+C)=4$
> (나) 삼각형 ABC의 외접원의 지름의 길이는 12이다.

① 4   ② 6   ③ 8
④ 10   ⑤ 12

445 빈출

반지름의 길이가 3인 원에 내접하는 삼각형 ABC의 둘레의 길이가 12일 때, $\sin A+\sin B+\sin C$의 값을 구하시오.

446

삼각형 ABC에서
$$a\sin A = c\sin C$$
가 성립할 때, 삼각형 ABC는 어떤 삼각형인가?

① 정삼각형 ② $A=90°$인 직각삼각형
③ $B=90°$인 직각삼각형 ④ $a=b$인 이등변삼각형
⑤ $a=c$인 이등변삼각형

코사인법칙을 이용하여 삼각형의 변의 길이, 내각의 크기와 관련된 문제를 분류하였다.

유형해결 TIP

(1) 두 변의 길이와 그 끼인각의 크기
(2) 세 변의 길이
와 관련된 문제에서 코사인법칙을 이용하는 경우가 많다.

447

삼각형 ABC에서 $a=3$, $c=2$, $B=60°$일 때, b의 값은?

① $\sqrt{3}$ ② 2 ③ $\sqrt{5}$
④ $\sqrt{6}$ ⑤ $\sqrt{7}$

448

삼각형 ABC에서 $a=7$, $b=3$, $c=8$일 때, A의 값은?

① $30°$ ② $45°$ ③ $60°$
④ $120°$ ⑤ $150°$

449

그림과 같이 삼각형 ABC에서 $\overline{AB}=4$, $\overline{CA}=\sqrt{21}$, $B=60°$일 때, 선분 BC의 길이는?

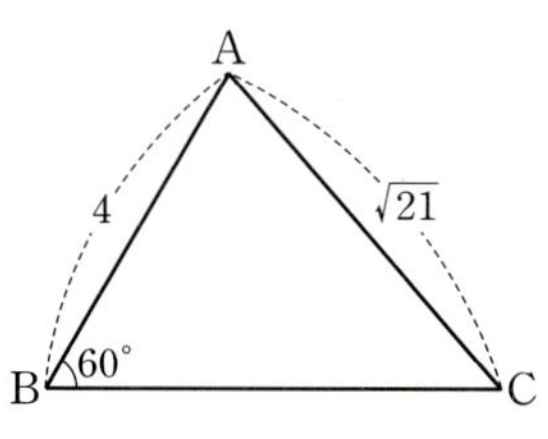

① $2\sqrt{3}$ ② 4 ③ $2\sqrt{5}$
④ $2\sqrt{6}$ ⑤ 5

450

그림과 같이 $\overline{AB}=3$, $\overline{AD}=4$, $\overline{BF}=6$인 직육면체 ABCD-EFGH가 있다. $\angle BDG=\theta$라 할 때, $\cos\theta$의 값은?

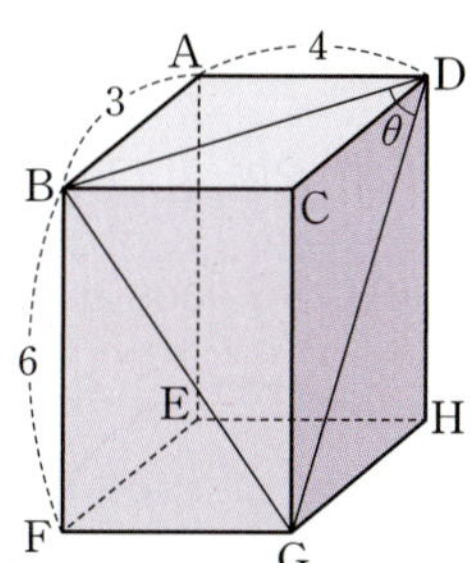

① $\dfrac{3\sqrt{5}}{25}$ ② $\dfrac{6\sqrt{5}}{25}$ ③ $\dfrac{9\sqrt{5}}{25}$
④ $\dfrac{3\sqrt{13}}{65}$ ⑤ $\dfrac{8\sqrt{13}}{65}$

451 빈출

삼각형 ABC에서 $\sin A : \sin B : \sin C = 7 : 6 : 5$일 때, $\cos A$의 값은?

① $\dfrac{1}{5}$ ② $\dfrac{\sqrt{2}}{5}$ ③ $\dfrac{\sqrt{3}}{5}$

④ $\dfrac{2}{5}$ ⑤ $\dfrac{\sqrt{5}}{5}$

452

삼각형 ABC에서 $A=105°$, $C=45°$, $b=6$일 때, a의 값을 구하시오.

453 빈출

그림과 같이 반지름의 길이가 R인 원 O에 내접하는 삼각형 ABC에 대하여 $\overline{AB}=5$, $\overline{AC}=7$, $\cos A=\dfrac{4}{5}$일 때, R의 값은?

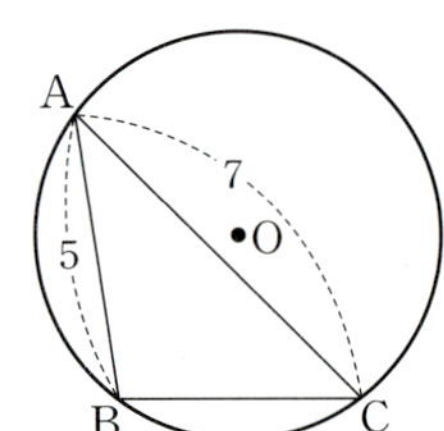

① $\dfrac{7\sqrt{2}}{2}$ ② $\dfrac{13\sqrt{2}}{4}$ ③ $3\sqrt{2}$

④ $\dfrac{11\sqrt{2}}{4}$ ⑤ $\dfrac{5\sqrt{2}}{2}$

454 빈출

삼각형 ABC에서 $\overline{AB}=7$, $\overline{BC}=9$, $\overline{CA}=4$일 때, 이 삼각형의 외접원의 반지름의 길이를 구하시오.

455

원 모양의 연못의 넓이를 구하기 위해 연못의 가장자리의 세 지점 A, B, C에서 거리와 각의 크기를 측정한 결과가
$$\overline{AB}=2\sqrt{3}\text{ m}, \quad \overline{BC}=5\text{ m}, \quad \angle ABC=30°$$
일 때, 이 연못의 넓이는?

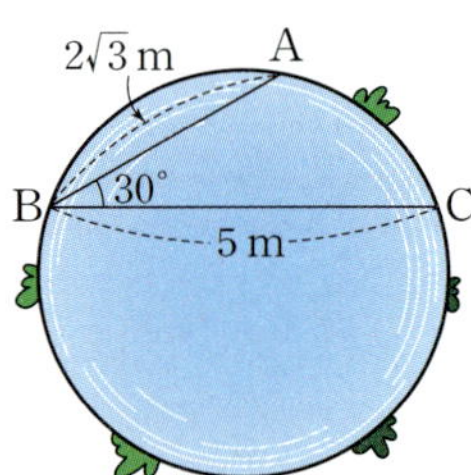

① 4π m^2 ② 5π m^2 ③ 6π m^2

④ 7π m^2 ⑤ 8π m^2

456 빈출 👑

삼각형 ABC에서
$$\sin A = 2\cos B \sin C$$
가 성립할 때, 삼각형 ABC는 어떤 삼각형인가?

① $a=b$인 이등변삼각형 ② $b=c$인 이등변삼각형

③ $c=a$인 이등변삼각형 ④ $A=90°$인 직각삼각형

⑤ $B=90°$인 직각삼각형

유형 03 삼각형의 넓이

삼각형의 두 변의 길이와 그 끼인각의 크기를 이용하여 넓이를 구하는 문제와 이를 활용하여 이웃하는 두 변의 길이와 그 끼인각의 크기가 주어진 평행사변형의 넓이, 두 대각선의 길이와 두 대각선이 이루는 각의 크기가 주어진 사각형의 넓이를 구하는 문제를 분류하였다.

458 빈출 👑

삼각형 ABC에서 $A=60°$, $\overline{AB}=10$, $\overline{AC}=8$일 때, 삼각형 ABC의 넓이는?

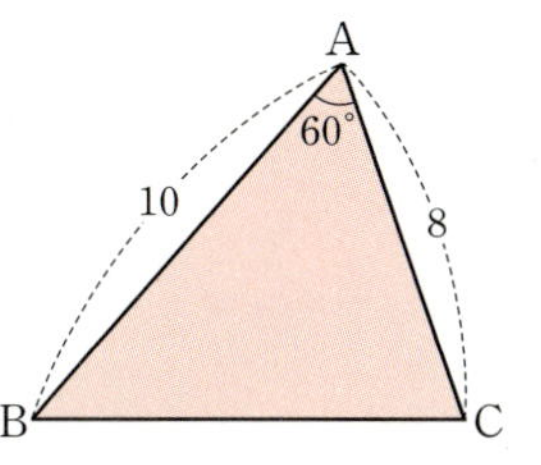

① $10\sqrt{3}$ ② 20 ③ $20\sqrt{3}$

④ 30 ⑤ $30\sqrt{3}$

457

삼각형 ABC에서
$$a\cos C - c\cos A = b$$
가 성립할 때, 삼각형 ABC는 어떤 삼각형인가?

① $A=90°$인 직각삼각형 ② $B=90°$인 직각삼각형

③ $C=90°$인 직각삼각형 ④ $b=c$인 이등변삼각형

⑤ $c=a$인 이등변삼각형

459 빈출 👑

삼각형 ABC에서 $\overline{AB}=4$, $\overline{BC}=5$이고, $\cos(A+C)=\dfrac{2}{5}$일 때, 삼각형 ABC의 넓이는?

① $\sqrt{21}$ ② $2\sqrt{21}$ ③ $3\sqrt{21}$

④ $4\sqrt{21}$ ⑤ $5\sqrt{21}$

460

넓이가 $9\sqrt{2}\ \text{cm}^2$인 삼각형 ABC에서 $\overline{AB}=3\sqrt{2}\ \text{cm}$, $\overline{AC}=12\ \text{cm}$일 때, 둔각 A의 크기는?

① $\dfrac{7}{12}\pi$ ② $\dfrac{2}{3}\pi$ ③ $\dfrac{3}{4}\pi$

④ $\dfrac{5}{6}\pi$ ⑤ $\dfrac{11}{12}\pi$

461

그림과 같이 반지름의 길이는 12이고, 중심각의 크기가 30°인 부채꼴 AOB가 있다. 선분 OA 위의 점 C에 대하여 $\overline{OC}=4$일 때, 색칠한 부분의 넓이는?

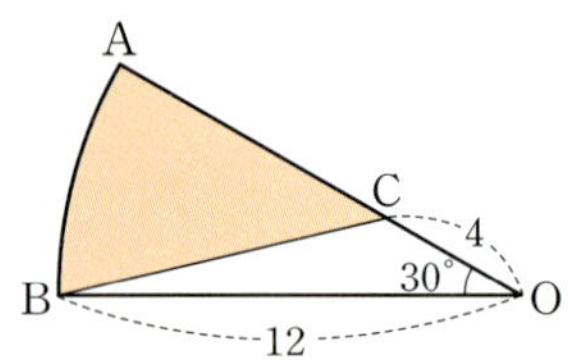

① $6\pi-3$ ② $12\pi-12$ ③ $12\pi-6$

④ $24\pi-24$ ⑤ $24\pi-12$

462 빈출 서술형

세 변의 길이가 각각 $\overline{AB}=5$, $\overline{BC}=6$, $\overline{CA}=4$인 삼각형 ABC에 대하여 다음 물음에 답하고, 그 과정을 서술하시오.

(1) $\cos A$의 값을 구하시오.

(2) (1)을 이용하여 $\sin A$의 값을 구하시오.

(3) (2)를 이용하여 삼각형 ABC의 넓이를 구하시오.

463

그림과 같이 평행사변형 ABCD에서 $\overline{AB}=6$, $\overline{BC}=10$, $A=120°$ 일 때, 이 평행사변형의 넓이를 구하시오.

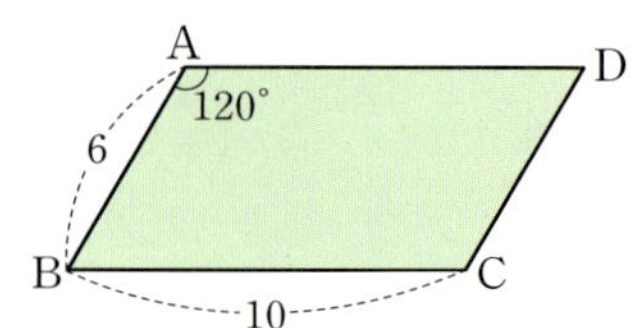

464

그림과 같이 두 대각선의 길이가 각각 5, 6이고 두 대각선이 이루는 각의 크기가 θ인 사각형 ABCD에서 $\cos\theta=\dfrac{4}{5}$일 때, 사각형 ABCD의 넓이는?

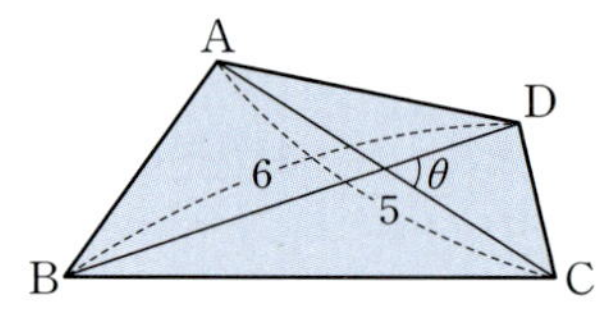

① 8   ② 9   ③ 10

④ 11   ⑤ 12

유형 01 사인법칙

465

그림과 같이 두 원 C_1, C_2가 두 점 A, B에서 만난다. 선분 AB의 길이는 6이고, 호 AB에 대한 두 원 C_1, C_2의 원주각의 크기는 각각 60°, 45°이다. 두 원 C_1, C_2의 넓이의 합은?

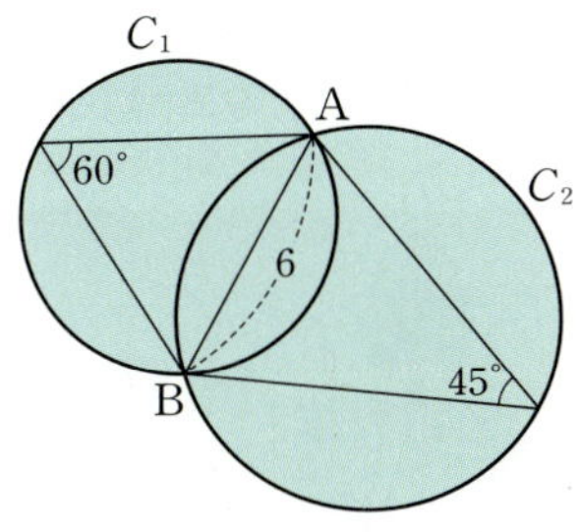

① 28π ② 30π ③ 32π
④ 34π ⑤ 36π

466

그림과 같이 한 평면 위의 네 점 A, B, C, D가
$\overline{AD}=\overline{BD}=\overline{CD}$, $\overline{AC}=8$, $\angle BAC=20°$, $\angle BCA=40°$
를 만족시킬 때, 선분 BD의 길이는?

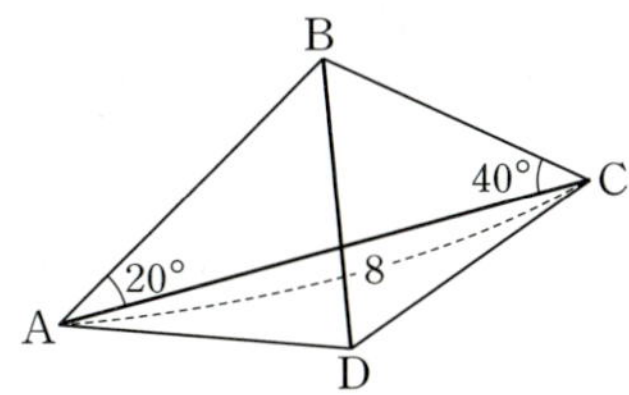

① $\dfrac{4}{3}$ ② $\dfrac{4\sqrt{3}}{3}$ ③ $\dfrac{8}{3}$
④ $\dfrac{8\sqrt{3}}{3}$ ⑤ $\dfrac{16}{3}$

467

| 선행 446 |

삼각형 ABC에서
$$\sin^2(A+B)=\sin^2(B+C)+\sin^2(A+C)$$
가 성립할 때, 삼각형 ABC는 어떤 삼각형인가?

① $A=\dfrac{\pi}{2}$인 직각삼각형 ② $C=\dfrac{\pi}{2}$인 직각삼각형
③ $a=b$인 이등변삼각형 ④ $b=c$인 이등변삼각형
⑤ 정삼각형

468

넓이가 30인 삼각형 ABC가 다음 조건을 만족시킨다.

> (가) $\cos^2 A-\cos^2 B+\cos^2 C=1$
> (나) $3\tan(\pi-A)-\tan\left(\dfrac{\pi}{4}-B\right)+\tan(\pi+C)=3$

삼각형 ABC의 외접원의 넓이는?

① 20π ② 30π ③ 40π
④ 50π ⑤ 60π

469

그림과 같이 $A=30°$, $\overline{BC}=6$인 삼각형 ABC에서 선분 AC의 길이의 최댓값은?

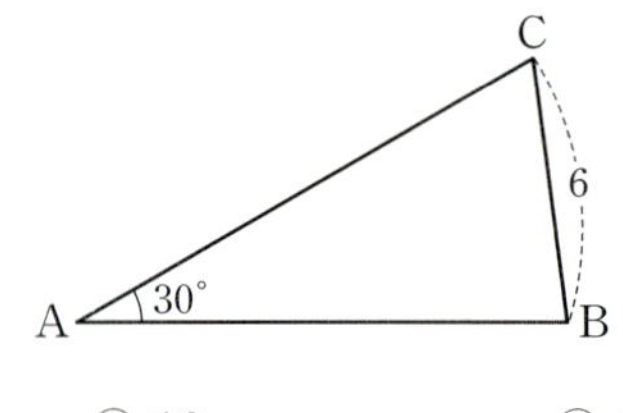

① 9   ② 10   ③ 12

④ 15   ⑤ 18

470

교육청 기출

그림과 같이 $\overline{AB}=10$, $\overline{BC}=6$, $\overline{CA}=8$인 삼각형 ABC와 그 삼각형의 내부에 $\overline{AP}=6$인 점 P가 있다. 점 P에서 변 AB와 변 AC에 내린 수선의 발을 각각 Q, R이라 할 때, 선분 QR의 길이는?

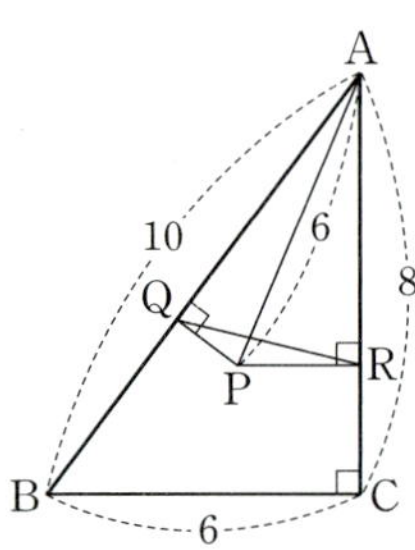

① $\dfrac{14}{5}$ ② 3   ③ $\dfrac{16}{5}$

④ $\dfrac{17}{5}$ ⑤ $\dfrac{18}{5}$

471

빈출

그림과 같이 강 건너에 있는 나무의 높이 $\overline{PQ}$를 재기 위하여 30 m만큼 떨어져 있는 두 지점 A, B에서 나무의 밑 P와 이루는 각의 크기를 측정했더니 다음과 같은 값을 얻었다.

$$\angle APQ=90°, \quad \angle PAB=75°, \quad \angle PBA=45°$$

A지점에서 나무를 올려다 본 각이 $\angle PAQ=30°$일 때, 나무의 높이는 몇 m인가?

(단, 지면의 높이는 일정하고, 나무는 지면에 수직이다.)

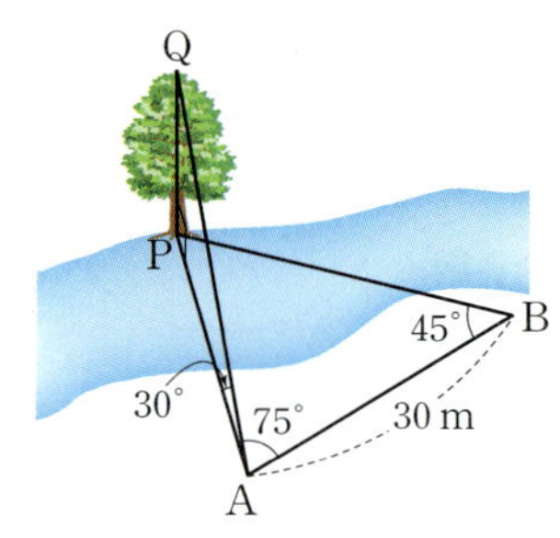

① 10 m   ② $10\sqrt{2}$ m   ③ $10\sqrt{3}$ m

④ 15 m   ⑤ $15\sqrt{2}$ m

472

그림과 같이 강변에 200 m 떨어져 있는 두 지점 A, B와 건너편 강변에 C지점이 있다. $\angle CAB=22°$이고, 직선 BC와 직선 AB가 이루는 예각의 크기가 $52°$일 때, 강폭은 몇 m인가? (단, 강폭은 일정하고, $\sin 22°=0.37$, $\sin 52°=0.78$로 계산한다.)

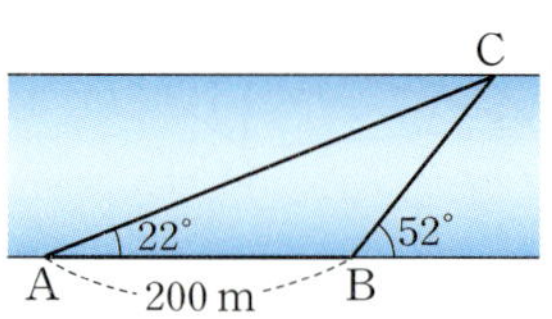

① 111.53 m   ② 112.15 m   ③ 113.24 m

④ 114.84 m   ⑤ 115.44 m

473 빈출 👑

그림과 같이 네 집의 위치 A, B, C, D에서 측량한 결과
두 집 A, B 사이의 거리는 6 km이고,

$$\angle ABC=90°, \quad \angle BAC=45°,$$
$$\angle BCD=105°, \quad \angle DBC=30°$$

일 때, 다음 물음에 답하시오. (단, 집의 크기는 무시한다.)

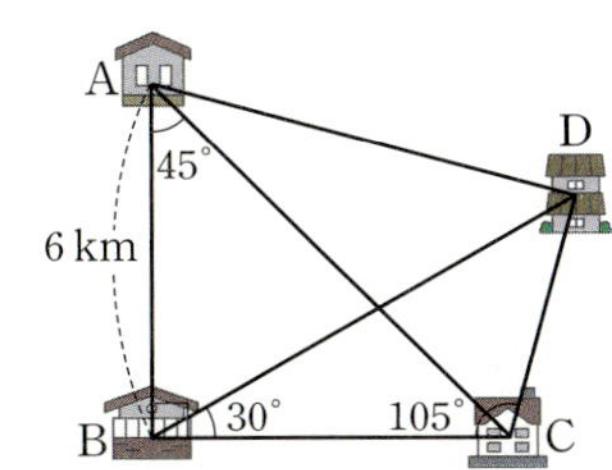

(1) 두 지점 C, D 사이의 거리를 구하시오.
(2) 두 지점 A, D 사이의 거리를 구하시오.

유형 02 코사인법칙

474 빈출 👑

| 선행 451 |

삼각형 ABC에서

$$\frac{\sin A}{3}=\frac{\sin B}{7}=\frac{\sin C}{5}$$

일 때, 세 각 A, B, C 중 가장 큰 각의 크기는?

① $\dfrac{\pi}{3}$ ② $\dfrac{\pi}{2}$ ③ $\dfrac{2}{3}\pi$

④ $\dfrac{3}{4}\pi$ ⑤ $\dfrac{5}{6}\pi$

475

삼각형 ABC의 세 꼭짓점 A, B, C에서 각각 마주보는 변 또는
그 연장선에 내린 수선의 길이의 비가 2 : 3 : 4이다.
$\angle BAC=\theta$에 대하여 $\cos\theta$의 값은?

① $-\dfrac{5}{4}$ ② $-\dfrac{13}{12}$ ③ $-\dfrac{11}{12}$

④ $-\dfrac{13}{24}$ ⑤ $-\dfrac{11}{24}$

476

| 선행 456 |

다음 조건을 만족시키는 삼각형 ABC는 어떤 삼각형인가?

> (가) $\sin A+\sin B=2\sin(B+C)$
>
> (나) $\dfrac{\sin A}{\sin C}=\cos B$

① 정삼각형 ② $b=c$인 이등변삼각형
③ $A=90°$인 직각삼각형 ④ $C=90°$인 직각이등변삼각형
⑤ 선분 AC가 빗변인 직각삼각형

477

삼각형 ABC의 세 변의 길이 a, b, c에 대하여
$$3c^2 = 3a^2 + 2ab + 3b^2$$
이 성립할 때, $\tan(A+B)$의 값은?

① $-2\sqrt{2}$ ② $-\dfrac{\sqrt{2}}{4}$ ③ $\dfrac{\sqrt{2}}{4}$

④ $\sqrt{2}$ ⑤ $2\sqrt{2}$

478 빈출

다음 등식이 성립하는 삼각형 ABC는 어떤 삼각형인가?

$$\sin^2 A \cos(A+C) = \cos(B+C) \sin^2 B$$

① $a=b$인 이등변삼각형 ② $b=c$인 이등변삼각형
③ 정삼각형 ④ $A=90°$인 직각삼각형
⑤ $B=90°$인 직각삼각형

479 서술형

삼각형 ABC에서
$$a\cos A = b\cos B$$
가 성립할 때, 삼각형 ABC는 어떤 삼각형인지 서술하시오.

480 빈출 〔평가원 기출〕

그림과 같이 $\overline{AB}=3$, $\overline{BC}=2$, $\overline{AC}>3$이고 $\cos(\angle BAC)=\dfrac{7}{8}$인 삼각형 ABC가 있다. 선분 AC의 중점을 M, 삼각형 ABC의 외접원이 직선 BM과 만나는 점 중 B가 아닌 점을 D라 할 때, 선분 MD의 길이는?

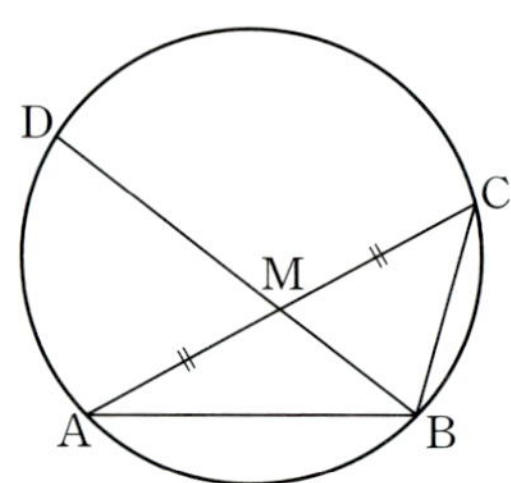

① $\dfrac{3\sqrt{10}}{5}$ ② $\dfrac{7\sqrt{10}}{10}$ ③ $\dfrac{4\sqrt{10}}{5}$

④ $\dfrac{9\sqrt{10}}{10}$ ⑤ $\sqrt{10}$

481

그림과 같이 한 변의 길이가 4인 정육각형 ABCDEF에서 변 BC의 중점을 M이라 하자. $\angle CMD = \theta$라 할 때, $\cos\theta$의 값은?

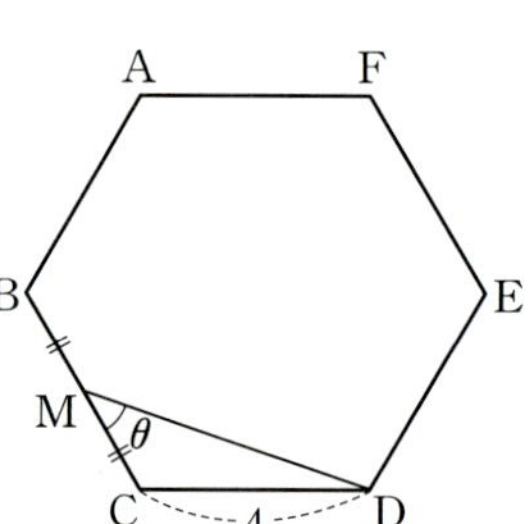

① $\dfrac{\sqrt{7}}{7}$ ② $\dfrac{\sqrt{14}}{7}$ ③ $\dfrac{\sqrt{21}}{7}$

④ $\dfrac{2\sqrt{7}}{7}$ ⑤ $\dfrac{\sqrt{35}}{7}$

482

그림과 같이 $\overline{AB}=\overline{AC}=6$, $\overline{BC}=4$인 삼각형 ABC에서 선분 AC의 연장선 위에 점 D가 $\overline{CD}=4$를 만족시킬 때, 선분 BD의 길이를 구하시오. (단, $\overline{AC}<\overline{AD}$)

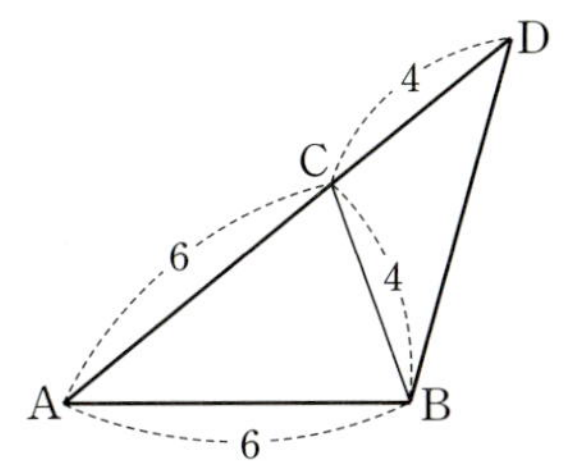

483

그림과 같이 $\overline{AB}=4$, $\overline{AC}=7$인 삼각형 ABC의 변 BC 위의 점 D에 대하여 $\overline{BD}=6$, $\overline{CD}=3$일 때, 선분 AD의 길이는?

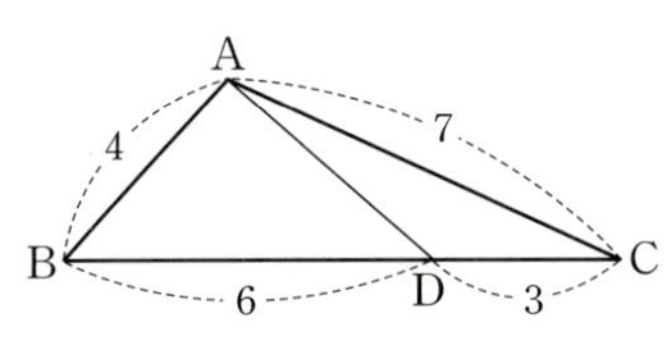

① $2\sqrt{3}$ ② $\sqrt{14}$ ③ 4

④ $3\sqrt{2}$ ⑤ $2\sqrt{5}$

484

그림과 같이 삼각형 ABC에서 $\angle$A의 이등분선이 변 BC와 만나는 점을 D라 하자.

$$\overline{AB}=12,\ \overline{BC}=10,\ \overline{CA}=8$$

일 때, 선분 AD의 길이는?

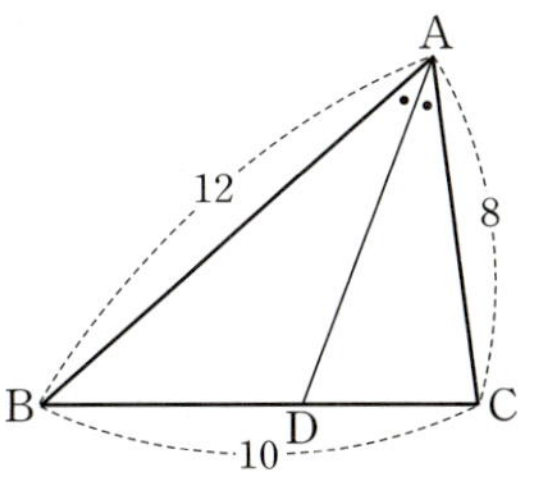

① $6\sqrt{2}$ ② $\dfrac{11\sqrt{2}}{2}$ ③ $5\sqrt{2}$

④ $\dfrac{9\sqrt{2}}{2}$ ⑤ $4\sqrt{2}$

485

그림과 같이 삼각형 ABC에서

$$\overline{AB}=\sqrt{14},\ \overline{BC}=5,\ \overline{CA}=3$$

이다. 선분 BC의 연장선 위의 점 D가 $\angle ADC=30°$를 만족시킬 때, 선분 AD의 길이는?

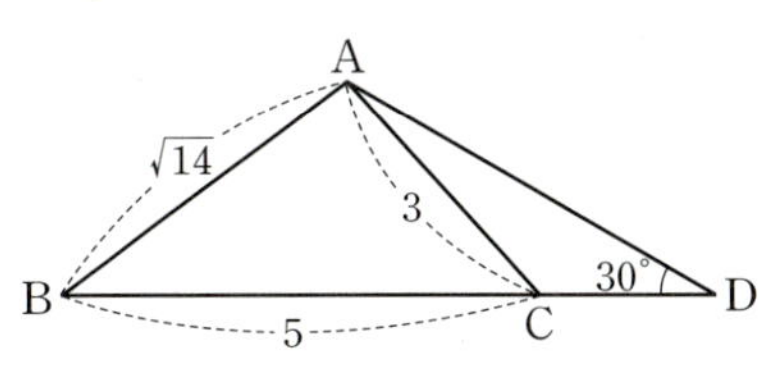

① 4 ② $\sqrt{17}$ ③ $3\sqrt{2}$

④ $\sqrt{19}$ ⑤ $2\sqrt{5}$

486

교육청 기출

그림과 같이 평면 위에 한 변의 길이가 3인 정사각형 ABCD와 한 변의 길이가 4인 정사각형 CEFG가 있다.

$\angle DCG = \theta \ (0 < \theta < \pi)$라 할 때, $\sin\theta = \dfrac{\sqrt{11}}{6}$이다.

$\overline{DG} \times \overline{BE}$의 값은?

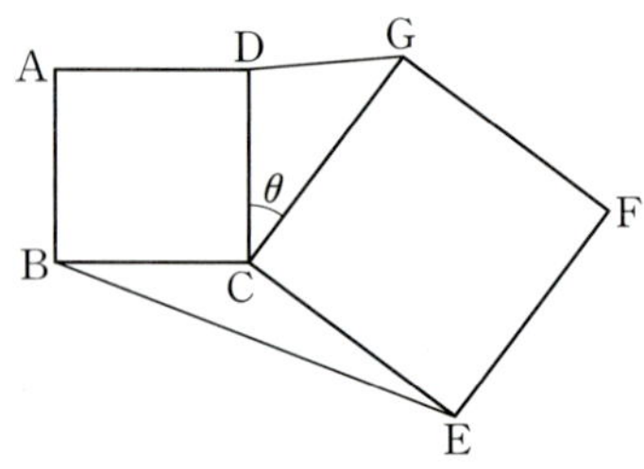

① 15   ② 17   ③ 19

④ 21   ⑤ 23

487

선생님 Pick!   평가원 기출

$\angle A = \dfrac{\pi}{3}$이고 $\overline{AB} : \overline{AC} = 3 : 1$인 삼각형 ABC가 있다. 삼각형 ABC의 외접원의 반지름의 길이가 7일 때, 선분 AC의 길이를 k라 하자. k^2의 값을 구하시오.

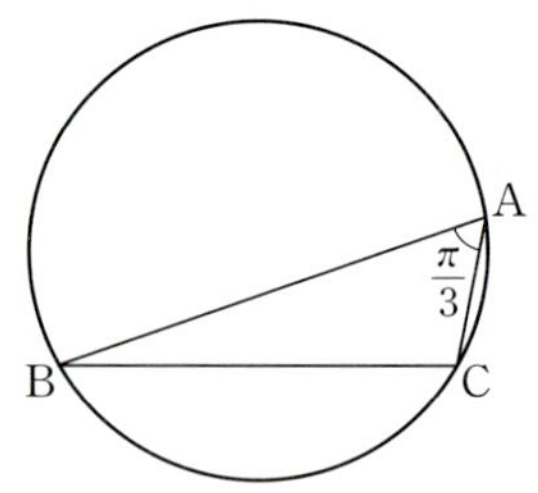

488

평가원 기출

반지름의 길이가 $2\sqrt{7}$인 원에 내접하고 $\angle A = \dfrac{\pi}{3}$인 삼각형 ABC가 있다. 점 A를 포함하지 않는 호 BC 위의 점 D에 대하여 $\sin(\angle BCD) = \dfrac{2\sqrt{7}}{7}$일 때, $\overline{BD} + \overline{CD}$의 값은?

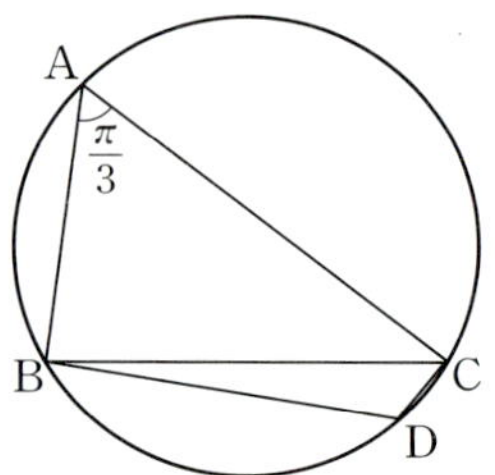

① $\dfrac{19}{2}$ ② 10   ③ $\dfrac{21}{2}$

④ 11   ⑤ $\dfrac{23}{2}$

489

교육청 변형 | 선행 470 |

그림과 같이 $\overline{AB} = 7$, $\overline{BC} = 9$, $\overline{AC} = 8$인 삼각형 ABC의 내부의 점 P에서 변 AB와 변 AC에 내린 수선의 발을 각각 Q, R이라 할 때, $\overline{QR} = 3$이다. 선분 AP의 길이는?

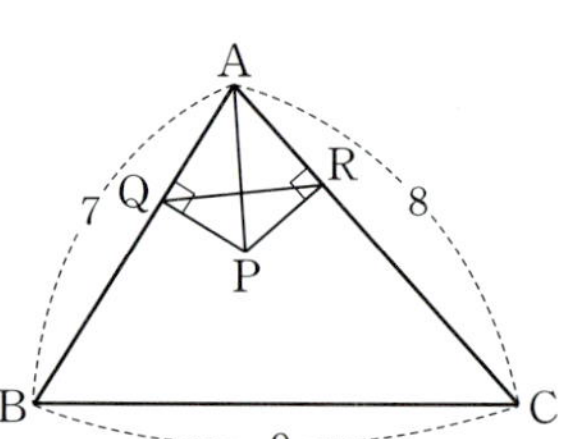

① $\dfrac{7\sqrt{5}}{15}$ ② $\dfrac{7\sqrt{5}}{10}$ ③ $\dfrac{14\sqrt{5}}{15}$

④ $\dfrac{7\sqrt{5}}{5}$ ⑤ $\dfrac{14\sqrt{5}}{5}$

490

그림과 같이
$$\overline{AB}=3,\ \overline{BC}=a,\ \overline{CA}=4$$
인 삼각형 ABC가 원에 내접하고 있다. 이 원의 반지름의 길이를 R이라 할 때, 〈보기〉에서 옳은 것만을 있는 대로 고른 것은?

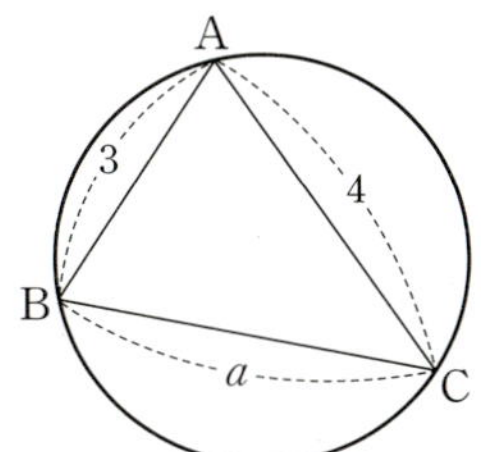

〈보기〉
ㄱ. $a=5$이면 $R=\dfrac{5}{2}$이다.

ㄴ. $R=4$이면 $a=8\sin A$이다.

ㄷ. $1<a\le\sqrt{13}$일 때, $\angle A$의 최댓값은 $60°$이다.

① ㄱ ② ㄷ ③ ㄱ, ㄴ
④ ㄴ, ㄷ ⑤ ㄱ, ㄴ, ㄷ

491

그림과 같이 원에 내접하는 사각형 ABCD에서
$$\cos A=\frac{1}{3},\ \overline{BC}=10,\ \overline{CD}=6$$
일 때, 다음 중 옳지 <u>않은</u> 것은?

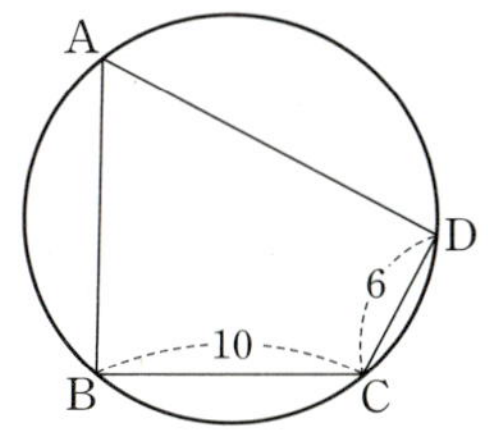

① $\sin(A+C)=0$
② $\cos(A+B)=\cos(C+D)$
③ $\overline{BD}=4\sqrt{11}$
④ $\dfrac{\sin(\angle BAC)}{\sin(\angle DAC)}=\dfrac{3}{5}$
⑤ 사각형 ABCD의 외접원의 넓이는 $\dfrac{99}{2}\pi$이다.

492

그림과 같이
$$A=120°,\ \overline{AB}=5,\ \overline{AC}=3$$
인 삼각형 ABC의 외접원 위의 점 P에 대하여 $\overline{PB}=x$, $\overline{PC}=y$라 하자. $x+y=10$일 때, xy의 값을 구하시오.

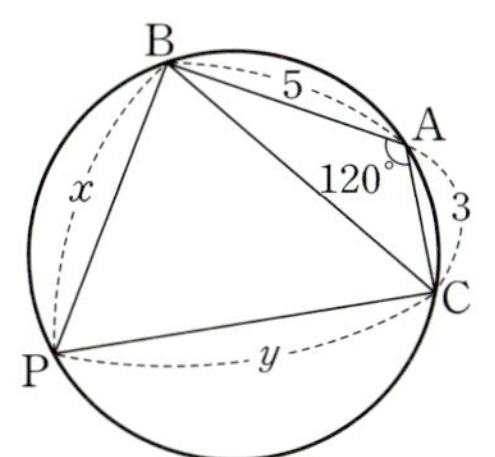

493

그림과 같이 사각형 ABCD에서 변 AB와 변 CD는 평행하고, $\overline{BC}=6$, $\overline{AB}=\overline{AC}=\overline{AD}=9$일 때, 대각선 BD의 길이는?

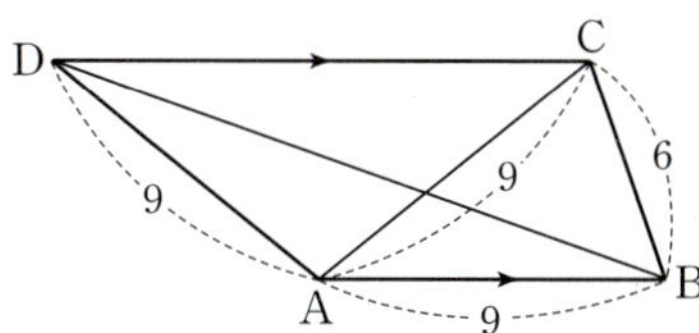

① 14 ② $11\sqrt{2}$ ③ 16
④ $12\sqrt{2}$ ⑤ 18

494

그림과 같이 선분 AB를 지름으로 하는 원 위의 점 C에 대하여
$$\overline{BC}=12\sqrt{2},\ \cos(\angle CAB)=\frac{1}{3}$$
이다. 선분 AB를 5 : 4로 내분하는 점을 D라 할 때, 삼각형 CAD의 외접원의 넓이는 S이다. $\dfrac{S}{\pi}$의 값을 구하시오.

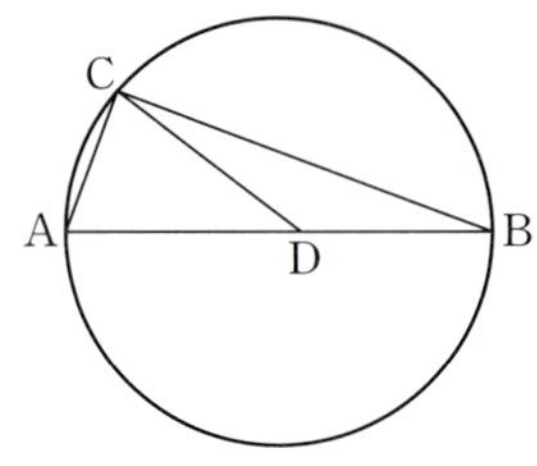

495

정삼각형 ABC가 반지름의 길이가 r인 원에 내접하고 있다. 선분 AC와 선분 BD가 만나고 $\overline{BD}=\sqrt{2}$가 되도록 원 위에서 점 D를 잡는다. $\angle DBC=\theta$라 할 때, $\sin\theta=\dfrac{\sqrt{3}}{3}$이다. 반지름의 길이 r의 값은?

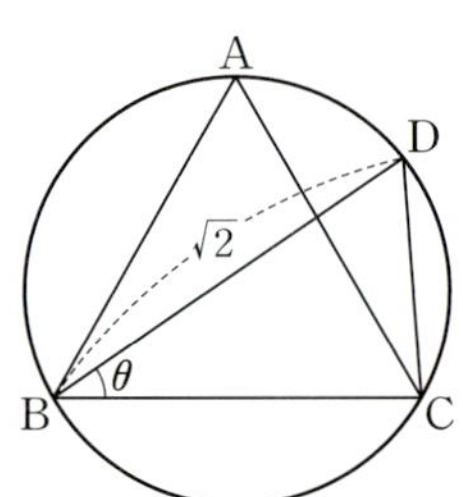

① $\dfrac{6-\sqrt{6}}{5}$ ② $\dfrac{6-\sqrt{5}}{5}$ ③ $\dfrac{4}{5}$

④ $\dfrac{6-\sqrt{3}}{5}$ ⑤ $\dfrac{6-\sqrt{2}}{5}$

496

그림과 같이 한 모서리의 길이가 3인 정사면체 OABC에서 모서리 AB를 1 : 2로 내분하는 점을 M이라 하자. 점 M을 출발하여 두 모서리 OB, OC 위를 움직이는 두 점 P, Q를 차례로 지나 점 A에 이르는 최단 거리는?

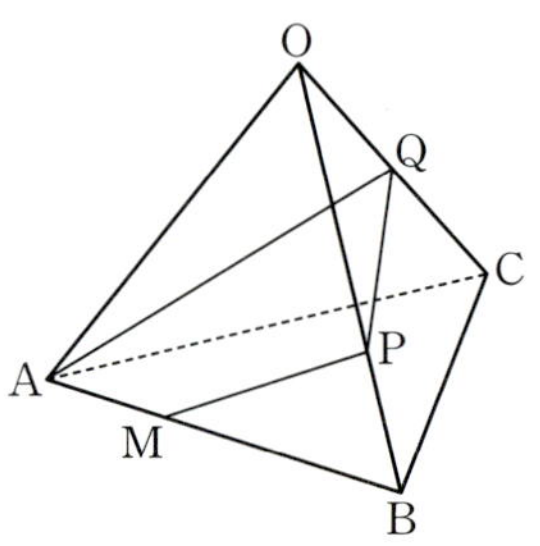

① $3\sqrt{3}$ ② $2\sqrt{7}$ ③ $\sqrt{29}$

④ $\sqrt{30}$ ⑤ $\sqrt{31}$

497

그림과 같이 밑면의 반지름의 길이가 4 km, 모선의 길이가 12 km인 원뿔 모양의 산이 있다. A지점에서 이 산을 한 바퀴 돌아 A지점으로부터 3 km 떨어진 모선 OA 위의 B지점에 이르는 최단 거리의 등산로를 만들려고 한다. 이 등산로의 길이는?

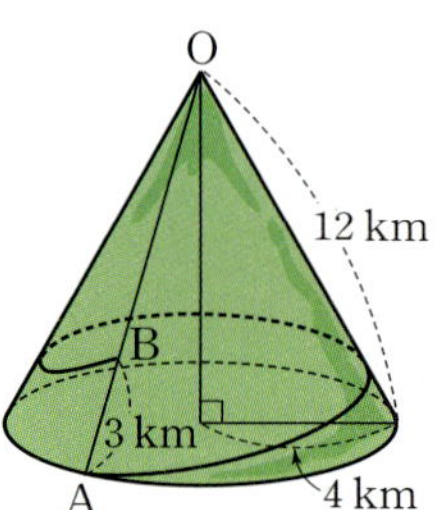

① $\sqrt{13}$ km   ② $\sqrt{37}$ km   ③ $3\sqrt{13}$ km

④ $2\sqrt{37}$ km   ⑤ $3\sqrt{37}$ km

498 평가원 기출

A지점에서 공을 치기 시작하여 B지점에 이르게 하는 골프 경기가 있다. 한 방송사에서 이 골프 경기를 중계 방송하기 위하여 출발점인 A지점과 $\overline{AC}=240$ m, $\overline{BC}=60$ m인 C지점에 각각 카메라를 설치하였다. 한 선수가 A지점에서 친 공이 D지점에 떨어졌을 때, A와 C지점에서 바라본 각이 $\angle CAD=\angle ACD=30°$이었다. $\angle BCD=30°$일 때, D지점에서 B지점까지의 직선거리는?

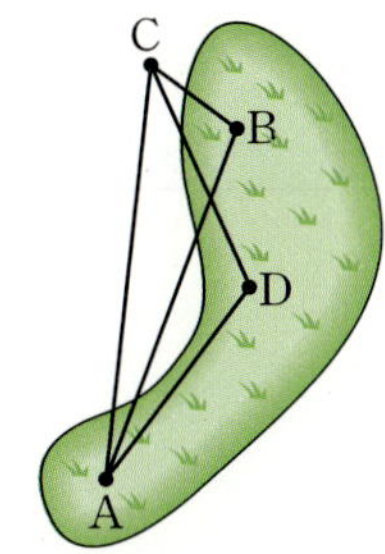

① $18\sqrt{21}$ m ② $20\sqrt{21}$ m ③ $22\sqrt{21}$ m
④ $24\sqrt{21}$ m ⑤ $26\sqrt{21}$ m

499

삼각형 ABC에서 $\overline{AB}=\sqrt{2}$, $\overline{BC}=\sqrt{17}$이고 $A=135°$일 때, 삼각형 ABC의 넓이를 구하시오.

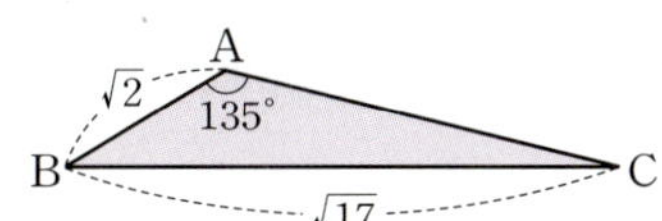

500 빈출

세 변의 길이가 4, 5, 7인 삼각형의 내접원의 반지름의 길이는?

① $\dfrac{\sqrt{3}}{2}$ ② $\dfrac{\sqrt{6}}{2}$ ③ 2
④ $\sqrt{6}$ ⑤ $2\sqrt{3}$

501 빈출

삼각형 ABC에서 $A=120°$, $a=5$, $b+c=\sqrt{33}$일 때, 삼각형 ABC의 넓이는?

① $\dfrac{2\sqrt{3}}{3}$ ② 2 ③ $2\sqrt{3}$
④ 6 ⑤ $6\sqrt{3}$

502 서술형

세 변의 길이가 a, b, c인 삼각형 ABC의 넓이를 S, 외접원의 반지름의 길이를 R이라 할 때, $S=\dfrac{abc}{4R}$임을 증명하시오.

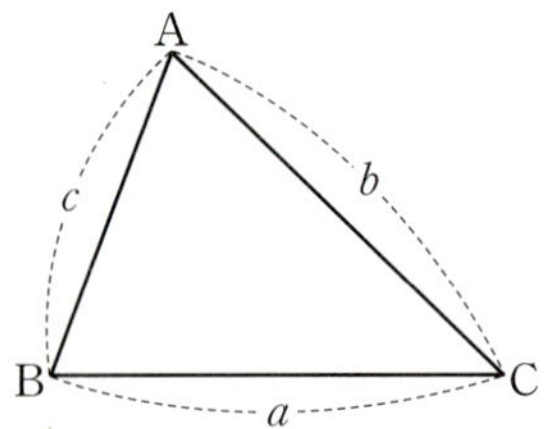

503

삼각형 ABC의 외접원의 반지름의 길이가 6, 내접원의 반지름의 길이가 3일 때, $\dfrac{\sin A+\sin B+\sin C}{\sin A \sin B \sin C}$의 값을 구하시오.

504 빈출

그림과 같이 $\overline{AB}=5$, $\overline{BC}=6$, $\overline{CA}=4$인 삼각형 ABC에서 선분 BC를 한 변으로 하는 정사각형 BEDC를 만들었다. 삼각형 ABE의 넓이는?

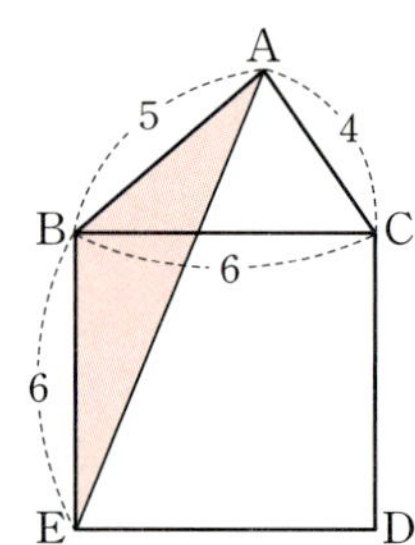

① $\dfrac{15}{2}$ ② 9 ③ $\dfrac{45}{4}$

④ 15 ⑤ $\dfrac{45}{2}$

505

그림과 같이 $\overline{AB}=5$, $\overline{AC}=3$, $C=90°$인 직각삼각형 ABC에 두 변 AB, AC를 각각 한 변으로 하는 정사각형을 그렸다. 삼각형 ADE의 넓이는?

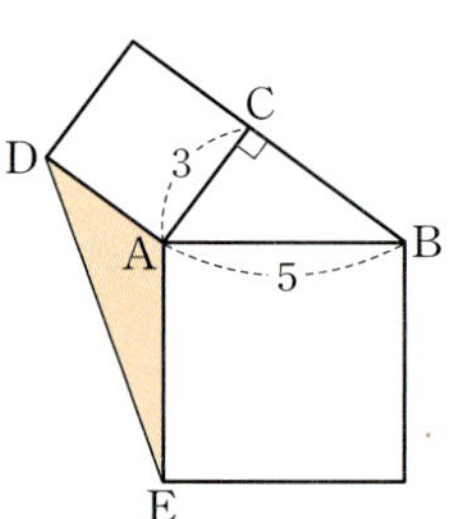

① $3\sqrt{2}$ ② $3\sqrt{3}$ ③ 6

④ $6\sqrt{2}$ ⑤ $6\sqrt{3}$

506 빈출

$A=120°$, $\overline{AB}=10$, $\overline{AC}=6$인 삼각형 ABC에서 $\angle$A의
이등분선과 변 BC가 만나는 점을 D라 할 때, 선분 AD의 길이는?

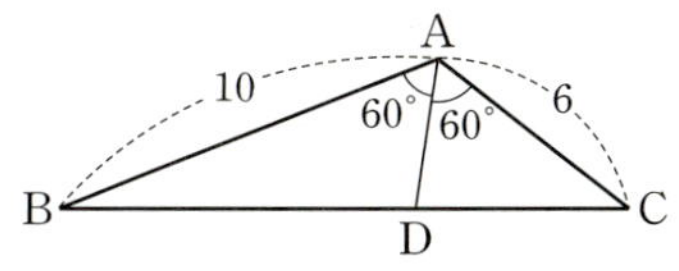

① $\dfrac{11}{4}$　　　② 3　　　③ $\dfrac{13}{4}$

④ $\dfrac{15}{4}$　　　⑤ 4

507 빈출

그림과 같이 $\overline{AB}=8$, $\overline{AC}=10$인 삼각형 ABC에서 선분 BC의
중점을 M이라 하자. $\angle$BAM$=\alpha$, $\angle$CAM$=\beta$라 할 때,
$\dfrac{\sin\alpha}{\sin\beta}$의 값은?

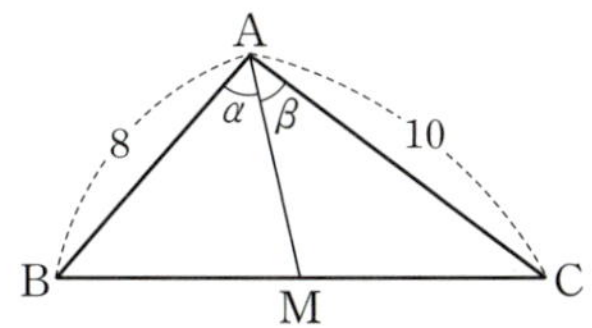

① $\dfrac{3}{5}$　　　② $\dfrac{4}{5}$　　　③ $\dfrac{5}{4}$

④ $\dfrac{8}{5}$　　　⑤ $\dfrac{5}{3}$

508 서술형

반지름의 길이가 6인 원 위의 세 점 A, B, C에 대하여
$$\overparen{AB} : \overparen{BC} : \overparen{CA} = 3 : 4 : 5$$
일 때, 삼각형 ABC의 넓이를 구하고, 그 과정을 서술하시오.

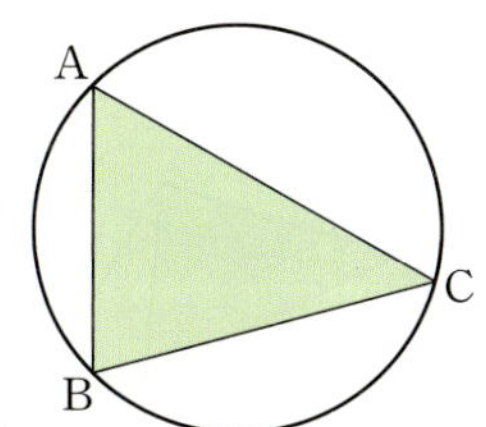

509

삼각형 ABC에서 $\sin A : \sin B : \sin C = 4 : 5 : 6$이고, 삼각형
ABC의 넓이가 $\dfrac{15\sqrt{7}}{16}$일 때, 삼각형 ABC의 둘레의 길이 l과
삼각형 ABC의 외접원의 넓이 S를 각각 구하시오.

510

그림과 같이 한 변의 길이가 8인 정삼각형 모양의 종이를 한 꼭짓점이 그 대변을 $3:1$로 내분하는 점 위에 오도록 접었을 때, 접힌 색칠한 부분의 넓이는?

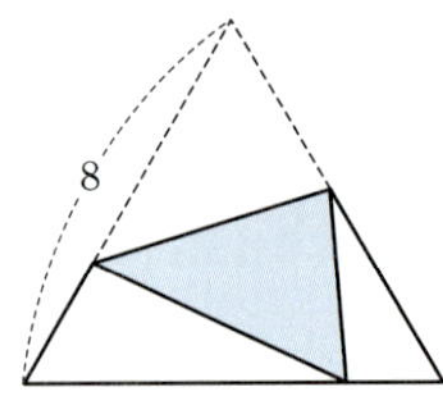

① $\dfrac{169\sqrt{3}}{140}$
② $\dfrac{169}{70}$
③ $\dfrac{169\sqrt{3}}{70}$
④ $\dfrac{169}{35}$
⑤ $\dfrac{169\sqrt{3}}{35}$

511

삼각형 ABC의 세 변 AB, BC, CA를 $1:2$로 내분하는 점을 각각 D, E, F라 할 때, 삼각형 ABC와 삼각형 DEF의 넓이의 비는?

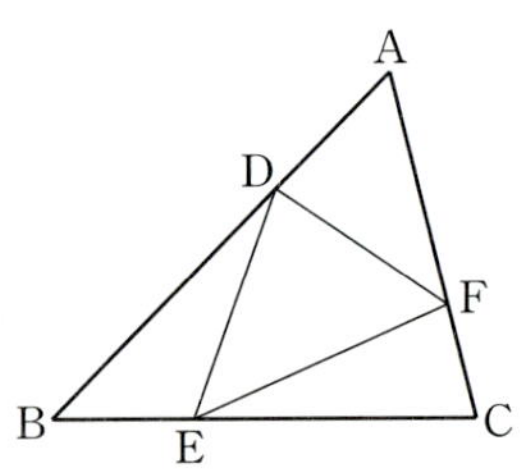

① $2:1$
② $3:1$
③ $3:2$
④ $4:1$
⑤ $4:3$

512

한 변의 길이가 $4\sqrt{2}$인 정삼각형 ABC의 내부의 한 점 P에서 세 변 AB, BC, CA에 내린 수선의 발을 각각 D, E, F라 하자. 삼각형 DEF의 넓이가 $\sqrt{3}$일 때, $\overline{PD}^2 + \overline{PE}^2 + \overline{PF}^2$의 값은?

① $8\sqrt{3}$
② 16
③ $16\sqrt{2}$
④ $16\sqrt{3}$
⑤ 32

513

| 선행 **464** |

그림과 같이 사각형 ABCD의 두 대각선의 길이는 x, y이고, 두 대각선이 이루는 예각의 크기는 $30°$이다. $x+y=12$일 때, 사각형 ABCD의 넓이의 최댓값을 구하시오.

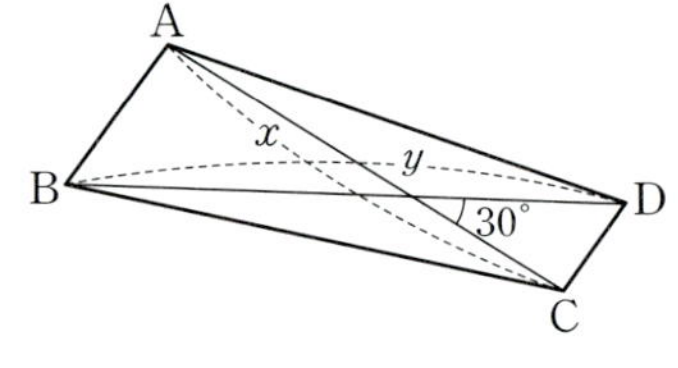

514

그림과 같이 평행사변형 ABCD에서 $\overline{AB}=3\sqrt{5}$, $\overline{AC}=12$, $\overline{BD}=18$일 때, 평행사변형 ABCD의 넓이는?

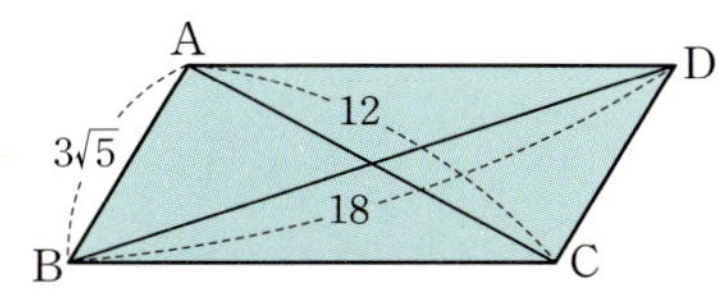

① $24\sqrt{5}$ ② $28\sqrt{5}$ ③ $32\sqrt{5}$

④ $36\sqrt{5}$ ⑤ $40\sqrt{5}$

515

그림과 같이 사각형 ABCD에서
$$\overline{AB}=8, \ \overline{BC}=10, \ \overline{CD}=9, \ \overline{DA}=7, \ A=120°$$
일 때, 사각형 ABCD의 넓이는?

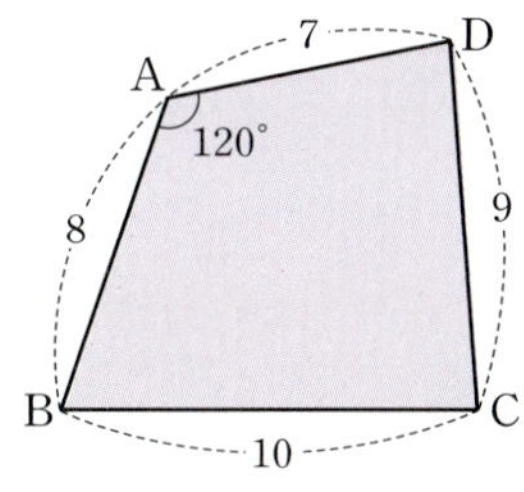

① $14+12\sqrt{17}$ ② $28+12\sqrt{17}$

③ $14\sqrt{3}+12\sqrt{13}$ ④ $14\sqrt{3}+12\sqrt{14}$

⑤ $14\sqrt{3}+12\sqrt{15}$

516

그림과 같이 원에 내접하는 사각형 ABCD에서
$$\overline{AB}=4, \ \overline{BC}=1, \ \overline{AD}=4, \ \angle ADC=60°$$
일 때, 사각형 ABCD의 넓이는?

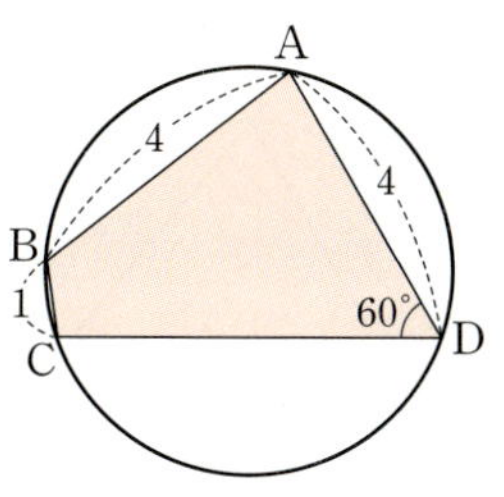

① $4\sqrt{3}$ ② $5\sqrt{3}$ ③ $6\sqrt{3}$

④ $7\sqrt{3}$ ⑤ $8\sqrt{3}$

517 빈출 서술형

원에 내접하는 사각형 ABCD에서
$$\overline{AB}=3, \ \overline{BC}=2, \ \overline{CD}=1, \ \overline{DA}=4$$
일 때, 다음 물음에 답하고 그 과정을 서술하시오.

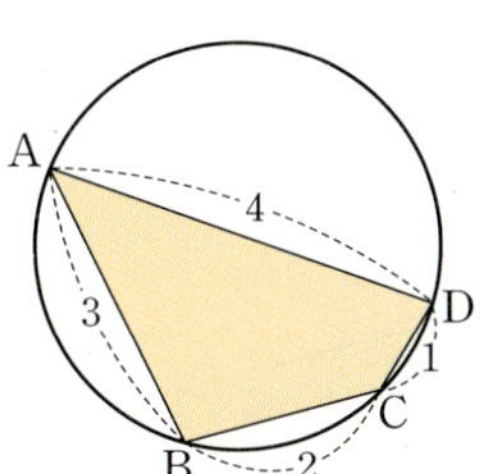

(1) $\cos B$의 값을 구하시오.

(2) 사각형 ABCD의 넓이를 구하시오.

518

그림과 같이 원에 내접하는 사각형 ABCD에서 $\overline{AB}=3$, $\overline{BC}=1$, $\overline{AD}=2\sqrt{2}$이고, 삼각형 ABD의 넓이가 $\dfrac{3\sqrt{7}}{2}$일 때, 선분 CD의 길이는? (단, $\angle BAD$는 예각이다.)

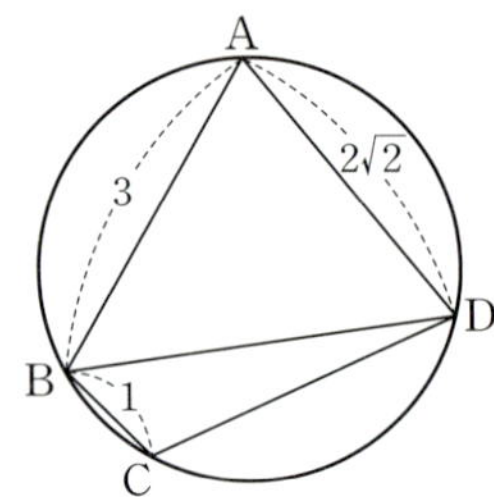

① $\dfrac{3\sqrt{2}}{2}$ ② $2\sqrt{2}$ ③ $\dfrac{5\sqrt{2}}{2}$

④ $3\sqrt{2}$ ⑤ $\dfrac{7\sqrt{2}}{2}$

519 빈출   교육청 기출 | 선행 492 |

반지름의 길이가 3인 원의 둘레를 6등분하는 점 중에서 연속된 세 개의 점을 각각 A, B, C라 하자. 점 B를 포함하지 않는 호 AC 위의 점 P에 대하여 $\overline{AP}+\overline{CP}=8$이다. 사각형 ABCP의 넓이는?

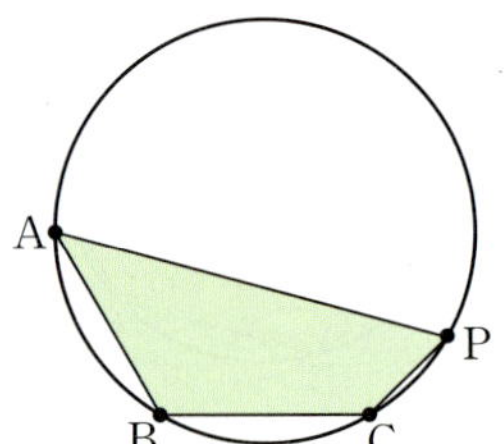

① $\dfrac{13\sqrt{3}}{3}$ ② $\dfrac{16\sqrt{3}}{3}$ ③ $\dfrac{19\sqrt{3}}{3}$

④ $\dfrac{22\sqrt{3}}{3}$ ⑤ $\dfrac{25\sqrt{3}}{3}$

520 빈출

그림과 같이 $A=60°$, $\overline{AB}=6$, $\overline{AC}=4$인 삼각형 ABC가 있다. 두 선분 AB, AC 위에 각각 두 점 P, Q를 잡을 때, 삼각형 ABC의 넓이를 이등분하는 선분 PQ의 길이의 최솟값은?

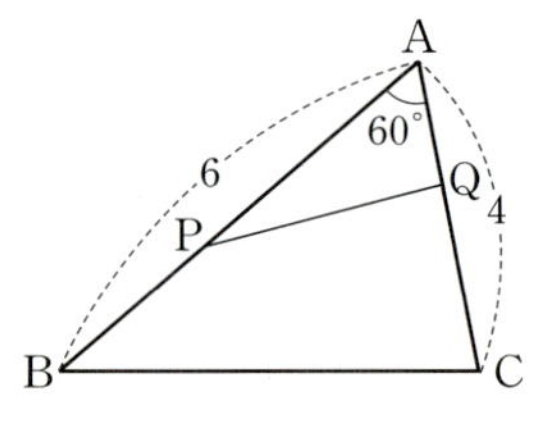

① 3 ② $\sqrt{10}$ ③ $\sqrt{11}$

④ $2\sqrt{3}$ ⑤ $\sqrt{13}$

스키마 schema로 풀이 흐름 알아보기

다음 등식이 성립하는 삼각형 ABC는 어떤 삼각형인가?

조건 ①　　　　　답

$$\sin^2 A\cos(A+C)=\cos(B+C)\sin^2 B$$

조건 ②

① $a=b$인 이등변삼각형　　　② $b=c$인 이등변삼각형　　　③ 정삼각형
④ $A=90°$인 직각삼각형　　　⑤ $B=90°$인 직각삼각형

→ 주어진 조건은 무엇인지? 구하는 답은 무엇인지? 이 둘을 어떻게 연결할지?

1 단계

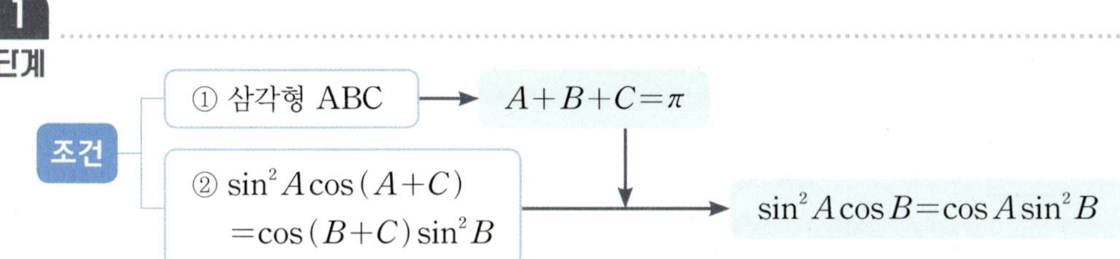

조건 ①에서 $A+B+C=\pi$이므로
조건 ②에 대입하면
$$\sin^2 A\cos(\pi-B)=\cos(\pi-A)\sin^2 B$$
$$\sin^2 A(-\cos B)=(-\cos A)\sin^2 B$$
$$\sin^2 A\cos B=\cos A\sin^2 B \quad\cdots\cdots\ \unicode{x325}$$

2 단계

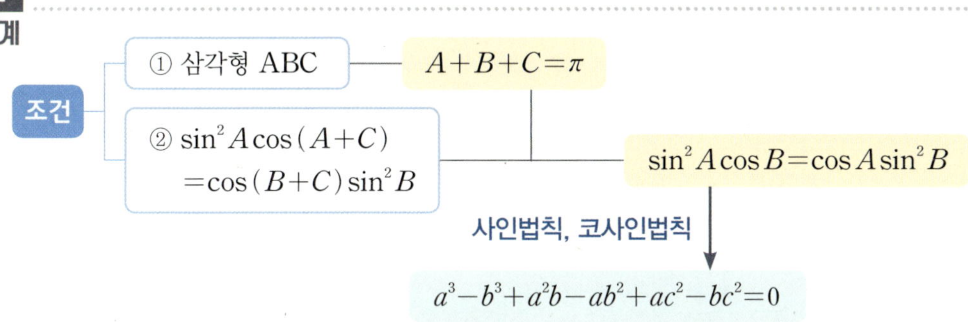

이때 삼각형 ABC의 외접원의 반지름의
길이를 R이라 하면 사인법칙에 의하여
$$\sin A=\frac{a}{2R},\ \sin B=\frac{b}{2R}$$
또한 코사인법칙에 의하여
$$\cos A=\frac{b^2+c^2-a^2}{2bc},$$
$$\cos B=\frac{c^2+a^2-b^2}{2ca}$$
이를 각각 ㉠에 대입하면
$$\left(\frac{a}{2R}\right)^2\times\frac{c^2+a^2-b^2}{2ca}$$
$$=\frac{b^2+c^2-a^2}{2bc}\times\left(\frac{b}{2R}\right)^2$$
$$\therefore\ a^3-b^3+a^2b-ab^2+ac^2-bc^2=0$$

3 단계

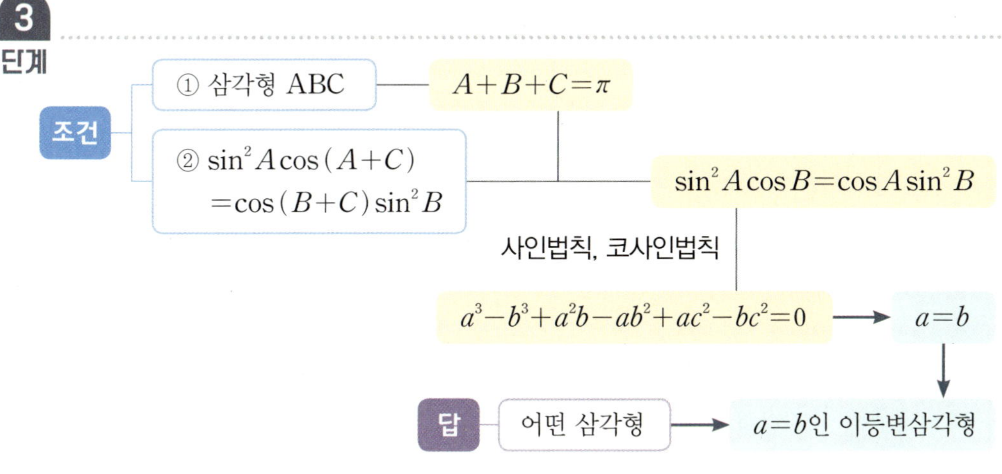

공통인수 $a-b$로 각각 묶어내면
$$(a-b)(a^2+ab+b^2)$$
$$+(a-b)ab+(a-b)c^2=0$$
$$(a-b)(a^2+2ab+b^2+c^2)=0$$
$$(a-b)\{(a+b)^2+c^2\}=0$$
이때 $(a+b)^2>0,\ c^2>0$이므로
$$a=b$$
따라서 삼각형 ABC는
$a=b$인 이등변삼각형이다.

스키마 schema로 풀이 흐름 알아보기

유형 **03** 삼각형의 넓이 516

그림과 같이 원에 내접하는 사각형 ABCD에서 $\overline{AB}=4$, $\overline{BC}=1$, $\overline{AD}=4$, $\angle ADC=60°$
조건 ①　　　　　　　　　　　조건 ②
일 때, 사각형 ABCD의 넓이는?
답

① $4\sqrt{3}$　　　② $5\sqrt{3}$　　　③ $6\sqrt{3}$　　　④ $7\sqrt{3}$　　　⑤ $8\sqrt{3}$

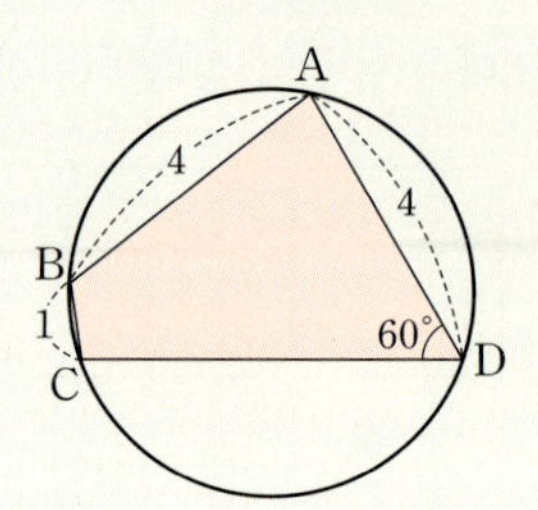

→ 주어진 **조건** 은 무엇인지? 구하는 **답** 은 무엇인지? 이 둘을 어떻게 연결할지?

---

1 단계

조건
① 원에 내접하는 사각형 ABCD
② $\overline{AB}=4$, $\overline{BC}=1$, $\overline{AD}=4$, **$\angle ADC=60°$**

→ $\angle ABC=120°$

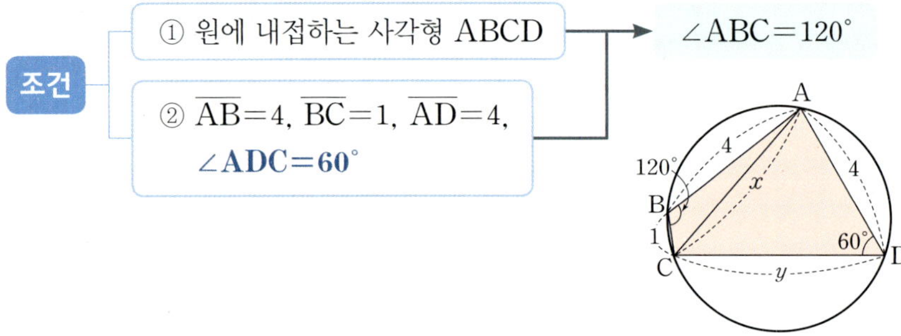

사각형 ABCD의 넓이는
두 삼각형 ABC와 ACD의 넓이의
합과 같다.
이 두 넓이를 구하기 위해
$\overline{AC}=x$, $\overline{CD}=y$라 하자.
조건 ①에 의하여
사각형 ABCD는 원에 내접하고
조건 ②에서 $\angle ADC=60°$이므로
$\angle ABC=180°-60°=120°$

---

2 단계

조건
① 원에 내접하는 사각형 ABCD
② $\overline{AB}=4$, $\overline{BC}=1$, $\overline{AD}=4$, $\angle ADC=60°$

→ $\angle ABC=120°$

코사인
법칙 → $\overline{AC}=\sqrt{21}$

코사인
법칙 → $\overline{CD}=5$

삼각형 ABC에서
코사인법칙에 의하여
$x^2=4^2+1^2-2\times4\times1\times\cos120°$
　　$=21$
$\therefore x=\sqrt{21}\ (\because x>0)$
삼각형 ACD에서
코사인법칙에 의하여
$\left(\sqrt{21}\right)^2=4^2+y^2-2\times4\times y\times\cos60°$
$\therefore y=5\ (\because y>0)$

---

3 단계

조건
① 원에 내접하는 사각형 ABCD
② $\overline{AB}=4$, $\overline{BC}=1$, $\overline{AD}=4$, $\angle ADC=60°$

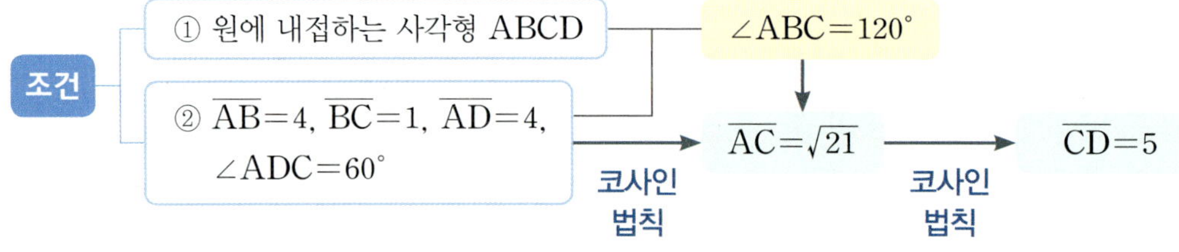

→ $\angle ABC=120°$

코사인
법칙 → $\overline{AC}=\sqrt{21}$

코사인
법칙 → $\overline{CD}=5$

(삼각형 ABC의 넓이)
$=\dfrac{1}{2}\times4\times1\times\sin120°=\sqrt{3}$
(삼각형 ACD의 넓이)
$=\dfrac{1}{2}\times4\times5\times\sin60°=5\sqrt{3}$
$\therefore$ (사각형 ABCD의 넓이)
　　$=\sqrt{3}+5\sqrt{3}=6\sqrt{3}$

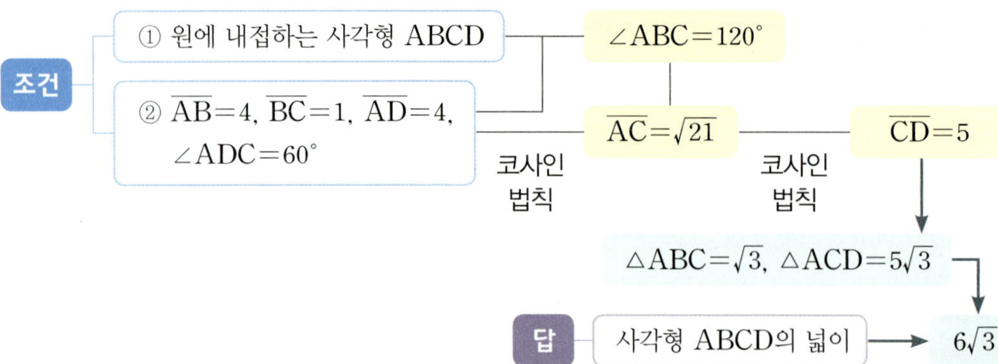

$\triangle ABC=\sqrt{3}$, $\triangle ACD=5\sqrt{3}$

답 사각형 ABCD의 넓이 → $6\sqrt{3}$

521 서술형

그림과 같이 운동장의 세 지점 O, A, B에 대하여 O지점에서
A지점까지의 거리는 30 m, O지점에서 B지점까지의 거리는
40 m, $\angle AOB = 60°$이다. 영희는 O지점에서 출발하여 A지점을
향해 1 m/초의 속력으로 직선 경로를 따라 달리고, 철수는
B지점에서 출발하여 O지점을 향해 2 m/초의 속력으로 직선
경로를 따라 달린다. 영희와 철수의 위치를 나타내는 점을 각각
P, Q라 할 때, 영희와 철수가 동시에 출발하여 직선 PQ와 직선
AB가 서로 평행하게 되는 순간의 선분 PQ의 길이를 구하고,
그 과정을 서술하시오. (단, 각 지점과 사람의 크기는 무시한다.)

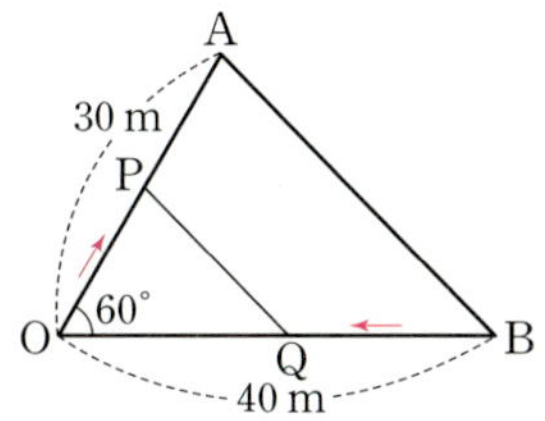

522

그림과 같이 모든 모서리의 길이가 4인 정사각뿔이 있다. 모서리
OC 위를 움직이는 점 P에 대하여 $\angle BPD = \theta$라 할 때, $\cos\theta$의
최댓값을 M, 최솟값을 m이라 하자. $M - m$의 값은?

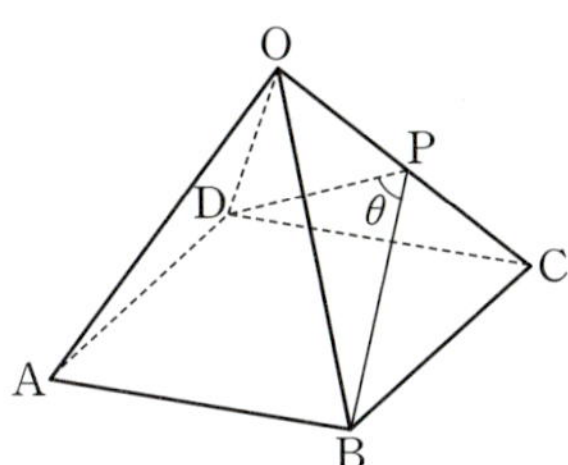

① $\dfrac{\sqrt{5}}{3}$ ② $\dfrac{2}{3}$ ③ $\dfrac{\sqrt{3}}{3}$

④ $\dfrac{\sqrt{2}}{3}$ ⑤ $\dfrac{1}{3}$

523

$\overline{AB} = 8$, $\overline{BC} = 10$, $\overline{CA} = x$인 삼각형 ABC에서 각 C의 크기가
최대일 때, x와 $\cos C$의 값을 각각 구하시오.

524 평가원 기출

그림과 같이 사각형 ABCD가 한 원에 내접하고
$\overline{AB} = 5$, $\overline{AC} = 3\sqrt{5}$, $\overline{AD} = 7$, $\angle BAC = \angle CAD$
일 때, 이 원의 반지름의 길이는?

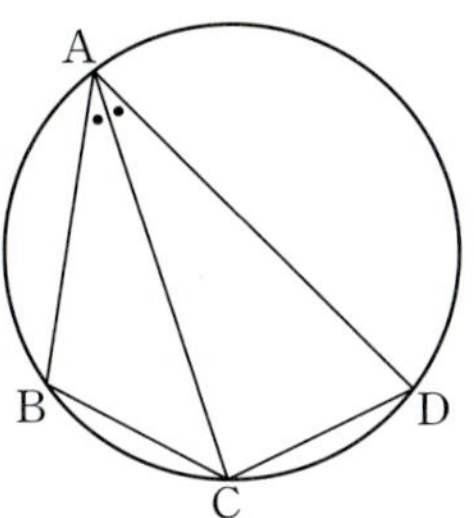

① $\dfrac{5\sqrt{2}}{2}$ ② $\dfrac{8\sqrt{5}}{5}$ ③ $\dfrac{5\sqrt{5}}{3}$

④ $\dfrac{8\sqrt{2}}{3}$ ⑤ $\dfrac{9\sqrt{3}}{4}$

525 【평가원 기출】

그림과 같이 $\overline{AB}=4$, $\overline{AC}=5$이고 $\cos(\angle BAC)=\dfrac{1}{8}$인 삼각형 ABC가 있다. 선분 AC 위의 점 D와 선분 BC 위의 점 E에 대하여 $\angle BAC=\angle BDA=\angle BED$일 때, 선분 DE의 길이는?

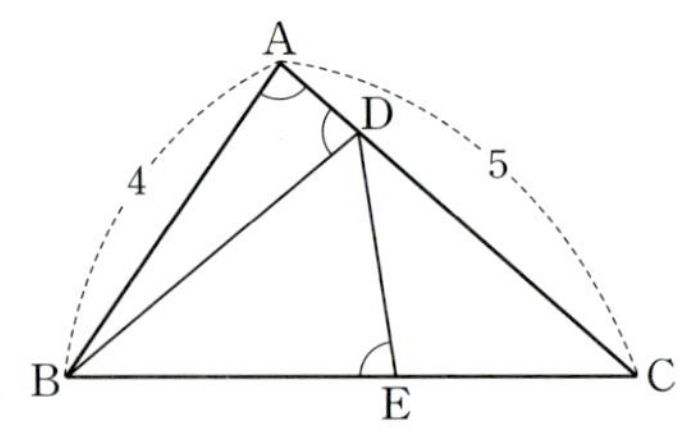

① $\dfrac{7}{3}$ ② $\dfrac{5}{2}$ ③ $\dfrac{8}{3}$

④ $\dfrac{17}{6}$ ⑤ 3

526

그림과 같이 $\overline{AB}=5$, $\overline{AC}=4$이고 $\cos(\angle BAC)=\dfrac{1}{8}$인 삼각형 ABC의 꼭짓점 A에서 선분 BC에 내린 수선의 발을 H라 하자. 선분 AH를 2 : 3으로 내분하는 점을 M이라 할 때, 선분 AM을 지름으로 하는 원이 선분 AC와 만나는 점 중에서 점 A가 아닌 점을 P라 하자. 선분 AP의 길이를 구하시오.

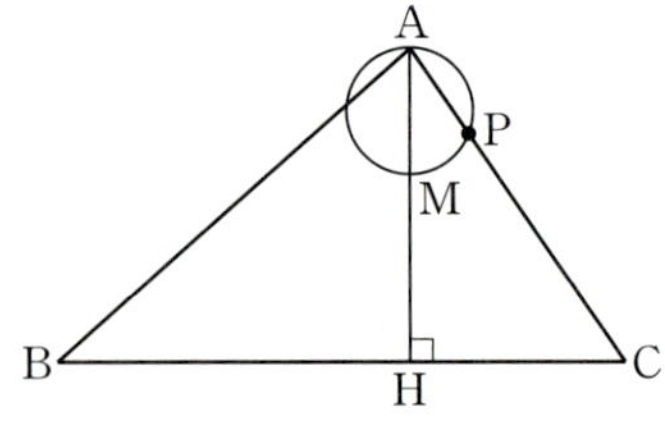

527 【빈출】 【교육청 변형】

그림과 같이 반지름의 길이가 $\dfrac{2\sqrt{3}}{3}$인 원이 삼각형 ABC에 내접하고 있다. 원이 선분 BC와 만나는 점을 D라 할 때, $\overline{BD}=6$, $\overline{CD}=2$이다. 삼각형 ABC의 넓이는?

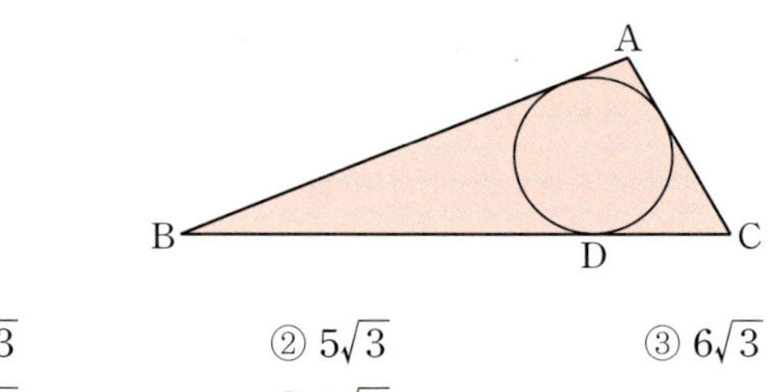

① $4\sqrt{3}$ ② $5\sqrt{3}$ ③ $6\sqrt{3}$

④ $7\sqrt{3}$ ⑤ $8\sqrt{3}$

528 【교육청 기출】

그림과 같이 $\angle ABC=\dfrac{\pi}{2}$인 삼각형 ABC에 내접하고 반지름의 길이가 3인 원의 중심을 O라 하자. 직선 AO가 선분 BC와 만나는 점을 D라 할 때, $\overline{DB}=4$이다. 삼각형 ADC의 외접원의 넓이는?

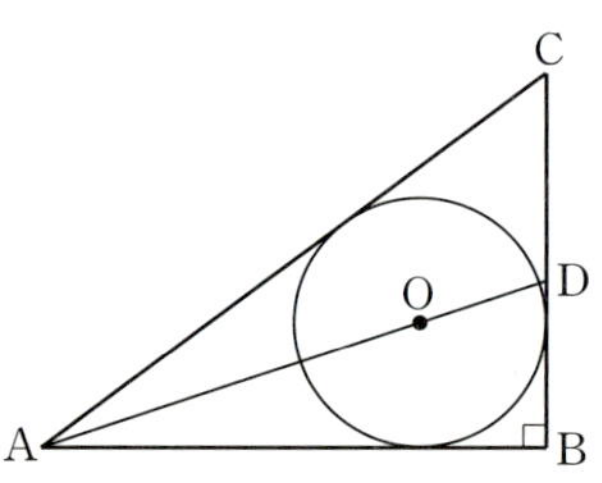

① $\dfrac{125}{2}\pi$ ② 63π ③ $\dfrac{127}{2}\pi$

④ 64π ⑤ $\dfrac{129}{2}\pi$

529

| 선행 512 |

그림과 같이 $\overline{AB}=6$, $\overline{BC}=4$, $\overline{CA}=5$인 삼각형 ABC의 내부의 한 점 P에서 세 변 BC, CA, AB에 내린 수선의 발을 각각 D, E, F라 할 때, $\overline{PD}=\sqrt{7}$, $\overline{PE}=\dfrac{\sqrt{7}}{2}$이다. 삼각형 EFP의

넓이가 $\dfrac{q}{p}\sqrt{7}$일 때, $p+q$의 값을 구하시오.

(단, p와 q는 서로소인 자연수이다.)

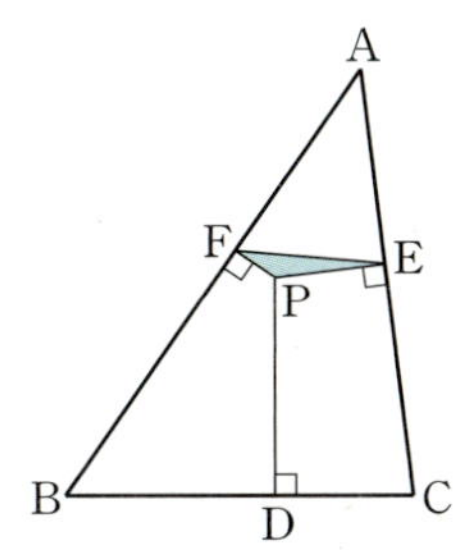

530

그림과 같이 $B=90°$인 삼각형 ABC의 변 BC 위의 점 D와 변 CA 위의 점 E는

$$\overline{BD}=\overline{CE},\ \angle ADE=90°,\ \angle DAE=30°$$

를 만족시킨다. $\overline{AD}=4$일 때, 선분 CD의 길이를 구하시오.

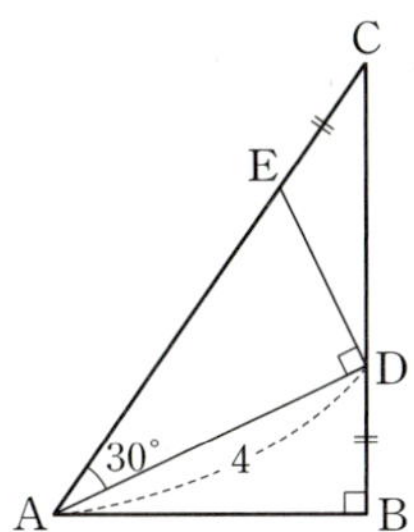

531

서술형 ✏

| 선행 454, 500 |

그림은 삼각형 ABC에 외접하는 원과 내접하는 원을 나타낸 것이다. $\overline{AB}=7$, $\overline{BC}=13$, $\overline{CA}=8$일 때, 색칠한 부분의 넓이를 구하고, 그 과정을 서술하시오.

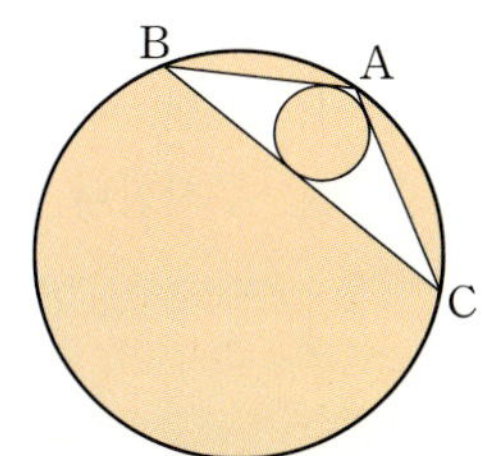

532

형가원 변형

그림과 같이 삼각형 ABC에서 선분 AB 위에 $\overline{AD}:\overline{DB}=3:2$인 점 D를 잡고, 선분 AC 위에 $\overline{AD}=\overline{AE}$인 점 E를 잡는다. $\sin A:\sin C=8:5$이고, 삼각형 ADE와 삼각형 ABC의 넓이의 비가 $9:35$이다. 삼각형 ABC의 넓이가 $30\sqrt{3}$일 때, 삼각형 ABC의 외접원의 넓이를 구하시오.

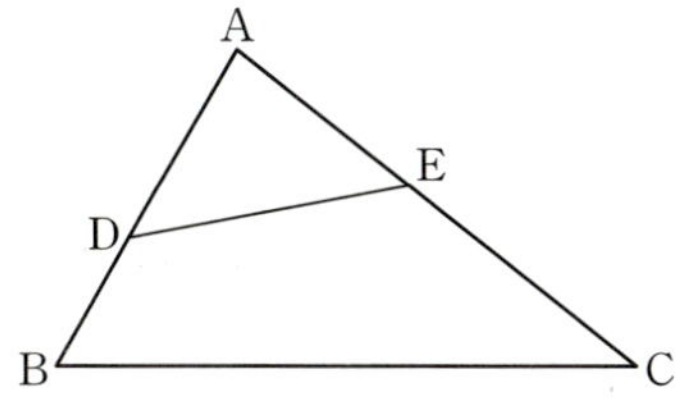

533

교육청 기출

그림과 같이 바다에 인접해 있는 두 해안 도로가 $60°$의 각을 이루며 만나고 있다. 두 해안 도로가 만나는 지점에서 바다쪽으로 $x\sqrt{3}$ m 떨어져 있는 배에서 출발하여 두 해안 도로를 차례대로 한 번씩 거쳐 다시 배로 되돌아오는 수영코스의 최단 길이가 300 m일 때, x의 값을 구하시오. (단, 배는 정지해 있고, 두 해안 도로는 일직선 모양이며 그 폭은 무시한다.)

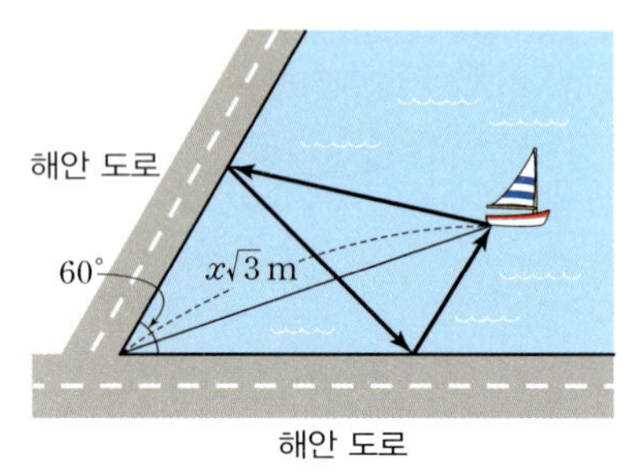

534

평가원 기출

그림과 같이 원 O에 내접하고 $\overline{AB}=3$, $\angle BAC=\dfrac{\pi}{3}$인 삼각형 ABC가 있다. 원 O의 넓이가 $\dfrac{49}{3}\pi$일 때, 원 O 위의 점 P에 대하여 삼각형 PAC의 넓이의 최댓값은?

(단, 점 P는 점 A도 아니고 점 C도 아니다.)

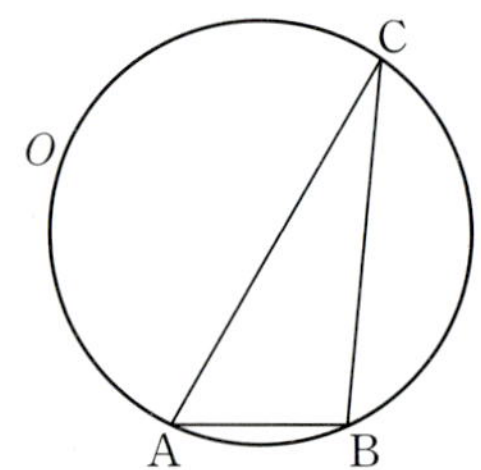

① $\dfrac{32}{3}\sqrt{3}$
② $\dfrac{34}{3}\sqrt{3}$
③ $12\sqrt{3}$
④ $\dfrac{38}{3}\sqrt{3}$
⑤ $\dfrac{40}{3}\sqrt{3}$

535

선행 508

그림과 같이 반지름의 길이가 3인 원 O 위에 시계 방향으로 차례로 놓인 서로 다른 8개의 점 A_n ($n=1, 2, \cdots, 8$)에 대하여
$$\overset{\frown}{A_1A_2} : \overset{\frown}{A_2A_3} : \overset{\frown}{A_3A_4} : \cdots : \overset{\frown}{A_7A_8} : \overset{\frown}{A_8A_1}$$
$$=1 : 2 : 3 : \cdots : 7 : 8$$
이 성립한다. 삼각형 A_nOA_{n+1}의 넓이를 S_n ($n=1, 2, \cdots, 7$), 삼각형 A_8OA_1의 넓이를 S_8이라 할 때, $(S_1)^2+(S_2)^2+(S_3)^2+\cdots+(S_7)^2+(S_8)^2$의 값을 구하시오.

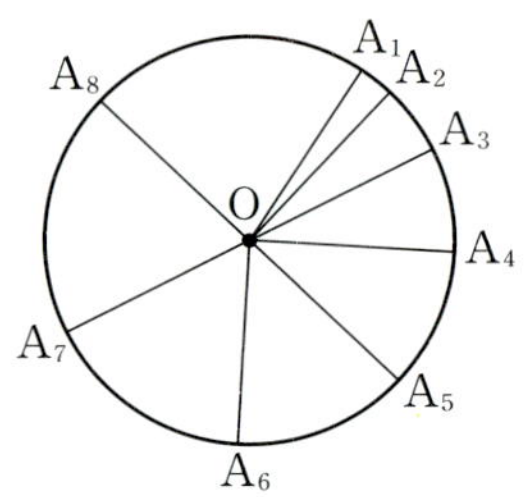

536

교육청 기출

그림과 같이 중심이 O이고 반지름의 길이가 $\sqrt{10}$인 원에 내접하는 예각삼각형 ABC에 대하여 두 삼각형 OAB, OCA의 넓이를 각각 S_1, S_2라 하자. $3S_1=4S_2$이고 $\overline{BC}=2\sqrt{5}$일 때, 선분 AB의 길이는?

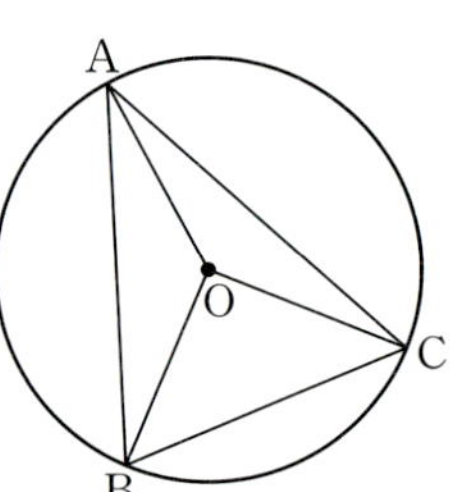

① $2\sqrt{7}$
② $\sqrt{30}$
③ $4\sqrt{2}$
④ $\sqrt{34}$
⑤ 6

STEP 1 교과서를 정복하는 핵심 유형

유형 01 수열의 뜻

수열의 뜻에는
(1) 주어진 일반항을 이용하여 특정한 항을 구하는 문제
(2) 나열된 숫자의 규칙성을 파악하는 문제
를 분류하였다.

541 빈출

수열 $\{a_n\}$의 일반항이 $a_n=n^2-2$일 때, a_3+a_5의 값은?

① 28   ② 30   ③ 32
④ 34   ⑤ 36

542 빈출

다음 중 주어진 수열의 일반항을 바르게 추측한 것은?
(단, $n=1, 2, 3, \cdots$)

① 수열 2, 4, 6, 8, $\cdots$의 제n항은 2^n이다.

② 수열 $-1, 1, -1, 1, -1, \cdots$의 제n항은 $(-1)^{n+1}$이다.

③ 수열 1, 3, 5, 7, $\cdots$의 제n항은 $2n+1$이다.

④ 수열 1, 4, 9, 16, 25, $\cdots$의 제n항은 n^2이다.

⑤ 수열 $\dfrac{1}{1^2+1}$, $\dfrac{1}{2^2+2}$, $\dfrac{1}{3^2+3}$, $\dfrac{1}{4^2+4}$, $\cdots$의 제n항은

$\dfrac{1}{n^3+n}$이다.

유형 02 등차수열의 뜻

등차수열의 뜻에는
(1) 등차수열의 특정한 항의 값 또는 두 항의 값의 차가 주어진 문제
(2) 등차중항을 이용하는 문제
를 분류하였다.

유형 해결 TIP

첫째항이 a, 공차가 d인 등차수열 $\{a_n\}$의 일반항이
$a_n=a+(n-1)d=dn+a-d$이고, a_n이 n에 대한
일차식일 때 일차항의 계수가 공차이다.
또한 $a_m=a+(m-1)d$ (m은 자연수)이므로
$a_n-a_m=(n-m)d$임을 이용하여 계산하면 편리하다.

543

첫째항이 3이고, 공차가 -2인 등차수열의 제15항은?

① -27 ② -25 ③ -23
④ -21 ⑤ -19

544

다음 등차수열의 제10항을 구하시오.

(1) $-1, 2, 5, 8, \cdots$

(2) $42, 38, 34, 30, \cdots$

545 빈출

등차수열 $\{a_n\}$에 대하여 $a_4=7$, $a_{12}=-17$일 때, a_{17}의 값은?

① -26 ② -28 ③ -30
④ -32 ⑤ -34

546

4로 나눈 나머지가 1인 자연수를 작은 수부터 차례대로 나열한 수열을 $\{a_n\}$이라 할 때, a_{20}의 값은?

① 65   ② 69   ③ 73

④ 77   ⑤ 81

547

등차수열 $\{a_n\}$에 대하여 $a_3+a_5=27$, $a_4+a_8=25$일 때, 처음으로 음수가 되는 항은 제몇 항인가?

① 29   ② 30   ③ 31

④ 32   ⑤ 33

548

세 양수 $a-3$, $2a-1$, a^2-3이 이 순서대로 등차수열을 이룰 때, 이 세 수의 합은?

① 18   ② 21   ③ 24

④ 27   ⑤ 30

549

두 등차수열 $\{a_n\}$, $\{b_n\}$의 공차가 각각 3, -2일 때, 등차수열 $\{3a_n-4b_n-5\}$의 공차는?

① 2   ② 7   ③ 12

④ 17   ⑤ 22

유형 **03** 등차수열의 합

등차수열의 합에는
- (1) 특정한 항의 값을 이용하여 등차수열의 첫째항부터 제n항까지의 합을 구하는 문제
- (2) 등차수열의 합을 이용하여 특정한 항의 값을 구하는 문제

를 분류하였다.

유형 해결 TIP

첫째항이 a, 공차가 d인 등차수열의 첫째항부터 제n항까지의 합

$$S_n \text{은 } S_n = \frac{n\{2a+(n-1)d\}}{2} = \frac{d}{2}n^2 + \frac{2a-d}{2}n$$

이므로 상수항이 0인 n에 대한 이차식이고, 이때 (이차항의 계수)$\times 2 =$ (공차)이다.

550

첫째항이 2이고, 제5항이 14인 등차수열의 첫째항부터 제10항까지의 합은?

① 145   ② 150   ③ 155

④ 160   ⑤ 165

551

등차수열 $\{a_n\}$의 첫째항부터 제n항까지의 합을 S_n이라 하자.
$a_{10}=11$, $S_{10}=20$일 때, a_{20}의 값은?

① 25   ② 27   ③ 29
④ 31   ⑤ 33

552

등차수열 $\{a_n\}$에 대하여 첫째항부터 제6항까지의 합이 21이고,
첫째항부터 제12항까지의 합이 150일 때, a_{12}의 값은?

① 29   ② 28   ③ 27
④ 26   ⑤ 25

553

연속하는 20개의 짝수의 총합이 500일 때, 이 20개의 짝수 중에서
가장 큰 수를 구하시오.

554

어느 공연장의 관람석은 첫 번째 줄이 12석이고, 그 다음 줄부터
앞줄보다 3석씩 늘어나는 규칙으로 20번째 줄까지 배치되어 있다.
이 공연장의 총 관람석의 수는?

① 810   ② 830   ③ 850
④ 870   ⑤ 890

유형 04 수열의 합과 일반항 사이의 관계

수열 $\{a_n\}$의 첫째항부터 제n항까지의 합 S_n이 주어졌을 때, $a_1=S_1$,
$a_n=S_n-S_{n-1}$ $(n\geq2)$임을 이용하여
  (1) 특정한 항의 값을 구하는 문제
  (2) 일반항을 구하는 문제
를 분류하였다.

유형해결 TIP

수열의 합과 일반항 사이의 관계는 등차수열뿐만 아니라 모든 수열에서
성립한다. 단, 일반적으로 $a_n=S_n-S_{n-1}$이 $n\geq2$에서 성립하므로
$a_1=S_1$인지 반드시 확인하자.

555 빈출

수열 $\{a_n\}$의 첫째항부터 제n항까지의 합 S_n이
$S_n=3n-2$일 때, a_1+a_7의 값을 구하시오.

556

수열 $\{a_n\}$의 첫째항부터 제n항까지의 합을 S_n이라 할 때,
$S_n=n^2+3n$이다. a_8의 값은?

① 12   ② 14   ③ 16
④ 18   ⑤ 20

557

수열 $\{a_n\}$의 첫째항부터 제 n항까지의 합을 S_n이라 하자.
S_n이 다음과 같을 때, 수열의 일반항 a_n을 구하시오.

(1) $S_n = 2n^2 - n$

(2) $S_n = n^2 + n + 2$

유형 05 등비수열의 뜻

등비수열의 뜻에는

(1) 등비수열의 특정한 항의 값 또는 두 항의 값의 비가 주어진 문제

(2) 등비수열의 이웃한 항 사이의 비가 일정함을 이용하는 문제

(3) 등비중항을 이용하는 문제

를 분류하였다.

유형 해결 TIP

첫째항이 a, 공비가 r인 등비수열 $\{a_n\}$에 대하여

① $a_n = ar^{n-1}$, $a_m = ar^{m-1}$ 에서 $\dfrac{a_n}{a_m} = r^{n-m}$

② $a_n + a_{n+1} + a_{n+2} = a_n(1 + r + r^2)$

등을 이용하면 편리하다.

558 빈출

제 5항이 -12이고 제 8항이 96인 등비수열의 제 6항은?

① 18   ② 24   ③ 30

④ 36   ⑤ 42

559

두 등비수열 $\{a_n\}$, $\{b_n\}$이 다음과 같다.

$$\{a_n\}: 48,\ 24,\ 12,\ 6,\ \cdots$$

$$\{b_n\}: \frac{1}{27},\ \frac{1}{9},\ \frac{1}{3},\ \cdots$$

수열 $\{a_n b_n\}$의 공비는?

① $\dfrac{3}{2}$ ② $\dfrac{5}{2}$ ③ $\dfrac{7}{2}$

④ $\dfrac{9}{2}$ ⑤ $\dfrac{11}{2}$

560

등비수열 $\{a_n\}$에 대하여 $a_1 = \dfrac{1}{6}$, $\dfrac{a_4}{a_3} = 3$일 때,

$\dfrac{81}{2}$은 제몇 항인가?

① 5   ② 6   ③ 7

④ 8   ⑤ 9

561

공비가 양수인 등비수열 $\{a_n\}$에 대하여 $a_1 = 12$, $\dfrac{a_3 + a_4}{a_5 + a_6} = 9$일 때,

a_2의 값은?

① 2   ② 3   ③ 4

④ 5   ⑤ 6

562

모든 항이 양수인 등비수열 $\{a_n\}$에 대하여
$a_3=9a_1$, $a_6=(a_5)^2$일 때, a_1의 값은?

① $\dfrac{1}{27}$ ② $\dfrac{2}{27}$ ③ $\dfrac{1}{9}$

④ $\dfrac{4}{27}$ ⑤ $\dfrac{5}{27}$

563 빈출

등비수열 $\{a_n\}$에 대하여 $a_2+a_3+a_4=5$, $a_5+a_6+a_7=40$일 때, $a_8+a_9+a_{10}$의 값을 구하시오.

564 빈출

첫째항이 $\dfrac{1}{16}$이고 공비가 2인 등비수열 $\{a_n\}$에서 $a_m>2000$을 만족시키는 자연수 m의 최솟값은?

① 15   ② 16   ③ 17

④ 18   ⑤ 19

565

다음은 모든 항이 양수인 등비수열을 나타낸 것이다.
실수 x, y에 대하여 $x+y$의 값은?

$$162,\ x,\ 18,\ y,\ 2,\ \cdots$$

① 54   ② 60   ③ 66

④ 72   ⑤ 78

566 빈출

두 수 5와 80 사이에 세 양의 실수 x, y, z를 넣어서
5, x, y, z, 80이 이 순서대로 등비수열을 이루도록 할 때, $x+y+z$의 값은?

① 50   ② 55   ③ 60

④ 65   ⑤ 70

567 빈출

두 실수 x, y에 대하여 세 수 x, 5, $y-1$이 이 순서대로
등차수열을 이루고, 세 수 $x+1$, y, 2가 이 순서대로 등비수열을
이루도록 하는 모든 x의 값의 합을 구하시오.

568

첫째항이 $\dfrac{1}{4}$이고 공비가 양수인 등비수열 $\{a_n\}$에 대하여

$$a_3 + a_5 = \dfrac{1}{a_3} + \dfrac{1}{a_5}$$

일 때, a_{10}의 값을 구하시오.

유형 06 등비수열의 합

등비수열의 합에는

(1) 특정한 항의 값을 이용하여 등비수열의 첫째항부터 제n항까지의 합을 구하는 문제

(2) 등비수열의 합을 이용하여 특정한 항의 값을 구하는 문제

(3) 원리합계에 대한 실생활 문제

를 분류하였다.

유형해결 TIP

첫째항이 a, 공비가 r인 등비수열의 첫째항부터 제n항까지의 합 S_n을 구할 때

$$r < 1$$이면 $S_n = \dfrac{a(1-r^n)}{1-r}$, $r > 1$이면 $S_n = \dfrac{a(r^n-1)}{r-1}$

을 이용하는 것이 편리하다.

569

첫째항이 3이고 공비가 -2인 등비수열 $\{a_n\}$의 첫째항부터 제10항까지의 합은?

① -511 ② 513 ③ -1023

④ 1025 ⑤ -2047

570

등비수열 2^3, 2^5, 2^7, $\cdots$, 2^{25}의 합은?

① $\dfrac{2^{15}-8}{3}$ ② $\dfrac{2^{16}-8}{3}$ ③ $\dfrac{2^{27}-8}{3}$

④ $2^{15}-8$ ⑤ $2^{27}-8$

571

빈출 서술형

첫째항부터 제5항까지의 합이 4, 첫째항부터 제10항까지의 합이 -20인 등비수열의 첫째항부터 제15항까지의 합을 구하고, 그 과정을 서술하시오.

572

등비수열 $\{a_n\}$에 대하여

$$a_1+a_2+a_3+\cdots+a_{20}=18,$$
$$a_1+a_3+a_5+\cdots+a_{19}=15$$

일 때, 수열 $\{a_n\}$의 공비를 구하시오.

573 빈출

수열 $\{a_n\}$의 첫째항부터 제n항까지의 합 S_n이 $S_n=3^{n+2}+k$이다. 수열 $\{a_n\}$이 등비수열이 되기 위한 상수 k의 값은?

① -1 ② -3 ③ -9
④ -27 ⑤ -81

574

첫째항이 3이고 공비가 1보다 큰 등비수열 $\{a_n\}$의 첫째항부터 제n항까지의 합을 S_n이라 하자.

$$\frac{S_4}{S_2}=\frac{6a_3}{a_5}$$

일 때, a_7의 값은?

① 24 ② 27 ③ 30
④ 33 ⑤ 36

575 빈출

월이율이 0.5 %이고 1개월마다 복리로 계산하는 은행에 매월 초에 10만 원씩 적립했을 때, 3년 후 적립금의 원리합계는?

(단, $1.005^{36}=1.2$로 계산한다.)

① 398만 원 ② 402만 원 ③ 406만 원
④ 410만 원 ⑤ 414만 원

576

매년 초에 일정한 금액 a원을 연이율 5 %로 매년 복리로 계산하는 은행에 적립하였더니 12년 후 연말에 840만 원을 수령하였다. a의 값은? (단, $1.05^{12}=1.8$로 계산한다.)

① 400000 ② 450000 ③ 500000
④ 550000 ⑤ 600000

유형 01 수열의 뜻

577

| 선행 542 |

다음 주어진 수열의 일반항을 추측하여 자연수 n의 식으로
나타내시오.

(1) $1,\ 8,\ 27,\ 64,\ 125,\ \cdots$

(2) $1,\ \dfrac{2}{3},\ \dfrac{3}{5},\ \dfrac{4}{7},\ \dfrac{5}{9},\ \cdots$

유형 02 등차수열의 뜻

578 빈출 👑

두 수 -6과 15 사이에 6개의 수를 넣어 $-6,\ a_1,\ a_2,\ a_3,\ a_4,\ a_5,$
$a_6,\ 15$가 이 순서대로 등차수열을 이루도록 할 때, a_5+a_6의 값은?

① 15　　　　　② 17　　　　　③ 19

④ 21　　　　　⑤ 23

579

삼차방정식 $x^3-3x^2+kx+8=0$의 세 실근이 공차가 d인
등차수열을 이룰 때, $k+|d|$의 값은? (단, k는 상수이다.)

① -6　　　　② -5　　　　③ -4

④ -3　　　　⑤ -2

580

등차수열 $\{a_n\}$이 $a_8=-44$, $a_{11}-a_6=15$를 만족시키고
$|a_n|$은 $n=k$일 때 최솟값을 갖는다. $k+a_k$의 값을 구하시오.
(단, k는 자연수이다.)

581

다음 조건을 만족시키는 등차수열 $\{a_n\}$에 대하여 a_{15}의 값을
구하시오.

> (가) $a_2=22$
> (나) $|a_5|=|a_{10}|$, $a_5 \times a_{10}<0$

582

공차가 음수인 등차수열 $\{a_n\}$이 다음 조건을 만족시킬 때, a_1의
값을 구하시오.

> (가) $a_3+a_4+a_5+a_6+a_7=20$
> (나) $|a_2|+|a_8|=18$

583

두 집합

$$A=\{x\,|\,x=3n+1,\ n\text{은 자연수}\},$$
$$B=\{y\,|\,y=5n+2,\ n\text{은 자연수}\}$$

에 대하여 집합 $A\cap B$의 원소를 작은 수부터 차례대로 나열한 수열을 $\{a_n\}$이라 하자. 수열 $\{a_n\}$에서 처음으로 400보다 커지는 항은 제몇 항인가?

① 제25항   ② 제26항   ③ 제27항
④ 제28항   ⑤ 제29항

584

어떤 직각삼각형의 세 변의 길이가 공차가 3인 등차수열을 이룰 때, 이 직각삼각형의 넓이를 구하시오.

585

평가원 기출

그림과 같이 반지름의 길이가 15인 원을 5개의 부채꼴로 나누었더니 부채꼴의 넓이가 작은 것부터 차례대로 등차수열을 이루었다. 가장 큰 부채꼴의 넓이가 가장 작은 부채꼴의 넓이의 2배일 때, 가장 큰 부채꼴의 넓이는 $k\pi$이다. k의 값을 구하시오.

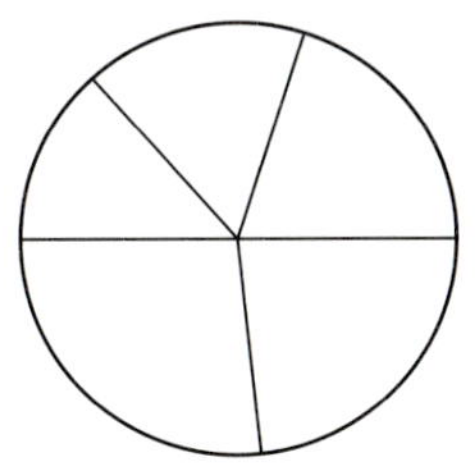

---

586 빈출

선행 578

2와 102 사이에 $(n+2)$개의 자연수를 넣어 만든 등차수열

$$2,\ a_1,\ a_2,\ a_3,\ \cdots,\ a_{n+2},\ 102$$

의 모든 항의 합이 1092일 때, $a_{10}+a_{11}+a_{12}$의 값은?

(단, n은 10 이상의 자연수이다.)

① 159   ② 163   ③ 167
④ 171   ⑤ 175

587 빈출

선행 546

100 이상 200 이하의 자연수 중에서 5로 나눈 나머지가 3인 수의 합을 구하시오.

588 빈출

교육청 기출

n개의 항으로 이루어진 등차수열 $a_1,\ a_2,\ a_3,\ \cdots,\ a_n$이 다음 조건을 만족시킨다.

> (개) 처음 4개의 항의 합은 26이다.
> (내) 마지막 4개의 항의 합은 134이다.
> (대) $a_1+a_2+a_3+\cdots+a_n=260$

자연수 n의 값을 구하시오.

589 빈출

첫째항이 양수이고 공차가 2인 등차수열 $\{a_n\}$의 첫째항부터 제n항까지의 합을 S_n이라 하자. $a_k=31$, $S_{k+10}=640$을 만족시키는 자연수 k에 대하여 S_k의 값은?

① 200   ② 205   ③ 210
④ 215   ⑤ 220

590 빈출

첫째항이 44이고 공차가 -3인 등차수열 $\{a_n\}$의 첫째항부터 제n항까지의 합을 S_n이라 할 때, S_n의 최댓값과 그때의 자연수 n의 값의 합은?

① 345   ② 350   ③ 355
④ 360   ⑤ 365

591

첫째항이 9인 등차수열 $\{a_n\}$의 첫째항부터 제n항까지의 합을 S_n이라 할 때, $S_4=S_6$이다. S_n의 값이 음수가 되도록 하는 자연수 n의 최솟값은?

① 10   ② 11   ③ 12
④ 13   ⑤ 14

592

두 등차수열 $\{a_n\}$, $\{b_n\}$에 대하여
$$(a_2+a_4+a_6+\cdots+a_{20})+(b_2+b_4+b_6+\cdots+b_{20})=800$$
이고 $a_2+b_2=8$일 때, $a_{30}+b_{30}$의 값은?

① 230   ② 232   ③ 234
④ 236   ⑤ 238

593

공차가 d $(d\neq0)$인 등차수열 $\{a_n\}$의 첫째항부터 제n항까지의 합을 S_n이라 할 때, 〈보기〉에서 옳은 것만을 있는 대로 고른 것은?

<보 기>
ㄱ. $a_1+a_{20}=a_6+a_{15}$
ㄴ. $2a_{3n+2}-2a_{3n-1}=6d$
ㄷ. 3 이상의 자연수 m에 대하여 $S_{2m}=m(a_5+a_{2m-5})$이다.

① ㄱ   ② ㄴ   ③ ㄱ, ㄴ
④ ㄱ, ㄷ   ⑤ ㄱ, ㄴ, ㄷ

594

공차가 d $(d \neq 0)$인 등차수열 $\{a_n\}$에 대하여 수열 $\{T_n\}$을

$$T_n = a_1 - a_2 + a_3 - a_4 + \cdots + (-1)^{n+1} a_n \ (n=1, 2, 3, \cdots)$$

과 같이 정의할 때, 〈보기〉에서 옳은 것만을 있는 대로 고른 것은?

─〈보 기〉─
ㄱ. $T_4 = -2d$
ㄴ. $T_{2n+1} = a_n$
ㄷ. $d = -2$일 때, $T_2 + T_4 + T_6 + \cdots + T_{20} = 110$이다.

① ㄱ   ② ㄴ   ③ ㄱ, ㄴ
④ ㄱ, ㄷ   ⑤ ㄴ, ㄷ

유형 04 수열의 합과 일반항 사이의 관계

595

수열 $\{a_n\}$의 첫째항부터 제n항까지의 합 S_n이

$$S_n = -2n^2 + 16n + 5$$

일 때, 〈보기〉에서 옳은 것만을 있는 대로 고른 것은?

─〈보 기〉─
ㄱ. $a_2 - a_1 = -4$
ㄴ. 처음으로 음수가 되는 항은 제5항이다.
ㄷ. S_n은 $n=4$일 때 최댓값 37을 갖는다.

① ㄱ   ② ㄴ   ③ ㄷ
④ ㄱ, ㄴ   ⑤ ㄴ, ㄷ

596

수열 $\{a_n\}$의 첫째항부터 제n항까지의 합 S_n이

$$S_n = 6 + 4n - n^2$$

일 때, 〈보기〉에서 옳은 것만을 있는 대로 고른 것은?

─〈보 기〉─
ㄱ. 두 수열 $\{S_{n+1} - S_n\}$과 $\{a_n\}$은 모두 등차수열이다.
ㄴ. 수열 $\{a_{3n+1}\}$은 공차가 -6인 등차수열이다.
ㄷ. $a_n < 0$, $S_n > 0$을 모두 만족시키는 자연수 n의 개수는 3이다.

① ㄱ   ② ㄴ   ③ ㄷ
④ ㄴ, ㄷ   ⑤ ㄱ, ㄴ, ㄷ

597

등차수열 $\{a_n\}$의 첫째항부터 제n항까지의 합을 S_n이라 하자.
모든 자연수 n에 대하여 $S_{2n+1} - S_{2n} = 4n + 1$일 때, $a_4 + a_9$의
값은?

① 20   ② 24   ③ 28
④ 32   ⑤ 36

598 빈출   선생님 Pick!   평가원 기출

공차가 d_1, d_2인 두 등차수열 $\{a_n\}$, $\{b_n\}$의 첫째항부터
제n항까지의 합을 각각 S_n, T_n이라 하자.

$$S_n T_n = n^2(n^2 - 1)$$

일 때, 〈보기〉에서 옳은 것만을 있는 대로 고른 것은?

─〈보 기〉─
ㄱ. $a_n = n$이면 $b_n = 4n - 4$이다.
ㄴ. $d_1 d_2 = 4$
ㄷ. $a_1 \neq 0$이면 $a_n = n$이다.

① ㄱ   ② ㄴ   ③ ㄱ, ㄴ
④ ㄱ, ㄷ   ⑤ ㄱ, ㄴ, ㄷ

유형 05 등비수열의 뜻

599

첫째항이 2^{10}이고 공비가 $\dfrac{1}{\sqrt[3]{2}}$인 등비수열 $\{a_n\}$에 대하여 a_n의 값이 정수가 되도록 하는 모든 자연수 n의 값의 합은?

① 164   ② 170   ③ 176
④ 182   ⑤ 188

600

등비수열 $\{a_n\}$의 첫째항부터 제n항까지의 합을 S_n이라 하자. 모든 자연수 n에 대하여
$$S_{n+3}-S_n=13\times 3^{n-1}$$
일 때, a_6의 값은?

① 3   ② 9   ③ 27
④ 81   ⑤ 243

601

평가원 기출

공비가 r이고 $a_2=1$인 등비수열 $\{a_n\}$에서 첫째항부터 제10항까지의 곱을
$$w=a_1\times a_2\times a_3\times \cdots \times a_{10}$$
이라 할 때, $\log_r w$의 값을 구하시오. (단, $r>0$, $r\neq 1$)

602

공비가 r $(r>1)$인 등비수열 $\{a_n\}$에 대하여 두 등비수열 $\{b_n\}$, $\{c_n\}$을 다음과 같이 정의한다.
$$\{b_n\}: a_1a_2,\ a_2a_4,\ a_3a_6,\ \cdots$$
$$\{c_n\}: a_1a_2a_3,\ a_2a_3a_4,\ a_3a_4a_5,\ \cdots$$
두 수열 $\{b_n\}$, $\{c_n\}$의 공비를 각각 r_b, r_c라 할 때, 다음 중 옳은 것은? (단, $a_1\neq 0$)

① $r_b=r_c$ ② $r_b=(r_c)^2$ ③ $r_b r_c=1$
④ $(r_b)^2=(r_c)^3$ ⑤ $(r_b)^2=r_c$

603

교육청 기출

세 양수 a, b, c는 이 순서대로 등비수열을 이루고 다음 두 조건을 만족시킨다.

> (가) $a+b+c=\dfrac{7}{2}$
>
> (나) $abc=1$

$a^2+b^2+c^2$의 값은?

① $\dfrac{13}{4}$ ② $\dfrac{15}{4}$ ③ $\dfrac{17}{4}$
④ $\dfrac{19}{4}$ ⑤ $\dfrac{21}{4}$

604

두 곡선
$$y=x^3+8x^2+10x+4,\quad y=x^2-4x+k$$
가 서로 다른 세 점에서 만나고 이 세 점의 x좌표를 크기가 작은 수부터 차례대로 나열하면 등비수열을 이룰 때, 상수 k의 값을 구하시오.

605 빈출 ♔ 평가원 기출

공차가 0이 아닌 등차수열 $\{a_n\}$의 세 항 a_2, a_4, a_9가 이 순서대로 공비 r인 등비수열을 이룰 때, $6r$의 값을 구하시오.

606

이차함수 $f(x)=ax^2+bx+c$가 다음 조건을 만족시킬 때, $f(1)$의 값을 구하시오. (단, a, b, c는 상수이고, $abc<0$이다.)

(가) a, c, b는 이 순서대로 등비수열을 이룬다.

(나) $\dfrac{1}{a}$, $\dfrac{1}{b}$, $\dfrac{1}{c}$은 이 순서대로 등차수열을 이룬다.

(다) 함수 $f(x)$의 최솟값은 -24이다.

607

두 자리 자연수 중에서 서로 다른 네 개의 수를 작은 수부터 차례대로 나열하였더니 공비가 자연수인 등비수열이 되었다. 이 네 수의 합이 가장 클 때, 그 합은?

① 120 ② 140 ③ 160

④ 180 ⑤ 200

608 빈출 ♔

수열 $\{a_n\}$에 대하여 〈보기〉에서 옳은 것의 개수는?

〈보 기〉

ㄱ. 수열 $\{a_{2n}\}$이 등차수열이면 수열 $\{a_n\}$도 등차수열이다.

ㄴ. 수열 $\{a_n\}$이 등비수열이면 수열 $\{2a_{n+1}-3a_n\}$도 등비수열이다.

ㄷ. 모든 자연수 n에 대하여 $a_n>0$일 때, 수열 $\{\log_2 a_n\}$이 등차수열이면 수열 $\{a_n\}$은 등비수열이다.

ㄹ. 모든 자연수 n에 대하여 $a_n\neq 0$일 때, 수열 $\{a_n a_{n+1}\}$이 등비수열이면 수열 $\{a_n\}$도 등비수열이다.

① 0 ② 1 ③ 2

④ 3 ⑤ 4

609

첫째항이 1인 수열 $\{a_n\}$의 첫째항부터 제n항까지의 합을 S_n이라 할 때, 두 수열 $\{a_{2n-1}\}$, $\{S_{2n-1}\}$이 다음 조건을 만족시킨다.

(가) 수열 $\{a_{2n-1}\}$은 공차가 4인 등차수열이다.

(나) 수열 $\{S_{2n-1}\}$은 공비가 2인 등비수열이다.

a_{10}의 값은?

① -5 ② -4 ③ -3

④ -2 ⑤ -1

610

교육청 기출

공차가 자연수인 등차수열 $\{a_n\}$과 공비가 자연수인 등비수열 $\{b_n\}$이 $a_6=b_6=9$이고, 다음 조건을 만족시킨다.

> (가) $a_7=b_7$
> (나) $94<a_{11}<109$

a_7+b_8의 값은?

① 96　　　　② 99　　　　③ 102
④ 105　　　　⑤ 108

유형 06 등비수열의 합

611

빈출

공비가 양수인 등비수열 $\{a_n\}$의 첫째항부터 제 n항까지의 합을 S_n이라 할 때, $\dfrac{S_9}{S_3}=21$이다. $\sqrt{\dfrac{a_{11}+a_{15}}{a_2+a_6}}$의 값은?

① 2　　　　② $2\sqrt{2}$　　　　③ 4
④ $4\sqrt{2}$　　　　⑤ 8

612

빈출

모든 항이 양수인 등비수열 $\{a_n\}$에 대하여 $a_1a_2=a_4$, $a_1+a_3=12$일 때, $a_1-a_3+a_5-a_7+a_9$의 값은?

① 181　　　　② 183　　　　③ 185
④ 187　　　　⑤ 189

613

| 선행 572 |

첫째항이 3인 등비수열 $\{a_n\}$에 대하여
$$a_1+a_3+a_5+\cdots+a_{2k-1}=2^{30}-1,$$
$$a_3+a_5+a_7+\cdots+a_{2k+1}=2^{32}-4$$
일 때, 자연수 k의 값은?

① 13　　　　② 15　　　　③ 17
④ 19　　　　⑤ 21

614

첫째항이 $\dfrac{1}{27}$인 수열 $\{a_n\}$의 첫째항부터 제 n항까지의 합을 S_n이라 하자. 수열 $\{S_n\}$이 공비가 3인 등비수열을 이룰 때, $\log_9 \dfrac{a_k}{2}=11$을 만족시키는 자연수 k의 값은?

① 23　　　　② 24　　　　③ 25
④ 26　　　　⑤ 27

615

6^{10}의 양의 약수 중에서 2^3으로는 나누어떨어지고 2^5으로는 나누어떨어지지 않는 수의 합은?

① $8(3^{10}-1)$ ② $12(3^{10}-1)$ ③ $8(3^{11}-1)$

④ $12(3^{11}-1)$ ⑤ $24(3^{11}-1)$

616

등비수열 $\{a_n\}$에서 첫째항부터 제5항까지의 합이 $\dfrac{31}{2}$이고 곱이 32일 때, $\dfrac{1}{a_1}+\dfrac{1}{a_2}+\dfrac{1}{a_3}+\dfrac{1}{a_4}+\dfrac{1}{a_5}$의 값은?

① $\dfrac{31}{4}$ ② $\dfrac{31}{8}$ ③ $\dfrac{31}{12}$

④ $\dfrac{4}{31}$ ⑤ $\dfrac{8}{31}$

617

다음 두 수열 $\{a_n\}$, $\{b_n\}$에 대하여 $\dfrac{a_{10}}{b_{10}}$의 값은?

$\{a_n\}$: 2, 22, 222, 2222, $\cdots$

$\{b_n\}$: 1, 101, 10101, 1010101, $\cdots$

① $\dfrac{22}{10^{20}+1}$ ② $\dfrac{11}{10^{10}+1}$ ③ $\dfrac{22}{10^{10}+1}$

④ $\dfrac{10^{10}+1}{22}$ ⑤ $\dfrac{10^{20}+1}{22}$

618

평가원 변형

그림과 같이 x축 위에 $\overline{OA_1}=1$, $\overline{A_1A_2}=\dfrac{1}{2}$, $\overline{A_2A_3}=\left(\dfrac{1}{2}\right)^2$, $\cdots$, $\overline{A_nA_{n+1}}=\left(\dfrac{1}{2}\right)^n$, $\cdots$ 을 만족시키는 점 A_1, A_2, A_3, $\cdots$ 에 대하여 제1사분면에 선분 OA_1, A_1A_2, A_2A_3, $\cdots$을 한 변으로 하는 정사각형 $OA_1B_1C_1$, $A_1A_2B_2C_2$, $A_2A_3B_3C_3$, $\cdots$을 계속하여 만든다. 원점 O와 점 B_n을 지나는 직선의 방정식을 $y=a_nx$라 할 때, a_{30}의 값은?

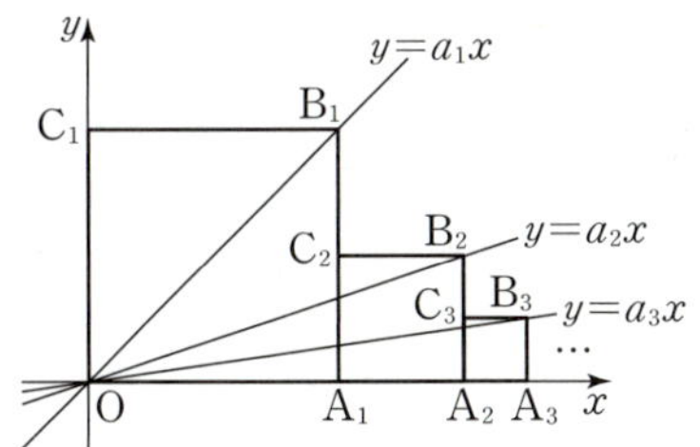

① $\dfrac{1}{2^{29}-1}$ ② $\dfrac{1}{2^{29}+1}$ ③ $\dfrac{1}{2^{30}-1}$

④ $\dfrac{1}{2^{30}+1}$ ⑤ $\dfrac{1}{2^{31}+1}$

619 평가원 변형

그림과 같이 직각을 낀 두 변의 길이가 1인 직각이등변삼각형이 있다. 이 직각이등변삼각형의 빗변에 2개의 꼭짓점이 있고, 직각을 낀 두 변에 나머지 2개의 꼭짓점이 있는 정사각형에 색칠하여 얻은 그림을 R_1이라 하자.

그림 R_1에서 합동인 2개의 직각이등변삼각형의 각 빗변에 2개의 꼭짓점이 있고, 직각을 낀 두 변에 나머지 2개의 꼭짓점이 있는 2개의 정사각형에 색칠하여 얻은 그림을 R_2라 하자.

그림 R_2에서 합동인 4개의 직각이등변삼각형의 각 빗변에 2개의 꼭짓점이 있고, 직각을 낀 두 변에 나머지 2개의 꼭짓점이 있는 4개의 정사각형에 색칠하여 얻은 그림을 R_3이라 하자.

이와 같은 과정을 계속하여 n번째 얻은 그림 R_n에 색칠되어 있는 모든 정사각형의 넓이의 합을 S_n이라 할 때, S_8의 값은?

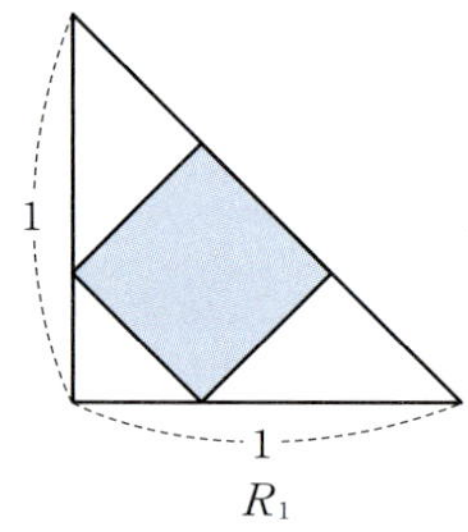
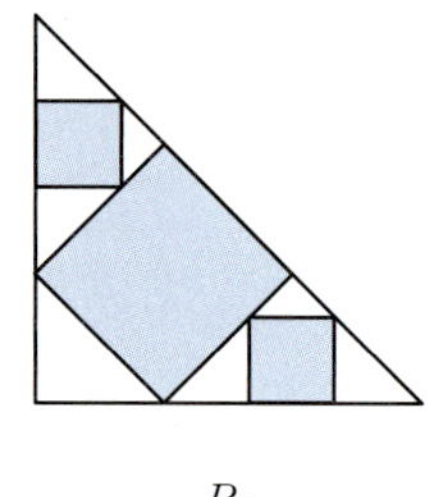

R_1 R_2

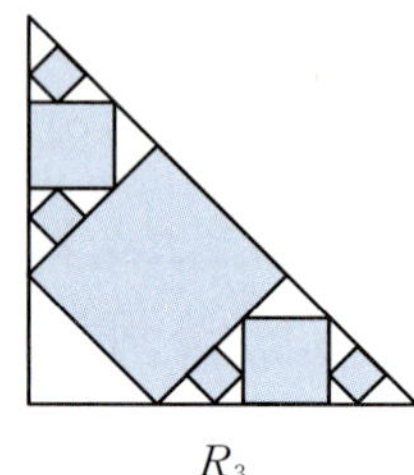
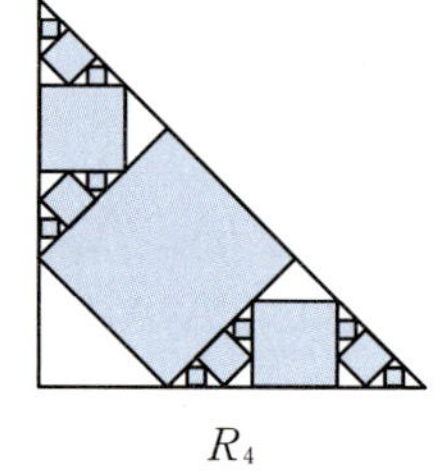

R_3 R_4

① $\dfrac{1}{7}\left\{1-\left(\dfrac{2}{9}\right)^8\right\}$

② $\dfrac{\sqrt{2}}{7}\left\{1-\left(\dfrac{2}{9}\right)^8\right\}$

③ $\dfrac{2}{7}\left\{1-\left(\dfrac{2}{9}\right)^8\right\}$

④ $\dfrac{1}{5}\left\{1-\left(\dfrac{2}{3}\right)^{16}\right\}$

⑤ $\dfrac{2}{5}\left\{1-\left(\dfrac{2}{3}\right)^{16}\right\}$

620 선행 576

매월 초에 13만 원을 월이율 1 %, 1개월마다 복리로 계산하여 총 3년 동안 적립하는 A예금 상품에 가입하고, 매월 초에 a만 원을 같은 월이율로 1개월마다 복리로 계산하여 총 2년 동안 적립하는 B예금 상품에 가입하였다. 두 예금 상품이 만기가 되어 찾은 금액이 같았을 때, a의 값은?

(단, $1.01^{24}=1.26$, $1.01^{36}=1.42$로 계산한다.)

① 18   ② 19   ③ 20
④ 21   ⑤ 22

621 빈출

2025년 초에 100만 원을 적립하고, 다음 해부터 매년 초에 지난해보다 21 % 증액해서 적립한다. 연이율 10 %, 1년마다 복리로 계산할 때 2034년 말의 적립금의 원리합계는?

(단, $1.1^{10}=2.6$으로 계산한다.)

① 3840만 원   ② 3920만 원   ③ 4000만 원
④ 4080만 원   ⑤ 4160만 원

스키마 schema로 풀이 흐름 알아보기

두 등차수열 $\{a_n\}$, $\{b_n\}$에 대하여

<u>조건 ①</u>

$$(a_2+a_4+a_6+\cdots+a_{20})+(b_2+b_4+b_6+\cdots+b_{20})=800$$

<u>조건 ②</u>

이고 $a_2+b_2=8$일 때, $a_{30}+b_{30}$의 값은?

조건 ③   답

① 230   ② 232   ③ 234   ④ 236   ⑤ 238

▶ 주어진 조건 은 무엇인지? 구하는 답 은 무엇인지? 이 둘을 어떻게 연결할지?

1 단계

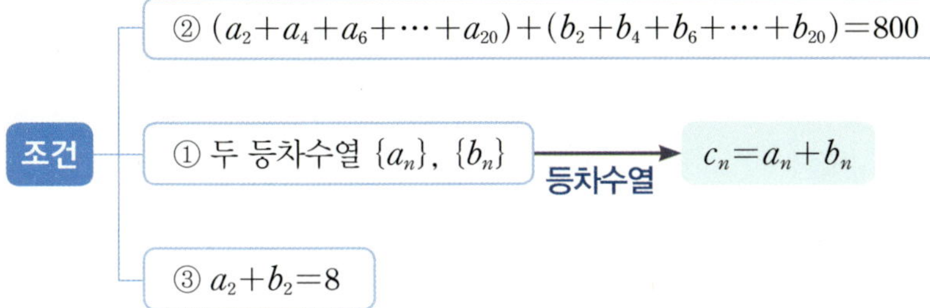

두 등차수열 $\{a_n\}$, $\{b_n\}$에 대하여 $c_n=a_n+b_n$이라 하면 수열 $\{c_n\}$도 등차수열이다.

2 단계

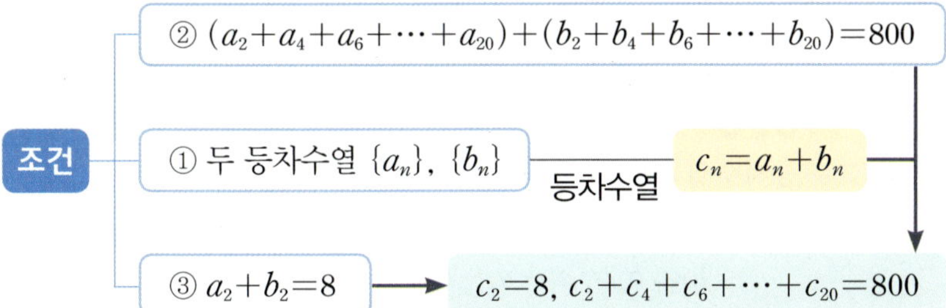

주어진 조건에 의하여 $c_2=8$이고 $c_2+c_4+c_8+\cdots+c_{20}=800$ 이다.

3 단계

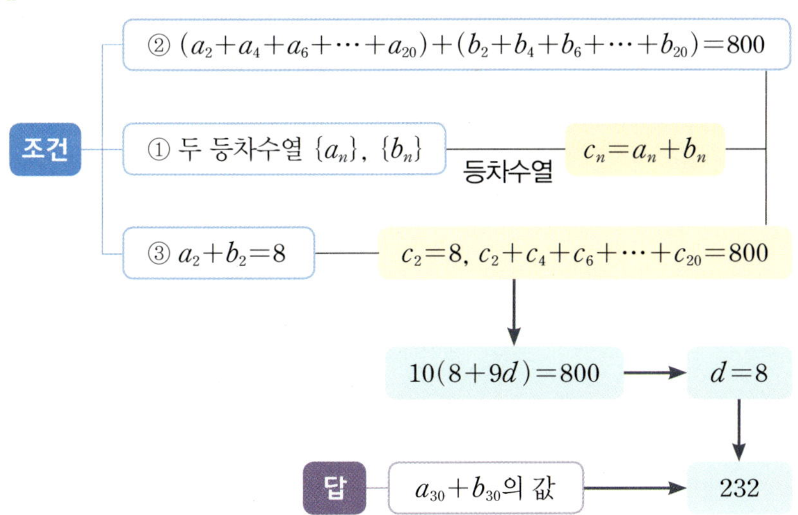

수열 $\{c_n\}$의 공차를 d라 하면 수열 $\{c_{2n}\}$의 공차는 $2d$이므로
$$c_2+c_4+c_8+\cdots+c_{20}$$
$$=\frac{10(2c\times2+9\times2d)}{2}$$
$$=10(8+9d)=800$$
$$\therefore d=8$$
$$\therefore a_{30}+b_{30}=c_{30}$$
$$=c_2+14\times2d$$
$$=232$$

622

| 선행 616 |

두 수 3, 45 사이에 23개의 수 a_1, a_2, a_3, $\cdots$, a_{23}을 넣어 만든 수열이 모든 항이 양수인 등비수열을 이루었다. 등식
$$3+a_1+a_2+a_3+\cdots+a_{23}+45$$
$$=m\left(\frac{1}{3}+\frac{1}{a_1}+\frac{1}{a_2}+\frac{1}{a_3}+\cdots+\frac{1}{a_{23}}+\frac{1}{45}\right)$$
을 만족시키는 상수 m의 값을 구하시오.

623

그림과 같이 $\overline{AB}=7$, $\overline{BC}=3$인 직각삼각형 ABC가 있다. 자연수 n에 대하여 변 AC를 $(n+1)$등분하는 n개의 점을 점 A와 가까운 순서대로 각각 P_1, P_2, P_3, $\cdots$, P_n이라 하고 이 n개의 점에서 변 AB 위에 내린 수선의 발을 각각 Q_1, Q_2, Q_3, $\cdots$, Q_n이라 하자.
$\overline{P_1Q_1}+\overline{P_2Q_2}+\overline{P_3Q_3}+\cdots+\overline{P_nQ_n}$을 n에 대한 식으로 나타내시오.

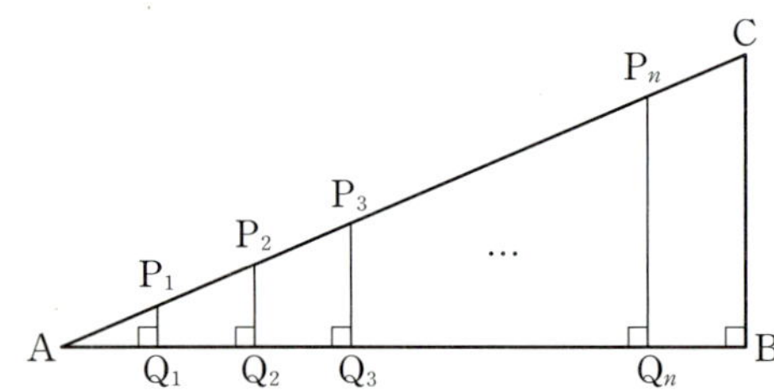

624

그림과 같이 두 곡선 $y=x^2+ax+b$, $y=x^2$의 교점에서 오른쪽 방향으로 두 곡선 사이에 y축과 평행한 선분 10개를 일정한 간격으로 그을 때, 선분의 길이를 왼쪽부터 차례로 l_1, l_2, l_3, $\cdots$, l_{10}이라 하자. $l_2=4$, $l_9=26$일 때, $l_1+l_2+l_3+\cdots+l_{10}$의 값을 구하시오. (단, $a>0$이고 a, b는 상수이다.)

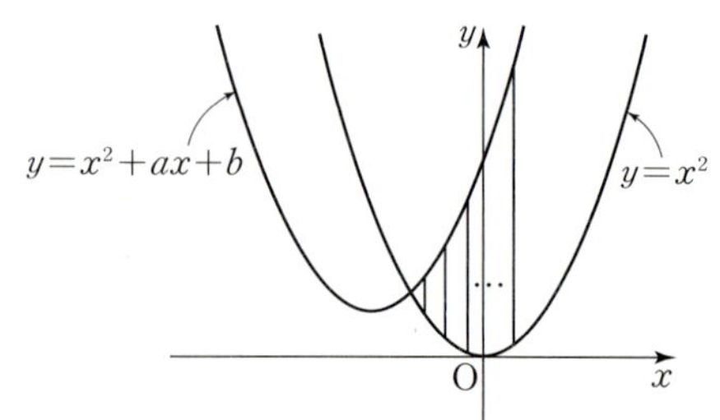

625

등차수열 $\{a_n\}$과 수열 $\{b_n\}$이 모든 자연수 n에 대하여
$$-\log_2 b_{2n-1}=a_1+a_3+a_5+\cdots+a_{2n-1},$$
$$\log_2 b_{2n}=a_2+a_4+a_6+\cdots+a_{2n}$$
을 만족시킨다. $b_1\times b_2\times b_3\times\cdots\times b_{10}=1024$일 때, $a_{n+9}-a_n=k$ $(n=1, 2, 3, \cdots)$를 만족시키는 자연수 k의 값을 구하시오.

626

평가원 기출

공차가 2인 등차수열 $\{a_n\}$의 첫째항부터 제n항까지의 합을 S_n이라 하자. $S_k=-16$, $S_{k+2}=-12$를 만족시키는 자연수 k에 대하여 a_{2k}의 값은?

① 6   ② 7   ③ 8

④ 9   ⑤ 10

627 빈출

교육청 기출

등차수열 $\{a_n\}$의 첫째항부터 제n항까지의 합을 S_n이라 하자. $a_3=42$일 때, 다음 조건을 만족시키는 4 이상의 자연수 k의 값은?

> (가) $a_{k-3}+a_{k-1}=-24$
> (나) $S_k=k^2$

① 13   ② 14   ③ 15

④ 16   ⑤ 17

628

등차수열 $\{a_n\}$과 등비수열 $\{b_n\}$이 다음 조건을 만족시킬 때, a_{10}의 값은?

> (가) $a_1=b_1$, $a_2=b_2$, $a_4=b_4$이고, $a_3\neq b_3$이다.
> (나) $b_3=12$

① -84 ② -81 ③ -78

④ -75 ⑤ -72

629

교육청 기출

등차수열 $\{a_n\}$과 공비가 1보다 작은 등비수열 $\{b_n\}$이
$$a_1+a_8=8,\ b_2b_7=12,\ a_4=b_4,\ a_5=b_5$$
를 모두 만족시킬 때, a_1의 값을 구하시오.

630

2025년 초 어느 아파트의 한 세대 매입가는 31200만 원이고, 매년 초 전년도에 비해 4 %씩 상승한다. 어느 부부가 이 아파트의 한 세대를 매입하기 위해서 2025년 초에 a만 원을 적립하고 매년 초 전년도보다 5 % 낮은 금액을 연이율 4 %, 매년 복리로 적립하려고 한다. 2035년 초에 적립금을 모두 찾을 때 2035년 초의 이 아파트 한 세대 매입가와 일치하도록 하는 a의 값은?

$$\left(\text{단, } \left(\frac{0.95}{1.04}\right)^{10}=0.4\text{로 계산한다.}\right)$$

① 3900   ② 4100   ③ 4300
④ 4500   ⑤ 4700

631 빈출   교육청 변형 | 선행 591 |

첫째항이 50, 공차가 정수인 등차수열 $\{a_n\}$에 대하여 수열 $\{T_n\}$을

$$T_n = |a_1+a_2+a_3+\cdots+a_n|$$

이라 하자. 수열 $\{T_n\}$이 다음을 만족시킨다.

> (가) $T_{16} < T_{17}$ (나) $T_{17} > T_{18}$

$T_n > T_{n+1}$을 만족시키는 n의 최댓값을 구하시오.

632

한 변의 길이가 1인 정사각형 모양의 종이가 있다. 그림과 같이 이 정사각형을 4등분한 후 1개의 정사각형을 색칠하여 얻은 그림을 R_1이라 하자. 그림 R_1에서 색칠되지 않은 3개의 정사각형을 각각 4등분한 후 1개의 정사각형에 색칠하여 얻은 그림을 R_2라 하자. 이와 같은 과정을 계속하여 n번째 얻은 그림 R_n에서 색칠된 부분의 넓이를 S_n이라 할 때, S_{10}의 값은?

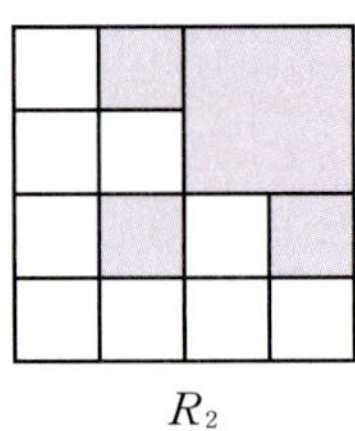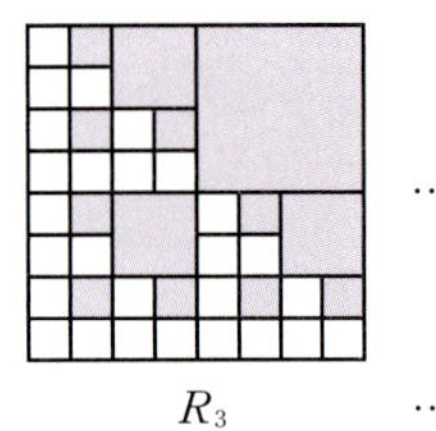

R_1 R_2 R_3 ⋯

① $\dfrac{1}{4}\left\{1-\left(\dfrac{3}{4}\right)^{10}\right\}$ ② $\dfrac{1}{4}-\left(\dfrac{1}{4}\right)^{11}$ ③ $1-\left(\dfrac{3}{4}\right)^{10}$

④ $1-\left(\dfrac{1}{4}\right)^{10}$ ⑤ $4\left\{1-\left(\dfrac{3}{4}\right)^{10}\right\}$

633

그림과 같이 한 변의 길이가 2인 정사각형 모양의 종이 ABCD에서 각 변의 중점을 각각 A_1, B_1, C_1, D_1이라 하고 $\overline{A_1B_1}$, $\overline{B_1C_1}$, $\overline{C_1D_1}$, $\overline{D_1A_1}$을 접는 선으로 하여 네 점 A, B, C, D가 한 점에서 만나도록 접은 모양을 S_1이라 하자.

S_1에서 정사각형 $A_1B_1C_1D_1$의 각 변의 중점을 각각 A_2, B_2, C_2, D_2라 하고 $\overline{A_2B_2}$, $\overline{B_2C_2}$, $\overline{C_2D_2}$, $\overline{D_2A_2}$를 접는 선으로 하여 네 점 A_1, B_1, C_1, D_1이 한 점에서 만나도록 접은 모양을 S_2라 하자.

이와 같은 과정을 계속하여 n번째 얻은 모양을 S_n이라 하고, S_n을 정사각형 모양의 종이 ABCD와 같도록 펼쳤을 때 접힌 모든 선들의 길이의 합을 l_n이라 하자. 예를 들어, $l_1=4\sqrt{2}$이다. l_5의 값은? (단, 종이의 두께는 고려하지 않는다.)

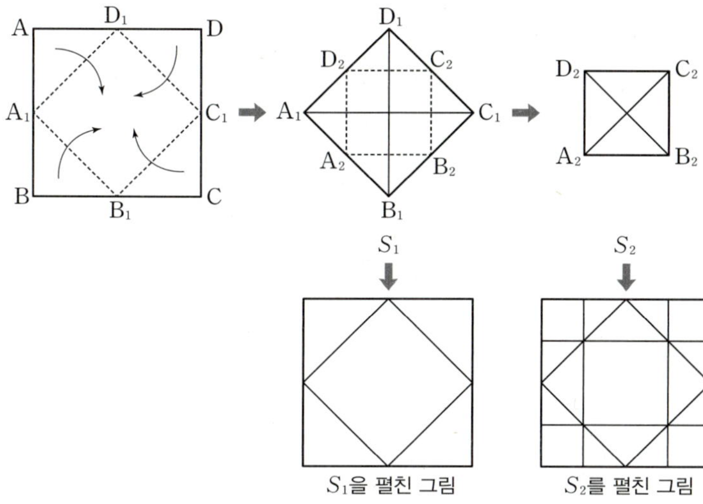

① $24+28\sqrt{2}$ ② $28+28\sqrt{2}$ ③ $28+32\sqrt{2}$
④ $32+32\sqrt{2}$ ⑤ $36+32\sqrt{2}$

634

첫째항이 2이고 공차가 양수 d인 등차수열 $\{a_n\}$에 대하여 A_0을 등차수열 $\{a_n\}$의 모든 항을 원소로 갖는 집합이라 하고, 집합 A_k ($k=1, 2, 3, \cdots$)을 다음과 같이 정의한다.

> 자연수 k에 대하여 A_k는
> 집합 A_{k-1}의 원소를 크기가 작은 수부터 차례대로 나열했을 때 짝수 번째 수들을 모두 제외한 나머지 수들을 원소로 갖는 집합이다.

집합 A_8의 원소 중 12번째로 작은 수가 46일 때, d의 값은?

① $\dfrac{1}{8}$ ② $\dfrac{1}{16}$ ③ $\dfrac{1}{32}$

④ $\dfrac{1}{64}$ ⑤ $\dfrac{1}{128}$

635

교육청 기출

일반항이 $a_n = 2n+1$인 등차수열 $\{a_n\}$에 대하여 집합 $A_k \, (k=1, 2, 3, \cdots)$는 $A_1 = \{3, 5, 7, 9, 11\}$이고 다음 조건을 만족시킨다.

> (개) 집합 A_k는 수열 $\{a_n\}$의 항들 중에서 $(2k+3)$개의 연속한 항들을 원소로 하는 집합이다.
> (내) 집합 A_{k+1}의 가장 작은 원소는 집합 A_k의 가장 작은 원소보다 크다.
> (대) $n(A_k - A_{k+1}) = 3$

예를 들어, $A_2 = \{9, 11, 13, \cdots, 21\}$이다. $A_{15} \cap A_p = \varnothing$ 을 만족시키는 15보다 큰 자연수 p의 최솟값을 구하시오.

636

공차가 양수이고 $a_6 \leq 0$인 등차수열 $\{a_n\}$이 있다. 2 이상의 자연수 k에 대하여 수열

$$a_1, \ a_2, \ a_3, \ \cdots, \ a_k$$

에서 홀수 번째 항들의 합은 24이고, 짝수 번째 항들의 합은 21일 때, a_k의 최솟값을 구하시오.

· 합의 기호 $\sum$ ──────────────── 유형 **01** $\sum$의 뜻과 성질

1. $\sum$의 뜻

수열 $\{a_n\}$의 첫째항부터 제n항까지의 합을 기호 $\sum$를 사용하여

$$a_1+a_2+a_3+\cdots+a_n=\sum_{k=1}^{n} a_k$$

와 같이 나타낸다.

$$\sum_{k=m}^{n} a_k \leftarrow 수열 \ \{a_k\}의$$
제n항까지 / 제m항부터 차례로 더한다. (단, $m \leq n$)

$$\sum_{k=m}^{n} a_k = a_m + a_{m+1} + a_{m+2} + \cdots + a_n$$

2. $\sum$의 성질

① $\displaystyle\sum_{k=1}^{n}(a_k+b_k)=\sum_{k=1}^{n}a_k+\sum_{k=1}^{n}b_k$

② $\displaystyle\sum_{k=1}^{n}(a_k-b_k)=\sum_{k=1}^{n}a_k-\sum_{k=1}^{n}b_k$ ──→ $\sum$의 성질에 의하여 다음이 성립한다.

$$\sum_{k=1}^{n}(pa_k \pm qb_k)=p\sum_{k=1}^{n}a_k \pm q\sum_{k=1}^{n}b_k$$
(단, p, q는 상수이고, 복부호동순이다.)

③ $\displaystyle\sum_{k=1}^{n}ca_k=c\sum_{k=1}^{n}a_k$ (단, c는 상수이다.)

④ $\displaystyle\sum_{k=1}^{n}c=cn$ (단, c는 상수이다.)

· 여러 가지 수열의 합

1. 자연수의 거듭제곱의 합 ──────────── 유형 **02** 자연수의 거듭제곱의 합

① $\displaystyle\sum_{k=1}^{n}k=1+2+3+\cdots+n=\frac{n(n+1)}{2}$ ──→ k에 대한 삼차 이하의 다항식 $f(k)$에 대하여 $\sum$의 성질과 자연수의 거듭제곱의 합을 이용하여

② $\displaystyle\sum_{k=1}^{n}k^2=1^2+2^2+3^2+\cdots+n^2=\frac{n(n+1)(2n+1)}{6}$ $\displaystyle\sum_{k=1}^{n}f(k)$의 값을 계산할 수 있다.

③ $\displaystyle\sum_{k=1}^{n}k^3=1^3+2^3+3^3+\cdots+n^3=\left\{\frac{n(n+1)}{2}\right\}^2$

2. 일반항이 분수 꼴인 수열의 합 ──────── 유형 **03** 일반항이 분수 꼴인 수열의 합

① $\displaystyle\sum_{k=1}^{n}\frac{1}{k(k+1)}=\sum_{k=1}^{n}\left(\frac{1}{k}-\frac{1}{k+1}\right)$ ──→ 일반항이 분수 꼴인 수열의 합은 보통 규칙적으로 항이 소거되는 꼴이다.

② $\displaystyle\sum_{k=1}^{n}\frac{1}{(k+a)(k+b)}=\frac{1}{b-a}\sum_{k=1}^{n}\left(\frac{1}{k+a}-\frac{1}{k+b}\right)$ 그러므로 몇 개의 항을 나열해 보면 항이 제거되는 규칙을 찾을 수 있다.

③ $\displaystyle\sum_{k=1}^{n}\frac{1}{\sqrt{k}+\sqrt{k+1}}=\sum_{k=1}^{n}(\sqrt{k+1}-\sqrt{k})$

유형 01 $\sum$의 뜻과 성질

$\sum$의 뜻과 성질에는

(1) $\sum$의 의미와 성질에 대한 문제

(2) $\sum$가 사용된 식에서 등차수열과 등비수열, 수열의 합과 일반항 사이의 관계 등의 개념을 이용하는 문제

를 분류하였다.

637 빈출

$\displaystyle\sum_{k=1}^{5} a_k=10$, $\displaystyle\sum_{k=1}^{5} b_k=4$일 때, $\displaystyle\sum_{k=1}^{5} (3a_k-b_k+4)$의 값은?

① 38 ② 40 ③ 42

④ 44 ⑤ 46

638 빈출

$\displaystyle\sum_{k=1}^{10} a_k=-2$, $\displaystyle\sum_{k=1}^{10} (a_k)^2=4$일 때, $\displaystyle\sum_{k=1}^{10} (2a_k+1)^2$의 값을 구하시오.

639 빈출

$\displaystyle\sum_{k=1}^{10} (a_{2k-1}+a_{2k})=40$일 때, $\displaystyle\sum_{k=1}^{20} (2a_k+5)$의 값은?

① 120 ② 140 ③ 160

④ 180 ⑤ 200

640

함수 $f(x)$가 $f(5)=7$, $f(28)=22$를 만족시킬 때, $\displaystyle\sum_{k=2}^{24} f(k+3) - \sum_{i=10}^{32} f(i-4)$의 값은?

① -22 ② -15 ③ -8

④ -1 ⑤ 6

641

합의 기호 $\sum$에 대하여 다음 중 옳은 것은? (단, c는 상수이다.)

① $\displaystyle\sum_{k=1}^{n} ka_k=k\sum_{k=1}^{n} a_k$

② $\displaystyle\sum_{k=1}^{n} a_{2k}=\sum_{k=1}^{2n} a_k$

③ $\displaystyle\sum_{k=2}^{n} c=c(n-1)$

④ $\displaystyle\sum_{k=1}^{n} a_k b_k=\left(\sum_{k=1}^{n} a_k\right)\times\left(\sum_{k=1}^{n} b_k\right)$

⑤ $\displaystyle\sum_{k=1}^{n} a_k+\sum_{k=1}^{2n} b_k=\sum_{k=1}^{n} (a_k+b_k)+b_{2n}$

642 빈출 ♔

기호 $\sum$에 대하여 〈보기〉에서 옳은 것의 개수는?

―〈보 기〉―

ㄱ. $2+2+2+2+2=\sum_{k=1}^{5} 2$

ㄴ. $5+9+13+\cdots+45=\sum_{k=1}^{12}(4k+1)$

ㄷ. $\sum_{k=1}^{10} 2k=20+18+16+\cdots+2$

ㄹ. $\sum_{k=1}^{13}(3k-1)^2=2^2+5^2+8^2+\cdots+35^2$

① 0   ② 1   ③ 2
④ 3   ⑤ 4

643 빈출 ♔

다음 합의 꼴로 나타낸 식을 합의 기호 $\sum$를 사용하여 바르게 나타낸 것은?

$$1+5+9+\cdots+(4n+5)$$

① $\sum_{k=1}^{2n+3}(2k-1)$ ② $\sum_{k=1}^{n+1}(4k-3)$ ③ $\sum_{k=1}^{n+2}(4k-3)$

④ $\sum_{k=2}^{n+1}(4k-7)$ ⑤ $\sum_{k=2}^{n+2}(4k-7)$

644

공차가 4인 등차수열 $\{a_n\}$에 대하여 $\sum_{k=1}^{9} a_{k+2}-\sum_{k=3}^{11} a_{k-1}$의 값은?

① 28   ② 32   ③ 36
④ 40   ⑤ 44

645

수열 $\{a_n\}$에 대하여 $\sum_{k=1}^{n} a_k=2^{n+1}-3$일 때, a_1+a_{10}의 값은?

① $1+2^9$ ② 2^9 ③ $1+2^{10}$
④ 2^{10} ⑤ $1+2^{11}$

646

등식 $\sum_{k=1}^{20} \dfrac{4^{k+1}+6^k}{5^{k-1}}=a\times\left(\dfrac{6}{5}\right)^{20}+b\times\left(\dfrac{4}{5}\right)^{20}+c$를 만족시키는 정수 a, b, c에 대하여 $a+2b+3c$의 값은?

① 5   ② 10   ③ 15
④ 20   ⑤ 25

647

자연수 n에 대하여 7^n의 일의 자리의 수를 a_n이라 할 때, $\sum\limits_{k=1}^{30} a_k$의 값은?

① 144 ② 147 ③ 150
④ 153 ⑤ 156

유형 02 자연수의 거듭제곱의 합

자연수의 거듭제곱의 합에서는
$\sum$의 성질을 이용하여 자연수의 거듭제곱의 합을 계산하거나 조건을
만족시키는 수열의 일반항을 구하고 $\sum$를 이용하여 수열의 합을
구하는 문제를 분류하였다.

유형해결 TIP
$\sum$를 여러 개 포함한 식의 경우 안쪽에 있는 $\sum$부터 차례로 풀되
문자에 주의하여 상수인 것과 상수가 아닌 것을 구별해야 한다.

648 빈출

$\sum\limits_{k=1}^{10} a_k = 10$, $\sum\limits_{k=1}^{10} b_k = 15$일 때, $\sum\limits_{k=1}^{10} (a_k - 2b_k + k)$의 값은?

① 15 ② 20 ③ 25
④ 30 ⑤ 35

649 빈출

다음 물음에 답하시오.

(1) $\sum\limits_{k=1}^{5} (k^3 - k - 10)$의 값을 구하시오.

(2) $\sum\limits_{k=1}^{8} (k+2)^2 - \sum\limits_{k=1}^{8} (k+1)(k-1)$의 값을 구하시오.

650 빈출

$\sum\limits_{k=1}^{8} \dfrac{k^3}{k+1} + \sum\limits_{k=1}^{8} \dfrac{1}{k+1}$의 값은?

① 160 ② 164 ③ 168
④ 172 ⑤ 176

651 빈출

$5^2 + 6^2 + 7^2 + \cdots + 12^2$의 값은?

① 590 ② 600 ③ 610
④ 620 ⑤ 630

652 빈출

$1 \times 4 + 2 \times 6 + 3 \times 8 + \cdots + 10 \times 22$의 값은?

① 550 ② 660 ③ 770
④ 880 ⑤ 990

653

수열 $\{a_n\}$이 모든 자연수 n에 대하여

$$a_n=\begin{cases} n^2-1 & (n\text{이 홀수인 경우}) \\ n^2+1 & (n\text{이 짝수인 경우}) \end{cases}$$

를 만족시킬 때, $\displaystyle\sum_{k=1}^{10} a_k$의 값을 구하시오.

654 빈출

수열 $\{a_n\}$이 모든 자연수 n에 대하여

$\displaystyle\sum_{k=1}^{n} a_k=n^2+3n$을 만족시킬 때, $\displaystyle\sum_{k=1}^{10} a_{2k-1}$의 값은?

① 190　　　　② 200　　　　③ 210

④ 220　　　　⑤ 230

655 빈출

$\displaystyle\sum_{k=1}^{10} \frac{1^3+2^3+3^3+\cdots+k^3}{1+2+3+\cdots+k}$의 값을 구하시오.

656 빈출

자연수 n에 대하여 x에 대한 이차방정식

$$x^2-(4n-1)x+n^2=0$$

의 두 근을 a_n, b_n이라 할 때, $\displaystyle\sum_{n=1}^{5} (a_n{}^2+b_n{}^2)$의 값은?

① 645　　　　② 650　　　　③ 655

④ 660　　　　⑤ 665

657

다음 등식을 만족시키는 자연수 n의 값을 구하시오.

(1) $\displaystyle\sum_{k=1}^{n+1} k^2 - \sum_{k=1}^{n} (k^2+2k)=25$

(2) $\displaystyle\sum_{k=1}^{n} k^3 - 13\sum_{k=1}^{n} k=30$

유형 03 일반항이 분수 꼴인 수열의 합

일반항이 분수 꼴인 수열의 합에서는
부분분수로 변형하거나 분모를 유리화하면 규칙적으로 항이 제거되어
수열의 합을 구할 수 있는 문제를 분류하였다.

658 빈출

$\displaystyle\sum_{k=1}^{25}\dfrac{1}{(2k+3)(2k+5)}$ 의 값은?

① $\dfrac{5}{11}$ ② $\dfrac{4}{11}$ ③ $\dfrac{3}{11}$

④ $\dfrac{2}{11}$ ⑤ $\dfrac{1}{11}$

659 빈출

$\displaystyle\sum_{n=1}^{15}\dfrac{1}{\sqrt{n}+\sqrt{n+1}}$ 의 값은?

① 1 ② $\sqrt{2}$ ③ $\sqrt{3}$

④ 3 ⑤ 4

660

$\displaystyle\sum_{k=1}^{15}\dfrac{k^2+k-24}{2k^2+2k}$ 의 값은?

① $-\dfrac{15}{4}$ ② $-\dfrac{15}{8}$ ③ $\dfrac{15}{8}$

④ $\dfrac{15}{4}$ ⑤ $\dfrac{15}{2}$

661 빈출

다음 수열의 첫째항부터 제10항까지의 합을 구하시오.

(1) $\dfrac{1}{1},\ \dfrac{1}{1+2},\ \dfrac{1}{1+2+3},\ \dfrac{1}{1+2+3+4},\ \cdots$

(2) $\dfrac{1}{\sqrt{3}+1},\ \dfrac{1}{\sqrt{5}+\sqrt{3}},\ \dfrac{1}{\sqrt{7}+\sqrt{5}},\ \dfrac{1}{3+\sqrt{7}},\ \cdots$

662

다음을 계산하시오.

(1) $\dfrac{2}{1\times3}+\dfrac{2}{2\times4}+\dfrac{2}{3\times5}+\cdots+\dfrac{2}{9\times11}$

(2) $\dfrac{1}{2^2-1}+\dfrac{1}{4^2-1}+\dfrac{1}{6^2-1}+\cdots+\dfrac{1}{30^2-1}$

663 빈출 👑

| 선행 **642** |

기호 $\sum$에 대하여 〈보기〉에서 옳은 것의 개수는?

―〈보 기〉―

ㄱ. $3+7+11+\cdots+31=\displaystyle\sum_{k=3}^{10}(4k-9)$

ㄴ. $3^2+5^2+7^2+\cdots+23^2=\displaystyle\sum_{k=2}^{9}(2k+5)^2+\sum_{k=2}^{4}(2k-1)^2$

ㄷ. $2\times3+4\times5+6\times7+\cdots+26\times27=\displaystyle\sum_{k=1}^{13}\{2k(2k+1)\}$

ㄹ. $\dfrac{1}{1\times3}+\dfrac{1}{2\times4}+\dfrac{1}{3\times5}+\cdots+\dfrac{1}{19\times21}=\displaystyle\sum_{k=1}^{21}\dfrac{1}{k(k+2)}$

① 0   ② 1   ③ 2

④ 3   ⑤ 4

664

기호 $\sum$에 대하여 〈보기〉에서 옳은 것의 개수는?

―〈보 기〉―

ㄱ. $\displaystyle\sum_{k=1}^{8}a_k+\sum_{i=9}^{15}a_i=\sum_{n=1}^{15}a_n$

ㄴ. $\displaystyle\sum_{k=1}^{10}2^{k+3}=\sum_{i=5}^{14}2^{i-1}$

ㄷ. $\displaystyle\sum_{k=1}^{10}(a_{k+1}-a_k)=a_1-a_{11}$

ㄹ. $\displaystyle\sum_{k=1}^{8}(4k+8)=\sum_{i=3}^{10}4i$

ㅁ. $\displaystyle\sum_{k=1}^{4}(3k-15)^2=\sum_{i=6}^{9}9i^2$

① 1   ② 2   ③ 3

④ 4   ⑤ 5

665

수열 $\{a_n\}$에 대하여 $\displaystyle\sum_{k=1}^{30}a_k=50$, $a_{31}=\dfrac{1}{3}$일 때, $\displaystyle\sum_{k=1}^{30}k(a_k-a_{k+1})$의 값은?

① 20   ② 30   ③ 40

④ 50   ⑤ 60

666   평가원 기출

두 수열 $\{a_n\}$, $\{b_n\}$에 대하여

$$\sum_{k=1}^{10}(a_k+2b_k)=45, \quad \sum_{k=1}^{10}(a_k-b_k)=3$$

일 때, $\displaystyle\sum_{k=1}^{10}\left(b_k-\dfrac{1}{2}\right)$의 값을 구하시오.

667   평가원 기출

수열 $\{a_n\}$에 대하여

$$\sum_{k=1}^{10}a_k-\sum_{k=1}^{7}\dfrac{a_k}{2}=56, \quad \sum_{k=1}^{10}2a_k-\sum_{k=1}^{8}a_k=100$$

일 때, a_8의 값을 구하시오.

668 빈출

다음 식의 값을 구하시오.

(1) $\displaystyle\sum_{n=1}^{80} \log_3\left(1-\frac{1}{n+1}\right)$

(2) $\displaystyle\sum_{k=1}^{254} \log_2\{\log_{k+1}(k+2)\}$

669

| 선행 **654** |

수열 $\{a_n\}$이 모든 자연수 n에 대하여

$\log_2\left(\displaystyle\sum_{k=1}^{n} a_k+1\right)=n+1$을 만족시킬 때, $\displaystyle\sum_{k=1}^{5} a_{2k-1}$의 값은?

① 681   ② 682   ③ 683

④ 684   ⑤ 685

670

수열 $\{a_n\}$이 모든 자연수 n에 대하여

$\displaystyle\sum_{k=1}^{n} \{(2k^2+k)a_k-k+1\}=n$을 만족시킬 때, $30\times a_7$의 값은?

① 2   ② 3   ③ 4

④ 5   ⑤ 6

671

수열 $\{a_n\}$이 모든 자연수 n에 대하여 $\displaystyle\sum_{k=n}^{2n+3} a_k=3n-5$를

만족시키고, $\displaystyle\sum_{k=1}^{76} a_k=175$이다. a_{76}의 값은?

① 14   ② 16   ③ 18

④ 20   ⑤ 22

672 빈출   평가원 기출

수열 $\{a_n\}$이 모든 자연수 n에 대하여

$$\sum_{k=1}^{n} \frac{4k-3}{a_k}=2n^2+7n$$

을 만족시킨다. $a_5\times a_7\times a_9=\dfrac{q}{p}$일 때, $p+q$의 값을 구하시오.

(단, p와 q는 서로소인 자연수이다.)

673 서술형

두 수열 $\{a_n\}$, $\{b_n\}$이 모든 자연수 n에 대하여

$$\sum_{k=1}^{n} (a_k+b_k)=2^n-1, \quad \sum_{k=1}^{n} (a_k-b_k)=4n$$

을 만족시킬 때, $\displaystyle\sum_{k=1}^{6} (a_k^2-b_k^2)$의 값을 구하고, 그 과정을

서술하시오.

674

다음 수열의 첫째항부터 제10항까지의 합을 구하시오.

$$(1),\ \left(1+\frac{1}{2}\right),\ \left(1+\frac{1}{2}+\frac{1}{4}\right),\ \cdots,\ \left(1+\frac{1}{2}+\frac{1}{4}+\cdots+\frac{1}{2^{n-1}}\right),\ \cdots$$

675

수열 $\{a_n\}$은 다음 조건을 만족시킨다.

> (개) $a_1,\ a_2,\ a_3,\ a_4,\ a_5$는 이 순서대로 공차가 -2인 등차수열을 이룬다.
> (내) 모든 자연수 n에 대하여 $a_{n+5}=a_n+1$이다.

$\displaystyle\sum_{n=1}^{35}a_n=280$일 때, a_1의 값은?

① 7   ② 8   ③ 9

④ 10   ⑤ 11

676

공차가 양수인 등차수열 $\{a_n\}$에 대하여 $a_5=5$이고 $\displaystyle\sum_{k=3}^{7}|2a_k-10|=20$이다. a_6의 값은?

① 6   ② $\dfrac{20}{3}$ ③ $\dfrac{22}{3}$

④ 8   ⑤ $\dfrac{26}{3}$

677

공차가 정수인 등차수열 $\{a_n\}$이 다음 조건을 만족시킨다.

> (개) $a_7=37$
> (내) 모든 자연수 n에 대하여 $\displaystyle\sum_{k=1}^{n}a_k\le\sum_{k=1}^{13}a_k$이다.

$\displaystyle\sum_{k=1}^{21}|a_k|$의 값은?

① 681   ② 683   ③ 685

④ 687   ⑤ 689

678

자연수 n에 대하여 좌표평면 위의 점 P_n을 다음 규칙에 따라 정한다.

> (개) 점 A의 좌표는 $(1,\ 0)$이다.
> (내) 점 P_n은 선분 OA를 $2^n:1$로 내분하는 점이다.

$l_n=\overline{OP_n}$이라 할 때, $\displaystyle\sum_{n=1}^{10}\frac{1}{l_n}$의 값은? (단, O는 원점이다.)

① $10-\left(\dfrac{1}{2}\right)^{10}$ ② $10+\left(\dfrac{1}{2}\right)^{10}$ ③ $11-\left(\dfrac{1}{2}\right)^{10}$

④ $11+\left(\dfrac{1}{2}\right)^{10}$ ⑤ $12-\left(\dfrac{1}{2}\right)^{10}$

679

자연수 n에 대하여 점 $P_n\left(n, \dfrac{1}{3}n^2\right)$을 중심으로 하고 반지름의 길이가 n인 원을 C_n이라 하자. 원 C_n이 x축 및 y축과 만나는 서로 다른 점의 개수를 a_n이라 할 때, $\displaystyle\sum_{k=1}^{10} a_k$의 값은?

① 11   ② 12   ③ 13

④ 14   ⑤ 15

680

그림과 같이 한 변의 길이가 4인 정삼각형 $A_1B_1C_1$의 세 변 A_1B_1, B_1C_1, C_1A_1을 $1:3$으로 내분하는 점을 각각 A_2, B_2, C_2라 하고, 삼각형 $A_2B_2C_2$의 세 변 A_2B_2, B_2C_2, C_2A_2를 $1:3$으로 내분하는 점을 각각 A_3, B_3, C_3이라 하자. 이와 같은 과정을 반복하여 만든 삼각형 $A_nB_nC_n$의 넓이를 S_n이라 할 때, $\displaystyle\sum_{n=1}^{5} S_n$의 값은?

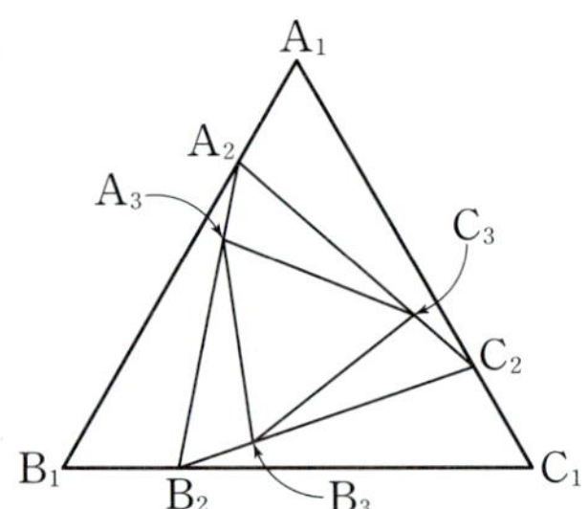

① $\dfrac{64\sqrt{3}}{9}\left\{1-\left(\dfrac{7}{16}\right)^5\right\}$ ② $\dfrac{64\sqrt{3}}{9}\left\{1-\left(\dfrac{9}{16}\right)^5\right\}$

③ $\dfrac{49\sqrt{3}}{9}\left\{1-\left(\dfrac{7}{16}\right)^5\right\}$ ④ $\dfrac{49\sqrt{3}}{9}\left\{1-\left(\dfrac{9}{16}\right)^5\right\}$

⑤ $\dfrac{13\sqrt{3}}{3}\left\{1-\left(\dfrac{7}{16}\right)^5\right\}$

681

다음 식의 값을 구하시오.

(1) $\displaystyle\sum_{j=1}^{6}\left\{\sum_{i=1}^{j}\left(\sum_{k=1}^{i}4\right)\right\}$ (2) $\displaystyle\sum_{m=1}^{8}\left(\sum_{k=1}^{m+1}km\right)$

682 빈출 👑

수열 $\{a_n\}$이 모든 자연수 n에 대하여 $\displaystyle\sum_{k=1}^{n}ka_k=n^3+n^2+1$을 만족시킬 때, $\displaystyle\sum_{k=1}^{10}a_k$의 값은?

① 148   ② 152   ③ 156

④ 160   ⑤ 164

683

자연수 n에 대하여 등식 $\displaystyle\sum_{k=5}^{n+5}6(k-2)=an^2+bn+c$가 성립할 때, $3a+2b+c$의 값은? (단, a, b, c는 상수이다.)

① 57   ② 63   ③ 69

④ 75   ⑤ 81

684 빈출 👑

수열 $\{a_n\}$은 $a_1=1$이고, 모든 자연수 n에 대하여

$\sum\limits_{k=1}^{n}(a_{k+1}-a_k)=3n$을 만족시킬 때, $\sum\limits_{k=1}^{10}a_k$의 값은?

① 141   ② 142   ③ 143

④ 144   ⑤ 145

685

$\sum\limits_{k=1}^{10}(2k-a)^2$의 값이 최소가 되도록 하는 실수 a의 값과 그때의 최솟값을 각각 구하시오.

686

이차방정식 $x^2+3x-2=0$의 두 근을 α, β라 할 때,
$$(\alpha+1)(\beta+1)+(\alpha+2)(\beta+2)+(\alpha+3)(\beta+3)+\cdots$$
$$+(\alpha+8)(\beta+8)$$
의 값은?

① 72   ② 76   ③ 80

④ 84   ⑤ 88

687

수열 $\{a_n\}$을
$$a_n=([\sqrt{m}]=n\text{을 만족시키는 자연수 } m\text{의 개수})$$
로 정의하자. $\sum\limits_{k=1}^{10}a_k$의 값은?

(단, $[x]$는 x보다 크지 않은 최대의 정수이다.)

① 105   ② 110   ③ 115

④ 120   ⑤ 125

688 서술형 ✏

다음 값을 구하고, 그 과정을 서술하시오.

$$\sum_{k=1}^{10}k^2+\sum_{k=2}^{10}k^2+\sum_{k=3}^{10}k^2+\cdots+\sum_{k=10}^{10}k^2$$

689

그림과 같이 자연수 n에 대하여 원 $x^2+y^2=25n^2$과 직선 $x-\sqrt{3}y+6n=0$이 만나는 두 점을 A_n, B_n이라 할 때, $\sum\limits_{k=1}^{10}\overline{A_kB_k}$의 값은?

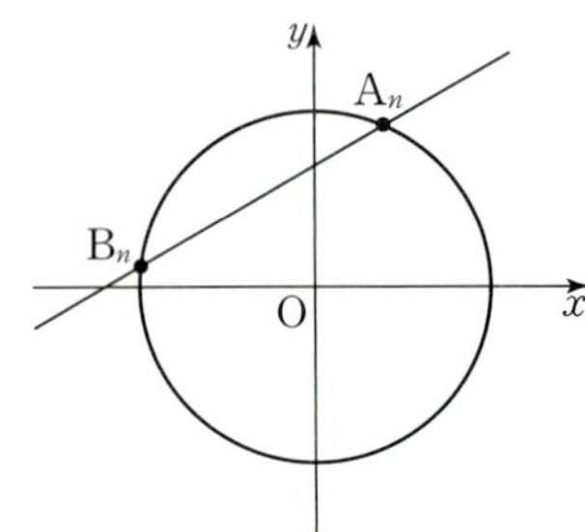

① 440
② 448
③ 456
④ 464
⑤ 472

690 빈출

그림과 같이 좌표평면에서 자연수 n에 대하여 직선 $y=x$와 원 $C_n:(x-n)^2+(y-2n)^2=n(n+1)$이 만나는 서로 다른 두 점을 A_n, B_n이라 하자. $\sum\limits_{k=1}^{10}(\overline{OA_k}\times\overline{OB_k})$의 값은?

(단, O는 원점이다.)

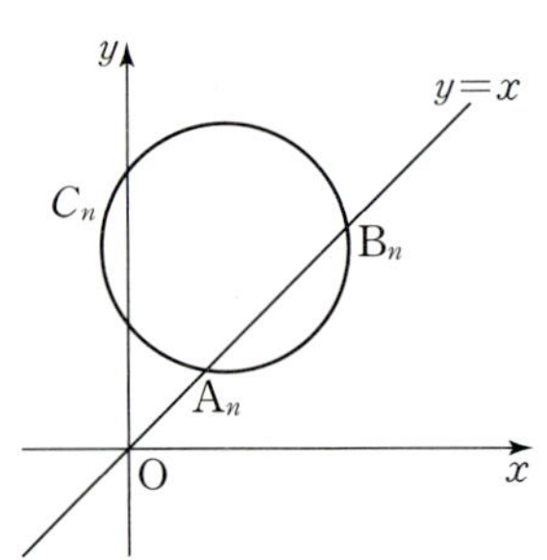

① 1385
② 1435
③ 1485
④ 1535
⑤ 1585

691 빈출

다음 식의 값을 구하시오.

$$1\times n+3\times(n-1)+5\times(n-2)+\cdots+(2n-1)\times1$$

692 빈출

수열 (2), $(2+4)$, $(2+4+6)$, $\cdots$, $(2+4+6+\cdots+2n)$, $\cdots$의 첫째항부터 제10항까지의 합을 a라 하고, 수열 (1), $(1+2)$, $(1+2+4)$, $\cdots$, $(1+2+4+\cdots+2^{n-1})$, $\cdots$의 첫째항부터 제8항까지의 합을 b라 할 때, $a+b$의 값은?

① 912
② 922
③ 932
④ 942
⑤ 952

693 빈출

다음과 같은 규칙으로 자연수를 나열할 때, 제n행에 나열되는 수들의 합을 a_n이라 하자. $\sum\limits_{n=1}^{10}a_n$의 값은?

제1행			1		
제2행			2	4	
제3행		3	6	9	
제4행	4	8	12	16	
$\vdots$			$\vdots$		
제n행	n	$2n$	$3n$	$\cdots$	n^2
$\vdots$			$\vdots$		

① 1505
② 1605
③ 1705
④ 1805
⑤ 1905

694

그림과 같이 가로 9칸, 세로 9칸으로 이루어진 표에 2, 4, 6, $\cdots$, 16, 18의 수를 채워 넣었을 때, 표에 채운 모든 수의 합은?

18	18	18	$\cdots$	18	18
16	16	16		16	18
	$\vdots$		$\ddots$		$\vdots$
6	6	6		16	18
4	4	6	$\cdots$	16	18
2	4	6		16	18

① 1050 ② 1150 ③ 1250
④ 1350 ⑤ 1450

695

다음과 같이 제1행부터 제8행까지 나열된 수의 총합은?

$$
\begin{array}{ll}
1 & \text{제1행} \\
1\ 2\ 1 & \text{제2행} \\
1\ 2\ 3\ 2\ 1 & \text{제3행} \\
1\ 2\ 3\ 4\ 3\ 2\ 1 & \text{제4행} \\
\vdots & \vdots \\
1\ 2\ 3\ 4\ 5\ 6\ 7\ 8\ 7\ 6\ 5\ 4\ 3\ 2\ 1 & \text{제8행}
\end{array}
$$

① 204 ② 206 ③ 208
④ 210 ⑤ 212

696

첫째항이 4이고 공차가 7인 등차수열 $\{a_n\}$에 대하여 $\displaystyle\sum_{k=1}^{20} \frac{1}{\sqrt{a_k}+\sqrt{a_{k+1}}}$의 값은?

① 1
② $\dfrac{8}{7}$
③ $\dfrac{9}{7}$
④ $\dfrac{10}{7}$
⑤ $\dfrac{11}{7}$

697

수열 $\{a_n\}$의 일반항이 $a_n = 2^{\frac{2}{n(n+1)}} - n$일 때,
$$\log_2\{(a_1+1)(a_2+2)(a_3+3)\times \cdots \times (a_{15}+15)\}$$
의 값을 구하시오.

698 빈출 ♔

수열 $\{a_n\}$이 모든 자연수 n에 대하여 $\displaystyle\sum_{k=1}^{n} a_k = n^2 - 2n - 2$를 만족시킬 때, $\displaystyle\sum_{k=1}^{17} \frac{2}{a_k a_{k+1}} = \frac{q}{p}$이다. $p+q$의 값은? (단, p와 q는 서로소인 자연수이다.)

① 37 ② 40 ③ 43
④ 46 ⑤ 49

699

$\displaystyle\sum_{n=1}^{99}\frac{1}{(n+1)\sqrt{n}+n\sqrt{n+1}}$ 의 값은?

① $\dfrac{1}{100}$ ② $\dfrac{9}{100}$ ③ $\dfrac{1}{10}$

④ $\dfrac{9}{10}$ ⑤ $\dfrac{99}{100}$

700

평가원 기출

n이 자연수일 때, x에 대한 이차방정식
$$x^2-(2n-1)x+n(n-1)=0$$
의 두 근을 α_n, β_n이라 하자. $\displaystyle\sum_{n=1}^{81}\frac{1}{\sqrt{\alpha_n}+\sqrt{\beta_n}}$의 값을 구하시오.

701

빈출 👑

x에 대한 이차방정식 $x^2+6x-(2n-1)(2n+1)=0$의 두 근을 α_n, β_n이라 할 때, $\displaystyle\sum_{k=1}^{10}\left(\frac{1}{\alpha_k}+\frac{1}{\beta_k}\right)$의 값은?

① $\dfrac{10}{21}$ ② $\dfrac{20}{21}$ ③ $\dfrac{20}{41}$

④ $\dfrac{40}{41}$ ⑤ $\dfrac{20}{7}$

702

빈출 👑

수열 $\{a_n\}$이 모든 자연수 n에 대하여
$$\sum_{k=1}^{n}\frac{a_k}{2k+1}=n^2+4n-3$$ 을 만족시킬 때, $\displaystyle\sum_{k=1}^{11}\frac{1}{a_k}$의 값은?

① $\dfrac{7}{30}$ ② $\dfrac{37}{150}$ ③ $\dfrac{13}{50}$

④ $\dfrac{41}{150}$ ⑤ $\dfrac{43}{150}$

703

교육청 기출

수열 $\{a_n\}$이 $a_1=3$, $a_n=8n-4(n=2, 3, 4, \cdots)$를 만족시킬 때, 수열 $\{a_n\}$의 첫째항부터 제n항까지의 합을 S_n이라 하자. $\displaystyle\sum_{k=1}^{10}\frac{1}{S_k}=\frac{q}{p}$일 때, $p+q$의 값을 구하시오.

(단, p와 q는 서로소인 자연수이다.)

704

선생님 Pick! **평가원 변형**

첫째항이 3인 수열 $\{a_n\}$의 첫째항부터 제n항까지의 합을 S_n이라 할 때, $\displaystyle\sum_{k=1}^{30}\frac{a_{k+1}}{S_kS_{k+1}}=\frac{1}{12}$이다. S_{31}의 값은?

① 6 ② 4 ③ 3

④ $\dfrac{12}{5}$ ⑤ 2

705

양의 실수로 이루어진 수열 $\{a_n\}$이 모든 자연수 n에 대하여
$$a_1^2+a_2^2+a_3^2+\cdots+a_n^2=n^2$$
을 만족시킬 때, $\displaystyle\sum_{k=1}^{60}\frac{1}{a_k+a_{k+1}}$의 값은?

① 2 ② 3 ③ 4
④ 5 ⑤ 6

706

수열 $\{a_n\}$이 모든 자연수 n에 대하여
$$a_1+2a_2+3a_3+\cdots+na_n=200n$$
을 만족시킬 때, $\displaystyle\sum_{k=1}^{99}\frac{a_k}{k+1}$의 값은?

① 196 ② 198 ③ 200
④ 202 ⑤ 204

707

자연수 n에 대하여 유리함수 $f(x)=\dfrac{nx+8n^2}{x-n}$의 그래프 위의
점 P_n이 제1사분면 위에 존재하고 점 P_n에서 x축까지의 거리와
점 P_n에서 y축까지의 거리가 서로 같다. 점 P_n의 x좌표를 x_n이라
할 때, $\displaystyle\sum_{k=1}^{24}\frac{100}{x_k x_{k+1}}$의 값은?

① 6 ② $\dfrac{20}{3}$ ③ $\dfrac{22}{3}$
④ 8 ⑤ $\dfrac{26}{3}$

708

그림과 같이 자연수 n에 대하여 좌표평면 위의 두 점
$(0,\,n)$, $(1,\,-1)$을 지나는 직선이 x축과 만나는 점을 P_n이라
하자. $\displaystyle\sum_{k=1}^{20}\overline{P_k P_{k+1}}$의 값은?

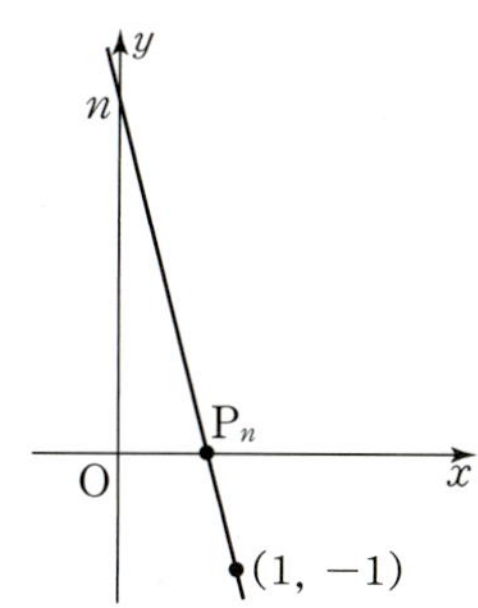

① $\dfrac{9}{22}$ ② $\dfrac{5}{11}$ ③ $\dfrac{1}{2}$
④ $\dfrac{6}{11}$ ⑤ $\dfrac{13}{22}$

709

2 이상의 자연수 n에 대하여 좌표평면에서 네 직선 $x=1$, $x=n$,
$y=x$, $y=3x$로 둘러싸인 사각형의 넓이를 S_n이라 할 때,
$\displaystyle\sum_{k=2}^{10}\frac{10}{S_k}=\frac{q}{p}$이다. $p+q$의 값은?

(단, p와 q는 서로소인 자연수이다.)

① 67 ② 75 ③ 83
④ 91 ⑤ 99

스키마 schema로 풀이 흐름 알아보기

두 수열 $\{a_n\}$, $\{b_n\}$이 모든 자연수 n에 대하여 $\underset{조건 ①}{\underline{\sum\limits_{k=1}^{n}(a_k+b_k)=2^n-1}}$, $\underset{조건 ②}{\underline{\sum\limits_{k=1}^{n}(a_k-b_k)=4n}}$을 만족시킬 때,

$\underset{답}{\underline{\sum\limits_{k=1}^{6}(a_k^2-b_k^2)}}$의 값을 구하고, 그 과정을 서술하시오.

▶ 주어진 **조건** 은 무엇인지? 구하는 **답** 은 무엇인지? 이 둘을 어떻게 연결할지?

1 단계

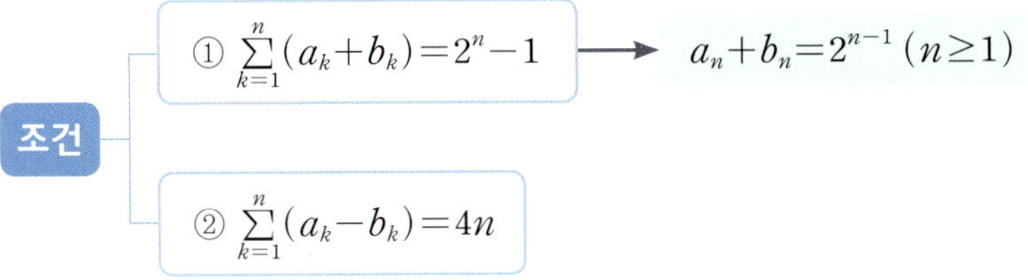

조건 ①에 의하여
$n\geq2$일 때
$$a_n+b_n=\sum_{k=1}^{n}(a_k+b_k)-\sum_{k=1}^{n-1}(a_k+b_k)$$
$$=2^n-2^{n-1}=2^{n-1}$$
이고, $a_1+b_1=\sum\limits_{k=1}^{1}(a_k+b_k)=1$
$\therefore a_n+b_n=2^{n-1}\ (n\geq1)$

2 단계

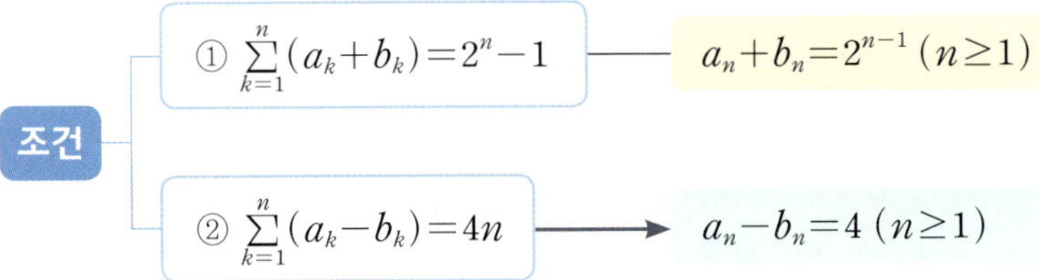

조건 ②에 의하여
$n\geq2$일 때
$$a_n-b_n=\sum_{k=1}^{n}(a_k-b_k)-\sum_{k=1}^{n-1}(a_k-b_k)$$
$$=4n-4(n-1)=4$$
이고, $a_1-b_1=\sum\limits_{k=1}^{1}(a_k-b_k)=4$
$\therefore a_n-b_n=4\ (n\geq1)$

3 단계

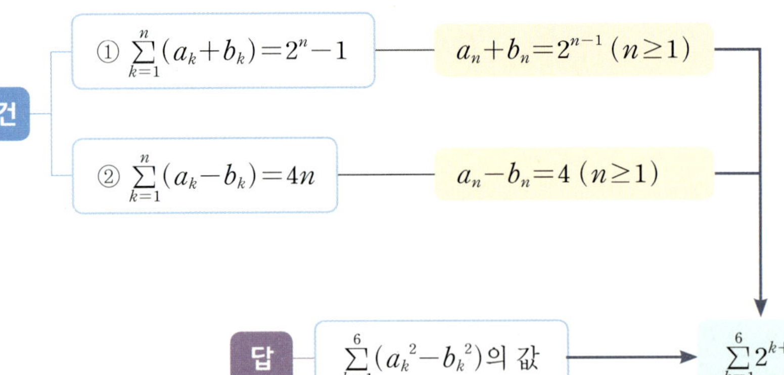

$$\therefore \sum_{k=1}^{6}(a_k^2-b_k^2)$$
$$=\sum_{k=1}^{6}(a_k-b_k)(a_k+b_k)$$
$$=\sum_{k=1}^{6}(4\times2^{k-1})=\sum_{k=1}^{6}2^{k+1}$$
$$=\frac{4(2^6-1)}{2-1}=252$$

스키마 schema로 풀이 흐름 알아보기

수열 $\{a_n\}$이 모든 자연수 n에 대하여 $\displaystyle\sum_{k=1}^{n}a_k=n^2-2n-2$를 만족시킬 때, $\displaystyle\sum_{k=1}^{17}\dfrac{2}{a_k a_{k+1}}=\dfrac{q}{p}$이다. $p+q$의 값은?

조건 ①   조건 ②   답

(단, p와 q는 서로소인 자연수이다.)

① 37   ② 40   ③ 43   ④ 46   ⑤ 49

▶ 주어진 조건은 무엇인지? 구하는 답은 무엇인지? 이 둘을 어떻게 연결할지?

1단계

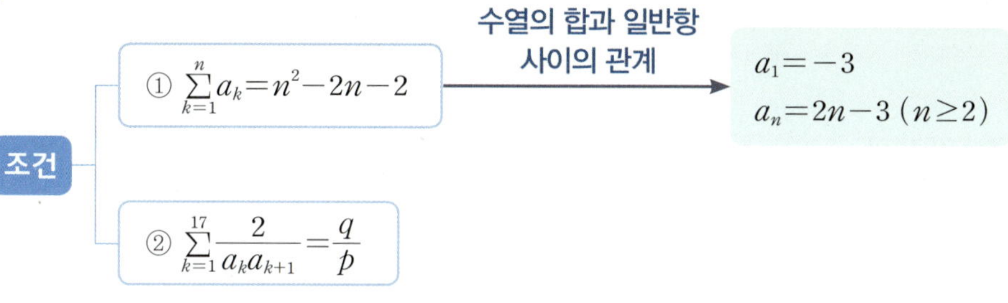

조건 ①에 의하여
$n\geq2$일 때
$$a_n=\sum_{k=1}^{n}a_k-\sum_{k=1}^{n-1}a_k$$
$$=n^2-2n-2$$
$$\qquad-\{(n-1)^2-2(n-1)-2\}$$
$$=2n-3$$
이고,
$$a_1=\sum_{k=1}^{1}a_k=-3$$

2단계

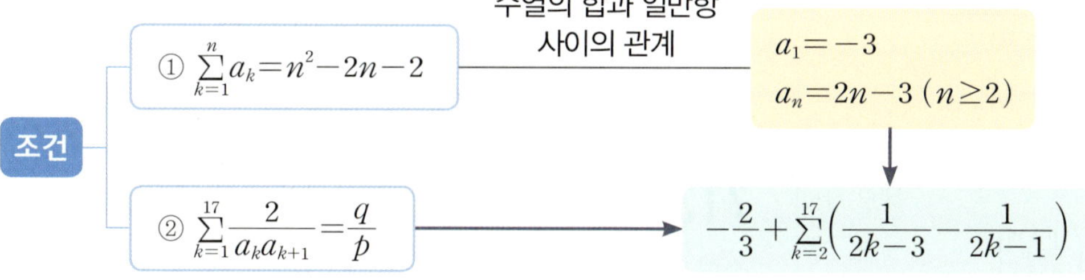

$a_2=1$에서 $a_1 a_2=-3$이므로
$$\sum_{k=1}^{17}\dfrac{2}{a_k a_{k+1}}$$
$$=\dfrac{2}{a_1 a_2}+\sum_{k=2}^{17}\dfrac{2}{a_k a_{k+1}}$$
$$=-\dfrac{2}{3}+\sum_{k=2}^{17}\left(\dfrac{1}{2k-3}-\dfrac{1}{2k-1}\right)$$

3단계

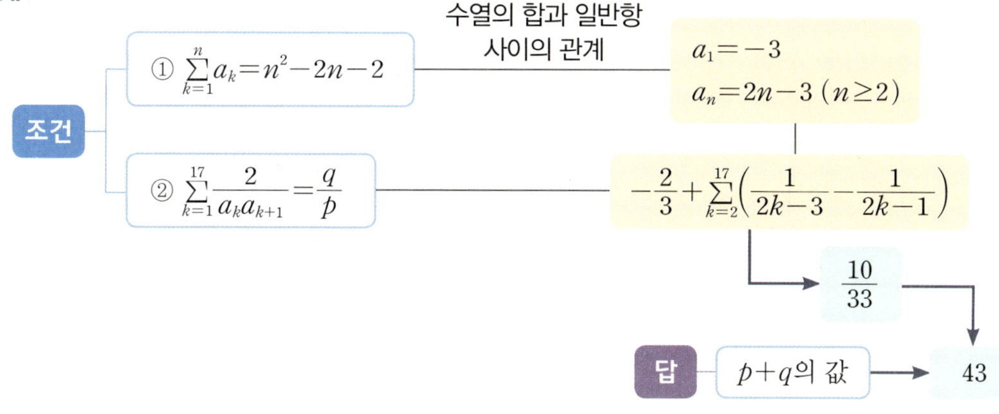

$$-\dfrac{2}{3}+\sum_{k=2}^{17}\left(\dfrac{1}{2k-3}-\dfrac{1}{2k-1}\right)$$
$$=-\dfrac{2}{3}+\left\{\left(\dfrac{1}{1}-\dfrac{1}{3}\right)+\left(\dfrac{1}{3}-\dfrac{1}{5}\right)\right.$$
$$+\left(\dfrac{1}{5}-\dfrac{1}{7}\right)+\cdots+\left(\dfrac{1}{31}-\dfrac{1}{33}\right)\right\}$$
$$=-\dfrac{2}{3}+\left(1-\dfrac{1}{33}\right)=\dfrac{10}{33}$$
따라서 $p=33$, $q=10$이므로
$$p+q=43$$

710

모든 항이 양수인 등비수열 $\{a_n\}$이 $\sum\limits_{k=1}^{10}(a_k)^2=24$, $\sum\limits_{k=1}^{10}\left(\dfrac{1}{a_k}\right)^2=6$을 만족시킬 때, $a_1\times a_2\times a_3\times\cdots\times a_{10}$의 값은?

① $\dfrac{1}{32}$ 　　② $\dfrac{1}{8}$ 　　③ 8

④ 16 　　⑤ 32

711 빈출 👑

그림과 같이 한 변의 길이가 4인 한 개의 정삼각형에서 각 변의 중점을 선분으로 이으면 4개의 작은 정삼각형이 생긴다. 이때 가운데 정삼각형 하나를 잘라내면 3개의 정삼각형이 남는다. 남은 3개의 각 정삼각형에서 같은 과정을 반복하면 모두 9개의 정삼각형이 남고, 다시 9개의 각 정삼각형에서 같은 과정을 반복하면 모두 27개의 정삼각형이 남는다.

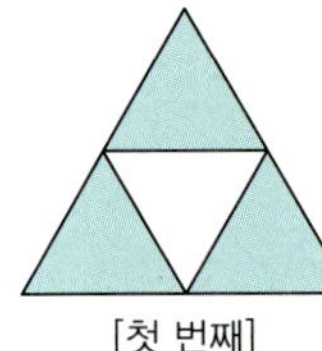 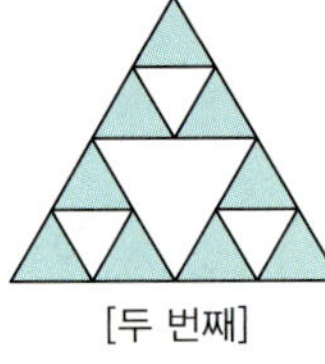 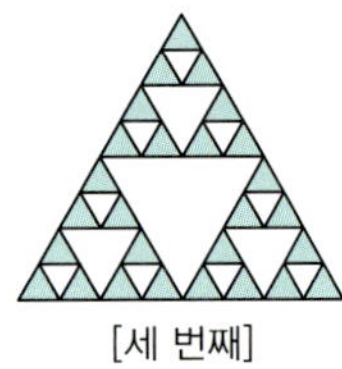

이와 같은 과정을 계속하여 만들어지는 n번째 도형에서 남은 정삼각형의 넓이의 합을 a_n이라 할 때, $\sum\limits_{k=1}^{10}a_k$의 값은?

① $8\sqrt{3}\left\{1-\left(\dfrac{3}{4}\right)^{10}\right\}$ 　　② $8\sqrt{3}\left\{1-\left(\dfrac{1}{4}\right)^{10}\right\}$

③ $12\sqrt{3}\left\{1-\left(\dfrac{3}{4}\right)^{10}\right\}$ 　　④ $12\sqrt{3}\left\{1-\left(\dfrac{1}{4}\right)^{10}\right\}$

⑤ $16\sqrt{3}\left\{1-\left(\dfrac{3}{4}\right)^{10}\right\}$

712

그림과 같이 한 변의 길이가 $1\,\mathrm{cm}$인 정오각형 $P_1P_2P_3P_4P_5$가 있다. 점 P_1에 위치한 점 A가 다음과 같은 규칙에 따라 시계 반대 방향으로 변 위를 움직인다.

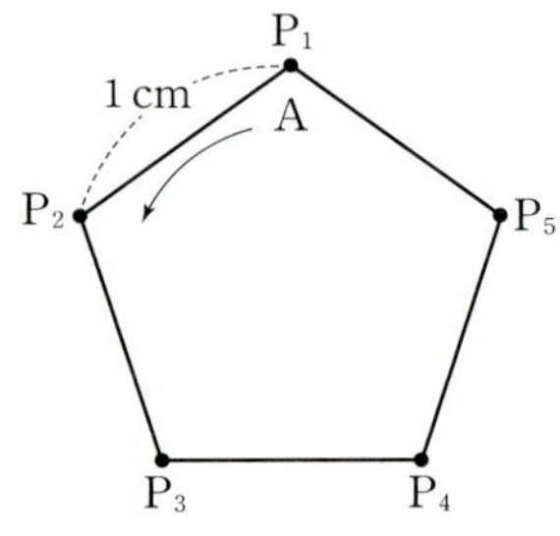

(가) 첫 번째에 점 A는 $1\,\mathrm{cm}$만큼 이동하여 점 P_2에 도착한다.

(나) 점 A가 n번째에 점 P_i $(i=1,\ 2,\ 3,\ 4,\ 5)$에 도착하면 $(n+1)$번째에는 점 P_i를 출발하여 $(i+1)\,\mathrm{cm}$만큼 이동한다.

점 A가 n번째에 도착한 점이 P_i일 때, 수열 $\{a_n\}$을 $a_n=i$라 하면 $a_1=2$, $a_2=5$이다. $\sum\limits_{n=1}^{20}a_n$의 값은?

① 40 　　② 45 　　③ 50

④ 55 　　⑤ 60

713 평가원 기출

수열 $\{a_n\}$에서 $a_n=(-1)^{\frac{n(n+1)}{2}}$일 때, $\sum\limits_{n=1}^{2018}na_n$의 값은?

① 2019 　　② 2018 　　③ 0

④ -2018 　　⑤ -2019

714 빈출

그림과 같이 크기가 같은 공을 사면체 모양으로 쌓아 올릴 때, [n단계]에서 사면체 모양을 쌓는데 필요한 공의 개수를 a_n이라 하자. 다음 물음에 답하시오.

[1단계]　　　[2단계]　　　[3단계]　　…

(1) 일반항 a_n을 구하시오.
(2) a_9의 값을 구하시오.

715

수열 $\{a_n\}$이 모든 자연수 n에 대하여 $\displaystyle\sum_{k=1}^{n} a_{2k-1}=3^{n-1}+1$,

$\displaystyle\sum_{k=1}^{2n} a_k=n^2+2n$을 만족시킬 때, $|a_{10}|$의 값을 구하시오.

716

모든 항이 -2, 0, 1 중 하나인 수열 $\{a_n\}$에 대하여

$\displaystyle\sum_{k=1}^{30} a_k=12$, $\displaystyle\sum_{k=1}^{30} |a_k|=28$일 때, $\displaystyle\sum_{k=1}^{30} (a_k)^2$의 값은?

① 18　　　　② 24　　　　③ 30
④ 36　　　　⑤ 42

717

공차가 2보다 큰 등차수열 $\{a_n\}$에 대하여 $a_2+a_4=4$일 때, $\displaystyle\sum_{k=1}^{5} (a_k{}^2-10|a_k|)$의 값이 최소가 되도록 하는 수열 $\{a_n\}$의 공차를 구하시오.

718

자연수 n에 대하여 $\left|\left(n+\dfrac{3}{4}\right)^2-p\right|$의 값이 최소가 되도록 하는 자연수 p의 값을 a_n이라 할 때, $\displaystyle\sum_{n=1}^{8}a_n$의 값을 구하시오.

719

평가원 기출

수열 $\{a_n\}$의 제n항을 $\dfrac{n}{3^k}$이 자연수가 되게 하는 음이 아닌 정수 k의 최댓값이라 하자. 예를 들어, $a_1=0$, $a_6=1$이다. $a_m=3$일 때, $a_m+a_{2m}+a_{3m}+\cdots+a_{9m}$의 값을 구하시오.

720

그림과 같이 원점 O에서 시작해서 점 $A_1(-1,\ 1)$, $A_2(-2,\ 0)$, $A_3(0,\ -2)$, $A_4(2,\ 0)$, $A_5(-1,\ 3)$, $A_6(-4,\ 0)$, $\cdots$을 순서대로 이어서 만든 선분을 연결한다.
$$\overline{OA_1}+\overline{A_1A_2}+\overline{A_2A_3}+\cdots+\overline{A_nA_{n+1}}=484\sqrt{2}$$
를 만족시키는 자연수 n의 값은?

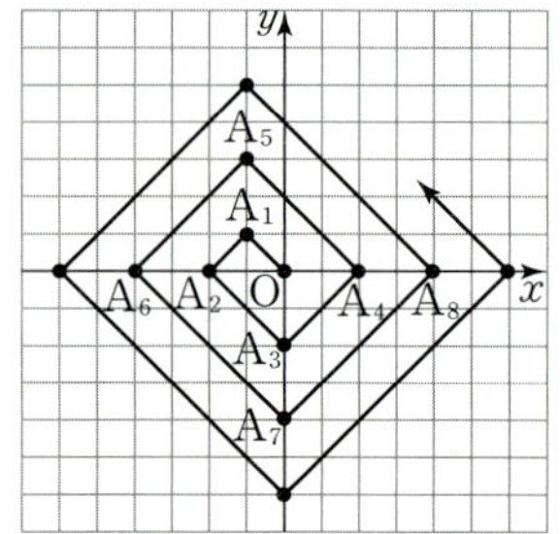

① 39   ② 40   ③ 41
④ 42   ⑤ 43

721

자연수 n에 대하여 두 이차함수 $y=x^2$, $y=(x-n)^2+n^2$의 그래프와 y축으로 둘러싸인 영역의 내부 및 경계에 포함되는 x좌표와 y좌표가 모두 정수인 점의 개수를 a_n이라 하자. $\displaystyle\sum_{k=1}^{5}a_k$의 값을 구하시오.

722

자연수 n에 대하여 부등식 $\displaystyle\sum_{k=1}^{m} k \le n < \sum_{k=1}^{m+1} k$를 만족시키는 자연수 m의 값을 a_n이라 하자. 예를 들어, $\displaystyle\sum_{k=1}^{2} k \le 4 < \sum_{k=1}^{3} k$이므로 $a_4 = 2$이다. $\displaystyle\sum_{k=1}^{50} a_k$의 값은?

① 286 ② 288 ③ 290

④ 292 ⑤ 294

723

정가원 기출

수열 $\{a_n\}$의 일반항은

$$a_n = \log_2 \sqrt{\frac{2(n+1)}{n+2}}$$

이다. $\displaystyle\sum_{k=1}^{m} a_k$의 값이 100 이하의 자연수가 되도록 하는 모든 자연수 m의 값의 합은?

① 150 ② 154 ③ 158

④ 162 ⑤ 166

724

선생님 Pick! 정가원 기출

함수 $y = f(x)$는 $f(3) = f(15)$를 만족시키고, 그 그래프는 그림과 같다. 모든 자연수 n에 대하여 $f(n) = \displaystyle\sum_{k=1}^{n} a_k$인 수열 $\{a_n\}$이 있다. m이 15보다 작은 자연수일 때,

$$a_m + a_{m+1} + \cdots + a_{15} < 0$$

을 만족시키는 m의 최솟값을 구하시오.

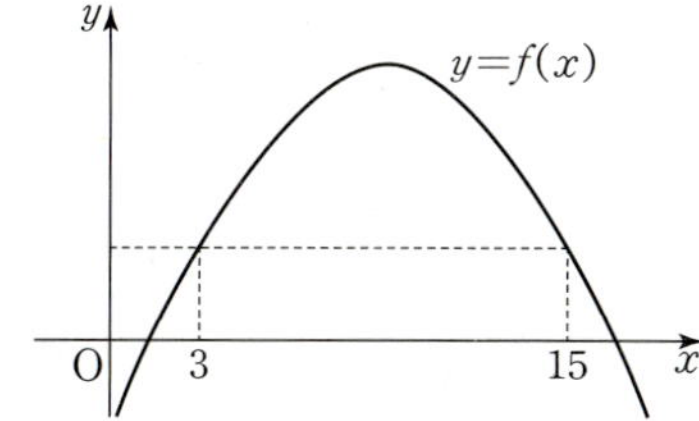

725 빈출 👑

교육청 기출

등차수열 $\{a_n\}$에 대하여

$$S_n=\sum_{k=1}^{n} a_k,\ T_n=\sum_{k=1}^{n} |a_k|$$

라 할 때, 수열 $\{a_n\}$이 다음 조건을 만족시킨다.

> (가) $a_7=a_6+a_8$
>
> (나) 6 이상의 모든 자연수 n에 대하여 $S_n+T_n=84$이다.

T_{15}의 값은?

① 96   ② 102   ③ 108

④ 114   ⑤ 120

726

그림과 같이 좌표평면에서 한 변의 길이가 자연수 n인 정사각형 $A_nB_nC_nD_n$이 다음 조건을 만족시킨다.

> (가) 점 B_n은 곡선 $y=\sqrt{x}$ 위의 점이고, 점 C_n은 직선 $y=-x$ 위의 점이다.
>
> (나) 두 선분 A_nB_n, C_nD_n은 x축에 평행하고, 두 선분 A_nD_n, B_nC_n은 y축에 평행하다.

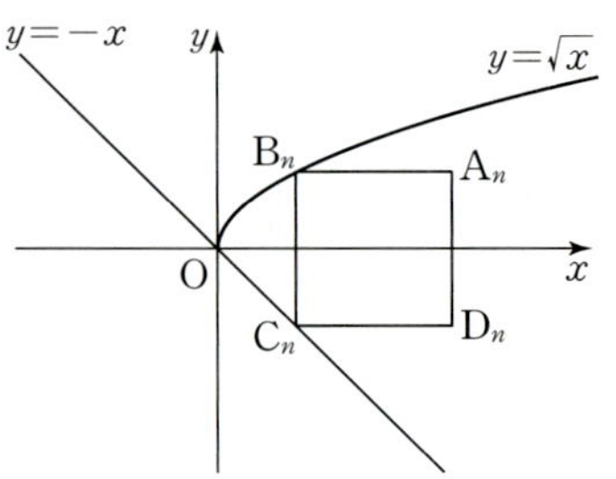

정사각형 $A_nB_nC_nD_n$의 둘레와 그 내부에 있는 점 중 x좌표와 y좌표가 모두 정수인 점의 개수를 a_n이라 할 때, $\sum_{k=1}^{15} a_k$의 값은?

(단, 점 A_n의 x좌표는 점 B_n의 x좌표보다 크다.)

① 1281   ② 1283   ③ 1285

④ 1287   ⑤ 1289

727

좌표평면에서 그림과 같이 길이가 1인 선분이 수직으로 만나도록
연결된 경로가 있다. 이 경로를 따라 원점에서 멀어지도록
움직이는 점 P의 위치를 나타내는 점 A_n을 다음과 같은 규칙으로
정한다.

> (i) A_0은 원점이다.
> (ii) n이 자연수일 때, A_n은 점 A_{n-1}에서 점 P가 경로를 따라
> $\dfrac{2n-1}{25}$ 만큼 이동한 위치에 있는 점이다.

예를 들어, 점 A_2와 A_6의 좌표는 각각 $\left(\dfrac{4}{25},\ 0\right)$, $\left(1,\ \dfrac{11}{25}\right)$이다.

자연수 n에 대하여 점 A_n 중 직선 $y=x$ 위에 있는 점을 원점에서
가까운 순서대로 나열할 때, 두 번째 점의 x좌표를 a라 하자. a의
값을 구하시오.

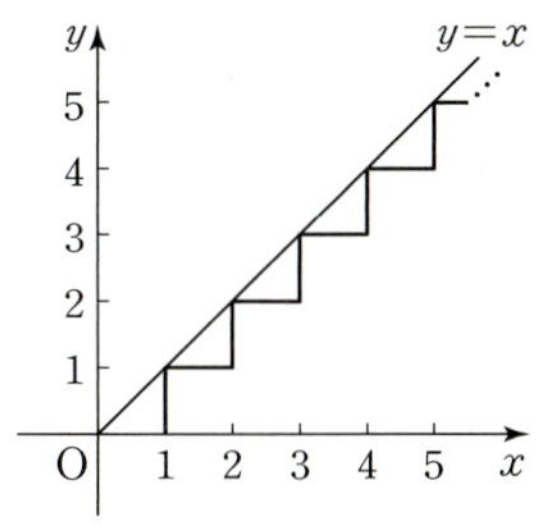

728

집합 $U=\{x\,|\,x$는 30 이하의 자연수$\}$의 부분집합
$A=\{a_1,\ a_2,\ a_3,\ \cdots,\ a_{15}\}$가 다음 조건을 만족시킨다.

> ㈎ 집합 A의 임의의 두 원소 $a_i,\ a_j\ (i \neq j)$에 대하여
> $a_i + a_j \neq 31$
> ㈏ $\displaystyle\sum_{i=1}^{15} a_i = 264$

$\dfrac{1}{31}\displaystyle\sum_{i=1}^{15} a_i{}^2$의 값을 구하시오.

이전 학습 내용 ——————— **현재 학습 내용**

• **수열의 귀납적 정의** ……………………………… 유형 **01** 수열의 귀납적 정의

1. 수열의 귀납적 정의

처음 몇 개의 항과 이웃하는 여러 항 사이의 관계식으로 수열을 정의하는 것을 수열의 **귀납적 정의**라 한다. 일반적으로 수열 $\{a_n\}$을 다음과 같이 귀납적으로 정의할 수 있다.

- 첫째항 a_1의 값
- 이웃하는 항들 a_n, a_{n+1}, $\cdots$ 사이의 관계식

• **등차수열** [01 등차수열과 등비수열]

첫째항에 차례로 일정한 수 d를 더하여 만든 수열을 **등차수열**이라 하고, 더하는 일정한 수 d를 **공차**라 한다.

즉, $a_{n+1}=a_n+d$ $(n=1, 2, 3, \cdots)$

2. 등차수열의 귀납적 정의

(1) 첫째항이 a, 공차가 d인 등차수열 $\{a_n\}$의 귀납적 정의

$$\begin{cases} a_1=a \\ a_{n+1}=a_n+d \ (n=1, 2, 3, \cdots) \end{cases}$$

⟶ 수열 $\{a_n\}$은 첫째항이 a, 공차가 d인 등차수열임을 알 수 있다.

(2) 등차수열 $\{a_n\}$의 귀납적 정의

① $a_{n+1}-a_n=a_{n+2}-a_{n+1}$ $(n=1, 2, 3, \cdots)$

⟶ 수열 $\{a_n\}$은 등차수열임을 알 수 있다.

② $2a_{n+1}=a_n+a_{n+2}$ $(n=1, 2, 3, \cdots)$

⟶ $a_{n+1}=\dfrac{a_n+a_{n+2}}{2}$이므로 a_{n+1}이 a_n, a_{n+2}의 등차중항이다.

• **등비수열**

첫째항에 차례로 일정한 수 r을 곱하여 만든 수열을 **등비수열**이라 하고, 곱하는 일정한 수 r을 **공비**라 한다.

즉, $a_{n+1}=ra_n$ $(n=1, 2, 3, \cdots)$

3. 등비수열의 귀납적 정의

(1) 첫째항이 a, 공비가 r인 등비수열 $\{a_n\}$의 귀납적 정의

$$\begin{cases} a_1=a \\ a_{n+1}=ra_n \ (n=1, 2, 3, \cdots) \end{cases}$$

⟶ 수열 $\{a_n\}$은 첫째항이 a, 공비가 r인 등비수열임을 알 수 있다.

(2) 등비수열 $\{a_n\}$의 귀납적 정의

① $\dfrac{a_{n+1}}{a_n}=\dfrac{a_{n+2}}{a_{n+1}}$ $(n=1, 2, 3, \cdots)$

⟶ 수열 $\{a_n\}$은 등비수열임을 알 수 있다.

② $(a_{n+1})^2=a_n a_{n+2}$ $(n=1, 2, 3, \cdots)$

⟶ a_{n+1}이 a_n, a_{n+2}의 등비중항이다.

• **명제** [공통수학2 Ⅱ 집합과 명제]

참인지 거짓인지를 명확하게 판별할 수 있는 문장이나 식

• **증명**

어떤 명제의 가정 또는 이미 알고 있는 정의나 성질을 근거로 하여 그 명제가 참임을 밝히는 과정

• **수학적 귀납법** ……………………………… 유형 **02** 수학적 귀납법

자연수 n에 대한 명제 $p(n)$이 모든 자연수에서 성립한다는 것을 증명하려면 다음 두 가지를 보이면 된다.

① $n=1$일 때 명제 $p(n)$이 성립한다.

② $n=k$일 때 명제 $p(n)$이 성립한다고 가정하면, $n=k+1$일 때에도 명제 $p(n)$이 성립한다.

이와 같이 자연수 n에 대한 명제 $p(n)$이 성립한다는 것을 증명하는 방법을 **수학적 귀납법**이라 한다.

$n=1$일 때 성립 확인

↓

$n=k$일 때 성립한다고 가정

↓

$n=k+1$일 때 성립함을 보이기

STEP 1 교과새를 정복하는 핵심 유형

수열의 귀납적 정의에는
(1) 첫째항과 귀납적으로 표현된 식을 이용하여 특정한 항을 구하는 문제
(2) 실생활과 관련된 상황을 귀납적으로 표현하는 문제
를 분류하였다.

729

다음과 같이 정의된 수열 $\{a_n\}$의 제4항을 구하시오.

(1) $a_1=2$, $a_{n+1}=a_n+n+2$

(2) $a_1=1$, $a_{n+1}=(n+2)a_n$

730

수열 $\{a_n\}$이 첫째항이 2이고, $a_{n+1}=\dfrac{a_n}{n+2}$ $(n=1, 2, 3, \cdots)$으로

정의될 때, $a_5=\dfrac{q}{p}$이다. $p+q$의 값은?

(단, p와 q는 서로소인 자연수이다.)

① 177   ② 179   ③ 181
④ 183   ⑤ 185

731

$a_1=2$, $a_{n+1}=3a_n+2$ $(n=1, 2, 3, \cdots)$로 정의되는 수열 $\{a_n\}$에 대하여 a_5의 값은?

① 238   ② 241   ③ 242
④ 245   ⑤ 248

732 빈출

수열 $\{a_n\}$이 $a_1=3$, $a_{n+1}=a_n+4$ $(n=1, 2, 3, \cdots)$로 정의될 때, a_{15}의 값은?

① 55   ② 57   ③ 59
④ 61   ⑤ 63

733 빈출

수열 $\{a_n\}$이 $a_1=-3$, $a_{n+1}-a_n=2$ $(n=1, 2, 3, \cdots)$로 정의될 때, $a_k=27$을 만족시키는 자연수 k의 값은?

① 14   ② 15   ③ 16
④ 17   ⑤ 18

734

수열 $\{a_n\}$이 $a_2=2$, $a_3=7$이고 모든 자연수 n에 대하여 $a_{n+2}-a_{n+1}=a_{n+1}-a_n$을 만족시킬 때, a_8의 값은?

① 28   ② 29   ③ 30
④ 31   ⑤ 32

735

$a_1=2$, $3a_{n+1}=a_n$ $(n=1, 2, 3, \cdots)$으로 정의되는 수열 $\{a_n\}$에 대하여 a_6의 값은?

① $\dfrac{1}{243}$ ② $\dfrac{2}{243}$ ③ $\dfrac{1}{81}$

④ $\dfrac{4}{243}$ ⑤ $\dfrac{5}{243}$

736

수열 $\{a_n\}$이 $a_1=1$, $3^{a_{n+1}}=9^{a_n}$ $(n=1, 2, 3, \cdots)$으로 정의될 때, 다음 물음에 답하시오.

(1) a_6의 값을 구하시오.

(2) 수열 $\{a_n\}$의 첫째항부터 제n항까지의 합을 S_n이라 할 때, S_8의 값을 구하시오.

737 빈출

수열 $\{a_n\}$이 $a_1=8$, $a_2=-4$이고, 모든 자연수 n에 대하여 $a_{n+1}^2=a_n a_{n+2}$를 만족시킬 때, $\displaystyle\sum_{k=1}^{5} a_k$의 값은?

① $\dfrac{11}{4}$ ② $\dfrac{13}{4}$ ③ $\dfrac{11}{2}$

④ $\dfrac{13}{2}$ ⑤ $\dfrac{15}{2}$

738

수열 $\{a_n\}$이 $a_1=1$이고, 모든 자연수 n에 대하여
$$a_{n+1}+2a_n=(-1)^n \times (n+1)$$
을 만족시킬 때, a_5의 값을 구하시오.

739

수열 $\{a_n\}$이 $a_1=1$, $a_2=2$이고,
$$a_{n+2}=a_{n+1}+a_n \ (n=1, 2, 3, \cdots)$$
으로 정의될 때, a_9의 값은?

① 52 ② 55 ③ 58

④ 61 ⑤ 64

740

어느 모임에 참석한 n명이 모두 서로 한 번씩 악수를 하였다. 모임에 참석한 n명이 악수한 총 횟수를 a_n이라 할 때, 다음 중 a_n과 a_{n+1} 사이의 관계식으로 옳은 것은? (단, $n \geq 2$)

① $a_{n+1}=2a_n+n-1$ ② $a_{n+1}=2a_n+n$

③ $a_{n+1}=a_n+2n-2$ ④ $a_{n+1}=a_n+n$

⑤ $a_{n+1}=a_n+2^{n-1}$

741 빈출 👑

40톤의 물이 들어 있는 물탱크가 있다. 하루에 이 물탱크의 50 %의 물을 사용하고 매일 정오에 새로 10톤의 물을 더 채운다고 한다. n일 후 물탱크에 새로 물을 채우기 직전에 남아 있는 물의 양을 a_n이라 할 때, 다음 중 a_n과 a_{n+1} 사이의 관계식으로 옳은 것은? (단, $n \geq 1$)

① $a_{n+1} = \dfrac{1}{2}a_n + 5$
② $a_{n+1} = \dfrac{1}{2}a_n + 10$

③ $a_{n+1} = a_n + 5$
④ $a_{n+1} = 2a_n + 5$

⑤ $a_{n+1} = 2a_n + 10$

742

용기 안에 어느 박테리아 8마리가 들어 있다.
이 박테리아는 하루에 3마리씩 죽고 나머지는 각각 2마리로 분열한다고 한다. 다음 물음에 답하시오.

(1) n일이 지난 후 박테리아의 수를 a_n이라 할 때, a_n과 a_{n+1} 사이의 관계식을 구하시오. (단, $n \geq 1$)

(2) a_5의 값을 구하시오.

유형 02 수학적 귀납법

수학적 귀납법에는 주어진 증명 과정을 통해 빈칸을 추론하는 문제 또는 수학적 귀납법을 이용하여 직접 증명하는 문제를 분류하였다.

743

다음은 모든 자연수 n에 대하여 등식

$$1 + 2 + 3 + \cdots + n = \frac{n(n+1)}{2} \qquad \cdots\cdots (*)$$

이 성립함을 수학적 귀납법으로 증명하는 과정이다.

<증 명>

(i) $n = 1$일 때

(좌변) $= 1$, (우변) $= \dfrac{1 \times 2}{2} = 1$이므로 등식 $(*)$이 성립한다.

(ii) $n = k$일 때 등식 $(*)$이 성립한다고 가정하면

$$1 + 2 + 3 + \cdots + k = \frac{k(k+1)}{2}$$

이고 양변에 각각 $k+1$을 더하면

$$1 + 2 + 3 + \cdots + k + (k+1) = \boxed{(가)} + k + 1$$

$$= \frac{(k+1)(\boxed{(나)})}{2}$$

그러므로 $n = k+1$일 때도 등식 $(*)$이 성립한다.

(i), (ii)에서 모든 자연수 n에 대하여 등식

$$1 + 2 + 3 + \cdots + n = \frac{n(n+1)}{2}$$이 성립한다.

위의 (가), (나)에 알맞은 식을 각각 $f(k)$, $g(k)$라 할 때, $f(5) + g(5)$의 값은?

① 20
② 21
③ 22

④ 23
⑤ 24

744

다음은 모든 자연수 n에 대하여 등식
$$1+3+5+\cdots+(2n-1)=n^2$$
이 성립함을 수학적 귀납법으로 증명하는 과정이다.

<증 명>

(i) $n=1$일 때
  (좌변)$=1$이고 (우변)$=1^2=1$이므로 등식이 성립한다.

(ii) $n=k$일 때 등식이 성립한다고 가정하면
$$1+3+5+\cdots+(2k-1)=k^2$$이고
$$1+3+5+\cdots+(2k-1)+(2k+1)=k^2+\boxed{\text{(가)}}$$
$$1+3+5+\cdots+(2k-1)+(2k+1)=(\boxed{\text{(나)}})^2$$
이므로 $n=k+1$일 때도 등식이 성립한다.

(i), (ii)에서 모든 자연수 n에 대하여 등식
$$1+3+5+\cdots+(2n-1)=n^2$$이 성립한다.

위의 (가), (나)에 알맞은 것은?

	(가)	(나)
①	$2k-1$	$k-1$
②	$2k-1$	$k+1$
③	$2k-1$	k
④	$2k+1$	$k+1$
⑤	$2k+1$	k

745

다음은 모든 자연수 n에 대하여 등식
$$\sum_{i=1}^{n} i^3=(1+2+3+\cdots+n)^2$$
이 성립함을 수학적 귀납법으로 증명하는 과정이다.

<증 명>

(i) $n=1$일 때
  (좌변)$=1^3=1$이고 (우변)$=1^2=1$이므로 등식이 성립한다.

(ii) $n=k$일 때 등식이 성립한다고 가정하면
$$\sum_{i=1}^{k} i^3=(1+2+3+\cdots+k)^2$$이고
$$\sum_{i=1}^{k+1} i^3=\left\{\frac{k(k+1)}{2}\right\}^2+\boxed{\text{(가)}}$$
$$=(k+1)^2\times\left(\frac{k^2}{4}+\boxed{\text{(나)}}\right)$$
$$=\left\{\frac{\boxed{\text{(다)}}}{2}\right\}^2$$
이므로 $n=k+1$일 때도 등식이 성립한다.

(i), (ii)에서 모든 자연수 n에 대하여 등식
$$\sum_{i=1}^{n} i^3=(1+2+3+\cdots+n)^2$$이 성립한다.

위의 (가), (나), (다)에 알맞은 식을 각각 $f(k)$, $g(k)$, $h(k)$라 할 때, $f(4)+g(5)-h(6)$의 값은?

① 65 　　② 70 　　③ 75

④ 80 　　⑤ 85

746 빈출 👑

다음은 모든 자연수 n에 대하여 자연수 $2^{4n+2}+1$이 5의 배수임을 수학적 귀납법으로 증명하는 과정이다.

───〈증 명〉───

(i) $n=1$일 때

$2^6+1=65$이므로 5의 배수이다.

(ii) $n=k$일 때 $2^{4k+2}+1$이 5의 배수라 가정하면

$2^{4k+2}+1=5m$ (m은 자연수)에서

$2^{4k+2}=5m-1$

$2^{4k+6}+1=\boxed{\text{(가)}}\times(5m-1)+1$

$=5(\boxed{\text{(나)}})$

이므로 $n=k+1$일 때도 $2^{4k+6}+1$이 5의 배수이다.

(i), (ii)에서 모든 자연수 n에 대하여 자연수 $2^{4n+2}+1$이 5의 배수이다.

위의 (가)에 알맞은 수를 p, (나)에 알맞은 식을 $f(m)$이라 할 때, $f(p)$의 값은?

① 243　　　② 253　　　③ 263

④ 273　　　⑤ 283

747 서술형 ✏️

모든 자연수 n에 대하여 등식

$$1+3+3^2+3^3+\cdots+3^{n-1}=\frac{3^n-1}{2}$$

이 성립함을 수학적 귀납법을 이용하여 증명하시오.

748 서술형 ✏️

모든 자연수 n에 대하여 등식

$$\frac{1}{1\times3}+\frac{1}{3\times5}+\frac{1}{5\times7}+\cdots+\frac{1}{(2n-1)(2n+1)}$$
$$=\frac{n}{2n+1}$$

이 성립함을 수학적 귀납법으로 증명하시오.

유형 01 수열의 귀납적 정의

749

수열 $\{a_n\}$은 $a_1=2$, $a_{n+1}=a_n+2$ $(n=1, 2, 3, \cdots)$로 정의되고,

수열 $\{b_n\}$은 첫째항이 $-\dfrac{1}{2}$이고 공차가 $\dfrac{1}{2}$인 등차수열일 때,

$\displaystyle\sum_{k=1}^{10} a_k b_k$의 값은?

① 265　　　　② 275　　　　③ 285

④ 295　　　　⑤ 305

750

첫째항이 p이고, $a_{n+1}=a_n+4$ $(n=1, 2, 3, \cdots)$로 정의되는 수열 $\{a_n\}$의 첫째항부터 제k항까지의 합이 21이 되도록 하는 모든 정수 p의 값의 합을 구하시오.

751 서술형 ✎

모든 항이 정수인 수열 $\{a_n\}$과 이 수열의 첫째항부터 제n항까지의 합 S_n이 모든 자연수 n에 대하여

$$\begin{cases} a_{n+2}-2a_{n+1}+a_n=0 \\ a_{n+8}-a_{n+5}=-12 \end{cases}, \ S_8 \geq S_n$$

을 만족시킬 때, a_1의 최댓값과 최솟값의 합을 구하고, 그 과정을 서술하시오.

752

모든 항이 양수인 수열 $\{a_n\}$이 $a_3=3\sqrt{3}$, $a_{12}=27$이고 모든 자연수 n에 대하여 $a_{n+1}=\sqrt{a_n a_{n+2}}$를 만족시킨다.

$\dfrac{a_6}{a_3} \times \dfrac{a_{10}}{a_5} \times \dfrac{a_{14}}{a_7} \times \dfrac{a_{18}}{a_9} \times \cdots \times \dfrac{a_{42}}{a_{21}}$의 값은?

① 3^{19}　　　　② 3^{20}　　　　③ 3^{21}

④ 3^{22}　　　　⑤ 3^{23}

753

$a_3=1$, $a_4=3$인 수열 $\{a_n\}$에 대하여 x에 대한 이차방정식 $a_n x^2+2\sqrt{3}\,a_{n+1}x+3a_{n+2}=0$ $(n=1, 2, 3, \cdots)$이 중근 b_n을 가질 때, $\displaystyle\sum_{k=1}^{10} \sqrt{3}\,b_k$의 값은?

① -90　　　　② $-30\sqrt{3}$　　　　③ $-20\sqrt{3}$

④ $30\sqrt{3}$　　　　⑤ 90

754

수열 $\{a_n\}$에 대하여

$$a_1=1, \ a_n+a_{n+1}=4n \ (n=1, 2, 3, \cdots)$$

일 때, $\displaystyle\sum_{k=1}^{31} a_k$의 값은?

① 961　　　　② 963　　　　③ 965

④ 967　　　　⑤ 969

755

수열 $\{a_n\}$이 $a_1=1$, $a_{n+1}=a_n+2^{n-1}$ $(n=1,\ 2,\ 3,\ \cdots)$으로 정의될 때, a_7의 값을 구하시오.

756 빈출♛

수열 $\{a_n\}$이 모든 자연수 n에 대하여

$$a_{n+1}-a_n=\frac{1}{n(n+1)}\ (n=1,\ 2,\ 3,\ \cdots)$$

을 만족시키고 $a_5=2$일 때, a_1의 값은?

① $\dfrac{3}{5}$ ② $\dfrac{4}{5}$ ③ 1

④ $\dfrac{6}{5}$ ⑤ $\dfrac{7}{5}$

757 빈출♛
| 선행 730 |

수열 $\{a_n\}$이

$$a_1=7,\ a_{n+1}=\frac{2n-1}{2n+1}a_n\ (n=1,\ 2,\ 3,\ \cdots)$$

으로 정의될 때, a_7의 값을 구하시오.

758 평가원 변형

수열 $\{a_n\}$은 $a_1=2$이고, 모든 자연수 n에 대하여

$$\begin{cases} a_{3n-1}=3a_n \\ a_{3n}=a_n+2 \\ a_{3n+1}=-2a_n+1 \end{cases}$$

을 만족시킨다. $a_{14}+a_{15}+a_{16}$의 값은?

① 31   ② 33   ③ 35

④ 37   ⑤ 39

759 평가원 기출

수열 $\{a_n\}$이 모든 자연수 n에 대하여

$$a_{n+1}=\begin{cases} \dfrac{1}{a_n} & (n\text{이 홀수인 경우}) \\ 8a_n & (n\text{이 짝수인 경우}) \end{cases}$$

이고 $a_{12}=\dfrac{1}{2}$일 때, a_1+a_4의 값은?

① $\dfrac{3}{4}$ ② $\dfrac{9}{4}$ ③ $\dfrac{5}{2}$

④ $\dfrac{17}{4}$ ⑤ $\dfrac{9}{2}$

760

수열 $\{a_n\}$이 $a_1=5$, $a_2=2$이고 모든 자연수 n에 대하여 $a_{n+2}=\dfrac{a_{n+1}+1}{a_n}$을 만족시킬 때, a_{200}의 값은?

① 5   ② 3   ③ 2

④ $\dfrac{4}{5}$ ⑤ $\dfrac{3}{5}$

761

수열 $\{a_n\}$이 $a_1=12$이고 모든 자연수 n에 대하여

$$a_{n+1}=\begin{cases} \dfrac{1}{2}a_n & (a_n\text{이 짝수}) \\ 3a_n+1 & (a_n\text{이 홀수}) \end{cases}$$

을 만족시킬 때, $\displaystyle\sum_{k=1}^{20} a_k$의 값은?

① 80   ② 83   ③ 86

④ 89   ⑤ 92

762

수열 $\{a_n\}$이 다음과 같이 정의될 때, $\displaystyle\sum_{k=1}^{20} a_k$의 값은?

> (가) $a_m=4m-6$ $(m=1, 2, 3, 4)$
> (나) $2a_{n+4}=a_n$ $(n=1, 2, 3, \cdots)$

① 31   ② 32   ③ 33

④ 34   ⑤ 35

763

교육청 기출

수열 $\{a_n\}$은 $a_1=1$, $a_2=1$이고 모든 자연수 n에 대하여 다음 조건을 만족시킨다.

> (가) $a_{2n+2}-a_{2n}=1$
> (나) $a_{2n+1}-a_{2n-1}=0$

$a_{100}+a_{101}$의 값을 구하시오.

764

평가원 변형

수열 $\{a_n\}$은 $a_1=7$이고, 다음 조건을 만족시킨다.

> (가) $a_{n+2}=a_n-4$ $(n=1, 2, 3, 4)$
> (나) 모든 자연수 n에 대하여 $a_{n+6}=a_n$이다.

$\displaystyle\sum_{k=1}^{50} a_k=258$일 때, a_{10}의 값은?

① 5   ② 7   ③ 9

④ 11   ⑤ 13

765

수열 $\{a_n\}$이 다음 조건을 만족시킨다.

> (가) $a_1=1$, $a_2=2$
> (나) $a_n\times a_{n+2}=2a_{n+1}$

〈보기〉에서 옳은 것만을 있는 대로 고른 것은?

> ───〈보 기〉───
> ㄱ. $a_8=2$
> ㄴ. 임의의 두 자연수 p, q에 대하여 $a_{6p}=a_{6q+1}$이다.
> ㄷ. $\displaystyle\sum_{k=1}^{60} a_k=\sum_{k=1}^{60} a_{2k}$

① ㄱ   ② ㄷ   ③ ㄱ, ㄴ

④ ㄴ, ㄷ   ⑤ ㄱ, ㄴ, ㄷ

766

수열 $\{a_n\}$이

$$a_1=2,\ a_{n+1}=3\sum_{k=1}^{n}a_k\ (n=1,\ 2,\ 3,\ \cdots)$$

와 같이 정의될 때, a_{10}의 값은?

① 3×2^{15} ② 3×2^{16} ③ 3×2^{17}
④ 3×2^{18} ⑤ 3×2^{19}

767

수열 $\{a_n\}$이 모든 자연수 n에 대하여

$$2(a_1+a_2+a_3+\cdots+a_n)=a_{n+1}-7$$

로 정의되고 $a_{100}=3^{101}$일 때, $a_1+a_2+a_3+a_4$의 값은?

① 349 ② 353 ③ 357
④ 361 ⑤ 365

768 빈출 👑

모든 항이 양수인 수열 $\{a_n\}$의 첫째항부터 제n항까지의 합을 S_n이라 할 때, 모든 자연수 n에 대하여

$$4S_n=a_n^{\,2}+2a_n-8$$

이 성립한다. a_{11}의 값은?

① 24 ② 28 ③ 32
④ 36 ⑤ 40

769

수열 $\{a_n\}$에서 모든 자연수 n에 대하여 $a_1,\ a_2,\ a_3,\ \cdots,\ a_n$의 평균이 $(2n-1)a_n$이다. a_5가 자연수가 되도록 하는 자연수 a_1의 최솟값을 구하시오.

770 빈출 👑 [평가원 기출]

수열 $\{a_n\}$에 대하여 첫째항부터 제n항까지의 합을 S_n이라 하자.

$$a_1=1,\ a_2=3,$$
$$(S_{n+1}-S_{n-1})^2=4a_na_{n+1}+4\ (n=2,\ 3,\ 4,\ \cdots)$$

일 때, a_{20}의 값은? (단, $a_1<a_2<a_3<\cdots<a_n<\cdots$이다.)

① 39 ② 43 ③ 47
④ 51 ⑤ 55

771 선생님 Pick! [교육청 기출]

두 수열 $\{a_n\}$, $\{b_n\}$은 첫째항이 모두 1이고

$$a_{n+1}=3a_n,\ b_{n+1}=(n+1)b_n\ (n=1,\ 2,\ 3,\ \cdots)$$

을 만족시킨다. 수열 $\{c_n\}$을

$$c_n=\begin{cases} a_n & (a_n<b_n)\\ b_n & (a_n\geq b_n)\end{cases}$$

이라 할 때, $\displaystyle\sum_{n=1}^{50}2c_n$의 값은?

① $3^{50}-20$ ② $3^{50}-19$ ③ $3^{50}-15$
④ $3^{50}-11$ ⑤ $3^{50}-7$

772

넓이가 8인 삼각형 $A_1B_1C_1$의 각 변의 중점을 꼭짓점으로 하는 삼각형 $A_2B_2C_2$를 만들고, 삼각형 $A_2B_2C_2$의 각 변의 중점을 꼭짓점으로 하는 삼각형 $A_3B_3C_3$을 만든다. 이와 같은 방법으로 삼각형을 계속 만들 때, 삼각형 $A_nB_nC_n$의 넓이를 a_n이라 하자. 다음 물음에 답하시오. (단, $n \geq 1$)

(1) a_n과 a_{n+1} 사이의 관계식을 구하시오.

(2) a_n의 값이 처음으로 $\dfrac{1}{200}$보다 작게 되는 자연수 n의 값을 구하시오.

773

어느 부부 동반 모임에 참석한 사람들이 모두 자신의 배우자를 제외한 나머지 모든 참석자와 악수를 하려고 한다. 이 모임에 n쌍의 부부가 참석하였을 때, 악수한 총 횟수를 a_n이라 하자. 다음 물음에 답하시오. (단, $n \geq 1$)

(1) a_1, a_2, a_3의 값을 구하시오.
(2) a_n과 a_{n+1} 사이의 관계식을 구하시오.

774 빈출

6 %의 소금물 100 L가 있다. 매일 아침 40 L씩 사용을 하고 6 %의 소금물 50 L를 다시 채워 넣는데 다음날 아침까지 하루 동안 물 10 L가 증발한다고 한다. 오늘 아침부터 이와 같은 과정이 매일 반복될 때, n일 후 아침에 소금물을 사용하기 전 소금물의 농도를 a_n(%)라 하자. 다음 중 a_n과 a_{n+1} 사이의 관계식으로 옳은 것은? (단, $n \geq 1$)

① $a_{n+1} = \dfrac{2}{5}a_n - 3$ ② $a_{n+1} = \dfrac{3}{5}a_n - 3$

③ $a_{n+1} = \dfrac{4}{5}a_n + 3$ ④ $a_{n+1} = \dfrac{3}{5}a_n + 3$

⑤ $a_{n+1} = \dfrac{2}{5}a_n + 3$

775

평면에 어느 두 직선도 평행하지 않고 어느 세 직선도 한 점에서 만나지 않도록 n개의 직선을 그어서 나누어지는 영역의 개수를 a_n으로 정의하자. 예를 들어, $a_2 = 4$, $a_3 = 7$이다. 다음 물음에 답하시오. (단, $n \geq 1$)

(1) a_n과 a_{n+1} 사이의 관계식을 구하시오.
(2) $a_{11} - a_{10}$의 값을 구하시오.

776

똑같은 성냥개비를 이용하여 그림과 같은 정사각형 모양을 계속 만들려고 한다. [n단계] 모양을 만드는 데 필요한 성냥개비의 개수를 a_n이라 할 때, $a_{n+1}=a_n+f(n)$인 관계가 성립한다. $f(50)$의 값은?

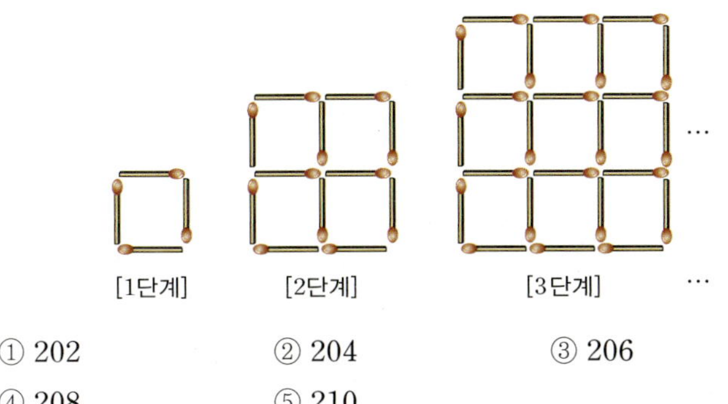

① 202 ② 204 ③ 206

④ 208 ⑤ 210

777

평가원 기출

자연수 n에 대하여 순서쌍 $(x_n,\ y_n)$을 다음 규칙에 따라 정한다.

> (개) $(x_1,\ y_1)=(1,\ 1)$
> (내) n이 홀수이면 $(x_{n+1},\ y_{n+1})=(x_n,\ (y_n-3)^2)$이고,
> n이 짝수이면 $(x_{n+1},\ y_{n+1})=((x_n-3)^2,\ y_n)$이다.

순서쌍 $(x_{2015},\ y_{2015})$에서 $x_{2015}+y_{2015}$의 값을 구하시오.

778

자연수 n에 대하여 좌표평면 위의 점 P_n을 다음 규칙에 따라 정한다.

> (개) n이 짝수이면 점 P_n은 점 P_{n-1}을 x축의 방향으로 2만큼, y축의 방향으로 1만큼 평행이동한 점이다.
> (내) n이 3 이상의 홀수이면 점 P_n은 점 P_{n-1}을 x축의 방향으로 -1만큼, y축의 방향으로 -2만큼 평행이동한 점이다.

$P_1(3,\ 3)$일 때, 점 P_m의 좌표가 $(16,\ -7)$이다. 자연수 m의 값은?

① 21 ② 22 ③ 23

④ 24 ⑤ 25

유형 02 수학적 귀납법

779

모든 자연수 n에 대하여 명제 $p(n)$이 다음 조건을 만족시킬 때, 다음 중 항상 참인 명제는?

> (개) 명제 $p(1)$이 참이다.
> (내) 명제 $p(n)$이 참이면 명제 $p(2n)$과 $p(7n)$이 참이다.

① $p(96)$ ② $p(100)$ ③ $p(105)$

④ $p(112)$ ⑤ $p(120)$

780

교육청 기출

다음은 수열 $\{a_n\}$이 $a_1=1$, $a_2=2$이고,
$a_{n+2}=2a_{n+1}+a_n$ $(n=1, 2, 3, \cdots)$일 때, 모든 자연수 n에
대하여 a_{4n}이 12의 배수임을 수학적 귀납법으로 증명한 것이다.

─〈증 명〉─

(i) $n=1$일 때
  $a_4=$ [(가)] 이므로 성립한다.
(ii) $n=k$일 때, a_{4k}가 12의 배수라 가정하면
$$a_{4(k+1)}=2a_{4k+3}+a_{4k+2}$$
$$=\boxed{(나)}\,a_{4k+2}+2a_{4k+1}$$
$$=\boxed{(다)}\,a_{4k+1}+\boxed{(라)}\,a_{4k}$$
  따라서 $a_{4(k+1)}$은 12의 배수이다.
(i), (ii)에 의하여 모든 자연수 n에 대하여 a_{4n}은 12의 배수이다.

위의 (가), (나), (다), (라)에 알맞은 수를 각각 a, b, c, d라 할 때,
$a+b+c+d$의 값은?

① 31   ② 32   ③ 33
④ 34   ⑤ 35

781 서술형

모든 자연수 n에 대하여 n^3+3n^2+2n이 3의 배수임을 수학적
귀납법으로 증명하시오.

782

교육청 기출

다음은 모든 자연수 n에 대하여
$$\frac{4}{3}+\frac{8}{3^2}+\frac{12}{3^3}+\cdots+\frac{4n}{3^n}=3-\frac{2n+3}{3^n} \qquad \cdots\cdots(*)$$
이 성립함을 수학적 귀납법으로 증명한 것이다.

─〈증 명〉─

(1) $n=1$일 때, (좌변)$=\dfrac{4}{3}$, (우변)$=3-\dfrac{5}{3}=\dfrac{4}{3}$이므로

  $(*)$이 성립한다.
(2) $n=k$일 때, $(*)$이 성립한다고 가정하면
$$\frac{4}{3}+\frac{8}{3^2}+\frac{12}{3^3}+\cdots+\frac{4k}{3^k}=3-\frac{2k+3}{3^k}$$
  이다.
  위 등식의 양변에 $\dfrac{4(k+1)}{3^{k+1}}$ 을 더하여 정리하면
$$\frac{4}{3}+\frac{8}{3^2}+\frac{12}{3^3}+\cdots+\frac{4k}{3^k}+\frac{4(k+1)}{3^{k+1}}$$
$$=3-\frac{1}{3^k}\{(2k+3)-(\boxed{(가)})\}$$
$$=3-\frac{\boxed{(나)}}{3^{k+1}}$$
  따라서 $n=k+1$일 때도 $(*)$이 성립한다.
(1), (2)에 의하여 모든 자연수 n에 대하여 $(*)$이 성립한다.

위의 (가), (나)에 알맞은 식을 각각 $f(k)$, $g(k)$라 할 때,
$f(3)\times g(2)$의 값은?

① 36   ② 39   ③ 42
④ 45   ⑤ 48

783

다음은 모든 자연수 n에 대하여 등식

$$\sum_{k=1}^{2n+1}(n^2+k)=n^3+(n+1)^3$$

이 성립함을 수학적 귀납법으로 증명하는 과정이다.

<증 명>

(i) $n=1$일 때

$$(좌변)=\sum_{k=1}^{3}(1+k)=2+3+4=9,$$

$$(우변)=1^3+(1+1)^3=9$$

이므로 주어진 등식이 성립한다.

(ii) $n=m$일 때 주어진 등식이 성립한다고 가정하면

$$\sum_{k=1}^{2(m+1)+1}\{(m+1)^2+k\}$$

$$=\sum_{k=1}^{2m+1}\{(m+1)^2+k\}+\boxed{(가)}$$

$$=\sum_{k=1}^{2m+1}(m^2+k)+\sum_{k=1}^{2m+1}(\boxed{(나)})+\boxed{(가)}$$

$$=(m+1)^3+(m+2)^3$$

이므로 $n=m+1$일 때도 주어진 등식이 성립한다.

(i), (ii)에 의하여 모든 자연수 n에 대하여 등식

$$\sum_{k=1}^{2n+1}(n^2+k)=n^3+(n+1)^3$$이 성립한다.

위의 (가), (나)에 알맞은 식을 각각 $f(m)$, $g(m)$이라 할 때, $f(5)+g(7)$의 값은?

① 110　　　　② 112　　　　③ 114

④ 116　　　　⑤ 118

784

다음은 모든 자연수 n에 대하여 등식

$$\sum_{k=1}^{n}(n-k+1)2^{k-1}=2^{n+1}-n-2$$

가 성립함을 수학적 귀납법으로 증명하는 과정이다.

<증 명>

(i) $n=1$일 때

$$(좌변)=1\times2^0=1,\ (우변)=2^{1+1}-1-2=1$$

이므로 주어진 등식이 성립한다.

(ii) $n=m$일 때 주어진 등식이 성립한다고 가정하면

$$\sum_{k=1}^{m}(m-k+1)2^{k-1}=2^{m+1}-m-2$$

이다. $n=m+1$일 때 성립함을 보이자.

$$\sum_{k=1}^{m+1}(\boxed{(가)})2^{k-1}=\sum_{k=1}^{m}(m-k+1)2^{k-1}+\boxed{(나)}$$

$$=2^{m+1}-m-2+\boxed{(나)}$$

$$=2\times2^{m+1}-m-3$$

$$=2^{m+2}-m-3$$

이므로 $n=m+1$일 때도 주어진 등식이 성립한다.

(i), (ii)에서 모든 자연수 n에 대하여 주어진 등식은 성립한다.

위의 (가), (나)에 알맞은 것은?

	(가)	(나)
①	$m-k+1$	$2^{m+1}-1$
②	$m-k+1$	2^{m+1}
③	$m+k+1$	$2^{m+1}-1$
④	$m-k+2$	2^{m+1}
⑤	$m-k+2$	$2^{m+1}-1$

785 서술형 ✎

자연수 n에 대하여 $a_n = 1 + \dfrac{1}{2} + \dfrac{1}{3} + \cdots + \dfrac{1}{n}$로 정의할 때,

2 이상의 모든 자연수 n에 대하여 등식

$$a_1 + a_2 + a_3 + \cdots + a_{n-1} = n(a_n - 1)$$

이 성립함을 수학적 귀납법으로 증명하시오.

786 서술형 ✎

수열 $\{a_n\}$은 $a_1 = 3$이고 $na_{n+1} - 2na_n + \dfrac{n+2}{n+1} = 0 \ (n \geq 1)$을

만족시킨다. 수열 $\{a_n\}$의 일반항 a_n이 $a_n = 2^n + \dfrac{1}{n}$임을 수학적

귀납법으로 증명하시오.

787

다음은 모든 자연수 n에 대하여 부등식

$$2^{n+1} > n(n+1) + 1$$

이 성립함을 수학적 귀납법으로 증명하는 과정이다.

<증 명>

(i) $n = 1$일 때 $4 > 2 + 1$,

　　$n = 2$일 때 $8 > 6 + 1$이므로 부등식이 성립한다.

(ii) $n = k \ (k \geq 2)$일 때

$$2^{k+1} > \boxed{\text{(가)}} + 1 \qquad \cdots\cdots ㉠$$

이 성립한다고 가정하자.

㉠의 양변에 2를 곱하면

$$2^{k+2} > 2(k^2 + k + 1)$$

이때 $2(k^2 + k + 1) - \{\boxed{\text{(나)}}\} = k^2 - k - 1$

$k \geq 2$일 때 $k^2 - k - 1 \boxed{\text{(다)}} 0$이므로

$$2^{k+2} > 2(k^2 + k + 1) > \boxed{\text{(나)}}$$

$$\therefore \ 2^{k+2} > \boxed{\text{(나)}}$$

따라서 $n = k+1$일 때도 부등식이 성립한다.

(i), (ii)에 의하여 모든 자연수 n에 대하여 부등식

$2^{n+1} > n(n+1) + 1$이 성립한다.

위의 (가), (나), (다)에 알맞은 것은?

	(가)	(나)	(다)
①	$k(k-1)$	$(k+1)(k+2)$	$<$
②	$k(k+1)$	$(k+1)(k+2)$	$>$
③	$k(k-1)$	$(k+1)(k+2)+1$	$>$
④	$k(k+1)$	$(k+1)(k+2)+1$	$<$
⑤	$k(k+1)$	$(k+1)(k+2)+1$	$>$

788

교육청 기출

다음은 2 이상의 자연수 n에 대하여 부등식

$$\frac{1}{\sqrt{1}}+\frac{1}{\sqrt{2}}+\frac{1}{\sqrt{3}}+\cdots+\frac{1}{\sqrt{n}}>\sqrt{n}$$

이 성립함을 수학적 귀납법으로 증명하는 과정이다.

<증 명>

(i) $n=2$일 때

$$\frac{1}{\sqrt{1}}+\frac{1}{\sqrt{2}}=\frac{2+\sqrt{2}}{2}$$ 에서

$$\frac{1}{\sqrt{1}}+\frac{1}{\sqrt{2}}>\boxed{\text{(가)}}$$

(ii) $n=k\ (k\geq 2)$일 때 주어진 부등식이 성립함을 가정하면

$$\frac{1}{\sqrt{1}}+\frac{1}{\sqrt{2}}+\frac{1}{\sqrt{3}}+\cdots+\frac{1}{\sqrt{k}}>\sqrt{k}$$

이고

$$\sqrt{k+1}-\left(\frac{1}{\sqrt{1}}+\frac{1}{\sqrt{2}}+\frac{1}{\sqrt{3}}+\cdots+\frac{1}{\sqrt{k}}+\frac{1}{\sqrt{k+1}}\right)$$

$$=\sqrt{k+1}-\left(\frac{1}{\sqrt{1}}+\frac{1}{\sqrt{2}}+\frac{1}{\sqrt{3}}+\cdots+\frac{1}{\sqrt{k}}\right)-\frac{1}{\sqrt{k+1}}$$

$$<\sqrt{k+1}-\boxed{\text{(나)}}-\frac{1}{\sqrt{k+1}}$$

$$=\frac{\boxed{\text{(다)}}}{\sqrt{k+1}}<0$$

$$\therefore \frac{1}{\sqrt{1}}+\frac{1}{\sqrt{2}}+\frac{1}{\sqrt{3}}+\cdots+\frac{1}{\sqrt{k}}+\frac{1}{\sqrt{k+1}}>\sqrt{k+1}$$

따라서 $n=k+1$일 때도 주어진 부등식은 성립한다.

(i), (ii)에서 2 이상의 자연수 n에 대하여 주어진 부등식이 성립한다.

위의 (가), (나), (다)에 알맞은 것은?

	(가)	(나)	(다)
①	$\sqrt{2}$	$\sqrt{k+1}$	$\sqrt{k}-\sqrt{k+1}$
②	$\sqrt{2}$	$\sqrt{k}$	$\sqrt{k+1}-\sqrt{k+2}$
③	$\sqrt{2}$	$\sqrt{k}$	$k-\sqrt{k(k+1)}$
④	2	$\sqrt{k}$	$k-\sqrt{k(k+1)}$
⑤	2	$\sqrt{k+1}$	$\sqrt{k+1}-\sqrt{k+2}$

789

다음은 2 이상의 자연수 n에 대하여 부등식

$$1+\frac{1}{2}+\frac{1}{3}+\cdots+\frac{1}{n}>\frac{2n}{n+1}$$

이 성립함을 수학적 귀납법으로 증명하는 과정이다.

<증 명>

(i) $n=2$일 때

$$(\text{좌변})=\boxed{\text{(가)}},\ (\text{우변})=\boxed{\text{(나)}}$$

에서 $\boxed{\text{(가)}}-\boxed{\text{(나)}}>0$이므로 부등식이 성립한다.

(ii) $n=k\ (k\geq 2)$일 때 부등식이 성립한다고 가정하면

$$1+\frac{1}{2}+\frac{1}{3}+\cdots+\frac{1}{k}>\frac{2k}{k+1}$$ 이고

양변에 각각 $\frac{1}{k+1}$을 더하면

$$1+\frac{1}{2}+\frac{1}{3}+\cdots+\frac{1}{k}+\frac{1}{k+1}>\boxed{\text{(다)}}$$

이고, $\boxed{\text{(다)}}-\frac{2(k+1)}{k+2}=\boxed{\text{(라)}}>0$이므로

$$\boxed{\text{(다)}}>\frac{2(k+1)}{k+2}$$ 이다.

따라서 $n=k+1$일 때도 부등식이 성립한다.

(i), (ii)에서 2 이상의 자연수 n에 대하여 부등식

$$1+\frac{1}{2}+\frac{1}{3}+\cdots+\frac{1}{n}>\frac{2n}{n+1}$$ 이 성립한다.

위의 (가), (나)에 알맞은 수를 각각 p, q, (다), (라)에 알맞은 식을 각각 $f(k)$, $g(k)$라 할 때, $f(2p)\times g(6q)$의 값은?

① $\dfrac{4}{45}$ ② $\dfrac{1}{9}$ ③ $\dfrac{2}{15}$

④ $\dfrac{7}{45}$ ⑤ $\dfrac{8}{45}$

790 빈출 서술형

h가 양의 실수일 때, 모든 자연수 n에 대하여 부등식
$$(1+h)^{n+1} > 1 + h(n+1)$$
이 성립함을 수학적 귀납법으로 증명하시오.

791 빈출 서술형

2 이상의 자연수 n에 대하여 부등식
$$1 + \frac{1}{2^2} + \frac{1}{3^2} + \cdots + \frac{1}{n^2} < 2 - \frac{1}{n}$$
이 성립함을 수학적 귀납법으로 증명하시오.

수열 $\{a_n\}$에서 모든 자연수 n에 대하여 $\underline{a_1,\ a_2,\ a_3,\ \cdots,\ a_n\text{의 평균이 }(2n-1)a_n}$이다.
조건 ①

$\underline{a_5\text{가 자연수}}$가 되도록 하는 자연수 $\underline{a_1\text{의 최솟값}}$을 구하시오.
조건 ②　　　　　　　　　　답

▶ 주어진 조건 은 무엇인지? 구하는 답 은 무엇인지? 이 둘을 어떻게 연결할지?

1 단계

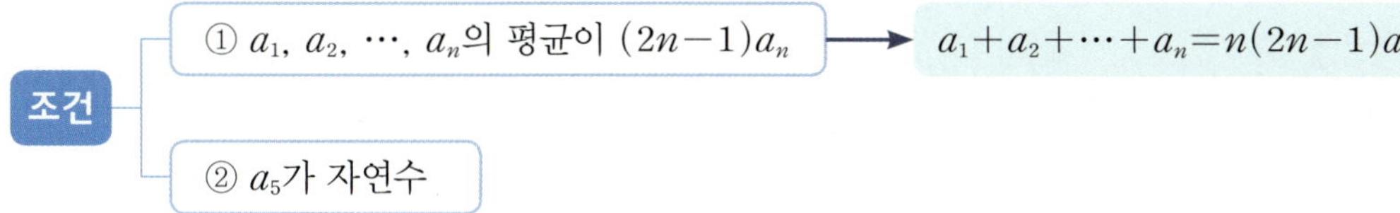

조건 ①에서 $a_1,\ a_2,\ \cdots,\ a_n$의 평균을
식으로 나타내면
$$\frac{a_1+a_2+\cdots+a_n}{n}=(2n-1)a_n$$
$$\therefore\ a_1+a_2+\cdots+a_n=n(2n-1)a_n$$

2 단계

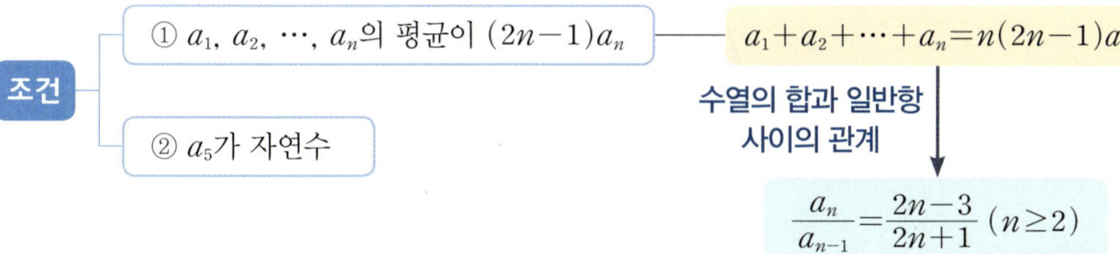

$a_1+a_2+\cdots+a_n=n(2n-1)a_n$에서
$n\geq2$일 때 n 대신 $n-1$을 대입하면
$a_1+a_2+\cdots+a_{n-1}=(n-1)(2n-3)a_{n-1}$
이고, 두 식을 변끼리 빼면
$a_n=n(2n-1)a_n-(n-1)(2n-3)a_{n-1}$
$(2n+1)(n-1)a_n=(n-1)(2n-3)a_{n-1}$
$$\therefore\ \frac{a_n}{a_{n-1}}=\frac{2n-3}{2n+1}\ (n\geq2)$$

3 단계

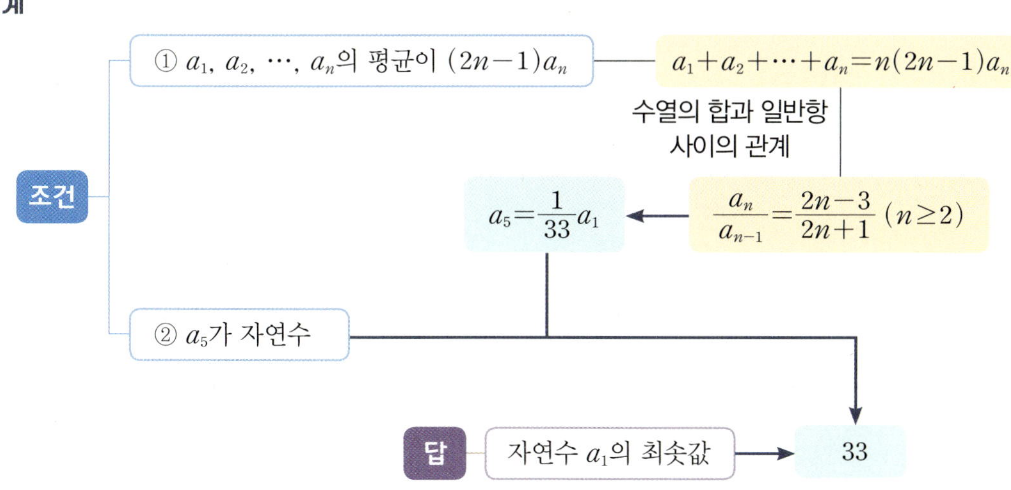

구한 관계식에 $n=2,\ 3,\ 4,\ 5$를
차례대로 대입하여 변끼리 곱하면
$$\frac{a_2}{a_1}\times\frac{a_3}{a_2}\times\frac{a_4}{a_3}\times\frac{a_5}{a_4}$$
$$=\frac{1}{5}\times\frac{3}{7}\times\frac{5}{9}\times\frac{7}{11}$$
에서 $\dfrac{a_5}{a_1}=\dfrac{1}{33}$

따라서 $a_5=\dfrac{1}{33}a_1$이 자연수가 되기
위해서는 a_1이 33의 배수가 되어야
하므로 a_1의 최솟값은 33이다.

792

그림과 같이 2 이상의 자연수 k에 대하여 두 직선 $y=x+1$, $y=kx+1$이 있다. 직선 $x=1$이 직선 $y=x+1$과 만나는 점을 A_0, 직선 $y=kx+1$과 만나는 점을 B_0이라 하자. 자연수 n에 대하여 점 B_{n-1}을 지나고 x축에 평행한 직선이 직선 $y=x+1$과 만나는 점을 A_n, 점 A_n을 지나고 y축에 평행한 직선이 직선 $y=kx+1$과 만나는 점을 B_n이라 하자. 점 A_n의 x좌표를 a_n이라 할 때, $a_4<500$을 만족시키는 모든 자연수 k의 값의 합은?

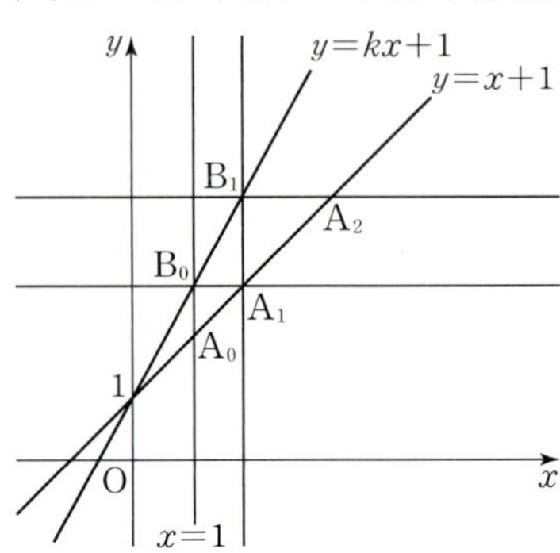

① 3   ② 5   ③ 7

④ 9   ⑤ 11

793

첫째항이 2이고 $a_{n+1}=3a_n+2\ (n\geq1)$를 만족시키는 수열 $\{a_n\}$에서 10의 배수인 항을 작은 수부터 차례대로 $b_1,\ b_2,\ b_3,\ \cdots$으로 정의하자. $a_m=b_4$를 만족시키는 자연수 m의 값은?

① 12   ② 14   ③ 16

④ 18   ⑤ 20

794 빈출

수열 $\{a_n\}$이 모든 자연수에 대하여 $a_{n+2}-a_{n+1}+a_n=0$을 만족시키고 $a_{31}=5$, $\displaystyle\sum_{k=1}^{100}a_k=-7$일 때, a_1+a_2의 값은?

① -8 ② -5 ③ -2

④ 1   ⑤ 4

795

그림과 같이 한 변의 길이가 2인 정사각형 모양의 타일과 가로,
세로의 길이가 각각 1, 2인 직사각형 모양의 타일이 있다. 이 두
종류의 타일을 이용하여 가로의 길이가 n, 세로의 길이가 2인
직사각형 모양의 바닥을 겹치거나 빠진 부분 없이 덮으려고 한다.
바닥을 덮는 방법의 수를 a_n이라 하면 $a_1=1$, $a_2=3$이고
a_n, a_{n+1}, a_{n+2} 사이의 관계식이 $a_{n+2}=pa_{n+1}+qa_n$ (p, q는 상수)
일 때, $p+q+a_6$의 값은?

(단, n은 자연수이고, 두 종류의 타일은 충분히 많이 있다.)

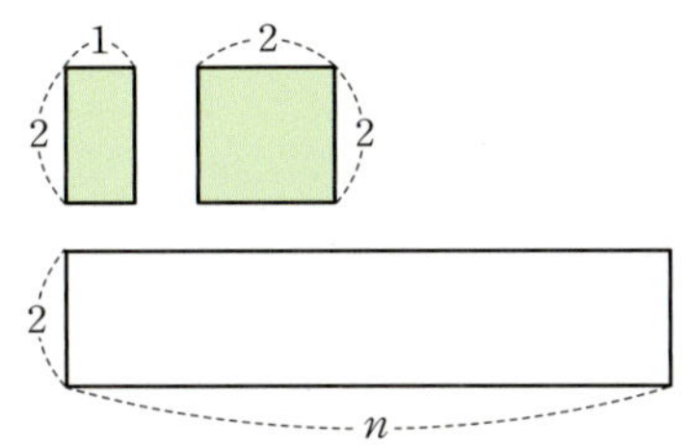

① 42   ② 43   ③ 44
④ 45   ⑤ 46

796

하노이의 한 사원에는 가운데에 작은 구멍이 뚫린 64개의 금으로
된 원판이 있었다고 전해진다. 이들 원판은 모두 크기가 다르며,
그림과 같이 작은 원판이 큰 원판 위에 오도록 포개져 세 개의
다이아몬드로 된 기둥 중 한 개에 끼워져 있었다고 한다. 전설에
따르면 이 64개의 원판을 하나씩 옮겨서 다른 하나의 기둥으로
모두 옮겼을 때 세상의 종말이 온다고 한다.

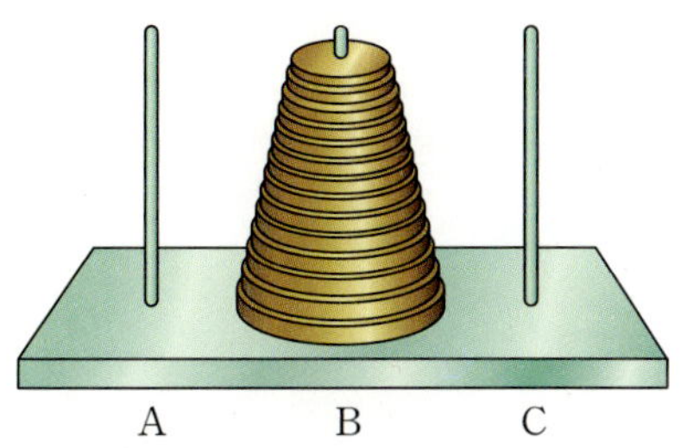

이때 옮기는 과정에서의 규칙이 다음과 같다.

> (가) 한 번에 한 개의 원판만 옮길 수 있다.
> (나) 크기가 작은 원판 위에는 큰 원판을 놓을 수 없다.

n개의 원판을 다른 기둥으로 옮기기 위한 최소 이동 횟수를
a_n이라 할 때, 다음 물음에 답하시오. (단, $n \geq 1$이다.)

(1) 원판이 1개일 때는 한 번에 옮길 수 있으므로 $a_1=1$, 원판이 2개
일 때는 세 번에 옮길 수 있으므로 $a_2=3$이고, 원판이 3개일
때는 아래 그림과 같이 $a_3=3+1+3=7$이다. 이를 이용하여
a_{n+1}과 a_n 사이의 관계식을 구하시오.

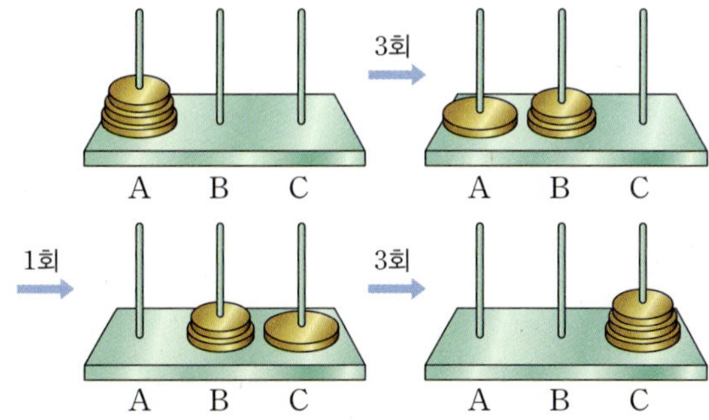

(2) a_5의 값을 구하시오.

797

첫째항이 a인 수열 $\{a_n\}$은 모든 자연수 n에 대하여

$$a_{n+1}=\begin{cases} a_n+(-1)^n\times 2 & (n\text{이 }3\text{의 배수가 아닌 경우}) \\ a_n+1 & (n\text{이 }3\text{의 배수인 경우}) \end{cases}$$

를 만족시킨다. $a_{15}=43$일 때, a의 값은?

① 35 　　　　 ② 36 　　　　 ③ 37

④ 38 　　　　 ⑤ 39

798

모든 항이 양수인 수열 a_n이 모든 자연수 n에 대하여

$$a_{n+2}=\begin{cases} \dfrac{2a_{n+1}}{a_n} & (a_{n+1}\geq 2) \\ \dfrac{4}{a_n} & (a_{n+1}<2) \end{cases}$$

이고, 다음 조건을 만족시킨다.

> ㈎ $a_2+a_3=2$
> ㈏ $2(a_9-a_{11})=a_5$

$\displaystyle\sum_{k=1}^{11} a_k$의 값은?

① $\dfrac{140}{3}$ 　　　　 ② $\dfrac{142}{3}$ 　　　　 ③ 48

④ $\dfrac{146}{3}$ 　　　　 ⑤ $\dfrac{148}{3}$

799

등차수열 $\{a_n\}$과 모든 자연수 n에 대하여

$$b_1=0,\ b_{n+1}-b_n=a_n+|a_n|$$

을 만족시키는 수열 $\{b_n\}$은 다음 조건을 만족시킨다.

> ㈎ 집합 $A=\{b_n\,|\,n\text{은 자연수}\}$의 원소의 개수는 5이다.
> ㈏ $3a_m+2a_{m+1}=0$을 만족시키는 자연수 m이 존재한다.

$b_2+b_7=220$일 때, a_{10}의 값은?

① -220 　　　　 ② -179 　　　　 ③ -138

④ -97 　　　　 ⑤ -56

800

두 수열 $\{a_n\}$, $\{b_n\}$은 $a_1=a_2=1$, $b_1=k$이고, 모든 자연수 n에 대하여

$$a_{n+2}=a_{n+1}^2-a_n^2, \quad b_{n+1}=a_n-b_n+n$$

을 만족시킨다. $b_{20}=14$일 때, k의 값은?

① -3 ② -1 ③ 1

④ 3 ⑤ 5

801

두 수열 $\{a_n\}$, $\{b_n\}$이 모든 자연수 n에 대하여 다음 조건을 만족시킨다.

(가) $a_{2n}=b_n+2$
(나) $a_{2n+1}=b_n-1$
(다) $b_{2n}=3a_n-2$
(라) $b_{2n+1}=-a_n+3$

$a_{12}=3$, $\displaystyle\sum_{n=1}^{31}b_n=121$일 때, b_{32}의 값은?

① 75 ② 77 ③ 79

④ 81 ⑤ 83

802

수열 $\{a_n\}$이 다음 조건을 만족시킨다.

> (가) $|a_1|=2$
> (나) 모든 자연수 n에 대하여 $|a_{n+1}|=2|a_n|$이다.
> (다) $\displaystyle\sum_{n=1}^{10} a_n=-14$

$a_1+a_3+a_5+a_7+a_9$의 값을 구하시오.

803

공차가 0이 아닌 등차수열 $\{a_n\}$이 있다. 수열 $\{b_n\}$은
$$b_1=a_1$$
이고, 2 이상의 자연수 n에 대하여
$$b_n=\begin{cases}b_{n-1}+a_n & (n\text{이 }3\text{의 배수가 아닌 경우})\\ b_{n-1}-a_n & (n\text{이 }3\text{의 배수인 경우})\end{cases}$$
이다. $b_{10}=a_{10}$일 때, $\dfrac{b_8}{b_{10}}=\dfrac{q}{p}$이다. $p+q$의 값을 구하시오.

(단, p와 q는 서로소인 자연수이다.)

804

수열 $\{a_n\}$은 $0<a_1<1$이고, 모든 자연수 n에 대하여 다음 조건을 만족시킨다.

> (가) $a_{2n}=a_2\times a_n+1$
> (나) $a_{2n+1}=a_2\times a_n-2$

$a_7=2$일 때, a_{25}의 값은?

① 78   ② 80   ③ 82

④ 84   ⑤ 86

805

수열 $\{a_n\}$은 $a_1=1$이고 $\dfrac{a_{n+1}}{n+2}=\dfrac{a_n}{n}+\dfrac{1}{2}$ $(n\geq1)$을 만족시킨다.

다음은 모든 자연수 n에 대하여

$$a_n=(1+2+3+\cdots+n)\left(1+\dfrac{1}{2}+\dfrac{1}{3}+\cdots+\dfrac{1}{n}\right)$$

이 성립함을 수학적 귀납법으로 증명하는 과정이다.

<증 명>

(i) $n=1$일 때

(좌변)$=a_1=1$, (우변)$=1\times1=1$

이므로 주어진 식이 성립한다.

(ii) $n=k$일 때

$$a_k=(1+2+3+\cdots+k)\left(1+\dfrac{1}{2}+\dfrac{1}{3}+\cdots+\dfrac{1}{k}\right)$$

이 성립한다고 가정하면

$$a_{k+1}=\boxed{\text{(가)}}\,a_k+\dfrac{k+2}{\boxed{\text{(나)}}}$$

$$=\boxed{\text{(가)}}(1+2+3+\cdots+k)\left(1+\dfrac{1}{2}+\dfrac{1}{3}+\cdots+\dfrac{1}{k}\right)$$

$$\qquad\qquad\qquad\qquad+\dfrac{k+2}{\boxed{\text{(나)}}}$$

$$=\boxed{\text{(다)}}\left(1+\dfrac{1}{2}+\dfrac{1}{3}+\cdots+\dfrac{1}{k}\right)+\dfrac{k+2}{\boxed{\text{(나)}}}$$

$$=\{1+2+3+\cdots+(k+1)\}\left(1+\dfrac{1}{2}+\dfrac{1}{3}+\cdots+\dfrac{1}{k+1}\right)$$

따라서 $n=k+1$일 때도 주어진 식이 성립한다.

(i), (ii)에 의하여 모든 자연수 n에 대하여

$$a_n=(1+2+3+\cdots+n)\left(1+\dfrac{1}{2}+\dfrac{1}{3}+\cdots+\dfrac{1}{n}\right)$$

이 성립한다.

위의 (가), (다)에 알맞은 식을 각각 $f(k)$, $g(k)$라 하고, (나)에 알맞은 수를 p라 할 때, $pf(4)+g(4)$의 값은?

① 9 　　　　② 12 　　　　③ 15

④ 18 　　　　⑤ 21

806

평가원 기출

다음은 모든 자연수 n에 대하여 등식

$$\sum_{k=1}^{n}(5k-3)\left(\dfrac{1}{k}+\dfrac{1}{k+1}+\dfrac{1}{k+2}+\cdots+\dfrac{1}{n}\right)=\dfrac{n(5n+3)}{4}$$

이 성립함을 수학적 귀납법으로 증명하는 과정이다.

<증 명>

(i) $n=1$일 때

(좌변)$=2$, (우변)$=2$

이므로 주어진 등식이 성립한다.

(ii) $n=m$일 때 주어진 등식이 성립한다고 가정하면

$$\sum_{k=1}^{m}(5k-3)\left(\dfrac{1}{k}+\dfrac{1}{k+1}+\dfrac{1}{k+2}+\cdots+\dfrac{1}{m}\right)$$

$$=\dfrac{m(5m+3)}{4}$$

이다. $n=m+1$일 때 주어진 등식이 성립함을 보이자.

$$\sum_{k=1}^{m+1}(5k-3)\left(\dfrac{1}{k}+\dfrac{1}{k+1}+\dfrac{1}{k+2}+\cdots+\dfrac{1}{m+1}\right)$$

$$=\sum_{k=1}^{m}(5k-3)\left(\dfrac{1}{k}+\dfrac{1}{k+1}+\dfrac{1}{k+2}+\cdots+\dfrac{1}{m+1}\right)$$

$$\qquad\qquad\qquad\qquad+\{5(m+1)-3\}\dfrac{1}{m+1}$$

$$=\sum_{k=1}^{m}(5k-3)\left(\dfrac{1}{k}+\dfrac{1}{k+1}+\dfrac{1}{k+2}+\cdots+\dfrac{1}{m+1}\right)$$

$$\qquad\qquad\qquad\qquad+\dfrac{\boxed{\text{(가)}}}{m+1}$$

$$=\sum_{k=1}^{m}(5k-3)\left(\dfrac{1}{k}+\dfrac{1}{k+1}+\dfrac{1}{k+2}+\cdots+\dfrac{1}{\boxed{\text{(나)}}}\right)$$

$$\qquad\qquad+\dfrac{1}{m+1}\sum_{k=1}^{m}(5k-3)+\dfrac{\boxed{\text{(가)}}}{m+1}$$

$$=\dfrac{m(5m+3)}{4}+\dfrac{1}{m+1}\sum_{k=1}^{m+1}\left(\boxed{\text{(다)}}\right)$$

$$=\dfrac{(m+1)(5m+8)}{4}$$

그러므로 $n=m+1$일 때도 주어진 등식이 성립한다.

따라서 모든 자연수 n에 대하여 주어진 등식이 성립한다.

위의 (가), (나), (다)에 알맞은 것은?

	(가)	(나)	(다)
①	$5m-3$	m	$5k+2$
②	$5m-3$	$m+1$	$5k+2$
③	$5m+2$	m	$5k-3$
④	$5m+2$	m	$5k+2$
⑤	$5m+2$	$m+1$	$5k-3$

807

형가원 기출

다음은 모든 자연수 n에 대하여 부등식

$$\frac{1!+2!+3!+\cdots+n!}{(n+1)!} < \frac{2}{n+1}$$

가 성립함을 수학적 귀납법으로 증명하는 과정이다.

(단, $n!=1\times2\times3\times\cdots\times n$이다.)

<증 명>

자연수 n에 대하여 $a_n=\dfrac{1!+2!+3!+\cdots+n!}{(n+1)!}$ 이라 할 때,

$a_n<\dfrac{2}{n+1}$ 임을 보이면 된다.

(i) $n=1$일 때

$a_1=\dfrac{1!}{2!}=\dfrac{1}{2}<1$이므로 주어진 부등식이 성립한다.

(ii) $n=k$일 때 $a_k<\dfrac{2}{k+1}$라 가정하면

$n=k+1$일 때

$$a_{k+1}=\frac{1!+2!+3!+\cdots+(k+1)!}{(k+2)!}$$

$$=\boxed{(가)}(1+a_k)$$

$$<\boxed{(가)}\left(1+\frac{2}{k+1}\right)=\frac{1}{k+2}+\boxed{(나)}$$

이다. 자연수 k에 대하여 $\dfrac{2}{k+1}\leq1$이므로

$\boxed{(나)}\leq\dfrac{1}{k+2}$이고 $a_{k+1}<\dfrac{2}{k+2}$이다.

따라서 $n=k+1$일 때도 주어진 부등식이 성립한다.

그러므로 모든 자연수 n에 대하여 주어진 부등식이 성립한다.

위의 증명에서 (가), (나)에 들어갈 식으로 알맞은 것은?

	(가)	(나)
①	$\dfrac{1}{k+2}$	$\dfrac{1}{(k+1)(k+2)}$
②	$\dfrac{1}{k+2}$	$\dfrac{2}{(k+1)(k+2)}$
③	$\dfrac{1}{k+1}$	$\dfrac{1}{(k+1)(k+2)}$
④	$\dfrac{1}{k+1}$	$\dfrac{2}{(k+1)(k+2)}$
⑤	$\dfrac{1}{k+1}$	$\dfrac{2}{(k+1)^2}$

808

교육청 기출

다음은 모든 자연수 n에 대하여

$$\frac{1}{2}\times\frac{3}{4}\times\frac{5}{6}\times\cdots\times\frac{2n-1}{2n}\leq\frac{1}{\sqrt{3n+1}} \qquad\cdots\cdots(*)$$

이 성립함을 수학적 귀납법으로 증명하는 과정이다.

<증 명>

(i) $n=1$일 때

$\dfrac{1}{2}\leq\dfrac{1}{\sqrt{4}}$이므로 $(*)$이 성립한다.

(ii) $n=k$일 때 $(*)$이 성립한다고 가정하면

$$\frac{1}{2}\times\frac{3}{4}\times\frac{5}{6}\times\cdots\times\frac{2k-1}{2k}\times\frac{2k+1}{2k+2}$$

$$\leq\frac{1}{\sqrt{3k+1}}\times\frac{2k+1}{2k+2}$$

$$=\frac{1}{\sqrt{3k+1}}\times\frac{1}{1+\boxed{(가)}}$$

$$=\frac{1}{\sqrt{3k+1}}\times\frac{1}{\sqrt{\left(1+\boxed{(가)}\right)^2}}$$

$$=\frac{1}{\sqrt{3k+1+2(3k+1)\times\boxed{(가)}+(3k+1)\times\left(\boxed{(가)}\right)^2}}$$

$$<\frac{1}{\sqrt{3k+1+2(3k+1)\times\boxed{(가)}+\left(\boxed{(나)}\right)\times\left(\boxed{(가)}\right)^2}}$$

$$=\frac{1}{\sqrt{3(k+1)+1}}$$

따라서 $n=k+1$일 때도 $(*)$이 성립한다.

그러므로 (i), (ii)에서 모든 자연수 n에 대하여 $(*)$이 성립한다.

위의 (가), (나)에 알맞은 식을 각각 $f(k)$, $g(k)$라 할 때,
$f(4)\times g(13)$의 값은?

① 1   ② 2   ③ 3

④ 4   ⑤ 5

809

수열 $\{a_n\}$의 일반항이 $a_n=\sum\limits_{t=1}^{n}\left(\dfrac{n+1}{n+1-t}\times\dfrac{1}{3^{t-1}}\right)$일 때, 다음은 모든 자연수 n에 대하여 $a_n<3$이 성립함을 수학적 귀납법으로 증명하는 과정이다.

<증 명>

(i) $n=1$일 때

$a_1=\boxed{\text{(가)}}<3$이다.

(ii) $n=k$일 때 $a_k<3$이라 가정하면

$n=k+1$일 때

$$a_{k+1}=\sum_{t=1}^{k+1}\left(\frac{k+2}{k+2-t}\times\frac{1}{3^{t-1}}\right)$$

$$=\boxed{\text{(나)}}+\frac{1}{3}\left(\frac{k+1}{k}+\frac{k+1}{k-1}\times\frac{1}{3}+\cdots+\frac{k+1}{3^{k-1}}\right)$$

$$+\frac{1}{3}\left(\frac{1}{k}+\frac{1}{k-1}\times\frac{1}{3}+\cdots+\frac{1}{3^{k-1}}\right)$$

$$=\boxed{\text{(나)}}+\frac{1}{3}a_k+\boxed{\text{(다)}}\times a_k<3$$

이므로 $a_{k+1}<3$이다.

(i), (ii)에 의하여 모든 자연수 n에 대하여 $a_n<3$이 성립한다.

위의 (가)에 들어갈 수를 a라 하고 (나), (다)에 들어갈 식을 $f(k)$, $g(k)$라 할 때, $f(a)+g(a)$의 값은?

① $\dfrac{4}{3}$ ② $\dfrac{13}{9}$ ③ $\dfrac{14}{9}$

④ $\dfrac{5}{3}$ ⑤ $\dfrac{16}{9}$

810 서술형 ✎

$a_1=1$, $a_2=-1$, $a_3=4$인 수열 $\{a_n\}$이 모든 자연수 n에 대하여

$$n(n-2)a_{n+1}=\sum_{i=1}^{n}a_i$$

를 만족시킨다. $n\geq3$인 모든 자연수 n에 대하여

$$a_n=\frac{8}{(n-1)(n-2)}$$

이 성립함을 수학적 귀납법으로 증명하시오.

수	0	1	2	3	4	5	6	7	8	9
1.0	.0000	.0043	.0086	.0128	.0170	.0212	.0253	.0294	.0334	.0374
1.1	.0414	.0453	.0492	.0531	.0569	.0607	.0645	.0682	.0719	.0755
1.2	.0792	.0828	.0864	.0899	.0934	.0969	.1004	.1038	.1072	.1106
1.3	.1139	.1173	.1206	.1239	.1271	.1303	.1335	.1367	.1399	.1430
1.4	.1461	.1492	.1523	.1553	.1584	.1614	.1644	.1673	.1703	.1732
1.5	.1761	.1790	.1818	.1847	.1875	.1903	.1931	.1959	.1987	.2014
1.6	.2041	.2068	.2095	.2122	.2148	.2175	.2201	.2227	.2253	.2279
1.7	.2304	.2330	.2355	.2380	.2405	.2430	.2455	.2480	.2504	.2529
1.8	.2553	.2577	.2601	.2625	.2648	.2672	.2695	.2718	.2742	.2765
1.9	.2788	.2810	.2833	.2856	.2878	.2900	.2923	.2945	.2967	.2989
2.0	.3010	.3032	.3054	.3075	.3096	.3118	.3139	.3160	.3181	.3201
2.1	.3222	.3243	.3263	.3284	.3304	.3324	.3345	.3365	.3385	.3404
2.2	.3424	.3444	.3464	.3483	.3502	.3522	.3541	.3560	.3579	.3598
2.3	.3617	.3636	.3655	.3674	.3692	.3711	.3729	.3747	.3766	.3784
2.4	.3802	.3820	.3838	.3856	.3874	.3892	.3909	.3927	.3945	.3962
2.5	.3979	.3997	.4014	.4031	.4048	.4065	.4082	.4099	.4116	.4133
2.6	.4150	.4166	.4183	.4200	.4216	.4232	.4249	.4265	.4281	.4298
2.7	.4314	.4330	.4346	.4362	.4378	.4393	.4409	.4425	.4440	.4456
2.8	.4472	.4487	.4502	.4518	.4533	.4548	.4564	.4579	.4594	.4609
2.9	.4624	.4639	.4654	.4669	.4683	.4698	.4713	.4728	.4742	.4757
3.0	.4771	.4786	.4800	.4814	.4829	.4843	.4857	.4871	.4886	.4900
3.1	.4914	.4928	.4942	.4955	.4969	.4983	.4997	.5011	.5024	.5038
3.2	.5051	.5065	.5079	.5092	.5105	.5119	.5132	.5145	.5159	.5172
3.3	.5185	.5198	.5211	.5224	.5237	.5250	.5263	.5276	.5289	.5302
3.4	.5315	.5328	.5340	.5353	.5366	.5378	.5391	.5403	.5416	.5428
3.5	.5441	.5453	.5465	.5478	.5490	.5502	.5514	.5527	.5539	.5551
3.6	.5563	.5575	.5587	.5599	.5611	.5623	.5635	.5647	.5658	.5670
3.7	.5682	.5694	.5705	.5717	.5729	.5740	.5752	.5763	.5775	.5786
3.8	.5798	.5809	.5821	.5832	.5843	.5855	.5866	.5877	.5888	.5899
3.9	.5911	.5922	.5933	.5944	.5955	.5966	.5977	.5988	.5999	.6010
4.0	.6021	.6031	.6042	.6053	.6064	.6075	.6085	.6096	.6107	.6117
4.1	.6128	.6138	.6149	.6160	.6170	.6180	.6191	.6201	.6212	.6222
4.2	.6232	.6243	.6253	.6263	.6274	.6284	.6294	.6304	.6314	.6325
4.3	.6335	.6345	.6355	.6365	.6375	.6385	.6395	.6405	.6415	.6425
4.4	.6435	.6444	.6454	.6464	.6474	.6484	.6493	.6503	.6513	.6522
4.5	.6532	.6542	.6551	.6561	.6571	.6580	.6590	.6599	.6609	.6618
4.6	.6628	.6637	.6646	.6656	.6665	.6675	.6684	.6693	.6702	.6712
4.7	.6721	.6730	.6739	.6749	.6758	.6767	.6776	.6785	.6794	.6803
4.8	.6812	.6821	.6830	.6839	.6848	.6857	.6866	.6875	.6884	.6893
4.9	.6902	.6911	.6920	.6928	.6937	.6946	.6955	.6964	.6972	.6981
5.0	.6990	.6998	.7007	.7016	.7024	.7033	.7042	.7050	.7059	.7067
5.1	.7076	.7084	.7093	.7101	.7110	.7118	.7126	.7135	.7143	.7152
5.2	.7160	.7168	.7177	.7185	.7193	.7202	.7210	.7218	.7226	.7235
5.3	.7243	.7251	.7259	.7267	.7275	.7284	.7292	.7300	.7308	.7316
5.4	.7324	.7332	.7340	.7348	.7356	.7364	.7372	.7380	.7388	.7396

수	0	1	2	3	4	5	6	7	8	9
5.5	.7404	.7412	.7419	.7427	.7435	.7443	.7451	.7459	.7466	.7474
5.6	.7482	.7490	.7497	.7505	.7513	.7520	.7528	.7536	.7543	.7551
5.7	.7559	.7566	.7574	.7582	.7589	.7597	.7604	.7612	.7619	.7627
5.8	.7634	.7642	.7649	.7657	.7664	.7672	.7679	.7686	.7694	.7701
5.9	.7709	.7716	.7723	.7731	.7738	.7745	.7752	.7760	.7767	.7774
6.0	.7782	.7789	.7796	.7803	.7810	.7818	.7825	.7832	.7839	.7846
6.1	.7853	.7860	.7868	.7875	.7882	.7889	.7896	.7903	.7910	.7917
6.2	.7924	.7931	.7938	.7945	.7952	.7959	.7966	.7973	.7980	.7987
6.3	.7993	.8000	.8007	.8014	.8021	.8028	.8035	.8041	.8048	.8055
6.4	.8062	.8069	.8075	.8082	.8089	.8096	.8102	.8109	.8116	.8122
6.5	.8129	.8136	.8142	.8149	.8156	.8162	.8169	.8176	.8182	.8189
6.6	.8195	.8202	.8209	.8215	.8222	.8228	.8235	.8241	.8248	.8254
6.7	.8261	.8267	.8274	.8280	.8287	.8293	.8299	.8306	.8312	.8319
6.8	.8325	.8331	.8338	.8344	.8351	.8357	.8363	.8370	.8376	.8382
6.9	.8388	.8395	.8401	.8407	.8414	.8420	.8426	.8432	.8439	.8445
7.0	.8451	.8457	.8463	.8470	.8476	.8482	.8488	.8494	.8500	.8506
7.1	.8513	.8519	.8525	.8531	.8537	.8543	.8549	.8555	.8561	.8567
7.2	.8573	.8579	.8585	.8591	.8597	.8603	.8609	.8615	.8621	.8627
7.3	.8633	.8639	.8645	.8651	.8657	.8663	.8669	.8675	.8681	.8686
7.4	.8692	.8698	.8704	.8710	.8716	.8722	.8727	.8733	.8739	.8745
7.5	.8751	.8756	.8762	.8768	.8774	.8779	.8785	.8791	.8797	.8802
7.6	.8808	.8814	.8820	.8825	.8831	.8837	.8842	.8848	.8854	.8859
7.7	.8865	.8871	.8876	.8882	.8887	.8893	.8899	.8904	.8910	.8915
7.8	.8921	.8927	.8932	.8938	.8943	.8949	.8954	.8960	.8965	.8971
7.9	.8976	.8982	.8987	.8993	.8998	.9004	.9009	.9015	.9020	.9025
8.0	.9031	.9036	.9042	.9047	.9053	.9058	.9063	.9069	.9074	.9079
8.1	.9085	.9090	.9096	.9101	.9106	.9112	.9117	.9122	.9128	.9133
8.2	.9138	.9143	.9149	.9154	.9159	.9165	.9170	.9175	.9180	.9186
8.3	.9191	.9196	.9201	.9206	.9212	.9217	.9222	.9227	.9232	.9238
8.4	.9243	.9248	.9253	.9258	.9263	.9269	.9274	.9279	.9284	.9289
8.5	.9294	.9299	.9304	.9309	.9315	.9320	.9325	.9330	.9335	.9340
8.6	.9345	.9350	.9355	.9360	.9365	.9370	.9375	.9380	.9385	.9390
8.7	.9395	.9400	.9405	.9410	.9415	.9420	.9425	.9430	.9435	.9440
8.8	.9445	.9450	.9455	.9460	.9465	.9469	.9474	.9479	.9484	.9489
8.9	.9494	.9499	.9504	.9509	.9513	.9518	.9523	.9528	.9533	.9538
9.0	.9542	.9547	.9552	.9557	.9562	.9566	.9571	.9576	.9581	.9586
9.1	.9590	.9595	.9600	.9605	.9609	.9614	.9619	.9624	.9628	.9633
9.2	.9638	.9643	.9647	.9652	.9657	.9661	.9666	.9671	.9675	.9680
9.3	.9685	.9689	.9694	.9699	.9703	.9708	.9713	.9717	.9722	.9727
9.4	.9731	.9736	.9741	.9745	.9750	.9754	.9759	.9763	.9768	.9773
9.5	.9777	.9782	.9786	.9791	.9795	.9800	.9805	.9809	.9814	.9818
9.6	.9823	.9827	.9832	.9836	.9841	.9845	.9850	.9854	.9859	.9863
9.7	.9868	.9872	.9877	.9881	.9886	.9890	.9894	.9899	.9903	.9908
9.8	.9912	.9917	.9921	.9926	.9930	.9934	.9939	.9943	.9948	.9952
9.9	.9956	.9961	.9965	.9969	.9974	.9978	.9983	.9987	.9991	.9996

각(θ)	$\sin\theta$	$\cos\theta$	$\tan\theta$
0°	0.0000	1.0000	0.0000
1°	0.0175	0.9998	0.0175
2°	0.0349	0.9994	0.0349
3°	0.0523	0.9986	0.0524
4°	0.0698	0.9976	0.0699
5°	0.0872	0.9962	0.0875
6°	0.1045	0.9945	0.1051
7°	0.1219	0.9925	0.1228
8°	0.1392	0.9903	0.1405
9°	0.1564	0.9877	0.1584
10°	0.1736	0.9848	0.1763
11°	0.1908	0.9816	0.1944
12°	0.2079	0.9781	0.2126
13°	0.2250	0.9744	0.2309
14°	0.2419	0.9703	0.2493
15°	0.2588	0.9659	0.2679
16°	0.2756	0.9613	0.2867
17°	0.2924	0.9563	0.3057
18°	0.3090	0.9511	0.3249
19°	0.3256	0.9455	0.3443
20°	0.3420	0.9397	0.3640
21°	0.3584	0.9336	0.3839
22°	0.3746	0.9272	0.4040
23°	0.3907	0.9205	0.4245
24°	0.4067	0.9135	0.4452
25°	0.4226	0.9063	0.4663
26°	0.4384	0.8988	0.4877
27°	0.4540	0.8910	0.5095
28°	0.4695	0.8829	0.5317
29°	0.4848	0.8746	0.5543
30°	0.5000	0.8660	0.5774
31°	0.5150	0.8572	0.6009
32°	0.5299	0.8480	0.6249
33°	0.5446	0.8387	0.6494
34°	0.5592	0.8290	0.6745
35°	0.5736	0.8192	0.7002
36°	0.5878	0.8090	0.7265
37°	0.6018	0.7986	0.7536
38°	0.6157	0.7880	0.7813
39°	0.6293	0.7771	0.8098
40°	0.6428	0.7660	0.8391
41°	0.6561	0.7547	0.8693
42°	0.6691	0.7431	0.9004
43°	0.6820	0.7314	0.9325
44°	0.6947	0.7193	0.9657
45°	0.7071	0.7071	1.0000

각(θ)	$\sin\theta$	$\cos\theta$	$\tan\theta$
45°	0.7071	0.7071	1.0000
46°	0.7193	0.6947	1.0355
47°	0.7314	0.6820	1.0724
48°	0.7431	0.6691	1.1106
49°	0.7547	0.6561	1.1504
50°	0.7660	0.6428	1.1918
51°	0.7771	0.6293	1.2349
52°	0.7880	0.6157	1.2799
53°	0.7986	0.6018	1.3270
54°	0.8090	0.5878	1.3764
55°	0.8192	0.5736	1.4281
56°	0.8290	0.5592	1.4826
57°	0.8387	0.5446	1.5399
58°	0.8480	0.5299	1.6003
59°	0.8572	0.5150	1.6643
60°	0.8660	0.5000	1.7321
61°	0.8746	0.4848	1.8040
62°	0.8829	0.4695	1.8807
63°	0.8910	0.4540	1.9626
64°	0.8988	0.4384	2.0503
65°	0.9063	0.4226	2.1445
66°	0.9135	0.4067	2.2460
67°	0.9205	0.3907	2.3559
68°	0.9272	0.3746	2.4751
69°	0.9336	0.3584	2.6051
70°	0.9397	0.3420	2.7475
71°	0.9455	0.3256	2.9042
72°	0.9511	0.3090	3.0777
73°	0.9563	0.2924	3.2709
74°	0.9613	0.2756	3.4874
75°	0.9659	0.2588	3.7321
76°	0.9703	0.2419	4.0108
77°	0.9744	0.2250	4.3315
78°	0.9781	0.2079	4.7046
79°	0.9816	0.1908	5.1446
80°	0.9848	0.1736	5.6713
81°	0.9877	0.1564	6.3138
82°	0.9903	0.1392	7.1154
83°	0.9925	0.1219	8.1443
84°	0.9945	0.1045	9.5144
85°	0.9962	0.0872	11.4301
86°	0.9976	0.0698	14.3007
87°	0.9986	0.0523	19.0811
88°	0.9994	0.0349	28.6363
89°	0.9998	0.0175	57.2900
90°	1.0000	0.0000	

I 지수함수와 로그함수

01 지수와 로그

STEP 1 교과서를 정복하는 핵심 유형

001 $2,\ -1\pm\sqrt{3}i$ **002** (1) 2 (2) ± 3 (3) $-\dfrac{1}{2}$

003 ③ **004** ④ **005** ③ **006** ③

007 ② **008** ④ **009** ② **010** ②

011 ① **012** (1) 4 (2) $\dfrac{9}{4}$ (3) 9 (4) 3 (5) $\dfrac{5}{2}$

013 ③ **014** ④ **015** ③ **016** ③

017 (1) 7 (2) 18 **018** ④ **019** ③

020 ④ **021** ② **022** ④ **023** (1) 4 (2) 0

024 ① **025** ② **026** ①

027 (1) $0<x<1$ 또는 $1<x<3$ (2) 4 **028** ⑤

029 (1) 3 (2) 4 (3) $\dfrac{1}{2}$ **030** ② **031** (1) 1 (2) 3

032 ⑤ **033** (1) $2a+b$ (2) $\dfrac{a+3}{2b+1}$ (3) $\dfrac{2-3a}{b}$

034 ④ **035** ③ **036** ① **037** ②

038 (1) 2.4216 (2) 4.4216 (3) -0.5784 (4) -2.5784

039 $a=345,\ b=0.00345$ **040** (1) $\dfrac{1-a}{b}$ (2) $\dfrac{3a+b-2}{a+b-1}$

041 ② **042** ③ **043** 631 **044** 817

STEP 2 내신 실전문제 체화를 위한 심화 유형

045 (1) 2 (2) 4 (3) 0 (4) 12 **046** ④

047 (1) $2\sqrt[3]{2}$ (2) -216 **048** ② **049** ②

050 ② **051** ② **052** ② **053** ③

054 ③ **055** ② **056** (1) 24 (2) $\dfrac{3}{4}$

057 ② **058** ④ **059** 풀이 참조 **060** ③

061 ④ **062** 16 **063** ③ **064** 124

065 ⑤ **066** ③ **067** ③ **068** 6

069 ③ **070** ② **071** 18

072 (1) $-2\sqrt{3}$ (2) $4\sqrt{7}$ **073** $\dfrac{2-2\sqrt{5}}{7}$ **074** ②

075 $\dfrac{7}{6}$ **076** (1) $\sqrt{30}$ (2) 4 **077** ③

078 풀이 참조 **079** ① **080** ⑤ **081** ④

082 ③ **083** ② **084** ② **085** ①

086 ④ **087** ⑤ **088** (1) 2 (2) 13

089 ⑤ **090** $\dfrac{33}{8}$ **091** ⑤ **092** 14

093 (1) 64 (2) 17 (3) 3 (4) 14 **094** ⑤ **095** $-\dfrac{5}{6}$

096 ① **097** ⑤ **098** ③ **099** 49

100 ② **101** ④ **102** $\dfrac{15}{4}$ **103** ②

104 ③ **105** ② **106** 풀이 참조 **107** ③

108 ① **109** ③ **110** ④ **111** ④

112 ② **113** 15 **114** ⑤

STEP 3 내신 최상위권 굳히기를 위한 최고난도 유형

115 ⑤ **116** 14 **117** ④ **118** ④

119 22 **120** ① **121** ① **122** ③

123 24 **124** 4 **125** ① **126** 30

127 ② **128** ⑤ **129** ④ **130** 12

131 25 **132** 45 **133** ③ **134** 33

135 ③ **136** ③ **137** 15

02 지수함수와 로그함수

STEP 1 교과서를 정복하는 핵심 유형

138 ④ **139** ⑤ **140** ② **141** ②

142 ⑤ **143** ③ **144** ④ **145** ③

146 ⑤ **147** ④ **148** ① **149** ④

150 ② **151** ⑤ **152** ④ **153** ③

154 ② **155** 4

156 (1) $x=7$ (2) $x=-\dfrac{3}{2}$ (3) $x=3$ **157** $x=1$

158 ② **159** 풀이 참조 **160** ④

161 (1) $x>-6$ (2) $x\geq -9$ (3) $-3\leq x\leq 1$ **162** ②

163 ① **164** ③

165 (1) $x=7$ (2) $x=3$ (3) $x=3$ **166** $x=9$

167 (1) $-10<x<6$ (2) $x\geq 3$ (3) $-3<x\leq -2$

168 ④ **169** ③ **170** 30

STEP 2 내신 실전문제 체화를 위한 심화 유형

171	④	172	②	173	③	174	⑤
175	①	176	③	177	③	178	③
179	③	180	③	181	20	182	③
183	⑤	184	③	185	④	186	③
187	풀이 참조						

188 (1) $x=0$일 때 최솟값 15 (2) $x=-1$일 때 최솟값 $\dfrac{11}{4}$

189	②	190	②	191	③	192	10

193 (1) $k<5$ (2) $k>4$ **194** ②   **195** ④

196	⑤	197	③	198	⑤	199	②
200	④	201	③	202	16	203	③
204	⑤	205	$D<C<A<B$			206	④
207	②	208	⑤	209	④	210	③
211	55	212	풀이 참조	213	④	214	④
215	③	216	6	217	10	218	④
219	②	220	-2	221	③		
222	(1) 10 (2) 6			223	3	224	③
225	②	226	①	227	②	228	⑤
229	④	230	풀이 참조	231	④	232	②
233	④	234	6	235	②	236	⑤
237	③	238	②	239	①	240	풀이 참조
241	⑤	242	②	243	③	244	1000
245	3	246	2	247	$-3\le x<-2$		

248 ④   **249** (1) $a>\dfrac{1}{16}$ (2) $k<-8$ 또는 $k>8$

250 ②

STEP 3 내신 최상위권 굳히기를 위한 최고난도 유형

251	④	252	$\dfrac{1}{2}$	253	③	254	④
255	$a\ge4$	256	③	257	36	258	①
259	20	260	③	261	④	262	④
263	①	264	③	265	16	266	10
267	⑤	268	③	269	12	270	28
271	75	272	192	273	⑤	274	③

Ⅱ 삼각함수

01 삼각함수

STEP 1 교과서를 정복하는 핵심 유형

275	⑤	276	ㄴ, ㄹ, ㅁ, ㅂ			277	⑤
278	④	279	⑤	280	풀이 참조	281	④
282	20	283	⑤	284	⑤	285	풀이 참조

286 (1) $-\dfrac{4}{5}$ (2) $\dfrac{3}{5}$ (3) $-\dfrac{4}{3}$

287 (1) $a=-2$, $\overline{\mathrm{OP}}=\sqrt{5}$ (2) $\sin\theta=-\dfrac{\sqrt{5}}{5}$, $\cos\theta=-\dfrac{2\sqrt{5}}{5}$

288	①	289	③	290	④		

291 (1) $\dfrac{2}{\cos\theta}$ (2) $-2\tan\theta$ **292** ⑤   **293** ④

294 ②   **295** (1) $-\dfrac{4}{9}$ (2) $\dfrac{13}{27}$ **296** ①

297	②	298	⑤	299	④	300	⑤

301 (1) 5 (2) -3 (3) π **302** ②   **303** ③

304	④	305	풀이 참조	306	④	307	③
308	①	309	②	310	③	311	②
312	-0.2419	313	⑤				

314 (1) $x=\dfrac{7}{6}\pi$ 또는 $x=\dfrac{11}{6}\pi$ (2) $x=\dfrac{\pi}{6}$ 또는 $x=\dfrac{11}{6}\pi$

(3) $x=\dfrac{\pi}{4}$ 또는 $x=\dfrac{5}{4}\pi$

315 ②   **316** (1) $\dfrac{\pi}{3}\le x\le\dfrac{2}{3}\pi$ (2) $\dfrac{2}{3}\pi<x<\dfrac{4}{3}\pi$

317 $-\pi\le x\le-\dfrac{5}{6}\pi$ 또는 $-\dfrac{\pi}{4}<x\le\dfrac{\pi}{6}$ 또는 $\dfrac{3}{4}\pi<x\le\pi$

318 ⑤   **319** ④

320 $0<x<\dfrac{\pi}{3}$ 또는 $\dfrac{2}{3}\pi<x<\dfrac{4}{3}\pi$ 또는 $\dfrac{5}{3}\pi<x<2\pi$

STEP 2 내신 실전문제 체화를 위한 심화 유형

321	④	322	②	323	④	324	제1사분면
325	②	326	⑤	327	④	328	④
329	④	330	81, 2	331	26	332	②
333	④	334	⑤	335	①	336	②
337	②	338	①	339	⑤		
340	(1) $-\dfrac{\sqrt{14}}{3}$ (2) $-\dfrac{\sqrt{14}}{2}$			341	③	342	④
343	②	344	11	345	③	346	②
347	풀이 참조	348	①	349	②	350	④
351	②	352	①	353	③	354	③

355	$1-\sqrt{2}$	**356**	④	**357**	22	**358**	14
359	9	**360**	③	**361**	②	**362**	③
363	12	**364**	③	**365**	③	**366**	③
367	②	**368**	⑤	**369**	⑤	**370**	②
371	$\dfrac{6\sqrt{23}}{7}$	**372**	④	**373**	③	**374**	$\dfrac{4}{5}$
375	⑤	**376**	④	**377**	①	**378**	⑤
379	②	**380**	(1) 5 (2) 1			**381**	③
382	⑤	**383**	②	**384**	③	**385**	6
386	⑤	**387**	22	**388**	③	**389**	-6
390	④	**391**	③	**392**	$\dfrac{6}{13}$	**393**	$\dfrac{\pi}{3}$
394	⑤	**395**	$\dfrac{2}{3}\pi$	**386**	④	**397**	⑤
398	④	**399**	10	**400**	30	**401**	②
402	③	**403**	8	**404**	①	**405**	②
406	③	**407**	풀이 참조	**408**	④		
409	$0 \le \theta < \dfrac{\pi}{3}$ 또는 $\dfrac{2}{3}\pi < \theta \le \pi$			**410**	2π		
411	④	**412**	⑤	**413**	③	**414**	8시간

415	①	**416**	②	**417**	$-16\sqrt{3}$	**418**	$\dfrac{14}{9}$
419	$2 \le r < \dfrac{9}{4}$			**420**	④	**421**	②
422	③	**423**	24	**424**	(1) 2 (2) $\dfrac{\sqrt{5}-1}{2}$, $\dfrac{\sqrt{2}}{2}$		
425	②	**426**	②	**427**	180		
428	$k=\dfrac{11}{3}$ 또는 $4<k<5$		**429**	③	**430**	⑤
431	⑤	**432**	13	**433**	②		
434	(1) $A_3 = \left\{-\dfrac{\sqrt{3}}{2},\ 0,\ \dfrac{\sqrt{3}}{2}\right\}$ (2) 22			**435**	5
436	15	**437**	②	**438**	110	**439**	②

02 사인법칙과 코사인법칙

440	④	**441**	$c=2\sqrt{6},\ R=2\sqrt{2}$				
442	$B=60°,\ C=90°$ 또는 $B=120°,\ C=30°$			**443**	20		
444	③	**445**	2	**446**	⑤	**447**	⑤
448	③	**449**	⑤	**450**	①	**451**	①
452	$3\sqrt{2}+3\sqrt{6}$		**453**	⑤	**454**	$\dfrac{21\sqrt{5}}{10}$
455	④	**456**	②	**457**	①	**458**	③
459	②	**460**	④	**461**	②	**462**	풀이 참조
463	$30\sqrt{3}$	**464**	②				

465	②	**466**	④	**467**	②	**468**	④
469	③	**470**	⑤	**471**	②	**472**	⑤
473	(1) $3\sqrt{2}\,\text{km}$ (2) $3\sqrt{6}\,\text{km}$		**474**	③	**475**	⑤
476	④	**477**	⑤	**478**	①	**479**	풀이 참조
480	③	**481**	④	**482**	$\dfrac{8\sqrt{6}}{3}$	**483**	⑤
484	①	**485**	⑤	**486**	①	**487**	21
488	②	**489**	④	**490**	⑤	**491**	④
492	17	**493**	④	**494**	27	**495**	①
496	⑤	**497**	⑤	**498**	②	**499**	$\dfrac{3}{2}$
500	②	**501**	③	**502**	풀이 참조	**503**	4
504	③	**505**	⑤	**506**	①	**507**	③
508	풀이 참조	**509**	$l=\dfrac{15}{2},\ S=\dfrac{16}{7}\pi$		**510**	⑤
511	②	**512**	②	**513**	9	**514**	④
515	④	**516**	③	**517**	풀이 참조	**518**	②
519	②	**520**	④				

521	풀이 참조	**522**	⑤	**523**	$x=6,\ \cos C=\dfrac{3}{5}$		
524	①	**525**	③	**526**	$\dfrac{35}{32}$	**527**	③
528	①	**529**	103	**530**	$2\sqrt{3}$	**531**	풀이 참조
532	49π	**533**	100	**534**	①	**535**	81
536	③	**537**	①	**538**	63	**539**	13
540	26						

III 수열

01 등차수열과 등비수열

STEP 1 교과서를 정복하는 핵심 유형

541	②	542	④	543	②		
544	(1) 26 (2) 6			545	④	546	④
547	④	548	②	549	④	550	③
551	④	552	①	553	44	554	①
555	4	556	④				

557   (1) $a_n=4n-3\,(n\geq1)$ (2) $a_1=4,\ a_n=2n\,(n\geq2)$

558	②	559	①	560	②	561	③
562	①	563	320	564	②	565	②
566	⑤	567	24	568	16	569	③
570	③	571	풀이 참조	572	$\dfrac{1}{5}$	573	③
574	①	575	②	576	③		

STEP 2 내신 실전문제 체화를 위한 심화 유형

577   (1) n^3 (2) $\dfrac{n}{2n-1}$ 578 ④   579 ④

580	24	581	-30	582	16	583	④
584	54	585	60	586	④	587	3010
588	13	589	⑤	590	④	591	②
592	②	593	③	594	④	595	⑤
596	④	597	②	598	③	599	③
600	④	601	35	602	①	603	⑤
604	-4	605	15	606	12	607	④
608	③	609	①	610	⑤	611	⑤
612	②	613	②	614	⑤	615	④
616	②	617	③	618	③	619	⑤
620	④	621	⑤				

STEP 3 내신 최상위권 굳히기를 위한 최고난도 유형

622	135	623	$\dfrac{3}{2}n$	624	150	625	6
626	②	627	③	628	③	629	18
630	④	631	33	632	③	633	①
634	④	635	26	636	$\dfrac{27}{2}$		

02 수열의 합

STEP 1 교과서를 정복하는 핵심 유형

637	⑤	638	18	639	④	640	②
641	③	642	③	643	③	644	③
645	③	646	④	647	⑤	648	⑤
649	(1) 160 (2) 184			650	⑤	651	④
652	④	653	385	654	④	655	220
656	③	657	(1) 24 (2) 5			658	⑤
659	④	660	①	661	(1) $\dfrac{20}{11}$ (2) $\dfrac{\sqrt{21}-1}{2}$		

662   (1) $\dfrac{72}{55}$ (2) $\dfrac{15}{31}$

STEP 2 내신 실전문제 체화를 위한 심화 유형

663	④	664	③	665	③	666	9
667	12	668	(1) -4 (2) 3			669	③
670	①	671	③	672	58	673	풀이 참조
674	$18+\dfrac{1}{2^9}$	675	③	676	②	677	⑤
678	③	679	⑤	680	①		
681	(1) 224 (2) 990			682	③	683	③
684	⑤	685	$a=11$, 최솟값 330			686	③
687	④	688	풀이 참조	689	①	690	③
691	$\dfrac{n(n+1)(2n+1)}{6}$		692	④	693	③
694	①	695	①	696	④	697	$\dfrac{15}{8}$
698	③	699	④	700	9	701	⑤
702	②	703	31	704	②	705	④
706	②	707	①	708	②	709	③

STEP 3 내신 최상위권 굳히기를 위한 최고난도 유형

710	⑤	711	③	712	④	713	⑤
714	(1) $\dfrac{n(n+1)(n+2)}{6}$ (2) 165					715	43
716	④	717	3	718	264	719	31
720	④	721	300	722	⑤	723	④
724	5	725	④	726	②	727	8
728	184						

03 수학적 귀납법

STEP 1 교과서를 정복하는 핵심 유형

729 (1) 14 (2) 60　　**730** ③　　**731** ③

732 ③　　**733** ③　　**734** ⑤　　**735** ②

736 (1) 32 (2) 255　　**737** ③　　**738** 57

739 ②　　**740** ④　　**741** ①

742 (1) $a_{n+1}=2a_n-6\ (n\geq1)$ (2) 70　　**743** ③

744 ④　　**745** ③　　**746** ②　　**747** 풀이 참조

748 풀이 참조

STEP 2 내신 실전문제 체화를 위한 심화 유형

749 ②　　**750** -24　　**751** 풀이 참조　　**752** ②

753 ①　　**754** ①　　**755** 64　　**756** ④

757 $\dfrac{7}{13}$　　**758** ⑤　　**759** ⑤　　**760** ②

761 ⑤　　**762** ①　　**763** 51　　**764** ②

765 ⑤　　**766** ③　　**767** ④　　**768** ①

769 33　　**770** ①　　**771** ③

772 (1) $a_{n+1}=\dfrac{1}{4}a_n\ (n\geq1)$ (2) 7

773 (1) 0, 4, 12 (2) $a_{n+1}=a_n+4n\ (n\geq1)$　　**774** ④

775 (1) $a_{n+1}=a_n+n+1\ (n\geq1)$ (2) 11　　**776** ②

777 8　　**778** ④　　**779** ④　　**780** ④

781 풀이 참조　　**782** ⑤　　**783** ②　　**784** ⑤

785 풀이 참조　　**786** 풀이 참조　　**787** ⑤　　**788** ③

789 ④　　**790** 풀이 참조　　**791** 풀이 참조

STEP 3 내신 최상위권 굳히기를 위한 최고난도 유형

792 ④　　**793** ③　　**794** ⑤　　**795** ⑤

796 (1) $a_{n+1}=2a_n+1\ (n\geq1)$ (2) 31

797 ⑤　　**798** ⑤　　**799** ⑤　　**800** ①

801 ③　　**802** 678　　**803** 13　　**804** ③

805 ④　　**806** ③　　**807** ②　　**808** ③

809 ②　　**810** 풀이 참조

MEMO

MEMO

MEMO

유 형 + 내 신

고쟁이

대수

| 정답과 풀이 |

이투스북

유 형 + 내 신

고
쟁이

수학 개념과 원리를 꿰뚫는
내신 대비 집중 훈련서

대수

정답과 풀이

I 지수함수와 로그함수

01 지수와 로그

001   답 $2,\ -1\pm\sqrt{3}i$

8의 세제곱근은 방정식 $x^3=8$의 근이다.
$x^3-8=0$에서
$(x-2)(x^2+2x+4)=0$
$\therefore\ x=2$ 또는 $x=-1\pm\sqrt{3}i$
따라서 8의 세제곱근은 $2,\ -1\pm\sqrt{3}i$이다.

002   답 (1) 2 (2) ±3 (3) $-\dfrac{1}{2}$

(1) 32의 다섯제곱근 중 실수인 것은 $\sqrt[5]{32}=2$
(2) 81의 네제곱근 중 실수인 것은 $\pm\sqrt[4]{81}=\pm3$
(3) $-\dfrac{1}{8}$의 세제곱근은 $\sqrt[3]{-\dfrac{1}{8}}=-\dfrac{1}{2}$

003   답 ③

3의 제곱근 중 실수인 것은 $\pm\sqrt{3}$이므로
$a=2$
-4의 세제곱근 중 실수인 것은 $\sqrt[3]{-4}$이므로
$b=1$
-5의 네제곱근 중 실수인 것은 존재하지 않으므로
$c=0$
$\therefore\ a+b+c=2+1+0=3$

004   답 ④

① 0의 세제곱근은 0의 1개가 존재한다. (거짓)
② -64의 세제곱근 중 실수인 것은 -4의 1개가 존재한다. (거짓)
③ 3의 네제곱근 중 실수인 것은 $\sqrt[4]{3}$, $-\sqrt[4]{3}$의 2개가 존재한다. (거짓)
④ n이 2 이상의 짝수일 때 5의 n제곱근 중 실수인 것은
$\quad\sqrt[n]{5},\ -\sqrt[n]{5}$의 2개가 존재한다. (참)
⑤ n이 2 이상의 홀수일 때 -4의 n제곱근 중 실수인 것은
$\quad\sqrt[n]{-4}$의 1개가 존재한다. (거짓)
따라서 옳은 것은 ④이다.

005   답 ③

ㄱ. $\sqrt[3]{2^3}$은 2^3의 세제곱근 중 실수인 것이므로 2이다. (참)
ㄴ. $\sqrt[5]{(-3)^5}$은 $(-3)^5$의 다섯제곱근 중 실수인 것이므로 -3이다.
     (참)
ㄷ. $-\sqrt[4]{(-5)^4}$은 $(-5)^4$의 네제곱근 중 음수인 것이므로 -5이다.
     (거짓)

참고

2 이상의 자연수 m과 실수 a에 대하여
① $(\sqrt[m]{a})^m=a$
② m이 홀수일 때, $\sqrt[m]{a^m}=a$
$\quad m$이 짝수일 때, $\sqrt[m]{a^m}=|a|=\begin{cases} a & (a\geq0) \\ -a & (a<0) \end{cases}$

006   답 ③

$\sqrt{(-2)^{14}}=\sqrt{(-2)^{2\times7}}=\sqrt{(-2)^{7\times2}}$
$\qquad\qquad=\sqrt{2^{7\times2}}=2^7=128$
이지만, $\{\sqrt{(-2)^7}\}^2=(-2)^7=-128$이다.
따라서 등호가 성립하지 않는 곳은 ③이다.

007   답 ②

① $(-2)^3=-8$이므로 -2는 -8의 세제곱근 중의 하나이다. (참)
② 16의 네제곱근은 방정식 $x^4=16$의 근이므로 ±2, $\pm2i$의 4개가
$\quad$ 존재한다. (거짓)
③ 세제곱근 27은 '$\sqrt[3]{27}$'을 읽은 것이므로 $\sqrt[3]{27}=3$이다. (참)
       ······ **TIP**
④ 5의 세제곱근은 세제곱하여 5가 되는 수이므로 방정식 $x^3=5$의
$\quad$ 근이다. (참)
⑤ n이 2 이상의 홀수일 때,
$\quad a$가 양수이면 $\sqrt[n]{a}$는 양수이고, a가 음수이면 $\sqrt[n]{a}$는 음수이므로
$\quad\sqrt[n]{a}$의 부호는 a의 부호와 일치한다. (참)
따라서 옳지 않은 것은 ②이다.

TIP

(27의 세제곱근)$\neq$(세제곱근 27)임을 주의하자.
'27의 세제곱근'은 세제곱하여 27이 되는 수이므로
방정식 $x^3=27$의 근인 3, $\dfrac{-3\pm3\sqrt{3}i}{2}$이고,
'세제곱근 27'은 숫자 $\sqrt[3]{27}$을 읽은 것으로 $\sqrt[3]{27}=3$이다.

008   답 ④

① $\sqrt[3]{7}\times\sqrt[4]{7}\neq\sqrt[7]{7}$ (거짓)
② $\sqrt{-\sqrt[3]{64}}=\sqrt{-4}$는 실수가 아니다. (거짓)
③ $\sqrt[4]{\sqrt[3]{16}}=\sqrt[4\times3]{2^4}=\sqrt[3]{2}$,
$\quad\sqrt[12]{8}=\sqrt[12]{2^3}=\sqrt[4]{2}$이므로 $\sqrt[4]{\sqrt[3]{16}}\neq\sqrt[12]{8}$ (거짓)
④ $\dfrac{\sqrt[3]{-81}}{\sqrt[3]{-3}}=\dfrac{-\sqrt[3]{81}}{-\sqrt[3]{3}}=\sqrt[3]{\dfrac{81}{3}}=\sqrt[3]{27}=3$ (참)

⑤ $\left(\sqrt[3]{5}\times\dfrac{1}{\sqrt{5}}\right)^6=(\sqrt[3]{5})^6\times\left(\dfrac{1}{\sqrt{5}}\right)^6=5^2\times\dfrac{1}{5^3}=\dfrac{1}{5}$ (거짓)

따라서 옳은 것은 ④이다.

009 답 ②

$A=\sqrt[3]{3}$, $B=\sqrt[4]{5}$, $C=\sqrt[6]{10}$이라 할 때,
세 수를 각각 12제곱하면 ······ **TIP**
$A^{12}=(\sqrt[3]{3})^{12}=3^4=81$
$B^{12}=(\sqrt[4]{5})^{12}=5^3=125$
$C^{12}=(\sqrt[6]{10})^{12}=10^2=100$
$A^{12}<C^{12}<B^{12}$이므로 $A<C<B$
$\therefore \sqrt[3]{3}<\sqrt[6]{10}<\sqrt[4]{5}$

TIP

$a>0$, $b>0$이고, n이 2 이상의 자연수일 때,
$a<b \iff a^n<b^n$이다.

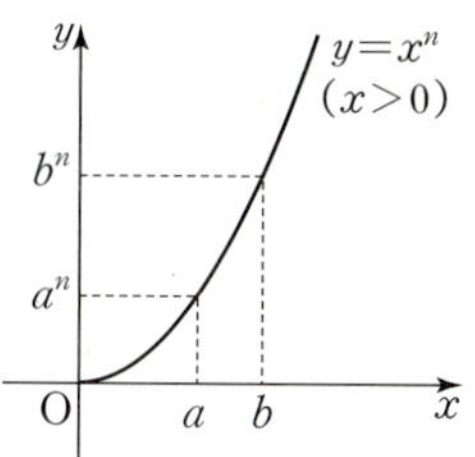

즉, 두 양수 a, b에 대하여 두 수를 각각 n제곱하더라도
대소 관계는 변하지 않는다.
따라서 거듭제곱근으로 나타내어진 몇 개의 양수가 주어지면
각각 똑같이 거듭제곱하고 대소를 비교하기 쉽게 바꾸어
대소 관계를 파악할 수 있다.

010 답 ②

지수가 자연수일 때는 밑이 모든 실수에서 정의된다.
지수가 정수일 때는 밑이 $a\neq0$일 때 정의된다.
지수가 유리수일 때는 밑이 $a>0$일 때 정의된다.
지수가 실수일 때는 밑이 $a>0$일 때 정의된다.
따라서 바르게 연결한 것은 ②이다.

011 답 ①

$a=(2^{2-\sqrt{2}})^{\sqrt{2}}=2^{2\sqrt{2}-2}$, $b=(2^{\sqrt{2}})^{2+\sqrt{2}}=2^{2\sqrt{2}+2}$이므로
$\dfrac{a}{b}=\dfrac{2^{2\sqrt{2}-2}}{2^{2\sqrt{2}+2}}=2^{(2\sqrt{2}-2)-(2\sqrt{2}+2)}=2^{-4}=\dfrac{1}{16}$

012 답 (1) 4 (2) $\dfrac{9}{4}$ (3) 9 (4) 3 (5) $\dfrac{5}{2}$

(1) $\sqrt[3]{4}\times2^{\frac{4}{3}}=2^{\frac{2}{3}}\times2^{\frac{4}{3}}=2^{\frac{2}{3}+\frac{4}{3}}=2^2=4$

(2) $\left\{\left(\dfrac{8}{27}\right)^{-\frac{3}{4}}\right\}^{\frac{8}{9}}=\left[\left\{\left(\dfrac{2}{3}\right)^3\right\}^{-\frac{3}{4}}\right]^{\frac{8}{9}}=\left(\dfrac{2}{3}\right)^{3\times\left(-\frac{3}{4}\right)\times\frac{8}{9}}=\left(\dfrac{2}{3}\right)^{-2}=\dfrac{9}{4}$

(3) $3^{2-\sqrt{3}}\times(3^{\sqrt{6}})^{\frac{1}{\sqrt{2}}}=3^{2-\sqrt{3}}\times3^{\sqrt{3}}=3^{(2-\sqrt{3})+\sqrt{3}}=3^2=9$

(4) $81^{0.75}\div(\sqrt[3]{3^4})^{\frac{9}{4}}\times\left(\dfrac{1}{3}\right)^{-1}=(3^4)^{\frac{3}{4}}\div(3^{\frac{4}{3}})^{\frac{9}{4}}\times(3^{-1})^{-1}$
$=3^3\div3^3\times3^1=3$

(5) $2^{-\frac{2}{5}}\times5^{\frac{8}{5}}\times10^{-\frac{3}{5}}=2^{-\frac{2}{5}}\times5^{\frac{8}{5}}\times(2\times5)^{-\frac{3}{5}}$
$=2^{-\frac{2}{5}}\times5^{\frac{8}{5}}\times2^{-\frac{3}{5}}\times5^{-\frac{3}{5}}$
$=2^{-\frac{2}{5}-\frac{3}{5}}\times5^{\frac{8}{5}-\frac{3}{5}}=2^{-1}\times5^1=\dfrac{5}{2}$

013 답 ③

$\sqrt[3]{a\times\sqrt[4]{a}}=\sqrt[3]{a}\times\sqrt[3]{\sqrt[4]{a}}=\sqrt[3]{a}\times\sqrt[12]{a}$
$=a^{\frac{1}{3}}a^{\frac{1}{12}}=a^{\frac{1}{3}+\frac{1}{12}}=a^{\frac{5}{12}}$

$\therefore k=\dfrac{5}{12}$

014 답 ④

$\sqrt[4]{\dfrac{\sqrt[6]{a}}{\sqrt{a}}}\div\sqrt[3]{\dfrac{\sqrt[8]{a}}{a\sqrt{a}}}=\dfrac{\sqrt[4]{\sqrt[6]{a}}}{\sqrt[4]{\sqrt{a}}}\div\dfrac{\sqrt[3]{\sqrt[8]{a}}}{\sqrt[3]{a\sqrt{a}}}$
$=\dfrac{\sqrt[24]{a}}{\sqrt[8]{a}}\div\dfrac{\sqrt[24]{a}}{\sqrt[3]{a\times\sqrt[6]{a}}}$
$=\dfrac{a^{\frac{1}{24}}}{a^{\frac{1}{8}}}\times\dfrac{a^{\frac{1}{3}+\frac{1}{6}}}{a^{\frac{1}{24}}}$
$=\dfrac{a^{\frac{1}{2}}}{a^{\frac{1}{8}}}=a^{\frac{1}{2}-\frac{1}{8}}=a^{\frac{3}{8}}$

015 답 ③

$\sqrt{a^3b^2}\times\sqrt[3]{a^2b^5}\div\sqrt[12]{a^{18}b^4}$
$=(a^3b^2)^{\frac{1}{2}}\times(a^2b^5)^{\frac{1}{3}}\div(a^{18}b^4)^{\frac{1}{12}}$
$=a^{\frac{3}{2}}b^1\times a^{\frac{2}{3}}b^{\frac{5}{3}}\div a^{\frac{3}{2}}b^{\frac{1}{3}}$
$=a^{\frac{3}{2}+\frac{2}{3}-\frac{3}{2}}b^{1+\frac{5}{3}-\frac{1}{3}}=a^{\frac{2}{3}}b^{\frac{7}{3}}$

다른 풀이

$\sqrt{a^3b^2}\times\sqrt[3]{a^2b^5}\div\sqrt[12]{a^{18}b^4}$
$=\sqrt[6]{(a^3b^2)^3}\times\sqrt[6]{(a^2b^5)^2}\div\sqrt[6]{a^9b^2}$
$=\sqrt[6]{\dfrac{a^9b^6\times a^4b^{10}}{a^9b^2}}=\sqrt[6]{a^4b^{14}}=a^{\frac{2}{3}}b^{\frac{7}{3}}$

016 답 ③

$\sqrt{2}\times\sqrt[3]{9}\div\sqrt[3]{\sqrt[4]{12}}=\sqrt{2}\times\sqrt[3]{3^2}\div\sqrt[12]{2^2\times3}$
$=2^{\frac{1}{2}}\times3^{\frac{2}{3}}\div(2^2\times3)^{\frac{1}{12}}$
$=2^{\frac{1}{2}}\times3^{\frac{2}{3}}\div(2^{\frac{1}{6}}\times3^{\frac{1}{12}})$
$=2^{\frac{1}{2}-\frac{1}{6}}\times3^{\frac{2}{3}-\frac{1}{12}}$
$=2^{\frac{1}{3}}\times3^{\frac{7}{12}}$

$$\therefore a+b=\frac{1}{3}+\frac{7}{12}=\frac{11}{12}$$

$$\sqrt{2}\times\sqrt[3]{9}\div\sqrt[3]{\sqrt[4]{12}}=\sqrt[12]{\frac{2^6\times9^4}{12}}=\sqrt[12]{\frac{2^6\times3^8}{2^2\times3}}$$
$$=\sqrt[12]{2^4\times3^7}=2^{\frac{1}{3}}\times3^{\frac{7}{12}}$$

$$\therefore a+b=\frac{1}{3}+\frac{7}{12}=\frac{11}{12}$$

017   답 (1) 7 (2) 18

(1) $x^2+x^{-2}=(x+x^{-1})^2-2xx^{-1}$
$\qquad\quad=3^2-2\times1=7$

(2) $x^3+x^{-3}=(x+x^{-1})^3-3xx^{-1}(x+x^{-1})$
$\qquad\quad=3^3-3\times1\times3=18$

양수 a와 실수 x에 대하여 곱셈 공식으로 다음이 성립함을 알 수 있다.

① $a^{2x}+a^{-2x}=(a^x+a^{-x})^2-2$
$\qquad\qquad\quad=(a^x-a^{-x})^2+2$

② $(a^x-a^{-x})^2=(a^x+a^{-x})^2-4$

③ $a^{3x}+a^{-3x}=(a^x+a^{-x})^3-3(a^x+a^{-x})$
$\quad a^{3x}-a^{-3x}=(a^x-a^{-x})^3+3(a^x-a^{-x})$

018   답 ④

$(3^x+3^{1-x})^2=9^x+9^{1-x}+2\times3^x\times3^{1-x}$
$\therefore 9^x+9^{1-x}=10^2-2\times3=94$

$9^x+9^{1-x}=(3^2)^x+(3^2)^{1-x}=(3^x)^2+(3^{1-x})^2$
$\qquad\qquad=(3^x+3^{1-x})^2-2\times3^x\times3^{1-x}$
$\qquad\qquad=10^2-2\times3=94$

019   답 ③

$(2^a)^{b+c}\times(2^b)^{c+a}\times(2^c)^{a+b}=2^{ab+ac}\times2^{bc+ba}\times2^{ca+cb}$
$\qquad\qquad\qquad\qquad=2^{(ab+ac)+(bc+ba)+(ca+cb)}$
$\qquad\qquad\qquad\qquad=2^{2(ab+bc+ca)}$ $\qquad\cdots\cdots$ ㉠

한편, $a^2+b^2+c^2=(a+b+c)^2-2(ab+bc+ca)$이므로
$13=4^2-2(ab+bc+ca)$
$\therefore 2(ab+bc+ca)=16-13=3$
따라서 ㉠에서
$(2^a)^{b+c}\times(2^b)^{c+a}\times(2^c)^{a+b}=2^3=8$

$(2^a)^{b+c}\times(2^b)^{c+a}\times(2^c)^{a+b}$
$=(2^a)^{4-a}\times(2^b)^{4-b}\times(2^c)^{4-c}\ (\because a+b+c=4)$
$=2^{4a-a^2}\times2^{4b-b^2}\times2^{4c-c^2}$
$=2^{(4a-a^2)+(4b-b^2)+(4c-c^2)}$

$=2^{4(a+b+c)-(a^2+b^2+c^2)}$
$=2^{4\times4-13}\ (\because a+b+c=4,\ a^2+b^2+c^2=13)$
$=2^3=8$

020   답 ④

$\dfrac{a^{3x}+a^{-3x}}{a^x-a^{-x}}$의 분모, 분자에 a^x을 곱하면

$\dfrac{a^{3x}+a^{-3x}}{a^x-a^{-x}}=\dfrac{(a^{3x}+a^{-3x})a^x}{(a^x-a^{-x})a^x}=\dfrac{a^{4x}+a^{-2x}}{a^{2x}-a^0}$

$\qquad\qquad=\dfrac{(a^{2x})^2+\dfrac{1}{a^{2x}}}{a^{2x}-1}=\dfrac{3^2+\dfrac{1}{3}}{3-1}$

$\qquad\qquad=\dfrac{14}{3}$

021   답 ②

$\dfrac{a^x-a^{-x}}{a^x+a^{-x}}=\dfrac{1}{3}$에서 $3(a^x-a^{-x})=a^x+a^{-x}$
$2a^x=4a^{-x}$, $a^x=2a^{-x}$
양변에 a^x을 곱하면 $a^{2x}=2$
$\therefore a^{4x}=(a^{2x})^2=2^2=4$

022   답 ④

$63^x=81$의 양변을 $\dfrac{1}{x}$제곱하면

$63=81^{\frac{1}{x}}=(3^4)^{\frac{1}{x}}=3^{\frac{4}{x}}$ $\qquad\qquad\cdots\cdots$ ㉠

$7^y=3$의 양변을 $\dfrac{1}{y}$제곱하면

$7=3^{\frac{1}{y}}$ $\qquad\qquad\qquad\qquad\qquad\cdots\cdots$ ㉡

㉠, ㉡에 의하여
$3^{\frac{4}{x}-\frac{1}{y}}=3^{\frac{4}{x}}\div3^{\frac{1}{y}}=63\div7=9=3^2$
$\therefore \dfrac{4}{x}-\dfrac{1}{y}=2$

$x^{\frac{n}{m}}=y$이면 $x=y^{\frac{m}{n}}$이다.

$\left(\because x^{\frac{n}{m}}=y$의 양변을 $\dfrac{m}{n}$제곱하면 $\left(x^{\frac{n}{m}}\right)^{\frac{m}{n}}=y^{\frac{m}{n}}$, $x=y^{\frac{m}{n}}$이다.$\right)$

023   답 (1) 4 (2) 0

(1) $6^x=12$에서 $12^{\frac{1}{x}}=6$, $12^{\frac{2}{x}}=6^2$
$\qquad 8^y=12$에서 $12^{\frac{1}{y}}=8$, $12^{\frac{2}{y}}=8^2$
$\qquad 9^z=12$에서 $12^{\frac{1}{z}}=9$
$\qquad 12^{\frac{2}{x}+\frac{2}{y}+\frac{1}{z}}=12^{\frac{2}{x}}\times12^{\frac{2}{y}}\times12^{\frac{1}{z}}$
$\qquad\qquad\qquad=6^2\times8^2\times9=2^8\times3^4$
$\qquad\qquad\qquad=(2^2\times3)^4=12^4$

$\qquad\therefore \dfrac{2}{x}+\dfrac{2}{y}+\dfrac{1}{z}=4$

(2) $2^x=7^y=\left(\dfrac{1}{14}\right)^z=k\ (k>0)$라 하면

$xyz\neq0$이므로 $k\neq1$

따라서 $k^{\frac{1}{x}}=2$, $k^{\frac{1}{y}}=7$, $k^{\frac{1}{z}}=\dfrac{1}{14}$이므로

$k^{\frac{1}{x}}\times k^{\frac{1}{y}}\times k^{\frac{1}{z}}=2\times7\times\dfrac{1}{14}$에서

$k^{\frac{1}{x}+\frac{1}{y}+\frac{1}{z}}=1$

$\therefore\ \dfrac{1}{x}+\dfrac{1}{y}+\dfrac{1}{z}=0$

$k>0$, 즉 양수로 두는 것은 지수가 실수일 때의 지수법칙을 이용하기 위함이다. 지수함수의 그래프에서 점근선을 학습하면 $k>0$으로 놓는 것이 자연스럽다는 것을 명확하게 알 수 있다.

024   답 ①

$G_1=\dfrac{80-65}{14}\times(1.05)^{35}=\dfrac{15}{14}\times(1.05)^{35}$

$G_2=\dfrac{70-65}{14}\times(1.05)^{20}=\dfrac{5}{14}\times(1.05)^{20}$

$\therefore\ \dfrac{G_1}{G_2}=\dfrac{\dfrac{15}{14}\times(1.05)^{35}}{\dfrac{5}{14}\times(1.05)^{20}}=3\times(1.05)^{15}=3\times2=6$

025   답 ②

$\log_2 a=3$에서 로그의 정의에 의하여 $a=2^3$

$\log_b 4=\dfrac{2}{5}$에서 로그의 정의에 의하여

$b^{\frac{2}{5}}=4$이므로 $b=4^{\frac{5}{2}}=(2^2)^{\frac{5}{2}}=2^5$

$\therefore\ \dfrac{b}{a}=\dfrac{2^5}{2^3}=2^2=4$

026   답 ①

$\log_{\frac{1}{16}}\{\log_9(\log_2 x)\}=\dfrac{1}{4}$에서

로그의 정의에 의하여

$\log_9(\log_2 x)=\left(\dfrac{1}{16}\right)^{\frac{1}{4}}=\sqrt[4]{\dfrac{1}{16}}=\dfrac{1}{2}$

다시 로그의 정의에 의하여

$\log_2 x=9^{\frac{1}{2}}=3$

다시 로그의 정의에 의하여

$x=2^3=8$

027   답 (1) $0<x<1$ 또는 $1<x<3$ (2) 4

(1) $\log_x(3-x)$가 정의되려면 $x>0$, $x\neq1$이고,

$\quad 3-x>0$이어야 한다.

즉, $0<x<3$, $x\neq1$이다.

$\quad\therefore\ 0<x<1$ 또는 $1<x<3$

(2) $\log_{x-2}(-x^2+6x+16)$이 정의되려면 $x-2>0$, $x-2\neq1$이고, $-x^2+6x+16>0$이어야 한다.

즉, $x>2$, $x\neq3$이고,

$x^2-6x-16=(x+2)(x-8)<0$에서 $-2<x<8$

$\therefore\ 2<x<8$, $x\neq3$

따라서 조건을 만족시키는 정수 x는 4, 5, 6, 7의 4개이다.

028   답 ⑤

① $\log_a x+\log_a y=\log_a xy$

② $\log_a x^n=n\log_a x$

③ $\log_a \dfrac{x}{y}=\log_a x-\log_a y$

④ $\log_a xy=\log_a x+\log_a y$

⑤ $\log_a a=1$

따라서 옳은 것은 ⑤이다.

029   답 (1) 3 (2) 4 (3) $\dfrac{1}{2}$

(1) $\log_2 40-\log_2 5=\log_2 \dfrac{40}{5}=\log_2 8=\log_2 2^3=3$

(2) $\log_2 \dfrac{4}{3}+2\log_2\sqrt{12}=\log_2 \dfrac{4}{3}+2\times\dfrac{1}{2}\log_2 12$

$\qquad\qquad=\log_2 \dfrac{4}{3}+\log_2 12=\log_2\left(\dfrac{4}{3}\times12\right)$

$\qquad\qquad=\log_2 16=\log_2 2^4=4$

(3) $\log_3\sqrt{6}+\dfrac{1}{2}\log_3 5-\dfrac{3}{2}\log_3\sqrt[3]{10}$

$\quad=\dfrac{1}{2}\log_3 6+\dfrac{1}{2}\log_3 5-\dfrac{3}{2}\times\dfrac{1}{3}\log_3 10$

$\quad=\dfrac{1}{2}(\log_3 6+\log_3 5-\log_3 10)$

$\quad=\dfrac{1}{2}\log_3 \dfrac{6\times5}{10}=\dfrac{1}{2}\log_3 3=\dfrac{1}{2}$

030   답 ②

$\dfrac{1}{x}+\dfrac{1}{y}=\dfrac{1}{\log_4 6}+\dfrac{1}{\log_9 6}=\log_6 4+\log_6 9$

$\qquad\quad=\log_6(4\times9)=\log_6 6^2=2$

031   답 (1) 1 (2) 3

(1) $\log_3 2\times\log_2 3=\log_3 2\times\dfrac{1}{\log_3 2}=1$

(2) $\log_2 5\times\log_5 3\times\log_3 8=\log_2 5\times\dfrac{\log_2 3}{\log_2 5}\times\dfrac{\log_2 8}{\log_2 3}$

$\qquad\qquad=\log_2 8=\log_2 2^3=3$

032   답 ⑤

$4^{\log_2 12 + 2\log_{\frac{1}{2}} 3} = 4^{\log_2 12 - 2\log_2 3} = 4^{\log_2 \frac{12}{3^2}} = (2^2)^{\log_2 \frac{4}{3}} = 2^{\log_2 \left(\frac{4}{3}\right)^2}$

$$= \left(\frac{4}{3}\right)^2 = \frac{16}{9}$$

033   답 (1) $2a+b$ (2) $\dfrac{a+3}{2b+1}$ (3) $\dfrac{2-3a}{b}$

(1) $\log_2 45 = \log_2 (3^2 \times 5) = 2\log_2 3 + \log_2 5 = 2a + b$

(2) $\log_{50} 24 = \dfrac{\log_2 24}{\log_2 50} = \dfrac{\log_2 (2^3 \times 3)}{\log_2 (2 \times 5^2)}$

$\qquad = \dfrac{3 + \log_2 3}{1 + 2\log_2 5} = \dfrac{a+3}{2b+1}$

(3) $\log_5 \dfrac{4}{27} = \dfrac{\log_2 \frac{4}{27}}{\log_2 5} = \dfrac{\log_2 2^2 - \log_2 3^3}{\log_2 5} = \dfrac{2-3a}{b}$

034   답 ④

$\log_5 2 = b$에서 양변에 역수를 취하면

$\dfrac{1}{\log_5 2} = \dfrac{1}{b}$이므로 $\log_2 5 = \dfrac{1}{b}$

$\therefore \log_{45} 120 = \dfrac{\log_2 120}{\log_2 45} = \dfrac{\log_2 (2^3 \times 3 \times 5)}{\log_2 (3^2 \times 5)}$

$\qquad = \dfrac{3 + \log_2 3 + \log_2 5}{2\log_2 3 + \log_2 5}$

$\qquad = \dfrac{3 + a + \frac{1}{b}}{2a + \frac{1}{b}}$

$\qquad = \dfrac{ab + 3b + 1}{2ab + 1}$

035   답 ③

$\dfrac{1}{\log_3 x} + \dfrac{1}{\log_6 x} + \dfrac{1}{\log_8 x} = \dfrac{2}{\log_a x}$에서

로그의 밑을 x로 하면

$\log_x 3 + \log_x 6 + \log_x 8 = 2\log_x a$

$\log_x (3 \times 6 \times 8) = \log_x a^2$

$a^2 = 3 \times 6 \times 8 = 12^2$

$\therefore a = 12 \ (\because a > 0)$

036   답 ①

$18^a = 2$에서 로그의 정의에 의하여 $a = \log_{18} 2$

$18^b = 7$에서 로그의 정의에 의하여 $b = \log_{18} 7$

$\dfrac{a+b}{1-a} = \dfrac{\log_{18} 2 + \log_{18} 7}{1 - \log_{18} 2} = \dfrac{\log_{18} (2 \times 7)}{\log_{18} \frac{18}{2}} = \dfrac{\log_{18} 14}{\log_{18} 9} = \log_9 14$

$\therefore 9^{\frac{a+b}{1-a}} = 9^{\log_9 14} = 14$

$18^a = 2$에서 $18^{1-a} = \dfrac{18}{2} = 9$ $\therefore 9^{\frac{1}{1-a}} = 18$ $\cdots\cdots$ ㉠

$18^a = 2$, $18^b = 7$에서 $18^{a+b} = 18^a \times 18^b = 2 \times 7 = 14$

㉠에 의하여 $18^{a+b} = \left(9^{\frac{1}{1-a}}\right)^{a+b} = 9^{\frac{a+b}{1-a}} = 14$

037   답 ②

$2^x = 20$에서 로그의 정의에 의하여 $x = \log_2 20$이므로

$x - 2 = \log_2 20 - 2 = \log_2 20 - \log_2 4 = \log_2 \dfrac{20}{4} = \log_2 5$

$5^y = 20$에서 로그의 정의에 의하여 $y = \log_5 20$이므로

$y - 1 = \log_5 20 - 1 = \log_5 20 - \log_5 5 = \log_5 \dfrac{20}{5} = \log_5 4$

$\therefore (x-2)(y-1) = \log_2 5 \times \log_5 4 = \log_2 5 \times \log_5 2^2$

$\qquad\qquad\qquad\qquad = \log_2 5 \times 2\log_5 2 = 2$

038   답 (1) 2.4216 (2) 4.4216 (3) -0.5784 (4) -2.5784

(1) $\log 264 = \log (2.64 \times 10^2) = \log 10^2 + \log 2.64$

$\qquad\qquad = 2 + 0.4216 = 2.4216$

(2) $\log 26400 = \log (2.64 \times 10^4) = \log 10^4 + \log 2.64$

$\qquad\qquad = 4 + 0.4216 = 4.4216$

(3) $\log 0.264 = \log (2.64 \times 10^{-1}) = \log 10^{-1} + \log 2.64$

$\qquad\qquad = -1 + 0.4216 = -0.5784$

(4) $\log 0.00264 = \log (2.64 \times 10^{-3}) = \log 10^{-3} + \log 2.64$

$\qquad\qquad = -3 + 0.4216 = -2.5784$

039   답 $a = 345, b = 0.00345$

$2.5378 = 2 + 0.5378 = \log 10^2 + \log 3.45$

$\qquad = \log (3.45 \times 10^2) = \log 345$

$\therefore a = 345$

$-2.4622 = -2 - 0.4622 = -3 + (1 - 0.4622)$

$\qquad = -3 + 0.5378 = \log 10^{-3} + \log 3.45$

$\qquad = \log (3.45 \times 10^{-3}) = \log 0.00345$

$\therefore b = 0.00345$

040   답 (1) $\dfrac{1-a}{b}$ (2) $\dfrac{3a+b-2}{a+b-1}$

(1) $\log_3 5 = \dfrac{\log 5}{\log 3} = \dfrac{\log \frac{10}{2}}{\log 3} = \dfrac{\log 10 - \log 2}{\log 3}$

$\qquad = \dfrac{1 - \log 2}{\log 3} = \dfrac{1-a}{b}$ $\cdots\cdots$ **TIP**

(2) $\log_{0.6} 0.24 = \dfrac{\log 0.24}{\log 0.6} = \dfrac{\log \frac{24}{100}}{\log \frac{6}{10}} = \dfrac{\log 24 - 2}{\log 6 - 1}$

$\qquad\qquad = \dfrac{\log(2^3 \times 3) - 2}{\log(2 \times 3) - 1} = \dfrac{3 \log 2 + \log 3 - 2}{\log 2 + \log 3 - 1}$

$\qquad\qquad = \dfrac{3a + b - 2}{a + b - 1}$

TIP

$\log 5 = 1 - \log 2$를 이용하는 문제가 종종 나오니 빠르게 사용할 수 있도록 기억해 두자.

041 　　　　　　　　　　　　　　　　　　　 답 ②

80 dB인 소리의 세기를 I_1이라 하면

$80 = 10 \log \dfrac{I_1}{10^{-12}}, \ 8 = \log \dfrac{I_1}{10^{-12}}$

$\dfrac{I_1}{10^{-12}} = 10^8, \ I_1 = 10^{-4}$

30 dB인 소리의 세기를 I_2라 하면

$30 = 10 \log \dfrac{I_2}{10^{-12}}, \ 3 = \log \dfrac{I_2}{10^{-12}}$

$\dfrac{I_2}{10^{-12}} = 10^3, \ I_2 = 10^{-9}$

$\therefore \dfrac{I_1}{I_2} = \dfrac{10^{-4}}{10^{-9}} = 10^5$

따라서 크기가 80 dB인 소리의 세기는
크기가 30 dB인 소리의 세기의 10^5배이다.

042 　　　　　　　　　　　　　　　　　　　 답 ③

리히터 규모가 7인 지진의 에너지를 x_A라 하면

$\log x_A = 11.8 + 1.5 \times 7$

리히터 규모가 5인 지진의 에너지를 x_B라 하면

$\log x_B = 11.8 + 1.5 \times 5$

이때 구하는 값은 $\dfrac{x_A}{x_B}$이고,

$\log \dfrac{x_A}{x_B} = \log x_A - \log x_B = 1.5 \times (7 - 5) = 3$이므로

$\dfrac{x_A}{x_B} = 10^3$이다.

따라서 리히터 규모가 7인 지진의 에너지는 리히터 규모가 5인
지진의 에너지의 10^3배이다.

043 　　　　　　　　　　　　　　　　　　　 답 631

겉보기 등급(m)이 5, 절대등급(M)이 -4인 별의 지구까지의
거리를 x파섹이라 하면

$5 - (-4) = 5 \log x - 5$

$\log x = \dfrac{14}{5} = 2.8$

이때 $\log 6.31 = 0.8$이므로

$\log x = 2.8 = 2 + 0.8 = 2 + \log 6.31 = \log 631$

$\therefore x = 631$

044 　　　　　　　　　　　　　　　　　　　 답 817

유리판을 한 장 통과할 때마다 그 밝기가 2 %씩 감소하므로 밝기가
1000인 빛이 이 유리판을 10장 통과했을 때의 밝기를 A라 하면
$A = 1000 \times (0.98)^{10}$이다.

$\log A = \log\{1000 \times (0.98)^{10}\}$

$\qquad\quad = 3 + 10 \log 0.98 = 3 + 10 \log(9.8 \times 0.1)$

$\qquad\quad = 3 + 10(\log 9.8 - 1) = 3 + 10(0.9912 - 1)$

$\qquad\quad = 2.912 = 2 + 0.912$

$\qquad\quad = \log 100 + \log 8.17 = \log 817$

$\therefore A = 817$

045 　　　　　　　　　　 답 (1) 2　(2) 4　(3) 0　(4) 12

(1) $\sqrt[5]{32^2} \div (\sqrt[3]{2})^6 \times \sqrt{\sqrt[3]{64}} = \sqrt[5]{(2^5)^2} \div \sqrt[3]{2^6} \times \sqrt[6]{2^6} = \sqrt[5]{2^{10}} \div 2^2 \times 2$

$\qquad\qquad\qquad\qquad\qquad\qquad\quad = 2^2 \div 2^2 \times 2 = 2$

(2) $\sqrt[5]{(-6)^5} + \sqrt[4]{(-5)^4} + \sqrt[4]{(-3)^8} + \sqrt[3]{-2^6} = -\sqrt[5]{6^5} + \sqrt[4]{5^4} + \sqrt[4]{3^8} - \sqrt[3]{2^6}$

$\qquad\qquad\qquad\qquad\qquad\qquad\qquad = -6 + 5 + 3^2 - 2^2 = 4$

(3) $\sqrt[3]{-27} + \sqrt[3]{5} \times \sqrt[3]{25} - \sqrt[3]{\sqrt{8^2}} = -\sqrt[3]{3^3} + \sqrt[3]{5 \times 25} - \sqrt[6]{2^6}$

$\qquad\qquad\qquad\qquad\qquad\qquad\quad = -3 + 5 - 2 = 0$

(4) $\sqrt[3]{\sqrt{9^2}} \times \sqrt[3]{81} + \dfrac{\sqrt[4]{162}}{\sqrt[4]{2}} = \sqrt[3]{9} \times \sqrt[3]{81} + \sqrt[4]{\dfrac{162}{2}} = \sqrt[3]{9 \times 81} + \sqrt[4]{81}$

$\qquad\qquad\qquad\qquad\qquad\quad = \sqrt[3]{9^3} + \sqrt[4]{3^4} = 9 + 3 = 12$

046 　　　　　　　　　　　　　　　　　　　 답 ④

$\sqrt[3]{40} + \sqrt[3]{75} \times \sqrt[3]{225} - \sqrt[9]{-125} = \sqrt[3]{40} + \sqrt[3]{75 \times 225} - (-\sqrt[9]{125})$

$\qquad\qquad\qquad\qquad\qquad\qquad = \sqrt[3]{2^3 \times 5} + \sqrt[3]{15^3 \times 5} + \sqrt[9]{5^3}$

$\qquad\qquad\qquad\qquad\qquad\qquad = 2\sqrt[3]{5} + 15\sqrt[3]{5} + \sqrt[3]{5}$

$\qquad\qquad\qquad\qquad\qquad\qquad = 18\sqrt[3]{5}$

047 　　　　　　　　　　　　　　 답 (1) $2\sqrt[3]{2}$　(2) -216

(1) $\sqrt[3]{4}$의 제곱근 중 양수인 것은 $\sqrt{\sqrt[3]{4}}$이므로

$\quad p = \sqrt{\sqrt[3]{4}} = \sqrt[6]{4} = \sqrt[3]{2}$

　54의 세제곱근 중 실수인 것은 $\sqrt[3]{54}$이므로

$\quad q = \sqrt[3]{54} = \sqrt[3]{2 \times 3^3} = 3\sqrt[3]{2}$

$\quad \therefore q - p = 3\sqrt[3]{2} - \sqrt[3]{2} = 2\sqrt[3]{2}$

(2) $(\sqrt{-8})^2 = -8$이므로 $\{(\sqrt{-8})^2\}^3 = (-8)^3$의 세제곱근 중
　실수인 것은 -8이다.

$\quad \therefore a = -8$

　$\sqrt[3]{(-2)^6} = \sqrt[3]{2^6} = 2^2 = 4$의 네제곱근 중 양수인 것은 $\sqrt[4]{4} = \sqrt{2}$이다.

$\quad \therefore b = \sqrt{2}$

$\quad \therefore a + b^2 = -8 + (\sqrt{2})^2 = -6$

　-6이 c의 세제곱근이므로

$\quad c = (-6)^3 = -216$

048 　　　　　　　　　　　　　　　　　　　 답 ②

$\sqrt[5]{-x^2 + 2ax - 8a}$가 음수이려면 $-x^2 + 2ax - 8a$가 음수이어야

한다.
따라서 모든 실수 x에 대하여 $-x^2+2ax-8a<0$,
즉 $x^2-2ax+8a>0$이어야 하므로
이차방정식 $x^2-2ax+8a=0$의 판별식을 D라 할 때,
$$\frac{D}{4}=a^2-8a=a(a-8)<0$$
$$\therefore\ 0<a<8$$
따라서 정수 a는 1, 2, 3, $\cdots$, 7의 7개이다.

049   답 ②

$\sqrt{3}$의 5제곱근 중 실수인 것은 $\sqrt[5]{\sqrt{3}}$의 1개이고,
$-\sqrt{5}$의 세제곱근 중 실수인 것은 $-\sqrt[3]{\sqrt{5}}$의 1개이다.
$$\therefore\ f(\sqrt{3},\,5)=f(-\sqrt{5},\,3)=1$$
0의 네제곱근은 0뿐이므로 실수인 것은 1개이다.
$$\therefore\ f(0,\,4)=1$$
$\sqrt[7]{-4}$는 -4의 7제곱근이므로 음수이다.
따라서 $\sqrt[7]{-4}$의 6제곱근 중 실수인 것은 없다.
$$\therefore\ f(\sqrt[7]{-4},\,6)=0$$
$$\therefore\ f(\sqrt{3},\,5)+f(-\sqrt{5},\,3)+f(0,\,4)+f(\sqrt[7]{-4},\,6)$$
$$=1+1+1+0=3$$

050   답 ②

n이 홀수이면 $\frac{9}{2}-n$의 값에 관계없이 항상 $\frac{9}{2}-n$의 n제곱근 중
실수인 것의 개수는 1이므로
$$f(3)=f(5)=f(7)=1$$
$n=4$일 때, $\frac{9}{2}-n>0$이므로 $f(n)=2$
$n=6$, 8일 때, $\frac{9}{2}-n<0$이므로 $f(n)=0$
$$\therefore\ f(3)+f(4)+f(5)+f(6)+f(7)+f(8)$$
$$=1+2+1+0+1+0=5$$

051   답 ②

모든 실수 x에 대하여 x의 다섯제곱근 중 실수인 것은
1개이므로 $g(x)=1$이다. $\therefore\ g(b)=1$
이때 $f(a)g(b)=2$에서 $f(a)=2$이다.
즉, a의 네제곱근 중 실수인 것의 개수가 2이어야 하므로
$a>0$이어야 한다.
$a>0$이므로 a로 가능한 값은 1, 2, 3, 4, 5의 5개이고,
b로 가능한 값은 -5, -4, -3, $\cdots$, 5의 11개이다.
따라서 구하는 모든 순서쌍 $(a,\,b)$의 개수는 $5\times11=55$이다.

052   답 ③

자연수 n의 값에 관계없이 $n(n-4)$의 세제곱근 중 실수인 것의
개수는 1이므로 $f(n)=1$이다.

$n(n-4)$의 네제곱근 중 실수인 것의 개수는
$n(n-4)>0$일 때 2이므로 $g(n)=2$,
$n(n-4)=0$일 때 1이므로 $g(n)=1$,
$n(n-4)<0$일 때 0이므로 $g(n)=0$이다.
이때 $f(n)>g(n)$에서 $1>g(n)$이므로 $g(n)=0$이어야 한다.
즉, $n(n-4)<0$에서 $0<n<4$이므로
자연수 n의 값은 1, 2, 3이다.
따라서 구하는 모든 n의 값의 합은
$1+2+3=6$이다.

053   답 ③

$n^2-15n+50=(n-5)(n-10)$
(i) n이 홀수인 경우
    $f(n)=1$이므로 $f(5)=f(7)=f(9)=f(11)=1$
(ii) n이 짝수인 경우
    $(n-5)(n-10)<0$이면 $f(n)=0$이므로 $f(6)=f(8)=0$
    $(n-5)(n-10)=0$이면 $f(n)=1$이므로 $f(10)=1$
    $(n-5)(n-10)>0$이면 $f(n)=2$이므로 $f(4)=f(12)=2$
(i), (ii)에 의하여 $f(9)=f(10)=f(11)=1$이므로
$f(n)=f(n+1)$을 만족시키는 n의 값은 9, 10이다.
따라서 모든 n의 값의 합은 19이다.

054   답 ③

$n=2$일 때 $\sqrt{49}<\sqrt{60}<\sqrt{64}$에서 $7<\sqrt{60}<8$이므로 $f(2)=7$
$n=3$일 때 $\sqrt[3]{27}<\sqrt[3]{60}<\sqrt[3]{64}$에서 $3<\sqrt[3]{60}<4$이므로 $f(3)=3$
$n=4$일 때 $\sqrt[4]{16}<\sqrt[4]{60}<\sqrt[4]{81}$에서 $2<\sqrt[4]{60}<3$이므로 $f(4)=2$
$n=5$일 때 $\sqrt[5]{32}<\sqrt[5]{60}<\sqrt[5]{243}$에서 $2<\sqrt[5]{60}<3$이므로 $f(5)=2$
$n\geq6$일 때 $\sqrt[n]{1}<\sqrt[n]{60}<\sqrt[n]{2^n}$에서 $1<\sqrt[n]{60}<2$이므로 $f(n)=1$
$$\therefore\ f(2)+f(3)+f(4)+\cdots+f(10)=7+3+2+2+5\times1$$
$$=19$$

055   답 ②

집합 X의 원소가 모두 양수이므로 $\frac{x_2}{x_1}$가 최대이려면
x_1이 최소, x_2가 최대이어야 한다.
$A=\sqrt[3]{2\sqrt{6}}$, $B=\sqrt[3]{\sqrt{10}}$, $C=\sqrt[4]{3\sqrt[3]{5}}$라 할 때,
세 수를 각각 12제곱하면   **TIP**
$$A^{12}=(\sqrt[3]{2\sqrt{6}})^{12}=(2\sqrt{6})^4=2^4\times6^2=576$$
$$B^{12}=(\sqrt[3]{\sqrt{10}})^{12}=10^2=100$$
$$C^{12}=(\sqrt[4]{3\sqrt[3]{5}})^{12}=(3\sqrt[3]{5})^3=3^3\times5=135$$
$B^{12}<C^{12}<A^{12}$이므로 $B<C<A$
따라서 $x_1=B$, $x_2=A$일 때, $\frac{x_2}{x_1}$가 최댓값
$$\frac{\sqrt[3]{2\sqrt{6}}}{\sqrt[3]{\sqrt{10}}}=\sqrt[3]{\frac{2\sqrt{6}}{\sqrt{10}}}=\sqrt[3]{\sqrt{\frac{2^2\times6}{10}}}=\sqrt[6]{\frac{12}{5}}$$ 를 갖는다.

$\sqrt[3]{2\sqrt{6}}$, $\sqrt[3]{\sqrt{10}}$, $\sqrt[4]{3\sqrt[3]{5}}$를 각각 n제곱하여 자연수가 되려면 n은
각각 6의 배수, 6의 배수, 12의 배수이어야 한다.
따라서 세 수가 모두 자연수가 되게 하는 n의 최솟값은 6과 12의
최소공배수인 12이다.

056

$$\text{답} \;(1)\; 24 \quad (2)\; \frac{3}{4}$$

(1) $3^{\frac{6}{5}}-3^{\frac{1}{5}}=3^{\frac{1}{5}}(3-1)=2\times 3^{\frac{1}{5}}$이므로

$$\frac{(3^{\frac{6}{5}}-3^{\frac{1}{5}})^5}{4}=\frac{(2\times 3^{\frac{1}{5}})^5}{4}=\frac{2^5\times 3}{4}=2^3\times 3=24$$

(2) $(1-2^{-\frac{1}{4}})(1+2^{-\frac{1}{4}})(1+2^{-\frac{1}{2}})(1+2^{-1})$

$\quad =(1-2^{-\frac{1}{2}})(1+2^{-\frac{1}{2}})(1+2^{-1})$

$\quad =(1-2^{-1})(1+2^{-1})$

$\quad =1-2^{-2}=1-\dfrac{1}{2^2}=\dfrac{3}{4}$

이고,

$(\sqrt[3]{3}-\sqrt[3]{2})(\sqrt[3]{9}+\sqrt[3]{6}+\sqrt[3]{4})$

$\quad =(\sqrt[3]{3}-\sqrt[3]{2})\{(\sqrt[3]{3})^2+\sqrt[3]{3}\times\sqrt[3]{2}+(\sqrt[3]{2})^2\}$

$\quad =(\sqrt[3]{3})^3-(\sqrt[3]{2})^3=3-2=1$

이므로

$$\frac{(1-2^{-\frac{1}{4}})(1+2^{-\frac{1}{4}})(1+2^{-\frac{1}{2}})(1+2^{-1})}{(\sqrt[3]{3}-\sqrt[3]{2})(\sqrt[3]{9}+\sqrt[3]{6}+\sqrt[3]{4})}=\frac{3}{4}$$

057

$$\text{답} \; ②$$

정육면체의 한 모서리의 길이를 a라 하면
정육면체의 부피 $a^3=4$에서

$a=\sqrt[3]{4}=2^{\frac{2}{3}}$ $\qquad\qquad$ ...... ㉠

색칠한 정삼각형의 한 변의 길이는 $\sqrt{2}a$이므로 정삼각형의 넓이는

$\dfrac{\sqrt{3}}{4}\times(\sqrt{2}a)^2=\dfrac{\sqrt{3}}{2}a^2=\dfrac{\sqrt{3}}{2}\times(2^{\frac{2}{3}})^2$ ($\because$ ㉠)

$\qquad\qquad\qquad\qquad\quad =2^{\frac{1}{3}}\times 3^{\frac{1}{2}}$

따라서 $p=\dfrac{1}{3}$, $q=\dfrac{1}{2}$이므로

$p+q=\dfrac{5}{6}$

058

$$\text{답} \; ④$$

$\sqrt[3]{a\sqrt{a\times\sqrt[4]{a^3}}}\div\sqrt[6]{a\times\sqrt[4]{a^k}}$

$=(\sqrt[3]{a}\times\sqrt[3]{\sqrt{a}}\times\sqrt[3]{\sqrt{\sqrt[4]{a^3}}})\div(\sqrt[6]{a}\times\sqrt[6]{\sqrt[4]{a^k}})$

$=(a^{\frac{1}{3}}\times a^{\frac{1}{6}}\times a^{\frac{1}{8}})\div(a^{\frac{1}{6}}\times a^{\frac{k}{24}})$

$=a^{(\frac{1}{3}+\frac{1}{6}+\frac{1}{8})-(\frac{1}{6}+\frac{k}{24})}$

$=a^{\frac{11-k}{24}}$

따라서 $a^{\frac{11-k}{24}}=1$에서 $\dfrac{11-k}{24}=0$이다.

$\therefore k=11$

059

$$\text{답} \; 풀이 참조$$

r, s가 정수일 때, $a^r\div a^s=a^{r-s}$이 성립한다.
r, s가 정수가 아닌 유리수일 때,

$r=\dfrac{x}{y}$, $s=\dfrac{z}{w}$ (x, z는 정수, y, w는 각각 2 이상의 자연수)라 하면

$a^r\div a^s=a^{\frac{x}{y}}\div a^{\frac{z}{w}}=\sqrt[y]{a^x}\div\sqrt[w]{a^z}$

$\qquad\quad =\sqrt[yw]{a^{xw}}\div\sqrt[yw]{a^{yz}}=\sqrt[yw]{\dfrac{a^{xw}}{a^{yz}}}$

$\qquad\quad =\sqrt[yw]{a^{xw-yz}}=a^{\frac{xw-yz}{yw}}$

$\qquad\quad =a^{\frac{x}{y}-\frac{z}{w}}=a^{r-s}$

채점 요소	배점
r, s가 정수일 때, $a^r\div a^s=a^{r-s}$이 성립함을 말하기	10 %
r, s를 분수로 표현하여 $a^r=\sqrt[y]{a^x}$, $a^s=\sqrt[w]{a^z}$의 꼴로 나타내기	30 %
거듭제곱근의 성질과 주어진 성질을 이용하여 증명하기	60 %

060

$$\text{답} \; ③$$

$\dfrac{1}{6^{-30}+1}=\dfrac{6^{30}}{(6^{-30}+1)6^{30}}=\dfrac{6^{30}}{1+6^{30}}$이므로

$\dfrac{1}{6^{-30}+1}+\dfrac{1}{6^{30}+1}=\dfrac{6^{30}}{6^{30}+1}+\dfrac{1}{6^{30}+1}$

$\qquad\qquad\qquad\qquad =\dfrac{6^{30}+1}{6^{30}+1}=1$

마찬가지 방법에 의하여 자연수 n에 대하여

$\dfrac{1}{6^{-n}+1}+\dfrac{1}{6^n+1}=1$이므로

$\dfrac{1}{6^{-30}+1}+\dfrac{1}{6^{-29}+1}+\cdots+\dfrac{1}{6^{-1}+1}+\dfrac{1}{6^0+1}+\dfrac{1}{6^1+1}+\cdots$

$\qquad\qquad\qquad\qquad\qquad\quad +\dfrac{1}{6^{29}+1}+\dfrac{1}{6^{30}+1}$

$=\left(\dfrac{1}{6^{-30}+1}+\dfrac{1}{6^{30}+1}\right)+\left(\dfrac{1}{6^{-29}+1}+\dfrac{1}{6^{29}+1}\right)+\cdots$

$\qquad\qquad\qquad\quad +\left(\dfrac{1}{6^{-1}+1}+\dfrac{1}{6^1+1}\right)+\dfrac{1}{6^0+1}$

$=30\times 1+\dfrac{1}{2}=\dfrac{61}{2}$

따라서 $p=2$, $q=61$이므로

$p+q=63$

061

$$\text{답} \; ④$$

두 점 $(0, 0)$, $\left(\dfrac{1}{2}, 2^k\right)$을 지나는 직선의 기울기는

$\dfrac{2^k-0}{\dfrac{1}{2}-0}=\dfrac{2^k}{2^{-1}}=2^{k-(-1)}=2^{k+1}$

직선 $4^{\sqrt{3}+1}x+2^{\sqrt{3}+2}y+1=0$의 기울기는

$$-\frac{4^{\sqrt{3}+1}}{2^{\sqrt{3}+2}}=-\frac{2^{2\sqrt{3}+2}}{2^{\sqrt{3}+2}}=-2^{(2\sqrt{3}+2)-(\sqrt{3}+2)}=-2^{\sqrt{3}}$$

두 직선이 서로 수직이므로

$2^{k+1}\times(-2^{\sqrt{3}})=-1$, $(k+1)+\sqrt{3}=0$

$\therefore k=-1-\sqrt{3}$

062   답 16

$(5\sqrt{5^3})^{\frac{1}{6}}=(5\times5^{\frac{3}{2}})^{\frac{1}{6}}=(5^{\frac{5}{2}})^{\frac{1}{6}}=5^{\frac{5}{12}}$

이 값이 어떤 자연수 N의 n제곱근이면 $5^{\frac{5n}{12}}=N$이므로

n은 12의 배수이어야 한다.   **참고**

$2\le n\le200$인 자연수 n 중 12의 배수의 개수는 16이므로

구하는 n의 개수는 16이다.

> **참고**
>
> $5^{\frac{5n}{12}}=N$에서 $5^{5n}=N^{12}$
>
> 좌변은 5를 소인수로 갖는 수이므로 우변에서 N은 5를 소인수로 가져야 한다. 따라서 자연수 a에 대하여 $5^{5n}=5^{12a}$으로 놓으면 $5n=12a$에서 n은 12의 배수이어야 한다.

063   답 ③

$\left(\dfrac{1}{8}\right)^{\frac{5}{n}}=(2^{-3})^{\frac{5}{n}}=2^{-\frac{15}{n}}$이 자연수가 되려면

$-\dfrac{15}{n}$가 0 또는 자연수이어야 하므로

정수 n으로 가능한 값은 -1, -3, -5, -15이고, 이때 $2^{-\frac{15}{n}}$의

값은 각각 2^{15}, 2^5, 2^3, 2^1이다.

따라서 가능한 모든 자연수의 곱은 $2^{15}\times2^5\times2^3\times2^1=2^{24}$이므로

$k=24$

064   답 124

$(\sqrt{3^n})^{\frac{1}{2}}=(3^{\frac{n}{2}})^{\frac{1}{2}}=3^{\frac{n}{4}}$, $\sqrt[n]{3^{100}}=3^{\frac{100}{n}}$이고, 두 값이 모두 자연수가

되려면 $\dfrac{n}{4}$, $\dfrac{100}{n}$이 모두 자연수이어야 한다.

따라서 2 이상의 자연수 n에 대하여 n은 4의 배수이면서 100의 약수이어야 한다.

2 이상인 100의 약수는 2, 4, 5, 10, 20, 25, 50, 100이고,

이 중 4의 배수는 4, 20, 100이므로 구하는 모든 n의 값의 합은

$4+20+100=124$

065   답 ⑤

$\sqrt[3]{2m}=(2m)^{\frac{1}{3}}$이 자연수가 되려면

자연수 $2m$이 어떤 자연수의 세제곱 꼴이어야 한다.

즉, $m=2^2\times k^3$ (k는 자연수)이고 $m\le135$이므로 가능한 m의 값은

$k=1$일 때 $m=2^2\times1^3=4$

$k=2$일 때 $m=2^2\times2^3=32$

$k=3$일 때 $m=2^2\times3^3=108$

$\sqrt{n^3}=n^{\frac{3}{2}}$이 자연수가 되려면

자연수 n이 어떤 자연수의 제곱 꼴이어야 한다.

즉, $n=l^2$ (l은 자연수)이고 $n\le9$이므로 가능한 n의 값은

$l=1$일 때 $n=1^2=1$

$l=2$일 때 $n=2^2=4$

$l=3$일 때 $n=3^2=9$

따라서 m의 최댓값은 108, n의 최댓값은 9이므로

구하는 $m+n$의 최댓값은

$108+9=117$

> **참고**
>
> 자연수 N에 대하여 $\sqrt[3]{2m}\times\sqrt{n^3}=N$이라 하면
>
> $2^2\times m^2\times n^9=N^6$ ……㉠
>
> 이때 $2^2\times m^2\times n^9$은 2의 짝수 제곱과 m의 짝수 제곱, n의 홀수 제곱의 곱으로 이루어진 수이고, N^6은 N의 짝수 제곱으로 이루어진 수이므로 ㉠과 같이 등호가 성립하기 위해서는 $n=1$이거나 $n\ge2$이면 n을 소인수분해 했을 때, 각각의 소인수는 짝수 번씩 곱해진 꼴이어야 한다.
>
> 마찬가지로 $2m$을 소인수분해 했을 때, 각각의 소인수는 3의 배수 번씩 곱해진 꼴이어야 한다.
>
> 즉, $\sqrt[3]{2m}\times\sqrt{n^3}$의 값이 자연수이기 위해서는 $\sqrt[3]{2m}$, $\sqrt{n^3}$이 각각 자연수이어야 한다.

066   답 ③

$a=2^{\frac{1}{5}}$, $b=7^{\frac{1}{6}}$, $c=13^{\frac{1}{9}}$이므로

$$\begin{aligned}(abc)^n&=(2^{\frac{1}{5}}\times7^{\frac{1}{6}}\times13^{\frac{1}{9}})^n\\&=2^{\frac{n}{5}}\times7^{\frac{n}{6}}\times13^{\frac{n}{9}}\end{aligned}$$

이 값이 자연수가 되려면 n은 5, 6, 9의 공배수이어야 한다.

따라서 자연수 n의 최솟값은 5, 6, 9의 최소공배수인 90이다.

067   답 ③

$6^{x+1}=12a$에서 $6\times6^x=12a$

$\therefore 6^x=2a$ ……㉠

$18^{x-1}=\dfrac{2}{3}a$에서 $\dfrac{18^x}{18}=\dfrac{2}{3}a$

$\therefore 18^x=12a$ ……㉡

㉠, ㉡을 변끼리 나누면

$\dfrac{6^x}{18^x}=\dfrac{2a}{12a}$에서 $\left(\dfrac{1}{3}\right)^x=\dfrac{1}{6}$

$$\begin{aligned}\therefore \left(\dfrac{1}{3}\right)^{2x-3}&=\left(\dfrac{1}{3}\right)^{2x}\times\left(\dfrac{1}{3}\right)^{-3}=\left\{\left(\dfrac{1}{3}\right)^x\right\}^2\times3^3\\&=\left(\dfrac{1}{6}\right)^2\times27=\dfrac{3}{4}\end{aligned}$$

068
目 6

$2^a=5$에서 $2^{a+1}=5\times2=10$　　　　　$\cdots\cdots$ ㉠
$10^b=30$에서 $10^{b-1}=30\div10=3$　　　　$\cdots\cdots$ ㉡
㉡에 ㉠을 대입하면
$$10^{b-1}=(2^{a+1})^{b-1}=2^{(a+1)(b-1)}$$
$$=2^{ab-a+b-1}=3$$
$$\therefore\ 2^{ab-a+b}=2^{ab-a+b-1}\times2=3\times2=6$$

069
目 ③

$7^{2a+b}=32,\ 7^{a-b}=2$에서
$7^{2a+b}\times7^{a-b}=7^{(2a+b)+(a-b)}=7^{3a}$이므로
$7^{3a}=32\times2=2^6$
$7^a=2^2$
$\therefore\ 4^{\frac{1}{a}}=7$
또한 $7^{2a+b}=32,\ (7^{a-b})^2=2^2$에서
$7^{2a+b}\div(7^{a-b})^2=7^{(2a+b)-2(a-b)}=7^{3b}$이므로
$7^{3b}=32\div2^2=2^3$
$7^b=2$
$\therefore\ 2^{\frac{1}{b}}=7$
$\therefore\ 4^{\frac{a+2b}{ab}}=4^{\frac{1}{b}+\frac{2}{a}}=4^{\frac{1}{b}}\times4^{\frac{2}{a}}=(2^{\frac{1}{b}})^2\times(4^{\frac{1}{a}})^2=7^2\times7^2=7^4$

070
目 ②

$$2x^3+6x+3=2(x^3+3x)+3$$
$$=2\{(2^{\frac{1}{3}}-2^{-\frac{1}{3}})^3+3(2^{\frac{1}{3}}-2^{-\frac{1}{3}})\}+3$$
$$=2\{(2^{\frac{1}{3}})^3-(2^{-\frac{1}{3}})^3\}+3$$
$$=2\left(2-\frac{1}{2}\right)+3$$
$$=2\times\frac{3}{2}+3=6$$

071
目 18

$a^3=(x^{\frac{1}{3}}+y^{\frac{1}{3}})^3=x+y+3x^{\frac{1}{3}}y^{\frac{1}{3}}(x^{\frac{1}{3}}+y^{\frac{1}{3}})$
이때 $x+y=(6+2\sqrt7)+(6-2\sqrt7)=12$,
$xy=(6+2\sqrt7)(6-2\sqrt7)=8$이므로
$a^3=12+3\times8^{\frac{1}{3}}\times a=12+6a$
$\therefore\ a^3-6a+6=(12+6a)-6a+6=18$

072
目 (1) $-2\sqrt3$　(2) $4\sqrt7$

(1) $(x^{\frac{1}{2}}-x^{-\frac{1}{2}})^2=(x^{\frac{1}{2}}+x^{-\frac{1}{2}})^2-4x^{\frac{1}{2}}x^{-\frac{1}{2}}$
　　　　　　　　$=4^2-4=12$　　　　$\cdots\cdots$ ㉠
　　이때 $0<x<1$에서 $0<\sqrt x<1,\ \dfrac{1}{\sqrt x}>1$이므로
　　$x^{\frac{1}{2}}-x^{-\frac{1}{2}}=\sqrt x-\dfrac{1}{\sqrt x}<0$　　　　$\cdots\cdots$ ㉡

㉠, ㉡에 의하여
$x^{\frac{1}{2}}-x^{-\frac{1}{2}}=-2\sqrt3$
(2) $(x^{\frac{1}{2}}+x^{-\frac{1}{2}})^2=x+x^{-1}+2x^{\frac{1}{2}}x^{-\frac{1}{2}}=5+2=7$
이므로 $x^{\frac{1}{2}}+x^{-\frac{1}{2}}=\sqrt7\ (\because\ x>0)$
$\therefore\ x^{\frac{3}{2}}+x^{-\frac{3}{2}}=(x^{\frac{1}{2}}+x^{-\frac{1}{2}})^3-3x^{\frac{1}{2}}x^{-\frac{1}{2}}(x^{\frac{1}{2}}+x^{-\frac{1}{2}})$
　　　　　　　$=(\sqrt7)^3-3\sqrt7=4\sqrt7$

073
目 $\dfrac{2-2\sqrt5}{7}$

$$\frac{(x^{\frac{3}{2}}-1)(x^{-\frac{3}{2}}-1)}{x^2+x^{-2}}=\frac{x^{\frac{3}{2}}x^{-\frac{3}{2}}-x^{\frac{3}{2}}-x^{-\frac{3}{2}}+1}{x^2+x^{-2}}$$
$$=\frac{2-(x^{\frac{3}{2}}+x^{-\frac{3}{2}})}{x^2+x^{-2}}\qquad\cdots\cdots ㉠$$
이때 $\sqrt x+\dfrac{1}{\sqrt x}=x^{\frac{1}{2}}+x^{-\frac{1}{2}}=\sqrt5$이므로
$x+x^{-1}=(x^{\frac{1}{2}}+x^{-\frac{1}{2}})^2-2x^{\frac{1}{2}}x^{-\frac{1}{2}}=(\sqrt5)^2-2=3$
$x^2+x^{-2}=(x+x^{-1})^2-2xx^{-1}=3^2-2=7$
$x^{\frac{3}{2}}+x^{-\frac{3}{2}}=(x^{\frac{1}{2}}+x^{-\frac{1}{2}})^3-3x^{\frac{1}{2}}x^{-\frac{1}{2}}(x^{\frac{1}{2}}+x^{-\frac{1}{2}})$
　　　　　　$=(\sqrt5)^3-3\sqrt5=2\sqrt5$
따라서 ㉠에서
$$\frac{(x^{\frac{3}{2}}-1)(x^{-\frac{3}{2}}-1)}{x^2+x^{-2}}=\frac{2-2\sqrt5}{7}$$

074
目 ②

$$\frac{3^{6x}-1}{3^{4x}-3^{2x}}=\frac{(3^{2x})^3-1}{(3^{2x})^2-3^{2x}}=\frac{(3^{2x}-1)\{(3^{2x})^2+3^{2x}+1\}}{3^{2x}(3^{2x}-1)}$$
$$=\frac{(3^{2x})^2+3^{2x}+1}{3^{2x}}=3^{2x}+1+3^{-2x}$$
$$=(3^2)^x+(3^2)^{-x}+1=(9^x+9^{-x})+1$$
$$=6+1=7$$

075
目 $\dfrac{7}{6}$

$$x^2-4=(2^{\frac{1}{6}}+2^{-\frac{1}{6}})^2-4$$
$$=(2^{\frac{1}{6}}-2^{-\frac{1}{6}})^2$$
이므로 $\sqrt{x^2-4}=\left|2^{\frac{1}{6}}-2^{-\frac{1}{6}}\right|=2^{\frac{1}{6}}-2^{-\frac{1}{6}}$　　$\cdots\cdots$ TIP
$\therefore\ \sqrt{x^2-4}+x=(2^{\frac{1}{6}}-2^{-\frac{1}{6}})+(2^{\frac{1}{6}}+2^{-\frac{1}{6}})$
　　　　　　　$=2\times2^{\frac{1}{6}}=2^{\frac{7}{6}}$
$\therefore\ k=\dfrac{7}{6}$

TIP

$2^{\frac{1}{6}}=\sqrt[6]{2},\ 2^{-\frac{1}{6}}=\left(\dfrac{1}{2}\right)^{\frac{1}{6}}=\sqrt[6]{\dfrac{1}{2}}$

$\sqrt[6]{2}>1$이므로 $\sqrt[6]{2}>\dfrac{1}{\sqrt[6]{2}}=\sqrt[6]{\dfrac{1}{2}}$에서 $2^{\frac{1}{6}}>2^{-\frac{1}{6}}$이다.

즉, $2^{\frac{1}{6}}-2^{-\frac{1}{6}}>0$이므로 $\left|2^{\frac{1}{6}}-2^{-\frac{1}{6}}\right|=2^{\frac{1}{6}}-2^{-\frac{1}{6}}$이다.

076

답 (1) $\sqrt{30}$ (2) 4

(1) $2^x=(\sqrt{3})^y=5^z=k\ (k>0)$라 하면

$k^{\frac{1}{x}}=2,\ k^{\frac{2}{y}}=3,\ k^{\frac{1}{z}}=5$이므로

$k^{\frac{1}{x}}\times k^{\frac{2}{y}}\times k^{\frac{1}{z}}=2\times3\times5$

$k^{\frac{1}{x}+\frac{2}{y}+\frac{1}{z}}=30$

이때 $\dfrac{1}{x}+\dfrac{2}{y}+\dfrac{1}{z}=3$이므로

$k^3=30,\ k=30^{\frac{1}{3}}$

$\therefore 2^{\frac{3}{2}x}=(2^x)^{\frac{3}{2}}=k^{\frac{3}{2}}=(30^{\frac{1}{3}})^{\frac{3}{2}}=30^{\frac{1}{2}}=\sqrt{30}$

(2) $40^x=2$에서 $40=2^{\frac{1}{x}}$ $\quad\cdots\cdots$ ㉠

$\left(\dfrac{1}{5}\right)^y=8$에서 $\dfrac{1}{5}=8^{\frac{1}{y}}=2^{\frac{3}{y}}$ $\quad\cdots\cdots$ ㉡

$a^z=4=2^2$에서 $a^{\frac{1}{2}}=2^{\frac{1}{z}}$ $\quad\cdots\cdots$ ㉢

㉠, ㉡, ㉢에 의하여

$2^{\frac{1}{x}}\times2^{\frac{3}{y}}\div2^{\frac{1}{z}}=40\times\dfrac{1}{5}\div a^{\frac{1}{2}}$

$2^{\frac{1}{x}+\frac{3}{y}-\frac{1}{z}}=8\div a^{\frac{1}{2}}$

$4=8\div a^{\frac{1}{2}}\left(\because \dfrac{1}{x}+\dfrac{3}{y}-\dfrac{1}{z}=2\right)$

$a^{\frac{1}{2}}=2$

$\therefore a=2^2=4$

077

답 ③

$6^a=3^b=k^c=t\ (t>0)$라 하면

$6=t^{\frac{1}{a}},\ 3=t^{\frac{1}{b}},\ k=t^{\frac{1}{c}}$ $\quad\cdots\cdots$ ㉠

이때 $ac=2ab+bc$에서

$2ab=ac-bc$이므로 양변을 abc로 나누면

$\dfrac{2}{c}=\dfrac{1}{b}-\dfrac{1}{a}$

따라서 $t^{\frac{2}{c}}=t^{\frac{1}{b}-\frac{1}{a}}=\dfrac{t^{\frac{1}{b}}}{t^{\frac{1}{a}}}$이므로

㉠에 의하여 $k^2=\dfrac{3}{6}=\dfrac{1}{2}$

$\therefore k=\dfrac{\sqrt{2}}{2}\ (\because k>0)$

078

답 풀이 참조

$4^a=9^b=k\ (k>0)$라 하면

$4^a=k$에서 $k^{\frac{1}{a}}=4$

$9^b=k$에서 $k^{\frac{1}{b}}=9$

이때 $2ab-a-b=0$에서

$2ab=a+b$이므로 양변을 ab로 나누면

$\dfrac{1}{a}+\dfrac{1}{b}=2$ $\quad\cdots\cdots$ ㉠

따라서 $k^{\frac{1}{a}}\times k^{\frac{1}{b}}=4\times9$이므로

$k^{\frac{1}{a}+\frac{1}{b}}=36$

㉠에 의하여 $k^2=36$이므로

$k=6\ (\because k>0)$

$\therefore 4^a\times\left(\dfrac{1}{81}\right)^b=4^a\times(9^b)^{-2}=k\times k^{-2}=k^{-1}=\dfrac{1}{6}$

채점 요소	배점
$4^a=9^b=k$로 두고 $k^{\frac{1}{a}}=4,\ k^{\frac{1}{b}}=9$ 유도하기	20 %
주어진 식으로부터 $\dfrac{1}{a}+\dfrac{1}{b}=2$ 유도하기	40 %
k의 값 구하기	40 %

079

답 ①

$x^a=(xy)^{\frac{c}{3}}$에서 $x=(xy)^{\frac{c}{3a}}$,

$y^b=(xy)^{\frac{c}{3}}$에서 $y=(xy)^{\frac{c}{3b}}$이므로

$xy=(xy)^{\frac{c}{3a}}(xy)^{\frac{c}{3b}}=(xy)^{\frac{c}{3a}+\frac{c}{3b}}$에서

$\dfrac{c}{3a}+\dfrac{c}{3b}=1,\ \dfrac{bc+ac}{3ab}=1$

$\therefore \dfrac{6ab}{bc+ca}=2\times\dfrac{3ab}{bc+ac}=2$

다른 풀이

$x^a=y^b=(xy)^{\frac{c}{3}}=t\ (t$는 양수$)$라 하면

$x=t^{\frac{1}{a}},\ y=t^{\frac{1}{b}},\ xy=t^{\frac{3}{c}}$이므로

$t^{\frac{1}{a}}\times t^{\frac{1}{b}}=t^{\frac{3}{c}},\ t^{\frac{1}{a}+\frac{1}{b}}=t^{\frac{3}{c}}$

$\dfrac{1}{a}+\dfrac{1}{b}=\dfrac{3}{c},\ \dfrac{a+b}{ab}=\dfrac{3}{c}$

$\therefore \dfrac{6ab}{bc+ca}=\dfrac{6}{\dfrac{c(a+b)}{ab}}=\dfrac{6}{c\times\dfrac{3}{c}}=2$

080

답 ⑤

$\dfrac{2}{1-a^{\frac{1}{8}}}+\dfrac{2}{1+a^{\frac{1}{8}}}+\dfrac{4}{1+a^{\frac{1}{4}}}+\dfrac{8}{1+a^{\frac{1}{2}}}+\dfrac{16}{1+a}$

$=\dfrac{2\{(1+a^{\frac{1}{8}})+(1-a^{\frac{1}{8}})\}}{(1-a^{\frac{1}{8}})(1+a^{\frac{1}{8}})}+\dfrac{4}{1+a^{\frac{1}{4}}}+\dfrac{8}{1+a^{\frac{1}{2}}}+\dfrac{16}{1+a}$

$=\dfrac{4}{1-a^{\frac{1}{4}}}+\dfrac{4}{1+a^{\frac{1}{4}}}+\dfrac{8}{1+a^{\frac{1}{2}}}+\dfrac{16}{1+a}$

$=\dfrac{4\{(1+a^{\frac{1}{4}})+(1-a^{\frac{1}{4}})\}}{(1-a^{\frac{1}{4}})(1+a^{\frac{1}{4}})}+\dfrac{8}{1+a^{\frac{1}{2}}}+\dfrac{16}{1+a}$

$=\dfrac{8}{1-a^{\frac{1}{2}}}+\dfrac{8}{1+a^{\frac{1}{2}}}+\dfrac{16}{1+a}$

$=\dfrac{8\{(1+a^{\frac{1}{2}})+(1-a^{\frac{1}{2}})\}}{(1-a^{\frac{1}{2}})(1+a^{\frac{1}{2}})}+\dfrac{16}{1+a}$

$=\dfrac{16}{1-a}+\dfrac{16}{1+a}$

$=\dfrac{16\{(1+a)+(1-a)\}}{(1-a)(1+a)}$

$=\dfrac{32}{1-a^2}$

이때 $a=\dfrac{\sqrt{3}}{3}$에서 $a^2=\dfrac{1}{3}$이므로 구하는 값은

$$\dfrac{32}{1-\dfrac{1}{3}}=\dfrac{32}{\dfrac{2}{3}}=48$$

081   답 ④

배율을 a라 하면 넓이가 8인 직사각형을 5번 축소한 직사각형의 넓이는 $8a^5=2$이므로

$a^5=\dfrac{1}{4}=2^{-2}$에서 $a=2^{-\frac{2}{5}}$이다.

따라서 넓이가 8인 직사각형을 3번 축소한 직사각형의 넓이는

$$8a^3=8a^5\times a^{-2}=2\times(2^{-\frac{2}{5}})^{-2}$$
$$=2\times2^{\frac{4}{5}}=2^{\frac{9}{5}}$$

082   답 ③

처음 음료수의 온도가 $a\,℃$이므로

$18=30+(a-30)p^{-3k}$에서 $(a-30)p^{-3k}=-12$ ······ ㉠

$24=30+(a-30)p^{-6k}$에서 $(a-30)p^{-6k}=-6$

$\dfrac{(a-30)p^{-3k}}{(a-30)p^{-6k}}=\dfrac{12}{6}$이므로 $p^{3k}=2$

$p^{-3k}=\dfrac{1}{2}$ 을 ㉠에 대입하면

$\dfrac{1}{2}(a-30)=-12$, $a-30=-24$

$\therefore a=6$

083   답 ②

2013년 말부터 2023년 말까지 10년 동안 A회사의 연평균 성장률은 $\left(\dfrac{400}{200}\right)^{\frac{1}{10}}-1=2^{\frac{1}{10}}-1$이고,

2013년 말부터 2023년 말까지 10년 동안 B회사의 연평균 성장률은 $\left(\dfrac{600}{150}\right)^{\frac{1}{10}}-1=4^{\frac{1}{10}}-1$이므로

10년 동안 B회사의 연평균 성장률이 A회사의 연평균 성장률의 k배라 하면

$$k=\dfrac{4^{\frac{1}{10}}-1}{2^{\frac{1}{10}}-1}=\dfrac{(2^{\frac{1}{10}}-1)(2^{\frac{1}{10}}+1)}{2^{\frac{1}{10}}-1}=2^{\frac{1}{10}}+1 \quad ······ ㉠$$

이때 $2^{\frac{11}{10}}=2.14$에서 $2\times2^{\frac{1}{10}}=2.14$

따라서 $2^{\frac{1}{10}}=1.07$이므로

㉠에서 $k=1.07+1=2.07$이다.

084   답 ②

어느 금융상품에 초기자산이 w_0이므로 15년이 지난 시점에서의 기대자산은 $3w_0$이다.

즉, $W_0=w_0$, $t=15$, $W=3w_0$을 주어진 관계식에 대입하면

$3w_0=\dfrac{w_0}{2}\times10^{15a}(1+10^{15a})$ $\therefore 6=10^{15a}(1+10^{15a})$

이때 $10^{15a}=X\ (X>0)$라 하면 $6=X(1+X)$에서

$X^2+X-6=0$, $(X+3)(X-2)=0$

$\therefore X=2\ (\because X>0)$

$\therefore 10^{15a}=2$ ······ ㉠

한편, 이 금융상품에 초기자산 w_0을 투자하고 30년이 지난 시점에서의 기대자산이 kw_0이다.

즉, $W_0=w_0$, $t=30$, $W=kw_0$을 주어진 관계식에 대입하면

$kw_0=\dfrac{w_0}{2}\times10^{30a}(1+10^{30a})$

$\therefore k=\dfrac{1}{2}\times(10^{15a})^2\{1+(10^{15a})^2\}$
$\qquad =\dfrac{1}{2}\times2^2\times(1+2^2)=10\ (\because ㉠)$

085   답 ①

금속의 처음 온도가 $20\,℃$, 열을 가한지 3분 후 온도가 $260\,℃$이므로

$3^{260-20}=(7\times3+6)^k$

$\therefore 3^{240}=27^k$ ······ ㉠

또한 열을 가한지 a분 후 온도를 $340\,℃$라 하면

$3^{340-20}=(7a+6)^k$

$\therefore 3^{320}=(7a+6)^k$ ······ ㉡

$3^{320}=(3^{240})^{\frac{4}{3}}$이므로 ㉠, ㉡에 의하여

$(7a+6)^k=(27^k)^{\frac{4}{3}}=(27^{\frac{4}{3}})^k=81^k$

따라서 $7a+6=81$이므로

$a=\dfrac{75}{7}$

086   답 ④

$a^2=b^3$에서 $b=a^{\frac{2}{3}}$, $a^2=c^5$에서 $c=a^{\frac{2}{5}}$이므로

$\log_a bc=\log_a(a^{\frac{2}{3}}\times a^{\frac{2}{5}})=\log_a a^{\frac{2}{3}+\frac{2}{5}}=\dfrac{2}{3}+\dfrac{2}{5}=\dfrac{16}{15}$

$a^2=b^3$에서 $a=b^{\frac{3}{2}}$, $b^3=c^5$에서 $c=b^{\frac{3}{5}}$이므로

$\log_b ca=\log_b(b^{\frac{3}{5}}\times b^{\frac{3}{2}})=\log_b b^{\frac{3}{5}+\frac{3}{2}}=\dfrac{3}{5}+\dfrac{3}{2}=\dfrac{21}{10}$

$a^2=c^5$에서 $a=c^{\frac{5}{2}}$, $b^3=c^5$에서 $b=c^{\frac{5}{3}}$이므로

$\log_c ab=\log_c(c^{\frac{5}{2}}\times c^{\frac{5}{3}})=\log_c c^{\frac{5}{2}+\frac{5}{3}}=\dfrac{5}{2}+\dfrac{5}{3}=\dfrac{25}{6}$

$\therefore \log_a bc+\log_b ca+\log_c ab$
$\quad =\dfrac{16}{15}+\dfrac{21}{10}+\dfrac{25}{6}=\dfrac{32+63+125}{30}$
$\quad =\dfrac{220}{30}=\dfrac{22}{3}$

'유형06 로그의 밑의 변환'을 학습한 후 다음과 같이 풀이할 수 있다.

$a^2=b^3=c^5=k\,(k$는 양수$)$라 하면

$a=k^{\frac{1}{2}},\ b=k^{\frac{1}{3}},\ c=k^{\frac{1}{5}}$이다.

$\therefore \log_a bc+\log_b ca+\log_c ab$

$\quad=\log_{k^{\frac{1}{2}}} k^{\frac{1}{3}}k^{\frac{1}{5}}+\log_{k^{\frac{1}{3}}} k^{\frac{1}{5}}k^{\frac{1}{2}}+\log_{k^{\frac{1}{5}}} k^{\frac{1}{2}}k^{\frac{1}{3}}$

$\quad=\log_{k^{\frac{1}{2}}} k^{\frac{1}{3}+\frac{1}{5}}+\log_{k^{\frac{1}{3}}} k^{\frac{1}{5}+\frac{1}{2}}+\log_{k^{\frac{1}{5}}} k^{\frac{1}{2}+\frac{1}{3}}$

$\quad=2\left(\dfrac{1}{3}+\dfrac{1}{5}\right)+3\left(\dfrac{1}{5}+\dfrac{1}{2}\right)+5\left(\dfrac{1}{2}+\dfrac{1}{3}\right)$

$\quad=\dfrac{7}{3}+1+4=\dfrac{22}{3}$

087 　　답 ⑤

$x=\log_2(\sqrt{5}-2)$에서 $2^x=\sqrt{5}-2$이므로

$2^x-2^{-x}=(\sqrt{5}-2)-\dfrac{1}{\sqrt{5}-2}$

$\qquad\quad=(\sqrt{5}-2)-(\sqrt{5}+2)=-4$

이고,

$4^x+4^{-x}+2=(2^x-2^{-x})^2+4$

$\qquad\qquad\quad=(-4)^2+4=20$

$\therefore \dfrac{2^x-2^{-x}}{4^x+4^{-x}+2}=\dfrac{-4}{20}=-\dfrac{1}{5}$

088 　　답 (1) 2　(2) 13

(1) $\log_{a+3}(x^2+2ax-a+12)$가 정의되려면

$a+3>0,\ a+3\neq1$이고, $x^2+2ax-a+12>0$이어야 한다.

$a>-3,\ a\neq-2$이고, 모든 실수 x에 대하여

$x^2+2ax-a+12>0$이어야 하므로

이차방정식 $x^2+2ax-a+12=0$의 판별식을 D라 할 때,

$\dfrac{D}{4}=a^2-(-a+12)<0$에서

$a^2+a-12=(a+4)(a-3)<0,\ -4<a<3$

$\therefore -3<a<3,\ a\neq-2$

따라서 조건을 만족시키는 정수 a는 $-1,\ 0,\ 1,\ 2$이므로

모든 정수 a의 값의 합은 2이다.

(2) $\log_{|a-1|}(x^2+ax+4a)$가 정의되려면

$|a-1|>0,\ |a-1|\neq1$이고, $x^2+ax+4a>0$이어야 한다.

$|a-1|>0$에서 $a-1\neq0$이므로 $a\neq1$이고,

$|a-1|\neq1$에서 $a-1\neq\pm1$이므로 $a\neq0,\ a\neq2$이다.

또한 모든 실수 x에 대하여 $x^2+ax+4a>0$이어야 하므로

이차방정식 $x^2+ax+4a=0$의 판별식을 D라 할 때,

$D=a^2-16a<0$에서

$a(a-16)<0,\ 0<a<16$

$\therefore 0<a<16,\ a\neq1,\ a\neq2$

따라서 조건을 만족시키는 정수 a는

$3,\ 4,\ 5,\ \cdots,\ 15$의 13개이다.

089 　　답 ⑤

조건 ㈎에서

$\log_2 a+(\log_2 b+2)+(\log_2 c+1)=5$이므로

$\log_2 a+\log_2 b+\log_2 c=2$

$\log_2 abc=2$

$\therefore abc=4$ 　　　　　…… ㉠

조건 ㈏에서 $a=b^2=\sqrt{c}=t\,(t>0)$라 하면

$a=t,\ b=t^{\frac{1}{2}},\ c=t^2$이고,

㉠에 의하여

$abc=t\times t^{\frac{1}{2}}\times t^2$

$\qquad=t^{1+\frac{1}{2}+2}$

$\qquad=t^{\frac{7}{2}}=4$

이므로 $t=4^{\frac{2}{7}}=2^{\frac{4}{7}}$이다.

$\therefore \log_2 ab=\log_2(t\times t^{\frac{1}{2}})=\log_2 t^{\frac{3}{2}}=\log_2(2^{\frac{4}{7}})^{\frac{3}{2}}=\log_2 2^{\frac{6}{7}}=\dfrac{6}{7}$

090 　　답 $\dfrac{33}{8}$

조건 ㈎에서 $a\sqrt[3]{b}$는 a^5의 네제곱근이므로

$(a\sqrt[3]{b})^4=a^5,\ a^4b^{\frac{4}{3}}=a^5$

$b^{\frac{4}{3}}=a$ 　　$\therefore b=a^{\frac{3}{4}}$ 　　　…… ㉠

㉠에 의하여 $\log_a b=\log_a a^{\frac{3}{4}}=\dfrac{3}{4}$이므로 조건 ㈏에서

$2\log_a b+\log_b c=2\times\dfrac{3}{4}+\log_b c=6$

$\log_b c=\dfrac{9}{2}$ 　　$\therefore c=b^{\frac{9}{2}}$

이에 ㉠을 대입하면 $c=(a^{\frac{3}{4}})^{\frac{9}{2}}=a^{\frac{3}{4}\times\frac{9}{2}}=a^{\frac{27}{8}}$이다.

$\therefore \log_a bc=\log_a(a^{\frac{3}{4}}\times a^{\frac{27}{8}})=\log_a a^{\frac{3}{4}+\frac{27}{8}}$

$\qquad\qquad=\dfrac{3}{4}+\dfrac{27}{8}=\dfrac{33}{8}$

091 　　답 ⑤

$f(x)=\log_3\left(1+\dfrac{1}{x+4}\right)=\log_3\dfrac{x+5}{x+4}$이므로

$f(1)+f(2)+f(3)+\cdots+f(n)$

$=\log_3\dfrac{6}{5}+\log_3\dfrac{7}{6}+\log_3\dfrac{8}{7}+\cdots+\log_3\dfrac{n+5}{n+4}$

$=\log_3\left(\dfrac{6}{5}\times\dfrac{7}{6}\times\dfrac{8}{7}\times\cdots\times\dfrac{n+5}{n+4}\right)=\log_3\dfrac{n+5}{5}$

따라서 $\log_3\dfrac{n+5}{5}=2$에서

$\dfrac{n+5}{5}=9$

$\therefore n=40$

092

답 14

$$\log_2 2n^2 - \log_2 \sqrt{n} = (\log_2 2 + \log_2 n^2) - \frac{1}{2}\log_2 n$$
$$= 1 + 2\log_2 n - \frac{1}{2}\log_2 n$$
$$= 1 + \frac{3}{2}\log_2 n$$

이 값을 자연수 $m\ (1 \le m \le 40)$이라 하면

$$1 + \frac{3}{2}\log_2 n = m \text{에서 } \frac{3}{2}\log_2 n = m-1$$

$$\log_2 n = \frac{2(m-1)}{3} \qquad \therefore n = 2^{\frac{2(m-1)}{3}}$$

이때 n이 자연수가 되려면 $\dfrac{2(m-1)}{3}$이 음이 아닌 정수이어야

하므로 $m-1$은 0 또는 3의 배수인 자연수이어야 하고
$1 \le m \le 40$에서 $0 \le m-1 \le 39$이므로
$m-1$은 0 또는 39 이하의 3의 배수인 자연수이다.
따라서 가능한 m의 값은 1, 4, 7, $\cdots$, 40으로
구하는 자연수 n의 개수는 14이다.

093

답 (1) 64 (2) 17 (3) 3 (4) 14

(1) $(5\sqrt{5})^{\log_5 9 \times \log_3 4} = (5^{\frac{3}{2}})^{2\log_5 3 \times 2\log_3 2} = (5^{\frac{3}{2}})^{4\log_5 2}$
$\qquad = 5^{6\log_5 2} = 5^{\log_5 2^6} = 2^6 = 64$

(2) $(\log_3 25 + \log_{\sqrt{3}} 5)(\log_5 81 + \log_{25}\sqrt{3})$

$\qquad = (2\log_3 5 + 2\log_3 5)\left(4\log_5 3 + \frac{1}{4}\log_5 3\right)$

$\qquad = 4\log_3 5 \times \frac{17}{4}\log_5 3 = 17$

(3) $\log_2 (\log_3 4) + \log_2 (\log_4 25) + \log_2 (\log_5 81)$
$\qquad = \log_2 (\log_3 4 \times \log_4 25 \times \log_5 81)$
$\qquad = \log_2 (\log_3 4 \times 2\log_4 5 \times 4\log_5 3)$
$\qquad = \log_2 8 = 3$

(4) $\dfrac{1}{\log_8 2} + \dfrac{\log_5 4}{\log_9 2} \times \log_3 25 + \dfrac{\log_7 27}{\log_7 3}$

$\qquad = \log_2 8 + \log_5 4 \times \log_2 9 \times \log_3 25 + \log_3 27$
$\qquad = 3 + 2\log_5 2 \times 2\log_2 3 \times 2\log_3 5 + 3$
$\qquad = 3 + 8 + 3 = 14$

094

답 ⑤

방정식 $x^2 - 5x + 3 = 0$의 두 근이 $\log_2 a$, $\log_2 b$이므로
이차방정식의 근과 계수의 관계에 의하여
$\log_2 a + \log_2 b = 5$, $\log_2 a \times \log_2 b = 3$

$\therefore \log_a b + \log_b a = \dfrac{\log_2 b}{\log_2 a} + \dfrac{\log_2 a}{\log_2 b}$

$\qquad = \dfrac{(\log_2 a)^2 + (\log_2 b)^2}{\log_2 a \times \log_2 b}$

$\qquad = \dfrac{(\log_2 a + \log_2 b)^2 - 2\log_2 a \times \log_2 b}{\log_2 a \times \log_2 b}$

$\qquad = \dfrac{5^2 - 2 \times 3}{3} = \dfrac{19}{3}$

095

답 $-\dfrac{5}{6}$

$\log_a c : \log_b c = 2 : 3$에서

$2\log_b c = 3\log_a c$이므로 $\dfrac{2}{\log_c b} = \dfrac{3}{\log_c a}$

$\dfrac{\log_c a}{\log_c b} = \dfrac{3}{2}$, $\log_b a = \dfrac{3}{2}$

$\log_a b = \dfrac{1}{\log_b a} = \dfrac{2}{3}$

$\therefore \log_a b - \log_b a = \dfrac{2}{3} - \dfrac{3}{2} = -\dfrac{5}{6}$

096

답 ①

$\log_a b = \dfrac{\log_b c}{2} = \dfrac{\log_c a}{4} = k\ (k \ne 0)$라 하면

$\log_a b = k$, $\log_b c = 2k$, $\log_c a = 4k$이다.
이때 $\log_a b \times \log_b c \times \log_c a = 1$이므로
$k \times 2k \times 4k = 1$
$8k^3 = 1$

$\therefore k = \dfrac{1}{2}\ (\because k$는 실수$)$

$\therefore \log_a b + \log_b c + \log_c a = k + 2k + 4k = 7k = \dfrac{7}{2}$

097

답 ⑤

선분 AB를 $2 : 1$로 내분하는 점을 Q라 하자.
점 Q의 x좌표는

$\dfrac{2 \times \log_{\frac{1}{3}}\sqrt{3} + 1 \times 4}{2+1} = \dfrac{(-1)+4}{3} = 1$

점 Q는 직선 $y = 2x$ 위에 있으므로
점 Q의 y좌표는 $2 \times 1 = 2$

$\dfrac{2 \times \log_2 \frac{2}{3} + 1 \times \log_2 a}{2+1} = 2$에서 $\left(\dfrac{2}{3}\right)^2 \times a = 2^6$

$\therefore a = 3^2 \times 2^4 = 144$

098

답 ③

삼각형 ABC의 무게중심의 좌표는

$\left(\dfrac{0 + 2a + (-\log_2 9)}{3}, \dfrac{(-\log_2 9) + \log_2 7 + a}{3}\right)$

$\dfrac{0 + 2a + (-\log_2 9)}{3} = b$, $2a - \log_2 9 = 3b$

$b = \dfrac{2}{3}a - \dfrac{1}{3}\log_2 9$ $\qquad\qquad \cdots\cdots$ ㉠

$\dfrac{(-\log_2 9) + \log_2 7 + a}{3} = \log_8 7 = \dfrac{1}{3}\log_2 7$

$-\log_2 9 + \log_2 7 + a = \log_2 7$

$a = \log_2 9$ $\qquad\qquad\qquad\qquad \cdots\cdots$ ㉡

㉡을 ㉠에 대입하여 풀면

$b=\dfrac{1}{3}\log_2 9$

$\therefore 2^{a+3b}=2^{\log_2 9+\log_2 9}=2^{\log_2 81}=81$

099   답 49

$\log_a b=\log_b a$에서 $\log_a b=\dfrac{1}{\log_a b}$, $(\log_a b)^2=1$

$\log_a b=1$ 또는 $\log_a b=-1$

$\therefore b=a$ 또는 $b=\dfrac{1}{a}$

이때 $a\neq b$이므로 $b=\dfrac{1}{a}$ $\cdots\cdots$ ㉠

$\therefore (a+3)(b+12)=ab+12a+3b+36$

$\qquad\qquad\qquad=1+12a+\dfrac{3}{a}+36\ (\because \text{㉠})$

$\qquad\qquad\qquad=37+3\left(4a+\dfrac{1}{a}\right)$

$\qquad\qquad\qquad\geq 37+3\times 2\sqrt{4a\times\dfrac{1}{a}}=49$

$\qquad\left(\text{단, 등호는 } 4a=\dfrac{1}{a},\ \text{즉 } a=\dfrac{1}{2}\text{일 때 성립한다.}\right)$

따라서 $(a+3)(b+12)$의 최솟값은 49이다.

100   답 ②

$\log_a 2b\times\log_b 2a=(\log_a 2+\log_a b)(\log_b 2+\log_b a)$

$\qquad\qquad\qquad=\log_a 2\times\log_b 2+\log_b 2+\log_a 2+1$

$\qquad\qquad\qquad=\dfrac{1}{\log_2 a}\times\dfrac{1}{\log_2 b}+\dfrac{1}{\log_2 b}+\dfrac{1}{\log_2 a}+1$

조건 ㈏에 의하여

$\dfrac{1}{\log_2 a}\times\dfrac{1}{\log_2 b}+\dfrac{1}{\log_2 b}+\dfrac{1}{\log_2 a}+1=\dfrac{1}{9}+\dfrac{1}{\log_2 a}+\dfrac{1}{\log_2 b}+1$

이고 조건 ㈎에 의하여 $\log_2 a>0$, $\log_2 b>0$이므로

산술평균과 기하평균의 관계에 의하여

$\dfrac{1}{9}+\dfrac{1}{\log_2 a}+\dfrac{1}{\log_2 b}+1=\dfrac{10}{9}+\dfrac{1}{\log_2 a}+\dfrac{1}{\log_2 b}$

$\qquad\qquad\qquad\geq\dfrac{10}{9}+2\sqrt{\dfrac{1}{\log_2 a}\times\dfrac{1}{\log_2 b}}$

$\qquad\qquad\qquad=\dfrac{10}{9}+2\sqrt{\dfrac{1}{9}}\ (\because \text{㈏})$

$\qquad\qquad\qquad=\dfrac{16}{9}$

$\qquad\left(\text{단, 등호는 } \dfrac{1}{\log_2 a}=\dfrac{1}{\log_2 b}\text{일 때 성립한다.}\right)$

따라서 $\log_a 2b\times\log_b 2a$의 최솟값은 $\dfrac{16}{9}$이다.

101   답 ④

$\dfrac{\log_c b}{\log_a b}=\dfrac{\dfrac{1}{\log_b c}}{\dfrac{1}{\log_b a}}=\dfrac{\log_b a}{\log_b c}=\log_c a=\dfrac{1}{2}$이므로

$a=c^{\frac{1}{2}}$, 즉 $c=a^2$

$\dfrac{\log_b c}{\log_a c}=\dfrac{\dfrac{1}{\log_c b}}{\dfrac{1}{\log_c a}}=\dfrac{\log_c a}{\log_c b}=\log_b a=\dfrac{1}{3}$이므로

$a=b^{\frac{1}{3}}$, 즉 $b=a^3$

이때 세 자연수 a, b, c는 1보다 크고 10보다 작은 자연수이고,

$a=3$일 때 $b=27$, $c=9$이므로 $a\geq 3$이면 주어진 조건을 만족시키지

않는다.

따라서 $a=2$이므로 $b=8$, $c=4$

$\therefore a+2b+3c=2+16+12=30$

102   답 $\dfrac{15}{4}$

$abc\neq 0$이므로

$ab-2bc+ca=abc$의 양변을 abc로 나누면

$\dfrac{1}{c}-\dfrac{2}{a}+\dfrac{1}{b}=1$ $\cdots\cdots$ ㉠

또한 $\log_2 x=a$, $\log_3 x=b$, $\log_5 x=c$에서

$\dfrac{1}{a}=\dfrac{1}{\log_2 x}=\log_x 2$

$\dfrac{1}{b}=\dfrac{1}{\log_3 x}=\log_x 3$

$\dfrac{1}{c}=\dfrac{1}{\log_5 x}=\log_x 5$

이므로

$\dfrac{1}{c}-\dfrac{2}{a}+\dfrac{1}{b}=\log_x 5-2\log_x 2+\log_x 3$

$\qquad\qquad\qquad=\log_x 5-\log_x 4+\log_x 3$

$\qquad\qquad\qquad=\log_x\dfrac{5\times 3}{4}=\log_x\dfrac{15}{4}=1\ (\because \text{㉠})$

$\therefore x=\dfrac{15}{4}$

103   답 ②

$\log N=a\log 2+b\log 3$

$\qquad\quad=\log 2^a+\log 3^b$

$\qquad\quad=\log(2^a\times 3^b)$

에서 $N=2^a\times 3^b$이다.

음이 아닌 정수 a, b에 대하여

$1\leq N\leq 30$을 만족시키는 자연수 N의 값은

$b=0$인 경우: $a=0$, 1, 2, 3, 4일 때 $N=1$, 2, 4, 8, 16

$b=1$인 경우: $a=0$, 1, 2, 3일 때 $N=3$, 6, 12, 24

$b=2$인 경우: $a=0$, 1일 때 $N=9$, 18

$b=3$인 경우: $a=0$일 때 $N=27$

따라서 모든 자연수 N의 값의 합은

$(1+2+4+8+16)+(3+6+12+24)+(9+18)+27=130$

104   답 ③

$\dfrac{\log 9}{a}=\dfrac{\log 16}{b}=\dfrac{\log 144}{c}=4$에서

$\log 9=4a$, $\log 16=4b$, $\log 144=4c$이다.

이때 log 144=log (9×16)=log 9+log 16이므로
$4c=4a+4b$
$c=a+b$
$\therefore a+b+c=2c=\dfrac{1}{2} \log 144=\log 12$
$\therefore 10^{a+b+c}=10^{\log 12}=12$

105   답 ②

조건 ㈎에서 $3^a=5^b=k^c=d$ $(d>0)$라 하면
$3=d^{\frac{1}{a}}$, $5=d^{\frac{1}{b}}$, $k=d^{\frac{1}{c}}$이다.   …… ㉠
조건 ㈏에 의하여
$\log c=\log \dfrac{2ab}{2a+b}$,
$c=\dfrac{2ab}{2a+b}$,
$\dfrac{1}{c}=\dfrac{2a+b}{2ab}$,
$\dfrac{1}{c}=\dfrac{1}{b}+\dfrac{1}{2a}$이다.
$d^{\frac{1}{c}}=d^{\frac{1}{b}+\frac{1}{2a}}=d^{\frac{1}{b}}\times d^{\frac{1}{2a}}=d^{\frac{1}{b}}\times(d^{\frac{1}{a}})^{\frac{1}{2}}$
이므로 ㉠에 의하여
$k=5\times\sqrt{3}=5\sqrt{3}$

다른 풀이

조건 ㈎에서 $3^a=5^b=k^c=d$ $(d>0)$라 하면
$a=\log_3 d$, $b=\log_5 d$, $c=\log_k d$이다.   …… ㉠
조건 ㈏에 의하여
$\log c=\log \dfrac{2ab}{2a+b}$,
$c=\dfrac{2ab}{2a+b}$,
$c(2a+b)=2ab$이다.
이 식에 ㉠을 대입하면
$\log_k d(2\log_3 d+\log_5 d)=2\log_3 d \log_5 d$
$\dfrac{1}{\log_d k}\left(\dfrac{2}{\log_d 3}+\dfrac{1}{\log_d 5}\right)=2\times\dfrac{1}{\log_d 3}\times\dfrac{1}{\log_d 5}$
양변에 $\log_d 3\times\log_d 5\times\log_d k$를 곱하면
$2\log_d 5+\log_d 3=2\log_d k$
$\log_d (5^2\times3)=\log_d k^2$
$k^2=5^2\times3$
$\therefore k=5\sqrt{3}$ $(\because k>0)$

106   답 풀이 참조

(1) $\log x^2=3.0102$에서 $2\log x=3.0102$ $(\because x>0)$
$\log x=1.5051=1+0.5051$
상용로그표에서 $\log 3.2=0.5051$이므로
$\log x=\log 10+\log 3.2=\log (10\times3.2)=\log 32$
$\therefore x=32$

$\log \sqrt{y}=-0.2529$에서 $\dfrac{1}{2}\log y=-0.2529$
$\log y=-0.5058=-1+(1-0.5058)$
$\qquad\quad\;=-1+0.4942$
상용로그표에서 $\log 3.12=0.4942$이므로
$\log y=\log 10^{-1}+\log 3.12=\log (10^{-1}\times3.12)=\log 0.312$
$\therefore y=0.312$
$\therefore x+y=32+0.312=32.312$

(2) $\log \dfrac{k}{30.1}=1.0306$에서 $\log k-\log 30.1=1.0306$
상용로그표에서 $\log 3.01=0.4786$이므로
$\log 30.1=\log (3.01\times10)=1+\log 3.01=1.4786$
$\log k=1.0306+1.4786=2.5092=2+0.5092$
상용로그표에서 $\log 3.23=0.5092$이므로
$\log k=\log 10^2+\log 3.23=\log (10^2\times3.23)=\log 323$
$\therefore k=323$

채점 요소	배점
$\log x$, $\log y$의 값을 찾아 상용로그표를 이용하여 $x+y$의 값 구하기	60 %
$\log k$의 값을 찾아 상용로그표를 이용하여 k의 값 구하기	40 %

107   답 ③

4.37^x을 계산하여 1590이 되었으므로
$4.37^x=1590$이라 하면
$\log 4.37^x=\log 1590$
$x\log 4.37=\log (1000\times1.59)=3+\log 1.59$
$0.64x=3.2$
$\therefore x=5$
따라서 바르게 계산한 $4.37x$의 값은
$4.37x=4.37\times5=21.85$

108   답 ①

$\dfrac{1}{3}+\log \sqrt{a}=\dfrac{1}{3}+\log a^{\frac{1}{2}}=\dfrac{1}{3}+\dfrac{1}{2}\log a$이다.
이때 $\dfrac{1}{2}<\log a<\dfrac{11}{2}$에서
$\dfrac{1}{3}+\dfrac{1}{2}\times\dfrac{1}{2}<\dfrac{1}{3}+\dfrac{1}{2}\log a<\dfrac{1}{3}+\dfrac{1}{2}\times\dfrac{11}{2}$이므로
$\dfrac{7}{12}<\dfrac{1}{3}+\dfrac{1}{2}\log a<\dfrac{37}{12}$이다.
이때 가능한 자연수 $\dfrac{1}{3}+\dfrac{1}{2}\log a$의 값은 1, 2, 3이므로
$\dfrac{1}{3}+\dfrac{1}{2}\log a=1$일 때 $\log a=\dfrac{4}{3}$, 즉 $a=10^{\frac{4}{3}}$
$\dfrac{1}{3}+\dfrac{1}{2}\log a=2$일 때 $\log a=\dfrac{10}{3}$, 즉 $a=10^{\frac{10}{3}}$
$\dfrac{1}{3}+\dfrac{1}{2}\log a=3$일 때 $\log a=\dfrac{16}{3}$, 즉 $a=10^{\frac{16}{3}}$
따라서 구하는 모든 a의 값의 곱은
$10^{\frac{4}{3}}\times10^{\frac{10}{3}}\times10^{\frac{16}{3}}=10^{\frac{4}{3}+\frac{10}{3}+\frac{16}{3}}=10^{10}$

109　　　　　　　　　　　　　　　　　　　　目 ③

조건 ㈎에 의하여 $2\leq\log x<3$이다. $\cdots\cdots$ ㉠

조건 ㈏에 의하여

$\log x^3$과 $\log\dfrac{1}{x}$의 소수 부분이 서로 같으므로

$\log x^3$과 $\log\dfrac{1}{x}$의 차가 정수이다. $\cdots\cdots$ **TIP 1**

$\log x^3-\log\dfrac{1}{x}=3\log x-(-\log x)=4\log x$이고,

㉠에 의하여 $8\leq 4\log x<12$이므로

정수인 $4\log x$의 값은 8, 9, 10, 11이다.

즉, $\log x$의 값이 $\dfrac{8}{4},\ \dfrac{9}{4},\ \dfrac{10}{4},\ \dfrac{11}{4}$이므로

$\log k=\dfrac{8}{4}+\dfrac{9}{4}+\dfrac{10}{4}+\dfrac{11}{4}=\dfrac{19}{2}$ $\cdots\cdots$ **TIP 2**

> **TIP 1**
>
> $\log A$, $\log B$의 소수 부분이 서로 같으면
> $\log A-\log B=$(정수)이다.
> [증명]
> $\log A$, $\log B$의 소수 부분이 서로 같다고 하자.
> $\log A=m+\alpha$, $\log B=n+\alpha$ (m, n은 정수, $0\leq\alpha<1$)라 하면
> $\log A-\log B=m-n$은 정수이다.

> **TIP 2**
>
> 조건을 만족시키는 x의 값을 각각 x_1, x_2, x_3, x_4라 하면
> $\log k=\log x_1x_2x_3x_4$
> 　　　$=\log x_1+\log x_2+\log x_3+\log x_4$

110　　　　　　　　　　　　　　　　　　　　目 ④

지진의 규모가 4일 때 방출되는 에너지가 E_1이므로
$4=0.7\log(0.37\times E_1)+1.46$이다. $\cdots\cdots$ ㉠
따라서 에너지의 양이 $4E_1$일 때 지진의 규모는
$0.7\log(0.37\times 4E_1)+1.46$
$=0.7\{\log(0.37\times E_1)+\log 4\}+1.46$
$=\{0.7\log(0.37\times E_1)+1.46\}+0.7\times 2\log 2$
$=4+0.7\times 2\times 0.3$ ($\because$ ㉠)
$=4+0.42$
$=4.42$

111　　　　　　　　　　　　　　　　　　　　目 ④

실험을 시작한 지 10초 후, 20초 후의 측정 온도가 각각 400 ℃, 402 ℃이므로

$K=\dfrac{C(\log 20-\log 10)}{402-400}=\dfrac{C}{2}\log 2$ $\cdots\cdots$ ㉠

실험을 시작한 지 t초 후의 측정 온도가 408 ℃라 하면

$K=\dfrac{C(\log t-\log 10)}{408-400}=\dfrac{C}{8}\log\dfrac{t}{10}$ $\cdots\cdots$ ㉡

㉠, ㉡에 의하여

$\dfrac{C}{2}\log 2=\dfrac{C}{8}\log\dfrac{t}{10}$이므로

$\log\dfrac{t}{10}=4\log 2=\log 16$

따라서 $\dfrac{t}{10}=16$이므로 $t=160$이다.

112　　　　　　　　　　　　　　　　　　　　目 ②

두 지역 A, B의 헤이즈계수 H_A, H_B, 여과지 이동거리 L_A, L_B에 대하여 $\sqrt{3}H_A=2H_B$, $L_A=2L_B$이므로

$\dfrac{H_A}{H_B}=\dfrac{\dfrac{k}{L_A}\log\dfrac{1}{S_A}}{\dfrac{k}{L_B}\log\dfrac{1}{S_B}}=\dfrac{\dfrac{k}{2L_B}\log\dfrac{1}{S_A}}{\dfrac{k}{L_B}\log\dfrac{1}{S_B}}=\dfrac{1}{2}\times\dfrac{\log S_A}{\log S_B}=\dfrac{2}{\sqrt{3}}$

$\dfrac{\log S_A}{\log S_B}=\dfrac{2}{\sqrt{3}}\times 2=\dfrac{4\sqrt{3}}{3}$

$\log S_A=\dfrac{4\sqrt{3}}{3}\log S_B$

$\therefore S_A=(S_B)^{\frac{4\sqrt{3}}{3}}$

$\therefore p=\dfrac{4\sqrt{3}}{3}$

113　　　　　　　　　　　　　　　　　　　　目 15

생산량을 매년 k배씩 증가시켰다고 하면 10년 만에 4배가 되었으므로 $k^{10}=4$이다.
$\log k^{10}=\log 4$에서
$10\log k=2\log 2=2\times 0.3=0.6$이므로
$\log k=0.06=\log 1.15$
$\therefore k=1.15$
따라서 매년 15 %씩 증가시켰다.

114　　　　　　　　　　　　　　　　　　　　目 ⑤

이 회사의 매출액이 매년 x배만큼 증가한다고 하면
2022년도의 매출액은 2019년도의 매출액의 x^3배이다.
즉, $1.23A=x^3A$이므로
$x^3=1.23$이다.
또한 2026년도의 매출액은 2019년도의 매출액의 x^7배이다.
즉, 2026년도의 매출액을 A의 k배라 하면
$k=x^7=(x^3)^{\frac{7}{3}}=(1.23)^{\frac{7}{3}}$이다.

이때 $\log k=\log(1.23)^{\frac{7}{3}}=\dfrac{7}{3}\log 1.23=\dfrac{7}{3}\times 0.09=0.21$이고,

$\log 1.23+\log 1.32=0.09+0.12=0.21$이다.

$\therefore \log k=\log 1.23+\log 1.32$
　　　　$=\log(1.23\times 1.32)=\log 1.6236$

따라서 $k=1.6236$이고, 소수점 아래 셋째 자리에서 반올림하면 1.62이다.

115 　　　　　　　　　　　　　　　　　　　　　답 ⑤

ㄱ. $\sqrt[3]{a}\sqrt{b}=1$의 양변을 6제곱하면 $a^2b^3=1$ (참)

ㄴ. $a^3b^2=a^2b^3\times\dfrac{a}{b}=\dfrac{a}{b}\ (\because \text{ㄱ})$

이때 $0<a<b$에서 $0<\dfrac{a}{b}<1$이므로 $0<a^3b^2<1$

$\therefore a^{-3}b^{-2}=\dfrac{1}{a^3b^2}>1$ (참)

ㄷ. $\dfrac{\sqrt[4]{a}\times\sqrt[3]{b}}{\sqrt[3]{a}\times\sqrt[4]{b}}=\sqrt[12]{\dfrac{a^3b^4}{a^4b^3}}=\sqrt[12]{\dfrac{b}{a}}$

이때 $0<a<b$에서 $\dfrac{b}{a}>1$이므로 $\sqrt[12]{\dfrac{b}{a}}>1$이다.

즉, $\dfrac{\sqrt[4]{a}\times\sqrt[3]{b}}{\sqrt[3]{a}\times\sqrt[4]{b}}>1$이므로 $\sqrt[4]{a}\times\sqrt[3]{b}>\sqrt[3]{a}\times\sqrt[4]{b}$이다. (참)

따라서 옳은 것은 ㄱ, ㄴ, ㄷ이다.

116 　　　　　　　　　　　　　　　　　　　　　답 14

실수 a의 n제곱근 중에서 실수인 것은

n이 짝수일 때,

$a>0$인 경우 2개, $a=0$인 경우 1개, $a<0$인 경우 0개이고,

n이 홀수일 때, a의 값에 관계없이 1개이다.

즉, $f_2(8)=2$, $f_4(6)=2$, $f_6(4)=2$, $f_8(2)=2$, $f_{10}(0)=1$,

$f_{12}(-2)=0$, $\cdots$이고,

$f_3(7)=1$, $f_5(5)=1$, $f_7(3)=1$, $f_9(1)=1$, $f_{11}(-1)=1$, $\cdots$이다.

$f_2(8)+f_3(7)+f_4(6)+\cdots$
$\qquad\qquad +f_9(1)+f_{10}(0)+f_{11}(-1)+f_{12}(-2)=14$이고,

$f_{13}(-3)=1$, $f_{14}(-4)=0$, $f_{15}(-5)=1$이므로

$f_2(8)+f_3(7)+f_4(6)+\cdots+f_{13}(-3)=15$,

$f_2(8)+f_3(7)+f_4(6)+\cdots+f_{14}(-4)=15$이다.

따라서 $f_2(8)+f_3(7)+f_4(6)+\cdots+f_k(10-k)=15$를 만족시키는

자연수 k의 값이 13, 14이므로 k의 최댓값은 14이다.

117 　　　　　　　　　　　　　　　　　　　　　답 ④

(i) n이 홀수일 때

실수 a의 값에 관계없이 $x^n=a$의 실근은 $\sqrt[n]{a}$이다.

따라서 n의 값이 5, 7인 경우 실근은

$\sqrt[5]{-2}$, $\sqrt[7]{-2}$, $\sqrt[5]{-1}=\sqrt[7]{-1}=-1$, $\sqrt[5]{0}=\sqrt[7]{0}=0$,

$\sqrt[5]{1}=\sqrt[7]{1}=1$, $\sqrt[5]{2}$, $\sqrt[7]{2}$

의 7개이다.

(ii) n이 짝수일 때

$x^n=a$의 실근은 $a>0$이면 $\pm\sqrt[n]{a}$, $a=0$이면 $\sqrt[n]{0}=0$,

$a<0$이면 존재하지 않는다.

따라서 n의 값이 6인 경우 실근은

$\sqrt[6]{0}=0$, $\pm\sqrt[6]{1}=\pm1$, $\pm\sqrt[6]{2}$의 5개이다.

(i), (ii)에서 -1, 0, 1은 중복되므로 집합 S의 원소의 개수는 9이다.

118 　　　　　　　　　　　　　　　　　　　　　답 ④

$\sqrt[4]{a^b}=a^{\frac{b}{4}}$

(i) $b=-4$일 때

a^{-1}은 자연수 a에 대하여 항상 유리수가 되므로 a의 값은

1, 2, 3, $\cdots$, 30의 30개이다.

(ii) $b=-3$, $b=-1$, $b=1$일 때

$a^{-\frac{3}{4}}$, $a^{-\frac{1}{4}}$, $a^{\frac{1}{4}}$은 자연수 a가 어떤 자연수의 네제곱일 때 유리수가

되므로 a의 값은 각각 1, 16의 2개씩 존재한다.

(iii) $b=-2$, 2일 때

$a^{-\frac{1}{2}}$, $a^{\frac{1}{2}}$은 자연수 a가 어떤 자연수의 제곱일 때 유리수가 되므로

a의 값은 각각 1, 4, 9, 16, 25의 5개씩 존재한다.

(iv) $b=0$일 때

a^0은 자연수 a의 값에 관계없이 값이 1로 항상 유리수가 되므로

a의 값은 1, 2, 3, $\cdots$, 30의 30개이다.

(i)~(iv)에서 구하는 순서쌍 (a, b)의 개수는

$30+3\times2+2\times5+30=76$

119 　　　　　　　　　　　　　　　　　　　　　답 22

$\sqrt[3]{\dfrac{n}{5}}$, $\sqrt[5]{\dfrac{n}{4}}$이 자연수이려면 $\dfrac{n}{5}$, $\dfrac{n}{4}$이 자연수이어야 하므로 n은 5와

4의 배수이다.

$n=2^p\times5^q$ (p, q는 자연수)이라 하자.

$\sqrt[3]{\dfrac{n}{5}}=\sqrt[3]{\dfrac{2^p\times5^q}{5}}=\sqrt[3]{2^p\times5^{q-1}}$이 자연수이어야 하므로

p, $q-1$이 모두 0 또는 3의 배수이어야 한다. $\qquad\qquad$ …… ㉠

$\sqrt[5]{\dfrac{n}{4}}=\sqrt[5]{\dfrac{2^p\times5^q}{2^2}}=\sqrt[5]{2^{p-2}\times5^q}$이 자연수이어야 하므로

$p-2$, q가 모두 0 또는 5의 배수이어야 한다. $\qquad\qquad$ …… ㉡

㉠, ㉡을 모두 만족시키려면

p는 3의 배수이면서 $p-2$가 5의 배수이므로 p의 최솟값은 12이다.

q는 5의 배수이면서 $q-1$이 3의 배수이므로 q의 최솟값은 10이다.

따라서 n의 최솟값이 $2^{12}\times5^{10}$이므로 $a=12$, $b=10$

$\therefore a+b=22$

120 　　　　　　　　　　　　　　　　　　　　　답 ①

$\sqrt{\dfrac{2^a\times5^b}{2}}=\left(\dfrac{2^a\times5^b}{2}\right)^{\frac{1}{2}}=(2^{a-1}\times5^b)^{\frac{1}{2}}=2^{\frac{a-1}{2}}\times5^{\frac{b}{2}}$이 자연수이므로

$\dfrac{a-1}{2}=m$ (m은 음이 아닌 정수)이라 하면 $a=2m+1$

$\therefore a=1, 3, 5, \cdots$

$\dfrac{b}{2}=n$ (n은 자연수)이라 하면 $b=2n$

$\therefore b=2, 4, 6, \cdots$

$\sqrt[3]{\dfrac{3^b}{2^{a+1}}}=\left(\dfrac{3^b}{2^{a+1}}\right)^{\frac{1}{3}}=\{3^b\times2^{-(a+1)}\}^{\frac{1}{3}}=2^{-\frac{a+1}{3}}\times3^{\frac{b}{3}}$이 유리수이므로

$\dfrac{a+1}{3}=k$ (k는 자연수)라 하면 $a=3k-1$

$\therefore a=2,\ 5,\ 8,\ \cdots$

$\dfrac{b}{3}=l$ (l은 자연수)이라 하면 $b=3l$

$\therefore b=3,\ 6,\ 9,\ \cdots$

따라서 a의 최솟값은 5, b의 최솟값은 6이므로 구하는 $a+b$의 최솟값은

$5+6=11$

참고

$\sqrt[3]{\dfrac{3^b}{2^{a+1}}}=2^{-\frac{a+1}{3}}\times 3^{\frac{b}{3}}=\dfrac{q}{p}$ (p와 q는 서로소인 자연수)라 하면

$\dfrac{3^b}{2^{a+1}}=\dfrac{q^3}{p^3}$ 에서 $3^b\times p^3=2^{a+1}\times q^3$

좌변은 3을 소인수로 가지므로 우변에서 q는 3을 소인수로 가져야 하고, 같은 이유로 p는 2를 소인수로 가져야 한다. 따라서 2 또는 3의 배수가 아닌 자연수 m과 세 자연수 $\alpha,\ \beta,\ \gamma$에 대하여 $2^{3\alpha}\times 3^{3\beta}\times m^{3\gamma}=2^{a+1}\times 3^{3\beta}\times m^{3\gamma}$ 으로 나타내면 $a+1$과 b는 모두 3의 배수이다.

즉, $2^{-\frac{a+1}{3}}\times 3^{\frac{b}{3}}$이 유리수이기 위해서는 $2^{-\frac{a+1}{3}}$, $3^{\frac{b}{3}}$이 각각 유리수이어야 한다.

121   답 ①

조건 (가)에 의하여 $(\sqrt[3]{a})^m=(a^{\frac{1}{3}})^m=a^{\frac{m}{3}}=b$

조건 (나)에 의하여 $(\sqrt{b})^n=(b^{\frac{1}{2}})^n=b^{\frac{n}{2}}=c$

조건 (다)에 의하여 $c^4=a^{12}$

$c^4=(b^{\frac{n}{2}})^4=(a^{\frac{m}{3}})^{2n}=a^{\frac{2mn}{3}}=a^{12}$

$\dfrac{2mn}{3}=12$ $\therefore mn=18$

따라서 1이 아닌 두 자연수 $m,\ n$에 대하여 $mn=18$을 만족시키는 순서쌍 $(m,\ n)$은 $(2,\ 9),\ (3,\ 6),\ (6,\ 3),\ (9,\ 2)$의 4개이다.

122   답 ③

(i) $p,\ q$가 모두 홀수일 때

$\begin{aligned}f(p)\times f(q)&=\sqrt[4]{9\times 2^{p+1}}\times\sqrt[4]{9\times 2^{q+1}}\\&=3\times\sqrt[4]{2^{p+q+2}}\end{aligned}$

이 값이 자연수이려면 $p+q+2$가 4의 배수이어야 한다.

$p+q+2=4$에서 $(p,\ q)$는 $(1,\ 1)$

$p+q+2=8$에서 $(p,\ q)$는 $(1,\ 5),\ (3,\ 3),\ (5,\ 1)$

$p+q+2=12$에서 $(p,\ q)$는 $(3,\ 7),\ (5,\ 5),\ (7,\ 3)$

$p+q+2=16$에서 $(p,\ q)$는 $(7,\ 7)$

따라서 순서쌍 $(p,\ q)$의 개수는 8이다.

(ii) $p,\ q$가 모두 짝수일 때

$\begin{aligned}f(p)\times f(q)&=\sqrt[4]{4\times 3^p}\times\sqrt[4]{4\times 3^q}\\&=2\times\sqrt[4]{3^{p+q}}\end{aligned}$

이 값이 자연수이려면 $p+q$가 4의 배수이어야 한다.

$p+q=4$에서 $(p,\ q)$는 $(2,\ 2)$

$p+q=8$에서 $(p,\ q)$는 $(2,\ 6),\ (4,\ 4),\ (6,\ 2)$

$p+q=12$에서 $(p,\ q)$는 $(6,\ 6)$

따라서 순서쌍 $(p,\ q)$의 개수는 5이다.

(iii) p가 홀수, q가 짝수일 때

$\begin{aligned}f(p)\times f(q)&=\sqrt[4]{9\times 2^{p+1}}\times\sqrt[4]{4\times 3^q}\\&=\sqrt[4]{2^{p+3}\times 3^{q+2}}\end{aligned}$

이 값이 자연수이려면 $p+3$과 $q+2$가 모두 4의 배수이어야 한다.

$p+3$의 값은 4, 8에서 p의 값은 각각 1, 5

$q+2$의 값은 4, 8에서 q의 값은 각각 2, 6

따라서 순서쌍 $(p,\ q)$의 개수는 $2\times 2=4$이다.

(iv) p가 짝수, q가 홀수일 때

$\begin{aligned}f(p)\times f(q)&=\sqrt[4]{4\times 3^p}\times\sqrt[4]{9\times 2^{q+1}}\\&=\sqrt[4]{2^{q+3}\times 3^{p+2}}\end{aligned}$

이 값이 자연수이려면 $q+3$과 $p+2$가 모두 4의 배수이어야 한다.

(iii)과 마찬가지 방법에 의하여 순서쌍 $(p,\ q)$의 개수는 4이다.

(i)~(iv)에 의하여 구하는 순서쌍 $(p,\ q)$의 개수는

$8+5+4+4=21$

123   답 24

$(x^n-64)f(x)=0$에서 $x^n=64$ 또는 $f(x)=0$

이때 조건 (나)에 의하여 최고차항의 계수가 1인 이차함수 $f(x)$의 최솟값은 음의 정수, 즉 음수이므로 방정식 $f(x)=0$은 서로 다른 두 실근을 갖는다.

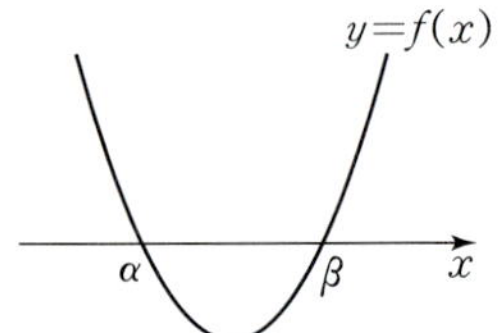

따라서 $f(x)=(x-\alpha)(x-\beta)$ $(\alpha<\beta)$라 하면 조건 (가)를 만족시키기 위해서는 방정식 $x^n=64$가 α와 β를 모두 실근으로 가져야 한다.   …… ㉠

(i) n이 홀수일 때

방정식 $x^n=64$가 1개의 실근을 가지므로 ㉠을 만족시킬 수 없다.

(ii) n이 짝수일 때

방정식 $x^n=64$가 서로 다른 2개의 실근 $-2^{\frac{6}{n}},\ 2^{\frac{6}{n}}$을 가지므로 ㉠을 만족시키기 위해서는 $\alpha=-2^{\frac{6}{n}},\ \beta=2^{\frac{6}{n}}$이면 된다. **참고**

(i), (ii)에 의하여 n은 짝수이고, $\alpha=-2^{\frac{6}{n}},\ \beta=2^{\frac{6}{n}}$이므로

$f(x)=(x+2^{\frac{6}{n}})(x-2^{\frac{6}{n}})=x^2-2^{\frac{12}{n}}$

이때 조건 (나)에 의하여 함수 $f(x)$의 최솟값 $f(0)=-2^{\frac{12}{n}}$은 음의 정수이어야 하므로

n은 짝수이면서 12의 약수이어야 한다.

따라서 구하는 모든 자연수 n의 값의 합은

$2+4+6+12=24$

참고

n이 짝수일 때, 방정식 $x^n=64$의 음의 실근은 $-\sqrt[n]{2^6}$, 양의 실근은 $\sqrt[n]{2^6}$이고 $\sqrt[n]{2^6}=2^{\frac{6}{n}}$이므로 $\alpha=-2^{\frac{6}{n}},\ \beta=2^{\frac{6}{n}}$이다.

124 ······ 답 4

조건 ㈎에서 로그의 정의에 의하여

$a^x=64$에서 $x=\log_a 64$ ...... ㉠

$b^y=64$에서 $y=\log_b 64$ ...... ㉡

$c^z=64$에서 $z=\log_c 64$ ...... ㉢

조건 ㈐에서

$(x-3)(y-3)(z-3)$

$=xyz-3(xy+yz+zx)+9(x+y+z)-27$

$=xyz-3(xy+yz+zx)+9\times6-27$ ($\because$ 조건 ㈏)

$=xyz-3(xy+yz+zx)+27=27$

이므로 $xyz-3(xy+yz+zx)=0$

$xyz=3(xy+yz+zx)$

$xyz\neq0$이므로 양변을 $3xyz$로 나누면

$\dfrac{1}{x}+\dfrac{1}{y}+\dfrac{1}{z}=\dfrac{1}{3}$

㉠, ㉡, ㉢에서

$\dfrac{1}{x}=\log_{64}a$, $\dfrac{1}{y}=\log_{64}b$, $\dfrac{1}{z}=\log_{64}c$이므로

$\dfrac{1}{x}+\dfrac{1}{y}+\dfrac{1}{z}=\log_{64}a+\log_{64}b+\log_{64}c$

$\qquad\qquad\qquad=\log_{64}abc=\dfrac{1}{3}$

$\therefore abc=64^{\frac{1}{3}}=4$

125 ······ 답 ①

(i) m, n이 모두 홀수일 때 mn도 홀수이므로

$f(mn)=\log_3 mn$, $f(m)+f(n)=\log_3 m+\log_3 n$에서

$f(mn)=f(m)+f(n)$을 항상 만족시킨다.

12 이하의 자연수 중 홀수인 m, n은 각각 6개이므로

순서쌍 (m, n)의 개수는

$6\times6=36$

(ii) m, n이 모두 짝수일 때 mn도 짝수이므로

$f(mn)=\log_2 mn$, $f(m)+f(n)=\log_2 m+\log_2 n$에서

$f(mn)=f(m)+f(n)$을 항상 만족시킨다.

12 이하의 자연수 중 짝수인 m, n은 각각 6개이므로

순서쌍 (m, n)의 개수는

$6\times6=36$

(iii) m이 홀수, n이 짝수일 때 mn은 짝수이므로

$f(mn)=\log_2 mn=\log_2 m+\log_2 n$,

$f(m)+f(n)=\log_3 m+\log_2 n$에서

$f(mn)=f(m)+f(n)$이려면 $\log_2 m=\log_3 m$이어야 한다.

이를 만족시키는 홀수 m은 1뿐이다.

따라서 순서쌍 (m, n)은 $(1, 2)$, $(1, 4)$, $(1, 6)$, $\cdots$, $(1, 12)$의

6개이다.

(iv) m이 짝수, n이 홀수일 때 mn은 짝수이므로

$f(mn)=\log_2 mn=\log_2 m+\log_2 n$,

$f(m)+f(n)=\log_2 m+\log_3 n$에서

$f(mn)=f(m)+f(n)$이려면 $\log_2 n=\log_3 n$이어야 한다.

이를 만족시키는 홀수 n은 1뿐이다.

따라서 순서쌍 (m, n)은 $(2, 1)$, $(4, 1)$, $(6, 1)$, $\cdots$, $(12, 1)$의

6개이다.

(i)~(iv)에 의하여 구하는 모든 순서쌍 (m, n)의 개수는

$36+36+6+6=84$이다.

126 ······ 답 30

자연수 k에 대하여 $\log_2(-x^2+ax+4)=k$라 하면

$-x^2+ax+4=2^k$이다.

$\log_2(-x^2+ax+4)$의 값이 자연수 k가 되도록 하는 실수 x의

개수는 $f(x)=-x^2+ax+4=-\left(x-\dfrac{a}{2}\right)^2+4+\dfrac{a^2}{4}$이라

할 때, 곡선 $y=f(x)$와 직선 $y=2^k$의 교점의 개수와 같다.

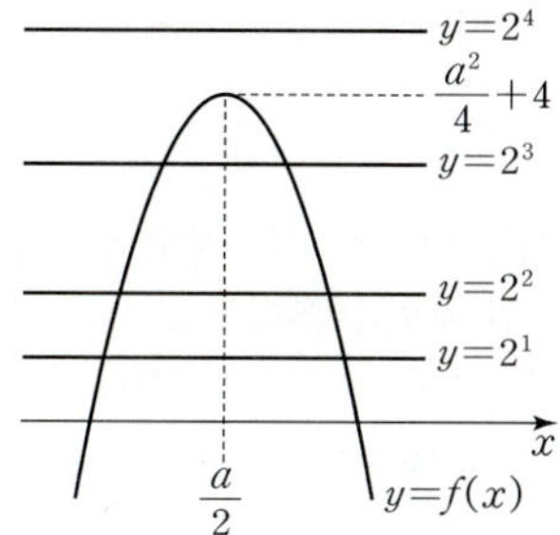

따라서 $\log_2(-x^2+ax+4)$의 값이 자연수가 되도록 하는 실수 x의

개수가 6이려면

$1\leq k\leq3$일 때 곡선 $y=f(x)$와 직선 $y=2^k$의 교점의 개수가 2이고,

$k\geq4$일 때 곡선 $y=f(x)$와 직선 $y=2^k$의 교점의 개수가 0이어야

한다.

포물선 $y=f(x)$의 꼭짓점의 y좌표는 $\dfrac{a^2}{4}+4$이므로

$2^3<\dfrac{a^2}{4}+4<2^4$에서 $16<a^2<48$을 만족시키는 자연수 a의 값은

5, 6이다.

따라서 구하는 모든 자연수 a의 값의 곱은

$5\times6=30$

127 ······ 답 ②

(i) $A(2)$

$\log_2 2n=1+\log_2 n$의 값이 자연수이려면 $\log_2 n$이 음이 아닌

정수이면 된다.

즉, $n=2^k$ (k는 음이 아닌 정수)이고, $n\leq100$이므로 $k\leq6$이다.

따라서 가능한 n의 값은 2^0, 2^1, 2^2, $\cdots$, 2^6의 7개이다.

$\therefore A(2)=7$

(ii) $A(4)$

$\log_4 2n$의 값이 자연수이려면 $2n=4^k$ (k는 자연수)이면 된다.

즉, $n=2^{2k-1}$이고, $n\leq100$이므로 $2k-1\leq6$이다.

따라서 가능한 n의 값은 2^1, 2^3, 2^5의 3개이다.

$\therefore A(4)=3$

(iii) $A(8)$

$\log_8 2n$의 값이 자연수이려면 $2n=8^k$ (k는 자연수)이면 된다.

즉, $n=2^{3k-1}$이고, $n\leq100$이므로 $3k-1\leq6$이다.

따라서 가능한 n의 값은 2^2, 2^5의 2개이다.

$\therefore A(8)=2$

(i)~(iii)에서

$A(2)+A(4)+A(8)=7+3+2=12$

128 ·· 답 ⑤

$\log_2 n=m$ (m은 자연수)이라 하면 $n=2^m$이다.

조건 ㈎에서 $\log_2 a=\alpha$ (α는 정수)라 하면 $a=2^\alpha$이다.

조건 ㈏에서

$\log_a n \times \log_n (n \times a^2)=\log_a (n \times a^2)=\log_a n+2$

$\qquad\qquad\qquad =\log_{2^\alpha} 2^m+2=\dfrac{m}{\alpha}+2$

이 값이 자연수이려면 $\dfrac{m}{\alpha}$은 -1 이상의 정수이어야 한다.

자연수 m에 대하여 이를 만족시키는 정수 α의 값은

'$-m$' 또는 'm의 약수인 자연수'뿐이므로

$f(n)$의 값은 (m의 약수의 개수)$+1$과 같다.

따라서 $f(n)=7$이려면 m의 약수의 개수는 6이어야 하고,

이를 만족시키는 자연수 m의 최솟값은 12이다. ······ **TIP**

즉, $f(n)=7$을 만족시키는 자연수 $n(=2^m)$의 최솟값은 $k=2^{12}$이다.

$\therefore \log_4 k=\log_{2^2} 2^{12}=\dfrac{12}{2}=6$

> **TIP**
>
> 1의 약수의 개수는 1이고, 소수의 약수의 개수는 2이므로
> 1과 소수를 제외한 자연수에 대하여 작은 수부터 그 약수의
> 개수를 세어 보면
> 4의 약수의 개수는 3
> 6의 약수의 개수는 4
> 8의 약수의 개수는 4
> 9의 약수의 개수는 3
> 10의 약수의 개수는 4
> 12의 약수의 개수는 6
> 따라서 약수의 개수가 6인 최소의 자연수는 12임을 알 수 있다.

129 ·· 답 ④

조건 ㈐에서 $\log_m n$이 양의 유리수이고,

m, n은 1보다 큰 서로 다른 자연수이므로

$m=a^p$, $n=a^q$ (a, p, q는 자연수, $a \neq 1$, $p \neq q$)이다. ······ ㉠

이때 조건 ㈏에 의하여 m, n 중 적어도 하나는 짝수이므로

㉠에 의하여 a는 짝수이어야 한다.

(i) $a=2$, 즉 m, n이 2의 거듭제곱일 때

조건 ㈎에서 $mn=2^{p+q}<256$이므로 $p+q<8$이다.

이를 만족시키는 p, q ($p<q$)에 대하여 m, n의 값을 나타내면 다음 표와 같다.

m	n
2^1	2^2
	2^3
	2^4
	2^5
	2^6
2^2	2^3
	2^4
	2^5
2^3	2^4

위의 경우는 $m<n$인 경우를 세었으므로 $m>n$인 경우도 똑같이 9개로 총 18개이다.

(ii) $a=4$, 즉 m, n이 4의 거듭제곱일 때

가능한 m, n의 값은 모두 (i)에 포함된다.

(iii) $a=6$, 즉 m, n이 6의 거듭제곱일 때

조건 ㈎에서 $mn=6^{p+q}<256$이므로 $p+q \leq 3$이다.

이를 만족시키는 m, n의 순서쌍 (m, n)은

$(6, 6^2)$, $(6^2, 6)$의 2개이다.

(iv) $a \geq 8$일 때

$mn=a^{p+q}<256$, $p \neq q$를 만족시키는 p, q가 존재하지 않는다.

(i)~(iv)에 의하여 순서쌍 (m, n)의 개수는 $18+2=20$이다.

130 ·· 답 12

(i) $k=3$일 때

$\log_a b=\dfrac{3}{2}$이려면 자연수 a, b는 각각 어떤 자연수 t에 대하여

$a=t^2$, $b=t^3$이어야 한다.

a, b가 2 이상 100 이하의 자연수이므로 가능한 a, b의 순서쌍은

$(2^2, 2^3)$, $(3^2, 3^3)$, $(4^2, 4^3)$이고,

이때 $\dfrac{b}{a}$의 값은 2, 3, 4이므로 $A_3=\{2, 3, 4\}$이다.

(ii) $k=4$일 때

$\log_a b=2$이려면 $b=a^2$이어야 한다.

a, b가 2 이상 100 이하의 자연수이므로 가능한 a, b의 순서쌍은

$(2, 2^2)$, $(3, 3^2)$, $(4, 4^2)$, $\cdots$, $(10, 10^2)$이고,

이때 $\dfrac{b}{a}$의 값은 2, 3, 4, $\cdots$, 10이므로

$A_4=\{2, 3, 4, \cdots, 10\}$이다.

(i), (ii)에 의하여 $n(A_3)+n(A_4)=3+9=12$이다.

131 ·· 답 25

$\log_2 n-\log_2 k=\log_2 \dfrac{n}{k}=m$ (m은 정수)이라 하면 $\dfrac{n}{k}=2^m$이다.

따라서 100 이하의 자연수 n에 대하여 $f(n)$은 $\dfrac{n}{k}$의 값이 2^m 꼴, 즉

$\cdots, \dfrac{1}{4}, \dfrac{1}{2}, 1, 2, 4, \cdots$가 되는 100 이하의 자연수 k의 개수와 같다.

$k=n$일 때, $\dfrac{n}{k}=1(=2^0)$이므로 조건을 항상 만족시킨다.

따라서 $f(n)=1$이려면 $\dfrac{n}{k}$의 값으로 가능한 것이

1 이외에는 존재하지 않아야 한다.

(i) $1\le n\le50$인 경우

　$k=2n$일 때, $\dfrac{n}{k}=\dfrac{n}{2n}=\dfrac{1}{2}$이므로 $f(n)$의 값이

　적어도 2 이상이다.

(ii) $51\le n\le100$인 경우

　n이 짝수이면 $k=\dfrac{n}{2}$일 때, $\dfrac{n}{k}=\dfrac{n}{\frac{n}{2}}=2$이므로 $f(n)$의 값이

　적어도 2 이상이다.

　n이 홀수이면 $\dfrac{n}{k}=2^m$을 만족시키는 100 이하의 자연수 k는

　$\dfrac{n}{k}=1$일 때, $k=n$뿐이므로 $f(n)=1$이다.

(i), (ii)에서 $f(n)=1$인 n은 $51\le n\le100$인 홀수이므로
51, 53, 55, $\cdots$, 99의 25개이다.

132 　　　　　　　　　　　　　　　　　　　🔢 45

집합 C의 원소는 집합 A, B의 공통인 원소 중 자연수인 원소이므로
먼저 집합 A, B의 자연수인 원소를 구해 보자.
집합 A의 원소인 $\sqrt{a}$가 자연수이려면 a는 어떤 자연수의 제곱이어야
한다.

a	1	4	9	16	25	36	49	64	$\cdots$
$\sqrt{a}$	1	2	3	4	5	6	7	8	$\cdots$

집합 B의 원소인 $\log_{\sqrt{3}} b=\log_3 b^2$이 자연수이려면 b^2이 3의
거듭제곱이어야 하므로 자연수 b도 3의 거듭제곱이어야 한다.

b	3	9	27	81	243	$\cdots$
$\log_{\sqrt{3}} b$	2	4	6	8	10	$\cdots$

따라서 $n(C)=3$이려면 $C=\{2,\,4,\,6\}$이어야 한다.
즉, $6\in C$, $8\notin C$이어야 하므로
$6\in A\cap B$에서 '$k\ge36$이고 $k\ge27$', 즉 $k\ge36$이고,
$8\notin A\cap B$에서 '$k<64$ 또는 $k<81$', 즉 $k<81$이다.
$\therefore 36\le k<81$
따라서 모든 자연수 k의 개수는 $81-36=45$이다.

133 　　　　　　　　　　　　　　　　　　　🔢 ③

$\log_2(na-a^2)=\log_2(nb-b^2)=k$ (k는 자연수)라 하면
$na-a^2=nb-b^2=2^k$이므로 이차방정식 $nx-x^2=2^k$이 두 실근
a, b $(a<b)$를 가진다. $(\because b-a>0)$
즉, 이차함수 $f(x)=nx-x^2=-\left(x-\dfrac{n}{2}\right)^2+\dfrac{n^2}{4}$이라 하면 곡선
$y=f(x)$와 직선 $y=2^k$의 두 교점의 x좌표가 a, b이다.

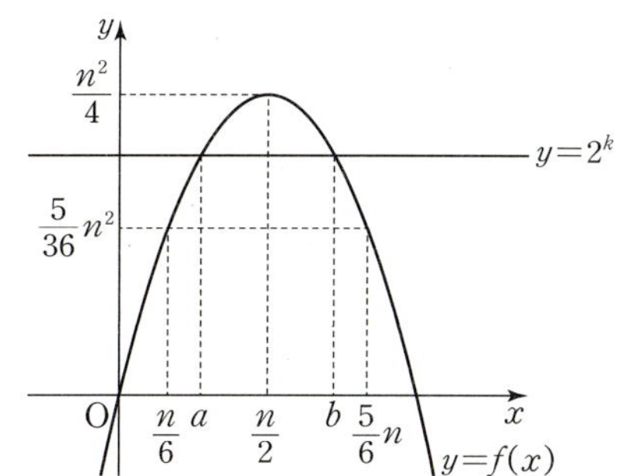

이때 곡선 $y=f(x)$는 직선 $x=\dfrac{n}{2}$에 대하여 대칭이므로

$0<b-a\le\dfrac{2}{3}n$이려면

$0<\dfrac{n}{2}-a\le\dfrac{n}{3}$, $0<b-\dfrac{n}{2}\le\dfrac{n}{3}$에서

$-\dfrac{n}{2}<-a\le-\dfrac{n}{6}$, $\dfrac{n}{2}<b\le\dfrac{5}{6}n$,

즉 $\dfrac{n}{6}\le a<\dfrac{n}{2}$, $\dfrac{n}{2}<b\le\dfrac{5}{6}n$이어야 한다.

이때 $f\left(\dfrac{n}{6}\right)=f\left(\dfrac{5}{6}n\right)=\dfrac{5}{36}n^2$, $f\left(\dfrac{n}{2}\right)=\dfrac{n^2}{4}$이고,

$f(a)=f(b)=2^k$이므로

$\dfrac{n}{6}\le x\le\dfrac{5}{6}n$에서 곡선 $y=f(x)$와 직선 $y=2^k$이 서로 다른 두

교점을 가지려면 $\dfrac{5}{36}n^2\le2^k<\dfrac{n^2}{4}$이어야 한다.

$\therefore \dfrac{5}{9}n^2\le2^{k+2}<n^2$

이 부등식을 만족시키는 자연수 k가 존재하도록 하는 10 이하의
자연수 n의 값을 찾으면 다음 표와 같다.

n	$\dfrac{5}{9}n^2$	2^{k+2}	n^2
1	$\dfrac{5}{9}$	×	1
2	$\dfrac{20}{9}$	×	4
3	5	8	9
4	$\dfrac{80}{9}$	×	16
5	$\dfrac{125}{9}$	16	25
6	20	32	36
7	$\dfrac{245}{9}$	32	49
8	$\dfrac{320}{9}$	×	64
9	45	64	81
10	$\dfrac{500}{9}$	64	100

따라서 구하는 모든 자연수 n은 3, 5, 6, 7, 9, 10의 6개이다.

134 　　　　　　　　　　　　　　　　　　　🔢 33

$128(=2^7)$의 양의 약수는 1, 2, 4, 8, 16, 32, 64, 128이고,
$f(1)=\log 1=0$

$f(2)=\log 2,$

$f(4)=\log 4=2\log 2,$

$f(8)=\log 8=3\log 2,$

$f(16)=\log 16-1=4\log 2-1,$

$f(32)=\log 32-1=5\log 2-1,$

$f(64)=\log 64-1=6\log 2-1,$

$f(128)=\log 128-2=7\log 2-2$

$\therefore f(a_1)+f(a_2)+f(a_3)+\cdots+f(a_n)$

$\quad =f(1)+f(2)+f(4)+\cdots+f(128)$

$\quad =(1+2+3+4+5+6+7)\log 2-5$

$\quad =28\log 2-5$

따라서 $p=28$, $q=5$이므로 $p+q=33$이다.

135   답 ③

$f(4n+1)=f(n)+1$을 만족시키려면 $4n+1$의 자릿수가 n의 자릿수보다 1만큼 커야 한다.

(i) n이 한 자리의 자연수, 즉 $1\leq n<10$일 때

$\quad 4n+1$은 두 자리의 자연수이어야 하므로

$\quad 10\leq 4n+1<100$에서 $\dfrac{9}{4}\leq n<\dfrac{99}{4}$이다.

$\quad$ 따라서 자연수 n은 3, 4, $\cdots$, 9의 7개이다.

(ii) n이 두 자리의 자연수, 즉 $10\leq n<100$일 때

$\quad 4n+1$은 세 자리의 자연수이어야 하므로

$\quad 100\leq 4n+1<1000$에서 $\dfrac{99}{4}\leq n<\dfrac{999}{4}$이다.

$\quad$ 따라서 자연수 n은 25, 26, $\cdots$, 99의 75개이다.

(iii) $n=100$일 때,

$\quad 4n+1=401$로 n과 $4n+1$이 모두 세 자리의 자연수이므로

$\quad$ 조건을 만족시키지 않는다.

(i)~(iii)에서 구하는 자연수 n의 개수는

$7+75=82$이다.

136   답 ③

ㄱ. $\log 10x=\log x+1$이므로

$\quad \log 10x$의 소수 부분과 $\log x$의 소수 부분은 서로 같다. (참)

ㄴ. $\log x$의 정수 부분을 m이라 하면 $m\leq \log x<m+1$이다.

$\quad \log x=m$이면 $\log \dfrac{1}{x}=-\log x=-m$이므로

$\quad f(x)+f\left(\dfrac{1}{x}\right)=m+(-m)=0$이지만

$\quad m<\log x<m+1$이면 $-m-1<-\log x<-m$이므로

$\quad f(x)+f\left(\dfrac{1}{x}\right)=m+(-m-1)=-1$이다. (거짓)

ㄷ. $\log 100x=\log x+2$이므로 $\log 100x$의 정수 부분은 $\log x$의 정수 부분보다 2만큼 크다.

$\quad$ 즉, $f(100x)=f(x)+2$이므로 $g(2x)f(100x)=2+f(x)$에서

$\quad g(2x)\{f(x)+2\}=f(x)+2,$

$\quad \{f(x)+2\}\{g(2x)-1\}=0$이다.

$\quad \therefore f(x)=-2$ 또는 $g(2x)=1$

이때 $0\leq g(2x)<1$이므로 $f(x)=-2$이다.

$\quad \therefore f(1000x)=3+f(x)=1$ (참)

따라서 옳은 것은 ㄱ, ㄷ이다.

137   답 15

$\log 10m=\log m+1$의 정수 부분은

($\log m$의 정수 부분)$+1$이므로 $f(10m)=f(m)+1$이다.

(i) $p(30)$의 값

$\quad f(10m)\leq f(30)$, $g(h(m))\leq g(30)$을 만족시키는 자연수 m의 개수를 구해 보자.

$\quad f(30)=1$이므로 $f(10m)=f(m)+1\leq 1$에서 $f(m)=0$이다.

$\quad$ 즉, $1\leq m<10$이고, $h(m)=3m$이므로

$\quad g(h(m))=g(3m)\leq g(30)=\log 3$이어야 한다.

$\quad 3\leq 3m<30$이므로 $\log 3m$의 소수 부분이 $\log 3$보다 작거나 같은 경우는 $3m=3$ 또는 $10\leq 3m<30$

$\quad$ 즉, $m=1$ 또는 $4\leq m\leq 9$일 때이다.

$\quad$ 따라서 m의 값은 1, 4, 5, 6, 7, 8, 9의 7개이다.

$\quad \therefore p(30)=7$

(ii) $p(120)$의 값

$\quad f(10m)\leq f(120)$, $g(h(m))\leq g(120)$을 만족시키는 자연수 m의 개수를 구해 보자.

$\quad f(120)=2$이므로 $f(10m)=f(m)+1\leq 2$에서

$\quad f(m)=0$ 또는 $f(m)=1$이다.

$\quad f(m)=0$인 경우

$\quad 1\leq m<10$이고, $h(m)=3m$이므로

$\quad g(h(m))=g(3m)\leq g(120)=\log 1.2$이어야 한다.

$\quad 3\leq 3m<30$이므로 $\log 3m$의 소수 부분이 $\log 1.2$보다 작거나 같은 경우는 $10\leq 3m\leq 12$, 즉 $m=4$일 때뿐이다.

$\quad f(m)=1$인 경우

$\quad 10\leq m<100$이고, $h(m)=3m+2$이므로

$\quad g(h(m))=g(3m+2)\leq g(120)=\log 1.2$이어야 한다.

$\quad 32\leq 3m+2<302$이므로 $\log (3m+2)$의 소수 부분이 $\log 1.2$보다 작거나 같은 경우는

$\quad 100\leq 3m+2\leq 120$, 즉 $33\leq m\leq 39$일 때이다.

$\quad$ 따라서 m의 값은 4, 33, 34, 35, $\cdots$, 39의 8개이다.

$\quad \therefore p(120)=8$

(i), (ii)에서 $p(30)+p(120)=15$

138　답 ④

함수 $y=3^{x+1}+2$의 그래프는 함수 $y=3^x$의 그래프를 x축의
방향으로 -1만큼, y축의 방향으로 2만큼 평행이동한 것이므로 다음
그림과 같다.

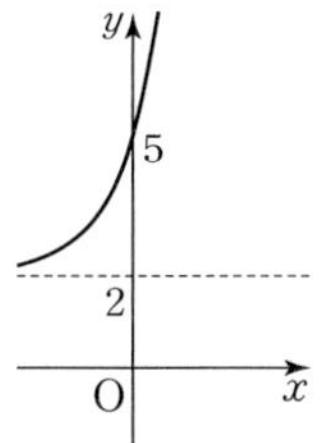

① $x=-1$일 때 $y=3^{-1+1}+2=3$이므로 점 $(-1,\ 3)$을 지난다.

(거짓)

② 치역은 $\{y\,|\,y>2\}$이다. (거짓)
③ 점근선의 방정식은 $y=2$이다. (거짓)
④ x의 값이 커지면 y의 값도 커진다. (참)
⑤ 함수 $y=3^x$의 그래프를 x축의 방향으로 -1만큼, y축의 방향으로
　 2만큼 평행이동한 그래프이다. (거짓)
따라서 설명 중 옳은 것은 ④이다.

139　답 ⑤

$y=16\times4^x-3=2^4\times2^{2x}-3=2^{2x+4}-3$
$\qquad=2^{2(x+2)}-3$
이므로 이 함수의 그래프는 함수 $y=2^{2x}$의 그래프를 x축의 방향으로
-2만큼, y축의 방향으로 -3만큼 평행이동한 것이다.
따라서 $p=-2,\ q=-3$이므로
$p+q=-5$

140　답 ②

함수 $y=2^{x+a}+b$의 그래프의 점근선은 직선 $y=b$이다.
주어진 그래프의 점근선이 직선 $y=-1$이므로 $b=-1$이다.
또한 함수 $y=2^{x+a}-1$의 그래프가 점 $(3,\ 0)$을 지나므로
$0=2^{3+a}-1$에서
$2^{3+a}=1,\ 3+a=0$　　$\therefore a=-3$
$\therefore a+b=(-3)+(-1)=-4$

141　답 ②

$f(p)=a^p=2$,
$f(q)=a^q=6$이므로
$f\left(\dfrac{p+q}{2}\right)=a^{\frac{p+q}{2}}=(a^p\times a^q)^{\frac{1}{2}}$
$\qquad\qquad\ =(2\times6)^{\frac{1}{2}}$
$\qquad\qquad\ =\sqrt{12}=2\sqrt{3}$

142　답 ⑤

세 수 $A,\ B,\ C$의 밑을 2로 같게 하면
$A=2^{\frac{4}{3}}$
$B=(4\sqrt{2})^{\frac{1}{2}}=(2^2\times2^{\frac{1}{2}})^{\frac{1}{2}}=(2^{\frac{5}{2}})^{\frac{1}{2}}=2^{\frac{5}{4}}$
$C=0.5^{-\frac{2}{3}}=\left(\dfrac{1}{2}\right)^{-\frac{2}{3}}=(2^{-1})^{-\frac{2}{3}}=2^{\frac{2}{3}}$
지수함수 $y=2^x$은 x의 값이 커질수록 y의 값도 커지므로 세 수
$A,\ B,\ C$에서 밑이 2로 같을 때 지수가 클수록 그 값이 크다.
$\dfrac{2}{3}<\dfrac{5}{4}<\dfrac{4}{3}$이므로 $2^{\frac{2}{3}}<2^{\frac{5}{4}}<2^{\frac{4}{3}}$
$\therefore C<B<A$

143　답 ③

함수 $y=4^{x+2}$의 그래프는 함수 $y=4^x$의 그래프를 x축의 방향으로
-2만큼 평행이동한 것이므로 x의 값이 커질수록 y의 값도 커진다.
따라서 $-3\leq x\leq-1$에서 함수 $y=4^{x+2}$은
$x=-3$일 때 최솟값 $m=4^{-1}=\dfrac{1}{4}$을 갖고,
$x=-1$일 때 최댓값 $M=4^1=4$를 갖는다.
$\therefore Mm=4\times\dfrac{1}{4}=1$

144　답 ④

함수 $y=\left(\dfrac{1}{2}\right)^{x-k}$의 그래프는 함수 $y=\left(\dfrac{1}{2}\right)^x$의 그래프를 x축의
방향으로 k만큼 평행이동한 것이므로 x의 값이 커질수록 y의 값은
작아진다.
따라서 $-1\leq x\leq1$에서 함수 $y=\left(\dfrac{1}{2}\right)^{x-k}$은 $x=-1$일 때
최댓값 $\left(\dfrac{1}{2}\right)^{-1-k}$을 갖는다.
즉, $\left(\dfrac{1}{2}\right)^{-1-k}=4$이므로 $2^{k+1}=2^2,\ k+1=2$
$\therefore k=1$

145　답 ③

함수 $y=\left(\dfrac{1}{2}\right)^{x^2-2x-1}$의 밑이 1보다 작으므로
지수가 최대일 때 함수가 최솟값을 갖고,
지수가 최소일 때 함수가 최댓값을 갖는다.
$x^2-2x-1=(x-1)^2-2$는 $-1\leq x\leq2$에서
$x=1$일 때 최솟값 -2를 갖고,
$x=-1$일 때 최댓값 2를 가지므로
$M=\left(\dfrac{1}{2}\right)^{-2},\ m=\left(\dfrac{1}{2}\right)^2$
$\therefore \dfrac{M}{m}=\left(\dfrac{1}{2}\right)^{-4}=2^4=16$

 ·· 답 ⑤

함수 $f(x)=\log_{\frac{1}{2}} x$의 그래프는 다음 그림과 같다.

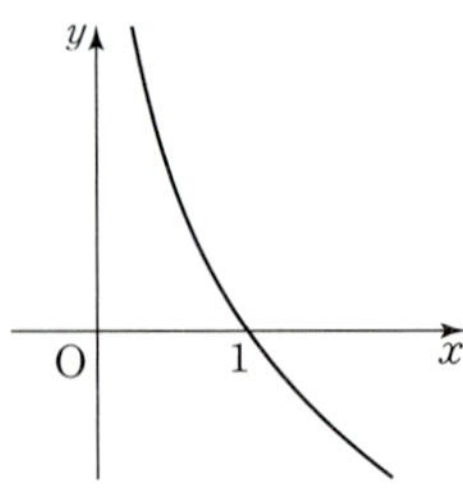

① 치역은 실수 전체의 집합이다. (거짓)
② $f(2)=\log_{\frac{1}{2}} 2=-\log_2 2=-1$이므로 함수 $y=f(x)$의 그래프는
  점 $(2,\ -1)$을 지난다. (거짓)
③ x의 값이 커지면 y의 값은 작아지므로
  $x_1<x_2$이면 $f(x_1)>f(x_2)$이다. (거짓)
④ 함수 $y=f(x)$의 그래프가 점 $(1,\ 0)$을 지나므로 방정식
  $f(x)=0$을 만족시키는 실수 x의 값이 1로 존재한다. (거짓)
⑤ $f(x)=\log_{\frac{1}{2}} x=-\log_2 x$이므로 함수 $y=f(x)$의 그래프는
  함수 $y=\log_2 x$의 그래프와 x축에 대하여 대칭이다. (참)
따라서 설명 중 옳은 것은 ⑤이다.

 ·· 답 ④

$y=\log_{\frac{1}{2}} (-2x+3)-1$
$\quad=\log_{\frac{1}{2}} 2\left(-x+\dfrac{3}{2}\right)-1$
$\quad=\log_{\frac{1}{2}} \left(-x+\dfrac{3}{2}\right)-2$
$\quad=\log_{\frac{1}{2}} \left\{-\left(x-\dfrac{3}{2}\right)\right\}-2$

이 함수의 그래프는 $y=\log_{\frac{1}{2}} x$의 그래프를 y축에 대하여
대칭이동한 후 x축의 방향으로 $\dfrac{3}{2}$만큼, y축의 방향으로 -2만큼
평행이동한 것이므로 다음 그림과 같다.

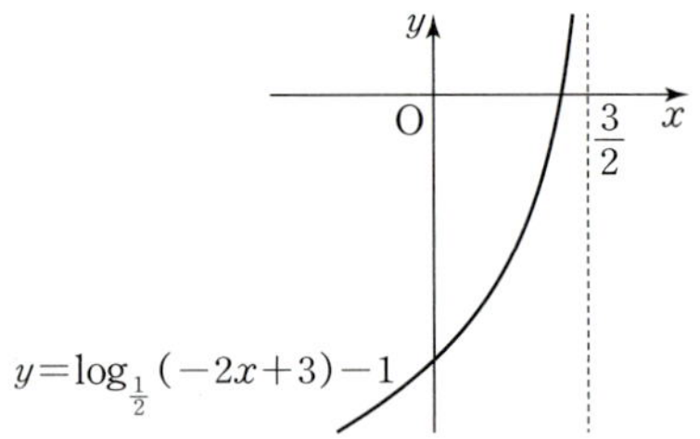

① 점근선은 직선 $x=\dfrac{3}{2}$이다. (참)

② $-2x+3>0$에서 $x<\dfrac{3}{2}$이므로 정의역은 $\left\{x\,\middle|\,x<\dfrac{3}{2}\right\}$이다. (참)

③ x의 값이 커지면 y의 값도 커진다. (참)

④ 함수 $y=\log_2 3x=\log_2 x+\log_2 3$의 그래프는 함수 $y=\log_2 x$의
  그래프를 y축의 방향으로 $\log_2 3$만큼 평행이동한 것이고,
  $y=\log_2 x$의 그래프를 x축에 대하여 대칭이동하면
  $y=\log_{\frac{1}{2}} x$의 그래프와 일치하므로 두 함수의 그래프는 대칭이동
  또는 평행이동하여 겹쳐진다. (거짓)

⑤ 함수 $y=\log_{\frac{1}{2}} (-2x+3)-1$의 역함수를 구하면 다음과 같다.
  x에 대하여 정리하면
  $y+1=\log_{\frac{1}{2}} (-2x+3)$, $\left(\dfrac{1}{2}\right)^{y+1}=-2x+3$
  $-2x=\left(\dfrac{1}{2}\right)^{y+1}-3 \qquad \therefore x=-\dfrac{1}{2}\left(\dfrac{1}{2}\right)^{y+1}+\dfrac{3}{2}$
  x와 y를 서로 바꾸면 구하는 역함수는
  $y=-\left(\dfrac{1}{2}\right)^{x+2}+\dfrac{3}{2}$
  따라서 함수 $y=-\left(\dfrac{1}{2}\right)^{x+2}+\dfrac{3}{2}$의 그래프와 직선 $y=x$에 대하여
  대칭이다. (참)
따라서 설명 중 옳지 않은 것은 ④이다.

 ·· 답 ①

함수 $y=\log_3 (x+a)+b$의 그래프의 점근선은
직선 $x=-a$이고,
주어진 그래프에서 점근선이 직선 $x=-2$이므로 $a=2$이다.
또한 함수 $y=\log_3 (x+2)+b$의 그래프가 점 $(1,\ 0)$을 지나므로
$0=\log_3 3+b$에서 $b=-1$이다.
$\therefore a+b=2+(-1)=1$

 ·· 답 ④

① $\sqrt[3]{64}=\sqrt[3]{2^6}=2^2$, $\sqrt[3]{32}=\sqrt[3]{2^5}=2^{\frac{5}{3}}$
  $2>\dfrac{5}{3}$에서 $2^2>2^{\frac{5}{3}}$이므로 $\sqrt[3]{64}>\sqrt[3]{32}$ (거짓)

② $\left(\dfrac{1}{4}\right)^4=\left(\dfrac{1}{2}\right)^8$, $\left(\dfrac{1}{8}\right)^3=\left(\dfrac{1}{2}\right)^9$
  $8<9$에서 $\left(\dfrac{1}{2}\right)^8>\left(\dfrac{1}{2}\right)^9$이므로 $\left(\dfrac{1}{4}\right)^4>\left(\dfrac{1}{8}\right)^3$ (거짓)

③ $4\log_5 2=\log_5 2^4=\log_5 16$
  $3\log_5 3=\log_5 3^3=\log_5 27$
  $16<27$에서 $\log_5 16<\log_5 27$이므로
  $4\log_5 2<3\log_5 3$ (거짓)

④ $\sqrt[5]{0.49}=\sqrt[5]{0.7^2}=0.7^{\frac{2}{5}}$, $\sqrt[3]{0.7}=0.7^{\frac{1}{3}}$
  $\dfrac{2}{5}>\dfrac{1}{3}$에서 $0.7^{\frac{2}{5}}<0.7^{\frac{1}{3}}$이므로 $\sqrt[5]{0.49}<\sqrt[3]{0.7}$ (참)

⑤ $3\log_{0.3} 5=\log_{0.3} 5^3=\log_{0.3} 125$
  $7\log_{0.3} 2=\log_{0.3} 2^7=\log_{0.3} 128$
  $125<128$에서 $\log_{0.3} 125>\log_{0.3} 128$이므로
  $3\log_{0.3} 5>7\log_{0.3} 2$ (거짓)
따라서 옳은 것은 ④이다.

TIP

주어진 수에서 밑을 일치시켜서 지수 또는 진수의 크기를
비교하여 대소를 판단한다.

150

답 ②

주어진 그래프에서 y좌표를 표시하면 다음 그림과 같다.

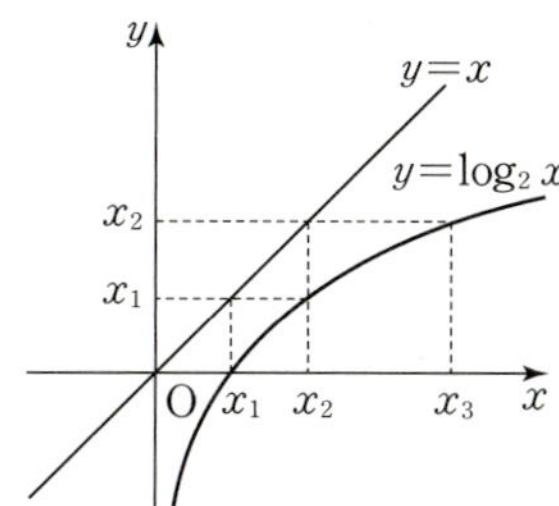

함수 $y=\log_2 x$의 그래프는 x축과 점 $(1, 0)$에서 만나므로
$x_1=1$
$\log_2 x_2=x_1=1$이므로 $x_2=2$
$\log_2 x_3=x_2=2$이므로 $x_3=4$
$\therefore x_1+x_2+x_3=1+2+4=7$

151

답 ⑤

주어진 그래프에서 y좌표를 표시하면 다음 그림과 같다.

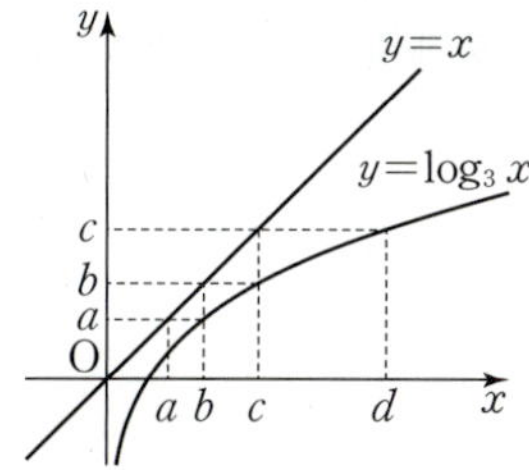

$\log_3 d=c$, $\log_3 b=a$이므로
$a-c=\log_3 b-\log_3 d$
$\qquad =\log_3 \dfrac{b}{d}=\log_3 \dfrac{1}{3}=-1 \ (\because d=3b)$
$\therefore \left(\dfrac{1}{9}\right)^{a-c}=\left(\dfrac{1}{9}\right)^{-1}=9$

152

답 ④

함수 $y=\log_3 (x-2)+2$의 그래프는 함수 $y=\log_3 x$의 그래프를
x축의 방향으로 2만큼, y축의 방향으로 2만큼 평행이동한 것이므로
x의 값이 커질수록 y의 값도 커진다.
$3 \le x \le 11$에서 함수 $y=\log_3 (x-2)+2$는
$x=3$일 때 최솟값 $\log_3 1+2=2$를 갖고,
$x=11$일 때 최댓값 $\log_3 9+2=4$를 갖는다.
따라서 최댓값과 최솟값의 합은 $4+2=6$이다.

153

답 ③

진수 조건에 의하여
$x-1>0$, $9-x>0$에서 $1<x<9$ ⋯⋯⋯ ㉠
$y=\log_2 (x-1)+\log_2 (9-x)$
$\qquad =\log_2 (x-1)(9-x)$
밑이 1보다 크므로 $(x-1)(9-x)$가 최대일 때 최댓값을 갖는다.

$(x-1)(9-x)=-(x-1)(x-9)$는
㉠에서 $x=5$일 때 최댓값 16을 가지므로 ⋯⋯⋯ TIP
$a=5$, $b=\log_2 16=4$
$\therefore a+b=9$

이차함수 $y=-(x-1)(x-9)$의 그래프의 x절편이 1, 9이므로
꼭짓점의 x좌표는 $\dfrac{1+9}{2}=5$이다.
따라서 이 이차함수는 $x=5$일 때 최댓값을 갖는다.

154

답 ②

함수 $y=\log_2 (4x-1)+2$의 역함수를 구하면 다음과 같다.
x에 대하여 정리하면

$y-2=\log_2 (4x-1)$, $4x-1=2^{y-2}$, $x=\dfrac{2^{y-2}+1}{4}$

$\therefore x=2^{y-4}+\dfrac{1}{4}$

x와 y를 서로 바꾸면 구하는 역함수는 $y=2^{x-4}+\dfrac{1}{4}$

이 함수의 그래프를 x축의 방향으로 a만큼 평행이동하면

$y=2^{x-a-4}+\dfrac{1}{4}$이고, 이 함수가 $y=2^{x-3}+b$와 같으므로

$-a-4=-3$에서 $a=-1$, $b=\dfrac{1}{4}$

$\therefore a+b=-\dfrac{3}{4}$

155

답 4

로그함수 $y=\log_a x+m \ (a>1)$의 그래프가 그 역함수의 그래프와
만나는 점은 모두 직선 $y=x$ 위에 존재하므로 두 교점의 좌표는
$(1, 1)$, $(3, 3)$이다. ⋯⋯⋯ TIP
이 두 점이 함수 $y=\log_a x+m$의 그래프 위에 있으므로
$1=\log_a 1+m$에서 $m=1$
$3=\log_a 3+m$에서 $3=\log_a 3+1$, $\log_a 3=2$
$\therefore a^2=3$
$\therefore a^2+m=3+1=4$

로그함수 $y=\log_a x+m \ (a>1)$은 x의 값이 커지면 y의 값도
커지므로 이 함수의 그래프와 역함수의 그래프와의 교점이 모두
직선 $y=x$ 위에 존재한다.

156

답 (1) $x=7$ (2) $x=-\dfrac{3}{2}$ (3) $x=3$

(1) $3^{\frac{1}{2}x+1}=81\sqrt{3}=3^{\frac{9}{2}}$에서
$\qquad \dfrac{1}{2}x+1=\dfrac{9}{2}$, $\dfrac{1}{2}x=\dfrac{7}{2}$
$\qquad \therefore x=7$

(2) $\left(\dfrac{1}{16}\right)^{x+3}=8^{2x+1}$에서

$\quad(2^{-4})^{x+3}=(2^3)^{2x+1}$

$\quad2^{-4x-12}=2^{6x+3}$

$\quad-4x-12=6x+3,\ 10x=-15$

$\quad\therefore\ x=-\dfrac{3}{2}$

(3) $\dfrac{125}{25^x}=5^{x-6}$에서

$\quad\dfrac{5^3}{(5^2)^x}=5^{x-6}$

$\quad5^{3-2x}=5^{x-6}$

$\quad3-2x=x-6,\ 3x=9$

$\quad\therefore\ x=3$

157   답 $x=1$

$3^{2x}+2\times3^{x+1}-27=0$에서

$3^{2x}+6\times3^x-27=0$

$(3^x+9)(3^x-3)=0$

$3^x=3\ (\because\ 3^x>0)$ **TIP**

$\therefore\ x=1$

TIP

지수함수 $y=a^x\,(a>0,\ a\neq1)$의 치역이 $\{y\,|\,y>0\}$이므로 모든 실수 x에 대하여 항상 $a^x>0$이다.

158   답 ②

$10-2^x=2^{4-x}$의 양변에 2^x을 곱하면

$10\times2^x-2^{2x}=2^4$

$2^{2x}-10\times2^x+16=0$

$(2^x-2)(2^x-8)=0$

$2^x=2$ 또는 $2^x=8$

$\therefore\ x=1$ 또는 $x=3$

따라서 모든 실근의 합은 $1+3=4$이다.

다른 풀이

$10-2^x=2^{4-x}$의 양변에 2^x을 곱하면

$10\times2^x-2^{2x}=2^4$

$2^{2x}-10\times2^x+16=0$ …… ㉠

$2^x=t\,(t>0)$라 하면

$t^2-10t+16=0$ …… ㉡

㉠의 서로 다른 두 실근을 $x=\alpha,\ \beta$라 하면

㉡의 서로 다른 두 실근이 $t=2^\alpha,\ 2^\beta$이다.

㉡의 판별식 $D>0$이고, 이차방정식의 근과 계수의 관계에 의하여 두 근의 합과 곱이 모두 양수이므로 $2^\alpha>0,\ 2^\beta>0$이다.

두 근의 곱이 $2^\alpha\times2^\beta=16$이므로

$2^{\alpha+\beta}=2^4$에서 $\alpha+\beta=4$

따라서 구하는 모든 실근의 합은 4이다.

159   답 풀이 참조

(1) $4^x-7\times2^x+8=0$에서

$\quad2^{2x}-7\times2^x+8=0$ …… ㉠

$\quad2^x=t\,(t>0)$라 하면

$\quad t^2-7t+8=0$ …… ㉡

$\quad$㉠의 서로 다른 두 실근이 $x=\alpha,\ \beta$이므로

$\quad$㉡의 서로 다른 두 실근이 $t=2^\alpha,\ 2^\beta$이다.

$\quad$㉡의 판별식 $D>0$이고, 이차방정식의 근과 계수의 관계에 의하여 두 근의 합과 곱이 모두 양수이므로 $2^\alpha>0,\ 2^\beta>0$이다.

$\quad$두 실근의 곱이 $2^\alpha\times2^\beta=8$이므로 $2^{\alpha+\beta}=2^3$

$\quad\therefore\ \alpha+\beta=3$

(2) ㉡에서 이차방정식의 근과 계수의 관계에 의하여

$\quad$두 실근의 합이 $2^\alpha+2^\beta=7$이고,

$\quad$두 실근의 곱이 $2^\alpha\times2^\beta=8$이다.

$\quad\therefore\ 2^{2\alpha}+2^{2\beta}=(2^\alpha+2^\beta)^2-2\times2^\alpha\times2^\beta$

$\qquad\qquad\qquad=7^2-2\times8=33$

채점 요소	배점
주어진 방정식을 이차방정식으로 해석하고 근과 계수의 관계를 이용하여 두 근의 곱을 찾아 $\alpha+\beta$의 값 구하기	50 %
주어진 방정식을 이차방정식으로 해석하여 두 근의 합과 두 근의 곱을 구하고, 곱셈 공식을 이용하여 $2^{2\alpha}+2^{2\beta}$의 값 구하기	50 %

160   답 ④

수면에서의 빛의 세기의 $\dfrac{1}{16}$이 되는 곳의 수심을 $x\,\mathrm{m}$라 하면

$I_0\left(\dfrac{1}{2}\right)^{\frac{x}{4}}=\dfrac{1}{16}I_0$

$\left(\dfrac{1}{2}\right)^{\frac{x}{4}}=\dfrac{1}{16}=\left(\dfrac{1}{2}\right)^4$

$\dfrac{x}{4}=4$

$\therefore\ x=16$

161   답 (1) $x>-6$ (2) $x\geq-9$ (3) $-3\leq x\leq1$

(1) $3^{x-2}<81\times3^{2x}$에서

$\quad3^{x-2}<3^{2x+4}$

$\quad x-2<2x+4$

$\quad\therefore\ x>-6$

(2) $\left(\dfrac{1}{3}\right)^{x-3}\geq\left(\dfrac{1}{27}\right)^{x+5}$에서

$\quad\left(\dfrac{1}{3}\right)^{x-3}\geq\left(\dfrac{1}{3}\right)^{3x+15}$

$\quad x-3\leq3x+15,\ 2x\geq-18$

$\quad\therefore\ x\geq-9$

(3) $\left(\dfrac{3}{4}\right)^{x^2}\geq\left(\dfrac{4}{3}\right)^{2x-3}$에서

$\quad\left(\dfrac{3}{4}\right)^{x^2}\geq\left(\dfrac{3}{4}\right)^{-2x+3}$

$\quad x^2\leq-2x+3$

$$x^2+2x-3\le 0$$
$$(x+3)(x-1)\le 0$$
$$\therefore -3\le x\le 1$$

162
답 ②

$3^{-2x}-10\times 3^{-x}+9\le 0$에서
$$(3^{-x}-9)(3^{-x}-1)\le 0$$
$$1\le 3^{-x}\le 9,\ 3^0\le 3^{-x}\le 3^2$$
$$0\le -x\le 2 \quad \therefore -2\le x\le 0$$
따라서 $\alpha=-2$, $\beta=0$이므로
$$\beta-\alpha=2$$

163
답 ①

$\left(\dfrac{1}{125}\right)^{1-x^2}\le 5^{ax-3}$에서
$$5^{-3+3x^2}\le 5^{ax-3}$$
$$-3+3x^2\le ax-3$$
$$3x^2-ax=x(3x-a)\le 0$$
a가 자연수이므로 이 부등식의 해는
$$0\le x\le \dfrac{a}{3}$$
이를 만족시키는 정수 x가 4개이려면
정수인 x가 0, 1, 2, 3이어야 하므로
$$3\le \dfrac{a}{3}<4 \quad \therefore 9\le a<12$$
따라서 구하는 모든 자연수 a의 값의 합은 $9+10+11=30$이다.

164
답 ③

치료제를 인체에 투여한 직후의 혈중 농도는 $1.25\ \mu\text{g/mL}$이고, 혈중 농도는 매시간 $20\ \%$씩 줄어든다고 하였으므로 이 치료제의 t시간 후의 혈중 농도는 $1.25\times\left(\dfrac{80}{100}\right)^t$이다.

치료제를 인체에 투여한 지 t시간 후의 혈중 농도가 $0.64\ \mu\text{g/mL}$ 이하가 된다고 하면
$$1.25\times\left(\dfrac{80}{100}\right)^t\le 0.64$$
$$\left(\dfrac{4}{5}\right)^t\le \left(\dfrac{4}{5}\right)^3$$
밑이 1보다 작으므로
$$t\ge 3$$
따라서 치료제의 혈중 농도가 처음으로 $0.64\ \mu\text{g/mL}$ 이하가 되는 것은 인체에 투여한 지 최소 3시간 후이다.

165
답 (1) $x=7$ (2) $x=3$ (3) $x=3$

(1) $\log_{\frac{1}{2}}(x-3)=-2$에서 로그의 정의에 의하여
$$x-3=\left(\dfrac{1}{2}\right)^{-2}=4$$
$$\therefore x=7$$

(2) 로그의 진수는 양수이므로 $x-1>0$, $x+2>0$에서
$$x>1 \qquad\cdots\cdots\ \text{㉠}$$
$\log(x-1)+\log(x+2)=1$에서
$$\log(x-1)(x+2)=\log 10$$
$$(x-1)(x+2)=10$$
$$x^2+x-12=(x+4)(x-3)=0$$
$$\therefore x=3\,(\because\ \text{㉠})$$

(3) 로그의 진수는 양수이므로 $x^2-4>0$, $7x-11>0$

즉, $x<-2$ 또는 $x>2$와 $x>\dfrac{11}{7}$을 모두 만족시키는

x의 값의 범위는 $x>2$이다. $\qquad\cdots\cdots\ \text{㉡}$
$\log_2(x^2-4)+1=\log_2(7x-11)$에서
$$\log_2(2x^2-8)=\log_2(7x-11)$$
$$2x^2-8=7x-11$$
$$2x^2-7x+3=(2x-1)(x-3)=0$$
$$\therefore x=3\,(\because\ \text{㉡})$$

166
답 $x=9$

로그의 진수는 양수이므로 $x-4>0$, $4x-11>0$에서
$$x>4 \qquad\cdots\cdots\ \text{㉠}$$
$\log_3(x-4)=\log_9(4x-11)$에서 밑을 9로 같게 하면
$$\log_9(x-4)^2=\log_9(4x-11)$$
$$(x-4)^2=4x-11$$
$$x^2-12x+27=(x-3)(x-9)=0$$
$$\therefore x=9\,(\because\ \text{㉠})$$

167
답 (1) $-10<x<6$ (2) $x\ge 3$ (3) $-3<x\le -2$

(1) 로그의 진수는 양수이므로 $6-x>0$에서
$$x<6 \qquad\cdots\cdots\ \text{㉠}$$
$\log_{\frac{1}{4}}(6-x)>-2$에서
$$\log_{\frac{1}{4}}(6-x)>\log_{\frac{1}{4}}\left(\dfrac{1}{4}\right)^{-2}=\log_{\frac{1}{4}}16$$
$$6-x<16,\ x>-10$$
$$\therefore -10<x<6\,(\because\ \text{㉠})$$

(2) 로그의 진수는 양수이므로 $x>0$, $2x+3>0$에서
$$x>0 \qquad\cdots\cdots\ \text{㉡}$$
$2\log_5 x\ge \log_5(2x+3)$에서
$$\log_5 x^2\ge \log_5(2x+3)$$
$$x^2\ge 2x+3$$
$$x^2-2x-3=(x+1)(x-3)\ge 0$$
$$x\le -1 \text{ 또는 } x\ge 3$$
$$\therefore x\ge 3\,(\because\ \text{㉡})$$

(3) 로그의 진수는 양수이므로 $x+3>0$, $x+5>0$에서
$$x>-3 \qquad\cdots\cdots\ \text{㉢}$$
$\log_{\frac{1}{3}}(x+3)+\log_{\frac{1}{3}}(x+5)\ge -1$에서
$$\log_{\frac{1}{3}}(x+3)(x+5)\ge \log_{\frac{1}{3}}\left(\dfrac{1}{3}\right)^{-1}=\log_{\frac{1}{3}}3$$
$$(x+3)(x+5)\le 3$$
$$x^2+8x+12=(x+6)(x+2)\le 0$$

$-6 \leq x \leq -2$

$\therefore -3 < x \leq -2 \, (\because \text{ⓒ})$

168

답 ④

로그의 진수는 양수이므로 $5(x+1)>0$, $2x+5>0$에서

$x>-1$ $\cdots\cdots$ ㉠

$\log \sqrt{5(x+1)} \leq 1 - \dfrac{1}{2} \log (2x+5)$에서

$\log 5(x+1) \leq 2 - \log (2x+5)$

$\log 5(x+1)(2x+5) \leq 2$

$5(x+1)(2x+5) \leq 10^2$

$(x+1)(2x+5) \leq 20$

$2x^2 + 7x - 15 = (x+5)(2x-3) \leq 0$

$-5 \leq x \leq \dfrac{3}{2}$

$\therefore -1 < x \leq \dfrac{3}{2} \, (\because \text{㉠})$

따라서 구하는 모든 정수 x의 값의 합은 $0+1=1$이다.

169

답 ③

(i) $4^x - 5 \times 2^{x+1} + 16 \geq 0$에서

 $2^{2x} - 10 \times 2^x + 16 \geq 0$

 $(2^x - 2)(2^x - 8) \geq 0$

 $2^x \leq 2$ 또는 $2^x \geq 8$

 $\therefore x \leq 1$ 또는 $x \geq 3$

(ii) $(\log_3 x)^2 - \log_3 x^3 - 4 \leq 0$에서

 로그의 진수는 양수이므로 $x>0$ $\cdots\cdots$ ㉠

 $(\log_3 x)^2 - 3 \log_3 x - 4 \leq 0$

 $(\log_3 x + 1)(\log_3 x - 4) \leq 0$

 $-1 \leq \log_3 x \leq 4$

 $3^{-1} \leq x \leq 3^4$에서 $\dfrac{1}{3} \leq x \leq 81$

 $\therefore \dfrac{1}{3} \leq x \leq 81 \, (\because \text{㉠})$

(i), (ii)에서 연립부등식의 해는

$\dfrac{1}{3} \leq x \leq 1$ 또는 $3 \leq x \leq 81$

따라서 구하는 정수 x는 $1, 3, 4, 5, \cdots, 81$로 80개이다.

170

답 30

세계 석유 소비량이 매년 $4\,\%$씩 감소하므로 n년 후 세계 석유 소비량은 현재의 $\left(\dfrac{96}{100}\right)^n$이다.

n년 후의 세계 석유 소비량이 현재 소비량의 $\dfrac{1}{4}$ 이하가 된다고 하면

$\left(\dfrac{96}{100}\right)^n \leq \dfrac{1}{4}$이다.

양변에 상용로그를 취하면

$\log \left(\dfrac{96}{100}\right)^n \leq \log \dfrac{1}{4}$

$n \log (9.6 \times 0.1) \leq \log 2^{-2}$

$n(\log 9.6 - 1) \leq -2 \log 2$

$n(0.98 - 1) \leq -2 \times 0.3$

$-0.02n \leq -0.6$

$\therefore n \geq 30$

따라서 세계 석유 소비량이 처음으로 현재 소비량의 $\dfrac{1}{4}$ 이하가 되는 것은 최소 30년 후이다.

171

답 ④

$a>b>1$이므로 두 함수 $y=a^x$, $y=b^x$의 그래프는 x의 값이 커지면 y의 값도 커진다.

이때 $a>b$이므로 두 함수 $y=a^x$, $y=b^x$의 그래프는 각각 ㉢, ㉣이다.

$ac=1$, $bd=1$에서 $c=\dfrac{1}{a}$, $d=\dfrac{1}{b}$이므로

$y=c^x=\left(\dfrac{1}{a}\right)^x = a^{-x}$, $y=d^x=\left(\dfrac{1}{b}\right)^x = b^{-x}$이다.

즉, 두 함수 $y=c^x$, $y=d^x$의 그래프는 각각 $y=a^x$, $y=b^x$의 그래프와 y축에 대하여 대칭이므로 두 함수 $y=c^x$, $y=d^x$의 그래프는 각각 ㉡, ㉠이다.

따라서 바르게 짝 지은 것은 ④이다.

다른 풀이

$ac=1$, $bd=1$에서 $c=\dfrac{1}{a}$, $d=\dfrac{1}{b}$이고,

$a>b>1$에서 $0<\dfrac{1}{a}<\dfrac{1}{b}<1$이므로 $c<d<1$이다.

$\therefore c<d<b<a$

함수 $y=a^x$, $y=b^x$, $y=c^x$, $y=d^x$의 $x=1$일 때의 함숫값이 각각 a, b, c, d이다.

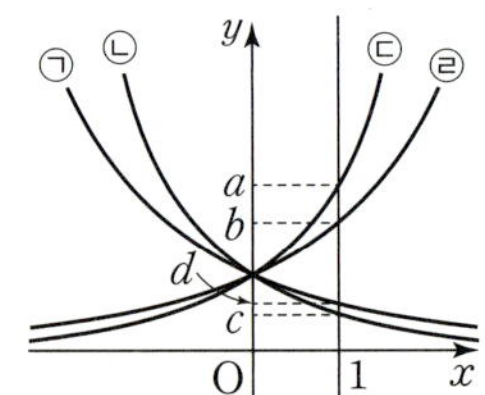

따라서 ㉡: $y=c^x$, ㉠: $y=d^x$, ㉣: $y=b^x$, ㉢: $y=a^x$이므로 바르게 짝 지은 것은 ④이다.

172

답 ②

함수 $y=\left(\dfrac{1}{2}\right)^{x-1} + k$의 그래프는

함수 $y=\left(\dfrac{1}{2}\right)^x$의 그래프를 x축의 방향으로 1만큼, y축의 방향으로 k만큼 평행이동한 것이다.

이 함수의 그래프가 제1사분면을 지나지 않으려면 다음 그림과 같이 $x=0$일 때의 함숫값이 0 이하이어야 한다.

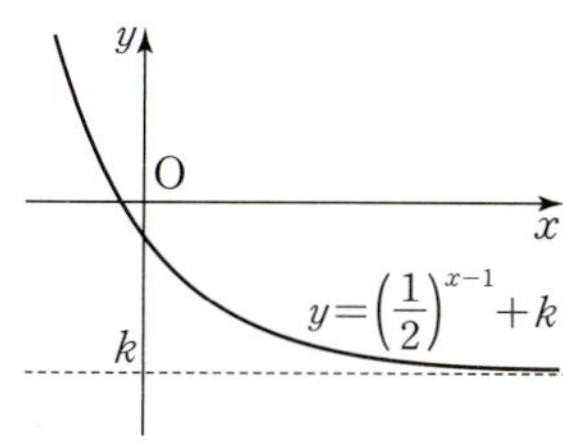

즉, $2+k\leq0$에서 $k\leq-2$
따라서 상수 k의 최댓값은 -2이다.

173

📖 ③

함수 $y=9\times3^x=3^{x+2}$의 그래프는 함수 $y=\dfrac{1}{3}\times3^x=3^{x-1}$의 그래프를
x축의 방향으로 -3만큼 평행이동한 것이므로 두 함수의 그래프와
두 직선 $y=1$, $y=5$로 둘러싸인 도형은 다음 그림과 같다.

이때 다음 그림과 같이 두 직선 $x=-2$, $y=5$와 곡선 $y=3^{x+2}$으로
둘러싸인 부분 A의 넓이와 두 직선 $x=1$, $y=5$와 곡선
$y=3^{x-1}$으로 둘러싸인 부분 B의 넓이는 서로 같다.

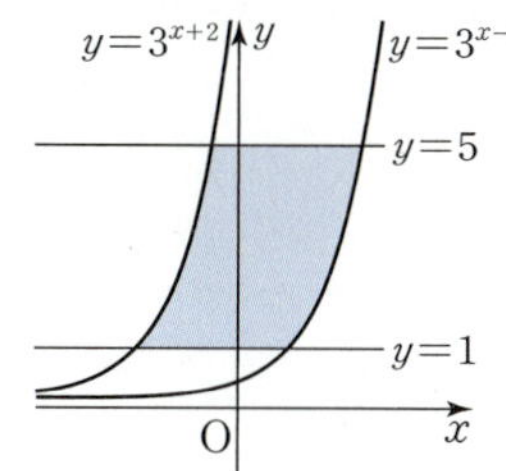

따라서 구하는 도형의 넓이는 다음 그림과 같이 가로의 길이가
3이고, 세로의 길이가 4인 직사각형의 넓이와 같다.

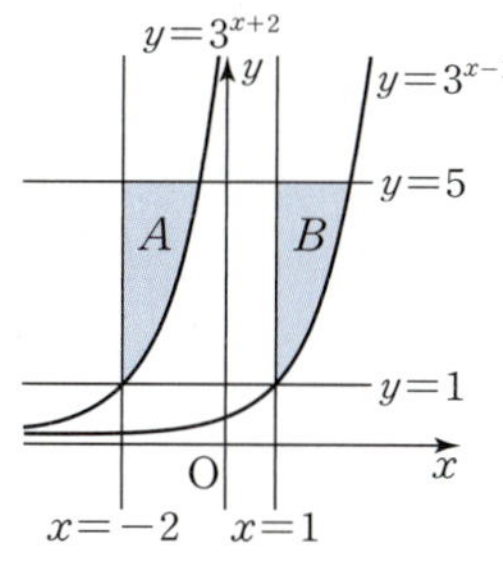

$\therefore 3\times4=12$

174
📖 ⑤

정사각형 ACDB의 대각선의 길이가 $\overline{BC}=4\sqrt{2}$이므로
정사각형 ACDB의 한 변의 길이는 4이다.
점 A의 y좌표가 4이므로 $2^x=4$에서 x좌표는 2이다.
점 B의 x좌표는 $2+4=6$, y좌표는 4이다.

따라서 점 $\mathrm{B}(6,\,4)$가 곡선 $y=k\times2^x$ 위의 점이므로
$4=k\times2^6$
$\therefore \dfrac{1}{k}=\dfrac{2^6}{4}=16$

다른 풀이

함수 $y=k\times2^x$의 그래프는 함수 $y=2^x$의 그래프를 x축의 방향으로
평행이동한 것이다.
정사각형 ACDB의 대각선의 길이가 $\overline{BC}=4\sqrt{2}$이므로
정사각형 ACDB의 한 변의 길이는 4이다.
즉, $\overline{AB}=4$이므로 함수 $y=2^x$의 그래프를 x축의 방향으로 4만큼
평행이동한 것이 $y=k\times2^x$이다.
즉, $k\times2^x=2^{x-4}$
$\therefore \dfrac{1}{k}=2^4=16$

175
📖 ①

함수 $y=3^{x-2}$의 그래프는 함수 $y=3^{x+1}$의 그래프를 x축의 방향으로
3만큼 평행이동한 것이므로 $\overline{AB}=3$
점 A의 좌표를 $(a,\,3^{a+1})$이라 하면 $\mathrm{C}(a,\,3^{a-2})$이므로
$$\overline{AC}=3^{a+1}-3^{a-2}=3^a\left(3-\dfrac{1}{9}\right)=\dfrac{26}{9}\times3^a=3$$
$\therefore 3^a=\dfrac{27}{26}$
따라서 점 A의 y좌표는
$$3^{a+1}=3\times3^a=3\times\dfrac{27}{26}=\dfrac{81}{26}$$

176
📖 ③

세 점 B, C, D의 x좌표는 각각
방정식 $a^x=k$, $3^x=k$, $b^x=k$의 실근이므로
각각 $\log_a k$, $\log_3 k$, $\log_b k$이다.
즉, $\overline{AB}=\log_a k$, $\overline{AC}=\log_3 k$, $\overline{AD}=\log_b k$이다.
$\overline{BC}=3\overline{AB}$이므로 $\overline{AC}=4\overline{AB}$

$\log_3 k=4\log_a k$에서 $\log_k 3=\dfrac{\log_k a}{4}$ $\qquad\therefore a^{\frac{1}{4}}=3$

$\overline{CD}=2\overline{BC}=6\overline{AB}$이므로 $\overline{AD}=10\overline{AB}$

$\log_b k=10\log_a k$에서 $\log_k b=\dfrac{\log_k a}{10}$ $\qquad\therefore a^{\frac{1}{10}}=b$

$a=3^4$, $b^5=a^{\frac{1}{2}}=3^2$이므로
$$\dfrac{a}{b^5}=\dfrac{3^4}{3^2}=3^2=9$$

177
📖 ③

점 A의 좌표는 $(a,\,8^a)$이고,
점 B의 좌표는 $(a,\,2^a)$이다.
점 A를 지나고 x축에 평행한 직선이 곡선 $y=2^x$과 만나는 점이 C이
므로 점 C와 점 A의 y좌표는 서로 같다.

즉, 점 C의 x좌표를 c라 하면 $2^c=8^a$에서 $2^c=2^{3a}$이므로 $c=3a$이다.
따라서 C$(3a,\ 8^a)$이고, $\overline{AC}=3a-a=2a$이다.
점 B를 지나고 x축에 평행한 직선이 곡선 $y=8^x$과 만나는 점이
D이므로 점 D와 점 B의 y좌표는 서로 같다.
즉, 점 D의 x좌표를 d라 하면 $8^d=2^a$에서 $2^{3d}=2^a$이므로 $3d=a$,
$d=\dfrac{a}{3}$이다.

따라서 D$\left(\dfrac{a}{3},\ 2^a\right)$이고, $\overline{BD}=a-\dfrac{a}{3}=\dfrac{2a}{3}$이다.

$$\therefore\ \frac{\overline{AC}}{\overline{BD}}=\frac{2a}{\dfrac{2a}{3}}=3$$

178   답 ③

두 직선 $y=a$, $y=b$ 사이의 거리가 4이므로
삼각형 ABC의 높이는 4이고, 넓이가 4이므로
$\dfrac{1}{2}\times\overline{AB}\times4=4$에서 $\overline{AB}=2$

점 A의 x좌표는
$2^x=a$에서 $x=\log_2 a$
점 B의 x좌표는
$4^x=a$에서 $x=\log_4 a=\dfrac{1}{2}\log_2 a$
이므로
$\overline{AB}=\log_2 a-\dfrac{1}{2}\log_2 a=\dfrac{1}{2}\log_2 a$
$\dfrac{1}{2}\log_2 a=2$이므로 $\log_2 a=4$
$\therefore\ a=2^4=16,\ b=16+4=20$
점 D의 x좌표는 $4^x=20$에서
$x=\log_4 20=\dfrac{1}{2}\log_2 20=\log_2 2\sqrt5$
$\therefore\ k=2\sqrt5$

179   답 ③

두 점 A, B의 x좌표를 각각 $a,\ b\,(a<b)$라 하면
A$(a,\ 2^a)$, B$(b,\ 2^b)$
직선 AB의 기울기가 $\dfrac{1}{2}$이므로 $\dfrac{2^b-2^a}{b-a}=\dfrac{1}{2}$에서
$b-a=2(2^b-2^a)$ $\cdots\cdots$ ㉠
$\begin{aligned}\overline{AB}&=\sqrt{(b-a)^2+(2^b-2^a)^2}\\&=\sqrt{5(2^b-2^a)^2}\ (\because\ ㉠)\end{aligned}$
이므로 $\sqrt{5(2^b-2^a)^2}=3\sqrt5$에서
$2^b-2^a=3$ $\cdots\cdots$ ㉡
$b-a=6\,(\because\ ㉠,\ ㉡)$에서
$b=a+6$이므로 ㉡에 대입하면
$2^{a+6}-2^a=3,\ (2^6-1)2^a=3,\ 2^a=\dfrac{1}{21}$
$\therefore\ a=\log_2\dfrac{1}{21}=-\log_2 21$

180   답 ③

점 A는 두 곡선 $y=2^{x-3}+1$과 $y=2^{x-1}-2$가 만나는 점이므로
$2^{x-3}+1=2^{x-1}-2,\ 3\times2^{x-3}=3$에서 $x=3$
즉, 점 A의 좌표는 A$(3,\ 2)$이다.
한편, 점 B의 x좌표를 a라 하면
점 B의 좌표는 B$(a,\ 2^{a-3}+1)$
두 점 B, C는 기울기가 -1인 직선 위의 점이고
$\overline{BC}=\sqrt2$이므로 점 C의 좌표는 C$(a-1,\ 2^{a-3}+2)$
점 C는 곡선 $y=2^{x-1}-2$ 위의 점이므로
$2^{a-3}+2=2^{a-2}-2,\ 2^{a-3}=4$에서 $a=5$
즉, B$(5,\ 5)$이고, 점 B가 직선 $y=-x+k$ 위의 점이므로
$k=10$
점 A$(3,\ 2)$와 직선 $y=-x+10$, 즉 $x+y-10=0$ 사이의 거리는
$\dfrac{|3+2-10|}{\sqrt{1^2+1^2}}=\dfrac{5}{\sqrt2}$
따라서 삼각형 ABC의 넓이는 $\dfrac{1}{2}\times\sqrt2\times\dfrac{5}{\sqrt2}=\dfrac{5}{2}$

181   답 20

점 P의 x좌표를 α라 하면 $k\times3^\alpha=3^{-\alpha}$
양변에 3^α을 곱하면 $k\times3^{2\alpha}=1$
$k=\dfrac{1}{3^{2\alpha}}$ $\cdots\cdots$ ㉠
점 P와 점 Q의 x좌표의 비가 $1:2$이므로 점 Q의 x좌표는 2α이다.
따라서 $k\times3^{2\alpha}=-4\times3^{2\alpha}+8$에서 $(k+4)3^{2\alpha}=8$
$k+4=\dfrac{8}{3^{2\alpha}}$ $\cdots\cdots$ ㉡
㉠을 ㉡에 대입하면 $k+4=8k$ $\therefore\ k=\dfrac{4}{7}$
$\therefore\ 35k=35\times\dfrac{4}{7}=20$

다른 풀이

점 P의 x좌표를 α라 하면 점 Q의 x좌표는 2α이고, 함수 $y=3^{-x}$의
그래프가 y축과 만나는 점을 R$(0,\ 1)$이라 하면 두 점 R과 Q는 직선
$x=\alpha$에 대하여 대칭이다.
$\therefore\ Q(2\alpha,\ 1)$
점 Q는 함수 $y=-4\times3^x+8$의 그래프 위의 점이므로
$1=-4\times3^{2\alpha}+8$에서 $3^{2\alpha}=\dfrac{7}{4}$ $\cdots\cdots$ ㉢
또한 점 Q는 함수 $y=k\times3^x$의 그래프 위의 점이므로
$1=k\times3^{2\alpha}$에서 $\dfrac{7}{4}k=1\ (\because\ ㉢)$ $\therefore\ k=\dfrac{4}{7}$
$\therefore\ 35k=35\times\dfrac{4}{7}=20$

182   답 ③

함수 $y=a^x$의 그래프를 y축에 대하여 대칭이동하면 함수 $y=a^{-x}$의
그래프이고, 이를 x축의 방향으로 m만큼 평행이동하면
함수 $y=a^{-(x-m)}$, 즉 $y=a^{-x+m}$의 그래프이다.

즉, $g(x)=a^{-x+m}$이다.

한편, 두 함수 $y=a^x$, $y=a^{-x+m}$의 그래프의 교점의 x좌표는

$a^x=a^{-x+m}$에서 $x=-x+m$, 즉 $x=\dfrac{m}{2}$이므로

두 함수의 그래프는 직선 $x=\dfrac{m}{2}$에 대하여 대칭이다.

따라서 조건 ㈎에 의하여 $\dfrac{m}{2}=2$이므로

$m=4$

조건 ㈏에서 $f(3)=16g(3)$이므로

$a^3=16\times a^{-3+4}$

$a^3=16a$

$a(a+4)(a-4)=0$

$\therefore a=4\ (\because a>0)$

$\therefore a+m=4+4=8$

183   답 ⑤

함수 $f(x)=\{(2a+1)^2\}^x$은 밑이 $(2a+1)^2$인 지수함수이다.

$g(a)=(2a+1)^2$이라 하면 함수 $y=g(a)$의 그래프는 다음 그림과 같다.

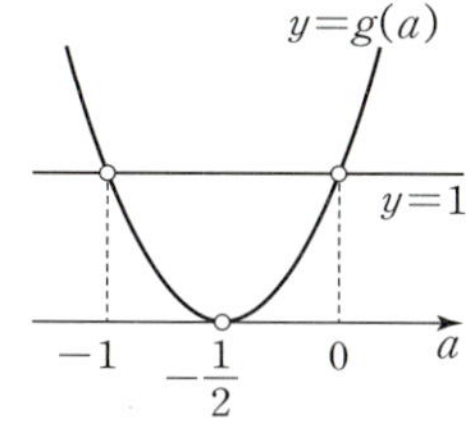

ㄱ. 함수 $y=f(x)$는 $y=\{g(a)\}^x$ $(g(a)\neq0,\ g(a)\neq1)$이므로
곡선 $y=f(x)$의 점근선은 $y=0$이다. (참)

ㄴ. $-1<a<0$이면 $0<g(a)<1$이므로 함수 $y=\{g(a)\}^x$의
그래프는 다음 그림과 같이 x의 값이 커질 때 y의 값은 작아진다.
즉, $f(1)<f(0)=1$이다. (참)

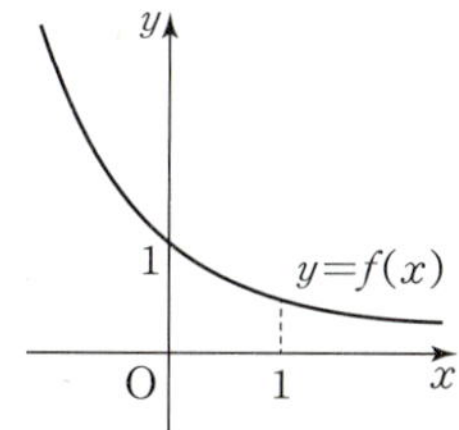

ㄷ. $a>1$이면 $g(a)>1$이므로 함수 $y=\{g(a)\}^x$의 그래프는
다음 그림과 같이 x의 값이 커질 때 y의 값도 커진다. 즉,
$f(1)>f(-1)$이다. (참)

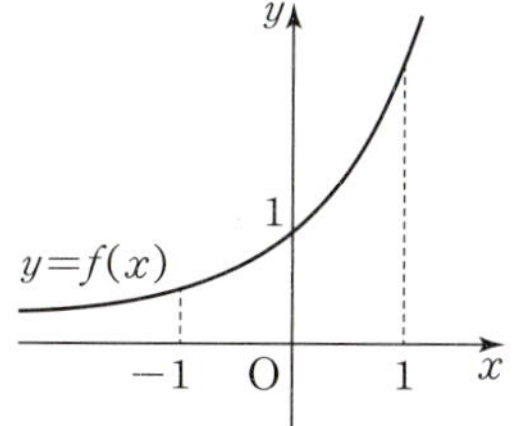

따라서 옳은 것은 ㄱ, ㄴ, ㄷ이다.

184   답 ③

ㄱ. $0<a<b<1$이면 두 함수 $y=a^x$, $y=b^x$의 그래프는 다음 그림과 같다.

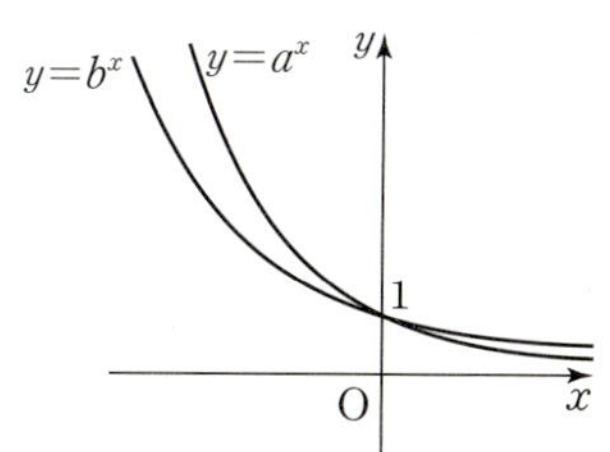

이때 $x<0$이면 $a^x>b^x>1$이다. (참)

ㄴ. $x>0$일 때, $a^x>b^x$이면 $a>b$이다.

또한 $\dfrac{1}{x}>0$이므로 $a>b$일 때 $a^{\frac{1}{x}}>b^{\frac{1}{x}}$이다. (거짓)

ㄷ. a^y, b^y은 항상 양수이므로

$a^xb^y>a^yb^x$에서 $\dfrac{a^x}{a^y}>\dfrac{b^x}{b^y}$, 즉 $a^{x-y}>b^{x-y}$임을 보이면 된다.

이때 $x<y$에서 $x-y<0$이므로 $a<b$이면 $a^{x-y}>b^{x-y}$이 성립한다. (참)

따라서 옳은 것은 ㄱ, ㄷ이다.

185   답 ④

함수 $f(x)=x^2-6x+11=(x-3)^2+2$이므로

$1\leq x\leq4$에서 $f(x)$는

$x=3$일 때 최솟값 2를 갖고,

$x=1$일 때 최댓값 6을 갖는다.

(i) $0<a<1$인 경우

함수 $(g\circ f)(x)=a^{f(x)}$은 $f(x)$가 최소일 때 최댓값을 갖는다.

즉, $x=3$일 때 함수 $f(x)$가 최솟값 2를 가지므로

함수 $y=a^{f(x)}$은 최댓값 a^2을 갖는다.

$a^2=27$에서 $a=3\sqrt{3}>1$이므로 모순이다.

(ii) $a>1$인 경우

함수 $(g\circ f)(x)=a^{f(x)}$은 $f(x)$가 최대일 때 최댓값을 갖는다.

즉, $x=1$일 때 함수 $f(x)$가 최댓값 6을 가지므로

함수 $y=a^{f(x)}$은 최댓값 a^6을 갖는다.

$a^6=27$에서 $a=\sqrt{3}>1$이므로 조건을 만족시킨다.

(i), (ii)에 의하여 $a=\sqrt{3}$이고, 이때 함수 $(g\circ f)(x)=(\sqrt{3})^{f(x)}$은
$f(x)$가 최소일 때 최솟값을 갖는다.

즉, $x=3$일 때 함수 $f(x)$가 최솟값 2를 가지므로

함수 $y=(\sqrt{3})^{f(x)}$은 최솟값 $(\sqrt{3})^2=3$을 갖는다.

186   답 ③

$y=4^x-2^{x+3}+a=2^{2x}-8\times2^x+a$ …… ㉠

$2^x=t\ (t>0)$라 하면 ㉠에서

$y=t^2-8t+a=(t-4)^2+a-16$

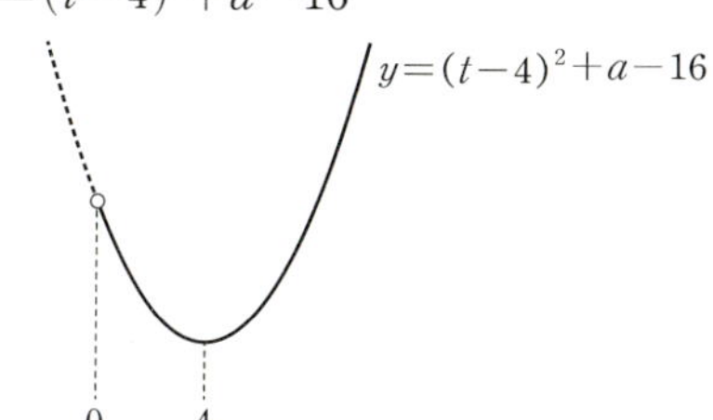

$t>0$에서 이 함수는
$t=4$일 때 최솟값 $a-16$을 갖는다.
$t=4$, $2^x=4$에서 $x=2$이므로
$b=2$
$a-16=10$에서 $a=26$
$\therefore a+b=28$

187   圕 풀이 참조

$y=2^x-\sqrt{2^{x+2}}+3=2^x-2\sqrt{2^x}+3$ ...... ㉠
$\sqrt{2^x}=t\ (t>0)$라 하면
$-4\le x\le 4$일 때 $2^{-4}\le 2^x\le 2^4$에서
$2^{-2}\le\sqrt{2^x}\le 2^2$이므로 $\dfrac{1}{4}\le t\le 4$

㉠에서
$y=t^2-2t+3=(t-1)^2+2$이므로
$\dfrac{1}{4}\le t\le 4$에서
$t=1$일 때 최솟값 2를 갖고,
$t=4$일 때 최댓값 11을 갖는다.
$t=1$에서 $\sqrt{2^x}=1$, $2^x=1$, $x=0$이므로
$a=0$, $\alpha=2$
$t=4$에서 $\sqrt{2^x}=4$, $2^x=16$, $x=4$이므로
$b=4$, $\beta=11$
$\therefore (\alpha-a)(\beta-b)=(2-0)(11-4)=14$

채점 요소	배점
$t=\sqrt{2^x}$으로 치환하여 $-4\le x\le 4$일 때 $\dfrac{1}{4}\le t\le 4$임을 구하기	20 %
주어진 함수를 이차함수 $y=t^2-2t+3$으로 바꾸기	20 %
최댓값, 최솟값을 구하고 그때의 t의 값을 통해 각각의 x의 값을 구하여 $(\alpha-a)(\beta-b)$의 값 구하기	60 %

188   圕 (1) $x=0$일 때 최솟값 15   (2) $x=-1$일 때 최솟값 $\dfrac{11}{4}$

(1) $2^{2x}+2^{-2x}=(2^x+2^{-x})^2-2$이므로
$\begin{aligned} y&=2^{2x}+2^{-2x}+4(2^x+2^{-x})+5 \\ &=(2^x+2^{-x})^2+4(2^x+2^{-x})+3 \\ &=(2^x+2^{-x}+2)^2-1 \end{aligned}$ ...... ㉠
$2^x>0$, $2^{-x}>0$이므로 산술평균과 기하평균의 관계에 의하여
$2^x+2^{-x}\ge 2\sqrt{2^x\times 2^{-x}}=2$
이때 등호는 $2^x=2^{-x}$, 즉 $x=-x$에서 $x=0$일 때 성립하므로
㉠은 $2^x+2^{-x}=2$일 때 최솟값 15를 갖는다.
따라서 $x=0$일 때 최솟값 15를 갖는다.
(2) $4^x+4^{-x}=(2^x-2^{-x})^2+2$이므로
$\begin{aligned} y&=4^x+4^{-x}+3(2^x-2^{-x})+3 \\ &=(2^x-2^{-x})^2+3(2^x-2^{-x})+5 \\ &=\left(2^x-2^{-x}+\dfrac{3}{2}\right)^2+\dfrac{11}{4} \end{aligned}$ ...... ㉡

이때 2^x-2^{-x}은 모든 실수의 값이 될 수 있으므로
㉡은 $2^x-2^{-x}=-\dfrac{3}{2}$일 때 최솟값 $\dfrac{11}{4}$을 갖는다.
$2^x-2^{-x}+\dfrac{3}{2}=0$에서 양변에 2^x을 곱하면
$2^{2x}+\dfrac{3}{2}\times 2^x-1=0$
$2^x=t\ (t>0)$라 하면
$2t^2+3t-2=0$
$(2t-1)(t+2)=0$ $\therefore t=\dfrac{1}{2}\ (\because t>0)$
$2^x=\dfrac{1}{2}$이므로 $x=-1$

따라서 $x=-1$일 때 최솟값 $\dfrac{11}{4}$을 갖는다.

> **참고**
>
> 함수 $y=2^x+2^{-x}$의 그래프와 함수 $y=2^x-2^{-x}$의 그래프는 다음 그림과 같다.
>
> 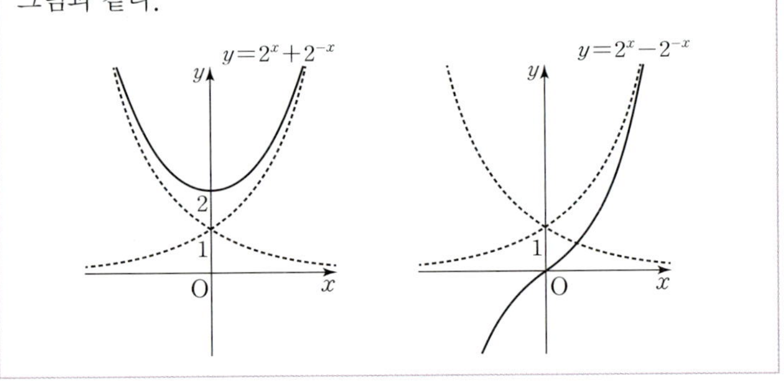

189   圕 ②

함수 $y=\log_3 x$의 그래프를 직선 $y=x$에 대하여 대칭이동하면
$y=3^x$이므로 함수 $y=\log_3 x$ 또는 $y=3^x$의 그래프를 평행이동
또는 대칭이동하여 겹쳐질 수 있는 그래프를 찾으면 된다.
ㄱ. 함수 $y=2\times 3^x+1=3^{x+\log_3 2}+1$의 그래프는 함수 $y=3^x$의
그래프를 x축의 방향으로 $-\log_3 2$만큼, y축의 방향으로 1만큼
평행이동한 것이다.
ㄴ. 함수 $y=\log_{\frac{1}{3}} 4x=-\log_3 4x=-\log_3 x-\log_3 4$의 그래프는
함수 $y=\log_3 x$의 그래프를 x축에 대하여 대칭이동한 후 y축의
방향으로 $-\log_3 4$만큼 평행이동한 것이다.
ㄷ. 함수 $y=\log_9 (9x+1)=\log_9\left\{9\left(x+\dfrac{1}{9}\right)\right\}=\log_9\left(x+\dfrac{1}{9}\right)+1$의

그래프는 함수 $y=\log_9 x$의 그래프를 x축의 방향으로 $-\dfrac{1}{9}$만큼,

y축의 방향으로 1만큼 평행이동한 것이므로 함수 $y=\log_3 x$의
그래프를 평행이동 또는 대칭이동하여 겹쳐지지 않는다.
ㄹ. 함수 $y=\log_9 x^2+3=\log_3 |x|+3$의 그래프는 함수
$y=\log_3 |x|$의 그래프를 y축의 방향으로 3만큼 평행이동한
것이므로   **TIP**
함수 $y=\log_3 x$의 그래프를 평행이동 또는 대칭이동하여
겹쳐지지 않는다.
ㅁ. 함수 $y=2\log_3\sqrt{x-2}=\log_3\left(\sqrt{x-2}\right)^2=\log_3 (x-2)$의
그래프는 함수 $y=\log_3 x$의 그래프를 x축의 방향으로 2만큼
평행이동한 것이다.

ㅂ. 함수 $y=-2\log_3 x+5=-\log_{\sqrt{3}} x+5$의 그래프는 함수
$\quad y=\log_{\sqrt{3}} x$의 그래프를 x축에 대하여 대칭이동한 후 y축의
$\quad$ 방향으로 5만큼 평행이동한 것이므로 함수 $y=\log_3 x$의
$\quad$ 그래프를 평행이동 또는 대칭이동하여 겹쳐지지 않는다.
따라서 함수 $y=\log_3 x$의 그래프를 평행이동 또는 대칭이동하여
겹쳐질 수 있는 곡선을 그래프로 갖는 함수는 ㄱ, ㄴ, ㅁ으로
3개이다.

함수 $y=\log_a x^2$은 $x\neq0$인 모든 실수에서 정의된다.
이때 $x>0$이면 $\log_a x^2=2\log_a x$이고,
$x<0$이면 $\log_a x^2=2\log_a (-x)$이므로
$\log_a x^2=2\log_a |x|$이다.
따라서 $\log_a x^2\neq2\log_a x$임에 주의하자.
ㄹ. $y=\log_9 x^2$에서 $\log_9 x^2=\log_{3^2} x^2=\log_3 |x|$이고,

$$\log_3 |x|=\begin{cases}\log_3 x & (x>0)\\ \log_3 (-x) & (x<0)\end{cases}$$ 이므로

$\quad$ 함수 $y=\log_9 x^2$의 그래프는 다음 그림과 같다.

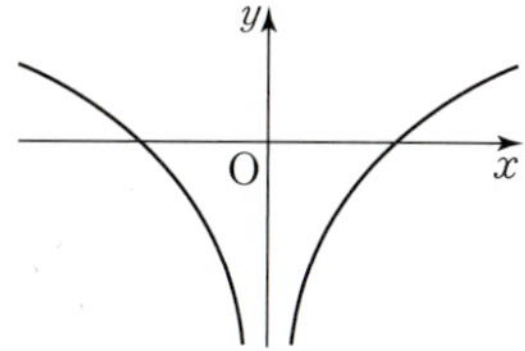

190

답 ②

ㄱ. $f(2)=2$이므로 함수 $y=f(x)$의 그래프는 a의 값에 관계없이
$\quad$ 항상 점 $(2,\ 2)$를 지난다. (참)
ㄴ. $a>2$이면 밑이 1보다 크므로 함수 $f(x)=\log_a (x-1)+2$는
$\quad x$의 값이 커질 때 y의 값도 커진다.
$\quad f(2)=2$이므로 $a>2$일 때 $f(a)>f(2)=2$이다.

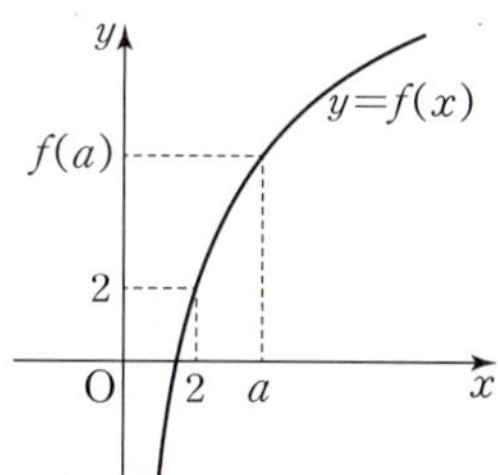

$\quad$ 따라서 $af(a)>2f(2)=4$이다. (참)
ㄷ. $1<a+1<2$일 때 $0<a<1$이므로 함수 $f(x)=\log_a (x-1)+2$
$\quad$ 는 x의 값이 커질 때 y의 값은 작아지고, 함수 $f(x)$의 역함수인
$\quad f^{-1}(x)$도 x의 값이 커질 때 y의 값은 작아진다.
$\quad$ 따라서 $a+1<b$이면 $f^{-1}(a+1)>f^{-1}(b)$이다. (거짓)
따라서 옳은 것은 ㄱ, ㄴ이다.

191

답 ③

$y=2^{x+3}-2$에서
$x=0$일 때 $y=2^3-2=6$이고,
$y=0$일 때 $2^{x+3}=2$에서 $x+3=1$, 즉 $x=-2$이므로
함수 $y=2^{x+3}-2$의 그래프는 두 점 $(0,\ 6)$, $(-2,\ 0)$을 지난다.

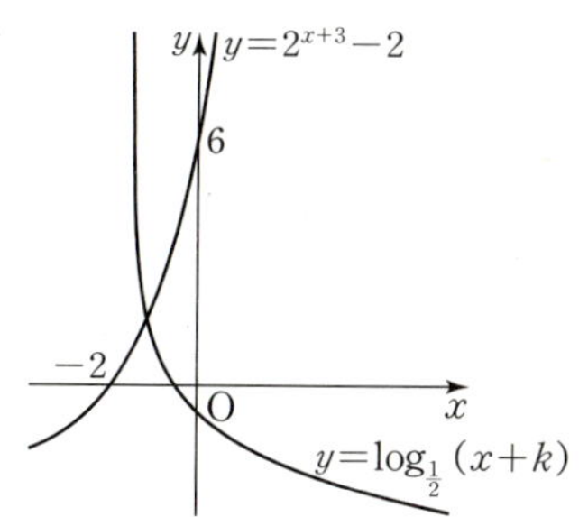

이때 함수 $y=\log_{\frac{1}{2}} (x+k)$의 그래프가 함수 $y=2^{x+3}-2$의 그래프
와 제2사분면에서 만나려면 y축과 만나는 점의 y좌표는 6보다 작고,
x축과 만나는 점의 x좌표는 -2보다 커야 한다.
$y=\log_{\frac{1}{2}} (x+k)$에서
$x=0$일 때 $y=\log_{\frac{1}{2}} k$이고,
$y=0$일 때 $x+k=1$에서 $x=1-k$이므로
$\log_{\frac{1}{2}} k<6$, $1-k>-2$를 모두 만족시켜야 한다.
즉, $k>\left(\dfrac{1}{2}\right)^6=\dfrac{1}{64}$, $k<3$이므로 구하는 k의 값의 범위는
$\dfrac{1}{64}<k<3$이다.

192

답 10

함수 $y=\log_{\frac{1}{2}} (5x-p)+1$의 그래프의 점근선은 직선 $x=\dfrac{p}{5}$이다.
따라서 함수 $y=\log_{\frac{1}{2}} (5x-p)+1$의 그래프가 직선 $x=3$과 한 점에
서 만나려면
$\dfrac{p}{5}<3$, 즉 $p<15$이어야 한다. $\qquad\cdots\cdots$ ㉠

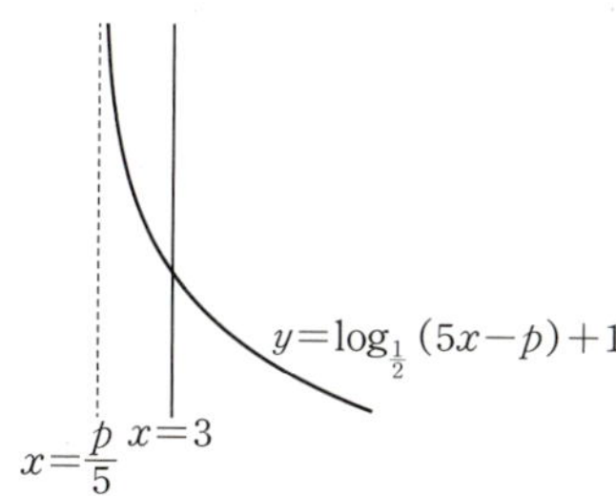

한편, 함수 $y=|2^{-x+3}-p|$의 그래프는 함수 $y=2^{-x+3}-p$의
그래프의 x축 아래 부분을 위쪽으로 접어올린 그래프이다.
이때 함수 $y=2^{-x+3}-p$의 그래프의 점근선이 직선 $y=-p$이므로
함수 $y=|2^{-x+3}-p|$의 그래프는 다음 그림과 같다.

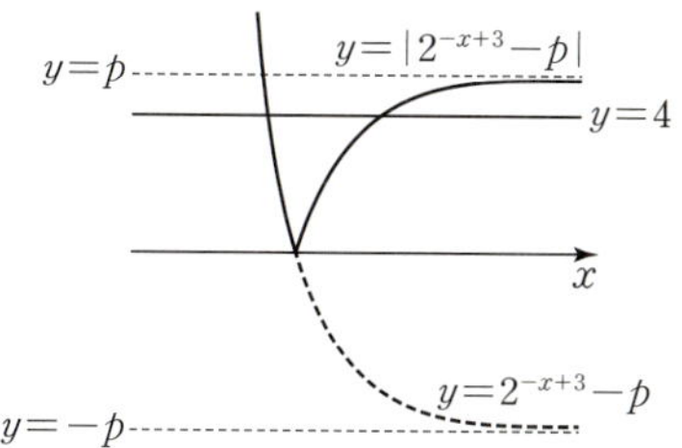

따라서 함수 $y=|2^{-x+3}-p|$의 그래프와 직선 $y=4$가 두 점에서
만나려면 $p>4$이어야 한다. $\qquad\cdots\cdots$ ㉡
㉠, ㉡에 의하여 $4<p<15$이므로 모든 정수 p의 개수는
5, 6, 7, $\cdots$, 14로 10이다.

193

目 (1) $k<5$ (2) $k>4$

(1) 함수 $y=3^{|x+1|}+4$의 그래프는 함수 $y=3^{|x|}$의 그래프를 x축의
   방향으로 -1만큼, y축의 방향으로 4만큼 평행이동한 것이다.
   $y=3^{|x|}=\begin{cases} 3^x & (x\geq 0) \\ 3^{-x} & (x<0) \end{cases}$ 이므로 함수 $y=3^{|x+1|}+4$의 그래프를
   그리면 다음 그림과 같다.

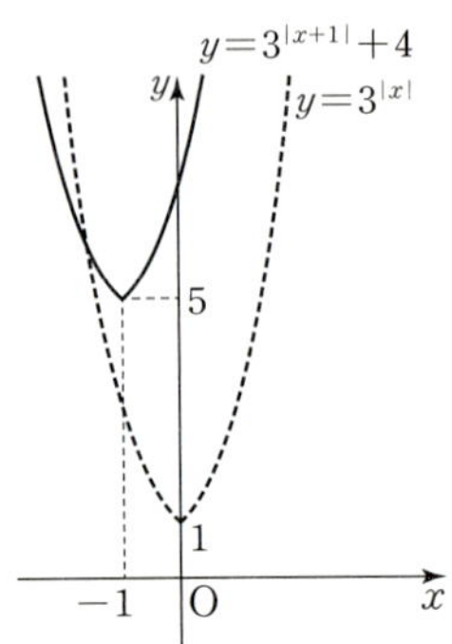

따라서 함수 $y=3^{|x+1|}+4$의 그래프와 직선 $y=k$가 만나지
않도록 하는 실수 k의 값의 범위는 $k<5$이다.

(2) 방정식 $|y-1|=\log_2(x-3)$의 그래프는 방정식 $|y|=\log_2 x$의
   그래프를 x축의 방향으로 3만큼, y축의 방향으로 1만큼 평행이동
   한 것이다.
   $|y|=\log_2 x$는 $y=\begin{cases} \log_2 x & (y\geq 0) \\ -\log_2 x & (y<0) \end{cases}$ 이므로 방정식
   $|y-1|=\log_2(x-3)$의 그래프를 그리면 다음 그림과 같다.

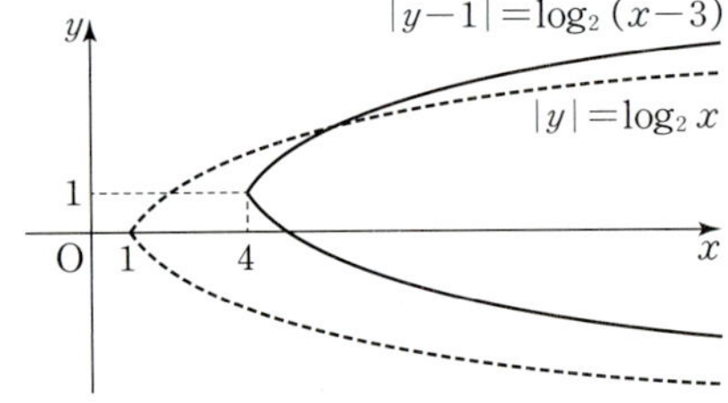

따라서 방정식 $|y-1|=\log_2(x-3)$의 그래프와 직선 $x=k$가
두 점에서 만나도록 하는 k의 값의 범위는 $k>4$이다.

194

目 ②

함수 $y=\log_a(x+2)-3$의 그래프는 a의 값에 관계없이 항상
점 $(-1, -3)$을 지나고, 사각형 ABCD는 다음 그림과 같다.

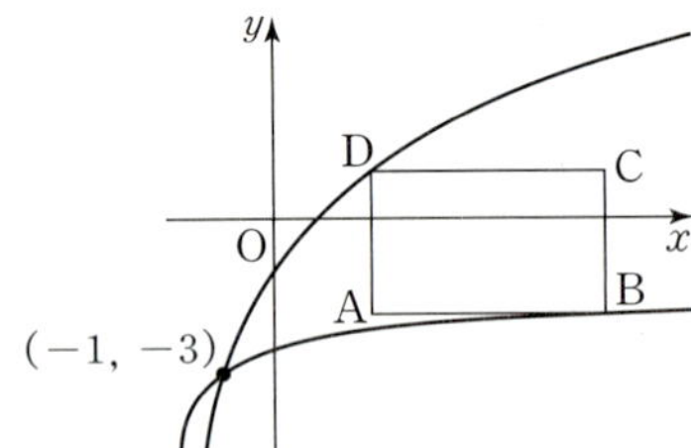

함수 $y=\log_a(x+2)-3$의 그래프가 사각형 ABCD와 만나려면
x의 값이 커질 때 y의 값도 커지는 함수이어야 하므로
점 B를 지날 때 a는 최댓값을 갖고,
점 D를 지날 때 a는 최솟값을 갖는다.
함수 $y=\log_a(x+2)-3$의 그래프가
점 $B(7, -2)$를 지날 때 $-2=\log_a 9-3$에서
$\log_a 9=1$, $a=9$이므로 $M=9$
점 $D(2, 1)$을 지날 때 $1=\log_a 4-3$에서

$\log_a 4=4$, $a^4=4$, $a=\sqrt{2}$이므로 $m=\sqrt{2}$
$\therefore (Mm)^2=(9\sqrt{2})^2=162$

195

目 ④

점 B의 좌표를 $(a, \log_2 a)$라 할 때 점 B를 x축의 방향으로 2만큼,
y축의 방향으로 2만큼 평행이동하면 점 D와 일치한다.
즉, 점 D의 좌표는 $(a+2, 2+\log_2 a)$이고,
점 D는 함수 $y=\log_2 x$의 그래프 위의 점이므로
$2+\log_2 a=\log_2(a+2)$
$\log_2 4a=\log_2(a+2)$
$4a=a+2$ $\therefore a=\dfrac{2}{3}$
따라서 선분 BD의 중점의 x좌표는
$\dfrac{a+(a+2)}{2}=a+1=\dfrac{5}{3}$이다.

196

目 ⑤

점 Q의 좌표를 $(k, \log_2 k)$라 하자.
점 Q가 선분 OP를 $1:3$으로 내분하는 점이므로
점 P의 좌표는 $(4k, 4\log_2 k)$이다.
또한 점 P는 함수 $y=\log_4 x$의 그래프 위의 점이므로
$4\log_2 k=\log_4 4k$
$\log_4 k^8=\log_4 4k$
$k^8=4k$
$k^7=4\ (\because\ k\neq 0)$
$\therefore k=4^{\frac{1}{7}}=2^{\frac{2}{7}}$
따라서 점 P의 y좌표는
$4\log_2 k=4\times\dfrac{2}{7}=\dfrac{8}{7}$

197

目 ③

세 점 P, Q, R의 y좌표는 각각 $\log_a 2$, $\log_b 2$, $-\log_a 2$이므로
$\overline{PQ}=\log_a 2-\log_b 2$, $\overline{QR}=\log_b 2+\log_a 2$이다.
$\overline{PQ}:\overline{QR}=3:5$에서 $3\overline{QR}=5\overline{PQ}$이므로
$3(\log_b 2+\log_a 2)=5(\log_a 2-\log_b 2)$
$2\log_a 2=8\log_b 2$
$\log_a 2=4\log_b 2$
$\dfrac{1}{\log_2 a}=\dfrac{4}{\log_2 b}$
$\log_2 b=4\log_2 a=\log_2 a^4$
$\therefore b=a^4$
$\therefore g(a)=\log_b a=\log_{a^4} a=\dfrac{1}{4}$

198

目 ⑤

두 점 A, B의 좌표를 각각 $(a, \log_2 2a)$, $(b, \log_2 4b)$라 하자.
두 점 A, B는 기울기가 $\dfrac{1}{2}$인 직선 l 위의 점이므로

$$\frac{\log_2 4b - \log_2 2a}{b-a} = \frac{1}{2}$$

즉, $\log_2 4b - \log_2 2a = \dfrac{1}{2}(b-a)$ …… ㉠

$\overline{AB} = 2\sqrt{5}$이므로

$$\overline{AB} = \sqrt{(b-a)^2 + (\log_2 4b - \log_2 2a)^2}$$
$$= \sqrt{(b-a)^2 + \frac{(b-a)^2}{4}} \ (\because ㉠)$$
$$= \frac{\sqrt{5}}{2}(b-a) = 2\sqrt{5}$$

즉, $b-a=4$ …… ㉡

㉠, ㉡에 의하여

$\log_2 4b - \log_2 2a = 2$, $\log_2 \dfrac{2b}{a} = 2$, $\dfrac{2b}{a} = 4$이므로

$b = 2a$

$b-a = 2a-a = 4$ $\therefore a=4,\ b=8$

따라서 세 점 A, B, C의 좌표는 각각 $(4,\,3)$, $(8,\,5)$, $(4,\,0)$이므로
삼각형 ACB의 넓이는

$$\frac{1}{2} \times 3 \times 4 = 6$$

199   답 ②

곡선 $y = \log_2(x-2)$는 곡선 $y = \log_2 x$를 x축의 방향으로 2만큼
평행이동한 것이므로
$\overline{AB} = 2$, $\overline{CD} = 2$이다.

삼각형 ABC의 넓이는 $\dfrac{1}{2} \times 2 \times \overline{BC} = 1$이므로 $\overline{BC} = 1$이다.

두 점 B, C의 x좌표를 k라 하면

$\overline{BC} = \log_2 k - \log_2(k-2) = \log_2 \dfrac{k}{k-2} = 1$이므로

$\dfrac{k}{k-2} = 2$, $k = 2k-4$ $\therefore k=4$

$\overline{CD} = 2$이므로 점 D와 E의 x좌표는 $k+2 = 6$

$\overline{DE} = \log_2 6 - \log_2 4 = \log_2 \dfrac{3}{2}$

따라서 삼각형 CDE의 넓이는

$$\frac{1}{2} \times 2 \times \log_2 \frac{3}{2} = \log_2 \frac{3}{2}$$

200   답 ④

$A(t,\ 2\log_2 t)$라 하면
$\overline{AB} = 2$이므로 $B(t+2,\ 2^{t-1})$이다.
두 점 A, B의 y좌표가 같으므로
$2\log_2 t = 2^{t-1}$ $\therefore \log_2 t = 2^{t-2}$ …… ㉠
한편, 두 점 B, D의 x좌표가 같으므로
$D(t+2,\ 2\log_2(t+2))$이고
$\overline{BD} = 2$에서 $2\log_2(t+2) - 2^{t-1} = 2$
$2\log_2(t+2) = 2^{t-1} + 2$
$\therefore \log_2(t+2) = 2^{t-2} + 1$ …… ㉡
㉠, ㉡에서 $\log_2(t+2) = \log_2 t + 1 = \log_2 2t$이므로

$t+2 = 2t$
$\therefore t=2$
따라서 $A(2,\,2)$, $B(4,\,2)$, $D(4,\,4)$이고,
두 점 C, D의 y좌표가 같으므로
$2^{x-3} = 4 = 2^2$에서
$x-3 = 2$, $x=5$
$\therefore C(5,\,4)$

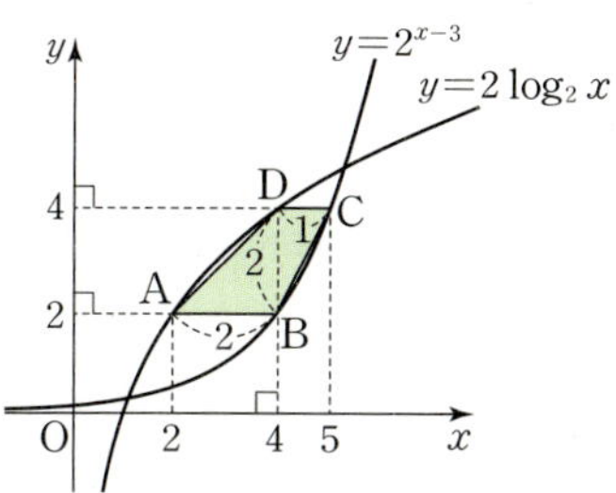

따라서 사각형 ABCD는 평행한 두 변의 길이가 각각 2, 1이고
높이가 2인 사다리꼴이므로 그 넓이는

$$\frac{1}{2} \times (1+2) \times 2 = 3$$

201   답 ③

선분 AC가 y축에 평행하므로
$\overline{AC} = \log_2 4x - \log_2 x = 2$이다.
즉, 정삼각형 ABC의 한 변의 길이는 2이다.
따라서 정삼각형 ABC의 높이는 $\sqrt{3}$이다.
한편, 점 B에서 선분 AC에 내린 수선의 발은 선분 AC의
중점이므로 점 C의 x좌표를 α라 하면 점 B의 y좌표는
$\log_2 \alpha + 1 = \log_2 2\alpha$
이때 점 B의 x좌표는 $\alpha - \sqrt{3}$이므로 y좌표는
$\log_2 4(\alpha - \sqrt{3})$
즉, $\log_2 2\alpha = \log_2 4(\alpha - \sqrt{3})$에서
$2\alpha = 4(\alpha - \sqrt{3})$이므로 $\alpha = 2\sqrt{3}$
따라서 점 B의 x좌표는 $\sqrt{3}$이고, y좌표는 $\log_2 4\sqrt{3}$이므로
$p = \sqrt{3}$, $q = \log_2 4\sqrt{3}$
$\therefore p^2 \times 2^q = 3 \times 4\sqrt{3} = 12\sqrt{3}$

202   답 16

곡선 $y = \log_6(x+1)$을 x축의 방향으로 2만큼, y축의 방향으로
-4만큼 평행이동하면 곡선 $y = \log_6(x-1) - 4$와 일치한다.
그림과 같이 직선 $y = -2x$와 곡선 $y = \log_6(x-1) - 4$의 교점을 A,
직선 $y = -2x+8$과 x축의 교점을 B,
점 A를 지나고 x축에 평행한 직선과 직선 $y = -2x+8$의 교점을
C라 하자.

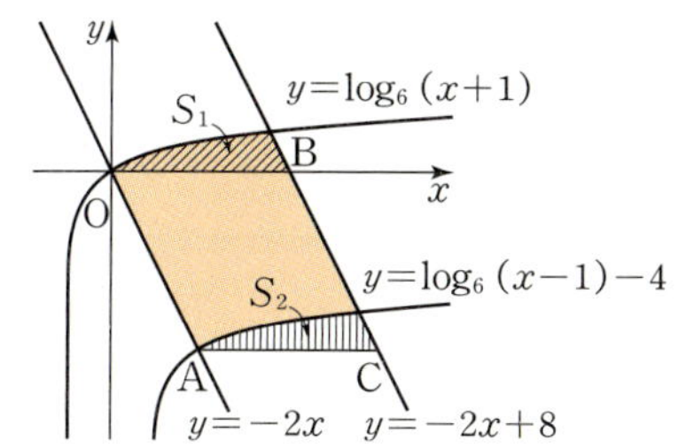

곡선 $y=\log_6 (x+1)$과 직선 $y=-2x+8$ 및 x축으로 둘러싸인
부분의 넓이 S_1과
곡선 $y=\log_6 (x-1)-4$와 직선 $y=-2x+8$ 및
직선 AC로 둘러싸인 부분의 넓이 S_2가 서로 같으므로
구하는 넓이는 평행사변형 OACB의 넓이와 같다.
점 A는 점 O를 x축의 방향으로 2만큼, y축의 방향으로 -4만큼
평행이동한 점이므로 A$(2, -4)$이고
$-2x+8=0$에서 $x=4$이므로 B$(4, 0)$,
$-2x+8=-4$에서 $x=6$이므로 C$(6, -4)$이다.
즉, $\overline{AC}=4$, 점 A의 y좌표는 -4이므로
평행사변형 OACB의 넓이는 $4\times 4=16$이다.

203   🔵 ④

점 A는 곡선 $y=-\log_2 x$ 위에 있고,
두 점 B, C는 곡선 $y=\log_2 x$ 위에 있다.
점 A의 x좌표를 a라 하면 두 점 B, C의 x좌표는 각각 $2a$,
$3a$이므로 A$(a, -\log_2 a)$, B$(2a, \log_2 2a)$, C$(3a, \log_2 3a)$이다.
선분 AC의 중점이 B이므로
$$\frac{-\log_2 a+\log_2 3a}{2}=\log_2 2a$$
$$\frac{\log_2 3}{2}=\log_2 2a, \ \log_2 \sqrt{3}=\log_2 2a$$
$$\sqrt{3}=2a \quad \therefore a=\frac{\sqrt{3}}{2}$$
직선 AB의 기울기는
$$k=\frac{\log_2 2a-(-\log_2 a)}{2a-a}=\frac{\log_2 2a^2}{a}$$
$$=\frac{\log_2 \dfrac{3}{2}}{\dfrac{\sqrt{3}}{2}}=\frac{2}{\sqrt{3}}(\log_2 3-1)$$
$$\therefore \sqrt{3}k=2(\log_2 3-1)$$

204   🔵 ⑤

$0<\dfrac{1}{a}<1$에서 $a>1$이므로
$\dfrac{1}{a}<b<1$의 각 변에 밑이 a인 로그를 취하면

$$\log_a \frac{1}{a}<\log_a b<\log_a 1$$
$$\therefore -1<\log_a b<0$$
즉, $-1<B<0$이므로 $A<B<0$
$C=\log_b a=\dfrac{1}{\log_a b}=\dfrac{1}{B}$이므로 $C<-1$
$$\therefore C<A<B$$

205   🔵 $D<C<A<B$

$b>1$이므로 $b<a<b^2$의 각 변에 밑이 b인 로그를 취하면
$$\log_b b<\log_b a<\log_b b^2$$

$1<\log_b a<2$
즉, $1<B<2$
$A=\log_a b=\dfrac{1}{\log_b a}=\dfrac{1}{B}$이므로
$$\frac{1}{2}<A<1$$
$C=\log_a \dfrac{a}{b}=1-\log_a b=1-A$이므로
$$0<C<\frac{1}{2}$$
$D=\log_b \dfrac{b}{a}=1-\log_b a=1-B$이므로
$$-1<D<0$$
$$\therefore D<C<A<B$$

206   🔵 ④

$a>2$이므로 $a<x<a^2$의 각 변에 밑이 a인 로그를 취하면
$$\log_a a<\log_a x<\log_a a^2$$
$$\therefore 1<\log_a x<2 \qquad \cdots\cdots ㉠$$
$1<(\log_a x)^2<4$, $2<\log_a x^2(=2\log_a x)<4$로 두 수의 대소를
직접 비교할 수 없으므로 $(\log_a x)^2$과 $\log_a x^2$의 차를 계산해 보면
$$(\log_a x)^2-\log_a x^2=\log_a x(\log_a x-2)$$
이때 ㉠에서 $\log_a x>0$, $\log_a x-2<0$이므로
$(\log_a x)^2-\log_a x^2<0$이다.
$$\therefore (\log_a x)^2<\log_a x^2$$
한편, ㉠에 밑이 a인 로그를 취하면
$$\log_a 1<\log_a (\log_a x)<\log_a 2<\log_a a \ (\because a>2)$$
$$\therefore 0<\log_a (\log_a x)<1$$
따라서 $\log_a (\log_a x)<(\log_a x)^2<\log_a x^2$이다.

207   🔵 ②

$\log_a b^3+\log_b \sqrt[3]{a}=3\log_a b+\dfrac{1}{3}\log_b a$

$a>1$, $b>1$이므로 $\log_a b>0$, $\log_b a>0$이다.   …… **TIP**
산술평균과 기하평균의 관계에 의하여
$$3\log_a b+\frac{1}{3}\log_b a\geq 2\sqrt{3\log_a b\times \frac{1}{3}\log_b a}=2$$
$$\left(단, 등호는 3\log_a b=\frac{1}{3}\log_b a, \ 즉 \log_a b=\frac{1}{3}일 때 성립한다.\right)$$
따라서 $\log_a b^3+\log_b \sqrt[3]{a}$의 최솟값은 2이다.

> **TIP**
>
> $a>1$, $b>1$에서 $\log a>0$, $\log b>0$이므로
> $$\log_a b=\frac{\log b}{\log a}>0, \ \log_b a=\frac{\log a}{\log b}>0임을 알 수 있다.$$

208   🔵 ⑤

$a^2<a$에서 $a(a-1)<0$이므로 $0<a<1$
ㄱ. 밑이 a이고, $0<a<1$일 때 지수가 커질수록 값이 작아지므로
   $a<b$에서 $a^a>a^b$ (거짓)

ㄴ. $0<a<1$이므로 $a<b$에 밑이 a인 로그를 취하면
$$\log_a a > \log_a b$$
$$\therefore \log_a b < 1 \ (참)$$

ㄷ. $b+1>a+1>1$이므로
함수 $y=\log_{b+1} x$의 그래프는 다음 그림과 같다.

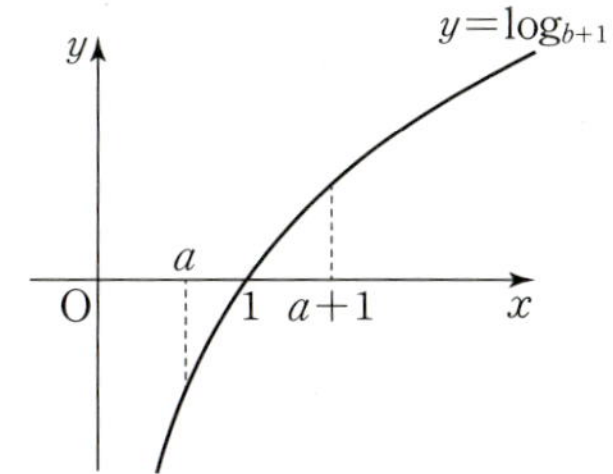

이때 $0<a<1$, $1<a+1<2$이므로
$$\log_{b+1} a < 0, \ \log_{b+1}(a+1)>0$$이다.
$$\therefore \log_{b+1} a \times \log_{b+1}(a+1)<0 \ (참)$$

ㄹ. $b<1$이면 $0<a<b<1$이다.
$0<a<1$이므로 $a<b<1$의 각 변에 밑이 a인 로그를 취하면
$\log_a a > \log_a b > \log_a 1$에서 $0<\log_a b<1$이다.
또한 $\log_b a = \dfrac{1}{\log_a b}>1$이므로 $\log_a b$, $\log_b a$는 모두 양수이다.
산술평균과 기하평균의 관계에 의하여
$\log_a b + \log_b a \geq 2\sqrt{\log_a b \times \log_b a}=2$이고,
이때 등호는 $\log_a b = \log_b a$일 때 성립하는데 $\log_a b \neq \log_b a$
이므로 등호는 성립하지 않는다.
$$\therefore \log_a b + \log_b a > 2 \ (참)$$
따라서 옳은 것은 ㄴ, ㄷ, ㄹ이다.

209   답 ④

$$y=\left(\log_{\frac{1}{2}} 4x\right)\left(\log_{\frac{1}{2}} \frac{8}{x}\right)$$
$$=\left(\log_2 4x\right)\left(\log_2 \frac{8}{x}\right)$$
$$=(2+\log_2 x)(3-\log_2 x)$$
$$=-(\log_2 x)^2 + \log_2 x + 6$$
$$=-\left(\log_2 x - \frac{1}{2}\right)^2 + \frac{25}{4} \qquad \cdots\cdots \ ㉠$$

$\log_2 x = t$라 하면 $1 \leq x \leq 4$에서
$\log_2 1 \leq \log_2 x \leq \log_2 4$이므로 $0 \leq t \leq 2$이고,
㉠에서 $y=-\left(t-\dfrac{1}{2}\right)^2 + \dfrac{25}{4}$이므로
$t=\dfrac{1}{2}$일 때 최댓값 $M=\dfrac{25}{4}$이고,
$t=2$일 때 최솟값 $m=-\left(\dfrac{3}{2}\right)^2 + \dfrac{25}{4}=4$이다.
$$\therefore Mm = \frac{25}{4} \times 4 = 25$$

210   답 ②

$$y=2^{\log x} \times x^{\log 2} - 24 \times 2^{\log \frac{x}{100}}$$
$$=2^{\log x} \times 2^{\log x} - 24 \times 2^{\log x - 2}$$
$$=(2^{\log x})^2 - 6 \times 2^{\log x}$$

이때 $2^{\log x}=t$라 하면 $y=t^2-6t$이다.
또한 $1 \leq x \leq 100$에서
$0 \leq \log x \leq 2$,
$1 \leq 2^{\log x} \leq 4$
이므로 $1 \leq t \leq 4$이다.
즉, $1 \leq t \leq 4$에서 함수 $y=t^2-6t=(t-3)^2-9$의
최댓값은 $t=1$일 때 -5이고,
최솟값은 $t=3$일 때 -9이다.
따라서 최댓값과 최솟값의 합은 -14이다.

211   답 55

$\log_3 \left(\dfrac{1}{9}x+3\right)=0$에서 $\dfrac{1}{9}x+3=1$, $x=-18$이므로

함수 $y=\left|\log_3 \left(\dfrac{1}{9}x+3\right)\right|$의 그래프는 다음 그림과 같다.

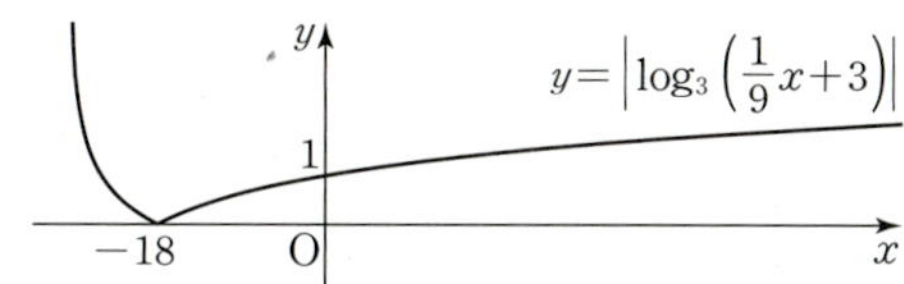

이 함수의 그래프를 y축의 방향으로 1만큼 평행이동한 함수
$f(x)=\left|\log_3 \left(\dfrac{1}{9}x+3\right)\right|+1$의 그래프는 다음 그림과 같다.

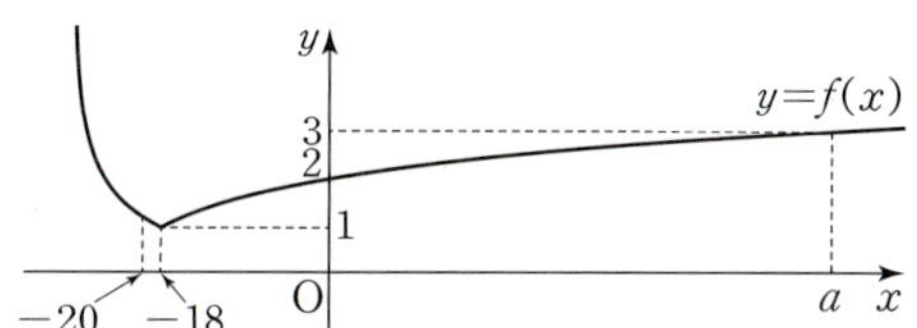

$$f(-20)=\left|\log_3 \frac{7}{9}\right|+1=\log_3 \frac{9}{7}+1<2 \ \left(\because \log_3 \frac{9}{7}<\log_3 3=1\right)$$

정의역이 $\{x \mid -20 \leq x \leq a\}$인 함수 $f(x)$의 치역이 $\{y \mid b \leq y \leq 3\}$이
려면 $-20 \leq x \leq a$에서 함수 $f(x)$의 최댓값이 3, 최솟값이 b이어야
한다.
따라서 $a>-18$, $f(a)=3$이어야 하고, 이때 $b=1$이다.
즉, $f(a)=\log_3 \left(\dfrac{1}{9}a+3\right)+1=3$이므로
$$\log_3 \left(\frac{1}{9}a+3\right)=2$$
$$\frac{1}{9}a+3=9 \qquad \therefore a=54$$
$$\therefore a+b=54+1=55$$

212   답 풀이 참조

함수 $y=3^{x-a}+\dfrac{3}{2}$의 그래프와 그 역함수의 그래프의 교점은
직선 $y=x$ 위에 있으므로 선분 AB를 대각선으로 하는 정사각형의
각 변은 모두 x축 또는 y축에 평행하다.
이 정사각형의 한 변의 길이가 2이므로
점 A의 좌표를 (p, p)라 하면 점 B의 좌표는 $(p+2, p+2)$이다.
두 점 A, B는 모두 함수 $y=3^{x-a}+\dfrac{3}{2}$의 그래프 위의 점이므로

$$3^{p-a}+\frac{3}{2}=p \qquad\qquad \cdots\cdots\ \text{㉠}$$

$$3^{p+2-a}+\frac{3}{2}=p+2 \qquad\qquad \cdots\cdots\ \text{㉡}$$

㉠에서 $p-\dfrac{3}{2}=3^{p-a}$이고,

㉡에서 $p+\dfrac{1}{2}=3^{p+2-a}$이다.

$$\frac{p+\frac{1}{2}}{p-\frac{3}{2}}=\frac{3^{p+2-a}}{3^{p-a}}=9$$이므로

$$p+\frac{1}{2}=9\left(p-\frac{3}{2}\right)$$

$$8p=14 \qquad \therefore p=\frac{7}{4}$$

따라서 $\mathrm{A}\left(\dfrac{7}{4},\ \dfrac{7}{4}\right)$, $\mathrm{B}\left(\dfrac{15}{4},\ \dfrac{15}{4}\right)$이다.

채점 요소	배점
두 점 A, B의 좌표를 각각 $(p,\ p)$, $(p+2,\ p+2)$로 놓기	20 %
두 점 A, B의 좌표를 이용하여 두 개의 방정식 찾기	40 %
두 식을 연립하여 두 점 A, B의 좌표 각각 구하기	40 %

213　　　　답 ④

$f(x)=a^x-b$, $g(x)=\log_a (x+b)$라 할 때, 두 함수는 서로 역함수
관계이므로 두 함수의 그래프는 직선 $y=x$에 대하여 대칭이다.
따라서 두 함수의 그래프의 교점인 두 점 A, B는 직선 $y=x$ 위의
점이므로 그 좌표를 각각 $\mathrm{A}(p,\ p)$, $\mathrm{B}(q,\ q)$ $(p<q)$라 하자.
조건 ㈎에서 $\overline{\mathrm{AB}}=\sqrt{2}(q-p)=2\sqrt{2}$이므로

$$q-p=2 \qquad\qquad \cdots\cdots\ \text{㉠}$$

조건 ㈏에 의하여 선분 AB의 중점인 점 $\left(\dfrac{p+q}{2},\ \dfrac{p+q}{2}\right)$는 직선

$x+y-2=0$ 위의 점이므로

$$p+q=2 \qquad\qquad \cdots\cdots\ \text{㉡}$$

㉠, ㉡을 연립하여 풀면 $p=0$, $q=2$이다.
따라서 $\mathrm{A}(0,\ 0)$, $\mathrm{B}(2,\ 2)$이고, 두 점 A, B가 함수 $y=f(x)$의
그래프 위의 점이므로 $f(0)=0$, $f(2)=2$이다.
$f(0)=a^0-b=1-b=0$에서 $b=1$
$f(2)=a^2-b=2$에서 $a^2=3$이므로 $a=\sqrt{3}$ $(\because a>1)$
$\therefore a+b=\sqrt{3}+1$

214　　　　답 ④

ㄱ. 두 함수 $y=2^x$, $y=\log_2 x$는 서로 역함수 관계이므로
　두 함수의 그래프는 직선 $y=x$에 대하여 대칭이다.
　또한 직선 $y=-x+k$도 직선 $y=x$에 대하여 대칭이므로
　직선 $y=-x+k$가 두 함수 $y=2^x$, $y=\log_2 x$의 그래프와 만나는
　두 점 A, B도 직선 $y=x$에 대하여 대칭이고, 두 점 C, D도
　직선 $y=x$에 대하여 대칭이다.
　따라서 $\overline{\mathrm{AD}}=\overline{\mathrm{BC}}$이고 $\overline{\mathrm{AB}}=\overline{\mathrm{BC}}$이므로 $\overline{\mathrm{AC}}=2\overline{\mathrm{AD}}$이다.
　$\therefore \overline{\mathrm{AD}}:\overline{\mathrm{AC}}=1:2$ (거짓)

ㄴ. ㄱ에 의하여 $\overline{\mathrm{AD}}=\overline{\mathrm{AB}}=\overline{\mathrm{BC}}$이므로
　점 A의 x좌표를 a $(a>0)$라 하면 점 B의 x좌표는 $2a$,
　점 C의 x좌표는 $3a$이고, 두 점 A, B는 직선 $y=x$에 대하여
　대칭이므로 $\mathrm{A}(a,\ 2a)$, $\mathrm{B}(2a,\ a)$이다.
　점 O에서 선분 AB에 내린 수선의 발을 H라 하면
　점 H는 선분 AB의 중점이므로 $\mathrm{H}\left(\dfrac{3}{2}a,\ \dfrac{3}{2}a\right)$이다.
　삼각형 OAB의 넓이는
　$$\frac{1}{2}\times\overline{\mathrm{AB}}\times\overline{\mathrm{OH}}=\frac{1}{2}\times\sqrt{2}a\times\frac{3}{2}\sqrt{2}a=\frac{3}{2}a^2=6$$
　이므로 $a^2=4$에서 $a=2$이다. $(\because a>0)$
　따라서 점 C의 x좌표는 $3a=6$이므로 $k=6$이다. (참)

ㄷ. ㄴ에서 $a=2$이므로 $\mathrm{A}(2,\ 4)$, $\mathrm{B}(4,\ 2)$이다.
　따라서 점 A의 x좌표와 점 B의 y좌표의 합은
　$2+2=4$이다. (참)
따라서 옳은 것은 ㄴ, ㄷ이다.

다른 풀이

ㄴ. ㄱ에 의하여 $\overline{\mathrm{AD}}=\overline{\mathrm{AB}}=\overline{\mathrm{BC}}$이므로
　삼각형 OCD의 넓이는 삼각형 OAB의 넓이의 3배이다.
　즉, 삼각형 OCD의 넓이는 $3\times6=18$이다.

　이때 $\overline{\mathrm{OC}}=\overline{\mathrm{OD}}=k$이므로 삼각형 OCD의 넓이는 $\dfrac{1}{2}k^2$이고,

　$\dfrac{1}{2}k^2=18$에서 $k=6$이다. (참)

ㄷ. ㄴ에 의하여 점 C의 좌표는 $(6,\ 0)$이다.
　또한 ㄱ에 의하여 $\overline{\mathrm{AD}}=\overline{\mathrm{AB}}=\overline{\mathrm{BC}}$이므로 두 점 A, B의
　x좌표는 각각 2, 4이다.
　이때 두 점 A, B가 직선 $y=x$에 대하여 대칭이므로
　$\mathrm{A}(2,\ 4)$, $\mathrm{B}(4,\ 2)$이다.
　따라서 점 A의 x좌표와 점 B의 y좌표의 합은
　$2+2=4$이다. (참)

215　　　　답 ③

두 함수 $y=2^x+1$, $y=\log_2 (x-1)$은 서로 역함수 관계이므로
두 곡선은 직선 $y=x$에 대하여 대칭이다.
따라서 곡선 $y=\log_2 (x-1)$ 위의 점 B를 지나고 기울기가 -1인
직선이 곡선 $y=2^x+1$과 만나는 점 C에 대하여 두 점 B, C는 직선
$y=x$에 대하여 대칭이다.
점 C에서 직선 AB에 내린 수선의 발을 H라 하면 삼각형 BCH는
직각이등변삼각형이므로
$\overline{\mathrm{BC}}=3\sqrt{2}$일 때 $\overline{\mathrm{CH}}=\overline{\mathrm{BH}}=3$이다.
점 B의 x좌표가 t이므로 점 C의 x좌표는 $t-3$이고, 두 점 B, C가
직선 $y=x$에 대하여 대칭이므로 $\mathrm{B}(t,\ t-3)$, $\mathrm{C}(t-3,\ t)$이다.
또한 $\overline{\mathrm{AB}}=31$이므로 $\mathrm{A}(t,\ t+28)$이다.
두 점 A, C가 곡선 $y=2^x+1$ 위의 점이므로

$$t+28=2^t+1 \qquad\qquad \cdots\cdots\ \text{㉠}$$

$$t=2^{t-3}+1 \qquad\qquad \cdots\cdots\ \text{㉡}$$

㉠에서 ㉡의 양변을 각각 빼면

$$28=2^t-2^{t-3}=2^t\left(1-\frac{1}{8}\right)=\frac{7}{8}\times2^t$$

$2^t=32$ $\therefore t=5$

즉, B(5, 2), C(2, 5)이고,

점 O에서 선분 BC에 내린 수선의 발을 M이라 하면

점 M은 선분 BC의 중점이므로 $M\left(\dfrac{7}{2},\ \dfrac{7}{2}\right)$이고, $\overline{OM}=\dfrac{7}{2}\sqrt{2}$이다.

따라서 삼각형 OBC의 넓이는

$\dfrac{1}{2}\times 3\sqrt{2}\times\dfrac{7}{2}\sqrt{2}=\dfrac{21}{2}$이다.

216   답 6

두 함수 $y=2^x+k$, $y=\log_2(x-k)$는 서로 역함수 관계이므로
두 곡선은 직선 $y=x$에 대하여 대칭이다.

곡선 $y=2^x+k$와 직선 $y=5x$가 만나는 점 중 한 점 A의 좌표를
$(a, 5a)$라 하면 $k>0$이므로 $a>0$

점 A를 지나고 기울기가 -1인 직선이 곡선 $y=\log_2(x-k)$와
만나는 점 B는 점 A와 직선 $y=x$에 대하여 대칭이므로 점 B의
좌표는 $(5a, a)$이다.

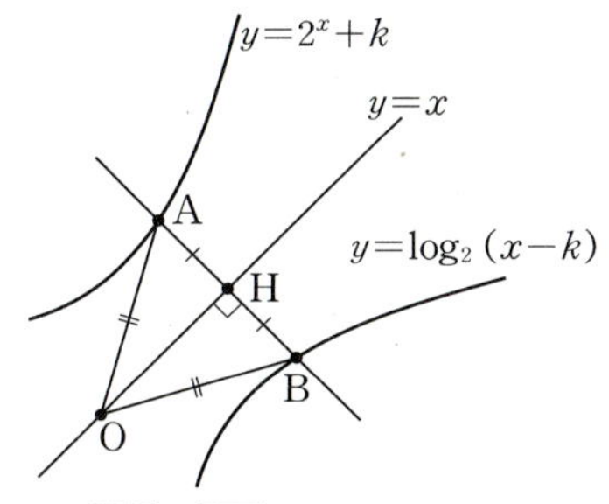

이때 삼각형 OAB는 $\overline{OA}=\overline{OB}$인 이등변삼각형이므로 점 O에서
선분 AB에 내린 수선의 발을 H라 하면 점 H는 선분 AB의 중점이다.
즉, H$(3a, 3a)$이다.

$\overline{AB}=4\sqrt{2}a$, $\overline{OH}=3\sqrt{2}a$이므로 삼각형 OAB의 넓이는

$\dfrac{1}{2}\times\overline{AB}\times\overline{OH}=\dfrac{1}{2}\times 4\sqrt{2}a\times 3\sqrt{2}a$

$\qquad\qquad\qquad\qquad=12a^2=48$

$\therefore a=2\ (\because a>0)$

따라서 점 A$(2, 10)$이 곡선 $y=2^x+k$ 위의 점이므로

$10=2^2+k$에서 $k=6$

217   답 10

두 함수 $y=\log_2(x+a)+b$, $y=2^{x-b}-a$는 서로 역함수 관계이므로
두 함수의 그래프는 직선 $y=x$에 대하여 대칭이다.

이때 직선 $y=x$에 대하여 대칭인 두 점은 기울기가 -1인 한 직선
위에 있다.

따라서 함수 $y=\log_2(x+a)+b$의 그래프 위의 점 P를 지나고
기울기가 -1인 직선이 함수 $y=2^{x-b}-a$의 그래프와 만나는
점이 Q일 때, 두 점 P, Q는 직선 $y=x$에 대하여 서로 대칭이다.

즉, 점 P$(15, 1)$에 대하여 점 Q$(1, 15)$이다.

삼각형 PQR의 밑변을 선분 PR이라 하면 높이는 $15-1=14$이므로
삼각형 PQR의 넓이는

$\dfrac{1}{2}\times\overline{PR}\times 14=119$

$\therefore \overline{PR}=17$

따라서 점 R의 x좌표는 $15-17=-2$, y좌표는 1이므로
R$(-2, 1)$이다.

두 점 Q$(1, 15)$, R$(-2, 1)$이 모두 함수 $y=2^{x-b}-a$의 그래프
위의 점이므로

$2^{1-b}-a=15$ $\cdots\cdots$ ㉠

$2^{-2-b}-a=1$ $\cdots\cdots$ ㉡

㉠$-$㉡을 하면

$2^{1-b}-2^{-2-b}=14$

$(2^1-2^{-2})2^{-b}=14$

$\dfrac{7}{4}\times 2^{-b}=14$, $2^{-b}=8$ $\therefore b=-3$

$b=-3$을 ㉠에 대입하면

$2^4-a=15$ $\therefore a=1$

$\therefore a^2+b^2=1+9=10$

218   답 ③

ㄱ. 두 곡선 $y=|\log_2 x|$와 $y=\left(\dfrac{1}{2}\right)^x$이 만나는 두 점 중 x좌표가
더 작은 점이 P이므로 $x_1<1$이다.

$x=\dfrac{1}{2}$일 때 두 함수 $y=\left(\dfrac{1}{2}\right)^x$, $y=|\log_2 x|$의 함숫값은 각각
$\left(\dfrac{1}{2}\right)^{\frac{1}{2}}$, 1이고, $\left(\dfrac{1}{2}\right)^{\frac{1}{2}}<1$이므로 $\dfrac{1}{2}<x_1<1$이다. (참)

       TIP

ㄴ. 두 곡선 $y=\log_2 x$와 $y=2^x$은 직선 $y=x$에 대하여 대칭이고,
두 곡선 $y=\left(\dfrac{1}{2}\right)^x$과 $y=\log_{\frac{1}{2}} x$는 직선 $y=x$에 대하여
대칭이다.

따라서 두 곡선 $y=\log_2 x$, $y=\left(\dfrac{1}{2}\right)^x$의 교점 Q$(x_2, y_2)$와
두 곡선 $y=2^x$, $y=\log_{\frac{1}{2}} x$의 교점 R(x_3, y_3)은 직선 $y=x$에
대하여 대칭이다.

$\therefore x_2=y_3$, $x_3=y_2$

$\therefore x_2 y_2-x_3 y_3=0$ (참)

ㄷ. S$(1, 0)$이라 하자.

(직선 RS의 기울기)$=\dfrac{y_3}{x_3-1}$

(직선 PS의 기울기)$=\dfrac{y_1}{x_1-1}$

이고, (직선 RS의 기울기)$<$(직선 PS의 기울기)이므로

$\dfrac{y_3}{x_3-1}<\dfrac{y_1}{x_1-1}$

ㄴ에서 $x_3=y_2$, $x_2=y_3$이므로

$\dfrac{x_2}{y_2-1}<\dfrac{y_1}{x_1-1}$

이때 $x_1-1<0$, $y_2-1<0$이므로 $(x_1-1)(y_2-1)>0$이고
양변에 $(x_1-1)(y_2-1)$을 각각 곱하면

$x_2(x_1-1)<y_1(y_2-1)$ (거짓)

따라서 옳은 것은 ㄱ, ㄴ이다.

두 함수 $y=\left(\dfrac{1}{2}\right)^x$, $y=|\log_2 x|$의 그래프가

$0<x<1$인 범위에서 점 $P(x_1, y_1)$에서 만나고,

$0<x<x_1$일 때 $|\log_2 x|>\left(\dfrac{1}{2}\right)^x$,

$x_1<x<1$일 때 $|\log_2 x|<\left(\dfrac{1}{2}\right)^x$이다.

이때 $\left|\log_2 \dfrac{1}{2}\right|>\left(\dfrac{1}{2}\right)^{\frac{1}{2}}$이므로 $\dfrac{1}{2}<x_1<1$임을 알 수 있다.

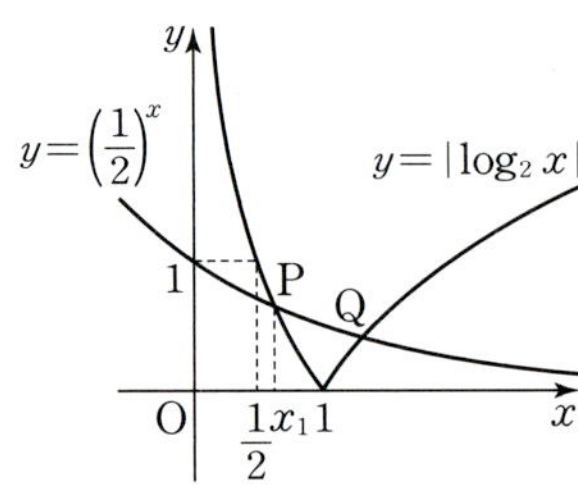

219   답 ②

$y=\log_2 (x+3)-1$을 x에 대하여 정리하면

$\log_2 (x+3)=y+1$

$x+3=2^{y+1}$

$x=2^{y+1}-3$

x와 y를 서로 바꾸면

$y=2^{x+1}-3$

$\therefore f(x)=2^{x+1}-3$

방정식 $f(2x)+f(x+1)-10=0$에서

$(2^{2x+1}-3)+(2^{x+2}-3)-10=0$

$2\times 2^{2x}+4\times 2^x-16=0$

$2^{2x}+2\times 2^x-8=0$

$(2^x+4)(2^x-2)=0$

$2^x=2\ (\because 2^x>0)$

$\therefore x=1$

220   답 -2

$2^{2x+1}+a\times 2^x+a+13=0$ $\cdots\cdots$ ㉠

$2^x=t\ (t>0)$라 하면

$2t^2+at+a+13=0$ $\cdots\cdots$ ㉡

㉠의 두 근을 α, β라 하면

㉡의 두 근은 2^α, 2^β이다.

㉠의 두 근의 합이 $\alpha+\beta=1$이므로

㉡의 두 근의 곱은 $2^\alpha\times 2^\beta=2^{\alpha+\beta}=2$이다.

따라서 ㉡에서 이차방정식의 근과 계수의 관계에 의하여

$\dfrac{a+13}{2}=2$이므로 $a=-9$

이를 ㉡에 대입하면

$2t^2-9t+4=0$, $(2t-1)(t-4)=0$

$t=\dfrac{1}{2}$ 또는 $t=4$

$2^x=\dfrac{1}{2}$ 또는 $2^x=4$

$\therefore x=-1$ 또는 $x=2$

따라서 구하는 두 근의 곱은 $(-1)\times 2=-2$이다.

221   답 ③

$4^x+4^{-x}=(2^x+2^{-x})^2-2$이므로 주어진 방정식은

$(2^x+2^{-x})^2+3(2^x+2^{-x})-18=0$

$2^x+2^{-x}=t$라 하면

$t^2+3t-18=0$

$(t+6)(t-3)=0$

$t=-6$ 또는 $t=3$

이때 산술평균과 기하평균의 관계에 의하여

$t=2^x+2^{-x}\geq 2\sqrt{2^x\times 2^{-x}}=2$

(단, 등호는 $2^x=2^{-x}$, 즉 $x=0$일 때 성립한다.)

$\therefore 2^x+2^{-x}=3$ $\cdots\cdots$ ㉠

양변에 2^{-x}을 곱하면

$1+2^{-2x}=3\times 2^{-x}$

$2^{-2x}-3\times 2^{-x}+1=0$

$2^{-x}=p\ (p>0)$라 하면

$p^2-3p+1=0$

이 이차방정식의 두 근이 $2^{-\alpha}$, $2^{-\beta}$이므로

이차방정식의 근과 계수의 관계에 의하여

$2^{-\alpha}+2^{-\beta}=3$, $2^{-\alpha}2^{-\beta}=1$

$\therefore 4^{-\alpha}+4^{-\beta}=(2^{-\alpha}+2^{-\beta})^2-2\times 2^{-\alpha}2^{-\beta}$
$\qquad\qquad =3^2-2\times 1=7$

다른 풀이

㉠에서 다음과 같이 풀이할 수 있다.

양변에 2^x을 곱하면

$2^{2x}+1=3\times 2^x$

$2^{2x}-3\times 2^x+1=0$

$2^x=s\ (s>0)$라 하면

$s^2-3s+1=0$

이 이차방정식의 두 근이 2^α, 2^β이므로

이차방정식의 근과 계수의 관계에 의하여

$2^\alpha+2^\beta=3$, $2^\alpha 2^\beta=1$

$\therefore 4^{-\alpha}+4^{-\beta}=\dfrac{1}{2^{2\alpha}}+\dfrac{1}{2^{2\beta}}=\dfrac{2^{2\alpha}+2^{2\beta}}{2^{2\alpha}2^{2\beta}}$

$\qquad\qquad =\dfrac{(2^\alpha+2^\beta)^2-2\times 2^\alpha 2^\beta}{(2^\alpha 2^\beta)^2}$

$\qquad\qquad =\dfrac{3^2-2\times 1}{1^2}=7$

222   답 (1) 10   (2) 6

(1) $(x+1)^{x^2-6x}=5^{x^2-6x}$

  (i) 지수가 서로 같으므로 밑이 서로 같을 때 등식이 성립한다.

      $x+1=5$에서 $x=4$

  (ii) 밑에 관계없이 등식이 성립하는 경우는 지수가 0일 때이다.

      $x^2-6x=x(x-6)=0$에서 $x=0$ 또는 $x=6$

  (i), (ii)에서 구하는 모든 실근의 합은 $4+0+6=10$이다.

(2) $x^{x^2}=x^{5x-6}$

  (ⅰ) 밑이 서로 같으므로 지수가 서로 같을 때 등식이 성립한다.

    $x^2=5x-6$에서 $x^2-5x+6=(x-2)(x-3)=0$

    $\therefore x=2$ 또는 $x=3$

  (ⅱ) 지수에 관계없이 등식이 성립하는 경우는 밑이 1일 때이다.

    $\therefore x=1 \; (\because x>0)$

  (ⅰ), (ⅱ)에서 구하는 모든 실근의 합은 $2+3+1=6$이다.

223   답 3

$\log_2 x=0$에서 $x=1$이고,

$-\log_2 \dfrac{x}{4}=0$에서 $\dfrac{x}{4}=1$, 즉 $x=4$이므로

$C(1,\,0)$, $D(4,\,0)$이다.

따라서 $\overline{CD}=3$이고, $\overline{AB}:\overline{CD}=5:2$이므로

$\overline{AB}=\dfrac{5}{2}\overline{CD}=\dfrac{15}{2}$이다.   …… ㉠

$\log_2 x=k$에서 $x=2^k$이고,

$-\log_2 \dfrac{x}{4}=k$에서 $\dfrac{x}{4}=2^{-k}$, 즉 $x=2^{2-k}$이므로

$A(2^k,\,k)$, $B(2^{2-k},\,k)$이다.

$\therefore \overline{AB}=2^k-2^{2-k}=\dfrac{15}{2} \; (\because ㉠)$

$2^k-2^{2-k}=\dfrac{15}{2}$의 양변에 2×2^k을 곱하면

$2\times 2^{2k}-2^3=15\times 2^k$

$2\times 2^{2k}-15\times 2^k-8=0$

$(2\times 2^k+1)(2^k-8)=0$

$2^k=8 \; (\because 2^k>0)$ $\therefore k=3$

224   답 ③

방정식 $|3^x-2a|+a=10$에서 $|3^x-2a|=10-a$이다.

이 방정식의 실근의 개수는 함수 $y=|3^x-2a|$의 그래프와 직선 $y=10-a$의 교점의 개수와 같다.

(ⅰ) $a\le 0$인 경우

    모든 실수 x에 대하여 $3^x-2a>0$이므로

    함수 $y=|3^x-2a|$의 그래프는 함수 $y=3^x-2a$의 그래프와 같다.

    따라서 직선 $y=10-a$와 두 점에서 만나는 경우는 존재하지 않는다.

(ⅱ) $a>0$인 경우

    함수 $y=|3^x-2a|$의 그래프는 함수 $y=3^x-2a$의 그래프의 x축 아랫부분을 x축에 대하여 대칭이동하면 되므로 다음 그림과 같다.

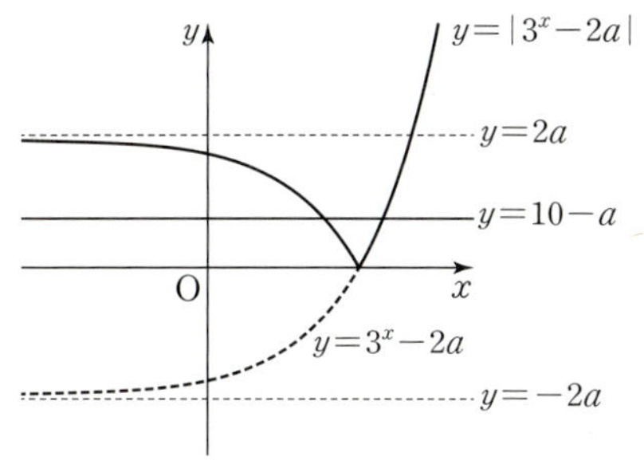

이때 함수 $y=|3^x-2a|$의 그래프가 직선 $y=10-a$와 서로 다른 두 점에서 만나려면 $0<10-a<2a$이어야 한다.

즉, $\dfrac{10}{3}<a<10$이다.

(ⅰ), (ⅱ)에 의하여 $\dfrac{10}{3}<a<10$이므로 정수 a의 최댓값은 $M=9$, 최솟값은 $m=4$이다.

$\therefore M+m=13$

225   답 ②

$4^x-2^{x+2}-k^2+4=0$에서

$2^{2x}-4\times 2^x-k^2+4=0$ …… ㉠

이때 $2^x=t$라 하면 $t>0$이고,

$t^2-4t-k^2+4=0$이다.   …… ㉡

㉠이 서로 다른 두 실근을 가지려면

㉡이 $t>0$일 때 서로 다른 두 실근을 가져야 한다.

즉, 이차방정식 $t^2-4t-k^2+4=0$이 서로 다른 두 양의 실근을 가져야 한다.

(ⅰ) ㉡의 판별식을 D라 하면 $D>0$이어야 한다.

    $\dfrac{D}{4}=(-2)^2-(-k^2+4)=k^2>0$에서 $k\ne 0$이다.

(ⅱ) 두 실근의 합이 양수이어야 한다.

    이때 두 실근의 합은 4이므로 항상 조건을 만족시킨다.

(ⅲ) 두 실근의 곱이 양수이어야 한다.

    두 실근의 곱은 $-k^2+4>0$이므로

    $k^2<4$ $\therefore -2<k<2$

(ⅰ)~(ⅲ)에 의하여 k의 값의 범위는 $-2<k<0$ 또는 $0<k<2$이다.

따라서 정수 k는 -1, 1로 2개이다.

226   답 ①

두 함수 $f(x)=4^x$, $g(x)=3\times 2^{x+2}-k+3$의 그래프의 두 교점의 x좌표가 각각 a, b이므로

방정식 $4^x=3\times 2^{x+2}-k+3$, 즉 $2^{2x}-12\times 2^x+k-3=0$의 두 실근이 a, b이다.

$2^{2x}-12\times 2^x+k-3=0$에서   …… ㉠

$2^x=t$라 하면 $t>0$이고,

$t^2-12t+k-3=0$이다.   …… ㉡

이때 $ab<0$이므로 a, b의 부호가 서로 달라야 한다.

$a<0$, $b>0$이면 $0<2^a<1$, $2^b>1$이고

$a>0$, $b<0$이면 $2^a>1$, $0<2^b<1$이므로

㉡은 서로 다른 두 실근 t_1, t_2를 갖고,

$0<t_1<1$, $t_2>1$이어야 한다.

이를 만족시키려면 이차함수

$h(t)=t^2-12t+k-3=(t-6)^2+k-39$

라 할 때, $h(0)>0$, $h(1)<0$을 만족시키면 된다.

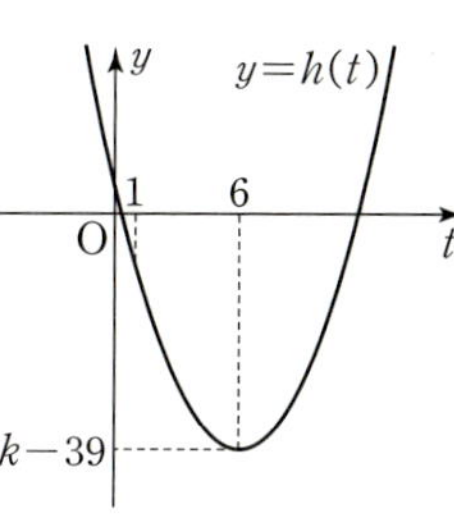

$h(0)=k-3>0$에서 $k>3$이고,
$h(1)=k-14<0$에서 $k<14$이므로
$3<k<14$이다.
따라서 구하는 자연수 k는 4, 5, 6, $\cdots$, 13으로 10개이다.

227
답 ②

약물의 혈중 농도가 5시간마다 $\dfrac{1}{2}$의 비율로 줄어든다고 하였으므로

t시간 후 약물의 혈중 농도는 현재의 $\left(\dfrac{1}{2}\right)^{\frac{t}{5}}$이다.

t시간 후 약물의 혈중 농도가 현재의 20 %가 된다고 하면

$\left(\dfrac{1}{2}\right)^{\frac{t}{5}}=\dfrac{20}{100}=\dfrac{1}{5}$

양변에 상용로그를 취하면

$\log\left(\dfrac{1}{2}\right)^{\frac{t}{5}}=\log\dfrac{1}{5}=\log\dfrac{2}{10},\ -\dfrac{t}{5}\log 2=\log 2-1$

$-\dfrac{t}{5}\times 0.3=0.3-1,\ -0.06t=-0.7$

$\therefore t=\dfrac{35}{3}$

따라서 $\dfrac{35}{3}\left(=11+\dfrac{2}{3}\right)$시간, 즉 11시간 40분 후이다.

228
답 ⑤

(i) $0<x<1$일 때

　　$x^{5x-6}>x^{3x}$에서 $5x-6<3x$, $x<3$

　　$\therefore 0<x<1$

(ii) $x=1$일 때

　　$x^{5x-6}>x^{3x}$에서 좌변과 우변의 값이 모두 1로 같으므로

　　부등식이 성립하지 않는다.

(iii) $x>1$일 때

　　$x^{5x-6}>x^{3x}$에서 $5x-6>3x$, $x>3$

　　$\therefore x>3$

(i)~(iii)에서 주어진 부등식의 해는

$0<x<1$ 또는 $x>3$

229
답 ④

$4^{x+1}-(k+16)2^{x+1}+16k<0$에서

$4\times 2^{2x}-2(k+16)2^x+16k<0$

$2\times 2^{2x}-(k+16)2^x+8k<0$

$(2\times 2^x-k)(2^x-8)<0$　　　　　…… ㉠

(i) $\dfrac{k}{2}<8$일 때

　　㉠에서 $\dfrac{k}{2}<2^x<8=2^3$

　　이를 만족시키는 정수 x가 1, 2로 2개 존재해야 하므로

　　$2^0\leq\dfrac{k}{2}<2^1$이어야 한다.

　　즉, $2\leq k<4$이므로 정수 k의 개수는 $4-2=2$이다.

(ii) $\dfrac{k}{2}=8$일 때

　　㉠에서 $2(2^x-8)^2<0$이므로 이를 만족시키는 실수 x의 값은
　　존재하지 않는다.

(iii) $\dfrac{k}{2}>8$일 때

　　㉠에서 $8=2^3<2^x<\dfrac{k}{2}$

　　이를 만족시키는 정수 x가 4, 5로 2개 존재해야 하므로

　　$2^5<\dfrac{k}{2}\leq 2^6$이어야 한다.

　　즉, $64<k\leq 128$이므로 정수 k의 개수는 $128-64=64$이다.

(i)~(iii)에서 구하는 정수 k의 개수는 $2+64=66$이다.

230
답 풀이 참조

$3^{2x}+3^{x+1}+k-3\geq 0$에서 $3^{2x}+3\times 3^x+k-3\geq 0$
$3^x=t$라 하면 모든 실수 x에 대하여 $t>0$이므로
$t>0$인 모든 실수 t에 대하여 부등식 $t^2+3t+k-3\geq 0$이
성립해야 한다.　　　　　　　　　　　　…… ㉠
$f(t)=t^2+3t+k-3$이라 하면

이차함수 $y=f(t)$의 그래프의 축의 방정식이 $t=-\dfrac{3}{2}$이므로

함수 $y=f(t)$의 그래프는 다음 그림과 같다.

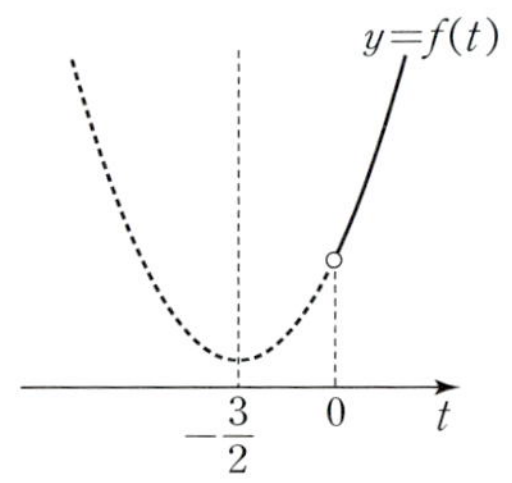

㉠을 만족시키려면 $f(0)\geq 0$이어야 한다.
$f(0)=k-3\geq 0$에서 $k\geq 3$
따라서 구하는 실수 k의 최솟값은 3이다.

채점 요소	배점
$3^x=t$로 치환하여 $t>0$인 모든 실수 t에 대하여 성립하는 이차부등식 구하기	50 %
$f(0)\geq 0$임을 이용하여 실수 k의 최솟값 구하기	50 %

231
답 ④

$\left(\dfrac{1}{2}\right)^{f(x)g(x)}\geq\left(\dfrac{1}{8}\right)^{g(x)}$에서

$\left(\dfrac{1}{2}\right)^{f(x)g(x)}\geq\left(\dfrac{1}{2}\right)^{3g(x)}$

이때 밑이 $\dfrac{1}{2}$로 $0<\dfrac{1}{2}<1$이므로

$f(x)g(x)\leq 3g(x)$

$g(x)\{f(x)-3\}\leq 0$

따라서 $g(x)\leq 0$, $f(x)-3\geq 0$ 또는 $g(x)\geq 0$, $f(x)-3\leq 0$이다.
주어진 그래프에 의하여
$g(x)\leq 0$, $f(x)\geq 3$을 동시에 만족시키는 자연수 x는 1이고,

$g(x)\geq0$, $f(x)\leq3$을 동시에 만족시키는 자연수 x는 3, 4, 5이다.
따라서 구하는 모든 자연수 x의 값의 합은
$1+3+4+5=13$

$\therefore t\leq\dfrac{1.3}{0.04}\times6=195$

따라서 이 식물성 플랑크톤이 살 수 있는 깊이는 최대 195 m이다.

232   답 ②

$f(x)=|9^x-3|$, $g(x)=2^{x+k}$이라 하자.
함수 $y=g(x)$는 x의 값이 커질 때 y의 값도 커지는 함수이므로
두 곡선 $y=f(x)$와 $y=g(x)$가 두 점에서 만나고,
이 두 점의 x좌표 x_1, x_2 $(x_1<x_2)$가 $x_1<0$, $0<x_2<2$를 만족시키려면 다음 그림과 같아야 한다.

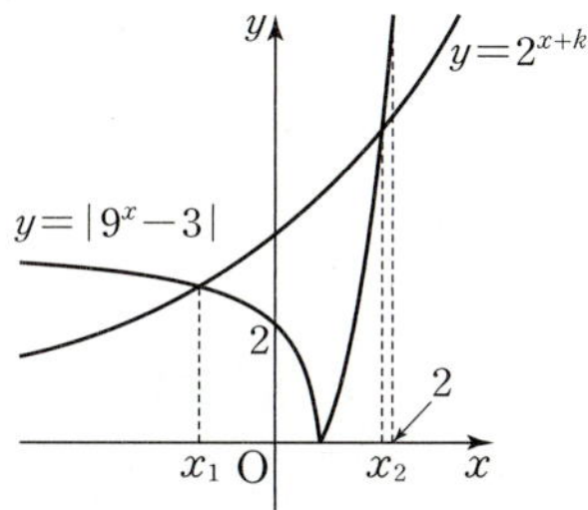

이때 두 곡선이 $x<0$에서 만나려면 $f(0)<g(0)$이어야 하고,
$0<x<2$에서 만나려면 $f(2)>g(2)$이어야 한다.
$f(0)<g(0)$에서 $|9^0-3|<2^k$
즉, $2^k>2$이므로 $k>1$이다.   …… ㉠
$f(2)>g(2)$에서 $|9^2-3|>2^{2+k}$
즉, $2^{k+2}<78$에서 $2^k<\dfrac{39}{2}$

이때 $2^4<\dfrac{39}{2}<2^5$이므로 자연수 k에 대하여 $k\leq4$이다.   …… ㉡

㉠, ㉡에 의하여 조건을 만족시키는 자연수 k는 2, 3, 4이므로
모든 자연수 k의 값의 합은 $2+3+4=9$이다.

233   답 ④

수면으로부터 6 m씩 내려갈 때마다 햇빛의 양이 8 %씩 감소되므로
수면으로부터 x m인 깊이에서의 햇빛의 양은 수면에 비치는 햇빛의
양의 $\left(\dfrac{92}{100}\right)^{\frac{x}{6}}$이다.

식물성 플랑크톤이 살 수 있는 깊이를 t m라 하면
이 식물성 플랑크톤은 햇빛의 양이 수면에 비치는 햇빛의 양의 5 %
이상이 도달하는 깊이까지 살 수 있으므로
$\left(\dfrac{92}{100}\right)^{\frac{t}{6}}\geq\dfrac{5}{100}$이다.
양변에 상용로그를 취하면
$\log(0.92)^{\frac{t}{6}}\geq\log\dfrac{1}{20}$

$\dfrac{t}{6}\log(9.2\times0.1)\geq-\log(2\times10)$

$\dfrac{t}{6}(\log9.2-1)\geq-(\log2+1)$

$\dfrac{t}{6}(0.96-1)\geq-(0.3+1)$

$\dfrac{t}{6}\times(-0.04)\geq-1.3$

234   답 6

올해 기업의 자기 자본을 A라 하면 부채는 $5A$이다.
매년 부채를 전년도의 10 %씩 줄이고, 자기 자본은 20 %씩
늘리므로 올해로부터 n년 후
자기 자본은 $A\left(\dfrac{120}{100}\right)^n$이고, 부채는 $5A\left(\dfrac{90}{100}\right)^n$이다.
올해로부터 n년 후 자기 자본이 부채보다 많아진다고 하면
$A\left(\dfrac{120}{100}\right)^n>5A\left(\dfrac{90}{100}\right)^n$

$\left(\dfrac{120}{90}\right)^n>5$

$\left(\dfrac{4}{3}\right)^n>5$

양변에 상용로그를 취하면
$\log\left(\dfrac{4}{3}\right)^n>\log5$

$n(2\log2-\log3)>1-\log2$
$n(2\times0.3010-0.4771)>1-0.3010$
$0.1249n>0.6990$

$\therefore n>\dfrac{6990}{1249}=5.5\cdots$

따라서 자기 자본이 처음으로 부채보다 많아지는 해는 올해로부터
6년 후이다.

235   답 ②

$\dfrac{P}{M}=1-a^{-kt}$

1일 후에 정보를 알고 있는 사람의 수는 전체 인구수의
$\dfrac{20}{100}=\dfrac{1}{5}$이므로 $\dfrac{1}{5}=1-a^{-k}$

$\therefore a^{-k}=\dfrac{4}{5}$ …… ㉠

x일 후에 전체 인구의 80 % 이상이 정보를 알게 된다고 하면
$1-a^{-kx}\geq\dfrac{80}{100}=\dfrac{4}{5}$

$1-\left(\dfrac{4}{5}\right)^x\geq\dfrac{4}{5}\,(\because ㉠)$

$\left(\dfrac{4}{5}\right)^x\leq\dfrac{1}{5}$

양변에 상용로그를 취하면
$\log\left(\dfrac{4}{5}\right)^x\leq\log\dfrac{1}{5}$

$x(2\log2-\log5)\leq-\log5$
$x\{2\log2-(1-\log2)\}\leq\log2-1$
$x(3\log2-1)\leq\log2-1$
$-0.097x\leq-0.699$

$\therefore x\geq\dfrac{0.699}{0.097}=7.2\cdots$

따라서 전체 인구의 80 % 이상이 정보를 알게 되는 데 최소 8일이
걸린다.

236   답 ⑤

방정식 $x^{\log_3 x}-27x^4=0$에서
$$x^{\log_3 x}=27x^4$$
양변에 밑이 3인 로그를 취하면
$$\log_3 x^{\log_3 x}=\log_3 27x^4$$
$$(\log_3 x)\times(\log_3 x)=\log_3 27+\log_3 x^4$$
$$(\log_3 x)^2=3+4\log_3 x$$
$$(\log_3 x)^2-4\log_3 x-3=0$$
이 방정식의 두 실근을 α, β라 하면
이차방정식의 근과 계수의 관계에 의하여
$$\log_3 \alpha+\log_3 \beta=\log_3 \alpha\beta=4$$이므로
$$\alpha\beta=81$$

237   답 ③

$x^{\log_2 \frac{x}{4}}=\left(\dfrac{x}{4}\right)^{\log_x 2}$에서 로그의 밑과 진수 조건에 의하여 $x>0$, $x\neq 1$

$\left(\dfrac{x}{4}\right)^{\log_2 x}=\left(\dfrac{x}{4}\right)^{\log_x 2}$에서

(i) 지수가 같은 경우

    $\log_2 x=\log_x 2$, $\log_2 x=\dfrac{1}{\log_2 x}$, $(\log_2 x)^2=1$

    $\log_2 x=1$ 또는 $\log_2 x=-1$

    $\therefore x=2$ 또는 $x=\dfrac{1}{2}$

(ii) 밑이 1인 경우

    $\dfrac{x}{4}=1$이므로 $x=4$

(i), (ii)에서 모든 실근의 합은 $2+\dfrac{1}{2}+4=\dfrac{13}{2}$이다.

238   답 ②

$5^{\log x}\times x^{\log 5}-13(5^{\log x}+x^{\log 5})+25=0$에서
$$5^{\log x}\times 5^{\log x}-13(5^{\log x}+5^{\log x})+25=0$$
$$(5^{\log x})^2-26\times 5^{\log x}+25=0$$
$5^{\log x}=t$ $(t>0)$라 하면
$$t^2-26t+25=(t-1)(t-25)=0$$
$$t=1 \text{ 또는 } t=25$$
즉, $5^{\log x}=1$ 또는 $5^{\log x}=25$
$$\log x=0 \text{ 또는 } \log x=2$$
$$\therefore x=1 \text{ 또는 } x=100$$
따라서 모든 실근의 합은 $1+100=101$이다.

239   답 ①

$(\log_2 2x)^2-(\log_2 x)\left(\log_2 \dfrac{1}{x}\right)=k\log_2 x^3$에서

$(\log_2 x+1)^2-(\log_2 x)(-\log_2 x)-3k\log_2 x=0$

$2(\log_2 x)^2+(2-3k)\log_2 x+1=0$
$\log_2 x=t$라 하면 $2t^2+(2-3k)t+1=0$
이 이차방정식의 서로 다른 두 실근이 $\log_2 \alpha$, $\log_2 \beta$이므로
이차방정식의 근과 계수의 관계에 의하여
$$\log_2 \alpha+\log_2 \beta=-\dfrac{2-3k}{2}$$
$$\dfrac{3k-2}{2}=\log_2 \alpha\beta=\log_2 2\sqrt{2}=\dfrac{3}{2}$$이므로
$$3k-2=3$$
$$\therefore k=\dfrac{5}{3}$$

240   답 풀이 참조

$(\log_2 x)^2+8=k\log_2 x$에서
$$(\log_2 x)^2-k\log_2 x+8=0$$
$\log_2 x=t$라 하면 $t^2-kt+8=0$
$\alpha:\beta=1:4$에서 $\beta=4\alpha$이고, 이 이차방정식의 서로 다른 두 실근이
$\log_2 \alpha$, $\log_2 4\alpha$이므로
이차방정식의 근과 계수의 관계에 의하여
$$\log_2 \alpha+\log_2 4\alpha=k \qquad \cdots\cdots \text{㉠}$$
$$\log_2 \alpha\times\log_2 4\alpha=8 \qquad \cdots\cdots \text{㉡}$$
㉡에서 $\log_2 \alpha(\log_2 \alpha+2)=8$이므로
$$(\log_2 \alpha)^2+2\log_2 \alpha-8=0$$
$$(\log_2 \alpha+4)(\log_2 \alpha-2)=0$$
$$\log_2 \alpha=-4 \text{ 또는 } \log_2 \alpha=2$$
$$\therefore \alpha=2^{-4}=\dfrac{1}{16} \text{ 또는 } \alpha=2^2=4$$

㉠에서 $\alpha=\dfrac{1}{16}$이면 $k=-6$이고, $\alpha=4$이면 $k=6$이다.
그런데 $k<0$이므로
$$k=-6, \ \alpha=\dfrac{1}{16}$$
$$\therefore \alpha k=\dfrac{1}{16}\times(-6)=-\dfrac{3}{8}$$

채점 요소	배점
이차방정식의 근과 계수의 관계를 이용하여 두 실근의 합과 곱을 식으로 나타내기	40 %
두 식을 연립하여 방정식 풀기	40 %
α, k의 값을 구하여 αk의 값 구하기	20 %

241   답 ⑤

$a=10$, $c=8$일 때 $b=4$이므로
$$\log \dfrac{4}{10}=-1+k\log 8$$
$$\log 4-1=-1+k\log 8$$
$$2\log 2=3k\log 2$$
$$\therefore k=\dfrac{2}{3}$$
$a=20$, $c=27$일 때 $b=x$라 하면
$$\log \dfrac{x}{20}=-1+\dfrac{2}{3}\log 27$$

$$\log\left(\frac{x}{2}\times\frac{1}{10}\right)=-1+\frac{2}{3}\log 3^3$$

$$\log\frac{x}{2}-1=-1+2\log 3$$

$$\log\frac{x}{2}=2\log 3=\log 9$$

$$\frac{x}{2}=9$$

$$\therefore x=18$$

따라서 구하는 활성탄 A에 흡착되는 염료 B의 질량은 18 g이다.

242   답 ②

$2^x<3^{20}<2^{x+1}$의 각 변에 상용로그를 취하면

$\log 2^x<\log 3^{20}<\log 2^{x+1}$

$x\log 2<20\log 3<(x+1)\log 2$

$\dfrac{20\log 3}{\log 2}-1<x<\dfrac{20\log 3}{\log 2}$

이때 $\dfrac{20\log 3}{\log 2}=\dfrac{20\times 0.4771}{0.3010}=31.7\cdots$이므로

정수 x는 31이다.

243   답 ③

로그의 진수 조건에서 $|x-2|>0$이므로 $x\neq 2$

$4\log_2|x-2|\leq 5-\log_2\dfrac{1}{8}=5-\log_2 2^{-3}=8$이므로

$\log_2|x-2|\leq 2$

$|x-2|\leq 2^2$

$-4\leq x-2\leq 4$

$\therefore -2\leq x\leq 6$

따라서 정수 x는 -2, -1, 0, 1, 3, 4, 5, 6으로 8개이다.

244   답 1000

$\log x^2-\log\sqrt[3]{x}=2\log x-\dfrac{1}{3}\log x=\dfrac{5}{3}\log x$가 정수이어야 한다.

$10<x<100$에서 $1<\log x<2$이므로

$\dfrac{5}{3}<\dfrac{5}{3}\log x<\dfrac{10}{3}$이다.

이때 가능한 정수 $\dfrac{5}{3}\log x$의 값은 2, 3이므로

$\dfrac{5}{3}\log x=2$일 때 $\log x=\dfrac{6}{5}$, 즉 $x=10^{\frac{6}{5}}$

$\dfrac{5}{3}\log x=3$일 때 $\log x=\dfrac{9}{5}$, 즉 $x=10^{\frac{9}{5}}$

따라서 구하는 모든 실수 x의 값의 곱은

$10^{\frac{6}{5}}\times 10^{\frac{9}{5}}=10^3=1000$이다.

245   답 3

(i) $\log_{\frac{1}{2}}(\log_5 x)\geq 0$의 해

   진수 조건에 의하여 $x>0$, $\log_5 x>0$이다. 즉, $x>1$이다.

$\log_{\frac{1}{2}}(\log_5 x)\geq 0$에서

밑이 $\dfrac{1}{2}$로 1보다 작으므로

$\log_5 x\leq 1$

밑이 5로 1보다 크므로

$x\leq 5$

$\therefore 1<x\leq 5$

(ii) $2\log_2(x-2)\leq 1+\log_2\left(x+\dfrac{31}{2}\right)$의 해

진수 조건에 의하여 $x-2>0$, $x+\dfrac{31}{2}>0$이다. 즉, $x>2$이다.

주어진 부등식은 $\log_2(x-2)^2\leq\log_2(2x+31)$이고,

밑이 2로 1보다 크므로

$(x-2)^2\leq 2x+31$

$x^2-6x-27\leq 0$

$(x+3)(x-9)\leq 0$

$-3\leq x\leq 9$

$\therefore 2<x\leq 9$

(i), (ii)에 의하여 연립부등식의 해는

$2<x\leq 5$

따라서 정수 x는 3, 4, 5로 3개이다.

246   답 2

부등식 $|\log_2(x+1)-1|\leq a$에서 진수 조건에 의하여 $x>-1$이고,

a의 최댓값을 찾아야 하므로 a를 양수라 하면

$-a\leq\log_2(x+1)-1\leq a$

$1-a\leq\log_2(x+1)\leq a+1$

$2^{1-a}\leq x+1\leq 2^{a+1}$

$2^{1-a}-1\leq x\leq 2^{a+1}-1$

$\therefore A=\{x\,|\,2^{1-a}-1\leq x\leq 2^{a+1}-1\}$

한편, 부등식 $\left(\dfrac{1}{\sqrt{2}}\right)^{2x^2-18}\geq\left(\dfrac{1}{16}\right)^{x+3}$에서

$\left(\dfrac{1}{2}\right)^{\frac{1}{2}(2x^2-18)}\geq\left(\dfrac{1}{2}\right)^{4(x+3)}$

$\left(\dfrac{1}{2}\right)^{x^2-9}\geq\left(\dfrac{1}{2}\right)^{4x+12}$

$x^2-9\leq 4x+12$

$x^2-4x-21\leq 0$

$(x+3)(x-7)\leq 0$

$-3\leq x\leq 7$

$\therefore B=\{x\,|-3\leq x\leq 7\}$

이때 $A\cap B=A$이려면 $A\subset B$이어야 하므로

$-3\leq 2^{1-a}-1$이고 $2^{a+1}-1\leq 7$이어야 한다.

$-2\leq 2^{1-a}$은 2^{1-a}이 양수이므로 항상 만족하고,

$2^{a+1}\leq 8=2^3$에서 $a+1\leq 3$이므로 $a\leq 2$이다.

따라서 실수 a의 최댓값은 2이다.

247   답 $-3\leq x<-2$

$f(-2)=f(2)=0$이므로 이차함수 $y=f(x)$는 y축에 대하여

대칭이고, 직선 $y=g(-x)$는 직선 $y=g(x)$를 y축에 대하여

대칭이동한 것이다.

따라서 두 함수 $y=f(x)$, $y=g(-x)$의 그래프의 교점은
두 함수 $y=f(x)$, $y=g(x)$의 그래프의 교점과 y축에 대하여
대칭이다.

즉, 두 함수 $y=f(x)$, $y=g(-x)$의 그래프의 두 교점의 x좌표는
각각 -3, 2이다.

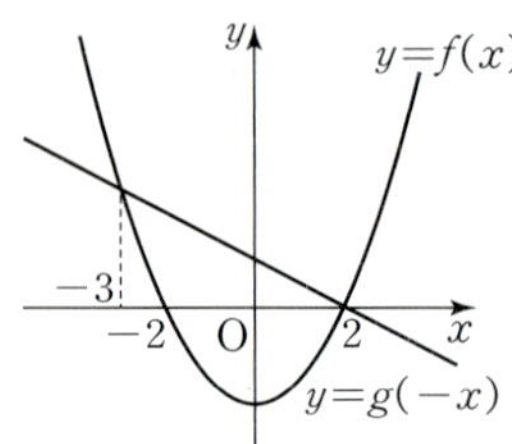

부등식 $\log_{0.2} f(x) \geq \log_{0.2} g(-x)$에서
로그의 진수는 양수이므로

$f(x)>0$에서 $x<-2$ 또는 $x>2$ ······ ㉠

$g(-x)>0$에서 $x<2$ ······ ㉡

$\log_{0.2} f(x) \geq \log_{0.2} g(-x)$에서 $f(x) \leq g(-x)$이므로

$-3 \leq x \leq 2$ ······ ㉢

㉠, ㉡, ㉢에서 구하는 x의 값의 범위는

$-3 \leq x < -2$

248
답 ④

(ⅰ) $1-\log k=0$일 때

　$\log k=1$에서 $k=10$

　이때 주어진 부등식은 $8 \geq 0$이므로 항상 성립한다.

(ⅱ) $1-\log k \neq 0$일 때

　x에 대한 이차부등식 $(1-\log k)x^2+4(1-\log k)x+8 \geq 0$이

　모든 실수 x에 대하여 성립하려면

　이차항의 계수가 $1-\log k>0$이고,

　이차방정식 $(1-\log k)x^2+4(1-\log k)x+8=0$의 판별식을

　D라 할 때, $D \leq 0$이어야 한다.

　$1-\log k>0$에서 $\log k<1$이므로 $k<10$ ······ ㉠

　이때 진수 조건에서 $k>0$ ······ ㉡

　$\dfrac{D}{4}=4(1-\log k)^2-8(1-\log k)$

　　$=4(1-\log k)\{(1-\log k)-2\}$

　　$=4(\log k-1)(\log k+1) \leq 0$

　에서 $-1 \leq \log k \leq 1$이므로 $\dfrac{1}{10} \leq k \leq 10$ ······ ㉢

　㉠, ㉡, ㉢에 의하여 $\dfrac{1}{10} \leq k < 10$

(ⅰ), (ⅱ)에 의하여 $\dfrac{1}{10} \leq k \leq 10$

따라서 정수 k는 1, 2, 3, $\cdots$, 10으로 10개이다.

249
답 (1) $a>\dfrac{1}{16}$　(2) $k<-8$ 또는 $k>8$

(1) $(\log_3 x)^2+\log_9 x+a>0$에서

　$(\log_3 x)^2+\dfrac{1}{2}\log_3 x+a>0$

　$2(\log_3 x)^2+\log_3 x+2a>0$

$\log_3 x=t$라 하면 모든 실수 t에 대하여
부등식 $2t^2+t+2a>0$이 성립하면 된다.
이차방정식 $2t^2+t+2a=0$의 판별식을 D라 하면

　$D=1-16a<0$이므로 $a>\dfrac{1}{16}$

(2) $k^2 x^{\log_2 x+4}>4$의 양변에 밑이 2인 로그를 취하면

　$\log_2 k^2+\log_2 x^{\log_2 x+4}>\log_2 4$

　$2\log_2|k|+(\log_2 x+4)\log_2 x-2>0$

　$(\log_2 x)^2+4\log_2 x+2\log_2|k|-2>0$

　$\log_2 x=t$라 하면 모든 실수 t에 대하여

　부등식 $t^2+4t+2\log_2|k|-2>0$이 성립하면 된다.

　이차방정식 $t^2+4t+2\log_2|k|-2=0$의 판별식을 D라 하면

　$\dfrac{D}{4}=4-2\log_2|k|+2<0$이므로

　$\log_2|k|>3$, $|k|>2^3=8$

　$\therefore k<-8$ 또는 $k>8$

250
답 ②

정수 필터로 정수 작업을 한 번 할 때마다 불순물의 양을 $x\%$ 제거
할 수 있으므로 4개의 정수 필터를 통과한 후의 불순물의 양은

처음의 $\left(1-\dfrac{x}{100}\right)^4$이다.

이 불순물의 양이 처음의 10% 이하이려면

$\left(1-\dfrac{x}{100}\right)^4 \leq \dfrac{1}{10}$

양변에 상용로그를 취하면

$\log\left(1-\dfrac{x}{100}\right)^4 \leq \log\dfrac{1}{10}$

$4\log\left(1-\dfrac{x}{100}\right) \leq -1$

$\log\left(1-\dfrac{x}{100}\right) \leq -0.25$

이때 $-0.25=-1+0.75=-1+\log 5.62=\log 0.562$
이므로

$1-\dfrac{x}{100} \leq 0.562$

$\dfrac{x}{100} \geq 1-0.562=0.438$

$\therefore x \geq 43.8$

따라서 구하는 자연수 x의 최솟값은 44이다.

251
답 ④

직선 $y=x$ 위의 점의 x좌표와 y좌표가 서로 같음을 이용하여 주어진
그래프에서 y좌표의 값을 나타내면 다음 그림과 같다.

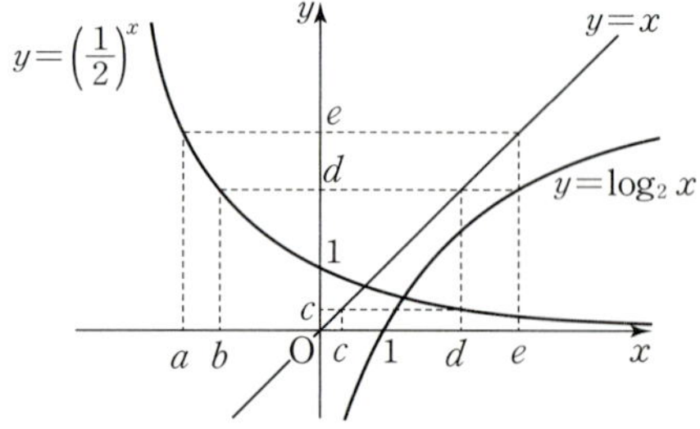

ㄱ. 함수 $y=\left(\dfrac{1}{2}\right)^x$의 그래프에서 $\left(\dfrac{1}{2}\right)^b=d$, $\left(\dfrac{1}{2}\right)^d=c$이므로

$\left(\dfrac{1}{2}\right)^{b+d}=\left(\dfrac{1}{2}\right)^b\times\left(\dfrac{1}{2}\right)^d=cd$이다. (거짓)

ㄴ. 함수 $y=\left(\dfrac{1}{2}\right)^x$의 그래프에서 $\left(\dfrac{1}{2}\right)^a=e$이므로

$a=\log_{\frac{1}{2}} e=-\log_2 e$이다.

함수 $y=\log_2 x$의 그래프에서 $\log_2 e=d$이다.

$\therefore a+d=-\log_2 e+\log_2 e=0$ (참)

ㄷ. 함수 $y=\left(\dfrac{1}{2}\right)^x$의 그래프에서 $\left(\dfrac{1}{2}\right)^d=c$이다.

함수 $y=\log_2 x$의 그래프에서 $\log_2 e=d$이므로 $2^d=e$이다.

$\therefore ce=\left(\dfrac{1}{2}\right)^d\times 2^d=1$ (참)

따라서 옳은 것은 ㄴ, ㄷ이다.

252   답 $\dfrac{1}{2}$

$\log_2 \dfrac{1}{y}=(\log_4 x)^2$에서 $-\log_2 y=\left(\dfrac{1}{2}\log_2 x\right)^2$이므로

$\log_2 y=-\dfrac{1}{4}(\log_2 x)^2$ …… ㉠

한편, $\log_2 \dfrac{y}{4x}$가 최대일 때 $\dfrac{y}{4x}$가 최대이다.

$\log_2 \dfrac{y}{4x}=\log_2 y-\log_2 4x$

$\qquad\quad =\log_2 y-\log_2 x-2$

$\qquad\quad =-\dfrac{1}{4}(\log_2 x)^2-\log_2 x-2\ (\because ㉠)$

$\qquad\quad =-\dfrac{1}{4}(\log_2 x+2)^2-1$

이므로 $\log_2 x=-2$, 즉 $x=\dfrac{1}{4}$일 때 최댓값 -1을 갖는다.

따라서 $\log_2 \dfrac{y}{4x}=-1$일 때 $\dfrac{y}{4x}=\dfrac{1}{2}$이므로

$\dfrac{y}{4x}$의 최댓값은 $\dfrac{1}{2}$이다.

253   답 ③

$4(x^2-11x+29)^{x-8}-3=1$에서

$(x^2-11x+29)^{x-8}=1$

(i) 지수가 0이면 항상 등식이 성립한다.

$x-8=0$에서 $x=8$

(ii) 밑이 1이면 항상 등식이 성립한다.

$x^2-11x+29=1$에서

$x^2-11x+28=(x-4)(x-7)=0$

$\therefore x=4$ 또는 $x=7$

(iii) $x^2-11x+29=-1$이면 지수가 $2m$ (m은 정수)일 때 등식이 성립한다.

$x^2-11x+29=-1$에서

$x^2-11x+30=(x-5)(x-6)=0$

$\therefore x=5$ 또는 $x=6$

$x=5$일 때 지수는 $x-8=-3$

$x=6$일 때 지수는 $x-8=-2$

이므로 등식이 성립하는 경우는 $x=6$일 때이다.

(i)~(iii)에서 모든 실근의 합은

$8+4+7+6=25$이다.

254   답 ④

점 A는 함수 $y=2^x$의 그래프 위의 점이고 x좌표가 a이므로 점 A의 좌표는 $(a,\ 2^a)$이다.

이때 두 점 A, B의 y좌표가 서로 같으므로

$2^a=15\times 2^{-x}$에서 $2^a=\dfrac{15}{2^x}$, $2^x=\dfrac{15}{2^a}$

$\therefore x=\log_2 \dfrac{15}{2^a}$

$\qquad =\log_2 15-\log_2 2^a$

$\qquad =\log_2 15-a$

$\therefore \mathrm{B}(\log_2 15-a,\ 2^a)$

$\overline{\mathrm{AB}}=a-(\log_2 15-a)$

$\qquad\ =2a-\log_2 15$

이때 $1<\overline{\mathrm{AB}}<100$이므로

$1<2a-\log_2 15<100$

$1+\log_2 15<2a<100+\log_2 15$

한편, $3<\log_2 15<4$이므로

$1+3.\times\times\times<2a<100+3.\times\times\times$

$4.\times\times\times<2a<103.\times\times\times$

$\therefore 2.\times\times\times<a<51.\times\times\times$

따라서 구하는 자연수 a는 3, 4, 5, …, 51로 49개이다.

다른 풀이

점 B의 x좌표를 b라 하면

$15\times 2^{-b}=2^a$, $2^b=15\times 2^{-a}$

$\log_2 2^b=\log_2 (15\times 2^{-a})$

즉, $b=\log_2 (15\times 2^{-a})$이므로

$\mathrm{B}(\log_2 (15\times 2^{-a}),\ 2^a)$

$\therefore \overline{\mathrm{AB}}=a-\log_2 (15\times 2^{-a})$

$\qquad\quad =\log_2 2^a-\log_2 (15\times 2^{-a})$

$\qquad\quad =\log_2 \dfrac{2^a}{15\times 2^{-a}}=\log_2 \dfrac{2^{2a}}{15}=\log_2 \dfrac{4^a}{15}$

이때 $1<\overline{\mathrm{AB}}<100$이므로 $1<\log_2 \dfrac{4^a}{15}<100$에서

$\log_2 2<\log_2 \dfrac{4^a}{15}<\log_2 2^{100}=\log_2 4^{50}$

밑이 1보다 크므로

$2<\dfrac{4^a}{15}<4^{50}$

$\therefore 30<4^a<4^{50}\times 15$

이때 a는 자연수이고 $4^2<30<4^3$, $4^{51}<4^{50}\times 15<4^{52}$이므로

$3\le a\le 51$

따라서 구하는 자연수 a는 3, 4, 5, …, 51로 49개이다.

255

답 $a \geq 4$

$4^x + 4^{-x} + 18 = a(2^{1+x} + 2^{1-x})$ 에서

$2^{2x} + 2^{-2x} - 2a(2^x + 2^{-x}) + 18 = 0$

이때 $2^{2x} + 2^{-2x} = (2^x + 2^{-x})^2 - 2$이므로

$(2^x + 2^{-x})^2 - 2a(2^x + 2^{-x}) + 16 = 0$ ...... ㉠

$t = 2^x + 2^{-x}$이라 하면 $t^2 - 2at + 16 = 0$

$2^x > 0$, $2^{-x} > 0$이므로 산술평균과 기하평균의 관계에 의하여

$t = 2^x + 2^{-x} \geq 2\sqrt{2^x \times 2^{-x}} = 2$

(단, 등호는 $2^x = 2^{-x}$, 즉 $x = 0$일 때 성립한다.)

따라서 ㉠이 적어도 하나의 실근을 가지려면

방정식 $t^2 - 2at + 16 = 0$이 2 이상의 실근을 적어도 하나 가져야 한다.

즉, $f(t) = t^2 - 2at + 16$이라 하면 이차함수 $y = f(t)$의 그래프가

$t \geq 2$인 범위에서 t축과 만나야 한다.

이차함수 $y = f(t)$의 그래프의 축이 직선 $t = a$이므로 a의 값의

범위에 따라 구하면 다음과 같다.

(i) $a \leq 2$일 때

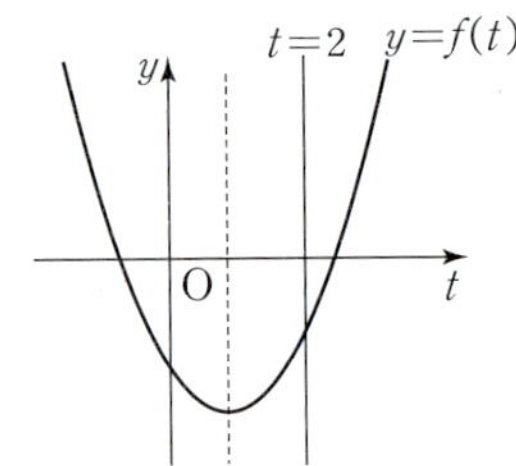

$t \geq 2$에서 함수 $y = f(t)$의 그래프가 t축과 만나려면

$f(2) \leq 0$을 만족시켜야 한다.

$f(2) = 4 - 4a + 16 \leq 0$에서 $a \geq 5$

따라서 $a \leq 2$이고 $a \geq 5$인 실수 a의 값이 존재하지 않는다.

(ii) $a > 2$일 때

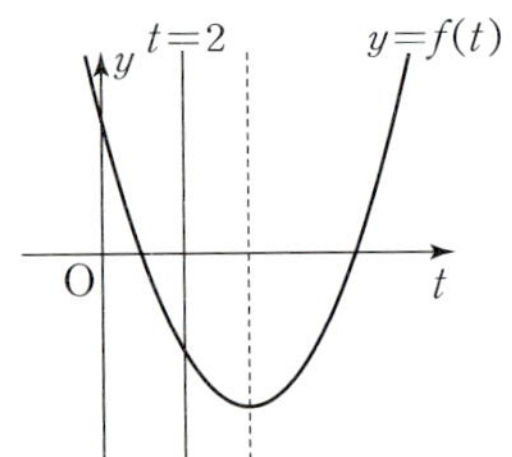

$t \geq 2$에서 함수 $y = f(t)$의 그래프가 t축과 만나려면

이차방정식 $t^2 - 2at + 16 = 0$의 판별식을 D라 할 때

$\dfrac{D}{4} = a^2 - 16 \geq 0$

$(a+4)(a-4) \geq 0$

$a \leq -4$ 또는 $a \geq 4$

$\therefore a \geq 4 \ (\because a > 2)$

(i), (ii)에서 구하는 실수 a의 값의 범위는 $a \geq 4$이다.

256

답 ③

선분 PQ가 원 C의 지름이므로 선분 PQ의 중점은 원 C의 중심

$\left(\dfrac{5}{4},\ 0\right)$과 일치한다.

따라서 곡선 $y = \log_a x$ 위의 점 P의 좌표를 $\left(t,\ \log_a t\right)\left(t > \dfrac{5}{4}\right)$라

하면 점 Q의 좌표는 $\left(\dfrac{5}{2} - t,\ -\log_a t\right)$이다.

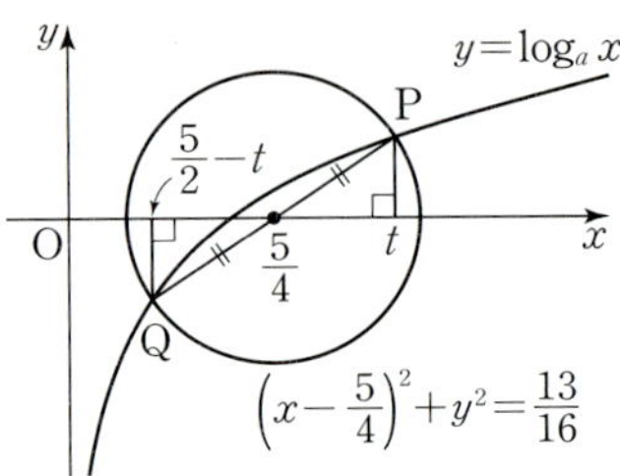

이때 점 Q도 곡선 $y = \log_a x$ 위의 점이므로

$-\log_a t = \log_a\left(\dfrac{5}{2} - t\right)$에서

$\log_a t^{-1} = \log_a\left(\dfrac{5}{2} - t\right)$

$\dfrac{1}{t} = \dfrac{5}{2} - t$

양변에 $2t$를 곱하여 정리하면

$2t^2 - 5t + 2 = 0$, $(2t - 1)(t - 2) = 0$

$\therefore t = 2 \left(\because t > \dfrac{5}{4}\right)$

또한 점 $P(2,\ \log_a 2)$와 원 C의 중심 $\left(\dfrac{5}{4},\ 0\right)$ 사이의 거리는

원 C의 반지름의 길이와 같으므로

$\sqrt{\left(2 - \dfrac{5}{4}\right)^2 + (\log_a 2 - 0)^2} = \sqrt{\dfrac{13}{16}}$

$\dfrac{9}{16} + (\log_a 2)^2 = \dfrac{13}{16}$

$(\log_a 2)^2 = \dfrac{1}{4}$

이때 $a > 1$이므로 $\log_a 2 > 0$이다.

따라서 $\log_a 2 = \dfrac{1}{2}$, $a^{\frac{1}{2}} = 2$이므로

$a = 2^2 = 4$

257

답 36

곡선 $y = \left(\dfrac{1}{5}\right)^{x-3}$과 직선 $y = x$가 만나는 점의 x좌표가 k이므로

$\left(\dfrac{1}{5}\right)^{k-3} = k$에서 $5^{3-k} = k$

$5^3 = k \times 5^k$, $5^9 = k^3 \times 5^{3k}$

$\therefore \dfrac{1}{k^3 \times 5^{3k}} = \left(\dfrac{1}{5}\right)^9$ ...... ㉠

또한 곡선 $y = \left(\dfrac{1}{5}\right)^{x-3}$이 두 점 $(2, 5)$, $(3, 1)$을 지나므로

$2 < k < 3$ ...... ㉡

이때 $x > k$인 모든 실수 x에 대하여 $f(x) = \left(\dfrac{1}{5}\right)^{x-3}$이므로

㉠, ㉡에 의하여 $f(12) = \left(\dfrac{1}{5}\right)^9 = \dfrac{1}{k^3 \times 5^{3k}}$

또한 $f(f(x)) = 3x$이므로 $f(f(12)) = 3 \times 12 = 36$

$\therefore f\left(\dfrac{1}{k^3 \times 5^{3k}}\right) = f(f(12)) = 36$

258

답 ①

ㄱ. (반례) $a = \dfrac{1}{3}$, $b = 3$이면

$(\log_a 3) \times (\log_b 3) = -1 < 0$이다. (거짓) ...... **TIP 1**

ㄴ. 함수 $y=\log_2(x+2)$의 그래프는 함수 $y=\log_2 x$의 그래프를
   x축의 방향으로 -2만큼 평행이동한 것이고,
   함수 $y=\log_3(x+3)$의 그래프는 함수 $y=\log_3 x$의 그래프를
   x축의 방향으로 -3만큼 평행이동한 것이므로 다음 그림과 같다.

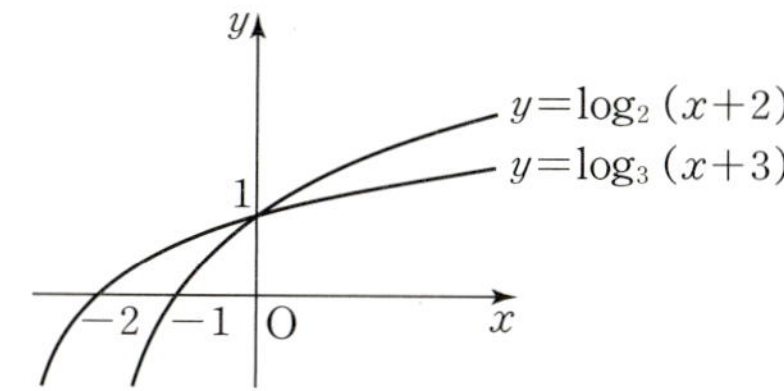

$x>0$일 때 $\log_2(x+2)>\log_3(x+3)$이므로
모든 양수 a에 대하여 $\log_2(a+2)>\log_3(a+3)$이다. (참)

ㄷ. (반례) $\log_2(a+1)=\log_3(b+3)=2$일 때,
   $a+1=4$에서 $a=3$
   $b+3=9$에서 $b=6$이므로
   $a<b$이다. (거짓) ...... **TIP 2**

따라서 옳은 것은 ㄴ이다.

TIP 1

두 양수 a, b의 범위에 따라 $(\log_a 3)\times(\log_b 3)$의 부호가 다음과
같다.

❶ $1<a<b$일 때   ❷ $0<a<1<b$일 때   ❸ $0<a<b<1$일 때

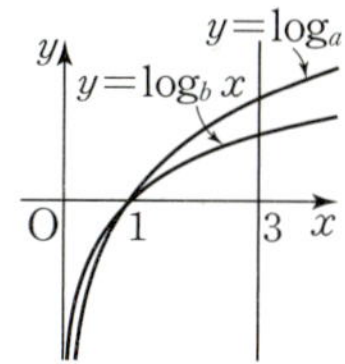 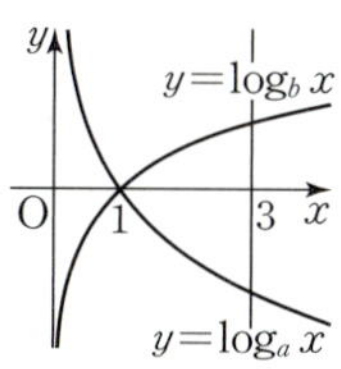 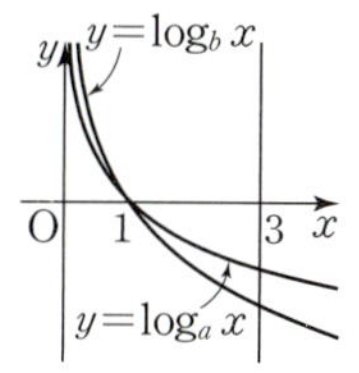

$(\log_a 3)\times(\log_b 3)>0$ $(\log_a 3)\times(\log_b 3)<0$ $(\log_a 3)\times(\log_b 3)>0$

TIP 2

다음 그림과 같이 두 함수의 그래프가 만나는 점을 (p, q)라
하면 $p>0$이다.

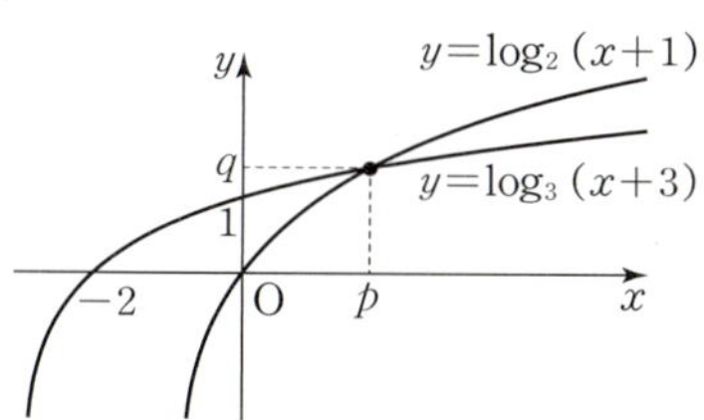

두 함수가 $x=p$의 양쪽에서 대소가 바뀌므로
$\log_2(a+1)=\log_3(b+3)<q$이면 $b<a$이고,
$\log_2(a+1)=\log_3(b+3)>q$이면 $a<b$이다.

259 ...... 답 20

두 함수 $y=\log_m x-2$, $y=\log_n x$의 그래프가 만나는 점의 y좌표 k
가 $1\leq k\leq 2$를 만족시켜야 하므로 두 그래프의 교점은 직선 $y=1$,
$y=2$ 위에 있거나 두 직선 사이에 놓여야 한다. ...... ㉠

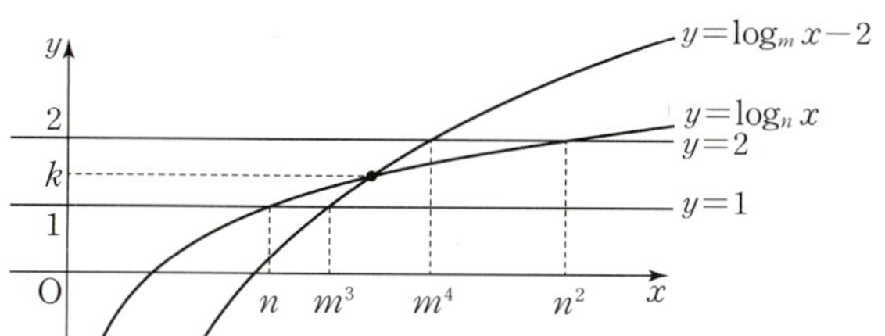

함수 $y=\log_m x-2$의 그래프와 두 직선 $y=1$, $y=2$의 교점의
x좌표를 각각 구하면
$\log_m x-2=1$에서 $x=m^3$
$\log_m x-2=2$에서 $x=m^4$
함수 $y=\log_n x$의 그래프와 두 직선 $y=1$, $y=2$의 교점의
x좌표를 각각 구하면
$\log_n x=1$에서 $x=n$
$\log_n x=2$에서 $x=n^2$
따라서 ㉠을 만족시키려면 $n\leq m^3$과 $m^4\leq n^2$을 동시에 만족시켜야
한다.
이때 $m^4\leq n^2$에서 m, n이 양수이므로 $m^2\leq n$이다.
$\therefore m^2\leq n\leq m^3$
이를 만족시키는 $1<m<n<20$인 자연수 m, n을 찾으면
$m=2$일 때 $4\leq n\leq 8$이므로 n의 개수는 5이다.
$m=3$일 때 $9\leq n<20$이므로 n의 개수는 11이다.
$m=4$일 때 $16\leq n<20$이므로 n의 개수는 4이다.
따라서 조건을 만족시키는 순서쌍 (m, n)의 개수는
$5+11+4=20$이다.

260 ...... 답 ③

ㄱ. 곡선 $y=\log_2 x$와 직선 $y=-x+5$의 교점을 A'이라 하면
   두 함수 $y=2^x$, $y=\log_2 x$는 서로 역함수 관계이므로
   $A'(a_2, a_1)$이다.
   $\therefore a_1>b_2$ (참)

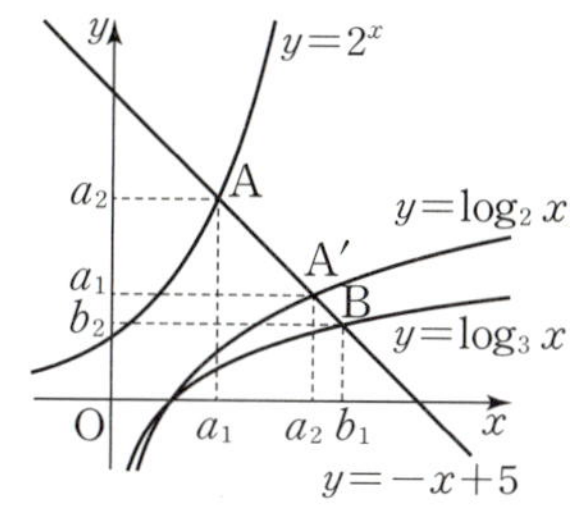

ㄴ. 두 점 $A(a_1, a_2)$, $B(b_1, b_2)$가 직선 $y=-x+5$ 위의 점이므로
   $a_2=-a_1+5$, $b_2=-b_1+5$
   $\dfrac{b_1+b_2}{a_1+a_2}=\dfrac{5}{5}=1$, $\dfrac{b_1-a_1}{a_2-b_2}=\dfrac{b_1-a_1}{-a_1+b_1}=1$이므로
   $\dfrac{b_1+b_2}{a_1+a_2}=\dfrac{b_1-a_1}{a_2-b_2}$이다. (참)

ㄷ. $a_1b_1<a_2b_2$이면 $\dfrac{a_1}{a_2}<\dfrac{b_2}{b_1}$이어야 한다.
   이때 $\dfrac{a_1}{a_2}$은 직선 OA'의 기울기이고, $\dfrac{b_2}{b_1}$는 직선 OB의
   기울기이므로 $\dfrac{a_1}{a_2}>\dfrac{b_2}{b_1}$이다. (거짓)

따라서 옳은 것은 ㄱ, ㄴ이다.

261 ...... 답 ④

ㄱ. 직선 $y=-x+2$와 곡선 $y=|\log_2 x|$를 나타내면 다음 그림과
   같다.

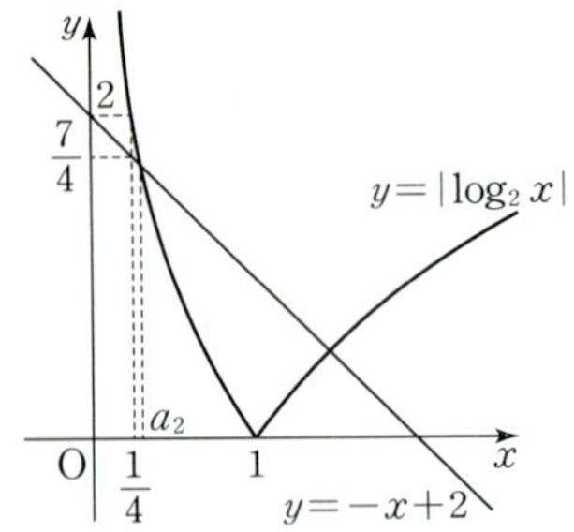

a_2와 $\dfrac{1}{4}$의 대소 관계는 $x=\dfrac{1}{4}$일 때

두 함수 $y=|\log_2 x|$, $y=-x+2$의 함숫값을 비교하여 구할 수 있다.

$\left|\log_2 \dfrac{1}{4}\right|=|-2|=2>-\dfrac{1}{4}+2$이고

$0<x<a_2$에서 곡선 $y=|\log_2 x|$가 직선 $y=-x+2$보다 위쪽에 그려진다.

$\therefore a_2>\dfrac{1}{4}$ (거짓)

ㄴ. 다음 그림과 같이 모든 자연수 n에 대하여

$0<a_{n+1}<a_n$이므로 $0<\dfrac{a_{n+1}}{a_n}<1$이다. (참)

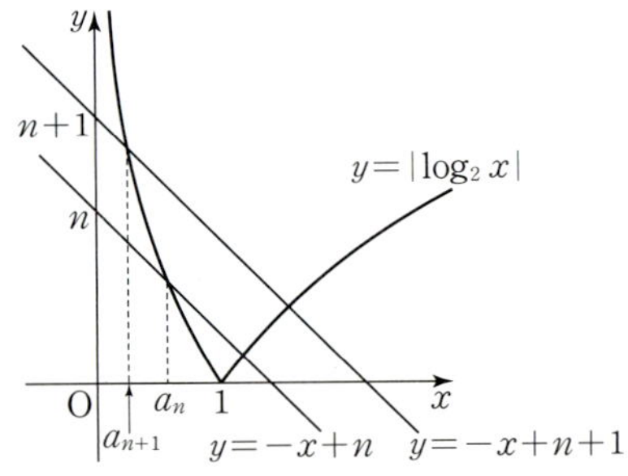

ㄷ. 직선 $y=-x+n$과 곡선 $y=|\log_2 x|$를 나타내면 다음 그림과 같다.

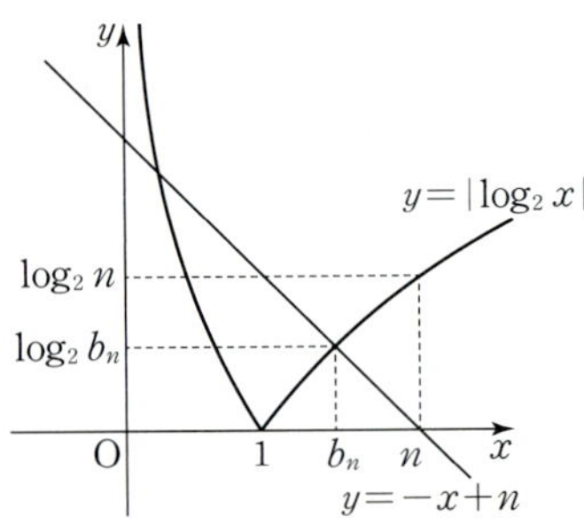

$1<b_n<n$이므로 $\log_2 b_n<\log_2 n$이다. $\quad$······ ㉠

점 $(b_n, \log_2 b_n)$은 직선 $y=-x+n$ 위의 점이므로

$\log_2 b_n=-b_n+n$에서

$-b_n+n<\log_2 n$ ($\because$ ㉠)

이항하여 정리하면

$n-\log_2 n<b_n$이고 $b_n<n$ ($\because$ ㉠)이므로

$n-\log_2 n<b_n<n$

각 변을 n으로 나누면

$1-\dfrac{\log_2 n}{n}<\dfrac{b_n}{n}<1$ (참)

따라서 옳은 것은 ㄴ, ㄷ이다.

262 $\qquad$ 답 ④

두 함수 $y=3^x$, $y=\left(\dfrac{1}{2}\right)^x$의 그래프와 직선 $y=-x+2$를 나타내면

다음 그림과 같다.

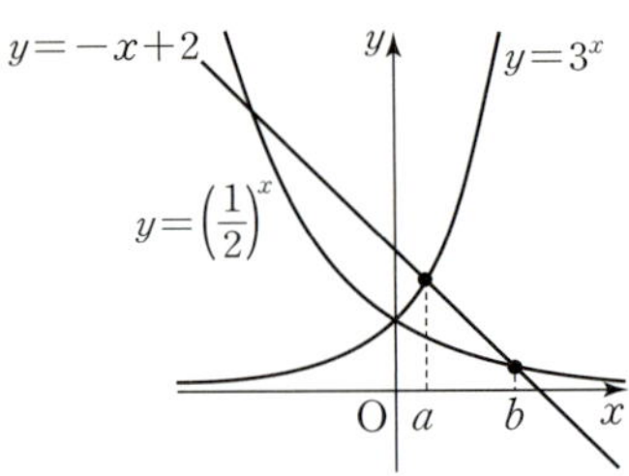

ㄱ. 함수 $y=3^x$의 그래프는 아래로 볼록하므로

$3^{\frac{a+b}{2}}<\dfrac{3^a+3^b}{2}$이 성립한다. $\quad$······ **TIP**

$\therefore 2\times 3^{\frac{a+b}{2}}<3^a+3^b$ (참)

ㄴ. 두 점 $(a, 3^a)$, $\left(b, \left(\dfrac{1}{2}\right)^b\right)$이 모두 직선 $y=-x+2$ 위에

있으므로 두 점을 지나는 직선의 기울기가 -1이다.

즉, $\dfrac{\left(\dfrac{1}{2}\right)^b-3^a}{b-a}=-1$

$\therefore 2^{-b}-3^a=a-b$ (거짓)

ㄷ. 다음 그림과 같이 $x=1$일 때 $y=-1+2=1$이고,

$y=\left(\dfrac{1}{2}\right)^1=\dfrac{1}{2}$이므로 $1<b<2$이다.

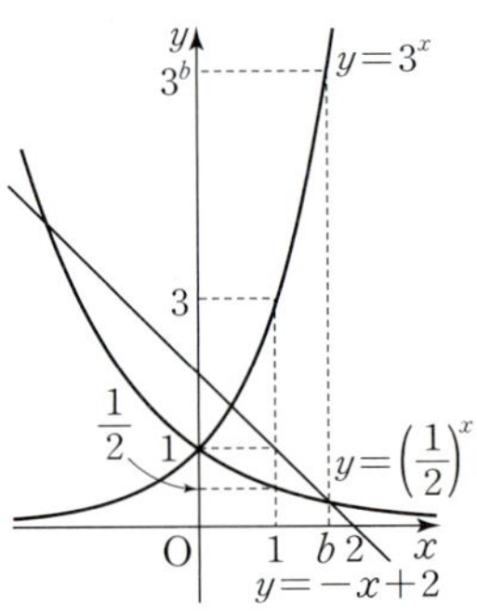

이때 $b\times 3^b$은 곡선 $y=3^x$ 위의 점 $(b, 3^b)$에 대하여 가로의

길이가 b, 세로의 길이가 3^b인 직사각형의 넓이와 같고, 1×3은

곡선 $y=3^x$ 위의 점 $(1, 3)$에 대하여 가로의 길이가 1, 세로의

길이가 3인 직사각형의 넓이와 같다.

$\therefore b\times 3^b>3$ (참)

따라서 옳은 것은 ㄱ, ㄷ이다.

TIP

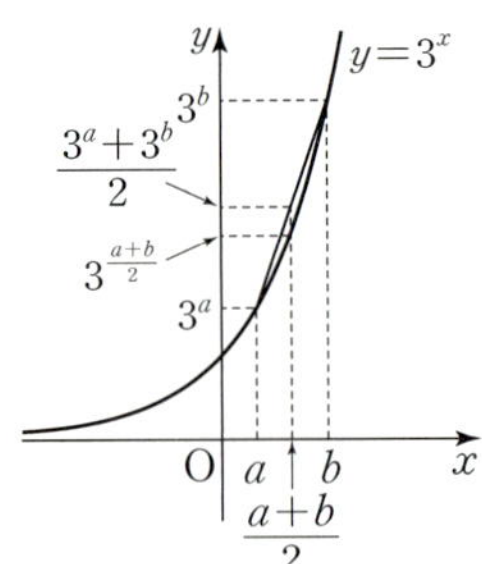

위의 그림과 같이 $a<b$인 두 실수 a, b에 대하여

곡선 $y=3^x$ 위의 두 점 $(a, 3^a)$, $(b, 3^b)$을 잇는 선분의 중점의

y좌표가 $\dfrac{3^a+3^b}{2}$이고,

$x=\dfrac{a+b}{2}$에서의 함수 $y=3^x$의 함숫값은 $3^{\frac{a+b}{2}}$이다.

곡선 $y=3^x$이 아래로 볼록이므로 $3^{\frac{a+b}{2}}<\dfrac{3^a+3^b}{2}$이다.

263

답 ①

(i) $\log_2 10 - \log_2 x \geq 0$, 즉 $x \leq 10$일 때

$\log_2 10 - \log_2 x + \log_2 y \leq 2$

$\log_2 \dfrac{10y}{x} \leq 2$, $\dfrac{10y}{x} \leq 4$, $x \geq \dfrac{5}{2}y$

$y=1$일 때 $\dfrac{5}{2} \leq x \leq 10$에서 자연수 x는 8개이다.

$y=2$일 때 $5 \leq x \leq 10$에서 자연수 x는 6개이다.

$y=3$일 때 $\dfrac{15}{2} \leq x \leq 10$에서 자연수 x는 3개이다.

$y=4$일 때 $x=10$으로 자연수 x는 1개이다.

$y \geq 5$일 때 $\dfrac{5}{2}y \leq x \leq 10$을 만족시키는 자연수 x가

존재하지 않는다.

따라서 순서쌍 (x, y)의 개수는 $8+6+3+1=18$이다.

(ii) $\log_2 10 - \log_2 x < 0$, 즉 $x > 10$일 때

$-\log_2 10 + \log_2 x + \log_2 y \leq 2$

$\log_2 \dfrac{xy}{10} \leq 2$, $\dfrac{xy}{10} \leq 4$, $x \leq \dfrac{40}{y}$

$y=1$일 때 $10 < x \leq 40$에서 자연수 x는 30개이다.

$y=2$일 때 $10 < x \leq 20$에서 자연수 x는 10개이다.

$y=3$일 때 $10 < x \leq \dfrac{40}{3}$에서 자연수 x는 3개이다.

$y \geq 4$일 때 $10 < x \leq \dfrac{40}{y}$을 만족시키는 자연수 x가

존재하지 않는다.

따라서 순서쌍 (x, y)의 개수는 $30+10+3=43$이다.

(i), (ii)에서 구하는 순서쌍의 개수는

$18+43=61$이다.

264

답 ③

$g(x)=2^x \ (x<3)$, $h(x)=\left(\dfrac{1}{4}\right)^{x+a} - \left(\dfrac{1}{4}\right)^{3+a} + 8 \ (x \geq 3)$이라 하면

함수 $y=g(x)$의 그래프의 점근선은 x축이고,

함수 $y=h(x)$의 그래프는 함수 $y=\left(\dfrac{1}{4}\right)^x$의 그래프를 x축의

방향으로 $-a$만큼, y축의 방향으로 $-\left(\dfrac{1}{4}\right)^{3+a}+8$만큼 평행이동한

것이므로 점근선은 직선 $y=-\left(\dfrac{1}{4}\right)^{3+a}+8$이다.

즉, 함수 $y=f(x)$의 그래프의 개형은 다음 그림과 같고 곡선

$y=f(x)$ 위의 점 중에서 y좌표가 정수인 점의 개수가 23이므로

$y \leq 0$에서 y좌표가 정수인 점의 개수는

$23-(1+2\times7)=23-15=8$

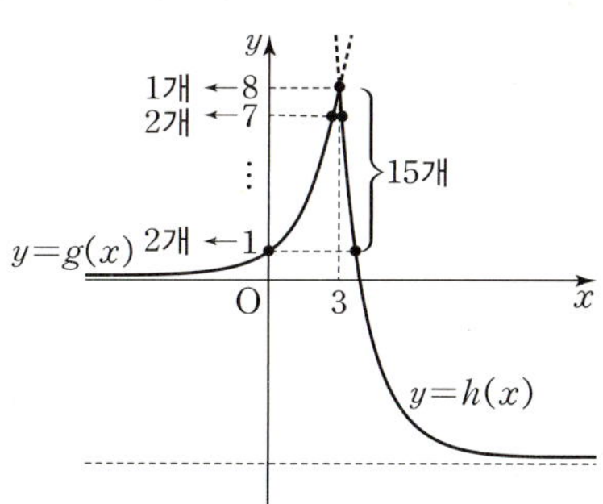

함수 $y=h(x)$의 그래프의 점근선이 직선 $y=-\left(\dfrac{1}{4}\right)^{3+a}+8$이므로

$-8 \leq -\left(\dfrac{1}{4}\right)^{3+a}+8 < -7$, $15 < \left(\dfrac{1}{4}\right)^{3+a} \leq 16$

$4 < 15 < 4^{-3-a} \leq 4^2$, $1 < -3-a \leq 2$

$4 < -a \leq 5$ $\quad \therefore -5 \leq a < -4$

따라서 구하는 정수 a의 값은 -5이다.

265

답 16

두 함수 $y=3^x-n$과 $y=\log_3 (x+n)$은 서로 역함수 관계이므로

두 함수의 그래프는 직선 $y=x$에 대하여 대칭이다.

따라서 점 (a, b)가 위의 두 곡선으로 둘러싸인 영역의 내부 또는

경계에 포함되면 점 (b, a)도 포함된다.

이때 영역의 내부 또는 경계에 포함되는 x좌표와 y좌표가 모두

자연수인 점의 개수가 4일 때의 네 점의 좌표는

$(1, 1)$, $(1, 2)$, $(2, 1)$, $(2, 2)$

이므로 다음 그림과 같다.

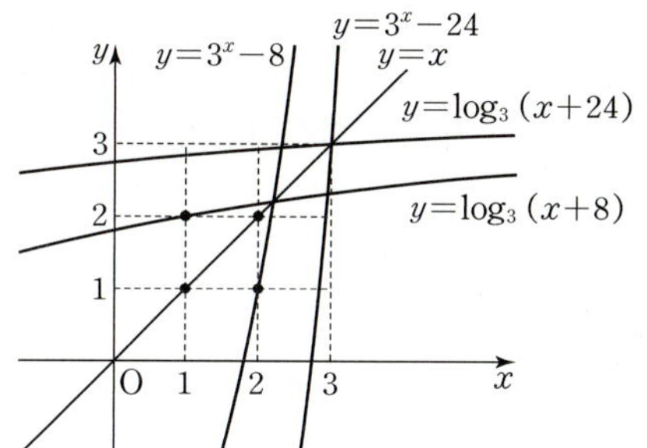

$f(x)=3^x-n$이라 하자.

구한 네 점만 주어진 영역에 포함되려면

$f(2) \leq 1$, $f(3) > 3$이어야 한다.

즉, $f(2) \leq 1$에서 $3^2-n \leq 1$

$\therefore n \geq 8$ $\quad\quad\quad\quad\quad$ ……… ㉠

$f(3) > 3$에서 $3^3-n > 3$

$\therefore n < 24$ $\quad\quad\quad\quad\quad$ ……… ㉡

㉠, ㉡을 모두 만족시키는 n의 값의 범위는

$8 \leq n < 24$

따라서 구하는 자연수 n은 8, 9, $\cdots$, 23으로 16개이다.

266

답 10

$(\log_3 x)^2 + (\log_3 y)^2 = \log_9 x^2 + \log_9 y^2 = \log_3 x + \log_3 y$에서

$\log_3 x=a$, $\log_3 y=b$라 하면

$a^2+b^2=a+b$ $\quad \therefore \left(a-\dfrac{1}{2}\right)^2 + \left(b-\dfrac{1}{2}\right)^2 = \dfrac{1}{2}$

이때 xy가 최대일 때 $\log_3 xy$도 최대이므로

$\log_3 xy = \log_3 x + \log_3 y = a+b$에서 $a+b=k$라 하자.

k의 값이 최대일 때 xy의 값도 최대이고, k의 값이 최소일 때 xy의

값도 최소이다.

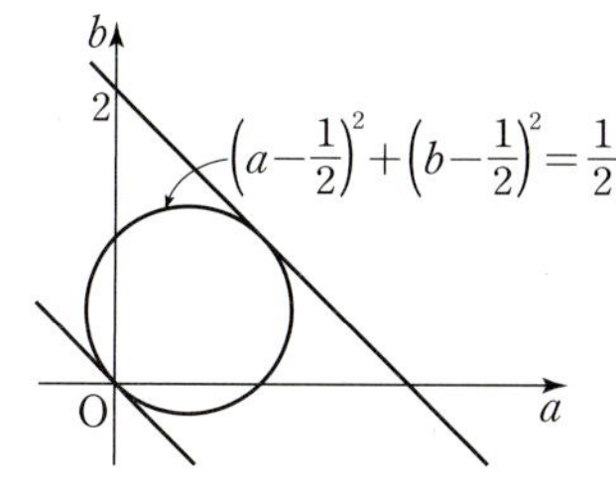

원 $\left(a-\dfrac{1}{2}\right)^2+\left(b-\dfrac{1}{2}\right)^2=\dfrac{1}{2}$은 중심의 좌표가 $\left(\dfrac{1}{2},\ \dfrac{1}{2}\right)$이고,

반지름의 길이가 $\dfrac{\sqrt{2}}{2}$이다.

따라서 직선 $a+b-k=0$과 점 $\left(\dfrac{1}{2},\ \dfrac{1}{2}\right)$ 사이의 거리가 $\dfrac{\sqrt{2}}{2}$일 때 k는 최댓값과 최솟값을 갖는다.

$$\dfrac{\left|\dfrac{1}{2}+\dfrac{1}{2}-k\right|}{\sqrt{1^2+1^2}}=\dfrac{\sqrt{2}}{2},\ |1-k|=1$$

$\therefore\ k=0$ 또는 $k=2$

즉, $\log_3 xy=0$ 또는 $\log_3 xy=2$에서 $xy=1$ 또는 $xy=9$

따라서 $M=9$, $m=1$이므로

$M+m=10$

267   답 ⑤

점 P의 좌표를 $(t,\ a^t)\ (t<0)$이라 하면 점 P를 직선 $y=x$에 대하여 대칭이동시킨 점 Q의 좌표는 $(a^t,\ t)$이다.

$\angle\mathrm{PQR}=45°$이고 직선 PQ의 기울기가 -1이므로

두 점 Q, R의 x좌표는 같다.   **TIP**

즉, 점 R의 좌표는 $(a^t,\ -t)$이다.

이때 직선 PR의 기울기가 $\dfrac{1}{7}$이므로

$$\dfrac{a^t-(-t)}{t-a^t}=\dfrac{1}{7},\ t-a^t=7a^t+7t$$

$$8a^t=-6t\qquad\therefore\ a^t=-\dfrac{3}{4}t\qquad\cdots\cdots\ ㉠$$

또한 $\overline{\mathrm{PR}}=\dfrac{5\sqrt{2}}{2}$이므로

$$\sqrt{(t-a^t)^2+\{a^t-(-t)\}^2}=\dfrac{5\sqrt{2}}{2}$$

$$t^2-2ta^t+a^{2t}+a^{2t}+2ta^t+t^2=\dfrac{25}{2}$$

$$\therefore\ a^{2t}+t^2=\dfrac{25}{4}\qquad\cdots\cdots\ ㉡$$

㉠을 ㉡에 대입하면

$$\left(-\dfrac{3}{4}t\right)^2+t^2=\dfrac{25}{4},\ \dfrac{25}{16}t^2=\dfrac{25}{4}$$

$$t^2=4\qquad\therefore\ t=-2\ (\because t<0)$$

이를 ㉠에 대입하면

$$a^{-2}=\dfrac{3}{2},\ a^2=\dfrac{2}{3}\qquad\therefore\ a=\dfrac{\sqrt{6}}{3}\ (\because 0<a<1)$$

TIP

두 점 P, Q가 직선 $y=x$에 대하여 서로 대칭이므로
직선 PQ의 기울기는 -1이다.
또한 기울기가 -1인 직선이 x축과 이루는 각의 크기가 $45°$이므로 직선 QR은 x축에 수직인 직선임을 알 수 있다.

268   답 ③

조건 ㈎에 의하여 $x_2=\dfrac{1}{x_1}$이다.

이때 $\mathrm{B}(x_1,\ \log_a x_1)$, $\mathrm{C}(x_2,\ \log_a x_2)$에서

$\log_a x_2=\log_a\dfrac{1}{x_1}=-\log_a x_1$이므로 $\mathrm{C}\left(\dfrac{1}{x_1},\ -\log_a x_1\right)$이다.

조건 ㈏에 의하여 두 직선 OB, OC가 수직이므로
두 직선의 기울기의 곱은 -1이다.

즉, $\dfrac{y_1}{x_1}\times\dfrac{y_2}{x_2}=-1$에서 $-(\log_a x_1)^2=-1$

따라서 $\log_a x_1=-1\ (\because \log_a x_1<0)$이고, $x_1=\dfrac{1}{a}$이다.

$\therefore\ \mathrm{B}\left(\dfrac{1}{a},\ -1\right),\ \mathrm{C}(a,\ 1)$

직선 AB의 기울기는 $\dfrac{1}{1-\dfrac{1}{a}}=\dfrac{a}{a-1}$이고,

직선 AC의 기울기는 $\dfrac{1}{a-1}$이므로

조건 ㈐에 의하여 $\dfrac{a}{a-1}:\dfrac{1}{a-1}=a:1=5:1$

$\therefore\ a=5$

따라서 두 점 $\mathrm{B}\left(\dfrac{1}{5},\ -1\right),\ \mathrm{C}(5,\ 1)$에 대하여

직선 BC는 기울기가 $\dfrac{1-(-1)}{5-\dfrac{1}{5}}=\dfrac{2}{\dfrac{24}{5}}=\dfrac{5}{12}$이므로

직선 BC의 방정식은 $y=\dfrac{5}{12}(x-5)+1$이다.

직선 BC가 x축과 만나는 점을 D라 하면 $\mathrm{D}\left(\dfrac{13}{5},\ 0\right)$이므로

$\overline{\mathrm{AD}}=\dfrac{13}{5}-1=\dfrac{8}{5}$이다.

$\therefore$ (삼각형 ABC의 넓이)
$=$ (삼각형 ABD의 넓이) $+$ (삼각형 ACD의 넓이)
$=\dfrac{1}{2}\times\dfrac{8}{5}\times1+\dfrac{1}{2}\times\dfrac{8}{5}\times1=\dfrac{8}{5}$

269   답 12

A$(1,\ 0)$이고, 조건 ㈎에 의하여 삼각형 ADB의 넓이를 S라 하면
삼각형 BDC의 넓이는 $3S$이다.

$\overline{\mathrm{AB}}:\overline{\mathrm{BC}}=1:3$에서 $\overline{\mathrm{BC}}=3\overline{\mathrm{AB}}$이고
점 B에서 x축에 내린 수선의 발을 B′이라 하면
$\overline{\mathrm{B'E}}=3\overline{\mathrm{AB'}}$이다.

즉, $\overline{\mathrm{AB'}}=a\ (a>0)$라 하면 $\overline{\mathrm{B'E}}=3a$이므로
B$(a+1,\ \log_{3k}(a+1))$,
C$(4a+1,\ \log_k(4a+1))$,
D$(4a+1,\ \log_{3k}(4a+1))$이다.

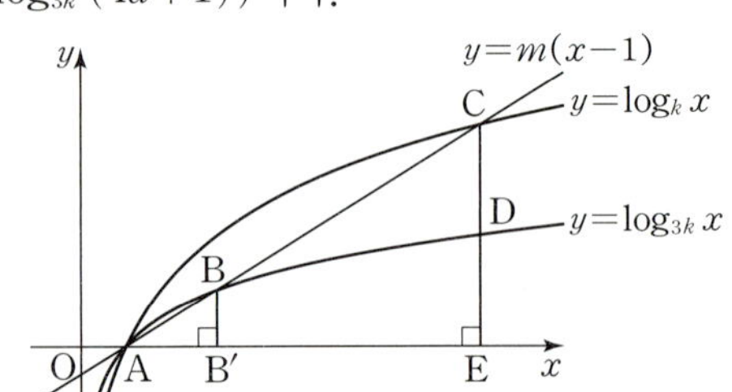

조건 (나)에 의하여 삼각형 AED의 넓이는 삼각형 BDC의 넓이의 $\dfrac{4}{3}$

배이므로 $4S$이고,
삼각형 AEC의 넓이는 $S+3S+4S=8S$이므로
점 D는 선분 CE의 중점이다.
$\log_k (4a+1)=2\log_{3k}(4a+1)$에서

$\log_k (4a+1)=\dfrac{2\log_k(4a+1)}{\log_k 3k}$

$\log_k 3k=2$
$k^2=3k$
$\therefore k=3 \ (\because k>1)$
한편, 세 점 A, B, C가 직선 $y=m(x-1)$ 위에 있으므로

$m=\dfrac{\log_9 (a+1)-0}{(a+1)-1}=\dfrac{\log_3 (4a+1)-0}{(4a+1)-1}$에서

$\dfrac{\log_9 (a+1)}{a}=\dfrac{\log_3 (4a+1)}{4a}$

$2\log_3 (a+1)=\log_3 (4a+1)$
$(a+1)^2=4a+1$
$a^2-2a=0$
$a(a-2)=0 \qquad \therefore a=2 \ (\because a>0)$

$\therefore m=\dfrac{\log_9 3}{2}=\dfrac{1}{4}$

$\therefore \dfrac{k}{m}=12$

270   📘 28

곡선 $y=\log_3 (x-n)$은 곡선 $y=\log_3 x$를 x축의 방향으로 n만큼
평행이동한 것이므로 $\overline{PQ}=n$이다.

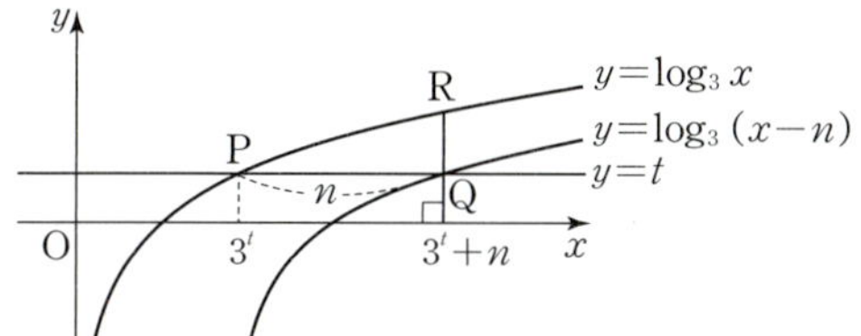

직선 $y=t$가 곡선 $y=\log_3 (x-n)$과 만나는 점 Q의 x좌표를
구해 보면 $\log_3 (x-n)=t$에서 $x=3^t+n$이므로
점 R의 y좌표는 $y=\log_3 (3^t+n)$이다.

따라서 $\overline{QR}=\log_3 (3^t+n)-t=\log_3 \left(1+\dfrac{n}{3^t}\right)$이므로

$\overline{PQ}+\overline{QR}=n+\log_3 \left(1+\dfrac{n}{3^t}\right)$이다.

이때 음이 아닌 실수 t에 대하여 $t\geq 0$이므로 $3^t\geq 1$이고,
함수 $y=\log_3 x$는 x의 값이 커질 때 y의 값도 커지는 함수이므로

$\log_3 \left(1+\dfrac{n}{3^t}\right)\leq \log_3 \left(1+\dfrac{n}{1}\right)=\log_3 (n+1)$이다.

즉, 음이 아닌 실수 t에 대하여 $\overline{PQ}+\overline{QR}\leq n+\log_3 (n+1)$이다.
한편, 조건 (나)에서 $\overline{PQ}+\overline{QR}\geq 25$를 만족시키는 음이 아닌 실수 t가
존재하려면
$n+\log_3 (n+1)\geq 25$이어야 한다.
이때 n과 $\log_3 (n+1)$은 모두 n의 값이 커질수록 값이 커지므로
$n+\log_3 (n+1)$의 값도 n의 값이 커질수록 커진다.
$n+\log_3 (n+1)\geq 25$를 만족시키는 자연수 n의 최솟값을 찾아보자.
$n=22$일 때 $24<22+\log_3 23<25$,

$n=23$일 때 $25<23+\log_3 24<26$
이므로 n의 최솟값은 23이다.
따라서 조건 (가), (나)를 모두 만족시키려면 $23\leq n\leq 50$이어야 하므로
자연수 n의 개수는 $50-23+1=28$이다.

271   📘 75

직선 $y=k$가 y축과 만나는 점이 C이므로
C$(0, k)$
$\overline{OC}=\overline{CA}=\overline{AB}=k$이고 $\overline{CB}=2k$이므로
A(k, k), B$(2k, k)$
점 A는 곡선 $y=-\log_a x$ 위의 점이므로
$k=-\log_a k$ ······ ㉠
점 B는 곡선 $y=\log_a x$ 위의 점이므로
$k=\log_a 2k$ ······ ㉡
㉠, ㉡에서 $-\log_a k=\log_a 2k$
$\log_a 2k+\log_a k=0$
$\log_a 2k^2=0$, $2k^2=1$

$\therefore k=\dfrac{\sqrt{2}}{2} \ (\because k>0)$

곡선 $y=|\log_a x|=\begin{cases} -\log_a x & (0<x<1) \\ \log_a x & (x\geq 1) \end{cases}$와 직선 $y=2\sqrt{2}$가

만나는 두 점의 x좌표를 각각 α, $\beta \ (\alpha<\beta)$라 하면
$-\log_a \alpha=2\sqrt{2}$에서 $\alpha=a^{-2\sqrt{2}}$
$\log_a \beta=2\sqrt{2}$에서 $\beta=a^{2\sqrt{2}}$

㉡에서 $a^k=2k$, 즉 $a=(2k)^{\frac{1}{k}}$이므로 이 식에 $k=\dfrac{\sqrt{2}}{2}$를 대입하면

$a=2^{\frac{\sqrt{2}}{2}}$

이때 $d=\beta-\alpha$이므로

$d=a^{2\sqrt{2}}-a^{-2\sqrt{2}}=(2^{\frac{\sqrt{2}}{2}})^{2\sqrt{2}}-(2^{\frac{\sqrt{2}}{2}})^{-2\sqrt{2}}$

$\quad =2^2-2^{-2}=\dfrac{15}{4}$

$\therefore 20d=20\times \dfrac{15}{4}=75$

272   📘 192

두 함수 $y=a^x$과 $y=\log_a x$는 역함수 관계이므로
그 그래프는 직선 $y=x$에 대하여 대칭이다.
이때 곡선 $y=a^{x-1}$은 곡선 $y=a^x$을 x축의 방향으로 1만큼 평행이동
한 것이고, 곡선 $y=\log_a (x-1)$은 곡선 $y=\log_a x$를 x축의 방향으로 1만큼 평행이동한 것이므로
두 곡선 $y=a^{x-1}$, $y=\log_a (x-1)$은 직선 $y=x-1$에 대하여
대칭이다.

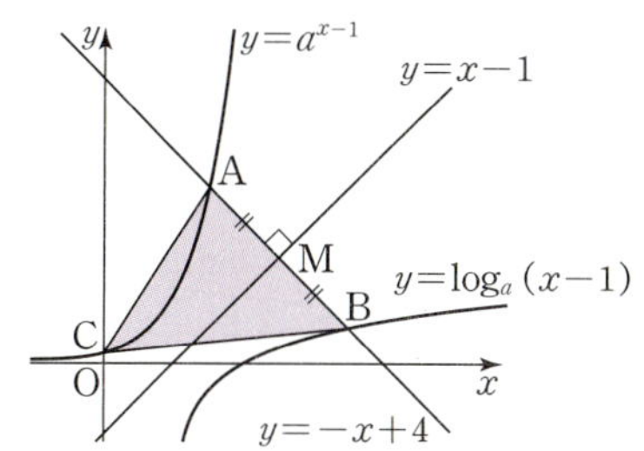

두 직선 $y=-x+4$, $y=x-1$의 교점을 M이라 하면
$-x+4=x-1$에서 $x=\dfrac{5}{2}$

즉, 점 M의 좌표는 $M\left(\dfrac{5}{2},\ \dfrac{3}{2}\right)$이고,

점 M은 선분 AB의 중점이므로 $\overline{AM}=\sqrt{2}$이다.

따라서 점 A의 좌표를 $A(\alpha,\ -\alpha+4)$라 하면

$\left(\alpha-\dfrac{5}{2}\right)^2+\left(-\alpha+\dfrac{5}{2}\right)^2=(\sqrt{2})^2$에서

$2\left(\alpha-\dfrac{5}{2}\right)^2=2,\ \left(\alpha-\dfrac{5}{2}\right)^2=1$

$\alpha=\dfrac{3}{2}$ ($\because$ 점 A의 x좌표는 점 M의 x좌표보다 작으므로)

즉, $A\left(\dfrac{3}{2},\ \dfrac{5}{2}\right)$이고 점 A는 곡선 $y=a^{x-1}$ 위의 점이므로

$\dfrac{5}{2}=a^{\frac{1}{2}}$

$\therefore a=\dfrac{25}{4}$

이때 $C\left(0,\ \dfrac{4}{25}\right)$이고, 점 C에서 직선 $x+y-4=0$ 사이의 거리를
d라 하면

$d=\dfrac{\left|\dfrac{4}{25}-4\right|}{\sqrt{1^2+1^2}}=\dfrac{48}{25}\sqrt{2}$

$\therefore S=\dfrac{1}{2}\times\overline{AB}\times d$

$\qquad=\dfrac{1}{2}\times2\sqrt{2}\times\dfrac{48}{25}\sqrt{2}=\dfrac{96}{25}$

$\therefore 50S=192$

다른 풀이

점 A와 점 B의 x좌표를 다음과 같이 구할 수도 있다.
두 점 A, B의 x좌표를 각각 α, β $(\alpha<\beta)$라 하면
$A(\alpha,\ -\alpha+4)$, $B(\beta,\ -\beta+4)$로 놓을 수 있다.
이때 $\overline{AB}=2\sqrt{2}$이므로
$\overline{AB}=\sqrt{(\beta-\alpha)^2+(-\beta+\alpha)^2}$
$\qquad=\sqrt{2}(\beta-\alpha)=2\sqrt{2}$ $(\because \alpha<\beta)$
$\therefore \beta-\alpha=2$ $\qquad\qquad\qquad$ ...... ㉠
한편, $y=a^{x-1}$에서 양변에 밑을 a로 하는 로그를 취하면
$\log_a y=x-1$, $x=\log_a y+1$
즉, 함수 $y=a^{x-1}$의 역함수는 $y=\log_a x+1$이다.
두 곡선 $y=a^{x-1}$, $y=\log_a x+1$은 직선 $y=x$에 대하여 대칭이므로
점 A를 직선 $y=x$에 대하여 대칭이동하면 곡선 $y=\log_a x+1$과
직선 $y=-x+4$의 교점인 점 $A'(-\alpha+4,\ \alpha)$로 옮겨진다.
또한 곡선 $y=\log_a (x-1)$은 곡선 $y=\log_a x+1$을 x축의 방향으로
1만큼, y축의 방향으로 -1만큼 평행이동한 것이므로
점 $A'(-\alpha+4,\ \alpha)$가 평행이동한 점 $A''(-\alpha+5,\ \alpha-1)$은 점 B와
일치한다.
$\therefore -\alpha+5=\beta$ $\qquad\qquad\qquad$ ...... ㉡

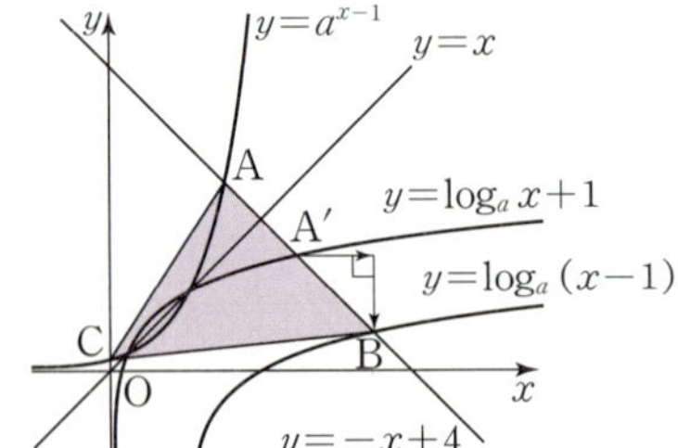

㉠, ㉡을 연립하여 풀면
$\alpha=\dfrac{3}{2}$, $\beta=\dfrac{7}{2}$

273 $\qquad\qquad\qquad\qquad\qquad\qquad\qquad\qquad\qquad\qquad$ 目 ⑤

ㄱ. $f(1)=2^0+a-1=a$, $h(1)=a+\log_2 1=a$에서
$\quad f(1)=h(1)$이므로 두 함수 $y=f(x)$, $y=h(x)$의 그래프는
$\quad$ 점 $(1,\ a)$에서 만난다.
$\quad \therefore B(1,\ a)$ (참)

ㄴ. ㄱ에서 $B(1,\ a)$이고, $D(1,\ 0)$이다.
$\quad$ 따라서 직선 BD와 직선 AC는 모두 x축에 수직이므로 서로 평
$\quad$행하고, $\overline{BD}=\overline{AC}=a$이므로 사각형 ACBD는 평행사변형이다.
$\quad$ 한편, 점 A는 두 함수 $y=f(x)$, $y=g(x)$의 그래프의
$\quad$교점이므로 점 A의 x좌표가 4일 때, $f(4)=g(4)$이다.
$\quad$ 즉, $2^{-3}+a-1=\log_2 4$에서 $a-\dfrac{7}{8}=2$이므로 $a=\dfrac{23}{8}$이다.

$\quad$ 따라서 평행사변형 ACBD의 밑변을 선분 AC라 하면 $\overline{AC}=\dfrac{23}{8}$

$\quad$이고, 높이는 $4-1=3$이므로 사각형 ACBD의 넓이는

$\quad \dfrac{23}{8}\times3=\dfrac{69}{8}$이다. (참)

ㄷ. 점 A의 x좌표를 k라 하면 $\overline{AH}=\log_2 k$이고, $\overline{CA}=a$이므로
$\quad \overline{CA}:\overline{AH}=3:2$일 때, $2\overline{CA}=3\overline{AH}$에서
$\quad 2a=3\log_2 k$이다. $\qquad\qquad\qquad$ ...... ㉠
$\quad$ 또한 점 A가 두 곡선 $y=f(x)$, $y=g(x)$의 교점이므로
$\quad f(k)=g(k)$에서
$\quad 2^{1-k}+a-1=\log_2 k$이다. $\qquad\qquad$ ...... ㉡
$\quad$ ㉠, ㉡에서 $2a=3(2^{1-k}+a-1)$이므로

$\quad 2^{1-k}=1-\dfrac{a}{3}$이다. $\qquad\qquad\qquad$ ...... ㉢

$\quad$ 이때 두 함수 $y=f(x)$, $y=g(x)$의 그래프는
$\quad$각각 점 $B(1,\ a)(a>0)$, 점 $D(1,\ 0)$을 지나므로
$\quad$두 그래프의 교점 A의 x좌표는 $k>1$을 만족시킨다.
$\quad k>1$일 때, 2^{1-k}의 값의 범위는 $0<2^{1-k}<1$이므로

$\quad$ ㉢에서 $0<1-\dfrac{a}{3}<1$, $-1<-\dfrac{a}{3}<0$

$\quad \therefore 0<a<3$ (참)
따라서 옳은 것은 ㄱ, ㄴ, ㄷ이다.

274 $\qquad\qquad\qquad\qquad\qquad\qquad\qquad\qquad\qquad\qquad$ 目 ③

곡선 $y=t-\log_2 x$는 곡선 $y=\log_2 x$를 x축에 대하여 대칭이동한 후
y축의 방향으로 t만큼 평행이동한 것이므로 x의 값이 증가하면 y의
값은 감소한다.
또한 곡선 $y=2^{x-t}$은 곡선 $y=2^x$을 x축의 방향으로 t만큼
평행이동한 것이므로 x의 값이 증가하면 y의 값도 증가한다.
따라서 두 곡선 $y=t-\log_2 x$, $y=2^{x-t}$은 한 점에서 만난다.
ㄱ. $g(x)=t-\log_2 x$, $h(x)=2^{x-t}$이라 하자.
$\quad t=1$일 때, $g(x)=1-\log_2 x$, $h(x)=2^{x-1}$이고
$\quad g(1)=1-\log_2 1=1$, $h(1)=2^{1-1}=1$
$\quad$ 즉, 두 곡선은 x좌표가 1인 점에서 만나므로

$f(1)=1$

$t=2$일 때, $g(x)=2-\log_2 x$, $h(x)=2^{x-2}$이고

$g(2)=2-\log_2 2=1$, $h(2)=2^{2-2}=1$

즉, 두 곡선은 x좌표가 2인 점에서 만나므로

$f(2)=2$

$\therefore f(1)=1$, $f(2)=2$ (참)

ㄴ. 실수 t에 대하여 두 곡선이 만나는 점의 x좌표는 x에 대한 방정식 $t-\log_2 x=2^{x-t}$, 즉 $\log_2 x=-2^{x-t}+t$의 실근이므로 두 곡선 $y=\log_2 x$, $y=-2^{x-t}+t$가 만나는 점의 x좌표와 같다. 이때 곡선 $y=-2^{x-t}+t$는 곡선 $y=-2^x$을 x축의 방향으로 t만큼, y축의 방향으로 t만큼 평행이동한 것이고, 곡선 $y=-2^x$ 위의 점 $(0,-1)$은 직선 $y=x-1$ 위의 점 $(t, t-1)$을 따라 이동하므로 이 점을 기준으로 곡선 $y=-2^{x-t}+t$는 직선 $y=x-1$을 따라 이동하는 것으로 볼 수 있다.

따라서 t의 값에 따라 두 곡선 $y=\log_2 x$, $y=-2^{x-t}+t$와 직선 $y=x-1$을 그리면 다음 그림과 같다.

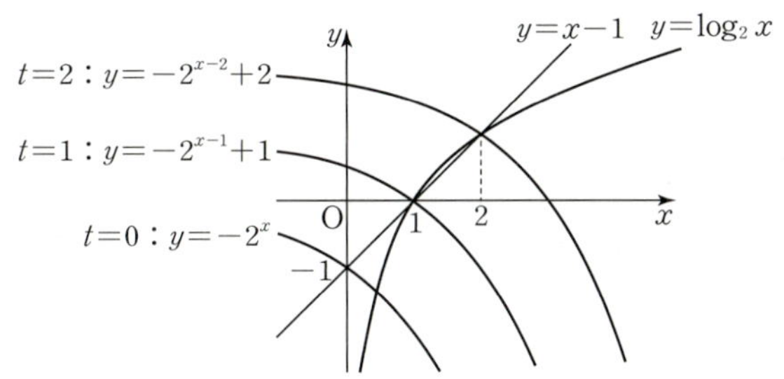

두 곡선 $y=\log_2 x$, $y=-2^{x-t}+t$가 만나는 점의 x좌표는 t의 값이 증가할 때 증가하므로 $f(t)$의 값도 증가한다. (참)

ㄷ. 다음 그림과 같이 $1<t<2$일 때, 두 곡선 $y=\log_2 x$, $y=-2^{x-t}+t$가 만나는 점은 직선 $x=t$를 기준으로 왼쪽에 위치하고, 이 교점의 x좌표가 $f(t)$이므로 $f(t)<t$이다.

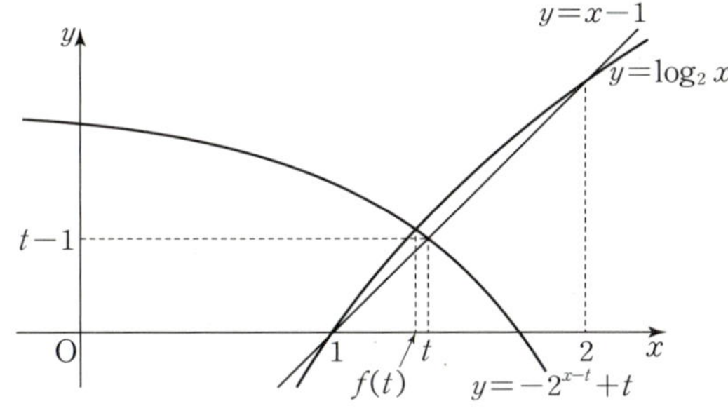

즉, 주어진 조건을 만족시키지 않는다. (거짓)

따라서 옳은 것은 ㄱ, ㄴ이다.

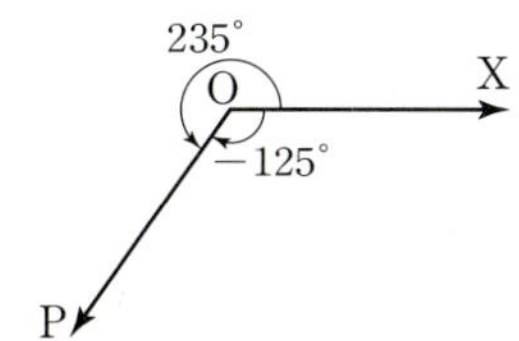

01 삼각함수

275 · 답 ⑤

$360°+(-125°)=235°$이므로

크기가 $-125°$, $235°$인 각의 동경의 위치는 서로 일치한다.

따라서 구하는 일반각은 $360°\times n+235°$ (n은 정수)이다.

276 · · · · · · · · · · · · · · · · · · · 답 ㄴ, ㄹ, ㅁ, ㅂ

1라디안$=\dfrac{180°}{\pi}$, $1°=\dfrac{\pi}{180}$라디안이므로

ㄱ. $\dfrac{\pi}{3}=\dfrac{\pi}{3}\times 1(\text{라디안})=\dfrac{\pi}{3}\times\dfrac{180°}{\pi}=60°$ (거짓)

ㄴ. $-45°=(-45)\times 1°=(-45)\times\dfrac{\pi}{180}=-\dfrac{\pi}{4}$ (참)

ㄷ. $120°=120\times 1°=120\times\dfrac{\pi}{180}=\dfrac{2}{3}\pi$ (거짓)

ㄹ. $-270°=(-270)\times 1°=(-270)\times\dfrac{\pi}{180}=-\dfrac{3}{2}\pi$ (참)

ㅁ. $\dfrac{7}{4}\pi=\dfrac{7}{4}\pi\times 1(\text{라디안})=\dfrac{7}{4}\pi\times\dfrac{180°}{\pi}=315°$ (참)

ㅂ. $\dfrac{5}{6}\pi=\dfrac{5}{6}\pi\times 1(\text{라디안})=\dfrac{5}{6}\pi\times\dfrac{180°}{\pi}=150°$ (참)

따라서 옳은 것은 ㄴ, ㄹ, ㅁ, ㅂ이다.

TIP

다음은 많이 사용되는 각이므로 기억하여 사용하자.

육십분법	30°	45°	60°	90°	120°	135°	150°	180°	270°	360°
호도법	$\dfrac{\pi}{6}$	$\dfrac{\pi}{4}$	$\dfrac{\pi}{3}$	$\dfrac{\pi}{2}$	$\dfrac{2}{3}\pi$	$\dfrac{3}{4}\pi$	$\dfrac{5}{6}\pi$	π	$\dfrac{3}{2}\pi$	2π

277 · 답 ⑤

① $60°=\dfrac{\pi}{3}$

② $\dfrac{7}{3}\pi=2\pi+\dfrac{\pi}{3}$

③ $1140°=360°\times 3+60°$

④ $-\dfrac{5}{3}\pi=2\pi\times(-1)+\dfrac{\pi}{3}$

⑤ $-330°=360°\times(-1)+30°$

따라서 같은 위치의 동경을 나타내는 것이 아닌 것은 ⑤이다.

① $\dfrac{\pi}{2}<\dfrac{4}{5}\pi<\pi$이므로 $\dfrac{4}{5}\pi$는 제2사분면의 각이다.

② $-210°=360°\times(-1)+150°$에서 $90°<150°<180°$이므로
　$-210°$는 제2사분면의 각이다.

③ $\dfrac{11}{4}\pi=2\pi+\dfrac{3}{4}\pi$에서 $\dfrac{\pi}{2}<\dfrac{3}{4}\pi<\pi$이므로

　$\dfrac{11}{4}\pi$는 제2사분면의 각이다.

④ $-\dfrac{20}{3}\pi=2\pi\times(-4)+\dfrac{4}{3}\pi$에서 $\pi<\dfrac{4}{3}\pi<\dfrac{3}{2}\pi$이므로

　$-\dfrac{20}{3}\pi$는 제3사분면의 각이다.

⑤ $830°=360°\times2+110°$에서 $90°<110°<180°$이므로
　$830°$는 제2사분면의 각이다.

따라서 각을 나타내는 동경이 위치하는 사분면이 다른 하나는 ④이다.

ㄱ. $270°$를 나타내는 동경은 y축 위에 존재하므로 어느 사분면의
　　각도 아니다. (거짓)

ㄴ. $\dfrac{\pi}{6}+\dfrac{11}{6}\pi=2\pi$이므로

　　$\dfrac{\pi}{6}$를 나타내는 동경과 $\dfrac{11}{6}\pi$를 나타내는 동경은 x축에 대하여

　　대칭이다. (참)

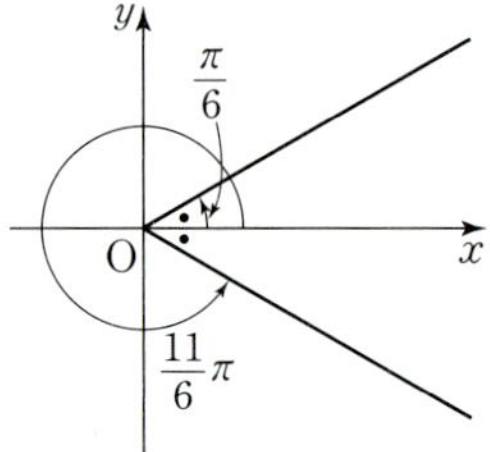

ㄷ. $\dfrac{\pi}{3}+\dfrac{2}{3}\pi=\pi$이므로

　　$\dfrac{\pi}{3}$를 나타내는 동경과 $\dfrac{2}{3}\pi$를 나타내는 동경은 y축에 대하여

　　대칭이다. (참)

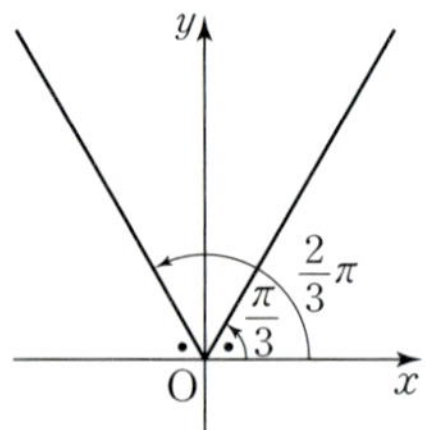

따라서 옳은 것은 ㄴ, ㄷ이다.

1라디안은 반지름의 길이가 r인 원에서 호의 길이가 r인 부채꼴의
중심각의 크기이다.

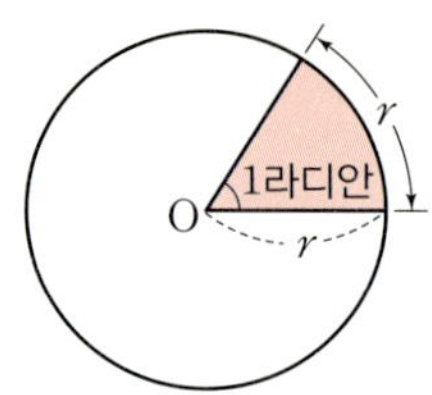

반지름의 길이가 r인 원에서 호의 길이가 r인 부채꼴의 중심각의
크기를 $\alpha°$라 하면
부채꼴의 호의 길이는 중심각의 크기에 정비례하므로
$$r:2\pi r=\alpha°:360°$$
$$\alpha°=\dfrac{180°}{\pi}$$

따라서 1라디안$=\dfrac{180°}{\pi}$이다.

채점 요소	배점
1라디안의 정의 쓰기	40 %
1라디안$=\dfrac{180°}{\pi}$임을 증명하기	60 %

반지름의 길이가 $10\,\text{cm}$이고, 중심각의 크기가 $\dfrac{3}{5}\pi$인 부채꼴의

호의 길이는 $10\times\dfrac{3}{5}\pi=6\pi\,(\text{cm})$이고,

넓이는 $\dfrac{1}{2}\times10^2\times\dfrac{3}{5}\pi=30\pi\,(\text{cm}^2)$이다.

따라서 바르게 짝 지은 것은 ④이다.

반지름의 길이가 $r=4$이고, 호의 길이가 $l=10$이므로
부채꼴의 넓이를 S라 하면
$$S=\dfrac{1}{2}rl=\dfrac{1}{2}\times4\times10=20$$

호의 길이가 $l=6\pi$이고 넓이가 $S=15\pi$이므로
부채꼴의 반지름의 길이를 r, 중심각의 크기를 θ라 하면
$$S=\dfrac{1}{2}rl에서\ 15\pi=\dfrac{1}{2}\times r\times6\pi,\ r=5$$
$$l=r\theta에서\ 6\pi=5\times\theta$$
$$\therefore \theta=\dfrac{6}{5}\pi$$

$\angle\text{ABC}=\dfrac{2}{3}\pi$이므로

중심각과 원주각 사이의 관계에 의하여

색칠한 부채꼴의 중심각의 크기는 $\dfrac{2}{3}\pi \times 2 = \dfrac{4}{3}\pi$이다.

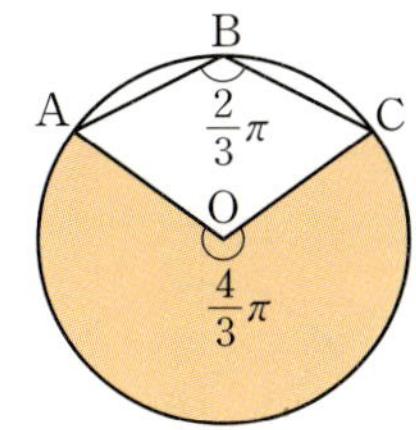

이때 색칠한 부채꼴의 넓이가 24π이므로
원의 반지름의 길이를 r이라 하면
$24\pi = \dfrac{1}{2} \times r^2 \times \dfrac{4}{3}\pi$, $r = 6$ ($\because r > 0$)

따라서 구하는 부채꼴의 호의 길이는 $6 \times \dfrac{4}{3}\pi = 8\pi$이다.

> **참고**
>
> **중심각과 원주각 사이의 관계**
>
> 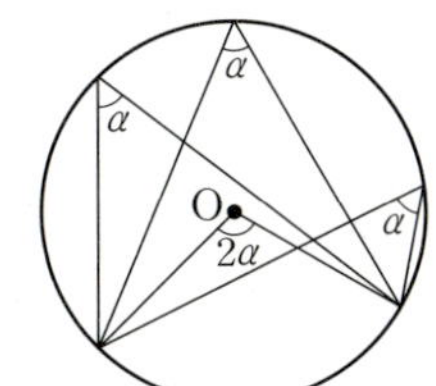 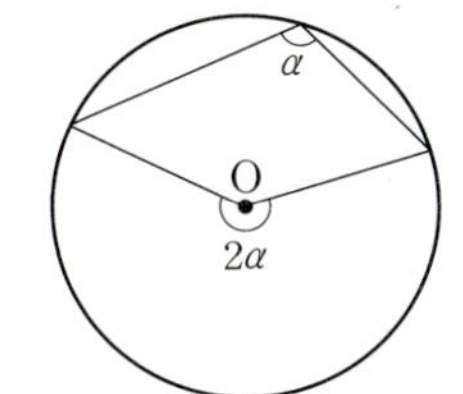
>
> ① 한 호에 대한 원주각의 크기는 모두 같다.
>
> ② 한 호에 대한 원주각의 크기는 중심각의 크기의 $\dfrac{1}{2}$이다.

285
답 풀이 참조

(1) 부채꼴의 호의 길이는 중심각의 크기에 정비례하므로
  $l : 2\pi r = \theta : 2\pi$에서 $l = r\theta$
(2) 부채꼴의 넓이는 중심각의 크기에 정비례하므로
  $S : \pi r^2 = \theta : 2\pi$에서
  $S = \dfrac{1}{2}r^2\theta = \dfrac{1}{2}r \times r\theta$
  $\quad = \dfrac{1}{2}rl$ ($\because$ (1)에서 $r\theta = l$)

채점 요소	배점
$l = r\theta$임을 보이는 과정 서술하기	40 %
$S = \dfrac{1}{2}rl$임을 보이는 과정 서술하기	60 %

286
답 (1) $-\dfrac{4}{5}$ (2) $\dfrac{3}{5}$ (3) $-\dfrac{4}{3}$

점 $P(3, -4)$에서 $\overline{OP} = \sqrt{3^2 + (-4)^2} = 5$이므로
점 P는 중심이 원점이고 반지름의 길이가 $r = 5$인 원 위의 점이다.

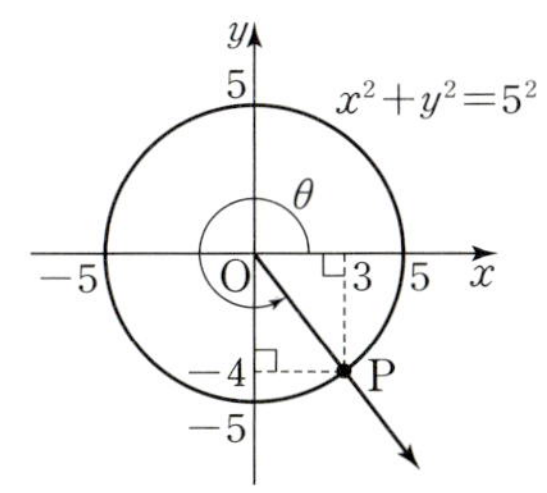

따라서 $r = 5$, $x = 3$, $y = -4$이므로 삼각함수의 정의에 의하여
(1) $\sin\theta = \dfrac{y}{r} = -\dfrac{4}{5}$

(2) $\cos\theta = \dfrac{x}{r} = \dfrac{3}{5}$

(3) $\tan\theta = \dfrac{y}{x} = -\dfrac{4}{3}$

287
답 (1) $a = -2$, $\overline{OP} = \sqrt{5}$
(2) $\sin\theta = -\dfrac{\sqrt{5}}{5}$, $\cos\theta = -\dfrac{2\sqrt{5}}{5}$

(1) 점 $P(a, -1)$에서 삼각함수의 정의에 의하여
  $\tan\theta = \dfrac{-1}{a} = \dfrac{1}{2}$이므로 $a = -2$
  $P(-2, -1)$이므로 $\overline{OP} = \sqrt{(-2)^2 + (-1)^2} = \sqrt{5}$

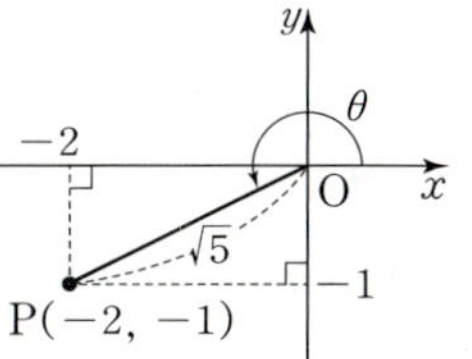

(2) 점 P는 중심이 원점이고 반지름의 길이가 $r = \sqrt{5}$인 원 위의 점이다.
  따라서 $r = \sqrt{5}$, $x = -2$, $y = -1$이므로
  삼각함수의 정의에 의하여
  $\sin\theta = -\dfrac{\sqrt{5}}{5}$, $\cos\theta = -\dfrac{2\sqrt{5}}{5}$

288
답 ①

점 $P(1, 0)$을 x축의 방향으로 -6만큼, y축의 방향으로 12만큼
평행이동한 점이 Q이므로 $Q(-5, 12)$이다.
점 Q를 원점에 대하여 대칭이동한 점이 R이므로 $R(5, -12)$이고,
직선 $y = x$에 대하여 대칭이동한 점이 S이므로 $S(12, -5)$이다.
$\overline{OQ} = \sqrt{(-5)^2 + 12^2} = 13$이므로 세 점 Q, R, S는 모두 중심이
원점이고 반지름의 길이가 13인 원 위의 점이다.
따라서 삼각함수의 정의에 의하여
$\sin\alpha = -\dfrac{12}{13}$, $\sin\beta = -\dfrac{5}{13}$이다.

$\therefore \sin\alpha + \sin\beta = -\dfrac{17}{13}$

289
답 ③

(ⅰ) $\sin\theta\cos\theta < 0$에서 $\sin\theta$와 $\cos\theta$는 부호가 다르므로
  θ는 제2사분면 또는 제4사분면의 각이다.
(ⅱ) $\dfrac{\sin\theta}{\tan\theta} > 0$에서 $\sin\theta$와 $\tan\theta$는 부호가 같으므로
  θ는 제1사분면 또는 제4사분면의 각이다.
(ⅰ), (ⅱ)에 의하여 $\sin\theta\cos\theta < 0$, $\dfrac{\sin\theta}{\tan\theta} > 0$을 모두 만족시키는
각 θ는 제4사분면의 각이다.

290

目 ④

① $100°$는 제2사분면의 각이므로 $\sin 100° > 0$이다.

② $-\dfrac{\pi}{5}$는 제4사분면의 각이므로 $\cos\left(-\dfrac{\pi}{5}\right) > 0$이다.

③ $\dfrac{\pi}{7}$는 제1사분면의 각이므로 $\tan\dfrac{\pi}{7} > 0$이다.

④ $\dfrac{7}{5}\pi$는 제3사분면의 각이므로 $\sin\dfrac{7}{5}\pi < 0$이다.

⑤ $-130°$는 제3사분면의 각이므로 $\tan(-130°) > 0$이다.

따라서 부호가 다른 것은 ④이다.

291

目 (1) $\dfrac{2}{\cos\theta}$ (2) $-2\tan\theta$

(1) $\dfrac{\cos\theta}{1+\sin\theta} + \dfrac{1+\sin\theta}{\cos\theta}$

$= \dfrac{\cos^2\theta + (1+\sin\theta)^2}{(1+\sin\theta)\cos\theta}$

$= \dfrac{\cos^2\theta + \sin^2\theta + 2\sin\theta + 1}{(1+\sin\theta)\cos\theta}$

$= \dfrac{2(1+\sin\theta)}{(1+\sin\theta)\cos\theta}$ $(\because \sin^2\theta + \cos^2\theta = 1)$

$= \dfrac{2}{\cos\theta}$

(2) $\dfrac{\cos\theta}{1+\sin\theta} - \dfrac{\cos\theta}{1-\sin\theta}$

$= \dfrac{\cos\theta(1-\sin\theta) - \cos\theta(1+\sin\theta)}{(1+\sin\theta)(1-\sin\theta)}$

$= \dfrac{\cos\theta - \cos\theta\sin\theta - \cos\theta - \cos\theta\sin\theta}{1-\sin^2\theta}$

$= \dfrac{-2\cos\theta\sin\theta}{\cos^2\theta}$ $(\because \sin^2\theta + \cos^2\theta = 1)$

$= -2 \times \dfrac{\sin\theta}{\cos\theta} = -2\tan\theta$

292

目 ⑤

$1 - \cos^2\theta = \sin^2\theta$,

$1 + \tan^2\theta = 1 + \dfrac{\sin^2\theta}{\cos^2\theta} = \dfrac{\cos^2\theta + \sin^2\theta}{\cos^2\theta} = \dfrac{1}{\cos^2\theta}$이므로

$(1 - \cos^2\theta)(1 + \tan^2\theta) = \sin^2\theta \times \dfrac{1}{\cos^2\theta} = \tan^2\theta$

293

目 ④

θ는 제2사분면의 각이므로 $\cos\theta < 0$이다.

따라서 $\sin^2\theta + \cos^2\theta = 1$에서

$\cos\theta = -\sqrt{1-\sin^2\theta} = -\sqrt{1-\left(\dfrac{3}{5}\right)^2} = -\dfrac{4}{5}$

$\tan\theta = \dfrac{\sin\theta}{\cos\theta} = \dfrac{\dfrac{3}{5}}{-\dfrac{4}{5}} = -\dfrac{3}{4}$

$\therefore \dfrac{10\cos\theta - 1}{12\tan\theta} = \dfrac{10 \times \left(-\dfrac{4}{5}\right) - 1}{12 \times \left(-\dfrac{3}{4}\right)} = 1$

$\dfrac{\pi}{2} < \theta < \pi$이고 $\sin\theta = \dfrac{3}{5}$인 각 θ를 나타내는 동경과

중심이 원점이고 반지름의 길이가 $r = 5$인 원의 교점을 P라 하자.

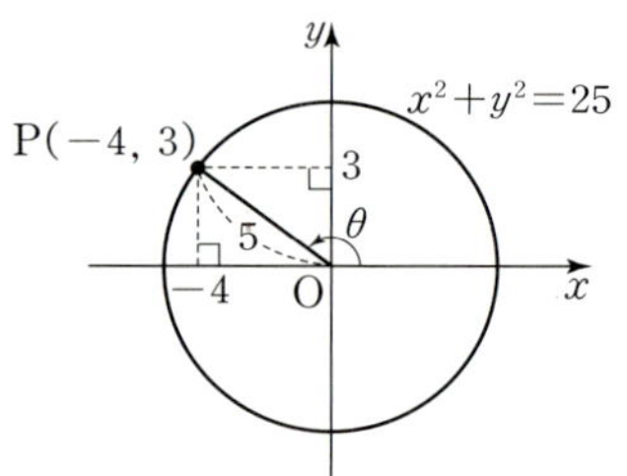

$x^2 + y^2 = 25$에 $x = -4$를 대입하면 $y^2 = 9$에서 $y = \pm 3$이고,

점 P가 제2사분면 위의 점이므로 $y = 3$이다.

즉, P$(-4, 3)$에서 $r = 5$, $x = -4$, $y = 3$이므로

삼각함수의 정의에 의하여 $\cos\theta = -\dfrac{4}{5}$, $\tan\theta = -\dfrac{3}{4}$

$\therefore \dfrac{10\cos\theta - 1}{12\tan\theta} = \dfrac{10 \times \left(-\dfrac{4}{5}\right) - 1}{12 \times \left(-\dfrac{3}{4}\right)} = 1$

294

目 ②

$\cos\theta = -\dfrac{1}{3} < 0$이고, $\sin\theta\cos\theta < 0$이므로 $\sin\theta > 0$이다.

따라서 $\sin^2\theta + \cos^2\theta = 1$에서

$\sin\theta = \sqrt{1-\cos^2\theta} = \sqrt{1-\left(-\dfrac{1}{3}\right)^2} = \dfrac{2\sqrt{2}}{3}$

$\tan\theta = \dfrac{\sin\theta}{\cos\theta} = \dfrac{\dfrac{2\sqrt{2}}{3}}{-\dfrac{1}{3}} = -2\sqrt{2}$

$\therefore \sin\theta + \tan\theta = -\dfrac{4\sqrt{2}}{3}$

295

目 (1) $-\dfrac{4}{9}$ (2) $\dfrac{13}{27}$

(1) $\sin\theta + \cos\theta = \dfrac{1}{3}$의 양변을 제곱하면

$\sin^2\theta + 2\sin\theta\cos\theta + \cos^2\theta = \dfrac{1}{9}$

$1 + 2\sin\theta\cos\theta = \dfrac{1}{9}$ $(\because \sin^2\theta + \cos^2\theta = 1)$

$\therefore \sin\theta\cos\theta = -\dfrac{4}{9}$

(2) $\sin^3\theta + \cos^3\theta = (\sin\theta + \cos\theta)^3 - 3\sin\theta\cos\theta(\sin\theta + \cos\theta)$

$= \left(\dfrac{1}{3}\right)^3 - 3 \times \left(-\dfrac{4}{9}\right) \times \dfrac{1}{3}$ $(\because (1))$

$= \dfrac{13}{27}$

296

目 ①

이차방정식의 근과 계수의 관계에 의하여

$\sin\theta + \cos\theta = \dfrac{1}{2}$, $\sin\theta\cos\theta = \dfrac{k}{2}$

······ ㉠

$\sin\theta+\cos\theta=\dfrac{1}{2}$의 양변을 제곱하면

$\sin^2\theta+2\sin\theta\cos\theta+\cos^2\theta=\dfrac{1}{4}$

$1+2\sin\theta\cos\theta=\dfrac{1}{4}$, $\sin\theta\cos\theta=-\dfrac{3}{8}$ …… ㉡

㉠, ㉡에 의하여 $\dfrac{k}{2}=-\dfrac{3}{8}$

$\therefore k=-\dfrac{3}{4}$

297   답 ④

$$(\sin\theta-\cos\theta)^2=\sin^2\theta-2\sin\theta\cos\theta+\cos^2\theta$$
$$=1-2\sin\theta\cos\theta\ (\because \sin^2\theta+\cos^2\theta=1)$$
$$=1-2\times\left(-\dfrac{2}{5}\right)=\dfrac{9}{5}$$

$\dfrac{\pi}{2}<\theta<\pi$에서 θ는 제2사분면의 각이므로

$\sin\theta>0$, $\cos\theta<0$이고, $\sin\theta-\cos\theta>0$이다.

$\therefore \sin\theta-\cos\theta=\sqrt{\dfrac{9}{5}}=\dfrac{3\sqrt{5}}{5}$

298   답 ⑤

① 정의역은 실수 전체의 집합이다. (참)
② 치역은 $\{y\,|\,-1\leq y\leq 1\}$이다. (참)
③ 주기가 2π인 주기함수이다. (참)
④ 그래프는 원점에 대하여 대칭이다. (참)
⑤

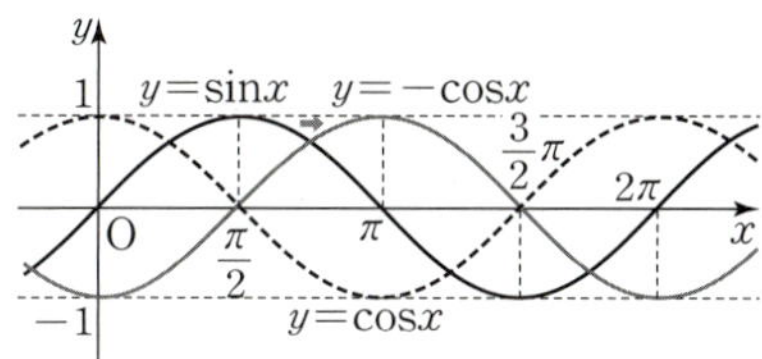

그래프를 x축의 방향으로 $\dfrac{\pi}{2}$만큼 평행이동하면 위의 그림과

같이 함수 $y=-\cos x$의 그래프와 일치한다. (거짓)

따라서 옳지 않은 것은 ⑤이다.

> **참고**
>
> ⑤를 다음과 같이 판단할 수 있다.
>
> 함수 $y=\sin x$의 그래프를 x축의 방향으로 $\dfrac{\pi}{2}$만큼 평행이동한
>
> 그래프를 나타내는 함수의 식은
>
> $y=\sin\left(x-\dfrac{\pi}{2}\right)=-\cos x$
>
> 한편, 함수 $y=\sin x$의 그래프를 x축의 방향으로 $-\dfrac{\pi}{2}$만큼
>
> 평행이동해야 함수 $y=\cos x$의 그래프와 일치한다.
>
> 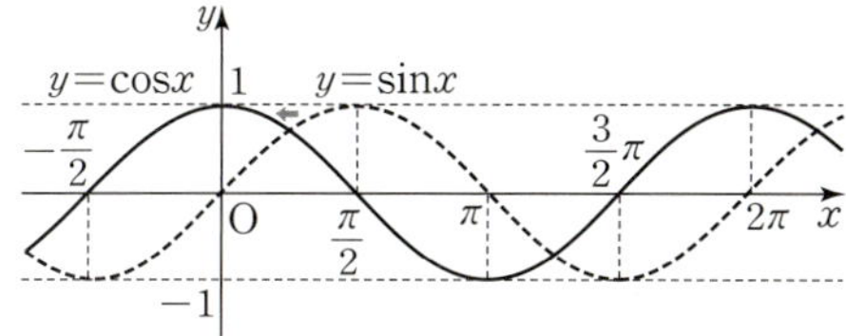

299   답 ④

① 두 함수 $y=\sin x$와 $y=\cos x$의 주기는
    2π로 서로 같다. (참)

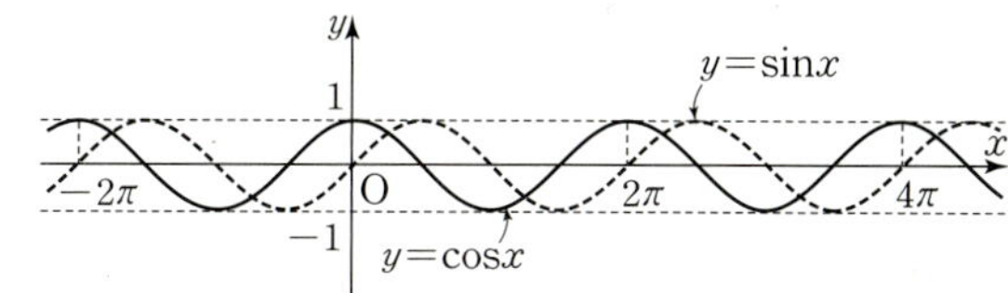

② 함수 $y=\cos x$의 그래프는 y축에 대하여 대칭이다. (참)
③ 함수 $y=\tan x$의 치역은 실수 전체의 집합이다. (참)

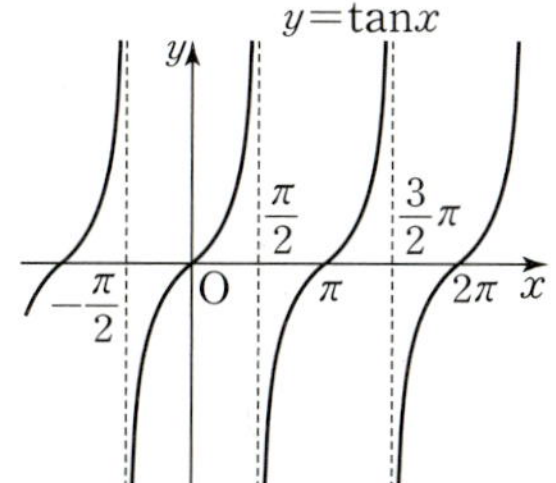

④ 함수 $y=\tan x$의 그래프는 원점에 대하여 대칭이다. (거짓)
⑤ 함수 $y=\tan x$의 그래프의 점근선의 방정식은

    $x=n\pi+\dfrac{\pi}{2}$ (n은 정수)이다. (참)

따라서 옳지 않은 것은 ④이다.

300   답 ⑤

① 주기는 π이다. (거짓)   …… **TIP**

② $\tan\left(-\dfrac{\pi}{3}\right)=-\sqrt{3}$이므로

    그래프는 점 $(0, -\sqrt{3})$을 지난다. (거짓)

③ 치역은 실수 전체의 집합이지만

    정의역은 $x-\dfrac{\pi}{3}\neq n\pi+\dfrac{\pi}{2}$에서 $x\neq n\pi+\dfrac{5}{6}\pi$ (n은 정수)인 실수

    전체의 집합이다. (거짓)

④ 그래프는 함수 $y=\tan x$의 그래프를 x축의 방향으로 $\dfrac{\pi}{3}$만큼

    평행이동한 것이다. (거짓)

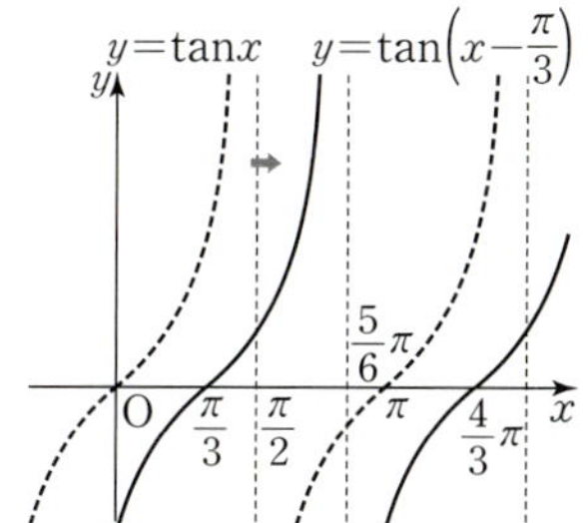

⑤ 그래프의 점근선의 방정식은

    $x-\dfrac{\pi}{3}=n\pi+\dfrac{\pi}{2}$에서 $x=n\pi+\dfrac{5}{6}\pi$ (n은 정수)이다. (참)

따라서 옳은 것은 ⑤이다.

함수 $f(x)$의 주기가 p일 때, 함수 $y=f(x)$의 그래프를 평행이동하여도 주기는 p로 변하지 않는다.

그 이유는 다음과 같다.

함수 $f(x)$의 주기가 p이면 정의역의 모든 x에 대하여 $f(x)=f(x+p)$가 성립한다. 이때 함수 $f(x)$를 x축의 방향으로 a만큼 평행이동한 것을 $g(x)$라 하면

$$g(x)=f(x-a)=f(x-a+p)=g(x+p)$$

즉, 정의역의 모든 원소 x에 대하여 $g(x)=g(x+p)$이므로 함수 $g(x)$의 주기도 p이다.

301

$\boxminus$ (1) 5 (2) -3 (3) π

(1) $-1\leq\cos 2x\leq 1$에서

$$-4\leq-4\cos 2x\leq 4$$
$$-3\leq 1-4\cos 2x\leq 5 \qquad \cdots\cdots ㉠$$

따라서 함수 $f(x)$의 최댓값은 5이다.

(2) ㉠에서 함수 $f(x)$의 최솟값은 -3이다.

(3) $f(x)=1-4\cos 2x$
$\qquad =1-4\cos(2x+2\pi)$
$\qquad =1-4\cos 2(x+\pi)=f(x+\pi)$

즉, 정의역의 모든 x에 대하여 $f(x)=f(x+\pi)$이므로 함수 $f(x)$의 주기는 π이다.

$$\therefore p=\pi$$

함수 $f(x)=1-4\cos 2x$의 최댓값은 $|-4|+1=5$, 최솟값은 $-|-4|+1=-3$으로 빠르게 구할 수 있다.

한편, $g(x)=\cos ax\,(a\neq 0)$라 할 때,

$$\cos ax=\cos(ax+2\pi)=\cos a\left(x+\frac{2\pi}{a}\right)$$이므로

정의역의 모든 원소 x에 대하여 $g(x)=g\left(x+\frac{2\pi}{a}\right)$가 성립한다.

이때 주기는 양수이므로 함수 $g(x)$의 주기는 $\frac{2\pi}{|a|}$임을 알 수 있다. 따라서 위의 문제에서 함수 $f(x)$의 주기를 $\frac{2\pi}{|2|}=\pi$로 빠르게 구할 수 있다.

302

$\boxminus$ ②

주어진 함수의 최댓값이 6, 최솟값이 0이고 $a>0$이므로

$$a+c=6,\ -a+c=0$$
$$\therefore a=3,\ c=3$$

또한 주기가 4π이고 $b>0$이므로

$$\frac{2\pi}{b}=4\pi,\ b=\frac{1}{2}$$
$$\therefore a+2b+3c=13$$

303

$\boxminus$ ③

$a<0$이므로 함수 $f(x)=a\cos\dfrac{x}{2}+b$의 최댓값은 $-a+b$이다.

$$\therefore -a+b=8 \qquad \cdots\cdots ㉠$$
$$f\left(\frac{8}{3}\pi\right)=a\cos\left(\frac{4}{3}\pi\right)+b=-\frac{1}{2}a+b=5$$이므로
$$-a+2b=10 \qquad \cdots\cdots ㉡$$

㉠, ㉡을 연립하여 풀면 $a=-6$, $b=2$

$$\therefore ab=-12$$

304

$\boxminus$ ④

함수 $f(x)$는 정의역의 모든 원소 x에 대하여 $f(x+\pi)=f(x)$를 만족시키므로 주기가 $\dfrac{\pi}{n}$ (n은 자연수) 꼴인 함수이다. $\cdots\cdots$

ㄱ. 함수 $f(x)=\sin\dfrac{x}{2}$의 주기는 $\dfrac{2\pi}{\frac{1}{2}}=4\pi$이다.

ㄴ. 함수 $f(x)=1-\tan x$의 주기는 $\dfrac{\pi}{1}=\pi$이다.

ㄷ. 함수 $f(x)=2\cos\pi x$의 주기는 $\dfrac{2\pi}{\pi}=2$이다.

ㄹ. 함수 $f(x)=\dfrac{1}{2}\tan 2x$의 주기는 $\dfrac{\pi}{2}$이다.

ㅁ. 함수 $f(x)=\cos 2(\pi-x)$의 주기는 $\dfrac{2\pi}{|-2|}=\pi$이다.

따라서 모든 실수 x에 대하여 $f(x+\pi)=f(x)$를 만족시키는 것은 ㄴ, ㄹ, ㅁ이다.

주기가 π인 함수 $f(x)$는 정의역의 모든 x에 대하여 $f(x+\pi)=f(x)$를 만족시키지만 그 역은 성립하지 않는다.

예를 들어, $f(x)=\sin 4x$에 대하여

$$f(x+\pi)=\sin 4(x+\pi)$$
$$\qquad =\sin(4x+4\pi)$$
$$\qquad =\sin 4x=f(x)$$

이지만 함수 $f(x)$의 주기는 $\dfrac{2\pi}{4}=\dfrac{\pi}{2}$이다.

따라서 상수함수가 아닌 함수 $f(x)$가 정의역의 모든 x에 대하여 $f(x+p)=f(x)$ (p는 양의 상수)를 만족시키면 함수 $f(x)$의 주기는 p, $\dfrac{p}{2}$, $\dfrac{p}{3}$, $\cdots$ 중 하나이다.

305

$\boxminus$ 풀이 참조

주어진 함수의 그래프는 각각 다음과 같다.

ㄱ. 함수 $y=|\sin x|$의 주기는 π이다.

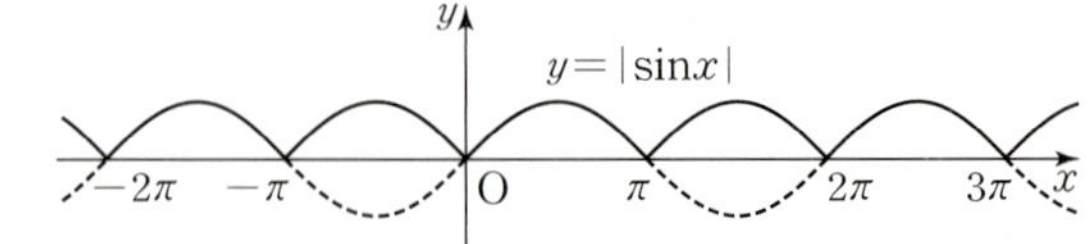

ㄴ. 함수 $y=|\cos x|$의 주기는 π이다.

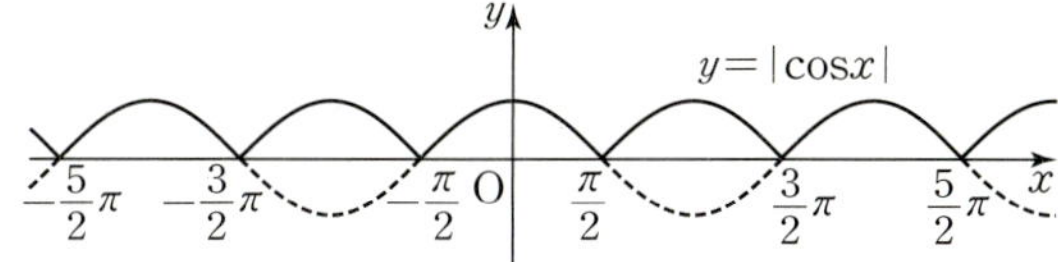

ㄷ. 함수 $y=|\tan x|$의 주기는 π이다.

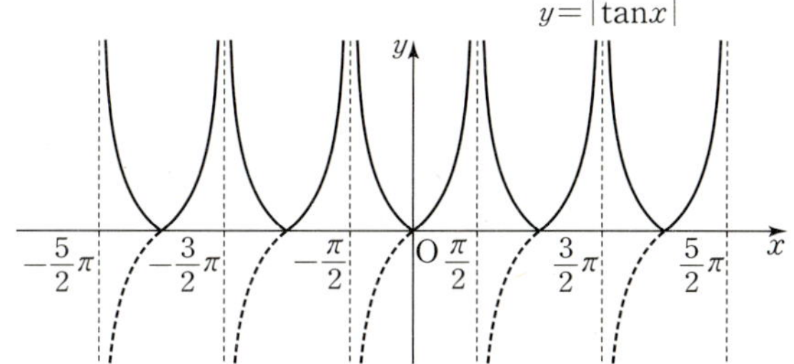

ㄹ. 함수 $y=\sin|x|$는 주기함수가 아니다.

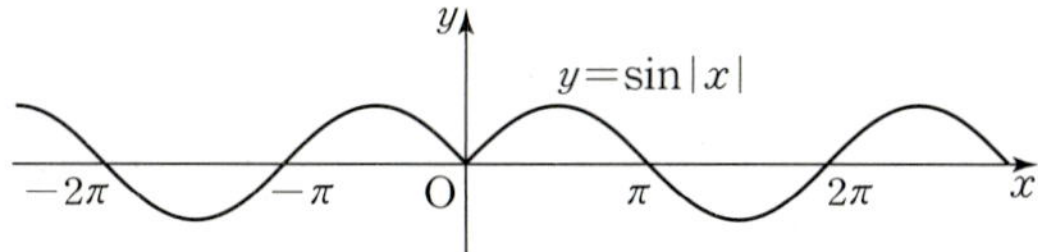

ㅁ. 함수 $y=\cos|x|$의 주기는 2π이다.

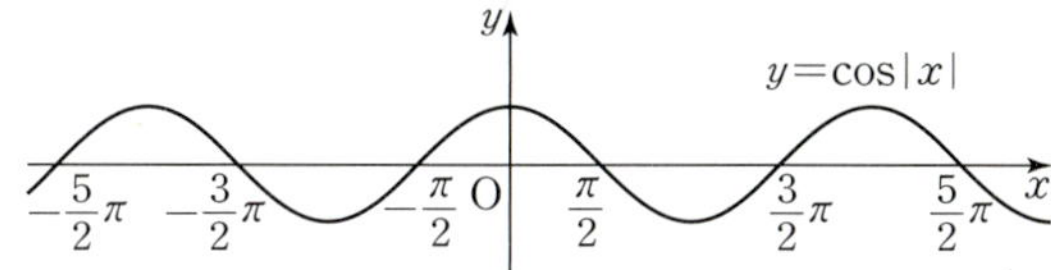

ㅂ. 함수 $y=\tan|x|$는 주기함수가 아니다.

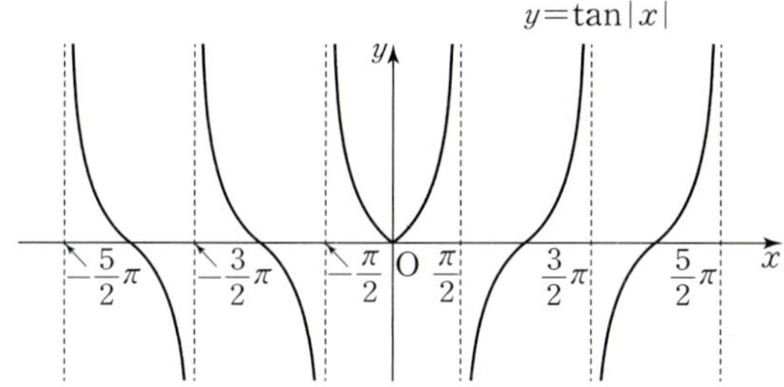

따라서 주기함수는 ㄱ, ㄴ, ㄷ, ㅁ이고
ㄱ, ㄴ, ㄷ의 주기는 π, ㅁ의 주기는 2π이다.

절댓값 기호를 포함하는 함수의 그래프는 다음과 같이 얻을 수
있다.

① 함수 $y=|f(x)|$의 그래프

$$y=\begin{cases} f(x) & (f(x)\geq 0) \\ -f(x) & (f(x)<0) \end{cases}$$

함수 $y=f(x)$의 그래프에서 $f(x)<0$인 부분을 x축에
대하여 대칭이동시킨다.

② 함수 $y=f(|x|)$의 그래프

$$y=\begin{cases} f(x) & (x\geq 0) \\ f(-x) & (x<0) \end{cases}$$

함수 $y=f(x)$의 그래프에서 $x<0$인 부분은 지우고,
$x\geq 0$인 부분을 y축에 대하여 대칭이동시킨다.

306   답 ④

① $\sin\left(\dfrac{\pi}{2}+\theta\right)=\cos\theta$, $\cos(\pi+\theta)=-\cos\theta$이므로

$\quad \sin\left(\dfrac{\pi}{2}+\theta\right)\neq\cos(\pi+\theta)$ (거짓)

② $\sin(\pi-\theta)=\sin\theta$, $\sin(-\theta)=-\sin\theta$이므로

$\quad \sin(\pi-\theta)\neq\sin(-\theta)$ (거짓)

③ $\cos(-\theta)=\cos\theta$, $\sin\left(\dfrac{3}{2}\pi+\theta\right)=-\cos\theta$이므로

$\quad \cos(-\theta)\neq\sin\left(\dfrac{3}{2}\pi+\theta\right)$ (거짓)

④ $\cos\left(\dfrac{\pi}{2}+\theta\right)=-\sin\theta$, $\sin(\pi+\theta)=-\sin\theta$이므로

$\quad \cos\left(\dfrac{\pi}{2}+\theta\right)=\sin(\pi+\theta)$ (참)

⑤ $\tan\left(\dfrac{\pi}{2}-\theta\right)=\dfrac{1}{\tan\theta}$, $\dfrac{1}{\tan(-\theta)}=\dfrac{1}{-\tan\theta}$이므로

$\quad \tan\left(\dfrac{\pi}{2}-\theta\right)\neq\dfrac{1}{\tan(-\theta)}$ (거짓)

따라서 옳은 것은 ④이다.

307   답 ②

θ가 제3사분면의 각이므로 $\cos\theta<0$, $\tan\theta>0$이다.

$\sin\theta=-\dfrac{2}{3}$이므로 $\sin^2\theta+\cos^2\theta=1$에서

$\cos\theta=-\sqrt{1-\sin^2\theta}=-\sqrt{1-\left(-\dfrac{2}{3}\right)^2}=-\dfrac{\sqrt{5}}{3}$

$\tan\theta=\dfrac{\sin\theta}{\cos\theta}=\dfrac{-\dfrac{2}{3}}{-\dfrac{\sqrt{5}}{3}}=\dfrac{2}{\sqrt{5}}=\dfrac{2\sqrt{5}}{5}$

$\therefore \tan(3\pi-\theta)+\sin\left(\dfrac{3}{2}\pi+\theta\right)=-\tan\theta-\cos\theta$

$\qquad\qquad =-\dfrac{2\sqrt{5}}{5}+\dfrac{\sqrt{5}}{3}=-\dfrac{\sqrt{5}}{15}$

308   답 ①

$\cos(5\pi-\theta)-\cos\left(\dfrac{5}{2}\pi+\theta\right)+\sin(2\pi-\theta)-\sin\left(\dfrac{\pi}{2}-\theta\right)$

$=-\cos\theta-(-\sin\theta)+(-\sin\theta)-\cos\theta$

$=-2\cos\theta$

309   답 ②

$\dfrac{\sin\left(\dfrac{3}{2}\pi-\theta\right)}{\sin\left(\dfrac{\pi}{2}-\theta\right)\cos^2(\pi-\theta)}+\dfrac{\sin(\pi-\theta)\tan^2(\pi+\theta)}{\cos\left(\dfrac{3}{2}\pi+\theta\right)}$

$=\dfrac{-\cos\theta}{\cos\theta\times(-\cos\theta)^2}+\dfrac{\sin\theta\tan^2\theta}{\sin\theta}$

$=\dfrac{-1}{\cos^2\theta}+\tan^2\theta$

$=\dfrac{-1+\sin^2\theta}{\cos^2\theta}=\dfrac{-\cos^2\theta}{\cos^2\theta}=-1$

310

답 ③

$$\sin\frac{7}{6}\pi=\sin\left(\pi+\frac{\pi}{6}\right)=-\sin\frac{\pi}{6}=-\frac{1}{2}$$

$$\cos\left(-\frac{2}{3}\pi\right)=\cos\frac{2}{3}\pi=\cos\left(\pi-\frac{\pi}{3}\right)=-\cos\frac{\pi}{3}=-\frac{1}{2}$$

$$\cos\frac{23}{6}\pi=\cos\left(2\pi\times2-\frac{\pi}{6}\right)=\cos\frac{\pi}{6}=\frac{\sqrt{3}}{2}$$

$$\tan\frac{7}{4}\pi=\tan\left(2\pi-\frac{\pi}{4}\right)=-\tan\frac{\pi}{4}=-1$$

$$\therefore\ \sin\frac{7}{6}\pi+\cos\left(-\frac{2}{3}\pi\right)+\cos\frac{23}{6}\pi-\tan\frac{7}{4}\pi$$

$$=\left(-\frac{1}{2}\right)+\left(-\frac{1}{2}\right)+\frac{\sqrt{3}}{2}-(-1)=\frac{\sqrt{3}}{2}$$

311

답 ②

$$a=\cos120°=\cos(90°+30°)=-\sin30°$$
$$b=\sin130°=\sin(180°-50°)=\sin50°$$
$$c=\sin200°=\sin(180°+20°)=-\sin20°$$

즉, $a<0$, $b>0$, $c<0$이고
$\sin20°<\sin30°$에서 $-\sin30°<-\sin20°$이므로 $a<c$

$$\therefore\ a<c<b$$

312

답 -0.2419

$$\cos824°=\cos(2\times360°+104°)$$
$$=\cos104°=\cos(90°+14°)$$
$$=-\sin14°=-0.2419$$

313

답 ⑤

$y=|2\sin x+1|-1$에서 $\sin x=t$라 하면
$-1\leq t\leq1$이고 $y=|2t+1|-1$

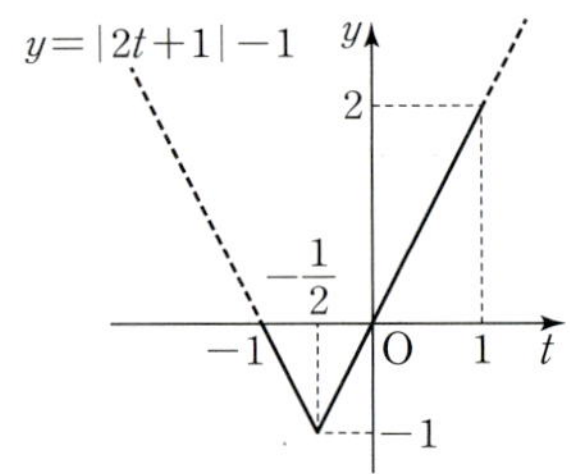

위의 그림에서 $t=1$일 때 최댓값 $M=2$를 갖고,
$t=-\dfrac{1}{2}$일 때 최솟값 $m=-1$을 갖는다.

$$\therefore\ M+m=1$$

다른 풀이

$-1\leq\sin x\leq1$이므로 $-1\leq2\sin x+1\leq3$에서
$0\leq|2\sin x+1|\leq3$　$\therefore\ -1\leq|2\sin x+1|-1\leq2$
따라서 $M=2$, $m=-1$이므로
$$M+m=1$$

314

답 (1) $x=\dfrac{7}{6}\pi$ 또는 $x=\dfrac{11}{6}\pi$

(2) $x=\dfrac{\pi}{6}$ 또는 $x=\dfrac{11}{6}\pi$

(3) $x=\dfrac{\pi}{4}$ 또는 $x=\dfrac{5}{4}\pi$

(1) $0\leq x<2\pi$에서 방정식 $\sin x=-\dfrac{1}{2}$의 해는

　함수 $y=\sin x\ (0\leq x<2\pi)$의 그래프와 직선 $y=-\dfrac{1}{2}$의 교점의
　x좌표와 같다.

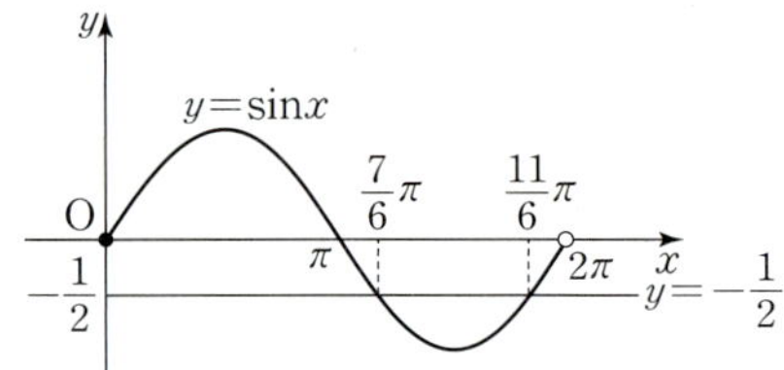

$$\therefore\ x=\frac{7}{6}\pi\ 또는\ x=\frac{11}{6}\pi$$

(2) $0\leq x<2\pi$에서 방정식 $2\cos x-\sqrt{3}=0$, 즉 $\cos x=\dfrac{\sqrt{3}}{2}$의 해는

　함수 $y=\cos x\ (0\leq x<2\pi)$의 그래프와 직선 $y=\dfrac{\sqrt{3}}{2}$의 교점의
　x좌표와 같다.

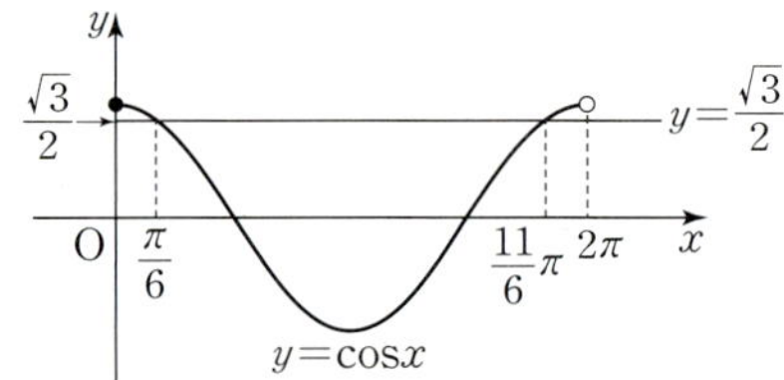

$$\therefore\ x=\frac{\pi}{6}\ 또는\ x=\frac{11}{6}\pi$$

(3) $0\leq x<2\pi$에서 방정식 $\tan x=1$의 해는
　함수 $y=\tan x\ (0\leq x<2\pi)$의 그래프와 직선 $y=1$의 교점의
　x좌표와 같다.

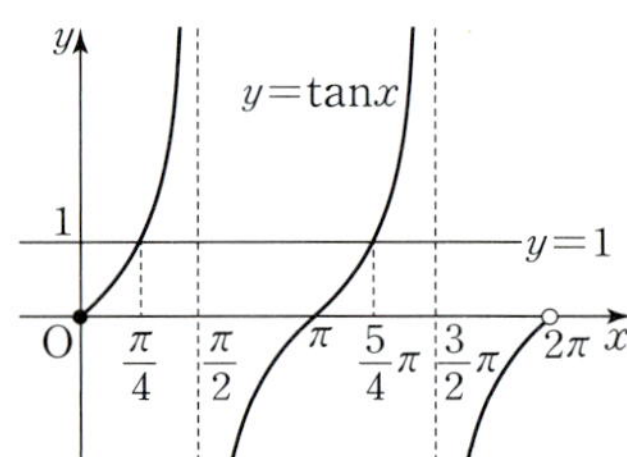

$$\therefore\ x=\frac{\pi}{4}\ 또는\ x=\frac{5}{4}\pi$$

315

답 ②

$\sin x+\cos x=0$에서 $\sin x=-\cos x$　$\cdots\cdots$ ㉠
이때 ㉠에서 $\cos x=0$이면 $\sin x=0$이어야 하는데
$\cos x=\sin x=0$을 만족시키는 실수 x가 존재하지 않으므로
$\cos x\neq0$이다.
㉠에서 양변을 $\cos x$로 나누면 $\tan x=-1$
이 방정식의 근은 함수 $y=\tan x\ (0\leq x<2\pi)$의 그래프와
직선 $y=-1$의 교점의 x좌표와 같다.

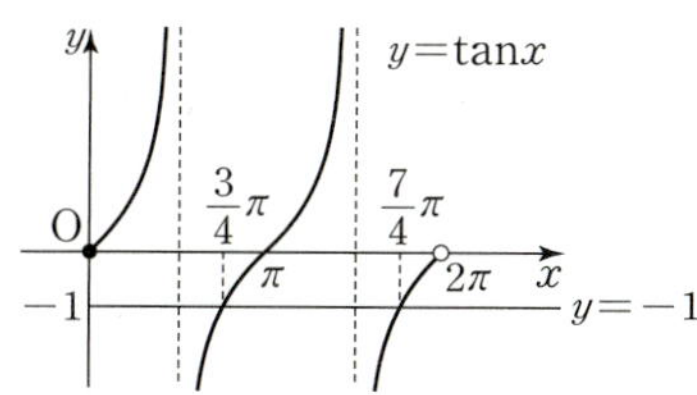

위의 그림에서 주어진 방정식의 근은

$$x=\frac{3}{4}\pi \ \text{또는} \ x=\frac{7}{4}\pi$$

따라서 모든 근의 합은 $\dfrac{3}{4}\pi+\dfrac{7}{4}\pi=\dfrac{5}{2}\pi$ 이다.

316   🖐 (1) $\dfrac{\pi}{3}\leq x\leq\dfrac{2}{3}\pi$ (2) $\dfrac{2}{3}\pi<x<\dfrac{4}{3}\pi$

(1) 부등식 $\sin x\geq\dfrac{\sqrt{3}}{2}$ 의 해는

함수 $y=\sin x\,(0\leq x\leq2\pi)$ 의 그래프가 직선 $y=\dfrac{\sqrt{3}}{2}$ 보다 위쪽에

있거나 만나는 x 의 값의 범위이다.

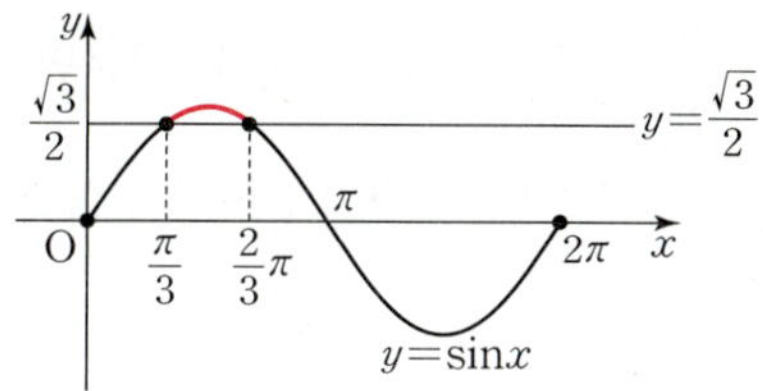

위의 그림에서 구하는 부등식의 해는 $\dfrac{\pi}{3}\leq x\leq\dfrac{2}{3}\pi$ 이다.

(2) 부등식 $2\cos x+1<0$, 즉 $\cos x<-\dfrac{1}{2}$ 의 해는

함수 $y=\cos x\,(0\leq x\leq2\pi)$ 의 그래프가 직선 $y=-\dfrac{1}{2}$ 보다

아래쪽에 있는 x 의 값의 범위이다.

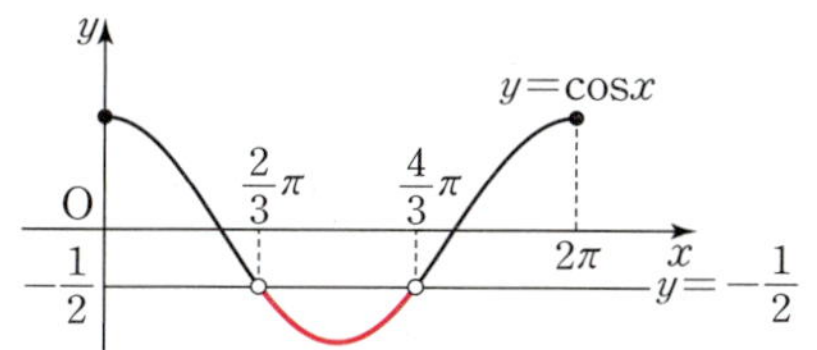

위의 그림에서 구하는 부등식의 해는 $\dfrac{2}{3}\pi<x<\dfrac{4}{3}\pi$ 이다.

317   🖐 $-\pi\leq x\leq-\dfrac{5}{6}\pi$ 또는 $-\dfrac{\pi}{4}<x\leq\dfrac{\pi}{6}$ 또는 $\dfrac{3}{4}\pi<x\leq\pi$

부등식 $-1<\tan x\leq\dfrac{\sqrt{3}}{3}$ 의 해는

함수 $y=\tan x\,(-\pi\leq x\leq\pi)$ 의 그래프가 직선 $y=-1$ 보다 위쪽에

있고 직선 $y=\dfrac{\sqrt{3}}{3}$ 보다 아래쪽에 있거나 만나는 x 의 값의 범위이다.

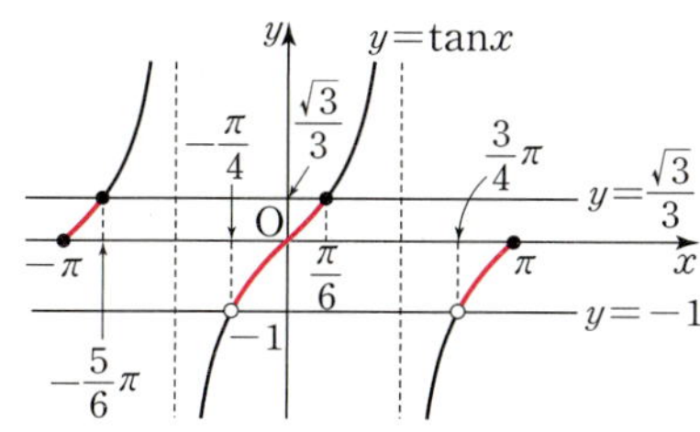

위의 그림에서 구하는 부등식의 해는

$$-\pi\leq x\leq-\frac{5}{6}\pi \ \text{또는} \ -\frac{\pi}{4}<x\leq\frac{\pi}{6} \ \text{또는} \ \frac{3}{4}\pi<x\leq\pi$$

318   🖐 ⑤

부등식 $\sin x\geq\cos x$ 의 해는

함수 $y=\sin x$ 의 그래프가 함수 $y=\cos x$ 의 그래프보다 위쪽에 있거

나 만나는 x 의 값의 범위이다.

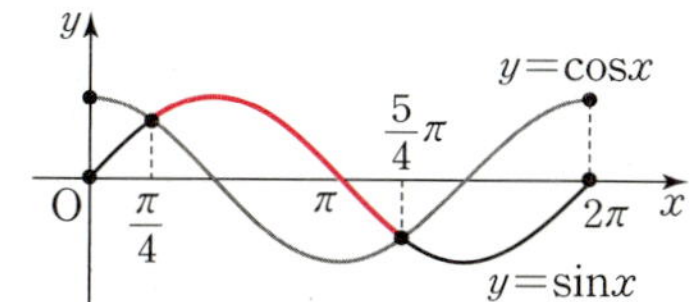

$0\leq x\leq2\pi$ 이므로 위의 그림에서 주어진 부등식의 해는

$$\frac{\pi}{4}\leq x\leq\frac{5}{4}\pi$$

따라서 $\alpha=\dfrac{\pi}{4}$, $\beta=\dfrac{5}{4}\pi$ 이므로

$$\frac{\beta}{\alpha}=5$$

319   🖐 ④

부등식 $2\cos\left(x-\dfrac{\pi}{3}\right)+1\geq0$ 에서 $x-\dfrac{\pi}{3}=t$ 라 하면

$0\leq x\leq2\pi$ 에서 $-\dfrac{\pi}{3}\leq t\leq\dfrac{5}{3}\pi$ 이고

$2\cos t+1\geq0$ 에서 $\cos t\geq-\dfrac{1}{2}$ 이다.

부등식 $\cos t\geq-\dfrac{1}{2}$ 의 해는 함수 $y=\cos t\left(-\dfrac{\pi}{3}\leq t\leq\dfrac{5}{3}\pi\right)$ 의

그래프가 직선 $y=-\dfrac{1}{2}$ 보다 위쪽에 있거나 만나는 t 의 값의 범위이다.

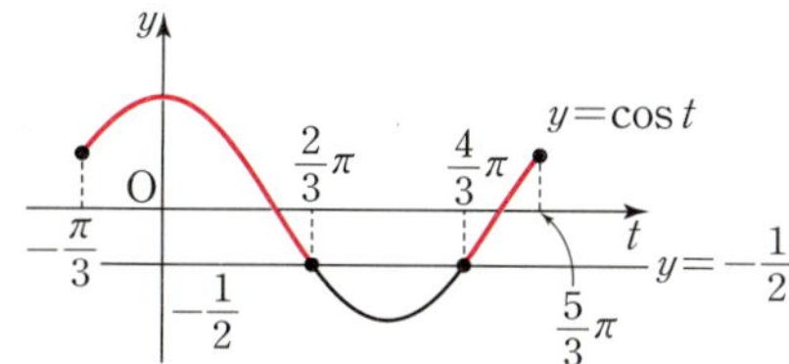

위의 그림에서 부등식 $\cos t\geq-\dfrac{1}{2}$ 의 해는

$$-\frac{\pi}{3}\leq t\leq\frac{2}{3}\pi \ \text{또는} \ \frac{4}{3}\pi\leq t\leq\frac{5}{3}\pi$$

즉, 주어진 부등식의 해는

$$0\leq x\leq\pi \ \text{또는} \ \frac{5}{3}\pi\leq x\leq2\pi$$

따라서 해에 속하는 값이 아닌 것은 ④이다.

320   🖐 $0<x<\dfrac{\pi}{3}$ 또는 $\dfrac{2}{3}\pi<x<\dfrac{4}{3}\pi$ 또는 $\dfrac{5}{3}\pi<x<2\pi$

$|2\cos x|>1$, $|\cos x|>\dfrac{1}{2}$ 에서

$\cos x<-\dfrac{1}{2}$ 또는 $\cos x>\dfrac{1}{2}$ 이므로 부등식 $|\cos x|>\dfrac{1}{2}$ 의 해는

함수 $y=\cos x\,(0<x<2\pi)$의 그래프가 직선 $y=-\dfrac{1}{2}$보다 아래쪽

에 있거나 직선 $y=\dfrac{1}{2}$보다 위쪽에 있는 x의 값의 범위이다.

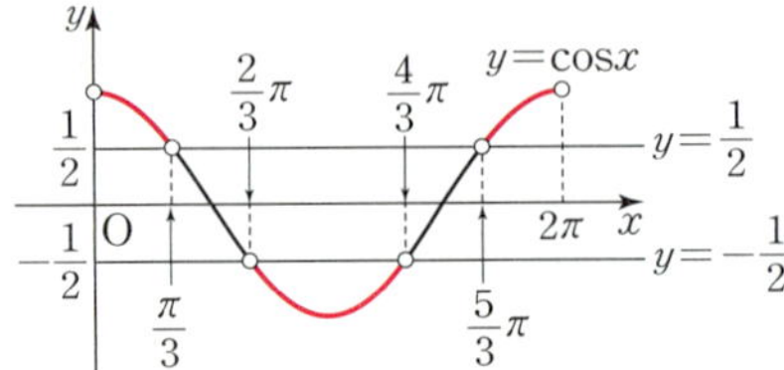

위의 그림에서 구하는 부등식의 해는

$$0<x<\frac{\pi}{3} \ \text{또는} \ \frac{2}{3}\pi<x<\frac{4}{3}\pi \ \text{또는} \ \frac{5}{3}\pi<x<2\pi$$

321

답 ④

부채꼴의 호의 길이가 원의 반지름의 길이의 4배이므로
이 부채꼴의 중심각의 크기는 4라디안이다.
따라서 각의 크기 4라디안을 육십분법으로 계산하면

$$4\times\frac{180°}{\pi}=\frac{720°}{\pi}\ \text{이다.}$$

322

답 ②

주어진 원의 넓이가 16π이므로 원의 반지름의 길이는 4이다.
호 AB의 길이가 반지름의 길이의 2배이므로
부채꼴 OAB의 중심각의 크기는 $\theta=2$(라디안)이다.
원의 중심 O에서 선분 AB에 내린 수선의 발을 H라 하면
직선 OH는 각 AOB의 이등분선이므로

$$\angle\text{AOH}=\frac{\theta}{2}=1\,\text{(라디안)이고,}$$

직선 OH는 선분 AB를 수직이등분하므로

$$\begin{aligned}\overline{\text{AB}}&=2\overline{\text{AH}}=2\times\overline{\text{AO}}\times\sin(\angle\text{AOH})\\&=2\times4\sin1=8\sin1\end{aligned}$$

323

답 ④

θ가 제3사분면의 각이면

$$2n\pi+\pi<\theta<2n\pi+\frac{3}{2}\pi\ (n\text{은 정수})\text{이므로}$$

$$n\pi+\frac{\pi}{2}<\frac{\theta}{2}<n\pi+\frac{3}{4}\pi\text{이다.}$$

이때 정수 k에 대하여 n을 다음과 같은 경우로 나누어 생각해 보자.

(i) $n=2k$일 때

$$2k\pi+\frac{\pi}{2}<\frac{\theta}{2}<2k\pi+\frac{3}{4}\pi\text{이므로 }\frac{\theta}{2}\text{는 제2사분면의 각이다.}$$

(ii) $n=2k+1$일 때

$$(2k+1)\pi+\frac{\pi}{2}<\frac{\theta}{2}<(2k+1)\pi+\frac{3}{4}\pi$$

$$2k\pi+\frac{3}{2}\pi<\frac{\theta}{2}<2k\pi+\frac{7}{4}\pi\text{이므로 }\frac{\theta}{2}\text{는 제4사분면의 각이다.}$$

(i), (ii)에 의하여 구하는 사분면은 제2사분면, 제4사분면이다.

324

답 제1사분면

θ가 제4사분면의 각이면

$$2n\pi+\frac{3}{2}\pi<\theta<2n\pi+2\pi\ (n\text{은 정수})\text{이므로}$$

$$\frac{2n\pi}{3}+\frac{\pi}{2}<\frac{\theta}{3}<\frac{2n\pi}{3}+\frac{2}{3}\pi\text{이다.}$$

이때 정수 k에 대하여 n을 다음과 같은 경우로 나누어 생각해 보자.

(i) $n=3k$일 때

$$2k\pi+\frac{\pi}{2}<\frac{\theta}{3}<2k\pi+\frac{2}{3}\pi\text{이므로 }\frac{\theta}{3}\text{는 제2사분면의 각이다.}$$

(ii) $n=3k+1$일 때

$$\frac{2(3k+1)\pi}{3}+\frac{\pi}{2}<\frac{\theta}{3}<\frac{2(3k+1)\pi}{3}+\frac{2}{3}\pi\text{에서}$$

$$2k\pi+\frac{7}{6}\pi<\frac{\theta}{3}<2k\pi+\frac{4}{3}\pi\text{이므로 }\frac{\theta}{3}\text{는 제3사분면의 각이다.}$$

(iii) $n=3k+2$일 때

$$\frac{2(3k+2)\pi}{3}+\frac{\pi}{2}<\frac{\theta}{3}<\frac{2(3k+2)\pi}{3}+\frac{2}{3}\pi\text{에서}$$

$$2k\pi+\frac{11}{6}\pi<\frac{\theta}{3}<2k\pi+2\pi\text{이므로 }\frac{\theta}{3}\text{는 제4사분면의 각이다.}$$

(i)~(iii)에 의하여 $\dfrac{\theta}{3}$는 제2사분면 또는 제3사분면 또는 제4사분면

의 각이므로 각 $\dfrac{\theta}{3}$를 나타내는 동경이 존재하지 않는 사분면은

제1사분면이다.

325

답 ②

각 θ와 각 4θ를 나타내는 동경이 서로 일치하므로
$$4\theta-\theta=2n\pi\ (\text{단, }n\text{은 정수})$$

$$3\theta=2n\pi,\ \theta=\frac{2n}{3}\pi$$

이때 $\dfrac{\pi}{2}<\theta<\pi$이므로

$$\frac{\pi}{2}<\frac{2n}{3}\pi<\pi,\ \frac{3}{4}<n<\frac{3}{2}$$

이를 만족시키는 정수 n은 1이다.

$$\therefore\ \theta=\frac{2}{3}\pi$$

> **참고**
>
> **두 동경의 위치 관계**
> 두 각 $\theta_1,\ \theta_2$를 나타내는 동경의 위치 관계에 따라
> 정수 n에 대하여 $\theta_1,\ \theta_2$는 다음 식을 만족시킨다.
> ① 일치한다. $\Longleftrightarrow \theta_1-\theta_2=2n\pi$
> ② x축에 대하여 대칭이다. $\Longleftrightarrow \theta_1+\theta_2=2n\pi$
> ③ y축에 대하여 대칭이다. $\Longleftrightarrow \theta_1+\theta_2=(2n+1)\pi$
> ④ 원점에 대하여 대칭이다. $\Longleftrightarrow \theta_1-\theta_2=(2n+1)\pi$
> ⑤ 직선 $y=x$에 대하여 대칭이다. $\Longleftrightarrow \theta_1+\theta_2=2n\pi+\dfrac{\pi}{2}$
> ⑥ 직선 $y=-x$에 대하여 대칭이다. $\Longleftrightarrow \theta_1+\theta_2=2n\pi+\dfrac{3}{2}\pi$

326

— 답 ⑤

두 각 2θ와 4θ를 나타내는 동경이 y축에 대하여 대칭이므로

$2\theta+4\theta=(2n+1)\pi$ (단, n은 정수)

$6\theta=(2n+1)\pi$, $\theta=\dfrac{2n+1}{6}\pi$

이때 $\pi<\theta<2\pi$이므로

$\pi<\dfrac{2n+1}{6}\pi<2\pi$, $\dfrac{5}{2}<n<\dfrac{11}{2}$

이를 만족시키는 정수 n은 3, 4, 5이므로

$\theta=\dfrac{7}{6}\pi$ 또는 $\theta=\dfrac{9}{6}\pi$ 또는 $\theta=\dfrac{11}{6}\pi$

따라서 구하는 모든 각 θ의 크기의 합은

$\dfrac{7}{6}\pi+\dfrac{9}{6}\pi+\dfrac{11}{6}\pi=\dfrac{9}{2}\pi$

327

— 답 ④

원뿔의 밑면의 반지름의 길이가 6이고, 높이가 8이므로
모선의 길이는 $\sqrt{6^2+8^2}=10$이다.

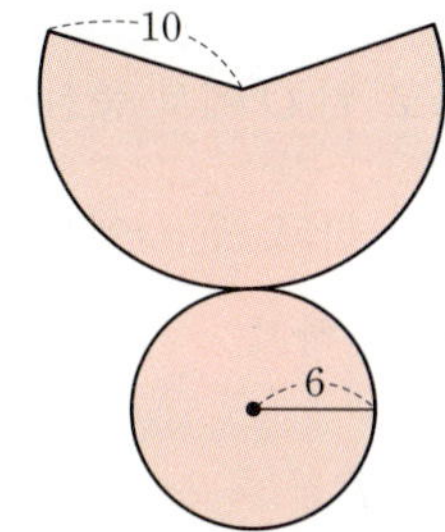

이 원뿔의 전개도에서 옆면인 부채꼴의 호의 길이는 밑면의 둘레의
길이와 같으므로 12π이다.

$\therefore$ (원뿔의 겉넓이)

$=$ (원뿔의 옆면의 넓이) $+$ (원뿔의 밑면의 넓이)

$=\left(\dfrac{1}{2}\times10\times12\pi\right)+(\pi\times6^2)$

$=60\pi+36\pi=96\pi$

328

— 답 ④

$-\dfrac{8}{3}\pi=-4\pi+\dfrac{4}{3}\pi$이므로 각 $-\dfrac{8}{3}\pi$를 나타내는 동경은 각 $\dfrac{4}{3}\pi$를
나타내는 동경과 같다.

따라서 중심이 O인 원 위의 점 A에 대하여 반직선 OA가 시초선이
므로 이를 좌표평면에서 x축의 양의 방향으로 잡을 때,

두 각 $\dfrac{5}{6}\pi$, $-\dfrac{8}{3}\pi$를 나타내는 두 동경 OP, OQ를 그리면
다음 그림과 같다.

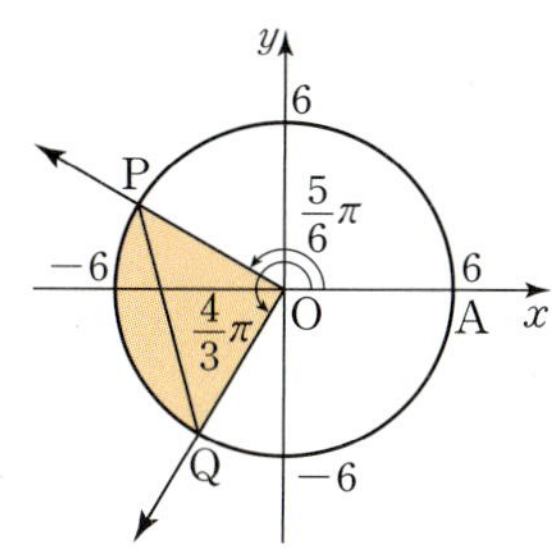

선분 PQ를 포함하는 부채꼴 OPQ의 중심각의 크기는

$\dfrac{4}{3}\pi-\dfrac{5}{6}\pi=\dfrac{\pi}{2}$이다.

따라서 구하는 부채꼴 OPQ의 넓이는

$\dfrac{1}{2}\times6^2\times\dfrac{\pi}{2}=9\pi$이다.

329

— 답 ④

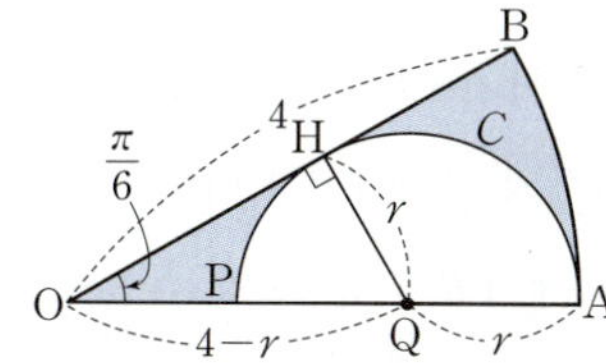

위의 그림과 같이 반원 C의 중심을 Q, 반지름의 길이를 r이라 하면
$\overline{OA}=4$이므로 $\overline{OQ}=4-r$

선분 OB와 반원 C의 접점을 H라 하면 $\overline{QH}=r$

부채꼴 OAB의 중심각의 크기가 $\dfrac{\pi}{6}$이므로

직각삼각형 OQH에서

$\sin\dfrac{\pi}{6}=\dfrac{r}{4-r}$

이때 $\sin\dfrac{\pi}{6}=\dfrac{1}{2}$이므로 $\dfrac{1}{2}=\dfrac{r}{4-r}$에서

$2r=4-r$, $3r=4$ $\quad\therefore r=\dfrac{4}{3}$

따라서 $S_1=\dfrac{1}{2}\times4^2\times\dfrac{\pi}{6}=\dfrac{4}{3}\pi$,

$S_2=\dfrac{1}{2}\times\pi\times\left(\dfrac{4}{3}\right)^2=\dfrac{8}{9}\pi$이므로

$S_1-S_2=\dfrac{4}{3}\pi-\dfrac{8}{9}\pi=\dfrac{4}{9}\pi$이다.

330

— 답 81, 2

부채꼴의 반지름의 길이를 r, 호의 길이를 l, 넓이를 S라 하자.

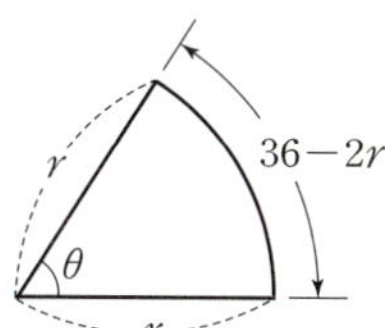

$l=36-2r$이므로

$S=\dfrac{1}{2}rl=\dfrac{1}{2}r(36-2r)$

$=-(r-9)^2+81$

즉, S는 $r=9$일 때, 최댓값 81을 갖는다.

이때 부채꼴의 중심각의 크기를 θ라 하면

$81=\dfrac{1}{2}\times9^2\times\theta$ $\quad\therefore\theta=2$

따라서 구하는 부채꼴의 넓이의 최댓값은 81이고,
이때의 중심각의 크기는 2이다.

······ **TIP**

둘레의 길이가 a로 일정한 부채꼴의 넓이가 최대일 때,

중심각의 크기는 항상 2이다.

부채꼴의 반지름의 길이를 r, 호의 길이를 l, 넓이를 S라 하자.

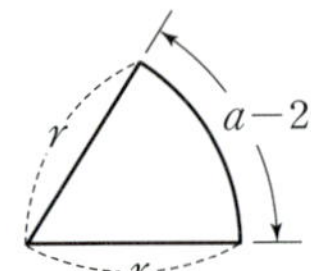

$l=a-2r$이므로

$$S=\frac{1}{2}rl=\frac{1}{2}r(a-2r)=-\left(r-\frac{a}{4}\right)^2+\frac{a^2}{16}$$

따라서 S는 $r=\frac{a}{4}$일 때, 최댓값 $\frac{a^2}{16}$을 갖는다.

이때 부채꼴의 중심각의 크기를 θ라 하면

$\frac{a^2}{16}=\frac{1}{2}\times\left(\frac{a}{4}\right)^2\times\theta$에서 $\theta=2$임을 알 수 있다.

331 달 26

두 부채꼴 OAB, OCD의 반지름의 길이를 각각 r_1, r_2라 하고 중심각의 크기는 서로 같으므로 θ라 하자.

호 AB의 길이가 12이므로 $r_1\theta=12$

호 CD의 길이가 8이므로 $r_2\theta=8$

따라서 $\frac{r_1\theta}{r_2\theta}=\frac{12}{8}$에서 $r_2=\frac{2}{3}r_1$ ...... ㉠

부채꼴 OAB의 넓이는 $\frac{1}{2}\times r_1\times12=6r_1$

부채꼴 OCD의 넓이는 $\frac{1}{2}\times r_2\times8=4r_2$

이때 색칠한 부분의 넓이가 30이므로

$6r_1-4r_2=30$, $3r_1-2r_2=15$

㉠을 대입하면 $3r_1-2\times\frac{2}{3}r_1=15$에서 $r_1=9$, $r_2=6$이다.

따라서 $\overline{AC}=r_1-r_2=3$이므로 색칠한 부분의 둘레의 길이는

$12+8+3\times2=26$

332 달 ②

와이퍼 전체의 길이가 a cm이므로

와이퍼 전체에서 고무판을 제외한 부분의 길이를 r cm라 하면

$a-r=60$이다. ...... ㉠

고무판이 회전하면서 닦는 부분의 넓이는

$$\frac{1}{2}\times a^2\times\frac{2}{3}\pi-\frac{1}{2}\times r^2\times\frac{2}{3}\pi=\frac{\pi}{3}(a^2-r^2)$$

$$=\frac{\pi}{3}(a+r)(a-r)$$

$$=\frac{\pi}{3}\times(a+r)\times60=1800\pi\ (\because ㉠)$$

이므로 $a+r=90$이다. ...... ㉡

㉠, ㉡을 연립하여 풀면

$a=75$, $r=15$

고무판이 회전하면서 닦는 부분의 둘레의 길이는

$$b=a\times\frac{2}{3}\pi+r\times\frac{2}{3}\pi+2\times60$$

$$=\frac{2}{3}\pi(a+r)+120$$

$$=60\pi+120\ (\because ㉡)$$

$$\therefore a+b=75+(60\pi+120)=60\pi+195$$

333 달 ④

마름모 AOBO'에서 대각의 크기는 서로 같으므로

$\angle AO'B=\angle AOB=\frac{5}{6}\pi$

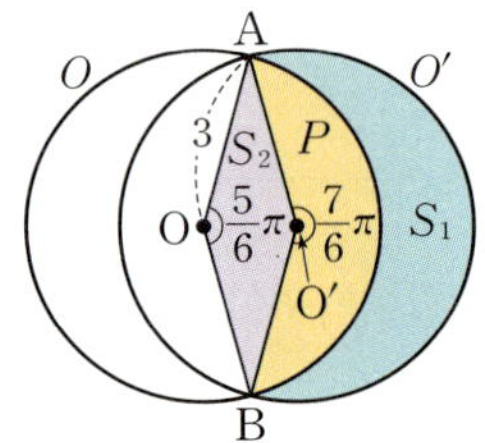

이때 $2\pi-\frac{5}{6}\pi=\frac{7}{6}\pi$이므로 원 O'에서 중심각의 크기가 $\frac{7}{6}\pi$인 부채

꼴 AO'B의 넓이를 T_1이라 하고, 원 O에서 중심각의 크기가 $\frac{5}{6}\pi$인

부채꼴 AOB의 넓이를 T_2라 하자.

$T_2-S_2=P$라 하면

$$S_1-S_2=(S_1+P)-(S_2+P)$$

$$=T_1-T_2$$

$$=\left(\frac{1}{2}\times3^2\times\frac{7}{6}\pi\right)-\left(\frac{1}{2}\times3^2\times\frac{5}{6}\pi\right)$$

$$=\frac{3}{2}\pi$$

334 달 ⑤

직선 $y=2$가 원 $x^2+y^2=5$와 제2사분면에서 만나는 점 A의 좌표는 $(-1,\ 2)$이고, $\overline{OA}=\sqrt{5}$이므로

$$\sin\alpha=\frac{2}{\sqrt{5}}$$

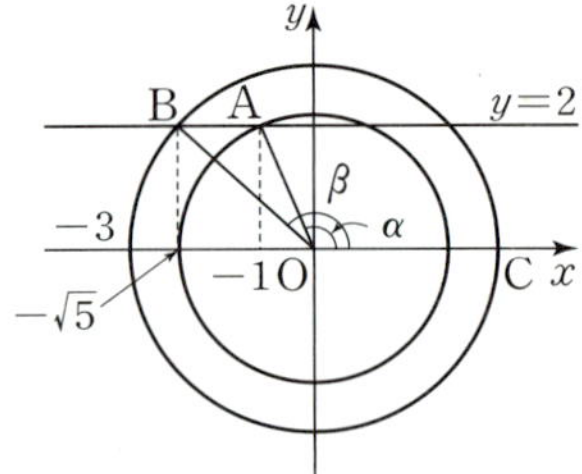

직선 $y=2$가 원 $x^2+y^2=9$와 제2사분면에서 만나는 점 B의 좌표는 $(-\sqrt{5},\ 2)$이고, $\overline{OB}=3$이므로

$$\cos\beta=-\frac{\sqrt{5}}{3}$$

$$\therefore \sin\alpha\cos\beta=\frac{2}{\sqrt{5}}\times\left(-\frac{\sqrt{5}}{3}\right)=-\frac{2}{3}$$

335 답 ①

두 점 P, Q를 좌표평면 위에 나타내면 다음 그림과 같다.

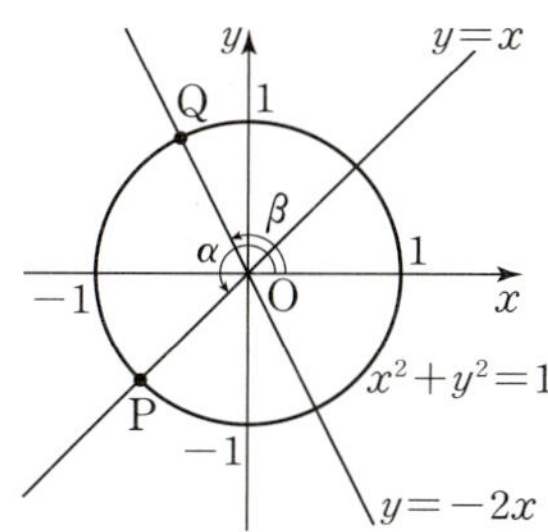

$\tan\alpha$는 직선 $y=x$의 기울기와 같으므로 $\tan\alpha=1$이고,
$\tan\beta$는 직선 $y=-2x$의 기울기와 같으므로 $\tan\beta=-2$이다.
점 P는 제3사분면의 점이므로 $\cos\alpha<0$이다.

따라서 $\tan\alpha=1$일 때, $\cos\alpha=-\dfrac{1}{\sqrt{2}}=-\dfrac{\sqrt{2}}{2}$이다.

점 Q는 제2사분면의 점이므로 $\sin\beta>0$이다.

따라서 $\tan\beta=-2$일 때, $\sin\beta=\dfrac{2}{\sqrt{5}}=\dfrac{2\sqrt{5}}{5}$이다.

$\therefore \cos\alpha\sin\beta=-\dfrac{\sqrt{2}}{2}\times\dfrac{2\sqrt{5}}{5}=-\dfrac{\sqrt{10}}{5}$

336 답 ②

원점을 중심으로 하고 반지름의 길이가 3인 원이 세 동경 OP, OQ, OR과 만나는 점을 각각 A, B, C라 하자.
세 점과 세 동경을 좌표평면 위에 나타내면 다음 그림과 같다.

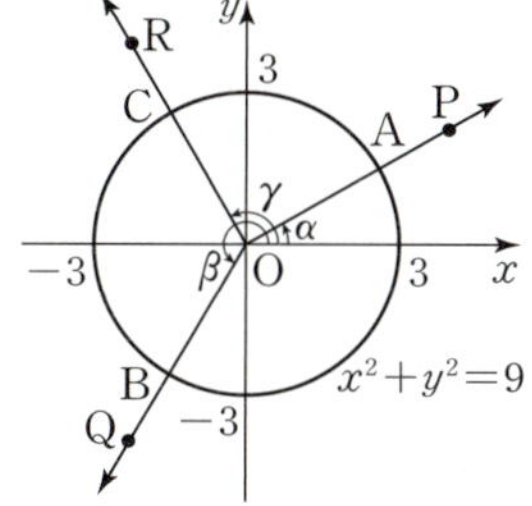

점 P가 제1사분면 위에 있고, $\sin\alpha=\dfrac{1}{3}$이므로 $A(2\sqrt{2},\ 1)$

점 Q가 점 P와 직선 $y=-x$에 대하여 대칭이므로 동경 OQ와 동경
OP도 직선 $y=-x$에 대하여 대칭이다.
$\therefore B(-1,\ -2\sqrt{2})$
점 R이 점 Q와 x축에 대하여 대칭이므로 동경 OR과 동경 OQ도
x축에 대하여 대칭이다.
$\therefore C(-1,\ 2\sqrt{2})$

따라서 $\cos\beta=-\dfrac{1}{3}$, $\cos\gamma=-\dfrac{1}{3}$이므로

$\cos\beta+\cos\gamma=-\dfrac{2}{3}$이다.

'**유형 06** 삼각함수의 각의 변환'의 내용을 이용하여 다음과 같이 풀이할
수 있다.
제1사분면 위의 점 P를 직선 $y=-x$에 대하여 대칭이동한 점 Q와
점 Q를 x축에 대하여 대칭이동한 점 R을 나타내면 다음과 같다.

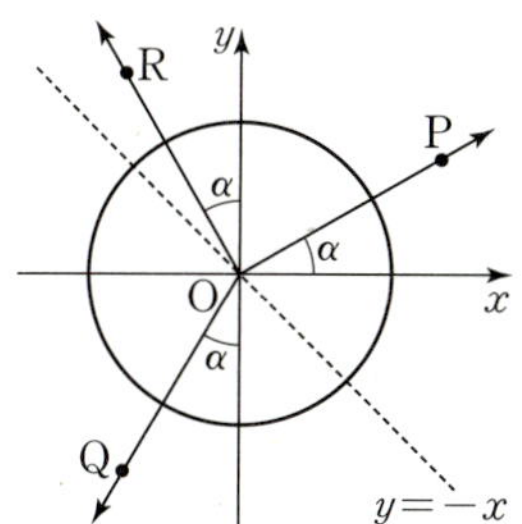

동경 OQ가 y축과 이루는 각의 크기가 동경 OP가 x축과 이루는
각의 크기와 같으므로
$\beta=\dfrac{3}{2}\pi-\alpha$이고,

동경 OQ, 동경 OR이 y축과 이루는 각의 크기가 서로 같으므로
$\gamma=\dfrac{\pi}{2}+\alpha$이다.

따라서 $\cos\beta=\cos\left(\dfrac{3}{2}\pi-\alpha\right)=-\sin\alpha=-\dfrac{1}{3}$,

$\cos\gamma=\cos\left(\dfrac{\pi}{2}+\alpha\right)=-\sin\alpha=-\dfrac{1}{3}$이다.

$\therefore \cos\beta+\cos\gamma=-\dfrac{2}{3}$

337 답 ②

부채꼴 AOP의 중심각의 크기를 α라 하면
호 AP의 길이는 $6\alpha=\pi$이므로 $\alpha=\dfrac{\pi}{6}$이다.

따라서 가능한 점 P는 다음과 같은 두 가지이다.

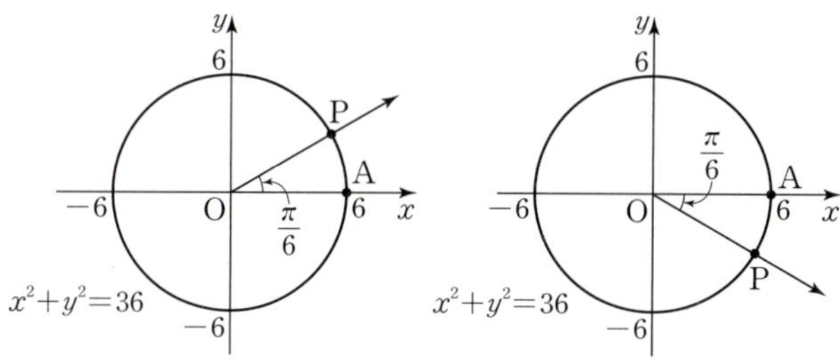

이 중 동경 OP가 나타내는 각 θ에 대하여 $\sin\theta<0$이려면
점 P의 y좌표는 음수이어야 하므로 점 P는 제4사분면 위의 점이다.

따라서 $\sin\theta=-\sin\dfrac{\pi}{6}=-\dfrac{1}{2}$, $\cos\theta=\cos\dfrac{\pi}{6}=\dfrac{\sqrt{3}}{2}$이므로

$\sin\theta-\sqrt{3}\cos\theta=-2$

338 답 ①

θ가 제2사분면의 각이므로 $\sin\theta>0$, $\cos\theta<0$, $\tan\theta<0$이다.

$|\sin\theta|+|\tan\theta|+\sqrt{(\sin\theta-\cos\theta)^2}-\sqrt{(\cos\theta+\tan\theta)^2}$
$=\sin\theta+(-\tan\theta)+(\sin\theta-\cos\theta)-\{-(\cos\theta+\tan\theta)\}$
$=2\sin\theta$

339 답 ⑤

ㄱ. $(\sin\theta+\cos\theta)^2+(\sin\theta-\cos\theta)^2$
$=(\sin^2\theta+\cos^2\theta+2\sin\theta\cos\theta)$
$\qquad\qquad\qquad+(\sin^2\theta+\cos^2\theta-2\sin\theta\cos\theta)$
$=(1+2\sin\theta\cos\theta)+(1-2\sin\theta\cos\theta)=2$ (거짓)

ㄴ. $\cos^4\theta-\sin^4\theta=(\cos^2\theta+\sin^2\theta)(\cos^2\theta-\sin^2\theta)$
$$=1\times(\cos^2\theta-\sin^2\theta)$$
$$=\cos^2\theta-\sin^2\theta\ (\text{참})$$

ㄷ. $\dfrac{\sin\theta}{1-\dfrac{1}{\tan\theta}}+\dfrac{\cos\theta}{1-\tan\theta}=\dfrac{\sin\theta}{1-\dfrac{\cos\theta}{\sin\theta}}+\dfrac{\cos\theta}{1-\dfrac{\sin\theta}{\cos\theta}}$
$$=\dfrac{\sin^2\theta}{\sin\theta-\cos\theta}+\dfrac{\cos^2\theta}{\cos\theta-\sin\theta}$$
$$=\dfrac{\sin^2\theta-\cos^2\theta}{\sin\theta-\cos\theta}$$
$$=\dfrac{(\sin\theta+\cos\theta)(\sin\theta-\cos\theta)}{\sin\theta-\cos\theta}$$
$$=\sin\theta+\cos\theta\ (\text{거짓})$$

ㄹ. $\tan^2\theta-\sin^2\theta=\dfrac{\sin^2\theta}{\cos^2\theta}-\dfrac{\sin^2\theta\cos^2\theta}{\cos^2\theta}$
$$=\dfrac{\sin^2\theta(1-\cos^2\theta)}{\cos^2\theta}$$
$$=\dfrac{\sin^2\theta\sin^2\theta}{\cos^2\theta}$$
$$=\tan^2\theta\sin^2\theta\ (\text{참})$$

ㅁ. $\sin^4\theta+\cos^4\theta=(\sin^2\theta+\cos^2\theta)^2-2\sin^2\theta\cos^2\theta$
$$=1-2\sin^2\theta\cos^2\theta$$
$\sin^6\theta+\cos^6\theta=(\sin^2\theta+\cos^2\theta)^3-3\sin^2\theta\cos^2\theta(\sin^2\theta+\cos^2\theta)$
$$=1-3\sin^2\theta\cos^2\theta$$
이므로
$3(\sin^4\theta+\cos^4\theta)-2(\sin^6\theta+\cos^6\theta)$
$=3(1-2\sin^2\theta\cos^2\theta)-2(1-3\sin^2\theta\cos^2\theta)=1\ (\text{참})$
따라서 옳은 것은 ㄴ, ㄹ, ㅁ이다.

340

目 (1) $-\dfrac{\sqrt{14}}{3}$　(2) $-\dfrac{\sqrt{14}}{2}$

(1) $\sin\theta+\cos\theta=\dfrac{2}{3}$의 양변을 제곱하면

$\sin^2\theta+\cos^2\theta+2\sin\theta\cos\theta=\dfrac{4}{9}$

$1+2\sin\theta\cos\theta=\dfrac{4}{9},\ \sin\theta\cos\theta=-\dfrac{5}{18}$

$(\sin\theta-\cos\theta)^2=(\sin\theta+\cos\theta)^2-4\sin\theta\cos\theta$
$$=\left(\dfrac{2}{3}\right)^2-4\times\left(-\dfrac{5}{18}\right)=\dfrac{14}{9}$$

이때 $\dfrac{3}{2}\pi<\theta<2\pi$에서 $\sin\theta<0,\ \cos\theta>0$이므로

$\sin\theta-\cos\theta<0$이다.

$\therefore\ \sin\theta-\cos\theta=-\dfrac{\sqrt{14}}{3}$

(2) $\dfrac{\tan\theta-1}{\tan\theta+1}=\dfrac{\dfrac{\sin\theta}{\cos\theta}-1}{\dfrac{\sin\theta}{\cos\theta}+1}$

$$=\dfrac{\sin\theta-\cos\theta}{\sin\theta+\cos\theta}=\dfrac{-\dfrac{\sqrt{14}}{3}}{\dfrac{2}{3}}\ (\because\ (1))$$

$$=-\dfrac{\sqrt{14}}{2}$$

341

目 ③

$\tan\theta+\dfrac{1}{\tan\theta}=\dfrac{\sin\theta}{\cos\theta}+\dfrac{\cos\theta}{\sin\theta}=\dfrac{\sin^2\theta+\cos^2\theta}{\cos\theta\sin\theta}$
$$=\dfrac{1}{\cos\theta\sin\theta}=-4$$

$\sin\theta\cos\theta=-\dfrac{1}{4}$ …… ㉠

$(\sin\theta-\cos\theta)^2=\sin^2\theta+\cos^2\theta-2\sin\theta\cos\theta$
$$=1-2\times\left(-\dfrac{1}{4}\right)=\dfrac{3}{2}$$

이때 θ가 제2사분면의 각이므로 $\sin\theta>0,\ \cos\theta<0$에서
$\sin\theta-\cos\theta>0$이다.

따라서 $\sin\theta-\cos\theta=\dfrac{\sqrt{6}}{2}$이므로 …… ㉡

$\sin^3\theta-\cos^3\theta=(\sin\theta-\cos\theta)^3+3\sin\theta\cos\theta(\sin\theta-\cos\theta)$
$$=\left(\dfrac{\sqrt{6}}{2}\right)^3+3\times\left(-\dfrac{1}{4}\right)\times\dfrac{\sqrt{6}}{2}\ (\because\ ㉠,\ ㉡)$$
$$=\dfrac{3\sqrt{6}}{8}$$

342

目 ④

$(\tan^2\theta-1)(\sin\theta-1)(\sin\theta+1)$
$=(\tan^2\theta-1)(\sin^2\theta-1)$
$=\left(\dfrac{\sin^2\theta}{\cos^2\theta}-1\right)(-\cos^2\theta)$
$=-\sin^2\theta+\cos^2\theta$
$=(\cos\theta+\sin\theta)(\cos\theta-\sin\theta)$ …… ㉠
$(\sin\theta+\cos\theta)^2=\sin^2\theta+2\sin\theta\cos\theta+\cos^2\theta$이므로
$\left(\dfrac{2}{3}\right)^2=1+2\sin\theta\cos\theta\ (\because\ \sin^2\theta+\cos^2\theta=1)$

$\therefore\ \sin\theta\cos\theta=-\dfrac{5}{18}$ …… ㉡

$(\cos\theta-\sin\theta)^2=\sin^2\theta-2\sin\theta\cos\theta+\cos^2\theta$
$$=1-2\sin\theta\cos\theta$$
$$=1-2\times\left(-\dfrac{5}{18}\right)\ (\because\ ㉡)$$
$$=\dfrac{14}{9}$$

이때 $\dfrac{3}{2}\pi<\theta<2\pi$에서 $\sin\theta<\cos\theta$이므로 $\cos\theta-\sin\theta>0$이다.

$\therefore\ \cos\theta-\sin\theta=\dfrac{\sqrt{14}}{3}$

따라서 ㉠에서 구하는 값은 $\dfrac{2}{3}\times\dfrac{\sqrt{14}}{3}=\dfrac{2\sqrt{14}}{9}$이다.

343

目 ②

$\tan\theta-\dfrac{2}{\tan\theta}=1$의 양변에 $\tan\theta$를 각각 곱하여 정리하면

$\tan^2\theta-\tan\theta-2=0$
$(\tan\theta+1)(\tan\theta-2)=0$

θ가 제3사분면의 각이므로 $\tan\theta=2$이고, $\sin\theta<0$, $\cos\theta<0$이다.

$\sin\theta=-\dfrac{2\sqrt{5}}{5}$, $\cos\theta=-\dfrac{\sqrt{5}}{5}$

$\therefore \sin\theta-\cos\theta=-\dfrac{\sqrt{5}}{5}$

344   답 11

$\sin\theta+\cos\theta=\sin\theta\cos\theta$의 양변을 제곱하면

$\sin^2\theta+\cos^2\theta+2\sin\theta\cos\theta=(\sin\theta\cos\theta)^2$

$(\sin\theta\cos\theta)^2-2\sin\theta\cos\theta-1=0$

$\sin\theta\cos\theta=x\,(-1\leq x\leq1)$라 하면

$x^2-2x-1=0$이고, 근의 공식에 의하여

$x=1-\sqrt{2}\,(\because -1\leq x\leq1)$

따라서 $\sin\theta\cos\theta=1-\sqrt{2}$이므로 $a=1$, $b=-1$

$\therefore 10a-b=11$

345   답 ③

$\sin\theta+\sqrt{2}\cos\theta=1$에서

$\sqrt{2}\cos\theta=1-\sin\theta$

양변을 제곱하면

$2\cos^2\theta=1-2\sin\theta+\sin^2\theta$

$2(1-\sin^2\theta)=1-2\sin\theta+\sin^2\theta\,(\because \sin^2\theta+\cos^2\theta=1)$

$3\sin^2\theta-2\sin\theta-1=0$

$(3\sin\theta+1)(\sin\theta-1)=0$

$\therefore \sin\theta=-\dfrac{1}{3}$ 또는 $\sin\theta=1$

$\dfrac{3}{2}\pi<\theta<2\pi$에서 $\sin\theta<0$, $\tan\theta<0$이므로

$\sin\theta=-\dfrac{1}{3}$, $\tan\theta=-\dfrac{1}{2\sqrt{2}}$이다.

$\therefore \sin\theta\tan\theta=\dfrac{\sqrt{2}}{12}$

346   답 ②

방정식 $x^2-3x+1=0$의 한 근이 $x=\dfrac{\sin\theta}{1+\cos\theta}$이므로

$\left(\dfrac{\sin\theta}{1+\cos\theta}\right)^2-3\times\dfrac{\sin\theta}{1+\cos\theta}+1=0$

$\dfrac{\sin^2\theta-3\sin\theta(1+\cos\theta)+(1+\cos\theta)^2}{(1+\cos\theta)^2}=0$

$\dfrac{\sin^2\theta-3\sin\theta(1+\cos\theta)+(\cos^2\theta+2\cos\theta+1)}{(1+\cos\theta)^2}=0$

$\dfrac{-3\sin\theta(1+\cos\theta)+(2+2\cos\theta)}{(1+\cos\theta)^2}=0\,(\because \sin^2\theta+\cos^2\theta=1)$

$\dfrac{(1+\cos\theta)(2-3\sin\theta)}{(1+\cos\theta)^2}=0$

이때 $1+\cos\theta\neq0$이므로 $2-3\sin\theta=0$

$\therefore \sin\theta=\dfrac{2}{3}$

$\therefore \tan\theta\cos\theta=\dfrac{\sin\theta}{\cos\theta}\times\cos\theta=\sin\theta=\dfrac{2}{3}$

347   답 풀이 참조

x에 대한 이차방정식 $x^2+(1-4a)x+8a^2-1=0$에서

이차방정식의 근과 계수의 관계에 의하여

두 근의 합은 $\sin\theta+\cos\theta=4a-1$,   …… ㉠

두 근의 곱은 $\sin\theta\cos\theta=8a^2-1$이다.   …… ㉡

$(\sin\theta+\cos\theta)^2=\sin^2\theta+2\sin\theta\cos\theta+\cos^2\theta$

$\qquad\qquad\qquad\quad=1+2\sin\theta\cos\theta\,(\because \sin^2\theta+\cos^2\theta=1)$

이므로 ㉠, ㉡을 대입하면

$(4a-1)^2=1+2(8a^2-1)$에서

$16a^2-8a+1=16a^2-1$, $8a=2$

$\therefore a=\dfrac{1}{4}$

따라서 주어진 이차방정식은 $x^2-\dfrac{1}{2}=0$이고,

$x=\dfrac{1}{\sqrt{2}}$ 또는 $x=-\dfrac{1}{\sqrt{2}}$이므로

$\sin\theta=\dfrac{1}{\sqrt{2}}$, $\cos\theta=-\dfrac{1}{\sqrt{2}}$ 또는 $\sin\theta=-\dfrac{1}{\sqrt{2}}$, $\cos\theta=\dfrac{1}{\sqrt{2}}$이다.

이때 두 경우 모두 $\tan\theta=\dfrac{\sin\theta}{\cos\theta}=-1$이다.

$\therefore a+\tan\theta=\dfrac{1}{4}+(-1)=-\dfrac{3}{4}$

채점 요소	배점
이차방정식의 근과 계수의 관계를 이용하여 $\sin\theta+\cos\theta$, $\sin\theta\cos\theta$를 a에 대한 식으로 나타내기	10 %
$\sin\theta+\cos\theta$, $\sin\theta\cos\theta$의 관계를 이용하여 a의 값 구하기	40 %
$\sin\theta$, $\cos\theta$의 값을 구하여 $\tan\theta$의 값 구하기	40 %
$a+\tan\theta$의 값 구하기	10 %

348   답 ①

$\sqrt{1-2\sin\theta\cos\theta}+\sqrt{1+2\sin\theta\cos\theta}$

$=\sqrt{\sin^2\theta+\cos^2\theta-2\sin\theta\cos\theta}+\sqrt{\sin^2\theta+\cos^2\theta+2\sin\theta\cos\theta}$

$=\sqrt{(\sin\theta-\cos\theta)^2}+\sqrt{(\sin\theta+\cos\theta)^2}$

이때 $\dfrac{\pi}{4}<\theta<\dfrac{\pi}{2}$에서 $\sin\theta>\cos\theta>0$이므로 주어진 식은

$\sqrt{(\sin\theta-\cos\theta)^2}+\sqrt{(\sin\theta+\cos\theta)^2}$

$=(\sin\theta-\cos\theta)+(\sin\theta+\cos\theta)$

$=2\sin\theta$

349   답 ②

$x=2\cos\theta-1$에서 $\cos\theta=\dfrac{x+1}{2}$,

$y=2\sin\theta+3$에서 $\sin\theta=\dfrac{y-3}{2}$이므로

$\cos^2\theta+\sin^2\theta=1$에 대입하면

$$\left(\frac{x+1}{2}\right)^2+\left(\frac{y-3}{2}\right)^2=1$$

$$(x+1)^2+(y-3)^2=4$$

따라서 점 $(x,\ y)$가 나타내는 도형은 중심이 점 $(-1,\ 3)$이고 반지름의 길이가 2인 원이므로 그 둘레의 길이는

$$2\pi\times2=4\pi$$

350   답 ④

$x=\cos\theta,\ y=\sin\theta$이므로

$$\frac{y}{x}+\frac{x}{y}=\frac{\sin\theta}{\cos\theta}+\frac{\cos\theta}{\sin\theta}=\frac{\sin^2\theta+\cos^2\theta}{\cos\theta\sin\theta}$$

$$=\frac{1}{\cos\theta\sin\theta}=-\frac{5}{2}$$

$$\cos\theta\sin\theta=-\frac{2}{5}$$

$$(\sin\theta-\cos\theta)^2=\sin^2\theta+\cos^2\theta-2\sin\theta\cos\theta$$

$$=1-2\times\left(-\frac{2}{5}\right)=\frac{9}{5}$$

이때 $x<0,\ y>0$이므로

$\sin\theta>0,\ \cos\theta<0$, 즉 $\sin\theta-\cos\theta>0$이다.

$$\therefore\ \sin\theta-\cos\theta=\frac{3\sqrt{5}}{5}$$

351   답 ②

$\overline{\text{OH}}=\cos\theta,\ \overline{\text{BH}}=\sin\theta,\ \overline{\text{AT}}=\tan\theta$이므로

$\dfrac{\overline{\text{OH}}}{\overline{\text{BH}}}=\dfrac{3}{2}\overline{\text{AT}}$에서 $\dfrac{\cos\theta}{\sin\theta}=\dfrac{3}{2}\tan\theta$

$$\frac{\cos\theta}{\sin\theta}=\frac{3}{2}\times\frac{\sin\theta}{\cos\theta},\ \cos^2\theta=\frac{3}{2}\sin^2\theta$$

이때 $\sin^2\theta+\cos^2\theta=1$이므로

$$\sin^2\theta+\frac{3}{2}\sin^2\theta=1,\ \sin^2\theta=\frac{2}{5}$$

$$\therefore\ \sin\theta\cos\theta\tan\theta=\sin\theta\times\cos\theta\times\frac{\sin\theta}{\cos\theta}$$

$$=\sin^2\theta=\frac{2}{5}$$

> **참고**
>
> $0<\theta<\dfrac{\pi}{2}$라 하면 $\sin\theta>0$이므로
>
> $\sin^2\theta=\dfrac{2}{5}$에서 $\sin\theta=\dfrac{\sqrt{2}}{\sqrt{5}}$이고
>
> 이때 $\cos\theta=\dfrac{\sqrt{3}}{\sqrt{5}},\ \tan\theta=\dfrac{\sqrt{2}}{\sqrt{3}}$임을 알 수 있다.

352   답 ①

ㄱ. 함수 $f(x)=\tan\left(2x-\dfrac{\pi}{2}\right)+1$의 주기는 $\dfrac{\pi}{2}$이므로

  정의역의 모든 x에 대하여 $f(x)=f\left(x+\dfrac{\pi}{2}\right)$이다. (참)

ㄴ. $f(x)=\tan\left(2x-\dfrac{\pi}{2}\right)+1$

    $=\tan\left\{2\left(x-\dfrac{\pi}{4}\right)\right\}+1$

이므로 함수 $y=\tan 2x$의 그래프를 x축의 방향으로 $\dfrac{\pi}{4}$만큼, y축의 방향으로 1만큼 평행이동한 것이다. (참)

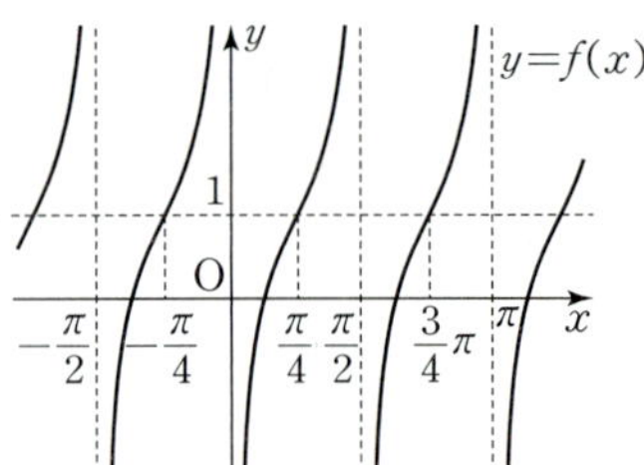

ㄷ. 그래프는 점 $\left(\dfrac{\pi}{4},\ 1\right)$에 대하여 대칭이다. (참)

ㄹ. 그래프의 점근선의 방정식은

  $2x-\dfrac{\pi}{2}=m\pi+\dfrac{\pi}{2}$ (m은 정수)에서 $x=\dfrac{(m+1)}{2}\pi$

  즉, $x=\dfrac{n}{2}\pi$ (n은 정수)이다. (거짓)

따라서 옳은 것은 ㄱ, ㄴ, ㄷ이다.

353   답 ③

세 함수 $y=\sin x,\ y=\cos x,\ y=\tan x$의 그래프는 다음 그림과 같다.

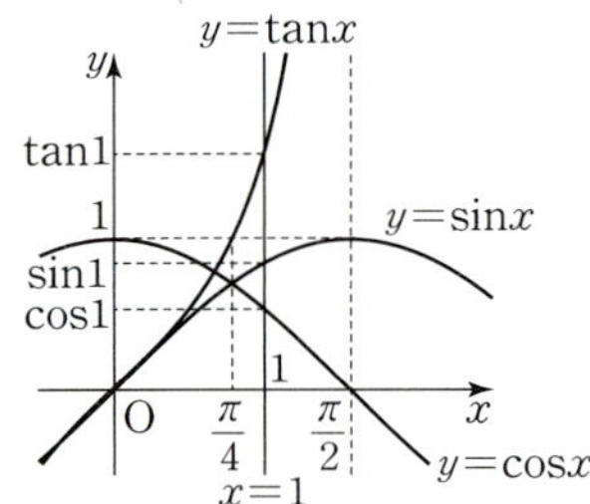

$\dfrac{\pi}{4}<1<\dfrac{\pi}{2}$이므로 $\cos 1<\sin 1<\tan 1$이다.

354   답 ③

함수 $f(x)$의 최댓값은 5, 최솟값은 -1이고 $a>0$이므로

$a+c=5,\ -a+c=-1$에서 $a=3,\ c=2$

주기는 $\dfrac{7}{6}\pi-\dfrac{\pi}{6}=\pi$이고, $b>0$이므로

$\dfrac{2\pi}{b}=\pi$에서 $b=2$

$$\therefore\ f(x)=3\cos\left\{2\left(x-\frac{\pi}{6}\right)\right\}+2$$

$$\therefore\ f(0)=3\cos\left(-\frac{\pi}{3}\right)+2=3\times\frac{1}{2}+2=\frac{7}{2}$$

355   답 $1-\sqrt{2}$

최댓값은 3, 최솟값은 -1이고 $a>0$이므로

$a+d=3,\ -a+d=-1$에서 $a=2,\ d=1$

주기는 $\pi-\dfrac{\pi}{3}=\dfrac{2}{3}\pi$이고 $b>0$이므로

$$\frac{2\pi}{b}=\frac{2}{3}\pi \text{에서 } b=3$$

$$\therefore f(x)=2\sin\left\{3\left(x-\frac{c}{3}\right)\right\}+1$$

$$0<c<2\pi \text{에서 } 0<\frac{c}{3}<\frac{2}{3}\pi \text{이므로}$$

$$\frac{c}{3}=\frac{\pi}{3}\text{에서 } c=\pi$$

따라서 $f(x)=2\sin(3x-\pi)+1$이므로

$$f\left(\frac{\pi}{4}\right)=2\sin\left(-\frac{\pi}{4}\right)+1=2\times\left(-\frac{\sqrt{2}}{2}\right)+1=1-\sqrt{2}$$

356   답 ④

조건 (가)에 의하여 함수 $y=f(x)$의 그래프는 y축에 대하여 대칭이고,
조건 (나)에 의하여 함수 $f(x)$의 주기는 $\dfrac{4}{n}$ (n은 자연수)이다.

① $f(x)=\sin\left(\dfrac{\pi}{2}x\right)$이면

$$f(-x)=\sin\left(-\frac{\pi}{2}x\right)=-\sin\left(\frac{\pi}{2}x\right)=-f(x)\text{이고}$$

주기는 $\dfrac{2\pi}{\frac{\pi}{2}}=4$이다.

② $f(x)=\cos\left(\dfrac{\pi}{8}x\right)$이면

$$f(-x)=\cos\left(-\frac{\pi}{8}x\right)=\cos\left(\frac{\pi}{8}x\right)=f(x)\text{이고}$$

주기는 $\dfrac{2\pi}{\frac{\pi}{8}}=16$이다.

③ $f(x)=\cos\left(\dfrac{\pi}{4}x\right)$이면

$$f(-x)=\cos\left(-\frac{\pi}{4}x\right)=\cos\left(\frac{\pi}{4}x\right)=f(x)\text{이고}$$

주기는 $\dfrac{2\pi}{\frac{\pi}{4}}=8$이다.

④ $f(x)=\cos\left(\dfrac{\pi}{2}x\right)$이면

$$f(-x)=\cos\left(-\frac{\pi}{2}x\right)=\cos\left(\frac{\pi}{2}x\right)=f(x)\text{이고}$$

주기는 $\dfrac{2\pi}{\frac{\pi}{2}}=4$이다.

⑤ $f(x)=\tan\left(\dfrac{\pi}{4}x\right)$이면

$$f(-x)=\tan\left(-\frac{\pi}{4}x\right)=-\tan\left(\frac{\pi}{4}x\right)=-f(x)\text{이고}$$

주기는 $\dfrac{\pi}{\frac{\pi}{4}}=4$이다.

따라서 조건을 모두 만족시키는 것은 ④이다.

357   답 22

함수 $f(x)$의 최댓값이 3이고, $a>0$이므로 $a+c=3$ …… ㉠

함수 $f(x)$의 주기는 함수 $y=a\cos bx+c$의 주기의 $\dfrac{1}{2}$이므로

$$\frac{1}{2}\times\frac{2\pi}{b}=\frac{\pi}{3}\text{에서 } b=3$$

따라서 $f(x)=a|\cos 3x|+c$이므로

$$f\left(\frac{2}{9}\pi\right)=a\left|\cos\frac{2}{3}\pi\right|+c$$

$$=a\left|-\frac{1}{2}\right|+c$$

$$=\frac{1}{2}a+c=-\frac{5}{2} \qquad \text{…… ㉡}$$

㉠, ㉡을 연립하여 풀면 $a=11$, $c=-8$
$$\therefore a+b-c=22$$

358   답 14

함수 $y=a\sin 3x+b$의 주기는 $\dfrac{2}{3}\pi$이고,

두 양수 a, b에 대하여 최댓값은 $a+b$, 최솟값은 $-a+b$이므로
$0\le x\le 2\pi$에서 이 함수의 그래프는 다음 그림과 같다.

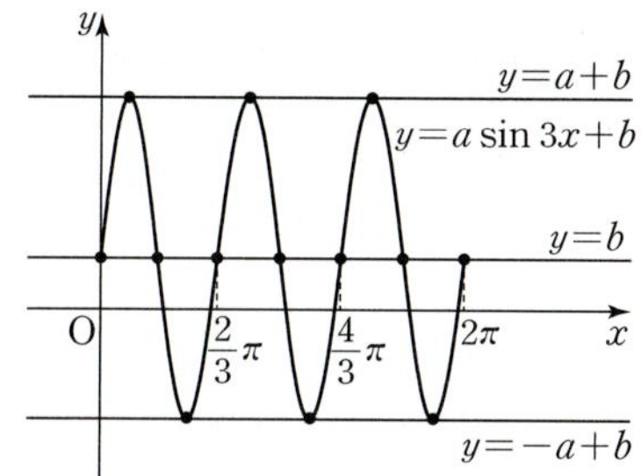

$0\le x\le 2\pi$에서 함수 $y=a\sin 3x+b$의 그래프가 직선 $y=k$ (k는
상수)와 만나는 점의 개수가 3이려면 $k=a+b$ 또는 $k=-a+b$이어
야 하고, 만나는 점의 개수가 7이려면 $k=b$이어야 한다.
즉, 주어진 조건에 의하여 $b=2$이고 $a+b=9$ 또는 $-a+b=9$이다.
(i) $b=2$, $a+b=9$일 때
   $a=7$
(ii) $b=2$, $-a+b=9$일 때
   $a=-7$
   그런데 a, b는 양수이므로 이 경우는 조건을 만족시키지 않는다.
(i), (ii)에서 $a=7$, $b=2$이므로
$$ab=7\times 2=14$$

359   답 9

두 함수 $y=\sin x$와 $y=\sin 3x$의 주기
는 각각 2π, $\dfrac{2}{3}\pi$이므로 $0\le x\le\pi$에서

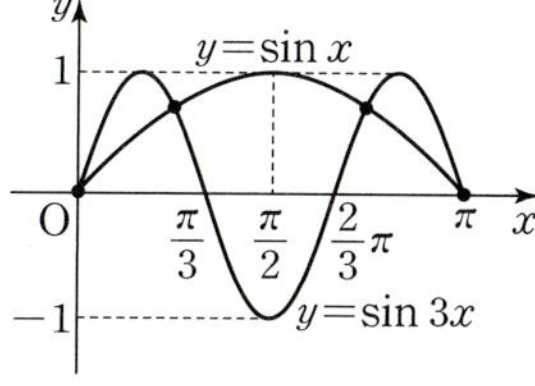

두 곡선 $y=\sin x$와 $y=\sin 3x$는
오른쪽 그림과 같다.
따라서 두 곡선 $y=\sin x$와
$y=\sin 3x$의 교점의 개수는 4이므로
$$a_3=4$$

두 함수 $y=\sin x$와 $y=\sin 5x$의 주기는 각각 2π, $\dfrac{2}{5}\pi$이므로

$0 \le x \le \pi$에서 두 곡선 $y=\sin x$와 $y=\sin 5x$는 오른쪽 그림과 같다.
따라서 두 곡선 $y=\sin x$와 $y=\sin 5x$의 교점의 개수는 5이므로
$a_5=5$
$\therefore a_3+a_5=4+5=9$

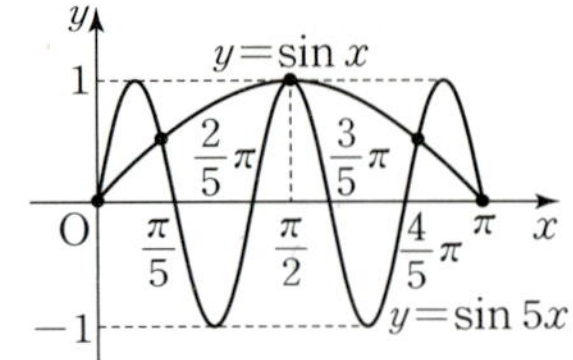

360
답 ③

곡선 $y=a\sin b\pi x\left(0 \le x \le \dfrac{3}{b}\right)$가 직선 $y=a$와 만나는 두 점 A, B의 x좌표는
$a=a\sin b\pi x$, 즉 $\sin b\pi x=1$을 만족시키는 x의 값이므로
$b\pi x=\dfrac{\pi}{2},\ \dfrac{5}{2}\pi\ (\because 0 \le b\pi x \le 3\pi)$
$\therefore x=\dfrac{1}{2b},\ \dfrac{5}{2b}$
$\therefore \mathrm{A}\left(\dfrac{1}{2b},\ a\right),\ \mathrm{B}\left(\dfrac{5}{2b},\ a\right)$
이때 삼각형 OAB의 넓이가 5이므로
$\dfrac{1}{2}\times\left(\dfrac{5}{2b}-\dfrac{1}{2b}\right)\times a=\dfrac{a}{b}=5$에서
$a=5b$ $\qquad$ …… ㉠

또한 직선 OA의 기울기와 직선 OB의 기울기의 곱이 $\dfrac{5}{4}$이므로
$\dfrac{a}{\dfrac{1}{2b}}\times\dfrac{a}{\dfrac{5}{2b}}=\dfrac{4a^2b^2}{5}=\dfrac{5}{4}$에서
$a^2b^2=\dfrac{5^2}{4^2}$
$\therefore ab=\dfrac{5}{4}\ (\because a,\ b$는 양수$)$ $\qquad$ …… ㉡

㉠을 ㉡에 대입하면
$5b^2=\dfrac{5}{4},\ b^2=\dfrac{1}{4}$
$\therefore b=\dfrac{1}{2},\ a=5\times\dfrac{1}{2}=\dfrac{5}{2}\ (\because ㉠)$
$\therefore a+b=\dfrac{5}{2}+\dfrac{1}{2}=3$

361
답 ②

함수 $f(x)=a\cos bx$라 하면
주어진 그래프에서 함수 $f(x)=a\cos bx$의 그래프는
직선 $x=\dfrac{1+5}{2}=3$에 대하여 대칭이므로 주기는 $2\times3=6$이다.
$b>0$이므로 $\dfrac{2\pi}{b}=6$에서 $b=\dfrac{\pi}{3}$
$\therefore f(x)=a\cos\dfrac{\pi}{3}x$
이때 색칠한 직사각형의 넓이가 12이므로
$(5-1)\times f(1)=12$에서 $f(1)=3$이어야 한다.
$f(1)=a\cos\dfrac{\pi}{3}=a\times\dfrac{1}{2}=3$ $\quad\therefore a=6$
$\therefore ab=6\times\dfrac{\pi}{3}=2\pi$

362
답 ③

다음 그림과 같이 함수 $y=4\sin\dfrac{\pi}{12}x$의 그래프는 직선 $x=6$에 대하여 대칭이므로 점 C의 x좌표는
$6-\dfrac{1}{2}\overline{\mathrm{CD}}=6-\dfrac{1}{2}\times6=3$

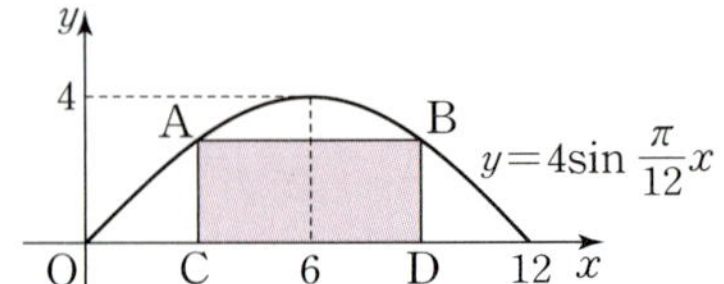

이때 선분 AC의 길이는 점 A의 y좌표와 같으므로
$\overline{\mathrm{AC}}=4\times\sin\left(\dfrac{\pi}{12}\times3\right)=4\times\sin\dfrac{\pi}{4}=4\times\dfrac{\sqrt{2}}{2}=2\sqrt{2}$
따라서 직사각형 ACDB의 넓이는
$6\times2\sqrt{2}=12\sqrt{2}$

363
답 12

함수 $y=3\cos\dfrac{\pi}{2}x$의 그래프는 점 $(1,\ 0)$에 대하여 대칭이고
y축에 대하여 대칭이므로 다음 그림에서 ★부분의 넓이는 같다.

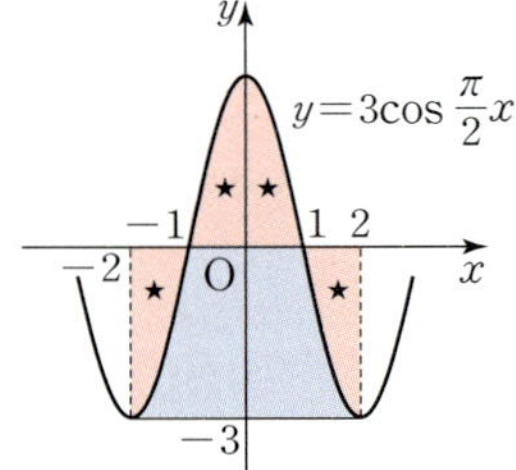

따라서 구하는 넓이는 가로의 길이가 4, 세로의 길이가 3인
직사각형의 넓이와 같으므로 $4\times3=12$이다.

364
답 ③

함수 $y=\tan 2x$의 주기는 $\dfrac{\pi}{2}$이므로 $-\dfrac{\pi}{4}<x<\dfrac{3}{4}\pi$에서
함수 $y=\tan 2x$의 그래프는 다음 그림과 같다.

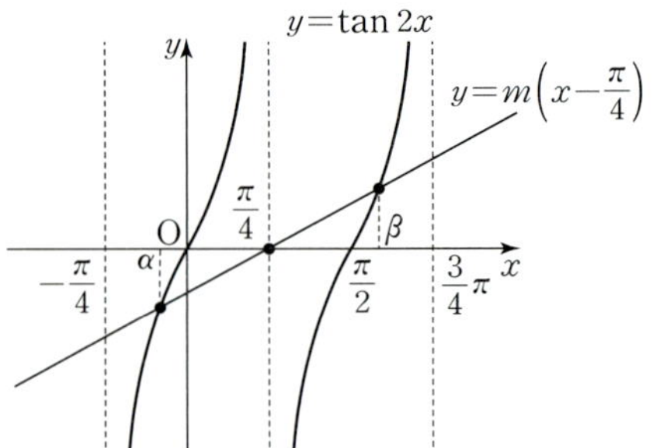

이때 직선 $y=m\left(x-\dfrac{\pi}{4}\right)$는 점 $\left(\dfrac{\pi}{4},\ 0\right)$을 지나는 직선이고,
함수 $y=\tan 2x$의 그래프와 직선 $y=m\left(x-\dfrac{\pi}{4}\right)$는 모두 점 $\left(\dfrac{\pi}{4},\ 0\right)$
에 대하여 대칭이므로 두 그래프의 교점도 점 $\left(\dfrac{\pi}{4},\ 0\right)$에 대하여
대칭이다.

즉, $\dfrac{\alpha+\beta}{2}=\dfrac{\pi}{4}$에서 $\alpha+\beta=\dfrac{\pi}{2}$이고, $\qquad\cdots\cdots$ ㉠

조건에서 $\beta-\alpha=\dfrac{2}{3}\pi$이므로 $\qquad\cdots\cdots$ ㉡

㉠, ㉡을 연립하여 풀면 $\alpha=-\dfrac{\pi}{12}$, $\beta=\dfrac{7}{12}\pi$이다.

$\tan 2\alpha=\tan\left(-\dfrac{\pi}{6}\right)=-\dfrac{\sqrt{3}}{3}$, $\tan 2\beta=\tan\dfrac{7}{6}\pi=\dfrac{\sqrt{3}}{3}$이므로

두 그래프의 교점의 좌표는 $\left(-\dfrac{\pi}{12},\ -\dfrac{\sqrt{3}}{3}\right)$, $\left(\dfrac{7}{12}\pi,\ \dfrac{\sqrt{3}}{3}\right)$이고,

두 점을 지나는 직선의 기울기가 m이므로

$$m=\dfrac{\dfrac{\sqrt{3}}{3}-\left(-\dfrac{\sqrt{3}}{3}\right)}{\dfrac{7}{12}\pi-\left(-\dfrac{\pi}{12}\right)}=\dfrac{\dfrac{2\sqrt{3}}{3}}{\dfrac{2}{3}\pi}=\dfrac{\sqrt{3}}{\pi}$$

365   🄰 ③

함수 $y=\sin 2x$의 주기는 $\dfrac{2\pi}{2}=\pi$이다.

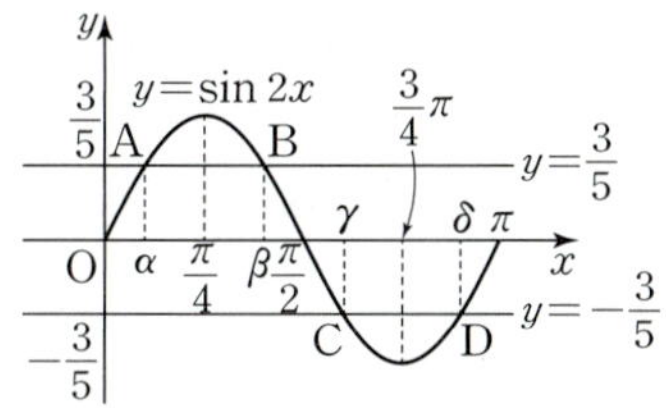

두 점 A, B는 직선 $x=\dfrac{\pi}{4}$에 대하여 대칭이므로

$\dfrac{\alpha+\beta}{2}=\dfrac{\pi}{4}$ $\quad\therefore \alpha+\beta=\dfrac{\pi}{2}$ $\qquad\cdots\cdots$ ㉠

두 점 C, D는 직선 $x=\dfrac{3}{4}\pi$에 대하여 대칭이므로

$\dfrac{\gamma+\delta}{2}=\dfrac{3}{4}\pi$ $\quad\therefore \gamma+\delta=\dfrac{3}{2}\pi$ $\qquad\cdots\cdots$ ㉡

두 점 B, C는 점 $\left(\dfrac{\pi}{2},\ 0\right)$에 대하여 대칭이므로

$\dfrac{\beta+\gamma}{2}=\dfrac{\pi}{2}$ $\quad\therefore \beta+\gamma=\pi$ $\qquad\cdots\cdots$ ㉢

따라서 ㉠, ㉡, ㉢에 의하여

$\alpha+2\beta+2\gamma+\delta=(\alpha+\beta)+(\beta+\gamma)+(\gamma+\delta)$
$\qquad\qquad\qquad\quad=\dfrac{\pi}{2}+\pi+\dfrac{3}{2}\pi=3\pi$

다른 풀이

두 점 A, D는 점 $\left(\dfrac{\pi}{2},\ 0\right)$에 대하여 대칭이므로

$\dfrac{\alpha+\delta}{2}=\dfrac{\pi}{2}$ $\quad\therefore \alpha+\delta=\pi$ $\qquad\cdots\cdots$ ㉣

두 점 B, C는 점 $\left(\dfrac{\pi}{2},\ 0\right)$에 대하여 대칭이므로

$\dfrac{\beta+\gamma}{2}=\dfrac{\pi}{2}$ $\quad\therefore \beta+\gamma=\pi$ $\qquad\cdots\cdots$ ㉤

따라서 ㉣, ㉤에 의하여
$\alpha+2\beta+2\gamma+\delta=(\alpha+\delta)+2(\beta+\gamma)$
$\qquad\qquad\qquad\quad=\pi+2\pi=3\pi$

366   🄰 ③

함수 $f(x)=\sin kx$의 주기는 $k>0$이므로 $\dfrac{2\pi}{k}$이다.

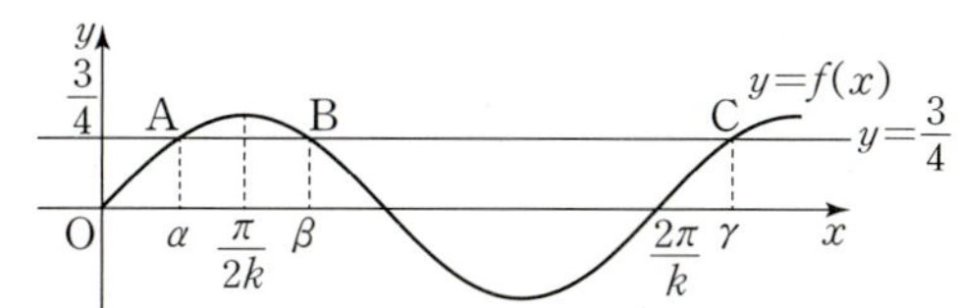

함수 $f(x)=\sin kx$의 그래프와 직선 $y=\dfrac{3}{4}$이 만나는 점을

각각 A, B, C라 하면

두 점 A, B는 직선 $x=\dfrac{\pi}{2k}$에 대하여 대칭이므로

$\dfrac{\alpha+\beta}{2}=\dfrac{\pi}{2k}$ $\quad\therefore \alpha+\beta=\dfrac{\pi}{k}$

또한 $\gamma=\dfrac{2\pi}{k}+\alpha$이므로

$\alpha+\beta+\gamma=\dfrac{3\pi}{k}+\alpha$

$\therefore f(\alpha+\beta+\gamma)=f\left(\dfrac{3\pi}{k}+\alpha\right)=f\left(\dfrac{\pi}{k}+\alpha\right)=-f(\alpha)=-\dfrac{3}{4}$

367   🄰 ②

함수 $y=\cos\dfrac{\pi}{2}x$의 주기는 $\dfrac{2\pi}{\frac{\pi}{2}}=4$이므로

함수 $y=\left|\cos\dfrac{\pi}{2}x\right|$의 주기는 $\dfrac{4}{2}=2$이다.

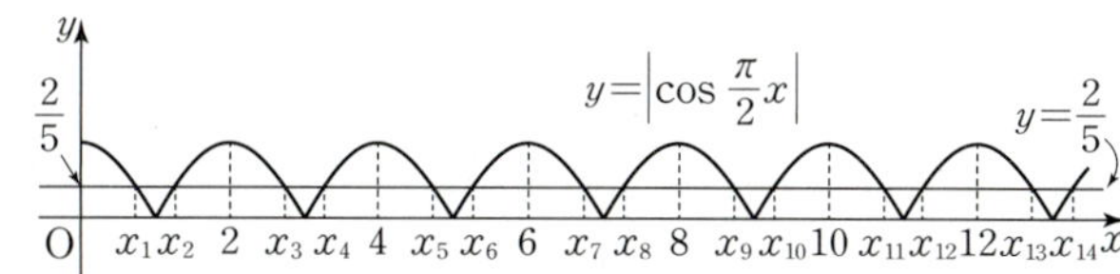

따라서 $x_4=4-x_1$, $x_{11}=10+x_1$이므로
$x_4+x_{11}=14$

368   🄰 ⑤

$\sin x=-\sin x+a$에서 $2\sin x=a$이므로
$N(a)$는 $0\le x\le 2\pi$에서 함수 $y=2\sin x$의 그래프와 직선 $y=a$의
교점의 개수와 같다.

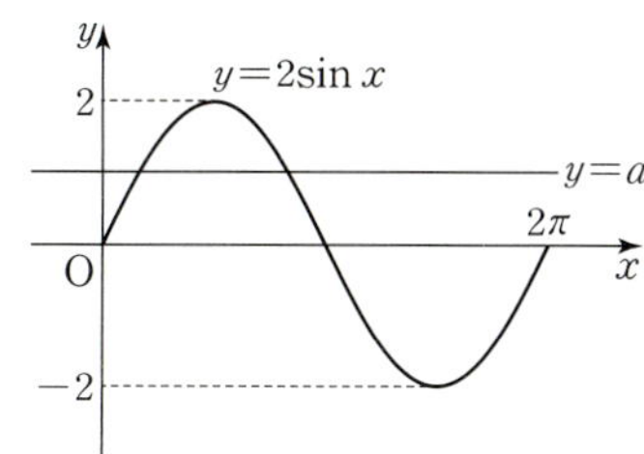

ㄱ. 함수 $y=2\sin x$의 그래프와 직선 $y=0$, 즉 x축과의 교점의
　　개수는 3이므로 $N(0)=3$ (참)

ㄴ. $|a|>2$이면 함수 $y=2\sin x$의 그래프와 직선 $y=a$와의 교점은
　　존재하지 않으므로 $N(a)=0$이다. (참)

ㄷ. $N(a)=2$이면 함수 $y=2\sin x$의 그래프와 직선 $y=a$와의
　　교점의 개수가 2이어야 하므로
　　$0<a<2$ 또는 $-2<a<0$이다.
　　이때 $-2<-a<0$ 또는 $0<-a<2$이므로
　　$N(-a)=2$이다. (참)

따라서 옳은 것은 ㄱ, ㄴ, ㄷ이다.

369　　　　　　　　　　　　　　　　　　　　답 ⑤

조건 (나), (다)에 의하여 $0\le x\le\pi$일 때, 함수 $y=f(x)$의 그래프는
다음 그림과 같다.

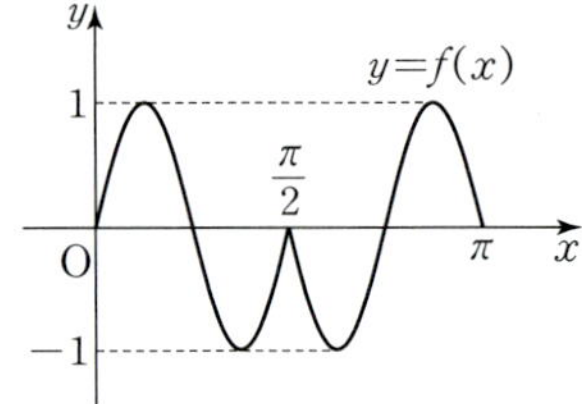

또한 조건 (가)에 의하여 함수 $f(x)$는 주기가 π이어야 한다.

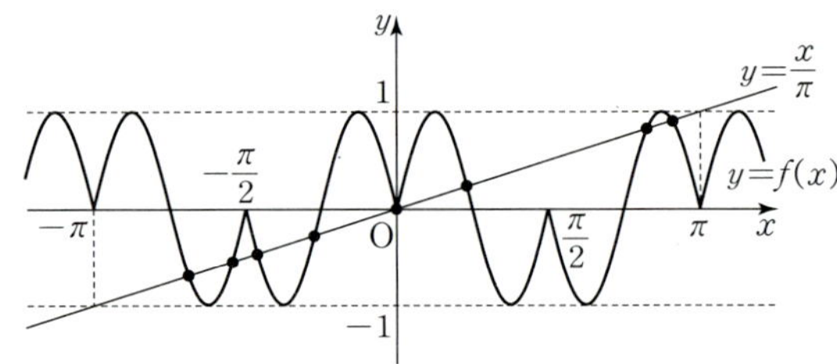

이때 직선 $y=\dfrac{x}{\pi}$는 두 점 $(-\pi,\ -1)$, $(\pi,\ 1)$을 지나므로

함수 $y=f(x)$의 그래프와 직선 $y=\dfrac{x}{\pi}$가 만나는 점의 개수는 8이다.

370　　　　　　　　　　　　　　　　　　　　답 ②

직선 $12x+5y-3=0$의 기울기는 $-\dfrac{12}{5}$이다.

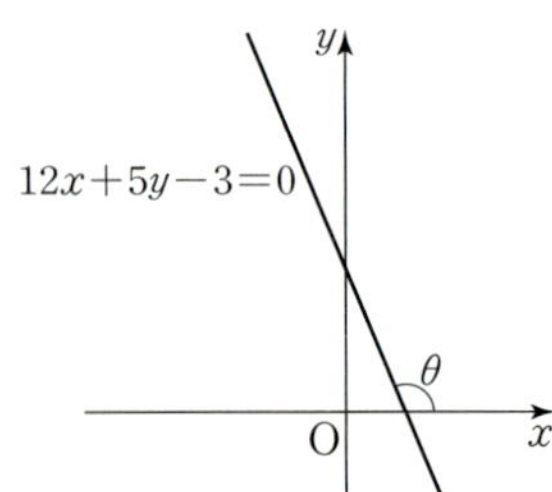

따라서 $\tan\theta=-\dfrac{12}{5}\left(\dfrac{\pi}{2}<\theta<\pi\right)$이므로

이 각 θ를 나타내는 동경과 중심이 원점이고 반지름의 길이가
$r=\sqrt{(-5)^2+12^2}=13$인 원의 교점을 P라 하자.

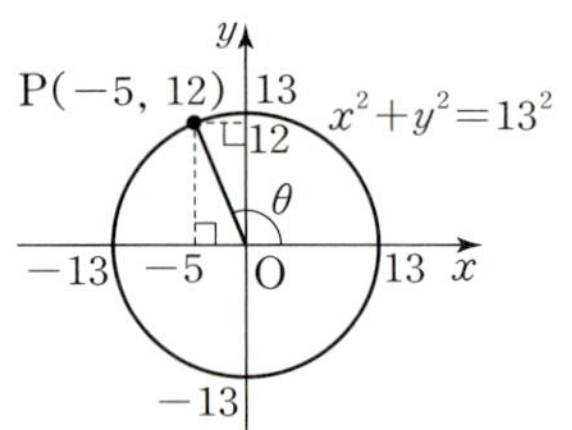

점 P$(-5,\ 12)$에서 $r=13$, $x=-5$, $y=12$이므로
삼각함수의 정의에 의하여

$$\sin\theta=\frac{12}{13},\ \cos\theta=-\frac{5}{13}$$

$$\therefore\ \cos\left(\frac{\pi}{2}+\theta\right)-\sin\left(\frac{\pi}{2}+\theta\right)=-\sin\theta-\cos\theta=-\frac{7}{13}$$

371　　　　　　　　　　　　　　　　　　　　답 $\dfrac{6\sqrt{23}}{7}$

$\sin x+\cos x=\dfrac{3}{4}$의 양변을 제곱하면

$$\sin^2 x+\cos^2 x+2\sin x\cos x=\frac{9}{16}$$

$$\sin x\cos x=-\frac{7}{32}\qquad\cdots\cdots\ \text{㉠}$$

$$(\sin x-\cos x)^2=(\sin x+\cos x)^2-4\sin x\cos x$$
$$=\left(\frac{3}{4}\right)^2-4\times\left(-\frac{7}{32}\right)=\frac{23}{16}$$

이때 $\dfrac{3}{2}\pi<x<2\pi$에서 $\sin x<0$, $\cos x>0$이므로

$$\sin x-\cos x<0$$

즉, $\sin x-\cos x=-\dfrac{\sqrt{23}}{4}\qquad\cdots\cdots\ \text{㉡}$

$$\therefore\ \tan(\pi+x)+\tan\left(\frac{\pi}{2}+x\right)$$
$$=\tan x+\left(-\frac{1}{\tan x}\right)=\frac{\sin x}{\cos x}-\frac{\cos x}{\sin x}$$
$$=\frac{\sin^2 x-\cos^2 x}{\cos x\sin x}=\frac{(\sin x+\cos x)(\sin x-\cos x)}{\sin x\cos x}$$
$$=\frac{\dfrac{3}{4}\times\left(-\dfrac{\sqrt{23}}{4}\right)}{-\dfrac{7}{32}}\ (\because\ \text{㉠},\ \text{㉡})$$
$$=\frac{6\sqrt{23}}{7}$$

372　　　　　　　　　　　　　　　　　　　　답 ④

두 각 θ와 9θ를 나타내는 동경이 일직선 위에 있고 방향이 반대, 즉
원점에 대하여 대칭이므로

$9\theta-\theta=(2n+1)\pi$ (단, n은 정수)

$8\theta=(2n+1)\pi$, $\theta=\dfrac{2n+1}{8}\pi$

이때 $\dfrac{\pi}{2}<\theta<\pi$이므로 $\dfrac{\pi}{2}<\dfrac{2n+1}{8}\pi<\pi$

$\dfrac{3}{2}<n<\dfrac{7}{2}$을 만족시키는 정수 n은 2, 3이다.

(i) $n=2$일 때
　　$\theta=\dfrac{5}{8}\pi$이므로

$$\cos\left(\theta+\frac{\pi}{8}\right)=\cos\left(\frac{5}{8}\pi+\frac{\pi}{8}\right)=\cos\frac{3}{4}\pi$$
$$=\cos\left(\pi-\frac{\pi}{4}\right)=-\cos\frac{\pi}{4}=-\frac{\sqrt{2}}{2}$$

(ii) $n=3$일 때

$\theta=\frac{7}{8}\pi$이므로

$$\cos\left(\theta+\frac{\pi}{8}\right)=\cos\left(\frac{7}{8}\pi+\frac{\pi}{8}\right)=\cos\pi=-1$$

(i), (ii)에 의하여 구하는 $\cos\left(\theta+\frac{\pi}{8}\right)$의 모든 값의 곱은

$$\left(-\frac{\sqrt{2}}{2}\right)\times(-1)=\frac{\sqrt{2}}{2}$$

373   답 ③

원 $x^2+y^2=1$의 반지름의 길이는 1이고
x축의 양의 방향과 선분 OA가 이루는 각의 크기가 θ이므로
점 A의 좌표는 $(\cos\theta,\ \sin\theta)$이다.
$\cos(\pi-\theta)=-\cos\theta$이므로 점 A의 x좌표와 부호가 반대인 값은
점 A와 원점에 대하여 대칭인 점 C의 x좌표이다.

TIP

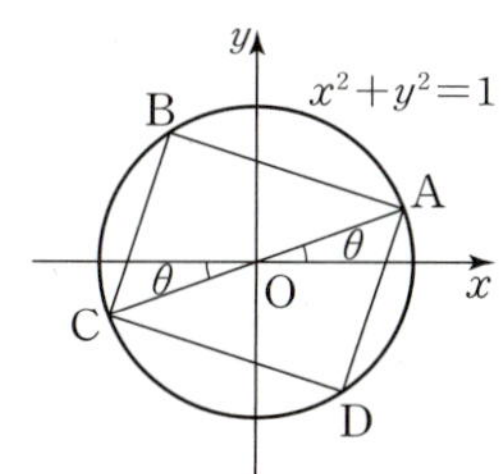

x축의 양의 방향과 선분 OC가 이루는 각은 $\pi+\theta$이므로
점 C의 x좌표와 y좌표는 각각
$\cos(\pi+\theta)=-\cos\theta$, $\sin(\pi+\theta)=-\sin\theta$
$\therefore$ C$(-\cos\theta,\ -\sin\theta)$

374   답 $\frac{4}{5}$

$\angle\mathrm{AOC}=\frac{\pi}{2}$이므로 x축의 양의 방향과 선분 OA가 이루는 각의

크기를 α라 하면 $\theta=\frac{\pi}{2}+\alpha$이다.

점 A$(8,\ 6)$이고, $\overline{\mathrm{OA}}=\sqrt{8^2+6^2}=10$이므로

$$\sin\theta=\sin\left(\frac{\pi}{2}+\alpha\right)=\cos\alpha=\frac{8}{10}=\frac{4}{5}$$

다른 풀이

두 점 A, C에서 x축에 내린 수선의 발을 각각 A′, C′이라 하면
두 삼각형 AA′O, OC′C는 서로 합동이다.

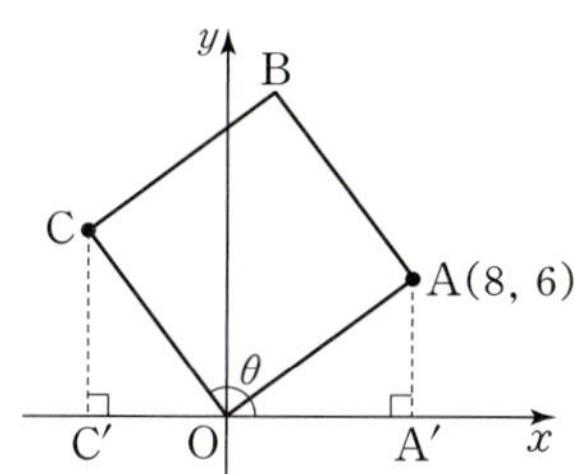

점 C$(-6,\ 8)$이고, $\overline{\mathrm{OC}}=\sqrt{(-6)^2+8^2}=10$이므로
$$\sin\theta=\frac{8}{10}=\frac{4}{5}$$

375   답 ⑤

$\beta=\pi-\alpha$이므로
$$\frac{\sin\beta}{\cos\alpha}=\frac{\sin(\pi-\alpha)}{\cos\alpha}=\frac{\sin\alpha}{\cos\alpha}=\tan\alpha \qquad \cdots\cdots ㉠$$

이때 직선 $y=\frac{3}{4}x$와 x축의 양의 방향이 이루는 각의 크기가

$\frac{\pi}{2}-\alpha$이고, 기울기가 $\frac{3}{4}$이므로

$$\tan\left(\frac{\pi}{2}-\alpha\right)=\frac{1}{\tan\alpha}=\frac{3}{4},\ \tan\alpha=\frac{4}{3}$$

㉠에 대입하면
$$\frac{\sin\beta}{\cos\alpha}=\tan\alpha=\frac{4}{3}$$

다른 풀이

$y=\frac{3}{4}x$를 $x^2+y^2=4$에 대입하면

$$x^2+\left(\frac{3}{4}x\right)^2=4,\ 16x^2+9x^2=64,\ x^2=\frac{64}{25} \qquad \therefore x=\pm\frac{8}{5}$$

$$\therefore \mathrm{P}\left(\frac{8}{5},\ \frac{6}{5}\right),\ \mathrm{Q}\left(-\frac{8}{5},\ -\frac{6}{5}\right)$$

삼각함수의 정의에 의하여

$$\cos\left(\frac{\pi}{2}+\beta\right)=\frac{-\frac{8}{5}}{2}$$에서 $-\sin\beta=-\frac{4}{5}$, $\sin\beta=\frac{4}{5}$

$$\sin\left(\frac{\pi}{2}-\alpha\right)=\frac{\frac{6}{5}}{2}$$에서 $\cos\alpha=\frac{3}{5}$

$$\therefore \frac{\sin\beta}{\cos\alpha}=\frac{\frac{4}{5}}{\frac{3}{5}}=\frac{4}{3}$$

376   답 ④

$\angle\mathrm{POQ}=\angle\mathrm{OBA}=\alpha$라 하면 $\alpha=\pi-\theta$이므로
$\sin\alpha=\sin\theta$, $\cos\alpha=-\cos\theta$, $\tan\alpha=-\tan\theta$이다.
① $\overline{\mathrm{PQ}}=\overline{\mathrm{OP}}\sin\alpha=\sin\theta$
② $\overline{\mathrm{OQ}}=\overline{\mathrm{OP}}\cos\alpha=-\cos\theta$
③ $\overline{\mathrm{QR}}=\overline{\mathrm{OQ}}\sin\alpha=-\sin\theta\cos\theta$
④ $\overline{\mathrm{AB}}=\dfrac{\overline{\mathrm{OA}}}{\tan\alpha}=-\dfrac{1}{\tan\theta}$
⑤ $\overline{\mathrm{OB}}=\dfrac{\overline{\mathrm{OA}}}{\sin\alpha}=\dfrac{1}{\sin\theta}$
따라서 옳지 않은 것은 ④이다.

377   답 ①

중심각과 원주각 사이의 관계에 의하여
$\angle\mathrm{ACB}=\frac{\pi}{2}$이므로 $\alpha+\beta=\frac{\pi}{2}$

따라서 직각삼각형 ABC에서
$$\sin\beta=\frac{\overline{AC}}{\overline{AB}}=\frac{3}{\sqrt{13}}=\frac{3\sqrt{13}}{13}\text{이다.}$$
$$\therefore \cos(\alpha+2\beta)=\cos\left(\frac{\pi}{2}+\beta\right)$$
$$=-\sin\beta=-\frac{3\sqrt{13}}{13}$$

378 답 ⑤

두 직선이 이루는 각을 이등분하는 직선 위의 점에서 두 직선까지의
거리는 서로 같다.

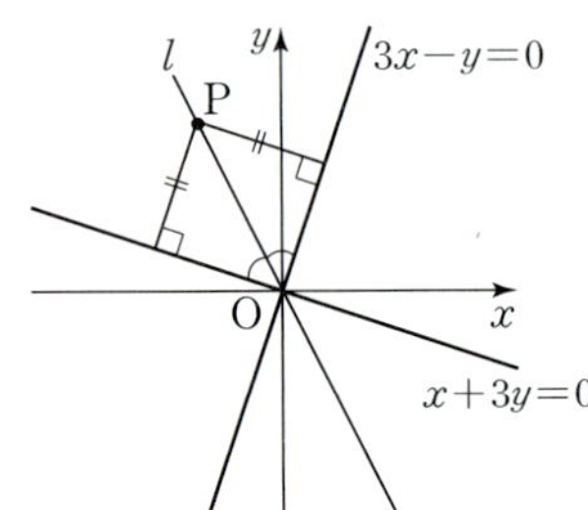

따라서 점 P의 좌표를 $(a,\ b)$라 하면 점 P에서 두 직선 $3x-y=0$,
$x+3y=0$까지의 거리가 서로 같으므로
$$\frac{|3a-b|}{\sqrt{10}}=\frac{|a+3b|}{\sqrt{10}}\text{이다.}$$
$|3a-b|=|a+3b|$에서 $3a-b=\pm(a+3b)$이므로
$2a=4b$ 또는 $4a=-2b$
$$\therefore b=\frac{1}{2}a \text{ 또는 } b=-2a$$

즉, 두 직선 $3x-y=0$, $x+3y=0$이 이루는 각을 이등분하는 직선의
방정식은 $y=\frac{1}{2}x$ 또는 $y=-2x$이다.

이때 직선 l은 제4사분면을 지나므로 $l:y=-2x$이고, 제2사분면
에서 직선 l 위의 점 P에 대하여 동경 OP가 나타내는 각의 크기 θ는
$\tan\theta=-2$를 만족시킨다.

$\frac{\pi}{2}<\theta<\pi$이므로 $\sin\theta>0$, $\cos\theta<0$에서
$$\sin\theta=\frac{2}{\sqrt{5}},\ \cos\theta=-\frac{1}{\sqrt{5}}\text{이다.}$$
$$\therefore \cos(\pi+\theta)+\sin(\pi-\theta)=-\cos\theta+\sin\theta=\frac{3}{\sqrt{5}}=\frac{3\sqrt{5}}{5}$$

379 답 ②

$$f(1)=\sin\frac{\pi}{3}=\frac{\sqrt{3}}{2}$$
$$f(2)=\sin\frac{2\pi}{3}=\sin\left(\pi-\frac{\pi}{3}\right)=\sin\frac{\pi}{3}=\frac{\sqrt{3}}{2}$$
$$f(3)=\sin\pi=0$$
$$f(4)=\sin\frac{4\pi}{3}=\sin\left(\pi+\frac{\pi}{3}\right)=-\sin\frac{\pi}{3}=-\frac{\sqrt{3}}{2}$$
$$f(5)=\sin\frac{5\pi}{3}=\sin\left(2\pi-\frac{\pi}{3}\right)=-\sin\frac{\pi}{3}=-\frac{\sqrt{3}}{2}$$
$$f(6)=\sin 2\pi=0$$

이때 $\sin(2k\pi+\theta)=\sin\theta$ (k는 정수)이므로 $f(n)$은
$f(1)$, $f(2)$, $f(3)$, $f(4)$, $f(5)$, $f(6)$의 값이 차례로 반복된다.
$100=6\times16+4$이므로
$$f(1)+f(2)+f(3)+\cdots+f(100)$$
$$=\left\{\frac{\sqrt{3}}{2}+\frac{\sqrt{3}}{2}+0+\left(-\frac{\sqrt{3}}{2}\right)+\left(-\frac{\sqrt{3}}{2}\right)+0\right\}\times16$$
$$+\frac{\sqrt{3}}{2}+\frac{\sqrt{3}}{2}+0+\left(-\frac{\sqrt{3}}{2}\right)$$
$$=\frac{\sqrt{3}}{2}$$

380 답 (1) 5 (2) 1

(1) $\cos 0°=1$, $\cos 90°=0$이고
$\quad\cos 80°=\cos(90°-10°)=\sin 10°,$
$\quad\cos 70°=\cos(90°-20°)=\sin 20°,$
$\quad\cos 60°=\cos(90°-30°)=\sin 30°,$
$\quad\cos 50°=\cos(90°-40°)=\sin 40°$이므로
$\quad\cos^2 0°+\cos^2 10°+\cos^2 20°+\cdots+\cos^2 90°$
$\quad=1^2+(\cos^2 10°+\sin^2 10°)+(\cos^2 20°+\sin^2 20°)$
$$\qquad+(\cos^2 30°+\sin^2 30°)+(\cos^2 40°+\sin^2 40°)+0^2$$
$\quad=1+1+1+1+1+0=5$

(2) $\tan 89°=\tan(90°-1°)=\dfrac{1}{\tan 1°},$
$\quad\tan 88°=\tan(90°-2°)=\dfrac{1}{\tan 2°},$
$$\qquad\qquad\vdots$$
$\quad\tan 46°=\tan(90°-44°)=\dfrac{1}{\tan 44°}$이고
$\quad\tan 45°=1$이므로
$\quad\tan 1°\times\tan 2°\times\tan 3°\times\cdots\times\tan 89°$
$\quad=\left(\tan 1°\times\dfrac{1}{\tan 1°}\right)\times\left(\tan 2°\times\dfrac{1}{\tan 2°}\right)\times\cdots$
$$\qquad\qquad\times\left(\tan 44°\times\dfrac{1}{\tan 44°}\right)\times\tan 45°$$
$\quad=1\times1\times\cdots\times1\times1=1$

참고

① $\sin\left(\dfrac{\pi}{2}-\theta\right)=\cos\theta$이므로 $\sin^2\theta+\sin^2\left(\dfrac{\pi}{2}-\theta\right)=1$

② $\cos\left(\dfrac{\pi}{2}-\theta\right)=\sin\theta$이므로 $\cos^2\theta+\cos^2\left(\dfrac{\pi}{2}-\theta\right)=1$

③ $\theta\neq\dfrac{\pi}{2}$일 때, $\tan\left(\dfrac{\pi}{2}-\theta\right)=\dfrac{1}{\tan\theta}$이므로
$\quad\tan\theta\times\tan\left(\dfrac{\pi}{2}-\theta\right)=1$

381 답 ③

$$\sin^2\frac{9\pi}{20}=\sin^2\left(\frac{\pi}{2}-\frac{\pi}{20}\right)=\cos^2\frac{\pi}{20}$$
$$\sin^2\frac{7\pi}{20}=\sin^2\left(\frac{\pi}{2}-\frac{3\pi}{20}\right)=\cos^2\frac{3\pi}{20}$$

$$\sin^2\frac{5\pi}{20}=\sin^2\frac{\pi}{4}=\left(\frac{1}{\sqrt{2}}\right)^2=\frac{1}{2}$$

이므로

$$\sin^2\frac{\pi}{20}+\sin^2\frac{3\pi}{20}+\sin^2\frac{5\pi}{20}+\sin^2\frac{7\pi}{20}+\sin^2\frac{9\pi}{20}$$

$$=\sin^2\frac{\pi}{20}+\sin^2\frac{3\pi}{20}+\frac{1}{2}+\cos^2\frac{3\pi}{20}+\cos^2\frac{\pi}{20}$$

$$=\left(\sin^2\frac{\pi}{20}+\cos^2\frac{\pi}{20}\right)+\left(\sin^2\frac{3\pi}{20}+\cos^2\frac{3\pi}{20}\right)+\frac{1}{2}$$

$$=1+1+\frac{1}{2}=\frac{5}{2}$$

382   답 ⑤

$$\sin\theta\cos3\theta+\sin2\theta\cos2\theta+\sin3\theta\cos\theta$$

$$=\sin\frac{\pi}{8}\cos\frac{3\pi}{8}+\sin\frac{\pi}{4}\cos\frac{\pi}{4}+\sin\frac{3\pi}{8}\cos\frac{\pi}{8}$$

$$=\sin\frac{\pi}{8}\cos\left(\frac{\pi}{2}-\frac{\pi}{8}\right)+\frac{\sqrt{2}}{2}\times\frac{\sqrt{2}}{2}+\sin\left(\frac{\pi}{2}-\frac{\pi}{8}\right)\cos\frac{\pi}{8}$$

$$=\sin\frac{\pi}{8}\sin\frac{\pi}{8}+\frac{1}{2}+\cos\frac{\pi}{8}\cos\frac{\pi}{8}$$

$$=\frac{1}{2}+\sin^2\frac{\pi}{8}+\cos^2\frac{\pi}{8}$$

$$=\frac{1}{2}+1=\frac{3}{2}$$

383   답 ②

$10\theta=2\pi$이므로

$5\theta=\pi,\ 6\theta=\pi+\theta,\ 7\theta=\pi+2\theta,\ 8\theta=\pi+3\theta,\ 9\theta=\pi+4\theta$

이때

$$\sin\theta+\sin2\theta+\sin3\theta+\cdots+\sin9\theta$$

$$=\sin\theta+\sin2\theta+\sin3\theta+\sin4\theta+\sin5\theta$$
$$\qquad+\sin(\pi+\theta)+\sin(\pi+2\theta)+\sin(\pi+3\theta)+\sin(\pi+4\theta)$$

$$=\sin\theta+\sin2\theta+\sin3\theta+\sin4\theta+\sin5\theta$$
$$\qquad\qquad\qquad-\sin\theta-\sin2\theta-\sin3\theta-\sin4\theta$$

$$=\sin5\theta=\sin\pi=0$$

이고

$$\cos\theta+\cos2\theta+\cos3\theta+\cdots+\cos9\theta$$

$$=\cos\theta+\cos2\theta+\cos3\theta+\cos4\theta+\cos5\theta$$
$$\qquad+\cos(\pi+\theta)+\cos(\pi+2\theta)+\cos(\pi+3\theta)+\cos(\pi+4\theta)$$

$$=\cos\theta+\cos2\theta+\cos3\theta+\cos4\theta+\cos5\theta$$
$$\qquad\qquad\qquad-\cos\theta-\cos2\theta-\cos3\theta-\cos4\theta$$

$$=\cos5\theta=\cos\pi=-1$$

$\therefore$ (주어진 식)$=0+(-1)=-1$

다른 풀이

주어진 그림에서

점 P_2와 점 P_{10}, 점 P_3과 점 P_9, 점 P_4와 점 P_8, 점 P_5와 점 P_7은 각각 x축에 대하여 대칭이므로 이 점들의 y좌표는 각각 절댓값이 같고 부호가 서로 반대이다.

이때 삼각함수의 정의에 의하여

점 P_2의 y좌표는 $\sin\theta$, 점 P_{10}의 y좌표는 $\sin9\theta$이므로

$\sin\theta+\sin9\theta=0$이다.

마찬가지 방법으로 $\sin2\theta+\sin8\theta=0$,

$\sin3\theta+\sin7\theta=0$, $\sin4\theta+\sin6\theta=0$이다.

한편, $\angle P_1OP_6=5\theta=\pi$이므로 $\sin5\theta=\sin\pi=0$

$\therefore\ \sin\theta+\sin2\theta+\sin3\theta+\cdots+\sin9\theta=0$

또한

점 P_2와 점 P_5, 점 P_3과 점 P_4, 점 P_7과 점 P_{10}, 점 P_8과 점 P_9는 각각 y축에 대하여 대칭이므로

이 점들의 x좌표는 각각 절댓값이 같고 부호가 서로 반대이다.

이때 삼각함수의 정의에 의하여

점 P_2의 x좌표는 $\cos\theta$, 점 P_5의 x좌표는 $\cos4\theta$이므로

$\cos\theta+\cos4\theta=0$이다.

마찬가지 방법으로 $\cos2\theta+\cos3\theta=0$,

$\cos6\theta+\cos9\theta=0$, $\cos7\theta+\cos8\theta=0$이다.

한편, $\angle P_1OP_6=5\theta=\pi$이므로 $\cos5\theta=\cos\pi=-1$

$\therefore\ \cos\theta+\cos2\theta+\cos3\theta+\cdots+\cos9\theta=-1$

$\therefore$ (주어진 식)$=0+(-1)=-1$

384   답 ③

$A=P_0,\ B=P_{100}$이라 할 때, $\angle P_{n-1}OP_n=\theta\ (n=1,\ 2,\ \cdots,\ 100)$라 하면

$\dfrac{\pi}{2}=100\theta$이고 $\overline{P_nQ_n}=\sin n\theta$이다.

$$\therefore\ \overline{P_1Q_1}^2+\overline{P_2Q_2}^2+\cdots+\overline{P_{99}Q_{99}}^2$$

$$=\sin^2\theta+\sin^2 2\theta+\cdots+\sin^2 99\theta$$

$$=\sin^2\theta+\sin^2 2\theta+\cdots+\sin^2 48\theta+\sin^2 49\theta+\sin^2 50\theta$$
$$\qquad+\sin^2\left(\frac{\pi}{2}-49\theta\right)+\sin^2\left(\frac{\pi}{2}-48\theta\right)+\cdots$$
$$\qquad\qquad\qquad+\sin^2\left(\frac{\pi}{2}-2\theta\right)+\sin^2\left(\frac{\pi}{2}-\theta\right)$$

$$=\sin^2\theta+\sin^2 2\theta+\cdots+\sin^2 48\theta+\sin^2 49\theta+\sin^2 50\theta$$
$$\qquad+\cos^2 49\theta+\cos^2 48\theta+\cdots+\cos^2 2\theta+\cos^2\theta$$

$$=(\sin^2\theta+\cos^2\theta)+(\sin^2 2\theta+\cos^2 2\theta)+\cdots$$
$$\qquad+(\sin^2 49\theta+\cos^2 49\theta)+\sin^2 50\theta$$

$$=1\times49+\sin^2\frac{\pi}{4}\ \left(\because\ 50\theta=\frac{\pi}{4}\right)$$

$$=49+\left(\frac{\sqrt{2}}{2}\right)^2=\frac{99}{2}$$

385   답 6

$y=|a\cos x-1|+2$에서

$\cos x=t$라 하면 $-1\le t\le1$이고

$$y=|at-1|+2=a\left|t-\frac{1}{a}\right|+2$$

이때 $a>1$이므로 $0<\dfrac{1}{a}<1$이다.

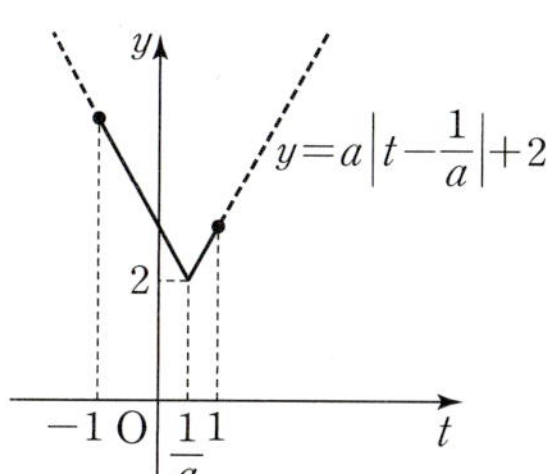

따라서 위의 그림에서

$t=-1$일 때 최댓값 $|-a-1|+2=-(-a-1)+2=a+3$을 갖고,

$t=\dfrac{1}{a}$일 때 최솟값 $|1-1|+2=2$를 갖는다.

최댓값과 최솟값의 합이 11이므로

$(a+3)+2=11$

$\therefore a=6$

다른 풀이

$a>1$이고 $-1\le\cos x\le1$이므로

$-a-1\le a\cos x-1\le a-1$ $\qquad\cdots\cdots\ \ominus$

이때 $-a-1<0$, $a-1>0$이므로

$|-a-1|=-(-a-1)=a+1$, $|a-1|=a-1$

$a+1>a-1$이므로 $\ominus$에서

$0\le|a\cos x-1|\le a+1$

$\therefore 2\le|a\cos x-1|+2\le a+3$

따라서 최댓값은 $a+3$, 최솟값은 2이고 그 합이 11이므로

$(a+3)+2=11$

$\therefore a=6$

386
답 ⑤

$y=\sin^2 x-\cos x$

$\quad=(1-\cos^2 x)-\cos x$

$\quad=-\cos^2 x-\cos x+1$

$\cos x=t$라 하면 $-1\le t\le1$이고

$y=-t^2-t+1=-\left(t+\dfrac{1}{2}\right)^2+\dfrac{5}{4}$

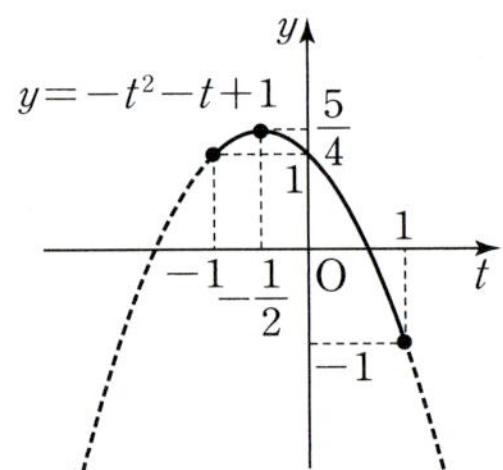

따라서 위의 그림에서

$t=-\dfrac{1}{2}$일 때 최댓값 $M=\dfrac{5}{4}$를 갖고,

$t=1$일 때 최솟값 $m=-1$을 갖는다.

$\therefore M-m=\dfrac{9}{4}$

387
답 22

$y=\cos^2\left(x+\dfrac{\pi}{2}\right)-2\cos^2 x+12\sin(x+\pi)$

$\quad=(-\sin x)^2-2(1-\sin^2 x)-12\sin x$

$\quad=3\sin^2 x-12\sin x-2$

$\sin x=t$라 하면 $0\le x\le\dfrac{\pi}{2}$에서 $0\le t\le1$이고

$y=3t^2-12t-2=3(t-2)^2-14$

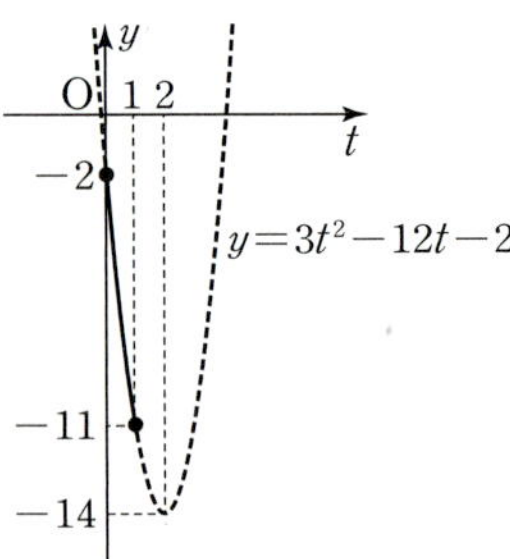

따라서 위의 그림에서

$t=0$일 때 최댓값 $M=-2$를 갖고,

$t=1$일 때 최솟값 $m=-11$을 갖는다.

$\therefore Mm=22$

388
답 ③

$f(x)=\cos^2\left(x-\dfrac{3}{4}\pi\right)-\cos\left(x-\dfrac{\pi}{4}\right)+k$

$\quad=\cos^2\left(x-\dfrac{3}{4}\pi\right)-\cos\left(x-\dfrac{3}{4}\pi+\dfrac{\pi}{2}\right)+k$

$\quad=\left\{1-\sin^2\left(x-\dfrac{3}{4}\pi\right)\right\}+\sin\left(x-\dfrac{3}{4}\pi\right)+k$

$\quad=-\sin^2\left(x-\dfrac{3}{4}\pi\right)+\sin\left(x-\dfrac{3}{4}\pi\right)+k+1$

$\sin\left(x-\dfrac{3}{4}\pi\right)=t$라 하면 $-1\le t\le1$이고

$g(t)=-t^2+t+k+1=-\left(t-\dfrac{1}{2}\right)^2+k+\dfrac{5}{4}$라 하면

함수 $g(t)$는

$t=\dfrac{1}{2}$일 때 최댓값 $g\left(\dfrac{1}{2}\right)=k+\dfrac{5}{4}=3$을 갖고,

$t=-1$일 때 최솟값 $g(-1)=k-1=m$을 갖는다.

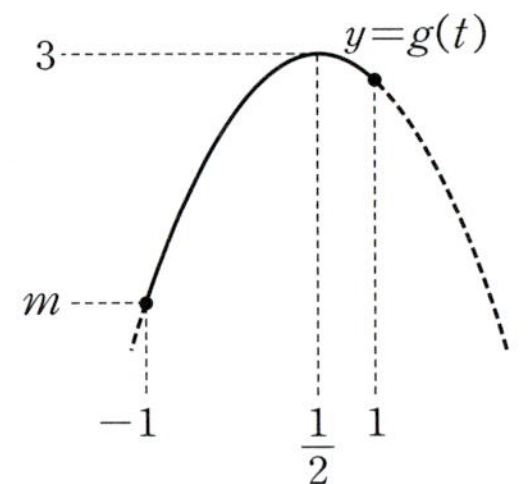

$\therefore k=\dfrac{7}{4}$, $m=\dfrac{7}{4}-1=\dfrac{3}{4}$

$\therefore k+m=\dfrac{5}{2}$

389
답 -6

$y=\dfrac{3\sin x+1}{\sin x-2}$에서 $\sin x=t$라 하면 $-1\le t\le1$이고

$y=\dfrac{3t+1}{t-2}=\dfrac{3(t-2)+7}{t-2}=\dfrac{7}{t-2}+3$

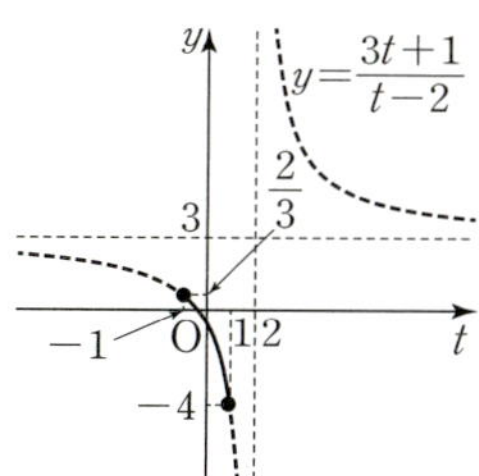

따라서 위의 그림에서

$t=-1$일 때 최댓값 $M=\dfrac{2}{3}$를 갖고,

$t=1$일 때 최솟값 $m=-4$를 갖는다.

$\therefore \dfrac{m}{M}=-6$

390   답 ④

방정식 $2\cos^2 x+\sin x=1$에서

$2(1-\sin^2 x)+\sin x=1,\ 2\sin^2 x-\sin x-1=0$

$(2\sin x+1)(\sin x-1)=0$

$\therefore \sin x=-\dfrac{1}{2}$ 또는 $\sin x=1$

(i) $\sin x=-\dfrac{1}{2}$일 때

     $0\le x<2\pi$에서 방정식 $\sin x=-\dfrac{1}{2}$의 근은 $x=\dfrac{7}{6}\pi$ 또는 $x=\dfrac{11}{6}\pi$

(ii) $\sin x=1$일 때

     $0\le x<2\pi$에서 방정식 $\sin x=1$의 근은 $x=\dfrac{\pi}{2}$

(i), (ii)에서 주어진 방정식의 근은

$x=\dfrac{\pi}{2}$ 또는 $x=\dfrac{7}{6}\pi$ 또는 $x=\dfrac{11}{6}\pi$

따라서 모든 근의 합은 $\dfrac{\pi}{2}+\dfrac{7}{6}\pi+\dfrac{11}{6}\pi=\dfrac{7}{2}\pi$이다.

391   답 ③

방정식 $4\sin^2\left(\dfrac{3}{2}\pi+x\right)-4\sin(\pi+x)=5$에서

$\sin\left(\dfrac{3}{2}\pi+x\right)=-\cos x,\ \sin(\pi+x)=-\sin x$이므로

$4\cos^2 x+4\sin x-5=0,\ 4(1-\sin^2 x)+4\sin x-5=0$

$4\sin^2 x-4\sin x+1=0,\ (2\sin x-1)^2=0$

$\therefore \sin x=\dfrac{1}{2}$

$0\le x<4\pi$에서 방정식 $\sin x=\dfrac{1}{2}$의 근은

$x=\dfrac{\pi}{6}$ 또는 $x=\dfrac{5}{6}\pi$ 또는 $x=\dfrac{13}{6}\pi$ 또는 $x=\dfrac{17}{6}\pi$

따라서 모든 근의 합은 6π이다.

392   답 $\dfrac{6}{13}$

방정식 $6\sin^2 x-\sin x\cos x-2\cos^2 x=0$에서

$(3\sin x-2\cos x)(2\sin x+\cos x)=0$

$3\sin x=2\cos x$ 또는 $2\sin x=-\cos x$

이 방정식의 해 $x=\alpha$에 대하여 $\sin\alpha\cos\alpha>0$이므로

$\sin\alpha,\ \cos\alpha$의 부호가 서로 같아야 한다.

$\therefore 3\sin\alpha=2\cos\alpha$

이때 $\dfrac{\sin\alpha}{\cos\alpha}=\dfrac{2}{3}$이므로 $\tan\alpha=\dfrac{2}{3}$이다.

$\sin\alpha>0,\ \cos\alpha>0$이면 $\sin\alpha=\dfrac{2}{\sqrt{13}},\ \cos\alpha=\dfrac{3}{\sqrt{13}}$

$\sin\alpha<0,\ \cos\alpha<0$이면 $\sin\alpha=-\dfrac{2}{\sqrt{13}},\ \cos\alpha=-\dfrac{3}{\sqrt{13}}$

$\therefore \sin\alpha\cos\alpha=\dfrac{6}{13}$

393   답 $\dfrac{\pi}{3}$

$\log_2\sin\theta-\log_2\tan\theta=-1$ ······ ㉠

이때 진수는 양수이어야 하므로

$\sin\theta>0,\ \tan\theta>0$에서 $0<\theta<\dfrac{\pi}{2}$ ······ ㉡

로그의 성질에 의하여

$\log_2\sin\theta-\log_2\tan\theta=\log_2\dfrac{\sin\theta}{\tan\theta}$

$$=\log_2\dfrac{\sin\theta}{\dfrac{\sin\theta}{\cos\theta}}=\log_2\cos\theta$$

이므로 ㉠에서 $\log_2\cos\theta=-1,\ \cos\theta=\dfrac{1}{2}$

따라서 ㉡을 만족시키는 $\theta=\dfrac{\pi}{3}$이다.

394   답 ⑤

$\pi\sin x=t$라 하면 $-\pi\le t\le\pi$이고

$\cos t=0$이므로 $t=-\dfrac{\pi}{2}$ 또는 $t=\dfrac{\pi}{2}$

(i) $t=-\dfrac{\pi}{2}$일 때

     $\pi\sin x=-\dfrac{\pi}{2}$에서 $\sin x=-\dfrac{1}{2}$이므로

     $0\le x<2\pi$에서 $x=\dfrac{7}{6}\pi$ 또는 $x=\dfrac{11}{6}\pi$

(ii) $t=\dfrac{\pi}{2}$일 때

     $\pi\sin x=\dfrac{\pi}{2}$에서 $\sin x=\dfrac{1}{2}$이므로

     $0\le x<2\pi$에서 $x=\dfrac{\pi}{6}$ 또는 $x=\dfrac{5}{6}\pi$

(i), (ii)에서 주어진 방정식의 근은

$x=\dfrac{\pi}{6}$ 또는 $x=\dfrac{5}{6}\pi$ 또는 $x=\dfrac{7}{6}\pi$ 또는 $x=\dfrac{11}{6}\pi$

따라서 모든 근의 합은 $\dfrac{\pi}{6}+\dfrac{5}{6}\pi+\dfrac{7}{6}\pi+\dfrac{11}{6}\pi=4\pi$

395   답 $\dfrac{2}{3}\pi$

$A+B+C=\pi$이므로 $B+C=\pi-A$이다.

$\sin^2\left(\dfrac{B+C}{2}\right)-\cos\dfrac{A}{2}=-\dfrac{1}{4}$에서

$\sin^2\left(\dfrac{\pi}{2}-\dfrac{A}{2}\right)-\cos\dfrac{A}{2}+\dfrac{1}{4}=0$

$\cos^2\dfrac{A}{2}-\cos\dfrac{A}{2}+\dfrac{1}{4}=0,\ \left(\cos\dfrac{A}{2}-\dfrac{1}{2}\right)^2=0$

즉, $\cos\dfrac{A}{2}=\dfrac{1}{2}$이므로 $\dfrac{A}{2}=\dfrac{\pi}{3}\ \left(\because 0<\dfrac{A}{2}<\dfrac{\pi}{2}\right)$

$\therefore A=\dfrac{2}{3}\pi$

396   답 ④

이차방정식 $x^2-2\sqrt{2}\,x\sin\theta+3\cos\theta=0$이 중근을 가지므로

판별식을 D라 하면 $\dfrac{D}{4}=2\sin^2\theta-3\cos\theta=0$이어야 한다.

$2(1-\cos^2\theta)-3\cos\theta=0$

$2\cos^2\theta+3\cos\theta-2=0$

$(2\cos\theta-1)(\cos\theta+2)=0$에서

$\cos\theta=\dfrac{1}{2}\ (\because -1\leq\cos\theta\leq1)$

따라서 방정식 $\cos\theta=\dfrac{1}{2}$의 해는

$\theta=\dfrac{\pi}{3}$ 또는 $\theta=\dfrac{5}{3}\pi\ (\because 0\leq\theta\leq2\pi)$

이므로 구하는 모든 θ의 값의 합은 $\dfrac{\pi}{3}+\dfrac{5}{3}\pi=2\pi$이다.

397   답 ⑤

방정식 $\cos x+|\cos x|=1$에서

(i) $\cos x\leq0$일 때

    $\cos x-\cos x=1$이므로

    이를 만족시키는 x의 값은 존재하지 않는다.

(ii) $\cos x>0$일 때

    $\cos x+\cos x=1$이므로 $\cos x=\dfrac{1}{2}$

    이때 $\cos x>0$을 만족시키므로

    $0\leq x<2\pi$에서 방정식 $\cos x=\dfrac{1}{2}$의 근을 구하면

    $x=\dfrac{\pi}{3}$ 또는 $x=\dfrac{5}{3}\pi$

(i), (ii)에 의하여 $\alpha=\dfrac{5}{3}\pi,\ \beta=\dfrac{\pi}{3}$이다.

$\therefore \sin(\alpha-3\beta)=\sin\dfrac{2}{3}\pi=\dfrac{\sqrt{3}}{2}$

398   답 ④

방정식 $|2\cos^2 x-1|+\sin x=0$에서

$|2(1-\sin^2 x)-1|+\sin x=0$

$|1-2\sin^2 x|+\sin x=0$

(i) $1-2\sin^2 x\geq0$, 즉 $\sin^2 x\leq\dfrac{1}{2}$일 때

$1-2\sin^2 x+\sin x=0$

$2\sin^2 x-\sin x-1=0$

$(2\sin x+1)(\sin x-1)=0$

$\sin x=-\dfrac{1}{2}$ 또는 $\sin x=1$

$\sin^2 x\leq\dfrac{1}{2}$이어야 하므로 $\sin x=-\dfrac{1}{2}$

$\therefore x=\dfrac{7}{6}\pi$ 또는 $x=\dfrac{11}{6}\pi\ (\because 0\leq x<2\pi)$

(ii) $1-2\sin^2 x<0$, 즉 $\sin^2 x>\dfrac{1}{2}$일 때

$2\sin^2 x+\sin x-1=0$

$(2\sin x-1)(\sin x+1)=0$

$\sin x=\dfrac{1}{2}$ 또는 $\sin x=-1$

$\sin^2 x>\dfrac{1}{2}$이어야 하므로 $\sin x=-1$

$\therefore x=\dfrac{3}{2}\pi\ (\because 0\leq x<2\pi)$

(i), (ii)에 의하여 구하는 모든 실근의 합은

$\dfrac{7}{6}\pi+\dfrac{11}{6}\pi+\dfrac{3}{2}\pi=\dfrac{9}{2}\pi$

399   답 10

방정식 $\dfrac{2}{\sqrt{3}}\sin\left(x+\dfrac{\pi}{3}\right)-\dfrac{7}{8}=0\ (0\leq x\leq2\pi)$에서

$\sin\left(x+\dfrac{\pi}{3}\right)=\dfrac{7\sqrt{3}}{16}$ ······ ㉠

이때 $x+\dfrac{\pi}{3}=t$라 하면 $\dfrac{7\sqrt{3}}{16}<\dfrac{\sqrt{3}}{2}$이므로

방정식 $\sin t=\dfrac{7\sqrt{3}}{16}\ \left(\dfrac{\pi}{3}\leq t\leq\dfrac{7}{3}\pi\right)$은 다음 그림과 같이 두 실근

$t_1,\ t_2\ (t_1<t_2)$를 갖는다.

즉, ㉠의 두 실근 $x_1,\ x_2\ (x_1<x_2)$에 대하여

$t_1=x_1+\dfrac{\pi}{3},\ t_2=x_2+\dfrac{\pi}{3}$이다.

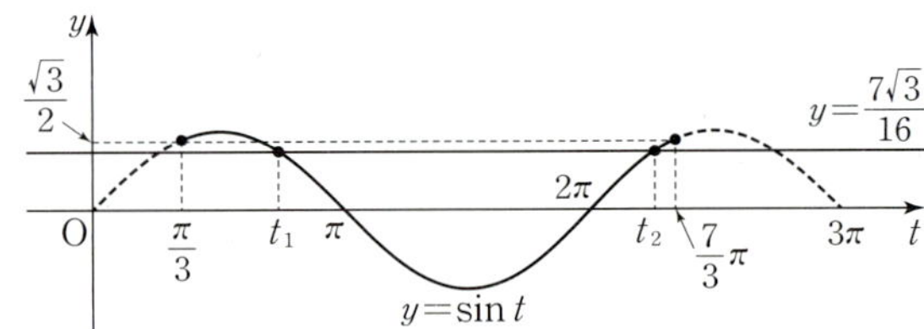

함수 $y=\sin t$의 그래프가 직선 $t=\dfrac{3}{2}\pi$에 대하여 대칭이므로

$\dfrac{t_1+t_2}{2}=\dfrac{3}{2}\pi$에서 $t_1+t_2=\left(x_1+\dfrac{\pi}{3}\right)+\left(x_2+\dfrac{\pi}{3}\right)=3\pi$

$x_1+x_2=3\pi-\dfrac{2}{3}\pi=\dfrac{7}{3}\pi$

따라서 $p=3,\ q=7$이므로

$p+q=3+7=10$

400   답 30

방정식 $\left|\cos x+\dfrac{1}{4}\right|=k\ (0\leq x<2\pi)$의 서로 다른 실근의 개수는

$0 \leq x < 2\pi$에서 함수 $y = \left| \cos x + \dfrac{1}{4} \right|$의 그래프와 직선 $y = k$의 서로

다른 교점의 개수와 같다.

함수 $y = \left| \cos x + \dfrac{1}{4} \right|$의 그래프는 함수 $y = \cos x$의 그래프를 y축의

방향으로 $\dfrac{1}{4}$만큼 평행이동시킨 함수 $y = \cos x + \dfrac{1}{4}$의 그래프에서

x축의 아래쪽에 그려진 부분을 x축을 기준으로 위쪽으로 접어

올린 것과 같다.

이때 함수 $y = \cos x + \dfrac{1}{4}$의 최댓값은 $1 + \dfrac{1}{4} = \dfrac{5}{4}$, 최솟값은

$-1 + \dfrac{1}{4} = -\dfrac{3}{4}$이므로 다음 그림과 같이 $0 \leq x < 2\pi$에서 함수

$y = \left| \cos x + \dfrac{1}{4} \right|$의 그래프는 직선 $y = \dfrac{3}{4}$과 서로 다른 3개의 점에서

만난다.

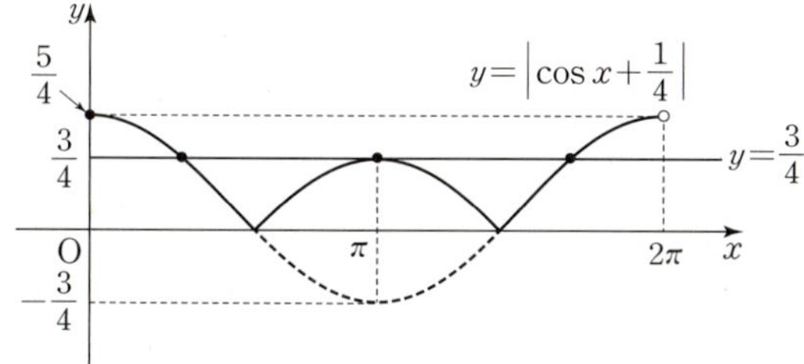

따라서 $\alpha = \dfrac{3}{4}$이므로 $40\alpha = 30$

401

(i) 방정식 $\sin x = \dfrac{1}{4\pi} x$의 서로 다른 실근의 개수는 함수 $y = \sin x$의

그래프와 직선 $y = \dfrac{1}{4\pi} x$의 서로 다른 교점의 개수와 같다.

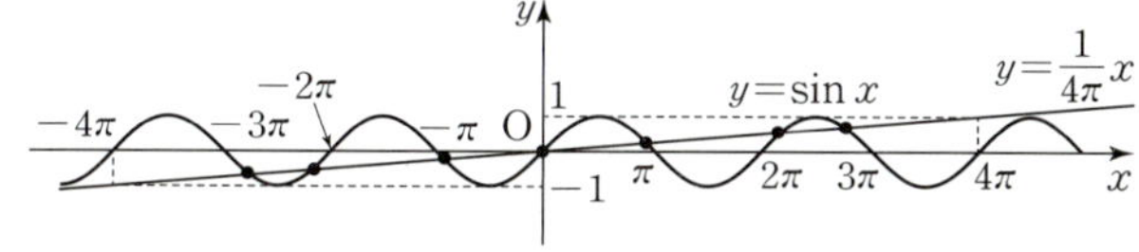

직선 $y = \dfrac{1}{4\pi} x$가 두 점 $(-4\pi, -1)$, $(4\pi, 1)$을 지나므로

함수 $y = \sin x$의 그래프와 직선 $y = \dfrac{1}{4\pi} x$의 서로 다른 교점의

개수는 7이다.

$\therefore m = 7$

(ii) 방정식 $\cos 2x = \dfrac{1}{3}$의 실근은 함수 $y = \cos 2x$의 그래프와 직선

$y = \dfrac{1}{3}$의 교점의 x좌표와 같다.

함수 $y = \cos 2x$의 주기는 $\dfrac{2\pi}{2} = \pi$이고,

$0 \leq x < \pi$에서 함수 $y = \cos 2x$의 그래프와 직선 $y = \dfrac{1}{3}$의 교점의

개수가 2이므로

$0 \leq x < 4\pi$에서 함수 $y = \cos 2x$의 그래프와 직선 $y = \dfrac{1}{3}$의 교점의

개수는 $2 \times 4 = 8$이다.

8개의 각 교점을 x좌표가 작은 것부터 차례대로 A, B, C, D, E,

F, G, H라 하고 그 x좌표를 각각 a, b, c, d, e, f, g, h라 하면

점 A와 점 H, 점 B와 점 G, 점 C와 점 F, 점 D와 점 E가 각각

직선 $x = 2\pi$에 대하여 대칭이므로

$\dfrac{a+h}{2} = \dfrac{b+g}{2} = \dfrac{c+f}{2} = \dfrac{d+e}{2} = 2\pi$

$\therefore a+h = b+g = c+f = d+e = 4\pi$

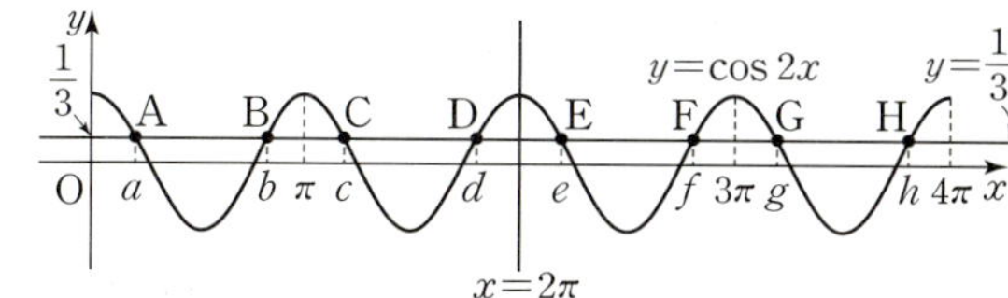

따라서 방정식의 모든 실근의 합은 $4\pi \times 4 = 16\pi$이다.

$\therefore n = 16$

(i), (ii)에 의하여 $m+n = 7+16 = 23$

402

방정식 $4\sin x = 3$, 즉 $\sin x = \dfrac{3}{4}$의 실근은

함수 $y = \sin x$의 그래프와 직선 $y = \dfrac{3}{4}$의 교점의 x좌표와 같다.

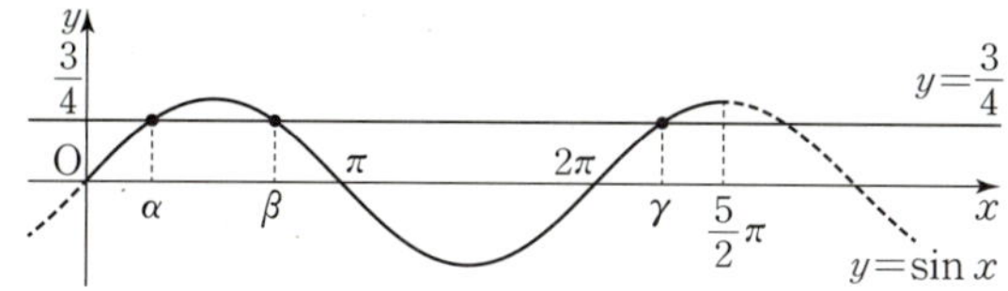

위의 그림에서 $\beta = \pi - \alpha$, $\gamma = 2\pi + \alpha$이므로

$\cos\left(\alpha + \dfrac{\beta + \gamma}{2} \right) = \cos\left(\alpha + \dfrac{3}{2}\pi \right) = \sin\alpha = \dfrac{3}{4}$

403

함수 $f(x) = a\sin bx + 8 - a$의 그래프는 함수 $y = a\sin bx$의

그래프를 y축의 방향으로 $8 - a$만큼 평행이동한 그래프이므로

함수 $f(x) = a\sin bx + 8 - a$의 최솟값은

$-a + 8 - a = 8 - 2a$

따라서 조건 ㈎에서

$8 - 2a \geq 0$, 즉 $a \leq 4$

이때 $a < 4$이면 함수 $f(x)$의 최솟값은 양수이므로 조건 ㈏를

만족시키지 않는다.

$\therefore a = 4$

함수 $f(x) = 4\sin bx + 4$의 주기는 $\dfrac{2\pi}{b}$이므로 $0 \leq x < \dfrac{2\pi}{b}$일 때,

방정식 $f(x) = 0$의 서로 다른 실근의 개수는 1이다.

$2\pi = \dfrac{2\pi}{b} \times b$이므로 $0 \leq x < 2\pi$일 때, 방정식 $f(x) = 0$의 서로 다른

실근의 개수는 $1 \times b = b$이다.

즉, 조건 ㈏에 의하여 $b = 4$이다.

$\therefore a + b = 4 + 4 = 8$

404

$0 \leq x \leq 2\pi$에서 함수 $y = \tan x$의 그래프와

직선 $y = 3$의 두 교점의 x좌표가 각각 α, β이므로

$\alpha < \beta$라 하면 $\beta = \pi + \alpha$

직선 $y = \dfrac{1}{3}$의 두 교점의 x좌표가 각각 γ, δ이므로

$\gamma < \delta$라 하면 $\delta = \pi + \gamma$

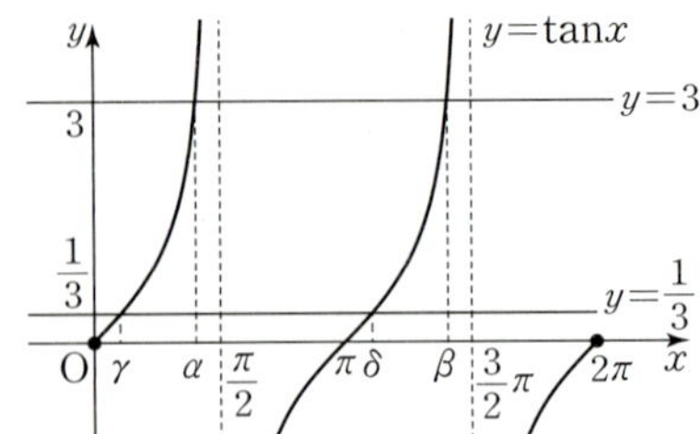

이때 $\tan\alpha = 3$, $\tan\gamma = \dfrac{1}{3}$이므로

$\tan\alpha = \dfrac{1}{\tan\gamma} = \tan\left(\dfrac{\pi}{2} - \gamma\right)$에서 $\alpha = \dfrac{\pi}{2} - \gamma$

$\therefore \alpha + \gamma = \dfrac{\pi}{2}$ $\qquad\qquad\cdots\cdots$ ㉠

$\therefore \beta + \delta = (\pi + \alpha) + (\pi + \gamma) = 2\pi + (\alpha + \gamma) = \dfrac{5}{2}\pi$ $\quad\cdots\cdots$ ㉡

㉠, ㉡에서 $\alpha + \beta + \gamma + \delta = 3\pi$이므로

$\cos(\alpha + \beta + \gamma + \delta) = \cos 3\pi = -1$

405 답 ②

조건 ㈎에서 $0 \le x \le \dfrac{2}{3}\pi$일 때 $f(x) = \cos\left(3x - \dfrac{\pi}{2}\right) = \sin 3x$이다.

조건 ㈏에서 모든 실수 x에 대하여 $f(-x) = f(x)$이므로

$-\dfrac{2}{3}\pi \le x \le 0$일 때의 함수 $y = f(x)$의 그래프는 $0 \le x \le \dfrac{2}{3}\pi$일 때의

함수 $y = f(x)$의 그래프를 y축에 대하여 대칭이동한 것과 같다.

또한 조건 ㈏에서 $f\left(x + \dfrac{4}{3}\pi\right) = f(x)$이므로

함수 $y = f(x)$의 그래프는 $-\dfrac{2}{3}\pi \le x \le \dfrac{2}{3}\pi$에서의 함수 $y = f(x)$의

그래프가 계속 반복된다.

따라서 함수 $y = f(x)$의 그래프는 다음 그림과 같다.

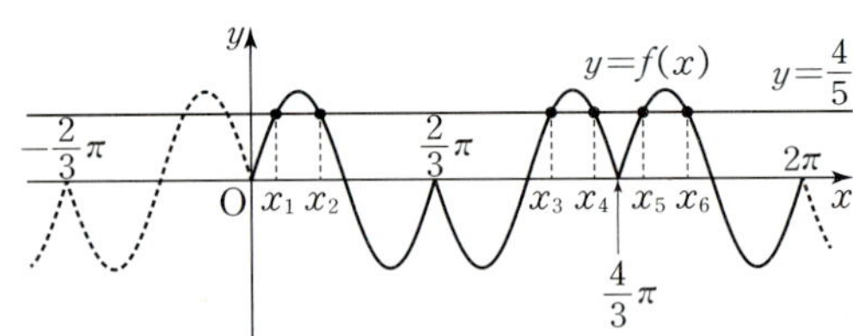

위의 그림과 같이 $0 \le x \le 2\pi$에서 함수 $y = f(x)$의 그래프와 직선

$y = \dfrac{4}{5}$의 교점은 6개이고, 이 교점의 x좌표를 작은 것부터 차례대로

x_1, x_2, x_3, x_4, x_5, x_6이라 하자.

x_1과 x_2는 직선 $x = \dfrac{\pi}{6}$에 대하여 대칭이므로

$\dfrac{x_1 + x_2}{2} = \dfrac{\pi}{6}$ $\qquad \therefore x_1 + x_2 = \dfrac{\pi}{3}$

x_3과 x_6, x_4와 x_5는 직선 $x = \dfrac{4}{3}\pi$에 대하여 각각 대칭이므로

$\dfrac{x_3 + x_6}{2} = \dfrac{x_4 + x_5}{2} = \dfrac{4}{3}\pi$

$\therefore x_3 + x_4 + x_5 + x_6 = \dfrac{8}{3}\pi \times 2 = \dfrac{16}{3}\pi$

따라서 $0 \le x \le 2\pi$에서 방정식 $f(x) = \dfrac{4}{5}$를 만족시키는 서로 다른

모든 실수 x의 값의 합은 $\dfrac{\pi}{3} + \dfrac{16}{3}\pi = \dfrac{17}{3}\pi$이다.

406 답 ③

부등식 $2\sin\left(3x - \dfrac{\pi}{6}\right) \le 1$에서 $\sin\left(3x - \dfrac{\pi}{6}\right) \le \dfrac{1}{2}$

$3x - \dfrac{\pi}{6} = t$라 하면 $0 \le x < \dfrac{\pi}{2}$일 때 $-\dfrac{\pi}{6} \le t < \dfrac{4}{3}\pi$이고,

부등식 $\sin t \le \dfrac{1}{2}$의 해는 함수 $y = \sin t \left(-\dfrac{\pi}{6} \le t < \dfrac{4}{3}\pi\right)$의 그래프가

직선 $y = \dfrac{1}{2}$보다 아래쪽에 있거나 만나는 t의 값의 범위이다.

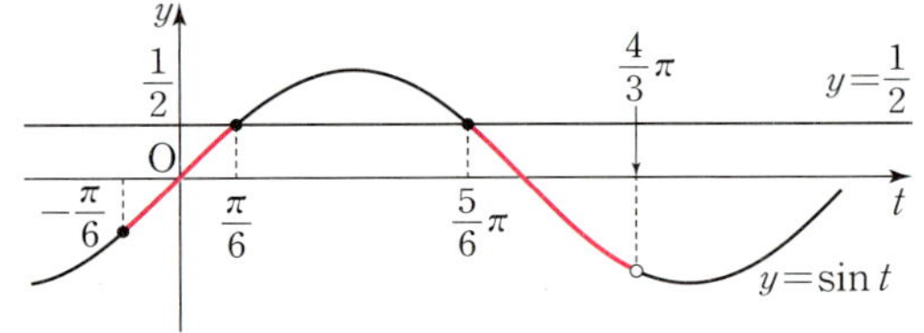

위의 그림에서 부등식 $\sin t \le \dfrac{1}{2}\left(-\dfrac{\pi}{6} \le t < \dfrac{4}{3}\pi\right)$의 해는

$-\dfrac{\pi}{6} \le t \le \dfrac{\pi}{6}$ 또는 $\dfrac{5}{6}\pi \le t < \dfrac{4}{3}\pi$

따라서 주어진 부등식의 해는

$-\dfrac{\pi}{6} \le 3x - \dfrac{\pi}{6} \le \dfrac{\pi}{6}$ 또는 $\dfrac{5}{6}\pi \le 3x - \dfrac{\pi}{6} < \dfrac{4}{3}\pi$

$\therefore 0 \le x \le \dfrac{\pi}{9}$ 또는 $\dfrac{\pi}{3} \le x < \dfrac{\pi}{2}$

즉, $\alpha = \dfrac{\pi}{9}$, $\beta = \dfrac{\pi}{3}$이므로 $\alpha + \beta = \dfrac{4}{9}\pi$

407 답 풀이 참조

부등식 $2\sin^2 x + \cos x - 1 \le 0$에서

$2(1 - \cos^2 x) + \cos x - 1 \le 0$

$2\cos^2 x - \cos x - 1 \ge 0$, $(2\cos x + 1)(\cos x - 1) \ge 0$

이때 $0 < x < 2\pi$에서 $\cos x - 1 < 0$이므로

$\cos x \le -\dfrac{1}{2}$이어야 한다.

따라서 부등식 $\cos x \le -\dfrac{1}{2}$의 해는

$0 < x < 2\pi$에서 함수 $y = \cos x$의 그래프가 직선 $y = -\dfrac{1}{2}$보다

아래쪽에 있거나 만나는 x의 값의 범위이다.

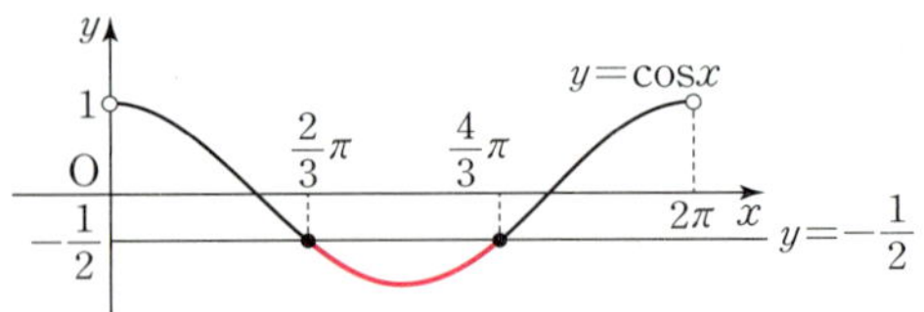

$0 < x < 2\pi$이므로 위의 그림에서 주어진 부등식의 해는

$\dfrac{2}{3}\pi \le x \le \dfrac{4}{3}\pi$

채점 요소	배점
$\sin^2 x=1-\cos^2 x$임을 이용하여 주어진 식 고치기	20 %
주어진 부등식의 해는 $0<x<2\pi$에서 부등식 $\cos x\leq-\dfrac{1}{2}$의 해임을 설명하기	30 %
그래프를 이용하여 부등식의 해 구하기	50 %

408
$$\text{답} ④$$

부등식 $4\sin^2\theta-1\geq0$에서 $(2\sin\theta+1)(2\sin\theta-1)\geq0$

$\sin\theta\leq-\dfrac{1}{2}$ 또는 $\sin\theta\geq\dfrac{1}{2}$

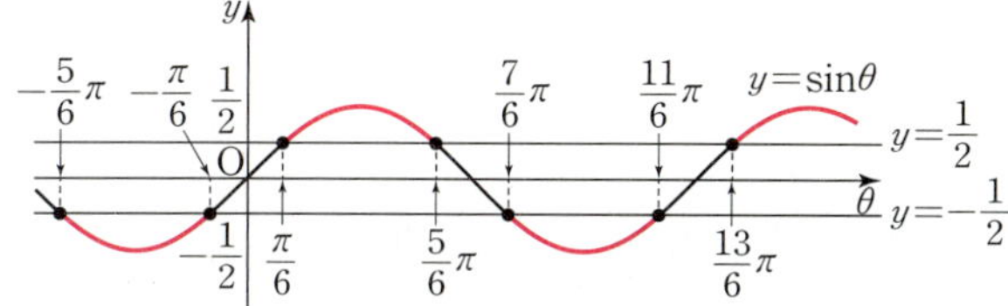

위의 그림에서 주어진 부등식을 만족시키는 θ의 값의 범위는

$2n\pi+\dfrac{\pi}{6}\leq\theta\leq2n\pi+\dfrac{5}{6}\pi$ 또는

$2n\pi+\dfrac{7}{6}\pi\leq\theta\leq2n\pi+\dfrac{11}{6}\pi$ (단, n은 정수)

이때 점 P가 나타내는 곡선은 반지름의 길이가 2이고 중심각의

크기가 $\dfrac{2}{3}\pi$인 부채꼴의 호의 길이의 2배와 같다.

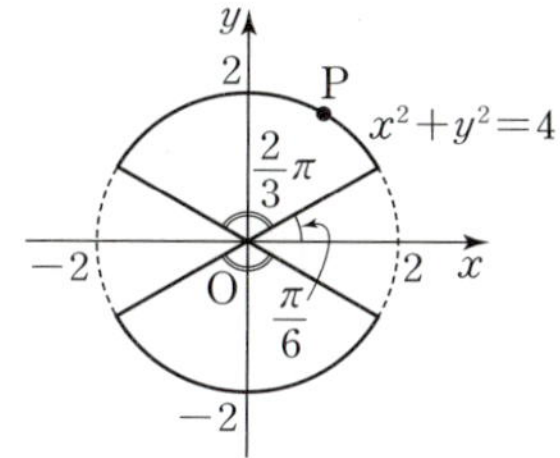

따라서 구하는 곡선의 길이는 $2\times\left(2\times\dfrac{2}{3}\pi\right)=\dfrac{8}{3}\pi$

409
$$\text{답}\ 0\leq\theta<\dfrac{\pi}{3} \ 또는\ \dfrac{2}{3}\pi<\theta\leq\pi$$

모든 실수 x에 대하여 이차부등식 $x^2-2x\tan\theta+3>0$이 항상 성립

하려면 이차방정식 $x^2-2x\tan\theta+3=0$의 판별식을 D라 할 때,

$\dfrac{D}{4}=\tan^2\theta-3<0$이어야 한다.

$(\tan\theta+\sqrt{3})(\tan\theta-\sqrt{3})<0,\ -\sqrt{3}<\tan\theta<\sqrt{3}$

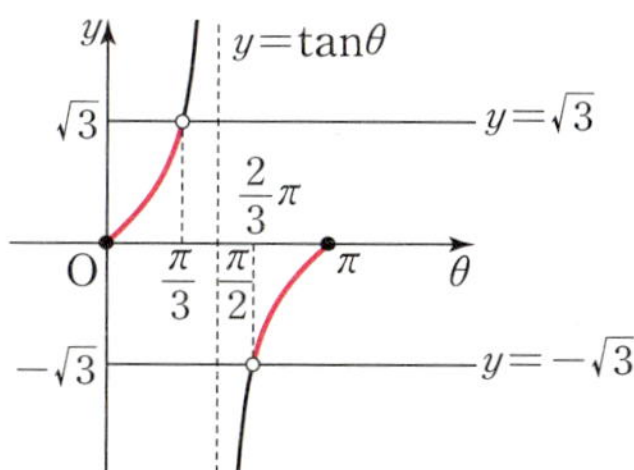

$0\leq\theta\leq\pi$이므로 위의 그림에서 구하는 θ의 값의 범위는

$0\leq\theta<\dfrac{\pi}{3}$ 또는 $\dfrac{2}{3}\pi<\theta\leq\pi$

410
$$\text{답}\ 2\pi$$

x에 대한 이차방정식 $x^2-(2\cos\theta)x+\sin^2\theta+5\cos\theta+2=0$이

실근을 가지려면 이 이차방정식의 판별식을 D라 할 때,

$D\geq0$이어야 한다.

$\dfrac{D}{4}=(\cos\theta)^2-(\sin^2\theta+5\cos\theta+2)$

$\quad=\cos^2\theta-(1-\cos^2\theta)-5\cos\theta-2$

$\quad=2\cos^2\theta-5\cos\theta-3=(2\cos\theta+1)(\cos\theta-3)\geq0$

이때 $0\leq\theta<2\pi$에서 $\cos\theta-3<0$이므로 $\cos\theta\leq-\dfrac{1}{2}$이어야 한다.

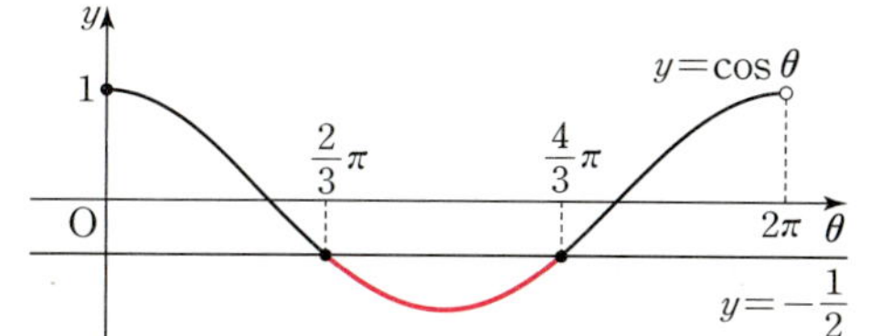

$0\leq\theta<2\pi$이므로 위의 그림에서 구하는 θ의 값의 범위는

$\dfrac{2}{3}\pi\leq\theta\leq\dfrac{4}{3}\pi$ $\quad\therefore\ \alpha=\dfrac{2}{3}\pi,\ \beta=\dfrac{4}{3}\pi$

$\therefore\ 2\beta-\alpha=2\pi$

411
$$\text{답} ④$$

모든 실수 x에 대하여 직선 $y=2x+2$와 곡선

$y=x^2+(2\cos\theta)x+3\sin^2\theta$가 만나지 않으려면

$2x+2=x^2+(2\cos\theta)x+3\sin^2\theta$에서

x에 대한 이차방정식 $x^2-2(1-\cos\theta)x-2+3\sin^2\theta=0$의 실근이

존재하지 않아야 한다.

이 이차방정식의 판별식을 D라 하면

$\dfrac{D}{4}=(1-\cos\theta)^2-(-2+3\sin^2\theta)$

$\quad=1-2\cos\theta+\cos^2\theta+2-3(1-\cos^2\theta)$

$\quad=4\cos^2\theta-2\cos\theta<0$

즉, $\cos\theta(2\cos\theta-1)<0$이므로 $0<\cos\theta<\dfrac{1}{2}$

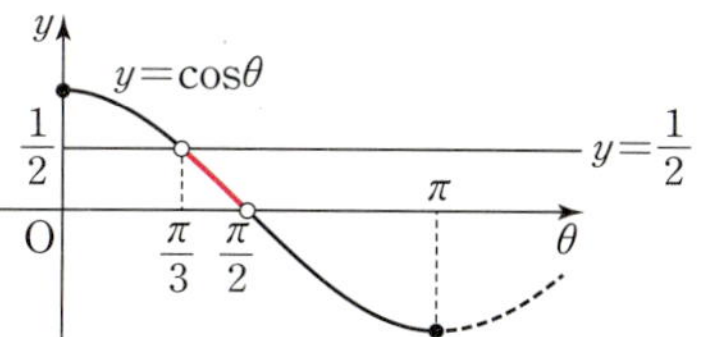

$0\leq\theta\leq\pi$이므로 위의 그림에서 구하는 θ의 값의 범위는

$\dfrac{\pi}{3}<\theta<\dfrac{\pi}{2}$

412
$$\text{답} ⑤$$

$\cos^2 x+3\sin x+a-6\leq0$에서

$(1-\sin^2 x)+3\sin x+a-6\leq0$

$\sin^2 x-3\sin x-a+5\geq0$

이때 $\sin x=t$라 하면 $-1\leq t\leq1$이고

주어진 부등식은 $t^2-3t-a+5\geq0$이다.

$f(t)=t^2-3t-a+5$라 하면

$$f(t)=t^2-3t-a+5=\left(t-\frac{3}{2}\right)^2-a+\frac{11}{4}$$

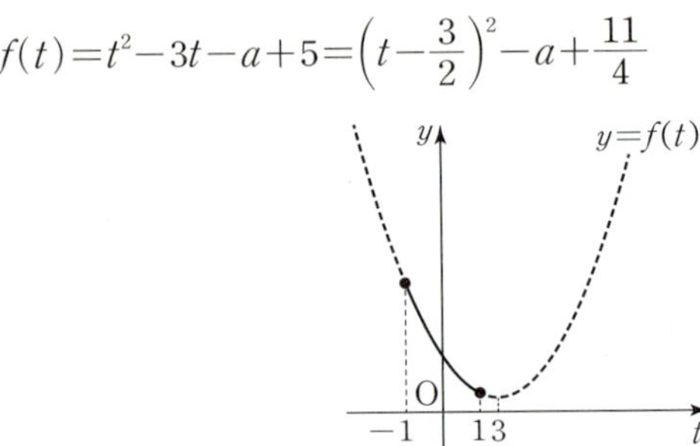

$-1\le t\le 1$에서 함수 $f(t)$는

$t=1$일 때 최솟값을 가지므로

$f(1)=1-3-a+5\ge 0$이어야 한다.

$\therefore a\le 3$

413

$\sqrt{2}\sin^2\left(\theta-\frac{\pi}{3}\right)+(1+\sqrt{2})\cos\left(\theta+\frac{\pi}{6}\right)+1\le 0$에서

$\theta-\frac{\pi}{3}=x$라 하면 $-\frac{\pi}{3}\le x\le\frac{5}{3}\pi$이고

$\sqrt{2}\sin^2 x+(1+\sqrt{2})\cos\left(x+\frac{\pi}{2}\right)+1\le 0$

$\sqrt{2}\sin^2 x-(1+\sqrt{2})\sin x+1\le 0,\ (\sin x-1)(\sqrt{2}\sin x-1)\le 0$

이때 $\sin x-1\le 0$이므로 $\sin x\ge\frac{\sqrt{2}}{2}$

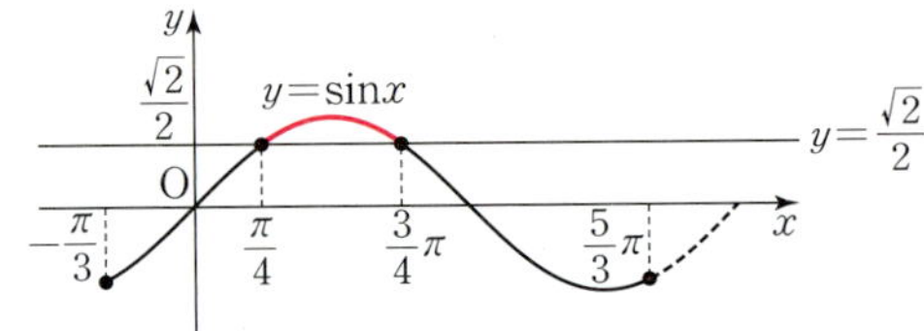

$-\frac{\pi}{3}\le x\le\frac{5}{3}\pi$에서 부등식 $\sin x\ge\frac{\sqrt{2}}{2}$의 해는

$\frac{\pi}{4}\le x\le\frac{3}{4}\pi$

따라서 주어진 부등식의 해는 $\frac{7}{12}\pi\le\theta\le\frac{13}{12}\pi$이므로

$\alpha=\frac{7}{12}\pi,\ \beta=\frac{13}{12}\pi$

$\therefore \alpha+\beta=\frac{5}{3}\pi$

참고

$$\sin\left(\theta-\frac{\pi}{3}\right)=\sin\left(\theta+\frac{\pi}{6}-\frac{\pi}{2}\right)=-\cos\left(\theta+\frac{\pi}{6}\right)$$

로 정리하여 풀이할 수도 있다.

414

$270\cos\left\{\frac{\pi}{3}(t-4)\right\}+325\ge 460$이어야 하므로

$\cos\left\{\frac{\pi}{3}(t-4)\right\}\ge\frac{1}{2}$ ...... ㉠

이때 $\frac{\pi}{3}(t-4)=x$라 하면

$0<t<24$에서 $-\frac{4}{3}\pi<x<\frac{20}{3}\pi$이고 $\cos x\ge\frac{1}{2}$이다.

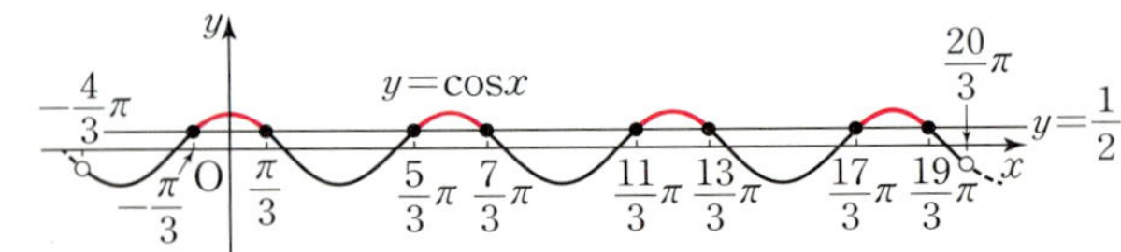

위의 그림에서 부등식 $\cos x\ge\frac{1}{2}$의 해는

$-\frac{\pi}{3}\le x\le\frac{\pi}{3}$ 또는 $\frac{5}{3}\pi\le x\le\frac{7}{3}\pi$ 또는 $\frac{11}{3}\pi\le x\le\frac{13}{3}\pi$ 또는

$\frac{17}{3}\pi\le x\le\frac{19}{3}\pi$이므로 조건을 만족시키는 t의 값의 범위는

$3\le t\le 5$ 또는 $9\le t\le 11$ 또는 $15\le t\le 17$ 또는 $21\le t\le 23$이다.

따라서 구하는 시간은 $2\times 4=8(\text{시간})$이다.

415

$$\frac{-\cos^2\theta+\sin\theta+3}{1+\sin\theta}=\frac{(\sin^2\theta-1)+\sin\theta+3}{1+\sin\theta}$$

$$=\frac{\sin^2\theta+\sin\theta+2}{1+\sin\theta}$$

$$=\frac{\sin\theta(\sin\theta+1)+2}{1+\sin\theta}=\sin\theta+\frac{2}{1+\sin\theta}$$

$$=(1+\sin\theta)+\frac{2}{1+\sin\theta}-1$$

$1+\sin\theta=t$라 하면 $0<\theta<\pi$일 때 $1<t\le 2$이므로

산술평균과 기하평균의 관계에 의하여

$t+\frac{2}{t}-1\ge 2\sqrt{t\times\frac{2}{t}}-1=2\sqrt{2}-1$

이때 등호는 $t=\frac{2}{t}$, $t^2=2$, 즉 $t=\sqrt{2}\ (\because 1<t\le 2)$일 때 성립한다.

따라서 주어진 식은 $\sin\theta=\sqrt{2}-1$일 때, 최솟값 $2\sqrt{2}-1$을 갖는다.

416

각 θ가 제1사분면의 각이고, 두 각 θ와 2θ가 나타내는 동경이

직선 $y=x$에 대하여 대칭이므로

$\theta+2\theta=2k\pi+\frac{\pi}{2}$ (단, k는 정수)

$3\theta=2k\pi+\frac{\pi}{2}$, $\theta=\frac{4k+1}{6}\pi$ ...... ㉠

이때 θ가 제1사분면의 각이므로

$2n\pi<\theta<2n\pi+\frac{\pi}{2}$ (단, n은 정수)

㉠을 대입하면 $2n\pi<\frac{4k+1}{6}\pi<2n\pi+\frac{\pi}{2}$

$3n-\frac{1}{4}<k<3n+\frac{1}{2}$이므로 $k=3n\ (\because k$는 정수)

이를 ㉠에 대입하면 $\theta=\frac{4\times 3n+1}{6}\pi=2n\pi+\frac{\pi}{6}$

ㄱ. $\theta=2n\pi+\frac{\pi}{6}$에 $n=-1$을 대입하면

$\theta=-\frac{11}{6}\pi=-330°$이므로 $-330°$는 θ가 될 수 있다. (참)

ㄴ. θ의 일반각은 $2n\pi+\frac{\pi}{6}$ (n은 정수)이다. (참)

ㄷ. $\theta=2n\pi+\dfrac{\pi}{6}$에서 $\dfrac{\theta}{3}=\dfrac{2n}{3}\pi+\dfrac{\pi}{18}$이므로

정수 p에 대하여 n을 다음과 같은 경우로 나누어 생각해 보자.

(i) $n=3p$일 때

$$\dfrac{\theta}{3}=\dfrac{2(3p)}{3}\pi+\dfrac{\pi}{18}=2p\pi+\dfrac{\pi}{18}$$

이므로 $\dfrac{\theta}{3}$를 나타내는 동경은 제1사분면에 위치한다.

(ii) $n=3p+1$일 때

$$\dfrac{\theta}{3}=\dfrac{2(3p+1)}{3}\pi+\dfrac{\pi}{18}=2p\pi+\dfrac{13}{18}\pi$$

이므로 $\dfrac{\theta}{3}$를 나타내는 동경은 제2사분면에 위치한다.

(iii) $n=3p+2$일 때

$$\dfrac{\theta}{3}=\dfrac{2(3p+2)}{3}\pi+\dfrac{\pi}{18}=2p\pi+\dfrac{25}{18}\pi$$

이므로 $\dfrac{\theta}{3}$를 나타내는 동경은 제3사분면에 위치한다.

(i)~(iii)에서 $\dfrac{\theta}{3}$를 나타내는 동경은 제1사분면, 제2사분면, 제3사분면에 위치한다. (거짓)

따라서 옳은 것은 ㄱ, ㄴ이다.

다른 풀이

ㄱ. $\theta=-360°+30°$이므로 $2\theta=-360°\times2+60°$이다.

이때 $\theta+2\theta=-360°\times3+90°$이므로 θ와 2θ의 동경은 직선 $y=x$에 대하여 서로 대칭이다. (참)

417
$\blacksquare$ $-16\sqrt{3}$

$$f(1)=2\sin\left(\dfrac{\pi}{2}-\dfrac{\pi}{6}\right)=2\cos\dfrac{\pi}{6}=\sqrt{3}$$

$$f(2)=2\sin\left(\pi+\dfrac{\pi}{6}\right)=-2\sin\dfrac{\pi}{6}=-1$$

$$f(3)=2\sin\left(\dfrac{3\pi}{2}-\dfrac{\pi}{6}\right)=-2\cos\dfrac{\pi}{6}=-\sqrt{3}$$

$$f(4)=2\sin\left(2\pi+\dfrac{\pi}{6}\right)=2\sin\dfrac{\pi}{6}=1$$

이고, 함수 $y=\sin x$는 주기가 2π이므로

$f(n)$의 값은 $\sqrt{3}$, -1, $-\sqrt{3}$, 1이 반복된다.

$$g(1)=\tan\left(\dfrac{\pi}{2}-\dfrac{\pi}{6}\right)=\dfrac{1}{\tan\dfrac{\pi}{6}}=\sqrt{3}$$

$$g(2)=\tan\left(\pi+\dfrac{\pi}{6}\right)=\tan\dfrac{\pi}{6}=\dfrac{1}{\sqrt{3}}=\dfrac{\sqrt{3}}{3}$$

이고, 함수 $y=\tan x$는 주기가 π이므로

$g(n)$의 값은 $\sqrt{3}$, $\dfrac{\sqrt{3}}{3}$이 반복된다.

$h(1)=f(1)-2g(1)$
$h(2)=f(2)-2g(2)$
$h(3)=f(3)-2g(3)$
$h(4)=f(4)-2g(4)$

이므로 $h(n)$의 값도 $h(1)$, $h(2)$, $h(3)$, $h(4)$가 반복된다.

$f(1)+f(2)+f(3)+f(4)=0$이므로

$$h(1)+h(2)+h(3)+h(4)=-2\{g(1)+g(2)+g(3)+g(4)\}$$
$$=-2\left(2\sqrt{3}+\dfrac{2\sqrt{3}}{3}\right)=-\dfrac{16\sqrt{3}}{3}$$

$$\therefore h(1)+h(2)+h(3)+\cdots+h(12)$$
$$=3\times\{h(1)+h(2)+h(3)+h(4)\}$$
$$=-16\sqrt{3}$$

418
$\blacksquare$ $\dfrac{14}{9}$

$\sin x=A$ $(-1\leq A\leq1)$, $\cos y=B$ $(-1\leq B\leq1)$라 하면
$\cos^2 x=1-A^2$, $\sin^2 y=1-B^2$이다.

$\sin x+\cos y=\cos x\sin y=\dfrac{\sqrt{2}}{3}$의 각 변을 제곱하면

$(\sin x+\cos y)^2=\cos^2 x\sin^2 y=\dfrac{2}{9}$이므로

$(A+B)^2=\dfrac{2}{9}$, $(1-A^2)(1-B^2)=\dfrac{2}{9}$이다. 즉,

$$A^2+2AB+B^2-\dfrac{2}{9}=0 \qquad\qquad \cdots\cdots ㉠$$

$$A^2B^2-A^2-B^2+\dfrac{7}{9}=0 \qquad\qquad \cdots\cdots ㉡$$

㉠+㉡을 하면 $A^2B^2+2AB+\dfrac{5}{9}=0$이므로

$9(AB)^2+18AB+5=0$에서
$(3AB+1)(3AB+5)=0$

$\therefore AB=-\dfrac{1}{3}$ $(\because -1\leq AB\leq1)$

$$\therefore (\sin x-\cos y)^2=(A-B)^2$$
$$=(A+B)^2-4AB$$
$$=\dfrac{2}{9}-4\times\left(-\dfrac{1}{3}\right)=\dfrac{14}{9}$$

419
$\blacksquare$ $2\leq r<\dfrac{9}{4}$

점 $(r,\ 0)$에서 출발한 점 Q가 회전한 각의 크기를 θ_2라 하고, 같은 순간에 점 $(1,\ 0)$에서 출발한 점 P가 회전한 각의 크기를 θ_1이라 하면 두 점 P, Q가 같은 속력으로 이동하므로 이동한 거리가 서로 같다.

즉, $r\theta_2=\theta_1$이다.

한편, 세 점 O, P, Q가 일직선 위에 있으려면 두 동경 OP, OQ가 이루는 각의 크기를 θ $(0\leq\theta\leq\pi)$라 할 때, $\theta=0$ 또는 $\theta=\pi$이어야 한다. $\qquad \cdots\cdots ㉠$

이때 두 동경 OP, OQ가 이루는 각의 크기는
$\theta_1-\theta_2=r\theta_2-\theta_2=(r-1)\theta_2$

이므로 ㉠을 만족시키려면
$(r-1)\theta_2=n\pi$ (n은 자연수)이다.

점 Q가 원 C_2의 둘레를 2바퀴를 돌 때 $0<\theta_2\leq4\pi$이므로

$$0<\dfrac{n\pi}{r-1}\leq4\pi$$에서 $0<n\leq4(r-1)$이고, $\qquad \cdots\cdots ㉡$

세 점 O, P, Q가 일직선 위에 있게 되는 횟수가 4이려면
㉡을 만족시키는 자연수 n이 4개 존재해야 하므로
$4\leq4(r-1)<5$

$1\leq r-1<\dfrac{5}{4}$

$\therefore 2\leq r<\dfrac{9}{4}$

420

답 ④

$\angle COD=\pi-\theta$이고 $\overline{OB}=1$이므로 직각삼각형 OBC에서
$\overline{BC}=\tan(\pi-\theta)=-\tan\theta$
삼각형 OAD는 $\angle OAD=90°$인 직각삼각형이고, $\overline{OA}=1$이므로
$$\overline{OD}=\frac{1}{\cos(\pi-\theta)}=-\frac{1}{\cos\theta}$$
따라서 색칠한 부분의 넓이는
(삼각형 OCD의 넓이) $-$ (부채꼴 OAB의 넓이)
$$=\frac{1}{2}\times\overline{OD}\times\overline{BC}-\frac{1}{2}\times 1^2\times(\pi-\theta)$$
$$=\frac{1}{2}\times\left(-\frac{1}{\cos\theta}\right)\times(-\tan\theta)-\frac{1}{2}\times 1^2\times(\pi-\theta)$$
$$=\frac{1}{2}\left(\frac{\sin\theta}{\cos^2\theta}-\pi+\theta\right)$$

421

답 ②

이등변삼각형 OAB에서 점 M은 선분 AB의 중점이므로 두 삼각형 OAM, OBM은 서로 합동이다.
따라서 삼각형 OAM은 $\angle AMO=\dfrac{\pi}{2}$인 직각삼각형이다.

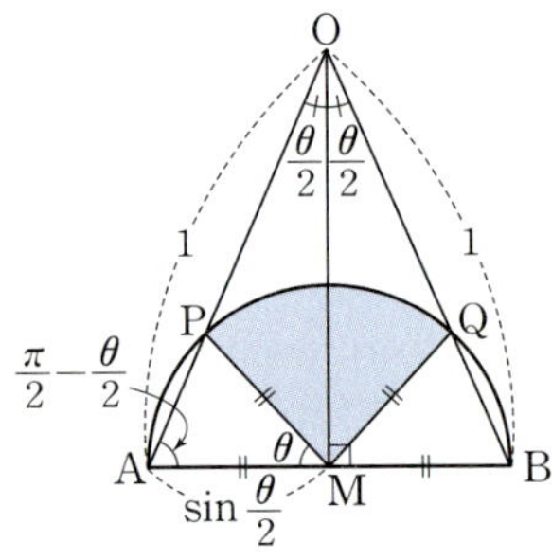

직각삼각형 OAM에서 $\angle AOM=\dfrac{\theta}{2}$이므로
$$\overline{MA}=\sin\frac{\theta}{2}$$
한편, $\angle OAM=\dfrac{\pi}{2}-\dfrac{\theta}{2}$이고 $\overline{MA}=\overline{MP}$이므로
$$\angle AMP=\pi-2\times\left(\frac{\pi}{2}-\frac{\theta}{2}\right)=\pi-\pi+\theta=\theta$$
마찬가지로 $\angle OBM=\dfrac{\pi}{2}-\dfrac{\theta}{2}$이고 $\overline{MB}=\overline{MQ}$이므로
$$\angle BMQ=\theta$$
따라서 부채꼴 MPQ의 넓이는
$$\frac{1}{2}\times\overline{MA}^2\times\angle PMQ=\frac{1}{2}\times\left(\sin\frac{\theta}{2}\right)^2\times(\pi-2\theta)$$
$$=\left(\frac{\pi}{2}-\theta\right)\sin^2\frac{\theta}{2}$$

422

답 ③

함수 $f(x)=\tan\dfrac{\pi x}{a}$의 주기는 $\dfrac{\pi}{\frac{\pi}{a}}=a$이므로
정삼각형 ABC의 한 변의 길이는 $\overline{AC}=a$이다.
한편, 함수 $y=f(x)$의 그래프가 원점 O에 대하여 대칭이므로
두 점 A, B도 원점 O에 대하여 대칭이다.

$$\therefore\ \overline{OA}=\overline{OB}=\frac{a}{2}$$
또한 정삼각형 ABC에서 선분 AC가 x축과 평행하므로
직선 OB가 x축의 양의 방향과 이루는 각의 크기는 $60°$이다.
따라서 점 B의 좌표를 $\left(\dfrac{a}{2}\cos 60°,\ \dfrac{a}{2}\sin 60°\right)$
즉, $\left(\dfrac{a}{4},\ \dfrac{\sqrt{3}}{4}a\right)$라 하면
점 B는 함수 $y=f(x)$의 그래프 위의 점이므로
$$\frac{\sqrt{3}}{4}a=\tan\frac{\pi}{4}=1$$
$$\therefore\ a=\frac{4}{\sqrt{3}}=\frac{4\sqrt{3}}{3}$$
따라서 삼각형 ABC의 넓이는
$$\frac{\sqrt{3}}{4}a^2=\frac{\sqrt{3}}{4}\times\left(\frac{4\sqrt{3}}{3}\right)^2=\frac{4\sqrt{3}}{3}$$

423

답 24

곡선 $y=4\sin\dfrac{1}{4}(x-\pi)\ (0\le x\le 10\pi)$는
곡선 $y=4\sin\dfrac{x}{4}\ (-\pi\le x\le 9\pi)$를 x축의 방향으로 π만큼 평행이동한 것이다.
이때 x축의 방향으로 평행이동하여도 곡선 위의 y좌표가 같은 점들 사이의 거리 또는 함수의 최댓값, 최솟값은 달라지지 않으므로 세 점 A, B, P를 곡선 $y=4\sin\dfrac{x}{4}\ (-\pi\le x\le 9\pi)$와 직선 $y=2$가 만나는 상황에서 정의되는 것으로 풀어도 답에는 영향이 없다.
즉, $4\sin\dfrac{x}{4}=2$에서 $\sin\dfrac{x}{4}=\dfrac{1}{2}$
이때 $\dfrac{x}{4}=t$라 하면 $-\pi\le x\le 9\pi$에서 $-\dfrac{\pi}{4}\le t\le\dfrac{9}{4}\pi$이고
$$\sin t=\frac{1}{2}$$
$$\therefore\ t=\frac{\pi}{6}\ \text{또는}\ t=\frac{5}{6}\pi\ \text{또는}\ t=\frac{13}{6}\pi$$

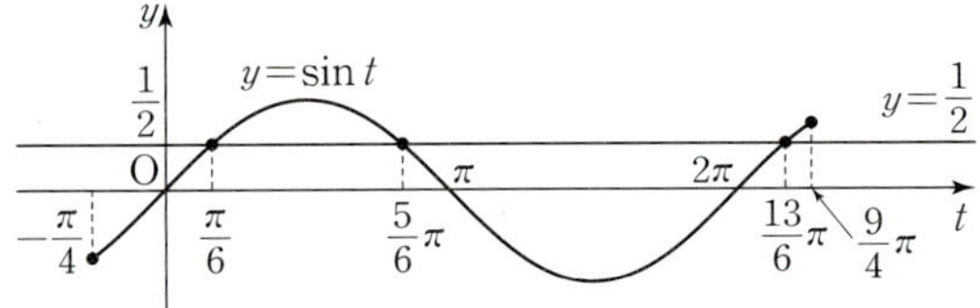

즉, $\dfrac{x}{4}=\dfrac{\pi}{6}$ 또는 $\dfrac{x}{4}=\dfrac{5}{6}\pi$ 또는 $\dfrac{x}{4}=\dfrac{13}{6}\pi$이므로
$$x=\frac{2}{3}\pi\ \text{또는}\ x=\frac{10}{3}\pi\ \text{또는}\ x=\frac{26}{3}\pi$$
따라서 곡선 $y=4\sin\dfrac{x}{4}\ (-\pi\le x\le 9\pi)$와 직선 $y=2$가 만나는
점들의 좌표는 $\left(\dfrac{2}{3}\pi,\ 2\right),\ \left(\dfrac{10}{3}\pi,\ 2\right),\ \left(\dfrac{26}{3}\pi,\ 2\right)$이다.

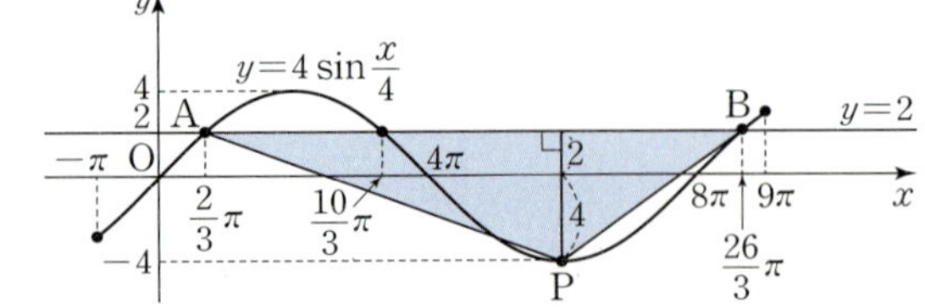

위의 그림과 같이 삼각형 PAB의 밑변을 선분 AB라 하면

$A\left(\dfrac{2}{3}\pi,\ 2\right)$, $B\left(\dfrac{26}{3}\pi,\ 2\right)$일 때 선분 AB의 길이가

$\dfrac{26}{3}\pi-\dfrac{2}{3}\pi=8\pi$로 최대이고,

함수 $y=4\sin\dfrac{x}{4}$의 최솟값이 -4이므로

삼각형 PAB의 높이의 최댓값은

$2-(-4)=6$이다.

따라서 삼각형 PAB의 넓이의 최댓값은

$\dfrac{1}{2}\times 8\pi\times 6=24\pi$ $\therefore k=24$

함수 $y=4\sin\dfrac{x}{4}$의 주기를 이용하여 다음과 같이 삼각형 PAB의

넓이의 최댓값을 구할 수도 있다.

함수 $y=4\sin\dfrac{x}{4}$의 주기는 $\dfrac{2\pi}{\frac{1}{4}}=8\pi$이고

함수 $y=4\sin\dfrac{x}{4}$의 그래프가 점 $(9\pi,\ 2\sqrt{2})$을 지나므로

곡선 $y=4\sin\dfrac{x}{4}$ $(-\pi\leq x\leq 9\pi)$와 직선 $y=2$는 세 점에서 만난다.

따라서 선분 AB의 길이는 8π로 최대이고,
삼각형 PAB의 높이의 최댓값은 $2-(-4)=6$이므로
삼각형 PAB의 넓이의 최댓값은

$\dfrac{1}{2}\times 8\pi\times 6=24\pi$ $\therefore k=24$

---

424   답 (1) 2 (2) $\dfrac{\sqrt{5}-1}{2},\ \dfrac{\sqrt{2}}{2}$

(1) $\log_{\sin\theta}(\cos\theta+1)>2$에서 밑과 진수 조건에 의하여

$\sin\theta>0$, $\sin\theta\neq 1$이므로 $0<\sin\theta<1$ ······ ㉠

$\cos\theta+1>0$이므로 $\cos\theta>-1$ ······ ㉡

$\log_{\sin\theta}(\cos\theta+1)>2$에서

㉠에 의하여 $\cos\theta+1<\sin^2\theta$

$\cos\theta+1<1-\cos^2\theta$

$\cos^2\theta+\cos\theta<0$

$\cos\theta(\cos\theta+1)<0$

$-1<\cos\theta<0$ ······ ㉢

㉠, ㉡, ㉢에 의하여 $0<\sin\theta<1$, $-1<\cos\theta<0$이다.

$0\leq\theta<2\pi$에서

$0<\sin\theta<1$일 때 $0<\theta<\dfrac{\pi}{2}$ 또는 $\dfrac{\pi}{2}<\theta<\pi$

$-1<\cos\theta<0$일 때 $\dfrac{\pi}{2}<\theta<\pi$ 또는 $\pi<\theta<\dfrac{3}{2}\pi$

따라서 구하는 θ의 값의 범위는 $\dfrac{\pi}{2}<\theta<\pi$이다.

$\therefore \alpha=\dfrac{\pi}{2}$, $\beta=\pi$

$\therefore \dfrac{\beta}{\alpha}=2$

(2) $0<x<\dfrac{\pi}{2}$에서 $0<\sin x<1$, $0<\cos x<1$, $\tan x>0$이므로

로그의 밑과 진수 조건을 모두 만족시킨다.

$\log_{\cos x}\sin x+\log_{\sin x}\dfrac{1}{\sqrt{\tan x}}=1$에서

$\log_{\cos x}\sin x-\dfrac{1}{2}\log_{\sin x}\tan x=1$

$\log_{\cos x}\sin x-\dfrac{1}{2}\log_{\sin x}\dfrac{\sin x}{\cos x}=1$

$2\log_{\cos x}\sin x-(1-\log_{\sin x}\cos x)=2$

$2\log_{\cos x}\sin x+\log_{\sin x}\cos x-3=0$

양변에 $\log_{\cos x}\sin x$를 곱하면

$2(\log_{\cos x}\sin x)^2-3\log_{\cos x}\sin x+1=0$

$(2\log_{\cos x}\sin x-1)(\log_{\cos x}\sin x-1)=0$

$\log_{\cos x}\sin x=\dfrac{1}{2}$ 또는 $\log_{\cos x}\sin x=1$

$\sin x=(\cos x)^{\frac{1}{2}}$ 또는 $\sin x=\cos x$

(ⅰ) $\sin x=(\cos x)^{\frac{1}{2}}$에서

$\sin^2 x=\cos x$, $1-\cos^2 x=\cos x$, $\cos^2 x+\cos x-1=0$

$\cos x=\dfrac{-1\pm\sqrt{5}}{2}$

$0<\cos x<1$이므로 $\cos x=\dfrac{\sqrt{5}-1}{2}$

(ⅱ) $\sin x=\cos x$에서

$x=\dfrac{\pi}{4}$이므로 $\cos x=\cos\dfrac{\pi}{4}=\dfrac{\sqrt{2}}{2}$

(ⅰ), (ⅱ)에 의하여 $\cos x$의 값은 $\dfrac{\sqrt{5}-1}{2}$, $\dfrac{\sqrt{2}}{2}$이다.

---

425   답 ②

방정식 $\sin\pi x=\dfrac{x}{3n}$의 실근의 개수가 20 이상 40 이하이므로

함수 $y=\sin\pi x$의 그래프와 직선 $y=\dfrac{x}{3n}$의 교점의 개수가

20 이상 40 이하이어야 한다.

함수 $y=\sin\pi x$의 주기는 $\dfrac{2\pi}{\pi}=2$이고

직선 $y=\dfrac{x}{3n}$는 점 $(3n,\ 1)$을 지나므로 그래프는 다음 그림과 같다.

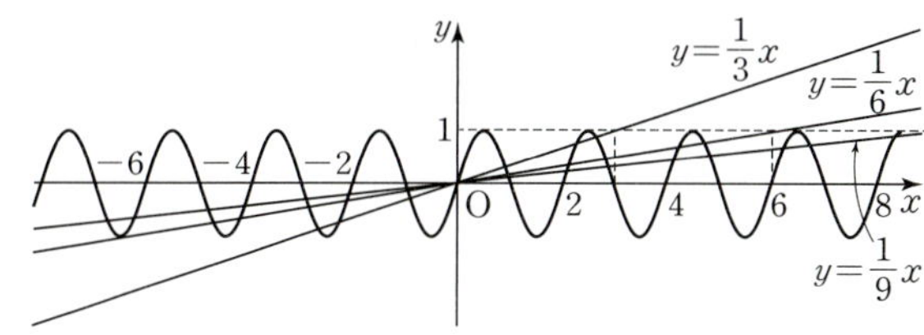

n의 값에 따라 함수 $y=\sin\pi x$의 그래프와 직선 $y=\dfrac{x}{3n}$의 교점의

개수는 다음과 같다.

$n=1$일 때 $3\times 2+1=7$ ······ TIP

$n=2$일 때 $5\times 2+1=11$

$n=3$일 때 $9\times 2+1=19$

$n=4$일 때 $11\times 2+1=23$

즉, $n=1,\ 2,\ 3,\ 4,\ \cdots$일 때 함수 $y=\sin\pi x$의 그래프와 직선

$y=\dfrac{x}{3n}$의 교점의 개수가 4, 8, 4, 8, $\cdots$씩 반복하여 커지므로

$n=5$일 때 함수 $y=\sin \pi x$의 그래프와 직선 $y=\dfrac{x}{3n}$의 교점의

개수는 $23+8=31$,

$n=6$일 때 함수 $y=\sin \pi x$의 그래프와 직선 $y=\dfrac{x}{3n}$의 교점의

개수는 $31+4=35$,

$n=7$일 때 함수 $y=\sin \pi x$의 그래프와 직선 $y=\dfrac{x}{3n}$의 교점의

개수는 $35+8=43$이다.

따라서 교점의 개수가 20 이상 40 이하가 되도록 하는 자연수 n의
최댓값은 6이고, 최솟값은 4이므로 구하는 값은 10이다.

TIP

함수 $y=\sin \pi x$의 그래프와 직선 $y=\dfrac{x}{3n}$가 모두 원점을

지나며 그래프가 각각 원점에 대하여 대칭이므로 $x>0$일 때의
교점의 개수와 $x<0$일 때의 교점의 개수가 같다.
따라서 두 함수의 그래프의 $x>0$일 때의 교점의 개수에서 2배를
하고 1을 더하면 전체 교점의 개수와 같다.

426   답 ②

두 점 P, Q의 시각 t에서의 y좌표를 각각 $f(t)$, $g(t)$라 하면

두 점 P, Q는 매초 $\dfrac{2}{3}\pi$, $\dfrac{4}{3}\pi$의 속력으로 각각 움직이므로

$f(t)=\sin \dfrac{2}{3}\pi t$, $g(t)=\sin \dfrac{4}{3}\pi t$ **TIP**

이때 함수 $y=f(t)$의 주기는 $\dfrac{2\pi}{\frac{2}{3}\pi}=3$,

함수 $y=g(t)$의 주기는 $\dfrac{2\pi}{\frac{4}{3}\pi}=\dfrac{3}{2}$이므로

출발 후 3초가 될 때까지 $f(t)$와 $g(t)$의 값은 4회 같아진다.

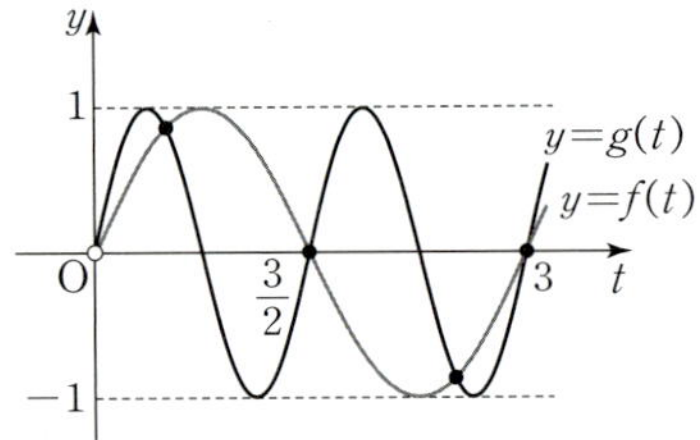

따라서 99초가 될 때까지 $4\times 33=132$ (회) 같아지고, 99초에서
100초 사이 $f(t)$와 $g(t)$의 값은 1회 같아지므로 출발 후 100초가
될 때까지 두 점 P, Q의 y좌표가 같아지는 횟수는 133이다.

TIP

원 $x^2+y^2=1$의 반지름의 길이가 1이므로 동경 OP가 x축의
양의 방향과 이루는 각의 크기 θ $(\theta>0)$와 점 P가 원의 둘레를
움직인 거리 l은 서로 같다. 즉, 두 점 P, Q가 각각 원의 둘레를

매초 $\dfrac{2}{3}\pi$, $\dfrac{4}{3}\pi$만큼 움직이므로 $\angle$AOP, $\angle$AOQ의 크기는 각각

매초 $\dfrac{2}{3}\pi$, $\dfrac{4}{3}\pi$만큼 커진다.

427   답 180

굴렁쇠가 이동한 거리는 처음 굴렁쇠에 표시한 점의 이동 거리와 같다.

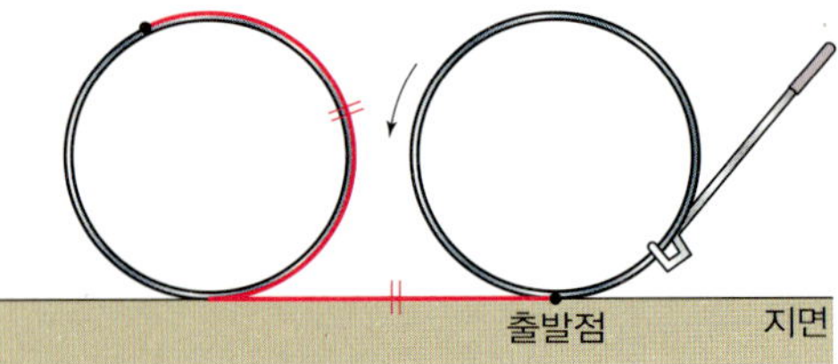

따라서 처음 굴렁쇠에 표시한 점의 이동거리가 40 m,

즉 4000 cm이다.

이때 굴렁쇠를 이동하지 말고 출발점의 위치에서 회전만 했을 때,
처음 굴렁쇠에 표시한 점의 이동거리가 4000 cm가 되었다고 하자.
출발점에서 굴렁쇠의 중심을 O, 출발할 때 표시한 점의 위치를 A라
할 때, 선분 OA가 회전한 각의 크기를 θ라 하면

$\dfrac{120}{\pi}\times \theta=4000$에서 $\theta=\dfrac{100}{3}\pi=2\pi\times 16+\dfrac{4}{3}\pi$이다.

정지했을 때 표시한 점의 위치를 B, 점 B에서 지면에 내린 수선의
발을 C, 점 O를 지나고 직선 OA에 수직인 직선이 선분 BC와 만나는
점을 D라 하면 다음 그림과 같다.

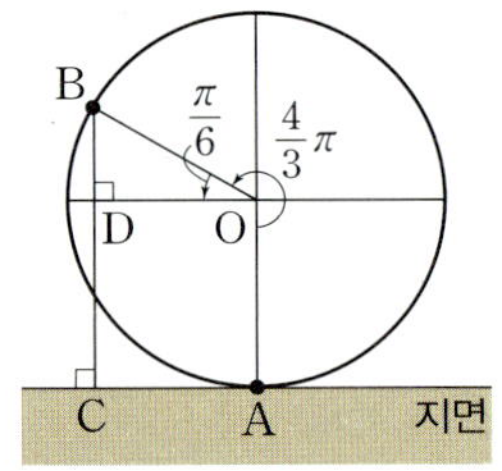

$\angle$BOD$=\dfrac{\pi}{6}$이므로 정지했을 때 지면으로부터 굴렁쇠에 표시한

점까지의 높이는
$h=\overline{BC}=\overline{BD}+\overline{CD}$

$\quad =\overline{OB}\times \sin \dfrac{\pi}{6}+\overline{OA}$

$\quad =\dfrac{120}{\pi}\times \dfrac{1}{2}+\dfrac{120}{\pi}=\dfrac{180}{\pi}$ (cm)

$\therefore \pi h=180$

428   답 $k=\dfrac{11}{3}$ 또는 $4<k<5$

$3\sin^2 x+2\cos x+k-7=0$에서
$3(1-\cos^2 x)+2\cos x+k-7=0$
$3\cos^2 x-2\cos x-k+4=0$ ……㉠

$\cos x=t$라 하면 $-\dfrac{\pi}{2}\leq x\leq \dfrac{\pi}{2}$에서 $0\leq t\leq 1$이고,

$t=1$일 때 방정식 $\cos x=t$는 오직 하나의 실근 $x=0$을 갖고,
$0\leq t<1$일 때 방정식 $\cos x=t$는 서로 다른 두 실근을 갖는다.

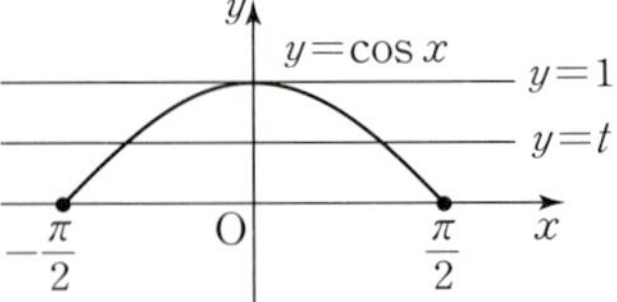

㉠에서 $3t^2-2t-k+4=0$이므로
함수 $f(t)=3t^2-2t$라 하면 조건을 만족시키기 위하여

$0 \le t \le 1$에서 함수 $y=f(t)$의 그래프와 직선 $y=k-4$의 교점의 개수는 1이어야 하고,

$f(1) \ne k-4$이어야 한다. ...... **TIP**

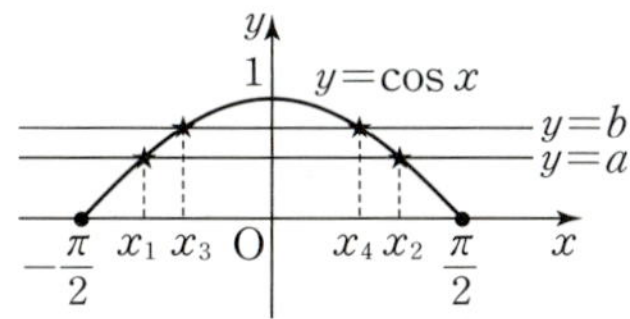

즉, $k-4=f\left(\dfrac{1}{3}\right)$ 또는 $f(0)<k-4<f(1)$이어야 한다.

$f\left(\dfrac{1}{3}\right)=-\dfrac{1}{3}$, $f(0)=0$, $f(1)=1$이므로

$k-4=-\dfrac{1}{3}$ 또는 $0<k-4<1$

$\therefore k=\dfrac{11}{3}$ 또는 $4<k<5$

TIP

함수 $y=f(t)$의 그래프와 직선 $y=k-4$의 교점이 2개인 경우
그 교점의 t좌표를 각각 a, b $(0 \le a<b<1)$라 하면 그림과 같이
방정식 $\cos x=a$에서 서로 다른 2개의 실근 x_1, x_2를 갖고,
방정식 $\cos x=b$에서 서로 다른 2개의 실근 x_3, x_4를 가지므로
방정식 ㉠은 서로 다른 4개의 실근 x_1, x_2, x_3, x_4를 갖는다.

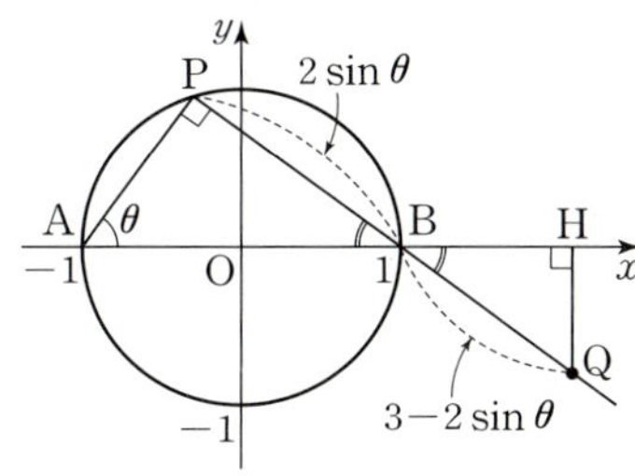

한편, $f(1)=k-4$이면 함수 $y=f(t)$의 그래프와 직선
$y=k-4$의 교점의 t좌표가 1이므로 방정식 $\cos x=1$에서 오직
하나의 실근 $x=0$을 가지기 때문에 주어진 조건을 만족시키지
않는다.

429 ·········· 답 ③

$\angle \mathrm{APB}=\dfrac{\pi}{2}$이므로 $\angle \mathrm{PBA}=\dfrac{\pi}{2}-\theta$이고,

$\overline{\mathrm{BP}}=2\sin\theta$이므로 $\overline{\mathrm{BQ}}=3-2\sin\theta$이다.
점 Q에서 x축에 내린 수선의 발을 H라 하면
$\angle \mathrm{PBA}=\angle \mathrm{HBQ}$ ($\because$ 맞꼭지각)

따라서 점 Q의 x좌표는

$\overline{\mathrm{OB}}+\overline{\mathrm{BH}}=1+\overline{\mathrm{BQ}}\times\cos\left(\dfrac{\pi}{2}-\theta\right)$

$\qquad =1+(3-2\sin\theta)\sin\theta$

$\qquad =1+3\sin\theta-2\sin^2\theta$

$\qquad =-2\left(\sin\theta-\dfrac{3}{4}\right)^2+\dfrac{17}{8}$

이므로 $\sin\theta=\dfrac{3}{4}$일 때 최대이다.

$\therefore \sin^2\theta=\left(\dfrac{3}{4}\right)^2=\dfrac{9}{16}$

430 ·········· 답 ⑤

$y=\dfrac{\sin x+1}{\cos x-3}$에서 $\cos x=X$, $\sin x=Y$라 하면

$-1 \le X \le 1$, $0 \le Y \le 1$ $(\because 0 \le x \le \pi)$이고

$\cos^2 x+\sin^2 x=1$이므로 $X^2+Y^2=1$

$y=\dfrac{\sin x+1}{\cos x-3}$에서 $y=\dfrac{Y+1}{X-3}$이므로 $Y=y(X-3)-1$

이때 $-1 \le X \le 1$, $0 \le Y \le 1$에서
$X^2+Y^2=1$, $Y=y(X-3)-1$을 모두 만족시키는 X, Y가
존재해야 하므로 곡선 $X^2+Y^2=1$과 직선 $Y=y(X-3)-1$의
교점이 존재해야 한다.

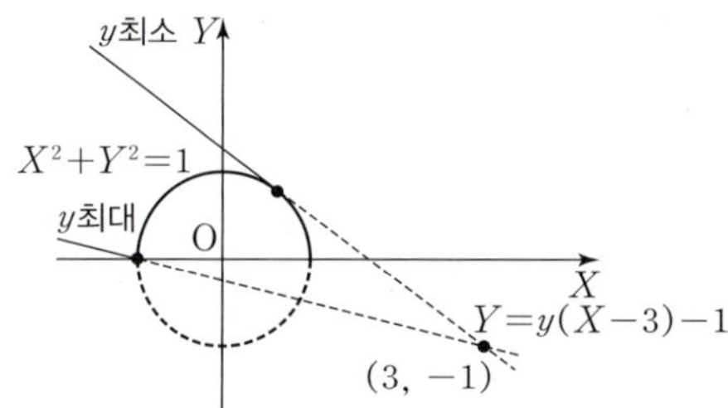

즉, 직선 $Y=y(X-3)-1$의 기울기 y는
이 직선이 점 $(-1, 0)$을 지날 때 최댓값을 갖고,
제1사분면에서 원 $X^2+Y^2=1$에 접할 때 최솟값을 갖는다.

(i) 직선 $Y=y(X-3)-1$이 점 $(-1, 0)$을 지날 때

$\quad 0=-4y-1$에서 $y=-\dfrac{1}{4}$

(ii) 직선 $Y=y(X-3)-1$이 원 $X^2+Y^2=1$에 접할 때
$\quad$ 점 $(0, 0)$과 직선 $Y=y(X-3)-1$, 즉 $yX-Y-3y-1=0$
$\quad$ 사이의 거리가 1이므로

$\quad \dfrac{|-3y-1|}{\sqrt{y^2+(-1)^2}}=1$, $|3y+1|^2=y^2+1$, $4y^2+3y=0$

$\quad y(4y+3)=0$에서 $y=-\dfrac{3}{4}$ $(\because y<0)$

(i), (ii)에서 구하는 y의 값의 범위는 $-\dfrac{3}{4} \le y \le -\dfrac{1}{4}$

따라서 $M=-\dfrac{1}{4}$, $m=-\dfrac{3}{4}$이므로

$\dfrac{m}{M}=\dfrac{-\dfrac{3}{4}}{-\dfrac{1}{4}}=3$

431 ·········· 답 ⑤

ㄱ. $0<\theta<\dfrac{\pi}{4}$에서 두 함수 $y=\sin\theta$, $y=\cos\theta$의 그래프는 다음
$\quad$ 그림과 같다.

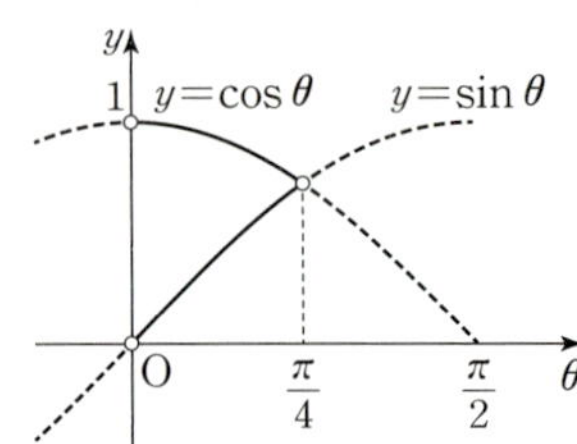

즉, $0<\sin\theta<\cos\theta<1$이다. (참)

ㄴ. $0<\sin\theta<1$이므로 함수 $f(x)=\log_{\sin\theta}x$에서
x의 값이 증가하면 $f(x)$의 값은 감소한다.

ㄱ에 의하여 $0<\theta<\dfrac{\pi}{4}$에서 $\sin\theta<\cos\theta<1$이므로

$\log_{\sin\theta}1<\log_{\sin\theta}\cos\theta<\log_{\sin\theta}\sin\theta$

즉, $0<\log_{\sin\theta}\cos\theta<1$이다. (참)

ㄷ. ㄱ에 의하여 $0<\theta<\dfrac{\pi}{4}$에서 $0<\sin\theta<\cos\theta$이므로

$(\sin\theta)^{\cos\theta}<(\cos\theta)^{\cos\theta}$ ...... ㉠

한편, $0<\cos\theta<1$이므로 함수 $f(x)=(\cos\theta)^{x}$에서
x의 값이 증가하면 $f(x)$의 값은 감소한다.

이때 $0<\theta<\dfrac{\pi}{4}$에서 $\sin\theta<\cos\theta$이므로

$(\cos\theta)^{\cos\theta}<(\cos\theta)^{\sin\theta}$ ...... ㉡

㉠, ㉡에서 $(\sin\theta)^{\cos\theta}<(\cos\theta)^{\cos\theta}<(\cos\theta)^{\sin\theta}$ (참)

따라서 옳은 것은 ㄱ, ㄴ, ㄷ이다.

다른 풀이

ㄷ. ㄱ에 의하여 $0<\theta<\dfrac{\pi}{4}$에서 $\sin\theta<\cos\theta$이고

ㄴ에 의하여 $\log_{\sin\theta}\cos\theta>0$이므로

$\sin\theta\times\log_{\sin\theta}\cos\theta<\cos\theta\times\log_{\sin\theta}\cos\theta$

$\log_{\sin\theta}(\cos\theta)^{\sin\theta}<\log_{\sin\theta}(\cos\theta)^{\cos\theta}$

이때 $0<\sin\theta<1$이므로 $(\cos\theta)^{\cos\theta}<(\cos\theta)^{\sin\theta}$ ...... ㉠

또한 ㄴ에 의하여 $\log_{\sin\theta}\cos\theta<1$이므로

$\log_{\sin\theta}\cos\theta<\log_{\sin\theta}\sin\theta$

이때 $0<\theta<\dfrac{\pi}{4}$에서 $\cos\theta>0$이므로

$\cos\theta\times\log_{\sin\theta}\cos\theta<\cos\theta\times\log_{\sin\theta}\sin\theta$

$\log_{\sin\theta}(\cos\theta)^{\cos\theta}<\log_{\sin\theta}(\sin\theta)^{\cos\theta}$

$\therefore (\sin\theta)^{\cos\theta}<(\cos\theta)^{\cos\theta}$ ($\because 0<\sin\theta<1$) ...... ㉡

㉠, ㉡에서 $(\sin\theta)^{\cos\theta}<(\cos\theta)^{\cos\theta}<(\cos\theta)^{\sin\theta}$ (참)

432 　　　　　　　　　　　　　　　　　　　　　　답 13

원 O_1의 중심을 O_1, 원 O_2의 중심을 O_2, 직선 O_1O_2가 선분 AB와 만나는 점을 M이라 하고 직선 O_1O_2가 원 O_1과 만나는 두 점 중에서 점 M에 가까운 점을 N이라 하자.

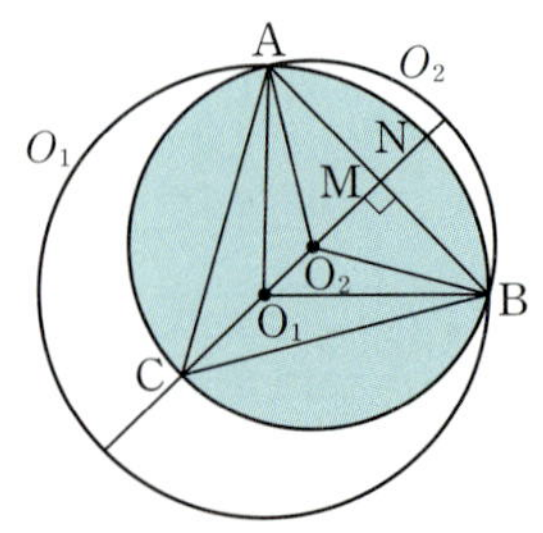

$\overline{O_1A}=6$, $\overline{AM}=\dfrac{1}{2}\overline{AB}=3\sqrt{2}$

$\overline{O_1A}:\overline{AM}=\sqrt{2}:1$이므로 $\angle MO_1A=\dfrac{\pi}{4}$

원 O_1에서 점 B를 포함하지 않는 부채꼴 O_1NA의 넓이는

$\dfrac{1}{2}\times6^{2}\times\dfrac{\pi}{4}=\dfrac{9}{2}\pi$ ...... ㉠

또한 정삼각형 ACB에서 $\angle MO_2A=\dfrac{\pi}{3}$이므로

$\overline{O_2A}=\dfrac{\overline{AM}}{\sin\dfrac{\pi}{3}}=\dfrac{3\sqrt{2}}{\dfrac{\sqrt{3}}{2}}=2\sqrt{6}$

원 O_2에서 점 B를 포함하지 않는 부채꼴 O_2AC의 넓이는

$\dfrac{1}{2}\times(2\sqrt{6})^{2}\times\dfrac{2}{3}\pi=8\pi$ ...... ㉡

한편, $\overline{O_1M}=\overline{O_1A}\cos\dfrac{\pi}{4}$, $\overline{O_2M}=\overline{O_2A}\cos\dfrac{\pi}{3}$에서

$\overline{O_1O_2}=\overline{O_1M}-\overline{O_2M}=3\sqrt{2}-\sqrt{6}$이므로

삼각형 AO_1O_2의 넓이는

$\dfrac{1}{2}\times(3\sqrt{2}-\sqrt{6})\times3\sqrt{2}=9-3\sqrt{3}$ ...... ㉢

㉠, ㉡, ㉢에 의하여 원 O_1과 원 O_2의 공통부분의 넓이는

$2\times\left\{\dfrac{9}{2}\pi+8\pi-(9-3\sqrt{3})\right\}=-18+6\sqrt{3}+25\pi$

따라서 $p=-18$, $q=6$, $r=25$이므로
$p+q+r=13$

433 　　　　　　　　　　　　　　　　　　　　　　답 ②

$\sin^{2}4x-1=0$에서 $(\sin4x-1)(\sin4x+1)=0$

$\therefore \sin4x=1$ 또는 $\sin4x=-1$

$0<x<\dfrac{n}{12}\pi$일 때, 방정식 $\sin^{2}4x-1=0$의 실근의 개수가

33이려면 $0<x<\dfrac{n}{12}\pi$에서 함수 $y=\sin4x$의 그래프와

직선 $y=1$ 또는 $y=-1$의 교점의 개수가 33이어야 한다.

함수 $y=\sin4x$의 주기는 $\dfrac{2\pi}{4}=\dfrac{\pi}{2}$이므로

$0<x\leq\dfrac{\pi}{4}$에서 함수 $y=\sin4x$의 그래프와 직선 $y=1$이 만나는

점의 개수는 1이고, $\dfrac{\pi}{4}<x\leq\dfrac{\pi}{2}$에서 함수 $y=\sin4x$의 그래프와

직선 $y=-1$이 만나는 점의 개수는 1이다.

즉, $0<x\leq\dfrac{\pi}{2}$에서 함수 $y=\sin4x$의 그래프와

직선 $y=1$ 또는 $y=-1$이 만나는 점의 개수는 2이므로

$0<x\leq\dfrac{\pi}{2}\times16$일 때, 함수 $y=\sin4x$의 그래프와

직선 $y=1$ 또는 $y=-1$이 만나는 점의 개수는 $2\times16=32$이다.

따라서 $0<x<\dfrac{n}{12}\pi$에서 방정식 $\sin^{2}4x-1=0$의 실근의 개수가

33이려면 $8\pi<x<\dfrac{n}{12}\pi$에서 함수 $y=\sin4x$의 그래프와

두 직선 $y=1$, $y=-1$이 만나는 점의 개수가 각각 1, 0이어야 하므로

$8\pi+\dfrac{\pi}{8}<\dfrac{n}{12}\pi\leq8\pi+\dfrac{3}{8}\pi$, $\dfrac{65}{8}<\dfrac{n}{12}\leq\dfrac{67}{8}$

$\therefore 97.5<n\leq100.5$

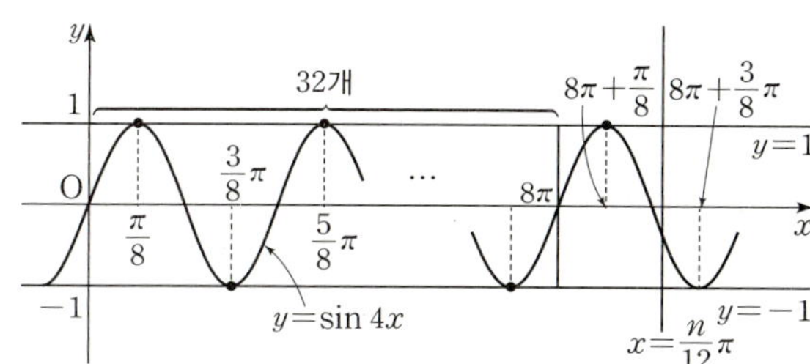

따라서 구하는 모든 자연수 n은 98, 99, 100이므로 그 합은
$98+99+100=297$

434
(1) $A_3=\left\{-\dfrac{\sqrt{3}}{2},\ 0,\ \dfrac{\sqrt{3}}{2}\right\}$　(2) 22

(1) $A_3=\left\{\sin\dfrac{2(m-1)}{3}\pi\ \middle|\ m$은 자연수$\right\}$이다.

$\sin\dfrac{2(m-1)}{3}\pi$에 $m=1,\ 2,\ 3,\ 4,\ \cdots$를 차례대로 대입해 보면

$\sin 0=0,\ \sin\dfrac{2}{3}\pi=\dfrac{\sqrt{3}}{2},\ \sin\dfrac{4}{3}\pi=-\dfrac{\sqrt{3}}{2},$

$\sin 2\pi=\sin 0,\ \sin\dfrac{8}{3}\pi=\sin\dfrac{2}{3}\pi,\ \sin\dfrac{10}{3}\pi=\sin\dfrac{4}{3}\pi,\ \cdots$

$\therefore A_3=\left\{-\dfrac{\sqrt{3}}{2},\ 0,\ \dfrac{\sqrt{3}}{2}\right\}$

(2) -1이 집합 A_k의 원소가 되려면 $\sin\dfrac{2(m-1)}{k}\pi=-1$인 자연수

m이 존재해야 한다.

$\sin\dfrac{2(m-1)}{k}\pi=-1$이려면 $\dfrac{2(m-1)}{k}\pi$의 값이

$\dfrac{3}{2}\pi,\ \dfrac{7}{2}\pi,\ \dfrac{11}{2}\pi,\ \cdots$와 같아야 한다.

즉, m의 값이 $\dfrac{3}{4}k+1,\ \dfrac{7}{4}k+1,\ \dfrac{11}{4}k+1,\ \cdots$일 때,

$\sin\dfrac{2(m-1)}{k}\pi=-1$이다.

이때 m이 자연수이므로 k는 4의 배수이어야 한다.
따라서 두 자리 자연수 k는 12, 16, 20, $\cdots$, 96으로
그 개수는 22이다.

435
　답 5

함수 $y=k\sin\left(2x+\dfrac{\pi}{3}\right)+k^2-6$의 그래프에 대하여

(i) $k=0$일 때

　$y=-6$이므로 함수의 그래프는 제1사분면을 지나지 않는다.

(ii) $k>0$일 때

　함수 $y=k\sin\left(2x+\dfrac{\pi}{3}\right)+k^2-6$의 최댓값은 $k+(k^2-6)$이고,

　함수의 그래프가 제1사분면을 지나지 않으려면 최댓값이 0보다

　작거나 같아야 하므로

　$k+(k^2-6)\leq 0$

　$k^2+k-6\leq 0,\ (k+3)(k-2)\leq 0$

　$\therefore\ -3\leq k\leq 2$

　이때 $k>0$이므로 $0<k\leq 2$

(iii) $k<0$일 때

　함수 $y=k\sin\left(2x+\dfrac{\pi}{3}\right)+k^2-6$의 최댓값은 $-k+(k^2-6)$이고,

　함수의 그래프가 제1사분면을 지나지 않으려면 최댓값이 0보다

　작거나 같아야 하므로

　$-k+(k^2-6)\leq 0$

　$k^2-k-6\leq 0,\ (k+2)(k-3)\leq 0$

　$\therefore\ -2\leq k\leq 3$

　이때 $k<0$이므로 $-2\leq k<0$

(i)~(iii)에서 주어진 함수의 그래프가 제1사분면을 지나지 않도록 하
는 k의 값의 범위는

$-2\leq k\leq 2$

이므로 모든 정수 k는 $-2,\ -1,\ 0,\ 1,\ 2$로 5개이다.

> **참고**
>
> 함수 $y=k\sin\left(2x+\dfrac{\pi}{3}\right)+k^2-6$의 그래프는
>
> 함수 $y=k\sin\left(2x+\dfrac{\pi}{3}\right)$의 그래프를 y축의 방향으로 k^2-6만큼
>
> 평행이동한 것이다.
>
> 또한 함수 $y=k\sin\left(2x+\dfrac{\pi}{3}\right)$의 그래프는
>
> 함수 $y=\sin\left(2x+\dfrac{\pi}{3}\right)$의 그래프에서 y의 값들을 k배한
>
> 그래프이다.
>
> $y=\sin\left(2x+\dfrac{\pi}{3}\right)=\sin\left\{2\left(x+\dfrac{\pi}{6}\right)\right\}$이므로
>
> 이 함수의 그래프는 주기가 π인 함수 $y=\sin 2x$의 그래프를
>
> x축의 방향으로 $-\dfrac{\pi}{6}$만큼 평행이동한 그래프이다.

436
　답 15

$f(x)=\begin{cases}\sin x-1 & (0\leq x<\pi) \\ -\sqrt{2}\sin x-1 & (\pi\leq x\leq 2\pi)\end{cases}$ 에서

함수 $y=f(x)$의 그래프는 다음 그림과 같다.

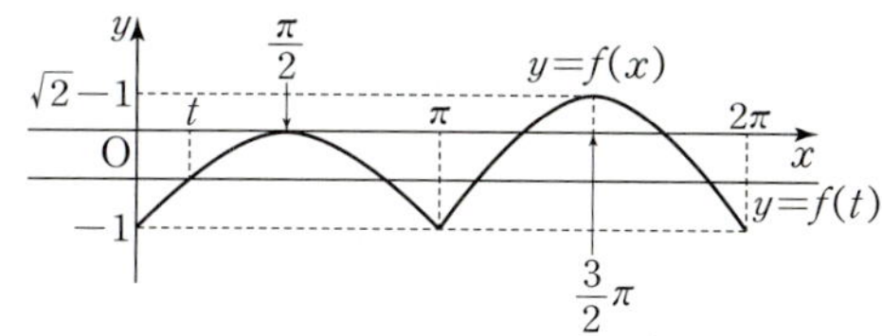

x에 대한 방정식 $f(x)=f(t)$의 서로 다른 실근의 개수는 곡선
$y=f(x)$와 직선 $y=f(t)$의 교점의 개수와 같다.

따라서 $0\leq x\leq 2\pi$에서 방정식 $f(x)=f(t)$의 서로 다른 실근의
개수가 3이 되려면
$f(t)=-1$ 또는 $f(t)=0$
이어야 한다.

(i) $f(t)=-1$인 경우

　$0\leq t<\pi$에서 $\sin t-1=-1$이므로

　$\sin t=0$에서 $t=0$

$\pi \leq t \leq 2\pi$에서 $-\sqrt{2}\sin t-1=-1$이므로

$\sin t=0$에서 $t=\pi$ 또는 $t=2\pi$

(ii) $f(t)=0$인 경우

$0 \leq t < \pi$에서 $\sin t-1=0$이므로

$\sin t=1$에서 $t=\dfrac{\pi}{2}$

$\pi \leq t \leq 2\pi$에서 $-\sqrt{2}\sin t-1=0$이므로

$\sin t=-\dfrac{1}{\sqrt{2}}$에서 $t=\dfrac{5}{4}\pi$ 또는 $t=\dfrac{7}{4}\pi$

(i), (ii)에서 모든 t의 값의 합은

$$0+\pi+2\pi+\dfrac{\pi}{2}+\dfrac{5}{4}\pi+\dfrac{7}{4}\pi=\dfrac{13}{2}\pi$$

따라서 $p=2$, $q=13$이므로

$p+q=15$

437   답 ②

x에 대한 방정식 $\left(\sin\dfrac{\pi x}{2}-t\right)\left(\cos\dfrac{\pi x}{2}-t\right)=0$에서

$\sin\dfrac{\pi x}{2}=t$ 또는 $\cos\dfrac{\pi x}{2}=t$

즉, 이 방정식의 실근은 두 곡선 $y=\sin\dfrac{\pi x}{2}$, $y=\cos\dfrac{\pi x}{2}$와

직선 $y=t$가 만나는 점의 x좌표이다.

ㄱ. 두 함수 $y=\sin\dfrac{\pi x}{2}$, $y=\cos\dfrac{\pi x}{2}$는 모두 주기가 4인 함수이고,

   곡선 $y=\sin\dfrac{\pi x}{2}$는 곡선 $y=\cos\dfrac{\pi x}{2}$를 x축의 방향으로 1만큼

   평행이동한 것이므로

   다음 그림과 같이 $-1 \leq t < 0$일 때 $\alpha(t)$와 $\beta(t)$는 직선 $x=\dfrac{5}{2}$에

   대하여 대칭이다.

   따라서 $-1 \leq t < 0$인 모든 실수 t에 대하여

   $\alpha(t)+\beta(t)=5$이다. (참)

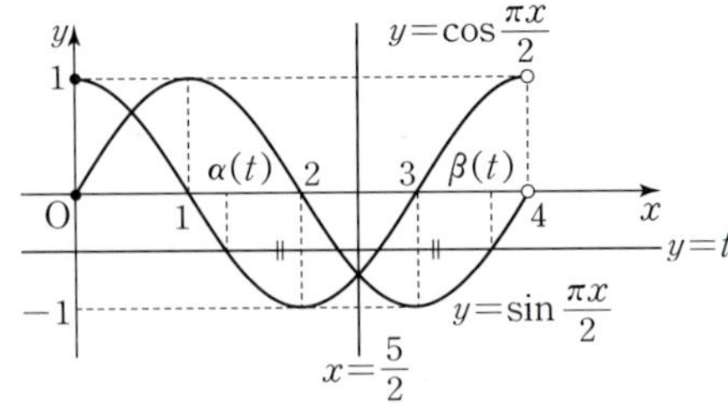

ㄴ. $0 \leq t \leq \dfrac{\sqrt{2}}{2}$일 때 $\alpha(t)$는 곡선 $y=\sin\dfrac{\pi x}{2}$와 직선 $y=t$가 만나는

   두 교점의 x좌표 중 작은 값과 같고,

   $\beta(t)$는 곡선 $y=\cos\dfrac{\pi x}{2}$와 직선 $y=t$가 만나는 두 교점의

   x좌표 중 큰 값과 같다.

   이때 $\beta(0)-\alpha(0)=3-0=3$이고,

   곡선 $y=\sin\dfrac{\pi x}{2}$를 x축의 방향으로 3만큼 평행이동시키면

   곡선 $y=\cos\dfrac{\pi x}{2}$와 일치한다.

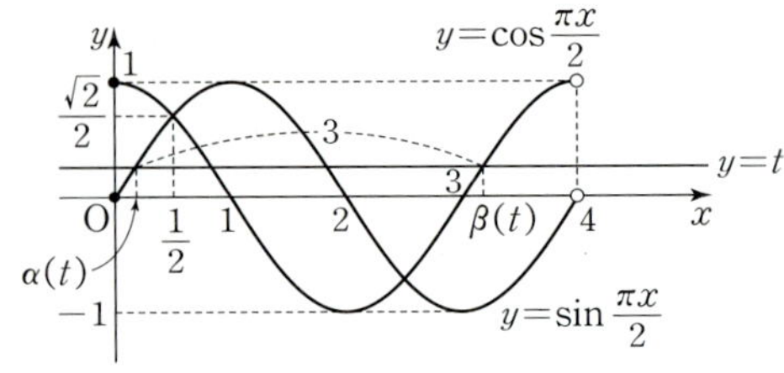

$$\therefore \{t\,|\,\beta(t)-\alpha(t)=\beta(0)-\alpha(0)\}=\left\{t\,\Big|\,0 \leq t \leq \dfrac{\sqrt{2}}{2}\right\}\ (참)$$

ㄷ. $\alpha(t_1)=\alpha(t_2)$이고 $t_2-t_1=\dfrac{1}{2}$을 만족시키는 t_1, t_2의 위치는

   다음 그림과 같다.

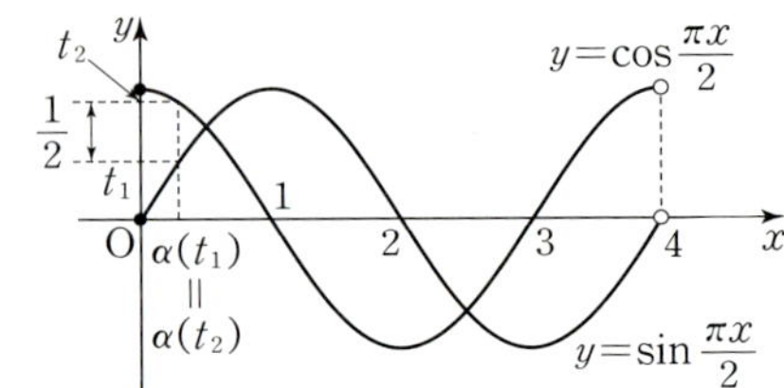

즉, $\alpha(t_1)=\alpha(t_2)=k\left(0<k<\dfrac{1}{2}\right)$라 하면

$t_2=\cos\dfrac{\pi k}{2}$, $t_1=\sin\dfrac{\pi k}{2}$이므로

$\cos\dfrac{\pi k}{2}-\sin\dfrac{\pi k}{2}=\dfrac{1}{2}$이다.

이때 양변을 제곱하면

$$\cos^2\dfrac{\pi k}{2}+\sin^2\dfrac{\pi k}{2}-2\cos\dfrac{\pi k}{2}\sin\dfrac{\pi k}{2}=\dfrac{1}{4}$$

$$1-2t_1t_2=\dfrac{1}{4}$$

$$\therefore t_1t_2=\dfrac{3}{8}\ (거짓)$$

따라서 옳은 것은 ㄱ, ㄴ이다.

438   답 110

$\pi < a < 2\pi$라 하면 함수 $y=\sin x-\dfrac{1}{2}$의 그래프에서

$\pi < x < a$일 때 $\sin x-\dfrac{1}{2}<-\dfrac{1}{2}$이므로

$\left|\sin x-\dfrac{1}{2}\right|>\dfrac{1}{2}$이다.

따라서 조건 ㈎를 만족시키지 않으므로

$0 < a \leq \pi$이다. $\cdots\cdots$ ㉠

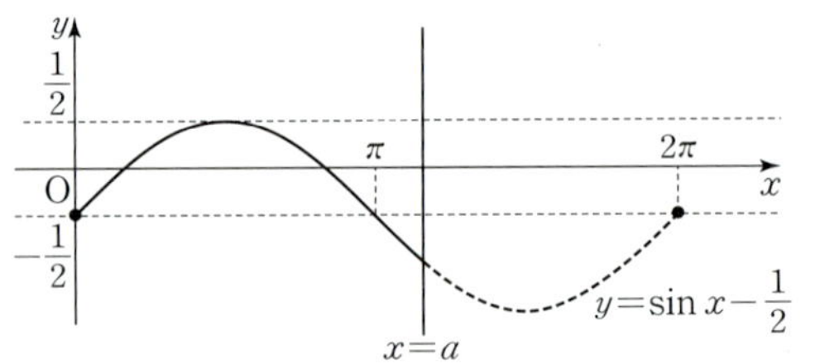

(i) $k>0$인 경우

   $a < x < 2\pi$에서 함수 $y=k\sin x-\dfrac{1}{2}$은 $x=\dfrac{3}{2}\pi$일 때

   최솟값 $k\sin\dfrac{3}{2}\pi-\dfrac{1}{2}=-k-\dfrac{1}{2}$을 갖는다.

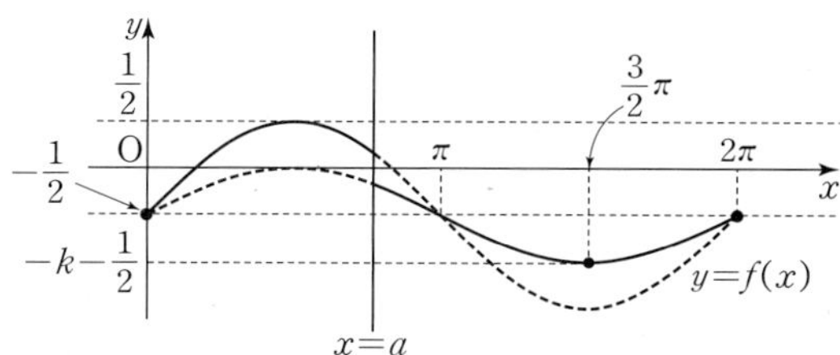

따라서 함수 $|f(x)|$의 최댓값은 $k+\dfrac{1}{2}$이고,

$k+\dfrac{1}{2}>\dfrac{1}{2}$이므로 조건 ㈎를 만족시키지 않는다.

(ii) $k=0$인 경우

함수 $f(x)=\begin{cases} \sin x-\dfrac{1}{2} & (0\le x<a) \\[2mm] -\dfrac{1}{2} & (a\le x\le 2\pi) \end{cases}$ 이고,

방정식 $f(x)=0$의 실근의 개수는 2 이하이므로
조건 ㈏를 만족시키지 않는다.

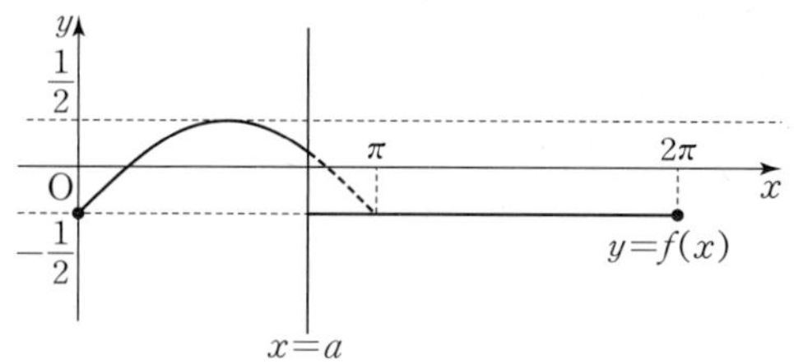

(iii) $k<0$인 경우

$0<a<\pi$이면 $\sin a>0$이므로

$f(a)=k\sin a-\dfrac{1}{2}<-\dfrac{1}{2}$이다.

따라서 $|f(a)|>\dfrac{1}{2}$이고 조건 ㈎를 만족시키지 않으므로

㉠에 의하여 $a=\pi$이다.

조건 ㈏에서 방정식 $f(x)=0$의 서로 다른 실근의 개수가 3이므로
$f\left(\dfrac{3}{2}\pi\right)=0$이다.

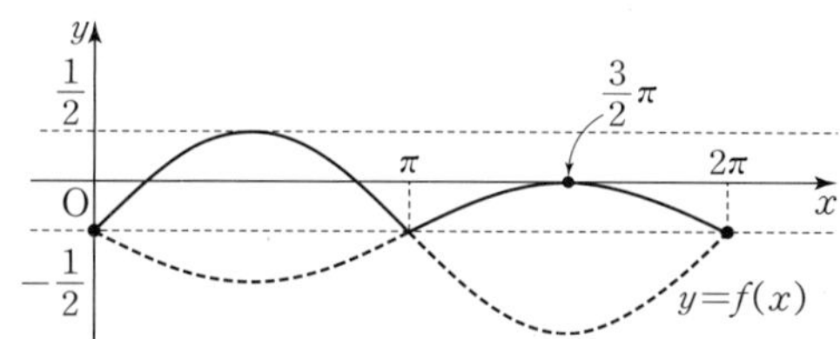

즉, $k\times(-1)-\dfrac{1}{2}=0$이므로 $k=-\dfrac{1}{2}$이다.

(i)~(iii)에 의하여 구하는 함수 $f(x)$는

$f(x)=\begin{cases} \sin x-\dfrac{1}{2} & (0\le x<\pi) \\[2mm] -\dfrac{1}{2}\sin x-\dfrac{1}{2} & (\pi\le x\le 2\pi) \end{cases}$

함수 $y=|f(x)|$의 그래프와 직선 $y=\dfrac{1}{4}$이 만나는 점의 x좌표를

작은 수부터 크기순으로 α_1, α_2, α_3, α_4, α_5, α_6이라 하자.

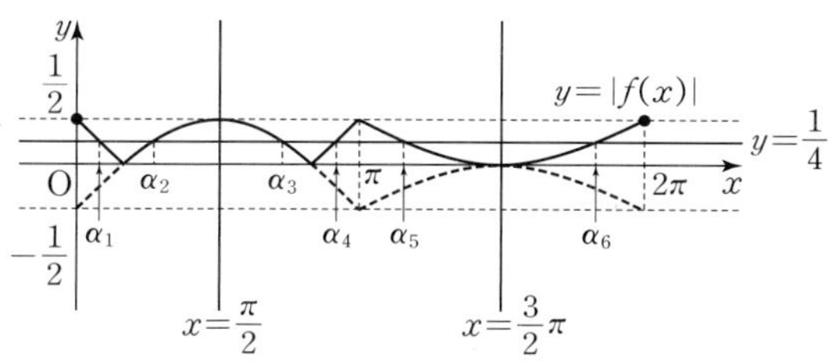

이때 위의 그림에서

$\dfrac{\alpha_1+\alpha_4}{2}=\dfrac{\pi}{2}$, $\dfrac{\alpha_2+\alpha_3}{2}=\dfrac{\pi}{2}$, $\dfrac{\alpha_5+\alpha_6}{2}=\dfrac{3}{2}\pi$이므로

$S=\alpha_1+\alpha_2+\alpha_3+\alpha_4+\alpha_5+\alpha_6$

$\quad=\pi+\pi+3\pi=5\pi$

$\therefore\ 20\left(\dfrac{a+S}{\pi}+k\right)=20\left(\dfrac{\pi+5\pi}{\pi}-\dfrac{1}{2}\right)$

$\qquad\qquad\qquad\qquad =20\times\dfrac{11}{2}=110$

439 ········· 답 ②

함수 $f(x)=\sin kx+2$의 그래프는 주기가 $\dfrac{2\pi}{k}$인 함수 $y=\sin kx$의

그래프를 y축의 방향으로 2만큼 평행이동한 것이고,

함수 $g(x)=3\cos 12x$는 주기가 $\dfrac{2\pi}{12}=\dfrac{\pi}{6}$이므로

다음 그림과 같이 곡선 $y=f(x)$, $y=g(x)$는 각각

직선 $x=\dfrac{(2m-1)\pi}{2k}$와 직선 $x=\dfrac{n\pi}{12}$에 대하여 대칭이다.

(단, m과 n은 정수)

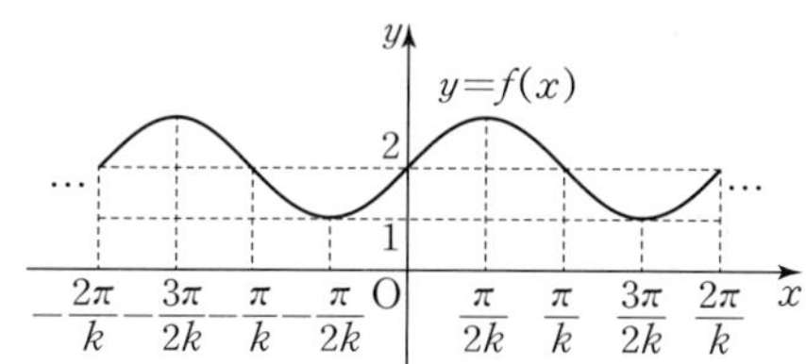

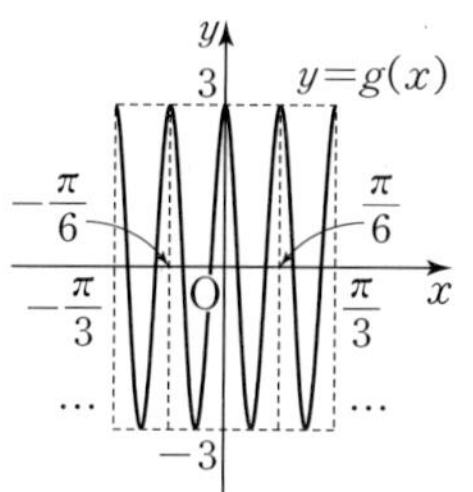

이때 두 곡선 $y=f(x)$, $y=g(x)$의 교점의 y좌표 a에 대하여
$\{x\,|\,f(x)=a\}\subset\{x\,|\,g(x)=a\}$를 만족시키려면
곡선 $y=f(x)$와 직선 $y=a$의 모든 교점은 곡선 $y=g(x)$ 위의
점이어야 한다.

즉, 함수 $y=f(x)$의 그래프의 모든 대칭축이 함수 $y=g(x)$의
그래프의 대칭축이어야 하므로

$\left\{\dfrac{(2m-1)\pi}{2k}\,\middle|\,m\text{은 정수}\right\}\subset\left\{\dfrac{n\pi}{12}\,\middle|\,n\text{은 정수}\right\}$이다.

따라서 주어진 조건을 만족시키는 자연수 k는
6의 약수 1, 2, 3, 6으로 4개이다.

440

답 ④

삼각형 ABC의 외접원의 반지름의 길이를 R이라 하면

사인법칙에 의하여 $\dfrac{12}{\sin 60°}=2R$

$\therefore R=4\sqrt{3}$

441

답 $c=2\sqrt{6}$, $R=2\sqrt{2}$

$A+B+C=180°$이므로
$A=75°$, $B=45°$에서 $C=60°$이다.

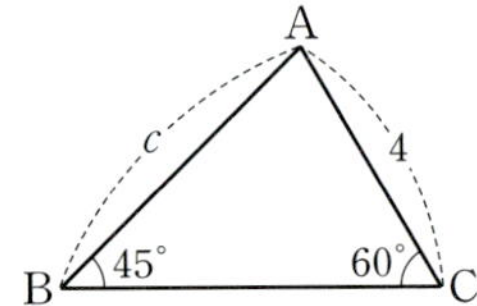

삼각형 ABC에서 사인법칙에 의하여

$\dfrac{4}{\sin 45°}=\dfrac{c}{\sin 60°}=2R$

$\therefore c=2\sqrt{6}$, $R=2\sqrt{2}$

다른 풀이

c의 값은 다음과 같이 삼각비를 이용하여 구할 수 있다.

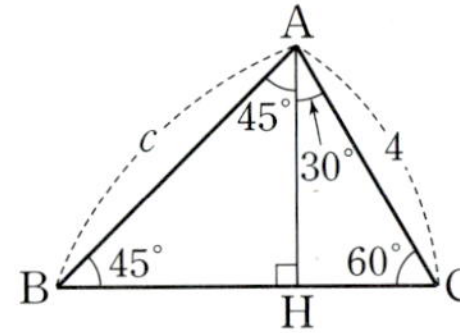

점 A에서 선분 BC에 내린 수선의 발을 H라 하면
직각삼각형 AHC에서 $\overline{\mathrm{AH}}=4\cos 30°=2\sqrt{3}$

직각삼각형 AHB에서 $c=\dfrac{\overline{\mathrm{AH}}}{\cos 45°}=2\sqrt{6}$

442

답 $B=60°$, $C=90°$ 또는 $B=120°$, $C=30°$

삼각형 ABC에서 사인법칙에 의하여
$\dfrac{2}{\sin 30°}=\dfrac{2\sqrt{3}}{\sin B}$이므로 $\sin B=\dfrac{\sqrt{3}}{2}$

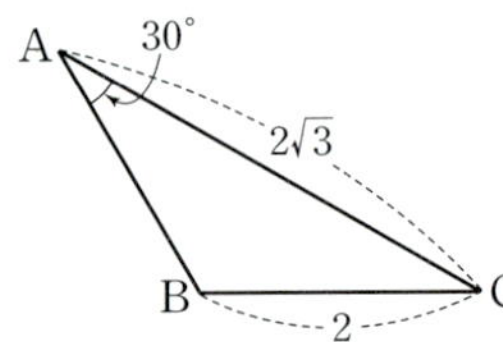

이때 $0°<B<180°$이므로
$B=60°$ 또는 $B=120°$이다.
$A+B+C=180°$이므로
$B=60°$일 때, $C=90°$이고
$B=120°$일 때, $C=30°$이다.

443

답 20

삼각형 ABC의 외접원의 반지름의 길이가 2이므로
사인법칙에 의하여

$\dfrac{a}{\sin 60°}=2\times 2$, $a=2\sqrt{3}$

$\dfrac{b}{\sin 45°}=2\times 2$, $b=2\sqrt{2}$

$\therefore a^2+b^2=20$

444

답 ③

삼각형 ABC의 세 내각의 크기의 합은 π이므로
$\sin(B+C)=\sin(\pi-A)=\sin A$이다.
따라서 조건 ㈎에 의하여 $9\sin^2 A=4$이므로

$\sin A=\dfrac{2}{3}$ ($\because$ $0<A<\pi$에서 $\sin A>0$)

삼각형 ABC에서 사인법칙에 의하여

$\dfrac{\overline{\mathrm{BC}}}{\sin A}=12$ ($\because$ 조건 ㈏)

$\therefore \overline{\mathrm{BC}}=12\sin A=12\times\dfrac{2}{3}=8$

445

답 2

삼각형 ABC의 외접원의 반지름의 길이를 R이라 하면
$R=3$, $a+b+c=12$이고, 사인법칙에 의하여

$\dfrac{a}{\sin A}=\dfrac{b}{\sin B}=\dfrac{c}{\sin C}=2R$이므로

$\sin A+\sin B+\sin C=\dfrac{a}{2R}+\dfrac{b}{2R}+\dfrac{c}{2R}$

$=\dfrac{a+b+c}{2\times 3}=\dfrac{12}{6}=2$

446

답 ⑤

삼각형 ABC의 외접원의 반지름의 길이를 R이라 하면
사인법칙에 의하여

$\sin A=\dfrac{a}{2R}$, $\sin C=\dfrac{c}{2R}$이므로

$a\sin A=c\sin C$에 대입하면

$a\times\dfrac{a}{2R}=c\times\dfrac{c}{2R}$

$a^2=c^2$에서 $a=c$ ($\because$ $a>0$, $c>0$)
따라서 삼각형 ABC는 $a=c$인 이등변삼각형이다.

447

답 ⑤

삼각형 ABC에서 코사인법칙에 의하여
$b^2=c^2+a^2-2ca\cos B$
$=2^2+3^2-2\times 2\times 3\times\cos 60°=7$

$\therefore b=\sqrt{7}$ ($\because$ $b>0$)

448

삼각형 ABC에서 코사인법칙에 의하여

$$\cos A = \frac{b^2+c^2-a^2}{2bc}$$
$$= \frac{3^2+8^2-7^2}{2\times 3\times 8} = \frac{1}{2}$$

$\therefore A = 60°$ $(\because 0° < A < 180°)$

449

$\overline{BC} = x$라 하면

삼각형 ABC에서 코사인법칙에 의하여

$$(\sqrt{21})^2 = x^2 + 4^2 - 2\times x\times 4\times \cos 60°$$
$$x^2 - 4x - 5 = 0, \ (x+1)(x-5) = 0$$

$x > 0$이므로 $x = 5$

$\therefore \overline{BC} = 5$

450

$\overline{AB} = 3$, $\overline{AD} = 4$, $\overline{BF} = 6$이므로

$$\overline{BD} = \sqrt{3^2+4^2} = 5$$
$$\overline{BG} = \sqrt{4^2+6^2} = 2\sqrt{13}$$
$$\overline{GD} = \sqrt{3^2+6^2} = 3\sqrt{5}$$

따라서 삼각형 BDG에서 코사인법칙에 의하여

$$\cos\theta = \frac{\overline{BD}^2 + \overline{GD}^2 - \overline{BG}^2}{2\times \overline{BD}\times \overline{GD}}$$
$$= \frac{5^2 + (3\sqrt{5})^2 - (2\sqrt{13})^2}{2\times 5\times 3\sqrt{5}}$$
$$= \frac{3\sqrt{5}}{25}$$

451

삼각형 ABC에서 사인법칙에 의하여

$\sin A : \sin B : \sin C = a : b : c$이므로

$a = 7k$, $b = 6k$, $c = 5k$ $(k > 0)$로 놓을 수 있다.

삼각형 ABC에서 코사인법칙에 의하여

$$\cos A = \frac{b^2+c^2-a^2}{2bc}$$
$$= \frac{36k^2 + 25k^2 - 49k^2}{2\times 6k\times 5k} = \frac{1}{5}$$

452

$A + B + C = 180°$이므로 $B = 30°$이다.

이때 삼각형 ABC에서 사인법칙에 의하여

$$\frac{c}{\sin 45°} = \frac{6}{\sin 30°} \qquad \therefore c = 6\sqrt{2}$$

····· **TIP**

코사인법칙에 의하여

$$(6\sqrt{2})^2 = a^2 + 6^2 - 2\times a\times 6\times \cos 45°$$
$$a^2 - 6\sqrt{2}a - 36 = 0$$
$$\therefore a = 3\sqrt{2} + 3\sqrt{6} \ (\because a > 0)$$

TIP

$A = 105°$, $C = 45°$이므로 $B = 30°$이고, $b = 6$이므로 사인법칙에 의하여

$$\frac{6}{\sin 30°} = \frac{a}{\sin 105°}$$

이때 $a = 12\sin 105°$이지만 $\sin 105°$의 값을 구하지 못하므로 본 풀이와 같이 c의 값을 구한 후 a의 값을 구한다.

다른 풀이

a의 값은 다음과 같이 삼각비를 이용하여 구할 수도 있다.

점 A에서 선분 BC에 내린 수선의 발을 H라 하면

직각삼각형 AHC에서

$\overline{AH} = 6\cos 45° = 3\sqrt{2}$,

$\overline{CH} = 6\sin 45° = 3\sqrt{2}$

따라서 직각삼각형 AHB에서

$\overline{BH} = \overline{AH}\tan 60° = 3\sqrt{6}$

$\therefore a = \overline{BH} + \overline{CH} = 3\sqrt{2} + 3\sqrt{6}$

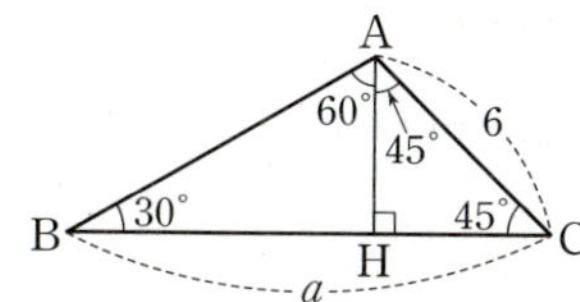

453

$\overline{BC} = a$라 하면 삼각형 ABC에서 코사인법칙에 의하여

$$a^2 = 5^2 + 7^2 - 2\times 5\times 7\times \frac{4}{5} = 18$$이므로

$a = 3\sqrt{2}$ $(\because a > 0)$ ······ ㉠

$0° < A < 180°$이므로 $\cos A = \frac{4}{5}$에서

$$\sin A = \sqrt{1 - \cos^2 A} = \frac{3}{5}$$ ······ ㉡

이때 삼각형 ABC에서 사인법칙에 의하여

$\dfrac{a}{\sin A} = 2R$이므로 ㉠, ㉡을 대입하면

$$\frac{3\sqrt{2}}{\frac{3}{5}} = 2R$$

$$\therefore R = \frac{5\sqrt{2}}{2}$$

454

삼각형 ABC에서 코사인법칙에 의하여

$$\cos A = \frac{7^2 + 4^2 - 9^2}{2\times 7\times 4} = -\frac{2}{7}$$

$0° < A < 180°$이므로

$$\sin A = \sqrt{1 - \cos^2 A} = \frac{3\sqrt{5}}{7}$$

삼각형 ABC의 외접원의 반지름의 길이를 R이라 하면

사인법칙에 의하여

$$\dfrac{\overline{BC}}{\sin A}=2R,\ \dfrac{9}{\dfrac{3\sqrt{5}}{7}}=2R$$

$$\therefore R=\dfrac{21\sqrt{5}}{10}$$

455   달 ④

삼각형 ABC에서 코사인법칙에 의하여
$$\overline{AC}^2=(2\sqrt{3})^2+5^2-2\times2\sqrt{3}\times5\times\cos30^\circ=7$$
$$\therefore \overline{AC}=\sqrt{7}\ (\because \overline{AC}>0)$$
이 연못의 반지름의 길이를 $R(\mathrm{m})$라 하면
사인법칙에 의하여
$$\dfrac{\overline{AC}}{\sin30^\circ}=2R,\ R=\dfrac{\sqrt{7}}{2\times\dfrac{1}{2}}=\sqrt{7}$$

따라서 구하는 연못의 넓이는 $\pi R^2=7\pi\,(\mathrm{m}^2)$

456   달 ②

삼각형 ABC의 외접원의 반지름의 길이를 R이라 하면
사인법칙에 의하여 $\sin A=\dfrac{a}{2R},\ \sin C=\dfrac{c}{2R}$
코사인법칙에 의하여 $\cos B=\dfrac{c^2+a^2-b^2}{2ca}$이므로
$\sin A=2\cos B\sin C$에 대입하면
$$\dfrac{a}{2R}=2\times\dfrac{c^2+a^2-b^2}{2ca}\times\dfrac{c}{2R}$$
$$b^2-c^2=0,\ (b+c)(b-c)=0$$
$b>0,\ c>0$이므로 $b=c$
따라서 삼각형 ABC는 $b=c$인 이등변삼각형이다.

457   달 ①

삼각형 ABC에서 코사인법칙에 의하여
$$\cos A=\dfrac{b^2+c^2-a^2}{2bc},\ \cos C=\dfrac{a^2+b^2-c^2}{2ab}$$이므로
$a\cos C-c\cos A=b$에 대입하면
$$a\times\dfrac{a^2+b^2-c^2}{2ab}-c\times\dfrac{b^2+c^2-a^2}{2bc}=b$$
$$a^2+b^2-c^2-(b^2+c^2-a^2)=2b^2$$
$$2a^2-2c^2=2b^2,\ a^2=b^2+c^2$$
따라서 삼각형 ABC는 $A=90^\circ$인 직각삼각형이다.

458   달 ③

구하는 삼각형 ABC의 넓이는
$$\dfrac{1}{2}\times10\times8\times\sin60^\circ=20\sqrt{3}$$

459   달 ②

삼각형 ABC의 세 내각의 크기의 합은 π이므로
$$\cos(A+C)=\cos(\pi-B)=-\cos B=\dfrac{2}{5}$$
$$\cos B=-\dfrac{2}{5}$$
$$\therefore \sin B=\sqrt{1-\cos^2 B}=\sqrt{1-\left(-\dfrac{2}{5}\right)^2}=\dfrac{\sqrt{21}}{5}$$
따라서 삼각형 ABC의 넓이는
$$\dfrac{1}{2}\times\overline{AB}\times\overline{BC}\times\sin B=\dfrac{1}{2}\times4\times5\times\dfrac{\sqrt{21}}{5}=2\sqrt{21}$$

460   달 ④

삼각형 ABC의 넓이가 $9\sqrt{2}$이므로
$$\dfrac{1}{2}\times3\sqrt{2}\times12\times\sin A=9\sqrt{2}$$
$$\sin A=\dfrac{1}{2}$$ **TIP**
$$\therefore A=\dfrac{5}{6}\pi\ \left(\because \dfrac{\pi}{2}<A<\pi\right)$$

TIP

넓이가 $9\sqrt{2}\ \mathrm{cm}^2$이고 $\overline{AB}=3\sqrt{2}\ \mathrm{cm}$, $\overline{AC}=12\ \mathrm{cm}$인
삼각형 ABC는 다음과 같이 두 가지가 있다.

① $0<A<\dfrac{\pi}{2}$인 경우

$\sin A=\dfrac{1}{2}$에서 $A=\dfrac{\pi}{6}$

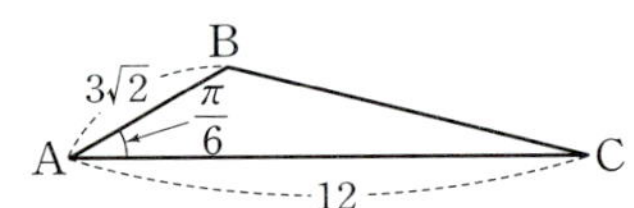

② $\dfrac{\pi}{2}<A<\pi$인 경우

$\sin A=\dfrac{1}{2}$에서 $A=\dfrac{5}{6}\pi$

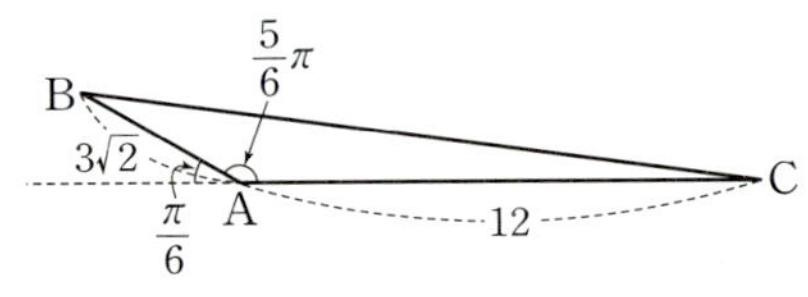

461   달 ②

부채꼴 AOB의 반지름의 길이는 12이고, 중심각의 크기는
$30^\circ=\dfrac{\pi}{6}$이므로 부채꼴 AOB의 넓이는
$$\dfrac{1}{2}\times12^2\times\dfrac{\pi}{6}=12\pi$$
삼각형 BOC의 넓이는
$$\dfrac{1}{2}\times\overline{OB}\times\overline{OC}\times\sin\dfrac{\pi}{6}=\dfrac{1}{2}\times12\times4\times\dfrac{1}{2}=12$$
$$\therefore (\text{색칠한 부분의 넓이})$$
$$=(\text{부채꼴 AOB의 넓이})-(\text{삼각형 BOC의 넓이})$$
$$=12\pi-12$$

462

답 풀이 참조

(1) 삼각형 ABC에서 코사인법칙에 의하여
$$\cos A=\frac{5^2+4^2-6^2}{2\times5\times4}=\frac{1}{8}$$

(2) $0°<A<180°$이고, $\cos A=\frac{1}{8}$이므로
$$\sin A=\sqrt{1-\cos^2 A}=\sqrt{1-\left(\frac{1}{8}\right)^2}=\frac{3\sqrt{7}}{8}$$

(3) $\overline{AB}=5$, $\overline{CA}=4$, $\sin A=\frac{3\sqrt{7}}{8}$이므로 삼각형 ABC의 넓이는
$$\frac{1}{2}\times\overline{AB}\times\overline{CA}\times\sin A=\frac{1}{2}\times5\times4\times\frac{3\sqrt{7}}{8}=\frac{15\sqrt{7}}{4}$$

채점 요소	배점
$\cos A$의 값 구하기	40%
$\sin A$의 값 구하기	30%
삼각형 ABC의 넓이 구하기	30%

참고

세 변의 길이가 a, b, c인 삼각형의 넓이 S는 다음과 같다.
$$S=\sqrt{s(s-a)(s-b)(s-c)}\ \left(\text{단, } s=\frac{a+b+c}{2}\right)$$

이 공식을 이용하여 문제에서 삼각형 ABC의 넓이를
다음과 같이 구할 수 있다.
삼각형 ABC의 세 변의 길이는 4, 5, 6이므로
$$s=\frac{4+5+6}{2}=\frac{15}{2}\text{이다.}$$
$$\therefore S=\sqrt{\frac{15}{2}\left(\frac{15}{2}-4\right)\left(\frac{15}{2}-5\right)\left(\frac{15}{2}-6\right)}=\frac{15\sqrt{7}}{4}$$
하지만 학교 시험에서 본풀이와 같이 코사인법칙을 이용하여
삼각형의 넓이를 구하는 서술형 문항이 종종 출제되므로
위의 공식(헤론의 공식)을 이용하는 것보다 코사인법칙을
이용하여 풀이하는 연습을 하자.

463

답 $30\sqrt{3}$

$B=180°-A=180°-120°=60°$이다.

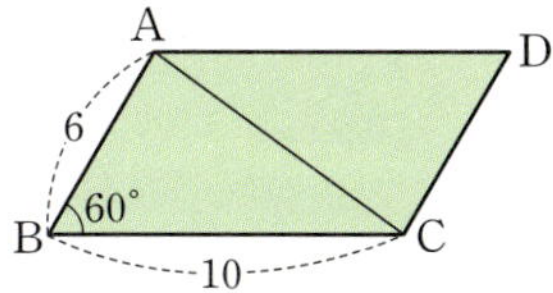

두 삼각형 ABC와 CDA는 서로 합동이므로
(평행사변형 ABCD의 넓이)$=2\times$(삼각형 ABC의 넓이)
$$=2\times\left(\frac{1}{2}\times\overline{AB}\times\overline{BC}\times\sin60°\right)$$
$$=2\times\left(\frac{1}{2}\times6\times10\times\frac{\sqrt{3}}{2}\right)$$
$$=30\sqrt{3}$$

다른 풀이

$\overline{AD}=\overline{BC}=10$이다.

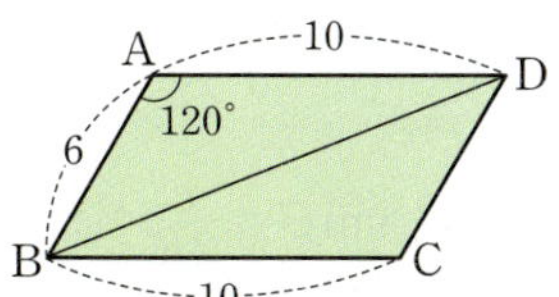

두 삼각형 ABD와 CDB가 서로 합동이므로
(평행사변형 ABCD의 넓이)$=2\times$(삼각형 ABD의 넓이)
$$=2\times\left(\frac{1}{2}\times\overline{AB}\times\overline{AD}\times\sin120°\right)$$
$$=2\times\left(\frac{1}{2}\times6\times10\times\frac{\sqrt{3}}{2}\right)=30\sqrt{3}$$

464

답 ②

$0°<\theta<180°$이므로
$$\sin\theta=\sqrt{1-\cos^2\theta}=\sqrt{1-\left(\frac{4}{5}\right)^2}=\frac{3}{5}$$
사각형 ABCD의 넓이는
$$\frac{1}{2}\times\overline{AC}\times\overline{BD}\times\sin\theta=\frac{1}{2}\times5\times6\times\frac{3}{5}=9$$

465

답 ②

두 원 C_1, C_2의 반지름의 길이를 각각 R_1, R_2라 하자.
원 C_1에 내접하는 삼각형에서 사인법칙에 의하여
$$\frac{6}{\sin60°}=2R_1,\ R_1=2\sqrt{3}$$
원 C_2에 내접하는 삼각형에서 사인법칙에 의하여
$$\frac{6}{\sin45°}=2R_2,\ R_2=3\sqrt{2}$$
따라서 두 원의 넓이의 합은
$$\pi(R_1)^2+\pi(R_2)^2=(2\sqrt{3})^2\pi+(3\sqrt{2})^2\pi=30\pi$$

466

답 ④

$\overline{AD}=\overline{BD}=\overline{CD}$이므로 세 점 A, B, C는 점 D를 중심으로 하는
한 원 위의 점이다.
따라서 삼각형 ABC의 외접원의 반지름이 $\overline{BD}$이고,
$\angle ABC=180°-(20°+40°)=120°$이므로
삼각형 ABC에서 사인법칙에 의하여
$$\frac{\overline{AC}}{\sin(\angle ABC)}=2\overline{BD}$$
$$\therefore\ \overline{BD}=\frac{8}{2\sin120°}=\frac{8}{2\times\frac{\sqrt{3}}{2}}=\frac{8\sqrt{3}}{3}$$

467

답 ②

$A+B+C=\pi$이므로
$\sin^2(A+B)=\sin^2(B+C)+\sin^2(A+C)$에서
$\sin^2(\pi-C)=\sin^2(\pi-A)+\sin^2(\pi-B)$
$$\sin^2 C=\sin^2 A+\sin^2 B \qquad\cdots\cdots\ \ominus$$

이때 삼각형 ABC의 외접원의 반지름의 길이를 R이라 하면
사인법칙에 의하여

$\sin A=\dfrac{a}{2R}$, $\sin B=\dfrac{b}{2R}$, $\sin C=\dfrac{c}{2R}$ 이므로

㉠에 대입하면

$\left(\dfrac{c}{2R}\right)^2=\left(\dfrac{a}{2R}\right)^2+\left(\dfrac{b}{2R}\right)^2$

$\therefore c^2=a^2+b^2$

따라서 삼각형 ABC는 $C=\dfrac{\pi}{2}$인 직각삼각형이다.

468   답 ④

조건 ㈎에서

$(1-\sin^2 A)-(1-\sin^2 B)+(1-\sin^2 C)=1$

$\sin^2 B=\sin^2 A+\sin^2 C$ …… ㉠

삼각형 ABC의 외접원의 반지름의 길이를 R이라 하면
사인법칙에 의하여

$\sin A=\dfrac{a}{2R}$, $\sin B=\dfrac{b}{2R}$, $\sin C=\dfrac{c}{2R}$ 이므로

㉠에 대입하면

$\left(\dfrac{b}{2R}\right)^2=\left(\dfrac{a}{2R}\right)^2+\left(\dfrac{c}{2R}\right)^2$

$\therefore b^2=a^2+c^2$ …… ㉡

따라서 삼각형 ABC는 $B=\dfrac{\pi}{2}$인 직각삼각형이다.

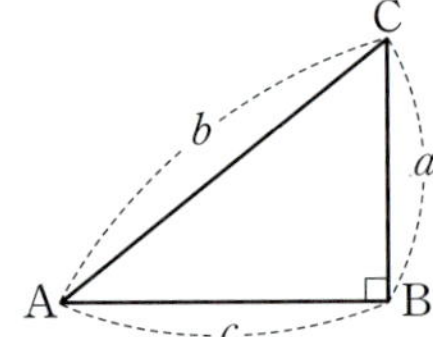

조건 ㈏에서

$\tan(\pi-A)=-\tan A=-\dfrac{a}{c}$

$\tan\left(\dfrac{\pi}{4}-B\right)=\tan\left(\dfrac{\pi}{4}-\dfrac{\pi}{2}\right)=-\tan\dfrac{\pi}{4}=-1$

$\tan(\pi+C)=\tan C=\dfrac{c}{a}$

이므로

$-\dfrac{3a}{c}+1+\dfrac{c}{a}=3$

양변에 ac를 곱하여 정리하면

$3a^2+2ac-c^2=0$

$(a+c)(3a-c)=0$

$\therefore c=3a\ (\because a>0,\ c>0)$ …… ㉢

이때 삼각형 ABC의 넓이가

$\dfrac{1}{2}ac=\dfrac{3}{2}a^2=30$이므로 $a^2=20$

$\therefore a=2\sqrt{5},\ c=6\sqrt{5},\ b=10\sqrt{2}\ (\because ㉡,\ ㉢)$

직각삼각형 ABC에서 선분 AC가 외접원의 지름이므로

외접원의 반지름의 길이는 $\dfrac{b}{2}=5\sqrt{2}$이고,

넓이는 $(5\sqrt{2})^2\pi=50\pi$이다.

469   답 ③

삼각형 ABC에서 사인법칙에 의하여

$\dfrac{6}{\sin 30°}=\dfrac{\overline{AC}}{\sin B}$, $\overline{AC}=12\sin B$

이때 $0°<B<150°$이므로 $0<\sin B\le 1$

따라서 $0<\overline{AC}\le 12$이므로

$\sin B=1$, 즉 $B=90°$일 때 선분 AC의 길이의 최댓값은 12이다.

> **참고**
>
> 삼각형 ABC의 외접원의 반지름의 길이를 R이라 하면
>
> 사인법칙에 의하여 $\dfrac{6}{\sin 30°}=2R$, $R=6$
>
> 따라서 선분 AC가 삼각형 ABC의 외접원의 지름일 때
> 최댓값 12를 갖는다.
>
> 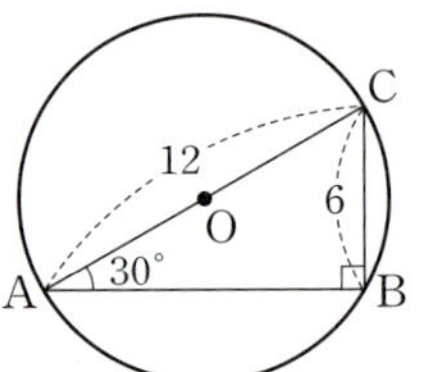

470   답 ⑤

$\angle AQP=\angle ARP=90°$이므로
네 점 A, Q, P, R은 한 원 위의 점이다.

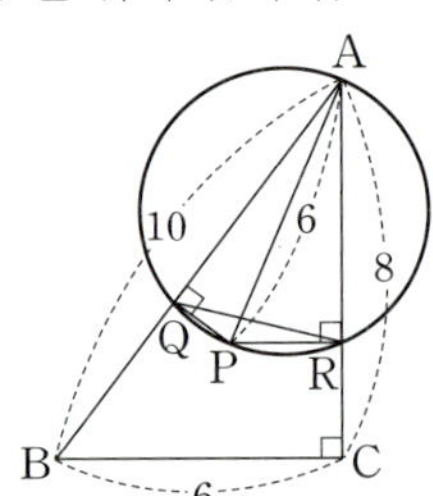

선분 AP는 삼각형 AQR의 외접원의 지름이므로
삼각형 AQR에서 사인법칙에 의하여

$\dfrac{\overline{QR}}{\sin A}=\overline{AP}=6$, $\overline{QR}=6\sin A$ …… ㉠

이때 삼각형 ABC는 $C=90°$인 직각삼각형이므로

$\sin A=\dfrac{6}{10}=\dfrac{3}{5}$

이를 ㉠에 대입하면

$\overline{QR}=6\times\dfrac{3}{5}=\dfrac{18}{5}$

471   답 ②

삼각형 PAB에서 $\angle PAB=75°$, $\angle PBA=45°$이므로
$\angle APB=60°$이다.

이때 $\overline{AB}=30$이므로

삼각형 PAB에서 사인법칙에 의하여

$\dfrac{\overline{AP}}{\sin 45°}=\dfrac{30}{\sin 60°}$, $\overline{AP}=10\sqrt{6}$

직각삼각형 APQ에서 $\angle\mathrm{PAQ}=30°$이므로
$$\overline{\mathrm{PQ}}=10\sqrt{6}\times\tan30°=10\sqrt{2}\ (\mathrm{m})$$

472

답 ⑤

$\angle\mathrm{ACB}=52°-22°=30°$이므로
삼각형 ABC에서 사인법칙에 의하여
$$\frac{\overline{\mathrm{BC}}}{\sin22°}=\frac{200}{\sin30°},\ \overline{\mathrm{BC}}=400\sin22°$$

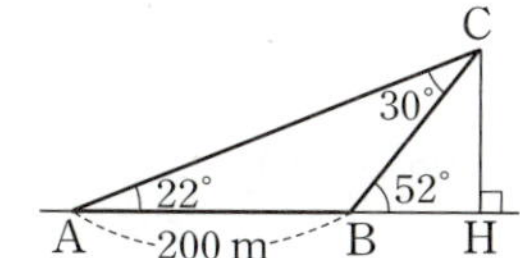

점 C에서 직선 AB에 내린 수선의 발을 H라 하면
구하는 강폭의 길이는
$$\overline{\mathrm{CH}}=\overline{\mathrm{BC}}\times\sin52°=400\sin22°\sin52°$$
$$=400\times0.37\times0.78=115.44\ (\mathrm{m})$$

473

답 (1) $3\sqrt{2}$ km   (2) $3\sqrt{6}$ km

삼각형 BCD에서 $\angle\mathrm{BCD}=105°$, $\angle\mathrm{DBC}=30°$이므로
$\angle\mathrm{BDC}=45°$이다.
이때 $\angle\mathrm{BAC}=45°$이므로 네 점 A, B, C, D는 한 원 위에 있다.

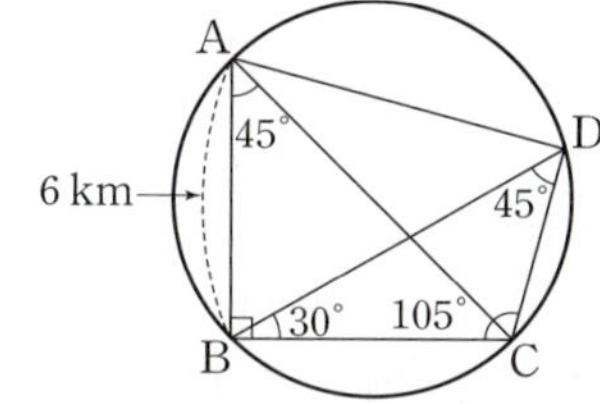

$\angle\mathrm{ABC}=90°$이므로 선분 AC는 이 원의 지름이고
$\angle\mathrm{BCA}=\angle\mathrm{BAC}=45°$, $\overline{\mathrm{AB}}=6$이므로 $\overline{\mathrm{AC}}=6\sqrt{2}$이다.
즉, 원의 반지름의 길이를 R이라 하면 $R=3\sqrt{2}$이다.
(1) 삼각형 BCD에서 $\angle\mathrm{DBC}=30°$이므로 사인법칙에 의하여
$$\frac{\overline{\mathrm{CD}}}{\sin30°}=2\times3\sqrt{2}$$
$$\therefore\ \overline{\mathrm{CD}}=3\sqrt{2}\ (\mathrm{km})$$
(2) $\angle\mathrm{DAC}=\angle\mathrm{DBC}=30°$이고,
삼각형 ADC는 $\angle\mathrm{ADC}=90°$인 직각삼각형이므로
$$\overline{\mathrm{AD}}=\overline{\mathrm{AC}}\cos30°=6\sqrt{2}\times\frac{\sqrt{3}}{2}=3\sqrt{6}\ (\mathrm{km})$$

474

답 ③

$\dfrac{\sin A}{3}=\dfrac{\sin B}{7}=\dfrac{\sin C}{5}$에서
$\sin A:\sin B:\sin C=3:7:5$이다.
이때 사인법칙에 의하여
$\sin A:\sin B:\sin C=a:b:c$이므로
$a=3k,\ b=7k,\ c=5k\ (k>0)$로 놓을 수 있다.
가장 큰 각은 B이므로   ····· TIP
코사인법칙에 의하여

$$\cos B=\frac{a^2+c^2-b^2}{2ac}=\frac{9k^2+25k^2-49k^2}{2\times3k\times5k}=-\frac{1}{2}$$
$$\therefore\ B=\frac{2}{3}\pi\ (\because\ 0<B<\pi)$$

> **TIP**
> 삼각형의 세 내각에 대하여 마주보는 변의
> 길이가 클수록 각의 크기가 크다.

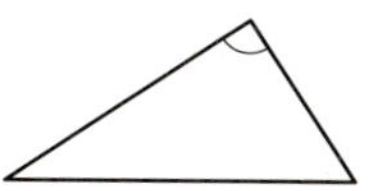

475

답 ⑤

세 꼭짓점 A, B, C에서 각각 마주보는 변 또는 그 연장선에 내린 수
선의 길이를 $2k$, $3k$, $4k\ (k>0)$라 하면 삼각형 ABC의 넓이는
$$\frac{1}{2}\times a\times2k=\frac{1}{2}\times b\times3k=\frac{1}{2}\times c\times4k$$에서
$2a=3b=4c,\ \dfrac{a}{6}=\dfrac{b}{4}=\dfrac{c}{3}$이므로 $a:b:c=6:4:3$이다.
따라서 $a=6m,\ b=4m,\ c=3m\ (m>0)$이라 하면
삼각형 ABC에서 코사인법칙에 의하여
$$\cos\theta=\cos(\angle\mathrm{BAC})$$
$$=\frac{b^2+c^2-a^2}{2bc}$$
$$=\frac{(4m)^2+(3m)^2-(6m)^2}{2\times4m\times3m}=-\frac{11}{24}$$

476

답 ④

$A+B+C=\pi$이므로 조건 ㈎에서
$$\sin A+\sin B=2\sin(\pi-A)$$
$$\sin A+\sin B=2\sin A,\ \sin A=\sin B$$
이때 삼각형 ABC의 외접원의 반지름의 길이를 R이라 하면
사인법칙에 의하여 $\sin A=\dfrac{a}{2R}$, $\sin B=\dfrac{b}{2R}$이므로
$$\frac{a}{2R}=\frac{b}{2R}\qquad\therefore\ a=b\qquad\cdots\cdots\ \text{㉠}$$
또한 삼각형 ABC에서 코사인법칙에 의하여
$\cos B=\dfrac{a^2+c^2-b^2}{2ac}$이므로 조건 ㈏에서
$$\frac{\frac{a}{2R}}{\frac{c}{2R}}=\frac{a^2+c^2-b^2}{2ac}\qquad\therefore\ a^2+b^2=c^2\qquad\cdots\cdots\ \text{㉡}$$
㉠, ㉡에 의하여 삼각형 ABC는 $C=90°$인 직각이등변삼각형이다.

477

답 ⑤

삼각형 ABC에서 코사인법칙에 의하여
$c^2=a^2+b^2-2ab\cos C$이므로
이를 $3c^2=3a^2+2ab+3b^2$에 대입하면
$$3(a^2+b^2-2ab\cos C)=3a^2+2ab+3b^2$$
$$3a^2+3b^2-6ab\cos C=3a^2+2ab+3b^2$$
$$\therefore\ \cos C=-\frac{1}{3}$$

이때 $\dfrac{\pi}{2}<C<\pi$이므로
$\tan C=-2\sqrt{2}$
$\therefore \tan(A+B)=\tan(\pi-C)=-\tan C=2\sqrt{2}$

478　　　　　　　　　　　　　　　　　　답 ①

$A+B+C=\pi$이므로
$\sin^2 A\cos(A+C)=\cos(B+C)\sin^2 B$에서
$\sin^2 A\cos(\pi-B)=\cos(\pi-A)\sin^2 B$
$\sin^2 A(-\cos B)=(-\cos A)\sin^2 B$
$\sin^2 A\cos B=\cos A\sin^2 B$ ⋯⋯ ㉠
이때 삼각형 ABC의 외접원의 반지름의 길이를 R이라 하면
사인법칙에 의하여 $\sin A=\dfrac{a}{2R}$, $\sin B=\dfrac{b}{2R}$
또한 삼각형 ABC에서 코사인법칙에 의하여
$\cos A=\dfrac{b^2+c^2-a^2}{2bc}$, $\cos B=\dfrac{c^2+a^2-b^2}{2ca}$이므로
이를 각각 ㉠에 대입하면
$\left(\dfrac{a}{2R}\right)^2\times\dfrac{c^2+a^2-b^2}{2ca}=\dfrac{b^2+c^2-a^2}{2bc}\times\left(\dfrac{b}{2R}\right)^2$
$a(c^2+a^2-b^2)=(b^2+c^2-a^2)b$
$a^3-b^3+a^2b-ab^2+ac^2-bc^2=0$
$(a-b)(a^2+ab+b^2)+(a-b)ab+(a-b)c^2=0$
$(a-b)(a^2+2ab+b^2+c^2)=0$
$(a-b)\{(a+b)^2+c^2\}=0$
이때 $(a+b)^2>0$, $c^2>0$이므로 $a=b$
따라서 삼각형 ABC는 $a=b$인 이등변삼각형이다.

479　　　　　　　　　　　　　　　답 풀이 참조

삼각형 ABC에서 코사인법칙에 의하여
$\cos A=\dfrac{b^2+c^2-a^2}{2bc}$, $\cos B=\dfrac{c^2+a^2-b^2}{2ca}$이므로
$a\cos A=b\cos B$에 대입하면
$a\times\dfrac{b^2+c^2-a^2}{2bc}=b\times\dfrac{c^2+a^2-b^2}{2ca}$
$a^2(b^2+c^2-a^2)=b^2(c^2+a^2-b^2)$
$a^2b^2+a^2c^2-a^4=b^2c^2+a^2b^2-b^4$
$a^4-b^4-a^2c^2+b^2c^2=0$
$(a^2-b^2)(a^2+b^2)-(a^2-b^2)c^2=0$
$(a^2-b^2)(a^2+b^2-c^2)=0$
$(a-b)(a+b)(a^2+b^2-c^2)=0$
$a>0$, $b>0$이므로 $a=b$ 또는 $c^2=a^2+b^2$이다.
따라서 삼각형 ABC는
$a=b$인 이등변삼각형 또는 $C=90°$인 직각삼각형이다.

채점 요소	배점
주어진 식에 $\cos A=\dfrac{b^2+c^2-a^2}{2bc}$, $\cos B=\dfrac{c^2+a^2-b^2}{2ca}$ 대입하기	40%
삼각형 ABC가 어떤 삼각형인지 말하기	60%

480　　　　　　　　　　　　　　　　　　답 ③

$\overline{AC}=a$라 하면 삼각형 ABC에서 코사인법칙에 의하여
$2^2=a^2+3^2-2\times a\times 3\times\cos(\angle BAC)$
$\quad=a^2+9-\dfrac{21}{4}a$
$4a^2-21a+20=0$
$(4a-5)(a-4)=0$
$\therefore a=4$ ($\because a>3$)
$\therefore \overline{MA}=\dfrac{1}{2}\times 4=2$
$\overline{MB}=b$라 하면 삼각형 ABM에서 코사인법칙에 의하여
$b^2=2^2+3^2-2\times 2\times 3\times\cos(\angle BAC)$
$\quad=13-\dfrac{21}{2}=\dfrac{5}{2}$
$\therefore b=\dfrac{\sqrt{10}}{2}$
이때 호 AB에 대한 원주각의 크기는 같으므로
$\angle ADB=\angle ACB$이고 $\angle AMD=\angle BMC$이다.
따라서 두 삼각형 ADM, BCM이 서로 닮음이므로
$\overline{MD}:\overline{MC}=\overline{MA}:\overline{MB}$에서
$\overline{MD}:2=2:\dfrac{\sqrt{10}}{2}$
$\therefore \overline{MD}=\dfrac{4\sqrt{10}}{5}$

481　　　　　　　　　　　　　　　　　　답 ④

정육각형의 한 내각의 크기는 120°이므로 ⋯⋯ TIP
$\angle MCD=120°$, $\overline{MC}=2$, $\overline{CD}=4$이다.
삼각형 CDM에서 코사인법칙에 의하여
$\overline{MD}^2=2^2+4^2-2\times 2\times 4\times\cos 120°$
$\qquad=4+16-16\times\left(-\dfrac{1}{2}\right)=28$
$\therefore \overline{MD}=2\sqrt{7}$ ($\because \overline{MD}>0$)
따라서 삼각형 CDM에서 코사인법칙에 의하여
$\cos\theta=\dfrac{2^2+(2\sqrt{7})^2-4^2}{2\times 2\times 2\sqrt{7}}=\dfrac{2}{\sqrt{7}}=\dfrac{2\sqrt{7}}{7}$

TIP

정육각형 ABCDEF가 세 대각선 AD, BE, CF에 의하여 나누어진 6개의 삼각형이 모두 정삼각형이므로 정육각형의 한 내각의 크기는 120°임을 알 수 있다.

482　　　　　　　　　　　　　　　답 $\dfrac{8\sqrt{6}}{3}$

삼각형 ABC에서 코사인법칙에 의하여
$\cos A=\dfrac{6^2+6^2-4^2}{2\times 6\times 6}=\dfrac{7}{9}$ ⋯⋯ ㉠
삼각형 ABD에서 코사인법칙에 의하여
$\overline{BD}^2=10^2+6^2-2\times 10\times 6\times\cos A=\dfrac{128}{3}$ ($\because$ ㉠)
$\therefore \overline{BD}=\dfrac{8\sqrt{6}}{3}$ ($\because \overline{BD}>0$)

이등변삼각형 ABC에서 선분 BC의 중점을 M이라 하면
$\overline{CM}=2$이므로

$$\cos(\angle ACB)=\frac{2}{6}=\frac{1}{3}$$

$$\cos(\angle DCB)=\cos(\pi-\angle ACB)$$
$$=-\cos(\angle ACB)$$
$$=-\frac{1}{3}$$

삼각형 BDC에서 코사인법칙에 의하여
$$\overline{BD}^2=4^2+4^2-2\times4\times4\times\left(-\frac{1}{3}\right)=\frac{128}{3}$$
$$\therefore \overline{BD}=\frac{8\sqrt{6}}{3}\ (\because \overline{BD}>0)$$

483 　　　　　답 ⑤

$\overline{BC}=\overline{BD}+\overline{CD}=6+3=9$이므로
삼각형 ABC에서 코사인법칙에 의하여
$$\cos B=\frac{4^2+9^2-7^2}{2\times4\times9}=\frac{2}{3} \qquad \cdots\cdots ㉠$$

삼각형 ABD에서 코사인법칙에 의하여
$$\overline{AD}^2=4^2+6^2-2\times4\times6\times\cos B=20\ (\because ㉠)$$
$$\therefore \overline{AD}=2\sqrt{5}\ (\because \overline{AD}>0)$$

484 　　　　　답 ①

$\angle BAD=\angle CAD$이므로 각의 이등분선의 성질에 의하여
$$\overline{AB}:\overline{AC}=\overline{BD}:\overline{CD}$$
즉, $3:2=\overline{BD}:\overline{CD}$이고 $\overline{BD}+\overline{CD}=10$이므로
$$\overline{BD}=6,\ \overline{CD}=4$$
삼각형 ABC에서 코사인법칙에 의하여
$$\cos B=\frac{12^2+10^2-8^2}{2\times12\times10}=\frac{3}{4} \qquad \cdots\cdots ㉠$$
삼각형 ABD에서 코사인법칙에 의하여
$$\overline{AD}^2=12^2+6^2-2\times12\times6\times\cos B=72\ (\because ㉠)$$
$$\therefore \overline{AD}=6\sqrt{2}\ (\because \overline{AD}>0)$$

$\angle BAD=\angle CAD$이고 $\overline{BD}=6,\ \overline{CD}=4$이므로
$\overline{AD}=x$라 하면
$\cos(\angle BAD)=\cos(\angle CAD)$에서
$$\frac{12^2+x^2-6^2}{2\times12\times x}=\frac{8^2+x^2-4^2}{2\times8\times x},\ \frac{x^2+108}{24x}=\frac{x^2+48}{16x}$$
$$2x^2+216=3x^2+144,\ x^2=72$$
즉, $x=6\sqrt{2}\ (\because x>0)$
$$\therefore \overline{AD}=6\sqrt{2}$$

485 　　　　　답 ⑤

삼각형 ABC에서 코사인법칙에 의하여
$$\cos B=\frac{(\sqrt{14})^2+5^2-3^2}{2\times\sqrt{14}\times5}=\frac{3\sqrt{14}}{14}$$이므로

$$\sin B=\sqrt{1-\cos^2 B}=\frac{\sqrt{70}}{14}$$

따라서 삼각형 ABD에서 사인법칙에 의하여
$$\frac{\overline{AD}}{\sin B}=\frac{\sqrt{14}}{\sin 30°}$$
$$\therefore \overline{AD}=2\sqrt{5}$$

선분 BC의 연장선 위의 점 D가 다음과 같을 때에도 선분 AD의
길이는 같다.

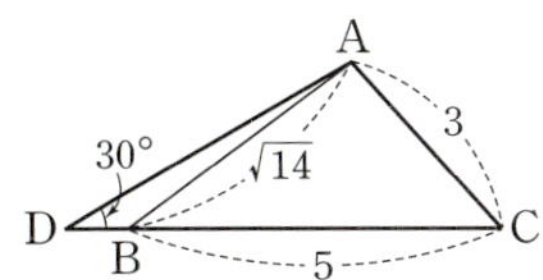

486 　　　　　답 ①

$\angle DCG=\theta\ (0<\theta<\pi)$이므로 $\angle BCE=\pi-\theta$
삼각형 CGD에서 코사인법칙에 의하여
$$\overline{DG}^2=3^2+4^2-2\times3\times4\times\cos\theta$$
$$=25-24\cos\theta$$
삼각형 CBE에서 코사인법칙에 의하여
$$\overline{BE}^2=3^2+4^2-2\times3\times4\times\cos(\pi-\theta)$$
$$=25-24\cos(\pi-\theta)$$
$$=25+24\cos\theta$$
이때 $\sin\theta=\frac{\sqrt{11}}{6}$이므로 $\cos^2\theta=1-\sin^2\theta=\frac{25}{36}$
$$\therefore \overline{DG}\times\overline{BE}=\sqrt{(25-24\cos\theta)(25+24\cos\theta)}$$
$$=\sqrt{25^2-24^2\times\cos^2\theta}$$
$$=\sqrt{25^2-24^2\times\frac{25}{36}}$$
$$=\sqrt{225}=15$$

487 　　　　　답 21

$\overline{AB}:\overline{AC}=3:1$이고 $\overline{AC}=k\ (k>0)$이므로
$\overline{AB}=3k$이다.
삼각형 ABC에서 코사인법칙에 의하여
$$\overline{BC}^2=k^2+(3k)^2-2\times k\times3k\times\cos\frac{\pi}{3}$$
$$=k^2+9k^2-2\times k\times3k\times\frac{1}{2}=7k^2$$
$$\therefore \overline{BC}=\sqrt{7}k\ (\because \overline{BC}>0)$$
삼각형 ABC의 외접원의 반지름의 길이가 7이므로
사인법칙에 의하여
$$\frac{\overline{BC}}{\sin A}=2\times7,\ \frac{\sqrt{7}k}{\sin\frac{\pi}{3}}=14$$

$$k=14\times\sin\frac{\pi}{3}\times\frac{1}{\sqrt{7}}=14\times\frac{\sqrt{3}}{2}\times\frac{1}{\sqrt{7}}=\sqrt{21}$$
$$\therefore k^2=(\sqrt{21})^2=21$$

답 ②

사각형 ABDC가 원에 내접하므로

$$\angle D = \pi - \angle A = \frac{2}{3}\pi$$

이때 삼각형 BCD도 반지름의 길이가 $2\sqrt{7}$인 원에 내접하는 삼각형이다.

삼각형 BCD에서 사인법칙에 의하여

$$\frac{\overline{BC}}{\sin\frac{2}{3}\pi} = \frac{\overline{BD}}{\sin(\angle BCD)} = 2 \times 2\sqrt{7}$$

$$\therefore \overline{BC} = 2 \times 2\sqrt{7} \times \sin\frac{2}{3}\pi = 4\sqrt{7} \times \frac{\sqrt{3}}{2} = 2\sqrt{21}$$

$$\overline{BD} = 2 \times 2\sqrt{7} \times \sin(\angle BCD) = 4\sqrt{7} \times \frac{2\sqrt{7}}{7} = 8$$

한편, $\overline{CD} = x$라 하면 삼각형 BCD에서 코사인법칙에 의하여

$$\overline{BC}^2 = \overline{BD}^2 + \overline{CD}^2 - 2 \times \overline{BD} \times \overline{CD} \times \cos\frac{2}{3}\pi$$

$$(2\sqrt{21})^2 = 8^2 + x^2 - 2 \times 8 \times x \times \left(-\frac{1}{2}\right)$$

$$x^2 + 8x - 20 = 0, \ (x+10)(x-2) = 0$$

$$\therefore x = 2 \ (\because x > 0)$$

$$\therefore \overline{BD} + \overline{CD} = 8 + 2 = 10$$

답 ④

$\angle BAC = \theta$라 하면 삼각형 ABC에서 코사인법칙에 의하여

$$\cos\theta = \frac{7^2 + 8^2 - 9^2}{2 \times 7 \times 8} = \frac{2}{7}$$

$$\therefore \sin\theta = \sqrt{1 - \left(\frac{2}{7}\right)^2} = \frac{3\sqrt{5}}{7}$$

$\angle AQP = \angle ARP = \frac{\pi}{2}$이므로 네 점 A, Q, P, R은 선분 AP가 지름인 원 위의 점이다.

따라서 삼각형 AQR에서 사인법칙에 의하여

$$\overline{AP} = \frac{\overline{QR}}{\sin\theta} = \frac{3}{\frac{3\sqrt{5}}{7}} = \frac{7\sqrt{5}}{5}$$

답 ⑤

ㄱ. $a = 5$이면 삼각형 ABC는 $A = 90°$인 직각삼각형이므로 선분 BC는 원의 지름이다.

즉, $R = \frac{5}{2}$이다. (참)

ㄴ. $R = 4$이면 삼각형 ABC에서 사인법칙에 의하여

$$\frac{a}{\sin A} = 2 \times 4$$이므로 $a = 8\sin A$이다. (참)

ㄷ. 삼각형 ABC에서 코사인법칙에 의하여

$$\cos A = \frac{3^2 + 4^2 - a^2}{2 \times 3 \times 4} = \frac{25 - a^2}{24}$$

$1 < a \leq \sqrt{13}$일 때 $\frac{1}{2} \leq \frac{25 - a^2}{24} < 1$이므로

$$\frac{1}{2} \leq \cos A < 1$$

$$\therefore 0° < A \leq 60° \ (\because 0° < A < 180°)$$

즉, $\angle A$의 최댓값은 $60°$이다. (참)

따라서 옳은 것은 ㄱ, ㄴ, ㄷ이다.

답 ④

① 사각형 ABCD가 원에 내접하므로 $A + C = \pi$이다.

$$\therefore \sin(A+C) = \sin\pi = 0 \ (참)$$

② 사각형의 네 내각의 크기의 합은 2π이므로
$A + B + C + D = 2\pi$에서 $A + B = 2\pi - (C+D)$이다.

$$\therefore \cos(A+B) = \cos\{2\pi - (C+D)\} = \cos(C+D) \ (참)$$

③ $\cos C = \cos(\pi - A) = -\cos A = -\frac{1}{3}$이므로

삼각형 BCD에서 코사인법칙에 의하여

$$\overline{BD}^2 = 10^2 + 6^2 - 2 \times 10 \times 6 \times \left(-\frac{1}{3}\right) = 176$$

$$\therefore \overline{BD} = 4\sqrt{11} \ (\because \overline{BD} > 0) \ (참)$$

④ 외접원의 반지름의 길이를 R이라 하면
사인법칙에 의하여

삼각형 ABC에서 $\sin(\angle BAC) = \frac{\overline{BC}}{2R} = \frac{5}{R}$

삼각형 ACD에서 $\sin(\angle DAC) = \frac{\overline{CD}}{2R} = \frac{3}{R}$

$$\therefore \frac{\sin(\angle BAC)}{\sin(\angle DAC)} = \frac{\frac{5}{R}}{\frac{3}{R}} = \frac{5}{3} \ (거짓)$$

⑤ ③에서 $\overline{BD} = 4\sqrt{11}$이고,

$\cos A = \frac{1}{3}$에서 $\sin A = \frac{2\sqrt{2}}{3}$이므로

삼각형 ABD에서 사인법칙에 의하여

$$\frac{\overline{BD}}{\sin A} = 2R, \ \frac{4\sqrt{11}}{\frac{2\sqrt{2}}{3}} = 2R, \ R = \frac{3\sqrt{22}}{2}$$

즉, 외접원의 넓이는 $\pi R^2 = \frac{99}{2}\pi$이다. (참)

따라서 옳지 않은 것은 ④이다.

답 17

사각형 ABPC가 원에 내접하므로
$A + P = 180°$에서 $P = 60°$이다.

삼각형 BPC에서 코사인법칙에 의하여

$$\overline{BC}^2 = x^2 + y^2 - 2 \times x \times y \times \cos 60°$$
$$= x^2 + y^2 - xy \quad \cdots\cdots ㉠$$

삼각형 ABC에서 코사인법칙에 의하여

$$\overline{BC}^2 = 5^2 + 3^2 - 2 \times 5 \times 3 \times \cos 120° = 49 \quad \cdots\cdots ㉡$$

㉠, ㉡에서 $x^2 + y^2 - xy = 49$이고 $x + y = 10$이므로

$$(x+y)^2 - 3xy = 49, \ 10^2 - 3xy = 49$$

$$\therefore xy = 17$$

493

답 ④

$\angle CAB=\theta$라 하면 삼각형 ACB에서 코사인법칙에 의하여
$$\cos\theta=\frac{9^2+9^2-6^2}{2\times9\times9}=\frac{7}{9}$$

이때 변 AB와 변 CD는 평행하므로
$$\angle DCA=\angle CAB=\theta$$이고
삼각형 ACD는 이등변삼각형이므로
$$\angle CDA=\theta$$이다.
$$\therefore \angle DAB=\angle DAC+\angle CAB$$
$$=(\pi-2\theta)+\theta=\pi-\theta$$

따라서 삼각형 DAB에서 코사인법칙에 의하여
$$\overline{BD}^2=9^2+9^2-2\times9\times9\times\cos(\pi-\theta)$$
$$=2\times9^2+2\times9^2\times\cos\theta$$
$$=2\times9^2+2\times9^2\times\frac{7}{9}$$
$$=2\times9\times16$$
$$\therefore \overline{BD}=12\sqrt{2}\ (\because \overline{BD}>0)$$

494

답 27

선분 AB는 삼각형 ABC의 외접원의 지름이므로
삼각형 ABC는 $\angle BCA=\dfrac{\pi}{2}$인 직각삼각형이다.

$\angle CAB=\alpha$라 하면 $\cos\alpha=\dfrac{1}{3}$이고 $\sin^2\alpha=1-\cos^2\alpha$이므로
$$\sin^2\alpha=1-\left(\frac{1}{3}\right)^2=\frac{8}{9}$$
$$\therefore \sin\alpha=\frac{2\sqrt{2}}{3}\ (\because 0<\alpha<\pi)$$

따라서 직각삼각형 ABC에서
$\overline{BC}=\overline{AB}\sin\alpha$이므로
$$\overline{AB}=\frac{\overline{BC}}{\sin\alpha}=\frac{12\sqrt{2}}{\frac{2\sqrt{2}}{3}}=18$$
$$\overline{AC}=\overline{AB}\cos\alpha=18\times\frac{1}{3}=6$$

한편, 점 D는 선분 AB를 5 : 4로 내분하는 점이므로
$$\overline{AD}=18\times\frac{5}{9}=10$$

삼각형 CAD에서 코사인법칙에 의하여
$$\overline{DC}^2=6^2+10^2-2\times6\times10\times\cos\alpha$$
$$=36+100-2\times6\times10\times\frac{1}{3}=96$$
$$\therefore \overline{DC}=4\sqrt{6}\ (\because \overline{DC}>0)$$

삼각형 CAD의 외접원의 반지름의 길이를 R이라 하면
사인법칙에 의하여
$$\frac{\overline{DC}}{\sin\alpha}=2R$$
$$\therefore R=\frac{\overline{DC}}{2\sin\alpha}=\frac{4\sqrt{6}}{2\times\frac{2\sqrt{2}}{3}}=3\sqrt{3}$$

따라서 삼각형 CAD의 외접원의 넓이 S는
$$S=\pi\times(3\sqrt{3})^2=27\pi$$

$$\therefore \frac{S}{\pi}=\frac{27\pi}{\pi}=27$$

495

답 ①

호 BC에 대한 원주각의 크기는 같으므로
$$\angle BDC=\angle BAC=\frac{\pi}{3}$$

삼각형 BCD의 외접원의 반지름의 길이가 r이므로
사인법칙에 의하여
$$\frac{\overline{CD}}{\sin(\angle DBC)}=\frac{\overline{BC}}{\sin(\angle BDC)}=2r$$
$$\frac{\overline{CD}}{\sin\theta}=\frac{\overline{BC}}{\sin\frac{\pi}{3}}=2r$$

$$\therefore \overline{CD}=2r\sin\theta=\frac{2\sqrt{3}}{3}r,\ \overline{BC}=2r\sin\frac{\pi}{3}=\sqrt{3}r$$

삼각형 BCD에서 코사인법칙에 의하여
$$\overline{BC}^2=\overline{BD}^2+\overline{CD}^2-2\times\overline{BD}\times\overline{CD}\times\cos(\angle BDC)$$
$$(\sqrt{3}r)^2=(\sqrt{2})^2+\left(\frac{2\sqrt{3}}{3}r\right)^2-2\times\sqrt{2}\times\frac{2\sqrt{3}}{3}r\times\frac{1}{2}$$
$$3r^2=2+\frac{4}{3}r^2-\frac{2\sqrt{6}}{3}r,\ 5r^2+2\sqrt{6}r-6=0$$
$$\therefore r=\frac{6-\sqrt{6}}{5}\ (\because r>0)$$

496

답 ⑤

정사면체의 전개도는 다음 그림과 같고, 전개도에서 점 M을
출발하여 점 A에 이르는 최단 거리는 $\overline{MA'}$과 같다.

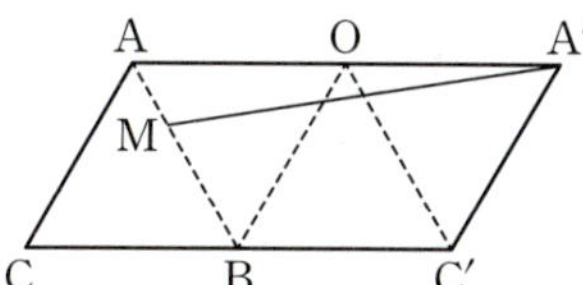

이때 점 M은 선분 AB를 1 : 2로 내분하는 점이므로 $\overline{AM}=1$이고,
$\overline{AA'}=6$, $\angle MAA'=60°$이므로
삼각형 AMA'에서 코사인법칙에 의하여
$$\overline{MA'}^2=1^2+6^2-2\times1\times6\times\cos60°=31$$
$$\therefore \overline{MA'}=\sqrt{31}\ (\because \overline{MA'}>0)$$

497

답 ⑤

원뿔의 전개도는 다음 그림과 같다.

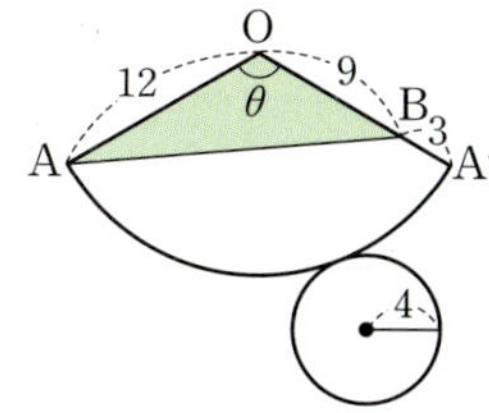

옆면인 부채꼴의 중심각의 크기를 θ라 하면
밑면인 원의 반지름의 길이가 4이므로

부채꼴의 호의 길이는 $12\theta=8\pi$, $\theta=\dfrac{2}{3}\pi$

등산로의 최단 거리는 $\overline{AB}$이므로
삼각형 AOB에서 코사인법칙에 의하여
$$\overline{AB}^2=12^2+9^2-2\times12\times9\times\cos\dfrac{2}{3}\pi=333$$
$$\therefore \overline{AB}=3\sqrt{37}\ \text{km}\ (\because \overline{AB}>0)$$

498   답 ②

점 D에서 선분 AC에 내린 수선의 발을 H라 하자.

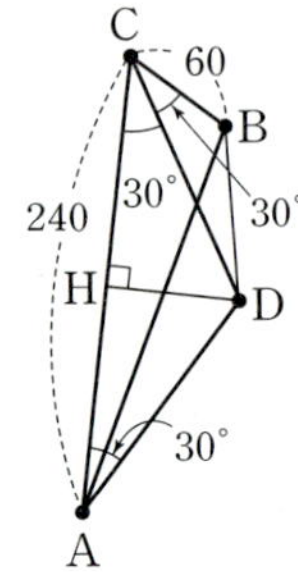

$\overline{CH}=120$, $\angle DCH=30°$이므로
$$\overline{CD}=\dfrac{120}{\cos30°}=80\sqrt{3}$$
이때 $\angle BCD=30°$이므로
삼각형 BCD에서 코사인법칙에 의하여
$$\overline{BD}^2=60^2+(80\sqrt{3})^2-2\times60\times80\sqrt{3}\times\cos30°$$
$$\therefore \overline{BD}=20\sqrt{21}\ \text{m}\ (\because \overline{BD}>0)$$

499   답 $\dfrac{3}{2}$

삼각형 ABC에서 코사인법칙에 의하여
$$(\sqrt{17})^2=(\sqrt{2})^2+b^2-2\times\sqrt{2}\times b\times\cos135°$$
$$b^2+2b-15=0,\ (b+5)(b-3)=0$$
$$\therefore b=3\ (\because b>0)$$
즉, $\overline{AC}=3$이므로
$$(\text{삼각형 ABC의 넓이})=\dfrac{1}{2}\times\overline{AB}\times\overline{AC}\times\sin135°$$
$$=\dfrac{1}{2}\times\sqrt{2}\times3\times\dfrac{\sqrt{2}}{2}=\dfrac{3}{2}$$

다른 풀이

점 B에서 직선 AC에 내린 수선의 발을 H라 하자.

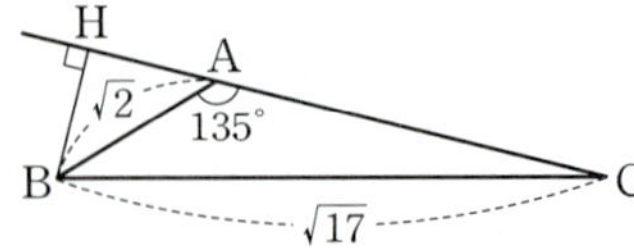

$\angle BAH=45°$이므로 $\overline{AH}=\overline{BH}=1$이다.
따라서 직각삼각형 BHC에서 피타고라스 정리에 의하여
$$\overline{CH}=\sqrt{(\sqrt{17})^2-1^2}=4,\ \overline{AC}=3$$
$$\therefore (\text{삼각형 ABC의 넓이})=\dfrac{1}{2}\times\overline{AC}\times\overline{BH}$$
$$=\dfrac{1}{2}\times3\times1=\dfrac{3}{2}$$

500   답 ②

삼각형 ABC에서 $a=7$, $b=5$, $c=4$라 하면

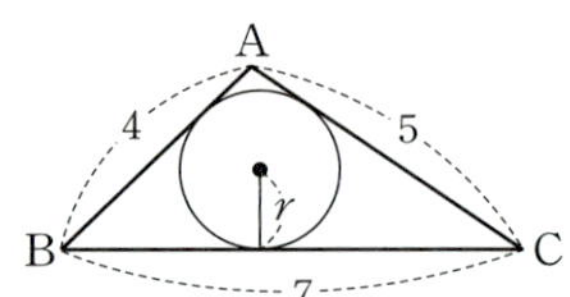

코사인법칙에 의하여 $\cos A=\dfrac{5^2+4^2-7^2}{2\times5\times4}=-\dfrac{1}{5}$

$0°<A<180°$이므로
$$\sin A=\sqrt{1-\cos^2 A}=\sqrt{1-\left(-\dfrac{1}{5}\right)^2}=\dfrac{2\sqrt{6}}{5}$$
내접원의 반지름의 길이를 r이라 하면
삼각형 ABC의 넓이는
$$\dfrac{1}{2}r(a+b+c)=\dfrac{1}{2}bc\sin A$$에서
$$\dfrac{1}{2}\times r\times(7+5+4)=\dfrac{1}{2}\times5\times4\times\dfrac{2\sqrt{6}}{5}$$
$$\therefore r=\dfrac{\sqrt{6}}{2}$$

501   답 ③

삼각형 ABC에서 코사인법칙에 의하여
$$5^2=b^2+c^2-2bc\cos120°$$
$$=b^2+c^2+bc$$
$$=(b+c)^2-bc$$
$$=(\sqrt{33})^2-bc$$
$$\therefore bc=8$$
따라서 구하는 삼각형 ABC의 넓이는
$$\dfrac{1}{2}bc\sin120°=\dfrac{1}{2}\times8\times\dfrac{\sqrt{3}}{2}=2\sqrt{3}$$

502   답 풀이 참조

삼각형 ABC에서 사인법칙에 의하여
$$\dfrac{a}{\sin A}=\dfrac{b}{\sin B}=\dfrac{c}{\sin C}=2R$$이다.

이때 삼각형 ABC의 넓이는 $S=\dfrac{1}{2}ab\sin C$이고

$\sin C=\dfrac{c}{2R}$이므로
$$S=\dfrac{1}{2}ab\times\dfrac{c}{2R}=\dfrac{abc}{4R}$$

채점 요소	배점
사인법칙 서술하기	40%
삼각형의 넓이를 사인을 이용하여 표기하기	60%

503   답 4

삼각형 ABC의 외접원의 반지름의 길이가 6이므로
사인법칙에 의하여

$$\frac{a}{\sin A}=\frac{b}{\sin B}=\frac{c}{\sin C}=12$$이다.

즉, $\sin A=\dfrac{a}{12}$, $\sin B=\dfrac{b}{12}$, $\sin C=\dfrac{c}{12}$ ...... ㉠

한편, 삼각형 ABC의 넓이를 S라 하면

$$S=\frac{1}{2}ab\sin C=\frac{1}{2}ab\times\frac{c}{12}=\frac{abc}{24}\ (\because ㉠)$$

또한 삼각형 ABC의 내접원의 반지름의 길이가 3이므로

$$S=\frac{1}{2}\times3\times(a+b+c)=\frac{3}{2}(a+b+c)$$

따라서 $S=\dfrac{abc}{24}=\dfrac{3}{2}(a+b+c)$이므로

$$\frac{a+b+c}{abc}=\frac{1}{36}\qquad\cdots\cdots ㉡$$

$$\begin{aligned}
\therefore\ \frac{\sin A+\sin B+\sin C}{\sin A\sin B\sin C}&=\frac{\dfrac{a+b+c}{12}}{\dfrac{abc}{12^3}}\ (\because ㉠)\\
&=\frac{12^2(a+b+c)}{abc}\\
&=\frac{12^2}{36}\ (\because ㉡)\\
&=4
\end{aligned}$$

504 답 ③

삼각형 ABC에서 코사인법칙에 의하여

$$\cos(\angle ABC)=\frac{5^2+6^2-4^2}{2\times5\times6}=\frac{3}{4}$$이고

$\angle ABE=\angle ABC+90°$이므로

$$\begin{aligned}
\sin(\angle ABE)&=\sin(\angle ABC+90°)\\
&=\cos(\angle ABC)=\frac{3}{4}
\end{aligned}$$

따라서 삼각형 ABE의 넓이는

$$\frac{1}{2}\times\overline{AB}\times\overline{BE}\times\sin(\angle ABE)=\frac{1}{2}\times5\times6\times\frac{3}{4}=\frac{45}{4}$$

505 답 ③

직각삼각형 ABC에서 $\overline{BC}=4$이므로

$\angle BAC=\theta$라 하면 $\sin\theta=\dfrac{4}{5}$ ...... ㉠

이때 $\overline{AD}=3$, $\overline{AE}=5$, $\angle DAE=\pi-\theta$이므로

$$\begin{aligned}
(\text{삼각형 ADE의 넓이})&=\frac{1}{2}\times\overline{AD}\times\overline{AE}\times\sin(\pi-\theta)\\
&=\frac{1}{2}\times3\times5\times\sin\theta=6\ (\because ㉠)
\end{aligned}$$

506 답 ④

삼각형 ABC의 넓이는 두 삼각형 ABD와 ACD의 넓이의 합과 같다. $\overline{AD}=x$라 하면

$$\begin{aligned}
(\text{삼각형 ABC의 넓이})&=\frac{1}{2}\times\overline{AB}\times\overline{AC}\times\sin120°\\
&=\frac{1}{2}\times10\times6\times\frac{\sqrt{3}}{2}=15\sqrt{3}
\end{aligned}$$

$$\begin{aligned}
(\text{삼각형 ABD의 넓이})&=\frac{1}{2}\times\overline{AB}\times\overline{AD}\times\sin60°\\
&=\frac{1}{2}\times10\times x\times\frac{\sqrt{3}}{2}=\frac{5\sqrt{3}}{2}x
\end{aligned}$$

$$\begin{aligned}
(\text{삼각형 ACD의 넓이})&=\frac{1}{2}\times\overline{AD}\times\overline{AC}\times\sin60°\\
&=\frac{1}{2}\times x\times6\times\frac{\sqrt{3}}{2}=\frac{3\sqrt{3}}{2}x
\end{aligned}$$

$15\sqrt{3}=\dfrac{5\sqrt{3}}{2}x+\dfrac{3\sqrt{3}}{2}x$이므로 $x=\dfrac{15}{4}$

따라서 선분 AD의 길이는 $\dfrac{15}{4}$이다.

507 답 ③

삼각형 ABC에서 선분 BC의 중점이 M이므로
두 삼각형 BAM, CAM의 넓이는 서로 같다.

$$\frac{1}{2}\times8\times\overline{AM}\times\sin\alpha=\frac{1}{2}\times10\times\overline{AM}\times\sin\beta$$

$$\therefore\ \frac{\sin\alpha}{\sin\beta}=\frac{5}{4}$$

508 답 풀이 참조

한 원에서 호의 길이는 그 호에 대한 중심각의 크기에 비례한다.
주어진 원의 중심을 O라 하면

$$\overset{\frown}{AB}:\overset{\frown}{BC}:\overset{\frown}{CA}=3:4:5=\angle AOB:\angle BOC:\angle COA$$

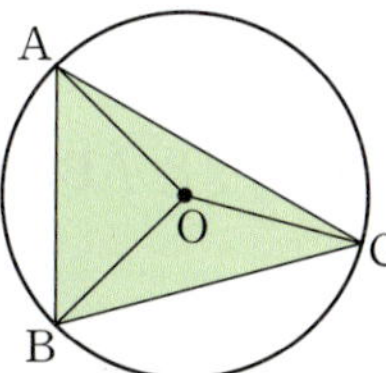

이때 $\angle AOB+\angle BOC+\angle COA=360°$이므로

$$\angle AOB=360°\times\frac{3}{3+4+5}=90°$$

$$\angle BOC=360°\times\frac{4}{3+4+5}=120°$$

$$\angle COA=360°\times\frac{5}{3+4+5}=150°$$

$\therefore\ (\text{삼각형 ABC의 넓이})$

$$\begin{aligned}
&=(\text{삼각형 AOB의 넓이})+(\text{삼각형 BOC의 넓이})\\
&\qquad\qquad\qquad+(\text{삼각형 COA의 넓이})\\
&=\frac{1}{2}\times6\times6\times\sin90°+\frac{1}{2}\times6\times6\times\sin120°\\
&\qquad\qquad\qquad+\frac{1}{2}\times6\times6\times\sin150°\\
&=\frac{1}{2}\times6\times6\times1+\frac{1}{2}\times6\times6\times\frac{\sqrt{3}}{2}+\frac{1}{2}\times6\times6\times\frac{1}{2}\\
&=27+9\sqrt{3}
\end{aligned}$$

채점 요소	배점
$\angle$AOB, $\angle$BOC, $\angle$COA의 크기 구하기	50%
세 삼각형 AOB, BOC, COA의 넓이 구하기	30%
삼각형 ABC의 넓이 구하기	20%

509

답 $l=\dfrac{15}{2}$, $S=\dfrac{16}{7}\pi$

삼각형 ABC의 외접원의 반지름의 길이를 R이라 하면
삼각형 ABC에서 사인법칙에 의하여

$\sin A=\dfrac{a}{2R}$, $\sin B=\dfrac{b}{2R}$, $\sin C=\dfrac{c}{2R}$ 이므로

$a:b:c=\sin A:\sin B:\sin C=4:5:6$ 이다.

$a=4k$, $b=5k$, $c=6k\,(k>0)$라 하면 $\qquad\cdots\cdots$ ㉠

삼각형 ABC에서 코사인법칙에 의하여

$\cos C=\dfrac{a^2+b^2-c^2}{2ab}=\dfrac{(4k)^2+(5k)^2-(6k)^2}{2\times 4k\times 5k}=\dfrac{1}{8}$

이므로 $\sin C=\sqrt{1-\left(\dfrac{1}{8}\right)^2}=\dfrac{3\sqrt{7}}{8}$ 이다.

따라서 삼각형 ABC의 넓이는

$\dfrac{1}{2}ab\sin C=\dfrac{1}{2}\times 4k\times 5k\times\dfrac{3\sqrt{7}}{8}=\dfrac{15\sqrt{7}}{4}k^2=\dfrac{15\sqrt{7}}{16}$

이므로 $k^2=\dfrac{1}{4}$, $k=\dfrac{1}{2}$

$\therefore a=2$, $b=\dfrac{5}{2}$, $c=3\;(\because$ ㉠$)$

$\sin C=\dfrac{c}{2R}$ 에서 $R=\dfrac{c}{2\sin C}=\dfrac{3}{2\times\dfrac{3\sqrt{7}}{8}}=\dfrac{4}{\sqrt{7}}$

따라서 $l=a+b+c=\dfrac{15}{2}$, $S=\pi R^2=\dfrac{16}{7}\pi$ 이다.

510

답 ⑤

그림과 같이 접히기 전의 정삼각형을 ABC라 하고 색칠한 부분의
삼각형을 DEF라 하자.

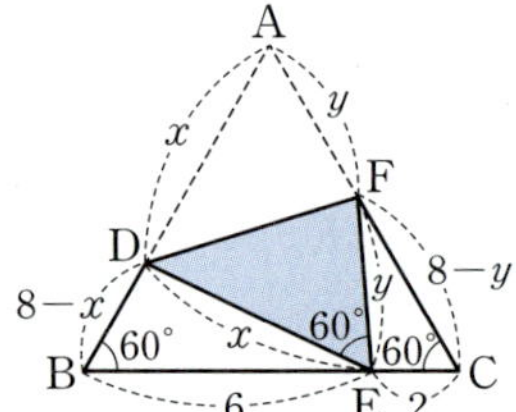

점 E가 선분 BC를 $3:1$로 내분하고 $\overline{\text{BC}}=8$이므로

$\overline{\text{BE}}=8\times\dfrac{3}{4}=6$, $\overline{\text{EC}}=8\times\dfrac{1}{4}=2$이다.

이때 $\overline{\text{AD}}=x$라 하면

$\overline{\text{DE}}=x$, $\overline{\text{DB}}=8-x$, $\angle\text{DBE}=60°$이므로

삼각형 DBE에서 코사인법칙에 의하여

$x^2=6^2+(8-x)^2-2\times 6\times(8-x)\times\cos 60°$, $x=\dfrac{26}{5}$

마찬가지로 $\overline{\text{AF}}=y$라 하면

$\overline{\text{FE}}=y$, $\overline{\text{FC}}=8-y$, $\angle\text{FCE}=60°$이므로

삼각형 FCE에서 코사인법칙에 의하여

$y^2=2^2+(8-y)^2-2\times 2\times(8-y)\times\cos 60°$, $y=\dfrac{26}{7}$

$\therefore$ (삼각형 DEF의 넓이)

$=\dfrac{1}{2}xy\sin 60°$

$=\dfrac{1}{2}\times\dfrac{26}{5}\times\dfrac{26}{7}\times\dfrac{\sqrt{3}}{2}=\dfrac{169\sqrt{3}}{35}$

511

답 ②

삼각형 ABC의 세 변 AB, BC, CA를 $1:2$로 내분하는 점이
각각 D, E, F이므로

$\overline{\text{AD}}=\dfrac{c}{3}$, $\overline{\text{DB}}=\dfrac{2}{3}c$, $\overline{\text{BE}}=\dfrac{a}{3}$, $\overline{\text{EC}}=\dfrac{2}{3}a$, $\overline{\text{CF}}=\dfrac{b}{3}$, $\overline{\text{FA}}=\dfrac{2}{3}b$

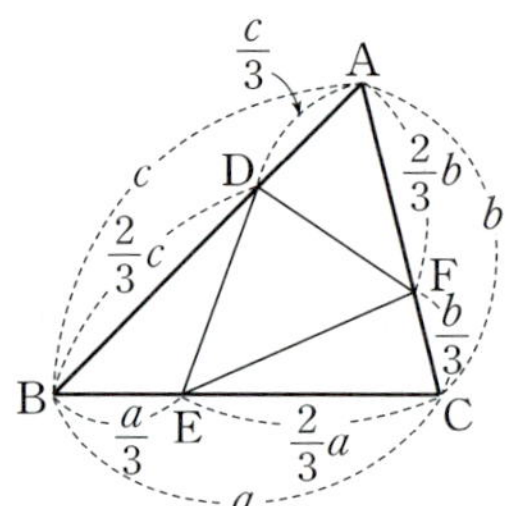

이때 삼각형 DEF의 넓이는 삼각형 ABC의 넓이에서
세 삼각형 ADF, BED, CEF의 넓이를 뺀 것과 같다.
삼각형 ABC의 넓이를 S라 하면

$S=\dfrac{1}{2}bc\sin A=\dfrac{1}{2}ca\sin B=\dfrac{1}{2}ab\sin C$ 이므로

(삼각형 ADF의 넓이)$=\dfrac{1}{2}\times\dfrac{c}{3}\times\dfrac{2}{3}b\times\sin A$

$\qquad\qquad\qquad\quad=\dfrac{1}{9}bc\sin A=\dfrac{2}{9}S$

(삼각형 BED의 넓이)$=\dfrac{1}{2}\times\dfrac{a}{3}\times\dfrac{2}{3}c\times\sin B$

$\qquad\qquad\qquad\quad=\dfrac{1}{9}ca\sin B=\dfrac{2}{9}S$

(삼각형 CEF의 넓이)$=\dfrac{1}{2}\times\dfrac{b}{3}\times\dfrac{2}{3}a\times\sin C$

$\qquad\qquad\qquad\quad=\dfrac{1}{9}ab\sin C=\dfrac{2}{9}S$

(삼각형 DEF의 넓이)$=S-\dfrac{2}{9}S-\dfrac{2}{9}S-\dfrac{2}{9}S=\dfrac{S}{3}$

$\therefore$ (삼각형 ABC의 넓이) : (삼각형 DEF의 넓이)

$\qquad=S:\dfrac{S}{3}=3:1$

512

답 ②

$\overline{\text{PD}}=x$, $\overline{\text{PE}}=y$, $\overline{\text{PF}}=z$라 하면
한 변의 길이가 $4\sqrt{2}$인 정삼각형 ABC의 넓이는

$\dfrac{\sqrt{3}}{4}\times(4\sqrt{2})^2=\dfrac{1}{2}\times 4\sqrt{2}\times(x+y+z)$

에서 $x+y+z=2\sqrt{6}$ $\qquad\cdots\cdots$ ㉠

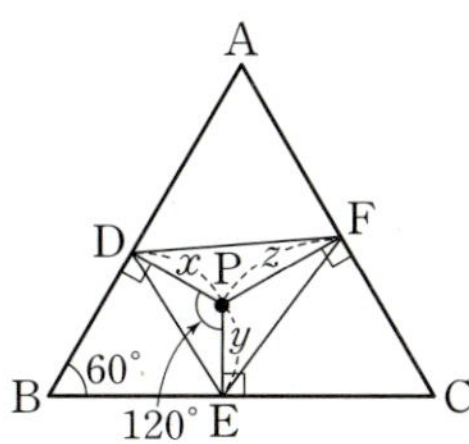

한편, $\angle DPE = \angle DPF = \angle EPF = 120°$이므로

(삼각형 DEF의 넓이)

$$= \frac{1}{2}xy\sin 120° + \frac{1}{2}yz\sin 120° + \frac{1}{2}zx\sin 120°$$

$$= \frac{1}{2}(xy+yz+zx)\sin 120° = \sqrt{3}$$

에서 $xy+yz+zx=4$ ...... ㉡

㉠, ㉡에 의하여

$$x^2+y^2+z^2 = (x+y+z)^2 - 2(xy+yz+zx)$$
$$= (2\sqrt{6})^2 - 2\times 4 = 16$$

$$\therefore \overline{PD}^2 + \overline{PE}^2 + \overline{PF}^2 = 16$$

513 ──────────────── 답 9

$$(\text{사각형 } ABCD \text{의 넓이}) = \frac{1}{2}xy\sin 30°$$

$$= \frac{1}{4}xy$$

$$= \frac{1}{4}x(12-x)$$

$$= -\frac{1}{4}(x-6)^2 + 9$$

따라서 사각형 ABCD의 넓이는 $x=y=6$일 때 최댓값 9를 갖는다.

다른 풀이

$$(\text{사각형 } ABCD \text{의 넓이}) = \frac{1}{2}xy\sin 30° = \frac{1}{4}xy \quad \cdots\cdots ㉠$$

이때 $x>0$, $y>0$이므로

산술평균과 기하평균의 관계에 의하여

$$x+y \geq 2\sqrt{xy}$$

$$12 \geq 2\sqrt{xy} \text{ (단, 등호는 } x=y=6 \text{일 때 성립한다.)}$$

$xy \leq 36$이므로 ㉠에서 $\frac{1}{4}xy \leq 9$이다.

따라서 사각형 ABCD의 넓이는 $x=y=6$일 때 최댓값 9를 갖는다.

514 ──────────────── 답 ④

평행사변형의 두 대각선은 서로 다른 것을 이등분하므로

두 대각선의 교점을 M이라 하면

$\overline{AM}=6$, $\overline{BM}=9$이다.

$\angle AMB = \theta$라 하면 삼각형 AMB에서 코사인법칙에 의하여

$$\cos\theta = \frac{6^2+9^2-(3\sqrt{5})^2}{2\times 6\times 9} = \frac{2}{3}$$

$$\sin\theta = \sqrt{1-\left(\frac{2}{3}\right)^2} = \frac{\sqrt{5}}{3}$$

따라서 평행사변형 ABCD의 넓이는

$$\frac{1}{2}\times 12\times 18\times \frac{\sqrt{5}}{3} = 36\sqrt{5}$$

515 ──────────────── 답 ④

사각형 ABCD의 넓이는 두 삼각형 ABD와 BCD의 넓이의 합과 같다.

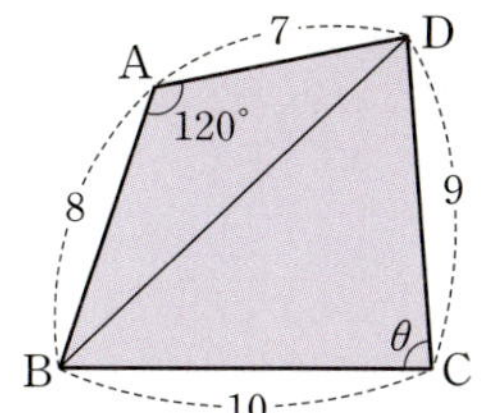

삼각형 ABD에서 코사인법칙에 의하여

$$\overline{BD}^2 = 8^2 + 7^2 - 2\times 8\times 7\times \cos 120° = 169$$

$$\overline{BD} = 13 \ (\because \overline{BD} > 0)$$

$\angle BCD = \theta$라 하면 삼각형 BCD에서 코사인법칙에 의하여

$$\cos\theta = \frac{9^2+10^2-13^2}{2\times 9\times 10} = \frac{1}{15}$$

$$\sin\theta = \sqrt{1-\cos^2\theta} = \sqrt{1-\left(\frac{1}{15}\right)^2} = \frac{4\sqrt{14}}{15}$$

$$\therefore (\text{사각형 } ABCD \text{의 넓이})$$

$$= (\text{삼각형 } ABD \text{의 넓이}) + (\text{삼각형 } BCD \text{의 넓이})$$

$$= \frac{1}{2}\times 8\times 7\times \sin 120° + \frac{1}{2}\times 9\times 10\times \frac{4\sqrt{14}}{15}$$

$$= 14\sqrt{3} + 12\sqrt{14}$$

> **참고**
>
> 헤론의 공식을 이용하여 삼각형 BCD의 넓이를 다음과 같이 구할 수 있다.
>
> 삼각형 BCD의 세 변의 길이는 9, 10, 13이므로
>
> $$s = \frac{9+10+13}{2} = 16$$
>
> $$\therefore S = \sqrt{16(16-9)(16-10)(16-13)} = 12\sqrt{14}$$

516 ──────────────── 답 ③

사각형 ABCD의 넓이는 두 삼각형 ABC와 ACD의 넓이의 합과 같다.

$\overline{AC}=x$, $\overline{CD}=y$라 하자.

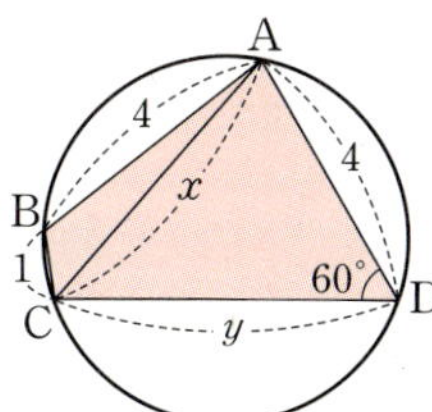

사각형 ABCD는 원에 내접하고 $\angle ADC = 60°$이므로

$$\angle ABC = 180° - 60° = 120°$$

삼각형 ABC에서 코사인법칙에 의하여

$$x^2 = 4^2 + 1^2 - 2\times 4\times 1\times \cos 120°, \ x^2 = 21, \ x = \sqrt{21} \ (\because x>0)$$

삼각형 ACD에서 코사인법칙에 의하여

$$(\sqrt{21})^2 = 4^2 + y^2 - 2\times 4\times y\times \cos 60° \text{에서}$$

$$y^2 - 4y - 5 = (y+1)(y-5) = 0, \ y = 5 \ (\because y>0)$$

$\therefore$ (사각형 ABCD의 넓이)

$\quad=($삼각형 ABC의 넓이$)+($삼각형 ACD의 넓이$)$

$\quad=\dfrac{1}{2}\times4\times1\times\sin120°+\dfrac{1}{2}\times4\times5\times\sin60°$

$\quad=\dfrac{1}{2}\times4\times1\times\dfrac{\sqrt{3}}{2}+\dfrac{1}{2}\times4\times5\times\dfrac{\sqrt{3}}{2}$

$\quad=\sqrt{3}+5\sqrt{3}=6\sqrt{3}$

517   🔑 풀이 참조

(1) 사각형 ABCD는 원에 내접하므로 $D=\pi-B$이다.

삼각형 ABC에서 코사인법칙에 의하여

$\overline{AC}^2=3^2+2^2-2\times3\times2\times\cos B$

$\qquad=13-12\cos B$ $\cdots\cdots$ ㉠

삼각형 ADC에서 코사인법칙에 의하여

$\overline{AC}^2=4^2+1^2-2\times4\times1\times\cos(\pi-B)$

$\qquad=17+8\cos B$ $\cdots\cdots$ ㉡

㉠, ㉡에서 $13-12\cos B=17+8\cos B$

$\therefore \cos B=-\dfrac{1}{5}$

(2) (1)에서 $\cos B=-\dfrac{1}{5}$이고 $0°<B<180°$이므로

$\sin B=\sqrt{1-\cos^2 B}=\sqrt{1-\left(-\dfrac{1}{5}\right)^2}=\dfrac{2\sqrt{6}}{5}$

$\therefore$ (사각형 ABCD의 넓이)

$\quad=($삼각형 ABC의 넓이$)+($삼각형 ADC의 넓이$)$

$\quad=\dfrac{1}{2}\times\overline{AB}\times\overline{BC}\times\sin B+\dfrac{1}{2}\times\overline{AD}\times\overline{DC}\times\sin(\pi-B)$

$\quad=\dfrac{1}{2}\times3\times2\times\dfrac{2\sqrt{6}}{5}+\dfrac{1}{2}\times4\times1\times\dfrac{2\sqrt{6}}{5}$

$\quad=2\sqrt{6}$

채점 요소	배점
두 삼각형 ABC, ADC에서 $\overline{AC}^2$의 값 구하기	40%
$\cos B$의 값 구하기	20%
$\sin B$의 값 구하기	10%
두 삼각형 ABC, ADC의 넓이 구하기	20%
사각형 ABCD의 넓이 구하기	10%

518   🔑 ②

삼각형 ABD의 넓이가

$\dfrac{1}{2}\times\overline{AB}\times\overline{AD}\times\sin(\angle BAD)$

$=\dfrac{1}{2}\times3\times2\sqrt{2}\times\sin(\angle BAD)=\dfrac{3\sqrt{7}}{2}$

이므로 $\sin(\angle BAD)=\dfrac{\sqrt{14}}{4}$

$\cos(\angle BAD)=\sqrt{1-\left(\dfrac{\sqrt{14}}{4}\right)^2}=\dfrac{\sqrt{2}}{4}$ ($\because \angle BAD$는 예각)

이때 사각형 ABCD가 원에 내접하므로

$\angle BAD+\angle BCD=\pi$

$\cos(\angle BCD)=\cos(\pi-\angle BAD)$

$\qquad\qquad\qquad=-\cos(\angle BAD)=-\dfrac{\sqrt{2}}{4}$

따라서 $\overline{CD}=x$라 하면

두 삼각형 ABD, BCD에서 코사인법칙에 의하여

$\overline{BD}^2=3^2+(2\sqrt{2})^2-2\times3\times2\sqrt{2}\times\cos(\angle BAD)=11$

$\overline{BD}^2=1^2+x^2-2\times1\times x\times\cos(\angle BCD)=x^2+\dfrac{\sqrt{2}}{2}x+1$

즉, $11=x^2+\dfrac{\sqrt{2}}{2}x+1$에서

$2x^2+\sqrt{2}x-20=0$

$(\sqrt{2}x+5)(\sqrt{2}x-4)=0$

$\therefore x=2\sqrt{2}\ (\because x>0)$

519   🔑 ②

원의 중심을 O라 하면

$\overline{OA}=\overline{OB}=\overline{OC}=3,\ \angle AOB=\angle BOC=\dfrac{\pi}{3}$

이므로 두 삼각형 OAB, OBC는 정삼각형이다.

즉, $\overline{AB}=\overline{BC}=3$이고,

$\angle ABC=\angle ABO+\angle OBC=\dfrac{\pi}{3}+\dfrac{\pi}{3}=\dfrac{2}{3}\pi$

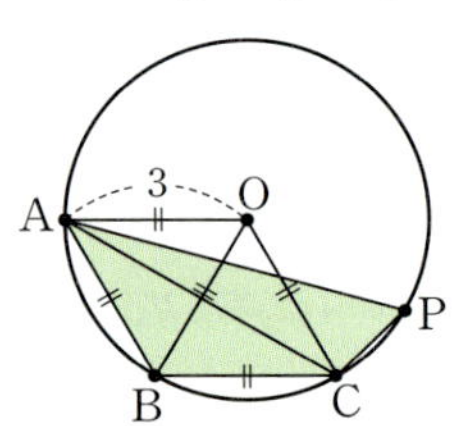

삼각형 ABC에서 코사인법칙에 의하여

$\overline{AC}^2=3^2+3^2-2\times3\times3\times\cos\dfrac{2}{3}\pi$

$\qquad=9+9-18\times\left(-\dfrac{1}{2}\right)=27$

$\therefore \overline{AC}=3\sqrt{3}\ (\because \overline{AC}>0)$

한편, 사각형 ABCP가 원에 내접하므로

$\angle ABC+\angle APC=\pi$

$\therefore \angle APC=\pi-\dfrac{2}{3}\pi=\dfrac{\pi}{3}$

$\overline{AP}=x,\ \overline{CP}=y$라 하면 삼각형 ACP에서 코사인법칙에 의하여

$(3\sqrt{3})^2=x^2+y^2-2xy\cos\dfrac{\pi}{3}$

$27=x^2+y^2-2xy\times\dfrac{1}{2}=(x+y)^2-3xy$

이때 $x+y=8$이므로

$27=64-3xy,\ 3xy=37$ $\therefore xy=\dfrac{37}{3}$

따라서 사각형 ABCP의 넓이는

$\triangle ABC+\triangle ACP=\dfrac{1}{2}\times3\times3\times\sin\dfrac{2}{3}\pi+\dfrac{1}{2}\times\dfrac{37}{3}\times\sin\dfrac{\pi}{3}$

$\qquad\qquad\qquad=\dfrac{9\sqrt{3}}{4}+\dfrac{37\sqrt{3}}{12}$

$\qquad\qquad\qquad=\dfrac{64\sqrt{3}}{12}=\dfrac{16\sqrt{3}}{3}$

$\overline{AP}=x$, $\overline{AQ}=y$ $(0<x<6,\ 0<y<4)$라 하자.

삼각형 APQ의 넓이는 삼각형 ABC의 넓이의 $\dfrac{1}{2}$이므로

$$\dfrac{1}{2}xy\sin 60°=\dfrac{1}{2}\times\left(\dfrac{1}{2}\times 6\times 4\times\sin 60°\right)$$

$\therefore\ xy=12$ — — — — — — ㉠

삼각형 APQ에서 코사인법칙에 의하여

$$\overline{PQ}^2=x^2+y^2-2xy\cos 60°$$
$$=x^2+y^2-2\times 12\times\dfrac{1}{2}$$
$$=x^2+y^2-12$$ — — — — — — ㉡

이때 $x^2>0$, $y^2>0$이므로 산술평균과 기하평균의 관계에 의하여

$$x^2+y^2-12\geq 2\sqrt{x^2y^2}-12$$
$$=2xy-12\ (\because\ x>0,\ y>0)$$
$$=12\ (\because\ ㉠)\ (단,\ 등호는\ x=y일\ 때\ 성립한다.)$$

따라서 $x=y=2\sqrt{3}$일 때 구하는 선분 PQ의 길이의 최솟값은 $2\sqrt{3}$이다.

521 — — — — — — — — — — — — — — 답 풀이 참조

동시에 출발한 지 t초 후에는

$\overline{OP}=t$, $\overline{BQ}=2t$에서 $\overline{OQ}=40-2t$이다.

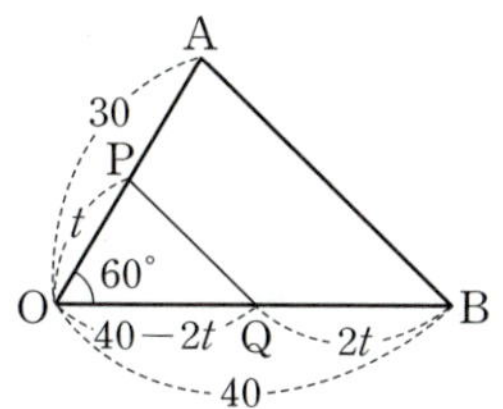

직선 PQ와 직선 AB가 서로 평행할 때,
두 삼각형 OPQ, OAB가 서로 닮음이므로

$\overline{OP}:\overline{OQ}=\overline{OA}:\overline{OB}$에서

$t:(40-2t)=30:40$, $t=12$

$\overline{OP}=12$, $\overline{OQ}=16$이므로

삼각형 POQ에서 코사인법칙에 의하여

$$\overline{PQ}^2=12^2+16^2-2\times 12\times 16\times\cos 60°=208$$

$\therefore\ \overline{PQ}=4\sqrt{13}\ (\because\ \overline{PQ}>0)$

채점 요소	배점
t초 후의 $\overline{OP}$, $\overline{OQ}$의 길이 나타내기	20%
$\overline{OP}:\overline{OQ}=\overline{OA}:\overline{OB}$임을 이용하여 t의 값 구하기	30%
코사인법칙을 이용하여 선분 PQ의 길이 구하기	50%

522 — — — — — — — — — — — — — — — — — 답 ⑤

$\overline{AB}=\overline{AD}=4$이므로 $\overline{BD}=4\sqrt{2}$이다.

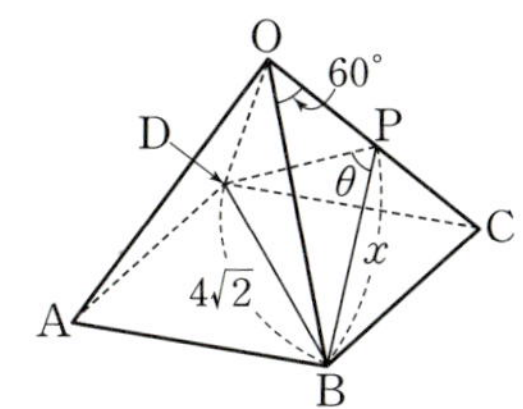

삼각형 BPD는 $\overline{BP}=\overline{DP}$인 이등변삼각형이다.

$\overline{BP}=\overline{DP}=x$라 하면

삼각형 BPD에서 코사인법칙에 의하여

$$\cos\theta=\dfrac{x^2+x^2-(4\sqrt{2})^2}{2\times x\times x}=\dfrac{2x^2-32}{2x^2}=1-\dfrac{16}{x^2}$$ — — — — — ㉠

이때 삼각형 BCO는 한 변의 길이가 4인 정삼각형이다.

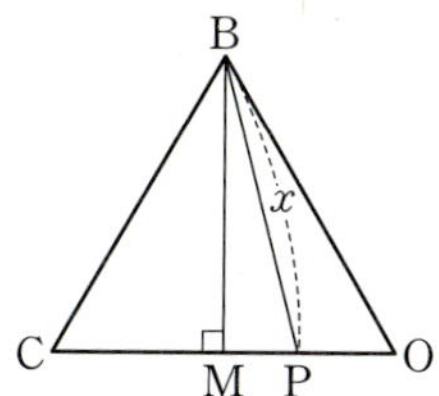

점 B에서 선분 CO에 내린 수선의 발을 M이라 하면 x의 값은
점 P가 점 C 또는 점 O에 위치할 때 최댓값 4를 갖고,

점 M에 위치할 때 최솟값 $4\times\dfrac{\sqrt{3}}{2}=2\sqrt{3}$을 갖는다.

즉, $2\sqrt{3}\leq x\leq 4$이므로 ㉠에서

$$-\dfrac{1}{3}\leq\cos\theta\leq 0$$

따라서 $M=0$, $m=-\dfrac{1}{3}$이므로

$$M-m=\dfrac{1}{3}$$

523 — — — — — — — — — — — — — — 답 $x=6$, $\cos C=\dfrac{3}{5}$

$0<C<\pi$이므로 각 C의 크기가 커질수록 $\cos C$의 값은 작아진다.

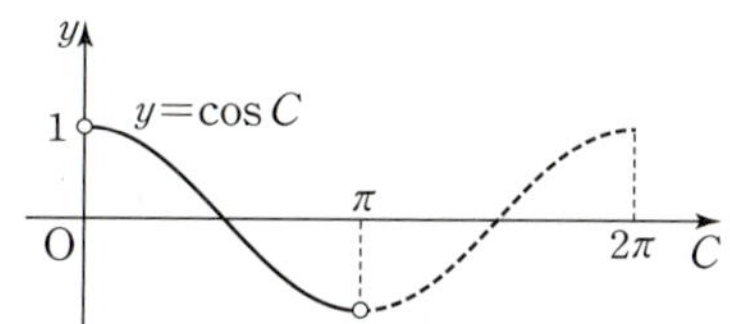

즉, 각 C의 크기가 최대일 때 $\cos C$는 최솟값을 갖는다.

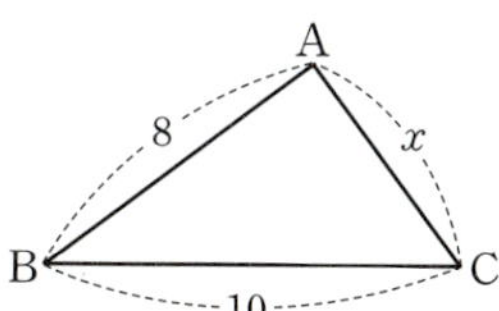

삼각형 ABC에서 코사인법칙에 의하여

$$\cos C=\dfrac{x^2+10^2-8^2}{2\times x\times 10}$$
$$=\dfrac{x^2+36}{20x}=\dfrac{x}{20}+\dfrac{9}{5x}$$

이때 $x>0$이므로 산술평균과 기하평균의 관계에 의하여

$$\dfrac{x}{20}+\dfrac{9}{5x}\geq 2\sqrt{\dfrac{x}{20}\times\dfrac{9}{5x}}$$
$$=\dfrac{3}{5}\left(단,\ 등호는\ \dfrac{x}{20}=\dfrac{9}{5x}일\ 때\ 성립한다.\right)$$

따라서 $\cos C$의 최솟값은 $\dfrac{3}{5}$이고,

$\dfrac{x}{20}=\dfrac{9}{5x}$에서

$x^2=36$, $x=6$이므로

각 C의 크기가 최대일 때, $x=6$이고 $\cos C=\dfrac{3}{5}$이다.

선분 BC의 위치를 고정하면 점 A는 점 B를 중심으로 하고 반지름의 길이가 8인 원 위에 있다. 이때 $\angle$BCA가 최대일 때는 점 C에서 원에 그은 접선의 접점이 A일 때이다.
$\angle$CAB$=90°$이므로 직각삼각형 CAB에서
$x=\overline{CA}=6$,
$\cos C=\dfrac{6}{10}=\dfrac{3}{5}$이다.

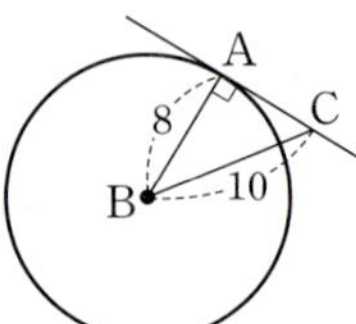

524

답 ①

$\angle$BAC$=\angle$CAD이므로 원주각의 성질에 의하여 $\overline{BC}=\overline{CD}$
$\angle$BAC$=\angle$CAD$=\theta$, $\overline{BC}=\overline{CD}=k$라 하면
삼각형 ABC에서 코사인법칙에 의하여
$$\cos\theta=\frac{5^2+(3\sqrt{5})^2-k^2}{2\times5\times3\sqrt{5}}=\frac{70-k^2}{30\sqrt{5}} \quad\cdots\cdots\ \text{㉠}$$
또한 삼각형 ACD에서 코사인법칙에 의하여
$$\cos\theta=\frac{7^2+(3\sqrt{5})^2-k^2}{2\times7\times3\sqrt{5}}=\frac{94-k^2}{42\sqrt{5}} \quad\cdots\cdots\ \text{㉡}$$
㉠$=$㉡에서
$$\frac{70-k^2}{30\sqrt{5}}=\frac{94-k^2}{42\sqrt{5}},\ 7(70-k^2)=5(94-k^2)$$
$490-7k^2=470-5k^2$, $2k^2=20$, $k^2=10$
$\therefore k=\sqrt{10}$
$k=\sqrt{10}$을 ㉠에 대입하면
$$\cos\theta=\frac{70-(\sqrt{10})^2}{30\sqrt{5}}=\frac{2\sqrt{5}}{5}$$
따라서 $\sin\theta=\sqrt{1-\left(\dfrac{2\sqrt{5}}{5}\right)^2}=\dfrac{\sqrt{5}}{5}$이고 주어진 원은 삼각형 ABC의 외접원이므로 원의 반지름의 길이를 R이라 하면 사인법칙에 의하여
$$2R=\frac{\overline{BC}}{\sin(\angle\text{BAC})}=\frac{\sqrt{10}}{\frac{\sqrt{5}}{5}}=5\sqrt{2}$$
$$\therefore R=\frac{5\sqrt{2}}{2}$$

525

답 ③

점 B에서 선분 AD에 내린 수선의 발을 F라 하면
$\cos(\angle\text{BAC})=\dfrac{1}{8}$이고
삼각형 ABD가 $\overline{AB}=\overline{BD}=4$인 이등변삼각형이므로
$$\overline{AD}=2\overline{AF}=2\overline{AB}\cos(\angle\text{BAC})=2\times4\times\frac{1}{8}=1$$
즉, $\overline{CD}=\overline{AC}-\overline{AD}=5-1=4$

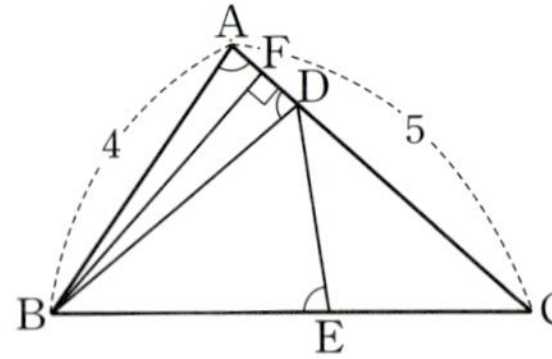

이때 $\angle$BDC$=\pi-\angle$BDA$=\pi-\angle$BAC에서

$\cos(\angle\text{BDC})=\cos(\pi-\angle\text{BAC})=-\cos(\angle\text{BAC})=-\dfrac{1}{8}$이므로
삼각형 BCD에서 코사인법칙에 의하여
$$\overline{BC}^2=4^2+4^2-2\times4\times4\times\left(-\frac{1}{8}\right)=36$$
$\therefore \overline{BC}=6\ (\because \overline{BC}>0)$
점 D에서 선분 BC에 내린 수선의 발을 H라 하면
삼각형 DBC가 이등변삼각형이므로 $\overline{BH}=3$
직각삼각형 DBH에서 $\overline{DH}=\sqrt{4^2-3^2}=\sqrt{7}$

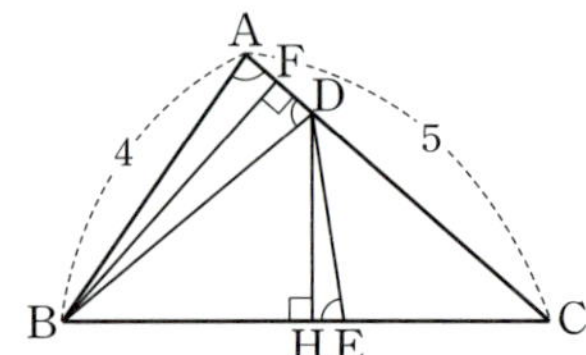

이때 $\cos(\angle\text{BAC})=\dfrac{1}{8}$이므로
$$\sin(\angle\text{BAC})=\sqrt{1-\left(\frac{1}{8}\right)^2}=\frac{3\sqrt{7}}{8}$$
즉, $\sin(\angle\text{BED})=\dfrac{3\sqrt{7}}{8}$이므로 삼각형 DHE에서
$$\overline{DE}=\frac{\overline{DH}}{\sin(\angle\text{BED})}=\frac{\sqrt{7}}{\frac{3\sqrt{7}}{8}}=\frac{8}{3}$$

526

답 $\dfrac{35}{32}$

삼각형 ABC에서 코사인법칙에 의하여
$$\overline{BC}^2=5^2+4^2-2\times5\times4\times\frac{1}{8}=36$$
$\therefore \overline{BC}=6\ (\because \overline{BC}>0)$
$\cos(\angle\text{BAC})=\dfrac{1}{8}$에서 $\sin(\angle\text{BAC})=\sqrt{1-\left(\dfrac{1}{8}\right)^2}=\dfrac{3\sqrt{7}}{8}$이고,
삼각형 ABC의 넓이는
$\dfrac{1}{2}\times\overline{AH}\times\overline{BC}=\dfrac{1}{2}\times\overline{AB}\times\overline{AC}\times\sin(\angle\text{BAC})$이므로
$$\frac{1}{2}\times\overline{AH}\times6=\frac{1}{2}\times5\times4\times\frac{3\sqrt{7}}{8} \quad \therefore \overline{AH}=\frac{5\sqrt{7}}{4}$$
선분 AH를 $2:3$으로 내분하는 점이 M이므로
$$\overline{AM}=\frac{2}{5}\times\overline{AH}=\frac{\sqrt{7}}{2}$$
원 위의 점 P에 대하여 $\angle$APM$=90°$이므로
두 삼각형 APM, AHC는 서로 닮음이다.
$\overline{AP}:\overline{AH}=\overline{AM}:\overline{AC}$이므로
$$\overline{AP}:\frac{5\sqrt{7}}{4}=\frac{\sqrt{7}}{2}:4,\ 4\overline{AP}=\frac{35}{8}$$
$$\therefore \overline{AP}=\frac{35}{32}$$

527

답 ③

원이 두 선분 AB, AC와 만나는 점을 각각 E, F라 하자.
원이 삼각형 ABC에 내접하므로 $\overline{BE}=\overline{BD}=6$, $\overline{CF}=\overline{CD}=2$이고
$\overline{AE}=\overline{AF}=x$라 하면

$\overline{AB}=x+6$, $\overline{BC}=8$, $\overline{CA}=x+2$이다.

따라서 삼각형 ABC의 넓이는

$$\frac{1}{2}\times(\overline{AB}+\overline{BC}+\overline{CA})\times\frac{2\sqrt{3}}{3}=\frac{2\sqrt{3}}{3}(x+8) \qquad \cdots\cdots \ \text{㉠}$$

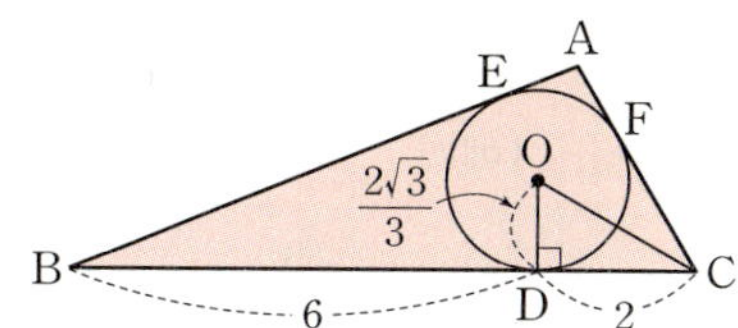

한편, 원의 중심을 O라 할 때, 직각삼각형 CDO에서

$\overline{OD}:\overline{CD}=1:\sqrt{3}$이므로

$\angle OCD=30°$이고, $\angle ACB=60°$이다.

따라서 삼각형 ABC의 넓이는

$$\frac{1}{2}\times\overline{AC}\times\overline{BC}\times\sin 60°=2\sqrt{3}(x+2) \qquad \cdots\cdots \ \text{㉡}$$

㉠, ㉡에서 $\dfrac{2\sqrt{3}}{3}(x+8)=2\sqrt{3}(x+2)$이므로

$x+8=3(x+2)$ $\qquad \therefore \ x=1$

따라서 삼각형 ABC의 넓이는 $6\sqrt{3}$이다.

원이 두 선분 AB, AC와 만나는 점을 각각 E, F라 하자.

원이 삼각형 ABC에 내접하므로 $\overline{BE}=\overline{BD}=6$, $\overline{CF}=\overline{CD}=2$이고

$\overline{AE}=\overline{AF}=x$라 하면

$\overline{AB}=x+6$, $\overline{BC}=8$, $\overline{CA}=x+2$이다.

한편, 원의 중심을 O라 할 때, 직각삼각형 CDO에서

$\overline{OD}:\overline{CD}=1:\sqrt{3}$이므로

$\angle OCD=30°$이고, $\angle ACB=60°$이다.

이때 삼각형 ABC에서 코사인법칙에 의하여

$(x+6)^2=(x+2)^2+8^2-2\times(x+2)\times8\times\cos 60°$

$x^2+12x+36=(x^2+4x+4)+64-(8x+16)$

$16x=16$, $x=1$

따라서 삼각형 ABC의 넓이는

$$\frac{1}{2}\times\overline{AC}\times\overline{BC}\times\sin 60°=\frac{1}{2}\times3\times8\times\frac{\sqrt{3}}{2}=6\sqrt{3}$$

528   답 ①

삼각형 ABC에 내접하는 원이 세 선분 CA, AB, BC와 만나는 점을 각각 P, Q, R이라 하자.

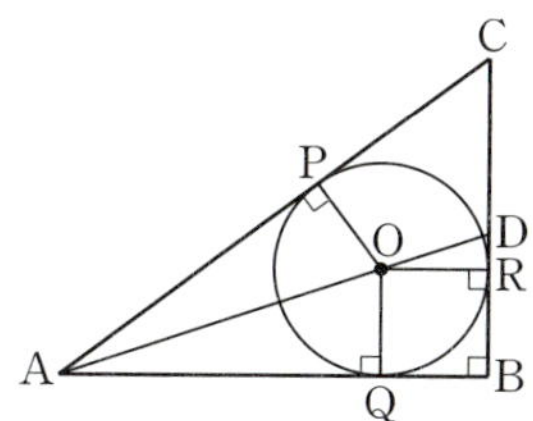

$\overline{OQ}=\overline{OR}=3$이므로

$\overline{DR}=\overline{DB}-\overline{RB}=4-3=1$

삼각형 DOR과 삼각형 OAQ는 닮음비가 $1:3$이므로

$\overline{AQ}=3\overline{OR}=9$

점 O가 삼각형 ABC의 내심이므로

$\overline{AP}=\overline{AQ}=9$, $\overline{BQ}=\overline{BR}=3$, $\overline{CP}=\overline{CR}$

따라서 $\overline{CP}=\overline{CR}=a$라 하면

직각삼각형 ABC에서 피타고라스 정리에 의하여

$(a+9)^2=12^2+(a+3)^2$

$a^2+18a+81=144+a^2+6a+9$

$12a=72$ $\qquad \therefore \ a=6$

즉, $\overline{CP}=\overline{CR}=6$이므로

$$\sin C=\frac{\overline{AB}}{\overline{AC}}=\frac{\overline{AQ}+\overline{BQ}}{\overline{AP}+\overline{CP}}=\frac{9+3}{9+6}=\frac{4}{5}$$

한편, 직각삼각형 ABD에서 피타고라스 정리에 의하여

$\overline{AD}=\sqrt{12^2+4^2}=4\sqrt{10}$

삼각형 ADC의 외접원의 반지름의 길이를 R이라 하면 사인법칙에 의하여

$$2R=\frac{\overline{AD}}{\sin C}=\frac{4\sqrt{10}}{\frac{4}{5}}=5\sqrt{10} \qquad \therefore \ R=\frac{5\sqrt{10}}{2}$$

따라서 삼각형 ADC의 외접원의 넓이는

$$\pi\times\left(\frac{5\sqrt{10}}{2}\right)^2=\frac{125}{2}\pi$$

삼각형 ABC에 내접하는 원이 세 선분 CA, AB, BC와 만나는 점을 각각 P, Q, R이라 하자.

$\overline{OQ}=\overline{OR}=3$이므로

$\overline{DR}=\overline{DB}-\overline{RB}=4-3=1$

직각삼각형 DOR에서 피타고라스 정리에 의하여

$\overline{DO}=\sqrt{3^2+1^2}=\sqrt{10}$이므로

$$\sin(\angle DOR)=\frac{1}{\sqrt{10}}=\frac{\sqrt{10}}{10}$$

한편, 삼각형 DOR과 삼각형 OAQ는 닮음비가 $1:3$이므로

$\overline{AQ}=3\overline{OR}=9$

점 O가 삼각형 ABC의 내심이므로

$\overline{AP}=\overline{AQ}=9$, $\overline{BQ}=\overline{BR}=3$, $\overline{CP}=\overline{CR}$, $\angle CAD=\angle DAB$

따라서 내각의 이등분선의 성질에 의하여

$\overline{AB}:\overline{AC}=\overline{BD}:\overline{CD}$이므로

$(9+3):(9+\overline{CP})=4:(\overline{CR}-1)$

$9+\overline{CP}=3(\overline{CR}-1)$

$9+\overline{CR}=3(\overline{CR}-1)$ $(\because \ \overline{CP}=\overline{CR})$

$2\overline{CR}=12$

즉, $\overline{CR}=6$이므로

$\overline{CD}=\overline{CR}-1=5$

이때 직선 OR과 직선 AB가 평행하므로

$\angle DAB=\angle DOR$, 즉 $\angle CAD=\angle DOR$

따라서 삼각형 ADC의 외접원의 반지름의 길이를 R이라 하면 사인법칙에 의하여

$$2R=\frac{\overline{CD}}{\sin(\angle CAD)}=\frac{\overline{CD}}{\sin(\angle DOR)}=\frac{5}{\frac{\sqrt{10}}{10}}=5\sqrt{10}$$

$$\therefore \ R=\frac{5\sqrt{10}}{2}$$

따라서 삼각형 ADC의 외접원의 넓이는

$$\pi\times\left(\frac{5\sqrt{10}}{2}\right)^2=\frac{125}{2}\pi$$

삼각형 ABC에서 코사인법칙에 의하여
$$\cos A = \frac{6^2+5^2-4^2}{2\times 6\times 5} = \frac{3}{4}$$
$0° < A < 180°$이므로 $\sin A = \sqrt{1-\cos^2 A} = \sqrt{1-\left(\frac{3}{4}\right)^2} = \frac{\sqrt{7}}{4}$

(삼각형 ABC의 넓이)
=(삼각형 PAB의 넓이)+(삼각형 PBC의 넓이)
$\qquad\qquad\qquad\qquad$ +(삼각형 PAC의 넓이)

이므로 $\overline{PF}=x$라 하면
$$\frac{1}{2}\times 6\times 5\times \frac{\sqrt{7}}{4} = \frac{1}{2}\times 6\times x + \frac{1}{2}\times 4\times \sqrt{7} + \frac{1}{2}\times 5\times \frac{\sqrt{7}}{2}$$
$$\therefore x = \frac{\sqrt{7}}{6}$$

사각형 AFPE에서 $\angle EPF = \pi - A$이므로
$$\text{(삼각형 EFP의 넓이)} = \frac{1}{2}\times \frac{\sqrt{7}}{6}\times \frac{\sqrt{7}}{2}\times \sin(\pi - A)$$
$$= \frac{1}{2}\times \frac{\sqrt{7}}{6}\times \frac{\sqrt{7}}{2}\times \sin A$$
$$= \frac{7\sqrt{7}}{96}$$

따라서 $p=96$, $q=7$이므로
$$p+q=103$$

$\angle BAD = x$라 하면 $\angle ADB = 90° - x$이므로
$\angle CDE = 90° - \angle ADB = x$이다.

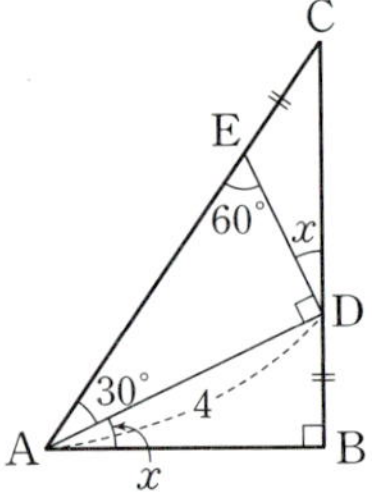

한편, 삼각형 ABD에서 $\overline{BD} = 4\sin x$이므로 $\overline{CE} = 4\sin x$
$\angle AED = 60°$이므로 $\angle CED = 120°$이다.
따라서 삼각형 CDE에서 사인법칙에 의하여
$$\frac{\overline{CD}}{\sin 120°} = \frac{\overline{CE}}{\sin x}, \quad \frac{\overline{CD}}{\frac{\sqrt{3}}{2}} = \frac{4\sin x}{\sin x}$$
$$\therefore \overline{CD} = 2\sqrt{3}$$

삼각형 ABC에서 코사인법칙에 의하여
$$\cos A = \frac{7^2+8^2-13^2}{2\times 7\times 8} = -\frac{1}{2}$$이고 $0 < A < \pi$이므로
$$\sin A = \sqrt{1-\cos^2 A} = \sqrt{1-\left(-\frac{1}{2}\right)^2} = \frac{\sqrt{3}}{2}$$
이때 삼각형 ABC의 외접원의 반지름의 길이를 R이라 하면
사인법칙에 의하여

$$\frac{\overline{BC}}{\sin A} = 2R, \quad \frac{13}{\frac{\sqrt{3}}{2}} = 2R, \quad R = \frac{13\sqrt{3}}{3}$$

삼각형 ABC의 내접원의 반지름의 길이를 r이라 하면
삼각형의 넓이는
$$\frac{1}{2}r(a+b+c) = \frac{1}{2}bc\sin A$$에서
$$\frac{1}{2}\times r\times (13+8+7) = \frac{1}{2}\times 8\times 7\times \frac{\sqrt{3}}{2}$$
$$14r = 14\sqrt{3}, \quad r = \sqrt{3}$$
$\therefore$ (색칠한 부분의 넓이)
$\quad$ =(큰 원의 넓이)−(삼각형 ABC의 넓이)+(작은 원의 넓이)
$$= \pi\left(\frac{13\sqrt{3}}{3}\right)^2 - 14\sqrt{3} + \pi(\sqrt{3})^2$$
$$= \frac{178}{3}\pi - 14\sqrt{3}$$

채점 요소	배점
$\sin A$의 값 구하기	20%
외접원의 반지름의 길이 구하기	30%
내접원의 반지름의 길이 구하기	40%
색칠한 부분의 넓이 구하기	10%

$\overline{AD} : \overline{DB} = 3 : 2$이고 $\overline{AD} = \overline{AE}$이므로
$\overline{AD} = \overline{AE} = 3k$, $\overline{DB} = 2k$ $(k>0)$라 하자.

삼각형 ABC에서 사인법칙에 의하여 $\dfrac{\overline{BC}}{\sin A} = \dfrac{\overline{AB}}{\sin C}$이므로
$\overline{BC} : \overline{AB} = \sin A : \sin C = 8 : 5$
$\therefore \overline{BC} = 8k \ (\because \overline{AB} = 5k)$
또한 삼각형 ADE와 삼각형 ABC의 넓이의 비가 $9 : 35$이므로
$$\frac{1}{2}\times 3k\times 3k\times \sin A : \frac{1}{2}\times 5k\times \overline{AC}\times \sin A = 9 : 35$$
$9k : 5\overline{AC} = 9 : 35 \qquad \therefore \overline{AC} = 7k$

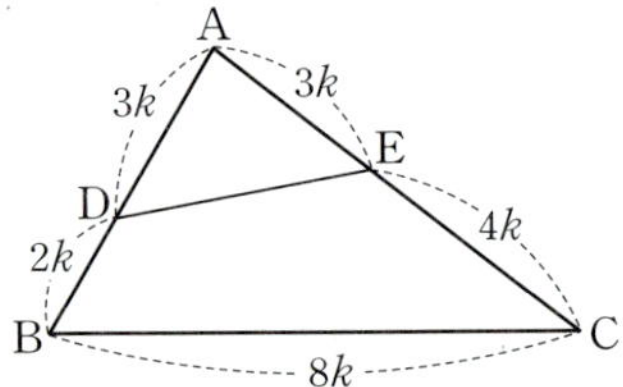

이때 삼각형 ABC에서 코사인법칙에 의하여
$$\cos B = \frac{\overline{AB}^2 + \overline{BC}^2 - \overline{AC}^2}{2\times \overline{AB}\times \overline{BC}} = \frac{25k^2+64k^2-49k^2}{2\times 5k\times 8k} = \frac{1}{2}$$
즉, $\angle B = \dfrac{\pi}{3}$이므로 $\sin B = \dfrac{\sqrt{3}}{2}$
삼각형 ABC의 넓이가 $30\sqrt{3}$이므로
$$\frac{1}{2}\times \overline{AB}\times \overline{BC}\times \sin B = \frac{1}{2}\times 5k\times 8k\times \frac{\sqrt{3}}{2}$$
$$= 10\sqrt{3}k^2 = 30\sqrt{3}$$
$$\therefore k = \sqrt{3} \ (\because k>0)$$
삼각형 ABC의 외접원의 반지름의 길이를 R이라 하면 사인법칙에
의하여

$$\frac{\overline{AC}}{\sin B}=\frac{7\sqrt{3}}{\frac{\sqrt{3}}{2}}=2R \text{에서 } R=7$$

따라서 삼각형 ABC의 외접원의 넓이는
49π

533

답 100

두 해안 도로가 나타내는 직선을 각각 l, m이라 하고,
두 직선 l, m의 교점을 O라 하자.
배의 위치를 A라 하고 수영코스에서 직선 l, m과 만나는 점을 각각
B, C라 하자.
이때 점 A를 직선 l에 대하여 대칭이동한 점을 A′, 직선 m에
대하여 대칭이동한 점을 A″이라 하면 다음 그림과 같다.

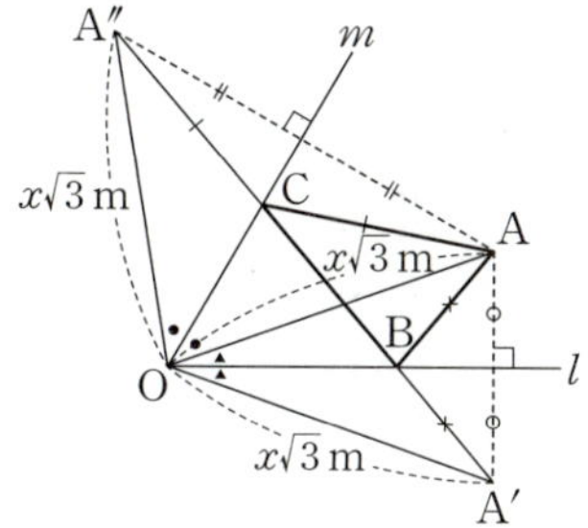

$\overline{OA}=\overline{OA'}=\overline{OA''}=x\sqrt{3}\,\text{m}$이고
$\angle BOC=60°$에서 $\angle A'OA''=120°$이다.
이때 수영코스의 최단 길이가 300 m이므로 $\overline{A'A''}=300$ m
삼각형 A′OA″에서 코사인법칙에 의하여
$$300^2=(x\sqrt{3})^2+(x\sqrt{3})^2-2\times x\sqrt{3}\times x\sqrt{3}\times \cos 120°$$
$$=3x^2+3x^2+3x^2=9x^2$$
$$\therefore x=100 \;(\because x>0)$$

534

답 ①

원 O의 반지름의 길이를 R이라 하면 원 O의 넓이가 $\dfrac{49}{3}\pi$이므로

$$\pi R^2=\frac{49}{3}\pi, \; R^2=\frac{49}{3}$$

$$\therefore R=\frac{7}{\sqrt{3}}=\frac{7\sqrt{3}}{3}$$

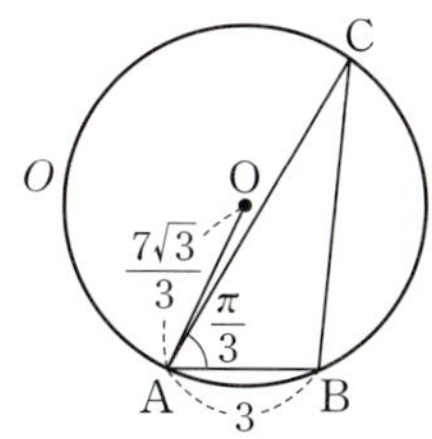

삼각형 ABC에서 사인법칙에 의하여

$$\frac{\overline{BC}}{\sin \frac{\pi}{3}}=2\times\frac{7\sqrt{3}}{3}$$

$$\therefore \overline{BC}=2\times\frac{7\sqrt{3}}{3}\times\sin\frac{\pi}{3}=2\times\frac{7\sqrt{3}}{3}\times\frac{\sqrt{3}}{2}=7$$

한편, $\overline{AC}=k\,(k>0)$라 하면 삼각형 ABC에서 코사인법칙에 의하여
$$7^2=k^2+3^2-2\times k\times 3\times\cos\frac{\pi}{3}$$
$$49=k^2+9-3k, \; k^2-3k-40=0$$
$$(k+5)(k-8)=0$$
$$\therefore k=8 \;(\because k>0)$$
즉, $\overline{AC}=8$이므로 삼각형 ABC에서 코사인법칙에 의하여
$$\cos(\angle ABC)=\frac{3^2+7^2-8^2}{2\times 3\times 7}=-\frac{1}{7}$$

따라서 $\dfrac{\pi}{2}<\angle ABC<\pi$이므로 삼각형 ABC는 둔각삼각형이다.

이때 삼각형 PAC의 넓이가 최대가 되도록 하는 점 P를
점 Q라 하면 점 Q는 선분 AC의 수직이등분선과 원 O의 두 교점 중
직선 AC와 더 멀리 떨어져 있는 점이다.

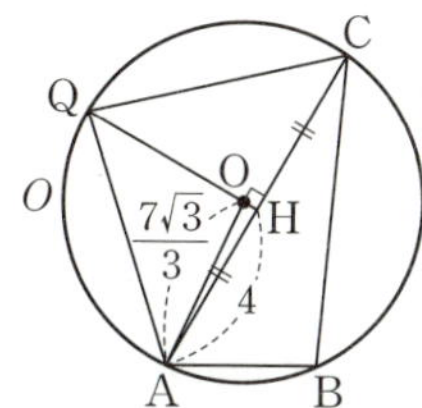

선분 AC와 선분 AC의 수직이등분선의 교점을 H라 하면 원 O의 중
심 O는 선분 QH 위에 있다.
직각삼각형 OAH에서
$$\overline{OH}=\sqrt{\overline{OA}^2-\overline{AH}^2}=\sqrt{\left(\frac{7\sqrt{3}}{3}\right)^2-4^2}=\frac{\sqrt{3}}{3}$$
$$\therefore \overline{QH}=\overline{OQ}+\overline{OH}=\frac{7\sqrt{3}}{3}+\frac{\sqrt{3}}{3}=\frac{8\sqrt{3}}{3}$$

따라서 삼각형 PAC의 넓이의 최댓값은
$$\frac{1}{2}\times\overline{AC}\times\overline{QH}=\frac{1}{2}\times 8\times\frac{8\sqrt{3}}{3}=\frac{32\sqrt{3}}{3}$$

535

답 81

$\angle A_nOA_{n+1}=\theta_n \,(n=1, 2, \cdots, 7)$, $\angle A_8OA_1=\theta_8$이라 하면
한 원에서 호의 길이는 그 호에 대한 중심각의 크기에 비례하므로
$$\theta_1:\theta_2:\theta_3:\cdots:\theta_7:\theta_8=1:2:3:\cdots:7:8$$
이때 $\theta_1+\theta_2+\theta_3+\cdots+\theta_7+\theta_8=360°$이므로
$$\theta_n=\frac{n}{1+2+3+\cdots+8}\times 360°=n\times 10° \,(n=1, 2, \cdots, 8)$$
따라서 $S_n=\dfrac{1}{2}\times 3\times 3\times\sin\theta_n=\dfrac{9}{2}\sin\theta_n$이므로
$$(S_1)^2+(S_2)^2+(S_3)^2+\cdots+(S_7)^2+(S_8)^2$$
$$=\left(\frac{9}{2}\sin 10°\right)^2+\left(\frac{9}{2}\sin 20°\right)^2+\left(\frac{9}{2}\sin 30°\right)^2+\cdots$$
$$+\left(\frac{9}{2}\sin 70°\right)^2+\left(\frac{9}{2}\sin 80°\right)^2$$
$$=\left(\frac{9}{2}\right)^2(\sin^2 10°+\sin^2 20°+\sin^2 30°+\sin^2 40°$$
$$+\sin^2 50°+\sin^2 60°+\sin^2 70°+\sin^2 80°)$$
$$=\left(\frac{9}{2}\right)^2(\sin^2 10°+\sin^2 20°+\sin^2 30°+\sin^2 40°$$
$$+\cos^2 40°+\cos^2 30°+\cos^2 20°+\cos^2 10°)$$
$$=\left(\frac{9}{2}\right)^2\times 4=81$$

$\overline{OB}=\overline{OC}=\sqrt{10}$, $\overline{BC}=2\sqrt5$이므로 삼각형 OBC는 $\angle BOC=\dfrac{\pi}{2}$인

직각이등변삼각형이다.

$\angle AOB=\alpha$, $\angle AOC=\beta$라 하면

삼각형 OAB의 넓이 S_1은

$$S_1=\frac{1}{2}\times(\sqrt{10})^2\times\sin\alpha=5\sin\alpha$$

삼각형 OCA의 넓이 S_2는

$$S_2=\frac{1}{2}\times(\sqrt{10})^2\times\sin\beta=5\sin\beta$$

이때 $3S_1=4S_2$이므로 $\sin\alpha=\dfrac{4}{3}\sin\beta$ ······ ㉠

또한 $\angle AOB+\angle BOC+\angle COA=2\pi$이므로

$$\alpha+\beta+\frac{\pi}{2}=2\pi \qquad \therefore \beta=\frac{3}{2}\pi-\alpha$$

$\beta=\dfrac{3}{2}\pi-\alpha$를 ㉠에 대입하면

$$\sin\alpha=\frac{4}{3}\sin\left(\frac{3}{2}\pi-\alpha\right)=-\frac{4}{3}\cos\alpha \quad ······ ㉡$$

㉡을 $\sin^2\alpha+\cos^2\alpha=1$에 대입하면

$$\left(-\frac{4}{3}\cos\alpha\right)^2+\cos^2\alpha=1,\ \frac{25}{9}\cos^2\alpha=1$$

$$\cos^2\alpha=\frac{9}{25}$$

$\sin\alpha>0$이므로 ㉡에서 $\cos\alpha<0$

$$\therefore \cos\alpha=-\frac{3}{5}$$

따라서 삼각형 OAB에서 코사인법칙에 의하여

$$\overline{AB}^2=(\sqrt{10})^2+(\sqrt{10})^2-2\times\sqrt{10}\times\sqrt{10}\times\left(-\frac{3}{5}\right)=32$$

$$\therefore \overline{AB}=4\sqrt2\ (\because \overline{AB}>0)$$

537 ·· 답 ①

$\angle AFC=\alpha$, $\angle CDE=\beta$라 하자.

$\cos\alpha=\dfrac{\sqrt{10}}{10}$이므로

$$\sin\alpha=\sqrt{1-\cos^2\alpha}=\sqrt{1-\frac{1}{10}}=\frac{3\sqrt{10}}{10}$$

$\angle ECD=\angle EFB=\pi-\alpha$

삼각형 CDE에서 사인법칙에 의하여

$$\frac{\overline{ED}}{\sin(\pi-\alpha)}=\frac{\overline{EC}}{\sin\beta}=2\times5\sqrt2=10\sqrt2$$

$$\overline{ED}=10\sqrt2\times\sin(\pi-\alpha)=10\sqrt2\times\sin\alpha$$

$$=10\sqrt2\times\frac{3\sqrt{10}}{10}=6\sqrt5$$

$$\sin\beta=\frac{\overline{EC}}{10\sqrt2}=\frac{10}{10\sqrt2}=\frac{\sqrt2}{2}$$

$$\therefore \beta=\frac{\pi}{4}$$

한편, $\overline{CD}=x$라 하면 삼각형 CDE에서 코사인법칙에 의하여

$$(6\sqrt5)^2=x^2+10^2-2\times x\times10\times\cos(\pi-\alpha)$$

$$180=x^2+2\sqrt{10}x+100\left(\because \cos\alpha=\frac{\sqrt{10}}{10}\right)$$

$x^2+2\sqrt{10}x-80=0$이고 $x>0$이므로

$$x=-\sqrt{10}+\sqrt{10+80}=2\sqrt{10}$$

한편, $\angle ABE=\angle CDE=\dfrac{\pi}{4}$이므로

삼각형 ABE는 직각이등변삼각형이고, $\overline{AB}=2\sqrt{10}$이므로

$$\overline{BE}=\overline{AE}=2\sqrt5$$

삼각형 FBE와 삼각형 CDE는 서로 닮음이고 닮음비는

$\overline{BE}:\overline{ED}=2\sqrt5:6\sqrt5=1:3$이므로

$$\overline{AF}=\overline{AB}\times\frac{2}{3}=2\sqrt{10}\times\frac{2}{3}=\frac{4\sqrt{10}}{3}$$

따라서 삼각형 AFE의 넓이는

$$\frac{1}{2}\times\overline{AF}\times\overline{AE}\times\sin\frac{\pi}{4}$$

$$=\frac{1}{2}\times\frac{4\sqrt{10}}{3}\times2\sqrt5\times\frac{\sqrt2}{2}=\frac{20}{3}$$

538 ·· 답 63

$\angle BAD=\angle BCD=\theta$라 하면

삼각형 ABD의 넓이 S_1은

$$S_1=\frac{1}{2}\times6\times\overline{AD}\times\sin\theta=3\overline{AD}\sin\theta$$

삼각형 CBD의 넓이 S_2는

$$S_2=\frac{1}{2}\times\overline{BC}\times4\times\sin\theta=2\overline{BC}\sin\theta$$

이때 $S_1:S_2=9:5$이므로

$$3\overline{AD}\sin\theta:2\overline{BC}\sin\theta=9:5$$

$$3\overline{AD}:2\overline{BC}=9:5$$

$$15\overline{AD}=18\overline{BC}$$

$$5\overline{AD}=6\overline{BC}$$

$$\therefore \overline{AD}:\overline{BC}=6:5$$

이때 $\overline{AD}=6k$, $\overline{BC}=5k\ (k>0)$라 하면

삼각형 ABC에서 코사인법칙에 의하여

$$\overline{AC}^2=6^2+(5k)^2-2\times6\times5k\times\frac{3}{4}$$

$$=25k^2-45k+36$$

$\angle ADC=\angle ABC=\alpha$이므로

삼각형 ADC에서 코사인법칙에 의하여

$$\overline{AC}^2=(6k)^2+4^2-2\times6k\times4\times\frac{3}{4}$$

$$=36k^2-36k+16$$

즉, $25k^2-45k+36=36k^2-36k+16$이므로

$$11k^2+9k-20=0,\ (11k+20)(k-1)=0$$

$$\therefore k=1\ (\because k>0)$$

$$\therefore \overline{AD}=6k=6\times1=6$$

한편, 삼각형 ABC가 예각삼각형이므로

$$\sin\alpha=\sqrt{1-\cos^2\alpha}=\sqrt{1-\left(\frac{3}{4}\right)^2}=\frac{\sqrt7}{4}$$

따라서 삼각형 ADC의 넓이 S는

$$S=\frac{1}{2}\times6\times4\times\sin\alpha$$

$$=\frac{1}{2}\times6\times4\times\frac{\sqrt7}{4}=3\sqrt7$$

$$\therefore S^2=(3\sqrt7)^2=63$$

$\overline{AB}=a\ (a>0)$라 하면 $\overline{DA}=2a$이다.

삼각형 DAB에서 코사인법칙에 의하여

$\overline{BD}^2=a^2+(2a)^2-2\times a\times 2a\times\cos\dfrac{2}{3}\pi=7a^2$

$\therefore \overline{BD}=\sqrt{7}a\ (\because a>0)$

한편, $\overline{BE}:\overline{ED}=3:4$이므로

$\triangle ABC:\triangle ADC=3:4$

$\angle ABC=\theta$라 할 때,

$\triangle ABC=\dfrac{1}{2}\times\overline{BA}\times\overline{BC}\times\sin\theta,$

$\triangle ADC=\dfrac{1}{2}\times\overline{DA}\times\overline{DC}\times\sin(\pi-\theta)$

$\qquad\quad =\dfrac{1}{2}\times\overline{DA}\times\overline{DC}\times\sin\theta$

이고

$\triangle ABC:\triangle ADC=(\overline{BA}\times\overline{BC}):(\overline{DA}\times\overline{DC})$

$\qquad\qquad\qquad\quad =(\overline{BA}\times\overline{BC}):(2\overline{BA}\times\overline{DC})=3:4$

이므로

$4\overline{BC}=6\overline{DC}\qquad\therefore \overline{BC}=\dfrac{3}{2}\overline{DC}$

$\overline{DC}=k\ (k>0)$라 하면

$\overline{BC}=\dfrac{3}{2}k$이고 $\overline{BD}=\sqrt{7}a$, $\angle BCD=\dfrac{\pi}{3}$이므로

삼각형 BCD에서 코사인법칙에 의하여

$(\sqrt{7}a)^2=\left(\dfrac{3}{2}k\right)^2+k^2-2\times\dfrac{3}{2}k\times k\times\cos\dfrac{\pi}{3}$

$7a^2=\dfrac{13}{4}k^2-\dfrac{3}{2}k^2=\dfrac{7}{4}k^2$

$k^2=4a^2\qquad\therefore k=2a\ (\because k>0,\ a>0)$

즉, $\overline{BC}=\dfrac{3}{2}k=\dfrac{3}{2}\times 2a=3a,\ \overline{DC}=k=2a$

삼각형 ABD의 외접원의 반지름의 길이가 1이므로

사인법칙에 의하여

$\dfrac{\sqrt{7}a}{\sin\dfrac{2}{3}\pi}=2\times 1$

$\therefore a=2\times 1\times\dfrac{\sin\dfrac{2}{3}\pi}{\sqrt{7}}=2\times\dfrac{\dfrac{\sqrt{3}}{2}}{\sqrt{7}}=\dfrac{\sqrt{21}}{7}$

따라서

$\triangle ABD=\dfrac{1}{2}\times\dfrac{\sqrt{21}}{7}\times\dfrac{2\sqrt{21}}{7}\times\sin\dfrac{2}{3}\pi=\dfrac{3\sqrt{3}}{14},$

$\triangle BCD=\dfrac{1}{2}\times\dfrac{3\sqrt{21}}{7}\times\dfrac{2\sqrt{21}}{7}\times\sin\dfrac{\pi}{3}=\dfrac{9\sqrt{3}}{14}$

이므로 사각형 ABCD의 넓이는

$\triangle ABD+\triangle BCD=\dfrac{3\sqrt{3}}{14}+\dfrac{9\sqrt{3}}{14}=\dfrac{6\sqrt{3}}{7}$

즉, $p=7,\ q=6$이므로

$p+q=7+6=13$

두 삼각형 ABC, ACD의 외접원의 반지름의 길이를 각각

$R\ (R>0),\ R'\ (R'>0)$이라 하자.

삼각형 ABC에서 사인법칙에 의하여

$\dfrac{\overline{AC}}{\sin\alpha}=2R$, 즉 $\sin\alpha=\dfrac{\overline{AC}}{2R}$ ······ ㉠

삼각형 ACD에서 사인법칙에 의하여

$\dfrac{\overline{AC}}{\sin\beta}=2R'$, 즉 $\sin\beta=\dfrac{\overline{AC}}{2R'}$ ······ ㉡

이때 ㉠, ㉡을 $\dfrac{\sin\beta}{\sin\alpha}=\dfrac{3}{2}$에 대입하면

$\dfrac{\dfrac{\overline{AC}}{2R'}}{\dfrac{\overline{AC}}{2R}}=\dfrac{3}{2},\ \dfrac{R}{R'}=\dfrac{3}{2}$

즉, $R=3k,\ R'=2k\ (k>0)$라 하자.

한편, 호 AC에 대한 중심각의 크기는 원주각의 크기의 2배이므로

$\angle AOC=2\angle ABC=2\alpha$

또한 점 O에서 선분 AC에 내린 수선의 발 H는 선분 AC를

이등분하므로

$\angle AOH=\angle COH=\alpha$

마찬가지 방법으로 생각해 보면 $\angle AO'H=\beta$

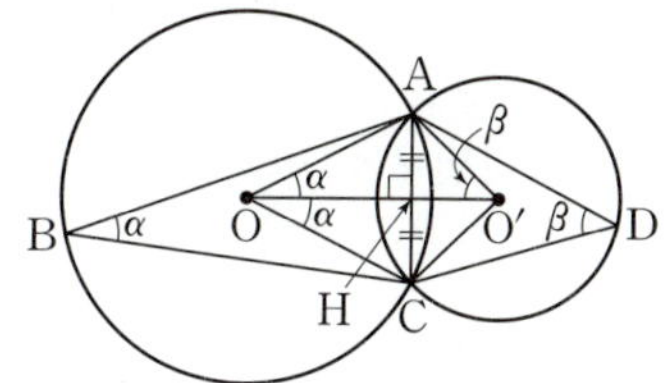

삼각형 AOO'에서

$\overline{OO'}=1,\ \overline{AO}=3k,\ \overline{AO'}=2k$이고 $\cos(\alpha+\beta)=\dfrac{1}{3}$이므로

$\cos(\angle OAO')=\cos\{\pi-(\alpha+\beta)\}=-\cos(\alpha+\beta)=-\dfrac{1}{3}$

삼각형 AOO'에서 코사인법칙에 의하여

$1^2=(3k)^2+(2k)^2-2\times 3k\times 2k\times\left(-\dfrac{1}{3}\right)$

$1=17k^2$

$\therefore k^2=\dfrac{1}{17}$

따라서 삼각형 ABC의 외접원의 넓이는

$\pi\times(3k)^2=\dfrac{9}{17}\pi$이므로

$p=17,\ q=9$

$\therefore p+q=17+9=26$

01 등차수열과 등비수열

541   달 ②

$a_n=n^2-2$이므로
$a_3=3^2-2=7$, $a_5=5^2-2=23$이다.
$\therefore a_3+a_5=30$

542   달 ④

① 2^n에 $n=3$을 대입하면 $2^3=8$이고 주어진 수열의 제3항은 6이므로 제n항은 2^n이 아니다.

② $(-1)^{n+1}$에 $n=1$을 대입하면 $(-1)^2=1$이고 주어진 수열의 제1항은 -1이므로 제n항은 $(-1)^{n+1}$이 아니다.

③ $2n+1$에 $n=1$을 대입하면 $2\times1+1=3$이고 주어진 수열의 제1항은 1이므로 제n항은 $2n+1$이 아니다.

④ $1=1^2$, $4=2^2$, $9=3^2$, $16=4^2$, $\cdots$이므로 자연수 n에 대하여 주어진 수열의 제n항은 n^2이다.

⑤ $\dfrac{1}{n^3+n}$에 $n=2$를 대입하면 $\dfrac{1}{2^3+2}$이고 주어진 수열의 제2항은 $\dfrac{1}{2^2+2}$이므로 제n항은 $\dfrac{1}{n^3+n}$이 아니다.

따라서 일반항을 바르게 추측한 것은 ④이다.

> **참고**
>
> 주어진 수열의 제n항은 다음과 같이 추측할 수 있다.
>
> ① $2n$ ② $(-1)^n$ ③ $2n-1$ ④ n^2 ⑤ $\dfrac{1}{n^2+n}$
>
> 이때 ②에서 주어진 수열 -1, 1, -1, 1, -1, $\cdots$의 일반항을 나타내는 방법에는 여러 가지가 있다. 즉, $(-1)^{n-2}$, $(-1)^{n+2}$, $(-1)^{n+4}$ 등으로 나타낼 수 있다.

543   달 ②

주어진 수열을 $\{a_n\}$, 공차를 d라 하면
첫째항이 3이고 공차가 -2이므로 제15항은
$a_{15}=a_1+14\times d=3+14\times(-2)=-25$

544   달 (1) 26   (2) 6

(1) 주어진 수열을 $\{a_n\}$, 공차를 d라 하면
첫째항이 -1이고 공차가 $2-(-1)=3$이므로 제10항은
$a_{10}=a_1+9\times d=(-1)+9\times3=26$

(2) 주어진 수열을 $\{a_n\}$, 공차를 d라 하면
첫째항이 42이고 공차가 $38-42=-4$이므로 제10항은
$a_{10}=a_1+9\times d=42+9\times(-4)=6$

> **참고**
>
> 수열 $\{a_n\}$의 일반항이 n에 대한 일차 이하의 식이면 수열 $\{a_n\}$은 등차수열이다.
>
> **[증명]**
>
> $a_n=pn+q$ (p, q는 상수)라 하면
> $a_{n+1}-a_n=p(n+1)+q-(pn+q)=p$
> 수열 $\{a_n\}$은 연속한 두 항의 차가 p로 일정한 수열이므로 공차가 p인 등차수열이다.

545   달 ④

등차수열 $\{a_n\}$의 공차를 d라 하면
$a_{12}-a_4=8d=-24$이므로 $d=-3$
$\therefore a_{17}=a_{12}+5d=(-17)+5\times(-3)=-32$

> **다른 풀이**

등차수열 $\{a_n\}$의 공차를 d라 하면
$a_4=a_1+3d=7$
$a_{12}=a_1+11d=-17$
위의 두 식을 연립하여 풀면
$a_1=16$, $d=-3$이므로
$a_n=16-3(n-1)=-3n+19$
$\therefore a_{17}=(-3)\times17+19=-32$

546   달 ④

4로 나눈 나머지가 1인 자연수를 작은 수부터 차례대로 나열하면
1, 5, 9, 13, $\cdots$이다.
즉, 수열 $\{a_n\}$이 첫째항이 1이고 공차가 4인 등차수열이므로
일반항은
$a_n=1+4(n-1)=4n-3$
$\therefore a_{20}=4\times20-3=77$

547   달 ④

등차수열 $\{a_n\}$의 공차를 d라 하면
$$(a_4+a_8)-(a_3+a_5)=(a_4-a_3)+(a_8-a_5)$$
$$=d+3d=4d$$
$4d=25-27=-2$에서 $d=-\dfrac{1}{2}$이다.

이때 $a_3+a_5=(a_1+2d)+(a_1+4d)=2a_1-3\left(\because d=-\dfrac{1}{2}\right)$
이므로
$2a_1-3=27$, $a_1=15$
수열 $\{a_n\}$의 일반항은
$a_n=15-\dfrac{1}{2}(n-1)=-\dfrac{n}{2}+\dfrac{31}{2}$이고
$-\dfrac{n}{2}+\dfrac{31}{2}<0$, $\dfrac{n}{2}>\dfrac{31}{2}$에서 $n>31$이므로
수열 $\{a_n\}$이 처음으로 음수가 되는 항은 제32항이다.

548

답 ②

$2a-1$은 $a-3$과 a^2-3의 등차중항이므로
$$2a-1=\frac{(a-3)+(a^2-3)}{2}$$
$$4a-2=a^2+a-6$$
$$a^2-3a-4=(a+1)(a-4)=0$$
$$\therefore a=-1 \ \text{또는} \ a=4$$
이때 $a-3$, $2a-1$, a^2-3이 모두 양수가 되기 위해서는
$a=4$이다.
따라서 세 양수는 1, 7, 13이므로 세 수의 합은 21이다.

549

답 ④

두 등차수열 $\{a_n\}$, $\{b_n\}$의 공차가 각각 3, -2이므로
$a_{n+1}-a_n=3$, $b_{n+1}-b_n=-2$이다.
따라서 등차수열 $\{3a_n-4b_n-5\}$의 공차는
$$(3a_{n+1}-4b_{n+1}-5)-(3a_n-4b_n-5)$$
$$=3(a_{n+1}-a_n)-4(b_{n+1}-b_n)$$
$$=3\times3-4\times(-2)=17$$

참고

수열 $\{a_n\}$, $\{b_n\}$이 모두 등차수열이면 수열 $\{a_n+b_n\}$은
등차수열이고, 이때 공차는 두 수열 $\{a_n\}$, $\{b_n\}$의 공차를 합한
것과 같다.
[증명]
수열 $\{a_n\}$, $\{b_n\}$의 공차를 각각 d_1, d_2라 하면 수열 $\{a_n\}$의
일반항은 $a_n=a_1+(n-1)d_1$이고 수열 $\{b_n\}$의 일반항은
$b_n=b_1+(n-1)d_2$이다.
따라서 수열 $\{a_n+b_n\}$은 첫째항이 a_1+b_1이고 공차가 d_1+d_2인
등차수열이다.

마찬가지로 두 등차수열 $\{a_n\}$, $\{b_n\}$의 공차를 각각 d_1, d_2라
하면 수열 $\{pa_n+qb_n\}$ (p, q는 실수)는 공차가 pd_1+qd_2인
등차수열이다.

550

답 ③

주어진 등차수열을 $\{a_n\}$이라 하고, 이 수열의 공차를 d라 하자.
$a_1=2$, $a_5=14$에서 $a_5-a_1=4d=12$이므로 $d=3$이다.
따라서 수열 $\{a_n\}$의 첫째항부터 제10항까지의 합은
$$\frac{10(2\times2+9\times3)}{2}=155$$

551

답 ④

$a_{10}=11$이므로
$$S_{10}=\frac{10(a_1+a_{10})}{2}=5(a_1+11)\text{이다.}$$
$5(a_1+11)=20$에서 $a_1=-7$이다.

이때 등차수열 $\{a_n\}$의 공차를 d라 하면 $a_{10}-a_1=9d$이므로
$9d=11-(-7)=18$에서 $d=2$이다.
$$\therefore a_{20}=a_1+19d=(-7)+38=31$$

참고

등차수열 $\{a_n\}$의 첫째항부터 제n항까지의 합 S_n은
① 첫째항이 a, 제n항이 l일 때,
$$S_n=\frac{n(a+l)}{2}$$
② 첫째항이 a, 공차가 d일 때,
$$S_n=\frac{n\{2a+(n-1)d\}}{2}$$
의 두 가지로 나타낼 수 있다. 문제에서 주어진 조건에 따라
편리한 공식을 사용하도록 하자.

552

답 ①

등차수열 $\{a_n\}$의 공차를 d라 하고, 첫째항부터 제n항까지의 합을
S_n이라 하자.
$$S_6=\frac{6(2a_1+5d)}{2}=21\text{에서}$$
$$2a_1+5d=7 \quad\quad\quad \cdots\cdots \ \text{㉠}$$
$$S_{12}=\frac{12(2a_1+11d)}{2}=150\text{에서}$$
$$2a_1+11d=25 \quad\quad\quad \cdots\cdots \ \text{㉡}$$
㉠, ㉡을 연립하여 풀면
$d=3$, $a_1=-4$이다.
$$\therefore a_{12}=a_1+11d=(-4)+33=29$$

553

답 44

연속하는 20개의 짝수를 큰 수부터 차례대로 나열하면 공차가 -2인
등차수열을 이룬다.
이때 가장 큰 수, 즉 첫째항을 k라 하면 가장 작은 수인
제20항은 $k-38$이므로 등차수열의 합에 의하여
$$\frac{20(k+k-38)}{2}=500$$
$$2k-38=50$$
$$\therefore k=44$$

554

답 ①

공연장의 n번째 줄의 관람석의 수를 a_n이라 하면
수열 $\{a_n\}$은 첫째항이 12이고 공차가 3인 등차수열을 이룬다.
따라서 구하는 총 관람석의 수는 등차수열 $\{a_n\}$의 첫째항부터
제20항까지의 합과 같으므로
$$\frac{20(2\times12+19\times3)}{2}=810\text{이다.}$$

555

답 4

$a_1=S_1=3-2=1$이고
$n\geq2$일 때 수열의 합과 일반항 사이의 관계에 의하여

$a_7=S_7-S_6$
$\quad =(3\times7-2)-(3\times6-2)=3$
$\therefore a_1+a_7=1+3=4$

556   🔲 ④

$n\geq2$일 때 수열의 합과 일반항 사이의 관계에 의하여
$a_8=S_8-S_7$
$\quad =(64+24)-(49+21)=18$

557   🔲 (1) $a_n=4n-3\,(n\geq1)$ (2) $a_1=4$, $a_n=2n\,(n\geq2)$

(1) $n\geq2$일 때 수열의 합과 일반항 사이의 관계에 의하여
$$a_n=S_n-S_{n-1}$$
$$\quad =(2n^2-n)-\{2(n-1)^2-(n-1)\}$$
$$\quad =(2n^2-n)-(2n^2-4n+2-n+1)$$
$$\quad =4n-3$$
$a_1=S_1=1$이므로 $a_n=4n-3\,(n\geq1)$이다.

(2) $n\geq2$일 때 수열의 합과 일반항 사이의 관계에 의하여
$$a_n=S_n-S_{n-1}$$
$$\quad =(n^2+n+2)-\{(n-1)^2+(n-1)+2\}$$
$$\quad =(n^2+n+2)-(n^2-2n+1+n-1+2)$$
$$\quad =2n$$
$S_1=4$이므로 $a_1=4$, $a_n=2n\,(n\geq2)$이다.

다른 풀이

(1) S_n이 n에 대한 이차식이고 상수항이 0이므로
수열 $\{a_n\}$은 등차수열이다.
$a_1=S_1=1$이고 (이차항의 계수)$\times2=$(공차)이므로
공차는 $2\times2=4$이다.
따라서 일반항은 $a_n=1+4(n-1)=4n-3$이다.

참고

수열 $\{a_n\}$의 첫째항부터 제n항까지의 합 S_n이 n에 대한
이차식이고 상수항이 0이 아닌 경우 수열 $\{a_n\}$은 제2항부터
등차수열을 이룬다. 이때 첫째항이 규칙에서 제외되므로 수열
$\{a_n\}$은 등차수열이 아니다.

558   🔲 ②

주어진 등비수열을 $\{a_n\}$이라 하고, 공비를 r이라 하자.
$\dfrac{a_8}{a_5}=\dfrac{a_1\times r^7}{a_1\times r^4}=r^3=\dfrac{96}{-12}=-8$이므로 $r=-2$
$\therefore a_6=a_5\times r=(-12)\times(-2)=24$
따라서 제6항은 24이다.

559   🔲 ①

수열 $\{a_n\}$은 첫째항이 48이고 공비가 $\dfrac{1}{2}$인 등비수열이므로

일반항은 $a_n=48\times\left(\dfrac{1}{2}\right)^{n-1}$이다.   …… ㉠

수열 $\{b_n\}$은 첫째항이 $\dfrac{1}{27}$이고 공비가 3인 등비수열이므로

일반항은 $b_n=\dfrac{1}{27}\times3^{n-1}$이다.   …… ㉡

㉠, ㉡에서
$$a_nb_n=48\times\left(\dfrac{1}{2}\right)^{n-1}\times\dfrac{1}{27}\times3^{n-1}=\dfrac{16}{9}\times\left(\dfrac{3}{2}\right)^{n-1}$$

이므로 수열 $\{a_nb_n\}$의 공비는 $\dfrac{3}{2}$이다.   …… **TIP**

TIP

두 수열 $\{a_n\}$, $\{b_n\}$이 모두 등비수열이면 수열 $\{a_nb_n\}$도
등비수열이고, 이때 공비는 두 수열 $\{a_n\}$, $\{b_n\}$의 공비를 곱한
것과 같다.

[증명]
수열 $\{a_n\}$, $\{b_n\}$의 공비를 각각 r, s라 하면
수열 $\{a_n\}$의 일반항은 $a_n=a_1\times r^{n-1}$이고
수열 $\{b_n\}$의 일반항은 $b_n=b_1\times s^{n-1}$이다.
따라서 수열 $\{a_nb_n\}$의 일반항은
$$a_nb_n=(a_1\times r^{n-1})\times(b_1\times s^{n-1})$$
$$\quad =a_1b_1\times(rs)^{n-1}$$
이므로 수열 $\{a_nb_n\}$은 첫째항이 a_1b_1이고 공비가 rs인
등비수열이다.

560   🔲 ②

등비수열 $\{a_n\}$의 공비를 r이라 하면 $\dfrac{a_4}{a_3}=3$에서 $r=3$이므로

일반항은 $a_n=\dfrac{1}{6}\times3^{n-1}$이다.

이때 $a_k=\dfrac{81}{2}$이라 하면

$a_k=\dfrac{1}{6}\times3^{k-1}=\dfrac{81}{2}$, $3^{k-1}=243=3^5$에서 $k-1=5$, $k=6$

따라서 $\dfrac{81}{2}$은 제6항이다.

561   🔲 ③

등비수열 $\{a_n\}$의 공비를 $r\,(r>0)$이라 하면
$$\dfrac{a_3+a_4}{a_5+a_6}=\dfrac{a_3+a_4}{a_3r^2+a_4r^2}=\dfrac{a_3+a_4}{(a_3+a_4)r^2}=\dfrac{1}{r^2}=9$$

이므로 $r^2=\dfrac{1}{9}$, $r=\dfrac{1}{3}$ $(\because r>0)$

$\therefore a_2=a_1r=12\times\dfrac{1}{3}=4$

562   🔲 ①

등비수열 $\{a_n\}$의 공비를 $r\,(r>0)$이라 하면

$a_3=9a_1$에서 $\dfrac{a_3}{a_1}=\dfrac{a_1\times r^2}{a_1}=r^2=9$이므로 $r=3\,(\because r>0)$

이때 $a_6=(a_5)^2$에서 $\dfrac{a_6}{a_5}=a_5$, $r=a_1r^4$, $a_1=\dfrac{1}{r^3}$이므로

$a_1=\dfrac{1}{3^3}=\dfrac{1}{27}$

563
답 320

등비수열 $\{a_n\}$의 공비를 r이라 하면
$a_2\times r^3=a_5$, $a_3\times r^3=a_6$, $a_4\times r^3=a_7$이므로
$a_5+a_6+a_7=r^3(a_2+a_3+a_4)=40$
$r^3=8\,(\because a_2+a_3+a_4=5)$
$\therefore a_8+a_9+a_{10}=r^3(a_5+a_6+a_7)=8\times 40=320$

564
답 ②

등비수열 $\{a_n\}$의 일반항은
$a_n=\dfrac{1}{16}\times 2^{n-1}=2^{-4}\times 2^{n-1}=2^{n-5}$이다.
$a_{15}=2^{10}=1024<2000$이고
$a_{16}=2^{11}=2048>2000$이므로
$a_m>2000$을 만족시키는 자연수 m의 최솟값은 16이다.

565
답 ②

x는 162와 18의 등비중항이므로
$x^2=162\times 18=3^2\times 18^2=54^2$
에서 $x=54\,(\because x>0)$
y는 18과 2의 등비중항이므로
$y^2=18\times 2=6^2$
에서 $y=6\,(\because y>0)$
$\therefore x+y=54+6=60$

다른 풀이

주어진 등비수열을 $\{a_n\}$이라 하고, 공비를 $r\,(r>0)$이라 하자.
$a_1=162$, $a_3=18$에서 $\dfrac{a_3}{a_1}=\dfrac{a_1\times r^2}{a_1}=r^2=\dfrac{18}{162}=\dfrac{1}{9}$
이므로 $r=\dfrac{1}{3}\,(\because r>0)$이다.

즉, 수열 $\{a_n\}$은 첫째항이 162이고 공비가 $\dfrac{1}{3}$인 등비수열이므로
$x=a_2=a_1\times r=162\times\dfrac{1}{3}=54$
$y=a_4=a_3\times r=18\times\dfrac{1}{3}=6$
$\therefore x+y=54+6=60$

566
답 ⑤

등비수열 5, x, y, z, 80의 공비를 $r\,(r>0)$이라 하자.
$80=5r^4$에서 $r^4=16$이므로 $r=2\,(\because r>0)$이다.
따라서 $x=5\times 2=10$, $y=2x=20$, $z=2y=40$이므로
$x+y+z=10+20+40=70$

567
답 24

세 수 x, 5, $y-1$에서
$10=x+y-1$, $y=11-x$ …… ㉠
세 수 $x+1$, y, 2에서
$y^2=(x+1)\times 2$, $y^2=2x+2$ …… ㉡
㉠을 ㉡에 대입하면
$(11-x)^2=2x+2$, $x^2-22x+121=2x+2$
$x^2-24x+119=(x-7)(x-17)=0$
$\therefore x=7$ 또는 $x=17$
따라서 모든 x의 값의 합은 $7+17=24$이다.

568
답 16

등비수열 $\{a_n\}$의 공비를 $r\,(r>0)$이라 하면
$a_3+a_5=\dfrac{1}{a_3}+\dfrac{1}{a_5}$에서
$a_3+a_5=\dfrac{a_3+a_5}{a_3a_5}$
즉, $a_3a_5=1$이므로 $(\because a_3+a_5>0)$
$\dfrac{1}{4}r^2\times\dfrac{1}{4}r^4=1\left(\because a_1=\dfrac{1}{4}\right)$
$r^6=16$, $r^3=4\,(\because r>0)$
$\therefore a_{10}=\dfrac{1}{4}r^9=\dfrac{1}{4}(r^3)^3=\dfrac{1}{4}\times 4^3=16$

569
답 ③

첫째항이 3이고 공비가 -2인 등비수열 $\{a_n\}$의 첫째항부터
제10항까지의 합은
$\dfrac{3\{1-(-2)^{10}\}}{1-(-2)}=1-(-2)^{10}=1-1024=-1023$

570
답 ③

주어진 수열은 첫째항이 2^3이고 공비가 2^2인 등비수열이다.
이때 $2^3=2^{2\times 1+1}$, $2^{25}=2^{2\times 12+1}$이므로
등비수열 2^3, 2^5, 2^7, $\cdots$, 2^{25}의 합은
$\dfrac{2^3\{(2^2)^{12}-1\}}{4-1}=\dfrac{2^3(2^{24}-1)}{3}=\dfrac{2^{27}-8}{3}$

571
답 풀이 참조

주어진 등비수열을 $\{a_n\}$이라 하고, 공비를 r이라 하자.
첫째항부터 제5항까지의 합이 4, 첫째항부터 제10항까지의 합이
-20이므로 $r\neq 1$이고
$\dfrac{a_1(r^5-1)}{r-1}=4$ …… ㉠
$\dfrac{a_1(r^{10}-1)}{r-1}=\dfrac{a_1(r^5-1)(r^5+1)}{r-1}=-20$ …… ㉡

㉠을 ㉡에 대입하면
$$\frac{a_1(r^5-1)(r^5+1)}{r-1}=4(r^5+1)=-20$$
에서 $r^5+1=-5$이므로 $r^5=-6$이다. $\qquad$ …… ㉢
따라서 첫째항부터 제15항까지의 합은
$$\frac{a_1(r^{15}-1)}{r-1}=\frac{a_1(r^5-1)(r^{10}+r^5+1)}{r-1}$$
$$=4\times\{(-6)^2+(-6)+1\}\,(\because\text{㉠, ㉢})$$
$$=124$$

채점 요소	배점
첫째항부터 제5항까지의 합을 첫째항과 공비를 이용하여 식 세우기	30 %
첫째항부터 제10항까지의 합을 첫째항과 공비를 이용하여 식 세우기	30 %
첫째항부터 제15항까지의 합 구하기	40 %

다른 풀이

주어진 등비수열을 $\{a_n\}$이라 하고, 공비를 r이라 하자.
$A=a_1+a_2+a_3+a_4+a_5$
$B=a_6+a_7+a_8+a_9+a_{10}$
$C=a_{11}+a_{12}+a_{13}+a_{14}+a_{15}$
라 하면 $B=r^5\times A$, $C=r^5\times B$이고 $\qquad$ …… ㉠
주어진 조건에 의하여 $A=4$, $A+B=-20$이므로 $B=-24$에서
$B=r^5\times A=4r^5=-24\,(\because\text{㉠})$
$\therefore r^5=-6$
㉠에 의하여 $C=r^5\times B=(-6)\times(-24)=144$이므로
수열 $\{a_n\}$의 첫째항부터 제15항까지의 합은
$A+B+C=4+(-24)+144=124$

572
답 $\dfrac{1}{5}$

등비수열 $\{a_n\}$의 공비를 r이라 하면
$$a_1+a_2+a_3+\cdots+a_{20}=\frac{a_1(r^{20}-1)}{r-1}=18 \qquad \text{…… ㉠}$$
이때 $a_1,\ a_3,\ a_5,\ \cdots,\ a_{19}$는 첫째항이 a_1이고 공비가 r^2인 등비수열을 이루므로
$$a_1+a_3+a_5+\cdots+a_{19}=\frac{a_1\{(r^2)^{10}-1\}}{r^2-1}$$
$$=\frac{a_1(r^{20}-1)}{(r-1)(r+1)}=15 \qquad \text{…… ㉡}$$
㉠을 ㉡에 대입하면
$\dfrac{18}{r+1}=15$에서 $r+1=\dfrac{6}{5}$이므로 $r=\dfrac{1}{5}$이다.

따라서 수열 $\{a_n\}$의 공비는 $\dfrac{1}{5}$이다.

다른 풀이

등비수열 a_n의 공비를 r이라 하자.
$A=a_1+a_3+a_5+\cdots+a_{19}$
$B=a_2+a_4+a_6+\cdots+a_{20}$
이라 하면 $B=r\times A$이고 $\qquad$ …… ㉠
주어진 조건에 의하여 $A+B=18$, $A=15$이므로 $B=3$에서
$B=r\times A=15r=3\,(\because\text{㉠})$
$\therefore r=\dfrac{1}{5}$

573
답 ③

$n\geq2$일 때 수열의 합과 일반항 사이의 관계에 의하여
$$S_n-S_{n-1}=(3^{n+2}+k)-(3^{n+1}+k)$$
$$=(3-1)3^{n+1}$$
$$=2\times3^{n+1}$$
$n\geq2$일 때 $a_n=2\times3^{n+1}$이므로 수열 $\{a_n\}$이 등비수열이 되려면
$S_1=a_1$을 만족시켜야 한다.
$S_1=3^3+k$, $a_1=2\times3^2$이므로
$27+k=18$
$\therefore k=-9$

TIP

수열 $\{a_n\}$이 등비수열이면 첫째항부터 제n항까지의 합을 S_n이라 할 때, $S_n=p\times r^n-p\,(p$는 상수$)$ 꼴로 나타낼 수 있어야 한다.
수열 $\{a_n\}$이 등비수열이고, 이 수열의 공비를 r이라 하면 수열 $\{a_n\}$의 첫째항부터 제n항까지의 합 S_n은
$$S_n=\frac{a_1(r^n-1)}{r-1}=\frac{a_1}{r-1}\times r^n-\frac{a_1}{r-1}\text{이고}$$
$\dfrac{a_1}{r-1}=p\,(p$는 상수$)$라 하면 $S_n=p\times r^n-p$이다.
문제에 주어진 식 $S_n=3^{n+2}+k$에서 $S_n=9\times3^n+k$이므로 $k=-9$임을 알 수 있다.

574
답 ①

수열 $\{a_n\}$의 공비를 $r\,(r>1)$이라 하자.
$$\frac{S_4}{S_2}=\frac{\dfrac{3(r^4-1)}{r-1}}{\dfrac{3(r^2-1)}{r-1}}=r^2+1$$
$$\frac{6a_3}{a_5}=\frac{18r^2}{3r^4}=\frac{6}{r^2}\text{이므로}$$
$r^2+1=\dfrac{6}{r^2}$, $r^4+r^2-6=0$
$(r^2-2)(r^2+3)=0$, $r^2=2$
따라서 $a_7=3\times r^6=3\times2^3=24$

575
답 ②

1개월째 초에 적립한 10만 원은 36개월 동안 예금되므로
36개월째 말의 원리합계는 $10(1+0.005)^{36}$만 원이다.
2개월째 초에 적립한 10만 원은 35개월 동안 예금되므로
36개월째 말의 원리합계는 $10(1+0.005)^{35}$만 원이다.
이와 같은 방법으로 매월 초에 적립한 10만 원의 36개월째 말의
원리합계는 다음과 같다.

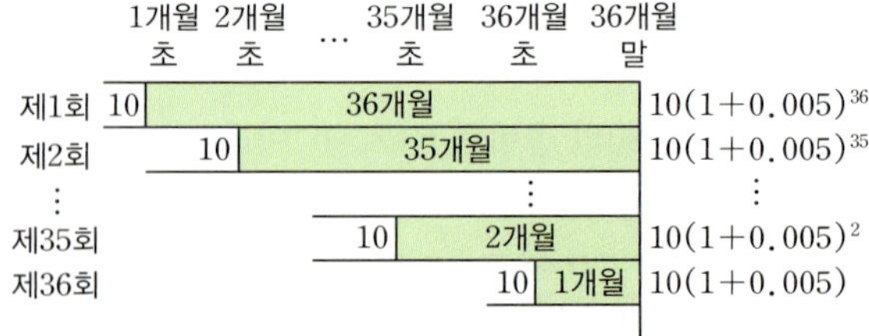

구하는 적립금의 원리합계는 첫째항이 $10(1+0.005)$이고 공비가
$1+0.005$인 등비수열의 첫째항부터 제36항까지의 합과 같으므로
$$10(1+0.005)+10(1+0.005)^2+10(1+0.005)^3+\cdots$$
$$+10(1+0.005)^{36}$$
$$=\frac{10(1+0.005)\times\{(1+0.005)^{36}-1\}}{(1+0.005)-1}$$
$$=\frac{10\times1.005\times0.2}{0.005}\ (\because 1.005^{36}=1.2)$$
$$=402(만 원)$$
따라서 구하는 적립금의 원리합계는 402만 원이다.

576   目 ③

첫 해 연초에 적립한 a원은 12년 동안 예금되므로
12년 후의 연말의 원리합계는 $a(1+0.05)^{12}$원이다.
2년째 연초에 적립한 a원은 11년 동안 예금되므로
12년 후의 연말의 원리합계는 $a(1+0.05)^{11}$원이다.
이와 같은 방법으로 매년 초에 적립한 a원의 12년 후의 연말의
원리합계는 다음과 같다.

	1년 초	2년 초	$\cdots$	11년 초	12년 초	12년 말	
제1회	a	12년					$a(1+0.05)^{12}$
제2회		a	11년				$a(1+0.05)^{11}$
$\vdots$							$\vdots$
제11회				a	2년		$a(1+0.05)^2$
제12회					a	1년	$a(1+0.05)$

적립금의 원리합계는 첫째항이 $a(1+0.05)$이고 공비가 $1+0.05$인
등비수열의 첫째항부터 제12항까지의 합과 같으므로
$$a(1+0.05)+a(1+0.05)^2+a(1+0.05)^3+\cdots+a(1+0.05)^{12}$$
$$=\frac{a(1+0.05)\times\{(1+0.05)^{12}-1\}}{(1+0.05)-1}$$
$$=\frac{1.05a(1.05^{12}-1)}{1.05-1}$$
$$=\frac{1.05a\times0.8}{0.05}\ (\because 1.05^{12}=1.8)$$
$$=21a\times0.8=8400000$$
$$\therefore a=500000$$

577   目 (1) n^3 (2) $\dfrac{n}{2n-1}$

(1) 주어진 수열 $1,\ 8,\ 27,\ 64,\ 125,\ \cdots$는
   $1^3,\ 2^3,\ 3^3,\ 4^3,\ 5^3,\ \cdots$이므로 n번째 수가 n^3으로 추측할 수 있다.
   따라서 주어진 수열의 일반항은 n^3이다.

(2) 주어진 수열 $\dfrac{1}{1},\ \dfrac{2}{3},\ \dfrac{3}{5},\ \dfrac{4}{7},\ \dfrac{5}{9},\ \cdots$에서

   분자는 $1,\ 2,\ 3,\ 4,\ 5,\ \cdots$로 n번째 수가 n이고,
   분모는 $1,\ 3,\ 5,\ 7,\ 9,\ \cdots$로 n번째 수가 $2n-1$로 추측할 수 있다.

   따라서 주어진 수열의 일반항은 $\dfrac{n}{2n-1}$이다.

578   目 ④

등차수열 $-6,\ a_1,\ a_2,\ a_3,\ a_4,\ a_5,\ a_6,\ 15$의 공차를 d라 하면
-6에 d를 7번 더하면 15가 된다.

즉, $(-6)+7d=15$에서
$7d=21,\ d=3$
따라서 $a_6=15-3=12,\ a_5=12-3=9$이므로
$a_5+a_6=21$

579   目 ④

삼차방정식 $x^3-3x^2+kx+8=0$의 세 실근이 등차수열을 이루므로
세 실근을 $a-d,\ a,\ a+d$라 하면
$(a-d)+a+(a+d)=3$이므로   …… **TIP**
$3a=3,\ a=1$
또한 $(a-d)\times a\times(a+d)=-8$이므로   …… **TIP**
$a(a^2-d^2)=-8,\ 1-d^2=-8,\ d^2=9$
$d=3$ 또는 $d=-3$
한편, 주어진 삼차방정식의 한 근이 $x=1$이므로
$k+6=0,\ k=-6$
$\therefore k+|d|=-3$

> **TIP**
> 삼차방정식 $x^3+ax^2+bx+c=0$의 세 실근을 $\alpha,\ \beta,\ \gamma$라 하면
> $$x^3+ax^2+bx+c=(x-\alpha)(x-\beta)(x-\gamma)$$
> $$=x^3-(\alpha+\beta+\gamma)x^2+(\alpha\beta+\beta\gamma+\gamma\alpha)x-\alpha\beta\gamma$$
> 이므로
> $\alpha+\beta+\gamma=-a,\ \alpha\beta+\beta\gamma+\gamma\alpha=b,\ \alpha\beta\gamma=-c$가 성립한다.

580   目 24

등차수열 $\{a_n\}$의 공차를 d라 하면
$a_{11}-a_6=5d=15$에서 $d=3$이므로
일반항은 $a_n=a_1+3(n-1)$이다.   …… ㉠
$n=8$을 ㉠에 대입하면
$a_8=a_1+7\times3=-44$에서 $a_1=-65$이므로
㉠에서 $a_n=-65+3(n-1)=3n-68$이다.
이때 $a_{22}=-2,\ a_{23}=1$이므로
$|a_n|$은 $k=23$일 때 $|a_{23}|=1$로 최솟값을 갖는다.   …… **TIP**
$\therefore k+a_k=23+1=24$

> **TIP**
> $|a_n|$의 값은 항상 0보다 크거나 같으므로 a_n이 0과 가장 가까운
> 값을 가질 때 $|a_n|$은 최솟값을 갖는다.

581   目 -30

조건 ㈏에서 $a_5,\ a_{10}$이 절댓값은 같고 부호가 서로 다르므로
등차수열 $\{a_n\}$의 공차를 d라 하면
$a_5+a_{10}=(a_2+3d)+(a_2+8d)=0$
조건 ㈎에서 $a_2=22$이므로 $11d=-44,\ d=-4$
$\therefore a_{15}=a_2+13d=22+(-52)=-30$

582
달 16

등차수열 $\{a_n\}$의 공차를 d $(d<0)$라 하면
조건 ㈎에서
$a_3+a_4+a_5+a_6+a_7$
$=(a_5-2d)+(a_5-d)+a_5+(a_5+d)+(a_5+2d)$
$=5a_5=20$
$\therefore a_5=4$ $\qquad\qquad\cdots\cdots\cdots$ ㉠
이때 $a_2=a_5-3d$, $a_8=a_5+3d$이므로 $a_8\geq0$이면
$\begin{aligned}|a_2|+|a_8|&=|a_5-3d|+|a_5+3d|\\&=(a_5-3d)+(a_5+3d)\\&=2\times a_5=8\ (\because ㉠)\end{aligned}$
하지만 조건 ㈏에 의하여 $|a_2|+|a_8|=18$이므로 조건 ㈏를
만족시키려면 $a_8<0$이어야 한다.
$\begin{aligned}|a_2|+|a_8|&=|a_5-3d|+|a_5+3d|\\&=(a_5-3d)+(-a_5-3d)\\&=-6d=18\end{aligned}$
$\therefore d=-3$
㉠에 의하여
$a_1=a_5-4d=4-4\times(-3)=16$

583
답 ④

집합 B의 원소를 작은 수부터 차례대로 나열하면
7, 12, 17, 22, 27, 32, 37, 42, $\cdots$
이므로 집합 B는 숫자 2를 제외하고 일의 자리의 수가 7 또는 2인
모든 자연수의 집합임을 알 수 있다.
집합 A의 원소를 작은 수부터 차례대로 나열하면
4, 7, 10, 13, 16, 19, 22, 25, 28, 31, 34, 37, $\cdots$
이므로 $A\cap B$의 원소를 작은 수부터 차례대로 나열하면
7, 22, 37, 52, 67, $\cdots$이다.
즉, 수열 $\{a_n\}$은 첫째항이 7이고 공차가 15인 등차수열이다.
$\therefore a_n=7+(n-1)\times15=15n-8$
따라서 $a_n=15n-8>400$에서 $n>\dfrac{408}{15}=27.2$이므로
수열 $\{a_n\}$에서 처음으로 400보다 커지는 항은 제28항이다.

584
답 54

직각삼각형의 세 변의 길이를 각각 $a-3$, a, $a+3(a>3)$이라 하자.
$\cdots\cdots$ TIP
이때 빗변의 길이가 $a+3$이므로 피타고라스 정리에 의하여
$(a-3)^2+a^2=(a+3)^2$
$a^2-6a+9+a^2=a^2+6a+9$
$a^2-12a=a(a-12)=0$에서 $a=12\ (\because a>3)$
따라서 직각삼각형의 세 변의 길이가 9, 12, 15이므로
구하는 삼각형의 넓이는 $\dfrac{1}{2}\times9\times12=54$

585
답 60

5개의 부채꼴의 넓이를 작은 것부터 차례대로
$a-2d$, $a-d$, a, $a+d$, $a+2d$ $(d>0)$라 하면
5개의 부채꼴의 넓이의 합은 원의 넓이이므로
$5a=\pi\times15^2$ $\quad\therefore a=45\pi$ $\qquad\cdots\cdots$ ㉠
또한 가장 큰 부채꼴의 넓이가 가장 작은 부채꼴의 넓이의 2배이므로
$a+2d=2(a-2d)$에서
$d=\dfrac{a}{6}=\dfrac{15}{2}\pi$
따라서 가장 큰 부채꼴의 넓이는
$a+2d=45\pi+2\times\dfrac{15}{2}\pi=60\pi$
$\therefore k=60$

586
답 ④

등차수열 2, a_1, a_2, a_3, $\cdots$, a_{n+2}, 102에서
첫째항은 2이고 항의 개수는 $n+4$이므로 등차수열의 합에 의하여
$\dfrac{(n+4)(2+102)}{2}=52(n+4)$
이때 $52(n+4)=1092$, $n+4=21$에서 $n=17$이다.
이 수열의 공차를 d라 하면
$102-2=d(n+3)$에서 $100=20d\ (\because n=17)$이므로 $d=5$이다.
$a_{11}=2+5\times11=57$이고 등차중항에 의하여
$a_{11}=\dfrac{a_{10}+a_{12}}{2}$, $a_{10}+a_{12}=2a_{11}$이다.
$\therefore a_{10}+a_{11}+a_{12}=3a_{11}=3\times57=171$

587
답 3010

5로 나눈 나머지가 3인 자연수를 작은 것부터 차례대로 나열하면
3, 8, 13, 18, $\cdots$이다.
즉, 이 수열을 $\{a_n\}$이라 하면 첫째항이 3이고 공차가 5인
등차수열이므로 일반항은 $a_n=3+5(n-1)=5n-2$이다.
이때 $100\leq a_n\leq200$이려면
$100\leq5n-2\leq200$에서 $\dfrac{102}{5}\leq n\leq\dfrac{202}{5}$
이를 만족시키는 자연수 n은 21 이상 40 이하이다.
따라서 구하는 값은 등차수열 $\{a_n\}$의 제21항부터 제40항까지의
합과 같으므로

$$\frac{20(a_{21}+a_{40})}{2}=\frac{20(103+198)}{2}=3010$$

588

답 13

조건 ㈎에서 $a_1+a_2+a_3+a_4=26$이고
조건 ㈏에서 $a_{n-3}+a_{n-2}+a_{n-1}+a_n=134$이므로
$a_1+a_2+a_3+a_4+a_{n-3}+a_{n-2}+a_{n-1}+a_n=160$
이때 $a_1+a_n=a_2+a_{n-1}=a_3+a_{n-2}=a_4+a_{n-3}$이므로
$$a_1+a_n=\frac{160}{4}=40\text{이다.}$$

조건 ㈐에서 $a_1+a_2+a_3+\cdots+a_n=\dfrac{n(a_1+a_n)}{2}=260$이므로
$20n=260$
$\therefore\ n=13$

589

답 ⑤

$S_{k+10}=S_k+(a_{k+1}+a_{k+2}+\cdots+a_{k+10})$
수열 a_n의 공차가 2이므로
$640=S_k+(a_k+2)+(a_k+4)+\cdots+(a_k+20)$
$$=S_k+\left\{10\times31+\frac{10\times(2+20)}{2}\right\}$$
$\therefore\ S_k=640-(310+110)=220$

다른 풀이

수열 $\{a_n\}$의 첫째항을 a라 하면
$a_k=a+(k-1)\times2=31$
$$S_{k+10}=\frac{(k+10)\{2a+(k+9)\times2\}}{2}=640$$
위 두 식을 연립하면
$k^2-32k+220=0,\ (k-10)(k-22)=0$
$\therefore\ k=10$ 또는 $k=22$
$k=10$일 때, $a=13$
$k=22$일 때, $a=-11$
이때 $a>0$이므로 $k=10$, $a=13$이다.
$$\therefore\ S_k=S_{10}=\frac{10(2\times13+9\times2)}{2}=220$$

590

답 ④

수열 $\{a_n\}$의 일반항은 $a_n=44-3(n-1)=-3n+47$이다.
수열 $\{a_n\}$의 첫째항이 양수이고 공차가 음수이므로 S_n의 최댓값은
양수인 모든 항을 더한 값과 같다.
$a_n=-3n+47>0$, $n<\dfrac{47}{3}$에서 제16항부터 음수인 항이 나오므로
S_n은 $n=15$일 때 최댓값 S_{15}를 갖는다.
$$\therefore\ S_{15}=\frac{15\{2\times44+14\times(-3)\}}{2}=345$$
따라서 구하는 값은 $345+15=360$

591

답 ②

등차수열 $\{a_n\}$의 공차를 d라 하면
$$S_4=\frac{4(2\times9+3d)}{2},\ S_6=\frac{6(2\times9+5d)}{2}\text{이고,}$$
$S_4=S_6$이므로 $2(18+3d)=3(18+5d)$
$9d=-18$
$\therefore\ d=-2$
$$\therefore\ S_n=\frac{n\{2\times9-2(n-1)\}}{2}=n(10-n)$$
이때 $S_n<0$이려면 $n(10-n)<0$에서 $n>10$이므로 자연수 n의
최솟값은 11이다.

다른 풀이

'유형04 수열의 합과 일반항 사이의 관계'를 이용하면 다음과 같이
풀이할 수 있다.
$S_4=S_6$에서 $S_6-S_4=0$, $a_6+a_5=0$이므로
$a_1+a_{10}=a_2+a_9=a_3+a_8$
$\qquad\qquad =a_4+a_7=a_5+a_6=0$ $\qquad\cdots\cdots$ ㉠
또한 $a_1>0$이므로 ㉠에 의하여
$n\le5$이면 $a_n>0$, $n>5$이면 $a_n<0$이다. $\qquad\cdots\cdots$ ㉡
따라서 ㉠, ㉡에 의하여
$n<10$이면 $S_n>0$, $n=10$이면 $S_n=0$, $n>10$이면 $S_n<0$이다.
즉, S_n의 값이 음수가 되도록 하는 자연수 n의 최솟값은 11이다.

592

답 ②

두 등차수열 $\{a_n\}$, $\{b_n\}$에 대하여 $c_n=a_n+b_n$이라 하면
수열 $\{c_n\}$도 등차수열이다.
이때 주어진 조건에 의하여
$c_2=8$이고 $c_2+c_4+c_6+\cdots+c_{20}=800$이다.
수열 $\{c_n\}$의 공차를 d라 하면 수열 $\{c_{2n}\}$의 공차는 $2d$이므로
$$c_2+c_4+c_6+\cdots+c_{20}=\frac{10(2c_2+9\times2d)}{2}$$
$$=10(8+9d)=800$$
$\therefore\ d=8$
$\therefore\ a_{30}+b_{30}=c_{30}=c_2+14\times2d=8+28\times8=232$

593

답 ③

ㄱ. 수열 $\{a_n\}$은 등차수열이므로
$\quad a_1+a_{20}=a_1+(a_1+19d)=2a_1+19d$이고
$\quad a_6+a_{15}=(a_1+5d)+(a_1+14d)=2a_1+19d$이므로
$\quad a_1+a_{20}=a_6+a_{15}$ (참) $\qquad\cdots\cdots$ **TIP**

ㄴ. 수열 $\{a_n\}$이 공차가 d인 등차수열이므로 수열 $\{a_{3n-1}\}$은
$\quad a_2,\ a_5,\ a_8,\ \cdots$에서 공차가 $3d$인 등차수열이다.
$\quad$따라서 자연수 n에 대하여
$\quad 2a_{3n+2}-2a_{3n-1}=2(a_{3n+2}-a_{3n-1})=6d$이다. (참)

ㄷ. $S_{2m}=\dfrac{2m(a_1+a_{2m})}{2}=m(a_1+a_{2m})$이고
$\quad a_1+a_{2m}=a_5+a_{2m-5+1}=a_5+a_{2m-4}$
$\qquad\qquad\quad =a_6+a_{2m-6+1}=a_6+a_{2m-5}$

이므로 $S_{2m}=m(a_5+a_{2m-4})=m(a_6+a_{2m-5})$ (거짓)
따라서 옳은 것은 ㄱ, ㄴ이다.

TIP

수열 $\{a_n\}$이 등차수열일 때, 네 자연수 x, y, z, w에 대하여
$x+y=z+w$이면 $a_x+a_y=a_z+a_w$이다.
[증명]
등차수열 $\{a_n\}$의 공차를 d라 하면
$$a_x+a_y=\{a_1+(x-1)d\}+\{a_1+(y-1)d\}$$
$$=2a_1+(x+y-2)d$$
이고
$$a_z+a_w=\{a_1+(z-1)d\}+\{a_1+(w-1)d\}$$
$$=2a_1+(z+w-2)d$$
$$=2a_1+(x+y-2)d\,(\because\ x+y=z+w)$$
$$=a_x+a_y$$

594

답 ④

ㄱ. $T_4=(a_1-a_2)+(a_3-a_4)=-2d$ (참)
ㄴ. $T_{2n+1}=a_1+(-a_2+a_3)+\cdots+(-a_{2n}+a_{2n+1})$
　　　$=a_1+nd=a_{n+1}$ (거짓)
ㄷ. $T_{2n}=(a_1-a_2)+(a_3-a_4)+(a_5-a_6)+\cdots+(a_{2n-1}-a_{2n})$
　　　$=-dn=2n\,(\because\ d=-2)$
　　에서 $T_2+T_4+T_6+\cdots+T_{20}$의 값은 첫째항이 2이고
　　공차가 2인 등차수열의 첫째항부터 제10항까지의 합과 같으므로
　　$\dfrac{10(2\times 2+9\times 2)}{2}=110$ (참)
따라서 옳은 것은 ㄱ, ㄷ이다.

595

답 ⑤

$n\geq 2$일 때 수열의 합과 일반항 사이의 관계에 의하여
$$a_n=S_n-S_{n-1}$$
$$=(-2n^2+16n+5)-\{-2(n-1)^2+16(n-1)+5\}$$
$$=-4n+18$$
이므로 $a_n=-4n+18\,(n\geq 2)$이다. …… ㉠
ㄱ. $S_1=a_1=19$이고 ㉠에서 $a_2=10$이므로
　　$a_2-a_1=10-19=-9\neq -4$이다. (거짓)
ㄴ. ㉠에서 $a_n=-4n+18<0$, $n>\dfrac{9}{2}$이므로
　　수열 $\{a_n\}$에서 처음으로 음수가 되는 항은 제5항이다. (참)
ㄷ. ㄴ에서 처음으로 음수가 되는 항이 제5항이므로
　　S_n은 $n=4$일 때 최댓값 $S_4=-2\times 4^2+16\times 4+5=37$을
　　갖는다. (참) …… **TIP**
따라서 옳은 것은 ㄴ, ㄷ이다.

TIP

S_n이 n에 대한 이차식이므로
$S_n=-2n^2+16n+5=-2(n-4)^2+37$에서
S_n은 $n=4$일 때 최댓값 37을 가짐을 알 수 있다.

596

답 ④

$n\geq 2$일 때 수열의 합과 일반항 사이의 관계에 의하여
$$a_n=S_n-S_{n-1}$$
$$=6+4n-n^2-\{6+4(n-1)-(n-1)^2\}$$
$$=-2n+5$$
이므로 $a_n=-2n+5\,(n\geq 2)$이다. …… ㉠
ㄱ. $n\geq 2$일 때 $S_n-S_{n-1}=-2n+5$이므로
　　$n\geq 1$일 때 $S_{n+1}-S_n=-2n+3$이다.
　　즉, 수열 $\{S_{n+1}-S_n\}$은 첫째항이 1이고 공차가 -2인
　　등차수열이지만
　　수열 $\{a_n\}$에서 $S_1=a_1=9$이므로 등차수열이 아니다. (거짓)
ㄴ. ㉠에서 수열 $\{a_{3n+1}\}$은
　　$a_{3n+1}=-2(3n+1)+5=-6n+3\,(n\geq 1)$이므로
　　공차가 -6인 등차수열이다. (참)
ㄷ. $a_1>0$이고, $a_n=-2n+5<0$에서 $n>\dfrac{5}{2}$이므로
　　$n\geq 3$일 때 $a_n<0$이다.
　　$S_n=6+4n-n^2=-(n-2)^2+10>0$에서
　　$1\leq n\leq 5$일 때 $S_n>0$이다.
　　즉, $a_n<0$, $S_n>0$을 모두 만족시키는 자연수 n은
　　3, 4, 5의 3개이다. (참)
따라서 옳은 것은 ㄴ, ㄷ이다.

597

답 ②

$S_{2n+1}-S_{2n}=a_{2n+1}$이므로 $a_{2n+1}=4n+1$이다.
$n=4$일 때, $a_9=17$이다. …… ㉠
한편, 등차수열 $\{a_n\}$의 공차를 d라 할 때, 수열 $\{a_{2n+1}\}$은 공차가
$2d$인 등차수열이므로
$2d=4$에서 $d=2$이다. …… ㉡
㉠, ㉡에 의하여 $a_9=a_1+8\times 2=17$이므로 $a_1=1$
따라서 수열 $\{a_n\}$의 일반항은
$a_n=1+2(n-1)=2n-1$이므로 $a_4=7$
$\therefore a_4+a_9=7+17=24$

다른 풀이 1

$S_{2n+1}-S_{2n}=a_{2n+1}$이므로 $a_{2n+1}=4n+1$이다.
등차수열 $\{a_n\}$의 공차를 d라 하면 $a_n=a_1+(n-1)d$이므로
이 식에 n 대신 $2n+1$을 대입하면
$a_{2n+1}=a_1+2nd$이다.
즉, $a_1+2nd=4n+1$이고 모든 자연수 n에 대하여 성립하므로
$a_1=1$이고, $2d=4$에서 $d=2$이다.
$\therefore a_n=2n-1$
$\therefore a_4+a_9=7+17=24$

다른 풀이 2

$S_{2n+1}-S_{2n}=a_{2n+1}$이므로 $a_{2n+1}=4n+1$이다.
$\therefore a_3=5$, $a_5=9$, $a_9=17$
이때 a_4는 a_3과 a_5의 등차중항이므로
$a_4+a_9=\dfrac{a_3+a_5}{2}+a_9=\dfrac{5+9}{2}+17$
　　　$=7+17=24$

598   답 ③

ㄱ. $a_n=n$이면 첫째항과 공차가 모두 1이므로
$$S_n=\frac{n\{2\times1+(n-1)\times1\}}{2}=\frac{n(n+1)}{2}$$ ······ **TIP**

$S_nT_n=n^2(n^2-1)$에서
$$T_n=n^2(n^2-1)\times\frac{1}{S_n}$$
$$=n^2(n+1)(n-1)\times\frac{2}{n(n+1)}$$
$$=2n(n-1)$$

따라서 등차수열 $\{b_n\}$은
첫째항이 $b_1=T_1=0$이고   ······ ㉠
$n\geq2$일 때
$$b_n=T_n-T_{n-1}$$
$$=2n(n-1)-2(n-1)(n-2)$$
$$=4n-4$$

즉, 이 식에 $n=1$을 대입하여 얻은 값이 ㉠과 같으므로
모든 자연수 n에 대하여 $b_n=4n-4$이다. (참)

ㄴ. $S_n=\dfrac{n\{2a_1+(n-1)d_1\}}{2}$,

$T_n=\dfrac{n\{2b_1+(n-1)d_2\}}{2}$이므로   ······ ㉡

$S_nT_n=n^2(n^2-1)$에서
$$\frac{n^2\{2a_1+(n-1)d_1\}\{2b_1+(n-1)d_2\}}{4}=n^2(n^2-1)$$
$$\{2a_1+(n-1)d_1\}\{2b_1+(n-1)d_2\}=4(n^2-1)$$ ······ ㉢

위의 식은 모든 자연수 n에 대하여 성립하므로
좌변의 n^2의 계수인 d_1d_2는 우변의 n^2의 계수인 4와 같다.
$\therefore d_1d_2=4$ (참)

ㄷ. ㉢에서
$$\{2a_1+(n-1)d_1\}\{2b_1+(n-1)d_2\}=4(n+1)(n-1)$$
이므로
$a_1\neq0$이면 $2a_1+(n-1)d_1$은 $n-1$을 인수로 갖지 않는다.
따라서 $2b_1+(n-1)d_2$가 $n-1$을 인수로 가져야 하므로
$b_1=0$이고 이를 ㉡에 대입하면
$$T_n=\frac{n(n-1)d_2}{2}$$이다.

즉, $S_nT_n=n^2(n^2-1)$에서
$$S_n=n^2(n^2-1)\times\frac{1}{T_n}$$
$$=n^2(n+1)(n-1)\times\frac{2}{n(n-1)d_2}$$
$$=\frac{2n(n+1)}{d_2}=\frac{2n(n+1)}{\dfrac{4}{d_1}}\;(\because ㄴ)$$
$$=\frac{d_1n(n+1)}{2}$$

이때 $d_1\neq1$이면 $S_n\neq\dfrac{n(n+1)}{2}$이므로
$a_n=n$은 항상 성립하지는 않는다. (거짓)
따라서 옳은 것은 ㄱ, ㄴ이다.

TIP

$a_n=n$이면 $S_n=\dfrac{n(n+1)}{2}$임을 자연수의 거듭제곱의 합으로

바로 알 수도 있다. 즉, $\displaystyle\sum_{k=1}^{n}k=\frac{n(n+1)}{2}$을 기억해 두면

편리하다.

---

599   답 ③

첫째항이 2^{10}이고 공비가 $\dfrac{1}{\sqrt[3]{2}}$인 등비수열 $\{a_n\}$의 일반항은

$$a_n=2^{10}\times\left(\frac{1}{\sqrt[3]{2}}\right)^{n-1}=2^{10}\times2^{-\frac{n-1}{3}}=2^{\frac{31-n}{3}}$$

이 값이 정수이려면 $\dfrac{31-n}{3}$이 음이 아닌 정수이어야 한다.

즉, $\dfrac{31-n}{3}\geq0$에서 $n\leq31$이므로

$n=1,\ 4,\ 7,\ \cdots,\ 31$이다.
이때 $n=1+3(k-1)$ (k는 자연수)이라 하면
$1+3(k-1)=31$에서 $k=11$
따라서 모든 자연수 n의 값의 합은

$$\frac{11(1+31)}{2}=176$$

---

600   답 ④

등비수열 $\{a_n\}$의 공비를 r이라 하면
$$S_{n+3}-S_n=a_{n+1}+a_{n+2}+a_{n+3}$$
$$=a_1r^n+a_1r^{n+1}+a_1r^{n+2}$$
$$=a_1r^n(1+r+r^2)$$

이므로 $a_1r^n(1+r+r^2)=13\times3^{n-1}=\dfrac{13}{3}\times3^n$에서

$r=3$, $a_1(1+r+r^2)=\dfrac{13}{3}$이다.

즉, $a_1(1+3+9)=\dfrac{13}{3}$에서 $13a_1=\dfrac{13}{3}$, $a_1=\dfrac{1}{3}$

$\therefore a_n=\dfrac{1}{3}\times3^{n-1}=3^{n-2}$

$\therefore a_6=3^4=81$

---

601   답 35

$a_2=1$에서 $a_1r=1$, $a_1=\dfrac{1}{r}$

따라서 등비수열 $\{a_n\}$의 일반항은

$a_n=\dfrac{1}{r}\times r^{n-1}=r^{n-2}$이다.

$$\begin{aligned}\therefore \log_r w&=\log_r(a_1\times a_2\times a_3\times\cdots\times a_{10})\\
&=\log_r a_1+\log_r a_2+\log_r a_3+\cdots+\log_r a_{10}\\
&=\log_r r^{-1}+\log_r r^0+\log_r r^1+\cdots+\log_r r^8\\
&=(-1)+0+1+\cdots+8\\
&=\frac{10\times\{(-1)+8\}}{2}=35\end{aligned}$$

Ⅲ 수열   **127**

602

$$\cdots \quad \text{답} \ ①$$

등비수열 $\{a_n\}$의 일반항은
$a_n=a_1r^{n-1}\ (a_1\neq0,\ r>1)$이다.
$\{b_n\}:\ a_1a_2,\ a_2a_4,\ a_3a_6,\ \cdots$에서
$a_1a_2=(a_1)^2r,\ a_2a_4=(a_1)^2r^4,\ a_3a_6=(a_1)^2r^7,\ \cdots$이므로
등비수열 $\{b_n\}$의 공비는 $r_b=r^3$이다.
$\{c_n\}:\ a_1a_2a_3,\ a_2a_3a_4,\ a_3a_4a_5,\ \cdots$에서
$a_1a_2a_3=(a_1)^3r^3,\ a_2a_3a_4=(a_1)^3r^6,\ a_3a_4a_5=(a_1)^3r^9,\ \cdots$이므로
등비수열 $\{c_n\}$의 공비는 $r_c=r^3$이다.
$\therefore\ r_b=r_c$

603

$$\cdots \quad \text{답} \ ⑤$$

b는 a와 c의 등비중항이므로 $b^2=ac$이고
조건 ㈏에서 $abc=b^3=1$이므로 $b=1$이다.
주어진 등비수열의 공비를 $r\ (r\neq0)$이라 하면 조건 ㈎에서
$$a+b+c=\frac{b}{r}+b+br=\frac{7}{2},\ \frac{1}{r}+1+r=\frac{7}{2}\ (\because\ b=1)$$
$$r^2-\frac{5}{2}r+1=0,\ 2r^2-5r+2=(2r-1)(r-2)=0$$
$$\therefore\ r=\frac{1}{2}\ \text{또는}\ r=2$$

따라서 세 양수 $a,\ b,\ c$는 각각
$2,\ 1,\ \dfrac{1}{2}$ 또는 $\dfrac{1}{2},\ 1,\ 2$이므로
$$a^2+b^2+c^2=2^2+1^2+\left(\frac{1}{2}\right)^2=\frac{21}{4}$$

다른 풀이

조건 ㈏에서 $abc=b^3=1$이므로
$b=1$이고 $ac=1$
조건 ㈎에서 $a+c+1=\dfrac{7}{2}$이다.
$$\therefore\ a^2+b^2+c^2=(a+b+c)^2-2(ab+bc+ca)$$
$$=\left(\frac{7}{2}\right)^2-2(a+c+1)\,(\because\ b=1,\ ca=1)$$
$$=\frac{49}{4}-2\times\frac{7}{2}=\frac{21}{4}$$

604

$$\cdots \quad \text{답} \ -4$$

두 곡선이 서로 다른 세 점에서 만나므로
방정식 $x^3+8x^2+10x+4=x^2-4x+k$가 서로 다른 세 실근을
갖고, 세 실근을 크기가 작은 수부터 차례대로 나열하면 등비수열을
이룬다.
방정식 $x^3+7x^2+14x+4-k=0$의 서로 다른 세 실근을 $a,\ ar,$
ar^2이라 하자. (단, $a<ar<ar^2$)
삼차방정식의 근과 계수의 관계에 의하여
$$a+ar+ar^2=-7 \qquad \cdots\cdots\ \text{㉠}$$
$$a\times ar+ar\times ar^2+ar^2\times a=-14\text{에서}\ ar(a+ar+ar^2)=14$$
$$\cdots\cdots\ \text{㉡}$$

$$a\times ar\times ar^2=(ar)^3=k-4 \qquad \cdots\cdots\ \text{㉢}$$

㉠을 ㉡에 대입하면 $ar\times(-7)=14$이므로 $ar=-2$이다.
이를 ㉢에 대입하면 $(-2)^3=k-4$
$$\therefore\ k=-4$$

605

$$\cdots \quad \text{답} \ 15$$

등차수열 $\{a_n\}$의 첫째항을 a, 공차를 $d\ (d\neq0)$라 하면
$a_2=a+d,\ a_4=a+3d,\ a_9=a+8d$
세 항 $a_2,\ a_4,\ a_9$가 이 순서대로 등비수열을 이루므로
$$a_4{}^2=a_2a_9$$
$$(a+3d)^2=(a+d)(a+8d)$$
$$a^2+6ad+9d^2=a^2+9ad+8d^2$$
$$3ad=d^2$$
$$\therefore\ 3a=d\ (\because\ d\neq0)$$
$3a=d$를 $a_2=a+d,\ a_4=a+3d$에 각각 대입하면
$$a_2=4a,\ a_4=10a$$
$$r=\frac{a_4}{a_2}=\frac{10a}{4a}=\frac{5}{2}$$
$$\therefore\ 6r=6\times\frac{5}{2}=15$$

다른 풀이

등차수열 a_n의 공차를 $d\ (d\neq0)$라 하자.
세 항 $a_2,\ a_4,\ a_9$가 이 순서대로 공비 r인 등비수열을 이루므로
$$a_2\times r=a_4 \qquad\qquad \cdots\cdots\ \text{㉠}$$
$$a_4\times r=(a_2+2d)\times r$$
$$=a_2\times r+2rd$$
$$=a_4+2rd\ (\because\ \text{㉠})$$
$$=a_4+5d=a_9$$
$$2rd=5d \qquad \therefore\ r=\frac{5}{2}\ (\because\ d\neq0)$$

606

$$\cdots \quad \text{답} \ 12$$

조건 ㈐와 같이 함수 $f(x)$가 최솟값을 가지려면 $a>0$이고
조건 ㈏에 의하여 $\dfrac{2}{b}=\dfrac{1}{a}+\dfrac{1}{c}$이므로
조건 ㈎에 의하여 $c=ar,\ b=ar^2$이라 하면
$abc<0$에서 $ar<0$, 즉 $r<0$이고
$$\frac{2}{ar^2}=\frac{1}{a}+\frac{1}{ar}$$
$$2=r^2+r$$
$$r^2+r-2=0$$
$$(r+2)(r-1)=0$$
$$\therefore\ r=-2\ (\because\ r<0)$$
이때 $f(x)=a(x^2+4x-2)=a(x+2)^2-6a$이므로
함수 $f(x)$는 $x=-2$일 때 최솟값 $-6a$를 갖는다.
따라서 조건 ㈐에 의하여 $-6a=-24$이므로 $a=4$
$$\therefore\ f(1)=3a=12$$

607

두 자리 자연수 중에서 서로 다른 네 수를 작은 수부터 차례대로
a_1, a_2, a_3, a_4라 하면
$10 \leq a_1 < a_2 < a_3 < a_4 < 100$이고,
이 순서대로 공비가 r인 등비수열이 된다고 하면
$a_2 = a_1 r$, $a_3 = a_1 r^2$, $a_4 = a_1 r^3$이다. (단, r은 자연수)
$10 \leq a_1$이므로 $10 r^3 \leq a_1 r^3 = a_4 < 100$
$10 r^3 < 100$에서 $r^3 < 10$이다.
따라서 자연수 r은 $r = 2$이다. $\quad$ ······ TIP
$r = 2$일 때 $a_4 = 8a_1 < 100$이므로
두 자리 자연수 a_1의 최댓값은 12이다.
따라서 $a_1 + a_2 + a_3 + a_4$의 최댓값은
$12 + 24 + 48 + 96 = 180$

TIP

a_1, a_2, a_3, a_4는 서로 다른 수이므로 $r = 1$이 될 수 없다.

608

답 ③

ㄱ. [반례] 수열 $\{a_n\}$이 0, 1, 0, 2, 0, 3, 0, 4, …와 같으면
짝수 번째 항은 1, 2, 3, 4, …이므로 수열 $\{a_{2n}\}$은
등차수열이지만 수열 $\{a_n\}$은 등차수열이 아니다. (거짓)

ㄴ. 수열 $\{a_n\}$이 등비수열이면 공비를 r이라 할 때
일반항은 $a_n = a_1 \times r^{n-1}$이다.
$2a_{n+1} - 3a_n = 2a_1 \times r^n - 3a_1 \times r^{n-1} = a_1 \times r^{n-1}(2r-3)$이므로
수열 $\{2a_{n+1} - 3a_n\}$은 첫째항이 $a_1(2r-3)$이고 공비가 r인
등비수열이다. (참)

ㄷ. 수열 $\{\log_2 a_n\}$이 등차수열이면 공차를 d $(d > 0)$라 할 때
$\log_2 a_{n+1} - \log_2 a_n = d$이다.
$\log_2 \dfrac{a_{n+1}}{a_n} = d$, $\dfrac{a_{n+1}}{a_n} = 2^d$이므로
수열 $\{a_n\}$은 공비가 2^d인 등비수열이다. (참)

ㄹ. [반례] 수열 $\{a_n\}$이 1, 2, 2, 4, 4, 8, 8, 16, …인 경우
수열 $\{a_n a_{n+1}\}$의 일반항이 $a_n a_{n+1} = 2^n$으로 등비수열이지만
수열 $\{a_n\}$은 등비수열이 아니다. (거짓) $\quad$ ······ TIP
따라서 옳은 것은 ㄴ, ㄷ의 2개이다.

TIP

ㄹ. 수열 $\{a_n a_{n+1}\}$의 공비를 r이라 하면 $\dfrac{a_{n+1} a_{n+2}}{a_{n+1} a_n} = \dfrac{a_{n+2}}{a_n} = r$
이므로 수열 $\{a_{2n}\}$과 수열 $\{a_{2n-1}\}$은 각각 등비수열이지만
수열 $\{a_n\}$이 등비수열인지는 알 수 없다.

609

답 ①

$a_1 = S_1 = 1$이므로 두 수열 $\{a_{2n-1}\}$, $\{S_{2n-1}\}$의 첫째항은 모두 1이다.
조건 ㈎에 의하여 $a_{2n-1} = 1 + 4(n-1) = 4n - 3$

조건 ㈏에 의하여 $S_{2n-1} = 2^{n-1}$
이때 $S_{11} - S_9 = a_{10} + a_{11}$이고
$S_{11} = S_{2 \times 6 - 1} = 2^{6-1} = 2^5 = 32$,
$S_9 = S_{2 \times 5 - 1} = 2^{5-1} = 2^4 = 16$,
$a_{11} = a_{2 \times 6 - 1} = 4 \times 6 - 3 = 21$이므로
$a_{10} = S_{11} - S_9 - a_{11} = 32 - 16 - 21 = -5$

610

답 ⑤

등차수열 $\{a_n\}$의 공차를 d, 등비수열 $\{b_n\}$의 공비를 r이라 하면
$a_7 = a_6 + d$, $b_7 = b_6 \times r$ (단, d, r은 모두 자연수)
조건 ㈎에서 $a_7 = b_7$이고 $a_6 = b_6 = 9$이므로
$9 + d = 9r \qquad \therefore r = 1 + \dfrac{d}{9} \qquad$ ······ ㉠
$a_{11} = a_6 + 5d = 9 + 5d$이므로 조건 ㈏에서
$94 < 9 + 5d < 109$, $85 < 5d < 100$
$\therefore 17 < d < 20$
이때 d는 9의 배수이므로 $d = 18$
$d = 18$을 ㉠에 대입하면
$r = 1 + \dfrac{18}{9} = 3$
$\therefore a_7 + b_8 = (a_6 + d) + (b_6 \times r^2)$
$\qquad\qquad = (9 + 18) + (9 \times 3^2)$
$\qquad\qquad = 108$

611

답 ⑤

등비수열 $\{a_n\}$의 공비를 r $(r > 0)$이라 하면
$S_3 = \dfrac{a_1(r^3 - 1)}{r-1}$, $S_9 = \dfrac{a_1(r^9 - 1)}{r-1} = \dfrac{a_1(r^3 - 1)}{r-1} \times (r^6 + r^3 + 1)$
이때 $\dfrac{S_9}{S_3} = r^6 + r^3 + 1 = 21$이므로
$r^6 + r^3 - 20 = (r^3 + 5)(r^3 - 4) = 0$에서 $r^3 = 4$ $(\because r > 0)$
$\therefore \sqrt{\dfrac{a_{11} + a_{15}}{a_2 + a_6}} = \sqrt{\dfrac{r^9(a_2 + a_6)}{a_2 + a_6}} = \sqrt{(r^3)^3}$
$\qquad\qquad = \sqrt{4^3} = \sqrt{2^6} = 8$

612

답 ②

등비수열 $\{a_n\}$의 공비를 r이라 하면 등비수열의 모든 항이
양수이므로 $a_1 > 0$, $r > 0$이다.
$a_1 a_2 = a_4$에서 $(a_1)^2 r = a_1 r^3$이므로 $a_1 = r^2$이다. $\quad$ ······ ㉠
$a_1 + a_3 = a_1 + a_1 r^2 = a_1 + (a_1)^2$ $(\because ㉠)$에서
$(a_1)^2 + a_1 = 12$이므로
$(a_1 + 4)(a_1 - 3) = 0$
$\therefore a_1 = 3$ $(\because a_1 > 0)$, $r^2 = 3$ $(\because ㉠)$
한편, $a_1 - a_3 + a_5 - a_7 + a_9$는 첫째항이 $a_1 = 3$이고 공비가
$-r^2 = -3$인 등비수열의 첫째항부터 제5항까지의 합이다.
$\therefore a_1 - a_3 + a_5 - a_7 + a_9 = \dfrac{3\{(-3)^5 - 1\}}{-3 - 1} = 183$

613

답 ②

등비수열 $\{a_n\}$의 공비를 r이라 하면
$a_3=a_1r^2,\ a_5=a_3r^2,\ a_7=a_5r^2,\ \cdots,\ a_{2k+1}=a_{2k-1}r^2$이므로
$$\frac{a_3+a_5+a_7+\cdots+a_{2k+1}}{a_1+a_3+a_5+\cdots+a_{2k-1}}=\frac{r^2(a_1+a_3+a_5+\cdots+a_{2k-1})}{a_1+a_3+a_5+\cdots+a_{2k-1}}=r^2$$

즉, $r^2=\dfrac{2^{32}-4}{2^{30}-1}=\dfrac{4(2^{30}-1)}{2^{30}-1}=4$이므로

수열 $\{a_{2n-1}\}$은 첫째항이 $a_1=3$이고 공비가 $r^2=4$인 등비수열이다.

이때 $a_1+a_3+a_5+\cdots+a_{2k-1}=\dfrac{3(4^k-1)}{4-1}=4^k-1$이므로

$4^k-1=2^{30}-1$에서 $4^k=2^{30}$, $4^k=4^{15}$

$\therefore k=15$

614

답 ⑤

수열 $\{a_n\}$의 첫째항부터 제n항까지의 합이 S_n이므로

$S_1=a_1=\dfrac{1}{27}$이다.

즉, 수열 $\{S_n\}$은 첫째항이 $\dfrac{1}{27}$이고 공비가 3인 등비수열이므로

일반항은 $S_n=\dfrac{1}{27}\times3^{n-1}=3^{-3}\times3^{n-1}=3^{n-4}$이다.

$n\geq2$일 때 수열의 합과 일반항 사이의 관계에 의하여
$a_n=S_n-S_{n-1}=3^{n-4}-3^{n-5}=3^{n-5}(3-1)=2\times3^{n-5}$이므로

수열 $\{a_n\}$의 일반항은 $a_1=\dfrac{1}{27}$, $a_n=2\times3^{n-5}\,(n\geq2)$이다.

이때 $\log_9\dfrac{a_k}{2}=11$에서 $\dfrac{a_k}{2}=9^{11}$, $a_k=2\times3^{22}$이므로

$2\times3^{k-5}=2\times3^{22}$, $3^{k-5}=3^{22}$에서 $k-5=22$

$\therefore k=27$

615

답 ④

$6^{10}=2^{10}\times3^{10}$이므로 6^{10}의 양의 약수가 2^3으로는 나누어떨어지고
2^5으로는 나누어떨어지지 않으려면
2^3 또는 2^4을 인수로 가지고 있고, 2^5은 인수로 가지고 있지 않아야
한다.

6^{10}의 양의 약수 중에서 2^3을 인수로 가지고 있는 수, 즉
2^33^k 꼴의 수의 합은
$$2^3(3^0+3^1+3^2+\cdots+3^{10})=\frac{2^3(3^{11}-1)}{3-1}$$
$$=2^2(3^{11}-1)$$

이고 2^4을 인수로 가지고 있는 수, 즉 2^43^k 꼴의 수의 합은
$$2^4(3^0+3^1+3^2+\cdots+3^{10})=\frac{2^4(3^{11}-1)}{3-1}$$
$$=2^3(3^{11}-1)$$

이므로 구하는 값은
$$2^2(3^{11}-1)+2^3(3^{11}-1)=(2^2+2^3)(3^{11}-1)=12(3^{11}-1)$$

616

답 ②

등비수열 $\{a_n\}$의 공비를 r이라 하면 첫째항부터 제5항까지의 합은
$$\frac{a_1(r^5-1)}{r-1}=\frac{31}{2} \qquad\cdots\cdots\ \bigcirc$$

이고, 첫째항부터 제5항까지의 곱은
$$a_1\times a_2\times a_3\times a_4\times a_5=a_1\times a_1r\times a_1r^2\times a_1r^3\times a_1r^4=(a_1r^2)^5=32$$
에서 $a_1r^2=2$이다. $\qquad\cdots\cdots\ \bigcirc$

$\dfrac{1}{a_1}+\dfrac{1}{a_2}+\dfrac{1}{a_3}+\dfrac{1}{a_4}+\dfrac{1}{a_5}$은 첫째항이 $\dfrac{1}{a_1}$이고 공비가 $\dfrac{1}{r}$인

등비수열의 첫째항부터 제5항까지의 합이므로
$$\frac{\dfrac{1}{a_1}\left\{1-\left(\dfrac{1}{r}\right)^5\right\}}{1-\dfrac{1}{r}}=\frac{r}{a_1}\times\frac{1}{r^5}\times\frac{r^5-1}{r-1}=\frac{1}{(a_1r^2)^2}\times\frac{a_1(r^5-1)}{r-1}$$
$$=\frac{1}{(a_1r^2)^2}\times\frac{31}{2}\ (\because\ \bigcirc)$$
$$=\frac{1}{4}\times\frac{31}{2}\ (\because\ \bigcirc)$$
$$=\frac{31}{8}$$

다른 풀이

등비수열 $\{a_n\}$의 공비를 r이라 하면 등비수열 $\{a_n\}$의
첫째항부터 제5항까지의 합은
$$a_1+a_2+a_3+a_4+a_5=\frac{a_3}{r^2}+\frac{a_3}{r}+a_3+a_3r+a_3r^2$$
$$=a_3\left(\frac{1}{r^2}+\frac{1}{r}+1+r+r^2\right)=\frac{31}{2} \qquad\cdots\cdots\ \bigcirc$$

첫째항부터 제5항까지의 곱은
$$a_1\times a_2\times a_3\times a_4\times a_5=\frac{a_3}{r^2}\times\frac{a_3}{r}\times a_3\times a_3r\times a_3r^2=(a_3)^5=32$$
에서 $a_3=2$이다. $\qquad\cdots\cdots\ \bigcirc$

$\bigcirc$을 $\bigcirc$에 대입하면
$$2\left(\frac{1}{r^2}+\frac{1}{r}+1+r+r^2\right)=\frac{31}{2}$$에서
$$\frac{1}{r^2}+\frac{1}{r}+1+r+r^2=\frac{31}{4} \qquad\cdots\cdots\ \boxdot$$

$$\therefore\ \frac{1}{a_1}+\frac{1}{a_2}+\frac{1}{a_3}+\frac{1}{a_4}+\frac{1}{a_5}=\frac{r^2}{a_3}+\frac{r}{a_3}+\frac{1}{a_3}+\frac{1}{a_3r}+\frac{1}{a_3r^2}$$
$$=\frac{1}{2}\left(r^2+r+1+\frac{1}{r}+\frac{1}{r^2}\right)(\because\ \bigcirc)$$
$$=\frac{1}{2}\times\frac{31}{4}(\because\ \boxdot)$$
$$=\frac{31}{8}$$

617

답 ③

수열 $\{a_n\}$이 $a_1=2$, $a_2=2+20$, $a_3=2+20+200$,
$a_4=2+20+200+2000,\ \cdots$
이므로 제n항은 첫째항이 2이고 공비가 10인 등비수열의
첫째항부터 제n항까지의 합과 같다.

$$\therefore\ a_n=\frac{2(10^n-1)}{10-1}=\frac{2}{9}(10^n-1) \qquad\cdots\cdots\ \bigcirc$$

수열 $\{b_n\}$이 $b_1=1$, $b_2=1+100$, $b_3=1+100+10000$,
$b_4=1+100+10000+1000000,\ \cdots$
이므로 제n항은 첫째항이 1이고 공비가 100인 등비수열의
첫째항부터 제n항까지의 합과 같다.

$$\therefore\ b_n=\frac{100^n-1}{100-1}=\frac{1}{99}(10^{2n}-1) \qquad\cdots\cdots\ \bigcirc$$

㉠, ㉡에서 구하는 값은
$$\frac{a_{10}}{b_{10}}=\frac{\frac{2}{9}(10^{10}-1)}{\frac{1}{99}(10^{20}-1)}=\frac{22(10^{10}-1)}{(10^{10}+1)(10^{10}-1)}=\frac{22}{10^{10}+1}$$

618
답 ③

원점과 점 B_n을 지나는 직선의 기울기가 a_n이므로
$$a_n=\frac{\overline{A_nB_n}}{\overline{OA_n}} \qquad \cdots\cdots ㉠$$
$\overline{A_1B_1}=\overline{OA_1}=1$이고, $\overline{A_nB_n}=\overline{A_{n-1}A_n}=\left(\frac{1}{2}\right)^{n-1}(n\geq2)$이므로
$$\overline{A_nB_n}=\left(\frac{1}{2}\right)^{n-1}(n\geq1)$$

이때 $\overline{OA_n}$은 첫째항이 1이고 공비가 $\frac{1}{2}$인 등비수열의 첫째항부터

제n항까지의 합이므로
$$\overline{OA_n}=\frac{1-\left(\frac{1}{2}\right)^n}{1-\frac{1}{2}}=2-\left(\frac{1}{2}\right)^{n-1}$$

㉠에서 $a_n=\dfrac{\left(\frac{1}{2}\right)^{n-1}}{2-\left(\frac{1}{2}\right)^{n-1}}=\dfrac{1}{2^n-1}$

$$\therefore a_{30}=\frac{1}{2^{30}-1}$$

619
답 ⑤

그림 R_n에서 새로 생긴 정사각형의 한 변의 길이를 a_n이라 하자.
다음 그림과 같이 그림 R_1에서
$\overline{AC}=3a_1=\sqrt{2}$이므로 $a_1=\dfrac{\sqrt{2}}{3}$

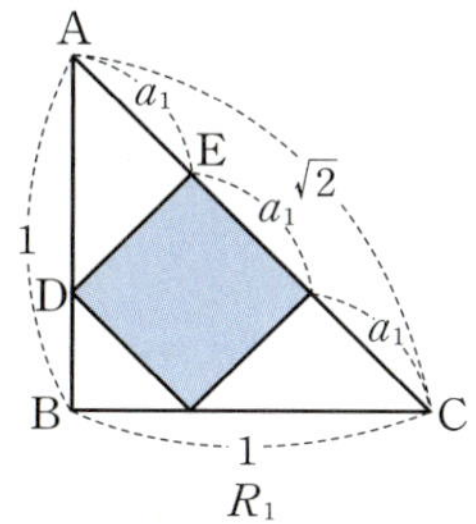

직각이등변삼각형 ABC와 직각이등변삼각형 AED의 닮음비가
$\overline{AB}:\overline{AE}=1:\dfrac{\sqrt{2}}{3}$이므로 그림 R_n에서 새로 생긴 정사각형과

그림 R_{n+1}에서 새로 생긴 정사각형의 닮음비도 $1:\dfrac{\sqrt{2}}{3}$이다.

즉, $a_{n+1}=\dfrac{\sqrt{2}}{3}a_n$이므로 $a_n=\left(\dfrac{\sqrt{2}}{3}\right)^n$이다.

또한 그림 R_n에서 새로 생긴 한 변의 길이가 $\left(\dfrac{\sqrt{2}}{3}\right)^n$인 정사각형은

2^{n-1}개이므로 그림 R_n에서 새로 생긴 정사각형들의 넓이의 합은
$(a_n)^2\times2^{n-1}=\left(\dfrac{\sqrt{2}}{3}\right)^{2n}\times2^{n-1}=\dfrac{2}{9}\times\left(\dfrac{4}{9}\right)^{n-1}$이다.

따라서 그림 R_n에서 색칠되어 있는 모든 정사각형들의 넓이의 합
S_n은 등비수열 $\left\{\dfrac{2}{9}\times\left(\dfrac{4}{9}\right)^{n-1}\right\}$의 첫째항부터 제$n$항까지의 합과
같다.
$$\therefore S_8=\frac{\frac{2}{9}\left\{1-\left(\frac{4}{9}\right)^8\right\}}{1-\frac{4}{9}}=\frac{2}{5}\left\{1-\left(\frac{2}{3}\right)^{16}\right\}$$

620
답 ④

A예금 상품의 만기에 찾은 금액은 첫째항이 13×1.01(만 원)이고
공비가 1.01인 등비수열의 첫째항부터 제36항까지의 합과 같으므로
$$\frac{13\times1.01(1.01^{36}-1)}{1.01-1}=13\times101\times0.42(만\ 원)\,(\because1.01^{36}=1.42)$$
B예금 상품의 만기에 찾은 금액은 첫째항이 $a\times1.01$(만 원)이고
공비가 1.01인 등비수열의 첫째항부터 제24항까지의 합과 같으므로
$$\frac{a\times1.01(1.01^{24}-1)}{1.01-1}=101a\times0.26(만\ 원)\,(\because1.01^{24}=1.26)$$
이때 A, B예금의 만기 적립금이 같으므로
$$13\times101\times0.42=101a\times0.26$$
$$\therefore a=21(만\ 원)$$

621
답 ⑤

2025년 초에 100(만 원)을 적립하면 2034년 말에
100×1.1^{10}(만 원),
2026년 초에 100×1.21(만 원)을 적립하면 2034년 말에
$100\times1.21\times1.1^9=100\times1.1^{11}$(만 원),
2027년 초에 100×1.21^2(만 원)을 적립하면 2034년 말에
$100\times1.21^2\times1.1^8=100\times1.1^{12}$(만 원)
$$\vdots$$
2034년 초에 100×1.21^9(만 원)을 적립하면 2034년 말에
$100\times1.21^9\times1.1=100\times1.1^{19}$(만 원)
이 된다.
따라서 구하는 적립금의 원리합계는 첫째항이 100×1.1^{10}이고
공비가 1.1인 등비수열의 첫째항부터 제10항까지의 합과 같으므로
$$\frac{100\times1.1^{10}(1.1^{10}-1)}{1.1-1}=\frac{260\times1.6}{0.1}=4160(만\ 원)$$

622
답 135

등비수열 $3,\ a_1,\ a_2,\ a_3,\ \cdots,\ a_{23},\ 45$의 공비를 r이라 하면
$45=3\times r^{24}$에서
$$r^{24}=15 \qquad \cdots\cdots ㉠$$
등비수열 $3,\ a_1,\ a_2,\ a_3,\ \cdots,\ a_{23},\ 45$의 합은
$$\frac{3(r^{25}-1)}{r-1} \qquad \cdots\cdots ㉡$$
이고, 수열 $3,\ a_1,\ a_2,\ a_3,\ \cdots,\ a_{23},\ 45$가 등비수열이면
수열 $\dfrac{1}{3},\ \dfrac{1}{a_1},\ \dfrac{1}{a_2},\ \dfrac{1}{a_3},\ \cdots,\ \dfrac{1}{a_{23}},\ \dfrac{1}{45}$도 등비수열이므로

등비수열 $\dfrac{1}{3}$, $\dfrac{1}{a_1}$, $\dfrac{1}{a_2}$, $\dfrac{1}{a_3}$, $\cdots$, $\dfrac{1}{a_{23}}$, $\dfrac{1}{45}$의 합은

$$\dfrac{\dfrac{1}{3}\left\{1-\left(\dfrac{1}{r}\right)^{25}\right\}}{1-\dfrac{1}{r}}=\dfrac{r}{r-1}\times\dfrac{1}{3}\times\dfrac{r^{25}-1}{r^{25}}$$

$$=\dfrac{1}{r^{24}}\times\dfrac{1}{3}\times\dfrac{r^{25}-1}{r-1}\qquad\cdots\cdots\ \text{㉢}$$

따라서 ㉡, ㉢에서 주어진 등식은

$$\dfrac{3(r^{25}-1)}{r-1}=m\times\left(\dfrac{1}{r^{24}}\times\dfrac{1}{3}\times\dfrac{r^{25}-1}{r-1}\right)\text{이므로}$$

$$m=9\times r^{24}=135\,(\because\ \text{㉠})$$

623   답 $\dfrac{3}{2}n$

직선 P_1Q_1, P_2Q_2, P_3Q_3, $\cdots$, P_nQ_n, BC가 서로 평행하므로
삼각형 AQ_1P_1, AQ_2P_2, AQ_3P_3, $\cdots$, AQ_nP_n, ABC는 모두 서로
닮음이다.
n개의 점 P_1, P_2, P_3, $\cdots$, P_n이 변 AC를 $(n+1)$등분하므로
$\overline{AQ_1}=\dfrac{7}{n+1}$, $\overline{P_1Q_1}=\dfrac{3}{n+1}$이고,
$\overline{P_1Q_1}$, $\overline{P_2Q_2}$, $\overline{P_3Q_3}$, $\cdots$, $\overline{P_nQ_n}$, $\overline{BC}$가 이 순서대로 등차수열을
이룬다.

이 등차수열의 첫째항은 $\overline{P_1Q_1}=\dfrac{3}{n+1}$이고

제 n항은 $\overline{P_nQ_n}=3-\dfrac{3}{n+1}$이므로 $\cdots\cdots$ **TIP**

$\overline{P_1Q_1}+\overline{P_2Q_2}+\overline{P_3Q_3}+\cdots+\overline{P_nQ_n}$

$$=\dfrac{n\left\{\dfrac{3}{n+1}+\left(3-\dfrac{3}{n+1}\right)\right\}}{2}$$

$$=\dfrac{3}{2}n$$

TIP

다음 그림과 같이 점 P_1, P_2, P_3, $\cdots$, P_n에서
선분 P_2Q_2, P_3Q_3, P_4Q_4, $\cdots$, P_nQ_n, BC에 내린 수선의 발을 각각
D_1, D_2, D_3, $\cdots$, D_n이라 하자.

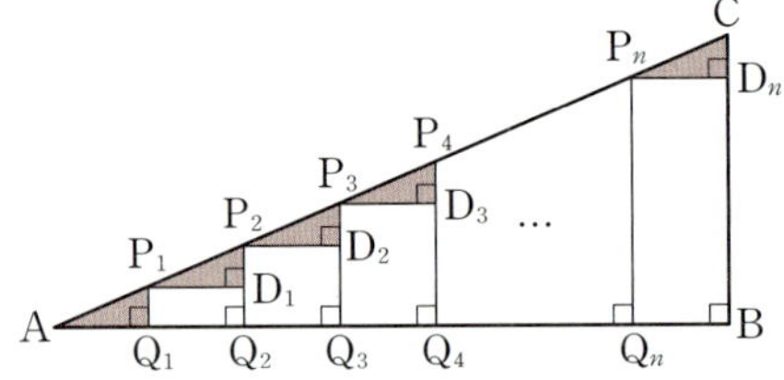

색칠된 삼각형은 모두 밑변의 길이가 $\dfrac{7}{n+1}$이고 높이가 $\dfrac{3}{n+1}$인
합동인 직각삼각형이다.

이때 $\overline{P_1Q_1}$, $\overline{P_2Q_2}$, $\overline{P_3Q_3}$, $\cdots$, $\overline{P_nQ_n}$, $\overline{BC}$는 $\dfrac{3}{n+1}$만큼씩

커지므로 공차가 $\dfrac{3}{n+1}$인 등차수열을 이룬다.

따라서 $\overline{P_nQ_n}=\overline{BC}-\overline{CD_n}=3-\dfrac{3}{n+1}$이다.

624   답 150

10개의 선분 l_1, l_2, l_3, $\cdots$, l_{10}을 각각 포함하는 직선이 x축과
만나는 점의 x좌표를 각각 x_1, x_2, x_3, $\cdots$, x_{10}이라 하자.
선분 l_1, l_2, l_3, $\cdots$, l_{10}은 일정한 간격으로 그은 것이므로
$x_2-x_1=x_3-x_2=x_4-x_3=\cdots=x_{10}-x_9$이다.
즉, x_1, x_2, x_3, $\cdots$, x_{10}은 이 순서대로 등차수열을 이룬다. $\cdots\cdots$ ㉠
한편,
$l_i=\{(x_i)^2+ax_i+b\}-(x_i)^2$
  $=ax_i+b\ (i=1,\ 2,\ 3,\ \cdots,\ 10)$
이므로 ㉠에 의하여
$l_1=ax_1+b$, $l_2=ax_2+b$, $l_3=ax_3+b$, $\cdots$, $l_{10}=ax_{10}+b$도
이 순서대로 등차수열을 이룬다.

$$\therefore l_1+l_2+l_3+\cdots+l_{10}=\dfrac{10(l_1+l_{10})}{2}=\dfrac{10(l_2+l_9)}{2}$$

$$=\dfrac{10(4+26)}{2}=150$$

625   답 6

$-\log_2 b_{2n-1}=a_1+a_3+a_5+\cdots+a_{2n-1}$ $\cdots\cdots$ ㉠
$\log_2 b_{2n}=a_2+a_4+a_6+\cdots+a_{2n}$ $\cdots\cdots$ ㉡
등차수열 $\{a_n\}$의 공차를 d라 할 때, ㉡에서 ㉠을 빼면
$\log_2 b_{2n}+\log_2 b_{2n-1}=(a_2+a_4+a_6+\cdots+a_{2n})$
$$-(a_1+a_3+a_5+\cdots+a_{2n-1})$$
$\log_2(b_{2n}\times b_{2n-1})=(a_2-a_1)+(a_4-a_3)+(a_6-a_5)+\cdots$
$$+(a_{2n}-a_{2n-1})$$
$$=d\times n$$
$\therefore b_{2n}\times b_{2n-1}=2^{dn}$ $\cdots\cdots$ ㉢
$b_1\times b_2\times b_3\times\cdots\times b_{10}=(b_1b_2)\times(b_3b_4)\times(b_5b_6)\times(b_7b_8)\times(b_9b_{10})$
$$=2^d\times2^{2d}\times2^{3d}\times2^{4d}\times2^{5d}\,(\because\ \text{㉢})$$
$$=2^{15d}=1024=2^{10}$$

에서 $15d=10$ $\therefore d=\dfrac{2}{3}$

$$\therefore k=a_{n+9}-a_n=9d=9\times\dfrac{2}{3}=6$$

626   답 ②

$S_k=-16$, $S_{k+2}=-12$이므로
$S_{k+2}-S_k=a_{k+1}+a_{k+2}=4$
등차수열 $\{a_n\}$의 공차가 2이므로
$(a_1+2k)+\{a_1+2(k+1)\}=4$
$2a_1+4k+2=4$
$a_1+2k=1$
$\therefore a_1=1-2k$ $\cdots\cdots$ ㉠

$S_k=-16$이므로 $\dfrac{k\{2a_1+2(k-1)\}}{2}=-16$

$k(a_1+k-1)=-16$
위의 식에 ㉠을 대입하면
$k\{(1-2k)+k-1\}=-16$, $k^2=16$

$\therefore k=4$ $(\because k$는 자연수$)$
$k=4$를 ㉠에 대입하면
$a_1=1-2\times4=-7$
$\therefore a_{2k}=a_8=(-7)+7\times2=7$

627

$\boxplus$ ③

a_{k-3}, a_{k-2}, a_{k-1}은 이 순서대로 등차수열을 이루므로
a_{k-2}는 a_{k-3}과 a_{k-1}의 등차중항이다.
즉, 조건 ㈎에서
$a_{k-2}=\dfrac{a_{k-3}+a_{k-1}}{2}=\dfrac{-24}{2}=-12$
수열 $\{a_n\}$의 첫째항부터 제k항까지의 합 S_k는
$S_k=\dfrac{k(a_1+a_k)}{2}$ $\qquad\cdots\cdots$ ㉠
등차수열 $\{a_n\}$의 공차를 d라 하면
$a_1+a_k=a_1+\{a_1+(k-1)d\}=2a_1+(k-1)d$,
$a_2+a_{k-1}=(a_1+d)+\{a_1+(k-2)d\}=2a_1+(k-1)d$,
$a_3+a_{k-2}=(a_1+2d)+\{a_1+(k-3)d\}=2a_1+(k-1)d$
이므로
$a_1+a_k=a_3+a_{k-2}$ $\qquad\cdots\cdots$ ㉡
㉠에 ㉡을 대입하면
$S_k=\dfrac{k(a_3+a_{k-2})}{2}$
$\quad=\dfrac{k\{42+(-12)\}}{2}$
$\quad=15k$
조건 ㈏에 의하여 $15k=k^2$
이때 $k\neq0$이므로 $k=15$

628

$\boxplus$ ③

등차수열 $\{a_n\}$의 공차를 d, 등비수열 $\{b_n\}$의 공비를 r이라 하자.
조건 ㈎에 의하여
$a_1+d=a_1r$에서 $a_1(r-1)=d$ $\qquad\cdots\cdots$ ㉠
$a_1+3d=a_1r^3$에서 $a_1(r^3-1)=a_1(r-1)(r^2+r+1)=3d$ $\quad\cdots\cdots$ ㉡
㉠을 ㉡에 대입하면
$d(r^2+r+1)=3d$, $d(r^2+r-2)=d(r+2)(r-1)=0$
이므로 $d=0$ 또는 $r=-2$ 또는 $r=1$이다.
(i) $d=0$인 경우
　　등차수열 $\{a_n\}$의 모든 항이 a_1이고
　　$b_2=a_2=a_1=b_1$에서 $r=1$이므로
　　등비수열 $\{b_n\}$의 모든 항도 a_1이다.
　　이때 $a_3\neq b_3$을 만족시키지 못한다.
(ii) $r=-2$인 경우
　　조건 ㈏에서 $b_3=a_1r^2=4a_1=12$이므로 $a_1=3$이고,
　　㉠에서 $d=3\times(-2-1)=-9$이다.
　　이때 $a_3=a_1+2d=-15\neq b_3$이므로 조건을 만족시킨다.
(iii) $r=1$인 경우
　　등비수열 $\{b_n\}$의 모든 항이 b_1이고
　　$a_2=b_2=b_1=a_1$에서 $d=0$이므로

등차수열 $\{a_n\}$의 모든 항도 b_1이다.
　　이때 $a_3\neq b_3$을 만족시키지 못한다.
(i)~(iii)에서 구하는 값은
$a_{10}=a_1+9d=3+9\times(-9)=-78$

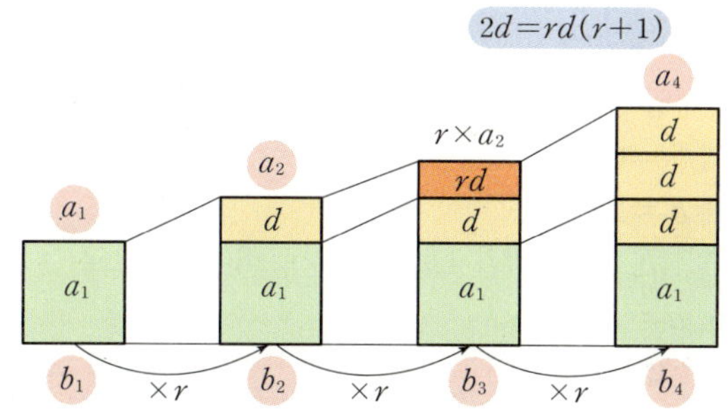

따라서 $b_2=a_1+d$로 나타내면
$b_3=rb_2=r(a_1+d)=ra_1+rd=(a_1+d)+rd$
이고,
$b_4=rb_3=r(a_1+d+rd)=ra_1+r(rd+d)$
$\quad=(a_1+d)+rd(r+1)$
이다. 이때 조건 ㈎에 의하여 $a_4=b_4$이므로
$a_1+3d=(a_1+d)+rd(r+1)$에서 $2d=rd(r+1)$임을 알 수 있다.

629

$\boxplus$ 18

수열 $\{a_n\}$은 등차수열이므로 공차를 d이라 하면
$a_1+a_8=a_1+(a_1+7d)$
$\qquad\quad=(a_1+3d)+(a_1+4d)$
$\qquad\quad=a_4+a_5=8$ $\qquad\cdots\cdots$ ㉠
수열 $\{b_n\}$은 등비수열이므로 공비를 r $(r<1)$이라 하면
$b_2b_7=b_1r\times b_1r^6$
$\qquad\;=b_1r^3\times b_1r^4$
$\qquad\;=b_4b_5=12$
이때 $a_4=b_4$, $a_5=b_5$이므로
$a_4a_5=b_4b_5=12$ $\qquad\cdots\cdots$ ㉡
㉠, ㉡에서 a_4, a_5가 이차방정식의 두 근이라 하면
이차방정식의 근과 계수의 관계에 의하여
$x^2-(a_4+a_5)x+a_4a_5=0$이므로
$x^2-8x+12=0$, $(x-2)(x-6)=0$
$\therefore x=2$ 또는 $x=6$
한편, $b_4>b_5$ $(\because r<1)$이므로 $a_4>a_5$
$\therefore a_4=6$, $a_5=2$
$a_5-a_4=d=2-6=-4$
즉, $a_4=a_1+3d$에서 $d=-4$이므로
$6=a_1+3\times(-4)$
$\therefore a_1=18$

다른 풀이

수열 $\{a_n\}$은 등차수열이므로
$a_1+a_8=a_4+a_5=8$ $\qquad\cdots\cdots$ ㉠

수열 $\{b_n\}$은 등비수열이므로
$$b_2 b_7 = b_4 b_5 = 12 \qquad\qquad \cdots\cdots ⓛ$$
이때 $a_4 = b_4$, $a_5 = b_5$이므로
㉠에서 $b_4 + b_5 = a_4 + a_5 = 8$
$$\therefore b_5 = 8 - b_4 \qquad\qquad \cdots\cdots ㉢$$
㉡의 $b_4 b_5 = 12$에 ㉢을 대입하면 $b_4(8 - b_4) = 12$
$b_4{}^2 - 8b_4 + 12 = 0$, $(b_4 - 2)(b_4 - 6) = 0$
$\therefore b_4 = 2$ 또는 $b_4 = 6$
이를 ㉢에 대입하면
$b_4 = 2$일 때 $b_5 = 6$
$b_4 = 6$일 때 $b_5 = 2$
그런데 수열 $\{b_n\}$은 공비가 1보다 작은 등비수열이므로
$a_4 = b_4 = 6$, $a_5 = b_5 = 2$
$a_5 - a_4 = d = 2 - 6 = -4$
즉, $a_4 = a_1 + 3d$에서 $d = -4$이므로
$6 = a_1 + 3 \times (-4)$
$\therefore a_1 = 18$

630   탑 ④

2035년 초의 이 아파트의 한 세대 매입가는
$$31200 \times 1.04^{10}(\text{만 원})\text{이고} \qquad\qquad \cdots\cdots ㉠$$
2025년 초에 $a(\text{만 원})$을 적립하면 2035년 초에
$a \times 1.04^{10}(\text{만 원})$,
2026년 초에 $a \times 0.95(\text{만 원})$을 적립하면 2035년 초에
$a \times 0.95 \times 1.04^9(\text{만 원})$,
2027년 초에 $a \times 0.95^2(\text{만 원})$을 적립하면 2035년 초에
$a \times 0.95^2 \times 1.04^8(\text{만 원})$,
$$\vdots$$
2034년 초에 $a \times 0.95^9(\text{만 원})$을 적립하면 2035년 초에
$a \times 0.95^9 \times 1.04(\text{만 원})$이 된다.

즉, 적립금의 원리합계는 첫째항이 $a \times 1.04^{10}$이고 공비가 $\dfrac{0.95}{1.04}$인

등비수열의 첫째항부터 제10항까지의 합과 같으므로
$$\frac{a \times 1.04^{10}\left\{1 - \left(\frac{0.95}{1.04}\right)^{10}\right\}}{1 - \frac{0.95}{1.04}} = a \times 1.04^{10} \times 0.6 \times \frac{104}{9} \qquad \cdots\cdots ㉡$$

㉠, ㉡에서
$$31200 \times 1.04^{10} = a \times 1.04^{10} \times 0.6 \times \frac{104}{9}$$
$$\therefore a = 4500$$

631   탑 33

두 조건 ㈎, ㈏에 의하여
$$|a_1 + a_2 + a_3 + \cdots + a_{16}| < |a_1 + a_2 + a_3 + \cdots + a_{17}|, \qquad \cdots\cdots ㉠$$
$$|a_1 + a_2 + a_3 + \cdots + a_{17}| > |a_1 + a_2 + a_3 + \cdots + a_{18}| \qquad \cdots\cdots ㉡$$
수열 $\{a_n\}$의 공차를 d라 하자.
(i) $a_1 + a_2 + a_3 + \cdots + a_{16} < 0$일 때
　수열 $\{a_n\}$은 첫째항이 50, 즉 양수이고 공차가 정수이므로
　$a_1 + a_2 + a_3 + \cdots + a_{16} < 0$이면 $a_{16} < 0$이다.

이때 $a_{17} < 0$이므로 ㉠은 항상 성립하지만 $a_{18} < 0$이므로
$$|a_1 + a_2 + a_3 + \cdots + a_{17}| < |a_1 + a_2 + a_3 + \cdots + a_{18}|$$
에서 ㉡을 만족시키지 않는다.
(ii) $a_1 + a_2 + a_3 + \cdots + a_{16} \geq 0$일 때
　ⓐ $a_1 + a_2 + a_3 + \cdots + a_{17} < 0$일 때
　　$a_1 + a_2 + a_3 + \cdots + a_{16} = 16a_1 + 90d = 800 + 90d$이므로
　　$a_1 + a_2 + a_3 + \cdots + a_{16} \geq 0$에서 $800 + 90d \geq 0$
　　$$\therefore d \geq -\frac{800}{90} = -8.8\cdots$$
　　$a_1 + a_2 + a_3 + \cdots + a_{17} = 17a_1 + 106d = 850 + 106d$이므로
　　$a_1 + a_2 + a_3 + \cdots + a_{17} < 0$에서 $850 + 106d < 0$
　　$$\therefore d < -\frac{850}{106} = -8.0\cdots$$
　　따라서 이를 만족시키는 정수 d는 존재하지 않는다.
　ⓑ $a_1 + a_2 + a_3 + \cdots + a_{17} \geq 0$일 때
　　㉠을 만족시키기 위해서는 $a_{17} > 0$이어야 한다.
　　또한 ㉡을 만족시키기 위해서는 $a_{18} < 0$이어야 한다.
(i), (ii)에서 $a_{17} > 0$이고 $a_{18} < 0$
$$a_{17} = 50 + 16d > 0\text{에서 } d > -\frac{50}{16}$$
$$a_{18} = 50 + 17d < 0\text{에서 } d < -\frac{50}{17}$$
$-\dfrac{50}{16} < d < -\dfrac{50}{17}$이므로 $d = -3$ ($\because d$는 정수)
따라서 수열 $\{a_n\}$의 첫째항부터 제n항까지의 합은
$$\frac{n\{100 - 3(n-1)\}}{2} = \frac{n(-3n + 103)}{2}\text{이고}$$
$$T_n = \left|\frac{n(-3n + 103)}{2}\right|\text{이다.}$$
이때 $f(x) = \left|\dfrac{x(-3x + 103)}{2}\right|$ $(x > 0)$이라 하면
함수 $y = f(x)$의 그래프는 다음과 같다.

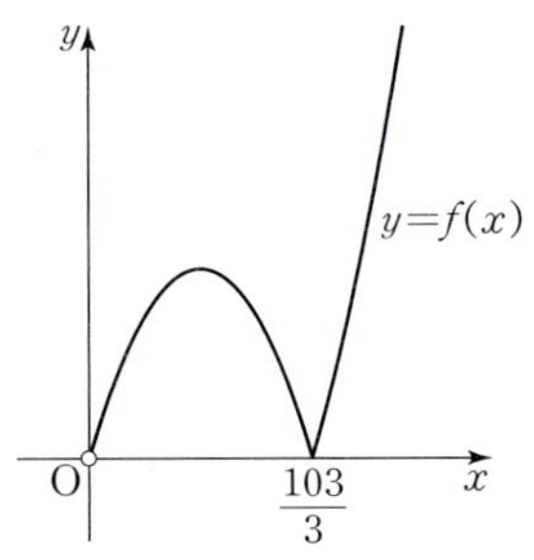

즉, n의 값이 $\dfrac{103}{3}$의 부근인 곳에서 T_n의 값을 구해 보면
$T_{32} = 112$, $T_{33} = 66$, $T_{34} = 17$, $T_{35} = 35$이므로
$T_n > T_{n+1}$을 만족시키는 n의 최댓값은 33이다.

632   탑 ③

그림 R_n에서 새로 색칠한 부분의 넓이를 a_n이라 하자.
한 변의 길이가 1인 정사각형의 넓이가 1이므로

그림 R_1에서 새로 색칠한 부분의 넓이는 $a_1 = 1 \times \dfrac{1}{4} = \dfrac{1}{4}$이다.

그림 R_2에서 새로 색칠한 하나의 정사각형의 넓이는 $a_1 \times \dfrac{1}{4}$이고,

같은 넓이의 정사각형을 3개 색칠하였으므로

$a_2 = a_1 \times \dfrac{1}{4} \times 3 = \dfrac{3}{4}a_1$이다.

그림 R_3에서 새로 색칠한 하나의 정사각형의 넓이는 $a_1 \times \dfrac{1}{4} \times \dfrac{1}{4}$

이고, 같은 넓이의 정사각형을 3×3개 색칠하였으므로

$a_3 = a_1 \times \left(\dfrac{1}{4}\right)^2 \times 3^2 = \left(\dfrac{3}{4}\right)^2 a_1$이다.

$\vdots$

즉, 수열 $\{a_n\}$은 첫째항이 $\dfrac{1}{4}$이고 공비가 $\dfrac{3}{4}$인 등비수열이다.

$\therefore S_{10} = a_1 + a_2 + \cdots + a_{10} = \dfrac{\dfrac{1}{4}\left\{1 - \left(\dfrac{3}{4}\right)^{10}\right\}}{1 - \dfrac{3}{4}} = 1 - \left(\dfrac{3}{4}\right)^{10}$

633   답 ①

종이 ABCD를 접는 선은 한 변의 길이가 $\sqrt{2}$인 정사각형이므로 S_1을
펼친 그림에서 접힌 모든 선들의 길이의 합은 $4\sqrt{2}$이다.
S_1을 접는 선은 한 변의 길이가 1인 정사각형이고 종이가 2겹이므로
S_2를 펼친 그림에서 새로 접힌 모든 선들의 길이의 합은
$2 \times 4 \times 1 = 8$

S_2를 접는 선은 한 변의 길이가 $\dfrac{1}{\sqrt{2}}$인 정사각형이고 종이가

4겹이므로 S_3을 펼친 그림에서 새로 접힌 모든 선들의 길이의 합은

$4 \times 4 \times \dfrac{1}{\sqrt{2}} = 8\sqrt{2}$

새로 접힌 모든 선들의 길이의 합은 첫째항이 $4\sqrt{2}$이고 공비가 $\sqrt{2}$인
등비수열이므로 S_n을 펼친 그림에서 접힌 모든 선들의 길이의 합
l_n은 첫째항이 $4\sqrt{2}$이고 공비가 $\sqrt{2}$인 등비수열의 첫째항부터
제n항까지의 합이다.

$\therefore l_5 = \dfrac{4\sqrt{2} \times \{(\sqrt{2})^5 - 1\}}{\sqrt{2} - 1}$

$\qquad = \dfrac{4\sqrt{2}(4\sqrt{2} - 1)(\sqrt{2} + 1)}{(\sqrt{2} - 1)(\sqrt{2} + 1)}$

$\qquad = 4\sqrt{2}(7 + 3\sqrt{2})$

$\qquad = 24 + 28\sqrt{2}$

634   답 ④

등차수열 $\{a_n\}$의 공차를 $d \ (d > 0)$라 할 때,
첫째항이 2이고 공차가 d인 수열을 차례대로 나열하면
$2, \ 2+d, \ 2+2d, \ 2+3d, \ 2+4d, \ 2+5d, \ \cdots$
집합 A_1의 원소를 크기가 작은 수부터 차례대로 나열하면
$2, \ 2+2d, \ 2+4d, \ 2+6d, \ 2+8d, \ 2+10d, \ \cdots$
집합 A_2의 원소를 크기가 작은 수부터 차례대로 나열하면
$2, \ 2+4d, \ 2+8d, \ 2+12d, \ 2+16d, \ 2+20d, \ \cdots$
집합 A_3의 원소를 크기가 작은 수부터 차례대로 나열하면
$2, \ 2+8d, \ 2+16d, \ 2+24d, \ 2+32d, \ 2+40d, \ \cdots$
즉, 이와 같이 집합 A_n의 원소를 크기가 작은 수부터 차례대로
나열하면 이 수열은 첫째항이 2이고 공차가 $2^n d$인 등차수열이므로
집합 A_8의 원소를 크기가 작은 수부터 차례대로 나열하여 만든
수열은 첫째항이 2이고 공차가 $2^8 d$인 등차수열이다.

이 수열의 제12항이 46이므로

$2 + 2^8(12 - 1)d = 46, \ 11 \times 2^8 d = 44$에서 $d = \dfrac{1}{64}$

635   답 26

주어진 조건을 만족시키는 집합 A_k를 구하여 차례대로 나열하면
$A_1 = \{3, \ 5, \ 7, \ 9, \ 11\}$
$A_2 = \{9, \ 11, \ 13, \ \cdots, \ 21\}$
$A_3 = \{15, \ 17, \ 19, \ \cdots, \ 31\}$
$A_4 = \{21, \ 23, \ 25, \ \cdots, \ 41\}$
$\vdots$
$A_k = \{6k - 3, \ 6k - 1, \ 6k + 1, \ \cdots, \ 10k + 1\}$
즉, $A_{15} = \{87, \ 89, \ 91, \ \cdots, \ 151\}$이다.
$p > 15$에서 $A_{15} \cap A_p = \varnothing$을 만족시키려면
집합 A_p의 가장 작은 원소 $6p - 3$이 집합 A_{15}의 가장 큰 원소보다
커야 하므로 $6p - 3 > 151$이어야 한다.

따라서 $p > \dfrac{154}{6} = 25.6\cdots$이므로 자연수 p의 최솟값은 26이다.

636   답 $\dfrac{27}{2}$

조건에서 홀수 번째 항들의 합이 짝수 번째 항들의 합보다 크고
공차가 양수이므로 k는 홀수이다.

즉, 홀수 번째 항의 개수는 $\dfrac{k+1}{2}$이고, 홀수 번째 항들의 합이

24이므로

$\dfrac{k+1}{2} \times \dfrac{a_1 + a_k}{2} = 24 \qquad\qquad \cdots\cdots \ \text{㉠}$

이때 짝수 번째 항들의 합이 21이므로 첫째항부터 제k항까지의 합은
$21 + 24 = 45$이다.

$\dfrac{k(a_1 + a_k)}{2} = 45 \qquad\qquad\qquad \cdots\cdots \ \text{㉡}$

㉠$\div$㉡을 하면

$\dfrac{k+1}{2k} = \dfrac{24}{45} = \dfrac{8}{15}, \ 16k = 15(k+1), \ k = 15$

$k = 15$를 ㉡에 대입하면

$\dfrac{15(a_1 + a_{15})}{2} = 45, \ a_1 + a_{15} = 6$

a_8은 a_1과 a_{15}의 등차중항이므로 $\dfrac{a_1 + a_{15}}{2} = a_8$에서 $a_8 = \dfrac{6}{2} = 3$이고

$a_6 \leq 0$이므로 수열 $\{a_n\}$의 공차를 d라 하면

$a_6 = a_8 - 2d = 3 - 2d \leq 0, \ d \geq \dfrac{3}{2}$

따라서 구하는 a_k의 최솟값은 d가 최솟값 $\dfrac{3}{2}$을 가질 때이므로

$a_k = a_{15} = a_8 + 7d = 3 + 7 \times \dfrac{3}{2} = \dfrac{27}{2}$이다.

637

답 ⑤

$\sum\limits_{k=1}^{5}a_k=10$, $\sum\limits_{k=1}^{5}b_k=4$이므로 $\sum$의 성질에 의하여

$$\sum_{k=1}^{5}(3a_k-b_k+4)=3\sum_{k=1}^{5}a_k-\sum_{k=1}^{5}b_k+\sum_{k=1}^{5}4$$
$$=3\times10-4+4\times5=46$$

638

답 18

$\sum\limits_{k=1}^{10}a_k=-2$, $\sum\limits_{k=1}^{10}(a_k)^2=4$이므로 $\sum$의 성질에 의하여

$$\sum_{k=1}^{10}(2a_k+1)^2=\sum_{k=1}^{10}\{4(a_k)^2+4a_k+1\}$$
$$=4\sum_{k=1}^{10}(a_k)^2+4\sum_{k=1}^{10}a_k+\sum_{k=1}^{10}1$$
$$=4\times4+4\times(-2)+1\times10=18$$

639

답 ④

$$\sum_{k=1}^{10}(a_{2k-1}+a_{2k})$$
$$=(a_1+a_2)+(a_3+a_4)+(a_5+a_6)+\cdots+(a_{19}+a_{20})$$
$$=\sum_{k=1}^{20}a_k$$

이므로 $\sum\limits_{k=1}^{20}a_k=40$이다.

$$\therefore \sum_{k=1}^{20}(2a_k+5)=2\sum_{k=1}^{20}a_k+5\times20$$
$$=2\times40+5\times20=180$$

640

답 ②

$$\sum_{k=2}^{24}f(k+3)-\sum_{i=10}^{32}f(i-4)$$
$$=\{f(5)+f(6)+f(7)+\cdots+f(27)\}$$
$$\qquad\qquad -\{f(6)+f(7)+f(8)+\cdots+f(28)\}$$
$$=f(5)-f(28)$$
$$=7-22\ (\because f(5)=7,\ f(28)=22)$$
$$=-15$$

641

답 ③

① $\sum\limits_{k=1}^{n}ka_k=a_1+2a_2+3a_3+\cdots+na_n$이고,

$k\sum\limits_{k=1}^{n}a_k=k(a_1+a_2+a_3+\cdots+a_n)$이므로

$\sum\limits_{k=1}^{n}ka_k\neq k\sum\limits_{k=1}^{n}a_k$이다. (거짓)

② $\sum\limits_{k=1}^{n}a_{2k}=a_2+a_4+a_6+\cdots+a_{2n}$이고,

$\sum\limits_{k=1}^{2n}a_k=a_1+a_2+a_3+\cdots+a_{2n}$이므로

$\sum\limits_{k=1}^{n}a_{2k}\neq\sum\limits_{k=1}^{2n}a_k$이다. (거짓)

③ $\sum\limits_{k=2}^{n}c=c+c+c+\cdots+c=c(n-1)$ (참)

④ $\sum\limits_{k=1}^{n}a_kb_k=a_1b_1+a_2b_2+a_3b_3+\cdots+a_nb_n$이고,

$$\left(\sum_{k=1}^{n}a_k\right)\times\left(\sum_{k=1}^{n}b_k\right)$$
$$=(a_1+a_2+a_3+\cdots+a_n)(b_1+b_2+b_3+\cdots+b_n)$$

이므로

$\sum\limits_{k=1}^{n}a_kb_k\neq\left(\sum\limits_{k=1}^{n}a_k\right)\times\left(\sum\limits_{k=1}^{n}b_k\right)$이다. (거짓)

⑤ $\sum\limits_{k=1}^{n}a_k+\sum\limits_{k=1}^{2n}b_k$

$\quad=(a_1+a_2+a_3+\cdots+a_n)+(b_1+b_2+b_3+\cdots+b_{2n})$

이고,

$$\sum_{k=1}^{n}(a_k+b_k)+b_{2n}$$
$$=\sum_{k=1}^{n}a_k+\sum_{k=1}^{n}b_k+b_{2n}$$
$$=(a_1+a_2+a_3+\cdots+a_n)+(b_1+b_2+b_3+\cdots+b_n)+b_{2n}$$

이므로

$\sum\limits_{k=1}^{n}a_k+\sum\limits_{k=1}^{2n}b_k\neq\sum\limits_{k=1}^{n}(a_k+b_k)+b_{2n}$이다. (거짓)

따라서 옳은 것은 ③이다.

642

답 ③

ㄱ. $2+2+2+2+2=\sum\limits_{k=1}^{5}2$ (참)

ㄴ. $\sum\limits_{k=1}^{12}(4k+1)=5+9+13+\cdots+49$ (거짓) ····· **TIP**

ㄷ. $\sum\limits_{k=1}^{10}2k=2+4+6+\cdots+20=20+18+16+\cdots+2$ (참)

ㄹ. $\sum\limits_{k=1}^{13}(3k-1)^2=2^2+5^2+8^2+\cdots+38^2$ (거짓)

따라서 옳은 것은 ㄱ, ㄷ의 2개이다.

> **TIP**
>
> 합의 꼴로 나타난 부분을 일반항을 구하여 시그마로 표현하려고 하기보다는 시그마의 뜻에 따라 합의 꼴로 풀어서 나타내고 양변이 등호가 성립하는지 비교하는 것이 좀 더 간단하다.

643

답 ③

① $\sum\limits_{k=1}^{2n+3}(2k-1)=1+3+5+\cdots+(4n+5)$

② $\sum\limits_{k=1}^{n+1}(4k-3)=1+5+9+\cdots+(4n+1)$

③ $\sum\limits_{k=1}^{n+2}(4k-3)=1+5+9+\cdots+(4n+5)$

④ $\sum\limits_{k=2}^{n+1}(4k-7)=1+5+9+\cdots+(4n-3)$

⑤ $\displaystyle\sum_{k=2}^{n+2}(4k-7)=1+5+9+\cdots+(4n+1)$

따라서 $\sum$를 사용하여 바르게 나타낸 것은 ③이다.

다른 풀이

$1,\ 5,\ 9,\ \cdots$는 첫째항이 1이고 공차가 4인 등차수열이므로 이 수열을 $\{a_k\}$라 하면 일반항은 $a_k=1+4(k-1)=4k-3$이다.

이때 $4n+5=4k-3$에서 $k=n+2$이므로 $4n+5$는 제$(n+2)$항이다.

따라서 주어진 합은 수열 $\{a_k\}$의 첫째항부터 제$(n+2)$항까지의 합이므로

$1+5+9+\cdots+(4n+5)=\displaystyle\sum_{k=1}^{n+2}(4k-3)$이다.

644   답 ③

$\displaystyle\sum_{k=1}^{9}a_{k+2}-\sum_{k=3}^{11}a_{k-1}$

$=(a_3+a_4+a_5+\cdots+a_{11})-(a_2+a_3+a_4+\cdots+a_{10})$

$=(a_3-a_2)+(a_4-a_3)+(a_5-a_4)+\cdots+(a_{11}-a_{10})$

이때 수열 $\{a_n\}$이 공차가 4인 등차수열이므로

$a_3-a_2=a_4-a_3=a_5-a_4=\cdots=a_{11}-a_{10}=4$

따라서 구하는 값은 $4\times9=36$이다.

다른 풀이

수열 $\{a_n\}$의 공차를 d라 하면

$\displaystyle\sum_{k=1}^{9}a_{k+2}-\sum_{k=3}^{11}a_{k-1}$

$=(a_3+a_4+a_5+\cdots+a_{11})-(a_2+a_3+a_4+\cdots+a_{10})$

$=a_{11}-a_2=9d=9\times4=36\ (\because d=4)$

645   답 ③

$a_1=2^2-3=1$이고,

$n\geq2$일 때

$a_n=\displaystyle\sum_{k=1}^{n}a_k-\sum_{k=1}^{n-1}a_k$

$=2^{n+1}-3-(2^n-3)=2^n$

이므로 $a_{10}=2^{10}$이다.

$\therefore a_1+a_{10}=1+2^{10}$

646   답 ④

$\displaystyle\sum_{k=1}^{20}\frac{4^{k+1}+6^k}{5^{k-1}}=\sum_{k=1}^{20}\left\{16\times\left(\frac{4}{5}\right)^{k-1}\right\}+\sum_{k=1}^{20}\left\{6\times\left(\frac{6}{5}\right)^{k-1}\right\}$

두 수열 $\left\{16\times\left(\dfrac{4}{5}\right)^{k-1}\right\}$, $\left\{6\times\left(\dfrac{6}{5}\right)^{k-1}\right\}$이 모두 등비수열이므로

$\displaystyle\sum_{k=1}^{20}\frac{4^{k+1}+6^k}{5^{k-1}}=\frac{16\left\{1-\left(\frac{4}{5}\right)^{20}\right\}}{1-\frac{4}{5}}+\frac{6\left\{\left(\frac{6}{5}\right)^{20}-1\right\}}{\frac{6}{5}-1}$

$=80\left\{1-\left(\frac{4}{5}\right)^{20}\right\}+30\left\{\left(\frac{6}{5}\right)^{20}-1\right\}$

$=30\times\left(\frac{6}{5}\right)^{20}-80\times\left(\frac{4}{5}\right)^{20}+50$

에서 $a=30,\ b=-80,\ c=50$이다.

$\therefore a+2b+3c=30-160+150=20$

647   답 ⑤

$a_1=7,\ a_2=9,\ a_3=3,\ a_4=1,\ a_5=7,\ \cdots$ 이므로

수열 $\{a_n\}$은 7, 9, 3, 1이 이 순서대로 반복된다.

$\therefore \displaystyle\sum_{k=1}^{30}a_k=7\times(7+9+3+1)+7+9$

$=140+16=156$

648   답 ⑤

$\displaystyle\sum_{k=1}^{10}a_k=10,\ \sum_{k=1}^{10}b_k=15$이므로

$\displaystyle\sum_{k=1}^{10}(a_k-2b_k+k)=\sum_{k=1}^{10}a_k-2\sum_{k=1}^{10}b_k+\sum_{k=1}^{10}k$

$=10-2\times15+\frac{10\times11}{2}=35$

649   답 (1) 160   (2) 184

(1) $\displaystyle\sum_{k=1}^{5}(k^3-k-10)=\sum_{k=1}^{5}k^3-\sum_{k=1}^{5}k-\sum_{k=1}^{5}10$

$=\left(\frac{5\times6}{2}\right)^2-\frac{5\times6}{2}-5\times10$

$=225-15-50=160$

(2) $\displaystyle\sum_{k=1}^{8}(k+2)^2-\sum_{k=1}^{8}(k+1)(k-1)$

$=\displaystyle\sum_{k=1}^{8}(k^2+4k+4)-\sum_{k=1}^{8}(k^2-1)$

$=\displaystyle\sum_{k=1}^{8}(4k+5)$

$=4\times\frac{8\times9}{2}+5\times8$

$=144+40=184$

650   답 ⑤

$\displaystyle\sum_{k=1}^{8}\frac{k^3}{k+1}+\sum_{k=1}^{8}\frac{1}{k+1}=\sum_{k=1}^{8}\frac{k^3+1}{k+1}$

$=\displaystyle\sum_{k=1}^{8}\frac{(k+1)(k^2-k+1)}{k+1}$

$=\displaystyle\sum_{k=1}^{8}(k^2-k+1)$

$=\frac{8\times9\times17}{6}-\frac{8\times9}{2}+1\times8$

$=204-36+8=176$

651   답 ④

$5^2+6^2+7^2+\cdots+12^2=\displaystyle\sum_{k=1}^{12}k^2-\sum_{k=1}^{4}k^2$

$=\frac{12\times13\times25}{6}-\frac{4\times5\times9}{6}$

$=650-30=620$

$$5^2+6^2+7^2+\cdots+12^2=\sum_{k=1}^{8}(k+4)^2$$
$$=\sum_{k=1}^{8}(k^2+8k+16)$$
$$=\frac{8\times9\times17}{6}+8\times\frac{8\times9}{2}+16\times8$$
$$=204+288+128=620$$

652   답 ④

$$1\times4+2\times6+3\times8+\cdots+10\times22$$
$$=\sum_{k=1}^{10}k(2k+2) \qquad \cdots\cdots\; \textbf{TIP}$$
$$=\sum_{k=1}^{10}(2k^2+2k)$$
$$=2\times\frac{10\times11\times21}{6}+2\times\frac{10\times11}{2}$$
$$=770+110=880$$

TIP

1, 2, 3, $\cdots$, 10은 첫째항이 1이고 공차가 1인 등차수열의
첫째항부터 제10항까지의 나열이고,
4, 6, 8, $\cdots$, 22는 첫째항이 4이고 공차가 2인 등차수열의
첫째항부터 제10항까지의 나열이다.

653   답 385

$$\sum_{k=1}^{10}a_k=(1^2-1)+(2^2+1)+\cdots+(10^2+1)$$
$$=1^2+2^2+3^2+\cdots+10^2$$
$$=\sum_{k=1}^{10}k^2=\frac{10\times11\times21}{6}=385$$
$$\therefore \sum_{k=1}^{10}a_k=385$$

654   답 ④

$\sum_{k=1}^{n}a_k=n^2+3n$에서 $n\geq2$일 때

$$a_n=\sum_{k=1}^{n}a_k-\sum_{k=1}^{n-1}a_k$$
$$=n^2+3n-\{(n-1)^2+3(n-1)\}$$
$$=n^2+3n-(n^2-2n+1+3n-3)$$
$$=2n+2$$

$a_1=S_1=4$이므로
$a_n=2n+2\,(n\geq1)$이다.
따라서 $a_{2k-1}=2(2k-1)+2=4k$이므로

$$\sum_{k=1}^{10}a_{2k-1}=\sum_{k=1}^{10}4k$$
$$=4\times\frac{10\times11}{2}=220$$

655   답 220

$1^3+2^3+3^3+\cdots+k^3=\sum_{i=1}^{k}i^3=\left\{\dfrac{k(k+1)}{2}\right\}^2$이고

$1+2+3+\cdots+k=\sum_{i=1}^{k}i=\dfrac{k(k+1)}{2}$이므로

$$\frac{1^3+2^3+3^3+\cdots+k^3}{1+2+3+\cdots+k}=\frac{k(k+1)}{2}$$
$$\therefore \sum_{k=1}^{10}\frac{1^3+2^3+3^3+\cdots+k^3}{1+2+3+\cdots+k}=\sum_{k=1}^{10}\frac{k(k+1)}{2}$$
$$=\frac{1}{2}\sum_{k=1}^{10}(k^2+k)$$
$$=\frac{1}{2}\left(\frac{10\times11\times21}{6}+\frac{10\times11}{2}\right)$$
$$=\frac{1}{2}(385+55)=220$$

참고

$\sum_{k=1}^{10}k^2=385,\ \sum_{k=1}^{10}k=55$는 계산 과정에서 종종 사용되므로 암기해
두면 편리하다.

656   답 ③

x에 대한 이차방정식 $x^2-(4n-1)x+n^2=0$에서
근과 계수의 관계에 의하여
$a_n+b_n=4n-1,\ a_nb_n=n^2$이므로

$$a_n^2+b_n^2=(a_n+b_n)^2-2a_nb_n$$
$$=(4n-1)^2-2n^2$$
$$=14n^2-8n+1$$
$$\therefore \sum_{n=1}^{5}(a_n^2+b_n^2)=\sum_{n=1}^{5}(14n^2-8n+1)$$
$$=14\times\frac{5\times6\times11}{6}-8\times\frac{5\times6}{2}+1\times5$$
$$=770-120+5=655$$

657   답 (1) 24   (2) 5

(1) $\displaystyle\sum_{k=1}^{n+1}k^2-\sum_{k=1}^{n}(k^2+2k)=\sum_{k=1}^{n}k^2+(n+1)^2-\sum_{k=1}^{n}(k^2+2k)$
$$=-2\sum_{k=1}^{n}k+(n+1)^2$$
$$=-n(n+1)+(n^2+2n+1)$$
$$=n+1$$
이므로 $n+1=25$에서 $n=24$이다.

(2) $\displaystyle\sum_{k=1}^{n}k^3-13\sum_{k=1}^{n}k=30$에서

$\left\{\dfrac{n(n+1)}{2}\right\}^2-13\times\dfrac{n(n+1)}{2}-30=0$이고,

$X=\dfrac{n(n+1)}{2}\ (X>0)$로 치환하면

$X^2-13X-30=0,\ (X+2)(X-15)=0$

이므로 $X=15\ (\because X>0)$이다.

따라서 $\dfrac{n(n+1)}{2}=15$이므로 $n(n+1)=30$에서 $n=5$이다.

　　　　　　　　　　　　　　　　　　　　　　답 ⑤

$$\sum_{k=1}^{25}\frac{1}{(2k+3)(2k+5)}$$
$$=\frac{1}{2}\sum_{k=1}^{25}\left(\frac{1}{2k+3}-\frac{1}{2k+5}\right)$$
$$=\frac{1}{2}\left\{\left(\frac{1}{5}-\frac{1}{7}\right)+\left(\frac{1}{7}-\frac{1}{9}\right)+\left(\frac{1}{9}-\frac{1}{11}\right)+\cdots+\left(\frac{1}{53}-\frac{1}{55}\right)\right\}$$
$$=\frac{1}{2}\left(\frac{1}{5}-\frac{1}{55}\right)$$
$$=\frac{1}{2}\times\frac{10}{55}=\frac{1}{11}$$

　　　　　　　　　　　　　　　　　　　　　　답 ④

$$\frac{\sqrt{n+1}-\sqrt{n}}{(\sqrt{n+1}+\sqrt{n})(\sqrt{n+1}-\sqrt{n})}=\sqrt{n+1}-\sqrt{n}$$
$$\therefore \sum_{n=1}^{15}\frac{1}{\sqrt{n}+\sqrt{n+1}}$$
$$=\sum_{n=1}^{15}(\sqrt{n+1}-\sqrt{n})$$
$$=(\sqrt{2}-\sqrt{1})+(\sqrt{3}-\sqrt{2})+(\sqrt{4}-\sqrt{3})+\cdots+(\sqrt{16}-\sqrt{15})$$
$$=\sqrt{16}-\sqrt{1}=3$$

　　　　　　　　　　　　　　　　　　　　　　답 ①

$$\sum_{k=1}^{15}\frac{k^2+k-24}{2k^2+2k}$$
$$=\sum_{k=1}^{15}\frac{k^2+k-24}{2(k^2+k)}$$
$$=\sum_{k=1}^{15}\left(\frac{1}{2}-\frac{12}{k^2+k}\right)$$
$$=\sum_{k=1}^{15}\frac{1}{2}-12\sum_{k=1}^{15}\frac{1}{k(k+1)}$$
$$=15\times\frac{1}{2}-12\sum_{k=1}^{15}\left(\frac{1}{k}-\frac{1}{k+1}\right)$$
$$=\frac{15}{2}-12\left\{\left(1-\frac{1}{2}\right)+\left(\frac{1}{2}-\frac{1}{3}\right)+\left(\frac{1}{3}-\frac{1}{4}\right)+\cdots+\left(\frac{1}{15}-\frac{1}{16}\right)\right\}$$
$$=\frac{15}{2}-12\left(1-\frac{1}{16}\right)=-\frac{15}{4}$$

　　　　　　　　　　답 (1) $\frac{20}{11}$　(2) $\frac{\sqrt{21}-1}{2}$

(1) 주어진 수열에서 제n항의 분자는 1이고,
　분모는 1부터 n까지의 자연수의 합이므로 제n항의 분모는
　$\sum_{k=1}^{n}k=\frac{n(n+1)}{2}$이다.
　따라서 이 수열의 첫째항부터 제10항까지의 합은

$$\sum_{k=1}^{10}\frac{2}{k(k+1)}$$
$$=2\sum_{k=1}^{10}\left(\frac{1}{k}-\frac{1}{k+1}\right)$$
$$=2\left\{\left(\frac{1}{1}-\frac{1}{2}\right)+\left(\frac{1}{2}-\frac{1}{3}\right)+\left(\frac{1}{3}-\frac{1}{4}\right)+\cdots+\left(\frac{1}{10}-\frac{1}{11}\right)\right\}$$
$$=2\left(1-\frac{1}{11}\right)=\frac{20}{11}$$

(2) 주어진 수열에서 제n항의 분자는 1이고,
　분모는 $\sqrt{2n+1}+\sqrt{2n-1}$이므로 이 수열의 제n항은
$$\frac{1}{\sqrt{2n+1}+\sqrt{2n-1}}=\frac{\sqrt{2n+1}-\sqrt{2n-1}}{2}$$
　따라서 이 수열의 첫째항부터 제10항까지의 합은
$$\frac{1}{2}\sum_{k=1}^{10}(\sqrt{2k+1}-\sqrt{2k-1})$$
$$=\frac{1}{2}\left\{(\sqrt{3}-1)+(\sqrt{5}-\sqrt{3})+(\sqrt{7}-\sqrt{5})+\cdots+(\sqrt{21}-\sqrt{19})\right\}$$
$$=\frac{\sqrt{21}-1}{2}$$

　　　　　　　　　　답 (1) $\frac{72}{55}$　(2) $\frac{15}{31}$

(1) $\frac{2}{1\times3}+\frac{2}{2\times4}+\frac{2}{3\times5}+\cdots+\frac{2}{9\times11}$
$$=\sum_{k=1}^{9}\frac{2}{k(k+2)}$$
$$=\sum_{k=1}^{9}\left(\frac{1}{k}-\frac{1}{k+2}\right)$$
$$=\left(\frac{1}{1}-\frac{1}{3}\right)+\left(\frac{1}{2}-\frac{1}{4}\right)+\left(\frac{1}{3}-\frac{1}{5}\right)+\cdots+\left(\frac{1}{9}-\frac{1}{11}\right)$$
$$=1+\frac{1}{2}-\frac{1}{10}-\frac{1}{11}$$
$$=\frac{110+55-11-10}{110}$$
$$=\frac{72}{55}$$

(2) $\frac{1}{2^2-1}+\frac{1}{4^2-1}+\frac{1}{6^2-1}+\cdots+\frac{1}{30^2-1}$
$$=\sum_{k=1}^{15}\frac{1}{(2k)^2-1}$$
$$=\sum_{k=1}^{15}\frac{1}{(2k-1)(2k+1)}$$
$$=\frac{1}{2}\sum_{k=1}^{15}\left(\frac{1}{2k-1}-\frac{1}{2k+1}\right)$$
$$=\frac{1}{2}\left\{\left(\frac{1}{1}-\frac{1}{3}\right)+\left(\frac{1}{3}-\frac{1}{5}\right)+\left(\frac{1}{5}-\frac{1}{7}\right)+\cdots+\left(\frac{1}{29}-\frac{1}{31}\right)\right\}$$
$$=\frac{1}{2}\left(1-\frac{1}{31}\right)=\frac{15}{31}$$

　　　　　　　　　　　　　　　　　　　　　　답 ④

ㄱ. $\sum_{k=3}^{10}(4k-9)=3+7+11+\cdots+31$ (참)

ㄴ. $\sum_{k=2}^{9}(2k+5)^2=9^2+11^2+13^2+\cdots+23^2$,
　　$\sum_{k=2}^{4}(2k-1)^2=3^2+5^2+7^2$이므로

$$\sum_{k=2}^{9}(2k+5)^2+\sum_{k=2}^{4}(2k-1)^2=3^2+5^2+7^2+\cdots+23^2 \ (\text{참})$$

ㄷ. $\displaystyle\sum_{k=1}^{13}\{2k(2k+1)\}=2\times3+4\times5+6\times7+\cdots+26\times27 \ (\text{참})$

ㄹ. $\displaystyle\sum_{k=1}^{21}\dfrac{1}{k(k+2)}=\dfrac{1}{1\times3}+\dfrac{1}{2\times4}+\dfrac{1}{3\times5}+\cdots+\dfrac{1}{21\times23} \ (\text{거짓})$

따라서 옳은 것은 ㄱ, ㄴ, ㄷ의 3개이다.

664   답 ③

ㄱ. $\displaystyle\sum_{k=1}^{8}a_k+\sum_{i=9}^{15}a_i$

$\quad=(a_1+a_2+a_3+\cdots+a_8)+(a_9+a_{10}+a_{11}+\cdots+a_{15})$

이므로 $\displaystyle\sum_{k=1}^{8}a_k+\sum_{i=9}^{15}a_i=\sum_{n=1}^{15}a_n$이다. (참)

ㄴ. $\displaystyle\sum_{k=1}^{10}2^{k+3}=2^4+2^5+2^6+\cdots+2^{13}$이고

$\quad\displaystyle\sum_{i=5}^{14}2^{i-1}=2^4+2^5+2^6+\cdots+2^{13}$이므로

$\quad\displaystyle\sum_{k=1}^{10}2^{k+3}=\sum_{i=5}^{14}2^{i-1}$이다. (참)

ㄷ. $\displaystyle\sum_{k=1}^{10}(a_{k+1}-a_k)$

$\quad=(a_2-a_1)+(a_3-a_2)+(a_4-a_3)+\cdots+(a_{11}-a_{10})$

$\quad=a_{11}-a_1 \ (\text{거짓})$

ㄹ. $\displaystyle\sum_{i=3}^{10}4i=\sum_{i=1}^{8}\{4(i+2)\}=\sum_{i=1}^{8}(4i+8)$이므로

$\quad\displaystyle\sum_{k=1}^{8}(4k+8)=\sum_{i=3}^{10}4i$이다. (참)

ㅁ. $\displaystyle\sum_{k=1}^{4}(3k-15)^2=\sum_{k=1}^{4}9(k-5)^2$

$\qquad\qquad\qquad=\displaystyle\sum_{k=6}^{9}9(k-10)^2\neq\sum_{i=6}^{9}9i^2 \ (\text{거짓})$

따라서 옳은 것은 ㄱ, ㄴ, ㄹ의 3개이다.

665   답 ③

$\displaystyle\sum_{k=1}^{30}k(a_k-a_{k+1})$

$=(a_1-a_2)+(2a_2-2a_3)+(3a_3-3a_4)+\cdots+(30a_{30}-30a_{31})$

$=a_1+a_2+a_3+\cdots+a_{30}-30a_{31}$

$=\displaystyle\sum_{k=1}^{30}a_k-30a_{31}$

$=50-30\times\dfrac{1}{3}$

$=40$

666   답 9

$\displaystyle\sum_{k=1}^{10}(a_k+2b_k)=45, \ \sum_{k=1}^{10}(a_k-b_k)=3$을 변끼리 빼면

$\displaystyle\sum_{k=1}^{10}3b_k=42$에서 $\displaystyle\sum_{k=1}^{10}b_k=14$

$\therefore \displaystyle\sum_{k=1}^{10}\left(b_k-\dfrac{1}{2}\right)=\sum_{k=1}^{10}b_k-\sum_{k=1}^{10}\dfrac{1}{2}$

$\qquad\qquad\qquad\quad=14-\dfrac{1}{2}\times10=9$

667   답 12

$\displaystyle\sum_{k=1}^{10}a_k-\sum_{k=1}^{7}\dfrac{a_k}{2}=56$의 양변에 2를 곱하면

$2\times\left(\displaystyle\sum_{k=1}^{10}a_k-\sum_{k=1}^{7}\dfrac{a_k}{2}\right)=2\times56$이므로

$\displaystyle\sum_{k=1}^{10}2a_k-\sum_{k=1}^{7}a_k=112$ ……㉠

이때 $\displaystyle\sum_{k=1}^{10}2a_k-\sum_{k=1}^{8}a_k=100$에서

$\displaystyle\sum_{k=1}^{8}a_k=\sum_{k=1}^{7}a_k+a_8$이므로

$\displaystyle\sum_{k=1}^{10}2a_k-\sum_{k=1}^{7}a_k-a_8=100$

위의 식에 ㉠을 대입하면 $112-a_8=100$이므로

$a_8=12$

668   답 (1) -4 (2) 3

(1) $\displaystyle\sum_{n=1}^{80}\log_3\left(1-\dfrac{1}{n+1}\right)$

$\quad=\displaystyle\sum_{n=1}^{80}\log_3\dfrac{n}{n+1}$

$\quad=\log_3\dfrac{1}{2}+\log_3\dfrac{2}{3}+\log_3\dfrac{3}{4}+\cdots+\log_3\dfrac{80}{81}$

$\quad=\log_3\left(\dfrac{1}{2}\times\dfrac{2}{3}\times\dfrac{3}{4}\times\cdots\times\dfrac{80}{81}\right)$

$\quad=\log_3\dfrac{1}{81}=-4$

(2) $\displaystyle\sum_{k=1}^{254}\log_2\{\log_{k+1}(k+2)\}$

$\quad=\log_2(\log_2 3)+\log_2(\log_3 4)+\log_2(\log_4 5)+$

$\qquad\qquad\qquad\qquad\quad\cdots+\log_2(\log_{255}256)$

$\quad=\log_2(\log_2 3\times\log_3 4\times\log_4 5\times\cdots\times\log_{255}256)$

$\quad=\log_2(\log_2 256)$

$\quad=\log_2(\log_2 2^8)$

$\quad=\log_2 8=3$

669   답 ③

$\log_2\left(\displaystyle\sum_{k=1}^{n}a_k+1\right)=n+1$에서 $\displaystyle\sum_{k=1}^{n}a_k=2^{n+1}-1$

$n\geq2$일 때

$a_n=\displaystyle\sum_{k=1}^{n}a_k-\sum_{k=1}^{n-1}a_k$

$\quad=(2^{n+1}-1)-(2^n-1)$

$\quad=2^{n+1}-2^n=2^n$

이고, $a_1=\sum\limits_{k=1}^{1}a_k=2^{1+1}-1=3$이다.

$$\therefore a_n=\begin{cases} 3 & (n=1) \\ 2^n & (n\geq 2) \end{cases}$$

$$\therefore \sum_{k=1}^{5}a_{2k-1}=a_1+\sum_{k=2}^{5}a_{2k-1}$$
$$=a_1+\sum_{k=2}^{5}2^{2k-1}$$
$$=3+\sum_{k=2}^{5}2\times 4^{k-1}$$
$$=3+\frac{8(4^4-1)}{4-1}$$
$$=3+680=683$$

670

$$\text{답 ①}$$

$\sum\limits_{k=1}^{n}\{(2k^2+k)a_k-k+1\}=n$에서

$n\geq 2$일 때

$(2n^2+n)a_n-n+1$

$=\sum\limits_{k=1}^{n}\{(2k^2+k)a_k-k+1\}-\sum\limits_{k=1}^{n-1}\{(2k^2+k)a_k-k+1\}$

$=n-(n-1)=1$

이므로 $a_n=\dfrac{1}{2n+1}$ $(n\geq 2)$이다.

$$\therefore 30\times a_7=30\times\frac{1}{15}=2$$

671

$$\text{답 ③}$$

$\sum\limits_{k=n}^{2n+3}a_k=3n-5$에서

$n=1$일 때 $\sum\limits_{k=1}^{5}a_k=-2$, $n=6$일 때 $\sum\limits_{k=6}^{15}a_k=13$,

$n=16$일 때 $\sum\limits_{k=16}^{35}a_k=43$, $n=36$일 때 $\sum\limits_{k=36}^{75}a_k=103$이므로

$$\sum_{k=1}^{75}a_k=(-2)+13+43+103=157$$

$$\therefore a_{76}=\sum_{k=1}^{76}a_k-\sum_{k=1}^{75}a_k=175-157=18$$

다른 풀이

$$\sum_{k=n+1}^{2n+5}a_k-\sum_{k=n}^{2n+3}a_k=a_{2n+4}+a_{2n+5}-a_n$$

또한 $\sum\limits_{k=n}^{2n+3}a_k=3n-5$이므로

$$a_{2n+4}+a_{2n+5}-a_n=\sum_{k=n+1}^{2n+5}a_k-\sum_{k=n}^{2n+3}a_k$$
$$=3(n+1)-5-(3n-5)=3$$

$$\therefore a_n+3=a_{2n+4}+a_{2n+5}$$

따라서 $\sum\limits_{k=1}^{n}(a_k+3)=\sum\limits_{k=1}^{n}(a_{2k+4}+a_{2k+5})$이므로

$$\sum_{k=1}^{2n+5}a_k=\sum_{k=1}^{5}a_k+\sum_{k=1}^{n}(a_{2k+4}+a_{2k+5})$$
$$=\sum_{k=1}^{5}a_k+\sum_{k=1}^{n}(a_k+3)$$
$$=\sum_{k=1}^{n}a_k+3n-2 \left(\because \sum_{k=1}^{5}a_k=-2\right)$$

$$\sum_{k=1}^{76}a_k=a_{76}+\sum_{k=1}^{75}a_k=a_{76}+\left(\sum_{k=1}^{35}a_k+103\right)$$
$$=a_{76}+\left(\sum_{k=1}^{15}a_k+43\right)+103$$
$$=a_{76}+\left(\sum_{k=1}^{5}a_k+13\right)+146$$
$$=a_{76}+157=175$$

$$\therefore a_{76}=175-157=18$$

672

$$\text{답 58}$$

$\sum\limits_{k=1}^{n}\dfrac{4k-3}{a_k}=2n^2+7n$에서

$n=1$일 때 $\dfrac{1}{a_1}=9$이므로 $a_1=\dfrac{1}{9}$이다.

$n\geq 2$일 때

$$\frac{4n-3}{a_n}=\sum_{k=1}^{n}\frac{4k-3}{a_k}-\sum_{k=1}^{n-1}\frac{4k-3}{a_k}$$
$$=(2n^2+7n)-\{2(n-1)^2+7(n-1)\}$$
$$=4n+5$$

이므로 $a_n=\dfrac{4n-3}{4n+5}$

이때 $a_1=\dfrac{4-3}{4+5}=\dfrac{1}{9}$이므로 모든 자연수 n에 대하여

$$a_n=\frac{4n-3}{4n+5}$$

$$\therefore a_5\times a_7\times a_9=\frac{17}{25}\times\frac{25}{33}\times\frac{33}{41}=\frac{17}{41}$$

따라서 $p=41$, $q=17$이므로

$p+q=41+17=58$

673

$$\text{답 풀이 참조}$$

$\sum\limits_{k=1}^{n}(a_k+b_k)=2^n-1$에서

$n\geq 2$일 때

$$a_n+b_n=\sum_{k=1}^{n}(a_k+b_k)-\sum_{k=1}^{n-1}(a_k+b_k)$$
$$=(2^n-1)-(2^{n-1}-1)=2^{n-1}$$

이고 $a_1+b_1=1$이므로

$a_n+b_n=2^{n-1}$ $(n\geq 1)$이다.

또한 $\sum\limits_{k=1}^{n}(a_k-b_k)=4n$에서

$n\geq 2$일 때

$$a_n-b_n=\sum_{k=1}^{n}(a_k-b_k)-\sum_{k=1}^{n-1}(a_k-b_k)$$
$$=4n-4(n-1)=4$$

이고 $a_1-b_1=4$이므로

$a_n-b_n=4$ $(n\geq 1)$이다.

$$\therefore \sum_{k=1}^{6}(a_k^2-b_k^2)=\sum_{k=1}^{6}(a_k-b_k)(a_k+b_k)$$
$$=\sum_{k=1}^{6}(4\times 2^{k-1})=\sum_{k=1}^{6}2^{k+1}$$
$$=\frac{4(2^6-1)}{2-1}=252$$

채점 요소	배점
수열의 합과 일반항 사이의 관계를 이용하여 $a_n+b_n=2^{n-1}$ $(n\geq 1)$ 구하기	30 %
수열의 합과 일반항 사이의 관계를 이용하여 $a_n-b_n=4$ $(n\geq 1)$ 구하기	30 %
$\sum\limits_{k=1}^{6}(a_k{}^2-b_k{}^2)$의 값 구하기	40 %

674   답 $18+\dfrac{1}{2^9}$

주어진 수열의 제n항은 첫째항이 1이고 공비가 $\dfrac{1}{2}$인 등비수열의

첫째항부터 제n항까지의 합이므로

$$\sum_{k=1}^{n}\left(\dfrac{1}{2}\right)^{k-1}=\dfrac{1-\left(\dfrac{1}{2}\right)^n}{1-\dfrac{1}{2}}=2-\left(\dfrac{1}{2}\right)^{n-1}$$

따라서 이 수열의 첫째항부터 제10항까지의 합은

$$\sum_{k=1}^{10}\left\{2-\left(\dfrac{1}{2}\right)^{k-1}\right\}=20-\dfrac{1-\left(\dfrac{1}{2}\right)^{10}}{1-\dfrac{1}{2}}=18+\dfrac{1}{2^9}$$

675   답 ③

조건 (내)에 의하여

$a_6+a_7+a_8+a_9+a_{10}=(a_1+a_2+a_3+a_4+a_5)+5$

$a_{11}+a_{12}+a_{13}+a_{14}+a_{15}=(a_6+a_7+a_8+a_9+a_{10})+5$
$\qquad\qquad\qquad\qquad\quad =(a_1+a_2+a_3+a_4+a_5)+10$

마찬가지 방법에 의하여

$a_{16}+a_{17}+a_{18}+a_{19}+a_{20}=(a_1+a_2+a_3+a_4+a_5)+15$

$$\vdots$$

$a_{31}+a_{32}+a_{33}+a_{34}+a_{35}=(a_1+a_2+a_3+a_4+a_5)+30$

$$\therefore \sum_{n=1}^{35}a_n=7(a_1+a_2+a_3+a_4+a_5)+5+10+15+\cdots+30$$

$$=7\times\dfrac{5\{2a_1+4\times(-2)\}}{2}+\dfrac{6(5+30)}{2}\ (\because \text{조건 (가)})$$

$$=35(a_1-4)+3\times 35$$

$$=35(a_1-1)$$

이때 $\sum\limits_{n=1}^{35}a_n=280$이므로 $35(a_1-1)=280$

$a_1-1=8$

$\therefore a_1=9$

676   답 ②

등차수열 $\{a_n\}$의 공차를 d $(d>0)$라 하면 $a_5=5$이므로

$a_3=5-2d$, $a_4=5-d$, $a_6=5+d$, $a_7=5+2d$

$$\therefore \sum_{k=3}^{7}|2a_k-10|$$
$$=|2(5-2d)-10|+|2(5-d)-10|+|2\times 5-10|$$
$$\qquad +|2(5+d)-10|+|2(5+2d)-10|$$

$$=|-4d|+|-2d|+|0|+|2d|+|4d|$$
$$=4d+2d+2d+4d$$
$$=12d$$

이때 $\sum\limits_{k=3}^{7}|2a_k-10|=20$이므로

$12d=20$ $\quad\therefore d=\dfrac{20}{12}=\dfrac{5}{3}$

$\therefore a_6=a_5+d=5+\dfrac{5}{3}=\dfrac{20}{3}$

677   답 ⑤

등차수열 $\{a_n\}$의 공차를 d라 하면

조건 (가)에 의하여 $a_7=a_1+6d=37$

조건 (나)에 의하여 $a_{13}\geq 0$이고 $a_{14}\leq 0$

즉, $a_1+12d\geq 0$이므로 $37+6d\geq 0$에서 $d\geq -\dfrac{37}{6}$

$a_1+13d\leq 0$이므로 $37+7d\leq 0$에서 $d\leq -\dfrac{37}{7}$

따라서 $-\dfrac{37}{6}\leq d\leq -\dfrac{37}{7}$이고 d는 정수이므로

$d=-6$, $a_1=73$이다.

$$\therefore \sum_{k=1}^{21}|a_k|=|a_1|+|a_2|+\cdots+|a_{21}|$$
$$=a_1+a_2+\cdots+a_{13}+(-a_{14})+(-a_{15})+\cdots+(-a_{21})$$
$$=(a_1+a_2+\cdots+a_{13})-(a_{14}+a_{15}+\cdots+a_{21})$$
$$=\sum_{k=1}^{13}a_k-\left(\sum_{k=1}^{21}a_k-\sum_{k=1}^{13}a_k\right)$$
$$=2\sum_{k=1}^{13}a_k-\sum_{k=1}^{21}a_k$$
$$=2\times\dfrac{13\{2\times 73+12\times(-6)\}}{2}$$
$$\qquad\qquad -\dfrac{21\{2\times 73+20\times(-6)\}}{2}$$
$$=962-273=689$$

678   답 ③

선분 OA를 $2^n:1$로 내분하는 점 P_n의 좌표는

$P_n\!\left(\dfrac{2^n\times 1+1\times 0}{2^n+1},\ \dfrac{2^n\times 0+1\times 0}{2^n+1}\right)$, 즉 $P_n\!\left(\dfrac{2^n}{2^n+1},\ 0\right)$이므로

$l_n=\dfrac{2^n}{2^n+1}$이다.

$$\therefore \sum_{n=1}^{10}\dfrac{1}{l_n}=\sum_{n=1}^{10}\dfrac{2^n+1}{2^n}=\sum_{n=1}^{10}\left\{1+\left(\dfrac{1}{2}\right)^n\right\}$$
$$=\sum_{n=1}^{10}1+\sum_{n=1}^{10}\left(\dfrac{1}{2}\right)^n=10\times 1+\dfrac{\dfrac{1}{2}\left\{1-\left(\dfrac{1}{2}\right)^{10}\right\}}{1-\dfrac{1}{2}}$$
$$=10+\left\{1-\left(\dfrac{1}{2}\right)^{10}\right\}=11-\left(\dfrac{1}{2}\right)^{10}$$

679   답 ⑤

원 C_n은 원점을 지나지 않으므로 x축, y축과 만나는 서로 다른 점의 개수의 합이 a_n이다.

원 C_n의 중심 $P_n\left(n, \dfrac{1}{3}n^2\right)$에서 y축까지의 거리는 n이고,

x축까지의 거리는 $\dfrac{1}{3}n^2$이다.

원의 중심에서 y축까지의 거리와 원의 반지름의 길이가 같으므로
원 C_n은 y축과 항상 한 점에서 접한다.
원의 중심에서 x축까지의 거리와 원의 반지름의 길이를 비교하면
$\dfrac{1}{3}n^2<n$, 즉 $n^2-3n=n(n-3)<0$에서

$0<n<3$일 때 원 C_n은 x축과 서로 다른 두 점에서 만나고

$\dfrac{1}{3}n^2=n$, 즉 $n=3$일 때 원 C_n은 x축과 한 점에서 접하고

$\dfrac{1}{3}n^2>n$, 즉 $n>3$일 때 원 C_n은 x축과 만나지 않는다.

따라서 $a_n=\begin{cases} 3 & (n=1,\,2) \\ 2 & (n=3) \\ 1 & (n\geq 4) \end{cases}$ 이므로

$\displaystyle\sum_{k=1}^{10} a_k=3\times 2+2+1\times 7=15$

680

답 ①

정삼각형 $A_1B_1C_1$의 넓이는 $S_1=\dfrac{\sqrt{3}}{4}\times 4^2=4\sqrt{3}$이다.

$\overline{A_1C_2}:\overline{C_1C_2}=3:1$이므로 두 삼각형 $A_1B_1C_2$, $C_2B_1C_1$의 넓이의
비는 $3:1$이고,
$\overline{A_1A_2}:\overline{B_1A_2}=1:3$이므로 두 삼각형 $A_1A_2C_2$, $A_2B_1C_2$의 넓이의
비는 $1:3$이다.
따라서 삼각형 $A_1A_2C_2$의 넓이는

(삼각형 $A_1B_1C_2$의 넓이)$\times\dfrac{1}{4}$

$=$(삼각형 $A_1B_1C_1$의 넓이)$\times\dfrac{3}{4}\times\dfrac{1}{4}=\dfrac{3}{16}S_1$

이므로 $S_2=S_1-3\times\dfrac{3}{16}S_1=\dfrac{7}{16}S_1$

같은 과정을 반복하므로 $S_{n+1}=\dfrac{7}{16}S_n$이다.

따라서 수열 $\{S_n\}$은 첫째항이 $4\sqrt{3}$이고

공비가 $\dfrac{7}{16}$인 등비수열이므로

$\displaystyle\sum_{n=1}^{5}S_n=\dfrac{4\sqrt{3}\left\{1-\left(\dfrac{7}{16}\right)^5\right\}}{1-\dfrac{7}{16}}=\dfrac{64\sqrt{3}}{9}\left\{1-\left(\dfrac{7}{16}\right)^5\right\}$

다른 풀이

정삼각형 $A_1B_1C_1$의 넓이는 $S_1=\dfrac{\sqrt{3}}{4}\times 4^2=4\sqrt{3}$이다.

$\overline{A_1A_2}=1$, $\overline{A_1C_2}=3$, $\angle A_2A_1C_2=\dfrac{\pi}{3}$이므로

삼각형 $A_1A_2C_2$에서 코사인법칙에 의하여

$\overline{A_2C_2}^2=1^2+3^2-2\times 1\times 3\times\cos\dfrac{\pi}{3}=7$, $\overline{A_2C_2}=\sqrt{7}$

$\overline{A_2B_2}=\overline{B_2C_2}=\overline{C_2A_2}=\sqrt{7}$이므로
정삼각형 $A_1B_1C_1$과 정삼각형 $A_2B_2C_2$의 닮음비는 $4:\sqrt{7}$이다.
같은 과정을 반복하므로
삼각형 $A_nB_nC_n$과 $A_{n+1}B_{n+1}C_{n+1}$의 닮음비도 $4:\sqrt{7}$이고,

넓이의 비는 $4^2:(\sqrt{7})^2=16:7$이다.

즉, 수열 $\{S_n\}$은 공비가 $\dfrac{7}{16}$인 등비수열이다.

$\therefore \displaystyle\sum_{n=1}^{5}S_n=\dfrac{4\sqrt{3}\left\{1-\left(\dfrac{7}{16}\right)^5\right\}}{1-\dfrac{7}{16}}=\dfrac{64\sqrt{3}}{9}\left\{1-\left(\dfrac{7}{16}\right)^5\right\}$

681

답 (1) 224   (2) 990

(1) $\displaystyle\sum_{j=1}^{6}\left\{\sum_{i=1}^{j}\left(\sum_{k=1}^{i}4\right)\right\}=\sum_{j=1}^{6}\left(\sum_{i=1}^{j}4i\right)=\sum_{j=1}^{6}\left(4\sum_{i=1}^{j}i\right)$

$\qquad =\displaystyle\sum_{j=1}^{6}\left\{4\times\dfrac{j(j+1)}{2}\right\}=2\sum_{j=1}^{6}(j^2+j)$

$\qquad =2\left(\dfrac{6\times 7\times 13}{6}+\dfrac{6\times 7}{2}\right)$

$\qquad =2(91+21)=224$

(2) $\displaystyle\sum_{m=1}^{8}\left(\sum_{k=1}^{m+1}km\right)=\sum_{m=1}^{8}\left(m\sum_{k=1}^{m+1}k\right)=\sum_{m=1}^{8}\left\{m\times\dfrac{(m+1)(m+2)}{2}\right\}$

$\qquad =\dfrac{1}{2}\displaystyle\sum_{m=1}^{8}(m^3+3m^2+2m)$

$\qquad =\dfrac{1}{2}\left\{\left(\dfrac{8\times 9}{2}\right)^2+3\times\dfrac{8\times 9\times 17}{6}+2\times\dfrac{8\times 9}{2}\right\}$

$\qquad =\dfrac{1}{2}(1296+612+72)=990$

682

답 ③

$\displaystyle\sum_{k=1}^{n}ka_k=n^3+n^2+1$에서

$a_1=\displaystyle\sum_{k=1}^{1}ka_k=1+1+1=3$이고

$n\geq 2$일 때

$na_n=\displaystyle\sum_{k=1}^{n}ka_k-\sum_{k=1}^{n-1}ka_k$

$\qquad =(n^3+n^2+1)-\{(n-1)^3+(n-1)^2+1\}$

$\qquad =3n^2-n$

이므로 $a_n=3n-1$ $(n\geq 2)$

$\therefore \displaystyle\sum_{k=1}^{10}a_k=a_1+\sum_{k=2}^{10}a_k$

$\qquad =3+\left\{\displaystyle\sum_{k=1}^{10}(3k-1)-2\right\}$

$\qquad =1+\displaystyle\sum_{k=1}^{10}(3k-1)$

$\qquad =1+3\times\dfrac{10\times 11}{2}-10\times 1=156$

683

답 ③

$\displaystyle\sum_{k=5}^{n+5}6(k-2)=\sum_{k=1}^{n+1}6\{(k+4)-2\}$

$\qquad =\displaystyle\sum_{k=1}^{n+1}6(k+2)$

$\qquad =6\times\dfrac{(n+1)(n+2)}{2}+12(n+1)$

$\qquad =3(n^2+3n+2)+12n+12$

$\qquad =3n^2+21n+18$

이므로 $a=3$, $b=21$, $c=18$

$\therefore 3a+2b+c=9+42+18=69$

684 .... 답 ⑤

$$\sum_{k=1}^{n}(a_{k+1}-a_k)=(a_2-a_1)+(a_3-a_2)+(a_4-a_3)+\cdots+(a_{n+1}-a_n)$$
$$=a_{n+1}-a_1=a_{n+1}-1$$

이므로 $a_{n+1}-1=3n$에서

$a_{n+1}=3n+1$

$$\therefore \sum_{k=1}^{10}a_k=a_1+\sum_{k=2}^{10}a_k$$
$$=a_1+\sum_{k=1}^{9}a_{k+1}$$
$$=1+\sum_{k=1}^{9}(3k+1)$$
$$=1+3\times\frac{9\times10}{2}+9\times1=145$$

다른 풀이

$\sum_{k=1}^{n}(a_{k+1}-a_k)=\sum_{k=1}^{n}a_{k+1}-\sum_{k=1}^{n}a_k=a_{n+1}-a_1$로 변형하여 식을 정리할 수도 있다.

685 .... 답 $a=11$, 최솟값 330

$$\sum_{k=1}^{10}(2k-a)^2=\sum_{k=1}^{10}(4k^2-4ak+a^2)$$
$$=4\times\frac{10\times11\times21}{6}-4a\times\frac{10\times11}{2}+a^2\times10$$
$$=10a^2-220a+1540$$
$$=10(a^2-22a+11^2)+1540-1210$$
$$=10(a-11)^2+330$$

이므로 $\sum_{k=1}^{10}(2k-a)^2$은 $a=11$일 때, 최솟값 330을 갖는다.

686 .... 답 ③

이차방정식 $x^2+3x-2=0$의 두 근이 α, β이므로
이차방정식의 근과 계수의 관계에 의하여

$\alpha+\beta=-3$, $\alpha\beta=-2$ $\qquad\qquad$ ...... ㉠

$$\therefore (\alpha+1)(\beta+1)+(\alpha+2)(\beta+2)+(\alpha+3)(\beta+3)+\cdots$$
$$+(\alpha+8)(\beta+8)$$
$$=\sum_{k=1}^{8}(\alpha+k)(\beta+k)=\sum_{k=1}^{8}(-2-3k+k^2)\,(\because ㉠)$$
$$=(-2)\times8-3\times\frac{8\times9}{2}+\frac{8\times9\times17}{6}$$
$$=-16-108+204=80$$

687 .... 답 ④

자연수 m에 대하여
$[\sqrt{m}]=n$에서 $n\leq\sqrt{m}<n+1$이고

각 변을 제곱하면

$n^2\leq m<(n+1)^2$, $n^2\leq m<n^2+2n+1$이므로

$a_n=(n^2+2n+1)-n^2=2n+1$

$$\therefore \sum_{k=1}^{10}a_k=\sum_{k=1}^{10}(2k+1)=2\times\frac{10\times11}{2}+10\times1=120$$

688 .... 답 풀이 참조

$$\sum_{k=1}^{10}k^2+\sum_{k=2}^{10}k^2+\sum_{k=3}^{10}k^2+\cdots+\sum_{k=10}^{10}k^2$$
$$=(1^2+2^2+3^2+\cdots+10^2)+(2^2+3^2+4^2+\cdots+10^2)$$
$$+(3^2+4^2+5^2+\cdots+10^2)+\cdots+(10^2)$$

이때 1^2은 1번, 2^2은 2번, 3^2은 3번, $\cdots$, 10^2은 10번 더해지므로

$$\sum_{k=1}^{10}k^2+\sum_{k=2}^{10}k^2+\sum_{k=3}^{10}k^2+\cdots+\sum_{k=10}^{10}k^2$$
$$=1\times1^2+2\times2^2+3\times3^2+\cdots+10\times10^2$$
$$=1^3+2^3+3^3+\cdots+10^3$$
$$=\sum_{k=1}^{10}k^3=\left(\frac{10\times11}{2}\right)^2=55^2=3025$$

채점 요소	배점
주어진 식을 전개하여 $\sum_{k=1}^{10}k^3$으로 정리하기	70 %
자연수의 거듭제곱의 합을 이용하여 답 구하기	30 %

689 .... 답 ①

원점 O에서 직선 $x-\sqrt{3}y+6n=0$에 내린 수선의 발을 H라 하자.

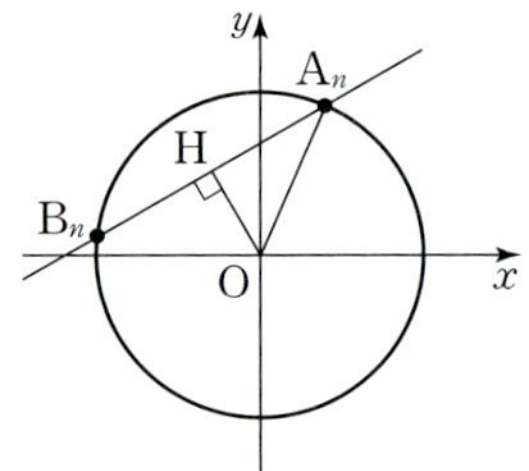

점과 직선 사이의 거리에 의하여

$\overline{OH}=\dfrac{|6n|}{\sqrt{1^2+(-\sqrt{3})^2}}=3n\,(\because n>0)$이고

원 $x^2+y^2=(5n)^2$에서 $\overline{OA_n}=5n$이다.
직각삼각형 OHA_n에서 피타고라스 정리에 의하여
$\overline{HA_n}=4n$이므로 $\overline{A_nB_n}=8n$이다.

$$\therefore \sum_{k=1}^{10}\overline{A_kB_k}=\sum_{k=1}^{10}8k$$
$$=8\times\frac{10\times11}{2}=440$$

690 .... 답 ③

직선 $y=x$와 원 $C_n:(x-n)^2+(y-2n)^2=n(n+1)$이 만나는
서로 다른 두 점이 A_n, B_n이므로
두 점 A_n, B_n의 x좌표를 각각 a_n, b_n이라 하면
x에 대한 이차방정식 $(x-n)^2+(x-2n)^2=n(n+1)$,

즉 $2x^2-6nx+4n^2-n=0$의 두 실근이 a_n, b_n이다.
이차방정식의 근과 계수의 관계에 의하여
$a_n+b_n=3n$, $a_nb_n=\dfrac{4n^2-n}{2}$이다.
또한 $\overline{\mathrm{OA}_n}=\sqrt{2}a_n$, $\overline{\mathrm{OB}_n}=\sqrt{2}b_n$이므로
$\overline{\mathrm{OA}_n}\times\overline{\mathrm{OB}_n}=2a_nb_n$이다.
$$\therefore \sum_{k=1}^{10}(\overline{\mathrm{OA}_k}\times\overline{\mathrm{OB}_k})=\sum_{k=1}^{10}(4k^2-k)$$
$$=4\times\frac{10\times11\times21}{6}-\frac{10\times11}{2}$$
$$=1540-55=1485$$

691

답 $\dfrac{n(n+1)(2n+1)}{6}$

주어진 식에서
$1, 3, 5, \cdots, 2n-1$ 부분의 k번째 항은 $2k-1$이고,
$n, n-1, n-2, \cdots, 1$ 부분의 k번째 항은 $n-(k-1)$이다.
따라서 주어진 식의 합은
$$\sum_{k=1}^{n}(2k-1)(n+1-k)$$
$$=\sum_{k=1}^{n}\{-2k^2+(2n+3)k-(n+1)\}$$
$$=-2\times\frac{n(n+1)(2n+1)}{6}+(2n+3)\times\frac{n(n+1)}{2}-n(n+1)$$
$$=n(n+1)\left(-\frac{2n+1}{3}+\frac{2n+3}{2}-1\right)$$
$$=\frac{n(n+1)(2n+1)}{6}$$

692

답 ④

수열 (2), $(2+4)$, $(2+4+6)$, $\cdots$, $(2+4+6+\cdots+2n)$, $\cdots$의
일반항을 a_n이라 하면
$$a_n=\sum_{k=1}^{n}2k=2\times\frac{n(n+1)}{2}=n(n+1)$$
$$\therefore a=\sum_{n=1}^{10}a_n=\sum_{n=1}^{10}(n^2+n)$$
$$=\frac{10\times11\times21}{6}+\frac{10\times11}{2}=440$$
수열 (1), $(1+2)$, $(1+2+4)$, $\cdots$, $(1+2+4+\cdots+2^{n-1})$, $\cdots$의
일반항을 b_n이라 하면
$$b_n=\sum_{k=1}^{n}2^{k-1}=\frac{2^n-1}{2-1}=2^n-1$$
$$\therefore b=\sum_{n=1}^{8}b_n=\sum_{n=1}^{8}(2^n-1)$$
$$=\frac{2(2^8-1)}{2-1}-8=502$$
$$\therefore a+b=942$$

693

답 ③

제n행에 나열된 수열은 첫째항이 n이고 공차가 n, 항의 개수가 n인
등차수열을 이룬다.
따라서 제n행에 나열되는 수들의 합 a_n은
$$a_n=\frac{n\{2n+(n-1)\times n\}}{2}=\frac{n^3+n^2}{2}$$

$$\therefore \sum_{n=1}^{10}a_n=\frac{1}{2}\sum_{n=1}^{10}(n^3+n^2)$$
$$=\frac{1}{2}\left\{\left(\frac{10\times11}{2}\right)^2+\frac{10\times11\times21}{6}\right\}$$
$$=\frac{1}{2}(3025+385)=1705$$

694

답 ①

총 81칸에 채워 넣은 수 중
2의 개수는 1
4의 개수는 3
6의 개수는 5
$\vdots$
16의 개수는 15
18의 개수는 17
따라서 표에 채운 모든 수의 합은
$$2\times1+4\times3+6\times5+\cdots+16\times15+18\times17$$
$$=\sum_{k=1}^{9}2k(2k-1)=\sum_{k=1}^{9}(4k^2-2k)$$
$$=4\times\frac{9\times10\times19}{6}-2\times\frac{9\times10}{2}$$
$$=1140-90=1050$$

695

답 ①

자연수 k에 대하여 제k행에는 k가 1개이고, k보다 작은 자연수는
각각 2개씩 있다.
따라서 제1행부터 제8행까지 1은 15개, 2는 13개, 3은 11개, $\cdots$,
8은 1개가 있으므로 나열된 수의 총 합은
$$1\times15+2\times13+3\times11+\cdots+8\times1$$
$$=\sum_{k=1}^{8}k(17-2k)$$
$$=17\times\frac{8\times9}{2}-2\times\frac{8\times9\times17}{6}$$
$$=612-408=204$$

696

답 ④

$\dfrac{1}{\sqrt{a_k}+\sqrt{a_{k+1}}}=\dfrac{\sqrt{a_{k+1}}-\sqrt{a_k}}{a_{k+1}-a_k}$이고 $a_{k+1}-a_k=7$이므로
$$\sum_{k=1}^{20}\frac{1}{\sqrt{a_k}+\sqrt{a_{k+1}}}=\frac{1}{7}\sum_{k=1}^{20}(\sqrt{a_{k+1}}-\sqrt{a_k})$$
$$=\frac{1}{7}\{(\sqrt{a_2}-\sqrt{a_1})+(\sqrt{a_3}-\sqrt{a_2})+(\sqrt{a_4}-\sqrt{a_3})+\cdots$$
$$+(\sqrt{a_{21}}-\sqrt{a_{20}})\}$$
$$=\frac{1}{7}(\sqrt{a_{21}}-\sqrt{a_1})$$
이때 $a_{21}=4+20\times7=144$이므로 구하는 값은
$$\frac{1}{7}(\sqrt{a_{21}}-\sqrt{a_1})=\frac{1}{7}(12-2)=\frac{10}{7}$$

$a_n=2^{\frac{2}{n(n+1)}}-n$에서 $a_n+n=2^{\frac{2}{n(n+1)}}$이므로

양변에 밑이 2인 로그를 취하면

$$\log_2(a_n+n)=\log_2 2^{\frac{2}{n(n+1)}}$$
$$=\frac{2}{n(n+1)}$$
$$=2\left(\frac{1}{n}-\frac{1}{n+1}\right) \qquad \cdots\cdots \ \bigcirc$$

$$\therefore \log_2\{(a_1+1)(a_2+2)(a_3+3)\times\cdots\times(a_{15}+15)\}$$
$$=\sum_{k=1}^{15}\log_2(a_k+k)=2\sum_{k=1}^{15}\left(\frac{1}{k}-\frac{1}{k+1}\right) \ (\because \ \bigcirc)$$
$$=2\left\{\left(\frac{1}{1}-\frac{1}{2}\right)+\left(\frac{1}{2}-\frac{1}{3}\right)+\left(\frac{1}{3}-\frac{1}{4}\right)+\cdots+\left(\frac{1}{15}-\frac{1}{16}\right)\right\}$$
$$=2\left(1-\frac{1}{16}\right)=\frac{15}{8}$$

$\displaystyle\sum_{k=1}^{n}a_k=n^2-2n-2$에서

$n\geq 2$일 때

$$a_n=\sum_{k=1}^{n}a_k-\sum_{k=1}^{n-1}a_k$$
$$=n^2-2n-2-\{(n-1)^2-2(n-1)-2\}$$
$$=2n-3$$

이고 $a_1=\displaystyle\sum_{k=1}^{1}a_k=-3$이다.

$$\therefore \sum_{k=1}^{17}\frac{2}{a_ka_{k+1}}=\frac{2}{a_1a_2}+\sum_{k=2}^{17}\frac{2}{a_ka_{k+1}}$$
$$=-\frac{2}{3}+\sum_{k=2}^{17}\left(\frac{1}{2k-3}-\frac{1}{2k-1}\right)$$
$$=-\frac{2}{3}+\left\{\left(\frac{1}{1}-\frac{1}{3}\right)+\left(\frac{1}{3}-\frac{1}{5}\right)+\left(\frac{1}{5}-\frac{1}{7}\right)+\cdots\right.$$
$$\left.+\left(\frac{1}{29}-\frac{1}{31}\right)+\left(\frac{1}{31}-\frac{1}{33}\right)\right\}$$
$$=-\frac{2}{3}+\frac{32}{33}=\frac{10}{33}$$

따라서 $p=33$, $q=10$이므로

$p+q=43$

$$\sum_{n=1}^{99}\frac{1}{(n+1)\sqrt{n}+n\sqrt{n+1}}$$
$$=\sum_{n=1}^{99}\frac{1}{\sqrt{n}\sqrt{n+1}(\sqrt{n+1}+\sqrt{n})}$$
$$=\sum_{n=1}^{99}\frac{1}{\sqrt{n}\sqrt{n+1}}\times\frac{1}{\sqrt{n+1}+\sqrt{n}}$$
$$=\sum_{n=1}^{99}\left\{\frac{1}{\sqrt{n+1}-\sqrt{n}}\left(\frac{1}{\sqrt{n}}-\frac{1}{\sqrt{n+1}}\right)\times\frac{1}{\sqrt{n+1}+\sqrt{n}}\right\}$$
$$=\sum_{n=1}^{99}\left(\frac{1}{\sqrt{n}}-\frac{1}{\sqrt{n+1}}\right)$$
$$=\left(\frac{1}{\sqrt{1}}-\frac{1}{\sqrt{2}}\right)+\left(\frac{1}{\sqrt{2}}-\frac{1}{\sqrt{3}}\right)+\left(\frac{1}{\sqrt{3}}-\frac{1}{\sqrt{4}}\right)+\cdots+\left(\frac{1}{\sqrt{99}}-\frac{1}{\sqrt{100}}\right)$$
$$=1-\frac{1}{10}=\frac{9}{10}$$

x에 대한 이차방정식 $x^2-(2n-1)x+n(n-1)=0$에서

$$(x-n)(x-n+1)=0$$
$$x=n \ \text{또는} \ x=n-1$$

즉, $\alpha_n=n$, $\beta_n=n-1$ 또는 $\alpha_n=n-1$, $\beta_n=n$

$$\therefore \sum_{n=1}^{81}\frac{1}{\sqrt{\alpha_n}+\sqrt{\beta_n}}$$
$$=\sum_{n=1}^{81}\frac{1}{\sqrt{n}+\sqrt{n-1}}$$
$$=\sum_{n=1}^{81}\frac{\sqrt{n}-\sqrt{n-1}}{(\sqrt{n}+\sqrt{n-1})(\sqrt{n}-\sqrt{n-1})}$$
$$=\sum_{n=1}^{81}(\sqrt{n}-\sqrt{n-1})$$
$$=(\sqrt{1}-0)+(\sqrt{2}-\sqrt{1})+(\sqrt{3}-\sqrt{2})+\cdots+(\sqrt{81}-\sqrt{80})$$
$$=\sqrt{81}=9$$

방정식 $x^2+6x-(2n-1)(2n+1)=0$의 두 근이 α_n, β_n이므로

이차방정식의 근과 계수의 관계에 의하여

$$\alpha_n+\beta_n=-6, \ \alpha_n\beta_n=-(2n-1)(2n+1)\text{이다.}$$

$$\therefore \sum_{k=1}^{10}\left(\frac{1}{\alpha_k}+\frac{1}{\beta_k}\right)=\sum_{k=1}^{10}\frac{\alpha_k+\beta_k}{\alpha_k\beta_k}=\sum_{k=1}^{10}\frac{6}{(2k-1)(2k+1)}$$
$$=3\sum_{k=1}^{10}\left(\frac{1}{2k-1}-\frac{1}{2k+1}\right)$$
$$=3\left\{\left(1-\frac{1}{3}\right)+\left(\frac{1}{3}-\frac{1}{5}\right)+\left(\frac{1}{5}-\frac{1}{7}\right)+\cdots\right.$$
$$\left.+\left(\frac{1}{19}-\frac{1}{21}\right)\right\}$$
$$=3\left(1-\frac{1}{21}\right)=\frac{20}{7}$$

$\displaystyle\sum_{k=1}^{n}\frac{a_k}{2k+1}=n^2+4n-3$에서

$n\geq 2$일 때

$$\frac{a_n}{2n+1}=\sum_{k=1}^{n}\frac{a_k}{2k+1}-\sum_{k=1}^{n-1}\frac{a_k}{2k+1}$$
$$=n^2+4n-3-\{(n-1)^2+4(n-1)-3\}$$
$$=2n+3$$

이고 $\dfrac{a_1}{3}=2$에서 $a_1=6$이다.

$$\therefore \sum_{k=1}^{11}\frac{1}{a_k}=\frac{1}{6}+\frac{1}{2}\sum_{k=2}^{11}\left(\frac{1}{2k+1}-\frac{1}{2k+3}\right)$$
$$=\frac{1}{6}+\frac{1}{2}\left\{\left(\frac{1}{5}-\frac{1}{7}\right)+\left(\frac{1}{7}-\frac{1}{9}\right)+\left(\frac{1}{9}-\frac{1}{11}\right)+\cdots\right.$$
$$\left.+\left(\frac{1}{23}-\frac{1}{25}\right)\right\}$$
$$=\frac{1}{6}+\frac{1}{2}\left(\frac{1}{5}-\frac{1}{25}\right)=\frac{37}{150}$$

703

수열 $\{a_n\}$의 첫째항부터 제n항까지의 합 S_n은

$$S_n = a_1 + \sum_{k=2}^{n}(8k-4)$$

$$= 3 + \sum_{k=1}^{n}(8k-4) - 4$$

$$= -1 + 8 \times \frac{n(n+1)}{2} - 4n$$

$$= 4n^2 - 1 = (2n-1)(2n+1)$$

$$\therefore \sum_{k=1}^{10}\frac{1}{S_k} = \sum_{k=1}^{10}\frac{1}{(2k-1)(2k+1)}$$

$$= \frac{1}{2}\sum_{k=1}^{10}\left(\frac{1}{2k-1} - \frac{1}{2k+1}\right)$$

$$= \frac{1}{2}\left\{\left(\frac{1}{1} - \frac{1}{3}\right) + \left(\frac{1}{3} - \frac{1}{5}\right) + \left(\frac{1}{5} - \frac{1}{7}\right) + \cdots \right.$$

$$\left. + \left(\frac{1}{19} - \frac{1}{21}\right)\right\}$$

$$= \frac{1}{2}\left(1 - \frac{1}{21}\right) = \frac{10}{21}$$

따라서 $p=21$, $q=10$이므로

$$p+q=31$$

704

$\displaystyle\sum_{k=1}^{30}\frac{a_{k+1}}{S_k S_{k+1}} = \frac{1}{12}$에서

$$\sum_{k=1}^{30}\frac{a_{k+1}}{S_k S_{k+1}}$$

$$= \sum_{k=1}^{30}\frac{S_{k+1} - S_k}{S_k S_{k+1}}$$

$$= \sum_{k=1}^{30}\left(\frac{1}{S_k} - \frac{1}{S_{k+1}}\right)$$

$$= \left(\frac{1}{S_1} - \frac{1}{S_2}\right) + \left(\frac{1}{S_2} - \frac{1}{S_3}\right) + \left(\frac{1}{S_3} - \frac{1}{S_4}\right) + \cdots + \left(\frac{1}{S_{30}} - \frac{1}{S_{31}}\right)$$

$$= \frac{1}{S_1} - \frac{1}{S_{31}} = \frac{1}{12}$$

이때 $S_1 = a_1 = 3$이므로

$$\frac{1}{3} - \frac{1}{S_{31}} = \frac{1}{12}, \ \frac{1}{S_{31}} = \frac{1}{4}$$

$$\therefore S_{31} = 4$$

705

$a_1^2 + a_2^2 + a_3^2 + \cdots + a_n^2 = n^2$에서

$$\sum_{k=1}^{n}a_k^2 = n^2$$이므로

$n \geq 2$일 때

$$a_n^2 = \sum_{k=1}^{n}a_k^2 - \sum_{k=1}^{n-1}a_k^2 = n^2 - (n-1)^2$$

$$= 2n - 1$$

이고, $a_1^2 = 1$이다.

따라서 $a_n^2 = 2n-1 \ (n \geq 1)$이고, $a_n > 0$이므로

$$a_n = \sqrt{2n-1} \ (n \geq 1)$$

$$\therefore \sum_{k=1}^{60}\frac{1}{a_k + a_{k+1}}$$

$$= \sum_{k=1}^{60}\frac{1}{\sqrt{2k-1} + \sqrt{2k+1}}$$

$$= \sum_{k=1}^{60}\frac{\sqrt{2k-1} - \sqrt{2k+1}}{(2k-1) - (2k+1)}$$

$$= -\frac{1}{2}\sum_{k=1}^{60}\left(\sqrt{2k-1} - \sqrt{2k+1}\right)$$

$$= -\frac{1}{2}\left\{(\sqrt{1} - \sqrt{3}) + (\sqrt{3} - \sqrt{5}) + (\sqrt{5} - \sqrt{7}) + \cdots \right.$$

$$\left. + (\sqrt{119} - \sqrt{121})\right\}$$

$$= -\frac{1}{2}(1 - 11) = 5$$

706

자연수 n에 대하여

$$a_1 + 2a_2 + 3a_3 + \cdots + na_n = 200n \qquad \cdots\cdots \ \text{㉠}$$

이고, $n \geq 2$일 때

$$a_1 + 2a_2 + 3a_3 + \cdots + (n-1)a_{n-1} = 200(n-1) \qquad \cdots\cdots \ \text{㉡}$$

이므로 ㉠에서 ㉡을 빼면

$$na_n = 200$$

$a_1 = 200$이므로 $a_n = \dfrac{200}{n} \ (n \geq 1)$

$$\therefore \sum_{k=1}^{99}\frac{a_k}{k+1}$$

$$= \sum_{k=1}^{99}\frac{200}{k(k+1)} = 200\sum_{k=1}^{99}\left(\frac{1}{k} - \frac{1}{k+1}\right)$$

$$= 200\left\{\left(\frac{1}{1} - \frac{1}{2}\right) + \left(\frac{1}{2} - \frac{1}{3}\right) + \left(\frac{1}{3} - \frac{1}{4}\right) + \cdots + \left(\frac{1}{99} - \frac{1}{100}\right)\right\}$$

$$= 200\left(1 - \frac{1}{100}\right) = 198$$

707

제1사분면 위의 점 P_n에서 x축까지의 거리와 점 P_n에서 y축까지의 거리가 서로 같으므로 점 P_n은 유리함수 $y = f(x)$의 그래프와 직선 $y = x$가 만나는 점 중 제1사분면 위의 점이다.

즉, $\dfrac{nx + 8n^2}{x - n} = x$에서 $nx + 8n^2 = x(x-n)$

$x^2 - 2nx - 8n^2 = (x-4n)(x+2n) = 0$이므로

$$x_n = 4n \ (\because x_n > 0)$$

$$\therefore \sum_{k=1}^{24}\frac{100}{x_k x_{k+1}}$$

$$= \sum_{k=1}^{24}\frac{100}{4k(4k+4)}$$

$$= \frac{25}{4}\sum_{k=1}^{24}\left(\frac{1}{k} - \frac{1}{k+1}\right)$$

$$= \frac{25}{4}\left\{\left(\frac{1}{1} - \frac{1}{2}\right) + \left(\frac{1}{2} - \frac{1}{3}\right) + \left(\frac{1}{3} - \frac{1}{4}\right) + \cdots + \left(\frac{1}{24} - \frac{1}{25}\right)\right\}$$

$$= \frac{25}{4}\left(1 - \frac{1}{25}\right) = 6$$

두 점 $(0, n)$, $(1, -1)$을 지나는 직선의 방정식은
$y = -(n+1)x + n$이므로 이 직선의 x절편은

$(n+1)x = n$에서 $x = \dfrac{n}{n+1}$이다.

따라서 점 P_n의 좌표는 $\left(\dfrac{n}{n+1},\ 0\right)$이고

$\overline{\mathrm{P}_n\mathrm{P}_{n+1}} = \dfrac{n+1}{n+2} - \dfrac{n}{n+1}$이므로

$\displaystyle\sum_{k=1}^{20} \overline{\mathrm{P}_k\mathrm{P}_{k+1}}$

$= \displaystyle\sum_{k=1}^{20} \left(\dfrac{k+1}{k+2} - \dfrac{k}{k+1}\right)$

$= \left(\dfrac{2}{3} - \dfrac{1}{2}\right) + \left(\dfrac{3}{4} - \dfrac{2}{3}\right) + \left(\dfrac{4}{5} - \dfrac{3}{4}\right) + \cdots + \left(\dfrac{21}{22} - \dfrac{20}{21}\right)$

$= \dfrac{21}{22} - \dfrac{1}{2} = \dfrac{5}{11}$

두 직선 $y = x$, $y = 3x$와 직선 $x = 1$이 만나는 점을 각각 A, B라
하고, 직선 $x = n$과 만나는 점을 각각 C, D라 하자.

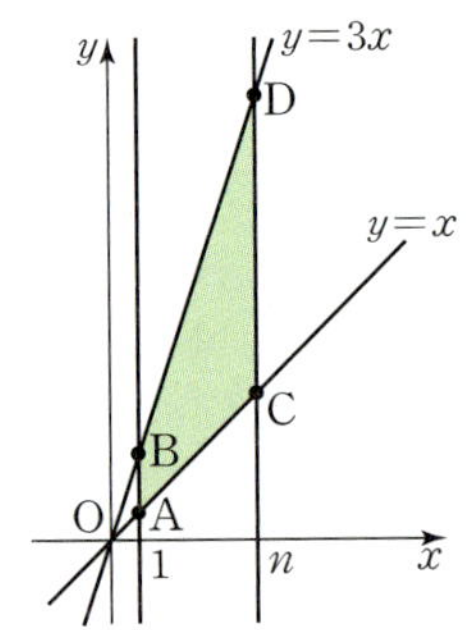

사각형 ABDC는 사다리꼴이고,
$\overline{\mathrm{AB}} = 3 - 1 = 2$, $\overline{\mathrm{CD}} = 3n - n = 2n$이므로 넓이 S_n은

$S_n = \dfrac{1}{2} \times (2 + 2n) \times (n-1) = (n-1)(n+1)$

$\therefore \displaystyle\sum_{k=2}^{10} \dfrac{10}{S_k} = 5\sum_{k=2}^{10} \left(\dfrac{1}{k-1} - \dfrac{1}{k+1}\right)$

$= 5\left\{\left(\dfrac{1}{1} - \dfrac{1}{3}\right) + \left(\dfrac{1}{2} - \dfrac{1}{4}\right) + \left(\dfrac{1}{3} - \dfrac{1}{5}\right) + \cdots \right.$

$\left. + \left(\dfrac{1}{8} - \dfrac{1}{10}\right) + \left(\dfrac{1}{9} - \dfrac{1}{11}\right)\right\}$

$= 5\left(1 + \dfrac{1}{2} - \dfrac{1}{10} - \dfrac{1}{11}\right) = \dfrac{72}{11}$

따라서 $p = 11$, $q = 72$이므로 $p + q = 83$이다.

등비수열 $\{a_n\}$의 공비를 $r\,(r > 0)$이라 하자.

$\displaystyle\sum_{k=1}^{10} (a_k)^2$은 첫째항이 $(a_1)^2$이고 공비가 r^2인 등비수열의

첫째항부터 제10항까지의 합이므로

$\displaystyle\sum_{k=1}^{10} (a_k)^2 = \dfrac{(a_1)^2 (r^{20} - 1)}{r^2 - 1} = 24$ ⋯⋯ ㉠

$\displaystyle\sum_{k=1}^{10} \left(\dfrac{1}{a_k}\right)^2$은 첫째항이 $\dfrac{1}{(a_1)^2}$이고, 공비가 $\dfrac{1}{r^2}$인 등비수열의

첫째항부터 제10항까지의 합이므로

$\displaystyle\sum_{k=1}^{10} \left(\dfrac{1}{a_k}\right)^2 = \dfrac{\dfrac{1}{(a_1)^2}\left(1 - \dfrac{1}{r^{20}}\right)}{1 - \dfrac{1}{r^2}}$

$= \dfrac{1}{(a_1)^2} \times \dfrac{1}{r^{18}} \times \dfrac{r^{20} - 1}{r^2 - 1}$

$= \dfrac{1}{(a_1)^2} \times \dfrac{1}{r^{18}} \times \dfrac{24}{(a_1)^2}\ (\because ㉠)$

$= \dfrac{24}{(a_1)^4 \times r^{18}} = 6$

$(a_1)^4 \times r^{18} = 4$에서 $(a_1)^2 \times r^9 = 2$ ⋯⋯ ㉡

$\therefore a_1 \times a_2 \times a_3 \times \cdots \times a_{10} = (a_1)^{10} \times r^{1+2+3+\cdots+9}$

$= (a_1)^{10} \times r^{45}$

$= \{(a_1)^2 \times r^9\}^5 = 2^5\ (\because ㉡)$

$= 32$

첫 번째 도형에서 남은 정삼각형은 한 변의 길이가 4인 정삼각형에서

변의 길이가 $\dfrac{1}{2}$배가 되었으므로 넓이는 $\dfrac{1}{4}$배이다.

즉, 첫 번째 도형에서 정삼각형 1개의 넓이는

$\dfrac{\sqrt{3}}{4} \times 4^2 \times \dfrac{1}{4} = \sqrt{3}$이다.

두 번째, 세 번째로 갈수록 남은 정삼각형 1개의 넓이는 $\dfrac{1}{4}$배씩이

되므로 n번째 도형에서 남은 정삼각형 1개의 넓이는

$\sqrt{3} \times \left(\dfrac{1}{4}\right)^{n-1}$이다.

이때 첫 번째 도형에서 정삼각형의 개수는 3이므로 $a_1 = 3\sqrt{3}$이고
두 번째, 세 번째로 갈수록 개수가 3배씩 되므로
n번째 도형에서 남은 정삼각형의 개수는 $3 \times 3^{n-1} = 3^n$이다.

따라서 $a_n = \sqrt{3} \times \left(\dfrac{1}{4}\right)^{n-1} \times 3^n = 3\sqrt{3} \times \left(\dfrac{3}{4}\right)^{n-1}$이므로

$\displaystyle\sum_{k=1}^{10} a_k = \dfrac{3\sqrt{3}\left\{1 - \left(\dfrac{3}{4}\right)^{10}\right\}}{1 - \dfrac{3}{4}} = 12\sqrt{3}\left\{1 - \left(\dfrac{3}{4}\right)^{10}\right\}$

조건 ㈎에 의하여 $a_1 = 2$이고,
조건 ㈏에 의하여
첫 번째에 점 P_2에 도착한 점 A가 두 번째에는 $3\,\mathrm{cm}$만큼 이동하여
점 P_5에 도착하므로 $a_2 = 5$이다.
두 번째에 점 P_5에 도착한 점 A가 세 번째에는 $6\,\mathrm{cm}$만큼 이동하여
점 P_1에 도착하므로 $a_3 = 1$이다.
세 번째에 점 P_1에 도착한 점 A가 네 번째에는 $2\,\mathrm{cm}$만큼 이동하여
점 P_3에 도착하므로 $a_4 = 3$이다.
네 번째에 점 P_3에 도착한 점 A가 다섯 번째에는 $4\,\mathrm{cm}$만큼 이동하
여 점 P_2에 도착하므로 $a_5 = 2$이다.

다섯 번째에 점 P_2에 도착한 점 A가 여섯 번째에는 $3\,cm$만큼 이동하여 점 P_5에 도착하므로 $a_6=5$이다.

이와 같은 과정을 반복하면 수열 $\{a_n\}$은 2, 5, 1, 3이 이 순서대로 반복된다.

$$\therefore \sum_{n=1}^{20} a_n=5(2+5+1+3)=55$$

$$a_n=\sum_{k=1}^{n} b_k=\sum_{k=1}^{n}\frac{k(k+1)}{2}=\frac{1}{2}\left(\sum_{k=1}^{n}k^2+\sum_{k=1}^{n}k\right)$$
$$=\frac{1}{2}\left\{\frac{n(n+1)(2n+1)}{6}+\frac{n(n+1)}{2}\right\}$$
$$=\frac{n(n+1)(n+2)}{6}$$

(2) $a_9=\dfrac{9\times 10\times 11}{6}=165$

713   답 ⑤

$\dfrac{n(n+1)}{2}$에서

$n=1$일 때 $\dfrac{1\times 2}{2}=1$,

$n=2$일 때 $\dfrac{2\times 3}{2}=3$,

$n=3$일 때 $\dfrac{3\times 4}{2}=6$,

$n=4$일 때 $\dfrac{4\times 5}{2}=10$,

$n=5$일 때 $\dfrac{5\times 6}{2}=15$,

$n=6$일 때 $\dfrac{6\times 7}{2}=21$
$\vdots$

이므로 수열 $\left\{\dfrac{n(n+1)}{2}\right\}$은 홀수, 홀수, 짝수, 짝수가 반복적으로 나타나므로 수열 $\{a_n\}$은 -1, -1, 1, 1이 반복적으로 나타난다.

$$\therefore \sum_{n=1}^{2018} na_n=-1-2+3+4-5-6+7+8-\cdots$$
$$-2013-2014+2015+2016-2017-2018$$
$$=(-1-2+3+4)+(-5-6+7+8)+\cdots$$
$$+(-2013-2014+2015+2016)-2017-2018$$
$$=4\times 504-2017-2018=-2019$$

714   답 (1) $\dfrac{n(n+1)(n+2)}{6}$ (2) 165

(1) [n단계]에서 맨 위부터 k번째 층에 놓여 있는 공의 개수를 b_k라 하자.

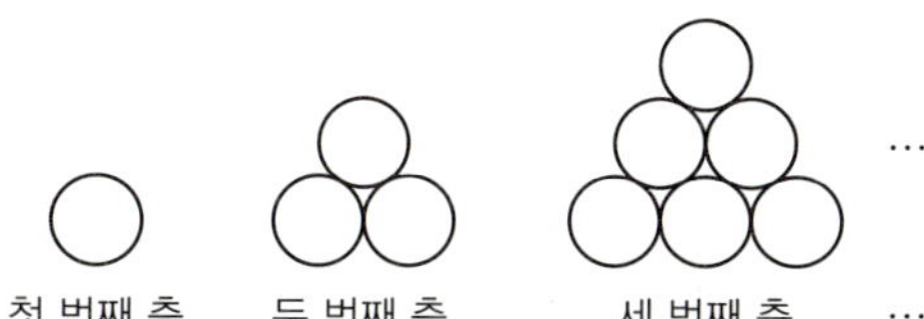

$b_1=1$
$b_2=1+2$
$b_3=1+2+3$
$\vdots$
$b_k=1+2+3+\cdots+k=\dfrac{k(k+1)}{2}$

[n단계]에서 공은 n개의 층으로 쌓여 있으므로

715   답 43

$\displaystyle\sum_{k=1}^{n} a_{2k-1}=3^{n-1}+1$에서

$n\geq 2$일 때

$$a_{2n-1}=\sum_{k=1}^{n} a_{2k-1}-\sum_{k=1}^{n-1} a_{2k-1}$$
$$=(3^{n-1}+1)-(3^{n-2}+1)$$
$$=3^{n-1}-3^{n-2}$$
$$=2\times 3^{n-2} \qquad\cdots\cdots ㉠$$

$\displaystyle\sum_{k=1}^{2n} a_k=n^2+2n$에서

$n\geq 2$일 때

$$a_{2n}+a_{2n-1}=\sum_{k=1}^{2n} a_k-\sum_{k=1}^{2(n-1)} a_k$$
$$=(n^2+2n)-\{(n-1)^2+2(n-1)\}$$
$$=2n+1 \qquad\cdots\cdots ㉡$$

㉠, ㉡에서

$$a_{2n}=2n+1-2\times 3^{n-2}\ (n\geq 2)$$

위의 식에 $n=5$를 대입하면

$$a_{10}=2\times 5+1-2\times 3^3=-43$$
$$\therefore |a_{10}|=43$$

716   답 ④

-2, 0, 1에 절댓값을 취하면 0, 1의 값은 달라지지 않고, -2인 경우 $|-2|=2$가 되므로

수열 $\{|a_n|\}$의 모든 항은 2, 0, 1 중 하나이다.

수열 $\{a_n\}$의 첫째항부터 30번째 항 중 -2인 항의 개수를 x라 하면

$$\sum_{k=1}^{30} |a_k|=\sum_{k=1}^{30} a_k+4x$$에서 $28=12+4x$이므로

$$x=4 \qquad\cdots\cdots ㉠$$

이때 -2, 0, 1을 각각 제곱하면 0, 1의 값은 달라지지 않고, -2인 경우 $(-2)^2=4$가 되므로

수열 $\{(a_n)^2\}$의 모든 항은 4, 0, 1 중 하나이다.

$$\therefore \sum_{k=1}^{30} (a_k)^2=\sum_{k=1}^{30} a_k+6\times 4=12+24=36\ (\because ㉠)$$

717   답 3

a_3은 a_2와 a_4의 등차중항이므로
$a_2+a_4=2a_3=4$에서 $a_3=2$이다.
수열 $\{a_n\}$의 공차를 d라 하면 $d>2$이므로

$a_2=a_3-d<0$이다.

즉, $n\leq 2$일 때 $a_n<0$이고, $n\geq 3$일 때 $a_n>0$이다.

$a_1=2-2d$, $a_2=2-d$, $a_3=2$, $a_4=2+d$, $a_5=2+2d$이므로

$$\sum_{k=1}^{5}a_k^2=(2-2d)^2+(2-d)^2+2^2+(2+d)^2+(2+2d)^2$$
$$=10d^2+20$$

$$\sum_{k=1}^{5}|a_k|=-\sum_{k=1}^{2}a_k+\sum_{k=3}^{5}a_k$$
$$=-\{(2-2d)+(2-d)\}+2+(2+d)+(2+2d)$$
$$=6d+2$$

$$\therefore \sum_{k=1}^{5}(a_k^2-10|a_k|)=\sum_{k=1}^{5}a_k^2-10\sum_{k=1}^{5}|a_k|=10d^2-60d$$
$$=10(d-3)^2-90$$

따라서 $\sum_{k=1}^{5}(a_k^2-10|a_k|)$의 값이 최소가 되도록 하는 d의 값은 3이다.

718   264

$\left|\left(n+\dfrac{3}{4}\right)^2-p\right|$의 값이 최소가 되도록 하는 자연수 p는

$\left(n+\dfrac{3}{4}\right)^2$의 값과의 차가 가장 작은 자연수 p이다.

$\left(n+\dfrac{3}{4}\right)^2=n^2+\dfrac{3}{2}n+\dfrac{9}{16}$에서

(i) n이 짝수일 때, 즉 $n=2k$ (k는 자연수)일 때

$\left(n+\dfrac{3}{4}\right)^2=4k^2+3k+\dfrac{9}{16}$이고,

$4k^2+3k<4k^2+3k+\dfrac{9}{16}<4k^2+3k+1$

이므로 $\left|\left(n+\dfrac{3}{4}\right)^2-p\right|$의 값이 최소가 되도록 하는 자연수 p의 값은 $4k^2+3k+1$이다.

$\therefore a_{2k}=4k^2+3k+1$

(ii) n이 홀수일 때, 즉 $n=2k-1$ (k는 자연수)일 때

$\left(n+\dfrac{3}{4}\right)^2=(2k-1)^2+\dfrac{3}{2}(2k-1)+\dfrac{9}{16}=4k^2-k+\dfrac{1}{16}$이고,

$4k^2-k<4k^2-k+\dfrac{1}{16}<4k^2-k+1$

이므로 $\left|\left(n+\dfrac{3}{4}\right)^2-p\right|$의 값이 최소가 되도록 하는 자연수 p의 값은 $4k^2-k$이다.

$\therefore a_{2k-1}=4k^2-k$

$$\therefore \sum_{n=1}^{8}a_n=\sum_{k=1}^{4}(a_{2k-1}+a_{2k})=\sum_{k=1}^{4}(8k^2+2k+1)$$
$$=8\times\dfrac{4\times5\times9}{6}+2\times\dfrac{4\times5}{2}+4\times1=264$$

719   31

조건에 의하여 자연수 n이 3^k을 인수로 가지고 3^{k+1}을 인수로 갖지 않도록 하는 k의 값이 a_n이다.

$a_m=3$이므로 m은 3^3을 인수로 가지고 3^4을 인수로 갖지 않는다.

따라서 $m=3^3\times a$ (a는 3의 배수가 아닌 자연수)라 하면 1, 2, 4, 5, 7, 8은 3의 배수가 아니므로 $2m$, $4m$, $5m$, $7m$, $8m$은 3^3을 인수로 가지고 3^4을 인수로 갖지 않는다.

$\therefore a_m=a_{2m}=a_{4m}=a_{5m}=a_{7m}=a_{8m}=3$

$m=3^3\times a$에서 $3m=3^4\times a$, $6m=3^4\times 2a$이므로 $3m$, $6m$은 3^4을 인수로 가지고 3^5을 인수로 갖지 않는다.

$\therefore a_{3m}=a_{6m}=4$

$m=3^3\times a$에서 $9m=3^5\times a$이므로 3^5을 인수로 가지고 3^6을 인수로 갖지 않는다.

$\therefore a_{9m}=5$

$\therefore a_m+a_{2m}+a_{3m}+\cdots+a_{9m}=3\times6+4\times2+5\times1=31$

720   답 ④

주어진 규칙에서 선분의 길이를 구해 보면

$\overline{OA_1}=\sqrt{2}$, $\overline{A_1A_2}=\sqrt{2}$, $\overline{A_2A_3}=2\sqrt{2}$, $\overline{A_3A_4}=2\sqrt{2}$, $\overline{A_4A_5}=3\sqrt{2}$, $\overline{A_5A_6}=3\sqrt{2}$, $\cdots$

와 같이 같은 값이 2번씩 반복되므로 자연수 k에 대하여

$$\overline{OA_1}+\overline{A_1A_2}+\overline{A_2A_3}+\cdots+\overline{A_{2k-1}A_{2k}}$$
$$=2(\sqrt{2}+2\sqrt{2}+3\sqrt{2}+\cdots+k\sqrt{2})$$
$$=2\sqrt{2}(1+2+3+\cdots+k)$$
$$=2\sqrt{2}\times\dfrac{k(k+1)}{2}=\sqrt{2}k(k+1) \qquad \cdots\cdots \text{㉠}$$

㉠에서 $k=21$일 때

$\overline{OA_1}+\overline{A_1A_2}+\overline{A_2A_3}+\cdots+\overline{A_{41}A_{42}}=462\sqrt{2}$이고

$k=22$일 때

$\overline{OA_1}+\overline{A_1A_2}+\overline{A_2A_3}+\cdots+\overline{A_{43}A_{44}}=506\sqrt{2}$이다.

이때 $\overline{A_{42}A_{43}}=22\sqrt{2}$이므로

$\overline{OA_1}+\overline{A_1A_2}+\overline{A_2A_3}+\cdots+\overline{A_{42}A_{43}}=462\sqrt{2}+22\sqrt{2}=484\sqrt{2}$이다.

따라서 구하는 자연수 n의 값은 42이다.

721   답 300

이차함수 $y=(x-n)^2+n^2$의 그래프의 꼭짓점의 좌표는 (n, n^2)이고, 이 점은 이차함수 $y=x^2$의 그래프 위에 있다.

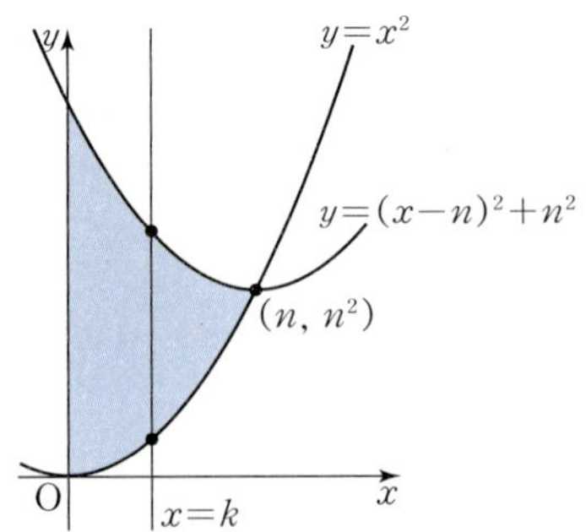

x좌표가 정수이면 두 이차함수 $y=x^2$, $y=(x-n)^2+n^2$의 y좌표도 정수이므로 $0\leq k\leq n$인 정수 k에 대하여 $x=k$일 때 주어진 영역 안의 x좌표와 y좌표가 모두 정수인 점의 개수는

$(k-n)^2+n^2-k^2+1=-2nk+2n^2+1$이다.

$$a_n=\sum_{k=0}^{n}(-2nk+2n^2+1)$$

$$=\sum_{k=1}^{n}(-2nk+2n^2+1)+2n^2+1$$

$$=-2n\times\frac{n(n+1)}{2}+2n^3+n+2n^2+1$$

$$=n^3+n^2+n+1$$

$$\therefore \sum_{k=1}^{5}a_k=\sum_{k=1}^{5}(k^3+k^2+k+1)$$

$$=\left(\frac{5\times6}{2}\right)^2+\frac{5\times6\times11}{6}+\frac{5\times6}{2}+5\times1$$

$$=300$$

722   답 ⑤

$\displaystyle\sum_{k=1}^{m}k=\frac{m(m+1)}{2}$이고 $\displaystyle\sum_{k=1}^{m+1}k=\frac{(m+1)(m+2)}{2}$이므로

$$\frac{m(m+1)}{2}\le n<\frac{(m+1)(m+2)}{2} \qquad \cdots\cdots ㉠$$

즉, $\dfrac{m(m+1)}{2}\le n<\dfrac{(m+1)(m+2)}{2}$일 때 $a_n=m$이다.

㉠을 만족시키는 자연수 n의 개수는

$$\frac{(m+1)(m+2)}{2}-\frac{m(m+1)}{2}=\frac{m+1}{2}\{(m+2)-m\}=m+1$$

즉, $a_n=m$인 항의 개수는 $m+1$이고,   **TIP**

$\displaystyle\sum_{m=1}^{8}(m+1)=\frac{8\times9}{2}+8=44$, $\displaystyle\sum_{m=1}^{9}(m+1)=\frac{9\times10}{2}+9=54$이므로

$$\sum_{k=1}^{50}a_k=\sum_{k=1}^{44}a_k+(a_{45}+a_{46}+a_{47}+\cdots+a_{50})$$

$$=\sum_{m=1}^{8}\{m\times(m+1)\}+9\times6$$

$$=\sum_{m=1}^{8}(m^2+m)+54$$

$$=\frac{8\times9\times17}{6}+\frac{8\times9}{2}+54$$

$$=204+36+54=294$$

TIP

$m=1$일 때 $1\le n<3$이므로

$a_1=a_2=1 \Rightarrow$ 2개

$m=2$일 때 $3\le n<6$이므로

$a_3=a_4=a_5=2 \Rightarrow$ 3개

$\vdots$

$m=8$일 때 $36\le n<45$이므로

$a_{36}=a_{37}=\cdots=a_{44}=8 \Rightarrow$ 9개

$m=9$일 때 $45\le n<54$이므로

$a_{45}=a_{46}=\cdots=a_{54}=9 \Rightarrow$ 10개

---

723   답 ④

$$\sum_{k=1}^{m}a_k=\sum_{k=1}^{m}\log_2\left(2\times\frac{k+1}{k+2}\right)^{\frac{1}{2}}$$

$$=\frac{1}{2}\sum_{k=1}^{m}\left(1+\log_2\frac{k+1}{k+2}\right)$$

$$=\frac{1}{2}\sum_{k=1}^{m}1+\frac{1}{2}\sum_{k=1}^{m}\log_2\frac{k+1}{k+2}$$

$$=\frac{m}{2}+\frac{1}{2}\left(\log_2\frac{2}{3}+\log_2\frac{3}{4}+\cdots+\log_2\frac{m+1}{m+2}\right)$$

$$=\frac{m}{2}+\frac{1}{2}\log_2\left(\frac{2}{3}\times\frac{3}{4}\times\cdots\times\frac{m+1}{m+2}\right)$$

$$=\frac{m}{2}+\frac{1}{2}\log_2\frac{2}{m+2}$$

$$=\frac{m+1-\log_2(m+2)}{2}$$

$\displaystyle\sum_{k=1}^{m}a_k$의 값이 자연수가 되려면 $m+1-\log_2(m+2)$는 짝수인

자연수이어야 한다. $\cdots\cdots ㉠$

이때 2 이상의 자연수 t에 대하여 $\log_2(m+2)=t$라 하면 $m+2=2^t$

이므로 $m+1=2^t-1$의 값은 항상 홀수이다.

따라서 ㉠을 만족시키려면 $\log_2(m+2)=t$도 홀수이어야 한다.

(i) $t=3$, 즉 $m=6$일 때

$$\sum_{k=1}^{m}a_k=\frac{(2^3-1)-3}{2}=2$$

(ii) $t=5$, 즉 $m=30$일 때

$$\sum_{k=1}^{m}a_k=\frac{(2^5-1)-5}{2}=13$$

(iii) $t=7$, 즉 $m=126$일 때

$$\sum_{k=1}^{m}a_k=\frac{(2^7-1)-7}{2}=60$$

(iv) $t\ge9$일 때

$$\sum_{k=1}^{m}a_k\ge\frac{(2^9-1)-9}{2}=251$$

(i)~(iv)에 의하여 구하는 모든 자연수 m의 값의 합은

$6+30+126=162$

724   답 5

$m=1$이면 $a_1+a_2+a_3+\cdots+a_{15}=\displaystyle\sum_{k=1}^{15}a_k=f(15)>0$

이므로 $m\ge2$이다. 즉,

$$a_m+a_{m+1}+\cdots+a_{15}=\sum_{k=1}^{15}a_k-\sum_{k=1}^{m-1}a_k$$

$$=f(15)-f(m-1)\,(m\ge2)$$

이때 $a_m+a_{m+1}+\cdots+a_{15}<0$이면

$f(15)-f(m-1)<0$이므로

$f(15)<f(m-1)$

하지만 $f(3)=f(15)$이므로 $3<m-1<15$

$\therefore 4<m<16$

따라서 구하는 m의 최솟값은 5이다.

725   답 ④

a_7은 a_6과 a_8의 등차중항이므로 $a_6+a_8=2a_7$

이때 조건 ㈎에서 $a_7=a_6+a_8$이므로 $2a_7$

$\therefore a_7=0$ $\cdots\cdots ㉠$

한편, 조건 ㈏에서 $n\ge6$일 때

$S_{n+1}+T_{n+1}=S_n+T_n$에서

$$\sum_{k=1}^{n+1} a_k + \sum_{k=1}^{n+1} |a_k| = \sum_{k=1}^{n} a_k + \sum_{k=1}^{n} |a_k|$$

$$\sum_{k=1}^{n+1} a_k - \sum_{k=1}^{n} a_k = \sum_{k=1}^{n} |a_k| - \sum_{k=1}^{n+1} |a_k|$$

$$\therefore a_{n+1} = -|a_{n+1}|$$

따라서 수열 $\{a_n\}$의 공차를 d라 하면 $d \leq 0$이고 ······ 참고

㉠에 의하여 $a_6 \geq 0$이므로 $n \leq 6$이면 $a_n \geq 0$이다. ······ ㉡

㉡에 의하여 $S_6 = T_6$이고 조건 (내)에서 $S_6 + T_6 = 84$이므로

$2S_6 = 84$ $\therefore S_6 = 42$

또한 ㉠에 의하여 $a_1 = -6d$, $a_6 = -d$이므로

$$S_6 = \frac{6 \times (a_1 + a_6)}{2}$$
$$= 3 \times \{(-6d) + (-d)\}$$
$$= -21d$$

에서 $-21d = 42$ $\therefore d = -2$

따라서 $a_1 = -6d = 12$, $a_{15} = 8d = -16$이므로

$$S_{15} = \sum_{k=1}^{15} a_k$$
$$= \frac{15 \times (a_1 + a_{15})}{2}$$
$$= \frac{15\{12 + (-16)\}}{2} = -30$$

이때 조건 (내)에 의하여 $S_{15} + T_{15} = 84$이므로

$T_{15} = 84 - (-30) = 114$이다.

> **참고**
>
> $d > 0$이면 $a_m > 0$을 만족시키는 7 이상의 자연수 m이 반드시 존재한다.
>
> 따라서 $n \geq 6$일 때 $a_{n+1} = -|a_{n+1}|$을 항상 만족하기 위해서는 $d \leq 0$이어야 한다.

726

답 ②

정사각형 $A_n B_n C_n D_n$의 한 변의 길이가 n이므로 $\overline{B_n C_n} = n$이 될 때를 찾으면 된다.

직선 $x = k$ (k는 자연수)가 곡선 $y = \sqrt{x}$와 직선 $y = -x$에 의하여 잘리면서 생기는 선분의 길이를 l이라 하면

$k = 1$일 때 $l = \sqrt{1} - (-1) = 2$

$k = 2$일 때 $l = \sqrt{2} - (-2)$이므로 $3 < l < 4$

$k = 3$일 때 $l = \sqrt{3} - (-3)$이므로 $4 < l < 5$

$k = 4$일 때 $l = \sqrt{4} - (-4) = 6$

$\vdots$

$k = 9$일 때 $l = \sqrt{9} - (-9) = 12$

$\vdots$

따라서 정사각형 $A_n B_n C_n D_n$의 한 변의 길이가 $\overline{B_n C_n} = n$일 때 점 C_n의 x좌표를 x_n이라 하면

$n = 1$일 때 $0 < x_1 < 1$이므로 정사각형 $A_1 B_1 C_1 D_1$의 둘레와 그 내부에 있는 점 중 x좌표와 y좌표가 모두 정수인 점은 $(1, 0)$뿐이다.

$\therefore a_1 = 1$

$n = 2$일 때 $x_2 = 1$이므로 $B_2(1, 1)$, $C_2(1, -1)$, $D_2(3, -1)$, $A_2(3, 1)$이다.

즉, 정사각형 $A_2 B_2 C_2 D_2$의 둘레와 그 내부에 있는 점 중 x좌표와 y좌표가 모두 정수인 점의 개수는 3^2이다.

$\therefore a_2 = 9$

$n = 3$일 때 $1 < x_3 < 2$이므로 정사각형 $A_3 B_3 C_3 D_3$의 둘레와 그 내부에 있는 점 중 x좌표와 y좌표가 모두 정수인 점의 개수는 3^2이다.

$\therefore a_3 = 9$

같은 방법으로 하면 점 C_n의 x좌표가 정수이면 $a_n = (n+1)^2$이고, 점 C_n의 x좌표가 정수가 아니면 $a_n = n^2$임을 알 수 있다.

$1 \leq n \leq 15$일 때, 점 C_n의 x좌표가 정수인 경우는 $n = 2,\ 6,\ 12$일 때이다.

$$\therefore \sum_{k=1}^{15} a_k = \sum_{k=1}^{15} k^2 - (2^2 + 6^2 + 12^2) + (3^2 + 7^2 + 13^2)$$
$$= \frac{15 \times 16 \times 31}{6} - 184 + 227$$
$$= 1283$$

727

답 8

점 A_0은 원점이고 점 A_n은 점 A_{n-1}에서 점 P가 경로를 따라 $\dfrac{2n-1}{25}$만큼 이동한 위치에 있는 점이므로 점 A_n은 점 A_0에서 출발한 점 P가 경로를 따라 $\displaystyle\sum_{k=1}^{n} \dfrac{2k-1}{25}$만큼 이동한 위치에 있는 점이다.

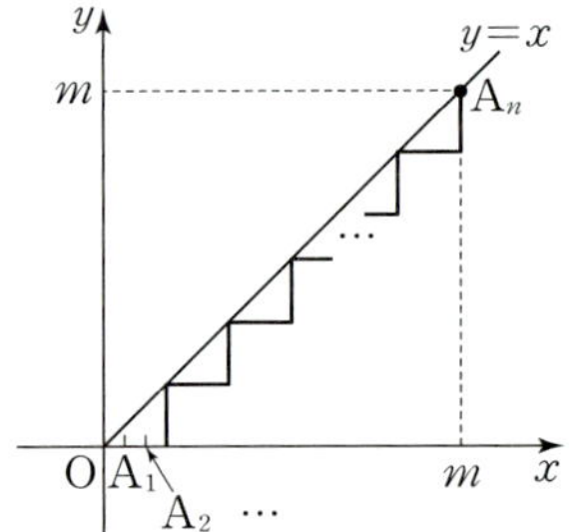

위의 그림과 같이 점 A_n의 x좌표와 y좌표의 합은 점 P가 점 A_0에서 점 A_n까지 경로를 따라 이동한 거리와 같다.

즉, 점 A_n이 직선 $y = x$ 위에 있으려면 자연수 m에 대하여 $A_n(m, m)$이라 할 때

$$m + m = \sum_{k=1}^{n} \frac{2k-1}{25}$$
$$= \frac{1}{25} \sum_{k=1}^{n} (2k-1)$$
$$= \frac{1}{25} \left\{ 2 \times \frac{n(n+1)}{2} - n \right\}$$
$$= \frac{n^2}{25}$$

즉, $2m = \dfrac{n^2}{25}$이므로 $n^2 = 50m$

$\therefore n = 5\sqrt{2m}$

이때 n이 자연수이기 위한 m의 값은 $2 \times 1^2,\ 2 \times 2^2,\ 2 \times 3^2,\ \cdots$

따라서 구하는 두 번째 점의 x좌표는 $a = 2 \times 2^2 = 8$

조건 ㈎에서 집합 A의 임의의 두 원소의 합이 31이 아니므로
집합 A에 속하지 않는 원소는
$31-a_i \ (1 \le i \le 15)$이다.

이때 $\sum\limits_{i=1}^{15} a_i^2$과 $\sum\limits_{i=1}^{15}(31-a_i)^2$의 합은 집합 U의 모든 원소의 제곱의
합과 같으므로

$$\sum_{i=1}^{15} a_i^2 + \sum_{i=1}^{15}(31-a_i)^2 = \sum_{i=1}^{30} i^2$$

$$\sum_{i=1}^{15} a_i^2 + \sum_{i=1}^{15} 31^2 - 62\sum_{i=1}^{15} a_i + \sum_{i=1}^{15} a_i^2 = \frac{30 \times 31 \times 61}{6}$$

조건 ㈏에 의하여

$2\sum\limits_{i=1}^{15} a_i^2 + 15 \times 31^2 - 62 \times 264 = 5 \times 31 \times 61$이므로

$$\sum_{i=1}^{15} a_i^2 = \frac{1}{2}(5 \times 31 \times 61 - 15 \times 31^2 + 62 \times 264)$$

$$= \frac{31}{2}(5 \times 61 - 15 \times 31 + 2 \times 264)$$

$$= \frac{31}{2}(-5 \times 32 + 2 \times 264)$$

$$= 31 \times 184$$

$$\therefore \ \frac{1}{31}\sum_{i=1}^{15} a_i^2 = 184$$

참고

두 원소의 합이 31이 되는 쌍은
$(1, 30), (2, 29), \cdots, (15, 16)$
이므로 집합 A는 각 순서쌍에서 원소를 하나씩 택하여 얻을 수
있다.
이와 같은 방법으로 찾은 집합 A의 여러 예 중 하나는 다음과
같다.
$A = \{5, 7, 9, 10, 11, 12, 14, 16, 18, 23, 25, 27, 28, 29, 30\}$

03 수학적 귀납법

729 ━━━━━━━━━━━━━━━━━━━━ 📖 (1) 14 (2) 60

(1) $a_{n+1} = a_n + n + 2$에 $n = 1, 2, 3$을 차례대로 대입하면
$a_2 = a_1 + 3 = 5$, $a_3 = a_2 + 4 = 9$
$\therefore \ a_4 = a_3 + 5 = 14$

(2) $a_{n+1} = (n+2)a_n$에 $n = 1, 2, 3$을 차례대로 대입하면
$a_2 = 3a_1 = 3$, $a_3 = 4a_2 = 12$
$\therefore \ a_4 = 5a_3 = 60$

730 ━━━━━━━━━━━━━━━━━━━━━━━━━━ 📖 ③

$a_{n+1} = \dfrac{a_n}{n+2}$에 $n = 1, 2, 3, 4$를 차례대로 대입하면

$a_2 = \dfrac{a_1}{3} = \dfrac{2}{3}$, $a_3 = \dfrac{a_2}{4} = \dfrac{2}{3} \times \dfrac{1}{4} = \dfrac{1}{6}$

$a_4 = \dfrac{a_3}{5} = \dfrac{1}{6} \times \dfrac{1}{5} = \dfrac{1}{30}$, $a_5 = \dfrac{a_4}{6} = \dfrac{1}{30} \times \dfrac{1}{6} = \dfrac{1}{180}$

이므로 $p = 180$, $q = 1$이다.
$\therefore \ p + q = 181$

731 ━━━━━━━━━━━━━━━━━━━━━━━━━━ 📖 ③

$a_{n+1} = 3a_n + 2$에 $n = 1, 2, 3, 4$를 차례대로 대입하면
$a_2 = 3a_1 + 2 = 8$, $a_3 = 3a_2 + 2 = 26$, $a_4 = 3a_3 + 2 = 80$
$\therefore \ a_5 = 3a_4 + 2 = 242$

732 ━━━━━━━━━━━━━━━━━━━━━━━━━━ 📖 ③

$a_{n+1} = a_n + 4$에서 수열 $\{a_n\}$은 공차가 4인 등차수열이므로 일반항은
$a_n = 3 + (n-1) \times 4 = 4n - 1$이다.
$\therefore \ a_{15} = 4 \times 15 - 1 = 59$

733 ━━━━━━━━━━━━━━━━━━━━━━━━━━ 📖 ③

자연수 n에 대하여 $a_{n+1} - a_n = 2$를 만족시키므로
수열 $\{a_n\}$은 공차가 2인 등차수열이다.
수열 $\{a_n\}$의 일반항은 $a_n = (-3) + (n-1) \times 2 = 2n - 5$이므로
$a_k = 2k - 5 = 27$
$\therefore \ k = 16$

734 ━━━━━━━━━━━━━━━━━━━━━━━━━━ 📖 ⑤

$a_{n+2} - a_{n+1} = a_{n+1} - a_n$에서 수열 $\{a_n\}$은 등차수열이므로
$a_3 - a_2 = 5$에서 공차가 5이다.
$\therefore \ a_8 = a_3 + 5 \times 5 = 32$

735
탑 ②

수열 $\{a_n\}$은 첫째항이 2이고 $a_{n+1}=\frac{1}{3}a_n$에서 공비가 $\frac{1}{3}$인

등비수열이므로 일반항은 $a_n=2\times\left(\frac{1}{3}\right)^{n-1}$이다.

$$\therefore a_6=2\times\left(\frac{1}{3}\right)^5=\frac{2}{243}$$

736
탑 (1) 32 (2) 255

(1) $3^{a_{n+1}}=9^{a_n}$에서 $3^{a_{n+1}}=3^{2a_n}$이므로 $a_{n+1}=2a_n$이다.

수열 $\{a_n\}$은 첫째항이 1이고 공비가 2인 등비수열이므로
일반항은 $a_n=2^{n-1}$이다.
$$\therefore a_6=2^{6-1}=32$$

(2) 수열 $\{a_n\}$의 첫째항부터 제8항까지의 합은
$$S_8=\frac{2^8-1}{2-1}=256-1=255\text{이다.}$$

737
탑 ③

$a_{n+1}^2=a_na_{n+2}$에서 수열 $\{a_n\}$은 등비수열이므로

$a_1=8$, $a_2=-4$에서 공비는 $\frac{a_2}{a_1}=-\frac{1}{2}$이다.

$$\therefore \sum_{k=1}^{5}a_k=\frac{8\left\{1-\left(-\frac{1}{2}\right)^5\right\}}{1-\left(-\frac{1}{2}\right)}=\frac{8+\frac{1}{4}}{1+\frac{1}{2}}=\frac{11}{2}$$

738
탑 57

$n=1$일 때 $a_2+2a_1=-2$이므로 $a_2=-4$
$n=2$일 때 $a_3+2a_2=3$이므로 $a_3=11$
$n=3$일 때 $a_4+2a_3=-4$이므로 $a_4=-26$
$n=4$일 때 $a_5+2a_4=5$이므로 $a_5=57$

739
탑 ②

$a_{n+2}=a_{n+1}+a_n$에 $n=1, 2, 3, \cdots, 7$을 차례대로 대입하면
$a_3=a_2+a_1=3$, $a_4=a_3+a_2=5$, $a_5=a_4+a_3=8$
$a_6=a_5+a_4=13$, $a_7=a_6+a_5=21$, $a_8=a_7+a_6=34$
$$\therefore a_9=a_8+a_7=55$$

740
탑 ④

n명이 모두 서로 한 번씩 악수를 하고 1명이 더 모임에 참석했을 때,
1명이 이미 참석해 있는 n명과 한 번씩 악수를 하면 $(n+1)$명이
모두 서로 한 번씩 악수를 한 것이 된다.
따라서 구하는 관계식은 $a_{n+1}=a_n+n$ $(n\geq2)$이다.

n명이 한 번씩 악수를 하면 총 횟수는

$a_n={}_n\mathrm{C}_2=\frac{n(n-1)}{2}$이고,

$(n+1)$명이 한 번씩 악수를 하면 총 횟수는

$a_{n+1}={}_{n+1}\mathrm{C}_2=\frac{n(n+1)}{2}$이다.

따라서 $a_{n+1}-a_n=\frac{n(n+1)}{2}-\frac{n(n-1)}{2}=n$에서 구하는 관계식은
$a_{n+1}=a_n+n$ $(n\geq2)$이다.

741
탑 ①

n일 후 물탱크에 남아 있는 물의 양이 a_n이고, 10톤의 물을 더
채우고 다음 날 다시 물을 채울 때까지 물의 양이 반으로 줄어들게
되므로 a_n과 a_{n+1} 사이의 관계식은 $a_{n+1}=(a_n+10)\times\frac{1}{2}$에서

$a_{n+1}=\frac{1}{2}a_n+5$ $(n\geq1)$이다.

TIP

a_n을 정의한 시점에 주의해야 한다.
물을 채우기 직전에 남아 있는 물의 양을 a_n이라 했으므로 물을
채우는 시행이 먼저이고 그 물이 반으로 줄어들어 a_{n+1}이 된다.

참고

1일 후 물탱크에 물을 채우기 직전에 남아 있는 물의 양은
40톤의 물 중 50 %를 사용했으므로
$$a_1=40\times\frac{1}{2}=20\text{이다.}$$

742
탑 (1) $a_{n+1}=2a_n-6$ $(n\geq1)$ (2) 70

(1) n일이 지난 후 박테리아의 수 a_n에 대하여 이 중에서 3마리가
죽고 나머지가 각각 2마리로 분열하므로 a_n과 a_{n+1} 사이의
관계식은 $a_{n+1}=(a_n-3)\times2$, $a_{n+1}=2a_n-6$ $(n\geq1)$이다.

(2) $a_1=(8-3)\times2=10$이고 $a_{n+1}=2a_n-6$에서
$a_2=2a_1-6=14$
$a_3=2a_2-6=22$
$a_4=2a_3-6=38$
$$\therefore a_5=2a_4-6=70$$

743
탑 ③

(i) $n=1$일 때

(좌변)$=1$, (우변)$=\frac{1\times2}{2}=1$이므로 등식 (*)이 성립한다.

(ii) $n=k$일 때 등식 (*)이 성립한다고 가정하면
$$1+2+3+\cdots+k=\frac{k(k+1)}{2}$$

이고 양변에 각각 $k+1$을 더하면

$$1+2+3+\cdots+k+(k+1)=\boxed{\dfrac{k(k+1)}{2}}+k+1$$

$$=\dfrac{(k+1)(\boxed{k+2})}{2}$$

그러므로 $n=k+1$일 때도 등식 $(*)$이 성립한다.

(i), (ii)에서 모든 자연수 n에 대하여 등식

$$1+2+3+\cdots+n=\dfrac{n(n+1)}{2}\text{이 성립한다.}$$

따라서 $f(k)=\dfrac{k(k+1)}{2},\ g(k)=k+2$이므로

$$f(5)+g(5)=\dfrac{5\times6}{2}+7=22$$

744 ································ 답 ④

(i) $n=1$일 때

(좌변)$=1$이고 (우변)$=1^2=1$이므로 등식이 성립한다.

(ii) $n=k$일 때 등식이 성립한다고 가정하면

$$1+3+5+\cdots+(2k-1)=k^2\text{이고}$$

$$1+3+5+\cdots+(2k-1)+(2k+1)=k^2+\boxed{2k+1}$$

$$1+3+5+\cdots+(2k-1)+(2k+1)=(\boxed{k+1})^2$$

이므로 $n=k+1$일 때도 등식이 성립한다.

(i), (ii)에서 모든 자연수 n에 대하여 등식

$$1+3+5+\cdots+(2n-1)=n^2\text{이 성립한다.}$$

㉮ : $2k+1$ ㉯ : $k+1$

따라서 알맞은 것은 ④이다.

745 ································ 답 ③

(i) $n=1$일 때

(좌변)$=1^3=1$이고 (우변)$=1^2=1$이므로 등식이 성립한다.

(ii) $n=k$일 때 등식이 성립한다고 가정하면

$$\sum_{i=1}^{k}i^3=(1+2+3+\cdots+k)^2\text{이고}$$

$$\sum_{i=1}^{k+1}i^3=\left\{\dfrac{k(k+1)}{2}\right\}^2+\boxed{(k+1)^3}$$

$$=(k+1)^2\times\left(\dfrac{k^2}{4}+\boxed{k+1}\right)$$

$$=(k+1)^2\times\left(\dfrac{k^2+4k+4}{4}\right)$$

$$=(k+1)^2\times\left(\dfrac{k+2}{2}\right)^2$$

$$=\left\{\dfrac{\boxed{(k+1)(k+2)}}{2}\right\}^2$$

이므로 $n=k+1$일 때도 등식이 성립한다.

(i), (ii)에서 모든 자연수 n에 대하여 등식

$$\sum_{i=1}^{n}i^3=(1+2+3+\cdots+n)^2\text{이 성립한다.}$$

따라서 $f(k)=(k+1)^3,\ g(k)=k+1,\ h(k)=(k+1)(k+2)$

이므로

$$f(4)+g(5)-h(6)=125+6-56=75$$

746 ································ 답 ②

(i) $n=1$일 때

$2^6+1=65$이므로 5의 배수이다.

(ii) $n=k$일 때 $2^{4k+2}+1$이 5의 배수라 가정하면

$$2^{4k+2}+1=5m\ (m\text{은 자연수})\text{에서}$$

$$2^{4k+2}=5m-1$$

$$2^{4k+6}+1=2^4\times2^{4k+2}+1$$

$$=\boxed{16}\times(5m-1)+1$$

$$=5(\boxed{16m-3})$$

이므로 $n=k+1$일 때도 $2^{4k+6}+1$이 5의 배수이다.

(i), (ii)에서 모든 자연수 n에 대하여 자연수 $2^{4n+2}+1$이 5의 배수이다.

따라서 $p=16,\ f(m)=16m-3$이므로

$$f(p)=f(16)=16\times16-3=253$$

747 ································ 답 풀이 참조

(i) $n=1$일 때

(좌변)$=1$, (우변)$=\dfrac{3-1}{2}=1$

이므로 등식이 성립한다.

(ii) $n=k$일 때 등식이 성립한다고 가정하자.

$$1+3+3^2+3^3+\cdots+3^{k-1}=\dfrac{3^k-1}{2}$$

이고 양변에 각각 3^k을 더하면

$$1+3+3^2+3^3+\cdots+3^{k-1}+3^k=\dfrac{3^k-1}{2}+3^k$$

$$=\dfrac{3^k-1+2\times3^k}{2}$$

$$=\dfrac{3^{k+1}-1}{2}$$

따라서 $n=k+1$일 때도 등식이 성립한다.

(i), (ii)에서 모든 자연수 n에 대하여 등식

$$1+3+3^2+3^3+\cdots+3^{n-1}=\dfrac{3^n-1}{2}\text{이 성립한다.}$$

채점 요소	배점
$n=1$일 때 등식이 성립함을 보이기	30 %
$n=k$일 때 등식이 성립함을 가정하고 $n=k+1$일 때 등식이 성립함을 보이기	70 %

748 ································ 답 풀이 참조

(i) $n=1$일 때

(좌변)$=\dfrac{1}{1\times3}=\dfrac{1}{3}$, (우변)$=\dfrac{1}{3}$이므로 등식이 성립한다.

(ii) $n=k$일 때 등식이 성립한다고 가정하면

$$\dfrac{1}{1\times3}+\dfrac{1}{3\times5}+\dfrac{1}{5\times7}+\cdots+\dfrac{1}{(2k-1)(2k+1)}=\dfrac{k}{2k+1}$$

이 식의 양변에 각각 $\dfrac{1}{(2k+1)(2k+3)}$을 더하면

$$\dfrac{1}{1\times3}+\dfrac{1}{3\times5}+\dfrac{1}{5\times7}+\cdots$$
$$+\dfrac{1}{(2k-1)(2k+1)}+\dfrac{1}{(2k+1)(2k+3)}$$
$$=\dfrac{k}{2k+1}+\dfrac{1}{(2k+1)(2k+3)}$$
$$=\dfrac{k(2k+3)+1}{(2k+1)(2k+3)}$$
$$=\dfrac{(2k+1)(k+1)}{(2k+1)(2k+3)}=\dfrac{k+1}{2k+3}$$

이므로 $n=k+1$일 때도 등식이 성립한다.

(i), (ii)에서 모든 자연수 n에 대하여 등식

$$\dfrac{1}{1\times3}+\dfrac{1}{3\times5}+\dfrac{1}{5\times7}+\cdots+\dfrac{1}{(2n-1)(2n+1)}=\dfrac{n}{2n+1}$$

이 성립한다.

채점 요소	배점
$n=1$일 때 등식이 성립함을 보이기	30 %
$n=k$일 때 등식이 성립함을 가정하고, $n=k+1$일 때 등식이 성립함을 보이기	70 %

749   답 ②

수열 $\{a_n\}$은 첫째항이 2이고 공차가 2인 등차수열이므로
일반항은 $a_n=2+2(n-1)=2n$이다.

또한 수열 $\{b_n\}$은 첫째항이 $-\dfrac{1}{2}$이고 공차가 $\dfrac{1}{2}$인 등차수열이므로

일반항은 $b_n=-\dfrac{1}{2}+\dfrac{1}{2}(n-1)=\dfrac{1}{2}n-1$이다.

$$a_nb_n=2n\left(\dfrac{1}{2}n-1\right)=n^2-2n$$

$$\therefore \sum_{k=1}^{10}a_kb_k=\sum_{k=1}^{10}(k^2-2k)$$
$$=\dfrac{10\times11\times21}{6}-2\times\dfrac{10\times11}{2}$$
$$=385-110=275$$

750   답 -24

수열 $\{a_n\}$은 첫째항이 p이고 공차가 4인 등차수열이므로
첫째항부터 제k항까지의 합은
$$\dfrac{k\{2p+4(k-1)\}}{2}=21$$
$$k(p+2k-2)=21 \qquad\cdots\cdots ㉠$$
이때 p는 정수이고 k는 자연수이므로 k는 21의 양의 약수이어야
한다.

(i) $k=1$인 경우

   ㉠에서 $p+2k-2=21$이므로 대입하면 $p=21$

(ii) $k=3$인 경우

   ㉠에서 $p+2k-2=7$이므로 대입하면 $p=3$

(iii) $k=7$인 경우

   ㉠에서 $p+2k-2=3$이므로 대입하면 $p=-9$

(iv) $k=21$인 경우

   ㉠에서 $p+2k-2=1$이므로 대입하면 $p=-39$

(i)~(iv)에 의하여 모든 정수 p의 값의 합은
$$21+3+(-9)+(-39)=-24$$

751   답 풀이 참조

$a_{n+2}-2a_{n+1}+a_n=0$에서 $a_{n+1}=\dfrac{a_n+a_{n+2}}{2}$이므로

수열 $\{a_n\}$은 등차수열이고 공차를 d라 하면
$a_{n+8}-a_{n+5}=3d=-12$에서 $d=-4$이다.
이때 $S_8\geq S_n$이므로 $n\leq8$일 때 $a_n\geq0$이고, $n>8$일 때 $a_n\leq0$이다.
수열 $\{a_n\}$의 일반항이 $a_n=a_1-4(n-1)$이므로
$a_8=a_1-28\geq0$에서 $a_1\geq28$이고
$a_9=a_1-32\leq0$에서 $a_1\leq32$이므로
$28\leq a_1\leq32$이다.
따라서 a_1의 최댓값과 최솟값은 각각 32, 28이므로 그 합은
$32+28=60$이다.

채점 요소	배점
주어진 조건에서 수열 $\{a_n\}$이 등차수열임을 보이고 공차 구하기	30 %
$S_8\geq S_n$에서 $a_8\geq0$, $a_9\leq0$이므로 a_1의 값의 범위 구하기	50 %
a_1의 최댓값과 최솟값의 합 구하기	20 %

752   답 ②

수열 $\{a_n\}$이 모든 자연수 n에 대하여
$a_{n+1}=\sqrt{a_na_{n+2}}$이므로
양변을 각각 제곱하면 $(a_{n+1})^2=a_na_{n+2}$에서
수열 $\{a_n\}$은 등비수열이다.
수열 $\{a_n\}$의 공비를 r이라 하면
$$\dfrac{a_{12}}{a_3}=r^9=\dfrac{27}{3\sqrt3}=3\sqrt3$$에서
$$r=3^{\frac{1}{6}}$$이다. $\qquad\cdots\cdots ㉠$

이때 $\dfrac{a_6}{a_3}\times\dfrac{a_{10}}{a_5}\times\dfrac{a_{14}}{a_7}\times\dfrac{a_{18}}{a_9}\times\cdots\times\dfrac{a_{42}}{a_{21}}$에서

$\dfrac{a_6}{a_3}=r^3$, $\dfrac{a_{10}}{a_5}=r^5$, $\dfrac{a_{14}}{a_7}=r^7$, $\dfrac{a_{18}}{a_9}=r^9$, $\cdots$, $\dfrac{a_{42}}{a_{21}}=r^{21}$이므로

$$\dfrac{a_6}{a_3}\times\dfrac{a_{10}}{a_5}\times\dfrac{a_{14}}{a_7}\times\dfrac{a_{18}}{a_9}\times\cdots\times\dfrac{a_{42}}{a_{21}}=r^3\times r^5\times r^7\times r^9\times\cdots\times r^{21}$$
$$=r^{3+5+7+\cdots+21}$$

한편, $3+5+7+\cdots+21$은 첫째항이 3이고 공차가 2인 등차수열의
첫째항부터 제10항까지의 합이다.

$$\therefore r^{3+5+7+\cdots+21}=r^{\frac{10(3+21)}{2}}$$
$$=r^{120}=(3^{\frac{1}{6}})^{120}\,(\because ㉠)$$
$$=3^{20}$$

753   답 ①

이차방정식 $a_nx^2+2\sqrt3a_{n+1}x+3a_{n+2}=0$이 중근을 가지므로
이 이차방정식의 판별식을 D라 하면

$\dfrac{D}{4}=(\sqrt{3}\,a_{n+1})^2-3a_n a_{n+2}=0$에서 $(a_{n+1})^2=a_n a_{n+2}$

즉, 수열 $\{a_n\}$은 등비수열이고, $\dfrac{a_4}{a_3}=3$에서 공비가 3이다. $\quad\cdots\cdots$ ㉠

이차방정식 $a_n x^2+2\sqrt{3}\,a_{n+1}x+3a_{n+2}=0$에서

양변을 각각 a_n으로 나누면

$x^2+2\sqrt{3}\times\dfrac{a_{n+1}}{a_n}x+3\times\dfrac{a_{n+2}}{a_n}=0,\ x^2+6\sqrt{3}\,x+27=0\,(\because ㉠)$

이고 $(x+3\sqrt{3})^2=0$이므로

$b_n=-3\sqrt{3}$

$\therefore \displaystyle\sum_{k=1}^{10}\sqrt{3}\,b_k=\sum_{k=1}^{10}(-9)=-90$

754   답 ①

$\displaystyle\sum_{k=1}^{31}a_k=a_1+(a_2+a_3)+(a_4+a_5)+(a_6+a_7)+\cdots+(a_{30}+a_{31})$

$\qquad=1+4\times2+4\times4+4\times6+\cdots+4\times30$

$\qquad=1+4\times2\times(1+2+3+\cdots+15)$

$\qquad=1+8\times\dfrac{15\times16}{2}=961$

다른 풀이

$a_n+a_{n+1}=4n\,(n=1,\ 2,\ 3,\ \cdots)$에 n 대신 $2k$를 대입하면

$a_{2k}+a_{2k+1}=8k$이다.

$\therefore \displaystyle\sum_{k=1}^{31}a_k=a_1+\sum_{k=1}^{15}(a_{2k}+a_{2k+1})$

$\qquad=1+\displaystyle\sum_{k=1}^{15}8k$

$\qquad=1+8\times\dfrac{15\times16}{2}=961$

755   답 64

$a_{n+1}=a_n+2^{n-1}$의 n에 1, 2, 3, $\cdots$, 6을 차례대로 대입하면

$a_2=a_1+2^0=1+1=2\,(\because a_1=1)$

$a_3=a_2+2^1=2+2=4$

$a_4=a_3+2^2=4+4=8$

$a_5=a_4+2^3=8+8=16$

$a_6=a_5+2^4=16+16=32$

$\therefore a_7=a_6+2^5=32+32=64$

다른 풀이

$a_n+1=a_n+2^{n-1}$의 n에 1, 2, 3, $\cdots$, 6을 차례대로 대입하면

$a_2=a_1+2^0$

$a_3=a_2+2^1=a_1+2^0+2^1$

$a_4=a_3+2^2=a_1+2^0+2^1+2^2$

$a_5=a_4+2^3=a_1+2^0+2^1+2^2+2^3$

$a_6=a_5+2^4=a_1+2^0+2^1+2^2+2^3+2^4$

$a_7=a_6+2^5=a_1+2^0+2^1+2^2+2^3+2^4+2^5$

이때

$2^0+2^1+2^2+2^3+2^4+2^5=\dfrac{2^0(2^6-1)}{2-1}=2^6-1$

이고 $a_1=1$이므로 $a_7=1+(2^6-1)=2^6=64$이다.

756   답 ④

$a_{n+1}=a_n+\dfrac{1}{n(n+1)}$의 n에 1, 2, 3, 4를 차례대로 대입하면

$a_2=a_1+\dfrac{1}{2}$

$a_3=a_2+\dfrac{1}{6}=a_1+\dfrac{1}{2}+\dfrac{1}{6}=a_1+\dfrac{2}{3}$

$a_4=a_3+\dfrac{1}{12}=a_1+\dfrac{2}{3}+\dfrac{1}{12}=a_1+\dfrac{3}{4}$

$a_5=a_4+\dfrac{1}{20}=a_1+\dfrac{3}{4}+\dfrac{1}{20}=a_1+\dfrac{4}{5}$

이때 $a_5=2$이므로 $a_1+\dfrac{4}{5}=2$

$\therefore a_1=\dfrac{6}{5}$

다른 풀이

$\dfrac{1}{n(n+1)}=\dfrac{1}{n}-\dfrac{1}{n+1}$이므로

$a_{n+1}=a_n+\dfrac{1}{n}-\dfrac{1}{n+1}$의 n에 1, 2, 3, 4를 차례대로 대입하면

$a_2=a_1+1-\dfrac{1}{2}$

$a_3=a_2+\dfrac{1}{2}-\dfrac{1}{3}=a_1+1-\dfrac{1}{2}+\dfrac{1}{2}-\dfrac{1}{3}$

$a_4=a_3+\dfrac{1}{3}-\dfrac{1}{4}=a_1+1-\dfrac{1}{2}+\dfrac{1}{2}-\dfrac{1}{3}+\dfrac{1}{3}-\dfrac{1}{4}$

$a_5=a_4+\dfrac{1}{4}-\dfrac{1}{5}=a_1+1-\dfrac{1}{2}+\dfrac{1}{2}-\dfrac{1}{3}+\dfrac{1}{3}-\dfrac{1}{4}+\dfrac{1}{4}-\dfrac{1}{5}$ $\quad\cdots\cdots$ ㉠

이때 $a_5=2$이고

$1-\dfrac{1}{2}+\dfrac{1}{2}-\dfrac{1}{3}+\dfrac{1}{3}-\dfrac{1}{4}+\dfrac{1}{4}-\dfrac{1}{5}=1-\dfrac{1}{5}=\dfrac{4}{5}$

이므로 ㉠에서 $2=a_1+\dfrac{4}{5}$ $\qquad\therefore a_1=\dfrac{6}{5}$

757   답 $\dfrac{7}{13}$

$a_{n+1}=\dfrac{2n-1}{2n+1}a_n$의 n에 1, 2, 3, $\cdots$, 6을 차례대로 대입하면

$a_2=\dfrac{2\times1-1}{2\times1+1}\times a_1=\dfrac{7}{3}\,(\because a_1=7)$

$a_3=\dfrac{2\times2-1}{2\times2+1}\times a_2=\dfrac{7}{5}$

$a_4=\dfrac{2\times3-1}{2\times3+1}\times a_3=1$

$a_5=\dfrac{2\times4-1}{2\times4+1}\times a_4=\dfrac{7}{9}$

$a_6=\dfrac{2\times5-1}{2\times5+1}\times a_5=\dfrac{7}{11}$

$\therefore a_7=\dfrac{2\times6-1}{2\times6+1}\times a_6=\dfrac{7}{13}$

$a_{n+1}=\dfrac{2n-1}{2n+1}a_n$의 n에 1, 2, 3, $\cdots$, 6을 차례대로 대입하면

$a_2=\dfrac{1}{3}\times a_1$

$a_3=\dfrac{3}{5}\times a_2=\dfrac{3}{5}\times\dfrac{1}{3}\times a_1$

$a_4=\dfrac{5}{7}\times a_3=\dfrac{5}{7}\times\dfrac{3}{5}\times\dfrac{1}{3}\times a_1$

$\qquad\vdots$

$a_7=\dfrac{11}{13}\times a_6=\dfrac{11}{13}\times\dfrac{9}{11}\times\dfrac{7}{9}\times\dfrac{5}{7}\times\dfrac{3}{5}\times\dfrac{1}{3}\times a_1$

$\therefore a_7=\dfrac{7}{13}\ (\because a_1=7)$

758 　답 ⑤

$a_{14}=a_{3\times5-1}=3a_5$
$a_{15}=a_{3\times5}=a_5+2$
$a_{16}=a_{3\times5+1}=-2a_5+1$
이고,
$a_5=a_{3\times2-1}=3a_2$
$\quad=3a_{3\times1-1}=3\times3a_1$
$\quad=18\ (\because a_1=2)$
$\therefore a_{14}+a_{15}+a_{16}=2a_5+3=39$

759 　답 ⑤

$a_{12}=\dfrac{1}{2}$이고

n이 홀수인 경우 $a_{n+1}=\dfrac{1}{a_n}$,

n이 짝수인 경우 $a_{n+1}=8a_n$이므로

$n=11$, 10, 9, 8을 차례대로 대입하면

$a_{12}=\dfrac{1}{a_{11}}$에서 $a_{11}=\dfrac{1}{\frac{1}{2}}=2$

$a_{11}=8a_{10}$에서 $a_{10}=2\times\dfrac{1}{8}=\dfrac{1}{4}$

$a_{10}=\dfrac{1}{a_9}$에서 $a_9=\dfrac{1}{\frac{1}{4}}=4$

$a_9=8a_8$에서 $a_8=4\times\dfrac{1}{8}=\dfrac{1}{2}$

이때 $a_8=a_{12}$이므로

$a_1=a_9=4$, $a_4=a_8=\dfrac{1}{2}$

$\therefore a_1+a_4=4+\dfrac{1}{2}=\dfrac{9}{2}$

760 　답 ②

$a_{n+2}=\dfrac{a_{n+1}+1}{a_n}$에서

$n=1$일 때 $a_3=\dfrac{a_2+1}{a_1}=\dfrac{3}{5}$

$n=2$일 때 $a_4=\dfrac{a_3+1}{a_2}=\dfrac{8}{5}\times\dfrac{1}{2}=\dfrac{4}{5}$

$n=3$일 때 $a_5=\dfrac{a_4+1}{a_3}=\dfrac{9}{5}\times\dfrac{5}{3}=3$

$n=4$일 때 $a_6=\dfrac{a_5+1}{a_4}=4\times\dfrac{5}{4}=5$

$n=5$일 때 $a_7=\dfrac{a_6+1}{a_5}=\dfrac{6}{3}=2$

$\qquad\vdots$

이므로 수열 $\{a_n\}$은 5, 2, $\dfrac{3}{5}$, $\dfrac{4}{5}$, 3이 이 순서대로 반복된다.

따라서 자연수 k에 대하여

$a_{5k-4}=5$, $a_{5k-3}=2$, $a_{5k-2}=\dfrac{3}{5}$, $a_{5k-1}=\dfrac{4}{5}$, $a_{5k}=3$이다.

$200=5\times40$이므로 구하는 값은 $a_{200}=a_5=3$이다.

761 　답 ⑤

$a_1=12$이고 $a_{n+1}=\begin{cases}\dfrac{1}{2}a_n & (a_n\text{이 짝수})\\[2mm] 3a_n+1 & (a_n\text{이 홀수})\end{cases}$에서

$a_2=\dfrac{12}{2}=6$, $a_3=\dfrac{6}{2}=3$, $a_4=9+1=10$, $a_5=\dfrac{10}{2}=5$,

$a_6=15+1=16$, $a_7=\dfrac{16}{2}=8$, $a_8=\dfrac{8}{2}=4$, $a_9=\dfrac{4}{2}=2$,

$a_{10}=\dfrac{2}{2}=1$, $a_{11}=3+1=4$, $a_{12}=\dfrac{4}{2}=2$, $a_{13}=\dfrac{2}{2}=1$, $\cdots$

이므로 수열 $\{a_n\}$은 제8항부터 4, 2, 1이 이 순서대로 반복된다.

$\therefore \displaystyle\sum_{k=1}^{20}a_k=(12+6+3+10+5+16+8)+4\times(4+2+1)+4$
$\qquad\qquad=60+28+4=92$

762 　답 ①

조건 ㈎에서 $a_1=-2$, $a_2=2$, $a_3=6$, $a_4=10$이고,

조건 ㈏에서 $a_{n+4}=\dfrac{a_n}{2}$

따라서 $a_1+a_2+a_3+a_4=(-2)+2+6+10=16$이고

$a_5+a_6+a_7+a_8=\dfrac{1}{2}(a_1+a_2+a_3+a_4)=8$,

$a_9+a_{10}+a_{11}+a_{12}=\dfrac{1}{2}(a_5+a_6+a_7+a_8)=4$,

$a_{13}+a_{14}+a_{15}+a_{16}=\dfrac{1}{2}(a_9+a_{10}+a_{11}+a_{12})=2$,

$a_{17}+a_{18}+a_{19}+a_{20}=\dfrac{1}{2}(a_{13}+a_{14}+a_{15}+a_{16})=1$

이므로 구하는 값은 $\displaystyle\sum_{k=1}^{20}a_k=16+8+4+2+1=31$이다.

> **참고**
> 수열 $\{a_{4n-3}+a_{4n-2}+a_{4n-1}+a_{4n}\}$은 첫째항이 16이고 공비가 $\dfrac{1}{2}$인 등비수열이다.

조건 (개)에서 $a_{2n+2}=a_{2n}+1$이고 $a_2=1$이므로
수열 $\{a_{2n}\}$은 첫째항이 1이고 공차가 1인 등차수열을 이룬다.
수열 $\{a_{2n}\}$의 일반항은 $a_{2n}=1+(n-1)=n$이므로
$a_{100}=50$
조건 (내)에서 $a_{2n+1}=a_{2n-1}$이고 $a_1=1$이므로
수열 $\{a_{2n-1}\}$은 모든 항이 1이다.
$\therefore a_{100}+a_{101}=50+1=51$

참고

a_{2n}, a_{2n+2}는 각각 수열 $\{a_{2n}\}$의 제n항, 제$(n+1)$항이고,
수열 $\{a_{2n}\}$은 수열 $\{a_n\}$의 짝수 번째 항만을 순서대로 나열한
수의 열이다.

a_{2n-1}, a_{2n+1}은 각각 수열 $\{a_{2n-1}\}$의 제n항, 제$(n+1)$항이고,
수열 $\{a_{2n-1}\}$은 수열 $\{a_n\}$의 홀수 번째 항만을 순서대로 나열한
수의 열이다.

764 ⎯⎯⎯⎯⎯⎯⎯⎯⎯⎯⎯⎯⎯⎯⎯ 답 ②

$a_2=t$ (t는 상수)라 하고 조건 (개)의 n에 1, 2, 3, 4를 차례로
대입하면
$a_3=a_1-4=3$ $(\because a_1=7)$
$a_4=a_2-4=t-4$
$a_5=a_3-4=-1$
$a_6=a_4-4=t-8$
조건 (내)에서 모든 자연수 n에 대하여 $a_{n+6}=a_n$이므로
수열 $\{a_n\}$은 7, t, 3, $t-4$, -1, $t-8$이 이 순서대로 반복된다.
이 여섯 개의 항의 합은
$$\sum_{k=1}^{6}a_k=7+t+3+(t-4)+(-1)+(t-8)=3t-3$$
이고, $\sum_{k=1}^{50}a_k=258$이므로
$$\sum_{k=1}^{50}a_k=\sum_{k=1}^{48}a_k+a_{49}+a_{50}$$
$$=8\sum_{k=1}^{6}a_k+7+t$$
$$=8(3t-3)+7+t$$
$$=25t-17=258$$
에서 $25t=275$ $\therefore t=11$
따라서 $a_2=11$이므로
$a_{10}=a_4=7$

765 ⎯⎯⎯⎯⎯⎯⎯⎯⎯⎯⎯⎯⎯⎯⎯ 답 ⑤

ㄱ. $a_1=1$, $a_2=2$이므로
$a_n\times a_{n+2}=2a_{n+1}$의 n에 1, 2, 3, 4, 5, 6을 차례대로 대입하면
$a_1\times a_3=2a_2$에서 $a_3=4$
$a_2\times a_4=2a_3$에서 $a_4=4$
$a_3\times a_5=2a_4$에서 $a_5=2$
$a_4\times a_6=2a_5$에서 $a_6=1$

$a_5\times a_7=2a_6$에서 $a_7=1$
이므로 $a_6\times a_8=2a_7$에서 $a_8=2$ (참)
ㄴ. ㄱ에서 $a_1=a_7=1$, $a_2=a_8=2$이므로 수열 $\{a_n\}$은 1, 2, 4, 4, 2,
1이 이 순서대로 반복된다.
따라서 임의의 두 자연수 p, q에 대하여 $a_{6p}=1$, $a_{6q+1}=1$이므로
$a_{6p}=a_{6q+1}$이다. (참)
ㄷ. 수열 $\{a_n\}$은 1, 2, 4, 4, 2, 1이 이 순서대로 반복되므로 수열
$\{a_{2n}\}$은 2, 4, 1이 이 순서대로 반복된다.
$$\sum_{k=1}^{60}a_k=\sum_{k=1}^{10}(a_{6k-5}+a_{6k-4}+a_{6k-3}+a_{6k-2}+a_{6k-1}+a_{6k})$$
$$=10(1+2+4+4+2+1)=140$$
$$\sum_{k=1}^{60}a_{2k}=\sum_{k=1}^{20}(a_{6k-4}+a_{6k-2}+a_{6k})$$
$$=20(2+4+1)=140$$
$$\therefore \sum_{k=1}^{60}a_k=\sum_{k=1}^{60}a_{2k} \text{ (참)}$$
따라서 옳은 것은 ㄱ, ㄴ, ㄷ이다.

766 ⎯⎯⎯⎯⎯⎯⎯⎯⎯⎯⎯⎯⎯⎯⎯ 답 ③

$n\geq2$일 때 $3\sum_{k=1}^{n}a_k-3\sum_{k=1}^{n-1}a_k=a_{n+1}-a_n=3a_n$이므로
$a_{n+1}=4a_n\,(n\geq2)$
$a_2=3a_1=6$이므로 수열 $\{a_n\}$은 제2항부터 공비가 4인 등비수열을
이룬다.
따라서 $a_1=2$, $a_n=6\times4^{n-2}\,(n\geq2)$이므로
$a_{10}=6\times4^8=3\times2^{17}$

767 ⎯⎯⎯⎯⎯⎯⎯⎯⎯⎯⎯⎯⎯⎯⎯ 답 ④

$2(a_1+a_2+a_3+\cdots+a_n)=a_{n+1}-7$ ⎯⎯⎯⎯ ㉠
$n=1$을 ㉠에 대입하면 $2a_1=a_2-7$에서
$a_2=2a_1+7$이다. ⎯⎯⎯⎯ ㉡
㉠에서 $n\geq2$일 때 $2(a_1+a_2+a_3+\cdots+a_{n-1})=a_n-7$이고
㉠에서 이 식을 변끼리 빼면
$2a_n=a_{n+1}-a_n$에서
$a_{n+1}=3a_n\,(n\geq2)$
즉, 수열 $\{a_n\}$은 제2항부터 공비가 3인 등비수열을 이루므로
$a_n=a_2\times3^{n-2}\,(n\geq2)$이다.
이때 $a_{100}=3^{101}$이므로 $a_{100}=a_2\times3^{98}=3^{101}$에서 $a_2=3^3=27$이다.
$a_2=27$을 ㉡에 대입하면 $27=2a_1+7$에서 $a_1=10$이다.
$\therefore a_1+a_2+a_3+a_4=10+27+81+243=361$

768 ⎯⎯⎯⎯⎯⎯⎯⎯⎯⎯⎯⎯⎯⎯⎯ 답 ①

$4S_n=a_n{}^2+2a_n-8$ ⎯⎯⎯⎯ ㉠
㉠에서 $n\geq2$일 때 $4S_{n-1}=a_{n-1}{}^2+2a_{n-1}-8$이고
㉠에서 이 식을 변끼리 빼면
$4S_n-4S_{n-1}=(a_n{}^2+2a_n-8)-(a_{n-1}{}^2+2a_{n-1}-8)$

$$4a_n = a_n{}^2 - a_{n-1}{}^2 + 2a_n - 2a_{n-1}$$
$$a_n{}^2 - a_{n-1}{}^2 - 2a_n - 2a_{n-1} = 0$$
$$(a_n - a_{n-1})(a_n + a_{n-1}) - 2(a_n + a_{n-1}) = 0$$
$$(a_n - a_{n-1} - 2)(a_n + a_{n-1}) = 0$$
$$a_n = a_{n-1} + 2 \ \text{또는} \ a_n = -a_{n-1}$$
이때 수열 $\{a_n\}$의 모든 항이 양수이므로 $a_n \neq -a_{n-1}$이다.
$$\therefore \ a_n - a_{n-1} = 2 \ (n \geq 2) \qquad \cdots\cdots \ \text{ⓛ}$$
또한, $S_1 = a_1$이므로 ㉠에 $n = 1$을 대입하면
$$4a_1 = a_1{}^2 + 2a_1 - 8$$
$$a_1{}^2 - 2a_1 - 8 = 0$$
$$(a_1 + 2)(a_1 - 4) = 0$$
$a_1 > 0$이므로 $a_1 = 4$이고
ⓛ에 의하여 수열 $\{a_n\}$은 공차가 2인 등차수열이므로
$$a_{11} = 4 + 10 \times 2 = 24$$

769 답 33

$a_1, a_2, a_3, \cdots, a_n$의 평균이 $(2n-1)a_n$이므로
$$\frac{a_1 + a_2 + a_3 + \cdots + a_n}{n} = (2n-1)a_n$$
$$a_1 + a_2 + a_3 + \cdots + a_n = n(2n-1)a_n \qquad \cdots\cdots \ \text{㉠}$$
이고, $n \geq 2$일 때 ㉠에 n 대신 $n-1$을 대입하면
$$a_1 + a_2 + a_3 + \cdots + a_{n-1} = (n-1)(2n-3)a_{n-1} \qquad \cdots\cdots \ \text{ⓛ}$$
㉠에서 ⓛ을 변끼리 빼면
$$a_n = n(2n-1)a_n - (n-1)(2n-3)a_{n-1}$$
$$\{n(2n-1) - 1\}a_n = (n-1)(2n-3)a_{n-1}$$
$$(2n+1)(n-1)a_n = (n-1)(2n-3)a_{n-1}$$
$$\therefore \ a_n = \frac{2n-3}{2n+1}a_{n-1} \ (n \geq 2) \qquad \cdots\cdots \ \text{㉢}$$
㉢에서
$$a_2 = \frac{1}{5} \times a_1$$
$$a_3 = \frac{3}{7} \times a_2 = \frac{3}{7} \times \frac{1}{5} \times a_1$$
$$a_4 = \frac{5}{9} \times a_3 = \frac{5}{9} \times \frac{3}{7} \times \frac{1}{5} \times a_1$$
$$a_5 = \frac{7}{11} \times a_4 = \frac{7}{11} \times \frac{5}{9} \times \frac{3}{7} \times \frac{1}{5} \times a_1$$
즉, $a_5 = \frac{1}{33} \times a_1$이므로 a_5가 자연수가 되기 위해서는 a_1이 33의 배수이어야 한다.
따라서 구하는 최솟값은 33이다.

770 답 ①

$(S_{n+1} - S_{n-1})^2 = 4a_n a_{n+1} + 4$에서
$$(a_n + a_{n+1})^2 = 4a_n a_{n+1} + 4$$이므로
$$a_{n+1}{}^2 - 2a_n a_{n+1} + a_n{}^2 = 4$$
$$(a_{n+1} - a_n)^2 = 4$$
이때 $a_{n+1} > a_n$이므로
$$a_{n+1} - a_n = 2 \ (n \geq 2)$$

한편, $a_2 - a_1 = 3 - 1 = 2$이므로
모든 자연수 n에 대하여 $a_{n+1} - a_n = 2$이다.
따라서 수열 $\{a_n\}$은 첫째항이 1이고 공차가 2인 등차수열이므로
$$a_{20} = 1 + 19 \times 2 = 39$$

771 답 ③

수열 $\{a_n\}$은 첫째항이 1, 공비가 3인 등비수열이므로 $a_n = 3^{n-1}$이다.
$b_1 = 1$이고 $b_{n+1} = (n+1)b_n$에서
$$b_2 = 2b_1 = 2 \times 1$$
$$b_3 = 3b_2 = 3 \times 2 \times 1$$
$$b_4 = 4b_3 = 4 \times 3 \times 2 \times 1$$
$$\vdots$$
이므로 $b_n = n!$이다.

n	1	2	3	4	5	$\cdots$
a_n	1	3	9	27	81	$\cdots$
b_n	1	2	6	24	120	$\cdots$
c_n	1	2	6	24	81	$\cdots$

$1 \leq n \leq 4$일 때 $a_n \geq b_n$이므로 $c_n = b_n$
$n \geq 5$일 때 $a_n < b_n$이므로 $c_n = a_n$
$$\therefore \ \sum_{n=1}^{50} 2c_n = 2\sum_{n=1}^{50} c_n = 2\left(\sum_{n=1}^{4} b_n + \sum_{n=5}^{50} a_n\right)$$
$$= 2\left\{1 + 2 + 6 + 24 + \frac{3^4(3^{46}-1)}{3-1}\right\}$$
$$= 3^{50} - 15$$

772 답 (1) $a_{n+1} = \frac{1}{4}a_n \ (n \geq 1)$ (2) 7

(1) 삼각형 $A_nB_nC_n$의 각 변의 중점을 꼭짓점으로 하는 삼각형 $A_{n+1}B_{n+1}C_{n+1}$에 대하여
두 삼각형 $A_nB_nC_n$, $A_{n+1}B_{n+1}C_{n+1}$의 넓이의 비는 $4 : 1$이다.
$$\therefore \ a_{n+1} = \frac{1}{4}a_n \ (n \geq 1)$$

(2) $a_1 = 8$이고, (1)에 의하여 수열 $\{a_n\}$은 공비가 $\frac{1}{4}$인 등비수열이므로 $a_n = 8 \times \left(\frac{1}{4}\right)^{n-1}$이다.
이때 $a_n = 8 \times \left(\frac{1}{4}\right)^{n-1} < \frac{1}{200}$에서
$$\left(\frac{1}{4}\right)^{n-1} < \frac{1}{1600}, \ 4^{n-1} > 1600$$
$4^5 = 1024$, $4^6 = 4096$이므로 위 부등식을 만족시키는 자연수 n의 최솟값은 7이다.

773 답 (1) 0, 4, 12 (2) $a_{n+1} = a_n + 4n \ (n \geq 1)$

(1) 한 쌍의 부부가 참석할 때, 배우자 이외의 참석자가 없으므로 악수는 하지 않는다.
$$\therefore \ a_1 = 0$$
두 쌍의 부부가 참석할 때, A_1, A_2가 부부이고, B_1, B_2가 부부라 하면 악수를 하는 두 사람을 나타내면 A_1와 B_1, A_1와 B_2, A_2와 B_1, A_2와 B_2이다.
$$\qquad\qquad\qquad\qquad\qquad \cdots\cdots \ \text{㉠}$$

$$\therefore a_2=4$$

세 쌍의 부부가 참석할 때, A_1, A_2가 부부이고, B_1, B_2가 부부이고, C_1, C_2가 부부라 하면 악수를 하는 두 사람은 ㉠의 네 가지 경우 외에 C_1이 C_2를 제외한 네 사람과 악수하는 네 가지 경우와 C_2가 C_1을 제외한 네 사람과 악수하는 네 가지 경우가 있으므로 악수를 한 총 횟수는 $4+4+4=12$이다.

$$\therefore a_3=12$$

(2) n쌍의 부부가 참석하여 자신의 배우자를 제외한 나머지 모든 참석자와 악수를 한 총 횟수가 a_n이고, 여기에 1쌍의 부부가 더 추가로 참석하면 이 부부 중 한 사람이 배우자를 제외하고 나머지 $2n$명의 사람과 악수를 하는 경우가 $2n$가지, 부부 중 나머지 한 사람도 마찬가지로 $2n$명의 사람과 악수를 하므로 이 경우가 $2n$가지이다.

$$\therefore a_{n+1}=a_n+4n \ (n\geq1)$$

774 답 ④

(소금물의 양) = (전날 소금물의 양) $-40+50-10$
$\qquad\qquad\qquad$ = (전날 소금물의 양)

전체 소금물의 양 $100\,\mathrm{L}$는 변함이 없으므로
n일 후 소금물의 농도는 소금물에 들어 있는 소금의 양에 비례한다.
$(n+1)$일 후의 소금의 양은 $a_n\,\%$의 소금물 $100\,\mathrm{L}$에서 $40\,\mathrm{L}$를 사용하고 $6\,\%$ 소금물 $50\,\mathrm{L}$를 다시 채우고, 이후 $10\,\mathrm{L}$의 물이 증발해도 소금의 양은 변하지 않으므로

$$a_{n+1}=\frac{a_n}{100}\times100-\frac{a_n}{100}\times40+\frac{6}{100}\times50$$

$$\therefore a_{n+1}=\frac{3}{5}a_n+3 \ (n\geq1)$$

775 답 (1) $a_{n+1}=a_n+n+1 \ (n\geq1)$ (2) 11

(1) a_1, a_2, a_3, $\cdots$의 값을 차례대로 구해 보면 다음과 같다.

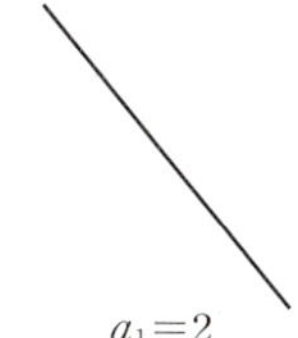

$a_1=2$

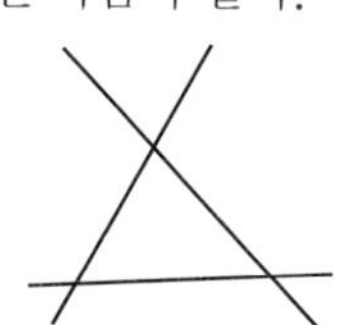

$a_2=a_1+2=4$

$a_3=a_2+3=7$

$a_4=a_3+4=11$

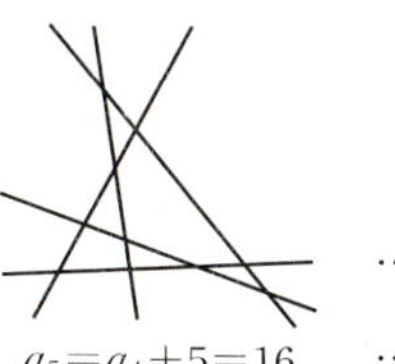

$a_5=a_4+5=16$

$\cdots$

$$\therefore a_{n+1}=a_n+n+1 \ (n\geq1)$$

(2) (1)에서 $a_{n+1}=a_n+n+1$이므로 $n=10$을 대입하면
$a_{11}=a_{10}+11$에서 $a_{11}-a_{10}=11$이다.

776 답 ②

[1단계]에서 [2단계]로 넘어갈 때 필요한 성냥개비를 표시해 보면 다음 그림과 같다.

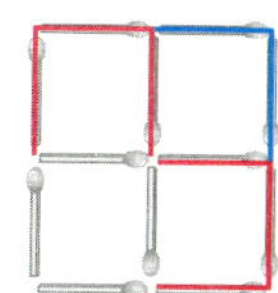

왼쪽 위의 정사각형과 오른쪽 아래 정사각형 모양을 만드는 데 필요한 성냥개비의 개수가 각각 3이고,
오른쪽 위의 정사각형 1개를 만드는 데 필요한 성냥개비의 개수가 2이므로

$$a_2=a_1+3\times2+2\times1$$

또한 [2단계]에서 [3단계]로 넘어갈 때 필요한 성냥개비를 표시해 보면 다음 그림과 같다.

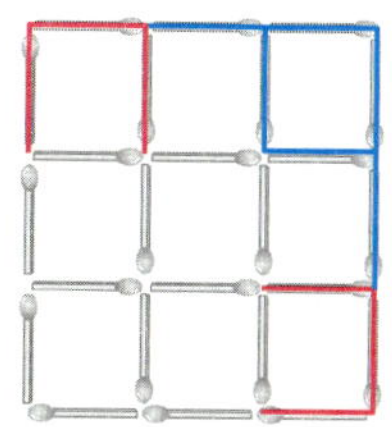

맨 왼쪽 위의 정사각형과 맨 오른쪽 아래 정사각형 모양을 만드는 데 필요한 성냥개비의 개수가 각각 3이고,
오른쪽 위에 추가된 정사각형 3개를 만드는 데 필요한 성냥개비의 개수가 각각 2이므로

$$a_3=a_2+3\times2+2\times3$$

마찬가지 방법으로 $a_4=a_3+3\times2+2\times5$, $\cdots$이므로
$a_{n+1}=a_n+3\times2+2\times(2n-1)$이다.

$$\therefore f(n)=3\times2+2\times(2n-1)=4(n+1)$$

$$\therefore f(50)=204$$

777 답 8

자연수 n의 값에 따라 x_n, y_n을 각각 구하면 다음과 같다.
조건 ㈎에서 $(x_1, y_1)=(1, 1)$이므로

$$(x_2, y_2)=(x_1, (y_1-3)^2)=(1, 4)$$
$$(x_3, y_3)=((x_2-3)^2, y_2)=(4, 4)$$
$$(x_4, y_4)=(x_3, (y_3-3)^2)=(4, 1)$$
$$(x_5, y_5)=((x_4-3)^2, y_4)=(1, 1)$$
$$\vdots$$

이므로 순서쌍 (x_n, y_n)은 $(1, 1)$, $(1, 4)$, $(4, 4)$, $(4, 1)$이 이 순서대로 반복된다.
$2015=4\times503+3$에서 $(x_{2015}, y_{2015})=(4, 4)$이다.

$$\therefore x_{2015}+y_{2015}=8$$

778 답 ④

점 $\mathrm{P}_1(3, 3)$에서 시작하여 두 조건 ㈎, ㈏의 이동을 한 번씩 하면
x축의 방향으로 1만큼, y축의 방향으로 -1만큼 이동하게 된다.
따라서 점 P_{2k-1}의 좌표는 $(k+2, -k+4)$이고,
이 점을 조건 ㈎의 이동을 하면
점 P_{2k}의 좌표는 $(k+4, -k+5)$이다.
점 $\mathrm{P}_{2k-1}(k+2, -k+4)$가 점 $(16, -7)$인 경우는
$k+2=16$, $-k+4=-7$을 모두 만족시키는 k의 값이 존재하지 않는다.

점 $P_{2k}(k+4,\ -k+5)$가 점 $(16,\ -7)$인 경우는
$k+4=16,\ -k+5=-7$에서 $k=12$이므로 구하는 점은 P_{24}이다.
$\therefore m=24$

779   답 ④

명제 $p(1)$이 참이므로 명제 $p(2)$, $p(7)$도 참이다.
명제 $p(2)$, $p(7)$이 참이므로 명제 $p(2\times2)=p(2^2)$, $p(2\times7)$,
$p(7\times7)=p(7^2)$도 참이다.
명제 $p(2^2)$, $p(7^2)$이 참이므로 명제 $p(2\times2^2)=p(2^3)$, $p(2^2\times7)$,
$p(2\times7^2)$, $p(7\times7^2)=p(7^3)$도 참이다.
$\qquad\vdots$
따라서 명제 $p(2^a\times7^b)$ (a, b는 음이 아닌 정수)은 항상 참이므로
명제 $p(112)=p(2^4\times7)$은 항상 참이다.

780   답 ④

(i) $n=1$일 때
$\quad a_3=2a_2+a_1=2\times2+1=5,$
$\quad a_4=2a_3+a_2=2\times5+2=12$에서
$\quad a_4=\boxed{12}$이므로 성립한다.
(ii) $n=k$일 때, a_{4k}가 12의 배수라 가정하면
$\quad a_{4(k+1)}=2a_{4k+3}+a_{4k+2}$
$\qquad\qquad=2(2a_{4k+2}+a_{4k+1})+a_{4k+2}$
$\qquad\qquad=\boxed{5}a_{4k+2}+2a_{4k+1}$
$\qquad\qquad=5(2a_{4k+1}+a_{4k})+2a_{4k+1}$
$\qquad\qquad=\boxed{12}a_{4k+1}+\boxed{5}a_{4k}$
$\quad$따라서 $a_{4(k+1)}$은 12의 배수이다.
(i), (ii)에 의하여 모든 자연수 n에 대하여 a_{4n}은 12의 배수이다.
$a=12$, $b=5$, $c=12$, $d=5$이다.
$\therefore a+b+c+d=34$

781   답 풀이 참조

(i) $n=1$일 때
$\quad 1^3+3\times1^2+2\times1=6$이므로 3의 배수이다.
(ii) $n=k$일 때
$\quad n^3+3n^2+2n$이 3의 배수라고 가정하면
$\quad k^3+3k^2+2k=3m$ (m은 자연수)
$\quad n=k+1$일 때
$\quad (k+1)^3+3(k+1)^2+2(k+1)=(k^3+3k^2+2k)+3k^2+9k+6$
$\qquad\qquad\qquad\qquad\qquad\qquad\quad=3(m+k^2+3k+2)$
$\quad$이므로 $n=k+1$일 때도 n^3+3n^2+2n은 3의 배수이다.
(i), (ii)에서 모든 자연수 n에 대하여
n^3+3n^2+2n은 3의 배수이다.

채점 요소	배점
$n=1$일 때 n^3+3n^2+2n이 3의 배수임을 보이기	30 %
$n=k$일 때 n^3+3n^2+2n이 3의 배수임을 가정하고, $n=k+1$일 때 n^3+3n^2+2n이 3의 배수임을 보이기	70 %

782   답 ⑤

(1) $n=1$일 때, (좌변)$=\dfrac{4}{3}$, (우변)$=3-\dfrac{5}{3}=\dfrac{4}{3}$이므로
$\quad$(*)이 성립한다.
(2) $n=k$일 때, (*)이 성립한다고 가정하면
$\quad \dfrac{4}{3}+\dfrac{8}{3^2}+\dfrac{12}{3^3}+\cdots+\dfrac{4k}{3^k}=3-\dfrac{2k+3}{3^k}$
$\quad$이다.
$\quad$위 등식의 양변에 $\dfrac{4(k+1)}{3^{k+1}}$을 더하여 정리하면
$\quad \dfrac{4}{3}+\dfrac{8}{3^2}+\dfrac{12}{3^3}+\cdots+\dfrac{4k}{3^k}+\dfrac{4(k+1)}{3^{k+1}}$
$\quad =3-\dfrac{2k+3}{3^k}+\dfrac{4(k+1)}{3^{k+1}}$
$\quad =3-\dfrac{1}{3^k}\left\{(2k+3)-\left(\boxed{\dfrac{4k+4}{3}}\right)\right\}$
$\quad =3-\dfrac{1}{3^k}\left(\dfrac{2}{3}k+\dfrac{5}{3}\right)$
$\quad =3-\dfrac{\boxed{2(k+1)+3}}{3^{k+1}}$
$\quad$따라서 $n=k+1$일 때도 (*)이 성립한다.
(1), (2)에 의하여 모든 자연수 n에 대하여 (*)이 성립한다.
$\quad f(k)=\dfrac{4k+4}{3}$, $g(k)=2(k+1)+3$
$\therefore f(3)\times g(2)=\dfrac{16}{3}\times9=48$

783   답 ②

(i) $n=1$일 때
$\quad$(좌변)$=\displaystyle\sum_{k=1}^{3}(1+k)=2+3+4=9$, (우변)$=1^3+(1+1)^3=9$
$\quad$이므로 주어진 등식이 성립한다.
(ii) $n=m$일 때 주어진 등식이 성립한다고 가정하면
$\quad \displaystyle\sum_{k=1}^{2(m+1)+1}\{(m+1)^2+k\}$
$\quad =\displaystyle\sum_{k=1}^{2m+1}\{(m+1)^2+k\}+\{(m+1)^2+(2m+2)\}$
$\qquad\qquad\qquad\qquad\qquad\qquad +\{(m+1)^2+(2m+3)\}$
$\quad =\displaystyle\sum_{k=1}^{2m+1}\{(m+1)^2+k\}+\boxed{2m^2+8m+7}$
$\quad =\displaystyle\sum_{k=1}^{2m+1}\{(m^2+k)+(2m+1)\}+2m^2+8m+7$
$\quad =\displaystyle\sum_{k=1}^{2m+1}(m^2+k)+\sum_{k=1}^{2m+1}(\boxed{2m+1})+\boxed{2m^2+8m+7}$
$\quad =\{m^3+(m+1)^3\}+(2m+1)^2+2m^2+8m+7$
$\quad =(m+1)^3+m^3+6m^2+12m+8$
$\quad =(m+1)^3+(m+2)^3$
$\quad$이므로 $n=m+1$일 때도 주어진 등식이 성립한다.
(i), (ii)에 의하여 모든 자연수 n에 대하여 등식
$\displaystyle\sum_{k=1}^{2n+1}(n^2+k)=n^3+(n+1)^3$이 성립한다.
따라서 $f(m)=2m^2+8m+7$, $g(m)=2m+1$이므로
$f(5)+g(7)=97+15=112$

784

답 ⑤

(i) $n=1$일 때

$(좌변)=1\times2^0=1$, $(우변)=2^{1+1}-1-2=1$

이므로 주어진 등식이 성립한다.

(ii) $n=m$일 때 주어진 등식이 성립한다고 가정하면

$$\sum_{k=1}^{m}(m-k+1)2^{k-1}=2^{m+1}-m-2$$

이다. $n=m+1$일 때 성립함을 보이자.

$$\sum_{k=1}^{m+1}(\boxed{m-k+2})2^{k-1}=\sum_{k=1}^{m+1}(m-k+1+1)2^{k-1}$$
$$=\sum_{k=1}^{m+1}(m-k+1)2^{k-1}+\sum_{k=1}^{m+1}2^{k-1}$$
$$=\sum_{k=1}^{m}(m-k+1)2^{k-1}+\boxed{2^{m+1}-1}$$
$$=2^{m+1}-m-2+\boxed{2^{m+1}-1}$$
$$=2\times2^{m+1}-m-3$$
$$=2^{m+2}-m-3$$

이므로 $n=m+1$일 때도 성립한다.

(i), (ii)에서 모든 자연수 n에 대하여 주어진 등식은 성립한다.

(가) : $m-k+2$　(나) : $2^{m+1}-1$

따라서 알맞은 것은 ⑤이다.

785

답 풀이 참조

$a_n=1+\dfrac{1}{2}+\dfrac{1}{3}+\cdots+\dfrac{1}{n}$에서 $a_1=1$, $a_2=1+\dfrac{1}{2}=\dfrac{3}{2}$이다.

$$a_1+a_2+a_3+\cdots+a_{n-1}=n(a_n-1) \qquad \cdots\cdots (*)$$

(i) $n=2$일 때

$(좌변)=a_1=1$, $(우변)=2(a_2-1)=2\left(\dfrac{3}{2}-1\right)=1$

이므로 $(*)$은 성립한다.

(ii) $n=k\,(k\geq2)$일 때 $(*)$이 성립한다고 가정하면

$$a_1+a_2+a_3+\cdots+a_{k-1}=k(a_k-1)$$

양변에 a_k를 더하면

$$a_1+a_2+a_3+\cdots+a_k=(k+1)a_k-k$$

그런데 $a_k=a_{k+1}-\dfrac{1}{k+1}$이므로

$$a_1+a_2+a_3+\cdots+a_k=(k+1)\left(a_{k+1}-\dfrac{1}{k+1}\right)-k$$
$$=(k+1)(a_{k+1}-1)$$

따라서 $n=k+1$일 때도 $(*)$이 성립한다.

(i), (ii)에서 2 이상의 모든 자연수 n에 대하여 등식

$a_1+a_2+a_3+\cdots+a_{n-1}=n(a_n-1)$이 성립한다.

채점 요소	배점
$n=2$일 때 등식이 성립함을 보이기	30 %
$n=k$일 때 등식이 성립함을 가정하고, $n=k+1$일 때 등식이 성립함을 보이기	70 %

786

답 풀이 참조

$$a_n=2^n+\dfrac{1}{n} \qquad \cdots\cdots (*)$$

(i) $n=1$일 때

$(좌변)=a_1=3$, $(우변)=2^1+\dfrac{1}{1}=3$

이므로 $(*)$이 성립한다.

(ii) $n=k$일 때 $(*)$이 성립한다고 가정하면

$$a_k=2^k+\dfrac{1}{k}이므로 \qquad \cdots\cdots ㉠$$

$ka_{k+1}-2ka_k+\dfrac{k+2}{k+1}=0$에서

$$ka_{k+1}=2ka_k-\dfrac{k+2}{k+1}$$
$$=2k\left(2^k+\dfrac{1}{k}\right)-\dfrac{k+2}{k+1}\ (\because ㉠)$$
$$=k2^{k+1}+2-\dfrac{k+2}{k+1}$$
$$=k2^{k+1}+\dfrac{k}{k+1}$$

따라서 $a_{k+1}=2^{k+1}+\dfrac{1}{k+1}$이므로

$n=k+1$일 때도 $(*)$이 성립한다.

(i), (ii)에 의하여 모든 자연수 n에 대하여

$a_n=2^n+\dfrac{1}{n}$이다.

채점 요소	배점
$n=1$일 때 성립함을 보이기	30 %
$n=k$일 때 성립함을 가정하고, $n=k+1$일 때 성립함을 보이기	70 %

787

답 ⑤

(i) $n=1$일 때 $4>2+1$,

$n=2$일 때 $8>6+1$이므로 부등식이 성립한다.

(ii) $n=k\,(k\geq2)$일 때

$$2^{k+1}>\boxed{k(k+1)}+1 \qquad \cdots\cdots ㉠$$

이 성립한다고 가정하자. ㉠의 양변에 2를 곱하면

$$2^{k+2}>2(k^2+k+1)$$

이때 $2(k^2+k+1)-\{\boxed{(k+1)(k+2)+1}\}=k^2-k-1$

$k\geq2$일 때 $k^2-k-1\boxed{>}0$이므로

$$2^{k+2}>2(k^2+k+1)>\boxed{(k+1)(k+2)+1}$$
$$\therefore 2^{k+2}>\boxed{(k+1)(k+2)+1}$$

따라서 $n=k+1$일 때도 부등식이 성립한다.

(i), (ii)에 의하여 모든 자연수 n에 대하여 부등식

$2^{n+1}>n(n+1)+1$이 성립한다.

(가) : $k(k+1)$　(나) : $(k+1)(k+2)+1$　(다) : $>$

따라서 알맞은 것은 ⑤이다.

788

답 ③

(i) $n=2$일 때

$$\dfrac{1}{\sqrt{1}}+\dfrac{1}{\sqrt{2}}=\dfrac{2+\sqrt{2}}{2}에서$$

$$\dfrac{1}{\sqrt{1}}+\dfrac{1}{\sqrt{2}}>\boxed{\sqrt{2}}$$

(ii) $n=k\,(k\geq2)$일 때 주어진 부등식이 성립함을 가정하면

$$\frac{1}{\sqrt{1}}+\frac{1}{\sqrt{2}}+\frac{1}{\sqrt{3}}+\cdots+\frac{1}{\sqrt{k}}>\sqrt{k}$$

이고

$$\sqrt{k+1}-\left(\frac{1}{\sqrt{1}}+\frac{1}{\sqrt{2}}+\frac{1}{\sqrt{3}}+\cdots+\frac{1}{\sqrt{k}}+\frac{1}{\sqrt{k+1}}\right)$$
$$=\sqrt{k+1}-\left(\frac{1}{\sqrt{1}}+\frac{1}{\sqrt{2}}+\frac{1}{\sqrt{3}}+\cdots+\frac{1}{\sqrt{k}}\right)-\frac{1}{\sqrt{k+1}}$$
$$<\sqrt{k+1}-\boxed{\sqrt{k}}-\frac{1}{\sqrt{k+1}}$$
$$=\frac{(\sqrt{k+1})^2-\sqrt{k}\sqrt{k+1}-1}{\sqrt{k+1}}$$
$$=\frac{\boxed{k-\sqrt{k(k+1)}}}{\sqrt{k+1}}<0$$

$$\therefore\ \frac{1}{\sqrt{1}}+\frac{1}{\sqrt{2}}+\frac{1}{\sqrt{3}}+\cdots+\frac{1}{\sqrt{k}}+\frac{1}{\sqrt{k+1}}>\sqrt{k+1}$$

따라서 $n=k+1$일 때도 주어진 부등식은 성립한다.

(i), (ii)에서 2 이상의 자연수 n에 대하여 주어진 부등식이 성립한다.

789   답 ④

(i) $n=2$일 때

$$(\text{좌변})=1+\frac{1}{2}=\boxed{\frac{3}{2}},\ (\text{우변})=\boxed{\frac{4}{3}}$$

에서 $\boxed{\dfrac{3}{2}}-\boxed{\dfrac{4}{3}}>0$이므로 부등식이 성립한다.

(ii) $n=k\,(k\geq2)$일 때 부등식이 성립한다고 가정하면

$$1+\frac{1}{2}+\frac{1}{3}+\cdots+\frac{1}{k}>\frac{2k}{k+1}$$이고

양변에 각각 $\dfrac{1}{k+1}$을 더하면

$$1+\frac{1}{2}+\frac{1}{3}+\cdots+\frac{1}{k}+\frac{1}{k+1}>\frac{2k}{k+1}+\frac{1}{k+1}$$
$$1+\frac{1}{2}+\frac{1}{3}+\cdots+\frac{1}{k}+\frac{1}{k+1}>\boxed{\frac{2k+1}{k+1}}$$

이고, $\boxed{\dfrac{2k+1}{k+1}}-\dfrac{2(k+1)}{k+2}=\boxed{\dfrac{k}{(k+1)(k+2)}}>0$이므로

$$\boxed{\frac{2k+1}{k+1}}>\frac{2(k+1)}{k+2}$$이다.

따라서 $n=k+1$일 때도 부등식이 성립한다.

(i), (ii)에서 2 이상의 자연수 n에 대하여 부등식

$$1+\frac{1}{2}+\frac{1}{3}+\cdots+\frac{1}{n}>\frac{2n}{n+1}$$이 성립한다.

따라서 $p=\dfrac{3}{2}$, $q=\dfrac{4}{3}$, $f(k)=\dfrac{2k+1}{k+1}$, $g(k)=\dfrac{k}{(k+1)(k+2)}$

이므로

$$f(2p)\times g(6q)=\frac{7}{4}\times\frac{4}{45}=\frac{7}{45}$$

790   답 풀이 참조

$$(1+h)^{n+1}>1+h(n+1)\qquad\cdots\cdots\ (\ast)$$

(i) $n=1$일 때

$$(\text{좌변})=(1+h)^2,\ (\text{우변})=1+2h$$

이때 $(1+h)^2-(1+2h)=h^2>0$이므로

부등식 $(\ast)$이 성립한다.

(ii) $n=k$일 때 $(\ast)$이 성립한다고 가정하면

$$(1+h)^{k+1}>1+h(k+1)$$

양변에 각각 $1+h$를 곱하면

$$(1+h)^{k+2}>\{1+h(k+1)\}(1+h)$$

이때

$$\{1+h(k+1)\}(1+h)-\{1+h(k+2)\}=h^2(k+1)>0$$

에서 $\{1+h(k+1)\}(1+h)>1+h(k+2)$이므로

$$(1+h)^{k+2}>1+h(k+2)$$가 성립한다.

따라서 $n=k+1$일 때도 부등식 $(\ast)$이 성립한다.

(i), (ii)에 의하여 h가 양의 실수일 때, 모든 자연수 n에 대하여

부등식 $(1+h)^{n+1}>1+h(n+1)$이 성립한다.

채점 요소	배점
$n=1$일 때 부등식이 성립함을 보이기	30 %
$n=k$일 때 부등식이 성립함을 가정하고, $n=k+1$일 때 부등식이 성립함을 보이기	70 %

791   답 풀이 참조

(i) $n=2$일 때

$$(\text{좌변})=\frac{5}{4},\ (\text{우변})=\frac{3}{2}$$

에서 $\dfrac{5}{4}-\dfrac{3}{2}<0$이므로 부등식이 성립한다.

(ii) $n=k\,(k\geq2)$일 때 부등식이 성립한다고 가정하면

$$1+\frac{1}{2^2}+\frac{1}{3^2}+\cdots+\frac{1}{k^2}<2-\frac{1}{k}$$

양변에 $\dfrac{1}{(k+1)^2}$을 더하면

$$1+\frac{1}{2^2}+\frac{1}{3^2}+\cdots+\frac{1}{k^2}+\frac{1}{(k+1)^2}<2-\frac{1}{k}+\frac{1}{(k+1)^2}$$

이때

$$\left(2-\frac{1}{k+1}\right)-\left\{2-\frac{1}{k}+\frac{1}{(k+1)^2}\right\}=\frac{1}{k}-\frac{1}{k+1}-\frac{1}{(k+1)^2}$$
$$=\frac{(k+1)^2-k(k+1)-k}{k(k+1)^2}$$
$$=\frac{1}{k(k+1)^2}>0$$

$$2-\frac{1}{k}+\frac{1}{(k+1)^2}<2-\frac{1}{k+1}$$

이므로 $n=k+1$일 때도 부등식이 성립한다.

(i), (ii)에 의하여 2 이상의 자연수 n에 대하여 부등식

$$1+\frac{1}{2^2}+\frac{1}{3^2}+\cdots+\frac{1}{n^2}<2-\frac{1}{n}$$이 성립한다.

채점 요소	배점
$n=2$일 때 부등식이 성립함을 보이기	30 %
$n=k$일 때 부등식이 성립함을 가정하고, $n=k+1$일 때 부등식이 성립함을 보이기	70 %

792   답 ④

점 $A_0(1,\,2)$이고, 점 $B_0(1,\,k+1)$이다.

점 A_1의 y좌표는 $k+1$이므로

$A_1(k, k+1)$이고, 점 $B_1(k, k^2+1)$이다.

점 A_2의 y좌표는 k^2+1이므로

$A_2(k^2, k^2+1)$이고, 점 $B_2(k^2, k^3+1)$이다.

a_n은 점 A_n의 x좌표이므로 $a_n=k^n$

$a_4=k^4<500$을 만족시키는 2 이상의 자연수 k는 2, 3, 4이므로

그 합은 $2+3+4=9$이다.

793   답 ③

수열 $\{a_n\}$의 항이 10의 배수가 되는 경우는 일의 자리의 수가 0이 될 때이다.

$a_{n+1}=3a_n+2$에 $n=1, 2, 3, \cdots$을 차례대로 대입하면

$a_2=3a_1+2=8$

$a_3=3a_2+2=26$

$a_4=3a_3+2=80$

$a_5=3a_4+2=242$

$\vdots$

이므로 수열 $\{a_n\}$의 항의 일의 자리의 수는 2, 8, 6, 0이 이 순서대로 반복된다.

즉, a_4, a_8, a_{12}, $\cdots$이 10의 배수이므로

수열 $\{b_n\}$은 a_4, a_8, a_{12}, $\cdots$이다.

따라서 자연수 n에 대하여 $b_n=a_{4n}$이므로 $b_4=a_{16}$이다.

$\therefore m=16$

다른 풀이

$a_{n+1}=3a_n+2$에 $n=1, 2, 3, \cdots$을 차례대로 대입하면

$a_2=3a_1+2=8$, $a_3=3a_2+2=26$, $a_4=3a_3+2=80$, $\cdots$으로

수열 $\{a_n\}$에서 처음으로 10의 배수가 되는 항이 a_4이므로

$b_1=a_4$이다.

이때 a_k(k는 자연수)가 10의 배수라 하면

$a_{k+1}=3a_k+2$,

$a_{k+2}=3a_{k+1}+2=3(3a_k+2)+2=9a_k+8$,

$a_{k+3}=3a_{k+2}+2=3(9a_k+8)+2=27a_k+26$,

$a_{k+4}=3a_{k+3}+2=3(27a_k+26)+2=81a_k+80$

에서 $81a_k$와 80이 모두 10으로 나누어떨어진다.

즉, a_{k+4}는 10의 배수이므로

a_k가 10의 배수이면 a_{k+4}도 10의 배수이다.

따라서 자연수 n에 대하여 $b_n=a_{4n}$이므로 $b_4=a_{16}$이다.

$\therefore m=16$

794   답 ⑤

$a_{n+2}-a_{n+1}+a_n=0$에서 $a_{n+2}=a_{n+1}-a_n$이므로

$n=1, 2, 3, \cdots$을 차례대로 대입하면

$a_3=a_2-a_1$

$a_4=a_3-a_2=(a_2-a_1)-a_2=-a_1$

$a_5=a_4-a_3=-a_1-(a_2-a_1)=-a_2$

$a_6=a_5-a_4=-a_2+a_1=-a_3$

$a_7=a_6-a_5=-a_3+a_2=-(a_2-a_1)+a_2=a_1$

$\vdots$

이므로 수열 $\{a_n\}$은 a_1, a_2, a_3, $-a_1$, $-a_2$, $-a_3$이 이 순서대로 반복된다.

즉, 자연수 k에 대하여

$a_{6k-5}=a_1$, $a_{6k-4}=a_2$, $a_{6k-3}=a_3$, $a_{6k-2}=-a_1$,

$a_{6k-1}=-a_2$, $a_{6k}=-a_3$이므로

자연수 n에 대하여

$$\sum_{k=1}^{6n} a_k=\sum_{k=1}^{n}(a_{6k-5}+a_{6k-4}+a_{6k-3}+a_{6k-2}+a_{6k-1}+a_{6k})=0$$

이때 $a_{31}=a_1$이므로 $a_1=5$이고

$\displaystyle\sum_{k=1}^{100} a_k$에서 $100=6\times16+4$이므로

$$\sum_{k=1}^{100} a_k=\sum_{k=1}^{96} a_k+(a_{97}+a_{98}+a_{99}+a_{100})$$

$$=a_1+a_2+a_3+a_4=a_2+a_3\ (\because a_4=-a_1)$$

$$=2a_2-a_1\ (\because a_3=a_2-a_1)$$

따라서 $2a_2-a_1=-7$에서 $a_2=-1\ (\because a_1=5)$이므로

$a_1+a_2=4$

다른 풀이

$a_{n+2}-a_{n+1}+a_n=0$ $\cdots\cdots$ ㉠

㉠에 n 대신 $n+1$을 대입하면

$a_{n+3}-a_{n+2}+a_{n+1}=0$

㉠에 이 식을 변끼리 더하면

$a_{n+3}+a_n=0$에서 $a_{n+3}=-a_n$

$a_1=-a_4=a_7=-a_{10}=\cdots$

$a_2=-a_5=a_8=-a_{11}=\cdots$

$a_3=-a_6=a_9=-a_{12}=\cdots$

이므로 수열 $\{a_n\}$은 a_1, a_2, a_3, $-a_1$, $-a_2$, $-a_3$이 이 순서대로 반복된다.

즉, 자연수 k에 대하여

$a_{6k-5}=a_1$, $a_{6k-4}=a_2$, $a_{6k-3}=a_3$, $a_{6k-2}=-a_1$,

$a_{6k-1}=-a_2$, $a_{6k}=-a_3$이므로

자연수 n에 대하여

$$\sum_{k=1}^{6n} a_k=\sum_{k=1}^{6n}(a_{6k-5}+a_{6k-4}+a_{6k-3}+a_{6k-2}+a_{6k-1}+a_{6k})=0$$

이때 $a_{31}=a_1$이므로 $a_1=5$이고

$\displaystyle\sum_{k=1}^{100} a_k$에서 $100=6\times16+4$이므로

$$\sum_{k=1}^{100} a_k=\sum_{k=1}^{96} a_k+(a_{97}+a_{98}+a_{99}+a_{100})$$

$$=a_1+a_2+a_3+a_4$$

$$=a_2+a_3\ (\because a_4=-a_1)$$

$\therefore a_2+a_3=-7$ $\cdots\cdots$ ㉡

㉠에 $n=1$을 대입하면 $a_3-a_2+a_1=0$에서

$a_3-a_2=-5\ (\because a_1=5)$ $\cdots\cdots$ ㉢

㉡, ㉢을 연립하여 풀면 $a_2=-1$, $a_3=-6$

$\therefore a_1+a_2=5+(-1)=4$

795   답 ⑤

가로의 길이가 $n+2$, 세로의 길이가 2인 직사각형 모양의 바닥을 덮는 방법의 수를 나열된 마지막 타일의 모양에 따라 나누어 살펴보자.

(i) 한 변의 길이가 2인 정사각형 모양의 타일인 경우

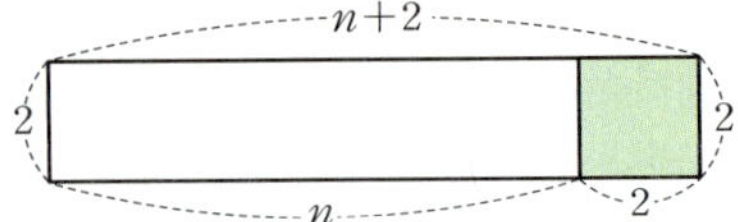

나머지 앞부분 타일을 나열하는 방법의 수는 a_n과 같다.

(ii) 가로의 길이가 1, 세로의 길이가 2인 직사각형 모양의 타일인 경우

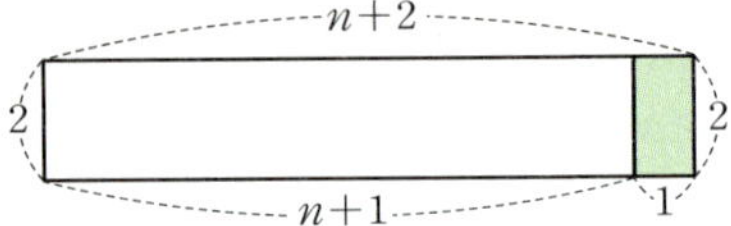

나머지 앞부분 타일을 나열하는 방법의 수는 a_{n+1}과 같다.

(iii) 가로의 길이가 2, 세로의 길이가 1인 직사각형 모양의 타일 2개인 경우

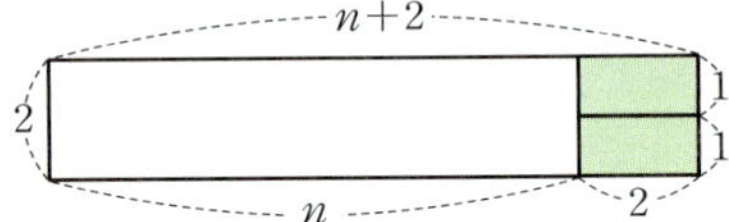

나머지 앞부분 타일을 나열하는 방법의 수는 a_n과 같다.

(i)~(iii)에 의하여 $a_{n+2}=2a_n+a_{n+1}$이다.

$a_3=2a_1+a_2=2\times1+3=5$

$a_4=2a_2+a_3=2\times3+5=11$

$a_5=2a_3+a_4=2\times5+11=21$

$a_6=2a_4+a_5=2\times11+21=43$

$\therefore p+q+a_6=2+1+43=46$

796   답 (1) $a_{n+1}=2a_n+1\ (n\geq1)$ (2) 31

(1) $a_1=1$, $a_2=3$이고, 원판이 3개일 때는 위의 2개의 원판을 먼저 B기둥으로 옮기는 최소 이동 횟수가 $a_2=3$이고, 가장 큰 원판을 C기둥으로 옮기기 위한 최소 이동 횟수가 $a_1=1$, B기둥에 있는 2개의 원판을 가장 큰 원판이 있는 기둥으로 옮기기 위한 최소 이동 횟수가 $a_2=3$이므로 $a_3=3+1+3=7$이 된다.
이와 같은 방법으로 $n+1$개의 원판을 옮기려면 위에서부터 n개의 원판을 B기둥에 옮겨 놓고, 가장 큰 원판을 C기둥으로 옮긴 다음 그 위에 B기둥에 있는 n개의 원판을 옮기면 되므로 $a_{n+1}=a_n+1+a_n=2a_n+1\,(n\geq1)$이다.

(2) (1)에서 $a_{n+1}=2a_n+1$이므로 $a_4=2a_3+1=2\times7+1=15$

$\therefore a_5=2a_4+1=2\times15+1=31$

797   답 ⑤

$a_1=a$이고 주어진 식에 $n=1$, 2, 3, …을 차례대로 대입하면

$a_2=a+(-1)^1\times2=a-2$

$a_3=(a-2)+(-1)^2\times2=a$

$a_4=a+1$

$a_5=(a+1)+(-1)^4\times2=a+3$

$a_6=(a+3)+(-1)^5\times2=a+1$

$a_7=(a+1)+1=a+2$

$a_8=(a+2)+(-1)^7\times2=a$

$a_9=a+(-1)^8\times2=a+2$

$\qquad\vdots$

이므로 모든 자연수 n에 대하여 $a_{n+6}=a_n+2$이다.

이때 $a_{15}=43$이므로

$a_{15}=a_9+2=(a_3+2)+2=a_3+4=a+4$에서

$a+4=43 \qquad \therefore a=39$

다른 풀이

$a_{n+1}=\begin{cases}a_n+(-1)^n\times2 & (n\text{이 }3\text{의 배수가 아닌 경우})\\ a_n+1 & (n\text{이 }3\text{의 배수인 경우})\end{cases}$

이므로 0 이상의 모든 정수 k에 대하여 다음이 성립한다.

$a_{3k+1}=a_{3k}+1$ …… ㉠

$a_{3k+2}=a_{3k+1}+(-1)^{3k+1}\times2$ …… ㉡

$a_{3k+3}=a_{3k+2}+(-1)^{3k+2}\times2$ …… ㉢

㉠+㉡+㉢을 하면

$a_{3k+1}+a_{3k+2}+a_{3k+3}$

$=a_{3k}+a_{3k+1}+a_{3k+2}+1+(-1)^{3k+1}\times2+(-1)^{3k+2}\times2$

$=a_{3k}+a_{3k+1}+a_{3k+2}+1\ (\because\ (-1)^{3k+1}+(-1)^{3k+2}=0)$

$\therefore\ a_{3k+3}=a_{3k}+1$ …… ㉣

$a_1=a$이므로 ㉡, ㉢에 각각 $k=0$을 대입하면

$a_2=a_1+(-1)\times2=a-2$

$a_3=a_2+1\times2=(a-2)+2=a$

따라서 ㉣에 $k=1$, 2, 3, 4를 차례대로 대입하면

$a_6=a_3+1=a+1$

$a_9=a_6+1=a+2$

$a_{12}=a_9+1=a+3$

$a_{15}=a_{12}+1=a+4$

이때 $a_{15}=43$이므로

$a+4=43$

$\therefore a=39$

798   답 ⑤

수열 $\{a_n\}$의 모든 항이 양수이므로

조건 ㈎에 의하여 $a_2<2$, $a_3<2$

$a_4=\dfrac{4}{a_2}\geq2$

$a_5=\dfrac{8}{a_2\times a_3}\geq2$ …… 참고

$a_6=\dfrac{4}{a_3}\geq2$

$a_7=a_2<2$

$a_8=a_3<2$

$\qquad\vdots$

따라서 수열 $\{a_n\}$은 첫째항인 a_1을 제외하고 a_2, a_3, $\dfrac{4}{a_2}$, $\dfrac{8}{a_2\times a_3}$,

$\dfrac{4}{a_3}$가 이 순서대로 반복된다.

이때 $a_9-a_{11}=a_4-a_6=\dfrac{4}{a_2}-\dfrac{4}{a_3}=\dfrac{4(a_3-a_2)}{a_2\times a_3}$이므로

조건 ㈏에 의하여 $a_3-a_2=1$ …… ㉠

㉠과 조건 ㈎를 서로 연립하여 풀면

$a_2=\dfrac{1}{2}$, $a_3=\dfrac{3}{2}$

또한 $a_2<2$이므로 $a_3=\dfrac{4}{a_1}$에서 $a_1=\dfrac{8}{3}$이다.

$$\therefore \sum_{k=1}^{11}a_k=a_1+\sum_{k=2}^{11}a_k$$

$$=\frac{8}{3}+\sum_{k=1}^{2}\left(a_2+a_3+\frac{4}{a_2}+\frac{8}{a_2\times a_3}+\frac{4}{a_3}\right)$$

$$=\frac{8}{3}+2\left(\frac{1}{2}+\frac{3}{2}+8+\frac{32}{3}+\frac{8}{3}\right)$$

$$=\frac{8}{3}+\frac{140}{3}=\frac{148}{3}$$

참고

a_5의 값과 2의 대소는 다음과 같이 비교를 할 수 있다.

$0<a_2<2,\ 0<a_3<2$이므로

$$\frac{8}{a_2\times a_3}>\frac{8}{2a_3}>\frac{8}{2\times 2}=2$$

즉, $a_5=\dfrac{8}{a_2\times a_3}\geq 2$이다.

조건 (개)와 산술평균과 기하평균의 관계를 이용하여

$a_5=\dfrac{8}{a_2\times a_3}\geq 2$임을 보일 수도 있다.

799 　답 ⑤

$b_{n+1}-b_n=\begin{cases}2a_n & (a_n>0)\\ 0 & (a_n\leq 0)\end{cases}$ 이므로

등차수열 $\{a_n\}$의 공차를 d라 할 때

조건 (개)를 만족시키려면 $d<0$이고 $a_k>0$을 만족시키는 자연수 k의

개수는 4이어야 한다. $\qquad\cdots\cdots$ ㉠

조건 (내)에서 $3a_m+2a_{m+1}=0$

$3a_m+2(a_m+d)=0,\ 5a_m+2d=0$

$$\therefore a_m=-\frac{2}{5}d$$

㉠에 의하여 $m=4,\ a_4=-\dfrac{2}{5}d$이고

$a_3=-\dfrac{7}{5}d,\ a_2=-\dfrac{12}{5}d,\ a_1=-\dfrac{17}{5}d$이다.

따라서 $b_1=0,\ b_2=-\dfrac{34}{5}d,\ b_3=-\dfrac{58}{5}d,\ b_4=-\dfrac{72}{5}d,$

$b_n=-\dfrac{76}{5}d\ (n=5,\ 6,\ 7,\ \cdots)$이므로

$b_2+b_7=-22d=220$

$$\therefore d=-10$$

따라서 $a_n=-10n+44$이므로 $a_{10}=-56$이다.

800 　답 ①

$a_1=a_2=1$이고 모든 자연수 n에 대하여 $a_{n+2}=a_{n+1}{}^2-a_n{}^2$이므로

$n=1,\ 2,\ 3,\ \cdots$을 차례대로 대입하면

$a_3=a_2{}^2-a_1{}^2=1^2-1^2=0$

$a_4=a_3{}^2-a_2{}^2=0^2-1^2=-1$

$a_5=a_4{}^2-a_3{}^2=(-1)^2-0^2=1$

$a_6=a_5{}^2-a_4{}^2=1^2-(-1)^2=0$

$a_7=a_6{}^2-a_5{}^2=0^2-1^2=-1$

$a_8=a_7{}^2-a_6{}^2=(-1)^2-0^2=1$

$\qquad\qquad\vdots$

따라서 수열 $\{a_n\}$은 $a_1=1$이고 둘째항부터 1, 0, -1이 이 순서대로

반복되므로 2보다 큰 자연수 n에 대하여 $a_{n+3}=a_n$이다.

한편, $b_1=k$이고 $b_{n+1}=a_n-b_n+n$이므로 $n=1,\ 2,\ 3,\ \cdots,\ 19$를

차례대로 대입하면

$b_2=a_1-b_1+1=1-k+1=2-k$

$b_3=a_2-b_2+2=1-(2-k)+2=k+1$

$b_4=a_3-b_3+3=0-(k+1)+3=2-k$

$b_5=a_4-b_4+4=-1-(2-k)+4=k+1$

$b_6=a_5-b_5+5=1-(k+1)+5=5-k$

$b_7=a_6-b_6+6=0-(5-k)+6=k+1$

$b_8=a_7-b_7+7=-1-(k+1)+7=5-k$

$b_9=a_8-b_8+8=1-(5-k)+8=k+4$

$b_{10}=a_9-b_9+9=0-(k+4)+9=5-k$

$b_{11}=a_{10}-b_{10}+10=-1-(5-k)+10=k+4$

$b_{12}=a_{11}-b_{11}+11=1-(k+4)+11=8-k$

$b_{13}=a_{12}-b_{12}+12=0-(8-k)+12=k+4$

$b_{14}=a_{13}-b_{13}+13=-1-(k+4)+13=8-k$

$b_{15}=a_{14}-b_{14}+14=1-(8-k)+14=k+7$

$b_{16}=a_{15}-b_{15}+15=0-(k+7)+15=8-k$

$b_{17}=a_{16}-b_{16}+16=-1-(8-k)+16=k+7$

$b_{18}=a_{17}-b_{17}+17=1-(k+7)+17=11-k$

$b_{19}=a_{18}-b_{18}+18=0-(11-k)+18=k+7$

$b_{20}=a_{19}-b_{19}+19=-1-(k+7)+19=11-k$

이때 $b_{20}=14$이므로 $11-k=14$ $\qquad\therefore k=-3$

다른 풀이

$b_1=k$이고 $b_{n+1}=a_n-b_n+n$이므로

$b_{n+1}+b_n=a_n+n \qquad\cdots\cdots$ ㉠

㉠에 n 대신 $n+1$을 대입하면

$b_{n+2}+b_{n+1}=a_{n+1}+(n+1) \qquad\cdots\cdots$ ㉡

㉡-㉠을 하면

$b_{n+2}-b_n=a_{n+1}-a_n+1 \qquad\cdots\cdots$ ㉢

㉢의 n에 18, 16, 14, $\cdots$, 2를 차례대로 대입하면

$b_{20}-b_{18}=a_{19}-a_{18}+1$

$b_{18}-b_{16}=a_{17}-a_{16}+1$

$b_{16}-b_{14}=a_{15}-a_{14}+1$

$\qquad\qquad\vdots$

$b_6-b_4=a_5-a_4+1$

$b_4-b_2=a_3-a_2+1$

위의 식을 변끼리 더하면

$b_{20}-b_2=(a_3+a_5+\cdots+a_{19})-(a_2+a_4+\cdots+a_{18})+9$

이때

$a_3+a_5+\cdots+a_{19}=0+1-1+0+1-1+0+1-1=0$

$a_2+a_4+\cdots+a_{18}=1-1+0+1-1+0+1-1+0=0$

$\therefore b_{20}-b_2=9$

$b_{20}=14$이므로 $b_2=5$

$b_{n+1}=a_n-b_n+n$에 $n=1$을 대입하면

$b_2=a_1-b_1+1=1-k+1=5$

$$\therefore k=-3$$

801

달 ③

두 조건 (가)와 (나)로부터 $a_{2n}+a_{2n+1}=2b_n+1$
두 조건 (다)와 (라)로부터 $b_{2n}+b_{2n+1}=2a_n+1$

$$\sum_{n=1}^{31}b_n=b_1+\sum_{n=1}^{15}(b_{2n}+b_{2n+1})$$
$$=b_1+\sum_{n=1}^{15}(2a_n+1)$$
$$=b_1+2\sum_{n=1}^{15}a_n+15\times1$$
$$=b_1+2a_1+2\sum_{n=1}^{7}(a_{2n}+a_{2n+1})+15$$
$$=b_1+2a_1+2\sum_{n=1}^{7}(2b_n+1)+15$$
$$=b_1+2a_1+4\sum_{n=1}^{7}b_n+2\times7\times1+15$$
$$=b_1+2a_1+4b_1+4\sum_{n=1}^{3}(2a_n+1)+29$$
$$=b_1+2a_1+4b_1+8\sum_{n=1}^{3}a_n+4\times3\times1+29$$
$$=b_1+2a_1+4b_1+8a_1+8(2b_1+1)+41$$
$$=10a_1+21b_1+49=121$$

이므로 $10a_1+21b_1=72$ ...... ㉠

두 조건 (가)와 (다)에서
$$a_{4n}=b_{2n}+2=(3a_n-2)+2=3a_n$$
$$b_{4n}=3a_{2n}-2=3(b_n+2)-2=3b_n+4$$

이므로
$$a_{12}=3a_3=3(b_1-1)=3에서 \ b_1=2$$

㉠에 의하여 $a_1=3$

$$\therefore b_{32}=3b_8+4=3(3b_2+4)+4$$
$$=9b_2+16=9(3a_1-2)+16$$
$$=9\times7+16=79$$

802

달 678

조건 (가), (나)에 의하여 수열 $\{|a_n|\}$은 첫째항이 2이고 공비가 2인
등비수열이다.

$$\therefore |a_n|=2^n$$

이때 $|a_{10}|=1024$이고

$$\sum_{n=1}^{9}|a_n|=\frac{2(2^9-1)}{2-1}=1022$$이므로

조건 (다)를 만족시키기 위해서는 반드시 $a_{10}<0$이어야 한다.

a_1	a_2	a_3	a_4	a_5
2	4	8	16	32
-2	-4	-8	-16	-32

a_6	a_7	a_8	a_9	a_{10}
64	128	256	512	-1024
-64	-128	-256	-512	

한편, a_1, a_2, $\cdots$, a_9의 값을 모두 양수라 가정하고, 그때의
첫째항부터 제10항까지의 합을 A라 하면

$$A=\sum_{n=1}^{10}a_n=-2가 \ 되므로$$ ...... ㉠

조건 (다)의 $\sum_{n=1}^{10}a_n=-14$와의 차이는 -12이다.

따라서 a_1, a_2, $\cdots$, a_9의 값 중에는 반드시 음수가 있으므로
㉠에서 특정한 하나의 항 a_k $(n=1, 2, \cdots, 9)$의 값을
양수 α에서 음수 $-\alpha$로 바꾸었다고 하고, 그 때의 첫째항부터
제10항까지의 합을 B라 하면
$$B=(A-\alpha)-\alpha=A-2\alpha \ 가 \ 된다.$$
즉, B는 A보다 -2α가 작으므로 조건 (다)를 만족시키려면 음수인
항들의 합은 $\dfrac{-12}{2}=-6$이 되어야 한다.

위의 표에서 이를 만족시키도록 항의 값을 정해보면

a_1	a_2	a_3	a_4	a_5
-2	-4	8	16	32

a_6	a_7	a_8	a_9	a_{10}
64	128	256	512	-1024

$$\therefore a_1+a_3+a_5+a_7+a_9=(-2)+8+32+128+512$$
$$=678$$

다른 풀이

$a_{10}<0$이므로 절댓값의 크기가 작은 항부터 음수로 바꿔 보면서
$\sum_{n=1}^{10}a_n$의 값을 구해 보면

a_1, a_2, $\cdots$, $a_9>0$일 때 $\sum_{n=1}^{10}a_n=-2$

a_2, a_3, $\cdots$, $a_9>0$이고 $a_1<0$일 때 $\sum_{n=1}^{10}a_n=-6$

a_3, a_4, $\cdots$, $a_9>0$이고 a_1, $a_2<0$일 때 $\sum_{n=1}^{10}a_n=-14$

따라서 조건 (다)를 만족시키려면
$n=1$, 2, 10일 때 $a_n<0$이고
$n=3$, 4, $\cdots$, 9일 때 $a_n>0$이어야 하므로
$$a_1+a_3+a_5+a_7+a_9=(-2)+8+32+128+512$$
$$=678$$

803

달 13

$b_1=a_1$이고 주어진 식에 $n=2$, 3, 4, $\cdots$, 10을 차례대로 대입하면
$$b_2=b_1+a_2=a_1+a_2$$
$$b_3=b_2-a_3=a_1+a_2-a_3$$
$$b_4=b_3+a_4=a_1+a_2-a_3+a_4$$
$$b_5=b_4+a_5=a_1+a_2-a_3+a_4+a_5$$
$$b_6=b_5-a_6=a_1+a_2-a_3+a_4+a_5-a_6$$
$$b_7=b_6+a_7=a_1+a_2-a_3+a_4+a_5-a_6+a_7$$
$$b_8=b_7+a_8=a_1+a_2-a_3+a_4+a_5-a_6+a_7+a_8$$
$$b_9=b_8-a_9=a_1+a_2-a_3+a_4+a_5-a_6+a_7+a_8-a_9$$ ...... ㉠
$$b_{10}=b_9+a_{10}$$
$$\therefore b_9=0 \ (\because b_{10}=a_{10})$$ ...... ㉡

이때 등차수열 $\{a_n\}$의 공차를 d $(d\neq0)$라 하면

$$b_9=a_1+(a_2-a_3)+a_4+(a_5-a_6)+a_7+(a_8-a_9)$$
$$=a_1-d+a_4-d+a_7-d$$
$$=(a_1+a_4+a_7)-3d$$
$$=3a_4-3d$$
$$=3(a_4-d)$$
$$=3a_3$$

ⓛ에서 $b_9=0$이므로
$$a_3=0$$
따라서 $a_n=a_3+(n-3)d=(n-3)d\ (n\geq1)$이므로
$$\frac{b_8}{b_{10}}=\frac{b_9+a_9}{b_9+a_{10}}\ (\because \ ㉠)$$
$$=\frac{a_9}{a_{10}}\ (\because \ ㉡)$$
$$=\frac{6d}{7d}=\frac{6}{7}$$

따라서 $p=7$, $q=6$이므로
$$p+q=7+6=13$$

모든 자연수 k에 대하여
$$b_{3k-1}=b_{3k-2}+a_{3k-1} \qquad \cdots\cdots ㉠$$
$$b_{3k}=b_{3k-1}-a_{3k} \qquad \cdots\cdots ㉡$$
$$b_{3k+1}=b_{3k}+a_{3k+1} \qquad \cdots\cdots ㉢$$
㉠+㉡+㉢을 하면
$$b_{3k-1}+b_{3k}+b_{3k+1}=b_{3k-2}+b_{3k-1}+b_{3k}+a_{3k-1}-a_{3k}+a_{3k+1}$$
이때 등차수열 $\{a_n\}$의 공차를 $d\ (d\neq0)$라 하면
$$b_{3k+1}=b_{3k-2}+a_{3k-1}-a_{3k}+a_{3k+1}$$
$$=b_{3k-2}+a_{3k+1}-d\ (\because a_{3k}-a_{3k-1}=d)$$
$$\therefore b_{3k+1}=b_{3k-2}+a_{3k}\ (\because a_{3k+1}-a_{3k}=d) \qquad \cdots\cdots ㉣$$
㉣에서
$$b_{10}=b_7+a_9$$
$$=b_4+a_6+a_9$$
$$=b_1+a_3+a_6+a_9$$
$$=b_1+3a_6\ (\because a_6$은 a_3과 a_9의 등차중항$)$$
한편, $b_1=a_1$, $b_{10}=a_{10}$이므로
$$a_{10}=a_1+3a_6$$
$$a_1+9d=a_1+3(a_1+5d)$$
$$3a_1=-6d \qquad \therefore a_1=-2d$$
또한, ㉡에서 $b_{10}=b_9+a_{10}$ $\qquad \therefore b_9=0\ (\because b_{10}=a_{10})$
㉡에서 $b_9=b_8-a_9$, 즉 $b_8=b_9+a_9=a_9$이므로
$$\frac{b_8}{b_{10}}=\frac{a_9}{a_{10}}=\frac{-2d+8d}{-2d+9d}=\frac{6}{7}$$
따라서 $p=7$, $q=6$이므로
$$p+q=7+6=13$$

804

답 ③

조건 ㈎에 $n=1$을 대입하면
$$a_2=a_2\times a_1+1$에서
$$a_1=\frac{a_2-1}{a_2} \qquad \cdots\cdots ㉠$$
또한 $0<a_1<1$이므로
$$a_2=\frac{1}{1-a_1}$에서 $a_2>1 \qquad \cdots\cdots ㉡$$

조건 ㈎, ㈏에 의하여
$$a_7=a_2\times a_3-2$$
$$=a_2(a_2\times a_1-2)-2$$
$$=a_1(a_2)^2-2a_2-2$$
$$=\frac{a_2-1}{a_2}\times(a_2)^2-2a_2-2\ (\because \ ㉠)$$
$$=(a_2)^2-3a_2-2$$
이때 $(a_2)^2-3a_2-2=2$이므로
$$(a_2)^2-3a_2-4=0, (a_2+1)(a_2-4)=0$$
$$\therefore a_2=4\ (\because \ ㉡)$$
이를 ㉠에 대입하면
$$a_1=\frac{4-1}{4}=\frac{3}{4}$$
따라서 조건 ㈎, ㈏에 의하여
$$a_{25}=4\times a_{12}-2$$
$$=4(4\times a_6+1)-2$$
$$=4^2(4\times a_3+1)+2$$
$$=4^3(4\times a_1-2)+18$$
$$=64+18=82$$

조건 ㈎에 $n=1$을 대입하면
$$a_2=a_2\times a_1+1$에서 $a_2=\frac{1}{1-a_1}$이고
$$0<a_1<1$이므로 $a_2>1 \qquad \cdots\cdots ㉠$$
조건 ㈏의 식에 조건 ㈎의 식을 대입하면
$$a_{2n+1}=a_2\times\frac{a_{2n}-1}{a_2}-2$$
$$=a_{2n}-3$$
이므로
$$a_{2n}=a_{2n+1}+3 \qquad \cdots\cdots ㉡$$
$$\therefore a_6=a_7+3=5\ (\because a_7=2) \qquad \cdots\cdots ㉢$$
조건 ㈎, ㈏에 의하여
$$a_{25}=a_2\times a_{12}-2$$
$$=a_2(a_2\times a_6+1)-2$$
$$=a_2(5a_2+1)-2\ (\because \ ㉢)$$
$$a_6=a_2\times a_3+1$$
$$=a_2(a_2-3)+1\ (\because \ ㉡)$$
$$=(a_2)^2-3a_2+1$$
이므로 $(a_2)^2-3a_2+1=5$에서
$$(a_2)^2-3a_2-4=0, (a_2+1)(a_2-4)=0$$
$$\therefore a_2=4\ (\because \ ㉠)$$
$$\therefore a_{25}=4(5\times4+1)-2=82$$

805

답 ④

(ⅰ) $n=1$일 때
  (좌변)$=a_1=1$, (우변)$=1\times1=1$
  이므로 주어진 식이 성립한다.
(ⅱ) $n=k$일 때
$$a_k=(1+2+3+\cdots+k)\left(1+\frac{1}{2}+\frac{1}{3}+\cdots+\frac{1}{k}\right)$$
  이 성립한다고 가정하면

a_{k+1}

$$=(k+2)\left(\frac{a_k}{k}+\frac{1}{2}\right)$$

$$=\boxed{\frac{k+2}{k}}a_k+\frac{k+2}{\boxed{2}}$$

$$=\boxed{\frac{k+2}{k}}(1+2+3+\cdots+k)\left(1+\frac{1}{2}+\frac{1}{3}+\cdots+\frac{1}{k}\right)+\frac{k+2}{\boxed{2}}$$

$$=\frac{k+2}{k}\times\frac{k(k+1)}{2}\left(1+\frac{1}{2}+\frac{1}{3}+\cdots+\frac{1}{k}\right)+\frac{k+2}{2}$$

$$=\boxed{\frac{(k+1)(k+2)}{2}}\left(1+\frac{1}{2}+\frac{1}{3}+\cdots+\frac{1}{k}\right)+\frac{k+2}{\boxed{2}}$$

$$=\frac{(k+1)(k+2)}{2}\left(1+\frac{1}{2}+\frac{1}{3}+\cdots+\frac{1}{k}+\frac{1}{k+1}\right)$$

$$=\{1+2+3+\cdots+(k+1)\}\left(1+\frac{1}{2}+\frac{1}{3}+\cdots+\frac{1}{k+1}\right)$$

따라서 $n=k+1$일 때도 주어진 식이 성립한다.

(i), (ii)에 의하여 모든 자연수 n에 대하여

$a_n=(1+2+3+\cdots+n)\left(1+\frac{1}{2}+\frac{1}{3}+\cdots+\frac{1}{n}\right)$이 성립한다.

따라서 $f(k)=\dfrac{k+2}{k}$, $g(k)=\dfrac{(k+1)(k+2)}{2}$, $p=2$이므로

$$pf(4)+g(4)=2\times\frac{6}{4}+\frac{5\times6}{2}=18$$

806 답 ③

(i) $n=1$일 때

(좌변)$=2$, (우변)$=2$

이므로 주어진 등식이 성립한다.

(ii) $n=m$일 때 주어진 등식이 성립한다고 가정하면

$$\sum_{k=1}^{m}(5k-3)\left(\frac{1}{k}+\frac{1}{k+1}+\frac{1}{k+2}+\cdots+\frac{1}{m}\right)=\frac{m(5m+3)}{4}$$

이다. $n=m+1$일 때 성립함을 보이자.

$$\sum_{k=1}^{m+1}(5k-3)\left(\frac{1}{k}+\frac{1}{k+1}+\frac{1}{k+2}+\cdots+\frac{1}{m+1}\right)$$

$$=\sum_{k=1}^{m}(5k-3)\left(\frac{1}{k}+\frac{1}{k+1}+\frac{1}{k+2}+\cdots+\frac{1}{m+1}\right)$$

$$\qquad\qquad\qquad+\{5(m+1)-3\}\frac{1}{m+1}$$

$$=\sum_{k=1}^{m}(5k-3)\left(\frac{1}{k}+\frac{1}{k+1}+\frac{1}{k+2}+\cdots+\frac{1}{m+1}\right)+\frac{\boxed{5m+2}}{m+1}$$

$$=\sum_{k=1}^{m}(5k-3)\left(\frac{1}{k}+\frac{1}{k+1}+\frac{1}{k+2}+\cdots+\frac{1}{\boxed{m}}\right)$$

$$\qquad\qquad\qquad+\frac{1}{m+1}\sum_{k=1}^{m}(5k-3)+\frac{\boxed{5m+2}}{m+1}$$

$$=\frac{m(5m+3)}{4}+\frac{1}{m+1}\sum_{k=1}^{m+1}(\boxed{5k-3})\qquad\cdots\cdots\text{ TIP}$$

$$=\frac{(m+1)(5m+8)}{4}$$

그러므로 $n=m+1$일 때도 주어진 등식이 성립한다.

따라서 모든 자연수 n에 대하여 주어진 등식이 성립한다.

(가): $5m+2$ (나): m (다): $5k-3$

$$\frac{m(5m+3)}{4}+\frac{1}{m+1}\sum_{k=1}^{m+1}(5k-3)$$

$$=\frac{m(5m+3)}{4}+\frac{1}{m+1}\left\{5\sum_{k=1}^{m+1}k-(m+1)\times3\right\}$$

$$=\frac{m(5m+3)}{4}+\frac{1}{m+1}\left\{5\times\frac{(m+1)(m+2)}{2}-3(m+1)\right\}$$

$$=\frac{m(5m+3)}{4}+\frac{5(m+2)}{2}-3$$

$$=\frac{m(5m+3)+10(m+2)-12}{4}$$

$$=\frac{5m^2+13m+8}{4}$$

$$=\frac{(m+1)(5m+8)}{4}$$

807 답 ②

자연수 n에 대하여 $a_n=\dfrac{1!+2!+3!+\cdots+n!}{(n+1)!}$이라 할 때,

$a_n<\dfrac{2}{n+1}$임을 보이면 된다.

(i) $n=1$일 때

$a_1=\dfrac{1!}{2!}=\dfrac{1}{2}<1$이므로 주어진 부등식이 성립한다.

(ii) $n=k$일 때 $a_k<\dfrac{2}{k+1}$라 가정하면

$n=k+1$일 때

$$a_{k+1}=\frac{1!+2!+3!+\cdots+(k+1)!}{(k+2)!}$$

$$=\frac{1}{k+2}\left\{\frac{1!+2!+3!+\cdots+k!}{(k+1)!}+\frac{(k+1)!}{(k+1)!}\right\}$$

$$=\boxed{\frac{1}{k+2}}(1+a_k)$$

$$<\boxed{\frac{1}{k+2}}\left(1+\frac{2}{k+1}\right)=\frac{1}{k+2}+\boxed{\frac{2}{(k+1)(k+2)}}$$

이다. 자연수 k에 대하여 $\dfrac{2}{k+1}\leq1$이므로

$\boxed{\dfrac{2}{(k+1)(k+2)}}\leq\dfrac{1}{k+2}$이고 $a_{k+1}<\dfrac{2}{k+2}$이다.

따라서 $n=k+1$일 때도 주어진 부등식이 성립한다.

그러므로 모든 자연수 n에 대하여 주어진 부등식이 성립한다.

(가): $\dfrac{1}{k+2}$ (나): $\dfrac{2}{(k+1)(k+2)}$

808 답 ③

(i) $n=1$일 때

$\dfrac{1}{2}\leq\dfrac{1}{\sqrt{4}}$이므로 (＊)이 성립한다.

(ii) $n=k$일 때 (＊)이 성립한다고 가정하면

$$\frac{1}{2}\times\frac{3}{4}\times\frac{5}{6}\times\cdots\times\frac{2k-1}{2k}\times\frac{2k+1}{2k+2}$$

$$\leq \frac{1}{\sqrt{3k+1}} \times \frac{2k+1}{2k+2}$$

$$= \frac{1}{\sqrt{3k+1}} \times \frac{1}{1+\boxed{\dfrac{1}{2k+1}}}$$

$$= \frac{1}{\sqrt{3k+1}} \times \frac{1}{\sqrt{\left(1+\boxed{\dfrac{1}{2k+1}}\right)^2}}$$

$$= \frac{1}{\sqrt{3k+1+2(3k+1)\times\boxed{\dfrac{1}{2k+1}}+(3k+1)\times\left(\boxed{\dfrac{1}{2k+1}}\right)^2}}$$

$$< \frac{1}{\sqrt{3k+1+2(3k+1)\times\boxed{\dfrac{1}{2k+1}}+(\boxed{2k+1})\times\left(\boxed{\dfrac{1}{2k+1}}\right)^2}}$$

...... **TIP**

$$= \frac{1}{\sqrt{3k+1+\dfrac{2(3k+1)+1}{2k+1}}}$$

$$= \frac{1}{\sqrt{3(k+1)+1}}$$

따라서 $n=k+1$일 때도 $(*)$이 성립한다.

그러므로 (i), (ii)에서 모든 자연수 n에 대하여 $(*)$이 성립한다.

$f(k)=\dfrac{1}{2k+1}$, $g(k)=2k+1$이다.

$$\therefore f(4)\times g(13)=\frac{1}{9}\times27=3$$

TIP

(나)에 알맞은 식을 다음과 같이 찾을 수 있다.

앞 줄과 부등식이 성립하기 위해서는 $3k+1>\boxed{\text{(나)}}$이어야 하고, 이때 식이 간단해지기 위해서 (나): $2k+1$임을 유추할 수 있고, 대입하여 $\dfrac{1}{\sqrt{3(k+1)+1}}$임을 확인한다.

또는 다음 줄에 나오는 식과 등식이 성립하기 위해서 (나)에 들어갈 식이 무엇이어야 하는지 거꾸로 찾아준다.

즉, 등식이 성립하기 위해

$$2(3k+1)\times\boxed{\frac{1}{2k+1}}+\boxed{\text{(나)}}\times\left(\boxed{\frac{1}{2k+1}}\right)^2=3$$

이어야 하므로

$$\frac{2(3k+1)(2k+1)+\boxed{\text{(나)}}}{(2k+1)^2}=3$$

$$\therefore \boxed{\text{(나)}}=3(2k+1)^2-2(3k+1)(2k+1)$$
$$=2k+1$$

809
답 ②

(i) $n=1$일 때

$$a_1=\sum_{t=1}^{1}\left(\frac{1+1}{1+1-t}\times\frac{1}{3^{t-1}}\right)=\frac{1+1}{1+1-1}\times1=\boxed{2}<3\text{이다.}$$

(ii) $n=k$일 때 $a_k<3$이라 가정하면

$n=k+1$일 때

810
답 풀이 참조

$$a_n=\frac{8}{(n-1)(n-2)} \qquad \cdots\cdots(*)$$

(i) $n=3$일 때

$$a_3=4=\frac{8}{(3-1)(3-2)}\text{이므로 }(*)\text{이 성립한다.}$$

(ii) $n=k\ (k\geq3)$일 때 $(*)$이 성립한다고 가정하면

$$a_k=\frac{8}{(k-1)(k-2)}\text{이므로} \qquad \cdots\cdots\text{㉠}$$

$$k(k-2)a_{k+1}=\sum_{i=1}^{k}a_i$$
$$=a_k+\sum_{i=1}^{k-1}a_i$$
$$=a_k+(k-1)(k-3)a_k$$
$$=(k^2-4k+4)a_k$$
$$=(k-2)^2\times\frac{8}{(k-1)(k-2)} \ (\because \text{㉠})$$
$$=\frac{8(k-2)}{k-1}$$

이다. 그러므로 $a_{k+1}=\dfrac{8}{k(k-1)}$이다.

따라서 $n=k+1$일 때도 $(*)$이 성립한다.

(i), (ii)에 의하여 $n\geq3$인 모든 자연수 n에 대하여

$$a_n=\frac{8}{(n-1)(n-2)}\text{이 성립한다.}$$

채점 요소	배점
$n=3$일 때 성립함을 보이기	30 %
$n=k$일 때 성립함을 가정하고, $n=k+1$일 때 성립함을 보이기	70 %

위 (오른쪽 단 상단):

$$a_{k+1}=\sum_{t=1}^{k+1}\left(\frac{k+2}{k+2-t}\times\frac{1}{3^{t-1}}\right)$$

$$=\frac{k+2}{k+1}\times\frac{1}{3^0}+\frac{k+2}{k}\times\frac{1}{3^1}+\frac{k+2}{k-1}\times\frac{1}{3^2}+\cdots+\frac{k+2}{1}\times\frac{1}{3^k}$$

$$=\frac{k+2}{k+1}+\frac{1}{3}\left(\frac{k+2}{k}+\frac{k+2}{k-1}\times\frac{1}{3}+\cdots+\frac{k+2}{1}\times\frac{1}{3^{k-1}}\right)$$

$$=\boxed{\frac{k+2}{k+1}}+\frac{1}{3}\left(\frac{k+1}{k}+\frac{k+1}{k-1}\times\frac{1}{3}+\cdots+\frac{k+1}{1}\times\frac{1}{3^{k-1}}\right)$$
$$+\frac{1}{3}\left(\frac{1}{k}+\frac{1}{k-1}\times\frac{1}{3}+\cdots+\frac{1}{1}\times\frac{1}{3^{k-1}}\right)$$

$$=\boxed{\frac{k+2}{k+1}}+\frac{1}{3}a_k+\boxed{\frac{1}{3(k+1)}}\times a_k$$

$$=\frac{(k+2)(a_k+3)}{3(k+1)}<3$$

이므로 $a_{k+1}<3$이다.

(i), (ii)에 의하여 모든 자연수 n에 대하여 $a_n<3$이 성립한다.

따라서 $a=2$, $f(k)=\dfrac{k+2}{k+1}$, $g(k)=\dfrac{1}{3(k+1)}$이므로

$$f(a)+g(a)=f(2)+g(2)=\frac{4}{3}+\frac{1}{9}=\frac{13}{9}$$

MEMO

MEMO

MEMO

MEMO

MEMO

유형 + 내신

고쟁이

고득점 쟁취를 이루자!